GRAMINEAS
DE BOLIVIA

Gift from RBG Kew
NOT FOR SALE

GRAMINEAS
DE BOLIVIA

Por
S.A. RENVOIZE

En colaboración con
ANA ANTON y STEPHAN BECK

Ilustraciones por
ANN FARRER

The Royal Botanic Gardens, Kew
1998

© Todos los derechos reservados por Panel de Consejeros de el
Royal Botanic Gardens, Kew

Primera publicación 1998

ISBN 1 900 347 38 5

Editor General Ruth Linklater. Diseño de la cubierta por Jeff Eden,
composición por Margaret Newman, Information Services Department,
Royal Botanic Gardens, Kew.

Foto de la portada: S.A. Renvoize

Impreso en la Unión Europea
por
Continental Printing, Bélgica.

Rob Gradstein 1997

Stephan Beck

Este libro está dedicado a Stephan Beck
quien ha devotado su vida a la exploración botánica y a
la enseñanza en Bolivia

CONTENIDO

Introducción · xiv

Agradecimientos · xvi

Departamentos y Provincias · xvii

Glosario · xxi

Especies nuevas, nuevos nombres y nuevas combinaciones · · · · · · · · · · · · · · · xxix

Sinopsis de clasificación · xxx

Ecologia y Fitogeografia de la Gramíneas en Bolivia · · · · · · · · · · · · · · · · · 1

Clave de los generos · 13

Descripción de las especies · 27

Indice de nombres cientificos · 625

INTRODUCTION

No other country in South America is endowed with a richer variety of habitats than Bolivia and the reasons for this are to be found in the varied topography, wide range in climate and enormous differences in altitude which starts at 120 metres in the south east and rises to 6500 metres in the peaks of the Cordillera Real. The most significant topographical feature is the north-south alignment of the mountains which divides the country into three basic regions; the eastern lowlands, the intermontane zone and the western highlands. In addition to the dramatic differences in the terrain the rainfall varies significantly from 1800 mm in the lowlands of the north east (5000 mm in Chaparé at the foot of the Yungas of Cochabamba), diminishing to 50 mm in the highlands of the south west. This variation results in significant modifications to the climate of the topographical divisions: the eastern lowlands are humid in the north and drier in the south; the intermontane region of steep east-west orientated valleys is again humid in the north and drier in the south; and in the west the flat or undulating terrain of the altiplano at 3800 m is generally humid in the north but becomes a semi-desert in the south.

The environments in these regions are further complicated by the endless permutations created by seasonal differences in temperature, rainfall and prevailing winds, and local differences in soil and terrain. The result is a wide range of habitats and vegetation types and an exceptionally diverse flora.

This account of the grasses of Bolivia is the product of a long period of collaboration between The Royal Botanic Gardens, Kew and the Institute of Ecology in La Paz. I first visited Bolivia in 1981, with my colleague Tom Cope, and since then I have made two further visits, in 1987 and 1992; these three visits gave me an insight to the varied vegetation of Bolivia and an opportunity to make collections of grasses. Before my visits several significant collections had been made, most notably those by George Mandon, 1856–1861, José Steinbach, 1915–1929, Otto Buchtien, 1906–1922 and Albert Hitchcock in 1923. Before them some of the earliest collections had been made by Joseph Pentland, 1828 and Alcide D'Orbigny, 1829. Since 1978 the botanical exploration of Bolivia has been dominated by a continuous programme of research undertaken by Stephan Beck and his colleagues at the Institute of Ecology in La Paz. His collections have provided the main source of species records for this book, as a glance at the citations will show. In addition to the collections of Stephan Beck there are a lot of supplementary collections by his contemporaries, in fact Bolivia seems to have attracted an ever increasing number of botanists over the last ten years, probably due to the recognition that the diversity of the Bolivian flora is exceptional and is probably the least documented on the continent. Recently, after a long period of collaborative research and field work by the Missouri Botanical Garden, an account of the tree species of Bolivia has been produced (Killeen, Garcia & Beck, 1993).

The first account of the grasses of Bolivia which uses standard floristic methods is that of Hitchcock (1927), he also included Peru and Ecuador in this work. Much later Foster published an account of the grasses (1966), based primarily upon the work of Hitchcock. Since Foster, the only other account has been that of Killeen in 1990, which focused on the province of Chiquitos in Santa Cruz. Killeen's work includes for the first time information on flowering and critical assessments of the ecological status of the species.

Introduction

Botanical exploration in Bolivia has been patchy, some parts are well known, the most obvious being around La Paz, Santa Cruz and Cochabamba and the well populated and easily accessible rural areas and large areas are partly known, due to the efforts of past explorers. There are however significant areas where little or nothing is known of the grass flora, for example the highlands of the far east on the border with Brazil and the altiplano in the west, towards the border with Chile and I think that if these unknown areas are explored they will yield many more new grasses, both new species and new records for the country. In addition to an increase of species records through exploration there are certainly more species to be discovered through taxonomic study. The larger genera such as *Festuca, Poa, Panicum, Paspalum, Digitaria* and *Setaria* could not be revised as thoroughly as they deserved in the time available and certainly include more species than are described here. This account records 740 species of grasses in 152 genera but if exploration continues to expand into the unknown areas and more taxonomic studies are made of the critical genera then the total number of grass species for Bolivia could exceed 1000.

During the preparation of the account all the specimens examined were recorded on a database. From this database we have been able to analyse some of the information and two aspects of this are presented in Tables 1 and 2. The Table of collecting density immediately highlights those areas where our knowledge is weak and further exploration is needed. The table of subfamily distribution demonstrates the adaptive trends of the grass family in Bolivia.

Three publications are cited in the text in abbreviated form; **H** – A.S. Hitchcock (1927) The Grasses of Ecuador, Peru and Bolivia. Contr. U.S. Natl. Herb. 24(8); **F** – R.C. Foster (1966) Studies in the Flora of Bolivia 4, *Gramineae*. Rhodora 68: 97–358; **K** – T.J. Killeen (1990) The Grasses of Chiquitania, Santa Cruz, Bolivia. Ann. Missouri Bot. Gard. 77: 125–201.

MAJOR PUBLICATIONS ON THE GRASSES OF BOLIVIA

A.S. Hitchcock (1927). The Grasses of Ecuador, Peru and Bolivia. Contr. U.S. Natl. Herb. 24(8).

R.C. Foster (1966). Studies in the Flora of Bolivia, 4, *Gramineae*. Rhodora 68: 97–358.

V.A. Funk & S.A. Mori (1989). A bibliography of plant collectors in Bolivia. Smithsonian Contr. Bot. 70.

T.J. Killeen (1990). The Grasses of Chiquitania, Santa Cruz, Bolivia, Ann. Missouri Bot. Gard. 77: 125–201.

G.A. Norrmann, C.L. Quarin & T.J. Killeen (1994). Chromosome numbers in Bolivian Grasses (*Gramineae*). Ann. Missouri Bot. Gard. 81(4): 768–774.

ACKNOWLEDGEMENTS

I am particularly grateful for the assistance of Ana Anton who, through her extensive knowledge of the grass family, was able to advise me on the spanish and enable me to produce this account in the language of those people who will gain the most benefit from my labours; she has also prepared the glossary. Stephan Beck, already mentioned as the most prolific collector and botanical explorer in Bolivia, has supported me throughout this project and has read through the manuscript and made many important suggestions, he has also contributed an account of the grass ecology of Bolivia. Rossy de Michel kindly read the manuscript and drew my attention to errors. To Derek Clayton I am indebted for his readiness to review the scientific content of the manuscript. I am grateful to Jill Marsden who assisted with the preparation of leaf transections for *Festuca* and to Fiona Willis for the analysis of subfamily distribution and collection density in departments and provinces; for the illustrations I have been fortunate to have at my disposal the skills of Ann Farrer. Lulu Rico has also helped me on numerous occasions with the final stages of the text.

Over the 16 years it has taken to produce this account I have benefitted from the advice of many grass specialists who pass through Kew, in particular Lynn Clark *(Chusquea)*, Vicky Hollowell *(Pariana)*, Vicenta de la Fuente *(Festuca)*, Hilda Longhi-Wagner *(Aristida)* and Ana Anton *(Cortaderia* and *Poa)*; I also thank Zulma Rúgolo and Xenia Villavicencio for their account of *Deyeuxia* and I am grateful for advice from John Reeder on *Pappophorum* and Larry Toolin on *Setaria*.

S.A. Renvoize
Kew, September 1997

INTRODUCCION

Ningún otro país sudamericano está dotado de tanta riqueza de hábitats como Bolivia; las razones deben atribuirse al hecho de que Bolivia cuenta con una variada topografía, diversidad de climas y enormes diferencias altitudinales, que van desde los 120 m en el sudeste hasta los 6500 m en los picos de la Cordillera Real. La característica topográfica más relevante es la disposición norte-sur de sus cadenas montañosas, las que dividen al país en tres regiones principales: las tierras bajas orientales, la zona intermontana y las elevaciones del oeste. A la par de estas enormes variaciones en la geomorfología, se presentan grandes diferencias en el caudal de las precipitaciones, las que alcanzan los 1800 mm en las tierras bajas del nordeste (5000 mm en el Chaparé, pia de Yungas de Cochabamba) para reducirse a unos 50 mm en las altitudes del sudoeste. Ambas situaciones conllevan marcadas modificaciones del clima y, tanto las tierras bajas orientales como la región intermontana son húmedas en el norte y más secas hacia el sur; hacia el oeste, las tierras llanas u onduladas del Altiplano, a unos 3800 m, son generalmente húmedas hacia el norte y semidesérticas en el sur.

Los ambientes en estas regiones están influidos, además, por los constantes cambios estacionales de temperatura, precipitaciones y vientos, a los que se suman diferencias locales en la composición y estructura de los suelos. La conjunción de estas condiciones no sólo ha generado una gran diversidad de hábitats; también ha permitido el desarrollo de distintos tipos de vegetación y de una flora excepcionalmente rica y variada.

Este tratado de los pastos de Bolivia es el producto de un largo período de colaboración entre el "Royal Botanic Gardens" de Kew y el Instituto de Ecología de La Paz. Mi primera visita a Bolivia la efectué en 1981, junto con mi colega Tom Cope; posteriormente realicé otros dos viajes, en 1987 y 1992; estas tres visitas me permitieron además de apreciar la variada vegetación de Bolivia, coleccionar sus pastos. Con anterioridad a mis viajes, varios expedicionarios realizaron colecciones, siendo las más notables las de George Mandon (1856–1861), José Steinbach (1915–1929), Otto Buchtien (1906–1922) y Albert Hitchcock en 1923, sin dejar de lado las previas de Joseph Pentland en 1828 y la de Alcide D'Orbigny en 1829. A partir de 1978, la exploración botánica de Bolivia ha estado dominada por un sostenido programa de investigación llevado a cabo por Stephan Beck y sus colegas del Instituto de Ecología de La Paz. Sus colecciones han sido fundamentales para la ejecución de esta obra ya que constituyen la fuente principal sobre la que se han registrado las especies, tal como se percibe en las citas del material examinado. Sumadas a las colecciones de Stephan Beck, se citan otras efectuadas por sus contemporáneos, ya que de hecho, Bolivia pareciera haber atraído en el curso de los últimos diez años a un número creciente de botánicos interesados en su flora, tal vez por haber reconocido que se trata, probablemente, de la flora menos documentada del continente. Prueba de ello es que, recién en 1993, y después de un largo período de trabajos de campo y de investigación en colaboración con el Missouri Botanical Garden – ha aparecido una contribución sobre las especies de árboles que crecen en Bolivia (Killeen, Garcia & Beck, 1993).

El primer tratamiento sobre los pastos de Bolivia que utiliza metodología florística estándar es el de Hitchcock (1927), quien incluye también los territorios de Perú y

Ecuador. Bastante más tarde (1966), Foster produce – basándose principalmente en el trabajo de Hitchcock – una revisión de los pastos de Bolivia. Desde entonces, la única contribución sobre el tema se debe a Killeen (1990) y está referida a la Provincia de Chiquitos en Santa Cruz. Esta obra incluye, por primera vez, información sobre la fenología y comentarios críticos sobre la ecología de las especies.

La exploración botánica de Bolivia no ha sido pareja; de hecho existen algunas zonas bien conocidas – alrededores de La Paz, Santa Cruz y Cochabamba, áreas rurales, muy pobladas y de fácil acceso – a la par de vastas zonas donde se conoce poco y nada de la flora agrostológica que les es propia; por ejemplo, las tierras altas situadas hacia el este, en el límite con Brasil o el altiplano en el oeste, hacia el límite con Chile. Estoy convencido de que si estas áreas fueran adecuadamente exploradas, el número de especies registradas para el país se incrementaría; por otra parte, es evidente que existen nuevos taxones por descubrir, los que saldrán a la luz cuando se completen revisiones taxonómicas de géneros complejos aún pendientes de ser estudiados. En efecto, dado el tiempo disponible, los géneros más numerosos tales como *Festuca*, *Poa*, *Panicum*, *Paspalum*, *Digitaria* y *Setaria* no han podido ser exhaustivamente estudiados como se hubiera deseado y, ciertamente, incluyen mayor número de especies que las que aquí se les asigna. En esta obra se registran 740 especies de pastos repartidos en 152 géneros; sin embargo, si la exploración continúa expandiéndose a áreas desconocidas y se estudian géneros críticos con evidente complejidad taxonómica, se estima que el total de especies de Gramíneas en Bolivia podría exceder el millar.

Durante la preparación de esta obra, todas las especies examinadas fueron registradas en una base de datos, a partir de la cual se obtuvo la información vertida en las Tablas 1 y 2. En la Tabla 1 se reflejan cuáles son las áreas poco conocidas que requieren futuras exploraciones y en la Tabla 2 la distribución de las subfamilias en los departamentos de Bolivia.

Tres publicaciones se citan en el texto de manera abreviada; **H** – A.S. Hitchcock (1927) The Grasses of Ecuador, Peru and Bolivia. Contr. U.S. Natl. Herb. 24(8); **F** – R.C. Foster (1966) Studies in the Flora of Bolivia 4, *Gramineae*. Rhodora 68: 97–358; **K** – T.J. Killeen (1990) The Grasses of Chiquitania, Santa Cruz, Bolivia. Ann. Missouri Bot. Gard. 77: 125–201.

PRINCIPALES PUBLICACIONES SOBRE PASTOS DE BOLIVIA

A.S. Hitchcock (1927). The Grasses of Ecuador, Peru and Bolivia. Contr. U.S. Natl. Herb. 24(8).

R.C. Foster (1966). Studies in the Flora of Bolivia, 4, *Gramineae*. Rhodora 68: 97–358.

V. A. Funk & S. A. Mori (1989). A bibliography of plant collectors in Bolivia. Smithsonian Contr. Bot. 70.

Introducción

T.J. Killeen (1990). The Grasses of Chiquitania, Santa Cruz, Bolivia. Ann. Missouri Bot. Gard. 77: 125–201.

G.A. Norrmann, C.L. Quarin & T.J. Killeen (1994). Chromosome numbers in Bolivian Grasses (*Gramineae*). Ann. Missouri Bot. Gard. 81(4): 768–774.

AGRADECIMIENTOS

Quiero agradecer particularmente la asistencia de Ana Anton, quien – con su conocimiento de la familia de los pastos – contribuyó en la traducción del manuscrito al castellano, permitiendo así que esta obra sea accesible a aquéllos que serán sus beneficiarios más directos. Stephan Beck – ya mencionado como explorador y coleccionista notable – me brindó su apoyo durante la ejecución del proyecto y leyó críticamente el manuscrito final; a él se debe la autoría del capítulo sobre ecología. Rossy de Michel también leyó el manuscrito y, a través de sus valiosos comentarios, pude subsanar errores de redacción. A Derek Clayton le estoy agradecido por su buena disposición para revisar el contenido científico de esta obra. Asimismo, quiero reconocer la ayuda brindada por Jill Marsden en la preparación de los cortes histofoliares de *Festuca* y a Fiona Willis por el análisis de los datos que aparecen en las tablas. Para las ilustraciones, he sido afortunado al contar con las dotes de Ann Farrer. Hacia la finalización de la obra y en numerosas ocasiones Lulu Rico me brindó su asistencia.

A lo largo de los 16 años en los que se llevó a cabo esta obra, he contado con las sugerencias de numerosos agrostólogos que visitaron el Herbario de Kew, en particular Lynn Clark (*Chusquea*), Vicky Hollowell (*Pariana*), Vicenta de la Fuente (*Festuca*), Hilda Longhi-Wagner (*Aristida*) y Ana Anton (*Cortaderia* y *Poa*); también debo agradecer a Zulma Rúgolo y Xenia Villavicencio por su tratamiento de *Deyeuxia* y los consejos que he recibido de John Reeder en *Pappophorum* y Larry Toolin en *Setaria*.

S.A. Renvoize
Kew, Septiembre de 1997

Departamentos y provincias en orden de texto

❑ **Pando**
Suárez
Abuná
Román
Manuripi
Madre de Dios

❑ **Beni**
Vaca Diez
Ballivián
Yacuma
Mamoré
Iténez
Moxos
Cercado
Marban

❑ **Santa Cruz**
Chávez (incl. Guarayos)
Velasco
Ichilo
Sara (Gutiérrez)
Santiesteban
Warnes
Andrés Ibáñez
Caballero
Florida
Valle Grande
Sandoval
Chiquitos (incl. German Busch)
Cordillera

❑ **La Paz**
Iturralde
Tamayo
Saavedra
Camacho
Muñecas
Larecaja
Manco Kapac

Omasuyos
Los Andes
Murillo
Nor Yungas
Sud Yungas
Ingavi
Pacajes
Aroma
Loayza
Inquisivi
Villarroel

❑ **Cochabamba**
Ayopaya
Chaparé
Carrasco
Tapacarí
Quillacollo
Cercado
Arque (incl. Bolivar)
Capinota
Arce
Jordán
Punata
Arani (incl. Tiraque)
Mizque
Campero

❑ **Oruro**
Cercado
Sajama (incl. Totora)
Carangas (incl. S. Carangas)
Saucari
Dalence
Poopo
Atahuallpa (incl. Mejillones)
Litoral
Cabrera
Avaroa (incl. S. Pagador)

❑ **Potosi**
Bilbao
Ibáñez
Charcas
Bustillo
Chayanta
Tomas Frías
Saavedra
Campos
Quijarro
Linares
Nor López
Nor Chichas
Sud Chichas
Omiste
Sud López

❑ **Chuquisaca**
Oropeza
Zudañez
Boeto
Yamparaez
Tomina
Azurduy
Hernando Siles
Nor Cinti
Sud Cinti
Luis Calvo

❑ **Tarija**
Méndez
Cercado
O'Connor
Gran Chaco
Avilés
Arce

Introducción

TABLA 1. Estadisticas breves de los especímenes por departamentos y provincias en la base de datos de Bolivia

❏ Pando
Suárez	38
Abuná	6
Román	5
Manuripi	30
Madre de Dios	27
Total por dept. =	111

❏ Beni
Vaca Diez	74
Ballivián	385
Yacuma	95
Mamoré	0
Itenez	1
Moxos	5
Cercado	24
Marban	9
Total por dept. =	607

❏ Santa Cruz
Chávez	336
Velasco	141
Ichilo	197
Gutiérrez	9
Santiesteban	13
Warnes	32
Andrés Ibáñez	261
Cabellero	27
Florida	75
Valle Grande	13
Sandoval	5
Chiquitos	76
Cordillera	116
Total por dept. =	1406

❏ La Paz
Iturralde	176
Tamayo	68
Saavedra	244
Camacho	16
Muñecas	1
Larecaja	270
Manco Kapac	115
Omasuyos	39
Los Andes	99
Murillo	1180
Nor Yungas	416
Sud Yungas	216
Ingavi	112
Pacajes	12
Aroma	68
Loayza	38
Inquisivi	69
Villarroel	0
Total por dept. =	3311

❏ Cochabamba
Ayopaya	69
Chaparé	74
Carrasco	37
Tapacarí	10
Quillacollo	63
Cercado	131
Arque	9
Capriota	0
Arce	7
Jordán	0
Punata	8
Arani	8
Mizque	34
Campero	1
Apacari	2
Total por dept. =	542

❏ Oruro
Cercado	42
Sajama	31
Carangas	6
Salucari	0
Dalence	10
Poopo	20
Atahuallpa	0
Litoral	0
Cabrera	14
Avaroa	13
S. Pagador	13
Total por dept. =	171

❏ Potosi
Bilbao	0
Ibáñez	0
Charcas	0
Bustillos	15
Chayanta	15
Tomas Friás	21
Saavedra	13
Campos	0
Quijarro	63
Linares	1
Nor López	19
Nor Chicas	18
Sud Chicas	111
Omiste	27
Sud Lípez	30
Total por dept. =	376

❏ Chuquisaca
Ororpeza	67
Zudañez	14
Boeto	6
Yamparaez	18
Tomina	41
Azurduy	1
Hernando Siles	23
Nor Cinti	7
Sud Cinti	3
Calvo	23
Total por dept. =	248

❏ Tarija
Méndez	58
Cercado	151
O'Connor	
Gran Chaco	29
Avilés	67
Arce	76
Total por dept. =	432

El total de especímenes en la base de datos = 7322

Introducción

TABLA 2. Distribucion de las subfamilias en Bolivia (excluida *Calamagrostis* (*Deyeuxia*))

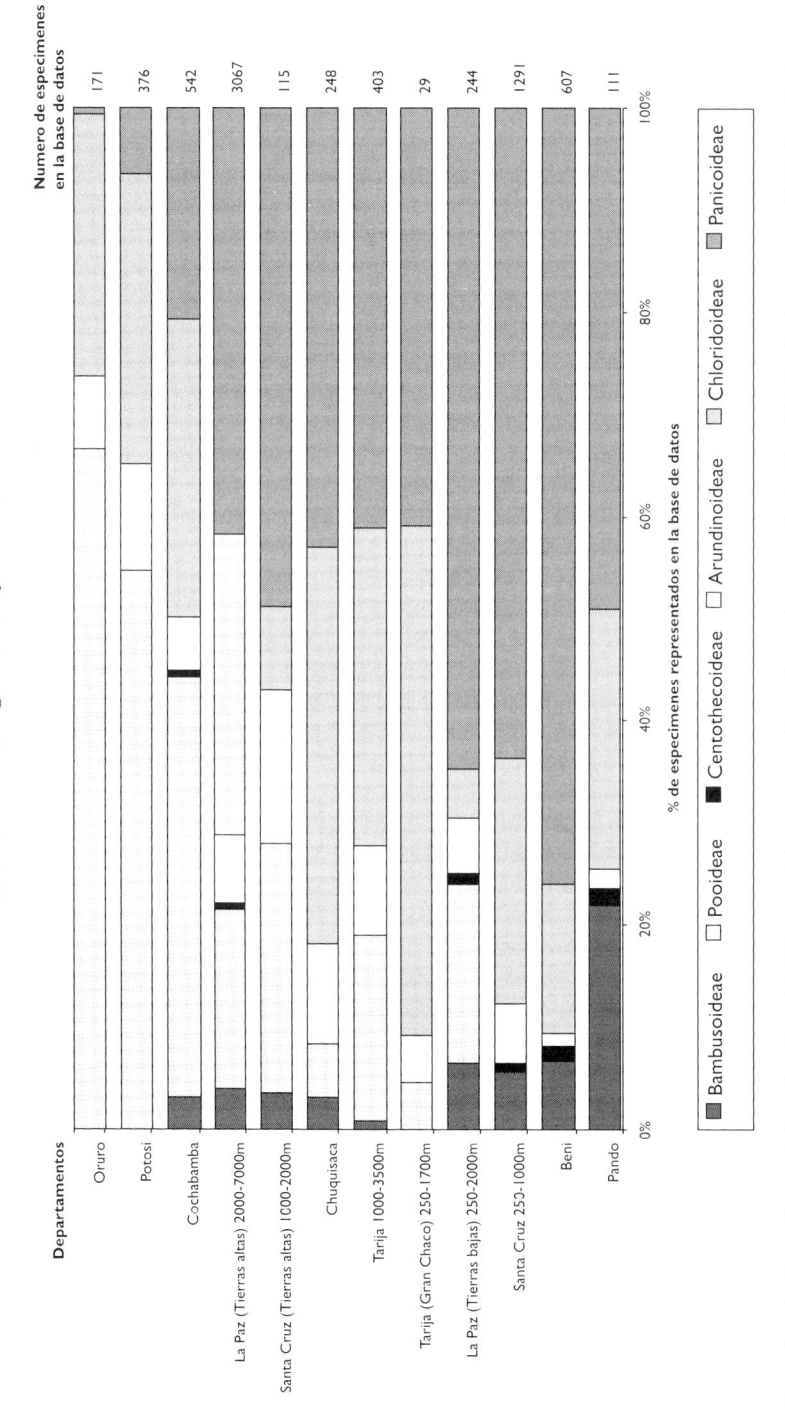

Departamentos	Numero de especimenes en la base de datos
Oruro	171
Potosi	376
Cochabamba	542
La Paz (Tierras altas) 2000-7000m	3067
Santa Cruz (Tierras altas) 1000-2000m	115
Chuquisaca	248
Tarija 1000-3500m	403
Tarija (Gran Chaco) 250-1700m	29
La Paz (Tierras bajas) 250-2000m	244
Santa Cruz 250-1000m	1291
Beni	607
Pando	111

% de especimenes representados en la base de datos

■ Bambusoideae □ Pooideae ■ Centothecoideae □ Arundinoideae □ Chloridoideae ■ Panicoideae

Estos datos incluyen algunas de las colecciones iniciales para el departamento, los cuales no tienen provincia. El análisis fue hecho en marzo 1997, datos de *Deyeuxia* no fueron tomados en cuenta a esa fecha.

xix

Introducción

Morfología de la espiguillas

Helictotrichon scabrivalvis

arista
antecio
raquilla
gluma superior
gluma inferior
2 mm

Leptochloa dubia

estambres
ovario
lodículas
1 mm

Chloris virgata

arista
antecio estéril
antecio perfecto
gluma superior
gluma inferior
1 mm

Panicum cayennense

antecio perfecto
antecio estaminado
gluma superior
gluma inferior
0.5 mm

XX

GLOSARIO

por Ana Anton

Abaxial. (= dorsal) con relación a un eje, se aplica a la cara del órgano más alejada de él. Se opone a adaxial.

Abortivo/a. imperfectamente desarrollado; órgano cuyo desarrollo se ha detenido en estado rudimentario.

Aciculado/a. en forma de aguja.

Acuminado/a. terminado en un acumen o punta; gradualmente prolongado en punta.

Adaxial. (= ventral) con relación a un eje, se aplica a la cara del órgano más próxima a él.

Adpreso/a. dispuesto y aplicado contra un órgano, como las ramas de la inflorescencia contra el eje o los pelos contra la hoja.

Adventicio/a. plantas que no son propias de la región considerada sino que han sido traídas accidentalmente por el hombre o por cualquier circunstancia fortuita.

Agregado/a. reunido en grupos; se aplica generalmente a las inflorescencias y/o espiguillas.

Agudo/a. dícese de cualquier órgano foliáceo cuando sus bordes forman en el ápice un ángulo agudo.

Alado/a. provisto de ala o alas, dilatación laminar foliácea o membranácea que se extiende por la superficie de diversos órganos.

Antecio. conjunto de lemma y pálea que contiene la flor; los antecios pueden ser perfectos, estaminados, pistilados, estériles, etc.

Antesis. período en que la flor está abierta; también momento de apertura del capullo floral.

Antrorso. dirigido hacia delante o hacia arriba; se aplica especialmente a escabrosidades y pubescencia de tallos, aristas, setas, etc.

Anual. se aplica a las plantas que no viven más que un año, durante el que nacen, se desarrollan, florecen y fructifican.

Apiculado/a. provisto de un apículo o punta diminuta.

Aquillado/a. aplicase a los órganos que tienen una parte prominente, más o menos aguda, a manera de quilla.

Arista. punta larga y delgada con que suelen rematar los nervios de glumas y lemmas. Su posición puede ser terminal o dorsal.

Aristado. que lleva aristas o termina en una arista, como muchas glumas y glumelas.

Articulación. punto de unión de dos segmentos superpuestos.

Articulado/a. provisto de artículos o artejos, que se hallan unidos por una línea demarcada y que a la madurez se separan espontáneamente; ciertas espiguillas se hallan articulados con el pedicelo, o ciertas aristas con las lemmas.

Ascendente. órganos que habiendo tomado primero una dirección horizontal o próxima a ella se empinan después hasta alcanzar aproximadamente la vertical.

Atenuado/a. gradualmente adelgazado, estrechado hacia la base o el ápice.

Aurícula. apéndice foliáceo, generalmente pequeño y redondeado, situado en los extremos laterales de algunas lígulas.

Glosario

Autóctono/a. se aplica a las plantas naturales del país, no introducidas o naturalizadas, sino indígenas.

Axial. relativo al eje; situado en él.

Axila. el ángulo formado por un órgano y su eje. Se aplica epecialmente al ángulo entre una hoja y su tallo, entre una rama o pedicelo y su eje.

Axilar. desarrollado en la axila.

Barbado/a. que tiene pelitos a modo de barbas, es decir agrupados en mechoncitos o en gran número como en las lemmas de *Chloris*. También se aplica a órganos vestidos con pelos rígidos largos, como los nudos de *Bothriochloa barbinodis*, el callo de algunas especies de *Stipa*, etc.

Callo. expansión más o menos endurecida de la base de la espiguilla, antecio, artejo, etc. Morfológicamente a veces es parte de la raquilla como en *Stipa, Aristida* y otros géneros pero, en *Andropogoneae*, corresponde al raquis; también se aplica al engrosamiento basal de la espiguilla en *Eriochloa*.

Caña. tallo fistuloso y con nudos manifiestos, como el de las Gramíneas. Ver culmo.

Carina. pliegue anguloso de un órgano laminar (vaina, lámina, glumas, glumelas) que sobresale todo a lo largo formando un filete de resalto semejante a la quilla de una nave.

Carinado/a. provisto de una línea de resalto.

Cariopsis. fruto monospermo seco e indehiscente, con el pericarpo delgado y soldado al tegumento seminal; se encuentra en la mayoría de las Gramíneas, ya que sólo en unas pocas la semilla está libre del pericarpo como en *Sporobolus* y *Eleusine*.

Cartáceo/a. de consistencia de papel o de pergamino.

Cartilagíneo/a. de consistencia similar a la del cartílago.

Casmógamo/a. se aplica a las plantas y sobre todo a las flores cuya polinización se realiza estando éstas abiertas.

Caulinar. concerniente al tallo: hojas caulinares por oposición a las basales.

Césped. tapiz graminoso que cubre un terreno.

Cespitosa. planta muy macollada con los renuevos agrupados en haz y que, al crecer muy próximas, llegan a cubrir extensiones más o menos grandes de terreno.

Ciliado. provisto de pelos muy finos, sobre todo marginales y dispuestos en hilera, de modo tal que asemejan una pestaña.

Circinado/a. arrollado transversalmente, es decir desde el ápice hacia la base.

Claviforme. de forma de clava; gradualmente ensanchado hacia el ápice que es redondeado.

Cleistógamo/a. aplícase a las plantas y, principalmente a las flores, cuya polinización se realiza estando éstas cerradas.

Collar. (= cuello) área dorsal de la hoja en la zona de unión de la lámina con la vaina.

Columna. porción basal de la arista, indivisa en *Aristida*, retorcida en *Andropogoneae*.

Complemento. primordio inicial; complemento rameal.

Comprimido/a. se aplica a cualquier órgano que tiene sección más o menos elíptica o laminar, como si hubiera estado sometido a presión.

Conduplicado/a. se dice de las hojas en prefoliación cuando están dobladas a lo largo de su nervio medio, con la superficie superior hacia adentro.

Continuo/a. se dice del raquis o de otros órganos que no se desarticulan. Se opone a articulado.

Contraída. se dice de las inflorescencias que son angostas o densas, con las ramas cortas o adpresas.

Convexo. redondeado en la superficie; se aplica especialmente a glumas y lemmas redondeadas en el dorso en vez de aquilladas.

Convoluto/a. arrollado longitudinalmente formando un tubo; se aplica a las hojas en prefoliación.

Cordiforme. de figura de corazón; se aplica generalmente a la base de la lámina.

Coriáceo. de consistencia y textura similar a la del cuero.

Corona. engrosamiento en forma de anillo, ubicado en el ápice de la lemma; a veces se alarga y rodea la base de la arista, como en algunas especies de *Stipa*.

Culmo. tallo fistuloso y articulado de las Gramíneas. En la mayoría de los casos es herbáceo; cuando es leñoso como en los géneros *Arundo, Bambusa* etc. constituye las cañas. Sólo por excepción este tipo de tallo es macizo, como en el maíz y la caña de azúcar; por lo común sólo es sólido en los nudos.

Cuspidado/a. acabado en punta o cúspide.

Decumbente. curvado hacia arriba desde una base horizontal o inclinada. Se aplica generalmente a los tallos no erguidos, como echados o con tendencia a echarse sobre el suelo.

Decurrente. que se extiende por debajo del punto de inserción. Se aplica a las lígulas que se prolongan con los márgenes de la vaina.

Dehiscencia. apertura espontánea de un órgano como ocurre en las anteras para permitir la salida del polen.

Densa. se aplica a la inflorescencia cuando está formada por abundantes espiguillas dispuestas muy próximas unas a otras.

Depauperado/a. empobrecido, reducido o rudimentario.

Diáspora. diseminulo; consiste en el embrión y el complejo orgánico que la planta separa de sí para la propagación, p.ej. en *Paniceae* el cariopsis se disemina incluido en el antecio y forma un diseminulo.

Diclino/a. dícese de las plantas que tienen flores estaminadas y pistiladas.

Difuso/a. esparcido, desparramado. Se aplica a las panículas abiertas y muy ramificadas.

Digitado/a. dícese del órgano que presenta sus miembros alargados y divergentes a partir de un punto. Se aplica a las inflorescencias cuando los racimos o espigas se insertan en el ápice del eje y se disponen de manera radiada.

Dioica. dícese de las plantas diclinas que llevan flores estaminadas y pistiladas en distintos pies.

Dístico/a. dispuesto en dos hileras.

Dorsal. (= abaxial) en órganos dorsiventrales, se aplica a la superficie exterior, es decir a la cara más apartada del eje sobre el que nacen.

Eje. usualmente se aplica al tallo primario de una inflorescencia, en especial de la panícula. Ver *Raquis*.

Glosario

Elíptico/a. forma laminar donde la longitud es aproximadamente el doble del ancho. Se aplica en general a superficies planas.
Emarginada. con una muesca poco profunda, generalmente en el ápice.
Enerve. enervio/a: sin nervios, o bien cuando éstos no se perciben.
Eroso/a. cualquier órgano laminar de borde desigual, como roído, por tener dientes no uniformes o pequeñas sinuosidades poco profundas y desiguales. Se aplica a glumas y lemmas.
Escabriúsculo/a. apenas escabroso.
Escabroso/a. lleno de asperezas, de tricomas cortos y rígidos que se aprecian bien con el tacto.
Escama. hoja reducida, especialmente las que aparecen en los rizomas.
Escarioso/a. delgado, seco y membranáceo, generalmente translúcido.
Espata. bráctea que envuelve a la inflorescencia, especialmente desarrollada en Andropogoneae.
Espiciforme. dícese de las inflorescencias que tienen el aspecto de espigas sin serlo.
Espiga. inflorescencia no ramificada con las espiguillas sésiles sobre el raquis.
Espiguilla. la unidad de la inflorescencia de Gramíneas, formada por lo común por dos glumas y uno o más antecios.
Estaminado/a. provisto de estambres.
Estaminodio. estambre que ha perdido su función y permanece completamente estéril.
Estéril. que no produce fruto; incapaz de dar polen o bien óvulos según se trate de flores estaminadas o pistiladas.
Estolón. tallo modificado que se desarrolla sobre la superficie o apenas por debajo del suelo, radicante en los nudos; propaga vegetativamente a la planta.
Estriado/a. marcado con finas líneas o surcos paralelos.
Exerto/a. que sobresale; las panículas son exertas cuando sobresalen de la vaina.

Falcado/a. de forma más o menos aplanada y curva como una hoz.
Fascículo. pequeño grupo, manojo; se aplica a ramas de una panícula, a racimos sobre un eje, etc.
Fértil. capaz de producir frutos o cualquier clase de diseminulos, o de dar polen si se trata de órganos estaminados.
Filiforme. de forma de hebra, delgado y sutil; si el órgano es más fino se llama *capilar*, si no lo es tanto, *linear*.
Flabelado/a. de forma de abanico.
Flexuoso/a. capaz de curvarse alternadamente en posiciones opuestas.
Fusco. rojo pardo; talvez "tiende al negro".
Fusiforme. ahusado, en forma de huso.

Geniculado/a. que cambia de dirección súbitamente.
Genículo. codo o rodilla; se aplica a las aristas y a los nudos inferiores del tallo.
Giboso/a. con uno o varios resaltos en forma de joroba.
Glabro/a. desprovisto absolutamente de pelos o vello.
Glándula. protuberancia o depresión, usualmente diminuta, que secreta o aparenta secretar un fluido.

Glauco/a. de color verde claro con matiz ligeramente azulado.
Glumas. el par de brácteas basales de la espiguilla.

Herbáceo/a. que tiene aspecto de hierba y principalmente que no está lignificado. Se opone a leñoso.
Hialino/a. transparente como si fuera de cristal, o por lo menos diáfano.
Hilo. zona de inserción del óvulo en la pared del ovario; en el cariopsis, constituye una cicatriz en la parte ventral.
Hirsuto/a. cubierto de pelo rígido y áspero al tacto.
Híspido/a. cubierto de pelo muy tieso y sumamente áspero al tacto, casi punzante.

Imbricado/a. se aplica a órganos foliáceos que estando muy próximos llegan a cubrirse por los bordes, como las tejas en un tejado.
Inflexo/a. encorvado hacia dentro o hacia lo alto.
Inflorescencia. porción florífera de una planta.
Innovación. renuevo que nace lateralmente.
Internodio. porción del tallo comprendida entre dos nudos consecutivos, llamada usualmente entrenudo.
Interrupta. carente de continuidad; se aplica especialmente a inflorescencias densas cuya continuidad se rompe por segmentos menos floríferos, siendo el eje parcialmente visible.
Involucro. conjunto de brácteas debajo de una flor o conjunto de flores. En Gramíneas se refiere al conjunto de setas o ramitas estériles que rodean la o las espiguillas, como en el caso de *Pennisetum* y otros géneros.
Involuta. hoja encorvada o enrollada por sus bordes hacia la cara interna.

Lámina. porción de la hoja situada por encima de la lígula.
Lanceolado/a. superficie angostamente elíptica y adelgazada en ambos extremos.
Laxo/a. abierto, poco denso o poco espeso.
Lemma. bráctea de la espiguilla por encima de las glumas, la externa del antecio.
Lígula. línea de pelos o apéndice membranáceo ubicado en la cara interna de la hoja, en la unión de la lámina con la vaina.
Linear. prolongado y angosto; de bordes más o menos paralelos.
Liso. no áspero al tacto.
Lobado. dividido en gajos o lobos, porciones más o menos profundas y redondeadas.
Lodícula. (= glumélulas) cada una de las 2 o 3 delicadas escamitas que constituyen el perianto rudimentario de la flor de las Gramíneas.

Membranáceo/a. delgado, parecido a una membrana.
Monoclino/a. dícese de las plantas que llevan flores perfectas.
Monoico. dícese de las plantas diclinas que llevan flores estaminadas y pistiladas sobre el mismo pie.
Mucrón. arista diminuta, más o menos aguda y aislada en el extremo de un órgano cualquiera.
Mucronado/a. provisto de mucrón.
Mútico/a. órgano sin punta ni arista terminal.

Glosario

Naturalizada. planta que no siendo oriunda de un país o región, se acomoda a él y se propaga como si fuera autóctona.
Navicular. parecido a una barca; se aplica especialmente al ápice de las láminas.
Nervio. (= nervaduras) cada uno de los haces vasculares que se hallan en las hojas y en otros órganos de naturaleza foliar.
Neutro. sin estambres ni pistilos; se aplica a antecios y espiguillas.
Nutante. péndulo, colgante, generalmente aludiendo a la panícula.

Ob-. prefijo que da a la palabra sentido opuesto o invertido tal como ocure en *obovado,* es decir de forma ovada pero con la parte ancha en el ápice; a veces se aplica con sentido intensivo como en *oblato* que indica más ancho que lo normal.
Oblongo. más largo que ancho.
Obtuso/a. redondeado en el ápice; contrasta con agudo.
Ovado/a. de forma de huevo, colocado de modo que su parte más ancha corresponde a la inferior del órgano de que se trata; se aplica a órganos laminares.
Oval. referido a órganos laminares, anchamente elíptico.
Ovoide. de forma de huevo; se aplica a objetos macizos, de 3 dimensiones.

Pálea. la bráctea interna del antecio.
Panícula. inflorescencia con un eje principal y ramas laterales de diverso orden. Puede ser compacta y espiciforme o abierta.
Papila. proyección granulosa diminuta y más o menos translúcida.
Papiloso/a. que tiene papilas.
Paucifloro/a. con pocas flores (o espiguillas, en Gramíneas).
Pecíolo. el pie de una lámina de la hoja al tallo; presente en los bambúes y en otras especies de hojas anchas donde la lámina se contrae formando un pecíolo.
Pectinado/a. en forma de peine. Se aplica a algunas inflorescencias de *Bouteloua* donde las espiguillas están muy próximas, paralelas y divergentes del eje como los dientes de un peine.
Pedicelado/a. que posee pedicelo. Se opone a sésil.
Pedicelo. extremidad de una rama que sostiene a una espiguilla.
Pedúnculo. el pie que sostiene a una inflorescencia.
Péndulo/a. colgante o cabizbajo.
Perenne. que vive más de una estación.
Perfecta. se aplica a las flores que llevan tanto estambres como pistilo.
Pericarpo. cubierta del fruto maduro que corresponde a la hoja carpelar modificada.
Persistente. que se conserva en su sitio, sea cuando otras partes han caído, o por un período de tiempo considerable.
Piloso/a. que tiene pelos largos y flexuosos, en general. Si el pelo es muy fino y suave al tacto se dice que el órgano respectivo es *pubescente*; si es rígido y áspero se emplea *híspido*.
Piramidal. en forma de pirámide; se aplica a algunas panículas.
Pistilado/a. se aplica a las flores que poseen sólo pistilo y, por extensión, a las inflorescencias y plantas que llevan este tipo de flores.
Plumoso/a. semejante a una pluma, por su forma.
Pubérulo/a. apenas pubescente o con pelitos muy finos y escasos.

Pubescente. cubierto de pelo fino y suave.
Pulvínulo. engrosamiento basal de las ramas de algunas panículas que provoca el despligue de las mismas.

Racimo. inflorescencia donde las espiguillas tienen pedicelos que se insertan directamente sobre el raquis.
Radicante. que produce raíces o es capaz de producirlas, como los tallos rastreros que echan raíces en los nudos que están en contacto con el suelo.
Ramoso/a. muy ramificada.
Raquilla. eje de la espiguilla.
Raquis. eje de la inflorescencis, solo en espigas y racimos.
Reticulado/a. en forma de retículo.
Retrorso. dirigido hacia la parte basal del órgano en que se inserta, como las escabrosidades de las setas de algunas especies de *Setaria* y *Pappophorum*.
Revoluta. se dice de la hoja cuyos bordes se encorvan sobre la cara externa.
Rizoma. tallo subterráneo que produce innovaciones. En Gramíneas son usualmente delgados y llevan escamas en los nudos, a veces distantes e inconspicuas o imbricadas y prominentes.
Rizomatoso/a. que lleva rizomas.
Rostrado/a. que remata en punta en forma de pico.
Rudimento. órgano o parte de un órgano imperfectamente desarrollado.
Rugulado/a. con pliegues o arrugas leves, como los antecios de algunas especies de *Setaria*.

Samófila. planta que requiere suelo arenoso.
Secundaria. subordinada; segundo en orden y no principal. Se aplica a las ramas de la inflorescencia que se desarrollan sobre las ramas primarias.
Secundifloro/a. dícese de la planta, de la inflorescencia, etc, que tiene las flores a un solo lado del eje florífero. En Gramíneas en vez de flores se consideran espiguillas.
Semi-. prefijo empleado a menudo para dar idea de algo que se realiza a medias.
Serrado. (= aserrado) semejante a una sierra, con dientecitos agudos y próximos.
Sésil. que carece de pie o soporte.
Seta. apéndice delgado y recto que en Gramíneas se aplica a las ramas modificadas que rodean o se ubican en la base de las espiguillas de *Setaria* y otros géneros afines.
Setáceo/a. fino como una seta: algunas hojas terminan en punta setácea.
Sub-. prefijo que se emplea para atenuar el significado de segundo componente, con el significado de casi, como por ej. subsésil, casi sésil, con pedicelo muy breve.
Subulado. estrechado hacia el ápice hasta rematar en punta fina.
Suculento. muy carnoso y grueso, jugoso.

Teselado. se aplica cuando la superficie de un órgano está marcada con depresiones oblongas o cuadradas.
Tomentoso/a. cubierto de pelos cortos y muy densos.
Tríade. un grupo de tres; aplicado a la espiguilla central más las dos laterales en *Hordeum*.
Triaristado/a. con tres aristas.

Trífido/a. divido en tres partes como las aristas de *Aristida*.
Triloba. con tres lóbulos.
Triquetro/a. aplícase a tallos, raquis, etc. de sección triangular.
Truncado/a. que remata en un borde o en un plano transverso, como si hubiera sido cortado.
Tuberculado/a. cubierto con pequeños abultamientos semejantes a tubérculos.
Túrgido/a. (= turgente) hinchado; que tienen sus células turgentes y muestran cierta tiesura y firmeza.

Uncinado/a. que forma gancho.
Unguiculado. provisto de uña.
Uniflora. espiguilla con una sola flor o antecio.
Unilateral. se aplica a la inflorescencia cuando las espiguillas se disponen de un solo lado del eje.
Uninervio. con un solo nervio.

Vaina. región inferior de la hoja, que va desde su inserción hasta la lígula. Abraza parcial o totalmente al tallo.
Velloso/a. que tiene vello o pelo, no siendo éste demasiado fino (pues sería *pubescente*) ni demasiado áspero o rígido, (*hirsuto* o *híspido*).
Ventral. lado que corresponde al vientre en los órganos dorsiventrales.
Verticilado/a. dispuesto en verticilo.
Verticilo. conjunto de dos ó más órganos que brotan a un mismo nivel del eje caulinar.

Xerófilo/a. en sentido general se dice de las plantas que viven en medios secos, sea por el clima o por las condiciones edáficas.

Zoocoro/a. se dice de los vegetales cuyas diásporas normalmente son diseminadas por animales, como las de *Cenchrus*.

ESPECIES Y NOMBRES NUEVOS

Andropogon multiflorus Renvoize **sp. nov.**
A. crucianus Renvoize **sp. nov.**
Arthrostylidium canaliculatum Renvoize **sp. nov.**
Aulonemia boliviana Renvoize **sp. nov.**
A. longipedicellata Renvoize **sp. nov.**
A. tremula Renvoize **sp. nov.**
Axonopus boliviensis Renvoize **sp. nov.**
Bromus bolivianus Hack. ex Renvoize **sp. nov.**
Chloris boliviensis Renvoize **sp. nov.**
Danthonia boliviensis Renvoize **sp. nov.**
Eragrostis terecaulis Renvoize **sp. nov.**
Festuca scabrifolia Renvoize **nom. nov.**
F. copei Renvoize **sp. nov.**
F. stebeckii Renvoize **sp. nov.**
F. petersonii Renvoize **sp. nov.**
F. potosiana Renvoize **sp. nov.**
Helictotrichon scabrivalvis (Trin.) Renvoize **comb. nov.**
Otachyrium boliviensis Renvoize **sp. nov.**
Poa andicola Renvoize **sp. nov.**
Polypogon exasperatus (Trin.) Renvoize **comb. nov.**
P. hackelii (R.E. Fr.) Renvoize **comb. nov.**
Sporobolus crucensis Renvoize **sp. nov.**

SINOPSIS DE CLASIFICACION

Subfamilia **Bambusoideae**

Tribu *Bambuseae*	géneros 1–9
Tribu *Streptochaeteae*	género 10
Tribu *Olyreae*	géneros 11–14
Tribu *Parianeae*	género 15
Tribu *Phareae*	género 16
Tribu *Streptogyneae*	género 17
Tribu *Oryzeae*	géneros 18–20

Subfamilia **Pooideae**

Tribu *Stipeae*	géneros 21–24
Tribu *Poeae*	géneros 25–34
Tribu *Meliceae*	géneros 35–38
Tribu *Aveneae*	géneros 39–54
Tribu *Bromeae*	género 55
Tribu *Triticeae*	géneros 56–59

Subfamilia **Centothecoideae**

Tribu *Centotheceae*	géneros 60–61

Subfamilia **Arundinoideae**

Tribu *Arundineae*	géneros 62–67
Tribu *Aristideae*	género 68

Subfamilia **Chloridoideae**

Tribu *Pappophoreae*	géneros 69–71
Tribu *Eragrostideae*	géneros 72–83
Tribu *Cynodonteae*	géneros 84–94

Subfamilia **Panicoideae**

Tribu *Paniceae*	géneros 95–125
Tribu *Isachneae*	género 126
Tribu *Arundinelleae*	géneros 127–129
Tribu *Andropogoneae*	géneros 130–151

ECOLOGIA Y FITOGEOGRAFIA DE LAS GRAMINEAS EN BOLIVIA

Stephan G. Beck

El presente capítulo pretende dar a conocer el papel de las gramíneas en relacion a las formaciones vegetales y los ecosistemas más importantes de Bolivia (Beck *et al.* 1993). Brevemente se enfocará su ecología y el uso de las mismas.

Bolivia ofrece un laboratorio natural perfecto que permite mostrar la gran amplitud ecológica de las gramíneas, que viven bajo condiciones climáticas, edáficas e hídricas muy diversas. Algunas especies de gramíneas soportan variaciones de temperaturas y humedad. La resistencia contra las heladas y sequías caracterizan frecuentemente a especies de zonas altas; en cambio la adaptación a inundaciones hasta la vida acuática es común para numerosas especies de las llanuras bajas. La mayoría de las gramíneas exige gran insolación para su desarrollo, pocas especies habitan bosques umbrosos siempreverdes. El sustrato donde se desarrollan las gramíneas varia desde suelos extremadamente pobres sobre rocas y grietas o de salitrales, hasta suelos sumamente profundos y con elevados nutrientes en campos de cultivos. Son numerosas las especies que crecen en hábitats perturbados y pueden ser pioneras con un ciclo de vida muy breve en lugares con frecuente alteración mecánica del suelo. Otras especies perennes tienen una adaptación extrema a la destrucción de sus órganos aéreos por corte, pastoreo o fuego.

Las gramíneas, comunmente llamadas "pastos", se encuentran desde los niveles de los glaciales andinos hasta en plena llanura de los bosques amazónicos. Ellas predominan en el altiplano y en los llanos del oriente, existen pocas áreas donde están ausentes. Su distribución en las diferentes formaciones vegetales va a ser descrita empezando por las cumbres de las montañas altas, descendiendo hasta las sabanas (pampas) de llanuras inmensas. Los limites de los pisos altitudinales de las diferentes formaciones vegetales se reducen de norte a sur, tampoco son iguales en la cordillera occidental y en la cordillera oriental. Sus altitudes indican una aproximación. Una tabla sintética (Tabla 2) indica la distribución más frecuente de los géneros ordenados por sus subfamilias en los diferentes pisos ecológicos.

Una escasa cobertura de hierbas y gramíneas es típica para los pedregales y rocales del **piso subnival** entre 4,800 y 5,000 m. Se ven pequeñas matas de *Deyeuxia*, *Poa* y esporádicamente matas de *Festuca*, protegidas por rocas. En esta región de heladas diarias y su consecuente efecto de soliflucción y crioturbación sobre suelos de laderas y fondos de valles de altura, se originan géneros y especies endémicas de los Andes altos como *Anthochloa lepidula*, *Dielsiochloa floribunda* y algunas especies de *Dissanthelium*.

En el **piso altoandino** entre 4,400 y 4,800 m, un césped bajo y abierto se desarrolla sobre morrenas consolidadas, con pequeñas hierbas en forma de roseta y numerosas gramíneas diminutas como *Deyeuxia minima* y especies de *Agrostis*, *Stipa* y *Poa*. Más abajo, en áreas más secas, dominan pastizales abiertos con *Festuca dolichophylla* y numerosas especies de *Deyeuxia* asociadas a especies de *Stipa*, como *S. hans-meyeri*. En áreas más húmedas, alrededor de los 4,000 m, se ven cojines punzantes de *Aciachne,* que alcanzan su mayor desarrollo sobre las laderas orientales de la Cordillera Real, expuestas a neblinas y lloviznas frecuentes, en praderas sobrepastoreadas y como pionera en los campos en descanso (Seibert & Menhofer 1991, 1992; Seibert 1993).

Sobre las **llanuras y colinas altiplánicas** entre 3,500 y 4,400 m las lluvias disminuyen de norte (= puna húmeda) a sur (= puna seca), y los pastizales cambian paralelamente su fisionomía y composición florística: En las llanuras cercanas al Lago Titicaca dominan los "chillihuares" densos con valiosas especies forrajeras como *Deyeuxia rigida*, *D. vicunarum*, *Festuca dolichophylla*. Más al sur y en la puna húmeda sobre laderas y campos alterados, se ven praderas de cobertura abierta con matas de "ichu" o "paja brava", que corresponden a varias especies de *Stipa* (*S. ichu*, *S. leptostachya*, *S. pseudoichu*) y a veces incluyen especies de *Festuca* y *Deyeuxia* con tallos y hojas duras. Los "ichus" son reemplazados por el "iru ichu", *Festuca orthophylla*, *F. chrysophylla* de hojas punzantes en lugares más áridos con suelos arenosos (Navarro 1993). A menudo se ve alrededor de los "iru ichu" y sobre todo en lugares salinos *Puccinellia parvula*, un pequeño pasto de culmos ascendentes de vida corta.

Bajo condiciones climáticas, templadas y frías dominan las Pooideae (ver Tabla 3). En lugares soleados y secos del Altiplano, crecen esporádicamente *Aristida adscensionis* de vida anual, *A. antoniana*, *A. asplundii*, especies perennes (*Arundinoideae*), y pequeñas gramíneas anuales, *Chondrosum simplex*, *Microchloa indica* y algunas especies de *Eragrostis* pertenecientes a las *Chloridoideae*, que se extienden temporalmente sobre terrenos removidos. En las depresiones dominan los céspedes bajos de "chijis", que frecuentemente corresponden a las *Chloridoideae Muhlenbergia fastigiata*, *M. ligularis*, y una pequeña halófita, *Distichlis humilis* (Beck 1985). La única *Panicoideae*, *Paspalum pygmaeum*, una pequeña anual, crece de manera aislada en la puna húmeda, bajo protección de matas altas.

En la puna y en el piso altoandino, los lugares pantanosos colonizados por cojines, mayormente duros, se conocen como "**bofedales**", donde habitan sobre todo Juncáceas; pero siempre están acompañadas por algunas especies de *Deyeuxia* y *Poa*. Pocas gramíneas se encuentran en el borde o dentro de **lagunas** altoandinas, oligotróficas, como por ejemplo *Deyeuxia chrysantha*. En lagunas del altiplano vive ocasionalmente *Alopecurus hitchcockii* con culmo y hojas postradas flotantes. En bordes de acequias se encuentran *Alopecurus magellanicus*, *Helictotrichon scabrivalvis* y más frecuentemente especies de *Polypogon* de crecimiento erecto. A menudo, se observan las vistosas "sehuencas" del género *Cortaderia* en el borde de acequias y en quebradas.

En las laderas superiores de la Cordillera Oriental se distingue, por encima de la "ceja de monte" entre 3,000 y 3,700 m, una formación fragmentada de pajonales altos con islas, franjas de bosquecillos y matorrales de leñosas siempre verdes llamado **páramo yungueño**. Elementos típicos de esta zona nubosa son las *Bambusoideae* del subgénero *Swallenochloa*, como *Chusquea tessellata* y esporádicamente se encuentra otra *Bambusoideae* robusta dentro del matorral denso, *Neurolepis*, con hojas anchas y hasta de 3 m de longitud. Dominan las matas grandes de *Cortaderia bifida*, *C. boliviensis*, *C. hapalotricha* y diferentes especies de *Deyeuxia*, *Festuca*, entremezcladas aparecen especies de *Agrostis* como *A. perennans* y rara vez ocurre *Hierochloe redolens*. Algunas de estas especies también se encuentran en la ceja de monte, una zona de neblinas y lloviznas frecuentes, donde los árboles forman un estrato bajo con troncos torcidos, lleno de epífitas.

El **bosque húmedo montano** entre 500 y 3,500 m de la vertiente oriental de **los Yungas** desde el norte del Departamento de La Paz hacia las montañas de Amboró, cerca de Santa Cruz, y el **bosque tucumano-boliviano** al sur, originalmente tuvieron pocas especies de gramíneas herbáceas. Hoy dominan en áreas alteradas el "chumi", vegetación secundaria sujeta a quemas ocasionales con arbustos bajos, muchos helechos ("chusi") y ciperáceas cortaderas del género *Scleria*, mientras que hierbas y gramíneas se hallan sobre todo en lugares abiertos, al borde de senderos y caminos, donde la cobertura umbrosa arbórea ha sido destruida o sobre pendientes de sustrato rocoso. La forrajera introducida, el "pasto gordura" *Melinis minutiflora*, ocupa amplias áreas de desmonte en Nor y Sud Yungas. Se reconoce por sus pelos densos, que secretan aceites aromáticos que se difunden en el ambiente. En el piso altomontano de los Yungas se destacan las *Bambusoideae* leñosas, especialmente especies de *Chusquea* (ver Tabla 3). El único género endémico de gramíneas de Bolivia es *Gerritea*, vive en los Yungas y es monotípico: *G. pseudopetiolata*, solo conocida en un valle angosto con restos de bosque semideciduo, sobre paredes rocosas. *Triniochloa stipoides* e *Isachne arundinacea* se conocen solamente del bosque montano abierto. En altitudes debajo de 2,000 m, al borde de las sendas y en ambientes húmedos vegeta *Zeugites americana*, un pasto delgado y ramificado de la pequeña subfamilia Centothecoideae. Su pariente *Orthoclada laxa*, de aspecto más robusto, vive a menor altitud y aparece más frecuentemente en el **bosque húmedo de tierras bajas.** Bajo esta denominación se incluye el "bosque amazónico, bosque húmedo de llanura, bosque húmedo del Escudo Precámbrico" entre 150 y 800 m.

El bosque húmedo montano por debajo de los 2,000 m comparte numerosas gramíneas con el **bosque húmedo de tierras bajas** y el **bosque semideciduo chiquitano**, pertenecientes a los géneros *Ichnanthus*, *Lasiacis*, *Oplismenus*, *Panicum* y *Pseudechinolaena*, además de las *Bambusoideae* herbáceas *Olyra*, *Pharus*, como las leñosas *Guadua* y *Rhipidocladum*. Dos *Bambusoideae* herbáceas raras viven en el **bosque húmedo de tierras bajas**, *Streptogyne americana*, que se encuentra en el sotobosque amazónico y *Streptochaeta spicata*, coleccionada en el bosque estacional del Escudo Precámbrico y ultimamente en el pie de monte.

La *Arundinoideae* más alta, el "chuchío" o "charo", *Gynerium sagittatum* domina extensas franjas a lo largo de los ríos y forma "charales", prosperando también alrededor de manantiales en laderas bajas montañosas. En lugares alterados desde la montaña media a la inferior así como en las tierras bajas viven gramíneas ruderales de porte erecto y comportamiento invasor: *Andropogon bicornis*, *Digitaria ciliaris*, *D. insularis*, *Imperata brasiliensis*, *Leptochloa virgata*, *Panicum laxum*, *P. pilosum*, *P. polygonatum*, *Setaria parviflora* y *Schizachyrium condensatum*. De porte postrado y con culmos ascendentes son: *Axonopus compressus*, *Cynodon dactylon*, *Dactyloctenium aegyptium*, *Eleusine indica*, *Paspalum decumbens*. Llaman la atención gramíneas altas, introducidas para fines forrajeros, que prosperan al borde del camino, especialmente cerca a los pueblos como el "yaraguá" *Hyparrhenia rufa*, "pasto Guinea" *Panicum maximum*, "pasto elefante" o "merkerón" *Pennisetum purpureum*, "sorgo silvestre, pasto ruso"(?) *Sorghum halepense*, *S. arundinaceum*.

TABLA 3. Distribución de las subfamilias en diferentes formaciones vegetales

FORMACION	Bambusoideae	Pooideae	Centothecoideae	Arundinoideae	Chloridoideae	Panicoideae
Altoandino y Puna (Altiplano) 3.500–5.000 m		Aciachne Agrostis Alopecurus~ Anthochloa Bromus Catabrosa** Deyeuxia Dielsiochloa Dissanthelium Festuca Helictotrichon* Hordeum(°) Koeleria* Nassella (Phalaris**) Piptochaetium Poa Puccinellia* Stipa Trisetum		Aristida* Cortaderia	Chondrosum Distichlis°	Paspalum* Enneapogon** Eragrostis* Erioneuron** Microchloa Muhlenbergia(°) Munroa*
Páramo yungueño y Ceja de Monte 3.000–3.700 m	Chusquea Neurolepis*	Agrostis (Anthoxanthum) Aphanelytrum* Bromus Deyeuxia Festuca Hierochloe** Poa		Cortaderia Lamprothyrsus		Paspalum*
Bosque húmedo montano de los Yungas y Bosque Tucumano-Boliviano (menos diversificado) 500–3.500 m	Arthrostylidium** Aulonemia* Chusquea Guadua Merostachys* Neurolepis* Olyra Parodiolyra Pharus* Raddiella** Rhipidocladum	Aphanelytrum* Brachypodium* Bromus* Cinna** Elymus** Triniochloa*	Zeugites*	Gynerium Lamprothyrsus	Eleusine* Eustachys* Leptochloa	(Coix) Gerritea** Ichnanthus Isachne* Lasiacis (Melinis) Oplismenus* Panicum Paspalum Pennisetum* Pseudechinolaena**
Bosque húmedo de tierras bajas (Amazónico, Escudo precámb.) y semideciduo Chiquitano 150–800 m	Chusquea* Cryptochloa* Guadua Olyra Pariana* Pharus Rhipidocladum Streptochaeta** Streptogyna		Orthoclada*	Gynerium	Cynodon Dactyloctenium Eleusine Leptochloa Sporobolus	Acroceras Brachiaria Digitaria Echinochloa[~] Homolepis Ichnanthus Lasiacis Oplismenus Panicum Paspalum* Pennisetum* Tripsacum*

TABLA 3. continuacíon

FORMACION	Bambusoideae	Pooideae	Centothecoideae	Arundinoideae	Chloridoideae	Panicoideae
Valle seco interandino y cabecera de valle 500–3.500 m		(Avena*) Briza Bromus (Catapodium**) Deyeuxia* Hordeum (Lolium*) Melica Piptochaetium Poa Polypogon Stipa Vulpia		Aristida (Arundo~) Cortaderia~ Danthonia* Phragmites*~	Aegopogon* Bouteloua Chaboissaea** Chloris Chondrosum Cottea* Cynodon Distichlis Eragrostis Leptochloa Lycurus* Microchloa* Muhlenbergia Pappophorum Sporobolus Tragus* Trichloris	Andropogon Bothriochloa Cenchrus Digitaria Echinochloa* Elionurus Heteropogon Paspalum Pennisetum Rhynchelytrum Schizachyrium Setaria Tripogon*
Bosque seco Serrano y del Chaco 100–1.500 m	Guadua	Piptochaetium		Aristida	Chloris Cynodon Eragrostis Gouinia* Leptochloa Microchloa* Pappophorum Sporobolus Tragus Trichloris	Andropogon Axonopus Bothriochloa Cenchrus Elionurus Imperata Panicum Paspalum Pennisetum* Setaria Sorghastrum
Sabana de montaña (no figura en el mapa) 900–2.500 m				Aristida	Eragrostis Sporobolus	Andropogon Arundinella* Axonopus Elionurus Heteropogon Hyparrhenia Imperata Leptocoryphium* (Melinis) Panicum Paspalum Schizachyrium Setaria Thrasya Trachypogon
Sabana no inundable en parte arboleada Beniana del Norte Campos amazónicos 150–250 m Campos cerrados	Actinocladum*			Aristida	Eragrostis Gymnopogon Sporobolus	Agenium* Andropogon Anthaenantiopsis** Arthropogon** Axonopus Brachiaria Digitaria Echinolaena Elionurus

Ecología y Fitogeografía

TABLA 3. continuacíon

FORMACION	Bambusoideae	Pooideae	Centothecoideae	Arundinoideae	Chloridoideae	Panicoideae
150–1,000 m incl. sabanas antropog. de Santa Cruz 250–800 m						Heteropogon Hyparrhenia Eriochrysis Hackelochloa Imperata Leptocoryphium Loudetia Loudetiopsis Mesosetum* Panicum Paspalum Saccharum Sacciolepis Schizachyrium Setaria Sorghastrum Thrasya Trachypogon
Sabana inundable: Beniana del Sur y del Gran Pantanal 150–250 m	Leersia~ Luziola~ Oryza*~			Aristida	Cynodon Eleusine Eragrostis Gymnopogon Leptochloa Sporobolus Tripogon*	Acroceras Andropogon Arundinella Axonopus Brachiaria* Coelorachis Echinolaena* Elionurus Eriochloa~ Eriochrysis Hemarthria Homolepis Hymenachne~ Hyparrhenia Imperata Loudetia Otachyrium Panicum Paratheria Paspalum Reimarochloa* Rhytachne* Rottboellia* Saccharum Sacciolepis Schizachyrium Setaria Sorghastrum Steinchisma*

*   presencia rara
** presencia muy rara
~   en ambiente húmedo
°   en suelo salobre
( ) introducida y naturalizada
[ ] a veces

Los **valles secos interandinos** se extienden desde el norte de La Paz hasta el sur de Tarija y comprenden un conjunto de bosques secos, chaparrales, matorrales y tierras erosionadas entre 500 y 3,500 m de altitud. La alta diversidad de formaciones vegetales se refleja en la amplia gama de gramíneas, que abarca todas las subfamilias, excepto las *Bambusoideae* y la diminuta subfamilia de *Centothecoidea*e, que solamente aparecen en los valles secos relacionados con los Yungas. Sin embargo, existen pocos pajonales y praderas; las gramíneas se encuentran en matorrales o campos con acción antropogénica como malezas, forrajeras o cultivos (Estenssoro 1989, Ibisch 1993).

Las **cabeceras de valle** están influenciadas por la puna adyacente, como muestra la presencia de varias especies de *Bromus*, *Stipa* y *Nassella*. Entre arbustos y herbáceas crecen gramíneas más débiles de *Briza*, *Melica*, *Aegopogon*, *Bouteloua curtipendula* y especies de *Eragrostis*, que necesitan condiciones climáticas más cálidas, así como las *Panicoideae* representadas por especies de *Bothriochloa* y *Pennisetum*, que llegan por encima de los 3,000 m. Cerca a los pueblos y en las mismas ciudades crece frecuentemente el "kikuyo", *Pennisetum clandestinum*, una rastrera vigorosa de origen africano, naturalizada en lugares húmedos desde el fondo de los valles hasta el borde del altiplano.

Sobre las **laderas inferiores de las montañas, sobre colinas y mesetas** en el matorral abierto interandino y en el **bosque serrano chaqueño** entre 500 y 1,500 m, crecen varias *Chloridoideae* asociadas a los "algarrobales" y "churquiales" de *Prosopis* y *Acacia*, característicos de los valles de Tarija y Chuquisaca. Los géneros más comunes aquí son *Eragrostis*, *Sporobolus*, *Pappophorum*, *Trichloris* y *Chloris*, además de *Aristida* y *Cenchrus* (Coro 1982). Especies introducidas a estas zonas para fines forrajeros incluyen el "pasto buffel", *Cenchrus ciliaris*, y el "pasto Rhodes", *Chloris gayana*. Existen pequeñas llanuras húmedas con pastizales en el fondo de los valles, aprovechadas para la ganadería, mayormente invadidos por "la pata de perdiz", "bremura", "bermuda" o "grama grama", la cosmopolita de climas cálidos *Cynodon dactylon*. Al borde de los cauces de agua frecuentemente crece la "caña hueca", *Arundo donax*, especie exótica naturalizada, que se propaga por rizomas.

El **bosque seco chaqueño** entre 100 y 500 comparte la mayoría de las especies con el bosque seco interandino, en que dominan las *Chloridoideae* y *Panicoideae*. El estrato herbáceo de gramíneas se desarrolla durante la corta época húmeda de dos a cuatro meses de diciembre a marzo. Frecuentemente estan representados los géneros *Leptochloa*, *Eragrostis*, *Sporobolus*, *Panicum*, *Paspalum* y *Setaria*. En las depresiones y junto a los ríos quedan pequeñas pampas inundadas durante la época de lluvias, sobre éstas se destacan varios pastos de sabanas inundables como *Hymenachne amplexicaulis*, *Leersia hexandra*, *Eriochloa* spp. y otras. Sobre las praderas altas, no anegadas, son comunes especies de *Elionurus*, *Chloris*, *Sporobolus* y *Trichloris* (Meyer 1940).

La cobertura vegetal de las **sabanas, llanos, pampas y pajonales** esencialmente consta de gramíneas; además predominan en algunas sabanas húmedas una gran diversidad de Ciperáceas. Las *Panicoideae*, especialmente la tribu *Andropogoneae* predomina en todos los tipos de sabana por su diversidad específica y producción de fitomasa. Se distinguen varios tipos de sabana, según su ubicación geográfica, el sustrato geológico – edáfico y su regimen hídrico.

Las **sabanas de la montaña o pajonales**, intercaladas en el bosque montano, mayormente se encuentran en los Yungas del Departamento de La Paz, entre 900 y 2,500 m de altitud (Beck 1993). Su composición florística sugiere un origen antropogénico, como lo muestran varias especies dominantes de amplia distribución neotropical como *Schizachyrium condensatum*, *S. sanguineum*, *S. tenerum* y *Trachypogon spicatus*, que están favorecidas por las quemas frecuentes, así como también *Leptocoryphium lanatum*, que parece ser escasa en las alturas. Sobre todo los pajonales meridionales contienen un alto porcentaje de cobertura de *Elionurus*, un género de amplia distribución en sabanas tropicales-subtropicales de América y Africa, así como de *Schizachyrium tenerum*, que se conoce desde México hacia Argentina en laderas pedregosas.

Las **sabanas de llanura** se extienden principalmente en el Departamento Beni, con menor extensión abarcan las sabanas aisladas de los Departamentos de Santa Cruz y La Paz (Haase & Beck 1989).

En el Beni son notables **las sabanas Benianas del Sur** entre 150 y 250 m, que corresponden a los "Llanos de Mojos" (Hanagarth & Beck 1996) con las pampas inundables del sur, centro y este, con extensos "bajíos" y "curichis" de praderas y pantanos poco profundos sobre sustrato aluvial. Allí las gramíneas experimentan cambios fuertes entre la época de inundación y la época de sequía, lo que también se refleja en la composición florística. Durante la época lluviosa los elementos típicos son los céspedes flotantes con *Hymenachne amplexicaulis*, *Luziola* spp. y algunas especies de *Paspalum* con láminas flotantes como *P. lacustre*, *P. morichalense*, *P. pallens*, que aparentemente fueron confundidas en trabajos anteriores con *P. acuminatum*. El "arrocillo" más común, *Leersia hexandra*, crece erecto en aguas de menor profundidad. En la época seca domina en el mismo lugar un césped bajo con *Reimarochloa brasiliensis*, *Paratheria prostrata* y *Panicum* spp. (Beck 1984). Posiblemente las extensas llanuras inundadas del **Gran Pantanal** boliviano son similares a estas pampas inundables del Beni (Parker *et al.* 1993). Al borde de los ríos y en el mismo cauce se ven islotes de gramíneas robustas a veces flotantes, de "gramalote": *Panicum elephantipes*, *Paspalum repens* y *Echinochloa polystachya*. La última especie domina las orillas de numerosos ríos de aguas blancas, pero rara vez se encuentra en estado de floración y fructificación.

Las **sabanas Benianas del Norte** y los **campos amazónicos** entre 150 y 250 m han sido muy poco estudiados. Los primeros están formadas sobre suelos lateríticos en su gran mayoría; no se inundan y quedan localmente anegados. Las formaciones vegetales se parecen más al "cerrado" con arboledas en terraplenes más elevados ("alturas") y "sartenejales" de termiteros y lombrigueras en las extensas llanuras. Las pampas de las "alturas" están compuestas principalmente por *Trachypogon spicatus*; localmente prevalecen *Paspalum pectinatum*, *Elionurus muticus* y *Aristida riparia*; en las depresiones anchas y casi planos dominan diversas especies, entre otras *Leptocoryphium lanatum*, *Gymnopogon fastigiatus*, *Panicum caricoides*, *Paspalum carinatum*, *P. lineare* y *Axonopus brasiliensis*. Mas al norte, entre los bosques siempreverdes de la Amazonía, se ubican los campos amazónicos, que se asemejan a las sabanas benianas del norte, pero que mantienen más elementos florísticos de la Amazonía y donde prevalecen condiciones más húmedas.

En los **campos cerrados** entre 150 y 1,000 m sobre el Escudo Precámbrico, en la Chiquitania frecuentemente se encuentra *Elionurus muticus* como elemento dominante, aparte de *Trachypogon spicatus* (Killeen *et al.* 1990, Killeen & Nee 1991). Excepcionalmente, la *Bambusoideae Actinocladum verticillatum* sobrevive a las quemas frecuentes en los campos cerrados. Existe una gran diversidad de "campos", que por lo general se han formado por la roza y la quema provocada por el hombre. Según las condiciones edáficas e hídricas predominan diferentes grupos de gramíneas. En lugares más húmedos de suelos más arcillosos son características varias especies de *Axonopus*, *Paspalum*, *Schizachyrium* y *Thrasya*. En otros "campos" como las **sabanas antropogénicas de Santa Cruz** localmente abundan especies de *Eragrostis*, *Sporobolus* y *Andropogon* sobre suelos arenosos o grandes "sujales" con *Imperata brasiliensis* en "chacras" abandonadas, que muestra su "cola" blanquiza plateado-sedosa de la panícula terminal después de la quema.

Las gramíneas son muy importantes para la ganadería. Más del 90% del ganado aprovecha los pastizales no cultivados, que consisten principalmente en gramíneas. Numerosas especies presentan una fuente valiosa de germoplasma para el mejoramiento genético, especialmente las gramíneas de las sabanas inundables del sur del Beni con especies altamente palatables de los géneros *Paspalum*, *Panicum*, *Luziola*, *Leersia*, *Hymenachne* etc. También crecen numerosas especies de alto valor forrajero en el altiplano y los valles interandinos que sufren el fuerte impacto del sobrepastoreo.

Desde tiempos remotos el hombre utiliza diferentes especies de las gramíneas para fines alimenticios, domésticos y en la artesanía. Bolivia cuenta con más de 32 cultivares de maíz (Ramírez *et al.* 1960), que aportan a la nutrición húmana, a los animales, así como a la estabilidad y al mejoramiento genético. Las numerosas especies de *Festuca* con culmos resistentes son usadas hasta ahora como herramienta esencial para los comunarios en el altiplano con el fin de atar su ganado, además se utilizan para la superficie de asiento en las sillas y en la artesanía turística. Las láminas y partes de los culmos del *Gynerium sagittatum* sirven para tejer esteras y canastas. Qué sería de la música andina sin los instrumentos de flautas elaborados con numerosas especies de *Bambusoideae*? Estas pocas palabras demuestran la enorme importancia y el gran potencial económico de las gramíneas de Bolivia.

REFERENCIAS

Beck, S. G. (1984). Comunidades vegetales de las sabanas inundadizas en el NE de Bolivia. Phytocoenologia 12 (2/3): 321–350.
—— (1985). Flórula ecológica de Bolivia: Puna semiárida en el Altiplano boliviano. Ecol. Bolivia 6: 1–41.
—— (1993). Bergsavannen am feuchten Ostabhang der bolivianischen Anden - anthropogene Ersatzgesellschaften? Scripta Geobot. 20: 11–20.
——, Killeen, T. J. & Garcia, E. (1993). Vegetación de Bolivia, pág. 6–24. En: Killeen, T. J., Garcia, E. & Beck, S. G. (eds.), Guia de arboles de Bolivia. Herbario Nacional de Bolivia, Missouri Botanical Garden. La Paz.
Coro, M. (1982). El algarrobo y la vegetación del valle de Tarija. Revista Ci. Técn. 3 (4): 29–107.
Estenssoro, E. S. (1989). Contribución al conocimiento de la vegetación y flora de los valles secos de las Provincias Mizque y Campero del Departamento Cochabamba, Bolivia. Tesina Carrera de Biología, UMSA, La Paz.
Haase, R. & Beck, S. G. (1989). Structure and composition of savanna vegetation in northern Bolivia: a preliminary report. Brittonia 41: 80–100.
Hanagarth, W. & Beck, S. G. (1996). Biogeographie der Beni-Savannen (Bolivien). Geographische Rundschau 48 (11): 662–668.
Ibisch, P. (1993). Estudios de la vegetación como una contribución a la caracterización ecológica de la Prov. Arque (Bolivia). Version actualizada de la tesis: PROSANA, CORDECO – GTZ, Cuaderno Cientifico 1: 1–177. Cochabamba.
Killeen, T. J., Louman, B. T. & Grimwood, T. (1990). La ecología paisajistica de la region de Concepción y Lomerío en la Provincia ñuflo de Chavez, Santa Cruz, Bolivia. Ecol. Bolivia 16: 1–45.
—— & Nee, M. (1991). Catálogo de las plantas sabaneras de Concepción, Depto. Santa Cruz, Bolivia. Ecol. Bolivia 17: 53–71.
Meyer, T. (1940). Nota preliminar sobre gramíneas forrajeras del Chaco. Revista Argent. Agron. 7: 95–104.
Navarro, G. (1993). Vegetación de Bolivia: el Altiplano meridional. Rivasgodoya 7: 69–98.
Parker III, T. A., Gentry, A. H., Foster, R. B., Emmons, L. H. & Remsen Jr., J. V. (1993). The lowland dry forest of Santa Cruz, Bolivia: A global conservation priority. Conservation International, RAP Working Papers 4, 104 pág. Washington.
Ramírez E., R., Timothy, D. H., Díaz B., E. & Grant, U. J. (1960). Races of Maize in Bolivia. Natl. Res. Council Publ. 747.
Seibert, P. (1993). La vegetación de la región de los Kallawaya y del altiplano de Ulla Ulla en los Andes Bolivianos. Ecol. Bolivia 20: 1–84.
—— & —— (1991). Die Vegetation des Wohngebietes der Kallawaya und des Hochlandes von Ulla Ulla in den bolivianischen Anden. Teil 1 von P. Seibert. Phytocoenologia 20(2): 145–276.
—— & —— (1992). Die Vegetation des Wohngebietes der Kallawaya und des Hochlandes von Ulla Ulla in den bolivianischen Anden. Teil 2 von X. Menhofer. Phytocoenologia 20(3): 289–438.

Ecología y Fitogeografía

MAPA DE VEGETACION DE BOLIVIA
modificado según Beck, Killeen & Garcia (1993)

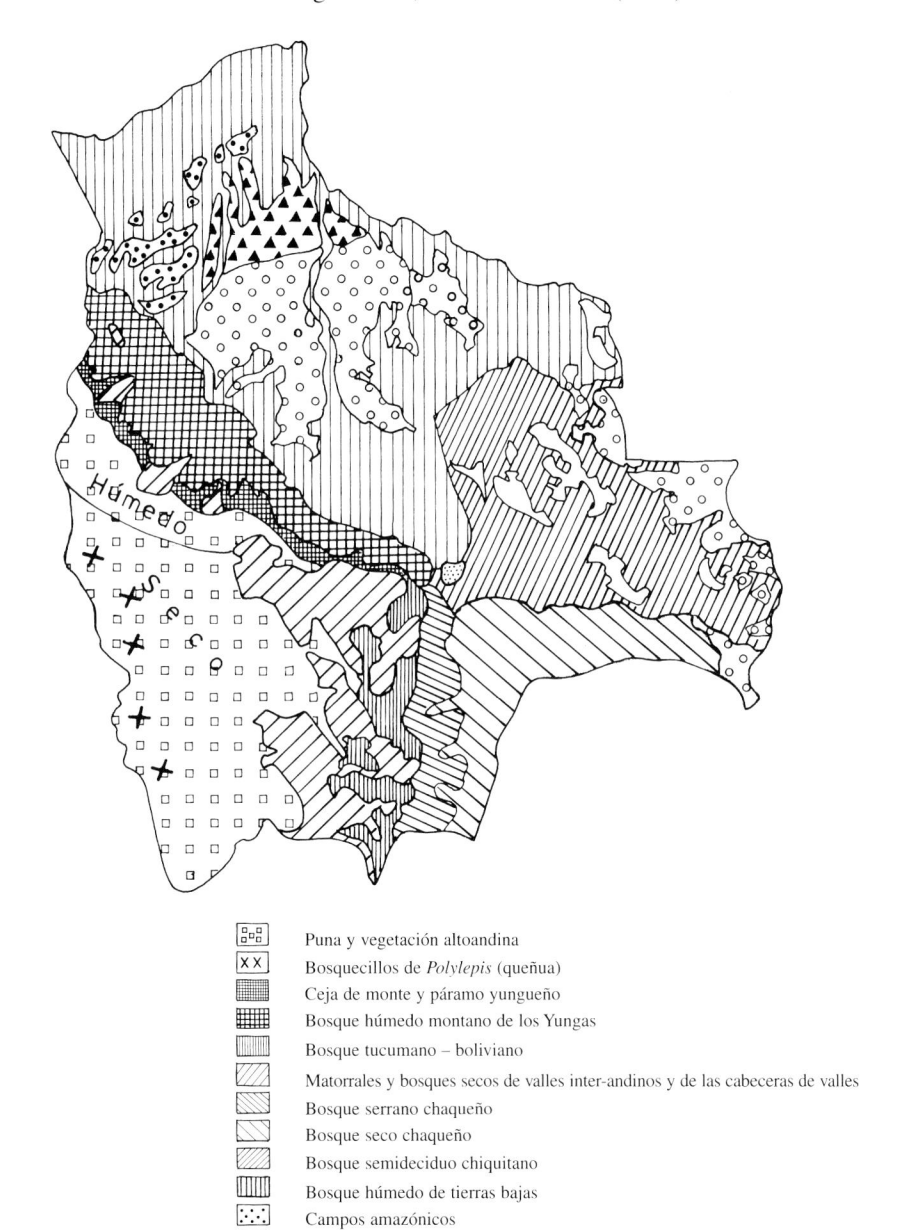

- Puna y vegetación altoandina
- Bosquecillos de *Polylepis* (queñua)
- Ceja de monte y páramo yungueño
- Bosque húmedo montano de los Yungas
- Bosque tucumano – boliviano
- Matorrales y bosques secos de valles inter-andinos y de las cabeceras de valles
- Bosque serrano chaqueño
- Bosque seco chaqueño
- Bosque semideciduo chiquitano
- Bosque húmedo de tierras bajas
- Campos amazónicos
- Campos cerrados
- Sabanas Benianas del Norte
- Sabanas Benianas del Sur y del Pantanal
- Sabanas y matorrales antropogénicos de Santa Cruz

CLAVE PARA LOS GENEROS

1. Plantas bambusoideas con culmos leñosos:
    2. Culmos con ramas espinosas ·························· **2. Guadua**
    2. Culmos con ramas sin espinas:
        3. Culmos macizos ······························ **8. Chusquea**
        3. Culmos huecos:
            4. Culmos con ramas apareadas y aplanados por arriba de los nudos
            ·· **1. Phyllostachys**
            4. Culmos con ramas solitarias o numerosas:
                5. Inflorescencia en racimos unilaterales con espiguillas densas y pectinadas ···························· **5. Merostachys**
                5. Inflorescencia en panícula, si racemosa entonces no densa:
                    6. Hojas de los culmos con láminas horizontales
                    ······························ **6. Actinocladum**
                    6. Hojas de los culmos con láminas erectas:
                        7. Ramas numerosas, brotando de un primordio inicial, aplanado, triangular o cordado, originado en una yema única ······················ **4. Rhipidocladum**
                        7. Ramas varias a numerosas re-ramificandose inmediatamente a partir de un yema solitaria:
                            8. Ramas más delgadas que los culmos
                            ························· **3. Arthrostylidium**
                            8. Ramas frecuentemente tan gruesas como el culmo
                            ···························· **7. Aulonemia**
1. Plantas no bambusoideas, culmos herbáceos o subleñosos:
    9. Plantas dioicas:
        10. Inflorescencia plumosa, compuesta de numerosas espiguillas (si una panícula densa compuesta de espiguillas bronceadas veo *Poa buchtienii*):
            11. Plantas grandes, no cespitosas; culmos de 2–15 m de alto, hojas caulinares ································ **67. Gynerium**
            11. Plantas cespitosas; culmos de 30–350 cm de alto; hojas basales:
                12. Lemmas múticas o bilobadas y los lobos agudos o acuminados
                ································ **63. Cortaderia**
                12. Lemmas bilobadas, los lobos con aristas largas
                ································ **64. Lamprothyrsus**
        10. Inflorescencia una panícula pequeña, compuesta de 1–4(–35) espiguillas:
            13. Lemmas 7–11-nervias ···················· **72. Distichlis**
            13. Lemmas 3-nervias ······················· **74. Munroa**
    9. Plantas monoicas o monoclinas:
        14. Inflorescencias unisexuales o si bisexuales entonces las espiguillas unisexuales:

15. Inflorescencia bisexual:
   16. Inflorescencia de 2 racimos unisexuales, el racimo pistilado incluido en un utriculo endurecido en el fruto ········ **151. Coix**
   16. Inflorescencia espigada o paniculada:
      17. Inflorescencia espiciforme:
         18. Espiguillas en fasciculos de 4–6 espiguillas estaminadas y pediceladas que rodean a una espiguilla pistilada sésil ·································· **15. Pariana**
         18. Espiguillas solitarias o en pares, las pistiladas en la porción basal, estaminadas hacia el ápice ········ **149. Tripsacum**
      17. Inflorescencia en panícula; láminas anchas:
         19. Láminas con nervios longitudinales divergentes ································ **16. Pharus**
         19. Láminas con nervios paralelos:
           20. Antecio de espiguilla femenina portado en, y cayendo con, un entrenudo de la raquilla alargado y engrosado ··························· **14. Cryptochloa**
           20. Antecio de espiguilla femenina no portado con entrenudo de la raquilla alargado:
              21. Pedicelo de la espiguilla femenina clavado; culmos erectos bambusiformes ·············· **11. Olyra**
              21. Pedicelo de la espiguilla femenina filiforme; culmos trepadores ················ **13. Parodiolyra**
15. Inflorescencia unisexual:
   22. Inflorescencia grande, plumosa ············· **63. Cortaderia**
   22. Inflorescencia una espiga engrosada o panícula pequeña, no plumosa:
      23. Inflorescencia pistilada espatada y en forma de espiga engrosada ···································· **150. Zea**
      23. Inflorescencia pistilada exerta, pequeña:
         24. Glumas presentes ··················· **12. Raddiella**
         24. Glumas ausentes ····················· **20. Luziola**
14. Inflorescencias generalmente compuestas de espiguillas bisexuales:
   25. Espiguillas unifloras o multifloras, si bifloras entonces las dos perfectas o la superior estéril:
      26. Espiguillas multifloras, en racimos unilaterales; estigmas formando 3 zarcillos después de la fertilizacion ········· **17. Streptogyna**
      26. Espiguillas unifloras o multifloras, inflorescencias en panículas, racimos o espigas; estigmas no formando zarcillos:
         27. Inflorescencia una espiga; espiguillas cilíndricas, compuestas de numerosas brácteas estériles, bráctea 6 rematada en una arista alargada retorcida ············· **10. Streptochaeta**
         27. Inflorescencia una panícula, racimo o espiga; espiguillas no compuestas de numerosas brácteas estériles:

28. Láminas con nervios teselados:
   29. Todas las flores perfectas · **60. Orthoclada**
   29. La flor inferior pistilada, las restantes estaminadas · · · · · · · · · **61. Zeugites**
28. Láminas sin nervios teselados:
   30. Espiguillas unifloras, sin o con dos antecios estériles o estaminadas basales o terminales:
     31. Glumas ausentes o minutas:
        32. Espiguillas con dos antecios estériles basales · · · · · · · · · · · **18. Oryza**
        32. Espiguillas sin antecios estériles basales · · · · · · · · · · · · · · **19. Leersia**
     31. Glumas presentes:
        33. Espiguillas en tríades:
           34. Lemmas 1-aristadas · **59. Hordeum**
           34. Lemmas 3-aristadas · **93. Aegopogon**
        33. Espiguillas no en tríades:
           35. Apice de la lemma prolongado en un arista de 3 ramas
                    · **68. Aristida**
           35. Apice de la lemma mútico o con una arista:
              36. Glumas 4; plantas cespitosas, láminas lineares, grandes
                   · **9. Neurolepis**
              36. Glumas 2:
                 37. Raquilla articulada debajo de las glumas:
                    38. Espiguillas deciduas apareadas-varias:
                       39. Inflorescencia en espiga:
                          40. Nervios de las glumas no engrosados
                            · **83. Lycurus**
                          40. Nervios de las glumas gruesos y con acúleos uncinados · · · · · · · · · · · · · · · · · · **94. Tragus**
                       39. Inflorescencia en racemos · · · · · · · **93. Aegopogon**
                  38. Espiguillas deciduas solitarias:
                     41. Espiguillas caedizas con la extremidad del pedicelo
                        · **52. Polypogon**
                     41. Espiguillas caedizas sin el pedicelo:
                        42. Panícula densa, espiciforme · · · **54. Alopecurus**
                        42. Panícula laxa, abierta · · · · · · · · · · · **53. Cinna**
                 37. Raquilla articulada arriba de las glumas:
                    43. Lemma coriácea, cilíndrica o gibosa:
                       44. Margenes de la vaina unidos: arista dorsal
                          · **38. Triniochloa**
                       44. Margenes de la vaina libres; arista terminal:
                          45. Glumas mayores que la lemma:
                             46. Margenes de la lemma superpuestos:
                                47. Antecio fusiforme; arista central, persistente
                                   · **21. Stipa**
                                47. Antecio giboso; arista excéntrica, decidua
                                   o no · · · · · · · · · · · · · · · · · · **22. Nasella**

46. Margenes de la lemma involutos
 · · · · · · · · · · · · · · · · · **23. Piptochaetium**
 45. Glumas menores que la lemma · · **24. Aciachne**
 43. Lemma hialina o cartilaginea, si coriaceas entonces no cilíndricas:
  48. Raquilla no prolongada por encima del antecio; callo glabro o con pelos cortos:
   49. Lemmas (3–)5-nervia:
    50. Antecio fértil solitario · · · · · · · **50. Agrostis**
    50. Antecio fértil acompañada por dos antecios estaminadas o estériles:
     51. Lemma inferior rudimentaria
      · · · · · · · · · · · · · · · · · · **49. Phalaris**
     51. Lemma inferior bien desarrollada
      · · · · · · · · · · · · · · · · **48. Anthoxanthum**
   49. Lemmas 3-nervias:
    52. Inflorescencia un racimo:
     53. Glumas mas cortas de la lemma
      · **90. Cynodon**
     53. Glumas mas largas de la lemma
      · · · · · · · · · · · · · · · · · **89. Microchloa**
    52. Inflorescencia una espiga o panícula densa o laxa:
     54. Lemmas 3-nervias · · · **82. Muhlenbergia**
     54. Lemmas 1-nervias · · · · · **81. Sporobolus**
  48. Raquilla prolongada; callo piloso · · · **51. Deyeuxia**
 30. Espiguillas 2–multifloras:
  55. Lemmas 5–multinervos:
   56. Lemmas 7–multiaristada:
    57. Glumas 1-nervias · · · · · · · · · · · · · · · · **69. Pappophorum**
    57. Glumas 3–11-nervias:
     58. Raquilla no articulada entre los antecios · · · **70. Enneapogon**
     58. Raquilla articulada entre los antecios · · · · · · · · · · **71. Cottea**
   56. Lemmas múticas o 1–3-aristadas:
    59. Lemmas aristadas:
     60. Lemmas bilobas:
      61. Lígula ciliada:
       62. Plantas cespitosas; hojas basales:
        63. Panícula laxa o densa · · · · · · · · · · · **62. Danthonia**
        63. Panícula plumosa · · · · · · · · · · · · · · **63. Cortaderia**
       62. Plantas canadas; hojas caulinas · · · · · · **66. Phragmites**
      61. Lígula membranácea:
       64. Las aristas entre dos dientes o subapicales
        · **55. Bromus**

64. Las aristas dorsales:
   65. Lemma con arista geniculada .... **39. Helichtotrichon**
   65. Lemma con arista recta .... **45. Deschampsia**
60. Lemmas entieras:
   66. Inflorescencia un racimo bilateral:
      67. Gluma inferior ausente .... **26. Lolium**
      67. Gluma inferior presente:
         68. Espiguillas sésil .... **57. Elymus**
         68. Espiguillas pediceladas ..... **56. Brachypodium**
   66. Inflorescencia una panícula:
      69. Espiguillas con todos flores perfectas:
         70. Ovario piloso .... **40. Avena**
         70. Ovario glabro o subglabro:
            71. Raquilla articulada entre los antecios:
               72. Arista dorsal, geniculada ..... **42. Trisetum**
               72. Arista terminal, recta .... **27. Vulpia**
            71. Raquilla articulada arriba de las glumas, los antecios caen en conjunto .... **44. Dielsiochloa**
      69. Espiguillas con 1 flor perfecta o pistilada:
         73. Espiguillas 2-floras, la superior estaminada .... **46. Holcus**
         73. Espiguillas 3-floras, las dos inferiores estaminadas .... **47. Hierochloe**
59. Lemmas múticas o mucronadas:
   74. Inflorescencia un racimo o espiga:
      75. Gluma inferior ausente .... **26. Lolium**
      75. Gluma inferior presente:
         76. Raquis tenaz:
            77. Inflorescencia de espiga solitaria ...... **57. Elymus**
            77. Inflorescencia de racimos digitados .. **79. Eleusine**
         76. Raquis frágil .... **58. Psathyrostachys**
   74. Inflorescencia en panícula densa o laxa:
      78. Lemmas carinadas:
         79. Lemmas orbiculadas .... **29. Briza**
         79. Lemmas lanceoladas u ovadas:
            80. Glumas vestigiales .... **32. Aphanelytrum**
            80. Glumas desarolladas:
               81. Espiguillas 2–3-flores, la flor terminal perfecta las inferiores estériles .... **49. Phalaris**
               81. Espiguillas 2-varias flores, todos flores perfectos:
                  82. Inflorescencia una panícula lobulada .... **31. Dactylis**

82. Inflorescencia una panícula laxa o densa:
   83. Espiguillas lustrosas, inflorescencias en panículas densas, si plantas enenas veo 30. *Poa* · · · · · · · · · · · · · **43. Koeleria**
   83. Espiguillas no lustrosas; inflorescencias en panículas densas o laxas · · · · **30. Poa**
78. Lemmas redondeadas:
   84. Lígula ciliada · **74. Munroa**
   84. Lígula membranácea:
     85. Vainas con los margenes connadas:
       86. Gluma superior 1-nervia · · · · · · · · **35. Glyceria**
       86. Gluma superior 3–9-nervia:
         87. Ovario con el ápice bilobulado y pubescentio, los estilos subapicales · **55. Bromus**
         87. Ovario sin el ápice bilobulado, los estílos terminales:
           88. Lemmas no flabeliformes; pálea no lobulada · · · · · · · · · · · · · · · · **36. Melica**
           88. Lemmas flabeliformes; pálea lobulada · · · · · · · · · · · · · · · · · · **37. Anthochloa**
     85. Vainas con los margenes libres:
       89. Apice de la lemma herbácea:
         90. Plantas perennes · · · · · · · · · · · · **25. Festuca**
         90. Plantas anuales · · · · · · · · · **34. Catapodium**
       89. Apice de la lemma hialina · · · · **28. Puccinellia**
55. Lemmas 1–3-nervos:
   91. Todas flores perfectos o la flor terminal reducuida:
     92. Inflorescencia de 1-numerosas racimos; las espiguillas densas:
       93. Racimos solitarios · **76. Tripogon**
       93. Racimos varios, digitados o subdigitados o sobre un eje:
         94. Raquis terminada en un punto distinto · **80. Dactyloctenium**
         94. Raquis terminada en una espiguilla:
           95. Glumas mas cortas de las flores:
             96. Racimos con espiguillas laxos · **77. Gouinia**
             96. Racimos con espiguillas densos:
               97. Racimos distribuidos sobre un eje central · **75. Leptochloa**
               97. Racimos digitados · · · · · · · · · · · **79. Eleusine**
           95. Glumas encluidas las flores · · · · · · · **87. Gymnopogon**
     92. Inflorescencia una espiga o panícula laxa o densa:

98. Plantas grandes, canadas de 2–5 m de alto ····· **65. Arundo**
98. Plantas cespitosas o macolladas:
   99. Lemmas bilobadas, aristadas ·········· **73. Erioneuron**
   99. Lemmas entieras:
      100. Lígula ciliada:
         101. Margenes de las láminas no cartilagíneas
         ······················ **78. Eragrostis**
         101. Margenes de las láminas cartilagíneas
         ························ **74. Munroa**
      100. Lígula membranácea:
         102. Glumas mas cortas de la espiguilla:
            103. Espiguillas de color claro, verde o violado
            ··················· **33. Catabrosa**
            103. Espiguillas de color oscuro, plomizo verde
            ················ **82. Muhlenbergia**
         102. Glumas iguales a la espiguilla
         ····················**41. Dissanthelium**
91. Una flor perfecta con flores estaminadas o estériles arriba o abajo:
   104. Plantas largas con canas de 1–3 m de alto y inflorescencias en
      panículas grandes y plumosas ·············· **66. Phragmites**
   104. Plantas generalmente con culmos menor de 1 m de alto;
      inflorescencias racemosas o panículadas:
      105. Inflorescencia panículada ·········· **82. Muhlenbergia**
      105. Inflorescencia racemosa:
         106. Gluma superior con una seta dorsal, obliqua
         ····························· **88. Ctenium**
         106. Gluma superior mútica o con una seta terminal:
            107. Espiguillas comprimidas dorsalmente
            ························ **86. Trichloris**
            107. Espiguillas subcilíndricas o comprimidas
               lateralmente:
               108. Espiguillas subcilíndricas; racimos cortos,
                  numerosos, deciduos ······· **92. Bouteloua**
               108. Espiguillas comprimidas lateralmente:
                  109. Lemmas 3-aristadas; racimos solitarios,
                     persistentes ······· **91. Chondrosum**
                  109. Lemmas 1-aristadas:
                     110. Gluma superior aguda
                     ················ **84. Chloris**
                     110. Gluma superior obtusa
                     ················ **85. Eustachys**
25. Espiguillas bifloras, la flor inferior estéril o estaminada, la superior
   perfecta o feminina:

Clave para los generos

111. Inflorescencia incluida dentro de la vaina superior, formada de 2–4 espiguillas; anteras exertas sobre filamentos mayores de 5 cm de largos; plantas con estolones gruesos ·················· **123. Pennisetum**
111. Inflorescencia exerta o si incluida entonces los filamentos de las anteras no largos:
    112. Raquilla articulada arriba de las glumas persistentes:
        113. Espiguillas aristadas, lanceoladas:
            114. Lemma de la flor superior pilosa:
                115. Espiguillas en tríades ············· **129. Loudetiopsis**
                115. Espiguillas solitarias o en pares ········· **128. Loudetia**
            114. Lemma de la flor superior escabrosa ······ **127. Arundinella**
        113. Espiguillas múticas, suborbiculares ··············· **126. Isachne**
    112. Raquilla articulada abajo de las glumas:
        116. Espiguillas solitarias o conjuntas, si apareadas entonces los dos iguales y los pedicelos cortos:
            117. Espiguillas subtendas por 1-varias setas o espinas:
                118. Setas formando una involucra y decidua con las espiguillas:
                    119. Setas solitarias ················ **125. Paratheria**
                    119. Setas varias o numerosas:
                        120. Setas comprimidas y conjunto a la base ························ **124. Cenchrus**
                        120. Setas cilíndricas y libres a la base ························ **123. Pennisetum**
                118. Setas persistentes ···················· **117. Setaria**
            117. Espiguillas no subtendas por setas:
                121. Inflorescencia en forma de panícula efusa o espiciforme:
                    122. Inflorescencia en forma espiciforme:
                        123. Espiguillas asimetricas; gluma superior gibbosa ························ **105. Sacciolepis**
                        123. Espiguillas simetricas, lanceoladas; glume superior no gibboso ······· **103. Hymenachne**
                    122. Inflorescencia en forma de panícula efusa o contraida:
                        124. Lemma superior con 2 apéndices o excavaciones basales ················· **97. Ichnanthus**
                        124. Lemma superior sin apéndices o excavaciones:
                            125. Lemma inferior coríacea, la pálea con margenes indurecidos ··· **101. Steinchisma**
                            125. Lemma inferior membranácea o hialina, pálea sin margenes indurecidos:
                                126. Margenes de la lemma superior planas hialinas
                                  127. Espiguillas dorsalmente comprimidas:

128. Pálea libre
 · · · · **121. Leptocoryphium**
128. Pálea abrazando por la lemma:
　129. Gluma inferior de largo igual de la espiguilla
 · · · · · **104. Homolepis**
　129. Gluma inferior mas corta de la espiguilla
 · · · **103. Hymenachne**
127. Espiguillas lateralmente comprimidas:
　130. Gluma inferior reducida o ausente · · · · · · **119. Melinis**
　130. Gluma inferior desarollada:
　　131. Glumas herbáceas, múticas
 · · · · · · · **115. Gerritea**
　　131. Glumas coriáceas, aristadas
 · · · **122. Arthropogon**
126. Margenes de la lemma superior enrolladas:
　132. Lemma superior cristada; pálea superior a la ápice reflexa y exerta
 · · · · · · · · · · · · · **106. Acroceras**
　132. Lemma superior no cristada:
　　133. Lemma superior excavada y pubescentia a la ápice
 · · · · · · · · · · · **100. Lasiacis**
　　133. Lemma superior no excavada a la ápice:
　　　134. Gluma superior mas corta de la espiguilla; pálea inferior con carinas grandes y desarolladas después fertilizacion
 · · · · **102. Otachyrium**
　　　134. Gluma superior de longitud igual de la espiguilla o poco menor:

135. Pálea superior bostezada a la madurez; gluma inferior pequeña, efimera
  · · · · **110. Anthaenantiopsis**
135. Pálea superior agarada en los margenes, no bostezada
  · · · · · · · · · · · · **99. Panicum**
121. Inflorescencia en espigas de 1 o 2-lados o racimos:
  136. Racimos cortas, sumergidos en el raquis esponjoso, compuestos de 1–8 espiguillas · · · · · · · · · · · · · · · · · **118. Stenotaphrum**
  136. Racimos cortos o largos adpressos o patentes:
    137. Glumas ausentes · · · · · · · · · · · · · · · · **113. Reimarochloa**
    137. Glumas presentes o la inferior ausent:
      138. Gluma inferior aristada · · · · · · · · · · **96. Oplismenus**
      138. Gluma inferior, si presente, mútica:
        139. Gluma superior con setas uncinadas
          · · · · · · · · · · · · · · · · · **95. Pseudechinolaena**
        139. Gluma superior sin setas uncinadas:
          140. Gluma inferior ausente:
            141. Inflorescencia de racimos algunos o numerosos:
              142. Margenes de la lemma lato, planos · · · · · · · · · **120. Digitaria**
              142. Margenes de la lemma encorvados:
                143. Gluma superior adyacente al raquis · · · · · **111. Paspalum**
                143. Lemma inferior adyacente al raquis · · · · · **112. Axonopus**
            141. Inflorescencia un racimo solitario:
              144. Espiguillas alternadas, abaxiales y adaxiales · · · · · · · · · **114. Thrasya**
              144. Espiguillas todas adaxiales, gluma superior adyacente al raquis
                · · · · · · · · · · · · · · · **111. Paspalum**
          140. Gluma inferior presente:
            145. Espigas solitarias:
              146. Racimos cortos pectinados, lemma superior con apendices o excavaciones basados
                · · · · · · · · · · · · **98. Echinolaena**
              146. Racimos cortos o largos; raquis con margenes que envuelvar las espiguillas:

147. Espiguillas alternadas abaxiales y adaxiales
.... **114. Thrasya**
147. Espiguillas abaxiales o adaxiales:
   148. Espiguillas adaxiales, gluma inferior adyacente al raquis ·· **116. Mesosetum**
   148. Espiguillas abaxiales, gluma superior adyacente al raquis ··· **111. Paspalum**
145. Espigas varias o numerosas:
   149. Espiguilla con un callo engrosado a la base
.... **109. Eriochloa**
   149. Espiguilla sin callo a la base:
     150. Margenes de la lemma angosto y enrollados:
       151. Lemma superior con cresta verdosa
.... **106. Acroceras**
       151. Lemma superior sin cresta:
         152. Gluma inferior ausente
.... **111. Paspalum**
         152. Gluma inferior presente:
           153. Lemma superior con alas o excavaciones basales
.... **98. Echinolaena**
           153. Lemma superior sin alas o excavaciones basales:
             154. Apice de la pálea superior exerta
.... **107. Echinochloa**
             154. Apice de la pálea superior no exerta:
               155. Inflorescencia en panícula efusa
.... **99. Panicum**
               155. Inflorescencia racemosa
·· **108. Brachiaria**
     150. Margenes de la lemma latos y planos
.... **120. Digitaria**
116. Espiguillas apareadas un sésil la otra pedicellada o los dos pedicelladas:
  156. Entrenudos delgados, filiformes o lineares:
    157. Espiguillas en cada pare semejantes, fértiles:
      158. Panícula espiciforme, los dos espiguillas piceladas
.... **132. Imperata**
      158. Panícula efusa o contraida, una espiguilla sésil la otra pedicellada:

159. Panícula de racimos largos, rosados o albo pilosos
   .... **130. Saccharum**
159. Panícula de racimos cortos, castanos morenos pilosos
   .... **131. Eriochrysis**
157. Espiguillas en cada pare diferente en forme y sexualidad:
   160. Espiguilla sésil estéril o estaminada, la pedicelada fértil
      .... **133. Trachypogon**
   160. Espiguilla sésil fértil, la pedicelada estiminada o estéril:
      161. Inflorescencia en panícula:
         162. Pedicelos llevando espiguillas ······ **134. Sorghum**
         162. Pedicelos estériles, sin espiguillas
            .... **135. Sorghastrum**
      161. Inflorescencia de racimos solitarios o subdigitados:
         163. Pedicelos y entrenudos con linea translucent
            .... **136. Bothriochloa**
         163. Pedicelos y entrenudos sin linea translucent:
            164. Gluma inferior des espiguillas sésiles 2-carinadas o inflexas:
               165. Racimos solitarios ··· **139. Schizachyrium**
               165. Racimos apareados o digitados:
                  166. Racimos deflexos, plantas cespitosas, láminas con olor de limon
                     .... **138. Cymbopogon**
                  166. Racimos erectos; plantas sin olor de limon ·········· **137. Andropogon**
            164. Gluma inferior de la espiguilla sésil redondeada, sin carinas:
               167. Lemma superior bidentada
                  .... **140. Hyparrhenia**
               167. Lemma superior entero:
                  168. Gluma inferior de la espiguilla sésil bisurcada en el dorso
                     .... **141. Agenium**
                  168. Gluma inferior de la espiguilla sésil convexa en el dorso
                     .... **142. Heteropogon**
156. Entrenudos del raquis y pedicelos engrosados o claviformes:
   169. Pedicelos libres:
      170. Callo de la espiguilla sésil obliquamente articulado
         .... **143. Elionurus**
      170. Callo de la espiguilla sésil transverso articulado:
         171. Antecio inferior estaminado, con una pálea grande
            .... **145. Rhytachne**

       171. Antecio inferior estéril, con una pálea ausente o pequeña
                  . . . . **146. Coelorachis**
169. Pedicelos conjuntos con los internodios:
    172. Raquis tenaz · **144. Hemarthria**
    172. Raquis frágil:
        173. Gluma inferior de la espiguilla sésil lisa · · · · · **147. Rottboellia**
        173. Gluma inferior de la espiguilla sésil tuberculada
                . . . . **148. Hackelochloa**

1. PHYLLOSTACHYS Siebold & Zucc.
Abh. Math.-Phys. Cl. Königl. Bayer. Akad. Wiss. 3: 745 (1843).

Bambúes rizomatosos; monopodiales. Culmos erectos, aplanados en un lado; entrenudos huecos; ramas apareadas en los nudos, desiguales, raramente se desarrolla una tercera rama delgada. Vainas de los culmos prontamente deciduas, con láminas reducidas o nulas, frecuentemente bien desarrolladas, con estrías o manchas y colores taxonomicamente significantes. Hojas de las ramificaciones pecioladas, láminas lanceoladas. Inflorescencia en panícula compuesta por espiguillas solitarias bracteatas agregadas. Espiguillas 1–3-floras, con raquila prolongada. Glumas 0–3. Lemma lanceolada. Estambres 3; estigmas 3.

75 especies asiáticas; introducida principalmente como ornamental.

P. aurea *Rivière & C. Rivière*, Bull. Soc. Natl. Acclim. France Sér. 3, 5: 716 (1878). Tipo: Cult. en Túnez.

Culmos de 5–10 m de alto × 10–40 mm diám., en grupos densos o laxos, amarillos o amarillo-verdosos, lisos, ramificándose en el medio superior; algunos culmos con internodios basales muy cortos. Hojas de los culmos con vainas oblongas, verde-pálidas o moreno-pálidas con nervios verdes o pupúreas y manchas morenas; láminas lineares de 2–15 cm long. × 2–4 mm lat.; lígula ciliada. Láminas de las ramas lanceoladas, de 7–15 cm × 25 mm lat., acuminadas. Fig. 1.

LA PAZ: Murillo, Calacoto, *Solomon et Zeballos* 15503. Sud Yungas, 11 km N de Chulumani, *Renvoize* 5355.

Nativa de China, introducida en trópicos del Nuevo Mundo por su valor ornamental y aplicaciones domesticas (construcciones, rusticas, muebleria). 0–3300 m.

2. GUADUA Kunth
J. Phys. Chim. Hist. Nat. 95: 150 (1822).

Bambúes espinosos; rizomas paquimorfos. Culmos erectos, apoyantes o péndulos, con entrenudos cilíndricos, huecos, raro macizos, surcados longitudinalmente por arriba y por abajo de la yema o de las ramas y usualmente con un banda de tricomas blancos por encima y por debajo de la línea nodal. Hojas de los culmos con láminas erectas, triangulares, más o menos contínuas con la vaina. Ramas agrupadas en los nudos, varias hasta numerosas, solo una primaria y generalmente con 1–2(–5) espinas rectas o recurvadas. Hojas de las ramificaciones seudopecioladas; lígula externa representada por una cresta pequeña, lígula interna membránaceo, láminas lineares o lanceoladas. Inflorescencia con seudoespiguillas agrupadas, laxas o densas, en ramas laterales o terminales. Seudoespiguillas 1-plurifloras, antecios apicales reducidos o estériles; raquilla con entrenudos marcadas y articulada entre los antecios. Glumas 1–3. Lemmas multinervias, múticas; páleas 2 aquilladas, aladas. Lodículas 3. Estambres (3) 6; estigmas 3. Fruto cariopsis.

30 especies; México hasta Argentina.

Fig. 1. **Phyllostachys aurea**, A vaina; B nudo y ramas basada en *Renvoize* 5355. **Actinocladum verticillatum**, C habito basada en *Eiten* en 1973, Brasil. D inflorescencia basada en *Calderon* 2755, Brasil.

1. Seudoespiguillas pubescentes:
   2. Hojas de los culmos glabras ·················· **1. G. weberbaueri**
   2. Hojas de los culmos híspidas o pubescentes:
      3. Culmos de 10–15 cm diam. ················ **2. G. superba**
      3. Culmos de 2–6 cm diam. ················· **3. G. paniculata**
1. Seudoespiguillas glabras o subglabras:
   4. Láminas con superficie inferior pubescentia ·········· **4. G. glomerata**
   4. Láminas con superficie inferior glabra o subglabra:
      5. Fruto carnoso ·························· **5. G. sarcocarpa**
      5. Fruto seco:
         6. Culmos en grupos densos ················ **6. G. chacoensis**
         6. Culmos en grupos difusos ··············· **7. G. paraguayana**

1. G. weberbaueri *Pilg.*, Repert. Spec. Nov. Regni Veg. 1: 152 (1905); K160. Tipo: Perú, *Weberbauer* 4562.

Culmos de 8–18 m de alto × 3–12 cm diám. Entrenudos semimacizos, escabrosos. Hojas de los culmos glabras, con vainas de 22 cm de largo, aurículas pequeñas o nulas, setas de 5 mm de largo; láminas triangulares de 4,5 cm de largo. Hojas de las ramas con láminas linear-lanceoladas de 8–17 cm long. × 12–26 mm lat., glabras o subglabras, acuminadas. Inflorescencia con ramas largas y seudoespiguillas fasciculadas. Seudoespiguillas linear-lanceoladas de 1–4 cm de largo, pubescentes, 5–10-floras. Fig. 2.

BENI: Ballivián, Espíritu Viejo, *Renvoize* 4671.
SANTA CRUZ: Andrés Ibáñez, Jardín Botánico, *Nee* 34188.
COCHABAMBA: Ayopaya, Bosque de Pajchanti, *Linke* 58.
Colombia, Ecuador, Perú y Bolivia. Bosque húmedo; 170–2800 m.

2. G. superba *Huber*, Bol. Mus. Paraense Hist. Nat. 4: 479 (1904); K159. Tipo: Brasil *Huber* s.n.

Culmos en grupos densos, erectos, arqueados, de 8–10 m de alto × 10–15 cm diám., submacizos. Hojas de los culmos híspidas con pelos bronceados; vainas de 15–30 cm de largo; láminas triangulares, de 10–13 de largo. Hojas de las ramas con láminas linear-lanceoladas de 16–26 cm long. × 10–20 mm lat., glabras o subglabras, atenuadas en el ápice. Inflorescencias terminales. Seudoespiguillas oblongas de 1,5–2,5 cm de largo, pubescentes.

PANDO: Manuripi, entre Laguna Bay y San Silvestre, *Beck et al.* 19524. Madre de Dios, 22 km WSW de Florencia, *Nee* 31510.
Perú y Guyanas hasta Brasil y Bolivia. Bosque húmedo; 135 m.

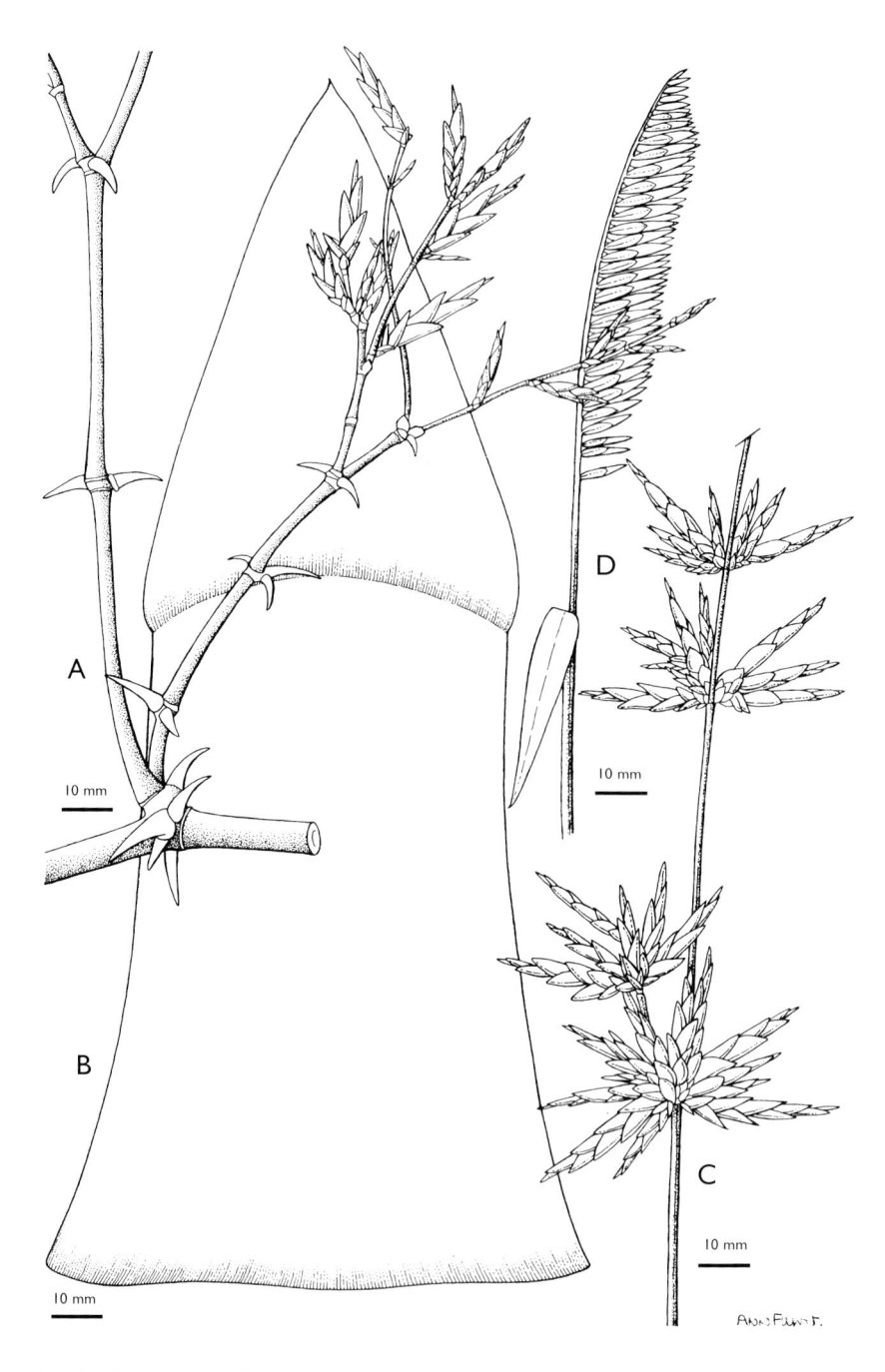

Fig. 2. **Guadua chacoensis**, **A** ramas basada en *Nee* 36861. **G. paniculata**, **B** vaina basada en *McClure* 21251. **G. weberbaueri**, **C** inflorescencia basada en *Renvoize* 4671. **Merostachys sp.**, **D** racimo basada en *Renvoize* 4732.

3. G. paniculata *Munro*, Trans. Linn. Soc., London 26: 85 (1868); K159. Tipo: Brasil, *Gardner* 2981, *Burchell* 8852 (K, síntipos).

Culmos erectos, arqueados, de 5–12 m de alto × 2–6 cm diám., en grupos difusos; entrenudos de 25–28 cm de largo, glabros. Hojas de los culmos deciduas, pubescentes, con vainas de 10–20 cm de largo; aurículas de hasta 2 mm de largo o ausentes; lígula interna de 1–2 mm de largo; lígula externa ausente; láminas triangulares, de 14–22 cm de largo, caducas. Hojas de las ramas con vainas glabras; aurículas de hasta 5 mm de largo, setas orales de 8–10 mm de largo; láminas linear-lanceoladas de 10–18 cm long. × 7–15 mm lat., pubescentes. Inflorescencia de hasta 100 cm de largo, con ramas laterales de hasta 40 cm de largo, ejes pubescentes. Seudoespiguillas fasciculadas de 29–39 cm de largo, 4–6-floras, pubescentes. Fig. 2.

SANTA CRUZ: Chiquitos, *Thomas* 5669; *Krapovickas et Schinini* 32436.
México hasta Bolivia, Paraguay y sur Brasil. Bosques en galería; 5–1000 m.

4. G. glomerata *Munro*, Trans. Linn. Soc., London 26: 79–80 (1868). Tipo: Brasil, *Spruce* 1196 (K, holótipo).

Culmos de 4–12 m de alto × 1–4,5 cm diám., en gupos densos, trepaderos, huecos o los mas pequeños macizos; entrenudos escabrosos, de 40–60 cm de largo. Hojas de las ramas con láminas linear-lanceoladas de 10–25 cm long. × 2–4 cm lat., glabras o pubescentias, acuminadas; setas orales de 2–10 mm de largo. Inflorescencia de grupos de seudoespiguillas glabras, fasciculadas. Seudoespiguillas lanceoladas de 1–7 cm de largo; lemmas lustrosas.

PANDO: Suárez, 54 km SW de Cobija, *Pennington et al.* 47. Abuna, Nacebe, *Beck et al.* 19268. 47 km W de Cobija, *Beck et al.* 19085.
Venezuela hasta Guyana, Brasil et Bolivia. Bosque húmedo; 120–260 m.

5. G. sarcocarpa *Londoño & P.M. Peterson*, Syst. Bot. 16(4): 630–638 (1991). Tipo: Perú, *Reátegui* s.n. (US, holótipo).

Culmos de 1–20(–30) m de alto × 8–10 cm diám. erectos, arqueados hacia arriba; entrenudos huecos. Hojas de los culmos con vainas de 13–40(–50) cm de largo, la superficie abaxial pubescente; láminas triangulares, de 3–10 cm de largo, mucronadas. Ramas varias, una primaria y 3–5 secundarias, con pubescencia tempranamente caduca y entonces glabrescentes. Hojas de las ramas con vainas glabras o pubescentes; setas orales de 1 cm de largo; lígula interna de 2–3 mm de largo; lígula externa de 0.5–1 mm de largo; seudopecíolo de 6–8 mm de largo; láminas ovado-lanceoladas de 13–34 cm long. × 15–40 mm lat., glabras o subglabras en la superficie abaxial, acuminadas. Inflorescencia en ramas áfilas; seudoespiguillas en grupos de 3–5. Seudoespiguillas lanceoladas de 1–7 cm de largo, glabras, rectas, compuestas por una bráctea, un profilo, 2–5 glumas, 2–3 lemmas esteríles, 4–8 antecios perfectos y un antecio terminal rudimentario. Fruto carnoso ovado u oblongo de 1,5–6 cm de largo.

2. Guadua

SANTA CRUZ: Ichilo, Parque Nacional Amboro, *Solomon et Urcullo* 14151.
Perú y Bolivia. Bosque montano; 700–1100 m.

6. G. chacoensis (*Rojas*) Londoño & P.M. Peterson, Novon 2: 41–47 (1992). Tipo: Argentina, *Quarin et al.* 2384 (CTES, neótipo designado por Londoño & Peterson) *Bambusa chacoensis* Rojas, Bull. Acad. Int. Géogr. Bot. 26: 157 (1918).

Culmos de 10–20 m de alto × 8–15 cm diám., erectos, arqueados hacia arriba, en grupos densos; entrenudos huecos. Hojas de los culmos con vainas de 20–50 cm de largo, híspidas originalmente, posteriormente glabrescentes; aurículas y setas ausentes; láminas triangulares de 4–13 cm de largo. Ramas varias, una primaria, 2–3 secundarias. Hojas de las ramas con vainas glabras, láminas lineares, de 10–24 cm long. × 5–25 mm lat., la superficie abaxial glabra, nervios glabros o pilosos, seudopecíolo de 2–3 mm de largo. Inflorescencia de 30–40 cm de largo, laxa, con seudoespiguillas en grupos de 4–7. Seudoespiguillas de 2–6 cm long. × 4–5 mm lat., glabras, rectas, compuestas por una bráctea, un profilo, 1–2 glumas, 1–2 lemmas estériles, 2–4(–6) antecios perfectos y un antecio terminal rudimentario. Fruto seco. Fig. 2.

SANTA CRUZ: Ichilo, Parque Nacional Amboro, *Nee* 36861.
COCHABAMBA: Carrasco, Ivirgarzama, *Beck* 1499.
Brasil, Paraguay, Argentina y Bolivia.

7. G. paraguayana *Döll* in Martius, Fl. Bras. 2(3): 179 (1880); K159. Tipo: Paraguay, *Balansa* 133 (K, isótipo).

Culmos erectos arqueados de 3–20(–30) m de alto × 2–8 cm diám., en grupos densos con entrenudos grandes y huecos, los de las ramas macizos y escabrosos. Hojas de los culmos híspidas con pelos marones, vainas de 17–27 cm de largo, aurículas nulas, láminas triangulares de 4–15 cm de largo. Hojas de las ramas con vainas glabras, aurículas pequeñas o nulas, setas orales de 5–10 mm, láminas linear-lanceoladas de 13–35 cm long. × 3–7 cm lat., glabras, acuminadas. Inflorescencia terminal, las seudoespiguillas fasciculadas sobre ramas secundarias.

SANTA CRUZ: Velasco, Parque Nacional Noel Kempff Mercado, *Killeen* 2763, 2764.
Venezuela, Brasil, Paraguay, Argentina y Bolivia.

Elytrostachys sp.

Un bambú aún no identificado ha sido registrado para Bolivia, que probablemente sea *Elytrostachys*.

LA PAZ: Larecaja, Mapiri, Charopampa, *Buchtien* 1153.

3. ARTHROSTYLIDIUM Rupr.
Mém. Acad. Imp. Sci. Saint-Pétersbourg, Sér. 6, Sci. Math.,
Seconde Pt. Sci. Nat. 5: 117 (1839).

Bambúes sin espinas. Rizomas paquimorfos. Culmos leñosos, cilíndricos, casi sólidos o generalmente fistulosos, erectos, apoyantes o trepadores. Ramas desarrolladas a partir de una sola yema; ramas más delgadas que los culmos, simples o re-ramificándose inmediatamente por encima de la base desarrollando numerosas ramas flabeladas; zona por debajo de las ramificaciones constricta o crestada, formando un subnudo prominente. Hojas de los culmos con láminas erectas. Hojas de las ramas con láminas lanceoladas, cortamente seudopecioladas. Inflorescencia en un racimo bilateral o en un panícula unilateral racemosa. Espiguillas sésiles o subsésiles. Glumas 1 ó 2; flores inferiores estériles hacia arriba fértiles, la terminal rudimentaria. Lodículas 3; estambres 3; estigmas 2. Fruto cariopsis.
20 especies. América tropical.

A. canaliculatum Renvoize **sp. nov.** *A. venezuelo* (Steud.) McClure et *A. excelso* Griseb. similis sed internodis culmorum canaliculatis, lemmatibus longioribus, pubescentibus et rache recto differt. Typus: Bolivia, *Beck et Foster* 18476 (holotypus LPB).

Culmos delgados de 6 m de largo × 4–5 mm díam., formando matas de 5–10 culmos; internodios de 1 m de largo, canaliculados. Complemento rameal con 40 ramas por nudo, ramas de 20–40 cm de largo. Hojas de las ramas con vainas glabras; láminas lanceoladas de 5,5–9 cm long. × 12–20 mm lat., glabras, membranáceas, acuminadas o atenuadas. Racimos laxos de 8–12 cm de largo, el raquis recto. Espiguillas dísticas, lineares, cilíndricas, de 1,5–3 cm de largo, pubescentes, 3-floras. Glumas lanceoladas, agudas, la inferior de 5 mm de largo, 3-nervia, la superior de 6–7 mm de largo, 7-nervia. Lemmas lanceoladas de 11–12 mm de largo, 9-nervias; entrenudos de 2 mm. Fruto no conocido. Fig. 3.

LA PAZ: Franz Tamayo, Apolo hacia Charazani, *Beck et Foster* 18476.
Bolivia. Bosque montano de neblina; 1550 m.

Conocido solamente por el ejemplar tipo citado, el cual carece de hojas en los culmos.

4. RHIPIDOCLADUM McClure
Smithsonian Contr. Bot. 9: 101–104 (1973);
L.G. Clark & Londoño, Amer. J. Bot. 78(9): 1260–1279 (1991).

Bambúes con rizomas paquimorfos, cañas leñosas cortas o medianas, erectas, arqueadas o trepadoras; entrenudos cilíndricos, huecos. Yemas solitarias, las que producen un primordio inicial triangular o cordiforme a partir del cual se origina un conjunto de ramas flabeladas. Ramas pocos o numerosas por nudo. Hojas de los culmos deciduas sin aurículas ni setas orales ni seudopecíolos; lígula membranácea;

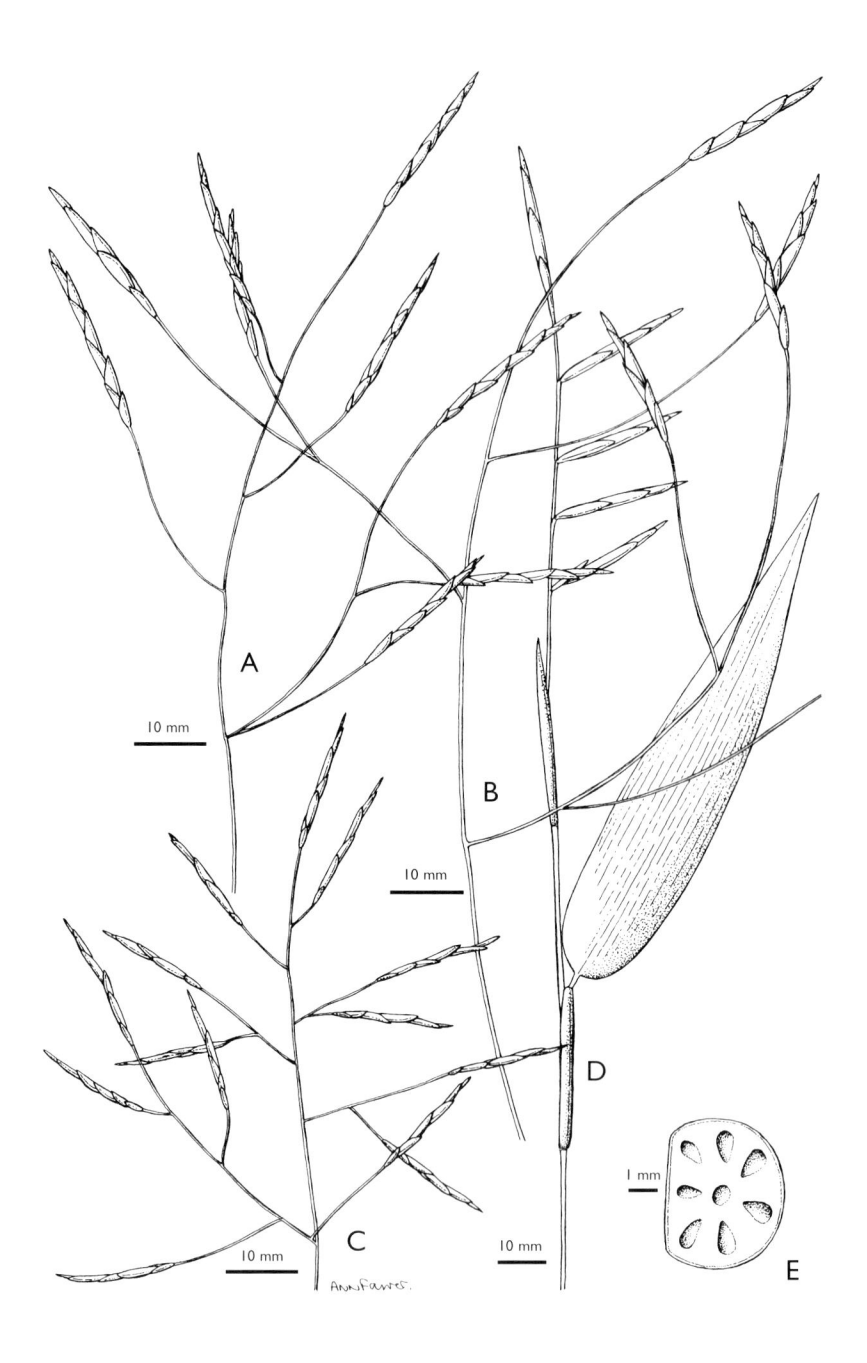

Fig. 3. **Aulonemia boliviana**, **A** inflorescencia basada en *Renvoize* 4779. **A. longipedicellata**, **B** espiguillas basada en *Solomon* 5205. **A. tremula**, **C** espiguillas basada en *Renvoize* 5361. **Arthrostylidium canaliculatum**, **D** hoja y inflorescencia, **E** ts culmo basada en *Beck et Foster* 18476.

láminas triangulares, persistentes, erectas, de base ancha. Hojas de las ramas seudopecioladas, auriculadas o no; lígulas externas e internas presentes; láminas linear-lanceoladas o lanceoladas. Inflorescencia sub-paniculada o en racimo terminal, delgada, las espiguillas adpresas dispuestas en 2 hileras. Espiguillas 3–15-floras; glumas 2–5, antecios basales estériles 1–2, perfectos 2–12, el terminal rudimentario. Glumas y antecios basales estériles persistentes, los perfectos desarticulandose entre sí. Glumas subuladas, agudas, mucronadas o aristadas. Lemmas lanceoladas, agudas, obtusas, mucronadas o aristadas, glabras o pubescentes; pálea anchamente sulcada, carinas ciliadas a lisas. Lodículas 3; estambres 3, estigmas 2.

16 especies. México hasta Bolivia y Brasil, Antillas.

Raquis en zig zag; lemmas obtusas · **1. R. harmonicum**
Raquis recto; lemmas aristadas · **2. R. racemiflorum**

1. R. harmonicum (*Parodi*) *McClure*, Smithsonian Contr. Bot. 9: 104 (1973). Tipo: Perú, *Vargas* 3260 (BAA, holótipo n.v.).
Arthrostylidium harmonicum Parodi, Physis (Buenos Aires) 19(54): 478–481 (1944).

Culmos de 9–20 m de alto × 15–30 mm diám., arqueándose hacia arriba; internodios de 30–70 cm de largo; ramas 18–100 por nudo, de 20–50 cm de largo. Láminas linear o linear-ovadas de 6–15 cm long. × 6–23 mm lat., acuminadas. Inflorescencia racemiforme, con 4–8 espiguillas por racimo; raquis en zig zag. Espiguillas de 1.5–4 cm de largo. Glumas 2–3, agudas, obtusas o raremente subuladas. Lemmas estériles 1–2. Antecios perfectos 5–7, el terminal rudimentario. Lemmas obtusas. Fig. 4.

LA PAZ: Nor Yungas, Chuspipata hacia Yolosa, *Solomon* 13739.
Colombia, Ecuador, Perú y Bolivia. Bosque montaño húmedo.

2. R. racemiflorum (*Steud.*) *McClure*, Smithsonian Contr. Bot. 9: 106 (1973); K182. Tipo: México, *Ghiesbreght* 234 (P, holótipo n.v.).
Arthrostylidium racemiflorum Steud., Syn. Pl. Glumac. 1: 336 (1854); F108.

Culmos de 10–15 m de alto × 5–10 mm diám., arqueándose hacia arriba o apoyantes. Ramas numerosas, 60–80 por nudo, de 15–40 cm de largo. Láminas lanceoladas de 3–8 cm long. × 4–9 mm lat. Inflorescencia racemiforme, racimos de 4–6 cm de largo con 10 espiguillas por racimo. Espiguillas de 7–18 mm de largo. Glumas 2, 2,5–5,3 mm. Lemma estéril solitaria. Antecios perfectos 2, de 8–10 mm de largo. Fig. 4.

PANDO: Madre de Dios, Puerto Candelaria, *Moraes* 526.
SANTA CRUZ: Chávez, Perseverancia, *Frey et Kramer* 756.
LA PAZ: Sud Yungas, Serrania Marimonos, *Killeen* 2628.
México hasta Bolivia. Bosque húmedo de llanura y de montaña.

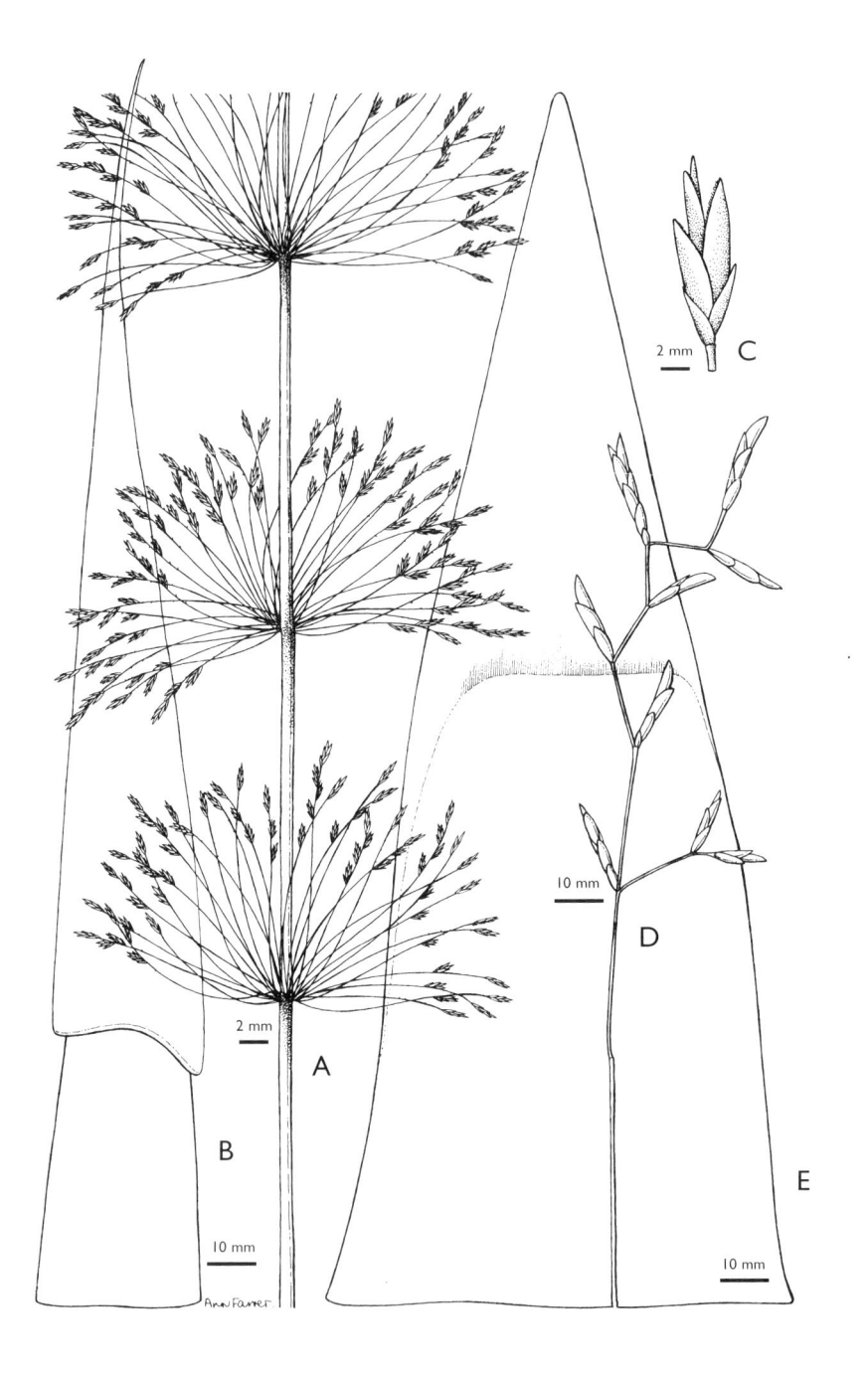

Fig. 4. **Rhipidocladum racemiflorum**, **A** habito basada en *Seidel* 2467. **B** vaina basada en *McClure* en 1950, Colombia. **C** espiguilla basada en *Seidel* 2467. **R. harmonicum**, **D** inflorescencia basada en *Solomon* 13739. **E** vaina basada en *McClure* 21416, Ecuador.

5. MEROSTACHYS Spreng.
Syst. Veg. 1: 132, 249 (1824).

Bambúes con rizomas paquimorfos. Culmos erectos, apoyantes o colgantes con entrenudos cilíndricos huecos; ramas numerosas en forma abanico, delgadas; primordio inicial aplanado y triangular. Hojas de los culmos con vainas deciduas, auriculadas; láminas angostas, reflexas. Hojas de las ramas con láminas lanceoladas u ovadas, asimétricas, seudopecioladas, con lígulas externas e internas. Inflorescencia en racimo unilateral, solitario, pectinado, terminal en las ramas. Espiguillas solitarias o apareadas, dispuestos en 2 o 4 hileras, sésiles, con 1–2(–10)-antecios fértiles. Gluma inferior ausente, la superior más corta que la espiguilla o rudimentaria. Antecio basal estéril, los siguientes perfectos, el terminal rudimentario; raquilla articulada por encima del antecio estéril y entre los fértiles. Lemma sin arista; pálea sulcada entre las carinas. Lodículas 3; estambres 3; estigmas 2. Fruto en aquenio. Fig. 2.

25–30 especies. Belice hasta Bolivia y Brasil

El ejemplar citado a continuación se identifica sólo a nivel específico pues *Merostachys* es un genero complejo aun pendiente de revision.
LA PAZ: Nor Yungas, 40 km N de Caranavi, *Renvoize* 4732. 1500 m.

6. ACTINOCLADUM Soderstr.
Amer. J. Bot. 68: 1201 (1981).

Bambúes con rizomas paquimorfos; culmos leñosos, macizos, solitarios, terminales o en grupos generados desde yemas basales laterales. Hojas de los culmos deciduas, láminas cóncavas, horizontales. Complementos rameales convexos, arqueados, aplanados, originando numerosas ramas iguales. Láminas oblongo-linear-lanceoladas. Inflorescencia racemiforme o paniculiforme con 2–4(–8) espiguillas oblongas pediceladas. Glumas 2(–3), persistentes. Antecios 7–10, articulados entre sí, el terminal rudimentario. Lodículas 3; estambres 3; estigmas 2. Fruto un aquenio.
1 especie, Brasil central y Bolivia oriental.

A. verticillatum (*Nees*) *Soderstr.*, Amer. J. Bot. 68: 1204 (1981); K135. Tipo: Brasil, *Sellow* (K, isótipo).
Arundinaria verticillata Nees in Martius, Fl. Bras. 2(1): 523–525, 527 (1829).
Rhipidocladum verticillatum (Nees) McClure, Smithsonian Contr. Bot. 9: 106 (1973).

Culmos de (1–)3–4,6 m de alto × 5–14 mm diám., lisos, terminando en 6–8 hojas con vainas pubescentes y láminas largas de 10–20 cm long. × 20–40 mm lat., agudas, hacia abajo, las hojas con vainas glabras. Aurículas largas, decurrentes en el medio superior de los vainas, ciliadas; láminas ovadas, cordiformes en la base, glabras; lígula cortamente ciliada. Nudos marcados por un cresta ubicada abajo del complemento rameal. Brácteas de las yemas triangulares, glabras, con carinas ciliadas. Ramas en grupos de 12–36, delgadas, de 7–20(–25) cm de largo. Láminas linear-lanceoladas de 8–13 cm long. × 10–13 mm lat., gruesas, escabrosas, agudas; seudopeciolos de 2–4 mm de largo; setas orales conspicuas, márgenes de las vainas ciliados. Espiguillas de 4–6 cm de largo. Lemmas lanceoladas de 12–15 mm de largo. Fig. 1.

SANTA CRUZ: Chávez, Serranía San Lorenzo, *Killeen* 1378. Velasco, Parque Nacional Noel Kempff Mercado, *Killeen* 2759.

Brasil (Bahía, Distrito Federal, Amazonas, Mato Grosso, Goias, Minas Gerais) y Bolivia.

Una especie característica del cerrado; 300–1000 m.

7. AULONEMIA Goudot
Ann. Sci. Nat. Bot. sér. 3, 5: 75 (1846).

Bambúes simpodiales con culmos erectos o trepaderos, débil o fuertemente leñosos; entrenudos cilíndricos huecos o macizos; rizomas paquimorfos. Ramas solitarias o numerosas, frecuentemente tan gruesas como el culmo. Hojas de los culmos con las vainas persistentes; lígulas externas e internas; setas orales ausentes o presentes; láminas reflexas y deciduas. Hojas de las ramas con láminas lanceoladas u ovadas. Inflorescencia en panícula laxa y terminal. Espiguillas pediceladas, pauci- hasta plurifloras, desarticulándose arriba de las glumas, antecios basales estériles y entre los fértiles. Glumas 2, persistentes, 1–2 antecios basales esteriles, raro fértiles, antecios fértiles 1–varios, el terminal estéril. Lemmas mucronadas o aristadas. Lodículas 3; estambres 3; estigmas 3. Fruto un cariopsis.

27 especies; México hasta Bolivia y Brasil.

1. Panícula densa ·································· **1. A. herzogiana**
1. Panícula efusa:
    2. Aurículas bien desarrolladas ···················· **2. A. boliviana**
    2. Aurículas nulas:
        3. Panícula de 10–20 cm de largo, con ramas pilosas; pulvínulos bien desarrolladas, vainas punctatas ················· **3. A. tremula**
        3. Panículas de 20–23 cm de largo, con ramas glabras; pulvínulos rudimentarios vainas estriadas ·············· **4. A. longipedicellata**

1. A. herzogiana (*Henrard*) McClure, Smithsonian Contr. Bot. 9: 56 (1973). Tipo: Bolivia, *Herzog* 2396 (L, holótipo).
Arundinaria herzogiana Henrard, Meded. Rijks-Herb. 40: 75 (1921); H308; F109.

Culmos de 3–7 m de largo, cilíndricos, huecos, de 0,5–4 cm de diám., con entrenudos alargados separados por una tríade de nudos muy proximos y entrenudos casi obsoletos; ramas en grupos numerosos, robustos o delgadas. Hojas de las ramas con vainas basales lisas comprimidas, deciduas o persistentes; aurículas barbadas, con setas gruesas erectas de 10–40 mm de largo. Hojas distales con láminas lanceoladas de 15–30 cm long. × 10–35 mm lat., escabrosas, glabras, esparcidamente pilosas o híspidas, acuminadas. Panícula exerta, densa, de 10–30 cm de largo, las ramas flexuosas, escabrosas, pedicelos nulos o de 5–20 mm de largo. Espiguillas, comprimidas, lanceoladas, de 15–30 mm de largo, 4–6-floras. Glumas ovadas, la inferior de 1–4 mm de largo con una arístula de 1–3 mm, la superior de 3–4 mm de largo con arístula de 0,5–5 mm. Lemmas lanceoladas, coriáceas, de 8–10 mm de largo, 7-nervias, pubescentes, agudas, múticas o con arístulas de 3,5 mm. Pálea membranácea, aquillada. Anteras de 6 mm de largo. Fig. 5.

LA PAZ: Nor Yungas, arriba de Cotapata, *Beck et al.* 18768; 1,6 km NW de Chuspipata, *Solomon* 10694. Río Saujana, *Herzog* 2396.
COCHABAMBA: Chaparé, Patachti hacia Colomi, *Wood* 8484.
Bolivia. Bosques de neblina y zonas montañosas; 2900–3200 m.

2. A. boliviana *Renvoize* **sp. nov.** *A. humillimae* (Pilg.) McClure affinis sed culmis longioribus, spiculis longioribus et auriculis fimbriatis et setis conspicuis instructis differt. Typus: Bolivia, *Renvoize* 4779 (holotypus LPB, isotypus K).

Culmos delgados huecos de 5 mm diám., ramosos, apoyantes o colgantes de varios metros de largos. Vainas estriadas; setas orales delicadas, erectas, de 1–3 mm de largo, aurículas notables, lunadas, con setas gruesas marginales; láminas de las hojas distales persistentes, lanceoladas, de 10–19 cm long. × 15–30 mm lat., asimétricas en las base, glabras, escabrosas, cartáceas, atenuadas en el ápice. Panícula ovada de 20–26 cm de largo, las ramas efusas delicadas, glabras, patentes, con pulvínulos en las axilas; pedicelos de 10–45 mm. Espiguillas lineares de 12–30 mm de largo, 6–8-floras, purpúreas. Glumas ovado-oblongas con márgenes apicales ciliados, la inferior de 1–2 mm de largo, 1-nervia, la superior de 3–4 mm de largo, 7–nervia, aguda. Lemmas lanceolado-oblongas de 6 mm de largo, 7–9-nervias, herbáceas, agudas, ciliadas en el ápice; pálea membranácea, las quillas ciliadas. Cariopsis no conocido. Fig. 3.

LA PAZ; Nor Yungas, Yolosa hacia La Paz, *Renvoize* 4779.
Bolivia. Bosque húmedo montaño; 2700 m.

3. A. tremula *Renvoize* **sp. nov.** *A. humillimae* (Pilg.) McClure affinis sed culmis longioribus, setis ore absentibus, ramis inflorescentiae pilosis et laminis lanceolatis differt. Typus: Bolivia, *Beck* 14902 (holotypus LPB; isotypus K).

Culmos delgados, semi macizos, de 4–10 m long. × 2 mm diám., maculados, ampliamente ramosas a distal, colgantes. Vainas finamente punctatas, maculados; zona oral pubescente, setas nulas; aurículas nulas; lígula de 0,2 mm de largo; láminas lanceoladas de 8–15 cm long. × 10–20 mm lat., cartáceas, glabras, con la base atenuada asimétrica, y atenuada en el ápice. Panícula ovada de 10–20 cm de largo,

Fig. 5. **Aulonemia herzogiana**, **A** habito, **B** inflorescencia, **C** espiguilla, basada en *Herzog* 2396.

las ramas efusas delicadas, patentes, pilosas, con pulvínulos en las axilas; pedicelos de 5–45 mm. Espiguillas lineares de 10–20 mm de largo, 4–5-floras, purpúreas. Glumas ovadas, obtusas, pubescentes en el ápice, la inferior de 0,5–1,5 mm de largo, 1-nervia, la superior 2–3 mm de largo, 3–5-nervias. Lemmas oblongas, herbáceas, de 5,5–6,5 mm de largo, 5-nervias, agudas; pálea membranácea, quillas ciliadas. Cariopse no conocido. Fig. 3.

LA PAZ: Nor Yungas, Chuspipata hacia Yolosa, *Beck* 14902. Sud Yungas, 28 km NW de Puenta Villa, *Renvoize* 5361.
Bolivia. Bosque montano; 1800–2100 m.

4. **A. longipedicellata** Renvoize **sp. nov.** *A. humillimae* (Pilg.) McClure affinis sed laminis lanceolatis, spiculis longioribus, pedicellis longioribus et setis ore absentibus differt. Typus: Bolivia, *Solomon* 5205 (holotypus LPB; isotypus MO).

Culmos 2 m de largo, apoyantes, huecos. Vainas estriadas, glabras; lígula de 3 mm de largo, membranácea; setas orales y aurículas nulas. Láminas lanceoladas de 12–14 cm long. × 30 mm lat., cordiformes en la base, asimétricas, glabras, los márgenes escabrosos, cartáceas, atenuadas en el ápice. Panícula ovada de 20–23 cm de largo, pocos ramosas, las ramas efusas, delgadas; pulvínulos rudimentarios; pedicelos de 3–9 cm de largo. Espiguillas lineares de 15–23 mm de largo, 6–7-floras. Glumas ovadas, márgenes apicales ciliados, agudas, la inferior de 1,5–2 mm de largo, 1-nervia, la superior de 2,5–3,5 mm de largo, 3-nervias. Lemmas lanceoladas de 6–6,5 mm de largo, 7-nervias. Fig. 3.

LA PAZ: Nor Yungas, Unduavi hacia Coroico, *Solomon* 5205.
Bolivia. Bosque montano; 2850 m.

8. CHUSQUEA Kunth
Syn. Pl. 1: 151 (1822); L.G. Clark, Syst. Bot. Monogr. 27 (1989).

Bambúes simpodiales o monopodiales. Culmos erectos, colgantes, apoyantes o trepadores, entrenudos cilíndricos, macizos o submacizos. Yemas 3–numerosas por nudo, una generalmente dominante; ramas extravaginales, infravaginales o intravaginales, agrupadas o verticilladas, pocas o numerosas. Hojas de las ramificaciones con láminas lineares o lanceoladas, seudopecioladas; lígula externa desarrollada, la interna cartácea. Inflorescencia en panícula laxa o densa, linear, oblonga, ovada o capitada. Espiguillas 3-floras, cilíndricas o comprimidas, lanceoladas. Glumas 2, desarrolladas, reducidas o nulas. Los 2 antecios inferiores estériles, reducida a lemmas, el superior perfecto, deciduo con las lemmas estériles. Lemma igual a la pálea; pálea dorsalmente convexa, angostamente sulcada. Estambres (2–)3. Estigmas 2. Fruto un cariopse.
200 especies. México hasta Argentina y Chile.

8. Chusquea

1. Ramas intravaginales; culmos de 30–130 cm de alto:
  2. Glumas de 0,5–0,7 mm; lígula interna de 0,5 mm ·········· **2. C. spicata**
  2. Glumas ausentes; lígula interna de 3–4 mm ·········· **3. C. depauperata**
1. Ramas infravaginales; culmos de 2,5–15 m de largo:
  3. Glumas reducidas a crestas ····················· **1. C. delicatula**
  3. Glumas desarolladas:
    4. Panícula ovada:
      5. Espiguillas de 5–8 mm ···················· **4. C. scandens**
      5. Espiguillas de 10 mm ···················· **5. C. longipendula**
    4. Panícula oblonga o linear:
      6. Vainas glabras o por excepción apenas ciliadas en los márgenes
        ······························ **6. C. lorentziana**
      6. Vainas ciliadas en los márgenes:
        7. Espiguillas de 5,5–7,5 mm ············ **7. C. peruviana**
        7. Espiguillas de 7–10 mm:
          8. Láminas de 4–10 cm long. × 2,5–6 mm lat.
            ····························· **8. C. picta**
          8. Láminas de 5–12 cm long. × 6–17(–30) mm lat.
            ························ **9. C. ramosissima**

1. C. delicatula *Hitchc.*, Contr. U.S. Natl. Herb. 24: 309 (1927); F110. Tipo: Bolivia, *Hitchcock* 22748 (K, isótipo).

    Culmos trepadores o colgantes de 3 m long. × 2–5 mm diám., macizos. Ramas infravaginales numerosas, de 3–8 cm de largo. Hojas de las ramas con vainas glabras o híspidas; lígula interna de 0,5–1,5 mm, la externa reducida a un borde diminuto; láminas lanceoladas de 1,5–4,5 cm long. × 3–4 mm lat., glabras o subglabras, acuminadas. Panículas ovado-oblongas de 1,5–3 cm de largo, laxas, el eje y las ramas pubescentes y escabrosos. Espiguillas de 4,5–7 mm de largo, glabras. Glumas reducidas a una cresta diminuta. Lemmas estériles de 2,5–4 mm de largo, acuminadas. Lemma perfecta de 4–6 mm de largo.

    LA PAZ: Nor Yungas, Bella Vista, *Hitchcock* 22748.
    Perú y Bolivia. Bosque montano; 2100–2650 m.

2. C. spicata *Munro*, Trans. Linn. Soc., London 26: 60 (1868); H310; F110. Tipo: Perú, *Lechler* 2154 (K, lectótipo, designado por Clark (1989)).

    Culmos de 30–45 cm de alto × 1–5 mm diám., erectos. Entrenudos de 1,5–4 cm de largo, macizos o submacizos, lisos. Hojas de los culmos con vainas de 3–5 cm de largo; láminas triangulares, de 5–11,5 cm de largo, glabras, en la base algo cordiformes, acuminadas. Nudos con yemas solitarias. Ramas intravaginales, las secundarias numerosas, erectas. Hojas de las ramas con láminas de 3–6 cm long. × 3–5 mm lat., estriadas, en la base truncadas o redondeadas, seudopecioladas de 1 mm de largo; lígula externa un borde diminuto, la interna de 0,5 mm de largo, truncada. Panículas lineares de 3–14 cm de largo, contraídas, densas, interrumpidas, las ramas adpresas. Espiguillas de 3–5 mm de largo, purpúreas o marrones. Glumas cortas de 0,5–0,7 mm de largo. Lemmas estériles pubescentes, apiculadas. Lemma perfecta de 3–4 mm de largo, pubescente en el ápice, apiculada o aristada con arista de 1 mm.

LA PAZ: Sud Yungas, 1,4 km W de Unduavi, *Solomon* 15404. Larecaja, Mapiri, *Rusby* 196.
Perú y Bolivia. Bosque montano; 2800 m.

3. C. depauperata *Pilg.*, Repert. Spec. Nov. Regni Veg. 1: 149 (1905). Tipo: Perú, *Weberbauer* 3709 (US, lectótipo, designado por Clark (1989)).
Swallenochloa depauperata (Pilg.) McClure, Smithsonian Contr. Bot. 9: 112 (1973).

Culmos de 100–130 cm de alto, amarillos, lisos. Hojas de las ramas con vainas glabras, estriadas; lígula interna de 3–4 mm, membranácea; lígula externa reducida a una línea; láminas lineares o lanceoladas de 3,4–5,5 cm long. × 4 mm lat., glabras, planas, coriáceas, subuladas en el ápice. Ramas intravaginales erectas, numerosas y formando grupos densos e interruptos. Panículas espiciformes, de 3–7,5 cm, incluidas en las vainas superiores; ramas adpresas. Espiguillas de 4,4–5,7 mm, glabras. Glumas ausentes. Lemmas estériles de 2–2,8 mm. Lemma fértil de 4,4–4,8 mm, apiculada. Fig 6.

LA PAZ: Murillo, La Cumbre hacia Unduavi, *Beck* 11858.
Perú y Bolivia. Páramo yungueño, lugares húmedos en el límite de la zona de crecimiento arbóreo; 3600 m.

4. C. scandens *Kunth*, Syn. Pl. 1: 254 (1822); H311; F110. Tipo: Colombia, *Humboldt et Bonpland* (P, holótipo n.v.) basado en *Nastus chusque* Kunth.
Nastus chusque Kunth in Humboldt, Bonpland et Kunth, Nov. Gen. Sp. 1: 201 (1816).

Culmos erectos o trepaderos de 2,5–5 m de alto × 2–5 mm diám.; entrenudos macizos. Ramas numerosas, extravaginales, de 15–40 cm de largo. Hojas de los culmos con vainas de 5–10 cm de largo, subglabras, los margenes ciliados; láminas lanceoladas de 2–2,5 cm de largo. Hojas de las ramas con vainas glabras o subglabras, los margenes ciliadas; lígula interna de 1–2 mm, membranácea, la externa forma una membrana de 1–1,5 mm, glabra o pubescente; láminas lanceoladas de 5–18 cm long. × 10–20 mm lat., glabras, márgenes escabrosos, acuminadas, setáceas. Panícula ovada o angostamente ovada de 5–18 cm long. × 2–4 cm lat., laxa, el eje y las ramas pubescentes. Espiguillas de 5–8 mm de largo, pubescentes o subglabras. Glumas de 0,5–1 mm de largo. Lemmas estériles de 2,5–4,5 mm de largo, acuminadas, mucronadas. Lemma perfecta de 6–7 mm de largo, purpúrea, glabra, acuminada. Fig. 6.

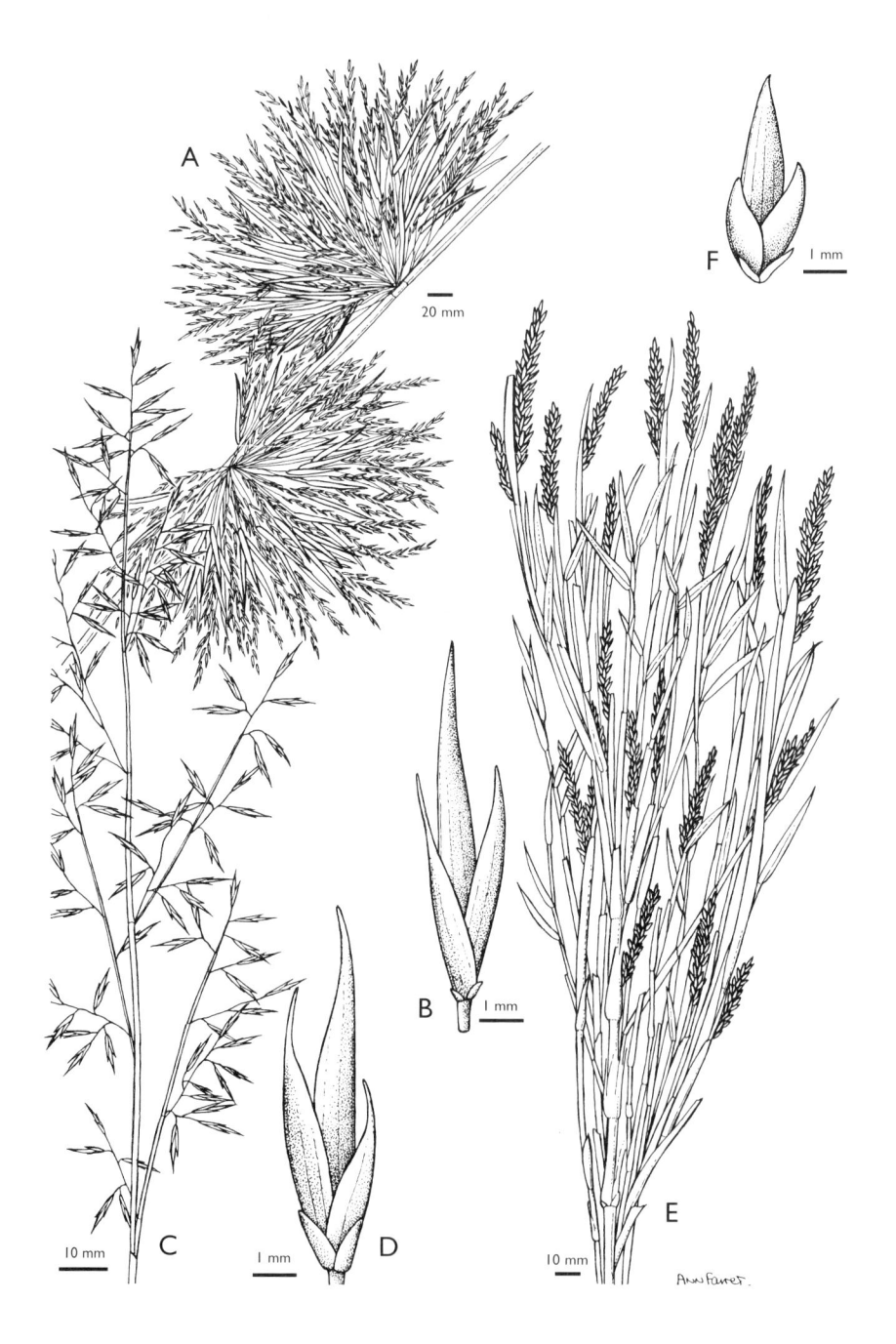

Fig. 6. **Chusquea peruviana**, **A** culmo basada en *Hitchcock* 22746, **B** espiguilla basada en *Hitchcock* 22746. **C. scandens**, **C** inflorescencia basada en *Feuerer* 10201a, **D** espiguilla basada en *Feuerer* 10201a. **C. depauperata**, **E** habito, **F** espiguilla basada en *Beck* 11858.

LA PAZ: Nor Yungas, Yolosa, 27 km hacia La Paz, *Renvoize* 4781. Sur Yungas, Unduavi 4 km hacia Chulumani, *Beck* 8620. Murillo, Coroico hacia Unduavi, *Feuerer* 10201a. Valle de Zongo, *Beck* 4676.

COCHABAMBA: Chaparé, 70 km SW de Todos Santos, *Ugent et Ugent* 5034.
Colombia, Ecuador, Perú y Bolivia. Bosque alto montaño; 2800–3500 m.

5. C. longipendula *Kuntze*, Revis. Gen. Pl. 3(3): 348 (1898). Tipo: Bolivia, *Kuntze* (NY, holótipo n.v.).

Culmos erectos de 6–12 m de alto, arqueados. Ramas 10–25 cm de largo. Láminas lanceoladas de 5–8 cm long. × 4–8 mm lat., glabras, escabrosas, acuminadas. Panícula laxa, las ramas divergentes, las inferiores de 10 cm. Espiguillas de 10 mm de largo. Glumas ovadas, acuminadas.

COCHABAMBA: Santa Rosa, *Kuntze*.

Se trata de un taxon imperfectamente conocido por lo que se requieren estudios que permitan aclarar su identidad.

6. C. lorentziana *Griseb.*, Abh. Königl. Ges. Wiss. Göttingen 19: 249 (1874). Tipo: Argentina, *Lorentz* (GOET, holótipo n.v.).

Culmos de 3–6 m de alto, 3–15 mm diám., arqueados. Ramas numerosas de 12–60 cm de largo, patentes o ascendentes. Hojas de las ramas con vainas glabras, o raramente poco ciliadas en los márgenes; lígula interna de 1–2 mm, la externa de 0,5 mm; láminas lanceoladas o linear-lanceoladas de 5–15 cm long. × 4–8 mm lat., planas, glabras, acuminadas. Panículas oblongas, laxas, de 5–15 cm, las ramas adpresas o ascendentes, el eje y las ramas pubescentes o subglabros. Espiguillas de 8–9,5 mm, glabras o subglabras. Glumas ovadas, cortas, de 1–2,5 mm, acuminadas o mucronadas. Lemmas estériles de 3,5–5 mm, acuminadas o mucronadas. Lemma perfecta de 7–9 mm.

CHUQUISACA: Tomina, 27 km S de Padilla, *Renvoize et Cope* 3875.
TARIJA: Arce, Huancanqui, *Beck* 14083.
Bolivia y Argentina. Bosques y lugares rocosos sombríos y húmedas; 1790–2500 m.

7. C. peruviana *E.G. Camus*, Bambusées 1: 88 (1913); H311; F110, basado en *C. ramosissima* Pilg. Tipo: Perú, *Weberbauer* 694 (B, holótipo n.v.).
C. ramosissima Pilg., Repert. Spec. Nov. Regni Veg. 1: 149 (1905), non Lindm. (1900).

Culmos de 3–6 m de largo, arqueados, de 4–5 mm diám., macizos. Ramas numerosas de 15–25 cm de largo. Hojas de los culmos escabrosas, con vainas de

8. Chusquea

15 cm de largo y láminas triangulares de 5 cm de largo. Hojas de las ramas con vainas glabras, sólo los márgenes ciliados; láminas lineares de 7–9,5 cm long. × 2,5–3,5 mm lat., glabras o subglabras, escabrosas en los márgenes, acuminadas. Lígula externa formando una cresta diminuta, la interna de 0,5 mm de largo. Panícula linear u oblonga, laxa, de 4–10 cm long. × 1–2 cm lat., ramas cortas. Espiguillas de 5,5–7,5 mm de largo. Glumas de 0,5–1 mm de largo. Lemmas estériles de 2,5–4,5 mm, acuminadas o subuladas. Lemma perfecta de 4–6,5 mm de largo, acuminada. Fig. 6.

LA PAZ: Nor Yungas, Bella Vista, *Hitchcock* 22746. Chuspipata, *Solomon* 13698. Chuspipata hacia Unduavi, *Beck* 7595.
Perú y Bolivia. Bosque húmedo; 3100–3150 m.

8. C. picta *Pilg.*, Repert. Spec. Nov. Regni Veg. 1: 151 (1905). Tipo: Perú, *Ruiz* (B, holótipo n.v.).

Culmos de 5–8 m de largo × 2–8 mm diám., trepadores, arqueados. Ramas numerosas de 6–22 cm de largo, erectas o recurvas. Hojas de las ramas con vainas glabras, los márgenes ciliados; lígula interna de 0,5 mm, la externa de 0,2 mm; láminas lanceoladas o lineares de 4–10 cm long. × 2,5–6 mm lat., planas, glabras, con los márgenes escabrosos, acuminadas. Panícula linear u oblonga, laxa, de 3–11 cm de largo, el eje glabro, las ramas adpresas. Espiguillas de 7–10 mm, glabras o subglabras. Glumas ovadas, cortas, de 0,5–1 mm. Lemmas estériles, de 4–8,5 mm, acuminadas o mucronadas. Lemma perfecta de 7–8 mm.

LA PAZ: Nor Yungas, Yolosa hacia Unduavi, *Beck* 4824. Chuspipata, *Solomon* 10678.
Perú y Bolivia. Bosque montaño y de neblina; 2400–3600 m.

9. C. ramosissima *Lindm.*, Kongl. Svenska Vetenskapsakad. Handl. 34(6): 24, tab. 14 (1900); K147. Tipos: Brasil, *Regnell* 1239; Paraguay, *Balansa* 134a.

Culmos trepaderos o apoyantes de 4–15 m de largo × 2–4 mm diám., macizos, arqueados. Ramas infravaginales numerosas, de 10–50 cm de largo. Hojas de los culmos con láminas lanceoladas de 15 cm de largo, asimétricas y cuneadas en la base, acuminadas. Hojas de las ramas con vainas glabras, los márgenes ciliados; lígula interna de 1–2 mm, la externa de 0,5–1 mm; láminas lineares o lanceoladas de 5–12 cm long. × 6–17(–30) mm lat., oblicuo-cuneado a la base, glabras, en el ápice atenuadas o acuminadas. Panículas lineares, laxas, de 2,5–5 cm long. × 1 cm lat. Espiguillas de 7–9 mm de largo, glabras. Glumas de 0,5–1,5 de largo. Lemmas estériles de 3–6 mm de largo, acuminadas. Lemma perfecta de 8–9 mm.

SANTA CRUZ: Chávez, Rancho Zapoco, *Killeen* 1529; 1530.
Argentina, Sud Brasil, Paraguay y Bolivia. Bosque montano de llanura; 250–600 m.

9. NEUROLEPIS Meisn.
Pl. Vasc. Gen. 2: 325 (1843).

Bambúes cespitosos. Rizomas paquimorfos. Culmos simples, erectos, cilíndricos, huecos o macizos. Hojas con láminas lineares, grandes, seudopecioladas o no, persistentes o articuladas, con nervíos transversales prominentes o no. Inflorescencia en panícula terminal grande. Espiguillas 3-floras, antecio inferior y medio estériles, el terminal perfecto; raquilla articulada entre las glumas y los antecios. Glumas 4, reducidas. Lemma fertil abrazando a la pálea convexa sólo en la base. Lodículas 3. Estambres 3. Estigmas 2. Cariopsis oblongo.

Numerosas especies a lo largo de la Cordillera de los Andes, hasta Bolivia, que representa el limite austral del género. Las 2 colecciones citadas son estériles y por ello no pueden identificarse a nivel especifico. Actualmente se encuentra en estudio por L. Clark.

LA PAZ: Nor Yungas, Chuspipata, *Beck* 17683. 1,2 km E de Cotapata, *Solomon et al.* 18997.

10. STREPTOCHAETA Schrad. in Nees
Agrostologia Brasiliensis in Martius, Fl. Bras. 2(1): 536 (1829); Soderstr., Ann. Missouri Bot. Gard. 68: 29–41 (1981); Clayton in Chapman, Reproductive Versatility in the Grasses: 48–49 (1990), Cambridge University Press.

Plantas herbáceas con culmos erectos, simples. Lígula formada por una línea de pelos. Hojas con láminas lanceoladas u ovadas, teseladas. Inflorescencia en espiga solitaria terminal; raquis triangular; espiguillas caducas en grupos y pendiendo del apice del raquis sostenidas por aristas ensortijadas y retorcidas. Espiguillas unifloras sésiles, cilíndricas, espiriladas glumas 4–5 mucho más cortas que el resto; lemma más larga que las glumas, coriácea, rematada en una arista alargada, retorcida, enarrollada en espiral, pálea profundamente partida; lodículas 3, coriáceas, más largas que la pálea; estambres 6, unidos en la base de los filamentos; estilos 3. Fruto cariopsis.

3 especies, México hasta Argentina.

S. spicata *Schrad.* in Nees, Agrostologia Brasiliensis in Martius, Fl. Bras. 2(1): 537 (1829); K189. Tipo: Brasil, *Principe Maximilliano* (LE, holótipo n.v.).

Culmos de 25–100 cm de alto. Hojas con láminas de 8–18 cm long. × 25–50 mm lat., glabras, agudas o acuminadas. Espigas de 5–18 cm de largo. Espiguillas 5–11, de 15–25 mm de largo, glabras o las glumas cilioladas.

SANTA CRUZ: Chávez, Concepción, *Killeen* 970.
México hasta Argentina. Bosque húmedo, a la sombra; 0–800 m.

11. OLYRA L.
Syst. Nat. ed. 10: 1261 (1759); Soderstr. & Zuloaga, Smithsonian Contr. Bot. 69 (1989).

Plantas perennes monoicas, rizomatosas, con culmos muy altos bambusiformes, raro pequeños. Hojas seudopecioladas; láminas grandes, ovadas hasta lanceoladas. Inflorescencias en panículas terminales o axilares formadas por ramas digitadas, subdigitadas o alternas. Espiguillas unifloras, heteromorfas; espiguillas pistiladas y estaminadas dispuestas en la misma panícula, las pistiladas en el ápice de las ramificaciones y las estaminadas en la base o bien las ramas inferiores sólo llevan flores estaminadas. Espiguillas pistiladas lanceoladas, elípticas u ovadas, sostenidas por pedicelos claviformes, rara vez sobre pedicelos delgados; glumas 2, herbáceas, agudas, acuminadas o subuladas. Antecio menor que las glumas, mútico, oblongo, crustáceo a la madurez, liso o foveolado. Espiguillas estaminadas oblongas o lanceoladas, sostenidas por pedicelos delgados; glumas reducidas o ausentes; lemma herbácea, a menudo aristulada.

Especies 23, principalmente en América tropical, una especie pantropical.

1. Antecio pistilado foveolado:
    2. Antecio pistilado de 2,5–4 mm de largo; panoja de 10–32 cm .... **1. O. micrantha**
    2. Antecio pistilado de 5–12 mm de largo:
        3. Espiguillas estaminadas y pistiladas en ramas separadas; panícula de 3,5–7,5 cm ··· **2. O. longifolia**
        3. Espiguillas estaminadas y pistiladas en la misma rama; panícula de 10–25 cm:
            4. Espiguillas pistiladas de 8–12 mm de largo; culmos dimorfos, los estériles hojosos y los fértiles generalmente áfilos ··· **3. O. ecaudata**
            4. Espiguillas pistiladas de 20–35 mm de largo; todos los culmos similares ·································· **4. O. fasciculata**
1. Antecio pistilado liso, glabro o piloso:
    5. Antecio pistilado piloso:
        6. Ramas de la panícula no verticiladas; espiguillas estaminadas de 5,5–10 mm ··· **5. O. ciliatifolia**
        6. Ramas de la panícula verticiladas; espiguillas estaminadas de 2,5–4 mm. ·· **9. O. loretensis**
    5. Antecio pistilado glabro:
        7. Antecio pistilado ovado:
            8. Espiguilla pistilada de 15–25 mm de largo ·········· **6. O. latifolia**
            8. Espiguilla pistilada de 30–50 mm de largo ·········· **7. O. caudata**
        7. Antecio pistilado elíptico ······················· **8. O. buchtienii**

1. O. micrantha *Kunth* in Humboldt, Bonpland et Kunth, Nov. Gen. Sp. 1: 199 (1816); H491; F344. Tipo: Colombia, *Humboldt et Bonpland* (P, holótipo n.v.).

Plantas perennes con culmos de 100–400 cm de alto. Láminas oblongo-lanceoladas de 12–30(–55) cm long. × 25–110 mm lat., glabras o a veces híspidas en la superficie abaxial, acuminadas. Panícula oblongo-piramidal de 10–32 cm de largo; ramas delgadas, pilosas o pubescentes; espiguillas numerosas, las estaminadas en las ramas inferiores, las pistiladas en las ramas superiores, ambas con pedicelos delgados. Espiguillas pistiladas ovadas de 5,5–13 mm de largo, híspidas hasta escabrosas, aristadas; antecio ovado de 2,5–4 mm de largo, foveolado, glabro. Espiguillas estaminadas lanceoladas de 5–10 mm de largo; glumas ausentes; lemmas escabrosas o pubescentes, aristadas. Fig. 7.

PANDO: Suárez, 49 km W de Cobija, *Beck et al.* 19142. Abuná, Río Orthon, *Beck et al.* 19276. Manuripi, Río Arroyo, *Sperling et King* 6554. Madre de Dios, Río Madre de Dios, *Moraes* 236.
BENI: Vaca Diez, Alto Ivon, *Boom* 4091.
SANTA CRUZ: Ichilo, Río Víbora, *Steinbach* 7572.
LA PAZ: Larecaja, San Carlos, *Buchtien* 39. Nor Yungas, Río Huarinilla, *Solomon* 8554.
Colombia hasta Brasil y Argentina. Margenes de bosques; 20–1450 m.

2. O. longifolia *Kunth* in Humboldt, Bonpland et Kunth, Nov. Gen. Sp. 1: 198 (1816). Tipo: Venezuela, *Humboldt et Bonpland* (P, holótipo n.v.).

Plantas perennes con culmos de 30–500 cm de alto. Láminas lanceoladas de 5,5–21 cm long. × 12–57 mm lat., glabras en la cara adaxial e híspidas en la abaxial, agudas. Panícula terminal o axilar, angostamente oblonga, de 3,5–7,5 cm de largo; espiguillas lanceoladas, en ramas separadas, las estaminadas sobre pedicelos delgados y las pistiladas sobre pedicelos claviformes. Espiguillas pistiladas de 15–22 mm de largo, aristadas; antecio obovoide de 5–6,5 mm de largo, foveolado, pubescente en el ápice. Espiguillas estaminadas de 5–7 mm de largo, escabrosas, aristadas.

BENI: Vaca Diez, Guayamerín, *Anderson et al.* 12119.
Colombia hasta Bolivia y Brasil. En regiones boscosas, a la sombra; 0–400 m.

3. O. ecaudata *Döll* in Martius, Fl. Bras. 2(2): 326 (1877); H490; F344. Tipo: Guayana Francesa, *Leprieur* 547 (P, holótipo n.v.).

Plantas perennes con culmos dimorfos, los estériles de 100–400 cm de alto, los fértiles de 100–250 cm y generalmente desprovistos de hojas, raro foliosos, erectos o apoyantes, con nudos prominentes. Hojas dispuestas en fascículos de 5–7 en el ápice de los culmos; láminas lanceoladas de 15–35 cm long. × 30–75 mm lat., angostas, cordiformes en la base, glabras, agudas o acuminadas. Panículas terminales y axilares, piramidales, de 10–25 cm de largo, laxas; ramas de 5–15 cm de largo, verticiladas en la base, solitarias o apareadas más arriba, patentes a la madurez. Espiguillas estaminadas escasas o varias, en general dispuestas en la parte inferior de

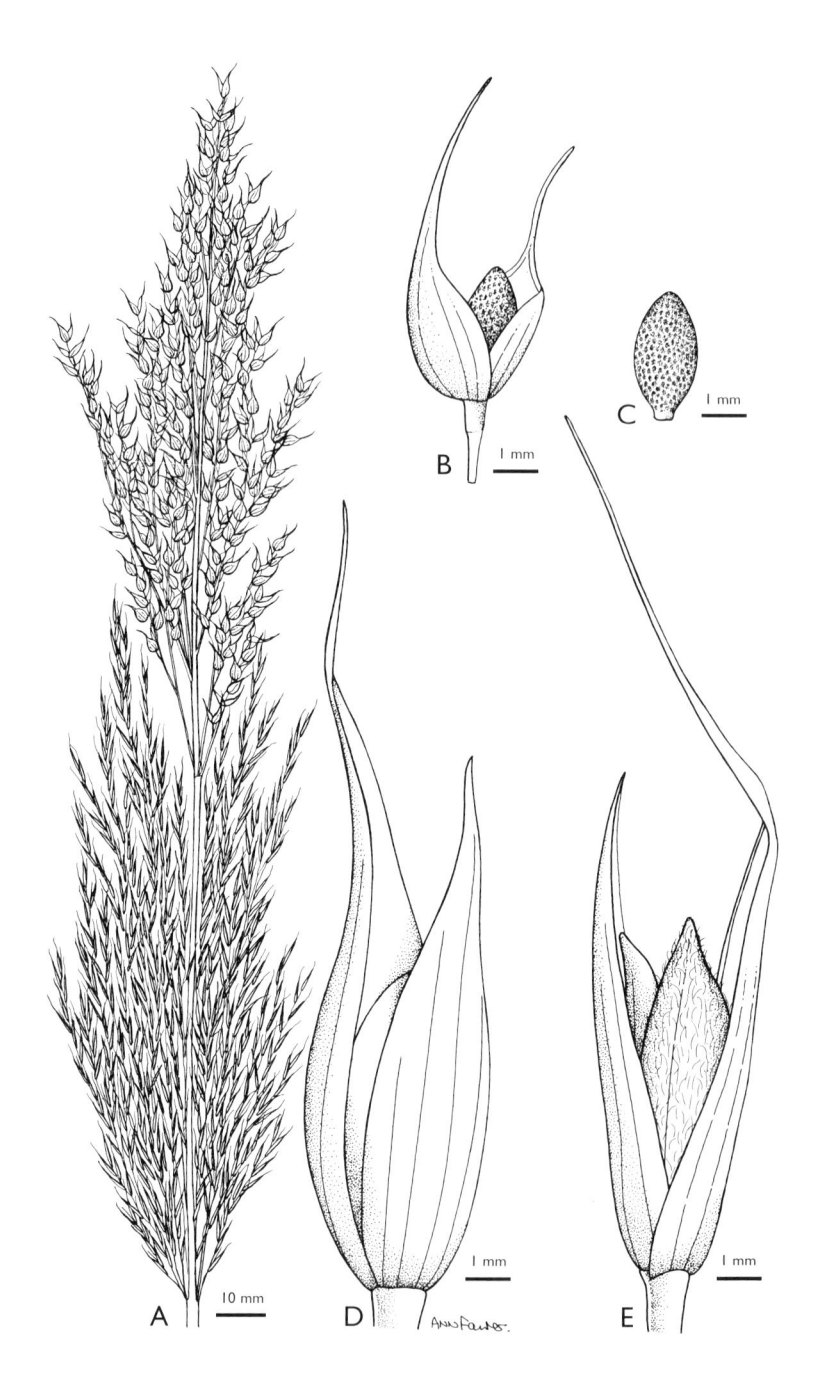

Fig. 7. **Olyra micrantha**, **A** panícula, **B** espiguilla pistilada, **C** lemma basada en *Buchtien* 39. **O. latifolia**, **D** espiguilla basada en *Renvoize et Cope* 3948. **O. ciliatifolia**, **E** espiguilla basada en *White* 1043.

las ramas, sobre pedicelos delgados; las 2–6 femeninas dispuestas en la porción distal, sobre pedicelos clavados. Espiguillas pistiladas ovadas, de 8–12 mm de largo, glabras, agudas o acuminadas; antecio ovado-oblongo de 6–8 mm de largo, foveolado, glabro. Espiguillas estaminadas lanceoladas, de 7,5–13 mm de largo, glabras, aristuladas. Fig. 8.

LA PAZ: Iturralde, Luisita, *Beck et Haase* 10211.
Costa Rica hasta Bolivia y Brasil. En regiones boscosas, a la sombra; 180–2000 m.

4. O. fasciculata *Trin.*, Mém. Acad. Imp. Sci. St. Pétersbourg, Sér. 6, Sci. Math., Seconde Pt. Sci. Nat. 3(2): 113 (1834); K165. Tipo: Brasil (LE, holótipo).
O. heliconia Lindm., Kongl. Svenska Vetenskapsakad. Handl. 34: 11 pl. 6 (1900); H490; F344. Tipo: Brasil, *Regnell* 3017 (S, holótipo n.v.).

Plantas perennes con culmos de 150–300 cm de alto. Láminas ovado-lanceoladas de (15–)20–30 cm long. × 40–30 mm lat., asimétrico-cordiformes en la base, escabrosas en la superficie adaxial, esparcidamente pilosas o glabras en la abaxial, finamente agudas o acuminadas. Panícula terminal, péndula, formada por 4–10(–25) ramas digitados o subdigitados de 10–20 cm de largo. Espiguillas estaminadas en la parte inferior de las ramas, numerosas, deciduas, sobre pedicelos delgados, las pistiladas en el parte distal, 1–5, persistentes, sobre pedicelos clavados. Espiguillas pistiladas lanceoladas de 20–35 mm de largo, amarillo-verdosas, aristadas; antecio lanceolado de 10–12 mm de largo, foveolado, glabro. Espiguillas estaminadas lanceoladas de 8–13 mm de largo, glabras, purpúreas. Fig. 8.

BENI: Ballivián, Rurrenabaque, *Beck* 8219.
SANTA CRUZ: Chávez, 10 km W de San Javier, *Killeen* 2828. Andres Ibáñez, Los Espejillos, *Renvoize* 4575. Florida, Río Pirai, *Nee et Saldias* 36323.
LA PAZ: Iturralde, Luisita, *Beck et Haase* 9984. Nor Yungas, Coroico, *Buchtien* 450; *Pearce* s.n.; *Feuerer* 5837; *Feuerer et Menhofer* 10175a; Caranavi hacia Coroico, *Renvoize* 4736. Sud Yungas, Río Beni, *Beck* 9265.
Panamá hasta el noroeste de Argentina y Brasil. A la orilla de bosques; 200–1600 m.

5. O. ciliatifolia *Raddi*, Agrostogr. Bras.: 19 (1823); H490; F344; K165. Tipo: Brasil. *Raddi* (FI, holótipo n.v.).

Culmos de 50–130 cm de alto. Láminas ovado-lanceoladas de 10–25 cm long. × 35–85 mm lat., glabras, escabrosas, acuminadas. Panícula ovada, laxa, de 10–20 cm de largo, con ramas delicadas; espiguillas pistiladas solitarias en el ápice de cada una de las ramas superiores, las estaminadas en la parte en la inferior de las mismas, ramas basales totalmente estaminadas. Espiguillas pistiladas lanceoladas de 20–30 mm de largo, glabras o pubescentes, aristadas; antecio lanceolado de 6–7 mm de largo, liso, pubérulo. Espiguillas estaminadas lanceoladas de 5,5–10 mm de largo; glumas ausentes; lemma glabra o pubescente, purpúrea, acuminada o aristada. Fig. 7.

Fig. 8. **Olyra fasciculata**, A panícula, B espiguilla, C lemma basada en *Renvoize* 4736. **O. ecaudata**, D panícula, E espiguilla, F lemma basada en *Croat* 17289, Panama.

SANTA CRUZ: Chávez, 8 km NW de Concepción, *Killeen* 1920.
LA PAZ: Sud Yungas, Covendo, *White* 1043.
Colombia hasta Argentina. En sitios alteradas; 100–1200 m.

Hitchcock: 421 (1927) he listado a *White* 1043 como *Pharus parvifolius* pero el especimen depositado en K es ciertamente *Olyra ciliatifolia*.

6. O. latifolia *L.*, Syst. Nat. ed. 10: 1261 (1759); H491; F344; K165. Tipo: Jamaica. *Sloane* (BM, holótipo).
O. cordifolia Kunth in Humboldt, Bonpland et Kunth, Nov. Gen. Sp. 1: 198 (1816). Tipo: Colombia, *Humboldt et Bonpland* (P, holótipo, n.v.).

Plantas perennes con culmos de 100–600 cm de alto. Láminas ovadas a ovado-oblongas de 12–30 cm long. × 25–100 mm lat., glabras hasta híspidas, acuminadas. Panículas terminales y axilares ovadas, de 10–20 cm de largo, con espiguillas pistiladas en el ápice de las ramas superiores. Espiguillas pistiladas ovadas o lanceoladas de 15–25 mm de largo, glabras o pubescentes, aristadas; antecio ovado de 5,5–7 mm de largo, liso, glabro, obtuso o agudo. Espiguillas estaminadas lanceoladas de 5,5–11 mm de largo; glumas ausentes; lemma aristada. Fig. 7.

PANDO: Roman, Riberâo, *Prance et al.* 6469; Loma Alta, *Solomon* 17187.
BENI: Vaca Diez, Guayaramerin, *Krapovickas et Schinini* 35105. Ballivián, Yucumo–Rurrenabaque, *Smith et al.* 13525; San Borja hacia Alto Beni, *Renvoize* 4707; 4708.
SANTA CRUZ: Chávez, 90 km SE de Concepción, *Killeen* 1496. Ichilo, Montero hacia Puerto Grether, *Renvoize et Cope* 3948.
LA PAZ: Iturralde, Siete Cielos, *Solomon* 16959. Sud Yungas, Sapecho hacia serranía de Marimonos, *Seidel et Vargas* 2355.
TARIJA: Arce, Bermejo hacia Tarija, *Beck et Libermann* 9556.
México hasta Argentina, introducida en Africa tropical. En bosques, a la sombra; 0–1000 m.

7. O. caudata *Trin.*, Linnaea 10: 292 (1836); K165. Tipo: Perú, *Poeppig* (LE, holótipo).

Plantas perennes con culmos erectos de 100–250 cm de alto. Láminas oblongo u ovado-lanceoladas de 18–30 cm long. × 60–100 mm lat., cordiformes en la base, pilosas o glabras y escabrosas, acuminadas. Panículas terminales y axilares formadas por varios ramas robustos de 5–15 cm de largo, ascendentes o patentes, reunidos en 1–3 verticilos; espiguillas pistiladas solitarias en el ápice de cada rama, las estaminadas numerosas en la parte inferior. Espiguillas pistiladas ovadas, de 30–50 mm de largo, subglabras o pubescentes, caudadas; antecio ovado de 8–10 mm de largo, liso y glabro. Espiguillas estaminadas lanceoladas de 4–6,5 mm de largo; glumas ausentes; lemmas escabrosas, agudas o acuminadas. Fig. 9.

11. Olyra

PANDO: Manuripi, Lago Bay, *Beck et al.* 19456. Madre de Dios, Puerto Candelaria, *Nee et Moraes* 31427.
SANTA CRUZ: Velasco, Huanchaca, *Thomas et al.* 5734.
LA PAZ: Iturralde, Siete Cielos, *Solomon* 17032.
COCHABAMBA: Carrasco, Campamento Isarsama, *Beck* 1562.
Costa Rica hasta Bolivia y Brasil (región de la Amazonia). Regiones boscosas, en lugares sombríos; 150–1100 m.

8. O. buchtienii *Hack.*, Repert. Spec. Nov. Regni Veg. 11: 20 (1912); H490; F344. Tipo: Bolivia, *Buchtien* 1157 (W, holótipo).

Plantas perennes con culmos de 300 cm de alto. Láminas lanceoladas de 20–30 cm long. × 35–70 mm lat., glabras, acuminadas. Panículas terminales y axilares laxas, formadas por 2 ramas de 9–12 cm de largo, con 1–2 espiguillas pistiladas en el ápice de cada rama. Espiguillas pistiladas elípticas, de 25–40 mm de largo, subuladas; antecio lanceolado de 10 mm de largo, liso, glabro. Espiguillas estaminadas lanceoladas de 5 cm de largo, agregadas en fascículos; glumas ausentes; lemmas agudas.

LA PAZ: Nor Yungas, 4 km NE de Incahuara, *Gentry et Solomon* 44515. Tamayo, Apolo hacia Charazani, *Beck et Foster* 18483.
Sólo conocida para Bolivia. Bosques de neblina; 1530 m.

9. O. loretensis *Mez*, Notizbl. Bot. Gart. Berlin-Dahlem 7: 47 (1917). Tipo: Perú, *Ule* 6224 (B, holótipo; K, isótipo).

Plantas perennes cespitosas con culmos dimorfos de 30–60 cm de alto. Culmos vegetativos con hojas caulinares; vainas pilosas; lígulas de 0,5 mm de largo; seudopecíolo de 2–3 mm de largo; láminas lanceoladas u ovado-lanceoladas de 11–15 cm long. × 35–58 mm lat., truncadas en la base, la superficie adaxial glabra, la abaxial pilosa hacia la base, escabrosas, acuminadas. Culmos fértiles con hojas reducidas a vainas imbricadas, purpúreas, prominentemente nervadas y pilosas. Panículas terminales exertas, piramidales, laxas, de 6–12 cm long. × 5–12 cm lat. Ramas inferiores verticiladas, con espiguillas estaminadas; ramas superiores alternas, sólo con espiguillas estaminadas o con espiguillas estaminadas en la base y pistiladas en el ápice de las ramas. Espiguillas estaminadas lanceoladas de 2,5–3,3 mm de largo, escabrosas. Espiguillas pistiladas lanceoladas de 13–18 mm de largo, glabras, escabrosas o pilosas hacia el ápice, aristadas. Antecios pilosos.

COCHABAMBA: Chaparé, Yapacani hacia Villa Tunari, *Wood* 10070. Carrasco, Valle del Sacta, *Smith et al.* 13672.
Brazil, Colombia, Perú y Bolivia. Selva amazónica; 0–400 m.

12. RADDIELLA Swallen
in Maguire, Bull. Torrey Bot. Club 75: 89 (1948); Zuloaga & Judz.,
Ann. Missouri Bot. Gard. 78: 928–941 (1991).

Plantas perennes, monoicas con culmos decumbentes y débiles. Láminas ovado-oblongas, obtusas, apiculadas. Inflorescencias en panículas terminales estaminadas y axilares pistiladas. Espiguillas pistiladas con pedicelos cupuliformes, elípticas u ovadas, deciduas; glumas iguales, túrgidas en la base, herbáceas, agudas; lemmas cartilagíneas. Espiguillas estaminadas lanceoladas; glumas reducidas o nulas; lemma y pálea membranáceas.
Especies 7. Panamá hasta Bolivia y Brasil.

R. esenbeckii (*Steud.*) *Calderón & Soderstr.*, Smithsonian Contr. Bot. 44: 21 (1980). Tipo: Brasil (P, holótipo n.v.).
Panicum esenbeckii Steud., Syn. Pl. Glumac. 1: 90 (1854).

Plantas cespitosas con culmos cilíndricos erectos o decumbentes de 6–30 cm de largo. Láminas de 7–20 mm long. × 5–10 mm lat. Panícula pequeña, de 5 mm de largo, pauciflora, incluida en la vaina superior. Espiguillas pistiladas de 2 mm de largo, pubescentes. Espiguillas estaminadas de 3–4 mm de largo, glabras. Fig. 10.

BENI: Vaca Diez, 15 km W de Guayaramerin, *Krapovickas et Schinini* 35062.
LA PAZ: Tamayo, Apolo hacia Charazani, *Beck* 18622.
Colombia hasta Brasil y Bolivia. Sitios húmedos en campos y bosques de galerías; 20–1250 m.

13. PARODIOLYRA Soderstr. & Zuloaga
Smithsonian Contr. Bot. 69: 64 (1989).

Plantas perennes monoicas, con culmos trepadores, cilíndricos, huecos. Láminas lanceoladas hasta ovado-lanceoladas. Inflorescencia en panículas terminales y axilares. Espiguillas unifloras, heteromorfas, pistiladas y estaminadas dispuestas en la misma panícula, las pistiladas en el ápice de las ramificaciones y las estaminadas en la base, o bien las ramas inferiores totalmente estaminadas y las superiores totalmente pistiladas. Espiguillas femeninas elípticas; glumas 2, subiguales; antecio menor que las glumas, indurado, liso, agudo u obtuso. Espiguillas estaminadas lanceoladas.
Especies 3. Costa Rica hasta Bolivia y noreste de Brasil.

P. lateralis (*C. Presl ex Nees*) *Soderstr. & Zuloaga*, Smithsonian Contr. Bot. 69: 66 (1989). Tipo: Perú, *Haenke* (PR, holótipo).
Panicum laterale C. Presl ex Nees, Agrostologia Brasiliensis in Martius, Fl. Bras. 2(1): 213–214 (1829).
Olyra lateralis (C. Presl ex Nees) Chase, Proc. Biol. Soc. Wash. 21: 179 (1908); H490; F343.

13. Parodiolyra

Plantas perennes monoicas con culmos decumbentes o trepadores de 100–800 cm de largo, muy ramosos en los nudos superiores; entrenudos sulcados. Láminas ovado-lanceoladas de 2,5–5 cm long. × 5–15 mm lat., asimétricas en la base, gruesas, apiculadas. Panícula laxa, piramidal, de 1–3 cm de largo, exerta. Espiguillas pistiladas de 2–2,5 mm de largo, verdes, purpúreas o negras a la madurez. Espiguillas estaminadas de 3–4 mm de largo, purpúreas o marrones. Fig. 9.

LA PAZ: Larecaja, Consata hacia Mapiri, *Beck* 4910. Murillo, Valle de Zongo, *Beck* 7235; *Renvoize et Cope* 4252.

Costa Rica hasta Bolivia y Brasil (Amazonas y Roraima). En regiones boscosas, sitios húmedos a la sombra; 400–1800 m.

14. CRYPTOCHLOA Swallen
Ann. Missouri Bot. Gard. 29: 317 (1942); Soderstr., Brittonia 34: 199–209 (1982).

Plantas perennes monoicas. Hojas pecioladas; láminas lanceoladas hasta elípticas. Inflorescencias terminales o axilares, racemiformes hasta paniculiformes, las axilares incluidas en las vainas. Espiguillas diclinas, unifloras; pistiladas 1-varias, elípticas sobre pedicelos clavados, dispuestas en el ápice de las ramas; glumas herbáceas, agudas o acuminadas; antecio portado en y cayendo con un entrenudo de la raquilla alagardo y engrosado, lemma cartilagínea, glabra, aguda; espiguillas estaminadas deciduas, varias, en la base de las ramas; glumas ausentes, lemma hialina.

Especies 8; México hasta Bolivia y Brasil.

C. unispiculata *Soderstr.*, Brittonia 34: 200 (1982). Tipo: Perú, *Plowman, Schultes et Tovar* 7215 (US, holótipo).

Plantas cespitosas con culmos cilíndricos, erectos o geniculados, de 20–60 cm de alto. Láminas oblongas, de 8–12 cm long. × 15–20 mm lat., asimétricas en el ápice, apiculadas. Panículas cortas, paucirámeas, incluidas en las vainas, escasamente exertas, compuestas de una espiguilla pistilada apical y 2 espiguillas estaminadas abajo; panícula terminal con todas las espiguillas estaminadas. Espiguillas pistiladas lanceoladas de 17–20 mm de largo, las estaminadas lanceoladas o elípticas de 4,5 mm de largo. Fig. 10.

BENI: Vaca Diez, 18,4 km E de Riberalta, *Solomon* 7790.
SANTA CRUZ: Ichilo, Montero hacia Puerto Grether, *Renvoize et Cope* 3965. Amboró, *Solomon et Urcullo* 14081.

Colombia hasta Bolivia. Regiones boscosas, a la sombra; 200–720 m.

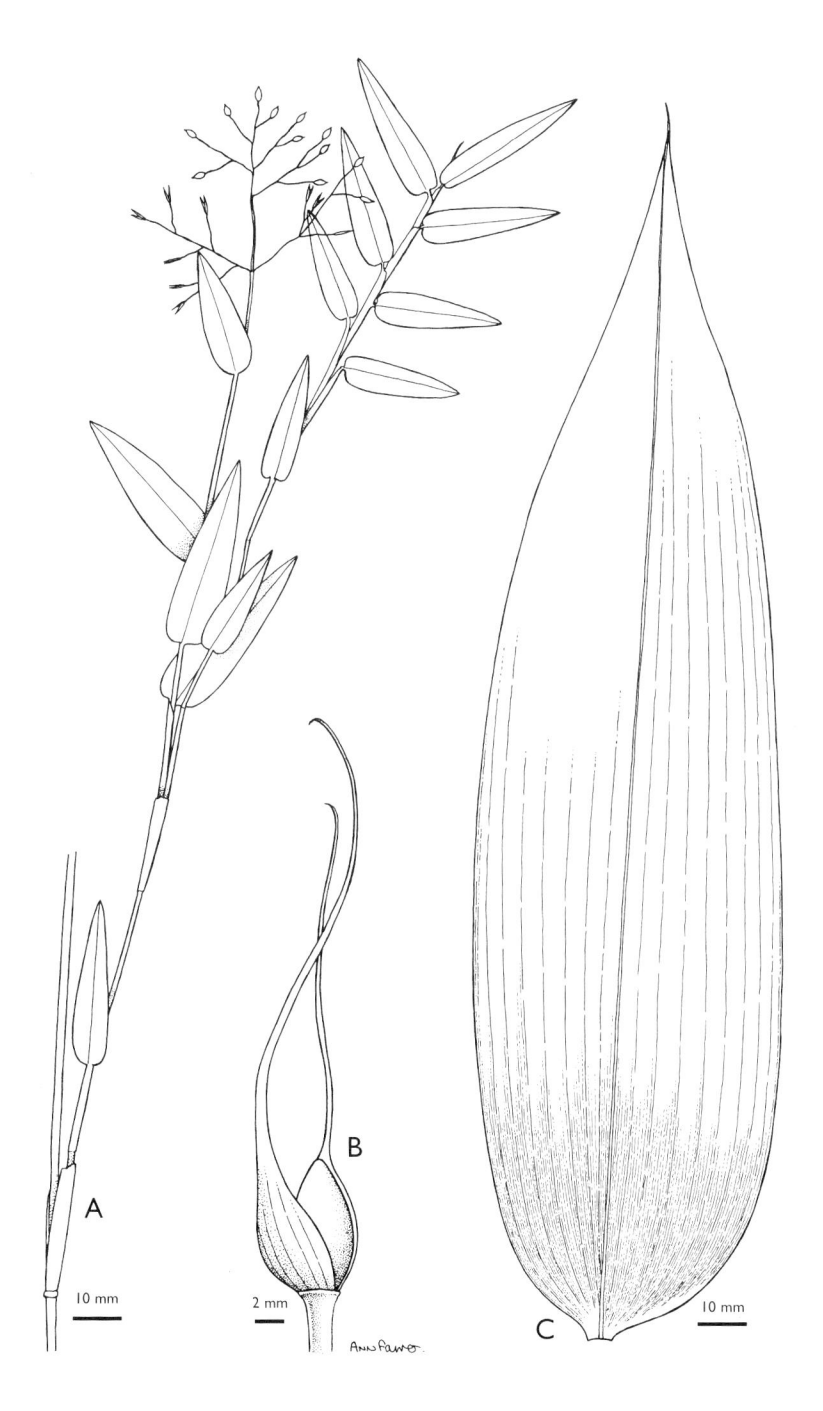

Fig. 9. **Parodiolyra lateralis**, **A** habito basada en *Davidse et D'Arcy* 10102, Panama. **Olyra caudata**, **B** espiguilla, **C** lámina basada en *Hammel* 1857, Panama.

Fig. 10. **Cryptochloa unispiculata**, A hábito, B panícula basada en *Plowman et al.* 6630, Perú. **Raddiella esenbeckii**, C hábito, D panícula basada en *Krapovickas et Schinini* 35062.

15. PARIANA Aubl.
Hist. Pl. Guiane: 876 (1775); Tutin, J. Linn. Soc., Bot. 50: 337–362 (1936).

Plantas perennes, monoicas. Culmos erectos o decumbentes, todos similares o, si dimórficos, las hojas y las inflorescencias ubicadas sobre culmos separados (sólo dimórficos en Bolivia); culmos fértiles con las hojas reducidas a las vainas, los vegetativos con las láminas seudopecioladas, linear-lanceoladas hasta ovadas, frecuentemente con setas en el cuello de la vaina. Inflorescencia terminal, espiciforme, con raquis frágil, formada por numerosos fascículos de espiguillas verticiladas; fascículos caducos, compuestos por (4–)5(–6) espiguillas estaminadas y pediceladas que rodean a una espiguilla pistilada sésil. Espiguillas estaminadas 1-floras, comprimidas dorsi-ventralmente; pedicelos anchos y planos, a menudo con elaiosomas en la base. Glumas 2, laterales, iguales, triangulares o angostamente triangulares, coriáceas, acuminadas, más largas, o generalmente más cortas que el antecio. Lemma elíptica o angostamente elíptica, coriácea, aguda u obtusa. Estambres 8–36. Espiguillas pistiladas 1-floras, ovadas. Glumas 2, membranáceas, más largas que la lemma, 1–3-nervias, múticas. Lemma ovada, coriácea, 3-nervia; pálea 3-nervia, similar a la lemma.

34 especies; Costa Rica hasta Bolivia y Brasil central.

1. Vainas con setas orales ausentes o hasta 2,5 mm de largo · · · · · · · **1. P. bicolor**
1. Vainas con setas orales de 5–25 mm de largo:
   2. Láminas de 6,3–19,5 cm long. × 0,8–5,5 cm lat.:
      3. Culmos de 27–40 cm de alto; espigas de 5–6,5 cm · · · · · · · **2. P. gracilis**
      3. Culmos de 45–61 cm de alto; espigas de 8,5–12 cm:
         4. Espiguillas estaminadas con lemmas elípticas y frecuentemente con nervios adicionales; glumas hasta un medio de largo de la longitud de las lemmas · **3. P. obtusa**
         4. Espiguillas estaminadas angostamente elípticas, sin nervios adicionales; glumas más de un medio de largo hasta subiguales de la la longitud de las lemmas · **5. P. ulei**
   2. Láminas de 18–29 cm × 5,5–6,5 cm · · · · · · · · · · · · · · · · · **4. P. swallenii**

1. P. bicolor *Tutin*, J. Linn. Soc., Bot. 50: 355 (1936); F239. Tipo: Bolivia, *Buchtien* 458 (US, holótipo).

Plantas con culmos dimórficos, de 40–80 cm de alto. Vainas glabras o esparcidamente pubescentes en los surcos, a veces maculadas, fimbrias ausentes o presentes en el ápice, de 2,5 mm de largo; lígula de 1,5–3 mm de longitud. Láminas ovado-lanceoladas de 11–18 cm long. × 4–5 cm lat., cuneadas o redondeadas, glabras, glaucas en el envés, acuminadas, con la costilla media adaxial glabra. Espiga de 7–9 cm long. × 8–10 mm lat.; fascículos algo laxos; los pedicelos de las espiguillas estaminadas visibles, pubescentes, de 2,8–4,2 mm de largo. Espiguillas estaminadas con glumas triangulares de 3,4–4 mm, acuminadas. Lemmas elípticas, de 4,4–5,6 mm, glabras, agudas. Espiguillas pistiladas de 6 mm, las glumas y antecio subiguales.

15. Pariana

BENI: Ballivián, San Buenaventura, *Cárdenas* 1889; *White* 880.
LA PAZ: Larecaja, San Carlos, *Buchtien* 458; Caranavi hacia Guanay, *Plowman et Davis* 5173; Mapiri, *Rusby* 232. Murillo, Zongo, *Zuloaga et Vasquez* 1836.
COCHABAMBA: Chaparé, de Villa Tunari 3 km hacia Chipiriri, *Beck* 1451. Carrasco, de Villa Tunari 62 km hacia Puerto Villarroel, *Beck* 1512.
Colombia, Venezuela, Ecuador, Perú, Bolivia y Brasil. Bosques, a la sombra; 200–950 m.

2. P. gracilis *Döll* in Martius, Fl. Bras 2(2): 337 (1877); F239. Tipo: Bolivia, *D'Orbigny* 147 (BR, holótipo n.v.).

Plantas con culmos dimórficos de 27–40 cm de alto, geniculados en la base. Vainas maculadas, pubescentes, algo fimbriadas en el ápice con setas de 7 mm de largo; lígula de 0,3–1,5 mm de largo. Láminas lanceoladas, de 4–14 cm long. × 8–22 mm lat., cuneadas o redondeadas, glabras o rara vez esparcidamente pilosas en el envés, la costilla media glabra en el haz, acuminadas. Espiga frágil, delgada, de 5–6,5 cm de largo, 6,5 mm de ancho. Espiguillas estaminadas oblongas, sobre pedicelos pubescentes de 1,5–3,5 mm. Glumas triangulares, coriáceas, de 2–4 mm de largo, acuminadas. Lemmas de 3–4,5 mm, glabras o esparcidamente pubescentes, agudas o acuminadas. Espiguillas pistiladas con antecio de 4,5–5 mm de largo; glumas de 5,2–5,6 mm.

Localidad no conocida, *D'Orbigny* 174.
Brasil, Perú y Bolivia.

3. P. obtusa *Swallen*, Mem. New York Bot. Gard. 9(3): 268 (1957). Tipo: Venezuela, *Maguire et Politi* 27940 (NY, holótipo n.v.).

Plantas con culmos dimórficos de 45 cm de alto. Vainas glabras o pubescentes, algo fimbriadas con setas de 10 mm de largo. Lígula de 1,5 mm de longitud. Láminas ovado-lanceoladas de 16–19,5 cm long. × 5–5,5 cm lat., cuneadas o redondeadas, glabras. Espigas de 8,5 cm de largo, densas; los fasciculos cubriendos; los pedicelos de las espiguillas estaminadas 1,7–3,5 mm de largo, pubescentes. Espiguillas estaminadas con glumas triangulares de 1,1–3,7 mm de largo, acuminada. Lemmas de 4–5,7 mm de largo, glabras, agudas. Espiguillas pistiladas con antecio de 5–5,7 mm de largo; glumas de 5,7–6,4 mm.

COCHABAMBA: Carrasco, Chuquioma, *Beck* 1560.
Venezuela, Perú y Bolivia. Bosques, a la sombra; 200–340 m.

4. P. swallenii *R.C. Foster*, Rhodora 68: 239 (1966). Tipo: Bolivia, Cochabamba, *Cárdenas et Cutler* 7538 (GH, holótipo n.v.).

Plantas con culmos dimórficos de 56–68 cm de alto. Vainas pubérulas hasta glabras, fimbriadas en el ápice con setas escabrosas o pubescentes de 5–25 mm de largo; lígula de 5 mm de largo. Láminas ovadas u ovado-lanceoladas, de 18–29 cm long. × 5,5–6,5 cm lat., cuneadas, glabras, acuminadas. Espigas de 14,5 cm de largo, densas; los pedicelos de las espiguillas estaminadas ciliadas a la base, de 1–4,8 mm de largo. Espiguillas estaminadas con glumas triangulares de 1,8–4,8 mm, acuminadas o setáceas. Lemmas elípticas, de 4,5–8,5 mm, agudas. Espiguillas pistiladas con antecio de 6,5–7,5 mm; glumas de 7,3–9,3 mm.

LA PAZ: Sud Yungas, Río Quiquibey, *Beck* 8124.
COCHABAMBA: Chaparé, Puerto Polonia, *Cárdenas et Cutler* 7538.
Colombia y Bolivia. Bosques, a la sombra; 320–430 m.

5. P. ulei *Pilg.*, Notizbl. Königl. Bot. Gart. Berlin 6: 112 (1910). Tipo: Brasil, *Ule* 5307 (B, holótipo n.v.).

Plantas con culmos dimórficos de 53–61 cm de alto. Vainas glabras o hirtelas, fimbriadas con setas orales de 2,5 cm de largo; lígula de 1–2 mm de largo. Láminas lanceoladas de 6,3–17 cm de largo, de cuneadas hasta redondeadas, glabras, glaucas. Espigas de 12 cm de largo, densas; los pedicelos de las espiguillas estaminadas de 1,6–3,8 mm, barbadas a la base, glabras en otra parte. Espiguillas estaminadas con glumas angostamente triangulares de 2–8,3 mm, acuminadas o subuladas. Lemmas elípticas o angostamente elípticas, de 5,6–6,3 mm, glabras, acuminadas. Espiguillas pistiladas con antecio 5,6–6,3 mm, glumas de 7,7–7,8 mm.

BENI: Vaca Diez, 3 km E de Riberalta, *Solomon* 7690.
Venezuela, Colombia, Perú, Brasil y Bolivia. Sombra de mata; 230 m.

16. PHARUS P. Browne
Civ. Nat. Hist. Jamaica: 344 (1756).

Plantas monoicas perennes, rizomatosas, erectas o decumbentes. Hojas seudopecioladas; láminas resupinadas, lanceoladas o elípticas, plurinervias, los nervios oblicuos y teselados. Inflorescencia en panícula frágil. Espiguillas unifloras, diclinas, en pares o las pistiladas solitarias, las estaminadas pequeñas, piediceladas, las pistiladas mayores, sésiles o subsésiles. Espiguillas estaminadas con glumas más cortas, iguales o subiguales respecto al antecio, o la inferior ausente; lemma y pálea membranáceas; estambres 6. Espiguillas pistiladas con glumas más cortas, iguales o subiguales que el antecio; lemma subcilíndrica, cartácea, los márgenes subinvolutos, encerrando la pálea; antecio rostrado, glabro o pubescente. Cariopsis subcilíndrico, con un surco notable, caduco a la madurez junto con la lemma y la pálea.

7 especies, México y Florida hasta Argentina.

Glumas de la espiguilla pistilada $^1/_2$ del largo del antecio · · · · · · · **1. P. lappulaceus**
Glumas de la espiguilla pistilada $^2/_3$–$^3/_4$ del largo del antecio; rama terminal de la panícula estéril, reducida a una cerda · · · · · · · · · · · · · · · · · · · **2. P. latifolius**

1. P. lappulaceus *Aubl.*, Hist. Pl. Guiane 2: 859 (1775); K182. Tipo: Española, Illustr. Plumier mss. t. 5, fig. 85 (P, n.v.).
P. glaber Kunth in Humboldt, Bonpland et Kunth, Nov. Gen. Sp. 1: 196 (1816); H421; F290. Tipo: Venezuela, *Humboldt et Bonpland* (P, holótipo, n.v.).

Plantas con culmos decumbentes de 25–60 cm de largo, radicantes en los nudos inferiores. Láminas lanceoladas de 10–30 cm long. × 2–6 cm lat., escabérulas, apenas acuminadas. Panícula paucirrámea, anchamente ovada, de 10–20 cm de largo; ramas secundarias a veces cortas y adpresas o ausentes. Espiguillas pistiladas de 7–10 mm. Glumas $^1/_2$ del largo del antecio, papiráceas, persistentes; antecio pubescente, con pelos uncinados. Espiguillas estaminadas de 2–4 mm, glabras o pubérulas. Fig. 11.

BENI: Ballivián, Reyes, *White* 1204.
SANTA CRUZ: Chávez, San Antonio de Lomerio, *Killeen* 832. Velasco, 4 km W de San Ignacio, *Seidel* 121. Andrés Ibáñez, Santa Cruz hacia Cotoca, *Nee* 36066. Florida, Río Pirai, *Nee et Saldias* 36334. Cordillera, Alto Parapetí, *de Michel* 234.
LA PAZ: Sud Yungas, San José de Popoy, *Seidel et Schulte* 2242. Nor Yungas, Sapecho hacia San Antonio, *Seidel* 2092.
CHUQUISACA: Padilla hacia Monteagudo, *Renvoize et Cope* 3892.
México hasta Argentina. Bosques, a la sombra; 30–2000 m.

2. P. latifolius *L.*, Syst. Nat. ed. 10: 1269 (1759); H421; F290. Tipo: Jamaica (LINN, lectótipo).

Plantas cespitosas con culmos erectos de 30–100 cm de alto. Láminas elípticas, lanceoladas o angostamente obovadas de 10–30 cm long. × 3–7 cm lat., escabrosas, acuminadas. Panícula paucirrámea, ovada, de 15–30 cm de largo. Espiguillas pistiladas de 10–18 mm. Glumas $^1/_2$ del largo del antecio, papiráceas, persistentes; antecio con ápice sinuado y pubescente, con pelos uncinados. Espiguillas estaminadas de 3–4,5 mm de largo, pubérulas. Fig. 11.

BENI: Vaca Diez, Alto Ivon, *Boom* 5046. Ballivián, Río Quiquibey, *Beck* 8024. Yacuma, La Pascana, *Moraes* 1034.
SANTA CRUZ: Chávez, Perseverencia, *Wood* 10016. Ichilo, Montero hacia Puerto Grether, *Renvoize et Cope* 3963.
LA PAZ: Nor Yungas, Río Beni, *Beck* 13346.
México e islas del Caribe hasta Bolivia y Brasil. Bosques, a la sombra; 0–600 m.

Fig. 11. **Streptogyna americana**, **A** espiguilla basada en *Solomon* 16916. **Pharus lappulaceus**, **B** pare de espiguillas basada en *Renvoize et Cope* 3892. **P. latifolius**, **C** habito basada en *Beck* 13346, **D** inflorescencia, **E** pare de espiguillas basada en *Edwards* 202, Ecuador.

17. STREPTOGYNA P. Beauv.
Ess. Agrostogr.: 80 (1812).

Plantas perennes. Hojas con láminas lineares o lanceoladas, seudopecioladas y teseladas. Inflorescencia en racimos unilaterales. Espiguillas cilíndricas, monomorfas, multifloras; raquilla articulada; antecios caducos, los inferiores fértiles, el superior reducido; en cada diseminulo, el artejo de la raquilla, que es flexible, se halla adpreso contra la base de la lemma constituyendo un efectivo dispositivo para la diseminación zoocora. Glumas 2, tenaces, cartáceas, multinervias, agudas o acuminadas. Lemmas coriáceas, multinervias, bidentadas, aristadas. Estigmas transformados en 3 zarcillos después de la fertilización.

2 especies; regiones tropicales del nuevo mundo, Africa y India.

S. americana *C.E. Hubb.* in Hooker's Icon. Pl. 36, tab. 3577 (1956). Tipo: Surinam, *Maguire* 23975 (K, holótipo).

Plantas macolladas, herbáceas, con culmos de 75–150 cm de alto. Láminas lineares, de 35–65 cm long. × 5–15 mm lat., planas, glabras, cartáceas, acuminadas. Racimos de 25–75 cm de largo. Espiguillas 25–40 mm (excluidas las aristas); antecios glabros, a la madurez penden del eje del racimo sostenidos por una maraña de estigmas. Fig. 11.

PANDO: Suárez, 47 km W de Cobija, *Beck et al.* 19034. Román, Loma Alta, *Solomon* 17173.
BENI: Vaca Diez, 18 km E de Riberalta, *Solomon* 7801.
LA PAZ: Iturralde, Siete Cielos, *Solomon* 16916.
México hasta Bolivia. Bosques, a la sombra; 30–600 m.

18. ORYZA L.
Sp. Pl.: 333 (1753).

Plantas palustres, anuales o perennes, cespitosas o rizomatosas. Láminas planas, lineares hasta angostamente lanceoladas, herbáceas, con márgenes lisos o escabrosos. Inflorescencia en panícula abierta o contraída, a veces las ramas primarias seudoracemosas. Espiguillas perfectas, 3-floras, flor apical fértil, las 2 inferiores estériles, comprimidas lateralmente, elípticas o estrechamente lineares. Glumas nulas o pequeñas. Lemmas estériles $^1/_8$–$^1/_2$ o iguales que la longitud de la espiguilla, subuladas o angostamente ovadas, coriáceas; lemma fértil coriácea, granulosa, carinada, hispídula, aristada o mútica, con márgenes estrechamente involutos en los que encajan los márgenes de la pálea coriácea. Estambres 6.

20 especies en regiones tropicales o subtropicales.

1. Espiguillas tenaces · **O. sativa**
1. Espiguillas caducas:

       2. Lígula de 2–7 mm de largo:
          3. Lemmas estériles $^1/_4$–$^1/_3$ del largo de la lemma fértil · · · · · **1. O. latifolia**
          3. Lemmas estériles iguales a la lemma fértil · · · · · · · · **3. O. grandiglumis**
       2. Lígula de 20–35 mm de largo · **2. O. rufipogon**

O. sativa *L.* "Arroz" Fig. 12.

Esta especie se cultiva en el área, por lo que a veces aparece escapada de cultivo.

PANDO: Madre de Dios, Cambaya, *Nee* 31814.
BENI: Ballivián, Rurrenabaque, *Beck* 8296.
SANTA CRUZ: Ichilo, Montero hacia Puerto Grether, *Renvoize et Cope* 3958.
LA PAZ: Nor Yungas, Coroico, *Feuerer* 5828.

1. O. latifolia *Desv.*, J. Bot. Agric. 1: 77 (1813); K166. Tipo: Puerto Rico, *Herb. Desv.* (P, n.v.).

Plantas robustas perennes con culmos de 50–200 cm de alto. Láminas planas, escabrosas, de 50–70 cm long. × 20–45 mm lat., atenuadas en el ápice. Panícula de 30–45 cm de largo, laxa, las ramas secundarias cortas y adpresas. Espiguillas de 6–7 mm. Lemmas estériles subiguales, $^1/_4$–$^1/_3$ del largo de la lemma fértil; lemma fértil con arista decidua de 2–6 cm. Fig. 12.

   PANDO: Manuripi, San Miguel, *Beck et al.* 19663.
   BENI: Vaca Diez, 5 km SW de Riberalta, *Solomon* 7921.
   SANTA CRUZ: Ichilo, Río Surutú, *Renvoize et Cope* 3981. Andrés Ibáñez, Santa Cruz hacia Cotoca, *Nee* 34000. Cordillera, Santa Cruz hacia Abapó, *Renvoize* 4564.
   América Central hasta Bolivia y Brasil. Bordes de caminos y sitios húmedos; 50–500 m.

2. O. rufipogon *Griff.*, Not. Pl. Asiat. 3: 5, pl. 144, f. 2, (1851); K166. Tipo: Bangladesh, *Tim* s.n. (CAL, neotipo designado por Sharma & Shastry (1965)).

Plantas perennes. Culmos de 100–200 cm de alto. Láminas de 25–35 cm long. × 7–10 mm lat., escabrosas, atenuadas en el ápice. Panícula de 13–25 cm de largo, laxa, las ramas secundarias cortas y adpresas o nulas. Espiguillas de 7,5–9 mm. Lemmas estériles subiguales, $^1/_3$ del largo de la lemma fértil; lemma fértil con arista de 3–12 cm de largo. Fig. 12.

   SANTA CRUZ: Chávez, Concepción, *Killeen* 1894.
   LA PAZ: Iturralde, Luisita, *Haase* 520.

Nativa de Asia tropical, introducida y naturalizada en el Nuevo Mundo. Maleza en cultivos de arroz.

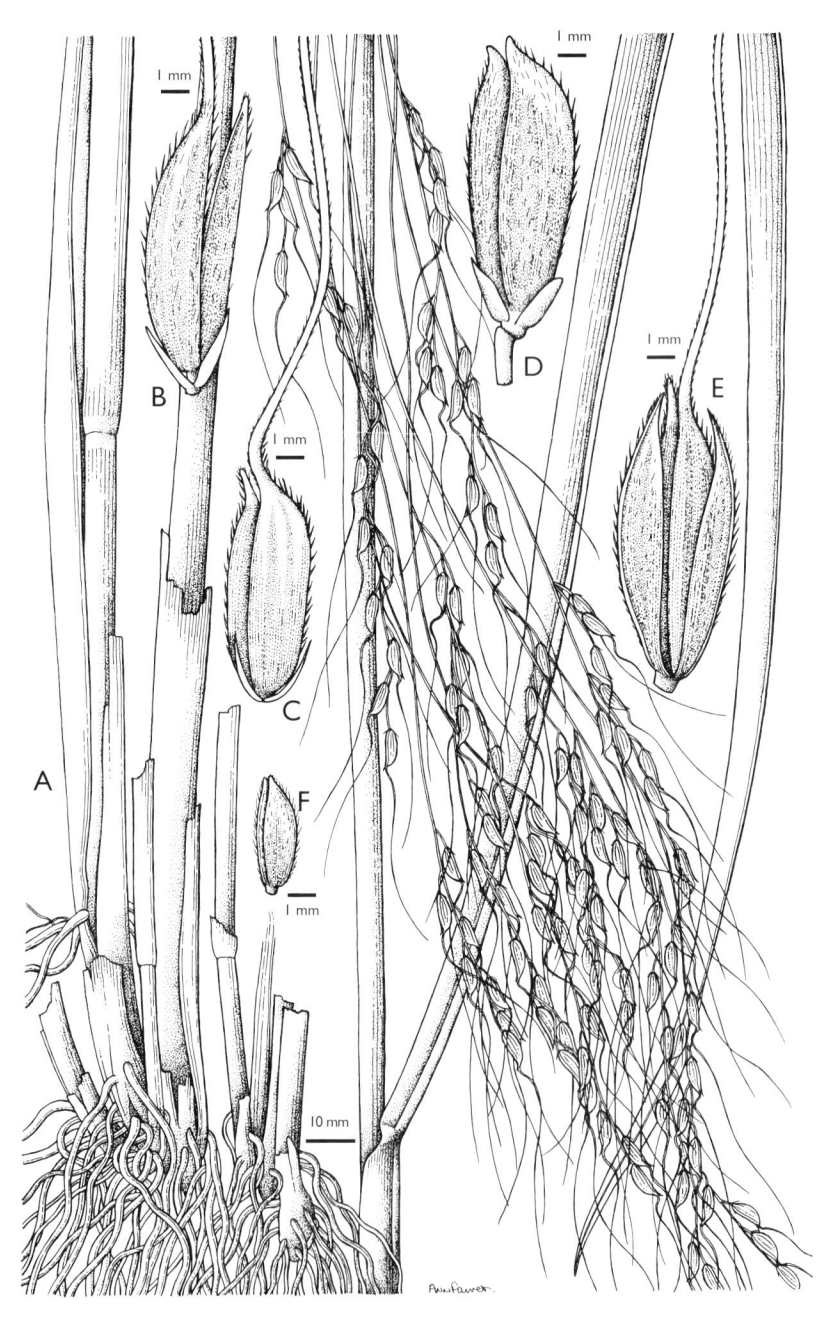

Fig. 12. **Oryza latifolia**, **A** habito, **B** espiguilla basada en *Renvoize* 4564. **O. rufipogon**, **C** espiguilla basada en *Haase* 520. **O. sativa**, **D** espiguilla basada en *Renvoize et Cope* 3958. **O. grandiglumis**, **E** espiguilla basada en *Plowman et al.* 6460. **Leersia hexandra**, **F** espiguilla basada en *Beck* 5315.

3. O. grandiglumis (*Döll*) *Prodoehl*, Bot. Arch. 1 : 233 (1922); K166. Tipo: Brasil, *Riedel* 1261 (K, isótipo).
O. sativa var. *grandiglumis* Döll in Martius, Fl. Bras. 2(2): 8 (1871).

Plantas cespitosas con culmos robustos de 150–200 cm de alto. Hojas con vainas lisas; lígulas de 3–5 mm de largo, membranáceas, ciliadas; láminas de 30–40(–70) cm long. × 15–35 mm lat., escabrosas. Panícula de 20–40 cm de largo, las ramas laxas, ascendentes. Espiguillas elípticas, de 6–8 mm de largo, deciduas. Lemmas estériles lanceoladas de 7–10 mm long. × 1–1,5 mm lat., carinadas, aristadas; aristas de 1–4 mm de largo. Lemma y palea fértiles iguales, la lemma con arista de 10–18 mm, pálea apiculada con una arista de 1 mm. Fig. 12.

SANTA CRUZ: Chávez, 5 km S de Concepción, *Killeen* 2232. Velasco, 5 km E de Santa Rosa, *Killeen* 1677.
Brasil y Guianas hasta Perú y Bolivia. Bordes de ríos; 100–230 m.

19. LEERSIA Sw.
Prodr.: 21 (1788); Pyrah, Iowa State J. Sci. 44: 215–270 (1969).

Plantas anuales o perennes, rizomatosas o cespitosas. Láminas lineares. Inflorescencia en panículas contraídas o amplias, pauci- o multifloras. Espiguillas monoclinas, 1-floras, comprimidas lateralmente, imbricadas, caducas. Glumas nulas. Lemmas cartáceas o coriáceas, aristadas o múticas, naviculares, con márgenes estrechamente involutos en los que encajan los márgenes de la pálea. Estambres 1, 2, 3, o 6.
18 especies. Sitios húmedos, en regiones tropicales y templado-cálidas.

L. hexandra *Sw.*, Prodr.: 21 (1788); H420; F289; K166. Tipo: Jamaica, *Swartz* (BM, holótipo).

Plantas perennes, rizomatosas, con culmos geniculados ascendentes de 30–120 cm de largo. Láminas planas de 7–20 cm long. × 2–10 mm lat., escabrosas, atenuadas en el ápice. Panículas ovadas u oblongas, de 4–14 cm de largo, paucirrámeas, las ramas primarias adpresas o ascendentes, las secundarias muy cortas o nulas. Espiguillas oblongas de 3–5 mm, escabrosas, espinulosas en las carinas. Fig. 12.

BENI: Ballivián, Espíritu, *Beck* 3224. Yacuma, Porvenir, *Beck* 16940.
SANTA CRUZ: Velasco, Laguna Paciviqui, *Beck et Seidel* 12356. Ichilo, Portachuelo hacia Buena Vista, *Wood* 9816. Warnes, *Renvoize* 4540.
LA PAZ: Iturralde, Luisita, *Haase* 362.

Regiones tropicales de ambos hemisferios. Sabanas húmedas o inundadas; 0–2550 m.

20. LUZIOLA Juss.
Gen. Pl.: 33 (1789); Swallen, Ann. Missouri Bot. Gard. 52: 472–475 (1966).

Plantas acuáticas, monoicas, perennes, herbáceas, rizomatosas o estoloníferas. Láminas planas, lineares, excediendo por lo común el largo de las inflorescencias. Inflorescencia en panículas normalmente diclinas, semi-incluidas en las vainas, laxas o contraídas, las estaminadas terminales, las pistiladas axilares sobre el mismo eje. Espiguillas pistiladas 1-floras; glumas nulas y lemmas membranáceas, con nervios muy prominentes, múticas. Espiguillas estaminadas mayores que las pistiladas; glumas nulas; lemmas membranáceas; estambres 6–16. Fruto aquenio, elíptico hasta globoso, pericarpo coriáceo, liso o apenas estriado, separado de la semilla.

11 especies. Sur de Estados Unidos hasta Argentina.

1. Inflorescencia pistilada reducida a 2 ramas reflexas ············ **1. L. fragilis**
1. Inflorescencia pistilada ovada u oblonga, multirrámea:
    2. Nervios de lemma y pálea de las espiguillas pistiladas escabrosos:
        3. Pedicelos de las espiguillas pistiladas de 1–10 mm de largo, débiles; ramas de la inflorescencia ascendentes o deflexas, las secundarias desarrolladas
        .... **2. L. peruviana**
        3. Pedicelos de las espiguillas pistilades de 5–20 mm de largo, robustos; ramas de la inflorescencia deflexas a la madurez, las secundarias nulas
        .... **3. L. subintegra**
    2. Nervios de lemma y pálea en las espiguillas pistiladas lisos
        .... **4. L. bahiensis**

1. L. fragilis Swallen, Ann. Missouri Bot. Gard. 52: 474 (1966). Tipo: Brasil, Mato Grosso, *Swallen* 9538 (US, holótipo)

Plantas con culmos decumbentes y débiles, de 10–30 cm de largo, en la base paucirrámeos, filiformes, con nudos radicantes y muy ramosos, por encima del nivel del agua. Hojas congregadas en las extremidales de los culmos; láminas lineares, de 4–8 cm long. × 2–4 mm lat., divergentes, planas, agudas. Inflorescencia pistilada reducida a 2 ramas reflexos de 5–10 mm de largo, con 2–8 espiguillas cada uno; espiguillas pistiladas de 2–2,5 mm, adpresas. Inflorescencia estaminada en panícula pequeña, de 1–2 cm y llevando 5–8 espiguillas; espiguillas de 4–6 mm. Aquenios estriados. Fig. 13.

BENI: Ballivián, Espíritu, *Renvoize* 4655.
Brasil, Venezuela y Bolivia. Céspedes húmedos, en áreas temporalmente inundadas; 90–230 m.

2. L. peruviana *Juss. ex J.F. Gmel.*, Syst. Nat. 1: 637 (1791); H420; F290; K164. Tipo: Perú, *Dombey* (K, isótipo).

Fig. 13. **Luziola subintegra**, **A** habito basada en *Renvoize* 4634, **B** inflorescencia, **C** aquenio, basada en *Beck* 5306. **L. peruviana**, **D** inflorescencia basada en *Renvoize* 4656. **L. fragilis**, **E** inflorescencia basada en *Lock* 8347, Venezuela. **L. bahiensis**, **F** habito, **G** espiguilla estaminada, **H** espiguilla pistilada, **J** aquenio basada en *Harley et al.* 20039, Brasil.

Plantas con culmos herbáceos, decumbentes y débiles, de 10–70 cm de largo. Láminas lineares de 6–30 cm long. × 2–6 mm lat., planas, acuminadas. Inflorescencia pistilada axilar, una panícula ovada, de 2–9 cm de largo, las ramas primarias delicadas, deflexas a la madurez, las ramas secundarias cortas; pedicelos de 1–10 mm de largo. Espiguillas pistiladas oblongas u ovadas, de 1,5–3,5 mm. Inflorescencia estaminada terminal, una panícula oblonga, de 2,5–13 cm de largo, paucirrámea. Espiguillas estaminadas oblongas, de 5,5–9 mm. Aquenios lisos de 1–1,5 mm, más cortos que lemmas y páleas. Fig. 13.

BENI: Ballivián, Espíritu, *Renvoize* 4656.
SANTA CRUZ: Chávez, 10 km S de Concepción, *Killeen* 2283. Warnes, Viru Viru, *Killeen* 1244. Andrés Ibáñez, Las Lomas de Arena, *Killeen* 2288.
TARIJA: Arce, Bermejo, *Fiebrig* 2189.
Estados Unidos de América hasta Bolivia y Argentina. Céspedes flotantes; 5–1700 m.

3. L. subintegra Swallen, Ann. Missouri Bot. Gard. 30: 165 (1943). Tipo: Panamá, *Bartlett et Lasser* 16816 (US, holótipo).

Plantas con culmos robustos, herbáceos, de 50–200 cm de largo. Hojas con vainas infladas; láminas lineares, de 20–60 cm long. × 5–15 mm lat., atenuadas en la base, planas, escabrosas, acuminadas. Inflorescencia pistilada axilar, una panícula ovada u orbicular, densa, de 4–6 cm de largo, las ramas robustas, rectas, deflexas a la madurez; ramas secundarias nulas; pedicelos de 5–20 mm de largo. Espiguillas pistiladas ovadas, de 4–5 mm. Inflorescencia estaminada terminal, una panícula ovada, de 6–15 cm de largo. Espiguillas estaminadas oblongas, de 4–6 mm. Aquenios lisos, de 2 mm de largo, más cortos que lemmas y páleas. Fig. 13.

BENI: Ballivián, Espíritu, *Beck* 5306.
El Salvador hasta Bolivia y Paraguay. Céspedes flotantes; 30–250 m.

4. L. bahiensis (*Steud.*) *Hitchc.*, Contr. U.S. Natl. Herb. 12: 234 (1909); K164. Tipo: Brasil, *Salzmann* (P, holótipo n.v.).
Caryochloa bahiensis Steud., Syn. Pl. Glumac. 1: 5 (1854).

Plantas acuáticas perennes con culmos delgados de 6–12(–30) cm de alto. Hojas basales y caulinares; láminas lineares u angostamente lanceoladas de 5–30 cm long. × 2–5 mm lat., pubérulas o glabras, agudas. Inflorescencia estaminada terminal, una panícula ovada, poco ramosa, de 2,5–7 cm de largo. Espiguillas estaminadas lanceolado-oblongas, de 5,5–7 mm de largo; lemma y pálea vagamente 7–9-nervias. Inflorescencia pistilada terminal, una panícula oblonga u ovada, de 4–9 cm de largo, poco ramosa. Espiguillas pistiladas ovadas, de 3–4,5 mm de largo, acuminadas; lemma y pálea 9–11-nervias. Aquenio de 1,5–1,8 mm de largo, estriado. Fig. 13.

SANTA CRUZ: Chávez, 5 km NW de Concepción, *Killeen* 1422.
LA PAZ: Iturralde, Ixiamas, *Beck* 18345.
Estados Unidos de América hasta Bolivia y Argentina. Pantanos y lagunillas; 480–1000 m.

21. STIPA L.

Sp. Pl.: 78 (1753); Hitchc., Contr. U.S. Natl. Herb. 24(7): 215–289 (1925); Parodi, Revista Argent. Agron. 17(3): 193 (1950); Tovar, Opusc. Bot. Pharm. Complut. 4: 75–106 (1988); Barkworth, Taxon 39(4): 597–614 (1990); Rojas, tesis (1994).

Plantas perennes, cespitosas o amacolladas. Láminas duras o semitiernas, lineares, planas o enrolladas hasta filiformes. Inflorescencia en panículas lineares, oblongas u ovadas, poco o moderadamente ramosas, laxas o contraídas. Espiguillas unifloras. Glumas 2, persistentes, hialinas, tan largas como el antecio o algo mayores. Lemma endurecida, rígida, fusiforme, cilíndrica, con bordes superpuestos ocultando pálea y flor; callo punzante, agudo u obtuso, barbado o subglabro; cuerpo de la lemma liso, papiloso o con pubescencia variada, lemma en el ápice truncada, aguda, atenuada o formando un rostro; corona marcada, rudimentaria o nula, o con un mechon de pelos; arista robusta y larga o débil y breve, persistente o caducas, central, encorvada, geniculada o bigeniculada, con el segmento basal recto y el apical grácil, plumosa o escabrosa. Pálea plana, hialina, $^1/_2$ o igual del largo de la lemma o rudimentaria, menor que la lemma y cubierta por sus bordes. Lodículas generalmente 3. Cariopse alargado.

300 especies en regiones templadas y templado-cálidas del mundo.

Género muy variable; la descripción se aplica exclusivamente a las especies bolivianas. Las medidas de las lemmas incluyen siempre al callo.

1. Arista plumosa; callo punzante:
    2. Antecio truncado en el ápice:
        3. Antecio pubescente en todo el cuerpo de la lemma ···· **13. S. curviseta**
        3. Antecio glabro en el cuerpo de la lemma pero con una hilera dorsal de pelos ·· **14. S. arcuata**
    2. Antecio atenuado en el ápice:
        4. Arista plumosa en toda su longitud ················ **8. S. plumosa**
        4. Arista solo plumosa en la columna:
            5. Antecio de 5–7 mm de largo; cuerpo de la lemma completamente piloso ·· **9. S. frigida**
            5. Antecio de 8–10 mm de largo; cuerpo de la lemma con el dorso total o parcialmente glabro ························· **7. S. vaginata**
1. Arista pubescente o escabrosa; callo punzante, agudo u obtuso:
    6. Apice de la lemma atenuado, pubescente, piloso o llevando un mechón de pelos en forma de papus:
        7. Apice de la lemma pubescente o piloso pero no formando papus:
            8. Cuerpo de la lemma piloso:

9. Arista de 3–5(–7) mm de largo ·················· **12. S. sp. A**
9. Arista de 25–30 mm de largo ··············· **6. S. capilliseta**
8. Cuerpo de la lemma pubescente o glabro:
   10. Cuerpo de la lemma glabro:
      11. Apice de la lemma pubescente; antecio de 3,5–4 mm de largo
      ····································· **10. S. rigidiseta**
      11. Apice de la lemma ciliado; antecio de 2,5 mm de largo
      ······································ **11. S. obtusa**
   10. Cuerpo de la lemma pubescente:
      12. Callo agudo:
         13. Lemma rostrada ······················ **19. S. sp. C**
         13. Lemma abruptamente atenuada ······· **20. S. illimanica**
      12. Callo obtuso:
         14. Callo glabro o con escasos pelos ·········· **17. S. sp. B**
         14. Callo piloso ····················· **18. S. bomanii**
7. Apice de la lemma con un mechón de pelos marcado en forma de papus:
   15. Callo obtuso ····························· **4. S. hans-meyeri**
   15. Callo punzante o agudo:
      16. Panícula laxa de 20–40 cm de largo
         17. Láminas de las innovaciones y del culmo isomorfas, filiformes
         ·· **1. S. ichu**
         17. Láminas dimorfas, en las innovaciones filiformes, en los culmos planas ···················· **2. S. pseudoichu**
      16. Panícula contraída, densa, de 5–15(–20) cm de largo:
         18. Callo agudo ······················ **5. S. leptostachya**
         18. Callo punzante ····················· **3. S. pungens**
6. Apice de la lemma truncado; corona desarrollada, rudimentaria o nula:
   19. Corona en forma de copa; antecio granuloso:
      20. Antecio de 5,5–6,5 mm de largo; arista de 25–55 mm de largo
      ····································· **26. S. mucronata**
      20. Antecio de 7–10 mm de largo; arista de 45–90 mm de largo
      ······································ **27. S. neesiana**
   19. Corona formando un reborde, no acopada, o rudimentaria o nula; antecio liso o estriado:
      21. Antecio de 4–6,5 mm de largo:
         22. Plantas menores de 25 cm de alto ··········· **24. S. nardoides**
         22. Plantas mayores de 25 cm de alto:
            23. Lemma sin corona o con corona rudimentaria
            ································· **15. S. holwayi**
            23. Lemma con corona formando un reborde:
               24. Corona ciliada ················ **22. S. brachyphylla**
               24. Corona glabra ···················· **25. S. sp. D**
      21. Antecio de 2,5–4 mm de largo:
         25. Antecio elíptico-oblongo:
            26. Mitad superior de la lemma pilosa, la inferior pubescente
            ································· **16. S. rupestris**

26. Toda la lemma pubescente ············ **21. S. inconspicua**
25. Antecio cilíndrico-fusiforme:
    27. Glumas de 7–10 mm de largo ········· **22. S. brachyphylla**
    27. Glumas de 5–7 mm de largo ············ **23. S. mexicana**

1. S. ichu *(Ruiz & Pav.) Kunth*, Révis. Gramin. 1: 60 (1829); H398; F272. Tipo: Perú, *Ruiz et Pavón* (MA, holótipo, n.v.)
Jarava ichu Ruiz & Pav., Fl. Peruv. 1: 5, pl. 6, fig. b (1798).

Plantas perennes cespitosas con culmos de 60–130 cm de alto. Láminas involutas de 15–30 cm de largo, escabriúsculas, punzantes. Panícula oblonga de 20–40 cm de largo, laxa e interrupta, plateada, raro violáceas. Glumas lanceoladas de 8–9 mm, subiguales, acuminadas. Antecio de 2,5–3,5 mm, piloso, el ápice con mechón de pelos divergentes de 3–4 mm; corona nula; arista de 10–17 mm, geniculada o bigeniculada; callo corto, agudo, pubescente o barbulado. Fig. 14.

SANTA CRUZ: Caballero, Tunal, *Killeen* 2495.
LA PAZ: Murillo, La Paz, *Buchtien* 504. Saavedra, Charazani hacia Lonlaya, *Feuerer* 10833a.
COCHABAMBA: Chaparé, Cuchicanchi, *Steinbach* 9632; Quillacollo, Quillacollo–Oruro, *Beck* 915.
ORURO: Dalence, Huanuni hacia Uncia, *Renvoize et Cope* 3805.
POTOSÍ: Bustillo, Lagunillas, *Renvoize et Cope* 3815.
CHUQUISACA: Oropeza, Sucre–Ravelo, *Ugent et Cárdenas* 4926. Yamparaez, Tarabuco, *Feuerer* 4570.
TARIJA: Méndez, Iscayachi, *Coro* 1260/79. Cercado, Erquis, *Bastian* 840.
México hasta Bolivia y Argentina. Puna y vales secos. De etapas sucesionales tempranas. Frecuente en terrenos pedregosos o rocosos; 1940–4300 m.

2. S. pseudoichu *Caro*, Kurtziana 3: 103 (1966). Tipo: Argentina, *Caro* 3534 (CORD, holótipo n.v.).

Culmos de 85–120(–200) cm de alto. Hojas dimorfas; las basales con láminas convolutas de 20–80 cm long. × 0,5 mm lat., aciculares, las caulinares con láminas planas de 30–40 cm long. × 3–5 mm lat. Panícula espiciforme de 22–40 cm de largo, densa, rígida o algo laxa y péndula. Glumas subiguales, linear-lanceoladas, de 7–10,5 mm de largo, acuminadas. Antecio cilíndrico-fusiforme de 2,3–3 mm, pubescente, el ápice formando un pseudo-rostro piloso con pelos largos de 3–3,5 mm de largo; arista bigeniculada de 9–15 mm de largo; callo agudo, barbado.

LA PAZ: Manco Kapac, Lago Titicaca, Isla de Sol, Cerro Kheñwani, *Liberman* 1159. Inquisivi, Quime hacia Caxata, *Beck* 4411.
COCHABAMBA: Ayopaya, 10 km NW de Independencia, *Beck et Seidel* 14522. Chaparé, Cuchicanqui, *Steinbach* 9632.

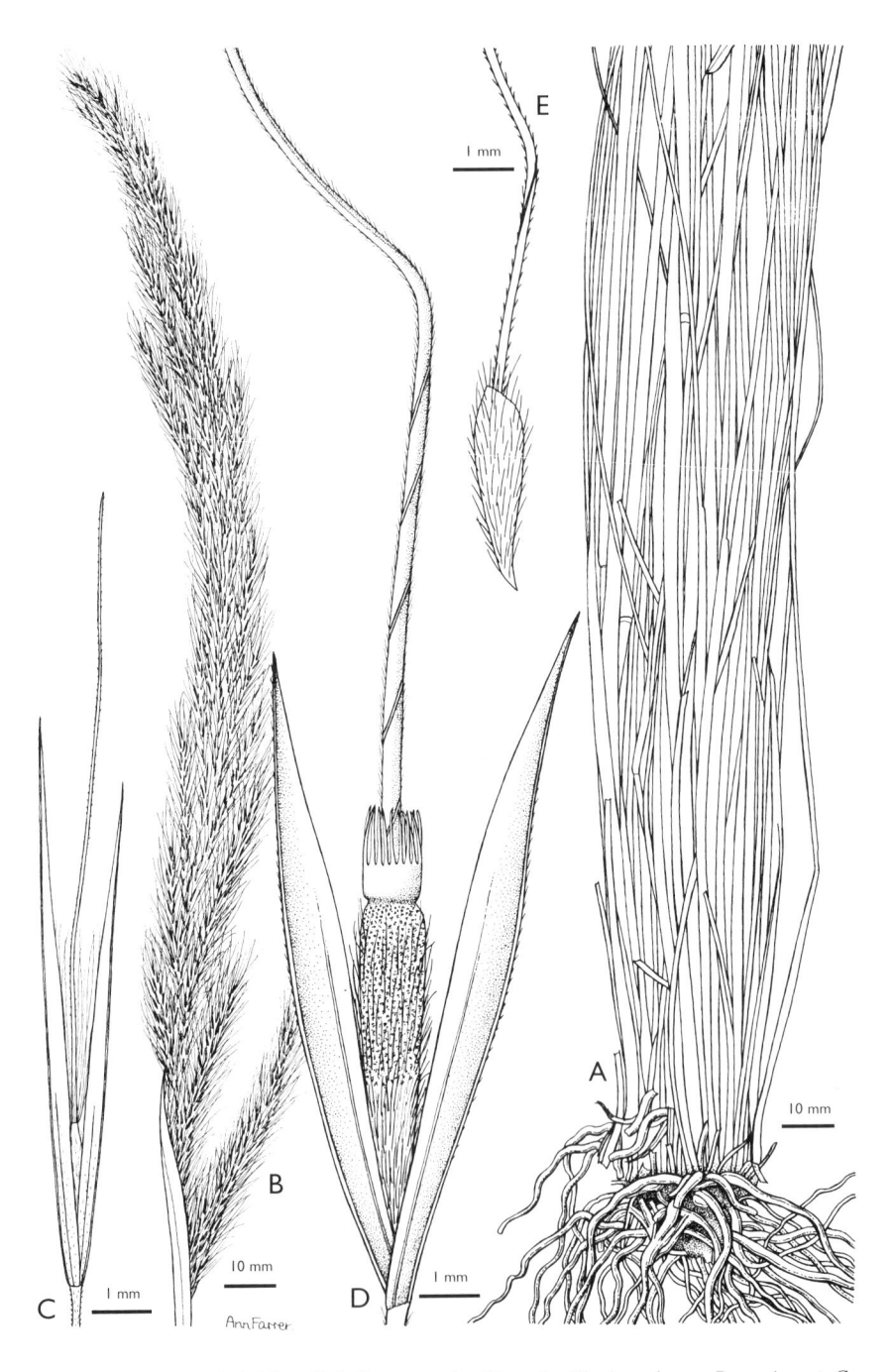

Fig. 14. **Stipa ichu**, **A** habito, **B** inflorescencia, **C** espiguilla basada en *Renvoize et Cope* 3805. **S. mucronata**, **D** espiguilla basada en *Renvoize* 4527. **S. inconspicua**, **E** espiguilla basada en *Renvoize et Ayala* 5233.

ORURO: Dalence, Huani hacia Uncía, *Renvoize et Cope* 3805.
POTOSI: Quijarro, Potosi hacia Khuchu Ingenio, *Schulte* 90.
TARIJA: Méndez, Cuesta de Sama, *Bastian* 819. Cercado, Tarija hacia Entre Rios, *Solomon* 10309.
Venezuela, Colombia, Bolivia y Argentina. Puna y vales secos, bosques arbustivos y laderas degradadas; 2200–3900 m.

3. S. pungens Nees & Meyen, Nov. Actorum Acad. Caes. Leop.- Carol. Nat. Cur. 19, suppl. 1: 151 (1843). Tipo: Perú, *Meyen* (B, holótipo, n.v.).
S. *ichu* (Ruiz & Pav.) Kunth var. *pungens* (Nees & Meyen) Kuntze, Revis. Gen. Pl. 3(2): 372 (1898).

Plantas perennes, cespitosas con culmos de 15–70 cm de alto. Láminas involutas, de 10–30 cm de largo, escabriúsculas, punzantes. Panícula oblonga, densa, de 5–15 cm de largo, subincluida en la vaina superior o apenas exerta, las ramas contraídas. Glumas angostamente lanceoladas, de 7–12 mm, subiguales o iguales, acuminadas. Antecio de 3–3,5(–4) mm, pubescente; el ápice formando un pseudo-rostro, con pelos progresivamente más largos hacia la extremidad de la lemma hasta constituir, en la extremidad, un mechón de pelos de 2–4 mm; corona nula; arista de 15–30 mm, geniculada o bigeniculada, con la súbula recta o curva; callo punzante, barbulado. Fig. 15.

LA PAZ: Franz Tamayo, Cotapampa hacia Ulla Ulla, *Feuerer* 10820; Murillo, Bolsa Negra, *Feuerer* 4494. Ingavi, Huacullani, *Beck* 310.
COCHABAMBA: Ayopaya, Sihuincani, *Ugent* 4868. Tapacari, Challa, *Renvoize et Cope* 4089. Arani, Toralapa *Ugent* 5102.
ORURO: Sajama, Curahuara de Carangas hacia Turco, *Renvoize et Ayala* 5237.
TARIJA: Méndez, Iscayachi, *Coro* 1262.
Perú, Bolivia y Argentina. Puna; 3600–4400 m.

4. S. hans-meyeri *Pilg.*, Bot. Jahrb. Syst. 56, Beibl. 123: 24 (1920); H399; F273. Tipo: Ecuador, *Hans Meyer* 139 (US, frag.).
S. *nivalis* Steud. in Lechl., Berberid. Amer. Austral.: 56 (1857) nom. nud., basado en *Lechler* 1978, Perú.

Plantas perennes, cespitosas con culmos de 12–75 cm de alto. Hojas principalmente basales, con láminas involutas de 10–25 cm de largo, rígidas, punzantes. Panícula angostamente oblonga de 5–16 cm de largo, densa, las ramas cortas y adpresas. Glumas lanceoladas de 8–12 mm, hialinas, subiguales, acuminadas. Antecio de 2,5–3,5(–4) mm, rala o densamente piloso; ápice con mechón de pelos divergentes, de 3–4,5 mm; corona nula; arista de 1–1,5 cm, geniculada, antrorsamente escabriúscula; callo obtuso, barbado, atenuado hacia arriba. Fig. 15.

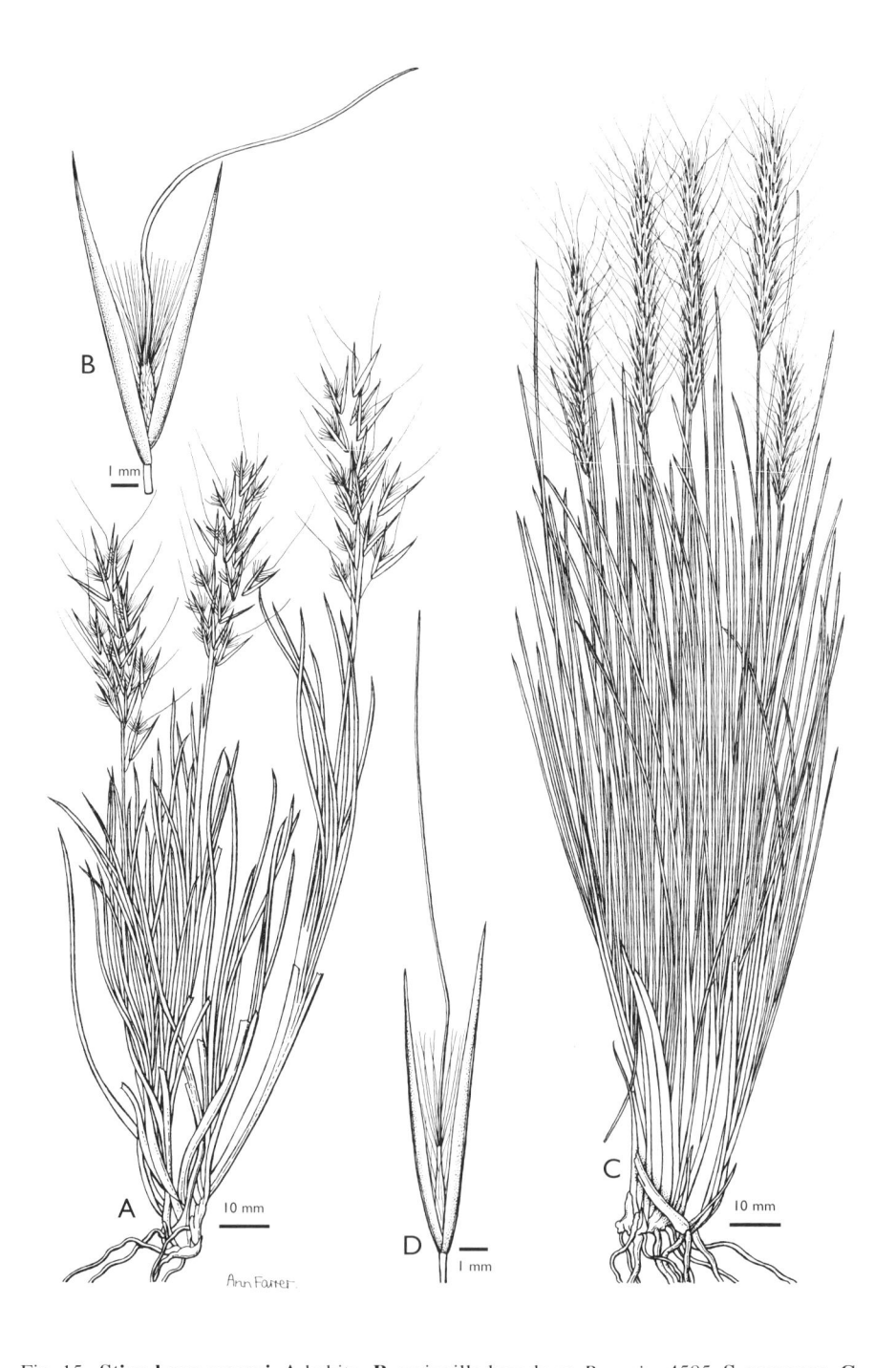

Fig. 15. **Stipa hans-meyeri**, **A** habito, **B** espiguilla basada en *Renvoize* 4585. **S. pungens**, **C** habito, **D** espiguilla basada en *Feuerer* 11116a.

LA PAZ: Saavedra, Curva, *Feuerer* 4433; Larecaja, Sorata, *Mandon* 1272. Murillo, La Paz hacia Unduavi, *Beck* 7970.
COCHABAMBA: Chaparé, Cordillera Cochabamba, *Eyerdam* 24841.
POTOSI: Sud Lípez, Cerro Tapaquillcha, *Liberman* 165.
Ecuador, Perú y Bolivia. Puna, en declives y laderas húmedas; 3600–4850 m.

En especímenes procedentes de Sud Lípez (puna desértica) las lemmas son excepcionalmente pilosas.

5. S. leptostachya *Griseb.*, Symb. Fl. Argent.: 299 (1879). Tipo: Argentina, *Lorentz et Hieronymus* 70 (US, isótipo).

Plantas perennes cespitosas con culmos de 20–70 cm de alto. Láminas involutas de 10–30 cm de largo, escabriúsculas, punzantes. Panícula angostamente oblonga de 5–15(–19) cm de largo, contraída, subincluida en la vaina superior. Glumas lanceoladas de 5–10 mm, membranáceas, enervias, acuminadas, subiguales. Antecio de 2,5–3,5 mm, piloso; ápice prolongado en un pseudo-rostro con mechón de pelos divergentes de 3–3,5 mm; arista de 9–13,5(–20) mm, geniculada o bigeniculada, escabriúscula; callo agudo u obtuso, barbado.

SANTA CRUZ: Valle Grande, Pucara, *Spiaggi* 61.
LA PAZ: Saavedra, Laguna Llacho Khota, *Feuerer* 10875a. Los Andes, Mina Fabulosa, *Feuerer* 10556a.
COCHABAMBA: Arque, 38 km E de Challa, *Beck* 939.
ORURO: Dalence, Machacamarca, *Beck* 17991.
POTOSI: Saavedra, Sucre hacia Potosí, *Ugent* 5193.
TARIJA: Cercado, Junacas, *Bastian* 1275.
Perú, Bolivia y Argentina. Laderas pedregosas de la puna y de los vales secos; 2500–4200 m.

6. S. capilliseta *Hitchc.*, Contr. U.S. Natl. Herb. 24: 271 (1925); H398; F273. Tipo: Bolivia, *Asplund* 6566 (US, holótipo).

Plantas perennes cespitosas con culmos de 25–60 cm de alto. Láminas involutas de 20–30 cm de largo, escabriúsculas, punzantes. Panícula angostamente oblonga, de 8–15(–30) cm de largo, laxa, subincluida en la vaina superior. Glumas lanceoladas de 5–7 mm, subiguales, acuminadas. Antecio de 3,5–4 mm de largo, piloso, rostrado; ápice sin mechón de pelos definido pero con pelos largos dispersos; corona nula; arista flexuosa de 25–30 mm, la articulación definida; callo agudo.

LA PAZ: Murillo, La Paz, *Garcia* 294.
ORURO: Avaroa, 3 km W de Urmiri, *Peterson et Annable* 12755.
POTOSI: Nor Lípez, Chiguana *Asplund* 6566.
TARIJA: Méndez, Iscayachi, *Coro* 1286. Avilez, Munaju, *Bastian* 1053.

21. Stipa

Bolivia y Argentina. En suelos arenosos y pedregosos; 3000–4000 m.

Similar a *S. pungens*, que se distingue por su inflorescencia generalmente más corta y ancha, y la arista geniculada, con la súbula recta.

7. S. vaginata *Phil.*, Linnaea 33: 281 (1864). Tipo: Chile, *Landbeck* (SGO, holótipo n.v.).

Plantas perennes cespitosas con culmos de 10–70 cm de alto. Hojas con vainas basales de color castaño o rosado, pubescentes. Láminas involutas de 5–40 cm de largo, lisas, rígidas, punzantes. Panícula oblonga u ovada, densa, de 3–15 cm de largo. Glumas linear-lanceoladas, subiguales, de 15–23 mm, acuminadas; antecio fusiforme, cuerpo de la lemma pubescente en la porción inferior, dorso glabro, de 6–10 mm; corona nula; arista de 10–27 mm, geniculada; columna de 7–20 mm, plumosa, pelos blancos de 5–8 mm, la porción terminal escabérula; callo punzante, curvo, barbado.

LA PAZ: Murillo, Llojeta, *Cañigueral* 1165.
ORURO: Poopo, Pazña, *Buchtien* 1184.
POTOSI: Quijarro, 6 km SW de Villacota, *Peterson et Soreng* 13098.
Bolivia, Argentina y Chile. 3580–4200 m.

8. S. plumosa *Trin.*, Mém. Acad. Imp. Sci. Saint-Pétersbourg, Sér. 6, Sci. Math., Seconde Pt., Sci. Nat. 4(2): 37 (1836); H398; F272. Tipo: Chile, *Cuming* (K, isótipo).

Plantas perennes con bases nodosas; culmos de 100–200 cm de alto, cilíndricos, subleñosos, geniculados, ramificados. Láminas involutas de 10–20 cm de largo, raramente planas y 4–5 mm lat., flexuosas, lisas, acuminadas. Panícula oblonga de 15–30 cm de largo, con ramas ascendentes o adpresas. Glumas lanceoladas de 8–12 mm, subiguales, acuminadas; antecio angostamente fusiforme de 4,5–6 mm; corona nula; arista de 3,5–5,5 cm, bigeniculada, plumosa; callo piloso, atenuado hacia arriba. Fig. 16.

SANTA CRUZ: Caballero, Comarapa, *Herzog* 1855.
COCHABAMBA: Quillacollo, Quillacollo hacia Oruro, *Beck* 919. Arani, *Cárdenas et Cutler* 9097.
ORURO: Cabrera, Salinas Garci–Mendoza, *Beck* 11804.
POTOSI: Quijarro, Uyuni, *Asplund* 6563. Nor Chichas, 62 km N de Tupiza, *Renvoize, Ayala et Peca* 5316. Sud Chichas, 8 km S de Tupiza, *Peterson et Annable* 11859.
CHUQUISACA: Zudañez, 27 km E de Tarabuco, *Renvoize et Cope* 3858.
TARIJA: Cercado, Gamoneda, *Bastian* 1285. Arce, Cerro Cabildo, *Liberman et Pedrotti* 2206.

Perú hasta Chile y Argentina. Puna seca y bosques arbustivos de vales secos; 2480–3700 m.

Fig. 16. **Stipa plumosa**, **A** habito, **B** espiguilla basada en *Renvoize et Cope* 3858. **S. illimanica**, **C** espiguilla basada en *Renvoize* 4480.

9. S. frigida *Phil.*, Fl. Atacam.: 54 (1860). Tipo: Chile, *Philippi* (SGO, holótipo n.v.).

Plantas perennes con culmos de 10–30 cm de alto. Láminas filiformes, convolutas o conduplicadas, de 5–20 cm long. × 0,5 mm lat., glabras, setáceas. Panícula paucifloras de 4–7 cm de largo, las ramas contraídas, los pedicelos escabroso-pubescentes. Glumas subiguales, lanceoladas, de 15–20 mm de largo, acuminadas. Antecio de 5–7 mm de largo, cilíndrico-fusiforme, piloso; corona nula; arista geniculada de 11–20 mm de largo, columna paposa con pelos largos de 4–5 mm de largo, subula escabrosa; callo agudo, encorvado.

POTOSI: Sud Lípez, Cerro Cachilaguna, *Ruthsatz* 856.
Chile, Bolivia y Norte Argentina. Altoandino, semidesierto.

10. S. rigidiseta *(Pilg.) Hitchc.*, Contr. U.S. Natl. Herb. 24: 285 (1925); H402. Tipo: Perú, *Weberbauer* 475 (US, isótipo).
Oryzopsis rigidiseta Pilg., Bot. Jahrb. Syst. 56 Beibl. 123: 26 (1920).
Stipa peruviana Hitchc., Contr. U.S. Natl. Herb. 24: 285 (1925). Tipo: Perú, *Lechler* 1735 (K, isótipo,).

Plantas perennes, cespitosas con culmos de 20–40 cm de alto, con hojas principalmente basales. Láminas involutas, filiformes, rígidas, escabriúsculas, de 10–20 cm de largo, acuminadas. Panícula angostamente oblonga de 5–12 cm de largo con ramas cortas y adpresas. Glumas lanceoladas, subiguales, de 4–6 mm, agudas o acuminadas; antecio de 3,5–4 mm, angostamente fusiforme, glabro; corona nula; arista de 10–20 mm, flexuosa, pubérula; callo obtuso, barbado hacia arriba.

LA PAZ: Camacho, Puerto Acosta, *Beck* 7721. Murillo, La Paz hacia Tiquina y Milluni, *Solomon et Moraes* 13430. Pacajes, 20 km W de La Paz, *Beck* 14320.
ORURO: Avaroa, 6 km E de Urmiri, *Peterson et Annable* 12773.
POTOSI: Sud Lípez, Tapaquillcha, *Koya* s.n.
Perú y Bolivia. Puna; 3830–4350 m.

11. S. obtusa *(Nees & Meyen) Hitchc.*, Contr. U.S. Natl. Herb. 24: 284 (1925); H402; F275. Tipo: Perú, *Meyen* (US, frag.).
Piptatherum obtusum Nees & Meyen, Nov. Actorum Acad. Caes. Leop.-Carol. Nat. Cur. 19, suppl. 1: 18 (1841); 150 (1843).
Stipa boliviensis Hack., Repert. Spec. Nov. Regni Veg. 11: 21 (1912). Tipo: Bolivia, *Buchtien* 2489 (K, US, isótipos).

Plantas perennes, cespitosas con culmos de 20–60 cm de alto, con hojas principalmente basales. Láminas involutas, filiformes, rígidas, escabriúsculas, de 15–25 cm de largo, acuminadas. Panícula angostamente oblonga, de 4–16 cm de largo, las ramas cortas, divergentes o adpresas. Glumas ovado-oblongas, iguales, obtusas o agudas, de 3 mm; antecio de 2,5 mm, angostamente fusiforme; corona nula; arista de 6–10 mm, flexuosa, antrorso-escabriúscula; callo obtuso, barbado. Fig. 17.

LA PAZ: Saavedra, Laguna Llacho Khota, *Feuerer* 10873A. Murillo, La Paz, *Buchtien* sn.; La Paz hacia Alto Sapahaqui, *Beck* 9114.
COCHABAMBA: Ayopaya, Sihuincani, *Ugent* 4869, Quillacollo, Liriuni, *Ugent* 4657; Tunari, *Steinbach* 9786.
ORURO: Avaroa, Challapata, *Asplund* 6545.
Perú y Bolivia. Puna; 3500–4300 m.

12. S. sp. A.
Achnatherum orurense Rojas, en prensa.

Plantas perennes con culmos de 30–60 cm de alto. Láminas convolutas de 15–30 cm long. × 1–1,5mm lat., aciculares, punzantes. Panícula de 5–15 cm de largo, laxa, pauciflora, subincluida en la vaina superior, las ramas cortas, flexuosas. Glumas subiguales, ovado-lanceoladas, de 6–7,5 mm de largo, acuminadas. Antecio cilíndrico-fusiforme, de 4,2–4,6 mm, asimétrico, piloso, atenuado en el ápice; corona nula; arista de 3–5(–7) mm de largo, recta, escabrosa, decidua; callo obtuso, glabro.

ORURO: Avaroa, 32 km SSE de Huari, *Peterson et al.* 12742.
POTOSI: Quijarro, 6 km SW de Villacota, *Peterson et Soreng* 13117. Sud Chichas, 40 km N de San Vicente, *Peterson et Annable* 12919.
Bolivia. Puna seca; 3620 m.

13. S. curviseta Hitchc., Contr. U.S. Natl. Herb. 24: 282 (1925); H401; F275. Tipo: Bolivia, *Asplund* 6551 (US, holótipo).
Nassella curviseta (Hitchc.) Barkworth, Taxon 39:609 (1990).

Plantas perennes cespitosas con culmos erectos de 30–50 cm de alto. Hojas con la base de las vainas pubescente; láminas involutas de 10–15 cm de largo, lisas, acuminadas. Panícula ovada de 10–15(–20) cm de largo, las ramas delgadas, flexuosas, patentes. Glumas lanceoladas de 10–16 mm, violáceas, subiguales, acuminadas; antecio fusiforme de 7–9 mm, completamente pubescente o sólo en la porción inferior; ápice pubérulo; corona nula; arista bigeniculada de 6–7 cm, pilosa; callo punzante, curvo, barbulado.

ORURO: Cercado, Belén hacia Río Desaguadero, *Beck* 973. Sajama, Curahuara de Carangas, *Renvoize et Ayala* 5229. Cabrera, Salinas de Garci–Mendoza, *Beck* 11740.
POTOSI: Nor López, Chiguana, *Asplund* 6554. Nor Chichas, 46 km SE de Uyuni, *Peterson et Annable* 12836. Sud Chichas, Atocha, *Asplund* 6547.
TARIJA: Avilés, Munaju, *Bastian* 1054.
Bolivia. Suelos arenoso-pedregosos; 3600–3750 m.

Fig. 17. **Nassella pubiflora**, **A** habito, **B** espiguilla basada en *Garcia* 60b. **Stipa obtusa**, **C** habito, **D** espiguilla basada en *Beck* 9114.

14. S. arcuata *R.E. Fr.,* Nova Acta Regiae Soc. Sci. Upsal. ser. 4, 1(1): 172 (1905). Tipo: Argentina, *Fries* 944.

Plantas perennes con culmos de 30–90 cm de alto. Láminas lineares de 5–12 cm de largo, convolutas, acuminadas. Panícula oblonga de 10–20 cm de largo, subincluida en la vaina superior. Glumas subiguales, lanceoladas, de 13–17 mm de largo, glabras, acuminadas. Antecio fusiforme de 7–10 mm de largo, glabro u esparcidamente piloso en el ápice, truncado; corona rudimentaria con escasas cilias; arista recta o bigeniculada de 5–7 cm de largo, pilosa; callo punzante, largo, encorvado, barbado y con pelos que se prolongan dorsalmente en una hilera hasta la mitad de la lemma.

ORURO: Cercado, Belén hacia Río Desaguadero, *Beck* 973.
POTOSI: Sud Chichas, 17 km W de Tupiza, *Renvoize, Ayala et Peca* 5307.
TARIJA: Avilés, Munaju, *Bastian* 1054.
Bolivia y el norte de Argentina. Puna seca; 3250–3750 m.

Especie afín a *S. curviseta*, se diferencia por el antecio de mayor tamaño y la lemma glabra.

15. S. holwayi *Hitchc.,* Contr. U.S. Natl. Herb. 24: 287 (1925); H403; F276. Tipo: Bolivia, Holway 380 (US, holótipo; K, isótipo).
Nassella holwayi (Hitchc.) Barkworth, Taxon 39: 610 (1990).

Plantas perennes cespitosas con culmos erectos de 60–90 cm de alto. Láminas lisas de 11–27 cm long. × 1,5–2,5 mm lat., planas o convolutas, pilosas, acuminadas. Panícula angostamente oblonga u ovada, laxa, de 11–25 cm de largo, las ramas ascendentes. Glumas lanceoladas de 9–13 mm, subiguales, acuminadas; antecio de 5,5 mm de largo, angostamente fusiforme, piloso; corona nula; arista de 25–50 mm, bigeniculada, pubérula; callo curvo, punzante, barbado.

LA PAZ: Manco Kapac, Lago Titicaca, Isla de Sol, Hacienda Challa, *Liberman* 1249. Aroma, Huaraco, *Fisel* 246.
COCHABAMBA: Quillacollo, Sipe Sipe hacia Lipichi, *Hensen* 78. Cercado, Cochabamba, *Holway* 380.
ORURO: Avaroa, Challapata, *Asplund* 6546.
POTOSI: Quijarro, 17 km NE de Tica Tica, *Peterson et al.* 13135.
Bolivia. Bosque de *Polylepis* y laderas rocosas y arenosas de la puna; 3500–3900 m.

16. S. rupestris *Phil.,* Verz. Antofagasta Pfl. 8: 81 (1891). Tipo: Chile, *Philippi* (SGO, 63159, holótipo n.v.).
S. depauperata Pilg., Bot. Jahrb. Syst. 56, Beibl. 123: 23 (1920). Tipo: Perú, *Weberbauer* 6903 (US, isótipo n.v.).
S. dasycarpa Hitchc., Contr. U.S. Natl. Herb. 24: 281 (1925). Tipo: Bolivia, *Asplund* 6562 (US, holótipo).

21. Stipa

Plantas perennes cespitosas con culmos erectos de 15–40 cm de alto. Láminas involutas de 2–10 cm de largo. Panícula estrechamente oblonga de 3–12 cm de largo, poco ramosa, las ramas delgadas, adpresas o ascendentes. Glumas lanceoladas de 6–8 mm, subiguales, agudas; antecio fusiforme de 3,5–4 mm, piloso en el medio superior, pubescente en el inferior; corona rebordeada; arista geniculada de 8–25 mm, columna pubescentia, súbula escabrosa; callus punzante, piloso.

LA PAZ: Murillo, El Alto, *Cutler* 7442. Ingavi, Titicani Tacaca, *Villavicencio* 352.
POTOSI: Quijarro, Uyuni, *Hicken* 13250. Sud Chichas, 8 km N de San Vicente, *Peterson et al.* 12871.
TARIJA: Avilés, Tajzara, *Bastian* 1092.
Venezuela hasta Chile y Bolivia. Puna, laderas rocosas y arenosas; 3600–4750 m.

17. S. sp. B.
Achnatherum coroi Rojas, en prensa.

Plantas perennes con culmos de 30–60 cm de alto. Láminas filiformes de 3–25 cm de largo, involutas, glabras. Panícula linear de 7–20 cm de largo, las ramas cortas, verticiladas, adpresas. Glumas subiguales, lanceoladas, de 5,3–7,5 mm de largo, acuminadas. Antecio cilíndrico-fusiforme de 3–4,5 mm de largo, esparcidamente pubescente; corona nula; arista capilar de 4–8 cm de largo, flexuosa, escabrosa; callo obtuso, glabro o esparcidamente pubescente.

COCHABAMBA: Quillacollo, Taquina, *Aleman et Fernández* 2471. Punata, Kuchu–Punata hacia Tiraque, *Aleman* 1000.
POTOSI: Saavedra? Otuyo, *Cárdenas* 5653.
Bolivia. 3200–3600 m.

18. S. bomanii *Hauman*, Anales Mus. Nac. Hist. Nat. Buenos Aires 29: 397 (1917). Tipo: Argentina, *Boman*.

Plantas perennes con culmos de 2–30 cm de alto. Láminas filiformes de 2–8 cm long. × 0,3–0,4 mm lat., convolutas, aciculares, la superficie adaxial escabrosa, la abaxial glabra y lisa. Panícula linear de 10–15 cm de largo, las ramas adpresas. Glumas lanceoladas de 3,5–5 mm de largo, purpúreas, agudas. Antecio cilíndrico-fusiforme de 3–4 mm de largo, pubescente, atenuado en el ápice; corona nula; arista capilar de 3,5–6 cm de largo, flexuosa, glabra y lisa o escabrosa.

POTOSI: Quijarro, Uyuni hacia Pulacayo, *Peterson et al.* 13071. Nor Lípez, Alota, *Renvoize, Ayala et Peca.* 5277. Sud Lípez, Laguna Colorada hacia Quetena Chico, *Renvoize, Ayala et Peca* 5283.
Bolivia y norte de Argentina. Puna desértica. Terrenos cespitosos, en suelos rocosos-arenosos; 4230 m.

19. S. sp. C.
Achnatherum mattheii Rojas, en prensa.

Plantas cespitosas con culmos de 40–90 cm de alto. Láminas filiformes de 15–35 cm long. × 0,3–1 mm diám., convolutas, escabrosas, punzantes. Panícula contraída de 15–30 cm de largo, incluida en la vaina superior. Glumas subiguales, lanceoladas, de 5–7,8 mm de largo, acuminadas. Antecio cilíndrico-fusiforme de 3,5–4,5 mm de largo, esparcidamente pubescente, marrón oscuro a la madurez, formando un rostro subglabro en el ápice; corona nula; arista capilácea de 5–6 cm de largo, flexuosa, escabrosa.

ORURO: Cabrera, Salar de Coipasa, *Beck* 11803. Avaroa, Sevaruyo, *Peterson et al.* 12795.
POTOSI: Sud Chichas, 40 km N de San Vicente, *Peterson et al.* 12920.
Bolivia y norte de Argentina. Laderas rocosas; 3570–3980 m.

20. S. illimanica *Hack.*, Repert. Spec. Nov. Regni Veg. 11: 22 (1912). Tipo: Bolivia, *Buchtien* 3134 (W, holótipo n.v.).

Plantas con culmos cilíndricos subleñosos de 30–90 cm de alto, frecuentemente ramificados. Láminas involutas de 5–20 cm long. × 1,5–2,5 mm diám., acuminadas. Panícula angostamente oblonga, laxa, de 7–25 cm de largo, con ramificaciones esparcidas. Glumas hialinas, lanceoladas, de 5,5–7 mm, subiguales, acuminadas; antecio de 3–4 mm, angostamente fusiforme, pubescente, atenuado en el ápice; corona nula; arista de 3–5 cm, geniculada, pubescente, flexuosa; callo agudo, barbulado. Fig. 16.

LA PAZ: Murillo, Mecapaca, *Beck* 3572; *Renvoize et Cope* 4242.
COCHABAMBA: Mizque, 3 km SW de Vila Vila, *Eyerdam* s.n.
ORURO: Cercado, 22 km S de Oruro, *Peterson et al.* 12704.
POTOSI: Sud Chichas, 8 km S de Tupiza, *Peterson et Annable* 11861.
Bolivia y norte de Argentina. Bosque arbustivo en laderas rocosas; 3000–4200 m.

21. S. inconspicua *J. Presl*, Reliq. Haenk. 1: 227 (1830); H400; F274. Tipo: Perú, *Haenke* (PR, holótipo, nv.).
Nassella inconspicua (J. Presl) Barkworth, Taxon 39(4): 610 (1990).

Plantas perennes, cespitosas con culmos erectos de 20–60 cm de alto. Láminas de 5–11(–26) cm de largo, convolutas, glabras, punzantes. Panícula angostamente oblonga, laxa, de 5–16 cm de largo. Glumas lanceoladas de (3–)4–6 mm, hialinas, subiguales, agudas o acuminadas. Antecio oblongo de 2.5–3 mm, completamente piloso, arista de 1–2 cm, bigeniculada, pubérula, disarticulándose fácilmente; callo punzante, barbulado. Fig. 14.

21. Stipa

LA PAZ: Larecaja, Sorata, *Holway* 508. Los Andes, 1 km NW de Tambillo, *Renvoize et Cope* 4126. Murillo, La Cumbre hacia Unduavi, *Beck* 7865.
COCHABAMBA: Quillacollo, Chorojo, *Hensen* 1588.
ORURO: Dalence, Oruro hacia Huanari, *Renvoize et Cope* 3804.
POTOSI: Omiste, 8 km N de Villazon, *Peterson et Annable* 11790.
Ecuador hasta Bolivia y Argentina. Puna y campos en barbecho; 3400–4100 m.

Stipa inconspicua y *Nassella pubiflora* son muy semejantes, pero se diferencian por la forma del antecio, que es oblongo y de 2,5–3 mm en *S. inconspicua* y obovado y de 1,5–2 mm en *N. pubiflora*.

22. S. brachyphylla *Hitchc.*, Contr. U.S. Natl. Herb. 24: 275 (1925); H401; F275. Tipo: Bolivia, *Buchtien* 858 (US, holótipo).
Nassella brachyphylla (Hitchc.) Barkworth, Taxon 39: 609 (1990).

Plantas perennes cespitosas con culmos erectos de 10–45(–80) cm de alto. Láminas involutas de 5–10(–20) cm de largo, lisas. Panícula estrechamente oblonga de 3–10(–20) cm de largo, las ramas adpresas, ascendentes o patentes. Glumas lanceoladas, subiguales, de 7–10 mm, acuminadas; antecio fusiforme de 4–5(–5,5) mm de largo, piloso o pubescente; corona bien desarrollada; arista bigeniculada, de 15–25 mm, pubescente; callo curvo, acuminado.

LA PAZ: Tamayo, Ulla Ulla, *Feuerer* 10914. Murillo, 11 km N de Ventilla, *Solomon* 13775. Omasuyos, 2 km N de Cupancara, *Renvoize* 4588.
COCHABAMBA: Ayopaya, Independencia, *Beck et Seidel* 14620.
CHUQUISACA: Cerro Chataquila, *Wood* 7754.
TARIJA: Méndez, Sama, *Ehrich* 327.
Ecuador, Perú y Bolivia. Puna; 3450–4500 m.

23. S. mexicana *Hitchc.*, Contr. U.S. Natl. Herb. 24(7): 247 (1925). Tipo: México, *Pringle* 4299 (US, holótipo).
Nassella mexicana (Hitchc.) R.W. Pohl, Taxon 39(4): 611 (1990).

Plantas perennes con culmos de 30–80 cm de alto. Láminas lineares de 5–15 cm long. × 0,3–0,4 mm lat., involutas, rígidas con ápice setáceo. Panícula de 8–15 cm de largo, pauciflora, las ramas laxas o adpresas. Glumas subiguales de 5–7 mm de largo, acuminadas. Antecio fusiforme de 3,5–4 mm de largo, castaño, pubescente; corona rudimentaria, ciliada; arista bigeniculada de 12–22 mm de largo, pilosa en la base, subula escabrosa; callo agudo o punzante, pubescente.

LA PAZ: Manco Kapac, Cerro Silasilani, *Feuerer* 22858. Murillo, Rio Minasa, *Solomon* 15811. Inquisivi, Rio Carabuco, *Lewis* 37073.
COCHABAMBA: Quillacollo, Cuenca Taquiña, *Aleman et Fernandez* 2874.
México hasta Bolivia. Laderas rocosas; 3200–4260 m.

24. S. nardoides (*Phil.*) *Hack. ex Hitchc.*, Contr. U.S. Natl. Herb. 24(7): 271 (1925). Tipo: Chile, *Philippi* s.n. (SGO, holótipo).
Danthonia nardoides Phil., Anales Mus. Nac. Santiago de Chile 1: 84 (1891)
Nassella nardoides (Phil.) Barkworth, Taxon 39(4): 611 (1990).

Plantas perennes con culmos de 10–25 cm de alto, fasciculadas, con ramificaciones intravaginales marcadas. Vainas blanquecinas, pilosas en la base; láminas aciculares de 1–6 cm de largo, involutas, rígidas, superficie abaxial glabra, la adaxial pilosa. Panícula oblonga de 6–13 cm de largo, las ramas adpresas o laxas, a menudo subincluida en la vaina superior. Glumas subiguales, lanceoladas, de 8–11 mm de largo, acuminadas. Antecio fusiforme de 4,5–6,5 mm de largo, piloso, los pelos en la mitad superior más largos, de 2–4 mm de largo; corona nula; arista bigeniculada de 10–25 mm de largo; callo agudo o punzante, curvo, pubescente.

ORURO: Avaroa, Sevaruyo hacia Huari, *Navarro* 226.
POTOSI: Quijarro, Potosi 72 km hacia Uyuni, *Renvoize, Ayala et Peca* 5268. Nor Lipez, Alota, *Renvoize, Ayala et Peca* 5278. Sud Lípez, 22 km W de San Pablo, *Peterson et al.* 13009.
Perú, Chile, Bolivia y Argentina. Puna desértica, campos pedregosos en suelos arenosos; 3630–4600 m.

25. S. sp. D.
Nassella ancoraimensis Rojas, en prensa.

Plantas perennes con culmos de 30–50 cm de alto; nudos marrón oscuro. Vainas glabras o escabrosas; láminas lineares de 5–15 cm long. × 1,5–2 mm lat., subconvolutas o planas, la superficie abaxial glabra, la adaxial pilosa, ápice setáceo. Panícula estrecha de 4–10 cm de largo, con ramas adpresas. Glumas subiguales, lanceoladas, de 6–8 mm de largo, agudas. Antecio fusiforme, de 4,2–5 mm de largo, pubescente; corona rebordeada, no ciliada, con un diente asimétrico; arista bigeniculada de 15–20 mm de largo, la columna pubescente, la súbula escabrosa; callo agudo punzante, pubescente.

LA PAZ: Tamayo, Ulla Ulla, *Menhofer* 1872. Omasuyos, Ancoraimes, *Rojas* 592. Perú y Bolivia. Puna; 3970–4450 m.

26. S. mucronata *Kunth* in Humboldt, Bonpland et Kunth, Nov. Gen. Sp. 1: 25 (1816); H399; F273. Tipo: México, *Bonpland* (P, holótipo n.v.).
Nassella mucronata (Kunth) R.W. Pohl, Taxon 39:611 (1990).

Plantas perennes cespitosas con culmos erectos de 20–90 cm de alto. Láminas de 7–26 cm long. × 2–4 mm lat., planas o convolutas, ralamente pilosas, punzantes. Panícula oblonga, laxa, de 5–30 cm de largo. Glumas lanceoladas de 10–12 mm, hialinas, subiguales, acuminadas. Antecio de 5,5–6,5 mm, fusiforme, granuloso;

21. Stipa

corona ciliolada; arista de 25–55 mm, bigeniculada, glabra; callo y base del antecio pilosos. Fig. 14.

LA PAZ: Larecaja, Sorata, *Mandon* 1276. Los Andes, Karhuiza Pampa, *Renvoize* 4527 y 4531. Murillo, La Paz hacia Palca, *Höhne et Feuerer* 5520; La Paz, *Buchtien* 430; Mecapaca, *Beck* 3571.
COCHABAMBA: Ayopaya, Río Tambillo, *Baar* 68.
CHUQUISACA: Yamparaez, Tarabuco, *Renvoize et Cope* 3850.
TARIJA. Méndez, Cuesta de Sama, *Coro* 1284. Cercado, Tucumilla, *Bastian* 475.
México hasta Argentina y Chile. Campos secos y laderas pedregosas; 1800–4050 m.

27. S. neesiana *Trin. & Rupr.*, Mém. Acad. Imp. Sci. Saint-Pétersbourg, Sér. 6, Sci. Math., Seconde Pt. Sci. Nat. 5(1): 27 (1843); H400; F274. Tipo: Uruguay, *Sellow* (LE, holótipo n.v.).

Plantas perennes, cespitosas con culmos erectos de 30–100 cm de alto. Láminas lineares de 10–30 cm long. × 2–4 mm lat., planas o convolutas, glabras hasta hispídulas, acuminadas. Panícula angostamente oblonga, laxa, de 10–30 cm de largo. Glumas lanceoladas, de 12–20 mm, hialinas, subiguales, acuminadas. Antecio fusiforme de 7–10 mm; cuerpo glabro y finamente granuloso, especialmente hacia el ápice; corona ciliolada; arista de 45–90 mm, bigeniculada, glabra; callo punzante densamente piloso.

SANTA CRUZ: Vallegrande, *Cárdenas* 5570.
LA PAZ: Murillo, Cota Cota, *Beck* 2329. Saavedra, Chajaya, *Solomon* 13325.
COCHABAMBA: Ayopaya, Cuenca Río Tambillo, *Baar* 16. Cercado, Cochabamba, *Eyerdam* 24664.
CHUQUISACA: Oropeza, Sucre, *Wood* 7918.
TARIJA: Avilés, Copacabana, *Bastian* 651.
Ecuador hasta Bolivia, Chile, Argentina y Uruguay. Valles secos; 2500–3500 m.

Muy afín a *S. mucronata*, de la que se distingue por tener el antecio y la arista más largos.

22. NASSELLA Desv.
in Gay, Fl. Chil. 6: 263 (1854); Parodi, Darwiniana 7: 369–394 (1947).

Plantas perennes, cespitosas o amacolladas. Láminas planas o convolutas. Inflorescencia en panícula contraída o laxa, emergente de la vaina superior o subincluida en ella. Espiguillas unifloras; glumas 2, lanceoladas persistentes, iguales o mayores que el antecio, con dorso herbáceo y márgenes y ápice escariosos; lemma rígida, obovada u oblanceolada, glabra o pilosa, lateralmente comprimida y con los bordes superpuestos, ocultando totalmente a la pálea y a la flor; corona callosa o nula; arista retorcida, geniculada o bigeniculada, excéntrica, decidua o no; pálea hasta $^1/_3$ de largo de la lemma, 0–1-nervia; callo obtuso o agudo. Lodiculas 2.

15 especies en regiones andinas desde Ecuador hasta Patagonia.

1. Superficie de la lemma lisa:
   2. Antecio lustroso, de 1,7–2,5 mm de largo:
      3. Antecio marcadamente obovado, callo subglabro; espiguillas en todo la longitud de las ramas cortas ·················· **2. N. meyeniana**
      3. Antecio oblongo-obovado, callo barbado:
         4. Panícula de 2–3 cm de largo ··············· **3. N. trachyphylla**
         4. Panícula de 10–20 cm de largo ················· **4. N. sp. A.**
   2. Antecio no lustroso, de 1,5–3 mm de largo:
      5. Antecio oblanceolado:
         6. Antecio de 1,5–2 mm de largo; ramas ascendentes; espiguillas congestas ····························· **1. N. pubiflora**
         6. Antecio 2–2,5 mm de largo, (si 2,5–3 mm cfr. *Stipa inconspicua*); ramas largas, patentes; espiguillas laxas ·········· **5. N. asplundii**
      5. Anteciocilíndrico-aovado ······················ **8. N. linearifolia**
1. Superficie de la lemma papilosa:
   7. Arista de 4–6 cm de largo ·················· **6. N. pampagrandensis**
   7. Arista de 1–2 cm de largo ······················ **7. N. sp. B.**

1. N. pubiflora *(Trin. et Rupr.) Desv.* in Gay, Fl. Chil. 6: 264 (1853); H395; F269. Tipo: Perú, *Meyen* (LE, holótipo).
Urachne pubiflora Trin. & Rupr., Mém. Acad. Imp. Sci. Saint-Pétersbourg, Sér. 6, Sci. Math., Seconde Pt. Sci. Nat. 5: 21 (1842).
Nassella flaccidula Hack., Repert. Spec. Nov. Regni Veg. 6: 154 (1908). Tipo: Bolivia, *Buchtien* 157 en parte (US, isótipo).
N. flaccidula var. *humilior* Hack. loc. cit.: 155. Tipo: Bolivia, *Buchtien* 157 en parte (US, fragmento).
N. deltoidea Hack., Repert. Spec. Nov. Regni Veg. 11: 23 (1912). Tipo: Bolivia, *Buchtien* 2484 (W, holótipo n.v.; US, isótipo).
Stipa pflanzii Mez, Repert. Spec. Nov. Regni Veg. 17: 206 (1921). Tipo: Bolivia, Palca–La Paz, *Pflanz* (B, holótipo n.v.).

Plantas perennes amacolladas o cespitosas; culmos delgados erectos de 30–80 cm de alto. Láminas lineares, involutas, de 5–25 cm long. × 3–6 mm lat., planas o convolutas, acuminadas. Panícula angostamente oblonga, laxa, de 10–25 cm de largo, las ramas cortas y adpresas. Glumas subiguales, anchamente lanceoladas, de 3,5–5,5 mm, acuminadas, frecuentemente purpúreas. Antecio turbinado de 1,8–2,2 mm, piloso; aristas bigeniculadas de 12–22 mm, piloso-escabrosa en la base, súbula glabra; callo obtuso, piloso. Fig. 17.

LA PAZ: Los Andes, Karhuiza Pampa, *Renvoize* 4518. Murillo, La Paz, *Mandon* 1270; Cota Cota, *Beck* 11906. Aroma, Huaraco, *Beck* 8816.
POTOSI: Sud Chichas, Atocha, *Asplund* 3016.
Ecuador hasta Chile y Argentina. Puna y valles secos, laderas pedregosas; 2500–3800 m.

2. N. meyeniana *(Trin. & Rupr.) Parodi*, Darwiniana 7: 379 (1947); F270. Tipo: Perú, *Meyen* s.n. (LE, holótipo,).

Urachne meyeniana Trin. & Rupr., Mém. Acad. Imp. Sci. Saint-Pétersbourg, Sér. 6, Sci. Math., Seconde Pt. Sci. Nat. 5: 20 (1842).

U. laevis Trin. & Rupr. loc. cit.: 20, basado en *Piptatherum laeve* Nees & Meyen. Tipo: Perú, *Meyen* s.n. (LE, holótipo n.v.)

Piptatherum laeve Nees & Meyen, Nov. Actorum Acad. Caes. Leop.-Carol. Nat. Cur. 19, suppl. 1: 484 (1843) nom. nud.

Nassella corniculata Hack., Repert. Spec. Nov. Regni Veg. 6: 155 (1908). Tipo: Bolivia, *Buchtien* 157 en parte (US, frag.).

Plantas perennes con culmos erguidos de 20–40 cm de alto. Láminas lineares de 4–15 cm long. × 2–4 mm lat., planas o convolutas. Panícula contraída de 5–25 cm long. × 5–15 cm lat., las ramas cortas adpresas, con espiguillas congestas por todo su longitud. Glumas subiguales, oblongo-lanceoladas, de 2,5–4 mm de largo, papiráceas, acuminadas. Antecio obovado o cuneiforme, de 1,7–2,3 mm de largo, lateralmente comprimido, lustroso, glabro o piloso, con un pequeño mucrón, sin toro apical; aristas de 7–15 mm de largo, glabras o pubescentes; callo obtuso. Fig. 18.

LA PAZ: Omasuyos, 2 km N de Cupancara, *Renvoize* 4581. Murillo, Cota Cota, *Beck* 11907.

ORURO: Cercado, 22 km S de Oruro, *Peterson et al.* 12696. Dalence, Desvio de Vinto, *Beck* 17997. Poopo, 6 km N de Pazña, *Peterson et al.* 12713.

POTOSI: Sud Chichas, 12 km NW de Salo, *Peterson et Annable* 11821. Omiste, 10 km N de Villazon, *Peterson et Annable* 11871.

TARIJA: Avilés, Munaju, *Bastian* 1051.

Perú, Bolivia y Argentina. Laderas de bosques arbustivos; 3050–4030 m.

3. N. trachyphylla *Henrard*, Meded. Rijks-Herb. 40: 57 (1921). Tipo: Bolivia, *Herzog* 3011 (L, holótipo).

Plantas cespitosas con culmos de 20–28 cm de alto, delgados. Láminas filiformes, involutas de 10–20 cm long. × 0,5 cm diám., erguidas, pubescentes. Panícula algo ramosa de 2–3 cm long. × 3–5 mm lat., pauciflora. Glumas lanceoladas, subiguales, de 2,5–3 mm de largo, membranáceas, agudas. Antecio angostamente obovado de 2–2,5 mm de largo, glabro, lustroso; arista bigeniculada de 8,5–18 mm de largo; callo agudo barbado.

SANTA CRUZ: Florida, Samaipata, *Herzog* 3011.
Bolivia. 1950 m.

4. N. sp. A.
N. asperifolia Rojas en prensa.

Plantas cespitosas con culmos de 30–50 cm de alto. Láminas lineares de 4–20 cm long. × 4–8 mm lat., planas o convolutas, rígidas, ápice setáceo. Panícula oblonga de

Fig. 18. **Nassella meyeniana**, **A** habito, **B** antecio basada en *Renvoize et Cope* 4127. **N. asplundii**, **C** habito, **D** antecio basada en *Renvoize et Cope* 4125.

10–20 cm de largo, laxa o densa; ramas cortas, adpresas. Glumas subiguales, oblongas, de 3,2–3,7 mm de largo, acuminadas. Antecio oblongo de 2–2,5 mm de largo, lustroso, con pelos escasos sobre las nervaduras; aristas bigeniculadas de 8–15 mm de largo, escabrosas; callo obtuso, piloso.

SANTA CRUZ: Caballero, Tunal, *Killeen* 2529.
Bolivia. 2800 m.

5. N. asplundii *Hitchc.*, Contr. U.S. Natl. Herb. 24: 394 (1927); F269. Tipo: Bolivia, Uyuni, *Asplund* 6548 (US, holótipo).

Plantas perennes cespitosas con culmos de 30–70 cm de alto, erectos o geniculados. Hojas principalmente basales; láminas involutas de 5–14 cm de largo, escabriúsculas. Panícula de 8–23 cm de largo, laxa, ralamente ramificada, las ramas divergentes o ascendentes, frecuentemente desprovistas de espiguillas en la base, espiguillas esparcidas. Glumas lanceoladas de 3,5–5,5 mm, subiguales, acuminadas; antecio angostamente obovado de 2,5 mm, glabro o piloso, dentado en el ápice. Aristas bigeniculadas de 6–20 mm de largo, fácilmente deciduas; callo obtuso o agudo. Fig. 18.

LA PAZ: Los Andes, Tambillo, *Renvoize et Cope* 4125. Aroma, Huaraco, *Beck* 8818. Loayza, Caxata, *Beck* 2387.
COCHABAMBA: Arque, 38 km E de Challa, *Beck* 945.
ORURO: Cabrera, Salinas de Garci Mendoza, *Beck* 11810. Avaroa, 6 km E de Urmiri, *Peterson et al.* 12784.
POTOSI: Chayanta, 7 km S de Ocuri, *Renvoize et Cope* 3834. Nor López, Chiguana, *Asplund* 6553.
TARIJA: Avilés, Tajzara, *Bastian* 1086.
Bolivia. Puna; 3600–4130 m.

6. N. pampagrandensis (*Speg.*) *Barkworth*, Taxon 39(4): 611 (1990). Tipo: Argentina, *Spegazzini* 2419 (US, isótipo).
Stipa pampagrandenis Speg., Anales Mus. Nac. Montevideo 4: 158, f. 48 (1901); H398; F272.

Plantas cespitosas con culmos erectos de 30–60 cm de alto. Láminas involutas de 20–30 cm de largo, acuminadas. Panícula oblonga de 7–30 cm de largo, laxa o algo contraída, las ramas cortas, de 1–5 cm de largo, ascendentes o adpresas, laxifloras, verticiladas. Glumas subiguales, oblongas, de 6–9 mm de largo, acuminadas. Antecio obovado, papiloso, de 2–2,5 mm de largo, el ápice terminado en corona callosa; arista geniculada de 4–7,5 cm de largo, escabrosa, columna no retorcida, subula delgada, flexuosa; callo agudo, piloso.

COCHABAMBA: Punata, Aguirre hacia Palca, *Navarro* 991.
TARIJA: Cercado, Junaca, *Fries* 1308.
Bolivia y Argentina. 2500–3010 m.

7. N. sp. B.
N. chaparensis Rojas en prensa.

Plantas cespitosas con culmos de 50–80 cm de alto. Láminas lineares de 7–35 cm long. × 1,2–3(–6) mm lat., convolutas o planas, la superficie adaxial pilosa. Panícula oblonga de 10–15 cm de largo, laxa o con ramas adpresas verticiladas. Glumas subiguales, oblongo-lanceoladas, de 3,2–3,8 mm de largo, acuminadas. Antecio oblongo de 2–2,5 mm de largo, papiloso y con pelos escasos y cortos sobre los nervios; corona rudimentaria; arista geniculada de 10–15 mm de largo, columna espiralada, escabrosa; súbula rígida hasta flexuosa; callo obtuso, piloso.

COCHABAMBA: Chaparé, Buena Vista, *Aleman* 3000.
CHUQUISACA: Boeto, Chapas, *Murguia* 122.
Bolivia. 3800 m.

8. N. linearifolia *(E. Fourn.) R.W. Pohl*, Fieldiana, Bot. 4: 336 (1980). Tipo: México, *Schaffner* 89.
Stipa linearifolia E. Fourn., Mexic. Pl. 2:73 (1886).
Oryzopsis florulenta Pilg., Bot. Jahrb. Syst. 27: 26 (1889). Tipo: Colombia, *Lehmann* 6980 (B, holótipo n.v.).
Stipa florulenta (Pilg.) Parodi, Revista Mus. La Plata, Secc. Bot. 6: 228 (1944).

Plantas perennes con culmos de 35–80 cm de alto. Láminas lineares de 5–15 cm de largo, convolutas, superficie adaxial escasemente pilosas, setaceas. Panícula de 15–30 cm de largo, algo contraída. Glumas subiguales, ovado-lanceoladas, de 4–5 mm de largo, acuminadas. Antecio cilindráceo-aovado de 2,5–3 mm de largo, piloso con pelos que superan el nivel de la corona; corona callosa; arista bigeniculada de 10–15 mm de largo, columna espiralada, pilosa; súbula escabrosa; callo obtuso, piloso.

LA PAZ: Ingavi, Tiwanaku, *Ugent* 5239.
COCHABAMBA: Quillacollo, Palca Pampa, *Aleman* 807.
ORURO: Cercado, La Paz hacia Cochabamba, *Nee et Solomon* 34118.
México, Guatemala, Costa Rica, Colombia y Bolivia. 3630–3840 m.

23. PIPTOCHAETIUM J. Presl
Reliq. Haenk. 1: 222 (1830); Parodi, Revista Mus. La Plata, Secc. Bot. 6: 213–310 (1944).

Plantas perennes cespitosas. Láminas plegadas y filiformes, o planas y muy angostas. Inflorescencia en panícula laxa o contraída, ordinariamente pauciflora; espiguillas unifloras. Glumas 2, lanceoladas, acuminadas o aristuladas, con dorso herbáceo y márgenes y ápice escariosos, iguales o más largas que el antecio, persitentes; lemma rígida, cilíndrica o giboso-obovoide, subglobosa o lenticular, con los márgenes replegados entre el surco de la pálea, glabra o vellosa, lisa o verrugosa, castaña, ocrácea o negra a la madurez; ápice con corona pilosa; arista central o

23. Piptochaetium

excéntrica, retorcida y flexuosa, geniculada o bigeniculada, persistente o decidua; pálea rígida, surcada longitudinalmente, siempre bien desarrollada y terminada en una punta aguda que sobresale por la ápice de la lemma, al lado de la corona; callo obtuso o punzante.

30 especies, Norte América hasta Argentina.

1. Antecio aovado-fusiforme piloso ·························· **3. P. indutum**
1. Antecio subgloboso glabro:
   2. Antecio verrugoso o papiloso ···················· **1. P. montevidense**
   2. Antecio liso, finamente estriado longitudinalmente ········ **2. P. panicoides**

1. P. montevidense *(Spreng.) Parodi*, Revista Fac. Agron. Veterin. 7(1): 163 (1930). Tipo: Uruguay, *Sellow* (B, holótipo, n.v.)
Caryochloa montevidense Spreng., Syst. Veg.: 30 (1827).
Piptochaetium tuberculatum Desv. in Gay, Fl. Chil. 6: 272 (1853); H396. Tipo: Chile, *Gay* (US, isótipo).
P. panicoides forma *subpapillosum* (Hack.) Parodi, Revista Mus. La Plata, Secc. Bot. 6: 302 (1944); F270. Tipo: Argentina, *Stuckert* 15418 (W, holótipo n.v.).
P. leiocarpum forma *subpapillosum* Hack. in Stuckert, Anales Mus. Nac. Hist. Nat. Buenos Aires 13: 463 (1906).

Plantas cespitosas con culmos de 5–60 cm de alto. Láminas filiformes de 1–15 cm de largo, pubérulas y escabriúsculas. Panícula oblonga, contraída, de 1–6 cm de largo. Glumas anchamente lanceoladas de 2.5–3 mm, glabras, aristuladas, la inferior 5-nervia, la superior 3-nervia; lemma obovada, gibosa, castaño-oscura o casi negra, verrugosa, de 1,5–2 mm; corona excéntrica; arista flexuosa, de 4–7 mm de largo, decidua; callo obtuso. Fig. 19.

SANTA CRUZ: Pucara, *Spiaggi* 62.
LA PAZ: Larecaja, Sorata, *Mandon* 1274. Manco Kapac, Lago Titicaca, Isla del Sol, Cerro Kheñwani, *Liberman* 1181. Nor Yungas, La Paz hacia Unduavi, *Beck* 1802. Ingavi, Huacullani, *Beck* 326.
COCHABAMBA: Quillacollo, *Renvoize et Cope* 4077.
POTOSI: Saavedra, 2 km E de Batanzos, *Wood* 7677. Chayanta, Ocuri, *Renvoize et Cope* 3835.

Perú, Bolivia, Chile, Argentina, Uruguay y sur de Brasil. Matorral abierto, laderas y campos pedregosos o rocosos; 900–3900 m.

2. P. panicoides *(Lam.) Desv.* in Gay, Fl. Chil., 6: 270 (1853); F270. Tipo: Uruguay, *Commerson* (P, holótipo n.v.).
Stipa panicoides Lam., Tabl. Encycl. 1: 158 (1791)
Piptochaetium setifolium J. Presl, Reliq. Haenk. 1: 222, tab. 37, fig. 1 (1830). Tipo: Perú, *Haenke* (PR, holótipo, n.v.).

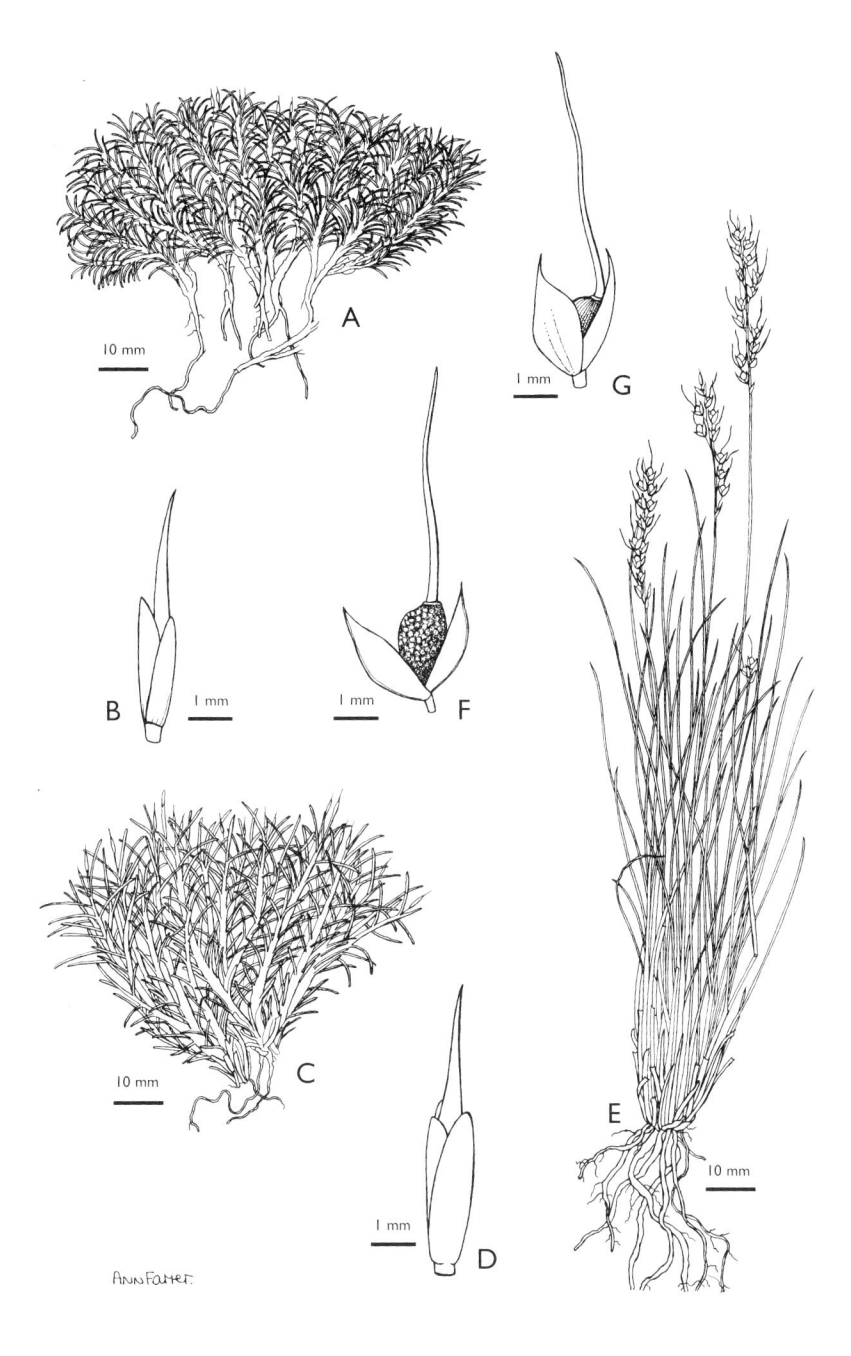

Fig. 19. **Aciachne acicularis**, **A** habito, **B** espiguilla basada en *Renvoize et Cope* 3832. **A. pulvinata**, **C** habito, **D** espiguilla basada en *Solomon* 12836. **Piptochaetium montevidense**, **E** habito, **F** espiguilla basada en *Renvoize et Cope* 4143. **P. panicoides**, **G** espiguilla basada en *Renvoize* 4529.

23. Piptochaetium

Plantas cespitosas con culmos de 5–35 cm de alto. Láminas filiformes de 5–18 cm de largo, pubérulas y escabriúsculas. Panícula oblonga, contraída, de 1–4 cm de largo. Glumas anchamente lanceoladas de 2,5–3 mm, glabras, aristuladas, la inferior 5-nervia, la superior 3-nervia; lemma obovada, gibosa, castaño-oscura, lisa, estriada longitudinalmente, de 1,5–2 mm; corona excéntrica; arista flexuosa de 5–7 mm, decidua; callo obtuso. Fig. 19.

LA PAZ: Manco Kapac, Isla del Sol, *Liberman* 1088. Los Andes, Karhuiza Pampa, *Renvoize* 4529.
COCHABAMBA: Ayopaya, Río Tambillo, *Baar* 60.
CHUQUISACA: Zudañez, 5 km de Coralon Mayu, *ERTS* 31.
TARIJA: Méndez, Tucumilla, *Bastian* 134. Gran Chaco, Villa Montes, *Coro Rojas* 1578.
Venezuela hasta Bolivia, Chile, Argentina y Uruguay. 480–4020 m.

P. montevidense y *P. panicoides* son muy semejantes y sólo pueden diferenciarse por los caracteres del antecio. Es posible que se trate de una misma entidad pero se requieren estudios experimentales para confirmarlo.

3. P. indutum *Parodi*, Revista Mus. La Plata, Secc. Bot. 6: 229, 258. f. 18A, 19 (1944). Tipo: Argentina, *Venturi* 8414 (LP, holótipo n.v.).

Plantas con culmos de 5–40 cm de alto. Láminas convolutas de 4–12 cm long. × 0,3–0,4 mm diám., aciculares, ápice setáceo. Panícula oblonga, laxa o contraida, de 3–8 cm de largo. Glumas subiguales, papiráceas, de 7–9 mm de largo, glabras, 5-nervias, acuminadas. Antecio aovado-fusiforme de 4–5,5 mm de largo, castaño-oscuro, totalmente cubierto de pelos cortos; arista de 13–20 mm de largo, persistente, bigeniculada, la base con pelos cortos, escabrosa hacia la súbula; callo punzante, piloso.

LA PAZ: Ingavi, Comunidad Titicani–Tacaca, *Villavicencio* 289. Loayza, Villa Loza hasta Urmiri, *Peterson et al.* 12675. Murillo, El Alto, *Ruthsatz* 1223.
COCHABAMBA: Quillacollo, Palca Pampa, *Aleman* 214.
ORURO: Avaroa, 7 km E de Urmiri, *Peterson et al.* 12781.
POTOSI: Sud Chichas, 19 km N de San Vicente, *Peterson et al.* 12896.
TARIJA: Avilés, Copacabana, *Bastian* 731.
Bolivia y Argentina. Puna césped en suelos pedregosos; 3500–4080 m.

24. ACIACHNE Benth.
in Hook., Ic. Pl. 14: t. 1362 (1881); Astegiano, Kurtziana 7: 43–47 (1973); Laegaard, Nordic J. Bot. 7: 667–672 (1987); Vegetti & Tivano, Bol. Soc. Argent. Bot. 27(1–2): 91–96 (1991).

Plantas perennes cespitosas o estoloníferas formando cojines. Láminas con pulvínulo basal, rígidas, subuladas, con ápices punzantes o flagelados. Inflorescencia en panícula apenas exerta, reducida a 1–(2–3) espiguillas. Glumas 2, oblongas, más cortas que el antecio, coriáceas, 3–5-nervadas, obtusas, persistentes; antecio cilíndrico y algo giboso; lemma coriácea, 3-nervada, convoluta, con los márgenes superpuestos, adelgazada y subulada hacia el ápice; pálea coriácea, 2-nervia, sin carinas, emarginada; callo corto y truncado.

3 especies, Venezuela hasta Bolivia y Argentina.

Espiguillas de (5,5–)6 mm de largo; glumas de 3–3,5 mm · · · · · · · **1. A. pulvinata**
Espiguillas de 4–4,5(–5) mm de largo; glumas de 1,5–2(–2,5) mm
· **2. A. acicularis**

1. A. pulvinata *Benth.* in Hook., Ic. Pl. 4: 44, t. 1362 (1881); H390; F266. Tipo: Ecuador, *Jameson* 157 (K, lectótipo, Laegaard loc. cit.).

Plantas pequeñas, cespitosas con culmos de 1–3 cm de alto. Láminas de 5–13 mm de largo, rectas o algo falcadas, glabras, ápice punzante y prolongado. Espiguillas de 6 mm, glabras. Glumas iguales, de 3–3,5 mm; lemma pálida. Fig. 19.

LA PAZ: Murillo, La Paz, *Pentland* s.n.; Cumbre de Valle de Zongo, *Beck* 2054; Ventilla, *Solomon* 12836. Sud Yungas, Abra hacia Lambate, Pacuani, *Beck* 18152.
 COCHABAMBA: Quillacollo, Abra, entre Chococo y Jatún, *Beck* s.n.
 POTOSI: Chayanta, Macha, *Renvoize et Cope* 3832 en parte.
 Ecuador hasta Bolivia y Argentina. Puna y páramo yugueño en sitios pedregosos o rocosos; 4000–4480 m.

2. A. acicularis *Laegaard*, Nordic J. Bot. 7: 669 (1987). Tipo: Bolivia, La Paz hasta Unduavi, *Renvoize et Cope* 4164 (K, holótipo).
A. pulvinata sensu Hitchc., Contr. U.S. Natl. Herb. 24: 390 (1927) en parte; F266 non Benth. (1881).

Plantas pequeñas, cespitosas o estoloníferas, con culmos de 1–1,5 cm de alto. Láminas de 5–15 mm de largo, rectas o falcadas, glabras, punzantes. Espiguillas de 4–4,5 mm, glabras. Glumas iguales, de 1,5–2 mm; lemma pálida. Fig. 19.

LA PAZ: Saavedra, Calaya, *Menhofer* 1240. Larecaja, Sorata, *Mandon* 1287. Manco Kapac, *Liberman* 1119. Murillo, Mina Milluni, *Beck* 11199.
 COCHABAMBA: Chaparé, San Benito, *Steinbach* 9888. Quillacollo, Quillacollo hacia Morochata, *Wood* 9225.
 POTOSI: Chayanta, Macha, *Renvoize et Cope* 3832 en parte. Sin loc. *Fiebrig* 3571; *Bang* 1843; *Hill* 503; *Pentland* s.n.
 Venezuela hasta Bolivia y Argentina. Puna y páramo yugueño; 3200–4750 m.

25. FESTUCA L.

Sp. Pl.: 73 (1753); Türpe, Darwiniana 15(1–2): 189–283 (1969); E.B. Alexeev, Bot. Zhurn. (Moscow & Leningrad) 70(9): 1241–1248 (1985).

Plantas perennes cespitosas o rizomatosas. Hojas basales o caulinares; vainas cerradas o hendidas; lígula membranácea con el margen ciliado; láminas lineares, planas, conduplicadas o convolutas, tiernas hasta duras y punzantes. Inflorescencia en panícula contraída o laxa, pauci a multiespiculada. Espiguillas 2-plurifloras, perfectas, comprimidas lateralmente, pediceladas, raquilla articulada arriba de las glumas y entre los antecios. Glumas 2, en general menores que los antecios, persistentes, la inferior 1(–3)nervia, la superior 3-nervia. Lemma no carinada, con dorso redondeado, obtusa, aguda o aristada, arista apical o subapical, 5-nervia; pálea con carinas escabrosas o ciliadas. Ovario con ápice glabro o piloso.

450 especies de climas templados y templado-fríos de todo el mundo.

'Whoever would name Festuca must first sharpen their knife'.

Las características morfológicas en *Festuca* ofrecen una selección poco adecuada de caracteres para identificar las especies con certeza. Caracteres histofoliares permiten establecer identificaciones más confiables, por lo que se aconseja confirmar las identificaciones realizando transcortes de lámina. Las especies bolivianas de *Festuca* presentan 5 tipos diferentes en su anatomía foliar. Fig. 21.

Especial atención debe brindarse a la interpretación de la forma de las láminas, ya que en materiales de herbario las láminas planas pueden aparentar ser convolutas.

1. Láminas planas:
    2. Plantas cespitosas:
        3. Ovario glabro:
            4. Ramas de la panícula pubescentes ·············· **14. F. soratana**
            4. Ramas de la panícula escabrosas:
                5. Láminas de 3–12 mm de ancho ············ **21. F. arundinacea**
                5. Láminas de 0,5–3 mm de ancho ················ **20. F. copei**
        3. Ovario pubescente en el ápice ···················· **23. F. nemoralis**
    2. Plantas laxamente macolladas:
        6. Lemmas aristadas; aristas de 6–12 mm de largo; láminas de 4–7 mm de ancho; ovario pubescente en el ápice ············ **1. F. cochabambana**
        6. Lemmas acuminadas o aristadas; láminas de 10–15 mm de ancho; ovario glabro ···································· **2. F. steinbachii**
1. Láminas involutas o conduplicadas:
    7. Culmos de 5–30 cm de alto; láminas involutas, de 2–12 cm long. × 0,3–0,6 mm diam.
        8. Culmos amarillos ························ **12. F. rigescens**
        8. Culmos verdosos o purpúreos:
            9. Superficie superior de las láminas escabrosas:
                10. Glumas obtusas o agudas ·················· **3. F. peruviana**
                10. Glumas atenuadas o acuminadas ········ **4. F. parvipaniculata**
            9. Superficie superior de la lámina pubescente:
                11. Ramas de la panícula pubescentes ············· **5. F. lanifera**

11. Ramas de la panícula glabras:
    12. Láminas lisas en la superficie inferior; panícula con 2–3 espiguillas. Hacecillos libres ·········· **27. F. petersonii**
    12. Láminas escabrosas en la superficie inferior; panícula de 7–11 espiguillas. Hacecillos en contacto con la epidermis inferior ································· **28. F. potosiana**
7. Culmos de (20–)40–180 cm de alto; láminas involutas o conduplicadas:
    13. Superficie superior de la lámina pubescente, pilosa o villosa:
        14. Panícula con ramas glabras, lisas o escabrosas:
            15. Láminas anaranjadas ················ **8. F. chrysophylla**
            15. Láminas glaucas o verdosas:
                16. Láminas con la superficie superior villosa ······························ **6. F. orthophylla**
                16. Láminas con la superficie superior pubescente:
                    17. Panícula linear, las ramas adpressas:
                        18. Plantas de 50–120 cm de alto ······················· **18. F. dolichophylla**
                        18. Plantas de 20–50(–80) cm de alto:
                            19. Láminas rígidas o semirígidas, setáceas, punzantes:
                                20. Glumas de 2–4,5 mm de largo ················· **11. F. argentinensis**
                                20. Glumas de 4–7 mm de largo ·· **28. F. potosiana**
                            19. Láminas subflexuosas con el ápice acuminado u obtuso:
                                21. Glumas y lemmas escabrosas en el ápice ···················· **22. F. buchtienii**
                                21. Glumas y lemmas pubescentes en el ápice ············· **10. F. villipalea**
                    17. Panícula laxa, las ramas patentes ······· **26. F. stebeckii**
        14. Panícula con ramas pubescentes, pilosas, villosas o puberulas:
            22. Láminas flocoso-pilosas o villosas en la superficie superior:
                23. Espiguillas de 7–8 mm de largo ········· **6. F. orthophylla**
                23. Espiguillas de 9,5–17 mm de largo ············ **7. F. trollii**
            22. Láminas pubescentes en la superficie superior:
                24. Láminas de (0,5–)1–1,5 mm diám. espiguillas de 3–8-floras; vainas basales lustrosas:
                    25. Espiguillas 3(–4)-floras; lemmas escabrosas o pubescentes solamente en el ápice ·············· **25. F. hypsophila**
                    25. Espiguillas 4–8-floras; lemmas totalmente escabrosas ······························ **15. F. stubelii**
                24. Láminas de 0,5–0,8 mm diám.; espiguillas 3–7-floras; vainas basales no lustrosas ············ **9. F. scabrifolia**
    13. Superficie superior de la lámina escabrosa o lisa:
        26. Culmos amarillentos; ramas cortas, adpresas:
            27. Láminas de 0,8–1 mm diám., involutas, rígidas, duras ································ **11. F. argentinensis**

27. Láminas de 0,5–1mm diám., involutas, semírigidas o flexuosus, subherbáceas:
   28. Culmos de 10–30 cm de alto; panícula de 2–10 cm de largo .... **12. F. rigescens**
   28. Culmos de (25–)30–110 cm de alto; panícula de 4–19 cm de largo .... **13. F. humilior**
26. Culmos verdosos:
   29. Ramas pubescentes:
      30. Ramas cortas, adpresas .... **17. F. laetiviridis**
      30. Ramas largas, patentes:
         31. Láminas de 2–6 mm lat. .... **14. F. soratana**
         31. Láminas filiformes, de 0,5–1. diám. .... **19. F. fiebrigii**
   29. Ramas glabras, escabrosas
      32. Ramas adpresas, inflorescencia linear ...... **16. F. boliviana**
      32. Ramas patentes, inflorescencia oblonga u ovada:
         33. Ovario pubescente en el ápice .... **23. F. nemoralis**
         33. Ovario glabro:
            34. Lámina aguda; espiguillas laxas ...... **19. F. fiebrigii**
            34. Lámina acuminada; espiguillas algo agregadas
               .... **24. F hieronymi**

1. **F. cochabambana** *E.B. Alexeev*, Bot. Zhurn. (Moscow & Leningrad) 70(9): 1241 (1985). Tipo: Bolivia, *Steinbach* 8976 (K, isótipo).
F. ulochaeta sensu Hitchc., Contr. U.S. Natl. Herb. 24(8): 321 (1927)); F 113, non Steud. (1854).

Plantas rizomatosas, laxamente amacolladas. Culmos de 90–120 cm de alto; nudos conspicuos. Hojas caulinares; vainas pubescentes; lígulas de 0,2–0,7 mm de largo; láminas lineares, de 20–30 cm long. × 4–7 mm lat., herbáceas, planas, la superficie superior escabrosa, acuminadas. Panícula laxa de 20–25 cm de largo, las ramas y el eje escabrosos; ramas de 8–12 cm de largo, llevandos espiguillas en el medio superior, el inferior desnudo. Espiguillas lanceoladas, 4–5-floras, de 9–10 mm de largo. Glumas linear-lanceoladas, acuminadas, la inferior de 1,8–2,2 mm, la superior de 2,7–3,2 mm de largo. Lemma inferior lanceolada, de 5,5–6,2 mm de largo, minutamente escabrosa en el ápice, terminada en una arista filamentosa de 6–12 mm; pálea glabra. Anteras de 1–1,2 mm de largo. Ovario pubescente en el ápice. Figs. 20; 21 tipo A.

COCHABAMBA: Chaparé, Incachaca, *Steinbach* 8976.
Bolivia. 3000 m.

F. ulochaeta Steud., que habita en Brasil, es similar a esta especie; se diferencia por sus vainas glabras y glumas mayores, la inferior de 2–3,5 mm, la superior de 5–6 mm

Fig. 20. **Festuca cochabambana**, **A** habito, **B** inflorescencia, **C** espiguilla basada en *Steinbach* 8976. **F. steinbachii**, **D** espiguilla basada en *Steinbach* 9533.

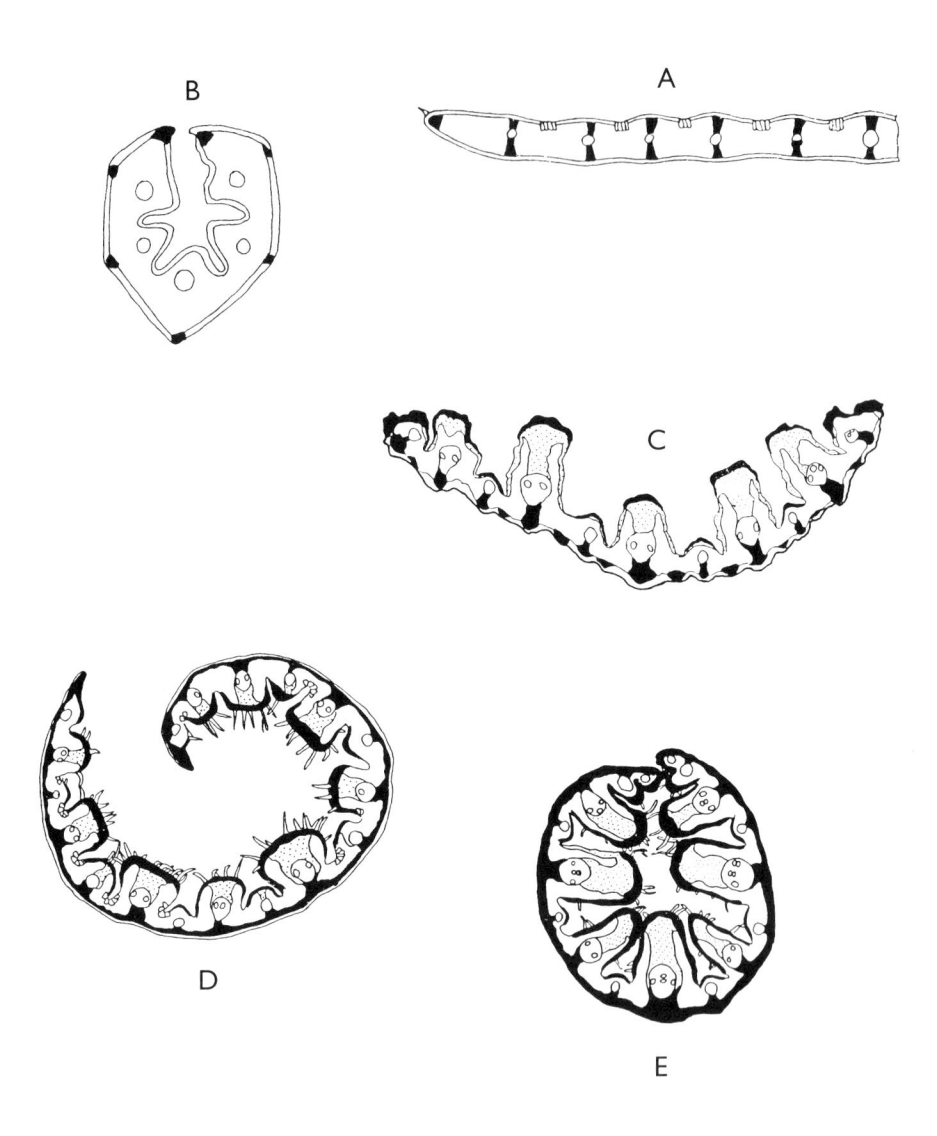

Fig. 21. **Tipos de hoja anatomia en Festuca**. Tipo **A**, **F. steinbachii** basada en *Steinbach* 9533. Tipo **B**, **F. peruviana**, basada en *Renvoize et Cope* 4213. Tipo **C, F. copei** basada en *Renvoize et Cope* 3823. Tipo **D**, **F. soratana** basada en *Solomon* 18323. Tipo **E**, **F. stubelii** basada en *Feuerer* 11203a.

2. F. steinbachii *E.B. Alexeev*, Bot. Zhurn. (Moscow & Leningrad) 70(9): 1243 (1985). Tipo: Bolivia, *Steinbach* 9533 (K, isótipo).

Planta rizomatosa amacollada, con culmos de 150–180 cm de alto; nudos glabros. Hojas caulinares; vainas glabras; lígula de 0,7 mm de largo; láminas lineares, de 20–30 cm long. × 10–15 mm lat.; planas, membranáceas, la superficie superior escabrosa, la inferior lisa. Panícula laxa, de 15–20 cm de largo, el eje y las ramas escabrosas, las ramas de 5–7 cm de largo, flexuosas. Espiguillas lanceoladas, de 11,5–13 mm de largo, 3-floras. Glumas linear-lanceoladas, escabrosas, acuminadas, la inferior de 5–5,5 mm, la superior de 7–8 mm de largo. Lemma inferior lanceolada, de 9–10 mm, totalmente escabrosa, acuminada o aristulada, bidentada o no; pálea escabrosa, bidentada. Ovario glabro en el ápice. Figs. 20; 21, tipo A.

COCHABAMBA: Chaparé, La Aduana, *Steinbach* 9533.
Bolivia. 3000 m.

3. F. peruviana *Infantes*, Revista Ci. (Lima) 54: 103 (1952). Tipo: Perú, *Infantes* 2449.

Plantas cespitosas con culmos de 5–15 cm de alto. Hojas basales; láminas subuladas, de 2–10 cm long. × 0,5 mm diám., normalmente curvas, glabras, punzantes. Panícula oblonga, de 1,5–5,5 cm de largo, pauciflora, compuesta de 6–12 espiguillas sobre pedicelos o ramas cortas adpresas. Espiguillas oblongas, de 8–11 mm de largo, 4–5-floras. Glumas lanceolado-oblongas, obtuso-agudas, la inferior de 3–4,5 mm, la superior 4–5 mm de largo. Lemmas lanceoladas, herbáceas, escabrosas, la inferior de 5,5–7 mm incluida la arista corta. Figs. 22; 21 tipo B.

LA PAZ: Larecaja, Sorata hacia La Paz, *Beck* 11169. Murillo, La Cumbre, *Valenzuela* 1073.
Ecuador, Perú y Bolivia. Puna, en cespedes húmedos; 3900–4750 m.

Esta especie puede confundirse con *Dielsiochloa floribunda*, la que se distingue por tener lemmas bilobas con arista dorsal. *Festuca divergens* Tovar también se le parece, pero en ella las lemmas son mayores, de 10–12 mm y están provistas de una arista de 4–7 mm de longitud.

4. F. parvipaniculata *Hitchc.*, Contr. U.S. Natl. Herb. 24: 322 (1927). Tipo: Perú, *Hitchcock* 22244 (US, holótipo).

Plantas perennes cespitosas con culmos de 10–30 cm de alto. Hojas principalmente basales; vainas papiráceas, algo fibrosas a la madurez; láminas lineares, de 3–7 cm long. × 0,3–0,5 mm lat., conduplicadas, la superficie superior escabrosa, la inferior lisa, glabras, agudas. Panícula angosta, de 2–6 cm de largo, contraída, la ramas adpresas, escabrosas. Espiguillas elípticas, de 8–14 mm de largo, incluidas las aristas, 3–6-floras. Glumas lanceoladas, escabrosas, agudas, la inferior

Fig. 22. **Festuca peruviana**, A habito, B espiguilla basada en *Renvoize et Cope* 4213. **F. rigescens**, C habito, D espiguilla basada en *Feuerer* 10563. **F. parvipaniculata**, E habito, F espiguilla basada en *Beck* 18224.

de 4–5 mm, la superior de 5–7 mm de largo; raquilla escabrosa. Lemmas lanceoladas, escabrosas, acuminadas y aristadas, la inferior de 5–8 mm de largo, incluida la arista de 3 mm; pálea con carinas cilioladas. Anteras de 0,7–1,5 mm. Figs. 22; 21 tipo B.

LA PAZ: Sud Yungas, Taquesi, *Beck* 18224.
COCHABAMBA: Ayopaya, Independencia 28 km hacia Kami, *Beck et Seidel* 14626.
Perú y Bolivia. Cespedes de la puna; 2650–4200 m.

5. F. lanifera *E.B. Alexeev*, Bot. Zhurn. (Moscow & Leningrad) 70(9): 1246 (1985). Tipo: Bolivia, *Troll* 1085 (B, holótipo).

Plantas cespitosas con culmos de 18–25 cm de alto. Hojas principalmente basales; láminas filiformes, de 6–12 cm long. × 0,5–0,6 mm lat., conduplicadas, la superficie superior villosa, la inferior escabrosa, agudas. Panículas lineares de 7–9 cm de largo, las ramas pubescentes, de 0,5–3 cm de largo, adpresas. Espiguillas lanceoladas de 8,5–10,5 mm de largo, 4-floras. Glumas linear-lanceoladas, múticas, la inferior de 4,5–5 mm, la superior de 6–7 mm de largo. Lemmas lanceoladas, escabrosas en el ápice, mucronadas, la inferior de 6–7,5 mm. Pálea pubescente en el ápice. Anteras de 2 mm. Ovario glabro. Fig. 21 tipo E.

COCHABAMBA: Carrasco, Cerro de Chimore, *Troll* 1085.
Bolivia.

6. F. orthophylla *Pilg.*, Bot. Jahrb. Syst. 25: 717 (1898); H 323; F 114. Tipo: Perú, *Stübel* 87 (B, hólotipo).
F. orthophylla var. *glabrescens* Pilg., Bot. Jahrb. Syst. 37: 507 (1906). Tipo: Perú, *Weberbauer* 408 (B, holótipo).
F. orthophylla var. *boliviana* Pilg. loc. cit.: 508. Tipo: Bolivia, *Fiebrig* 3192 (K, isótipo).

Plantas cespitosas con culmos cilíndricos de 30–70 cm de alto. Vainas basales papiráceas, lustrosas; región ligular pubescentes; láminas cilíndricas, duras, de 10–30 cm de largo, 1 mm de diámetro, glaucas, rectas o curvadas, flocoso-pilosas en el superficie superior, los pelos formando una línea longitudinal en la lámina, punzantes. Panícula oblonga, contracta, de 8–15(–23) cm de largo, con ramas esparcidas; ramas cortas, ascendentes, subglabras hasta pubérulas. Espiguillas de 7–8 mm de largo, 4–5-floras. Glumas coriáceas lanceoladas pubescentes, agudas, la inferior de 4–5,5 mm, la superior de 5–7 mm de largo. Lemmas lanceoladas, coriáceas pubescentes en los márgenes, agudas, la inferior de 5–7,5 mm de largo. Figs. 23; 21 tipo E.

LA PAZ: Camacho, Puerto Acosta, *Beck* 7663. Los Andes, Tambillo, *Renvoize et Cope* 4128. Ingavi, Tiahuanaco, *Hill* 511.

Fig. 23. **Festuca orthophylla**, **A** habito, **B** espiguilla basada en *Renvoize et Ayala* 5234.

ORURO: Cercado, Panduro hacia La Barca, *Beck* 984. Sajama, Río Sururia, *Liberman* 41. Dalence, Playa Verde, *Renvoize et Cope* 3802.
POTOSI: Quijarro, Río Mulatos hacia Challapata, *Peterson et al.* 12808. Nor Lípez, San Pablo hacia San Vicente, *Peterson et al.* 13002.
TARIJA: Avilés, Pasajes, *Bastian* 670.
Perú, Bolivia, Chile y Argentina. Céspedes, dunas, suelos salinos y laderas rocosas; 3255–4860 m.

F. eriostoma Hack., nativa de Argentina podría sinonimizarse con *F. orthophylla*, ya que sólo se diferencia por su menor altura y láminas foliares patentes o deflexas.

7. F. trollii *E.B. Alexeev*, Bot. Zhurn. (Moscow & Leningrad) 70(9): 1245 (1985). Tipo: Bolivia, *Troll* 1083 (B, holótipo).

Plantas cespitosas con culmos de 50–100 cm de alto. Láminas lineares, de 30 cm long. × 1 mm diám., involutas, la superficie superior villosas, la inferior escabérula, agudas. Panícula linear, de 15–30 cm de largo, las ramas de 5–7 cm de largo, pubescente, adpresas. Espiguillas lanceoladas, de 9,5–17 mm de largo, 5–9-floras. Glumas lanceoladas, escabrosas en el ápice, la inferior de 4–7 mm, la superior de 6–8,5 mm de largo. Lemmas lanceoladas, pubescente en el ápice, mucronadas, la inferior de 6,7–9 mm de largo; pálea pubescente en el ápice. Anteras de 2,5–3,5 mm. Figs. 24; 21 tipo C.

COCHABAMBA: Carrasco, Cerro de Chimore, *Troll* 1083. 51 km W de Cochabamba, *Renvoize et Cope* 4085.
Bolivia. Matorral; 3100 m.

8. F. chrysophylla *Phil.*, Anales Mus. Nac. Santiago de Chile 1: 88 (1891). Tipo: Chile, *Philippi* (K, isótipo).
F. deserticola var. *chrysophylla* (Phil.) St.-Yves, Candollea 3: 212 (1927).
F. saltana St.-Yves loc. cit: 305. Tipo: Argentina, *Parodi* 1882.

Plantas cespitosas con culmos curvados a la base, ascendentes, de 20–30 cm de alto. Hojas principalmente basales; vainas papiráceas, blanquecino-pajizas, glabras, lustrosas; lígula de 0,5 mm de largo; láminas aciculares, de 10–30 cm long. × 0,5 mm diám., de color naranja a la madurez, superficie superior pubescente, la inferior glabra y lisa, punzantes. Panícula linear de 4–12 cm de largo, laxa, algo ramosa, las ramas glabras, de 1–3 cm de largo, adpresas. Espiguillas elíptico-oblongas de color naranja a la madurez, 3–5-floras, de 10–12 mm de largo. Glumas subuladas o linear-lanceoladas, escabrosas hacia el ápice, agudas, la inferior de 5–5,5 mm, la superior de 6,5–7,5 mm de largo; raquilla pubescente. Lemmas lanceoladas, pubescentes en los márgenes hacia el ápice, acuminadas o mucronadas, la inferior de 8–9 mm de largo. Anteras de 3–4 mm de largo. Ovario pubescente en el ápice. Figs. 24; 21 tipo E.

Fig. 24. **Festuca trollii**, **A** habito, **B** inflorescencia, **C** espiguilla basada en *Renvoize et Cope* 4085. **F. chrysophylla**, **D** habito, **E** espiguilla basada en *Liberman* 168.

POTOSI: Sud López, Cerro Tapaquillcha, *Liberman* 168. NE de Quetena Chico, *Peterson et al.* 13051.
Bolivia, Argentina et Chile. Suelos rocosos; 3500–4600 m.

9. F. scabrifolia *Renvoize* **nom. nov.**
F. dissitiflora var. *trachyphylla* St.-Yves, Candollea 3: 246 (1927). Tipo: Bolivia, *Buchtien* s.n. (K, isótipo); non *F. trachyphylla* (Hack.) Kraj.

Plantas cespitosas con culmos erectos de 30–90 cm de alto. Hojas basales; vainas cartáceas; lígula esparcidamente ciliolada; láminas rígidas, filiformes, de 10–20 cm long. × 0,5–0,8 mm diám., involutas, superficie superior pubescente, la inferior escabrosa, punzantes. Panícula linear, de 6–20 cm de largo; ramas cortas, de 1–2 cm de largo, pubescentes, adpresas. Espiguillas oblongas, de 6–11 mm, 3–8-floras. Glumas angostamente-lanceoladas, escabrosas, atenuadas, la inferior de 3–3,5 mm, la superior de 3,5–5 mm de largo; raquilla pubescente. Lemmas lanceoladas, escabrosas, acuminadas o aristuladas, la inferior de 5–7 mm de largo; pálea pubescente o escabrosa, bidentada. Anteras de 2 mm. Fig. 21 tipo E.

LA PAZ: Larecaja, Sorata hacia La Paz, *Beck* 11189. Murillo, La Paz hacia Palca, *Beck* 1325. Sud Yungas, Pie del Abra Illimani, cerca de la mina Bolsa Blanca, *Beck* 18159.
Bolivia. Terreno pastoreado; 3500–4400 m.

10. F. villipalea *(St.-Yves)* E.B. Alexeev, Bot. Zhurn. (Moscow & Leningrad) 70(9): 1244 (1985). Tipo: Bolivia, *Pflanz* 289 (B, holótipo n.v.).
F. dissitiflora subsp. *loricata* var. *villipalea* St.-Yves, Candollea 3: 250 (1927).

Plantas cespitosas con culmos amarillos erectos, de 55–80 cm de alto. Hojas basales y caulinares; vainas basales papiráceas, glabras, lustrosas; lígula de 0,5 mm de largo, ciliolada; lámina involuta, de 10–25 cm long. × 0,5–1 mm diám., superficie superior densamente escabrosa o cortamente pubescente, la inferior glabra, escabrosa en el medio basal. Panícula linear, de 5–9 cm de largo, laxa, las ramas de 1–3 cm de largo, escabrosas, adpresas. Espiguillas elíptico-oblongas, de 8–9 mm de largo, 3–4-floras. Glumas lanceoladas, escabrosas y pubescentes hacia el ápice, agudas, la inferior de 2–3,5 mm, la superior de 3–4,5 mm de largo; raquilla escabrosa. Lemmas lanceoladas, la inferior de 4–7 mm de largo, pubescente en el ápice y escabrosa, acuminada o mucronada; pálea pubescente en el ápice. Anteras de 2,5–3 mm de largo. Ovario glabro. Figs. 25; 21 tipo E.

LA PAZ: Los Andes, Mina Fabulosa, *Feuerer* 10557. Murillo, La Paz, *Bang* 173. Ingavi, Huacullani, *Beck* 311.
ORURO: Sajama, Curahuara, *Renvoize et Ayala* 5222.
POTOSI: Sud López, San Pablo 37 km hacia Tupiza, *Renvoize, Ayala et Peca* 5293.
Perú y Bolivia. Formando césped en la puna; 3800–4650 m.

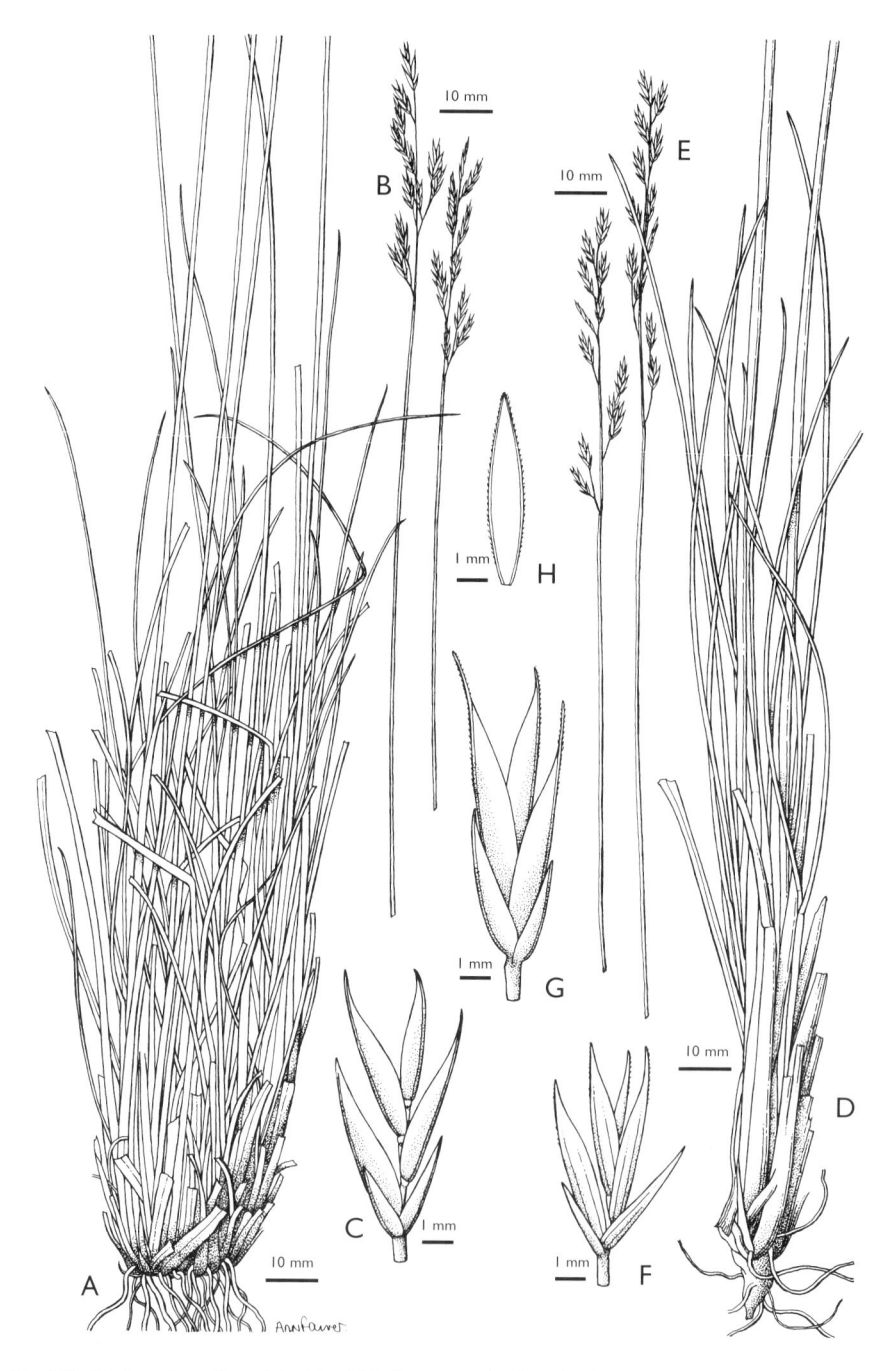

Fig. 25. **Festuca humilor**, **A** habito, **B** inflorescencia, **C** espiguilla basada en *Renvoize et Cope* 4140. **F. argentinensis**, **D** habito, **E** inflorescencia, **F** espiguilla basada en *Peterson* 11797. **F. villipalea**, **G** espiguilla, **H** pálea basada en *Avíla* 108.

11. F. argentinensis *(St.-Yves) Türpe*, Darwiniana 15(1–2): 254 (1969). Tipo: Argentina, *Schreiter* 6119 (LIL, isolectotipo, selecionada por Türpe 1969).
F. scirpifolia subsp. *buchtienii* var. *argentinensis* St.-Yves, Candollea 5: 138 (1932).

Plantas cespitosas robustas, con culmos amarillentos, erectas, cilíndricas de 20–50 cm de alto. Hojas principalmente basales, las vainas papiráceas, lisas, lustrosas, persistentes, algo infladas; láminas involutas rígidas, de 13–18 cm long. × 0,8–1 mm. diám., la superficie superior cortamente pubescente, la inferior escabrosa, punzantes. Panícula linear, contraída, de 3–10 cm de largo, primero incluida en la parte superior de las vainas, luego exerta; ramas escabrosas. Espiguillas elíptico-lanceoladas, de 8–9 mm de largo, 3–5-floras. Glumas lanceoladas, acuminadas, la inferior de 2–3 mm, la superior de 3–4,5 mm de largo. Lemmas lanceoladas, múticas o aristadas, la inferior de 5,5–6,5 mm de largo. Figs. 25; 21 tipo E.

POTOSI: Sud Chichas, 32 km E de Atocha, *Peterson et al.* 12944.
Argentina, Chile y Bolivia. Laderas rocosas; 3200–4750 m.

12. F. rigescens (*J. Presl*) *Kunth*, Enum. Pl. 1: 403 (1833). Tipo: Perú, *Haenke* (PR, holótipo).
Diplachne rigescens J. Presl, Reliq. Haenk. 1: 260 (1830).

Plantas cespitosas con culmos cilíndricos, erectos, amarillentos, de 10–30 cm de alto. Láminas involutas de 4–10(–14) cm long. × 0,5–1 mm diám., la superficie superior escabrosa, la inferior lisa, el ápice subulado. Panícula contraída de 2–10 cm de largo, las ramas cortas, adpresas o patentes; eje y ramas glabras, lisas. Espiguillas oblongas de 6–9 mm de largo, 3–6-floras. Glumas lanceoladas, margenes cilioladas o glabros, agudas o atenuadas; la inferior de 1,5–3 mm, la superior de 2–3,5 mm de largo; raquilla ciliolada. Lemmas lanceoladas, escabrosas en el ápice, acuminadas o aristadas, la inferior de 5,5–7 mm. Pálea con carinas cilioladas, ápice pubescente. Anteras de 2–3 mm. Figs. 22; 21 tipo E.

LA PAZ: Los Andes, Mina Fabulosa, *Feuerer* 10591. Murillo, La Cumbre, *Beck* 13554. Ingavi, Titicani–Tacaca, *Villavicencio* 290.
POTOSI: Sud Chichas, San Vicente, *Peterson et al.* 12869. Sud López, Laguna Verde hacia Laguna Colorado, *Peterson et al.* 13067.
Perú y Bolivia. Formando césped en la puna y en laderas arenosos rocosas; 3630–4680 m.

13. F. humilior *Nees & Meyen*, Nov. Actorum Acad. Caes. Leop.-Carol. Nat. Cur. 19, suppl. 1: 35 (1841) et : 167 (1843). Tipo: Peru, *Meyen* (BAA, isótipo n.v.).

Planta cespitosa con culmos amarillentos cilíndricos de (25–)30–110 cm de alto, glabros. Hojas basales; vainas glabras, papiráceas, lustrosas; láminas setáceas, de 10–35 cm long. × 0,5–0,7 mm diám., herbáceas, la superficie superior escabrosa, la inferior lisa, atenuada en el ápice. Panícula linear, laxa, de 4–19 cm de largo. Espiguillas eliptico-oblongas, de 8,5–10 mm de largo, 3–6-floras; raquilla pubérula. Glumas lanceoladas, acuminadas, la inferior de 1,5–3,5 mm, la superior de 2,5–5 mm de largo. Lemmas lanceoladas, escabrosas, acuminadas, la inferior de 6–7 mm; pálea escabrosa o ciliolada. Figs. 25; 21 tipo E.

LA PAZ: Ingavi, Tiahuanaco, *Hill* 489; 8 km NE de Taraco, *Renvoize et Cope* 4140. Aroma, NW de Villa Loza, *Peterson et al.* 12638.
COCHABAMBA: Tapacari, Challa, *Renvoize et Cope* 4090.
CHUQUISACA: Yamparaez, Tarabuco, *Renvoize et Cope* 3846.
TARIJA: Méndez, Iscayachi, *Coro* 1261.
Perú, Bolivia y Argentina. Cespedes húmedos; 3270–4500 m.

14. F. soratana *E.B. Alexeev*, Bot. Zhurn. (Moscow & Leningrad) 70(9): 1244 (1985). Tipo: Bolivia, *Mandon* 1361 (K, isótipo).
F. tectoria subsp. *mandoniana* var. *mutica* St.-Yves, Candollea 3: 243 (1927). Tipo: *Mandon* 1361, el mismo de *F. soratana* E.B. Alexeev.

Plantas cespitosas con culmos de 70–170 cm de alto. Hojas basales y caulinares; vainas basales papiráceas, lustrosas; lígula de 0,4 mm de largo; láminas lineares de 20–40 cm long. × 2–6 mm lat., planas o convolutas, herbáceas, la superficie superior densamente escabrosa, la inferior lisa o algo escabrosa, punzantes. Panícula oblonga, de 15–30 cm de largo, eje y ramas pubescentes; ramas de 2–10 cm de largo, rectas, patentes o ascendentes, las inferiores aglomeradas, multifloras, laxas. Espiguillas elípticas de 8–12 mm de largo, 4–9-floras. Glumas lanceoladas, escabrosas, agudas o acuminadas, la inferior de 4–4,5 mm, la superior de 5,5–6 mm de largo; raquilla subglabra o escabrosa. Lemmas lanceoladas, escabrosas en el ápice, agudas o acuminadas, la inferior de 5–7 mm de largo; pálea igual a la lemma o poco más larga, las carinas cilioladas en el ápice. Anteras de 2–3 mm. Figs. 26; 21 tipo D.

LA PAZ: Saavedra, Mina Sica, *Feuerer* 7885. Larecaja, Sorata, *Mandon* 1361. Murillo, 13 km E de La Cumbre, *Solomon* 18327.
Bolivia. 3500 m.

15. F. stubelii *Pilg.*, Bot. Jahrb. Syst. 25: 717 (1898). Tipo: Bolivia, *Stübel* 60 (US, isótipo).
F. tectoria subsp. *mandoniana* St.-Yves, Candollea 3: 242 (1927). Tipo: Bolivia, *Mandon* 1362 (K, isótipo).

Plantas cespitosas con culmos de 60–130 cm de alto. Hojas basales; vainas papiráceas, lustrosas; lígula de 0,3–0,7 mm de largo; láminas filiformes de 15–60 cm long. × 0,5–1,5 mm diám., rígidas, involutas o conduplicadas, la superficie superior cortamente pubescente, la inferior escabrosa, punzantes. Panícula linear u oblonga, laxa, algo ramosa, de 15–30 cm de largo; ramas flexuosos o rígidas, de 2–8 cm de largo, ascendentes o adpresas, pubescentes o esabrosas. Espiguillas eliptico-oblongas de 8–13 mm de largo, 4–8-floras. Glumas lanceoladas o subuladas, escabrosas o pubescentes, acuminadas, la inferior de 2,5–5 mm, la superior de 4–7 mm de largo; raquilla pubescente. Lemmas lanceoladas, totalmente escabrosas o pubescentes, acuminadas o aristadas, arista de 1–3 mm de largo; lemma inferior de 6,5–8 mm de largo; páleas cilioladas sobre las carinas. Anteras de 2,5–4 mm. Ovario glabro. Figs. 26; 21 tipo E.

LA PAZ: Saavedra, Charazani, *Höhne et Feuerer* 5570. Larecaja, Sorata, *Mandon* 1362. Manco Kapac, Isla Jochihuata, *Liberman* 1268. Murillo, La Paz, *Stübel* 60; Zongo Pass, *Solomon* 13223. Inquisivi, Cordillera Tres Cruces, *Jordan* 102.
Bolivia. Laderas secas; 3450–4800 m.

Los representantes típicos de *F. tectoria* St.-Yves se separan de *F. stubelii* por sus láminas foliares planas, raquillas escábridas y ovario pubescente.

16. F. boliviana *E.B. Alexeev*, Bot. Zhurn. (Moscow & Leningrad) 70(9): 1243 (1985). Tipo: Bolivia, *Cárdenas* 769 (US, holótipo).

Plantas cespitosas con culmos de 100 cm de alto. Lígula de 0,7–1,3 mm de largo, ciliolada. Láminas de 10–30 cm long. × 0,8–1,2 mm lat., glaucas, duras, conduplicadas, la superficie superior escabrosa, la inferior lisa, punzantes. Panícula densa, linear, de 16–22 cm de largo, las ramas glabras, adpresas. Espiguillas linear-lanceoladas, de 8–9 mm de largo, 3–4-floras. Glumas agudas, la inferior de 2,5–3 mm, la superior de 3,7–4,7 mm de largo. Lemmas escabrosas hacia el ápice, múticas o mucronuladas, la inferior de 5,5–6 mm de largo. Anteras de 3 mm. Ovario glabro. Figs. 27; 21 tipo E.

COCHABAMBA: Vacas hasta Cochabamba, *Cárdenas* 769.
POTOSI: Sud Chichas, 20 km NW de Salo, *Peterson et Annable* 11838.
TARIJA: Avilés, Cobre, *Bastian* 603.
Bolivia. Terrenos rocosos en suelos aluviales; 3600–4050 m.

F. laetiviridis Pilg. es afín a *F. boliviana*, pero posee lígula más corta, de 0,5 mm, láminas foliares verde-brillante, ramas de la panícula pubescentes, espiguillas 6–7-floras, glumas de mayor longitud, la inferior de 3,5–4 mm, la superior de 4,5–5,5 mm y lemma inferior de 6–7 mm.

17. F. laetiviridis *Pilg.*, Bot. Jahrb. Syst. 37: 510 (1906). Tipo: Bolivia, *Fiebrig* 2955 (K, isótipo).

Plantas con culmos 2-nodes, de 60–80 cm de alto. Lígula membranácea, de 0,5 mm de largo. Láminas involutas, de 30–50 cm long. × 1–1,5 mm diám., escabrosas en ambas caras, punzantes. Panícula linear de 20 cm de largo, las ramas pubescentes,

Fig. 26. **Festuca stubelii**, **A** habito, **B** espiguilla basada en *Renvoize* 4496. **F. soratana**, **C** habito, **D** espiguilla basada en *Solomon* 9776.

adpresas. Espiguillas elípticas, 6–7-floras, de 10 mm de largo. Glumas lanceoladas, agudas o atenuadas, la inferior de 3,5–4 mm, la superior de 4,5–5,5 mm de largo; raquilla escabrosa. Lemmas lanceoladas, cartáceas, escabrosas, agudas, la inferior de 6–7 mm de largo; páleas escabrosas en las carinas. Anteras de 4 mm.

POTOSI: Sud Chichas, Tupiza, *Fiebrig* 2955.
Bolivia.

18. F. dolichophylla *J. Presl*, Reliq. Haenk. 1: 258 (1830); H324; F114. Tipo: Perú, *Haenke* (PR, holótipo).
F. pflanzii Pilg., Bot. Jahrb. Syst. 49(1): 188 (1912). Tipo: Bolivia, *Pflanz* 292 (B, holótipo).

Plantas cespitosas con culmos de 50–120 cm de alto. Hojas con vainas basales glabras, frecuentemente lustrosas; lígula de 0,5–0,8 mm de largo; láminas filiformes, de 20–60 cm long. × 0,75–1 mm diám., conduplicadas, la superficie superior pubescent, la inferior escabrosa, punzantes. Panícula linear de 10–25 cm de largo, las ramas y el eje glabros o escabrosos; ramas cortas, de 2–5 cm de largo, adpresas o ascendentes. Espiguillas elíptico-oblongas, de 10–12 mm de largo, 4–7-floras. Glumas lanceoladas, escabrosas en el ápice, la inferior de 3–4(–6) mm, la superior 4,5–6,5 mm de largo; raquilla pubescente. Lemmas lanceoladas, escabrosas en el ápice, acuminadas, la inferior de 6–8 mm de largo; pálea pubérula, escabrosas en la carinas. Anteras de 2,5–3 mm. Ovario glabro. Fig. 21 tipo E.

LA PAZ: Murillo, Huayna Potosi, *Beck* 8694.
COCHABAMBA: Ayopaya, Tabacruz, *Steinbach* 9760. Arce, 6 km E de Challa, *Beck* 960.
ORURO: Dalence, Huanuni hacia Uncia, *Renvoize et Cope* 3807.
POTOSI: Sud Chichas, 20 km S de Atocha, *Peterson et al.* 12897.
CHUQUISACA: Tipoyo hacia Cerro Obispo, *Wood* 8084.
Perú y Bolivia. Céspedes en laderas rocosas, abundante en la puna húmeda; 3600–4850 m.

19. F. fiebrigii *Pilg.*, Bot. Jahrb. Syst. 37(5): 510 (1906). Tipo: Bolivia, Tarija, *Fiebrig* 3118 (K, isolectótipo, selecionado por E.B. Alexeev, 1985).
F. procera sensu Hitchc., Contr. U.S. Natl. Herb. 24: 321 (1927); F 113, non Kunth (1816).
F. sublimis sensu Hitchc., loc. cit.: 322; F113, non Pilg. (1898).

Plantas cespitosas, con culmos erectos de 70–100 cm de alto. Hojas basales y caulinares; vainas basales papiráceas, lisas, lustrosas, originalmente purpúreas, finalmente amarillentas; lígula de 1 mm de largo, extendida lateralmente en aurículas obtusas; láminas filiformes de 20–30 cm long. × 0,5–1 mm diám., involutas, 3–4 mm en estado plano, la superficie superior densamente escabrosa, la inferior lisa o

Fig. 27. **Festuca boliviana**, A habito, B espiguilla basada en *Peterson et Annable* 11840.
F. petersonii, C habito, D espiguilla basada en *Peterson et al.* 12974.

esparcidamente escabrosa, ápice punzante. Panícula oblonga, laxa, de 15–25 cm de largo; ramas de 3–10 cm de largo, flexuosas, escabrosas o pubescentes, patentes. Espiguillas laxas, elípticas, de 7–12(–15) mm de largo, 4–8-floras, pruinosas o purpúreas; pedicelos flexuosos. Glumas lanceoladas o subuladas, escabrosas en el ápice, agudas, la inferior de 2,5–6,5 mm, la superior de 4–8 mm de largo; raquilla escabrosa. Lemmas lanceoladas, escabrosas en el medio superior, agudas, acuminadas o aristadas, la inferior de 5–8 mm de largo; pálea escabrosa. Anteras de 2–2,5 mm. Ovario glabro. Figs. 28; 21 tipo E.

SANTA CRUZ: Caballero, Comarapa, *Herzog* 1936.
LA PAZ: Murillo, Pongo, *Renvoize et Cope* 4201. Sud Yungas, Mururata hacia Illimani, *Solomon* 15150. Inquisivi, Pongo Chico hacia Laguna Naranjani, *Lewis* 35171.
COCHABAMBA: Comarapa hacia Cochabamba, *Renvoize et Cope* 4068. Ayopaya, Independencia 27 km hacia Kami, *Beck et Seidel* 14601.
TARIJA: Méndez, Tarija 25 km hacia Camargo, *Beck* 814. Cercado, Tarija, *Fiebrig* 3118; Cuesta de Sama *Coro Rojas* 1590.
Bolivia. Matorral y céspedes alto andinos y de puna; 2600–4100 m.

20. F. copei *Renvoize* **sp. nov.** *F. fiebrigii* Pilg. similis sed inflorescencia densiore et folio acuminato differt. Typus: Bolivia, *Renvoize et Cope* 4088 (holotypus LPB; isotypus, K).

Plantas cespitosas, con culmos de 70–120 cm de alto. Hojas basales y caulinares; vainas basales papiráceas; lígula de 0,5–1 mm de largo; láminas de 20–40 cm long. × 0,5–3 mm lat. en stato plano, la superficie superior densamente escabrosa, la inferior esparcidamente escabrosa, ápice finamente acuminado. Panícula oblonga, de 12–25 cm de largo, laxa, las ramas de 2–10 cm de largo, divergentes, flexuosas, escabrosas. Espiguillas agregadas algo densas, elípticas, de 6–11 mm de largo, 4–7-floras; pedicelos rectos. Glumas lanceoladas o subuladas, agudas o acuminadas, la inferior de 3–5,5 mm, la superior de 4–5,5 mm de largo; raquilla escabrosa. Lemmas lanceoladas, agudas o acuminadas, escabrosas en el ápice, la inferior de 5,5–6,5 mm de largo; pálea escabrosa en las carinas. Anteras de 2–3 mm. Ovario glabro. Figs. 29; 21 tipo C.

COCHABAMBA: Tapacari, 51 km W de Cochabamba, *Renvoize et Cope* 4088. Quillacollo, Sipe Sipe a Kami, *Beck et al.* 18050.
POTOSI: Bustillo, N de Pocoata, *Renvoize et Cope* 3826. Sud Chichas, 5 km NW de Salo hacia Atocha, *Peterson et Annable* 11813.
CHUQUISACA: Tipoyo hacia Cerro Obispo, *Wood* 8081.
Bolivia. Laderas rocosas; 2900–3800 m.

21. F. arundinacea *Schreb.*, Spic. Fl. Lips.: 57 (1771). Tipo: Alemania, *Schreber* (M, holótipo n.v.).

Fig. 28. **F. hieronymi**, **A** inflorescencia, **B** espiguilla basada en *Coro-Rojas* 1263. **F. fiebrigii**, **C** habito, **D** inflorescencia, **E** espiguilla basada en *Renvoize et Cope* 4174. **F. potosiana**, **F** habito, **G** espiguilla basada en *Renvoize, Ayala et Peca* 5294.

Plantas cespitosas con culmos erectos robustos de 45–200 cm de alto. Láminas lineares de 10–60 cm long. × 3–12 mm lat., la superficie superior escabrosa, la inferior glabra, lisa, atenuada en el ápice. Panícula lanceolada u ovada, de 10–50 cm de largo, erecta o péndula, laxa o contraída, las ramas escabrosas. Espiguillas elípticas u oblongas, de 10–18 mm de largo, 3–10-floras. Glumas lanceoladas, persistentes, antecios caducos. Gluma inferior de 3–6 mm, la superior de 4,5–7 mm de largo. Lemmas lanceoladas de 6–9 mm de largo, agudas o mucronadas con arista de 1–4 mm de largo. Ovario glabro en el ápice. Fig. 21 tipo C.

LA PAZ: Los Andes, Communidad Igachi, *Beck* 11736. Murillo, La Paz, *Garcia* 424.
Nativa de Europa y Asia, cultivado en otras regiones. 0–3800 m.

22. F. buchtienii *Hack.*, Repert. Spec. Nov. Regni Veg. 6: 160 (1908). Tipo: Bolivia, *Buchtien* 870.

Plantas cespitosas con culmos erectos de 30–50 cm de alto, cilíndricos, uninodes. Láminas involutas, rígidas, subjúnceas, de 10–20 cm long. × 0,8–1 mm diám., la superficie superior pubérula, la inferior escabrosa, el ápice agudo. Panícula oblonga o linear-oblonga, de 8–10 cm de largo, laxa, subcontraída, la ramas escabrosas, cortas. Espiguillas elíptico-lanceoladas de 9 mm de largo, 4–5-floras, verdes o verde-grisáceas. Glumas linear-lanceoladas, la inferior de 2,5 mm, la superior de 3,5 mm de largo. Lemmas lanceoladas, agudas, mucronadas, la inferior de 6–7 mm de largo.

LA PAZ: Murillo, La Paz, *Buchtien* 870.
Bolivia. 3700 m.

23. F. nemoralis *Türpe*, Darwiniana 1–2: 213 (1969). Tipo: Argentina, Tucumán, *Parodi* 11049 (BAA, holótipo n.v.)

Plantas cespitosas con culmos erectos de 60–150 cm de alto. Láminas planas o convolutas, de 30–45 cm long. × 1–4,5 mm lat., escabrosas, agudas en el ápice. Panícula laxa, oblonga, de 15–30 cm de largo, el eje y las ramas flexuosas y escabrosas, la porcion inferior indivisa. Espiguillas laxas, elíptico-lanceoladas, de 10–12 mm de largo, (3–)6–8 floras, glabras. Glumas linear-lanceoladas, agudas o acuminadas, la inferior de 4–7,5 mm, la superior 5,5–8 mm de largo. Lemmas lanceoladas, acuminadas, la inferior de 6–8 mm de largo; pálea con carinas cilioladas, ápice bidentado. Anteras de 3 mm. Ovario híspido en el ápice. Fig. 21 tipo E.

TARIJA: Méndez, Tarija hacia Iscajachi, *Feuerer* 7607. Cercado, Cuesta de Sama, *Bastian* 535; 536.
Bolivia y Noroeste de Argentina. Bosques de aliso; 2000–2950 m.

Fig. 29. **Festuca hypsophila**, A habito, B espiguilla basada en *Renvoize, Ayala et Peca* 5292. **F. copei**, C inflorescencia, D espiguilla basada en *Renvoize et Cope* 3817.

24. F. hieronymi *Hack.*, Oesterr. Bot. Z. 53: 33 (1903). Tipos: Argentina, Córdoba, *Hieronymus* 9 (K, isolectótipo, designado por E.B. Alexeev 1982).

Plantas cespitosas con culmos de 50–110 cm de alto. Láminas setáceas, de 20–50 cm long. × 0,5–1 mm lat., convolutas, la superficie inferior lisa o escabrosa, estriada, la superior escabrosa, el ápice atenuado en una cerda frágil. Panícula ovado-oblonga, laxa, de 10–18 cm de largo, las ramas escabrosas. Espiguillas lanceoladas, glabras, de 8,5–10 mm de largo, 4–7-floras. Glumas linear-lanceoladas, glabras, escabrosas en el ápice, la inferior de 2,5–4,5 mm, la superior de 3,5–5,5 mm de largo. Lemmas lanceoladas, la inferior de 5,5–7 mm de largo, mútica o mucronada, glabra, ápice escabroso. Pálea con carinas escabrosas. Anteras de 3–3,5 mm. Ovario glabro. Figs. 28; 21 tipo E.

TARIJA: Cercado, Sama, *Coro-Rojas* 1263.
Bolivia y Norte y centro de Argentina. Laderas rocosas secas; 1500–3800 m.

25. F. hypsophila *Phil.*, Anales Mus. Nac. Santiago de Chile 1: 89 (1891). Tipo: Chile, *Philippi* (SGO, holótipo n.v.).

Plantas cespitosas con culmos robustos binodes erectos, de 70–90 cm de alto. Vainas basales papiráceas, lisas; lígula de 1 mm de largo, densamente ciliada; láminas júnceas, involutas, de 15–60 cm long. × 1–1,5 mm. diám., la superficie superior pubescente, la inferior escabrosa, ápice punzante. Panícula linear de 10–20 cm de largo; ramas de 2–5 cm de largo, adpresas, pubescentes. Espiguillas elípticas de 8–14 mm de largo, 3–4-floras. Glumas lanceoladas, márgenes ciliados, la inferior de 3–4,5 mm, la superior de 4,5–6,5 mm de largo; raquilla pubescente. Lemmas lanceoladas, cartáceas, lisas acuminadas, el ápice escabroso o pubescente, la inferior de 6–8 mm de largo; pálea con ápice y carinas pubescentes. Anteras de 3–4,5 mm. Ovario glabro. Figs. 29; 21 tipo E.

POTOSI: Sud López, 37 km E de San Pablo, *Renvoize, Ayala et Peca* 5292.
Bolivia y Chile. Laderas pedregosas.

26. F. stebeckii *Renvoize* **sp. nov.** *F. dolichophyllae* J. Presl similis sed inflorescencia laxiore et ramis longioribus differt. Typus: Bolivia, *Beck et Seidel* 14583 (holotypus LPB).

Plantas amacolladas con culmos de 60–70 cm de alto. Láminas lineares, convolutas, de 40–50 cm long. × 1 mm diám., la superficie superior pubescente, la inferior escabrosa y estriada, ápice acuminado. Panícula laxa, oblonga, de 25 cm de largo, las ramas ascendentes o patentes, escabrosas de 8–17 cm de largo. Espiguillas oblongas, de 8–11 mm de largo, 7–8 floras. Glumas lanceoladas, escabrosas, atenuadas en el ápice, la inferior de 4–5 mm, la superior de 6–6,5 mm de largo. Lemmas lanceoladas, escabrosas, de 6–7 mm de largo. Pálea escabrosa, las carinas escabrosas. Ovario glabro. Fig. 21 tipo E.

25. Festuca

COCHABAMBA: Ayopaya, Independencia hacia Kami, *Beck et Seidel* 14583. Bolivia. Laderas arbustivas y graminosas sub-húmedas; 3200 m.

27. F. petersonii *Renvoize* **sp. nov.** *F. nardifoliae* Griseb. affinis sed laminis setiformibus, flexuosis, acuminatis, inflorescentia laxa et lemmatibus acuminatis differt. Typus: Bolivia, *Peterson et al.* 12974 (holotypus, LPB; isotypus, US).

Plantas cespitosas con culmos uninodes tenues amarillentos, de 10–18 cm de alto. Vainas basales membranáceas, purpúreas; láminas setáceas, de 3–5 cm long. × 0,5 mm diám., flexuosas, la superficie superior pubescente, la inferior lisa, acuminadas. Panícula laxa, formada por 2–3 espiguillas dispuestos sobre pedicelos cortos, glabros y adpresos. Espiguillas elípticas de 8–11 mm de largo, 3-floras. Glumas lanceoladas, los márgenes y ápice escabrosos, agudas, la inferior de 2,5–3,5 mm, la superior de 3,5–4 mm de largo; raquilla escabrosa. Lemmas lanceoladas, glabras, escabrosas en el ápice, acuminadas, la inferior de 7 mm de largo; pálea escabrosa en las carinas. Anteras de 2,4 mm. Ovario glabro. Figs. 27; 21 tipo B.

POTOSI: Nor López, 23 km S de San Vicente, *Peterson et al.* 12974. Bolivia. Suelos pedregosos; 4200 m.

28. F. potosiana *Renvoize* **sp. nov.** *F. argentinensi* (St.-Yves) Türpe affinis sed laminis semi-rigidis, tenuioribus et glumis longioribus differt. Typus: Bolivia, *Renvoize, Ayala et Peca* 5294 (holotypus, LPB; isotypus, K).

Plantas cespitosas con culmos de 20–25 cm de alto. Vainas basales lustrosas, papiráceas; láminas setáceas semirígidas de 7–10 cm long. × 0,5–0,8 mm diám., conduplicadas, glaucas, superficie superior pubescente, la inferior escabrosa, punzantes. Panícula linear de 6–8 cm de largo, formada por 7–11 espiguillas; ramas cortas, glabras, adpresas. Espiguillas elípticas de 8–10 mm de largo, 3–4-floras. Glumas lanceoladas, escabrosas en el ápice, la inferior de 4–4,5 mm, la superior de 6–7 mm de largo; raquilla pubescente. Lemmas lanceoladas, escabrosas en el ápice, la inferior de 6 mm de largo; pálea con carinas escabrosas. Anteras de 3 mm. Ovario glabro. Figs. 28; 21 tipo E.

POTOSI: Sud López, 37 km E de San Pablo, *Renvoize, Ayala et Peca* 5294. Bolivia. Laderas rocosas.

26. LOLIUM L.
Sp. Pl. 1: 83 (1753); Terrell, Techn. Bull. U.S.D.A. 1392: 1–65 (1968); Loos & Jarvis, Bot. J. Linn. Soc. 108: 399–408 (1992).

Plantas anuales o perennes, cespitosas. Láminas planas o conduplicadas. Inflorescencia en espiga dística aplanada o subcilíndrica, arqueada o recta; raquis tenaz o frágil. Espiguillas 2–plurifloras, comprimidas, solitarias y sésiles, insertas con el dorso de la lemma contra el raquis, dispuestas alternadamente en dos series longitudinales y dísticas. Gluma inferior ausente excepto en la espiguilla terminal; gluma superior persistente, lanceolada, 4–9-nervia, coriácea, abaxial. Raquilla articulada arriba de las glumas y entre los anteos. Lemma lanceolada, comprimida dorsalmente, membranácea o coriácea, 1-plurinervia, obtusa, bidentada o aguda, mútica o aristada. Pálea mútica. Cariopse elíptico.

8 especies, en regiones templadas de Eurasia.

1. Lemma elíptica u ovada, túrgida a la madurez · · · · · · · · · · · **1. L. temulentum**
1. Lemma oblonga o lanceolada, herbácea:
    2. Plantas perennes, con culmos estériles · · · · · · · · · · · · · · · · · **2. L. perenne**
    2. Plantas anuales o perennes, sin culmos estériles · · · · · · · **3. L. multiflorum**

1. L. temulentum *L.*, Sp. Pl. 1: 83 (1753); H355; F238. Tipo: Europa (UPS, *Herb. Burser,* (lectótipo, selecionado por Loos & Jarvis (1992)).

Plantas anuales con culmos de 20–120 cm de alto. Láminas de 6–25 cm long. × 3–12 mm lat., planas. Espigas de 5–40 cm de largo, rígidas. Espiguillas de 8–28 mm, 2–10-floras. Gluma superior de 7–30 mm, 7–9-nervia, obtusa. Lemmas de 4,5–8,5 mm, lisas, túrgidas, 7–9-nervos, obtusas o agudas, múticas o con una arista hasta de 23 mm. Fig. 30.

LA PAZ: Saavedra, Curva, *Feuerer* 6325; Charazani, *Feuerer* 7370a. Larecaja, Sorata, *Mandon* 1377.
COCHABAMBA: Ayopaya, Río Tambillo, *Baar* 192. Capinota, Apillpampa, *Feuerer* 6434. Mizque, Rakaypampa, *Sigle* 348.
Nativa en la región mediterránea y Asia, introducida en otros países. Maleza de cultivos; 0–3600 m.

2. L. perenne *L.*, Sp. Pl. 1: 83 (1753); H355; F238. Tipo: Europa (LINN, lectótipo, selecionado por Terrell (1968)).

Plantas perennes, con culmos de 10–90 cm de alto. Láminas de 5–14 cm long. × 2–6 mm lat., planas. Espigas de 3–30 cm de largo, rígidas, delgadas o robustas. Espiguillas de 5–20 mm, 3–12-floras. Gluma superior de 3,5–15 mm, 3–9-nervia, aguda u obtusa. Lemmas oblongas, de 3,5–9 mm, lisas, 5-nervos, obtusas o agudas, múticas o con arista hasta 8 mm. Fig. 30.

LA PAZ: Murillo, La Paz, *García* 88.
Eurasia, ampliamente difundida como forrajera en zonas templadas; a veces se la encuentra escapada de cultivo, en lugares alterados; 0–3700 m.

Fig. 30. **Aphanelytrum procumbens**, **A** habito, **B** inflorescencia basada en *Solomon* 16417, **C** espiguilla basada en *Feuerer* 10719a. **Lolium multiflorum**, **D** espiguilla basada en *Beck* 2269. **L. temulentum**, **E** espiguilla basada en *Feuerer* 6325. **L. perenne**, **F** espiguilla basada en *Garcia* 88.

3. L. multiflorum *Lam.*, Fl. Franç. 3: 621 (1778); H355; F238. Tipo: Francia (P, holótipo).

Plantas anuales o perennes con culmos de 30–130 cm de alto. Láminas de 11–22 cm long. × 3–8 mm lat. Espigas de 5–30 cm de largo, delgadas o robustas. Espiguillas de 8–30 mm, 11–22-floras. Gluma superior de 5–14 mm, 3–7-nervia, obtusa. Lemmas oblongas, de 4–8 mm, lisas o escabrosas, 5-nervos, agudas u obtusas, con aristas hasta 15 mm. Fig. 30.

LA PAZ: Manco Kapac, Copacabana, *Feuerer* 22593. Murillo, Cota Cota, *Beck* 2269.
COCHABAMBA: Carrasco, Comarapa hacia Cochabamba, *Renvoize et Cope* 4074. Cercado, *Steinbach* 9549.
Europa y Asia. Ruderal en sitios alterados; 0–3870 m.

27. VULPIA C.C. Gmel.
Fl. Bad. 1: 8 (1805).

Plantas anuales, delicadas. Láminas lineares, planas o convolutas. Inflorescencia en panícula contraída o laxa, con ramas cortas, arrimadas al eje o divergentes. Espiguillas oblongas, 3–14-floras, raquilla desarticulándose arriba de las glumas y entre los antecios. Glumas 2, lanceoladas, menores que los antecios contiguos, muy desiguales, la inferior enervia o 1-nervia, a menudo diminuta, la superior 1–3-nervia, aguda o acuminada, aristada o mútica. Lemmas lanceoladas, coriáceas, 3–5-nervias, con el dorso redondeado o carinado en la parte superior, terminada en arista larga y recta. Estambres 1–3, las flores cleistógamas o casmógamas. Cariopsis angostamente elíptico, con hilo linear.
Especies 22, en regiones templadas y subtropicales de ambos hemisferios.

Gluma inferior de 3–6 mm ·························· **1. V. bromoides**
Gluma inferior de 0,3–1,5 mm ······················ **2. V. myuros**

1. V. bromoides (*L.*) *Gray*, Nat. Arr. Brit. Pl. 2: 124 (1821). Tipos: Inglaterra y Francia (L, lectótipo).
Festuca bromoides L., Sp. Pl. 1: 75 (1753).

Culmos de 5–60 cm de alto. Láminas de 1–14 cm long. × 0,5–3 mm lat., angostamente agudas. Panícula muy exerta, contraída, de 1–15 cm de largo, con ramas solitarias arrimadas al eje. Espiguillas de 7–14 mm, excluidas las aristas, 5–10-floras. Glumas persistentes, la inferior de 3–6 mm, la superior de 6–10 mm. Lemmas de 5–9 mm de largo, 5-nervias, escabrosas, con arista de hasta 13–20 mm. Estambre 1, anteras de 0,3–0,6 mm en flores cleistógamas. Fig. 31.

SANTA CRUZ: Caballero, 28 km de Comarapa, *Mostacedo* 192.

27. Vulpia

LA PAZ: Murillo, Pongo, *Renvoize et Cope* 4203; 12 km E de La Cumbre, *Renvoize et Cope* 4166. Nor Yungas, 1 km E de Unduavi, *Renvoize et Cope* 4187.
COCHABAMBA: Ayopaya, Independencia hacia Kami, *Beck et Seidel* 14563. Quillacollo, Sipe Sipe hacia Lipichi, *Hensen* 734.
Europa y Africa, introducida en Norte y Sudamérica. Sitios pedregosos y suelos arenosos; 0–3800 m.

2. V. myuros (*L.*) *C.C. Gmel.*, Fl. Bad. 1: 8 (1805). Tipos: Inglaterra e Italia (L, lectótipo).
Festuca myuros L., Sp. Pl. 1: 74 (1753).
F. megalura Nutt., J. Acad. Nat. Sci. Philadelphia, ser. 2, 1: 188 (1847); H320; F113.
Tipo: California, *Gambel* (localidad incierto)
Vulpia megalura (Nutt.) Rydb., Bull. Torrey Bot. Club 36: 538 (1909).

Culmos de 10–70 cm de alto. Láminas de 2–15 cm long. × 0,5–3 mm lat., angostamente agudas. Panícula linear, estrecha, tiesa o nutante, de 5–30 cm de largo, con ramas arrimadas al eje, en general subincluida en la última vaina foliar. Espiguillas de 7–10 mm, excluidas las aristas, 3–7-floras. Glumas persistentes, la inferior de 1–3,5 mm, la superior de 3–8 mm. Lemmas de 5–7 mm, 5-nervias, escabrosas, pubescentes o pilosas, con aristas hasta de 15 mm. Estambres 1–2, anteras de 0,3–0,6 mm en antecios cleistógamos. Fig. 31.

LA PAZ: Saavedra, Charazani, *Feuerer* 8064. Larecaja, Sorata, *Mandon* 1363. Manco Kapac, Isla del Sol, *Feuerer* 22930. Murillo, Calacoto, 5 km hacia Palca, *Beck* 1326; La Paz, *Buchtien* 4152. Ingavi, Huacullani, *Beck* 1645.
COCHABAMBA: Ayopaya, Liriuni, *Ugent* 4763. Chaparé, Incachaca, *Steinbach* 9498.
ORURO: Avaroa, E de Urmiri, *Petersen et al.* 12786.
POTOSI: Chayanta, Sark'a, *ERTS* 146.
CHUQUISACA: Oropeza, Sucre hacia Tarabuco, *Wood* 7926.
TARIJA: Cercado, Cuesta de Sama, *Bastian* 818.
Europa, introducida en otras regiones. Sitios alterados, cultivos y bordes de caminos en suelos pobres y arenosos; 0–4060 m.

28. PUCCINELLIA Parl.
Fl. Ital. 1: 366 (1848); Nicora, Hickenia 2: 143–148 (1995).

Plantas anuales o perennes y cespitosas. Hojas con vainas abiertas y láminas lineares, planas o convolutas. Inflorescencia en panícula laxa o contraída. Espiguillas 2–plurifloras, cilíndricas o comprimidas; raquilla articulada arriba de las glumas y entre los antecios. Glumas 2, desiguales, menores que los antecios contiguos, lisas, con el margen escarioso, la inferior 1-nervia, la superior 3-nervia. Lemma papirácea con el dorso redondeado y ápice escarioso, glabras o escasamente pubescentes, 5-nervias, nervios poco evidentes, aguda u obtusa; callo y raquilla glabros. Cariopsis oblongo, comprimido.

Fig. 31. **Vulpia bromoides**, A habito, B espiguilla basada en *Renvoize et Cope* 4166. **V. myuros**, C espiguilla basada en *Feuerer* 22070b. **Dactylis glomerata**, D habito basada en *Renvoize et Cope* 4150. **Catapodium rigidum**, E habito, F espiguilla basada en *Renvoize et Cope* 4238.

28. Puccinellia

80 especies en regiones templadas y frías de ambos hemisferios.

Panículas semi-incluidas, apenas exertas; lemma del antecio inferior ovado-elíptica, de 1,2–1,3 mm .... **1. P. parvula**
Panículas completamente exertas a la madurez; lemma de antecio inferior lanceolada, de 2–3 mm .... **2. P. frigida**

1. P. parvula Hitchc., Contr. U.S. Natl. Herb. 24(8): 325 (1929); F115. Tipo: Bolivia, *Hitchcock* 22878 (US, holótipo).

Plantas perennes, cespitosas con culmos decumbentes o ascendentes, de 4–10 cm de alto. Láminas filiformes, de 1–3 cm long. × 0,5–1,5 mm lat., convolutas, glabras, agudas. Panícula contraída, espiciforme u ovada, interrupta, de 2–5 cm long. × 2–10 mm lat., semi-incluida en la última vaina. Espiguillas de 2–3 mm, 2–3-floras, glaucas. Gluma inferior de 0,5–1 mm, obtusa o emarginada, la superior de 1,5–2 mm, obtusa. Lemma de 1,5–2,5 mm, aguda. Estambres 3, anteras de 0,5 mm. Fig. 36.

POTOSI: Sud Chichas, Atocha, *Hitchcock* 22878. Uyuni hacia San Vicente, *Peterson et al.* 12850.
Bolivia, norte de Chile y Argentina. Suelos salinos en puna seca y semiárida; 3600–4440 m.

Ver observación bajo *Catabrosa werdermannii*.

2. P. frigida (Phil.) I.M. Johnst., Physis (Buenos Aires) 9(34): 30 (1929). Tipo: Chile, *Philippi* (SGO, holótipo, n.v.).
Catabrosa frigida Phil., Fl. Atacam.: 55 (1860).
Poa oresigena Phil., Anales Mus. Nac. Santiago de Chile 8: 87 (1891).
Puccinellia oresigena (*Phil.*) Hitchc., Contr. U.S. Natl. Herb. 24(8): 326 (1927); F115.

Plantas anuales o perennes de vida corta, cespitosas, con culmos erectos o ascendentes, de 10–45 cm de alto. Hojas principalmente basales; láminas lineares, de (1–)5–15 cm long. × 0,5–1,5 mm lat., planas o frecuentemente involutas, glabras, agudas. Panícula exerta desde la última vaina, ovada o linear, de 3–10 cm de largo, las ramas esparcidas, patentes o adpresas. Espiguillas de 2–3 mm de largo, 2–3-floras. Gluma inferior de 0,5–1 mm de largo, la superior de 1–1,5 mm. Lemmas de 1,5–2 mm. Fig. 36.

LA PAZ: Ingavi, Titicani Tacaca, *Villavicencio* 347.
ORURO: Cercado, Oruro, *Asplund* 6474. Sajama, cerca del Río Tomarapi, *Liberman* 363. Cabrera, Salinas Garci Mendoza, *Beck* 11831.
POTOSI: Nor López, 36 km S de San Vicente, *Peterson et Soreng* 12977. Sud Chichas, Atocha, *Hitchcock* 22879. Sud López, Laguna Colorada, *Renvoize, Ayala et Peca* 5281.
Bolivia, norte de Chile y norte de Argentina. Suelos arenosos y pedregosos en puna seca y semiárida; lechos de ríos; 3200–4500 m.

29. BRIZA L.

Sp. Pl.: 70 (1753); Matthei, Willdenowia 8 (1975); Nicora & Rúgolo, Darwiniana 23(1): 279–309 (1981).

Plantas anuales o perennes. Inflorescencia en panícula laxa o contraída. Espiguillas comprimidas lateralmente o globosas, péndulas o erguidas, 3–plurifloras, el antecio distal reducido y estéril. Glumas persistentes, cordiformes hasta angostamente ovadas, subiguales, menores que los antecios contiguos; raquilla articulada arriba de las glumas y entre los antecios. Lemmas orbiculares u oblatas, 5–11-nervias, carinadas o planas, cartáceas o coriáceas, con márgenes ensanchados y escariosos, formando alas laterales o aurículas más o menos desarrolladas, membranáceas o engrosadas; dorso giboso umbonado o no, generalmente coriáceo, liso, brillante, glabro o pubescente; ápice obtuso, agudo o bilobado, mútico o mucronado; pálea menor que su lemma, lanceolada u orbicular.
20 especies en regiones templadas del mundo.

1. Antecio comprimido dorsiventralmente; plantas perennes · · · **1. B. subaristata**
1. Antecio comprimido lateralmente; plantas perennes o anuales:
   2. Plantas perennes; estambre 1:
      3. Panícula con ramas laxas; espiguillas de 3–6 mm · · · · · **2. B. monandra**
      3. Panícula con ramas rígidas y erectas; espiguillas de 5–6 mm
      · **3. B. uniolae**
   2. Plantas anuales; estambres 3: · **4. B. minor**

1. B. subaristata *Lam.*, Tabl. Encycl. 1: 187 (1791). Tipo: Uruguay, *Commerson* (P, holótipo n.v.).
Calotheca stricta Hook. & Arn., Bot. Beechey Voy. : 50 (1832). Tipo: Chile, *Lay et Collie* (GL, holótipo n.v.).
Briza stricta (Hook. & Arn.) Steud., Syn Pl. Glumac. 1: 284 (1854); H334.

Plantas perennes con culmos delgados y erectos, de 20–100 cm de alto. Láminas lineares, de 10–35 cm long. × 2–6 mm lat., planas o plegadas, escabrosas, punzantes. Panícula de 3–15 cm de largo, espiciforme o laxa, con ramas inferiores largas y péndulas, o cortas, o nulas. Espiguillas de 4–6 mm, comprimidas dorsiventralmente, 6–10-floras, verdosas o purpúreas. Glumas de 1,5–3 mm de largo, 3–5-nervias, glabras. Lemmas orbiculares, de 2–3 mm, auriculadas en la base, aurículas engrosadas, umbón coriáceo, pubescente o glabro; alas cordiformes; ápice agudo o cuspidado; pálea orbicular. Estambres 3. Fig. 32.

COCHABAMBA: Cercado, 51 km W de Cochabamba, *Renvoize et Cope* 4082. Cochabamba, *Holway* 383. Mizque, 10 km S de Totora, *Wood* 9461.
CHUQUISACA: Oropeza, Punilla, *Wood* 9665. Yamparaez, Sucre, *Wood* 8314. Tomina. Lampacillas, *Wood* 9068.
México, Guatemala, Colombia, Bolivia, Argentina, Chile, Brasil, Paraguay y Uruguay. Campos y bosques; 0–3100 m.

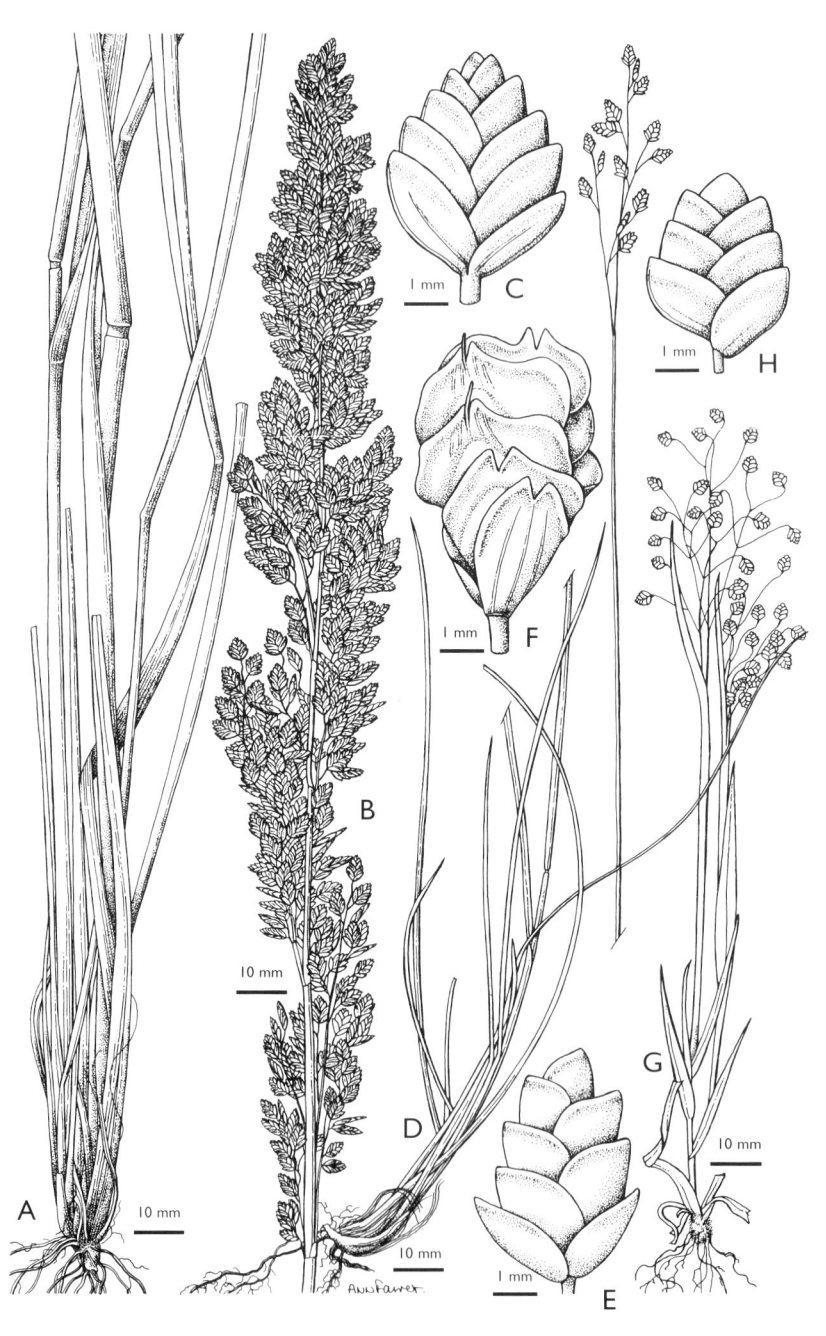

Fig. 32. **Briza uniolae**, **A** habito, **B** inflorescencia, **C** espiguilla, basada en *Quarin* 3207 Argentina. **B. monandra**, **D** habito, **E** espiguilla, basada en *Beck* 7784. **B. subaristata**, **F** espiguilla, basada en *Renvoize et Cope* 4082. **B. minor**, **G** habito, **H** espiguilla basada en *Beck* 8843.

El ejemplar procedente de Bolivia presenta pelos capitados en la base de la lemma y en el dorso de la pálea, tal como ocurre en *B. paleapilifera* Parodi. En los restantes caracteres, inclusive en el tamaño y forma de lemma y pálea, coincide con *B. subaristata*.

2. B. monandra (*Hack.*) *Pilg.*, Notizbl. Bot. Gart. Berlin-Dahlem 10: 725 (1929). Tipo: Perú, *Jelski* 402 (W, holótipo).
Poa monandra Hack., Oesterr. Bot. Z. 52: 376 (1902).
Calotheca stricta var. *mandoniana* Griseb., Abh. Königl. Ges. Wiss. Göttingen 24: 289 (1879). Tipo: Bolivia, *Mandon* (GOET, holótipo n.v.).
Briza mandoniana (Griseb.) Henrard, Meded. Rijks-Herb. 40: 70 (1921); H334; F223.
Poidium monandrum (Hack.) Matthei, Willdenowia, Beih. 8: 103 (1975).

Plantas perennes, gráciles, macolladas, con culmos erectos de 20–75 cm de alto. Láminas lineares o filiformes, de 10–30 cm long. × 1–3 mm lat., agudas. Panícula de 5–10 cm de largo, laxa, con ramas delgadas. Espiguillas ovadas, comprimidas lateralmente, de 3–6 mm, 3–8-floras, verdosas o purpúreas. Glumas de 2–2,5 mm, 3–5-nervias, glabras. Lemmas obovadas, de 2–3 mm, coriáceas, con alas escariosas cordiformes y sin aurículas en la base; dorso escabroso, márgenes pilosos en el tercio inferior; ápice obtuso o agudo; pálea oblonga, carinas ciliadas. Estambre 1. Fig. 32.

LA PAZ: Saavedra, Ninokorin, *Feuerer* 6327. Larecaja, Sorata, *Rusby* 238. Murillo, La Cumbre hacia Unduavi, *Beck* 11241. Sud Yungas, Lambate, *Beck* 7784.
COCHABAMBA: Ayopaya, Río Tambillo, *Baar* 339. Carrasco, 5 km N de Monte Puncu, *Wood* 9338. Cercado, Comarapa hacia Cochabamba, *Renvoize et Cope* 4067.
CHUQUISACA: Oropeza, Tipoyo hacia Cerro Obispo, *Wood* 8086.
TARIJA: Méndez, Sama, *Ehrich* 328. Cercado, Cuesta del Cóndor, *Coro-Rojas* 1567. Colombia hasta Argentina. Campos y laderas pedregosas; 2500–3950 m.

3. B. uniolae (*Nees*) *Steud.*, Syn. Pl. Glumac., 1: 283 (1854). Tipo: Paraguay, *Sellow* (B, holótipo n.v.).
Eragrostis uniolae Nees, Agrostologia Brasiliensis in Martius, Fl. Bras. 2(1): 494 (1829).

Plantas perennes cespitosas con culmos de 30–120 cm de alto. Láminas lineares de 20–70 cm long. × 4–10(–15) mm lat., planas, glabras, escabrosas, acuminadas. Panícula condensada estrecha, de (2–)10–20(–30) cm; ramas laterales erectas, adosadas al eje central y cubiertas desde su base por las espiguillas, las que se reúnen formando fascículos. Espiguillas anchamente ovadas, muy comprimidas, de 4–6 mm, pálidas, lisas, 4–10-floras. Glumas de 2,5–3 mm, ovadas, escabrosas, 3–7-nervias, obtusas. Lemmas de 2,5–3,5 mm, ovadas, escabrosas, cuerpo coriáceo, los márgenes membranáceos, obtusos; pálea elíptica, carinas cilioladas. Estambres 3. Fig. 32.

SANTA CRUZ: Caballero, Tunal, *Killeen* 2526; 2533. Florida, Samaipata, *Beck* 16814.

29. Briza

COCHABAMBA: Carrasco, 2 km N de Monte Puncu, *Wood* 9344.
CHUQUISACA: Tomina, Lenque Pampa, *Wood* 9118.
Brazil, Paraguay, Uruguay , Bolivia y Argentina. Pajonales y céspedes húmedos, cultivos y orillas de lagunas; 200–2800 m.

4. B. minor *L.*, Sp. Pl.: 70 (1753). Tipo: Europa (LINN, lectótipo).

Plantas anuales, con culmos erectos, delgados, de 10–60 cm de alto. Láminas lineares o angostamente lanceoladas, de 3–14 cm long. × 3–9 mm lat., planas, escabrosas, angostamente agudas. Panícula laxa, obovada, de 4–20 cm long. × 2–10 cm lat., delicada, con ramas delgadas y extendidas que llevan espiguillas nutantes. Espiguillas orbiculares a ovado-triangulares, verdosas o algo purpúreas, de 3–5 mm, 4–8-floras. Glumas de 2–3,5 mm, persistentes, 3–5-nervias, glabras. Lemmas cordiformes, obtusas, múticas, de 1,5–2 mm, auriculadas en la base; aurículas membranáceas, pálea ovada. Estambres 3. Fig. 32.

LA PAZ: Saavedra, Charazani, *Feuerer* 7378. Larecaja, Sorata, *Beck* 8678. Murillo, La Paz, *Cañigueral* 650.
CHUQUISACA: Oropeza, Sucre hacia Yamparaez, *Beck* 8843.
Nativa en la región mediterránea, introducida en otros países. Sitios alterados, cultivos, quebradas y campos; 0–3200 m.

30. POA L.
Sp. Pl.: 67 (1753); Tovar, Mem. Mus. Hist. Nat. "Javier Prado" 15 (1965); Anton & Negritto, Willdenowia 27: 235–247 (1997).

Plantas anuales o perennes, cespitosas o rizomatosas. Hojas con láminas planas, plegadas o involutas, tiernas o duras y punzantes. Inflorescencia en panícula laxa o contraída, a veces espiciforme. Espiguillas oblongas, ovadas o elípticas, 2–plurifloras, comprimidas lateralmente, monoclinas o diclinas. Glumas 2, persistentes, iguales o desiguales, membranáceas, carinadas, la inferior 1–3-nervia, la superior 3-nervia; raquilla articulada arriba de las glumas y entre los antecios; lemma carinada, 5–7-nervia, herbácea o membranácea, mútica.
500 especies cosmopolitas, en regiones templadas.

1. Plantas dioicas; lemmas pilosas en plantas pistiladas, glabras en plantas estaminadas, frecuentemente con tintes amarillentos o bronceados; panícula condensada, interrupta ·· **1. P. buchtienii**
1. Planta con flores perfectas o pistiladas:
    2. Panícula condensada:
        3. Lemmas pilosas en la base y pubescentes sobre la carina
         ·· **2. P. scaberula**
        3. Lemmas pubérulas, escabrosas o glabras:
            4. Espiguillas 3–4-floras; plantas enanas, de 1–5 cm de alto:
                5. Glumas ovadas, cartáceas o membranáceas ····· **3. P. humillima**

       5. Glumas lanceoladas, hialinas ················ **6. P. andicola**
    4. Espiguillas 2(–3)-floras:
       6. Eje de la panícula simple ················ **4. P. aequigluma**
       6. Eje de la panícula ramificado:
          7. Plantas enanas con culmos de 1,5–5 cm de alto:
             (si láminas involutas y panícula oblonga ver *P. gymnantha*)
             8. Panículas oblongas o elípticas; láminas planas o plegadas
                ································· **5. P. chamaeclinos**
             8. Panículas ovadas; láminas involutas ········ **7. P. ovata**
          7. Plantas pequeñas o medianas, con culmos de 3,5–35 cm de alto:
             9. Lemmas escabrosas; láminas involutas ·· **8. P. gymnantha**
             9. Lemmas glabras o inconspicuamente escabrosas; láminas planas o plegadas:
                10. Panícula elíptica, de 1–3 cm de largo
                   ····························· **9. P. perligulata**
                10. Panícula oblonga, de 3,5–10 cm de largo
                   ····························· **10. P. spicigera**
 2. Panícula abierta:
    11. Plantas anuales:
       12. Anteras de 0,6–1 mm de largo ·················· **11. P. annua**
       12. Anteras de 0,2–0,5 mm de largo ················ **12. P. infirma**
    11. Plantas perennes:
       13. Lemmas escabrosas; láminas enrolladas, plantas cespitosas:
          14. Lígula de 8–15 mm de largo ·············· **17. P. pearsonii**
          14. Lígula de 2,5–5 mm de largo ············· **18. P. asperiflora**
       13. Lemmas glabras, vellosas o pubescentes; láminas planas, plegadas o enrolladas:
          15. Lemmas glabras:
             16. Láminas plegadas, vainas aquilladas ········ **19. P. gilgiana**
             16. Láminas planas, vainas no aquilladas ····· **20. P. glaberrima**
          15. Lemmas pubescentes, vellosas o subglabras:
             17. Lemma inferior con pelos largos en la base:
                18. Panícula oblonga:
                   19. Lemmas inferiores lanceoladas, de 4–5 mm de largo
                      ····························· **13. P. umbrosa**
                   19. Lemmas inferiores ovadas, de 2–3,5 mm de largo
                      ····························· **15. P. myriantha**
                18. Panícula ovada ····················· **14. P. pratensis**
             17. Lemmas inferiores pubescentes, sin pelos largos en la base:
                20. Plantas de (30–)60–150 cm de alto; ramas de la inflorescencia verticiladas y patentes ··· **16. P. horridula**
                20. Plantas de 10–90 cm de alto; ramas de la inflorescencia solitarias o apareadas, deflexas a la madurez:
                   21. Plantas de (30–)60–90 cm de alto ·· **21. P. androgyna**
                   21. Plantas de 10–30(–60) cm de alto
                      ····························· **22. P. candamoana**

30. Poa

1. P. buchtienii *Hack.*, Repert. Spec. Nov. Regni Veg. 11: 29 (1912); H327; F116. Tipos: Bolivia, *Buchtien* 2466, 2467, 2468, 2469, 2470 (W, síntipos n.v.).
P. buchtienii var. *subacuminata* Hack., Repert. Spec. Nov. Regni Veg., 11: 30 (1912). Tipo: Bolivia, *Buchtien* 2523 (W, holótipo n.v.).

Plantas perennes, cespitosas, dioicas, con culmos erectos de 20–80 cm de alto. Láminas planas o involutas, de 10–32 cm long. × 1–3 mm lat., escabrosas, agudas. Panícula angostamente oblonga, de 6–20 cm de largo, contraída y lobulada; ramas cortas, ascendentes o adpresas. Espiguillas ovadas u oblongas, de 4–8 mm de largo, 3–6(–8)-floras, purpúreas y bronceadas. Glumas subiguales, ovadas o lanceoladas, glabras, escabrosas en las carinas, agudas o acuminadas, la inferior de 2–3 mm, 1-nervia, la superior de 2,5–4 mm, 1(–3)-nervia. Lemmas ovadas, de 3–4 mm, 1(–5)-nervia, agudas o acuminadas; antecios estaminados glabros, los pistilados pubescentes. Anteras de 1–2(–3) mm. Fig. 33.

LA PAZ: Manco Kapac, Isla del Sol, *Liberman* 1289. Murillo, Cota Cota, *Beck* 11116. Aroma, Huaraco, *Fisel* 230.
COCHABAMBA: Quillacollo, 51 km W de Cochabamba, *Renvoize et Cope* 4084.
ORURO: Cabrera, Salinas de Garci–Mendoza, *Beck* 11792. Dalence, Machacamarca, *Beck* 17974.
POTOSI: Tomas Frías, Don Diego, *Cárdenas* 502. Quijarro, 30 km Potosí hacia Uyuni, *Renvoize, Ayala et Peca* 5257.
CHUQUISACA: Oropeza, Sucre, *Wood* 7663.
TARIJA: Cercado, Iscayache, *Fiebrig* 2767. Avilés, Cobre, *Bastian* 614.
Bolivia. Laderas boscosa y arbustivas, en suelos rocosos, pedregosos o arenosos; 3070–4100 m.

2. P. scaberula *Hook.f.*, Fl. Antarct.: 378 (1847); H328; F117. Tipo: Chile, *King* (K, holótipo).

Plantas anuales con culmos erectos, de (10–)15–80 cm de alto. Láminas planas o plegadas, de 4–15 cm long. × 1–4 mm lat., laxas, escabrosas, arqueadas, sub-agudas. Panícula oblonga, de 3–10(–23) cm de largo, angosta, densa e interrupta, ramas adpresas o ascendentes, escabrosas. Espiguillas ovadas, de 3–4 mm de largo, 3–5-floras. Glumas desiguales, lanceoladas, de 1,5–2,5 mm, escabrosas sobre las carinas, 1–3-nervias, estrechemente agudas. Lemma inferior lanceolada, de 2–3 mm de largo, 5-nervia, coriácea, escariosa hacia el ápice, pubescente sobre la carina y con pelos largos y sedosos en la base. Anteras de 0,5 mm de largo. Fig. 33.

LA PAZ: Saavedra, Chunuma, *Feuerer* 11022. Larecaja, Sorata, *Mandon* 1336.
COCHABAMBA: Cercado, Tequiña, *Hitchcock* 22859.
ORURO: Avaroa, Challapata, *Asplund* 6478.
POTOSI: Quijarro, 14 km N de Río Mulatos, *Peterson et al.* 12816.
TARIJA: Cercado, Tarija, *Fiebrig* 2936.

Fig. 33. **Poa buchtienii**, **A** habito, **B** espiguilla estaminada basada en *Renvoize* 4473. **P. umbrosa**, **C** espiguilla, **D** lemma basada en *Renvoize et Cope* 4071. **P. annua**, **E** habito basada en *Beck* 11030. **P. glaberrima**, **F** habito, **G** espiguilla basada en *Renvoize* 4475. **P. pratensis**, **H** espiguilla basada en *Solomon et Kuijt* 11530. **P. scaberula**, **J** espiguilla basada en *Feuerer* 11022b.

Ecuador hasta el sud de Argentina y Chile. Sitios sombreados y húmedos; 800–4500 m.

En el sur de Argentina y Chile esta especie se comporta como perenne.

3. P. humillima *Pilg.*, Bot. Jahrb. Syst. 37: 378 (1906); H328; F117. Tipos: Perú, *Weberbauer* 2602 (S, lectótipo, Anton & Negritto (1997)).

Plantas perennes o anuales, enanas, cespitosas, con culmos erectos de 1–5 cm de alto. Hojas basales con vainas algo infladas, membranáceas; láminas plegadas o enrolladas, glabras, de 0,5–2,5 cm long. × 1 mm lat., coriáceas, agudas. Panícula pequeña, ovoide u oblonga, densa, de 0,5–1,5 cm de largo, con ramas cortas y adpresas. Espiguillas oblongas, de 2,5–4 mm, 3–4-floras, glabras, pálidas. Glumas ovadas, desiguales, cartáceas, subagudas, escariosas hacia los bordes y el ápice, la inferior de 1,5–2 mm, 1-nervia, la superior de 1,7–2 mm, 3-nervia. Lemma inferior ovada, de 2–3 mm, 5-nervia, cartácea, escariosa hacia los bordes y el ápice, aguda u obtusa. Anteras de 0,5–1 mm. Fig. 34.

LA PAZ: Saavedra, Pumazani hacia Amarete, *Feuerer* 6918. Tamayo, Ulla Ulla, *Menhofer* 1046; *Feuerer* 8987. Murillo, Chacaltaya, *Buchtien* 1201.
COCHABAMBA: Tapacari, Cerro Condor Khiña, *Beck et al.* 18125.
POTOSI: Sud Chichas, 32 km E de Atocha, *Peterson et al.* 12953.
Ecuador hasta el Norte de Argentina. Puna; 450–4900 m.

Ver observación bajo *Catabrosa werdermannii*.

4. P. aequigluma *Tovar*, Mem. Mus. Hist. Nat. "Javier Prado" 15: 13 (1965). Tipo: Perú, *Tovar* 1126 (US, holótipo; K, USM, isótipos).

Plantas perennes, cespitosas con culmos de 4–8 cm de alto, coriáceos, duros, rectos o arqueados. Hojas basales con láminas planas o plegadas, glabras, de 1–3 cm long. × 0,5–1 mm lat., punzantes. Panícula oblonga, contraída, de 1–2 cm de largo, muy reducida, con 5–8(–20) espiguillas, el eje no ramificado. Espiguillas oblongas, de 3,5–4,5 mm de largo, 2-floras, glabras, purpúreas y bronceadas. Glumas iguales, tan largas o poco menores que la lemma inferior, oblongas, de 3,5–4,5 mm, glabras, 3-nervias, agudas. Lemma inferior oblonga, de 3–4 mm, 5-nervia, aguda u obtusa. Anteras 3 mm. Fig. 34.

LA PAZ: Murillo, 11 km N de Ventilla, *Solomon* 13794. Inquisivi, cumbre Tablacancha–Quime, *Killeen* 2659.
Perú y Bolivia. Puna húmeda y párama yungueño; 3900–4780 m.

5. P. chamaeclinos *Pilg.*, Bot. Jahrb. Syst. 37: 379 (1906); H328. Tipo: Perú, *Weberbauer* 5118 (USM, lectótipo, Anton & Negritto (1997)).

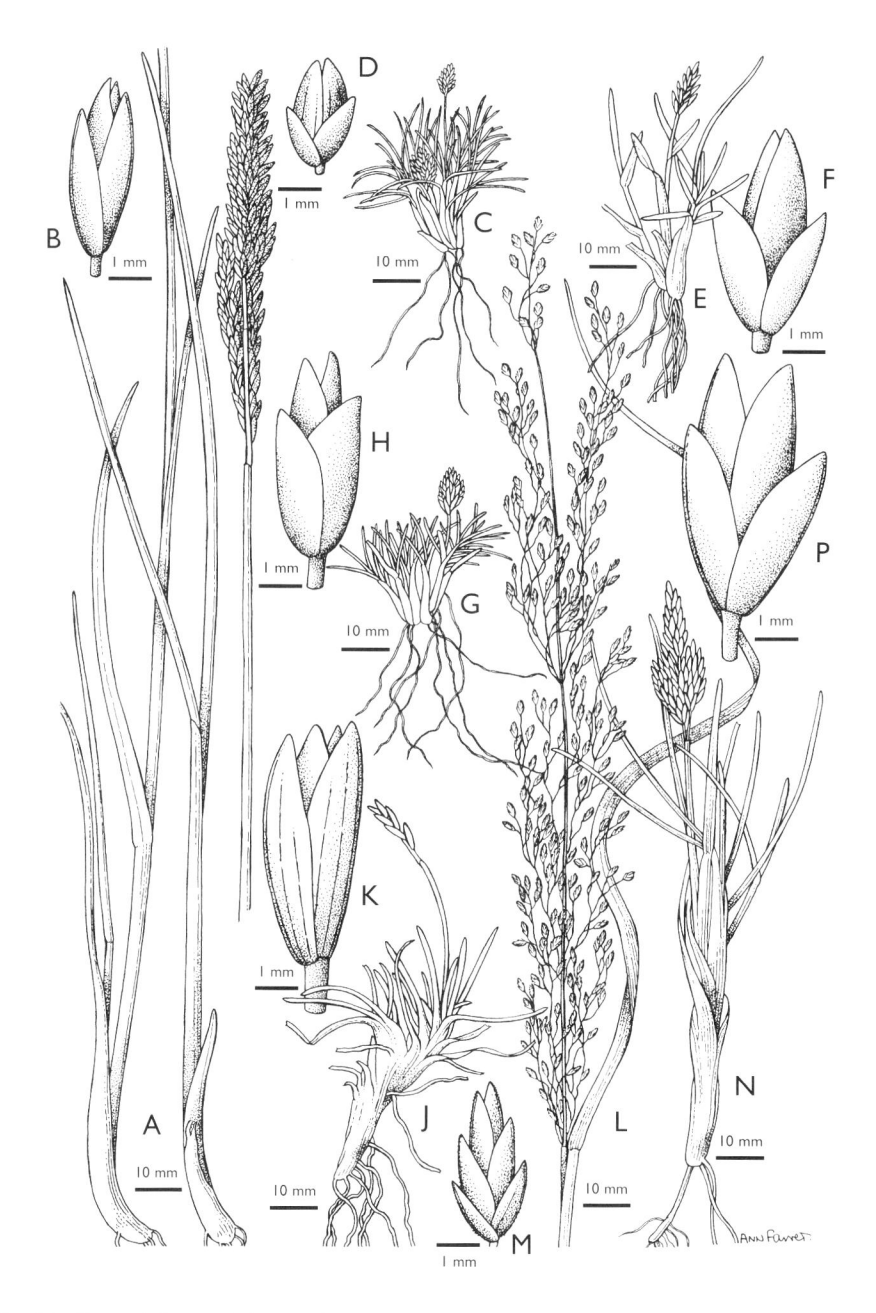

Fig. 34. **Poa spicigera**, **A** habito, **B** espiguilla basada en *Renvoize* 4500. **P. humillima**, **C** habito, **D** espiguilla basada en *Feuerer* 8987a. **P. chamaeclinas**, **E** habito, **F** espiguilla basada en *Feuerer* 8112a. **P. ovata**, **G** habito, **H** espiguilla basada en *Feuerer et Menhofer* 10610a. **P. aequigluma**, **J** habito, **K** espiguilla basada en *Solomon* 13794. **P. myriantha**, **L** habito, **M** espiguilla basada en *Mandon* 870; 1342. **P. perligulata**, **N** habito, **P** espiguilla basada en *Feuerer* 8462a.

Plantas perennes, enanas, estoloníferas o amacolladas, culmos de 1,5–5 cm de alto. Láminas planas o plegadas, de 1–3 cm long. × 1 mm lat., glabras, obtusas o subagudas. Panícula oblonga o elíptica, de 0,5–1,5 cm de largo, contraída, con las ramas muy cortas y adpresas. Espiguillas oblongas, de 4–5 mm de largo, glabras, bronceadas, 2-floras. Glumas ovadas, subiguales, de 2,5–4 mm de largo, 3-nervias, agudas. Lemma inferior ovada, de 4–4,5 mm de largo, 5-nervia, aguda. Fig. 34.

LA PAZ: Saavedra, Amarete, *Feuerer* 8112. Larecaja, Sorata, *Mandon* 1353. Murillo, Lago Zongo, *Beck* 1273.
POTOSI: Sud Lípez, 3 km N de San Antonio, *Peterson et al.* 13034.
Perú y Bolivia. Puna húmeda; 4250–4900 m.

P. chamaeclinos es muy afin a *P. ovata* Tovar, al punto que algunos especialistas las sinonimizan. Sólo se distinguen por sus panículas, que en *P. ovata* son ovadas y poseen un número mayor de espiguillas.

6. P. andicola *Renvoize* **sp. nov.** *P. chamaeclinos* Pilg. affinis sed plantis annuis, paniculis inclusis, spiculis 3–floribus, viridibus purpureisque, glumis lanceolatis differt. Typus: Bolivia, *Menhofer* 1846 (holotypus, LPB).

Plantas anuales enanas amacolladas, con culmos de 2–3 cm de alto. Hojas con vainas algo infladas, las basales papiráceas; ligulas membranáceas de 0,2 mm de largo; láminas lineares de 1–2 cm long. × 1 mm lat., plegadas, glabras, agudas. Panícula de 1–1,5 mm de largo, ovada u oblonga; ramas cortas y adpresas, parcialmente incluida en la vaina superior que lleva una lígula de 1 mm y lámina lanceolada de 1–1,5 cm long. × 2–3 mm lat. Espiguillas ovadas 3-floras de 3,5 mm de largo, verdosas y purpúreas. Glumas lanceoladas desiguales, mas cortas que los antecios, glabras, carinadas, agudas; el inferior de 2 mm, 1-nervia, el superior de 2,5 mm, 3-nervias. Lemma inferior ovada de 2,5–3 mm, pubescente en el medio inferior, herbácea, 1-nervia, aguda. Pálea pilosa sobre las carinas. Anteras de 0,6 mm.

LA PAZ: Saavedra, arriba de Amarete, *Menhofer* 1846.
Bolivia. 4250 m.

7. P. ovata *Tovar*, Mem. Mus. Hist. Nat. "Javier Prado" 15: 17 (1965). Tipo: Perú, *Vargas* 187 (US, holótipo).

Plantas enanas, perennes, macolladas, con culmos de 1,5–3,5 cm de alto. Láminas lineares, de 1–2,5 cm de largo, involutas, obtusas o subagudas. Panícula ovada, de 1–1,5 cm de largo, densas, con ramas muy cortas. Espiguillas de 3,5–4,5 mm, 2-floras, bronceadas o purpúreas. Glumas ovadas, de 2,5–3,5 mm, subiguales, 1–3-nervias, agudas, escariosas en los bordes y el ápice. Lemma inferior de 3,5–4 mm, 5-nervia, aguda. Fig. 34.

LA PAZ: Los Andes, Mina Fabulosa, *Feuerer et Menhofer* 10610 (esto es un mezcla). Murillo, La Paz hacia La Cumbre Yungas, *Beck* 8800.
Perú y Bolivia. Césped húmedo; 4700–4900 m.

8. P. gymnantha *Pilg.*, Bot. Jahrb. Syst. 56, Beibl. 123: 28 (1920); H329; F117. Tipo: Perú, *Weberbauer* 6905 (S, lectótipo, Anton & Negritto (1997)).

Plantas perennes, cespitosas con culmos erectos de (5–)10–30 cm de alto; vainas basales fibrosas. Láminas involutas, de 5–10 cm de long., agudas. Panícula oblonga, lobulada o interumpta, de 5–9 cm de largo, densa, con ramas adpresas. Espiguillas oblongo-elípticas, de 5–6,5 mm, 2–3-floras, purpúreas, bronceadas. Glumas lanceoladas, subiguales, de 3–5 mm, agudas, la inferior 1–3-nervia, la superior 3-nervia. Lemma inferior lanceolada, de 5–5,5 mm de largo, 5-nervia, escabrosa hacia el ápice, aguda.

LA PAZ: Tamayo, Puyo Puyo, *Menhofer* 1887. Larecaja, Sorata, *Mandon* 1351. Manco Kapac, Copacabana, *Hill* 514. Murillo, Lago Zongo, *Solomon* 13368; 15836; 15840.
ORURO: Sajama, Sururia Valley, *Ruthsatz* 837.
POTOSI: Nor López, 16 km N de San Pablo, *Peterson et al.* 13005. Sud Chichas, 8 km N de San Vicente, *Peterson et Annable* 12865. Sud López, 44 km SW de San Antonio, *Peterson et Soreng* 13050.
Perú y Bolivia. Puna húmeda; 4200–5000 m.

9. P. perligulata *Pilg.*, Notizbl. Bot. Gart. Berlin-Dahlem 11: 779 (1933). Tipo: Bolivia, *Troll* 3014 (US, frag.).

Plantas perennes, amacolladas, con culmos erectos o ascendentes de 3,5–12 cm de alto. Vainas papiráceas; láminas lineares, de 2–5 cm long. × 1–4 mm lat., planas o plegadas, agudas. Panícula elíptica u oblonga, de 1–3 cm long. × 5–10 mm lat., densas, con ramas adpresas. Espiguillas elípticas, de 4–6 mm, 2-floras, bronceadas. Glumas ovadas de 2,5–4 mm, agudas, membranáceas hacia el ápice, la inferior 1-nervia, la superior 3-nervia. Lemma inferior ovada, de 3,5–4 mm, 5-nervia, membránacea hacia el ápice, glabra, escabrosa, aguda. Fig. 34.

LA PAZ: Los Andes, Peñas, *Feuerer* 8462. Murillo, Lago Zongo, *Beck* 3819.
Perú y Bolivia. Puna húmeda; 4300–4780 m.

10. P. spicigera *Tovar*, Mem. Mus. Hist. Nat. "Javier Prado" 15: 20 (1965). Tipo: Perú, *Vargas* 11194 (US, holótipo).
P. staffordii Tovar, Revista Ci. (Lima) 73: 105 (1981). Tipo: Perú, *Stafford* 1284 (K, holótipo).

Plantas perennes, macolladas, glaucas con culmos erectos de 10–45 cm de alto. Láminas planas o plegadas de 3–14 cm long. × 1–2,5 mm lat., glabras o pubérulas, agudas y apiculadas. Panícula oblonga exerta, de 3,5–10 cm de largo, angosta y densa, ramas adpresas. Espiguillas elípticas, de 4–4,5 mm, 2-floras, glabras. Glumas desiguales, ovadas, de 2,5–4 mm, agudas, la inferior 1-nervia, la superior 3-nervia. Lemma inferior de 3,5–4 mm, purpúrea y bronceada, 5-nervia, aguda. Fig. 34.

LA PAZ: Los Andes, Karhuiza Pampa, *Renvoize* 4500. Murillo, Laguna Limani, *Moraes* 726. Ventilla, Río Choquekkota, *Solomon* 13784. Pacajes, Comanche, *Asplund* 6488.

Perú y Bolivia. Puna húmeda; 3900–4600 m.

11. P. annua *L.*, Sp. Pl.: 68 (1753); H332; F119. Tipo: Europa (LINN, material original).

Plantas anuales o cortamente perennes, con culmos erectos o ascendentes, de 1,5–30 cm de alto. Láminas planas o plegadas, de 1–9 cm long. × 1–5 mm lat., tiernas, glabras, agudas. Panícula ovada o piramidal, abierta, laxa o densa, de 1,5–8 cm de largo; ramas solitarias o apareadas, desnudas en la base, patentes o deflexas a la madurez. Espiguillas ovadas, oblongas o lanceoladas, 3–8-floras, de 3–10 mm, verde-brillantes o rojizas, desarticulándose entre los antecios a la madurez. Glumas persistentes, desiguales, la inferior lanceolada, de 1,5–3,5 mm, 1-nervia, la superior oblonga o lanceolada, de 2–4,5 mm, 3-nervia. Lemma elíptica u oblonga en vista lateral, de 2,5–4 mm, 5-nervia, glabra o pilosa en los nervios; pálea con quillas pilosas. Anteras de 0,6–1 mm. Fig. 33.

SANTA CRUZ: Caballero, Comarapa, *Steinbach* 8486.
LA PAZ: Saavedra, Canizaya, *Feuerer* 6690. Murillo, Cota Cota, *Beck* 1978. Ingavi, Huacullani, *Beck* 1011.
COCHABAMBA: Chaparé, Incachaca, *Steinbach* 9496.
ORURO: Cabrera, Salinas Garci Mendoza, *Beck* 11772.
POTOSI: Sud Chichas, 42 km E de Atocha, *Peterson et Annable* 11850.
CHUQUISACA: Zudañez, Corralón Muyu, *CORDECH* 42A.
TARIJA: O'Connor, 27 km E de Juncas, *Solomon* 10933. Avilés, Iscayachi, *Beck* 11030.

Cosmopolita. Sitios alterados; 0–4300 m.

12. P. infirma *Kunth*, in Humboldt, Bonpland et Kunth, Nov. Gen. Sp. 1:158 (1816). Tipo: Colombia, *Humboldt et Bonpland* (K microficha).

Plantas anuales, con culmos erectos o ascendentes de 1–25 cm de alto. Láminas planas, de 1–9 cm long. × 1–5 mm lat., tiernas, flácidas, glabras, sub-agudas. Panícula ovada o lanceolada, abierta, laxa, de 1–10 cm de largo; ramas solitarias o apareadas, erectas o patentes a la madurez. Espiguillas ovadas u oblongas, 2–6-

floras, de 2–4 mm, verdosas, raquis frágil. Glumas persistentes, desiguales, la inferior ovada, de 1–1,5 mm, 1-nervia, la superior elíptica u oblonga, de 1,5–2,5 mm, 1–3-nervia. Lemma oblonga o elíptica en vista lateral, de 2–2,5 mm, 5-nervia, pilosa en los nervios; pálea con quillas pilosas. Anteras de 0,2–0,5 mm.

LA PAZ: Manco Kapac, Copacabana, *Feuerer* 22624. Omasuyas, Cupancara, *Renvoize* 4576b. Ingavi, Titicani–Tacaca, *Villavicencio* 239.
COCHABAMBA: Quillacollo, Sipe Sipe hacia Lipichi, *Hensen* 575. Cercado, Cochabamba, *Steinbach* 8787.
TARIJA: Avilés, Copacabana, *Bastian* 721.
Sud América, Europa hasta Asia central e Himalaya. Sitios alterados; 0–3820 m.

13. P. umbrosa *Trin.*, Mém. Acad. Imp. Sci. Saint-Pétersbourg, Sér. 6, Sci. Math. 1: 386 (1831). Tipo: Brazil, *Langsdorff* (K, isótipo).

Plantas perennes con culmos delgados y ascendentes de 50–100 cm de alto. Láminas lineares de 10–30 cm long. × 2–5 mm lat., planas, escabrosas, agudas o acuminadas. Panícula laxa, oblonga, de 15–27 cm de largo; ramas en grupos alternos dispuestos sólo hacia un lado del eje central, filiformes, flexuosas, escabrosas, patentes, desnudas en la base en una gran porción. Espiguillas oblongas de 6–10 mm, 3–8-floras. Glumas lanceoladas, cuspidadas, con quillas escabrosas, la inferior de 2–3,5 mm, 1-nervia, la superior de 2,5–4,5, 3-nervias. Lemmas lanceoladas, agudas o acuminadas, de 4–5 mm, la quilla y a la base pilosa, 5-nervias. Fig. 33.

COCHABAMBA: Arani, Comarapa hacia Cochabamba, *Renvoize et Cope* 4071. Brasil y Bolivia. Bosques húmedos, a la sombra; 700–2650 m.

14. P. pratensis *L.*, Sp. Pl. 1: 67 (1753); H331; F118. Tipo: Europa (LINN, material original).
P. boliviensis Hack., Repert. Spec. Nov. Regni Veg. 11: 25 (1912). Tipo: Bolivia, Palca, *Buchtien* 2536 (US, isótipo).

Plantas perennes, rizomatosas, con culmos erectos o ascendentes de 15–90 cm de alto. Láminas lineares de 10–40 cm long. × 2–6 mm lat., planas; lígula de 1–3 mm de largo. Panícula ovada, de 6–15 cm de largo, las ramas patentes flexuosas. Espiguillas 2–5-floras, oblongas, de 2,5–6 mm de largo. Glumas angostamente-ovadas, desiguales, la inferior de 1,5–3,5 mm, 1-nervia, la superior de 2–4 mm, 3-nervia. Lemma inferior oblonga, de 2–4 mm, pilosa en la carina y con pelos largos en la base. Anteras de 1–2 mm. Fig. 33.

LA PAZ: Murillo, Palca, *Buchtien* 2536; La Paz, *Hitchcock* 22572; San Jorge, *Buchtien* 8535; La Paz hacia Obrajes, *Buchtien* 236. Nor Yungas, Pongo, *Hitchcock* 22769. Sud Yungas, Unduavi, *Solomon et Kuijt* 11530.
Cosmopolita. Campos; 0–3700 m.

15. P. myriantha *Hack.* in Stuckert, Anales Mus. Nac. Hist. Nat. Buenos Aires 13: 517 (1906); H329. Tipo: Argentina, *Stuckert* 14915 (LILL, holótipo n.v.).

Plantas perennes con culmos solitarios delgados y laxos, de 90–200 cm de alto. Hojas con vainas escabrosas; láminas lineares, de 24–35 cm long. × 1,5–8 mm lat., laxas, tiernas, planas, glabras, estrechamente agudas. Panícula laxa, oblonga, de 20–40 cm de largo, las ramas primarias verticiladas, delgadas, patentes, de 5–30 cm de largo, las secundarias filiformes. Espiguillas ovado-oblongas, 3–4(–7)-floras, de 2,5–4 mm. Glumas subiguales, ovadas, acuminadas, de 1,5–3 mm, glabras, con quillas escabrosas, la inferior 1-nervia, la superior 3-nervia. Lemma ovada, de 2–3,5 mm, 3-nervia, villosa sólo en la base, angostamente-agudas; pálea con quillas escabrosas. Anteras de 0,5–0,8 mm. Fig. 34.

LA PAZ: Larecaja, Sorata, *Mandon* 1342; *Gunther* 82; *Cárdenas* 3898. Nor Yungas, Bella Vista, *Hitchcock* 22759.
COCHABAMBA: Ayopaya, El Choro, *Cardenas* 4269. Chaparé, Incachaca, *Steinbach* 8956; 9517. Localidad no indicada *Herzog* 2182.
Bolivia y norte de Argentina. 2500–3500 m.

16. P. horridula *Pilg.*, Bot. Jahrb. Syst. 37: 506 (1906); H333; F119. Tipo: Perú, *Weberbauer* 3113 (MOL, lectótipo, Anton & Negritto (1997)).
P. dumetorum Hack. var. *unduavensis* Hack., Repert. Spec. Nov. Regni Veg. 11: 27 (1912). Tipo: Bolivia, Unduavi, *Buchtien* 2583 (W, holótipo n.v.).
P. pufontii Fern. Casas, Molero & Susanna, Fontqueria 21: 17 (1988). Tipo: Bolivia, *Fernández Casas et Molero* 6510 (MA, holótipo n.v.).

Plantas perennes, rizomatosas, con culmos robustos, erectos, de (30–)60–150 cm de alto. Láminas lineares de 20–65 cm long. × 5–10 mm lat., laxas, planas, escabrosas, agudas; lígula de 4–7 mm. Panícula oblonga u ovada de 10–35 cm de largo; ramas escabrosas, verticiladas, divergentes o ascendentes, con las espiguillas aglomeradas en las extremidades. Espiguillas oblongas o elípticas, de 4,5–8 mm, 3–5-floras. Glumas desiguales, lanceoladas, agudas o acuminadas, la inferior de 1,5–3 mm, 1-nervia, la superior de 2,5–4 mm, 3-nervia. Lemma inferior lanceolada, de 4–5(–6) mm, 5-nervia, esparcida o densamente pubescente y escabrosa en la mitad inferior, pilosa en la carina, aguda. Anteras de 2–3 mm.

LA PAZ: Saavedra, Curva, *Feuerer* 11197; 11202. Larecaja, Sorata, *Gunther* 83; *Beck* 11083. Manco Kapac, Copacabana, *Feuerer* 22691, Isla del Sol, *Liberman* 1278. Murillo, La Paz, *Buchtien* 846; *Holway* 496; *Rusby* 13; *Parodi* 10140; Zongo, *Solomon* 17284. Nor Yungas, Bella Vista, *Hitchcock* 22754; Pongo, *Hitchcock* 22782.
COCHABAMBA: Tapacari, Rodeo, *Hensen* 1135. Quillacollo, Valle de Cochabamba, *Beck et al.* 18049.
TARIJA: Arce, Rejará, *Beck et Liberman* 16024.
Ecuador, Perú y Bolivia. Puna, en lugares húmedos y resguardados; 2900–3840 m.

17. P. pearsonii *Reeder*, J. Wash. Acad. Sci. 41: 295 (1951). Tipo: Perú, *Pearson* 91 (US, isótipo).

Plantas perennes cespitosas con culmos erectos de (15–)20–80 cm de alto. Lígula de 8–15 mm. Láminas lineares, enrolladas, de 10–20 cm long., alcanzando el ápice de la inflorescencia, escabérula, rígidas, punzantes. Panícula oblonga u ovada, abierta, de 6–14 cm de largo, las ramas ascendentes, deflexas a la madurez. Espiguillas oblongas o elípticas, de 4,5–7 mm, 2–3-floras. Glumas subiguales, lanceoladas, de 3–5,5 mm, agudas; la inferior 1-nervia, la superior 3-nervia; lemma inferior lanceolada, escabrosa, aguda, de 4,5–5 mm, 5-nervia; anteras de 2–3 mm.

LA PAZ: Murillo, Huayna Potosi, *Beck* 8693
COCHABAMBA: Tapucari, Challa, *Davidson* 3889.
ORURO: Avaroa, 3 km E de Urmiri, *Peterson et Annable* 12765.
POTOSI: Quijarro, 6 km SW de Villacota, *Peterson et Annable* 13114. Sud Chichas, 30 km E de Atocha, *Peterson et Annable* 12946.
Perú y Bolivia. Puna; 4000–4850 m.

Aunque muy afín a *P. asperiflora* se la puede distinguir por sus inflorescencias que no superan en longitud al follaje.

18. P. asperiflora *Hack.*, Repert. Spec. Nov. Regni Veg. 11: 28 (1912); H332; F118. Tipo: Bolivia, *Buchtien* 2549 (W, holótipo n.v.).
P. pflanzii Pilg., Bot. Jahrb. Syst. 49: 187 (1913). Tipos: Bolivia, *Pflanz.* 266; 360 (US, isosíntipos).
P. altoperuana R. Lara & Fern. Casas, Fontqueria 21: 19 (1988). Tipo: Bolivia, *Lara* 41e (LPB, holótipo).

Plantas perennes cespitosas, con culmos erectos de 15–80 cm de alto. Láminas principalmente basales, involutas, de 10–30 cm long. × 1–1,5 mm lat., escabrosas, punzantes; lígula de 2,5–5 mm. Panícula abierta, oblongo-ovada, de 7–10 cm de largo, delicada, algo ramosa, las ramas filiformes, patentes o deflexas a la madurez, pauciforas. Espiguillas oblongas de 4–6,5 mm, 3–4-floras. Glumas subiguales, lanceoladas, de 3–4(–5) mm, agudas o acuminadas, la inferior 1-nervia, la superior 3-nervia. Lemma inferior ovada, de 3,5–5 mm, 5-nervia, pubescente-escabrosa en la mitad inferior, aguda; pálea con las quillas escabrosas. Anteras de 2 mm.

LA PAZ: Larecaja, Sorata, *Mandon* 1341. Los Andes, Batallas, *Solomon* 11447. Murillo, La Paz, Pilaya, *Hitchcock* 22587; Alto Achumani, *Beck* 2375. Nor Yungas, Pongo, *Hitchcock* 22774.
COCHABAMBA: Mizque, Campero, *Asplund* 6529.
ORURO: Sajama, Río Sururia, *Liberman* 61.
POTOSI: Sud Chichas, 42 km E de Atocha, *Peterson et Annable* 11846. Sud López, 4 km S de San Antonio, *Peterson et Annable* 13019.

CHUQUISACA: Oropeza, Punilla hacia Chaunaca, *Wood* 7615.
Perú, Bolivia y Chile. Bosque abierto y laderas pedregosas en la puna húmeda; 3640–4850 m.

19. P. gilgiana *Pilg.*, Bot. Jahrb. Syst. 37: 507 (1906). Tipo: Perú, Azángaro, *Weberbauer* 477 (S, lectótipo, Anton & Negritto (1997)).
Melica expansa Steud. in Lechler, Berberid. Amer. Austral.: 56 (1857), nom. nud.

Plantas perennes cespitosas, con culmos erectos de 40–55 cm de alto. Vainas aquilladas. Láminas planas y plegadas, lineares, de 10–40 cm long. × 2–8 mm lat., algo rígidas, punzantes; lígula de 5–9 mm. Panícula ovada, de 8–16 cm de largo, las ramas patentes, desnudas en la base, con las espiguillas aglomeradas en el ápice de las ramas. Espiguillas 3-floras, de 6–7 mm. Glumas desiguales, lanceoladas, la inferior de 3,5–4 mm, 1-nervia, la superior de 4–5 mm, 3-nervia. Lemma inferior oblongo-lanceolada, de 4–5 mm, glabra, 5-nervia, aguda o apiculada. Anteras de 2,5 mm.

LA PAZ: Tamayo, Ulla Ulla, *Menhofer* 1083. Murillo, La Paz, *Asplund* 6482.
Perú y Bolivia.

20. P. glaberrima *Tovar*, Mem. Mus. Hist. Nat. "Javier Prado" 15: 40 (1965). Tipo: Perú, *Hitchcock* 22216 (US, holótipo).

Plantas perennes, cespitosas o amacolladas, con culmos erectos de 15–40 cm de alto. Láminas planas o plegadas, de 3–8 cm long. × 1–5 mm lat., agudas. Panícula ovada de 4–10 cm de largo, ramas divergentes o ascendentes, con las espiguillas aglomeradas en las extremidades. Espiguillas elípticas de 5–8 mm, 3–4-floras. Glumas desiguales, la inferior ovada o lanceolada de 2–4 mm, 1-nervia, aguda, la superior ovada, de 3–5 mm, 3-nervia, aguda. Lemma inferior lanceolada u ovada, de 4–6 mm, 5-nervia, glabra, aguda. Anteras de 2,5–3 mm. Fig. 33.

LA PAZ: Los Andes, Karhuiza Pampa, *Renvoize* 4503. Murillo, Mina Kaluyo, *Beck* 3850. Valle de Zongo, *Beck* 7215.
ORURO: Avaroa, Challapata, *Asplund* 9903.
TARIJA: Avilés, Cuenca de Tajsara, *Meyer* 29.
Perú y Bolivia. Puna, en sitios húmedos; 3400–4300 m.

21. P. androgyna *Hack.*, Repert. Spec. Nov. Regni Veg. 6: 159 (1908). Tipo: Bolivia, *Buchtien* 846 (W, holótipo n.v.).

Plantas perennes, cespitosas, con culmos erectos de (30–)60–90 cm de alto. Láminas erectas, lineares, de 15–25 cm long. × 2–4 mm lat., planas o plegadas, agudas. Panícula angostamente ovada, de 10–15 cm de largo, escasamente ramificada, las ramas primarias solitarias o binadas, deflexas a la madurez, las espiguillas aglomeradas en las extremidades. Espiguillas oblongas o elípticas, de 4–6 cm, 2–3-floras. Glumas desiguales, lanceoladas, agudas o estrechamente agudas, la inferior de 2–4 mm, 1-nervia, la superior 3–4,5 mm, 3-nervia. Lemma inferior lanceolada, de 3,5–5 mm, 5-nervia, pubescente en la mitad inferior. Anteras de 2,5–3 mm.

LA PAZ: Manco Kapac, Isla del Sol, *Liberman* 1038. Murillo, La Paz, *Buchtien* 846; 2482. Inquisivi, 3 km W de Quime, *Lewis* 35166.
POTOSI: Sud Chichas, 14 km S de Atocha, *Peterson et Annable* 12907.
Bolivia y Perú. Puna; 3400–4200 m.

22. P. candamoana *Pilg.*, Bot. Jahrb. Syst. 37: 381 (1906); H333; F120. Tipo: Perú, *Weberbauer* 472 (S, lectótipo, Anton & Negritto (1997)).

Plantas perennes cespitosas, con culmos erectos de 10–30(–60) cm de alto. Láminas principalmente basales, lineares, de 2–10 cm long. × 2–3 mm lat., planas, plegadas o enrolladas, arqueadas o erectas, agudas. Panícula abierta, ovada u oblonga, de 2–8 cm de largo, escasamente ramificada; ramas primarias solitarias o en pares, las inferiores deflexas a la madurez. Espiguillas aglomeradas en las extremidades, de las ramas elípticas, de (3–)4–6 mm, (2–)3-floras. Glumas desiguales, lanceoladas, agudas, la inferior de 2–3,5 mm, 1-nervia, la superior de 2,5–4,5 mm, 3-nervia. Lemma inferior lanceolada, de 3,5–5 mm, esparcida o densamente pubescente-vellosa hacia la base, 5-nervia, aguda. Anteras de 2–3 mm.

LA PAZ: Saavedra, Amarete, *Feuerer* 8140. Omasuyas, Cupancara, *Renvoize* 4595. Los Andes, Batallas, Karhuiza Pampa, *Renvoize* 4520. Murillo, La Paz, El Alto, *Beck* 3974. Nor Yungas, Pongo, *Hitchcock* 22765. Aroma, 75 km S de La Paz, *Beck* 6015.
COCHABAMBA: Quillacollo, Sipe Sipe hacia Lipichi, *Hensen* 551.
Perú y Bolivia. Puna, en lugares rocosos; 3800–4150 m.

31. DACTYLIS L.
Sp. Pl. 1: 71 (1753).

Plantas perennes cespitosas o amacolladas. Láminas planas o conduplicadas. Inflorescencia en panícula densa, las espiguillas reunidas en glomérulos y dispuestas unilateralmente en la porción distal de las ramas las que quedan desnudas en la base. Espiguillas 2–5-floras, comprimidas lateralmente. Raquilla articulada arriba de las glumas y entre los antecios. Glumas menores que los antecios, desiguales, carinadas, 1–3-nervadas, aristuladas. Lemmas coriáceas, 5-nervias, mucronadas o aristuladas, con carinas escabrosas o ciliadas. Cariopsis fusiforme.
1 especie. Eurasia templada.

D. glomerata *L.*, Sp. Pl. 1: 71 (1753). Tipo: Europa (LINN, lectótipo selecionado por Clayton (1970)).

31. Dactylis

Culmos erectos de 15–100 cm de alto. Láminas de 10–45 cm long. × 2–14 mm lat., glabras, agudas. Panícula oblonga u ovada de 2–30 cm de largo, las ramas erectas o patentes. Espiguillas de 5–9 mm, glabras. Fig. 31.

LA PAZ: Murillo, La Paz, *García* 419. Ingavi, Taraco, *Renvoize et Cope* 4150. Introducida como forrajera y para la estabilización de suelos; 0–4100 m.

32. APHANELYTRUM Hack.
Oesterr. Bot. Z. 52: 12 (1902); Chase, Bot. Gaz. (Crawfordsville) 61: 340 (1916).

Plantas perennes con culmos decumbentes. Láminas planas, tiernas, glabras. Inflorescencia en panícula pauciespiculada, con ramas capilares, flexuosas, simples o algo ramificadas. Espiguillas erectas o péndulas, 2–3-floras; pedicelos delgados y flexuosos; raquilla escabriúscula, articulada arriba de las glumas, prolongada por encima del antecio superior; artejos capilares, flexuosos, muy largos. Glumas 2, diminutas, enervias, persistentes. Lemmas lanceoladas, herbáceas, estrechas, 5-nervias, carinadas, acuminadas. Cariopsis linear-oblongo.
1 especie; Colombia, Ecuador y Bolivia.

A. procumbens *Hack.*, Oesterr. Bot. Z. 52: 12 (1902); H325; F115. Tipo: Ecuador, *Sodiro* (W, holótipo).

Culmos de 30–200 cm de alto, delicados, ramosos, escabrosos o lisos, trepadores o apoyante sobre arbustos. Láminas lineares de 4–14 cm long. × 2–6 mm lat., verde-brillantes, angostamente agudas. Panícula oblonga o angostamente ovada, de 7–18 cm de largo. Espiguillas de 12–18 mm, glabras. Glumas de 0,1–1(–2) mm de largo. Lemmas de 5–8,5 mm de largo. Fig. 30.

LA PAZ: Larecaja, Quillabaya, *Feuerer* 19519. Murillo, Valle de Zongo, *Beck* 1085. Nor Yungas, Unduavi, *Buchtien* 4258; *Renvoize et Cope* 4188; Bella Vista, *Hitchcock* 22756.
Bosque arbustivo, en lugares húmedos y sombríos; 2450–3700 m.

33. CATABROSA P. Beauv.
Ess. Agrostogr.: 97 (1812); Nicora & Rúgolo, Darwiniana 23: 179–188 (1981).

Plantas perennes, herbáceas, palustres. Láminas lineares. Inflorescencia en panícula laxa o contraída, las ramas cortas, verticiladas o subverticiladas. Espiguillas (1–)2(–5)-floras sobre pedicelos papilosos. Glumas desiguales, obovadas, obtusas o truncadas, más cortas que la espiguilla, la inferior 1-nervia, hasta $^1/_3$ del largo de la espiguilla, la superior 3-nervia, hasta $^2/_3$ del largo de la espiguilla; raquilla articulada arriba de las glumas y entre los antecios, prolongada en las espiguillas 1-floras.

Lemmas oblongas, membranáceas, hialinas en el ápice, carinadas, 3-nervias, los nervios prominentes, obtusas, truncadas, erosas; callo glabro; pálea con carinas lisas.
2 especies en zonas templadas del hemisferio norte, también en Argentina y Chile.

C. werdermannii *(Pilg.) Nicora & Rúgolo*, Darwiniana 23: 182 (1981). Tipo: Chile, *Werdermann* (K, isótipo).
Phippsia werdermannii Pilg., Notizbl. Bot. Gart. Berlin-Dahlem 10: 759 (1929).

Plantas perennes rizomatosas, con culmos de 3–20 cm de alto. Láminas de 1–10 cm long. × 1–3(–7) mm lat., planas o conduplicadas, obtusas. Panícula ovada u oblonga, contraída o con las ramas cortas y patentes, densiflora, de 1–6 cm de largo, subincluida en la vaina superior. Espiguillas (1–)2–4-floras, de 2–3 mm de largo. Glumas membranáceas, glabras, papilosas, hialinas en el ápice; la inferior de 0,7–1,3 mm, la superior de 1,4–1,8mm. Lemmas de 2–2,5 mm.

POTOSI: Nor López, N de San Pablo, *Peterson et al.* 12998. Sud Chichas, N de San Vicente, *Peterson et al.* 12857.
Chile, Argentina y Bolivia. Campos húmedos; 3000–4500 m.

C. werdermannii se asemeja muchísimo en su aspecto general a *Puccinellia parvula* y a *Poa humillima*, con las que usualmente suele confundirse. Un análisis detallado de las características de las inflorescencias y de las espiguillas permite diferenciarlas entre sí.

34. CATAPODIUM Link
Hort. Berol. 1: 44 (1827).

Plantas anuales de poca altura. Lígula membranácea. Inflorescencia erecta, en racimos o panículas poco ramificados; espiguillas brevemente pediceladas, dispuestas alternadamente sobre dos lados del raquis, o sobre ramitas cortas en la parte inferior de la inflorescencia. Espiguillas plurifloras, rígidas, desarticulándose entre los antecios. Glumas subiguales, persistentes, más cortas que los antecios contiguos, carinadas. Lemmas coriáceas, redondeadas, glabras, 5-nervias, agudas. Cariopsis elíptico.
2 especies. Europa y el Mediterráneo hasta Irán.

C. rigidum *(L.) C.E. Hubb. ex Dony*, Fl. Bedf.: 437 (1953). Tipo: Europa (LINN, material original).
Poa rigida L., Fl. Angl.: 10 (1754).

Culmos de 2–30 cm de alto. Láminas lineares, de 1–10 cm long. × 0.5–2 mm lat., planas o convolutas, acuminadas. Inflorescencia en panícula oblonga u ovada, unilateral, de 1–8 cm de largo, densa o laxa. Espiguillas 3–10-floras, adpresas, angostamente oblongas, de 4–12 mm de largo. Lemmas de 2–2,5 mm. Fig. 31.

34. Catapodium

LA PAZ: Murillo, Mecapaca, *Renvoize et Cope* 4238.
Europa y el Mediterráneo hasta Asia, introducida en Norte y Sud América; en sitios alterados.

35. GLYCERIA R. Br.
Prodr.: 179 (1810).

Plantas perennes acuáticas o palustres con culmos erectos o decumbentes. Vainas cerradas. Láminas lineares. Inflorescencia en panícula laxa o contraída, erecta o nutante. Espiguillas plurifloras, lineares, oblongas u ovadas; raquilla articulada arriba de las glumas y entre los antecios, terminada en un antecio reducida. Glumas 2, cortas o largas, membranáceas, 1-nervias, obtusas, menores que los antecios. Lemmas redondeadas en el dorso, escabrosas, membranáceas, herbáceas o coriáceas, 5–11-nervias, agudas, obtusas o 3–5-dentadas. Estambres 2–3. Cariopsis ovoide u obovoide; hilo linear.
40 especies; zonas templadas de ambos hemisferios.

Los especímenes que se cita a continuación se identifica como *Glyceria multiflora* Steud.

COCHABAMBA: Chaparé Colomi hacia Tonkoli, *Ritter* 1520.
POTOSI: Tomás Frías, Potosí, *Schulte* 127.

36. MELICA L.
Sp. Pl.: 66 (1753); Torres en Cabrera, Fl. Prov. B. Aires, 295–320 (1970); Hempel, Feddes Repert. 84: 533–568 (1973); Torres, Opera Lilloana 29: 1–115 (1980).

Plantas perennes cespitosas, con culmos erectos o trepadores. Vainas cerradas. Láminas ásperas o lisas, tiernas o rígidas y punzantes. Inflorescencia en panícula densa o laxa, las espiguillas nutantes u horizontales; antecios caducos con sus glumas a la madurez. Espiguillas 1-pluri-floras, comprimidas dorsiventral o lateralmente, violáceas, plateadas o amarillentas. Glumas cartáceas, membranáceas o hialinas, mayores o poco menores que los antecios, 3–4-nervias, obtusas o agudas; antecios fértiles 1–3 seguidos por 2–3 neutros claviformes y terminales. Lemmas coriáceas o membranáceas, 5–9(–13)-nervias, emarginadas, obtusas o agudas, a veces mucronadas. Cariopsis fusiforme.
80 especies, cosmopolitas en regiones templadas.

1. Pálea escabrosa sobre el dorso; láminas planas, 4–7 mm lat.:
    2. Vainas escabrosas ································ **1. M. scabra**
    2. Vainas lisas ································ **2. M. sarmentosa**
1. Pálea pubérula en el dorso; láminas involutas o planas, 1–3 mm lat.:
    3. Glumas iguales, agudas; lemmas glabras ················ **3. M. chilensis**
    3. Glumas desiguales, obtusas; lemmas pestañosas ········ **4. M. eremophila**

1. M. scabra Kunth in Humboldt, Bonpland et Kunth, Nov. Gen. Sp. 1: 164 (1815); H349; F233. Tipo: Ecuador, *Bonpland* (K, microficha).
M. pallida Kunth, loc. cit.: 164. Tipo: Ecuador, *Bonpland* (K, microficha)
M. pyrifera Hack., Oesterr. Bot. Z. 52: 307 (1902). Tipo: Perú, *Jelski* 590 (W, holótipo).
M. majuscula Pilg., Notizbl. Bot. Gart. Berlin-Dahlem, 8: 453 (1923). Tipos: Perú, *Weberbauer* 2750, 4877 (B, síntipos n.v.).
M. cajamarcensis Pilg., loc. cit.: 454. Tipos: Perú, *Weberbauer* 3864, 4138 (B, síntipos n.v.).
M. weberbaueri Pilg., loc. cit.: 455. Tipo: Perú, *Weberbauer* 7198 (B, holótipo n.v.).
M. scabra var. *glabra* Papp, Repert. Spec. Nov. Regni Veg. 25: 145 (1928). Tipo: Ecuador, *Spruce* 5920 (K, isótipos).

Plantas trepadoras con culmos 40–250 cm de largo. Vainas escabrosas. Lígula de 1–4 mm, el margen laciniado. Láminas lineares, de 4–16 cm long. × 4–7 mm lat., planas, laxas, acuminadas o estrechamente agudas. Panícula oblonga u ovada, de 15–40 cm, laxa, ramas primarias ascendentes, patentes o deflexas, ramas secundarias frecuentemente cortas o ausentes. Espiguillas nutantes, comprimidas lateralmente, violáceas o plateadas, con 1–2 antecios fértiles y 1 neutro. Glumas 2, lanceoladas, iguales, de 4–10 mm, membranáceas, agudas. Lemma del antecio inferior oblonga, cartácea, escabrosa, de 5–8 mm, aguda; pálea oblonga, escabrosa sobre el dorso. Segundo antecio fértil de 2,5–5,5 mm de largo. Fig. 35.

LA PAZ: Larecaja, Sorata, *Mandon* 1343; *Feuerer* 22159. Río San Cristóbal, *Feuerer* 2257.
COCHABAMBA: Ayopaya, Sallapata, *Cárdenas* 3203.
Colombia hasta Bolivia. Laderas pedregosas y bosques; 1200–3600 m.

2. M. sarmentosa Nees, Agrostologia Brasiliensis in Martius, Fl. Bras. 2(1): 485 (1829). Tipo: Brasil/Uruguay, *Sellow* (B, holótipo).

Plantas con culmos delgados, apoyantes, de 150–300(–600) cm de alto, ramosas en la porción superior. Vainas lisas. Lígulas de 0,8–2 mm de largo, el margen entero. Láminas lineares, planas, de 8–20 cm long. × 2–5(–7) mm lat., el ápice filiforme y retrorso-denticulado. Panícula piramidal, densa o laxa, de 5–15 cm. Espiguillas violáceo plateadas en antesis, pajiza a la madurez, con 2 ó 3 antecios fértiles, el más apical neutro. Glumas 2, lanceoladas, de 5–7 mm, hialinas, agudas. Lemma del antecio inferior oblonga, de 4,5–6,5 mm, escabrosa en el dorso, márgenes hialinos, aguda; pálea escabrosa sobre el dorso. Segundo antecio fértil de 2,5–4 mm. Fig. 35.

COCHABAMBA: Carrasco, Siberia hacia Pojo, *Wood* 9455.
CHUQUISACA: Tomina, Lampacillas, *Wood* 8878.
TARIJA: Avilés, Guerra Wayhko, *Bastian* 1008. Arce, Padcaya, *Liberman et al.* 1732.
Sur de Brasil, Uruguay, Paraguay, Bolivia y Argentina. Sombra de bosques; 300–2400 m.

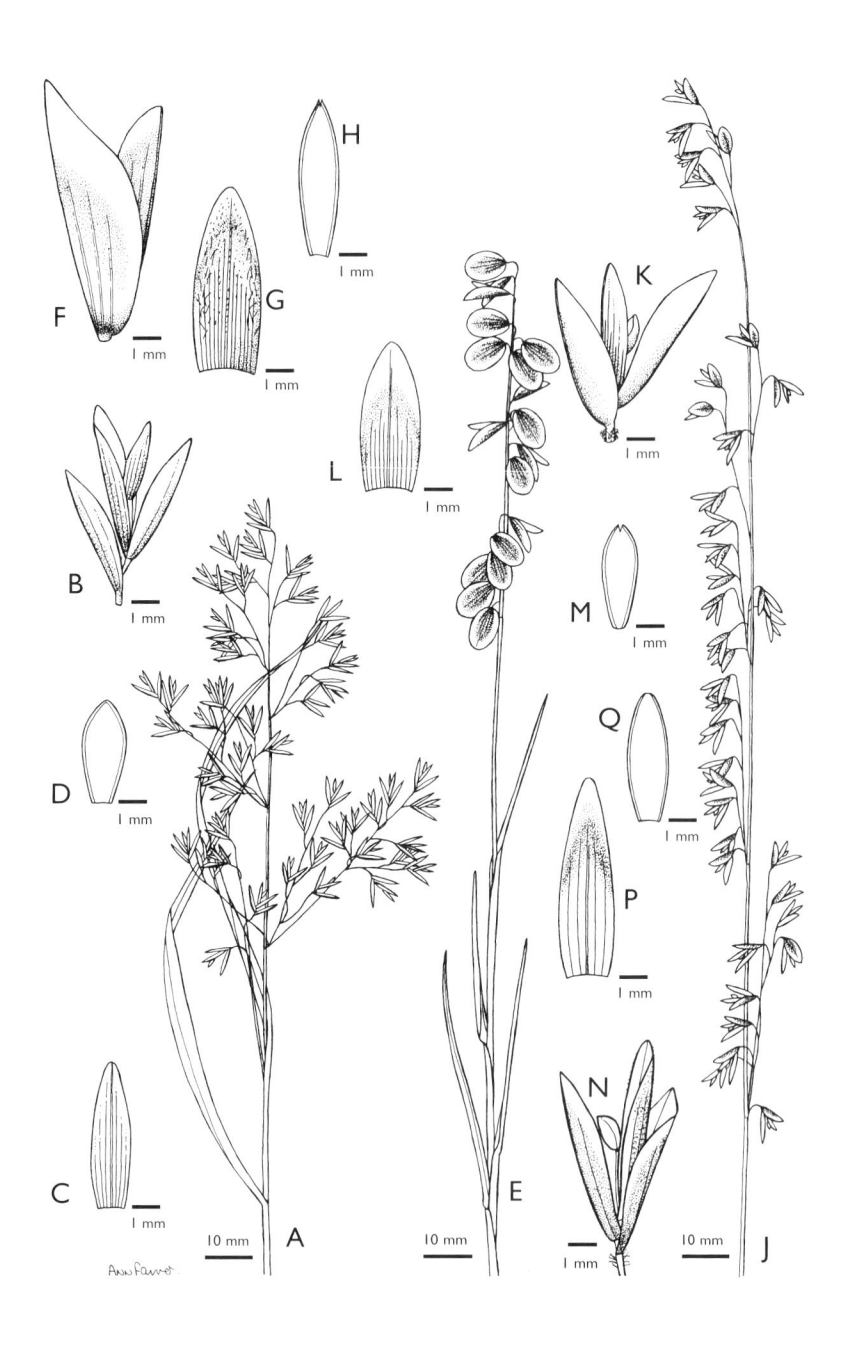

Fig. 35. **Melica sarmentosa**, A inflorescencia, B espiguilla, C lemma, D pálea basada en *Beck* 16259. **M. eremophila**, E inflorescencia, F espiguilla, G lemma, H pálea basada en *Steinbach* 8461. **M. chilensis**, J inflorescencia, K espiguilla, L lemma, M pálea basada en *Nee et Solomon* 34166. **M scabra**, N espiguilla, P lemma, Q pálea basada en *Feuerer* 22257a.

3. M. chilensis C. Presl, Reliq. Haenk. 1: 270 (1830). Tipo: Chile, *Haenke* (PR, holótipo).
M. adhaerens Hack., Repert. Spec. Nov. Regni Veg. 6: 158 (1908); H350; F233. Tipo: Bolivia, *Buchtien* 851 (K, isótipo).
M. weberbaueri var. tenuis Papp, Notizbl. Bot. Gart. Berlin-Dahlem 10: 355 (1928). Tipo: Bolivia, *Bang en Britton et Rusby* 30 (K, isótipo).
M. adhaerens var. tenuis (Papp) Papp, loc. cit.: 412.
M. mandonii Papp, loc. cit.: 356. Tipo: Bolivia, *Mandon* 1357 (K, isótipo).

Plantas cespitosas con culmos duros, delgados y cilíndricos, ramificados, de (15–)30–100 cm de alto. Láminas lineares, involutas o planas, de 5–15 cm long. × 1–2 mm lat., acuminadas. Panícula estrechamente ovada u oblonga, poco ramosa, de 7–20 cm de largo. Espiguillas dispuestas horizontalmente sobre el eje y las ramas, comprimidas dorsiventralmente, plateadas, amarillentas o doradas con 1–2 antecios fértiles y 1 neutro. Glumas 2, lanceoladas, semejantes, de 5–7 mm, membranáceas, agudas. Lemma inferior fértil oblonga, de 5–6,5 mm aguda; pálea oblonga, pubérula sobre el dorso. Segundo antecio fértil de 3–5 mm. Fig. 35.

LA PAZ: Saavedra, Charazani, *Feurerer* 11300. Murillo, Mecapaca, *Beck* 3547. La Paz, *Buchtien* 505. Loayza, Urmiri, *Beck* 17728.
COCHABAMBA: Carrasco, 5 km E de Río Copachuncho, *Solomon et Nee* 17894. Cercado, NE de Cochabamba, *Wood* 9655 Mizque, Vila Vila, *Eyerdam* 24983.
POTOSI: Bustillo, Río Colorado/Río Marochaca, *Renvoize et Cope* 3819. Sud Chichas, 8 km S de Tupiza, *Peterson et Annable* 11864.
CHUQUISACA: Yamparaez, Tarabuco, *Wood* 8212.
Chile, Bolivia y Argentina. Laderas pedregosas; 2500–3700 m.

4. M. eremophila M.A. Torres in Cabrera, Fl. Prov. B. Aires 4(2a): 308 (1970). Tipo: Argentina, *Cabrera et al.* 19619 (LP, holótipo).
M. violacea sensu R.C. Foster, Rhodora 68: 233 (1966) non Cav. (1799).
M. monantha Roseng., B.R. Arill. & Izag., Gram. Urug.: 132 (1970). Tipo: Uruguay, *Rosengurtt* B 10935 (K, isótipo).

Plantas rizomatosas con culmos erectos, de 15–80 cm de alto. Láminas lineares, convolutas, a veces planas, glabras, de 1,5–12 cm long. × 2–3 mm lat., dísticas, rígidas, punzantes. Panícula oblonga, contraída, de 4–15 cm de largo. Espiguillas nutantes u horizontales, comprimidas dorsiventralmente, violáceas o amarillentas, con 1 antecio fértil y 2–3 neutros. Glumas 2, desiguales, la inferior obovada y cartácea, con márgenes membranáceos, de 7–11 mm; la superior cuneado-obtusa, de 5–8,5 mm, coriácea con ápice hialino. Lemma fértil elíptica, cartácea, de 5–7 mm, con pestañas sobre las nervaduras laterales, obtusa, pálea ob-lanceolada, con pelitos cortos sobre el dorso. Segundo antecio de 3–4 mm. Fig. 35.

SANTA CRUZ: Caballero, Comarapa, *Steinbach* 8461.

36. Melica

COCHABAMBA: Mizque, Quirusillani hacia Totora, *Cárdenas* 2370.
CHUQUISACA: Oropeza, Tipoyo hacia Cerro Obispo, *Wood* 8088.
Sur de Brasil, Bolivia, Uruguay y Argentina. Campos secos y pedregosos; 400–3800 m.

Esta especie es semejante a *M. brasiliana* Ard. de Brasil, Uruguay y Argentina, la que se diferencia por tener 2 antecios fértiles y su pálea lisa o papilosa en el dorso. También es afín a *M. violacea* Cav. de Argentina, pero esta especie posee el dorso de la pálea áspero y verrugoso.

37. ANTHOCHLOA Nees & Meyen
in Meyen, Reise 2: 14 (1834).

Plantas perennes, enanas. Inflorescencia en panículas pequeñas, contraídas, subinclusas en las vainas superiores. Espiguillas 3–7-floras, los 3–4 antecios inferiores perfectos, los siguientes pistiladas y los distales reducidos y estériles; raquilla articulada arriba de las glumas y entre los antecios. Glumas 2, persistentes, menores que el antecio contiguo, orbiculadas, membranáceas, múticas, obtusas, la inferior 3-nervia, la superior 5-nervia. Lemmas flabeliformes, 5-nervias, herbáceas, con márgenes amplios, membranáceas e irregularmente dentadas; pálea subflabeliforme, profundamente 3–4-lobada; margen superior membranáceo o hialino; callo glabro.
Una especie, Perú, Bolivia, Chile y Argentina.

A. lepidula *Nees & Meyen* in Meyen, Reise 2: 14 (1834); H350; F234. Tipo: Titicaca, *Meyen* (US, frag.).
A. lepida Nees & Meyen, Nov. Act. Acad. Caes. Leop.-Carol. Nat. Cur. 19, suppl. 1: 33 (1841): 165 (1843). Tipo: Perú, *Meyen*.
A. rupestris J. Remy, Ann. Sci. Nat. Bot., Sér. 3, 6: 347 (1846). Tipo: Potosí, *D'Orbigny* (US, frag.).

Plantas amacolladas con culmos de 1–9 cm de alto. Láminas lineares, de 1–6 cm long. × 1–4 mm lat., planas o plegadas, obtusas. Panícula de 1–3,5 cm de largo, las espiguillas de 5–8 cm, blanco-plateadas. Fig. 36.

LA PAZ: Larecaja, Sorata, *Mandon* 1372; *Tate* 781. Omasuyos, Hichu Cota, *Moraes* 154. Los Andes, Mina Fabulosa, *Feuerer* 8498. Murillo, cumbre de Los Yungas, *Beck* 14037. Cumbre de Zongo, *Solomon* 13220; Lago Zongo, *Solomon* 13371; Chacaltaya, *Beck* 14705. Inquisivi, Glacier Atoroma hasta Tres Cruces, *Jordan* 112.
POTOSI: Sud Chichas, 33 km E de Atocha, *Peterson et al.* 12940. Sud López, Cerro Tapaquillcha, *Libermann* 166.
Perú y Bolivia. Sitios húmedos, rocosos, con vegetación escasa; 4700–5200 m.

Fig. 36. **Triniochloa stipoides**, **A** espiguilla basada en *Solomon* 16407. **Anthochloa lepidula**, **B** habito, **C** espiguilla, **D** lemma, **E** pálea basada en *Peterson et al.* 12967. **Puccinellia frigida**, **F** habito, **G** espiguilla basada en *Peterson et al.* 13061. **P. parvula**, **H** habito, **J** espiguilla basada en *Peterson et al.* 12850.

38. TRINIOCHLOA Hitchc.
Contr. U.S. Natl. Herb. 17: 303 (1913); Reeder, Amer. J. Bot. 55: 735 (1968).

Plantas perennes con culmos erectos o trepadores. Márgenes de la vaina unidos. Lígulas membranáceas. Láminas lineares, ásperas o lisas. Inflorescencia en panícula laxa. Espiguillas 1-floras, comprimidas dorsiventralmente; raquilla articulada arriba de las glumas y no prolongada por encima del antecio. Glumas persistentes, membranáceas, menores o iguales que el antecio, 1-nervias, agudas o acuminadas. Lemmas subcoriáceas, 5-nervias, bilobadas, con arista geniculada dorsal; callo obtuso, piloso; pálea sulcada, bilobada.
4 species; México hasta Bolivia.

T. stipoides *(Kunth) Hitchc.*, Contr. U.S. Natl. Herb. 17: 303 (1913); H390; F266.
Tipo: Ecuador *Bonpland* (K, microficha).
Podosemum stipoides Kunth in Humboldt, Bonpland et Kunth, Nov. Gen. Sp. 1: 131 (1816).

Culmos delicados, de 30–100 cm de alto, erectos o trepadores. Láminas planas o enrolladas, de 10–20 cm long. × 2–6 mm lat., pilosas y escabérulas, acuminadas. Panícula oblonga, de 10–20 cm de largo, paucirrámea; ramas primarias verticiladas, ascendentes o patentes, ramas secundarias frecuentemente cortas o ausentes. Espiguillas purpúreo-verdosas. Glumas subiguales, menores que el antecio, de 3–5,5 mm, acuminadas. Lemma cilíndrica, de 11–14 mm, arista de 10–20 mm. Fig. 36.

LA PAZ: Murillo, La Paz hacia Unduavi, Mina San Luis, *Beck* 7964. Valle de Zongo, *Solomon* 16407. Nor Yungas, Unduavi, *Renvoize et Cope* 4179. Sud Yungas, Unduavi, *Solomon* 13688. Inquisivi, 9 km NW de Choquetanga, *Lewis* 38251.
COCHABAMBA: Ayopaya, 10 km NW de Independencia, *Beck et Seidel* 14371.
México hasta Bolivia. Sitios húmedos y sombríos, en bosques y laderas rocosas; 2200–3600 m.

39. HELICTOTRICHON Schult.
Mant. 3: 526 (1827).

Plantas perennes, cespitosas, rizomatosas o sub-bulbosas. Lígula membranácea. Inflorescencia en panícula oblonga, contraída, erecta o laxa. Espiguillas 2–plurifloras con 1–2 adicionales esteriles, comprimidas lateralmente, raquila pilosa, desarticulándose arriba de las glumas y entre los antecios. Glumas lanceoladas u ovadas, desiguales o subiguales, hialinas o membranáceas, más cortas que la lemma inferior hasta igual, 1–5-nervias; lemmas lanceoladas, membranáceas o coriáceas, 5–9-nervias, 2–4-dentadas; arista dorsal, geniculada recurva o recta. Ovario piloso o glabro. Espiguillas cleistógamas axilares 2–plurifloras.
100 especies, en regiones templadas de ambos hemisferios.

Plantas con ovario glabro han sido segregadas en el género *Amphibromus* Nees, sin embargo estas son restrictas para Australia; en contraste plantas bolivianas presentan ovario pubescente. La longitud de las glumas, ha sido también utilizada para segregar *Amphibromus*, pero esta variar desde la mitad a la misma longitud de la lemma inferior a través de todo género, ésta caracter no está correlacionado con le pubescencia o no del ovario.

H. scabrivalvis *(Trin.) Renvoize* **comb. nov.** Tipo: Argentina, *Gillies* (K, isótipo).
Avena scabrivalvis Trin., Bull. Sci. Acad. Imp. Sci. Saint-Pétersbourg 1: 67 (1836); H360.
Amphibromus scabrivalvis (Trin.) Swallen, Amer. J. Bot. 18: 413 (1931); F115.

Plantas acuáticas, perennes, rizomatosas. Culmos de 70–100 cm de alto. Láminas, lineares, planas, de 10–25 cm long. × 2–4 mm lat., agudas. Panícula ovada u oblonga, laxa, de 10–20 cm de largo. Espiguillas de 1–20 mm (sin contar las aristas) 5–6-floras, purpúreas. Glumas ovadas, subiguales, de 4–5 mm, 1–3-nervias; lemmas de 5–7 mm, 9-nervias, (nervios prominentes), escabrosas, bilobadas, los lobulos, bidentados; arista de 8–12 mm geniculada, inserta en la parte central. Ovario piloso. Fig. 37.

LA PAZ: Camacho, Puerto Acosta, *Beck* 7715. Manco Kapac, Copacabana, *Feuerer* 22623. Omasuyos, Sorejapa, *Feuerer* 23212. Murillo, Las Paz, Laguna Khota Karchi, *Beck* 9002.
Perú, Bolivia, Uruguay, S. Brasil, Argentina y Chile. En lagunas y ríos; 3720–4010 m.

La descripción está basada en material boliviano. Los especímenes procedentes de Argentina y Uruguay, que parecieran ser más terrícolas, poseen tallos con base bulbosa y llevan cleistogenes en la axila de las vainas foliares inferiores.

40. AVENA L.
Sp. Pl.: 79(1753); Baum, Oats: wild and cultivated, Ottawa (1977).

Plantas anuales. Inflorescencias en panículas piramidales, laxas. Espiguillas grandes, 2–multifloras, nutantes o no; raquilla articulada arriba de las glumas o entre los antecios o tenaz. Glumas lanceoladas, herbáceas o membranáceas, iguales, mayores o más cortas que los antecios, 3–11-nervias, persistentes; lemmas lanceoladas con el dorso redondeado, coriáceas o membranáceas, bidentadas o biaristuladas, con una arista dorsal robusta, a veces reducida o nula. Callo agudo o punzante. Ovario piloso.
Especies 25, principalmente en el Mediterráneo y Oriente Medio, introducidas en América del Sur y otras regiones templadas.

1. Lemma terminada en dos setas cortas · **1. A. barbata**
1. Lemma bifida en el ápice, los dientes agudos o mucronados:

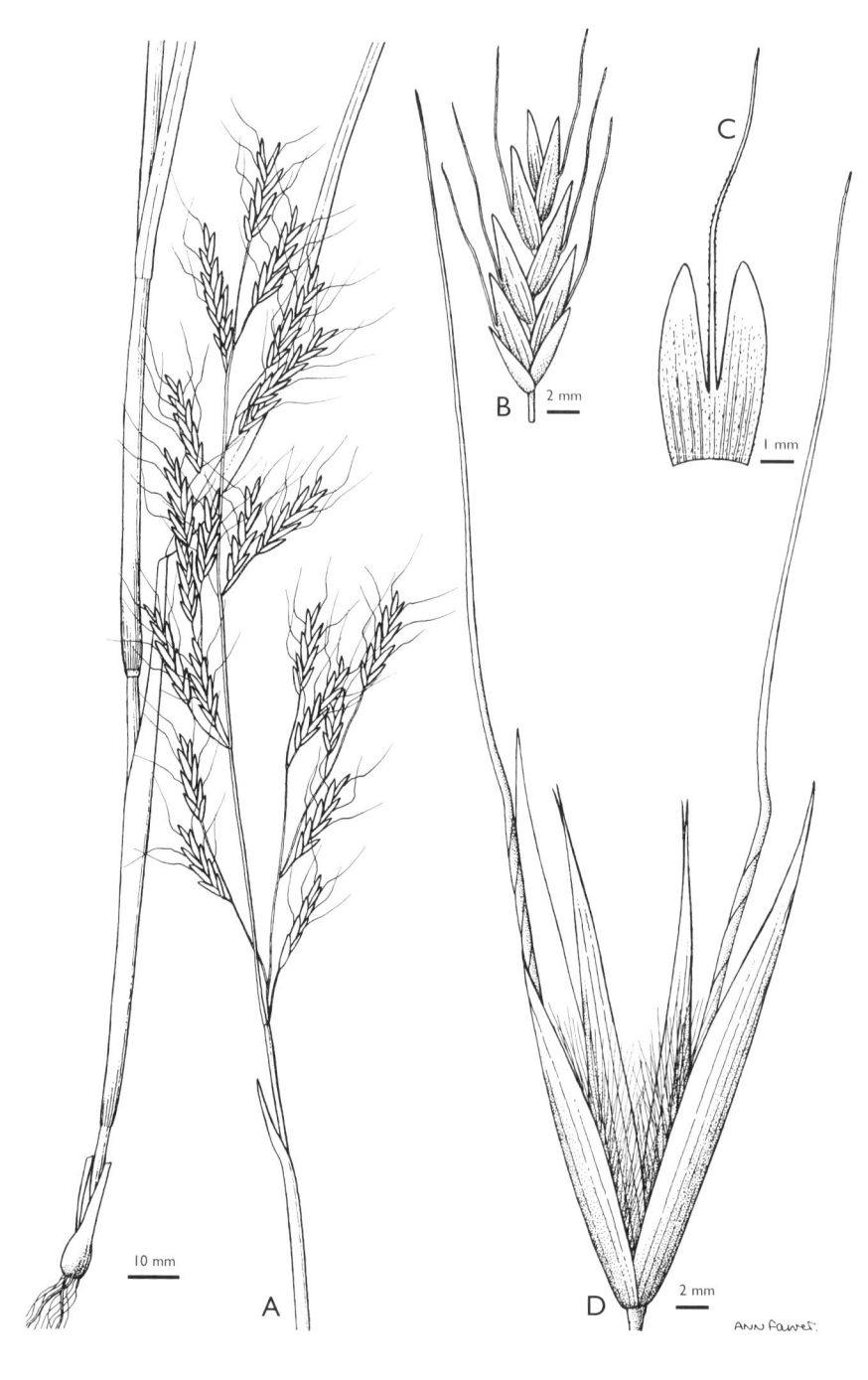

Fig. 37. **Helictotrichon scabrivalvis**, A habito basada en *Feuerer* 22623, B espiguilla, C lemma basada en *Beck* 7715. **Avena barbata**, D espiguilla basada en *Feuerer* 11403.

2. Raquilla articulada a la madurez:
    3. Raquilla articulada arriba de las glumas y entre los antecios
    .... **2. A. fatua**
    3. Raquilla articulada arriba de las glumas pero no entre de los antecios
    .... **3. A. sterilis**
2. Rachilla tenaz:
    4. Arista con columna ······························ **A. sativa**
    4. Arista sin columna ···························· **4. A. byzantina**

A. sativa L. se cultiva extensivamente en el altiplano.

1. A. barbata *Pott ex Link*, J. Bot. (Schrader) 2: 315 (1799); H361; F244. Tipo: Portugal, *Pott* (LE, holótipo n.v.).

Plantas anuales con culmos erectos de 30–100 cm de alto. Láminas lineares de 15–30 cm long. × 3–8 mm lat., planas, pilosas o sub-glabras. Panícula de 30–50 cm long. × 12 cm lat. Espiguillas 2–3-floras, péndulas. Glumas de 20–35 cm de largo, acuminadas. Raquilla articulada entre los antecios, lo que se separan entre si; lemmas de 12–20 mm de largo, hirsutas, con pelos hasta 7 mm de largo, dientes aristulados con arístulas de 3–12 mm de largo; arista de 3–7 cm de largo, geniculada, la columna oscura, glabra o pubérula. Fig. 37.

LA PAZ: Saavedra, Charazani hacia Jatichalaya, *Feuerer* 11403. Murillo, La Paz, *Pflanz* 2541.
COCHABAMBA: Ayopaya, Río Tambillo, *Baar* 177.
Nativa de Europa, naturalizada en Sudamérica; 0–2980 m.

2. A. fatua *L*., Sp. Pl.: 80 (1753); H360; F244. Tipo: Europa (LINN, lectótipo designado por Baum (1977)).

Plantas anuales con culmos de 45–150 cm de alto. Láminas lineares, de 10–45 cm long. × 15 mm lat., planas, glabras. Panícula de 10–40 cm de largo, 10–20 cm de ancho. Espiguillas 2–3-floras, péndulas. Glumas de 20–30 mm de largo, agudas. Antecios individualmente caducos. Lemmas de 12–24 mm de largo, hirsutas con pelos hasta 4 mm de largo, el ápice con 2–4 dientes cortos; arista de 2,5–4 cm de largo, geniculada, la columna oscura.

COCHABAMBA: Ayopaya, Río Tambillo, *Baar* 135. Mizque, Canton Molinero, *Sigle* 339. Cercado, Cochabamba, *Hitchcock* 22836.
Nativa de Europa y Asia, introducida en Sudamérica.

3. A. sterilis *L*., Sp. Pl. ed. 2,: 118 (1762) Tipo: España, *Alstroemer* (LINN, lectótipo, designado por Baum (1977)).

40. Avena

Culmos de 50–150 cm de alto. Láminas de 15–60 cm long. × 5–15 mm lat., escábridas, acuminadas. Panícula de 15–40 cm de largo. Espiguillas de 25–45 mm, 2–5-floras. Lemmas bidentadas, hirsutas, con aristas de 30–90 mm.

LA PAZ: Saavedra, Charazani, *Feuerer* 6291; Larecaja, Sorata, *Feuerer* 22216.
Europa. Sitios alterados; 0–3200 m.

4. A. byzantina C. *Koch*, Linnaea 21: 392 (1848). Tipo: Turquía, *Koch* (B, holótipo n.v.).

Plantas anuales con culmos erectos o geniculados de 60–150 cm de alto. Láminas lineares, de 15–30 cm long. × 2–6 mm lat., planas, glabras. Panícula, de 15–25 cm de largo. Espiguillas 3–4-floras. Glumas de 20–33 mm de largo. Antecios independientes a la madurez; lemmas de 15–20 mm de largo, glabras, dentadas en el ápice; arista de 2,5–3,5 cm de largo, sin columna.

LA PAZ: Murillo, La Paz hacia Santiago de Collana, *Solomon* 17579.
Nativa del noroeste de Africa hasta Pakistán; introducida en Sudamérica. 0–3900 m.

41. DISSANTHELIUM Trin.
Linnaea 10: 305 (1836); Swallen & Tovar, Phytologia 11(6): 361–376 (1965).

Plantas monoclinas o ginomonoicas, perennes o anuales, enanas, con inflorescencias en panículas pequeñas laxas o contraídas y espiciformes. Espiguillas 2-floras, comprimidas lateralmente, desarticulándose entre los antecios a la madurez. Glumas 2, ovadas o lanceoladas, coriáceas, 3-nervadas, agudas o acuminadas, persistentes, mayores que los antecios, a veces iguales o algo menores. Lemmas ovadas, carinadas, cartáceas o membranáceas, 3-nervadas, agudas u obtusas, a veces denticuladas; pálea incluída en la lemma. Ovario glabro.

Por lo común, el antecio basal contiene una flor perfecta y el superior una pistilada, por lo que se trataría de plantas ginomonoicas. Empero, a veces los 2 antecios llevan flores perfectas. El análisis de un mayor número de especímenes contribuirá, sin duda, a esclarecer la biología reproductiva del género.

17 especies, California, México, sur de Perú y Bolivia.

1. Anteras de 0,2–0,3 mm de largo; plantas anuales:
    2. Lemmas escabrosas, bidentadas en el ápice; glumas lanceoladas en vista lateral ·· **2. D. macusaniense**
    2. Lemmas glabras, enteras en el ápice; glumas ovales en vista lateral ·· **1. D. peruvianum**
1. Anteras de (0,5–)1–2(–2,3) mm de largo; plantas anuales o perennes:
    3. Plantas rizomatosas:

    4. Anteras de 2(–2,3) mm de largo ·················· **3. D. trollii**
    4. Anteras de 0,6–0,7 mm de largo ············ **4. D. longiligulatum**
 3. Plantas amacolladas o cespitosas:
    5. Lemma inferior de 5,5–5,8 mm de largo ·············· **5. D. aequale**
    5. Lemma inferior de 1,5–2,5 mm de largo ············ **6. D. calycinum**

1. D. peruvianum (*Nees & Meyen*) *Pilg.*, Bot. Jahrb. Syst. 37: 378 (1906); H357; F241. Tipo: Perú, *Meyen*. (LE, isótipo n.v.).
Phalaridium peruvianum Nees & Meyen, Nov. Actorum Acad. Caes. Leop.-Carol. Nat. Cur. 19, suppl. 1: 29 (1841); 161 (1843).

Plantas anuales con culmos de 1–8 cm de alto. Láminas lineares, de 1–3 cm long. × 1–3 mm lat., planas o plegadas, agudas. Panícula oblonga, contraída, de 1–2,5 cm de largo, apenas exerta. Glumas de 2,5–3 mm de largo, mayores que los antecios. Lemmas de 2 mm, agudas. Fig. 38.

LA PAZ: Saavedra, Pumasani hacia Curva, *Feuerer* 6295. Murillo, Valle de Zongo, *Beck* 1281 en parte; 1296.
COCHABAMBA: Chaparé, Incachaca, *Asplund* 6481.
POTOSI: Sud Chichas, N de San Vicente, *Peterson et Annable* 12864.
Perú y Bolivia. Puna; 4410–4430 m.

2. D. macusaniense (*E.H.L. Krause*) *R.C. Foster & L.B. Sm.*, Phytologia 12: 249 (1965); F241. Tipo: Péru, *Lechler* 1836 (K, isótipo).
Vilfa macusaniensis Steud. in Lechler, Berberid. Amer. Austral.: 56 (1857) nom. nud.
Graminastrum macusaniense E.H.L. Krause, Beih. Bot. Centralbl. 32(2): 348 (1914).
Dissanthelium minimum Pilg., Bot. Jahrb. Syst. 56 Beibl. 123: 28 (1920); H356.
Tipo: Perú, *Weberbauer* 5451 (B, holótipo n.v.).

Plantas anuales con culmos de 1,5–6 cm de alto. Láminas lineares, de 1–5 cm long. × 1–2 mm lat., planas, agudas. Panícula oblonga, de 1–2 cm de largo, contraída, exerta a la madurez. Glumas de 3–4,5 mm, mayores que los antecios. Lemmas de 2–2,5 mm denticuladas. Fig. 38.

LA PAZ: Larecaja, Sorata, *Mandon* 1346. Omasuyos, Hichu Cota, *Moraes* 142. Manco Kapac, Cerro Jacha Sillutani/Cerro Jacha Charapura, *Feuerer* 22886. Murillo, Valle de Zongo, *Beck* 1281 en parte.
COCHABAMBA: Quillacollo, Sipe Sipe hacia Lipichi, *Hensen* 724.
Perú y Bolivia. Laderas pedregosas; 2700–4410 m.

3. D. trollii *Pilg.*, Notizbl. Bot. Gart. Berlin-Dahlem 11: 778 (1933); F242, Tipo: Bolivia, *Troll* 1966 (B, holótipo n.v.).

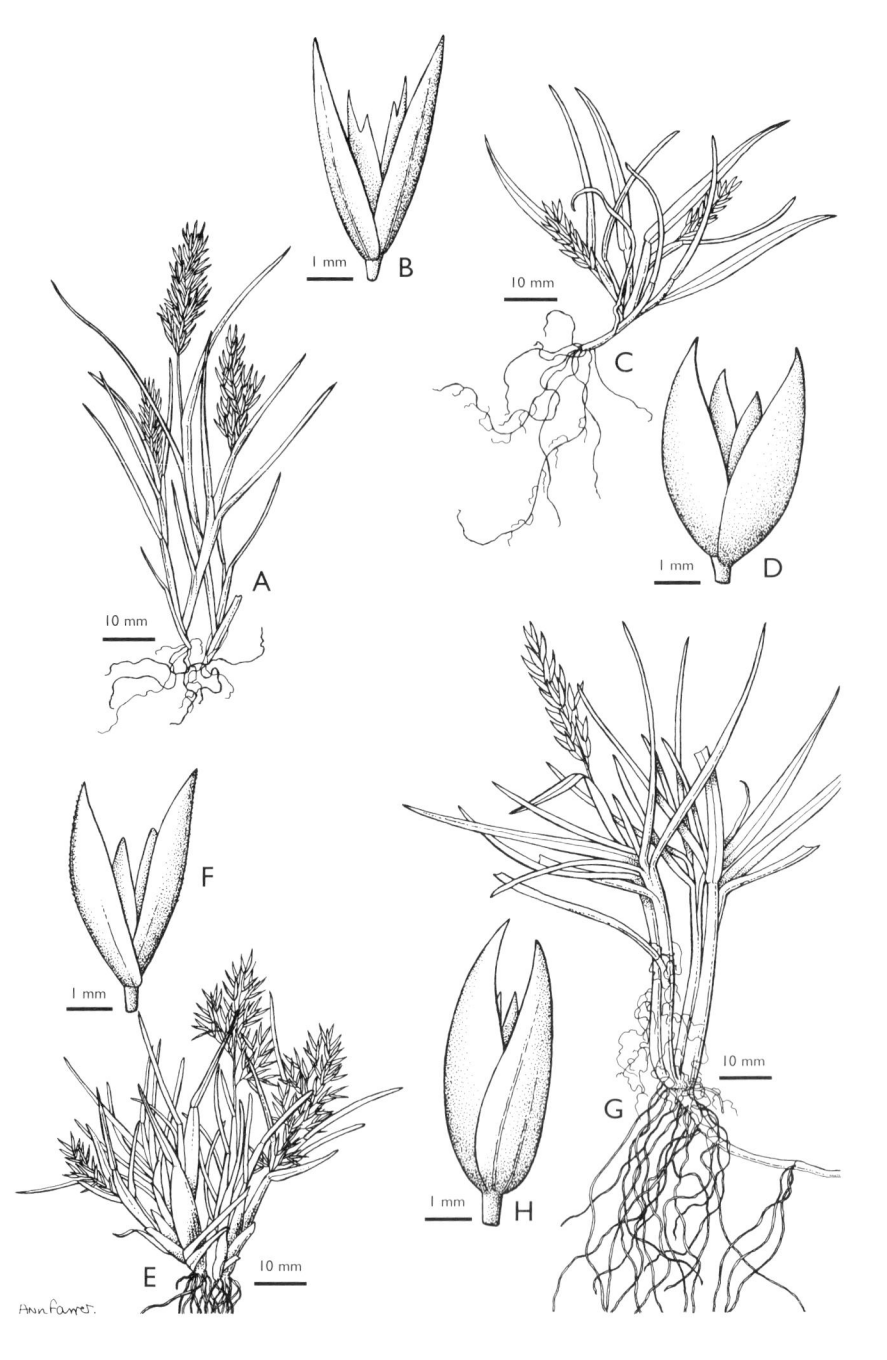

Fig. 38. **Dissanthelium macusaniense**, A habito × 1, B espiguilla × 9 from *Beck* 1281. **D. peruvianum**, C habito × 1, D espiguilla × 9 from *Feuerer* 6295. **D. calycinum**, E habito × 1, F espiguilla × 9 from *Renvoize* 5201. **D. trollii**, G habito × 1, H espiguilla × 9 from *Solomon* 13191.

Plantas perennes, rizomatosas con culmos de 5–8 cm de alto. Láminas lineares, de 2,5–5 cm long. × 1–3 mm lat., planas, agudas. Panícula de 2–3 cm de largo, contraída, exerta a la madurez. Glumas de 4–5 mm mayores que los antecios. Lemmas de 3,5–4 mm, glabras; antecios con flores perfectas, las anteras de 2(–2,3) mm, o bien el inferior perfecto y el superior pistilado, con el androceo reducido a 3 estaminodios de 1 mm. Fig. 38.

LA PAZ: Murillo, Milluni, *Solomon* 13191.
Bolivia. Laderas pedregosas, inestables; 4650 m.

4. D. longiligulatum Swallen & Tovar, Phytologia 11(6): 369 (1965). Tipo: Bolivia, *Guerrero* (US, holótipo).

Plantas perennes rizomatosas con culmos ascendentes de 12–15 cm de alto. Láminas lineares, de 5–7 cm long. × 3–5 mm lat., conduplicadas, agudas. Panículas espiciformes, densas, de 5 cm long. × 10–13 mm lat. Glumas iguales, de 6–6,5 mm, oblongo-lanceoladas. Lemma inferior de 3,8–4 mm, escabrosa. Anteras de 0,6–0,7 mm.

LA PAZ: Murillo, La Paz, *Guerrero* s.n.
Bolivia.

5. D. aequale Swallen & Tovar, Phytologia 11(6): 368 (1965). Tipo: Bolivia, *Mandon* 1292A (US, holótipo).

Plantas perennes cespitosas con culmos erectos de 13–16 cm de alto. Láminas involutas, de 6–10 cm de largo, superficie superior pubescente, la inferior glabra o escabrosa, agudas. Panícula paucifloras, de 3,5–4,5 cm long. × 7 mm lat., las ramas ascendentes o adpresas. Glumas iguales, de 5,7–6,3 mm, linear-lanceoladas. Lemma inferior de 5,5–5,8 mm, escabrosa.

Localidad incierta, *Mandon* 1292A.
Bolivia.

6. D. calycinum (*J. Presl*) Hitchc., J. Wash. Acad. Sci. 13: 224 (1923); H357; F241. Tipo: Perú, *Haenke* (PR, holótipo).
Brizopyrum calycinum J. Presl, Reliq. Haenk. 1: 281 (1830).
Poa calycina (J. Presl.) Kunth, Révis. Gramin. 1: suppl. 28 (1830); Enum. Pl. 1: 326 (1833).
Dissanthelium supinum Trin., Linnaea 10: 305 (1836). Tipo: Perú, *Poeppig* (LE, holótipo).
Deschampsia mathewsii Ball, J. Linn. Soc., Bot. 22: 60 (1885). Tipo: Perú, *Mathews* (K, isótipo).

41. Dissanthelium

Dissanthelium sclerochloides E. Fourn., Mexic. Pl. 2: 112 (1886). Tipo: México, *Virlet* 1432.
D. breve Swallen & Tovar, Phytologia 11(6): 371 (1965). Tipo: Perú, *Tovar* 1161 (K, isótipo).

Plantas anuales o perennes de vida limitada, macolladas, con culmos de 1–10 cm de alto. Láminas lineares, de 1–5 cm long. × 0,5–2 mm lat., planas o plegadas, verde-pálidas, laxas y delicadas o rígidas, duras y subuladas. Panícula de 1–2 cm contraída, exerta o no a la madurez. Glumas de (2,5–)3,5–5,5 mm verde-pálidas, mayores que los antecios. Lemmas de 1,5–2,5 mm de largo, escabérulas. Antecio basal perfecto, con anteras de (0,5–)1 mm, el superior pistilado con estaminodios diminutos. Fig. 38.

LA PAZ: Larecaja, Sorata, *Mandon* 1345. Los Andes, Hichu Khota, *Escalona* 66. Murillo, La Cumbre, *Renvoize et Cope* 4211. Mina Milluni, *Beck* 11204. Sud Yungas, Mina Bolsa Blanca, *Beck* 18154.
México, Perú y Bolivia. Puna; 4400–5190 m.

42. TRISETUM Pers.
Syn. Pl. 1: 97 (1805).

Plantas perennes con inflorescencias en panículas laxas o contraídas. Espiguillas 2–plurifloras, desarticulándose entre los antecios a la madurez. Glumas 2, desiguales, menores que los antecios; raquilla pilosa. Lemmas membranáceas hasta levemente coriáceas, comprimidas lateralmente, carinadas, bidentadas o bisetulosas, con arista dorsal geniculada o reflexa; pálea plateada, no incluída en la lemma. Ovario glabro.
70 especies, en regiones templadas.

T. spicatum (*L.*) *K. Richt.*, Pl. Eur. 1: 59 (1890); H359; F243. Tipo: Lapland.
Aira spicata L., Sp. Pl.: 64 (1753).
Avena tolucensis Kunth in Humboldt, Bonpland et Kunth, Nov. Gen. Sp. 1: 148 (1815). Tipo: México, *Humboldt et Bonpland* (K, microficha).
Trisetum tolucense (Kunth) Kunth, Révis. Gramin. 1: 101, 297 pl. 60 (1829).
T. andinum Benth., Pl. Hartw.: 261 (1847). Tipo: Ecuador, *Hartweg* 1449 (K, holótipo).
T. oreophilum Louis-Marie, Rhodora 30: 221 (1928). Tipo: Perú, *Hitchcock* 22535 (US, holótipo).

Culmos erectos de 20–80 cm de alto. Láminas lineares, de 5–10 cm long., planas, estrechamente agudas. Panícula contraída, oblonga, densa o interrumpida, de 3–13 cm, lustrosa, plateado-purpúrea o áureo-castaña. Espiguillas de 5–6 mm de largo, 2–3 floras. Glumas de 3,5–5 mm de largo. Lemma inferior de 4–4,5 mm, con una arista reflexa de 4–5 mm. Fig. 39.

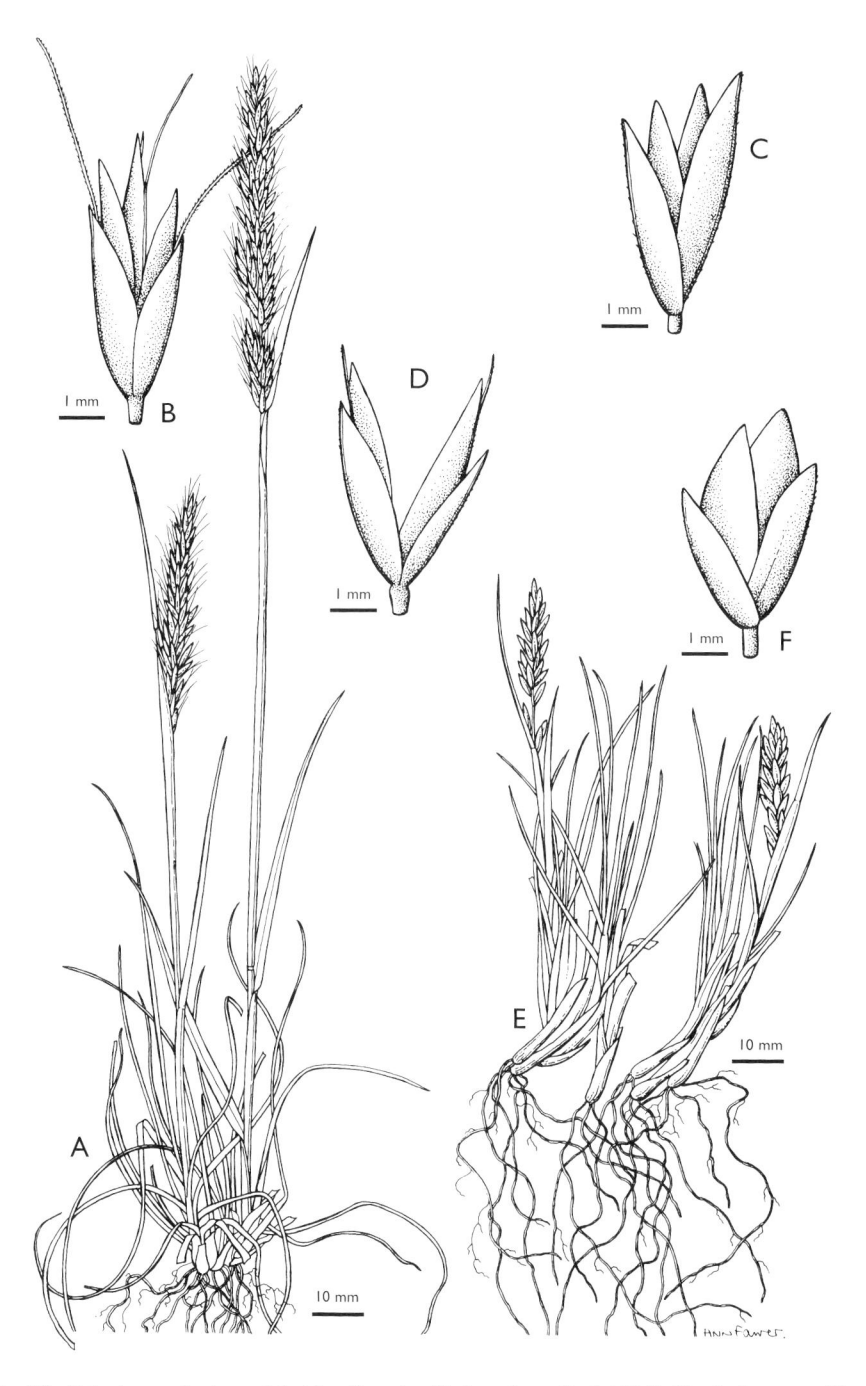

Fig. 39. **Trisetum spicatum**, A habito, B espiguilla basada en *Beck* 12860. **Koeleria permollis**, C espiguilla basada en *Renvoize et Cope* 4106. **K. kurtzii**, D espiguilla basada en *Renvoize et Cope* 4165. **K. boliviensis**, E habito, F espiguilla basada en *Peterson et al.* 12924.

42. Trisetum

LA PAZ: Manco Kapac, Isla del Sol, *Feuerer* 22957. Murillo, Valle de Zongo, *Beck* 3818, Pongo, *Renvoize et Cope* 4191.
COCHABAMBA: Ayopaya, Río Tambillo, *Baar* 60a.
ORURO: Sajama, Río Sururia, *Liberman* 62.
Europa, Norte América, las Antillas, Colombia hasta Chile. Campos y laderas rocosas; 0–4850 m.

Ejemplares de Ecuador – con panículas cortas, densas y oval-oblongas, de 3–4 cm de long. – han sido usualmente identificados como *T. andinum* Benth. Empero, la presencia de especímenes intermedios entre dichos ejemplares y típicos *T. spicatum* con panículas interruptas, justifican la sinonimia de ambas entidades.

43. KOELERIA Pers.
Syn. Pl. 1: 97 (1805); Molina, Parodiana 8(1): 37–67 (1993).

Plantas perennes con inflorescencias en panículas espiciformes. Espiguillas 2–plurifloras; raquilla glabra o pubérula. Glumas desiguales o subiguales, menores que los antecios. Lemmas membranáceas, comprimidas lateralmente, carinadas, obtusas o acuminadas, múticas o con pequeños mucrones subapicales; pálea no incluida en la lemma. Ovario glabro.
35 especies en regiones templadas.

1. Culmos pilosos en toda su longitud, hasta la base de la inflorescencia
 .... **1. K. kurtzii**
1. Culmos pilosos o pubérulos hasta 3 cm por debajo de la inflorescencia:
    2. Lemma aguda en el ápice; inflorescencia de 3,5–10 cm de largo; láminas de 11–23 cm de largo .... **2. K. permollis**
    2. Lemma obtusa en el ápice; inflorescencia de 2–5 cm de largo; láminas de 3–9 cm de largo .... **3. K. boliviensis**

1. K. kurtzii Hack. in Kurtz, Bol. Acad. Nac. Ci. 16: 261 (1900). Tipo: Argentina, *Hieronymus et Niederlein* (CORD, lectótipo, selecionada por A.M. Molina, (1993)).
K. pseudocristata var. *andicola* Domin, Repert. Spec. Nov. Regni Veg. 2: 94 (1906). Tipo: Bolivia, *Mandon* 1359 (K, holótipo).
K. cristata sensu Hitchc., Contr. U.S. Natl. Herb. 24(8): 357 (1927); F242, non (L.) Pers.

Plantas perennes cespitosas, con culmos pilosos hasta el base de espiga, erectos, de 10–90 cm de alto. Panículas de 4–13 cm de largo, subespiciforme, elipsoide o cilíndrica interrumpida. Espiguillas 2-floras, de 4–5 mm, comprimidas lateralmente, amarillentas o purpúreas, lustrosas, glabras. Glumas tenaces, lanceoladas, membranáceas, poco menores que los antecios, desiguales, de 3–5 mm, agudas. Lemmas lanceoladas, de 3,5–4,5 mm, agudas o con arístula subapical de 0,5–2 mm. Fig. 39.

LA PAZ: Larecaja, Sorata, *Mandon* 1359. Omasuyos, Achacachi hacia Sorata, *Feuerer* 10276. Murillo, 12 km E de La Cumbre, *Renvoize et Cope* 4165.
ORURO: Sajama, 10 km desde Turcu hacia Ancaravi, *Renvoize et Ayala* 5241.
Argentina, Chile, Perú y Bolivia. En Bolivia crece en laderas pedregosas; 500–4500 m.

2. K. permollis *Nees ex Steud.*, Syn. Pl. Glumac.: 293 (1855). Tipo: Argentina, *Darwin* 553 (K, isótipo).

Plantas cespitosas con rizomas breves; culmos erectos de 15–70 cm de alto. Láminas lineares de 11–23 cm long. × 2–3 mm lat., planas, agudas. Panícula subespiciforme, de 3,5–10 cm de largo, 0,7–2,3 cm de ancho. Espiguillas 2–3-floras, de 4,5–7 mm, pajizas. Glumas desiguales, lanceoladas, glabras, escabrosas en las quillas, de 3,8–5 mm. Lemmas lanceoladas, múticas o mucronadas. Fig. 39.

LA PAZ: Los Andes, Karhuiza Pampa, *Renvoize* 4528A; Murillo, La Paz, *Renvoize et Cope* 4106; *Beck* 11118.
POTOSI: Quijarro, Río Mulatos hacia Challapata, *Peterson et al.* 12815.
Perú, Bolivia, Argentina y Uruguay. Laderas rocosas; 0–3900 m.

3. K. boliviensis (*Domin*) *A.M. Molina*, Parodiana 8(1): 61 (1993). Tipo: Bolivia, *Fiebrig* 2940 (B, holótipo n.v.).
K. gracilis Pers. var. *boliviensis* Domin, Repert. Spec. Nov. Regni Veg. 2: 93 (1906).

Plantas cespitosas con culmos de 20–25 cm de alto. Láminas de 3–9 cm long. × 1 mm lat., agudas. Panícula subespiciforme, de 3–3,5 cm de largo, interrumpida. Espiguillas 2-floras, de 3,5–4,5 mm de largo, verdes o pajizas con tintes morados. Glumas lanceoladas, de 2,5–3,5 mm de largo, obtusas. Lemmas lanceoladas, de 2,5–3,5 mm de largo, bidentadas, múticas. Fig. 39.

LA PAZ: Omasuyos, 2 km N de Cupancara, *Renvoize* 4592. Los Andes, Yaurichambi, *Feuerer* 7428. Murillo, La Paz, *Ceballos et al.* 54.
ORURO: Avaroa, E de Urmiri, *Peterson et Annable* 12782.
POTOSI: Sud Chichas, Tupiza, *Fiebrig* 2940. Atocha hacia Santa Bárbara, *Peterson et al.* 12924.
Bolivia. Laderas rocosas; 3770–4600 m.

44. DIELSIOCHLOA Pilg.
Bot. Jahrb. Syst. 73: 99 (1943).

Plantas perennes con inflorescencias en panículas oblongas, contraídas. Espiguillas 6–10-floras, desarticulándose arriba de las glumas a la madurez, por lo que los antecios caen en conjunto. Los 2–3 antecios inferiores fértiles, los superiores

reducidos y estériles; raquilla flexuosa. Glumas 2, menores que los antecios. Lemmas membranáceas, carinadas, bilobadas, con arista dorsal recta o flexuosa; pálea no incluidas en la lemma. Ovario glabro.
1 especie en Perú, Bolivia, Argentina y Chile.

D. floribunda (*Pilg.*) *Pilg.*, Bot. Jahrb. Syst. 73: 99 (1943). Tipo: Perú, *Weberbauer* 1028 (US, isótipo).
Trisetum floribundum Pilg., Bot. Jahrb. Syst. 37: 505 (1906); H359; F243.
T. weberbaueri Pilg. loc. cit. 37: 506 (1906). Tipo: Perú, *Weberbauer* 3078 (B, holótipo)
Bromus mandonianus Henrard, Repert. Spec. Nov. Regni Veg. 23: 177 (1926). Tipo: Bolivia, *Mandon* 1371 (BM, isótipo).
Trisetum floribundum var. *weberbaueri* (Pilg.) Louis-Marie, Rhodora 30: 244 (1929).
Dielsiochloa floribunda var. *weberbaueri* (Pilg.) Pilg., Bot. Jahrb. Syst.73: 101 (1947).
D. floribunda var. *majus* Pilg., Bot. Jahrb. Syst. 73: 101 (1947). Tipo: Perú, *Macbride et Featherstone* 1130 (K, isótipo).

Plantas cespitosas con culmos erectos o ascendentes, de 4–30 cm de alto. Vainas basales cartáceas o membranáceas, amarillentas o purpúreas, lustrosas; láminas enrolladas o planas, de 3–10 cm long. × 1–2 mm lat., duras, rectas, curvadas o flexuosas, punzantes. Panícula de 3–6 cm de largo. Espiguillas de 20–25 mm de largo, incluidas las aristas. Glumas lanceoladas, de 5–9 mm acuminadas. Lemmas lanceoladas de 7–12 mm, bisetulosas, con aristas delgadas de 6–12 mm. Fig. 40.

LA PAZ: Tamayo, Ulla Ulla, *Menhofer* 2177. Larecaja, Sorata, *Mandon* 1371. Murillo, Mina Milluni, *Beck* 11197.
POTOSI: Sud Chichas, 32 km E de Atocha, *Peterson et Annable* 12939. Sud López, 3 km N de San Pablo, *Peterson et Soreng* 13024.
Sitios pedregosos y rocosos, en suelos poco consolidados; 4500–5100 m.

45. DESCHAMPSIA P. Beauv.
Ess. Agrostogr.: 91 (1812).

Plantas anuales o perennes cespitosas, con láminas planas, convolutas o setáceas. Inflorescencias en panículas laxas o contraídas. Espiguillas 2-floras con la raquilla prolongada, comprimidas lateralmente. Glumas lanceoladas, subiguales o iguales, acuminadas, tan largas como los antecios o mayores, la inferior 1–3-nervia, la superior 3-nervia, antecio inferior sésil, raquilla pilosa. Lemma oblonga, 5-nervia, hialina hasta cartilagínea, dorso redondo, truncada o dentada; arista dorsal recta o retorcida y geniculada; pálea tan larga como la lemma; callo piloso. Flores perfectas; estambres (1–)3. Cariopsis oblongo.
40 especies en zonas templadas del mundo.

Fig. 40. **Holcus lanatus**, **A** inflorescencia, **B** espiguilla basada en *Steinbach* 8671. **Dielsiochloa floribunda**, **C** habito, **D** espiguilla basada en *Solomon* 11784. **Deschampsia caespitosa**, **E** habito, **F** espiguilla basada en *Boelke* 10213, Argentina.

D. caespitosa (*L.*) *P. Beauv.*, Ess. Agrostogr.: 91, 160 (1812); F244. Tipo: Europa. (LINN, lectótipo).
Aira caespitosa L., Sp. Pl.: 64 (1753).

Plantas perennes cespitosas, con culmos erectos de 30–160 cm de alto. Hojas principalmente basales; láminas lineares, de 7–40 cm long. × 2–5 mm lat., planas o convolutas, escabrosas. Panícula oblonga, de 10–30 cm, laxa. Espiguillas oblongas, de 2–6,5 mm, lustrosas. Lemmas 4-dentadas o 2-lobuladas, aristas rectas, de 3–5 mm. Fig. 40.

SANTA CRUZ: Andrés Ibáñez, Santa Cruz, fide Parodi, Lilloa 17: 299 (1949).
Europa, introducida en América del Sur.

46. HOLCUS L.
Sp. Pl.: 1047 (1753).

Plantas anuales o perennes, rizomatosas o cespitosas. Inflorescencia en panículas densas, erectas. Espiguillas 2-floras, comprimidas lateralmente; flor inferior perfecta, la superior estaminada o estéril; raquilla articulada debajo de las glumas. Glumas 2, aquilladas, mayores que los antecios, membranáceas. Lemmas cartilagíneas, con el dorso redondeado, obtusas o bidentadas, múticas o con una arista recurva, uncinada o recta.
Especies 6; Norte de Africa, Oriente Medio y Europa.

H. lanatus *L.* Sp. Pl.: 1048 (1753); F244. Tipo: Europa (LINN, lectótipo selecionado por Cope (1995)).
Notholcus lanatus (L.) Nash ex Hitchc. in Jepson, Fl. Calif. 1: 126 (1912); H362.

Plantas perennes, amacolladas con culmos pubescentes de 20–100 cm de alto. Láminas planas, de 4–20 cm long. × 4–10 mm lat., pilosas. Panícula oblonga u ovada, de 6–20 cm de largo, blanquecina, verde-amarillenta o purpúrea. Lemmas 5-nervias, la inferior mútica, la superior con arista uncinada. Fig. 40.

LA PAZ: Murillo, La Paz, *Bang* 155.
COCHABAMBA Carrasco, Pocona, *Steinbach* 8671.
Europa y Mediterráneo. Sitios alterados y campos; 0–3000 m.

47. HIEROCHLOE R. Br.
Prodr.: 208 (1810).

Plantas perennes, comunmente con olor a cumarina. Láminas lineares, planas o convolutas. Inflorescencia en panícula laxa o especiforme. Espiguillas 3-floras, comprimidas lateralmente; antecios basales estaminados, el terminal perfecto o pistilado; raquilla articulada por arriba de las glumas, pero no entre los antecios, que caen en conjunto a la madurez. Glumas 2, oval-lanceoladas, subiguales, menores o iguales que los antecios, membranáceas o escariosas, 3-nervias, agudas u obtusas. Lemmas estaminadas 3–5-nervias, papiráceas, membranáceas o coriáceas, agudas o bilobadas, múticas o aristadas, arista dorsal o subapical. Lemma pistilada o perfecta, 3–5-nervia, cartilagínea, con dorso redondeado, emarginada, mútica.

30 especies en regiones templadas y templado-frías de todo el mundo.

H. redolens (*Vahl*) *Roem. & Schult.*, Syst. Veg. 2: 514 (1817). Tipo: Tierra del Fuego, *Fabricus* (C, holótipo; K, fotografía).
Holcus redolens Vahl, Symb. Bot. 2: 103 (1791).
Torresia redolens (Vahl) Roem. & Schult., Syst. Veg. 2: 516 (1817); H418.

Culmos erectos, de 30–110 cm de alto. Láminas planas o convolutas, de 20–90 cm long. × 5–10 mm lat., rectas, acuminadas, punzantes. Panícula oblonga u ovada, de 7–27 cm de largo, interrumpida e inclinada hasta espiciforme y erecta. Espiguillas de 5–7 mm, verdes o bronceado-lustrosas. Glumas iguales a los antecios, membranáceas. Lemmas estaminadas membranáceas, con aristas de 1–5 mm. Fig. 41.

LA PAZ: Tamayo, Pelechuco, *Feuerer* 9356.

Nueva Guinea, sur de Australia y Tasmania, Nueva Zelanda, norte de Perú, Bolivia y sur de Chile y Argentina hasta las Islas Malvinas. Sitios húmedos en puna, páramo y bosques sombríos; 0–4450 m.

48. ANTHOXANTHUM L.
Sp. Pl.: 28 (1753).

Plantas perennes o anuales con olor a cumarina. Inflorescencias en panículas contraídas o espiciformes. Espiguillas lanceoladas, 3-floras con 1 flor terminal perfecta y 2 inferiores estériles; raquilla articulada por encima de las glumas. Glumas desiguales, membranáceas, la superior más larga que los antecios, carinada. Lemmas de los antecios estériles aristadas, mayores que el antecio fértil, caducas con éste a la madurez. Lemma fértil cartilagínea, mútica; pálea uninervia, incluida por los márgenes de la lemma. Flores protóginas; estambres 2. Cariopse oblongo.

18 especies nativas de regiones templadas de Eurasia, Africa y América Central; introducidas en otros países.

A. odoratum *L.*, Sp. Pl.: 28 (1753). Tipo: Europa (LINN, lectótipo)

Plantas perennes, cespitosas, con culmos erectos de 10–100 cm de alto. Láminas lineares, planas, de 5–20 cm long. × 3–7 mm lat., agudas. Panícula oblonga, densa o algo laxa, de 1–12 cm long. × 6–15 mm lat. Espiguillas de 6–10 mm. Glumas pilosas hasta escabérulas en la carina, la inferior de 3–5 mm, la superior de 6–10 mm. Lemmas estériles 2-lobuladas, 5-nervias, de 3–3,5 mm, pilosas, la inferior con una arista recta de 2–4 mm, inserta en su parte media, la superior con arista geniculada, de 6–9 mm de largo inserta en su base; lemma fértil 1-nervia, de 2 mm, glabra. Anteras de 3–4,5 mm. Fig. 41.

LA PAZ: Murillo, Valle de Zongo, *Beck* 2164.
Nativa de Europa y Asia, introducida en América del Sur. Campos y bosques; 0–3800 m.

49. PHALARIS L.
Sp. Pl.: 54 (1753); Anderson, Iowa State J. Sci. 36(1): 1–96 (1961).

Plantas anuales o perennes, a veces bulbiformes en la base de las cañas. Inflorescencia en panícula cilíndrica, ovoide o contraída, con ramas ascendentes o adpresas. Espiguillas 2–3-floras, comprimidas lateralmente con una flor fértil apical y 2 basales reducidas a simples escamitas estériles. Raquilla articulada por arriba de las glumas; antecios fértil y estériles caducos en conjunto. Glumas mayores, iguales o subiguales respecto al antecio fértil, naviculares, carinadas; carinas aladas, 3–5-nervias. Antecio fértil endurecido a la madurez, lemma coriácea, glabra o pubescente, a menudo brillante, 5-nervia, mútica; pálea 2-nervia, sin carinas. Cariopsis comprimido lateralmente; hilo linear.

17 especies, la mayoría propias del hemisferio norte; 4 especies nativas de América del Sur.

1. Glumas con ápice subulado y con un diente dorsal agudo; espiguillas en fascículos de 5–7, caducas en conjunto ···················· **1. P. paradoxa**
1. Glumas con ápice agudo o mucronado; espiguillas solitarias:
    2. Antecios estériles 2:
        3. Plantas perennes, rizomatosas ···················· **4. P. aquatica**
        3. Plantas anuales:
            4. Espiguillas de 6–10 mm de largo ·············· **2. P. canariensis**
            4. Espiguillas de 3–5,5 mm de largo ················ **3. P. angusta**
    2. Antecio estéril unico ································ **5. P. minor**

1. P. paradoxa *L.*, Sp. Pl. 2: 1665 (1763). Tipo: 'Habitat in Oriente', *Forsskal* (LINN, lectótipo).

Plantas anuales con culmos erectos o geniculados, de 20–100 cm de alto. Láminas lineares, planas, de 10–15 cm long. × 3–7 mm lat. escabérulas, angostamente agudas. Panícula cilíndrico-ovoide de 3–9 cm de largo. Espiguillas en fascículos caducos de 5–7 unidades, compuestos por una espiguilla fértil central, rodeada por otras estériles más o menos rudimentarias con sus pedicelos adheridos. Espiguilla fértil de 5,5–8 mm. Glumas semilanceoladas, pajizas, con 7–9-nervios verdes, subuladas, con un

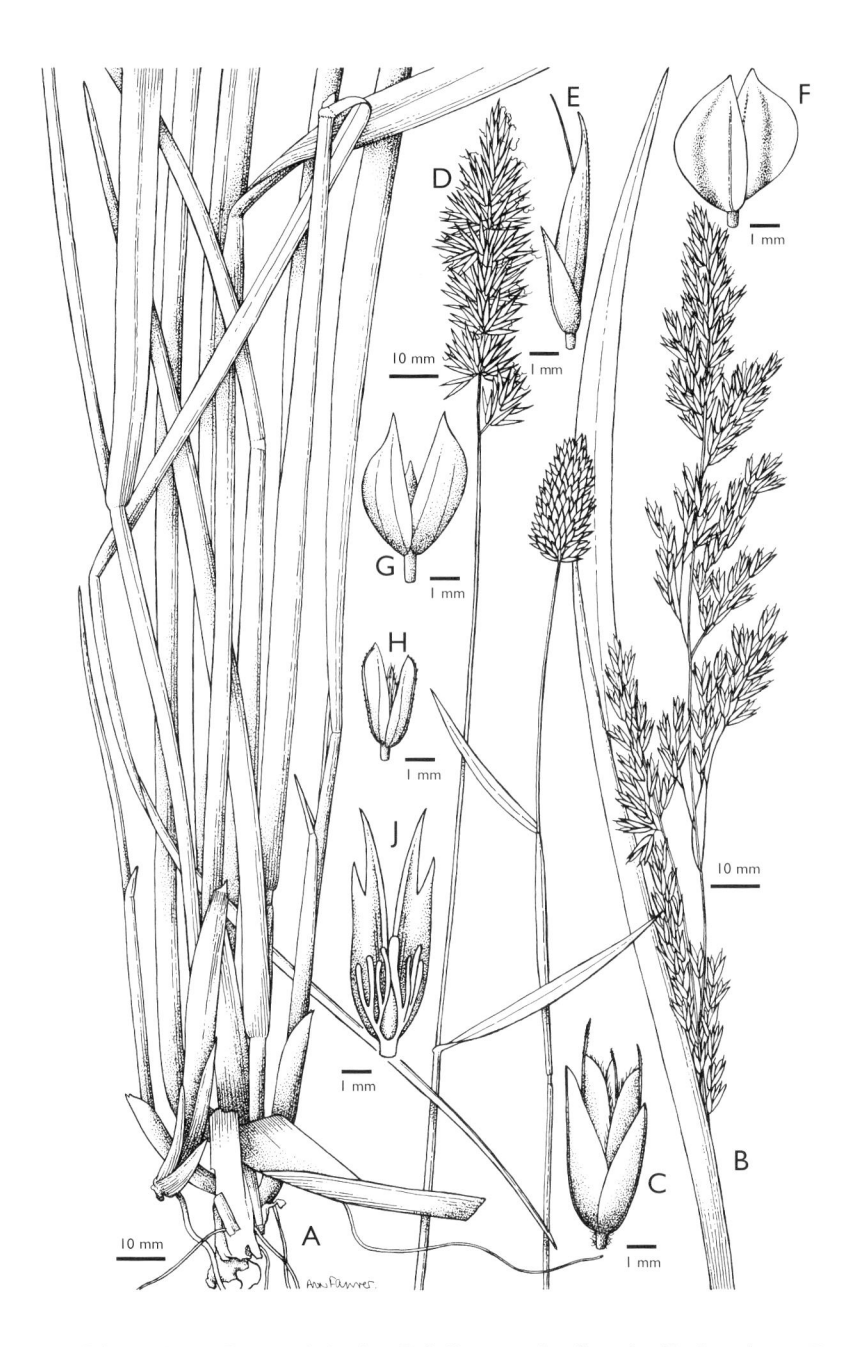

Fig. 41. **Hierochloe redolens**, **A** habito, **B** inflorescencia, **C** espiguilla basada en *Feuerer* 9356. **Anthoxanthum odoratum**, **D** inflorescencia, **E** espiguilla basada en *Renvoize et Cope* 4270. **Phalaris canariensis**, **F** espiguilla basada en *Garcia* 46. **P. minor**, **G** espiguilla basada en *Solomon* 12884. **P. angusta**, **H** espiguilla basada en *Feuerer* 22221. **P. paradoxa**, **J** espiguilla basada en *Feuerer* 4187.

diente triangular en la quilla. Antecio fértil lanceolado, de 2,5-3,5 mm glabro o pubérulo en el ápice. Fig. 41.

LA PAZ: Murillo, Achachicala, *Feuerer* 4187.
Nativa del Mediterráneo, adventicia en regiones templado-cálidas; 0-3900 m.

2. P. canariensis *L.*, Sp. Pl.: 54 (1753); H419; F289. Tipo: Europa (LINN, material original).

Plantas anuales con culmos erectos de 20-120 cm de alto. Láminas lineares planas, de 5-25 cm long. × 4-12 mm lat., escabrosas, angostamente agudas. Panícula ovada y densa, de 1,5-6 cm de largo. Espiguillas ovadas, de 6-10 mm. Glumas iguales, agudas, oblanceoladas, blancas o amarillentas, 3-nervias, nervios verdes. Antecio maduro lanceolado, de 5-6 mm, pubescente; antecios estériles 2. Fig. 41.

LA PAZ: Murillo, La Paz, *García* 46.
Nativa del Mediterráneo e Islas Canarias. Escapada de cultivo en lugares modificados; 0-3600 m.

3. P. angusta Nees in Trin., Sp. Gram. 1: tab 78 (1828); H419; F289. Tipo: Uruguay, *Sellow* (K, isótipo).

Plantas anuales con culmos erectos, de 10-150 cm de alto. Láminas lineares, planas, de 10-30 cm long. × 3-10 mm lat. lisas o escabérulas, acuminadas. Panícula angostamente cilíndrica, recta, de 2-17 cm de largo. Glumas iguales, oblongas, blancas, purpúreas o verdosas, 3-nervias, escabrosas, agudas y mucronadas. Antecio maduro lanceolado, de 2,5-3,5 mm de largo, pubescente; antecios estériles 2. Fig. 41.

LA PAZ: Larecaja, Sorata, *Mandon* 1246. Sud Yungas, Chulumani, *Thomas* 32.
COCHABAMBA: Ayopaya, Río Tambillo, *Baar* 116. Punata, Lara Suyo, *Guillén* 470.
Sur de Estados Unidos de América, sur de Brasil, Uruguay, Argentina y Chile. Campos; 0-2700 m.

4. P. aquatica *L.*, Amoen. Acad. 4: 264 (1759). Tipo: Egipto, *Hasselquist* (LINN, lectótipo).

Plantas perennes amacolladas, rizomatosas, con culmos de 50-150 cm de alto, frecuentemente bulbosas en la base. Láminas lineares, de 13-35 cm long. × 2-15 mm lat., acuminadas. Panícula espiciforme, de 1,5-12 cm long. × 1-3 cm lat. Glumas de 4,5-7,5 mm, aladas, agudas. Antecio estéril 1, lemma subulada, de 0,2-2,2 mm; lemma de antecio fértil lanceolada, de 3-4,5 mm, pubescente.

LA PAZ: Aroma, Patacamaya, *Lara et Parker* 17e.
Nativa del Mediterráneo y oriente. Introducida en otros países; maleza de cultivos; 0–3780 m.

5. P. minor *Retz.*, Observ. Bot. 3: 8 (1783). Tipo: Planta cultivada de origen desconocido (LD, holótipo n.v.).

Plantas anuales con culmos de 20–100 cm de alto. Láminas lineares, de 1–30 cm long. × 5–15 mm lat., planas, acuminadas. Panícula ovado-oblonga y densa, de 1–6 cm de largo. Espiguillas ovadas, de 4–6,5 mm. Glumas iguales, lanceoladas, 3-nervias, agudas, aladas, las alas erosas o enteras. Lemma del antecio perfecto ovada, de 2,5–4 mm, indurada, pubescente, aguda. Antecio estéril 1, la lemma subulada, de 1 mm. Fig. 41.

LA PAZ: Murillo, Calacoto, *Solomon* 12884; Cota Cota, *Beck* 14719.
Nativa del Mediterráneo. Introducida en lugares modificados, maleza de cultivos; 0–3600 m.

50. AGROSTIS L.
Sp. Pl.: 61 (1753); Rúgolo & Molina, Parodiana 8(2): 129–151 (1993).

Anuales o perennes, cespitosas, rizomatosas o estoloníferas. Inflorescencias en panículas laxa, patente, contraída o espiciforme. Espiguillas unifloras, la raquilla no prolongada. Glumas iguales o subiguales, persistentes, membranáceas, 1-nervadas, agudas, acuminadas o aristuladas, superando al antecio; raquilla articulada por arriba de las glumas. Lemma hialina hasta cartilagínea, 3–5-nervada, aguda, truncada o denticulada, glabra o pilosa, redondeada en el dorso; arista dorsal geniculada, flexuosa o nula; pálea menor o igual que la lemma o nula; callo glabro o barbado.
Cosmopolita, 220 especies en regiones templadas.

1. Pálea desarrollada, notable, alcanzando desde la $^1/_2$ a las $^3/_4$ partes de la longitud de la lemma:
    2. Lemma aristada, pubescente; arista de 2–4 mm long., geniculada, retorcida; ocasionalmente antecios glabros o parcialmente pilosos y múticos en la misma inflorescencia ································· **1. A. castellana**
    2. Lemma mútica o mucronada, glabra:
        3. Inflorescencia laxa, ramificaciones laterales extendidas a la madurez, sin espiguillas en la zona proximal; pálea de (1–)1,2–1,6 mm long.; plantas rizomatosas ···························· **2. A. gigantea**
        3. Inflorescencia contraída, ramificaciones laterales arrimadas al raquis la madurez, espiculadas desde la zona proximal; pálea de 0,7–1,1 mm long.; plantas rizomatosas o estoloníferas ················ **3. A. stolonifera**

50. Agrostis

1. Pálea reducida, de 0,1–1mm long., menor que la mitad del largo de la lemma, generalmente no supera el tercio inferior de la misma:
   4. Inflorescencia fusiforme, subespiciforme, con las ramificaciones laterales superiores cortas, arrimadas al eje, espiculadas desde la base, las ramificaciones inferiores no superan el tercio inferior de la inflorescencia:
      5. Plantas cespitosas; láminas convolutas, recurvadas y consistentes; espiguillas de 1.5–2.1 mm long.; glumas oblongas, cartáceas, carina con escabrosidades tiesas y brillantes, la inferior con el dorso levemente curvado, la superior algo sinuosa hacia el tercio distal; lemma mútica o si lleva arístula, esta se inserta por encima de la mitad del dorso, débil y caediza ·· **4. A. breviculmis**
      5. Plantas rizomatosas. Láminas conduplicadas o planas, rectas o curvadas, tiernas. Espiguillas de (2,2–)2,5–4,1 mm long. Glumas lanceoladas, membranáceas, carina escabriúscula o glabra. Lemma mútica, aristulada o aristada:
         6. Lemma mútica, mucronada o excepcionalmente con una arístula hasta de 1,2 mm long., recta, no retorcida, que no supera el largo de las glumas; pedicelos de las espiguillas glabros, excepcionalmente escabriúsculos ································ **5. A. meyenii**
         6. Lemma con una arista dorsal, de 2–3,5 mm long., retorcida, geniculada y exerta de las glumas. Pedicelos de las espiguillas escabrosos:
            7. Arista inserta en el tercio inferior del dorso de la lemma
               ···················· **6. A. tolucensis** var. **tolucensis**
            7. Arista inserta en el tercio medio o superior del dorso de la lemma
               ···················· **6. A. tolucensis** var. **andicola**
   4. Inflorescencia laxa con ramificaciones laterales largas, divergentes o poco contraídas, sin espiguillas en la base, las ramificaciones inferiores superan el tercio inferior de la inflorescencia:
      8. Espiguillas largamente pediceladas, pedicelos capiláceos, tenues de 6–40 mm long; inflorescencia erecta, flabeliforme; raquis capiláceo, poco diferenciado de las ramificaciones laterales. Plantas anuales o perennes de escasa vitalidad ·························· **8. A. montevidensis**
      8. Espiguillas cortamente pediceladas, pedicelos generalmente menores de 6 mm. Inflorescencia contraída o amplia y divaricada, no flabeliforme. Antecios múticos, mucronados o con arístula que no superan el ápice de las glumas. Plantas perennes:
         9. Plantas estoloníferas, cañas decumbentes; espiguillas de 1,5–2 mm long.; inflorescencias flexuosas, con ramificaciones frágiles y tenues
            ·· **9. A lenis**
         9. Plantas cespitosas o rizomatosas, no estoloníferas; cañas erectas; espiguillas de 2–5 mm long.:
            10. Inflorescencias erectas, de 7–17 cm, con ramificaciones ascendentes algo rígidas o flexuosas ········· **10. A. perennans**
            10. Inflorescencia subnutante, de 13–20 cm, con ramificaciones largas filiformes y flexuosas ······················ **7. A boliviana**

1. A. castellana *Boiss. & Reut.*, Diagn. Pl. Nov. Hisp.: 26 (1842). Tipo: España, *Reuter* (G, lectótipo designado por García 1988).

Plantas perennes rizomatosas o estoloníferas, con culmos de (17–)50–80 cm de alto. Lígula de 1–4 mm. Láminas lineares o filiformes, de 4–17 cm long. × 2–3 mm lat., planas o convolutas, escabrosas, agudas. Panícula oblonga, raro piramidal, de 8–22 cm, laxa o contraída, las ramas verticiladas. Espiguillas de 2,2–3 mm, dimorfas, múticas o aristadas, glabras o pilosas, mezcladas en una misma inflorescencia. Glumas subiguales. Lemmas de 1,8–2 mm, pubescentes; páleas de 1,1–1,2 mm. Anteras de 1,1–1,6 mm. Fig. 42.

LA PAZ: Nor Yungas, Chuspipata 6 km hacia Coroico, *Beck* 13574.
Nativa en la región Mediterránea, introducida en Sudamérica. Sitios ruderales; 0–2640 m.

2. A. gigantea *Roth*, Tent. Fl. Germ. 1: 31 (1788). Tipo: Alemania, *Roth* (B, holótipo n.v.).
A. stolonifera sensu Hitchc., Contr. U.S. Natl. Herb. 24(8):380 (1927); F259, non L. (1753).

Plantas perennes rizomatosas, con culmos erectos o ascendentes, de 40–150 cm de alto. Lígulas de 2–8 mm, obtusas o truncadas. Láminas lineares, de 3–20 cm long. × 1,5–7 mm lat., glabras, escabrosas o lisas, planas, acuminadas. Panícula piramidal u ovoidea, laxa o contraída, de 15–28 cm de largo, las ramas verticiladas, divergentes o ascendentes. Espiguillas de 2–3,5 mm. Glumas iguales, agudas. Lemmas de 1–2,5 mm, membranáceas, múticas o con una arista pequeña apical; pálea de 1–1,6 mm. Anteras de 1–1,5 mm.

LA PAZ: Nor Yungas, Pongo, *Hitchcock* 22784.
Europa hasta E. Asia, introducida en América. Cespedes húmedos; 0–3640 m.

3. A. stolonifera *L.*, Sp. Pl.: 62: (1753). Tipo: Europa (L, lectótipo).

Plantas perennes, estoloníferas, con culmos ascendentes o semitrepadores, de 30–100 cm de largo. Láminas de 5–30 cm long. × 2–5 mm lat., planas, acuminadas. Panícula estrechamente oblonga, de 5–22 cm long. × 1–3 cm lat., algo contraída y densa. Espiguillas glabras, de 2–2,5 mm. Glumas iguales, estrechamente agudas. Lemma glabra, de 1,5 mm, mútica; pálea de 1 mm. Anteras de 0,75–1,5 mm. Fig. 43.

LA PAZ: Murillo, Unduavi, *Renvoize et Cope* 4177.
Nativa de regiones templadas del Hemisferio Norte e introducida en lo largo de los Andes.

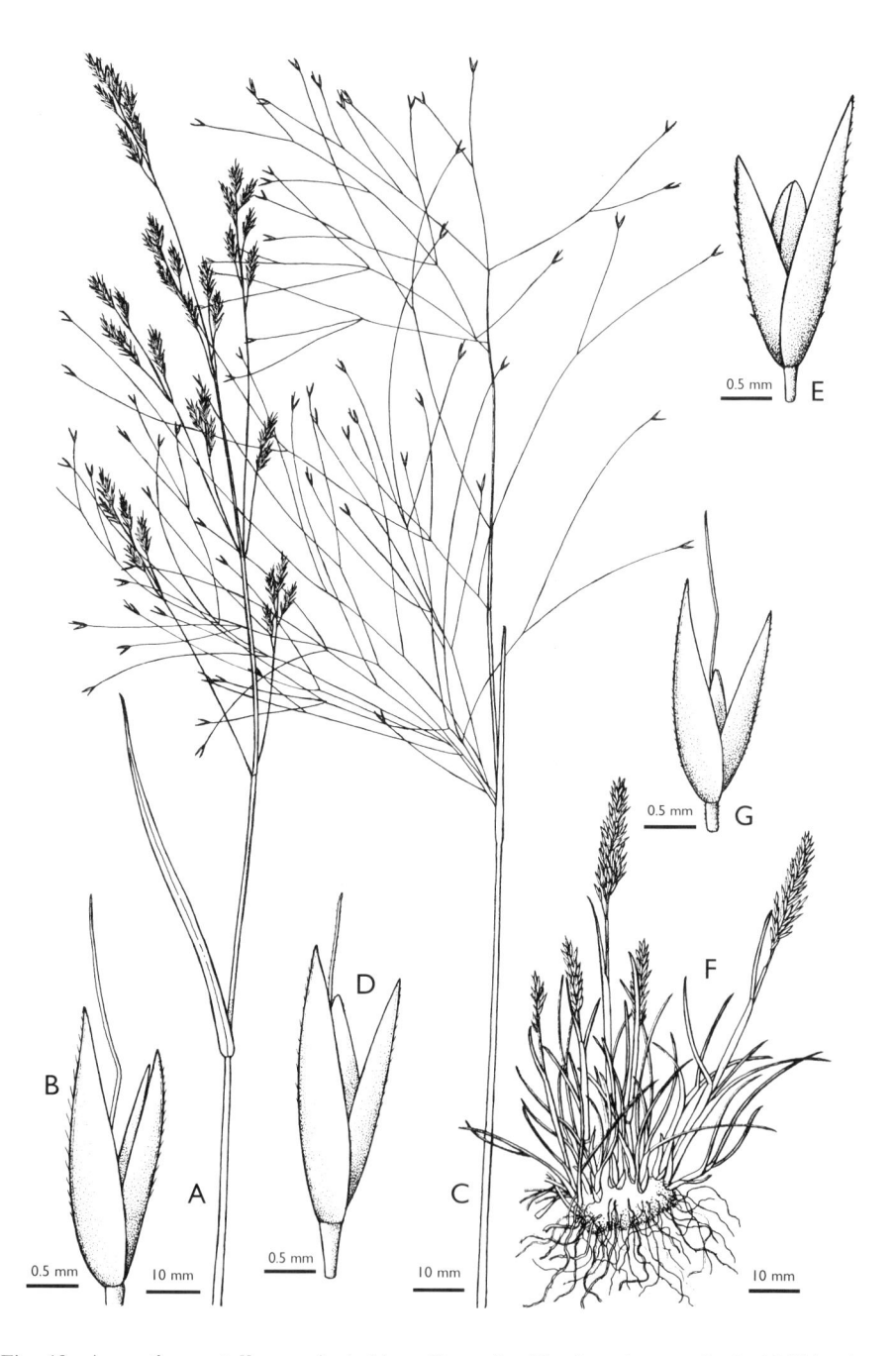

Fig. 42. **Agrostis castellana**, A habito, B espiguilla basada en *Beck* 13574. **A. montevidensis**, C habito, D espiguilla basada en *Renvoize et Cope* 4051. **A. perennans**, E espiguilla basada en *Renvoize et Cope* 4183. **A. tolucensis** var. **tolucensis**, F habito, G espiguilla basada en *Peterson et Annable* 12973.

4. A. breviculmis *Hitchc.*, U.S.D.A. Bur. Pl. Industr. Bull. 68: 36, pl. 18 (1905) basado en *Trichodium nanum* J. Presl. Tipo: Perú, *Haenke* (PR, holótipo n.v.).
Trichodium nanum J. Presl, Reliq. Haenke. 1: 243 (1830). Tipo: Perú, *Haenke* (PR, holótipo n.v.).
Agrostis nana (J. Presl) Kunth, Révis. Gramin. 1, suppl.: 18 (1830) y Enum. Pl. 1: 226 (1833), non *A. nana* Delarbre (1800).

Plantas pequeñas perennes, cespitosas; culmos erectos, de 3–12 cm de alto. Láminas enrolladas o plegadas, de 1–4(–6) cm long. × 0,5–2 mm lat., rectas o arqueadas, rígidas, punzantes. Panícula contraída pequeña, oblonga o espigada, de 1–2,5 cm long. × 2–6 mm lat. Espiguillas glabras, de 1,5–2,5 mm. Glumas subiguales, agudas. Lemma de 1,5 mm glabra, mútica; pálea nula o muy pequeña. Anteras de 0,5 mm. Fig. 43.

LA PAZ: Saavedra, Curva, *Feuerer* 4417. Larecaja, Sorata, 31 kms hacia La Paz, *Beck* 11170. Omasuyos, Cupancara, *Renvoize* 4586A. Los Andes, Karhuiza Pampa, *Renvoize* 4507. Murillo, Valle de Zongo, *Beck* 1289; Unduavi, *Parodi* 10073. Aroma, La Paz 75 kms hacia el Sur y 10 km del desvío hacia Sapahaqui, *Beck* 6016 (numerado 6061 en US).
COCHABAMBA: Ayopaya, Río Tambillo, *Baar* 294. Chaparé, 8 km NW de Colomi, *Beck et al.* 18108.
Colombia hasta Chile. Césped húmedo; 3271–4410 m.

Especímenes procedentes de América del Norte (California) que fueron previamente referidos a esta especie, son hoy reconocidos como *A. blasdolei* Hitchc., taxon que se diferencia de *A. breviculmis* por su inflorescencia grácil, de aspecto depauperado.

5. A. meyenii *Trin.*, Mém. Acad. Imp. Sci. Saint-Pétersbourg, Sér. 6, Sci. Math., Seconde Pt. Sci. Nat. 4(1): 312 (1841). Tipo: Chile, *Meyen* (LE, holótipo n.v.).

Plantas perennes rizomatosas, con culmos de 2–15(–40) cm de alto. Lígula (0,5–)1–2,5(–5) mm. Láminas filiformes, de 2–4 cm long. × 1,5 mm lat., conduplicadas o planas. Panícula linear, de 1–10 cm, espiciforme, densa, las ramas arrimadas al eje. Espiguillas de 2,2–4 mm. Glumas semejantes, carinadas, carinas escabrosas en la mitad superior. Lemmas de 1,7–2,6 mm, membranáceas, glabras, obtusas, múticas o con un pequeño mucrón de 1 mm; páleas de 0,2–0,7 mm. Anteras de 0,5–1 mm. Fig. 43.

LA PAZ: Murillo, La Cumbre 13 km hacia Unduavi, *Beck* 11221a.
COCHABAMBA: Ayopaya, Independencia 28 km hacia Kami, *Beck et Seidel* 14628.
Argentina, Chile y Bolivia. Céspedes húmedos; 3650–3850 m.

6. A. tolucensis *Kunth* in Humboldt, Bonpland et Kunth, Nov. Gen. Sp. 1: 135 (1816); H382; F261. Tipo: México, *Humboldt et Bonpland* (K, microficha).

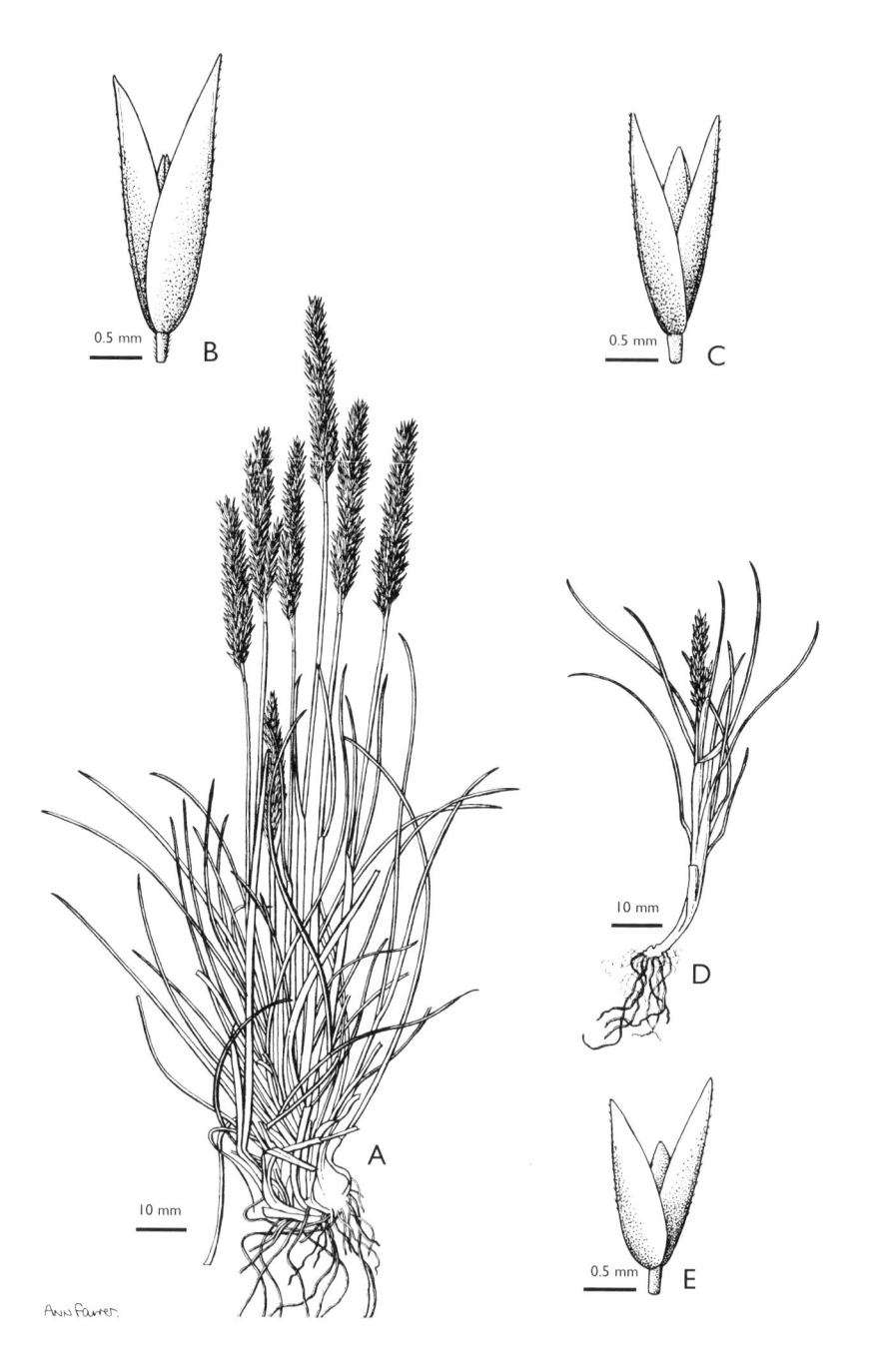

Fig. 43. **Agrostis meyenii**, A habito, B espiguilla basada en *Beck et Seidel* 14628. **A. stolonifera**, C espiguilla basada en *Renvoize et Cope* 4177. **A. breviculmis**, D habito, E espiguilla basada en *Renvoize* 4586A.

A. virescens Kunth, loc. cit. Tipo: México, *Humboldt et Bonpland* (P, holótipo n.v.).
A. haenkeana auct. non. Hitchcock (1927).

Plantas perennes amacolladas, con culmos erectos de 3–70 cm de alto. Láminas de 2,5–9 cm long. × 1–3(–5) mm lat., filiformes o planas, glabras o escabrosas. Panícula contraída, oblonga o espiciforme, lobulada o interumpida, de 2–15 cm long. × 5–15 mm lat. Espiguillas de 2–3(–3,5) mm, glabras. Glumas subiguales, agudas o acuminadas; lemmas de 1,5–1,9 mm, 5-nervias, el nervio central prolongado en una arista geniculada, de 2–3,5 mm pálea de 0,1–0,2 mm. Anteras de 0,5–1 mm.

var. **tolucensis**

Arista inserta en el tercio inferior del dorso de la lemma. Fig. 42.

SANTA CRUZ: Caballero, Tunal, *Killeen* 2523.
LA PAZ: Larecaja, Sorata, *Mandon* 1291. Manco Kapac, Isla del Sol, *Liberman* 1221. Murillo, Zongo, *Renvoize et Cope* 4275. Nor Yungas, Unduavi, *Renvoize et Cope* 4184.
COCHABAMBA: Chaparé, 8 km NW de Colomi, *Beck et al.* 18110.
POTOSI: Sud Chichas, 23 km E de Atocha, *Peterson et Annable* 12973.
TARIJA: Méndez, Corana, *Bastian* 1105.
México hasta Bolivia, Chile y Argentina. Campos y bosques; 2700–4900 m.

var. **andicola** (*Pilg.*) Rúgolo & A.M. Molina, Parodiana 8(2):142 (1993). Tipo: Ecuador, *Meyer* 145 (B, holótipo).
A. nana (J. Presl) Kunth var. *andicola* Pilg., Bot. Jahrb. Syst. 37: 505 (1906).

Arista inserta en el tercio medio o superior del dorso de la lemma.

LA PAZ: Murillo, Pongo, *Renvoize et Cope* 4191A. Nor Yungas, 16 km NW de Chuspipata, *Solomon* 10682. Inquisivi, 3 km W de Quime, *Lewis* 35162.

7. A. boliviana *Mez*, Repert. Spec. Nov. Regni Veg. 18: 1 (1922); H381; F260. Tipo: Bolivia, *Fiebrig* 2821, 2905 (K, isosíntipos).
A. mertensii sensu Rúgolo & A.M. Molina (1993) en parte, non Trin. (1836).

Plantas perennes, rizomatosas, con culmos delgados, erectos o ascendentes, de 60–70 cm de alto. Lígulas de 1,5–2 mm, agudas. Láminas de 15–20 cm long. × 1,5–4 mm lat., planas, glabras, escabrosas, acuminadas. Panícula subnutante, de 13–20 cm de largo, ovada u oblonga, las ramas largas, filiformes, flexuosas con las espiguillas agrupadas en las extremidades. Espiguillas de 2,5–3 mm, glabras.

50. Agrostis

Glumas iguales, angostamente agudas. Lemmas de 1,5 mm con arista dorsal de 2,5–4 mm, recta, no retorcida o geniculada inserta en el medio del dorso; pálea nula. Anteras de 1 mm.

TARIJA: Cercado, Pinos bei Tarija, *Fiebrig* 2821. Provincia no conocida, Calderrillo, *Fiebrig* 2905.
Bolivia. Bosques sombríos; 3000–3200 m.

8. A. montevidensis Nees, Agrostologia Brasiliensis in Martius, Fl. Bras. 2(1): 403 (1829); H380; F259. Tipo: Uruguay.

Plantas perennes, cespitosas con culmos delgados, erectos de 20–80 cm de alto. Láminas de 5–10 cm long. × 1–2 mm lat., planas, estrechamente agudas. Panícula muy amplia y tenue, ovada u obovada, laxa, de 10–30 cm, las ramas ascendentes y flexuosas, pedicelos capilares, de 1–5, escabrosos, dilatados bajo las espiguillas. Espiguillas glabras, de 2–2,5 mm. Glumas subiguales, purpúreas, agudas. Lemma de 1,5–2 mm con arístula subapical de 1,5–2,5 mm; pálea nula. Anteras 3, de 0,8–1,3 mm. Fig. 42.

SANTA CRUZ: Caballero, Tunal, *Killeen* 2518. Florida, Samaipata, *Renvoize et Cope* 4051.
COCHABAMBA: Chaparé, *Steinbach* 8830.
TARIJA: Cercado, Tucumillas, *Bastian* 520.
Bolivia, Argentina y Uruguay.

9. A lenis Roseng., B.R. Arill. & Izag., Gram. Urug.: 23, tab. 1. (1970). Tipo: Uruguay, *Rosengurtt* B7107 (MVFA, holótipo n.v.).

Plantas perennes estoloníferas con culmos delgados de 40–80 cm de alto. Lígulas de 1–4 mm, membranáceas, truncadas, denticuladas. Láminas lineares, de 5–12 cm long. × 1–3 mm lat., planas o convolutas, glabras, lisas o escabérulas, agudas o acuminadas. Panícula oblonga u ovada, de 10–24 cm, laxa, difusa, las ramas delicadas, verticiladas, patentes, multirrámeas. Espiguillas de 1,5–2 mm. Glumas subiguales, agudas. Lemmas de 1–1,5 mm, múticas; arista nula; pálea reducida a una escama oscura de 0,1–0,2 mm. Anteras de 0,3–0,6 mm.

COCHABAMBA: Chaparé, Incachaca, *Steinbach* 9497; Aduana, *Steinbach* 9695.
Brasil, Uruguay, Argentina y Bolivia. Sitios húmedos y sombreados; 2250–3045 m.

10. A. perennans (*Walter*) *Tuck.*, Amer. J. Sci. Arts 45: 44 (1843); H380; F260. Tipo: Estados Unidos de Norte América, *Walter* (BM, holótipo no descubrir).
Cornucopiae perennans Walter, Fl. Carol.: 74 (1780).
Vilfa elegans Kunth in Humboldt, Bonpland et Kunth, Nov. Gen. Sp. 1: 139 (1816).
Tipo: Ecuador.

V. fasciculata Kunth, loc. cit. : 139 (1816). Tipo: Ecuador.
Agrostis elegans (Kunth) Roem. & Schult., Syst. Veg. 2: 362 (1817), non Salisb. (1796).
A. fasciculata (Kunth) Roem. & Schult., Syst. Veg. 2: 362 (1817).
A. humboldtiana Steud., Nomencl. Bot., ed. 2, 1: 40 (1840).
A. weberbaueri Mez, Repert. Spec. Nov. Regni Veg. 18: 1 (1922). Tipo: Perú, *Weberbauer* (B, holótipo n.v.).

Plantas anuales o a veces aparentemente perennes, con culmos delgados, ascendentes o semitrepadores, de 30–100 cm de largo. Láminas de 10–15 cm long. × 1–5 mm lat., planas, acuminadas. Panícula ovada, laxa, difusa, de 7–17 cm de largo, las ramas delicadas, verticiladas o subverticiladas, escabrosas. Espiguillas glabras, de (1,5–)2–3(–3,5) mm. Glumas subiguales, estrechamente agudas. Lemma de 1–1,5 mm mútica o con arista subapical de 0,5 mm; pálea nula. Anteras de 0,5–1,5 mm. Fig. 42.

LA PAZ: Nor Yungas, Unduavi, *Renvoize et Cope* 4183; *Buchtien* 2585, 6426 y 6427. Bella Vista, *Hitchcock* 22757.
COCHABAMBA: Chaparé, *Steinbach* 9695
Cánada hasta Bolivia. Páramos y sitios húmedos, en laderas rocosas con vegetación boscosa; 180–4000 m.

51. DEYEUXIA*
Clarion ex P. Beauv., Ess. Agrostogr.: 43, 160 (1812); Villavicencio, Revision der Gattung Deyeuxia in Bolivien. Dissert. Freien Univ. Berlin (1995).
por
Zulma E. Rúgolo de Agrasar[1] & Xenia Villavicencio[2]

Plantas perennes, cespitosas o rizomatosas. Culmos generalmente erectos, simples o ramificadas, 1-plurinodes. Vainas abiertas, glabras o pilosas, mayores o menores que los entrenudos. Lígulas membranáceas o escariosas, truncadas, subtrígonas o acuminadas, a veces una estípula ligular. Láminas lanceoladas o lineares, rectas o

---

* *Deyeuxia* es generalmente incluida en *Calamagrostis*; los siguientes caracteres pueden ser usados para separar a los dos géneros, sin embargo éstos no son siempre confiables:–

Lemma indurata, $^3/_4$ de el largo de la espiguilla; pelos de el callo más cortos que la longitud de la lemma · *Deyeuxia*
Lemma hialina, $^1/_2$–$^2/_3$ de el largo de la espiguilla; pelos de el callo la $^1/_2$ o más largos que la longitud de la lemma · *Calamagrostis*

[1] Instituto de Botánica Darwinion, Labardén 200, C.C.22, (1642) San Isidro, República Argentina.
[2] Herbario Nacional de Bolivia, Casilla 10077, Correo Central, La Paz, Bolivia.

51. Deyeuxia

recurvadas, planas, convolutas o conduplicadas. Inflorescencias terminales, panículas laxas o contraídas, espiciformes o subespiciformes, subcilíndricas o globosas, verdosas, pajizas, plateadas o doradas. Espiguillas unifloras, comprimidas lateralmente. Raquilla articulada por arriba de las glumas, prolongada junto al antecio, pilosa, excepcionalmente glabra; glumas 2, lanceoladas, agudas o acuminadas, generalmente mayores que el antecio, la inferior 1-nervia, la superior 1–3-nervia, glabras o escabrosas sobre el nervio medio o el dorso; lemma membranácea, glabra o escabrosa, 5-nervia, nervios poco visibles o notables en el tercio superior, ápice agudo, bífido, dentado o arístulado, arista dorsal desarrollada, excepcionalmente breve, inserta en el tercio superior, medio o inferior, raro lemma mútica o mucrónada; pálea tan larga o poco menor que la lemma, 2-nervia, biaquillada. Callo redondeado, recurvado o agudo, piloso, pelos cortos o tan largos o mayores que el antecio, excepcionalmente glabro. Lodículas 2, membranáceas, generalmente con dos lóbulos desiguales, glabras o con algunos pelos en el borde. Flor perfecta, casmógama o cleistógama; estambres 3, raro 2; ovario con 2 estilos breves y estigmás plumosos. Cariopsis comprimido, obovoide, ovoide, ventricoso o fusiforme, mácula embrional breve, endosperma seco o pastoso, hilo punctiforme o estrechamente elíptico.

Género con numerosas especies propias de regiones templadas y frías de ambos hemisferios. En América del Sur, viven principalmente a lo largo de la Cordillera de los Andes. Alrededor de 60 especies nativas, son propias de regiones altoandinas del noroeste de la Argentina, Chile, Bolivia y Perú, siendo muy pocas las especies de llanuras y praderas. Para Bolivia se reconocen 58 taxones.

1. Callo redondeado o agudo, no recurvado, piloso o glabrescente, pelos de longitud variada:
   2. Artejo inferior de la raquilla prolongado entre las glumas y el antecio, de 0,3–0,5(–1) mm long., cilíndrico, dilatado hacia la articulación. Hojas con estípula ligular o sin ella. Lemma y pálea membranáceas, truncadas en el ápice, irregularmente 4 dentadas:
      3. Inflorescencia en panícula subespiciforme, densa, capitada o elipsoide, dorado brillante:
         4. Anteras de 1,6–2,6 mm long. Estípula ligular acuminada, con dos repliegues laterales que abrazan la base de la lámina, (estípula ligular). Glumas de (4,6–)5–8 mm long. ⋯⋯⋯⋯⋯⋯⋯⋯ **6. D. chrysantha**
         4. Anteras de 0,5–0,6 mm long. Lígula acuminada, hialina, sin repliegues laterales. Glumas de 6,2–14 mm long. ⋯⋯⋯⋯⋯⋯⋯ **33. D. ovata**
      3. Inflorescencia en panícula laxa, ramificaciones laterales generalmente flexuosas y péndulas, desnudas en la base, espiguillas dispuestas en glomérulos distales, dorados-bronceados de 1–2 cm diám.
         ⋯⋯⋯⋯⋯⋯⋯⋯⋯⋯⋯⋯⋯⋯⋯⋯⋯⋯⋯⋯⋯ **17. D. eminens**
   2. Artejo inferior de la raquilla no prolongado, menor de 0,3 mm long., si prolongado y mayor de 0,3 mm long., la lemma es violácea, con el ápice brevemente denticulado (*D. malamalensis*). Hojas sin estípula ligular, lígulas truncadas, subtrígonas o acuminadas:

5. Panícula laxa, con ramificaciones verticiladas, divergentes, (piramidal), rectas o flexuosas, a veces las inferiores contraidas; o con las ramas inferiores distanciadas entre sí, mucho mayores que las superiores, a veces péndulas (*D. mandoniana*):
   6. Antecio mútico o mucronado ················ **4. D. calderillensis**
   6. Antecio aristado, arista recta o retorcida y geniculada:
      7. Androceo formado por 2 estambres ·········· **34. D. planifolia**
      7. Androceo formado por 3 estambres:
         8. Inflorescencia de 23–52 cm long. Ramificaciones erectas o extendidas, flexuosas o péndulas. Arista de la lemma inserta a (1,1–)1,2–2,4 mm de la base del dorso. Raquilla con pelos largos alcanzando el ápice del antecio:
            9. Espiguillas de 3–4,4 mm long. Antecio de 2,6–4 mm long. Lemma con arista de 1,6–3,6 mm long. Anteras de 1,5–2 mm long. Ramificaciones de la inflorescencia pauciespiculadas, desnudas en la mitad inferior, verticiladas, verticilos distanciados ·········· **36. D. polygama** subsp. **filifolia**
            9. Espiguillas de 6,2–8,2 mm long. Antecio de 4,4–6,2 mm long. Lemma con arista de 5–7,2 mm long. Anteras de 2–2,8 mm long. Ramificaciones de la inflorescencia multiespiculadas, desnudas en el tercio inferior, verticilos aproximados ···························· **29. D. mandoniana**
        8. Inflorescencia de 3–15 cm long. Ramificaciones rectas, divergentes. Arista de la lemma inserta a 0,2–0,8 mm de la base del dorso. Raquilla con pelos que no alcanzan el ápice del antecio, generalmente igualan a la pálea:
           10. Artejo inferior de la raquilla notable, hasta de 0,2 mm long. Glumas glabras y brillantes. Lemma glabra o escabriúscula en la mitad superior, brillante hacia la base. Anteras de (1,6–)2,3–2,5 mm long. ·········· **28. D. malamalensis**
           10. Artejo inferior de la raquilla muy breve. Glumas totalmente escabrosas o solamente escabrosas en la mitad superior. Lemma escabrosa excepcionalmente escabrosa en el tercio superior y glabra hacia la base. Anteras de 1,2–2,2 mm long. ······························ **19. D. filifolia**
5. Panícula subespiciforme, fusiforme, elíptica o capitada, ramificaciones laterales contraidas, pauciespiculadas o multiespiculadas, frecuentemente interrumpidas hacia la base; si laxa, de 1–4,5 cm long., con ramificaciones laterales muy breves, generalmente contraidas y antecio mucronado (*D. breviaristata*):
   11. Apice de la lemma terminado en 4 arístulas o 4 dientes deltoides, aristados o erosos. Flores cleistógamas, anteras de 0,3–0,6 mm long., generalmente adheridas al ápice del fruto. Raquilla de 0,3–2,2 mm long., glabra o con pelos escasos. Cariopsis fusiforme, con estilopodio desarrollado, generalmente de 0,4–0,6 mm long.:

51. Deyeuxia

12. Plantas de 1–5 cm de altura, formando densos cojines. Hojas con láminas obtusas, de 0,4–1,2 cm long., curvadas a ras del suelo. Inflorescencias exertas, formadas por 3–10 espiguillas
.... **30. D. minima**
12. Plantas de (2–) 4–50 cm de altura, formando matas laxas, no densos cojines. Hojas con láminas planas o conduplicadas o convolutas, agudas o con el ápice navicular, rectas o curvadas pero no a ras del suelo. Inflorescencias pauciespiculadas o multiespiculadas, exertas o subincluidas:
13. Lemma con arista dorsal recta o levemente retorcida, inserta en el tercio medio del dorso, generalmente menor que las glumas. Cañas floríferas rígidas, engrosadas, levemente curvadas, con inflorescencias generalmente subincluidas en el última vaina. Raquilla glabra o glabrescente, de 0,5–1,5 mm long.
.... **38. D. rigescens**
13. Lemma con arista dorsal retorcida y geniculada, inserta en el tercio inferior del dorso, mayor que las glumas. Cañas floríferas gráciles, erectas, generalmente exertas (subincluidas en *D. swallenii*). Raquilla poco pilosa de 0,4–2,2 mm long.:
14. Raquilla de 0,4–0,9 mm long. (menor de 1 mm long., excepcionalmente 1,2 mm en *D. vicunarum*), escasamente pilosa, pelitos cortos, poco visibles:
15. Hojas heteromorfas, las de la cañas florífera planas, tiernas y glabras, mas anchas que las láminas de las innovaciones, que son convolutas, pilosas en ambas caras o con el margen piloso solamente. Lemma escabrosa en toda su superficie ·· **22. D. heterophylla**
15. Hojas isomorfas, las hojas de la caña y aquellas de las innovaciones semejantes:
16. Láminas convolutas, 0,2–0,4 mm diám., junciformes, rígidas, curvadas o flexuosas, ápice agudo, punzante o navicular. Inflorescencia exerta o subincluida. Lemma escabrosa en el tercio superior, ápice terminado en 4 dientes aristulados. Raquilla con escasos pelitos muy cortos
.... **46. D. vicunarum**
16. Láminas planas de 1–2 mm lat., subinvolutas hacia el tercio distal, ápice obtuso. Inflorescencia subincluida en la última hoja. Lemma escabrosa en toda la superficie o excepcionalmente glabra hacia la base del dorso, ápice 4-denticulado, dientes membranáceos. Raquilla con pelos hasta de 1 mm long.
.... **44. D. swallenii**
14. Raquilla de 1–2,2 mm long., pilosa, pelos mas desarrollados pudiendo alcanzar el ápice de la lemma:

17. Apice de la lemma con 4 arístulas escabrosas de 1–2,1 mm long., que igualan o sobrepasan el ápice de las glumas, al menos a la gluma superior
 .... **42. D. setiflora**
17. Apice de la lemma con 4 dientes deltoides, membranáceos, de 0,2–0,4(–0,7) mm long., no aristulados, menores que las glumas:
 18. Raquilla de 1–1,5 mm long., cortamente pilosa, pelos de 0,8–1,4 mm long., superando brevemente a la pálea. Pálea de 1,6–2 mm long. Láminas escabrosas o pubescentes con el margen ciliolado
 .... **1. D. boliviensis**
 18. Raquilla de 1,3–2,2 mm long., pilosa, pelos no mayores de 1 mm long alcanzando los $^2/_3$ de la longitud del antecio. Pálea de 2–2,8 mm long. Láminas escabriúsculas, margen escabroso, no ciliolado
 .... **41. D. sclerantha**
11. Apice de la lemma hendido, 2–4 dentado, dientes irregulares, no aristados (excepcionalmente aristulados en *D. filifolia*) o ápice eroso. Flores casmógamas con anteras de variada longitud. Raquilla de 1–3,7 mm long., glabra, glabrescente o pilosa. Cariopsis fusiforme o con el dorso giboso, con estilopodio no diferenciado, breve o incipiente:
 19. Antecios mucronados o aristulados, mucrón o arístula subapical, a veces insertos en el tercio superior:
  20. Raquilla abundantemente pilosa, los pelos igualan o superan la longitud del antecio. Lígula hendida o entera y ciliada en el margen o piloso lanosa. Láminas con la cara adaxial pilosa:
   21. Láminas conduplicadas, obtusas, hasta de 6 cm long. Inflorescencia exerta de 1–4,5 cm long., ramificaciones laterales desnudas en la base, a veces las inferiores divergentes. Espiguillas de 3,2–4,8(–5) mm long. Anteras de 1,4–2,4 mm long. ············· **2. D. breviaristata**
   21. Láminas convolutas, rígidas, punzantes, hasta de 21 cm long. Inflorescencia de 6–12 cm long., subincluida en el césped, ramificaciones laterales breves, espiculadas hasta la base. Espiguillas de (5,4–)6–8 mm long. Anteras de 2,8 mm long. ················ **5. D. cabrerae** var. **aristulata**
  20. Raquilla con pelos cortos, menores que el antecio. Lígula obtusa o subtrígona, denticulada o ciliolada en el borde Láminas planas, conduplicadas o convolutas, agudas, cara adaxial escabrosa, escabriúscula o pilosa:
   22. Glumas de 6,5–7,6 mm long., subiguales, la inferior 1-nervia, la superior 3-nervia, nervios laterales alcanzando hasta $^1/_3$ de su longitud. ············ **27. D. leiophylla**

22. Glumas de 2,8–5(–6,5) mm long., generalmente desiguales en longitud, la inferior 1-nervia, superando al antecio, la superior 3-nervia, generalmente tan larga como el antecio o menor, nervios laterales breves o superando la mitad de la longitud de la gluma:
  23. Glumas obtusas, con la quilla curvada, dorso glabro o escabroso-híspido, nervio medio escabroso-hispídulo, ápice mas o menos redondeado, navicular. Pedicelos escabroso-híspidos. Lígula truncada. Láminas hirsutas. escabrosas o pubescentes en la cara adaxial. Vainas densamente pilosas o con el dorso glabro y el margen piloso ·························· **8. D. ciliata**
  23. Glumas agudas, con la quilla mas o menos recta, escabrosa. Pedicelos escabrosos o escabriúsculos. Lígula obtusa, redondeada, mayor de 1,5 mm long. Vainas glabras o pubérulas:
    24. Láminas convolutas, a veces filiformes. Gluma superior 3-nervia, con nervios laterales menores que la mitad de su longitud. Endosperma seco. Inflorescencia con ramificaciones basales hasta de 4 cm long., espiculadas hasta la base
    ·························· **9. D. colorata**
    24. Láminas planas o convolutas al secarse. Gluma superior 3-nervia, nervios laterales mayores que la mitad de su longitud. Endosperma blando. Inflorescencia con ramificaciones basales hasta de 6,5 cm long., desnudas en el tercio proximal
    ·························· **23. D. hieronymi**
19. Antecios aristados, arista inserta en el tercio medio o inferior del dorso, generalmente superando la longitud de las glumas o igualando su longitud, a veces oculta por las glumas:
  25. Anteras de 0,4–0,5(–0,8) mm long.:
    26. Raquilla de 1,2–2 mm long., con pelos cortos que alcanzan desde la mitad hasta las ¾ partes del antecio. Lemma con arista menor que las glumas o superandolas 1 mm long. Cañas floríferas erectas:
      27. Lígula acuminada, fimbriada, de 2–5 mm long. Glumas de 6–6,6 mm long. Lemma de 3,8–4,4 mm long., con arista de 6–6,2 mm long., inserta a 0,4–0,6 mm de la base, menor que las glumas o superándolas brevemente
      ·························· **13. D. curtoides**
      27. Lígula truncada, de 0,4 mm long. Glumas de 4,8–5,8 mm long. Lemma de 3,4–3,6(–3,8) mm long., con arista de 3,8–4,8(–5,8) mm long., inserta generalmente a 1,2 mm de la base, superando brevemente el ápice de las glumas ·························· **12. D. curta**

26. Raquilla de 2,5–3,7 mm long., con pelos que superan la longitud del antecio. Lemma con arista larga, superando a las glumas en 2,5–3 mm long. Cañas floríferas curvadas o sinuosas ·························· **26. D. lagurus**

25. Anteras de (1–)1,4–2,5 mm long:
   28. Lígula hendida, pilosa o ciliolada en el borde. Antecio con el callo agudo, piloso, articulación estrechamente elíptica. Raquilla con pelos tan largos o mayores que el antecio. Plantas xerófilas con hojas rígidas, rectas o curvadas:
      29. Láminas flexuosas, curvadas hasta circinadas, rígidas. Inflorescencias de 3–5 cm long., subincluidas en el césped. Lemma con arista de 5–6,2 mm long., superando la longitud de las glumas. Plantas de (5–)10–15 cm de altura ························· **10. D. crispa**
      29. Láminas rectas o levemente curvadas. Inflorescencias de 5,5–11 cm long., generalmente exertas del césped. Lemma con arista menor o mayor que las glumas. Plantas de 14–45 cm de altura ···· **16. D. deserticola**
   28. Lígula entera, acuminada, subtrígona o truncada, membranácea o escariosa, a veces con el ápice fimbriado o hendido pero en este caso glabra o glabrescente. Antecio con el callo redondeado, articulación de contorno circular. Raquilla con pelos menores o mayores que el antecio. Plantas de hábitats variados:
      30. Antecio con el callo abundantemente piloso, pelos que alcanzan la $^1/_2$ o las $^3/_4$ partes del antecio. Lemma con arista recta que no alcanza su ápice ·· **35. D. poaeoides**
      30. Antecio con el callo cortamente piloso, pelos $^1/_3$ de la longitud del antecio o menores. Lemma con arista de variada longitud, recta o retorcida
         31. Láminas curvadas, recurvadas, flexuosas o rectas. Plantas con hojas formando un césped basal generalmente menor que la mitad de la longitud de las cañas floríferas. Matas pequeñas o medianas, aveces formando cojines laxos o densos:
            32. Lemma con arista inserta en el tercio inferior del dorso, no superando la longitud de las glumas. Pedicelos escabroso-pilosos a hirsutos. Espiguillas bronceadas con tintes violáceos. Inflorescencia capitada o subcapitada, de 1,5–2,5 cm diám o de contorno eliptico, de (2–) 2,5–5 cm long. por 1–1,5 cm lat. Láminas de 0,5–5 cm long. Anteras de 1,8–2,5 mm long. Raquilla con pelos que igualan o superan la longitud del antecio ······················· **43. D. spicigera**

32. Lemma con arista inserta en el tercio medio del dorso, menor que las glumas; o inserta en el tercio medio o inferior del dorso y generalmente superando la longitud de las glumas. Pedicelos glabrescentes o escabrosos:
33. Inflorescencias violáceo-oscuro, de 2–5,5(–7,5) cm long. Espiguillas, raquis, ramificaciones y pedicelos violáceo-oscuro, con escabrosidades y pelos blanquecinos. Glumas glabras, escabrosas sobre la quilla y dorso o glumas con la quilla ciliolada y el dorso escabroso ciliolado, escabrosidades y pelos blanquecinos. Láminas glabras, escabriúsculas a notablemente escabrosas, con los bordes ciliolados
 . . . . **47. D. violacea**
33. Inflorescencias verdosas, amarillentas, a veces con tintes violáceos. Glumas con tintes violáceos en el dorso y blanquecinas o amarillentas hacia el tercio distal, glabras o escabrosas, escabrosidades no contrastantes con el color de las glumas:
34. Lemma con la arista menor que el antecio, igualando las glumas o superándolas brevemente. inserta en el tercio medio o inferior del dorso. Raquilla con pelos largos que superan al antecio:
35. Inflorescencia de 1,5–5(–6,5) cm long. Glumas hasta de 6,6 mm long. Lemma de 3–4,2(–6,6) mm long:
36. Láminas de 1–2 cm long., con el ápice agudo o navicular, glabras o escabriúsculas en la cara inferior. Glumas y antecio subiguales en longitud, a veces las glumas algo mas pequeñas. Arista de (3,2–) 3,4–4 mm long, que a veces sobrepasa brevemente las glumas
 . . . . **7. D. chrysophylla**
36. Láminas de 2–5(–7) cm long., acuminadas, punzantes, cara abaxial escabriúscula. Glumas mayores que el antecio. Arista de 1,6–2,8(–3,4) mm long., por lo general menor que la lemma y menor que las glumas
 . . . . **14. D. curvula**

35. Inflorescencia de 5–24 cm long., por 2–4 cm lat., subespiciforme, con ramificaciones laterales aproximadas al raquis o distanciadas entre sí y poco aproximadas. Lemma de 4,2–6,5 mm long. Láminas de 2–24 cm long. ········ **3. D. brevifolia**

34. Lemma con arista superando a las glumas, inserta en el tercio inferior del dorso. Raquilla con pelos menores o mayores que el antecio:

37. Láminas erectas, alineadas con las vainas, generalmente rectas. Raquilla con pelitos cortos y escasos, alcanzando aproximadamente, la mitad de la longitud del antecio, menores que la pálea. Inflorescencias exertas, con ramitas muy cortas y contraidas:

38. Lemma de (3,8–)4–4,6 mm long. con arista de 5,5–7,5 mm long., inserta a 0,8–1,2 mm de la base, superando las glumas. Cañas floríferas de (11–)20–32 cm long. Inflorescencia de 9–10(–12) cm long.
·············· **20. D. fuscata**

38. Lemma de 2,8–3,5(–3,8) mm long., con arista de (3–)3,6–4 (–4,4) mm long., inserta a 0,2–0,8 mm de la base, superando brevemente la longitud de las glumas. Cañas floríferas de 6–22 cm long. Inflorescencias de 2–8 cm long.
·············· **19. D. filifolia**

37. Láminas flexuosas o suavemente curvadas, rectas o algo divergentes. Raquilla con pelos que alcanzan el ápice de la pálea o lo superan. Inflorescencia con ramas erectas, a veces divergentes, exertas o subincluidas:

39. Plantas de 10–20(–40) cm de altura. Lemma de 5–5,4 mm long., con arista de 5,4–7,5 mm long. Raquilla de 1,8–2,5(–3,7) mm long., con pelos que igualan o superan al antecio
·············· **18. D. fiebrigii**

39. Plantas de 50–70 cm de altura. Lemma de 3,4–4,6 mm long., con arista de 4–5,4(–5,8) mm long. Raquilla con pelos menores que la pálea:
40. Espiguillas de 4–5,2(–5,4) mm long. Raquilla de (1–)1,2–2 mm long. Anteras de 2–2,6 mm long. Plantas generalmente de 70 cm de altura
.... **32. D. orbignyana**
40. Espiguillas de 5,4–6,6 mm long. Raquilla de (1,2–)1,4–1,5 mm long. Anteras menores de 2 mm long., de 1,5–1,9 mm long. Plantas generalmente menores de 56 cm de altura
.... **11. D. cryptolopha**
31. Láminas rígidas, erectas, duras, punzantes. Plantas con hojas formando un césped mayor que la mitad de la longitud de las cañas floríferas. Matas densas, hasta de 1,80 m de altura:
41. Inflorescencias subespiciformes, erectas, de contorno oval, con tintes dorados o bronceados, a veces violáceas, ramificaciones contraidas, densamente espiculadas desde la base, a veces lobuladas y subnutantes (*D. glacialis*). Láminas convolutas o conduplicadas, de 1–1,4 mm diam., generalmente divergentes de las vainas. Lígula coriácea o cartácea:
42. Glumas agudas, de 5,5–6(–6,2) mm long. Lemma de 4,6–5 mm long. Inflorescencia de contorno elíptico, densamente espiculada
.... **15. D. densiflora**
42. Glumas acuminadas, de (5,4–)6,2–9,5(–11) mm long. Lemma de (4–)5–8 mm long. Inflorescencia de contorno elíptico o lobulada:
43. Glumas iguales o subiguales entre sí. Inflorescencia de (8–)10–18 cm long., de contorno oval a elíptico, ramificaciones densamente espiculadas. Lemma de 5–8 mm long. .... **31. D. nitidula**

43. Glumas desiguales. Inflorescencia de 15–20 cm long., lobulada, generalmente subnutante en la mitad superior, ramificaciones inferiores laxamente espiculadas. Lemma menor de 6 mm long.
.... **21. D. glacialis**

41. Inflorescencias flexuosas, verdosas o violáceas, discontínuas, ramificaciones mas o menos contraidas, generalmente desnudas en la parte proximal. Láminas convolutas o conduplicadas, generalmente de 1 mm diam. Lígula membranácea:

44. Raquilla barbada, con pelos cortos, alcanzando desde la $^1/_2$ a las $^3/_4$ partes del antecio o el ápice de la pálea. Lígula obtusa o truncada, de 0,2–5,8(–6,6) mm long., a veces acuminada (*D. recta*):

45. Raquis, pedicelos y espiguillas escabrosos-hirsutos. Lemma con arista de (3,6–)4–5 mm long. Cañas escabrosas o pubescentes debajo de la inflorescencia
.... **24. D. hirsuta**

45. Raquis, pedicelos y espiguillas escabrosos o escabriúsculos. Lemma con arista de 5,8–8 mm long. Cañas glabras o escabriúsculas por debajo de la inflorescencia:

46. Gluma superior 3-nervia, nervios laterales breves, alcanzando el tercio inferior de la misma. Inflorescencia erecta, subespiciforme. Ramificaciones laterales cortas y adpresas. Láminas escabrosas, erectas, punzantes, rígidas. Glumas de 5,4–8(–8,5) mm long.
.... **37. D. recta**

46. Gluma superior 3-nervia, nervios laterales superando la mitad de la longitud de la misma, menores en *D. tarmensis* var. *tarijensis*. Inflorescencia con ramificaciones laterales algo flexuosas. Láminas erectas rígidas, con la cara adaxial escabrosa o escabroso-pubescente o algo flexuosas con la cara adaxial escabriúscula (*D. tarmensis* var. *tarijensis*); cara abaxial escabrosa. Glumas de (4,4–)4,8–5,4–6,2(–7)
.... **45. D. tarmensis**

51. Deyeuxia

44. Raquilla pilosa, con pelos largos que alcanzan o superan la longitud del antecio. Lígula acuminada, membranácea, de 8–15 mm long., excepcionalmente menor:
   47. Lemma de (5–)5,4–6,2(–6,6) mm long., con arista de 5,4–7,4 mm long., que sobrepasa ampliamente las glumas. Raquilla con pelos que superan ampliamente alantecio, excepcionalmente lo igualan ·········· **25. D. intermedia**
   47. Lemma de (4,2–)4,5–5,2(–5,4) mm long., con arista de 4–5,8 mm long., alcanzando el ápice de las glumas o sobrepasandolo brevemente. Raquilla con pelos que alcanzan desde las $^3/_4$ partes del antecio hasta el ápice del mismo ·· **39. D. rigida**
1. Callo recurvado, con pelos sedosos que alcanzan las $^3/_4$ partes de la longitud del antecio o lo sobrerpasan ampliamente:
   48. Pelos del callo menores o de igual longitud que la lemma. Glumas superando al antecio en 0,5–0,6 mm long. Lígula de 1,6–2 mm long. ···· **40. D. rupestris**
   48. Pelos del callo mayores que la lemma. Glumas superando al antecio en 1,5–2,5 mm long. Lígula generalmente de 0,6–1,5 mm long.
   ································ **48. D. viridiflavescens**

1. D. boliviensis *(Hack.) Villavicencio*, Dissert.: 131 (1995). Tipo: Bolivia, La Paz, *Buchtien* 866 (W, holótipo; LIL, isótipo).
Calamagrostis boliviensis Hack., Repert. Spec. Nov. Regni Veg. 6: 156 (1908).

Plantas perennes. Culmos erectos de (6–)10–30 cm de altura. Lígula membranácea de (0,6–)0,8–1,4 mm long. Láminas planas o conduplicadas, de 2–10 cm long. × 0,4–1,6 mm lat., escabrosas o pubescentes, a veces con pelos en los márgenes. Inflorescencia subespiciforme, exerta de (3–)4–9 cm long. × 0,5–1 cm lat. Glumas 2, subiguales de 3,8–5,4 mm long., la inferior 1-nervia, la superior 1(–3)-nervia, nervio medio escabriúsculo. Lemma de (2,8–)3–3,6 mm long., escabriúscula hacia el ápice, glabra hacia la base, ápice terminado en 4 dientes deltoides o arístulados de 0,2–0,3 mm long., arista dorsal de 4–5,8 mm long., inserta a 0,6–0,8 mm de la base. Pálea membranácea 2-nervia, de 1,6–2 mm long. Callo redondeado, piloso. Raquilla de 0,9–1,2(–1,5) mm long., con pelitos cortos y escasos, mayores que la pálea. Estambres 3, anteras de 0,4–0,5 mm long.

LA PAZ: Murillo, camino La Paz–Las Yungas, *Rúgolo et Villavicencio* 1861. Ingavi, Cantón Jesús de Machaca, comunidad Titicani–Tacaca, *Villavicencio* 708.
COCHABAMBA: Tapacari, a 1 km del Illimani, hacia Cochabamba, *Beck et al.* 18037.
TARIJA: Cercado, cuesta de Sama, *Bastian* 789a

Bolivia. Vive en similares regiones que *D. heterophylla*, siendo por lo general plantas de mayor porte; 2900–4450 m.

2. D. breviaristata Wedd., Bull. Soc. Bot. France 22: 177, 179 (1875). Tipo: Perú, punas entre Puno et Arequipa, *Weddell* 1848 (P, holótipo; US, isótipos).
Deyeuxia mutica Wedd., Bull. Soc. Bot. France 22: 177, 180 (1875). Tipo: Bolivia, Laguna de Potosí, *D'Orbigny* 182. (P, holótipo; BAA, frag.).
Deyeuxia variegata Phil., Anales Mus. Nac. Santiago de Chile 8: 83 (1891). Tipo: Chile, Inter Machuca et Copacoya, *Philippi*. (SGO, holótipo; BAA, K, SGO, US, isótipos).
Calamagrostis variegata (Phil.) Kuntze, Revis. Gen. Pl. 3 (2): 345 (1898).
Calamagrostis breviaristata (Wedd.) Pilg., Bot. Jahrb. Syst. 42 (1): 66 (1908).

Plantas perennes, cespitosa. Culmos exertos del césped, excepcionalmente subincluidas, de 3–25(–30) cm de altura. Lígula membranácea, de 0,8–2(–4,5) mm long., ápice obtuso, hendido, ciliado, dorso finamente piloso. Láminas erectas, conduplicadas, de 1–6 cm long., ápice obtuso, haz piloso, envés glabro. Panícula laxa, de 1–5 cm de largo, ramificaciones glabras, a veces contraídas, pedicelos glabros o escabriúsculos. Glumas subiguales, de (3,2–)3,5–4,8(–5) mm long., la inferior 1-nervia, la superior 3-nervia, quilla glabra o escabriúscula. Lemma de (2,6–)2,8–3,6(–4,5) mm long., glabra o escabriúscula en el tercio distal, ápice 2–4 lobulado, con mucrón subapical o arístula de (0,3–)1,8–2,6 mm long. Pálea de 2–3,2(–3,5) mm long., 2-nervia, ápice 2-denticulado. Callo redondeado, pelos menores de 1 mm long. Raquilla de (1,2–)1,4–2(–2,2) mm long., pilosa, los pelos alcanzan el ápice del antecio o lo sobrepasan. Estambres 3, anteras violáceas de 1,4–2,4 mm long.

LA PAZ: Ingavi, cantón Jesús de Marchaca, Titicani-Tacaca, *Villavicencio* 667.
ORURO: Pagador, entre Huari y Sevaruyo, *Navarro* 207.
POTOSI: Sud Chichas, Lago Taxara, *Ehrich* 303.
TARIJA: Avilés, Patancas, *Bastian* 676.
Perú, Bolivia, Chile y Argentina. Forma césped denso en lugares húmedos de la Puna; 3300–4700 m.

3. D. brevifolia *J. Presl*, Reliq. Haenk. 1: 248 (1830). Perú, *Haenke* (PR, holótipo; US, frag.; PRC, isótipo).
Calamagrostis brevifolia (J. Presl) Steud., Nomencl. Bot. ed. 2, 1: 240 (1840).

Plantas perennes, cespitosa, césped basal denso. Culmos erectos, de 13–65(–80) cm de altura. Vainas glabras o escábridas, las superiores alcanzando la panícula o algo más breves. Lígula membranácea, subtrígona de 1–3(–4,8) mm long., obtusa, o acuminada borde pestañoso o glabro. Láminas convolutas, flexuosas, curvadas, de 2–12(–24) cm long. × 0,4–0,6 diám., haz escabriúsculo, pilosa en el margen, envés glabro o escabriúsculo, ápice punzante. Panícula subespiciforme, de (1,5)3,5–20 cm long., × 1–4 cm lat., más o menos laxa, ramificaciones y pedicelos glabros o escabriúsculos. Glumas agudas, de (4,8–)5–6,8 mm long., 1-nervias o la superior 3-nervia, nervio medio escabroso, dorso violáceo, escabriúsculo. Lemma de

4,2–5,3(–6,5) mm long., escabriúscula, ápice 4-denticulado, arista dorsal recta, escabrosa de 3–4,2(–5) mm long., igualando la longitud del antecio o brevemente mayor, inserta en el dorso medio. Pálea membranácea, de 3–4,3 mm long., ápice brevemente 2-dentado. Callo breve, piloso, pelos generalmente de 1 mm long. Raquilla de 1,6–2,8(–3) mm long., pelos largos que igualan o superan al antecio. Estambres 3, anteras violáceas de (1,6–)1,9–2,2(–2,8) mm long.

Inflorescencia subespiciforme de 5–10 cm long. × 2 cm lat., ramificaciones laterales aproximadas al raquis. Lemma con arista que no sobrepasa las glumas. Láminas hasta de 11 cm long. · var. **brevifolia**
Inflorescencia contraida, de 10–24 cm long. × 4 cm lat., ramificaciones laterales distanciadas entre sí y poco aproximadas. Lemma con arista que iguala o sobrepasa brevemente las glumas. Láminas mayores de 11 cm long.
· var. **expansa**

var. **brevifolia** Fig. 45.

LA PAZ: Murillo, cumbre de Yungas, Unduavi, *Beck* 14737. Ingavi, Huacullani, Cordepaz, ca. Lago Titicaca, *Beck* 1019 B; Jesús de Machaca, 20 km de Guaqui, *Villavicencio* 747.

POTOSI: Uyuni, *Asplund* 6484.

Perú, Bolivia y Argentina. Forma césped denso con inflorescencias exertas, en lugares húmedos; 3000–4700 m.

var. **expansa** *Rúgolo & Villavicencio*, Bol. Soc. Argent. Bot. 31 (1–2): 125 (1995). Tipo: Bolivien, La Paz, *Buchtien* 501 (US, holótipo; BAA, SI, LIL, K, isótipos).

Plantas perennes. Culmos de 30–80 cm alt., glabros, poco estriados. Vainas glabras o escábridas, las superiores alcanzando la panícula o algo más breves. Lígula de 1–3,8(–4,8) mm long., membranácea, obtusa o acuminada, margen glabro o ciliolado. Láminas convolutas, de 11–24 cm long. × 0,4–0,6 mm diám., flexuosas o rectas, haz escabroso, envés escabríusculo. Inflorescencia de 10–20 cm long., hasta 4 cm lat., más o menos laxa. Raquis glabro, ramificaciones en verticilos distanciados entre sí, más o menos divergentes del raquis, glabros o escabrosos, las inferiores de 3,5–7,5 cm long., pedicelos de 1–5(–6,2) mm long., glabros o escabrosos. Glumas subiguales, de (4,5–)5,4–6(–6, 2) mm long., ápice agudo a acuminado, dorso y carina escabrosos, gluma inferior 1-nervia, superior 3-nervia, nervios laterales alcanzando $^{1}/_{2}$–$^{2}/_{3}$ de su longitud. Lemma 4,6–4,8(–5) mm long., menor que las glumas, 5-nervia, escábrida a veces solo en la superior, ápice bífido o 4-dentado, dientes triangulares, membranáceos, irregulares. Arista de 3,4–4(–4,2) mm long., flexuosa o algo retorcida hacia la base, inserta a 1,2–1,8 mm de la base, poco mayor que las glumas. Pálea de (3–)3,6–3,8(–4,4) mm long., 2-nervia. Lodículas 2, de 0,8 mm long., membranáceas, bilobuladas. Callo piloso, pelos de 0,6–1,2(–1,4) mm long. Raquilla de (1,6–)1,8–2,6(–2,8) mm long., pilosa, pelos de 2,4–4(–4,2) mm long., que igualan o superan el ápice de la lemma. Estambres 3, anteras de 1,6–2,6 mm long., elípticas. Cariopsis no visto.

LA PAZ: Cerro Calvario, *Parodi* 10100; Obrajes, *Parodi* 10150. Huaraco, *Ruthsatz* 359. Omásuyos, de Huarinas unos 3 km hacia Tiquina, *Beck*, 20745.
ORURO: Poopo, Pazña, *Asplund* 6475.
Perú y Bolivia. En Bolivia crece en la región de la Puna árida y semihúmeda, esta variedad fué coleccionada en lugares húmedos; 3200–3900 m.

4. D. calderillensis *(Pilg.) Rúgolo,* Bol. Soc. Argent. Bot. 30 (1–2): 112 (1994). Tipo: Bolivia australis, Calderillo, *Fiebrig* 3172. (B, holótipo; BAA, frag.; LIL, SI, W, isótipos).
Calamagrostis calderillensis Pilg., Bot. Jahrb. Syst. 42 (1): 72 (1908).

Plantas perennes, cespitosas. Culmos erectos de 0,90–1,30 m de altura. Lígula membranácea, truncada, de (1,5–)2–4,3 mm long. Láminas planas, convolutas al secarse, escabriúsculas, de 40–50 cm long. por 7–9 mm lat., pulvínulos notables. Panícula laxa, amplia de 22–30 cm long., algo nutante, ramificaciones verticiladas, flexuosas, glabras o escabriúsculas, pedicelos glabros o escabriúsculos. Glumas subiguales de 2,6–4 mm long., 1-nervias, nervios escabrosos. Lemma de 2,4–3,3 mm long., dorso escabroso, ápice denticulado, mútica o mucrónada. Pálea membranácea de 2–3 mm long., 2-nervia, nervios escabrosos, ápice obtuso. Callo redondeado, poco piloso, pelos hasta de 0,5 mm long. Raquilla de 0,7–1,2 mm long., poco pilosa, los pelos alcanzan el tercio superior del antecio. Estambres 3, anteras de 1,5–1,9 mm long. Fig. 44.

TARIJA: Méndez, Strasse Carichi, Mayu–Leon Cancha, *Gerold* 116.
Bolivia y Argentina. Forma matas en faldeos montañosos; 3000–4500 m.

5. D. cabrerae *(Parodi) Parodi,* Revista Argent. Agron 20(1): 14 (1953).
Calamagrostis cabrerae Parodi, Revista Argent. Agron. 15(1): 59 (1948). Tipo: Argentina. Prov. Jujuy, Dep. Susques, Campo Amarilo cerca de Olacapato, *Cabrera* 8290.

var. **cabrerae**

Plantas perennes, densamente cespitosa, rizomas cortos, oblicuos, innovaciones intravaginales. Culmos erectos de 20–90 cm de altura. Vainas glabras, Ligula de 2–4 mm long., truncada, borde ciliado. Láminas erectas, rigidas, punzantes, hasta de 35 cm long.

Argentina. Hasta el presente la var. tipica no ha sido hallada en Bolivia.

var. **aristulata** *Rúgolo & Villavicencio,* Bol. Soc. Argent. Bot. 31 (1–2): 126, fig. 1 (1995). Tipo: Argentina, Jujuy, Humahuaca, Mina Aguilar, entre Molino y Veta, *Ruthsatz* XXI/61 (SI, holótipo).

51. Deyeuxia

Plantas perennes, densamente cespitosa, rizomas cortos, oblicuos, innovaciones intravaginales. Culmos erectos de 20–30 cm de altura. Vainas glabras, ciliadas en el margen. Lígula de 1,6–4 mm long., truncada, borde ciliado. Láminas erectas, rígidas, punzantes, hasta de 21 cm long. × 0,6–0,8 mm lat., cara abaxial glabra, la adaxial pilosa. Inflorescencia subespiciforme de 6–12 cm long. × 0,5 cm lat., generalmente subincluida en el césped, ramificaciones y pedicelos escabrosos. Glumas de (5,4–)6–8 mm long., la inferior 1-nervia, la superior 3-nervia. escabrosas en el dorso superior y en la quilla. Lemma de (4–)4,8–6,2 mm long., escabrosa, violácea, arístula recta inserta en el tercio superior generalmente menor que la lemma. Pálea de 3,6–4,4 mm long., 2-nervia, ápice bidentado. Callo agudo cortamente piloso. Raquilla de (1,8–)2–3 mm long., con pelos que superan al antecio. Estambres 3, anteras de 2,8 mm long.

POTOSI: Sud López, Tapaquillcha, *Liberman* 170; Mina Corina, *Ruthsatz* 986; Región de la Laguna Colorada, laderas orientales del Co. Negro, *Gonzalo Navarro* GN 458.

Bolivia y Argentina. Propia de la Puna árida y semiárida, es una planta xerófila que forma matas densas; 4300–4600 m.

Difíere de la var. *cabrerae*, principalmente por las espiguillas menores, los antecios brevemente aristados, con arista subapical que no supera las glumas y el callo agudo y de menor longitud, generalmente 0,3–0,4 mm long.

6. D. chrysantha J. Presl, Reliq. Haenk. 1: 247 (1830). Tipo: Perú, *Haenke*. (PR, lectótipo, selecionada por Villavicencio (1995); US, frag.; PR, PRC, isolectótipos).
Calamagrostis chrysantha (J. Presl) Steud., Nomencl. Bot. ed 2, 1: 250 (1840).
C. mutica Steud. in Lechler, Berberid. Amer. Austral.: 56 (1857), nom. nud.
Stylagrostis chrysantha (J. Presl) Mez, Bot. Arch. 1: 20 (1922).
Deyeuxia leiopoda Wedd., Bull. Soc. Bot. France 22: 177, 180 (1875). Tipo: Bolivia, La Paz, La Lancha, *Weddell,* 1851 (P, síntipo; US, frag.).

Plantas perennes, rizomatosas, rizomas alargados, verticales. Culmos erectos de 8–80 cm de altura. Lígula membranácea (estípula ligular), hialina, acuminada, de 0,7–16 mm long. dorso con dos quillas membranáceas, desvanecidas hacia el ápice. Láminas rígidas, conduplicadas, de 1–23 cm long., pulvinadas en la base. Inflorescencia subespiciforme elipsoide o subesférica, dorado-bronceada, de (1,5–)2–11 cm long. × 0,7–3 mm lat., ramás floríferas y pedicelos glabros. Glumas de 5–7 mm long., membranáceas, acuminadas, glabras, tenues, la inferior 1-nervia, la superior 3-nervia. Artejo inferior de la raquilla de 0,4–0,5(–1) mm long. Lemma membranácea, glabra, de 3,5–5,5 mm long., ápice hendido, 4-dentado, arista dorsal recta, débil, inserta en el tercio inferior del dorso, generalmente menor que la lemma. Pálea membranácea, de 3–4,3 mm long., 2-nervia, nervios poco evidentes en la base, ápice hendido, 4-dentado. Raquilla de (0,8–)1–2 mm long., pilosa, pelos tan largos como el antecio. Callo redondeado, breve, piloso, pelos iguales o mayores que el antecio, excepcionalmente menores. Estambres 3, anteras de 1,6–2,6 mm long.

Panícula de 5–11 cm long., oblonga o elíptica. Láminas de 10–23 cm long., con esclerénquima abaxial formando una banda contínua ········ var. **chrysantha**
Panícula de 2–4,5 cm long., elipsoide o capitada, excepcionalmente oblonga. Láminas de 2–6(–8) cm long., con esclerénquima abaxial formando una banda discontínua ································· var. **phalaroides**

var. **chrysantha**

LA PAZ: Tamayo, Puyo Puyo (Ulla Ulla), *Menhofer* 2002; Apolobamba–Kordillere, am Puyo Puyo–See, oberhalb Ulla Ulla, *Menhofer* 2054. Murillo, Valle de Zongo, cerca Lago Zongo, *Beck* 1267.
Perú Chile, Bolivia y Argentina. Habita en vegas bofedales y lugares húmedos en sustratos ricos en restos vegetales; 4100–5000 m.

var. **phalaroides** (*Wedd.*) *Villavicencio*, Dissert.: 68 (1995). Tipos: Bolivia, Potosí, *D'Orbigny*, 197 (P, síntipo; SI, W, isosíntipos). La Paz, via ad Coroico, *Mandon* 1319 (P, síntipo; K, MO, SI, isosíntipos).
Deyeuxia phalaroides Wedd., Bull. Soc. Bot. France 22: 177, 180 (1875).

Se diferencia de la var. *chrysantha* por presentar láminas de 2–7 cm long., con esclerénquima abaxial discontínuo e inflorescencias subesféricas de 2–4 cm long. × 1–1,5 cm lat. Fig. 45.

LA PAZ: Saavedra, Juan José Pérez, *Lara Rico* 1690. Murillo, vecindad del Lago Zongo, *Solomon* 15851; 29 km al N de La Paz, Laguna Larama, *Koriyama* 29; La Cumbre–Chacaltaya, *Garcia et al.* 740.
ORURO: Sajama, Río Sururia, S. Nevado Sajama, *Liberman* 330.
POTOSI: Sud López, Co. Tapaquillcha, *Liberman* 215.
Argentina, Chile y Bolivia. Vegas y lugares anegados en regiones altoandinas; 4100–4700 m.

7. D. chrysophylla *Phil.*, Anales Mus. Nac. Santiago de Chile 8: 83 (1891). Tipo: Chile, (actualmente Argentina), Colorados, *Philippi* (SGO, lectótipo, BAA!, SGO, isótipos).

Plantas perennes, cespitosa. Culmos glabros, erectos, de 3,5–9 cm de altura, césped denso de 2–4 cm de altura. Lígula generalmente de 1 mm long., ápice emarginado, borde finamente ciliado. Láminas rígidas, conduplicadas, de 1–3 cm long., rectas o poco curvadas, ápice agudo, navicular, haz escabroso, margen inferior ciliolado, envés glabro o escabriúsculo. Panícula subespiciforme, de 1–3 cm long., ramás escabriúsculas, contraídas, pedicelos escabriúsculos. Glumas agudas, glabras, de 3,6–5 mm long., la inferior 1-nervia, la superior 3-nervia, nervio medio escabriúsculo. Lemma de 3,4–4(–4,6) mm long., dorso superior escabroso, ápice 4-denticulado, arista de 3–4 mm long. escabrosa, retorcida, inserta a 1,2–1,6 mm de la base, generalmente igualando la longitud de las glumas o superándolas brevemente. Pálea membranácea, de (2–)3,8(–4) mm long., 2-nervia, nervios escabriúsculos, ápice 2-dentado. Callo breve, piloso, pelos que alcanzan el tercio inferior del antecio. Raquilla de (1,5–)1,6–2,4 mm long., densamente pilosa, pelos tan largos como la lemma. Estambres 3, anteras de 1,5–2 mm long.

LA PAZ: Aroma, Huaraco, *Ruthsatz* 202.
POTOSI: *D'Orbigny* 283.
TARIJA: Avilés, Teczara, ca. de Patanca, *Bastian* 1057.
Norte de Chile, Argentina, nueva cita para Bolivia. Vive en vegas de la Puna siendo poco frecuente en Bolivia; 3750–5300 m.

8. D. ciliata *Rúgolo & Villavicencio*, Bol. Soc. Argent. Bot. 31 (1–2): 126 (1995). Tipo: Bolivia, Chuquisaca, Boeto, 1 km al S de Mendoza, O.M.R., CORDECH 43 (SI, holótipo; LPB, isótipo).

Plantas perennes, cespitosas. Culmos erectos, glabros, de (30–)40–50 cm alt., plurinodes. Vainas pilosas o solamente pilosas en los márgenes, menores que los entrenudos. Lígula de 0,8–3,6 mm long., membranácea, truncada, de ápice irregularmente denticulado, escabriúscula en el dorso. Láminas convolutas, de 7–24 cm long. por 0,5–1 mm diám., escabrosas o pubescentes en la cara adaxial o pilosas en ambas caras hacia la base, pulvinadas, erectas, flexuosas. Inflorescencia subespiciforme, erecta, de 7–10,5 cm long. × 0,7–1,5 cm lat., interrumpidas hacia la base, ramificaciones y pedicelos escabrosos-hispídulos. Glumas 2, de 3–5 mm long., aquilladas, quilla ciliada, suavemente curvada, ápice obtuso, dorso escabroso-hispídulo, la inferior 1-nervia, no alcanzando el ápice del antecio, la superior mayor, 3-nervia, nervios laterales escabrosos, casi tan largos como la gluma, o glabros y $^1/_2$ de su longitud. Artejo inferior de la raquilla breve, glabro. Lemma de 3,2–4,5 mm long., 3–5-nervia, escabrosa en la mitad superior, ápice hendido, arista recta o levemente curvada, escabrosa, de 0,4–2,4 mm long., inserta entre los dos dientes apicales. Pálea de (2–)3–3,5 mm long., 2-nervia, nervios escabrosos en el tercio superior, ápice brevemente 2-dentado. Callo breve, redondeado, con escasos pelitos cortos. Raquilla de 0,7–1,5(–2) mm long., pilosa, los pelos alcanzan la mitad del antecio. Lodículas 2, membranáceas, de 0,6 mm long., ápice irregularmente 2-lobulado, con diminutos pelos rígidos. Estambres 3, anteras de 2–2,1(–2,2) mm long.

Glumas con la quilla ciliada y el dorso escabroso-hispídulo. Gluma superior con los nervios laterales escabrosos-ciliados, casi tan largos como la gluma. Lemma (3–)–5-nervia. Vainas y parte inferior de las láminas piloso-hirsutas
.... var. **ciliata**
Glumas con la quilla escabroso-ciliada y el dorso glabro. Gluma superior con los nervios laterales glabros, menores que la mitad de la longitud de la misma. Lemma 3-nervia. Vainas glabras en el dorso, pilosas en los bordes. Láminas escabrosas o pubescentes en la cara adaxial ··············· var. **glabrescens**

var. **ciliata**

POTOSI: Lagunillas, *Cárdenas* 357.
Bolivia. En lugares húmedos, poco frecuente; 2830–3800 m.

Por los caracteres de la espiguilla recuerda a *Deyeuxia colorata* Beetle, de la cual se diferencia por las glumas con la quilla ciliada, levemente curvada, dorso escabroso-hispídulo, las vainas abundantemente pilosas y las ramificaciones y pedicelos escabroso-hispídulos.

var. **glabrescens** *Rúgolo & Villavicencio*, Bol. Soc. Argent. Bot. 31 (1–2): 128 (1995). Tipo: Bolivia, Cochabamba, Ayopaya, Morochata, *Cárdenas* 3407 (US, holótipo; LIL, isótipo).

Difiere de la var. *ciliata* por presentar glumas con el dorso glabro y el nervio medio escabroso-ciliado; gluma superior 3-nervia, nervios laterales menores que la mitad de su longitud. Vainas con el margen piloso y el dorso glabro. Láminas escabrosas o pubescentes en la cara adaxial.

COCHABAMBA: Koari, *Cárdenas* 5604. Ayopaya, Morochata, *Cárdenas* 3408. Arani, camino Arani–Vacas, Kewiñal, *Hensen* 1955.
Bolivia, Cochabamba., en valles y bosques montanos de *Polylepis*; 3000–3400 m.

9. D. colorata *Beetle*, Rhodora 66 (767): 277 (1964); nom. nov. basado en *D. rosea* (Griseb.) Türpe. Tipo: Argentina, Catamarca, inter Yacutula et Belén, *Lorentz* 655 (BA, US, isótipos; LIL, frag.).
Agrostis rosea Griseb., Abh. Königl. Ges. Wiss. Göttingen 19: 205 (1874).
Calamagrostis rosea (Griseb.) Hack., Anales Mus. Nac. Hist. Nat. Buenos Aires 11: 109 (1904).
Deyeuxia rosea (Griseb.) Türpe, Lilloa 31: 136 (1962), non Bor (1954).

Plantas perennes, cespitosas, rizomas cortos. Culmos erectos, de (8–)15–70 cm de altura, escabriúsculos hacia el ápice, glabros hacia la base. Lígula obtusa, truncada, de (0,8–)1,5–4 mm long., borde denticulado. Láminas erectas, lineares, de (2–)8–25 cm long., convolutas, lisas o escabriúsculas, ápice agudo, pulvinadas en la base. Inflorescencias subespiciformes de 5–24 cm long., por 1–2 cm lat., ramificaciones contraídas, exertas o con la base subincluida en el césped, ramificaciones y pedicelos escabrosos. Glumas de (2,8–)3–6,5 mm long., generalmente mayores que el antecio o la inferior menor que el mismo, gluma inferior 1-nervia, la superior 3-nervia, nervio medio y dorso escabrosos. Lemma de 3–5 mm long., dorso escabroso o escabriúsculo, ápice bidentado, mucrónada o con arístula subapical de 0,8–1,6(–2,5) mm long. Pálea membranácea de 2,5–3 mm long., 2-nerviada, nervios escabrosos, ápice bidentado. Callo redondeado, glabro o con escasos pelitos cortos. Raquilla de 1–1,5 mm long., pelos escasos hasta de 1 mm long. Estambres 3, anteras de 1,4–2 mm long.

CHUQUISACA: Tomina, Alto de Cuchilla, Padilla, *Troll* 841.
Argentina y Bolivia. Vive en regiones montañosas, generalmente en suelos arenosos y secos; 1780–4200 m.

10. D. crispa Rúgolo & Villavicencio, Bol. Soc. Argent. Bot. 31 (1–2): 128 (1995). Tipo: Argentina, Jujuy, Rinconada, Rinconada, Co. a 5 km del pueblo, *Arenas* s.n. (BACF 1909), (SI, holótipo; B, isótipo).

Plantas perennes, de (5–)10–15 cm alt., rizomatosas, con rizomas delgados, a veces verticales. Vainas amarillentas, membranáceas, ensanchadas, lisas. Lígula membranácea, hialina, acuminada, hendida, de (1,2–)2,4–4,5 mm long., margen ciliolado. Láminas amarillentas, de 2–8(–10) cm long. por 0,3–0,4 mm diám., transcorte subcircular, rígidas, curvadas, flexuosas, conduplicadas o convolutas, de ápice punzante, cara adaxial pubescente, la abaxial escabrosa o glabérrima. Inflorescencias subespiciformes, pauciespiculadas, de 1–5 cm long. por 0,5 cm lat., incluidas en el césped, raquis, ramificaciones y pedicelos escabrosos o glabrescentes. Glumas 2, agudas, la inferior de 5,4–6,2(–8) mm long., 1-nervia, la superior de 5–5,4(–7) mm long., 3-nervia, nervios laterales breves, nervio medio escabroso, dorso liso. Artejo inferior de la raquilla de 0,2–0,3 mm· long., articulación redondeada. Lemma de (4,4–)5–5,5 mm long., 5-nervia, dorso escabroso en la mitad superior, ápice hendido, dientes irregularmente denticulados, arista dorsal retorcida, geniculada, escabrosa, de (5–)6–6,2 mm long., inserta a 1,4–2,5 mm de la base, superando la longitud de las glumas. Pálea membranácea, de 3,4–4,5 mm long., 2-nervia, ápice 2-dentado, dientes hasta de 0,5 mm long. Callo redondeado, oblicuo, con pelos que no alcanzan el tercio inferior del antecio. Raquilla prolongada, de (1,8–)2–2,4 mm long., pilosa, los pelos generalmente alcanzan el ápice del antecio. Lodículas 2, membranáceas, de 0,5–0,6 mm long., ápice bilobulado, lóbulos diferentes, a veces con pelos rígidos en el margen. Estambres 3, anteras de (1,2–)2,2–2,5 mm long.

ORURO: Sajama, al E del pueblo Sajama, *Beck* 19912, 19914.
POTOSI: Sud Lípez, Co. Tapaquilcha, *Liberman* 167; Co. Sanabria, lado oriental, *Graf* 1007; Región de la Laguna Colorada, Co. Pabellón, *Navarro GN* 463; Vertiente SW del Co. Apacheta, ca. frontera chilena, *Navarro GN* 484; Mina Corina, *Ruthsatz* 851, 917, 999.
Perú, Bolivia, Chile y Argentina. Crece en pajonales áridos andinos, en suelos pedregosos ;4000–5000 m.

En Bolivia ha sido coleccionada tambien en bosques abiertos de *Polylepis*, en la Prov. Sajama. En ejemplares de herbario se consignan los siguientes nombres vernáculos: "vizcachera, paja vizcachera" (*Arenas* 1909); "tembladera" (venenoso) (*Catalano* SI 28243); "sikuya", utilizada como escoba (*Beck* 19912); "sikuya hembra", Aymará (*Beck* 19914). Un especie afín a *D. cabrerae* (Parodi) Parodi por presentar inflorescencias incluidas en el césped y hojas con láminas rígidas y punzantes, diferenciándose por las hojas curvadas, flexuosas hasta circinadas, vainas glabras, lígula ciliada y callo breve, así como por caracteres de la espiguilla. *D. cabrerae*, presenta espiguillas de 7–10 mm long., antecio de 6,5–8 mm long., pálea de 4,6–5,5 mm long. y artejo inferior de la raquilla de 0,5–1 mm long.

11. D. cryptolopha *Wedd.*, Bull. Soc. Bot. France 22: 176, 179 (1875). Tipo: Bolivia, Larecaja, Sorata, *Mandon* 1313 (P, holótipo; BAA, frag.; K, US, W, isótipo).

Plantas perennes, rizomatosa, con cortos rizomas. Culmos erectas, de 70–100 cm de altura, césped más corto que las cañas. Lígula membranácea de 2–4 mm long. Láminas conduplicadas, escabrosas, hasta de 18 cm long., × 0,5–1 mm lat., pulvinadas en la base. Inflorescencia suespiciforme, densa, de 12–18 cm long., ramificaciones y pedicelos escabrosos. Glumas subiguales, de 5,4–6,6 mm long., la inferior 1-nervia, la superior 3-nervia, escabrosas sobre la quilla y el dorso. Lemma de 3,8–4,6 mm long., escabrosa, arista dorsal de 4–5 mm long., inserta a (0,8–)1–1,6(–2) mm de la base. Pálea membranácea, de 2,8–3,8 mm long., 2–nervia, nervios escabriúsculos. Callo redondeado, pelos cortos. Raquilla de (1,2–)1,4–1,8 mm long., pelos de c. 1 mm no alcanzando el ápice de la pálea. Estambres 3, anteras de (1–)1,2–1,9 mm long.

LA PAZ: Murillo, 58 km N de La Paz (El Alto), Tiquina Road, *Escalona et al.* B513. Comanche, *Ceballos et al.* Bo 123.
Bolivia y Argentina. En regiones andinas; 2000–4500 m.

12. D. curta *Wedd.*, Bull. Soc. Bot. France 22: 176, 179 (1875). Tipo: Bolivia, La Paz, vic. Sorata, *Mandon* 1316. (P, holótipo en parte, *Festuca sp.*; BAA, frag.; K, isótipo en parte, *Festuca sp.*; BAA, frag.).
Calamagrostis curta (Wedd.) Pilg., Bot. Jahrb. Syst. 42: 61 (1908). Hitchc., Contr. U.S. Natl. Herb. 24: 376 (1927). comb. superfl.

Plantas perennes, cespitosa, de 3–10 cm de altura. Culmos erectas o flexuosas, geniculadas, exertas. Lígula membranácea, truncada, de 0,3–0,5 mm long., borde brevemente ciliado. Láminas convolutas o planas, glabrescentes o pilosas, hasta de 2 cm long. × 0,2–1 mm lat., ápice navicular u obtuso, pulvinadas en la base. Inflorescencia subespiciforme, subglobosa, hasta de 2 cm long., ramificaciones y pedicelos escabriúsculos. Glumas agudas de 4,8–6,5 mm long., verdosas o purpúreas, la inferior 1-nervia, la superior 3-nervia, carina escabriúscula. Lemma de 3,4–4,5 mm long., escabrosa, arista dorsal de (3,8–) 4,2–5,2(–8) mm long., escabrosa, retorcida, inserta a c. 1,5 mm de la base, exerta de las glumas. Pálea membranácea, 2-nervia, menor que la lemma, ápice brevemente 2-dentado. Callo breve, pelos de 0,5–1 mm long. Raquilla de 1,2–1,9(–3,7) mm long., pelos menores que la pálea o mayores que el antecio. Estambres 3, anteras violáceas de 0,2–0,5 mm long.

LA PAZ: Los Andes, carretera de Penas a la Mina Fabulosa, *Menhofer* 2348. Murillo, La Paz–Yungas, de la cumbre 3 km al N, *Beck* 8796.
Bolivia y Argentina. Vive en altas cumbres; 4200–5000 m.

13. D. curtoides Rúgolo & Villavicencio, Bol. Soc. Argent. Bot. 31 (1–2): 132 (1995). Tipo: Bolivia, La Paz, Murillo 3,4 km N de Milluni hacia Zongo, *Escalona, Solomon et Moraes* B 543 (LPB, holótipo).

Plantas perennes, cespitosa. Culmos erectos, violáceos, de 5–8 cm alt., nudos basales muy aproximados, césped menor que la mitad de la longitud de las cañas. Vainas lisas, glabras, las inferiores estrechas, las superiores de la caña más ensanchadas. Lígula membranácea, de 2–5 mm long., acuminada, blanquecina, ápice fimbriado. Láminas conduplicadas, de 1–3 cm long. × 0,5–0,6 mm diám., glabras, cara adaxial escabriúscula, ápice agudo, navicular. Inflorescencia subespiciforme, ovoide o subglobosa, de 1,5–2 cm long., dorado-violáceo, raquis glabrescente, pedicelos violáceo oscuro, glabros o escabriúsculos. Glumas 2, de 6–6,6 mm long., violáceo-doradas, la inferior 1-nervia, la superior 3-nervia, nervios laterales que alcanzan hasta la mitad de su longitud. Lemma de 3,8–4,4 mm long., glabra y brillante hacia la base, escabriúscula hacia el tercio distal, ápice 4-dentado, arista de 6–6,2 mm long., geniculada, retorcida en la base, inserta a 0,4–0,6 mm del dorso basal, menor que las glumas o superándolas brevemente. Pálea de 2,8–3 mm long., 2-nervia, nervios lisos o escabriúsculos, ápice 4-denticulado. Callo breve, redondeado, piloso, pelos hasta de 0,8–1,2 mm long. que alcanzan el tercio inferior del antecio. Raquilla de 1,2 mm long., pilosa, pelos hasta de 1,5–1,6 mm long. no alcanzando el ápice de la pálea. Lodículas 2, de 0,3 mm long., bilobuladas. Estambres 3, anteras de 0,6–0,8 mm long.

LA PAZ: Inquisivi, Cumbre E de Tablacancha, hacia Quime, *Killeen* 2662.
Bolivia, poco frecuente, formando matas pequeñas en barrancas secas; 4600 m.

Especie afín a *D. curta*, de la que se diferencia por la lígula acuminada, el antecio con arista generalmente igual o menor que las glumas, inserta cerca de la base del dorso y la raquilla con pelos que no superan el ápice de la pálea.

14. D. curvula *Wedd.*, Bull. Soc. Bot. France 22: 178,179 (1875). Tipo: Bolivia, *D'Orbigny* 219 (P, holótipo; BAA, W, isótipos).
Deyeuxia tenuifolia Phil., Anales Mus. Nac. Santiago de Chile 8: 83 (1891). Tipo: Chile, Huasco, *Philippi* (SGO, holótipo; BAA, W, isótipos).
Calamagrostis tenuifolia (Phil.) R. E. Fr., Nova Acta Regiae Soc. Sci. Upsal. ser. 4, 1 (1): 177 (1905).
Calamagrostis curvula (Wedd.) Pilg., Bot. Jahrb. Syst. 42: 60 (1908).

Plantas perennes, cespitosas, con finos rizomas verticales. Culmos erectos de 4–30 cm long., césped basal de 5–9 cm long. Lígula membranácea de 0,5–3 mm long., ápice hendido, borde finamente piloso, dorso escabriúsculo. Láminas incurvas, de 1–7 cm long., convolutas, haz finamente piloso, ápice agudo, punzante. Inflorescencia subespiciformes, de 1,5–5(–6,5) mm long., a veces interrumpidas, ramificaciones y pedicelos glabros o escabriúsculos. Glumas de 4–4,9(–5,5) mm long., la inferior 1-nervia, la superior 3-nervia, nervio medio escabriúsculo. Lemma de 3,5–4(–5) mm long., escabriúscula en el tercio distal, ápice brevemente hendido, fimbriado, arista dorsal recta de 1,6–2,6(–3,8) mm long., inserta en el tercio medio o superior del dorso, menor que la lemma o superándola brevemente. Pálea de (2,2–)3–3,8 mm long., 2-nervia, ápice bífido. Callo breve, pelitos de 0,5–1,5 mm long. Raquilla de 1,6–2,8 mm long., pilosa, pelos tan largos o mayores que el antecio. Estambres 3, anteras de 1,6–2 mm long.

LA PAZ: Murillo, 4 km después de la cumbre, bajando al valle de Zongo, *Beck* 2058.
ORURO: Cercado, salida de la ciudad, *Ceballos et al.* 206.
POTOSI: Sud López, Mina Corina, *Ruthsatz* 978.
Perú, Bolivia y norte de Chile y la Argentina. Crece en la alta Cordillera de los Andes en suelos húmedos y turberas; 3600–4900 m.

15. D. densiflora *J. Presl*, Reliq. Haenk. 1: 247 (1830). Tipo: Perú, *Haenke* (PR, holótipo; MO, PRC, US, W, isótipos).
Calamagrostis densiflora (J. Presl) Steud., Nomencl. Bot. ed. 2, 1: 250 (1840).

Plantas perennes, cespitosas, rizomas cortos. Culmos erectos, de 16–25 cm de altura. Lígula membranácea, subtrígona, glabra, de 1,6–6(–9) mm long. Láminas erectas, formando césped basal, conduplicadas, rígidas, de 6,5–16(–20) cm long. × 1–1,2 mm lat., ápice punzante, pulvínulo poco evidente. Inflorescencia subespicifome de 8–12 cm long. × 1–2 cm lat., generalmente dorado-brillante, densamente espiculada, ramificaciones y pedicelos glabros o escabriúsculos. glumas de 5,4–6(–6,2) mm long., la inferior 1-nervia, la superior 3-nervia, dorso liso, escabroso hacia el ápice. Lemma membranácea de 4,6–5 mm long., ápice 2-dentado-denticulado, arista recta, escabrosa, poco retorcida, de 3,6–4,5(–5) mm long., inserta en el dorso medio, generalmente no superando la longitud de las Glumas. Pálea membranácea, de 4–4,5 mm long., 2-nervia, ápice bidentado. Callo redondeado, poco piloso, pelos de 0,5–0,8 mm long. Raquilla de (–1,5)2–2,4 mm long., pilosa, los pelos superan la longitud del antecio. Estambres 3, anteras de 2–2,4 mm long.

LA PAZ: Loayza, Caxata, Cotacocha, Sa. de Tres Cruces, *Ceballos et al.* Bo 470. Murillo, Zongo-Tal, *Preiss et Feuerer* 4783; 2 km SW de La Cumbre, *Solomon* 13637.
Perú y Bolivia. Regiones altoandinas; 4200–4900 m.

16. D. deserticola *Phil.*, Fl. Atacam.: 55 (1860). Tipo: Chile, Cachinal de la Sierra, Jan. 1854, *Philippi* s.n. (SGO, lectótipo; W, isolectótipo).
Calamagrostis deserticola (Phil.) Phil., Anales Univ. Chile 94: 21 (1896).

51. Deyeuxia

Plantas perennes, cespitosa, rizomas cortos. Culmos erectos, de 15–45 cm de altura. Lígula membranácea de (2–)3,5–5(–13) mm long., ápice hendido, borde finamente piloso. Láminas erectas, de 4–19 cm long. × 0,5–0,7 mm diám., convolutas, rígidas, pilosas en el haz, pulvínulo no evidente, ápice punzante. Inflorescencia subespiciforme, de (3–)5–11 cm long. × 0,5–1,5 cm lat., ramificaciones y pedicelos escabrosos. Glumas de 4,5–6,8(–7,4) mm long., la inferior 1-nervia, la superior 3-nervia, quilla y tercio superior del dorso escabrosos. Lemma de 4,5–5,8 mm long., escabriúscula hacia el tercio distal, ápice hendido, 4-dentado, arista dorsal de 3,5–5,8(–6,8) mm long., escabrosa, retorcida, inserta a 1,1–2,2 mm de la base, superando el ápice de las glumas. Pálea de 3,2–4,5 mm long., 2-nervia, ápice hendido con pelitos marginales. Callo breve, redondeado, pelos de 0,5–0,6 mm long. Raquilla de 2,2–2,5(–3) mm long., pilosa, los pelos alcanzan el ápice de la pálea. Estambres 3, anteras de 1,8–2,6 mm long.

Lemma con arista de 4,6–6,8 mm long., superando la longitud de las glumas. Panoja subespiciforme de (4,5–)7–11 cm long. · · · · · · · · · · · · · · · · · · var. **deserticola**
Lemma con arista de 3,6–4,2 mm long., menor que las glumas. Panoja subespiciforme de 5,5–6,5 cm long. · · · · · · · · · · · · · · · · · · var. **breviaristata**

var. **deserticola**

Plantas perennes, cespitosa, rizomas cortos. Culmos erectos, de 15–45 cm de altura. Lígula membranácea de (2–)3,5–5(–13) mm long., ápice hendido, borde finamente piloso. Láminas erectas, de 4–19 cm long. × 0,5–0,7 mm diám., convolutas, rígidas, pilosas.

LA PAZ: Murillo, Mina Milluni, 6 km hacia el N, ladera baja del Co. Huayna Potosí, *Beck* 11196.
ORURO: Sajama, ladera W del Río Sururia, *Liberman* 45.
Norte de Chile, Bolivia y Argentina. Vegas, orillas de arroyos y lagunas salitrosas a elevadas altitudes; 3600–4900 m.

var. **breviaristata** *Rúgolo & Villavicencio*, Bol. Soc. Argent. Bot. 31 (1–2): 125 (1995). Tipo: Bolivia, Nevado Sajama, "Sururia-Tal", *Ruthsatz* 800 (B, holótipo).

Plantas perennes. Culmos de 14–24 cm alt., erguidos, escabriúsculos. Vainas escabriúsculas, no estriadas, las superiores algo más breves que las cañas. Lígula de (1,2–)1,6–4,4(–5,8) mm long., membranácea, acuminada, hendida, dorso y margen ciliolado. Láminas rígidas, rectas o poco curvadas, de 7–13 cm long. × 0,6–0,7 mm diám., convolutas, acuminadas o agudas, haz escabroso-pubescente, envés escabriúsculo, margen piloso. Inflorescencia de 5,5–9,5 cm long. × 0,5 cm lat., subespiciforme, pauciespiculada, superando brevemente al césped. Raquis y ramificaciones escabrosos a pubérulos, ramificaciones inferiores 2–3 cm long., pedicelos de 2–6,2 mm long., pubérulos. Glumas 2, dorso glabro o escabroso, carina escabrosa, gluma inferior de 5,8–6,6 mm long., 1-nervia, superior 5,4–5,8 (–6,2) mm long., 3-nervia, nervios laterales alcanzando $^1\!/_3$–$^1\!/_2$ de su longitud. Artejo inferior de la raquilla de 0,2 mm long., articulación redondeada. Lemma de 4–4,8 mm long., escabrosa en la parte superior, 5-nervia, ápice 4-dentado, dientes triangulares, membranáceos, irregulares. Arista dorsal de 3,6–4,2 mm long., recta o poco retorcida hacia la base, inserta a 1,8–2,4 mm de la base, no superando las glumas. Pálea membranácea, de 2,4–3,4 mm long., 2-nervia, ápice 2-dentado. Callo agudo, piloso, pelos de 0,8–1 mm long. Raquilla prolongada, de 1,8–2 mm long., pilosa, pelos de 2,4–3,4 mm long., poco más cortos que el ápice del antecio. Lodículas 2, bilobuladas, membranáceas, de 0,3–0,4 mm long., a veces con algunos pelos rígidos en el ápice. Estambres 3, anteras de (1,6–)2–2,4 mm long, elípticas.

ORURO: Sajama, ladera W del rio Sururia, *Liberman* 332; Nevado Sajama, Sururia-Tal, *Ruthsatz* 830.

POTOSI: Sud Lipez, Lugana Colorada, *Navarro* 458.

Bolivia, norte de Chile y noroeste de la Argentina. Región semiárida altoandina; 4010–4950 m.

Se diferencia de la var. tipica por el antecio menor, con lemma de 4–4,8 mm long., con arista dorsal de 3,6–4,2 mm long., recta o poco retorcida hacia la base, inserta a 1,8–2,4 mm de la base, no superando las glumas.

Esta variedad recuerda a *Deyeuxia crispa*, de la cual se diferencia por la arista más corta y las láminas no flexuosas.

17. D. eminens J. *Presl*, Reliq. Haenk. 1: 250 (1830). Tipo: Perú, *Haenke* (PR, holótipo; US, frag.; P, PRC, W, isótipos; BAA, frag.).
Calamagrostis eminens (J. Presl) Steud., Nomencl. Bot. ed. 2, 1: 250 (1840).
Deyeuxia robusta Phil., Fl. Atacam.: 54 (1860). Tipo: Chile, *Philippi* (SGO, holótipo n.v.).
Agrostis eminens (J. Presl) Griseb., Pl. Lorentz.: 206 (1874).
Deyeuxia elegans Wedd., Bull. Soc. Bot. France 22: 177, 179 (1875). Tipo: Bolivia, Larecaja, Vicinis Sorata, prope Millipayae, ad Sodinae, San Bartolomeo, *Mandon* 1309 (P, síntipo; K, US, W, isosíntipos; BAA, frag.).
Deyeuxia polystachya Wedd., loc. cit.: 177, 180 (1875). Tipo: Perú, Carabaya, *Weddell* 1848 (P, holótipo; BAA, frag.).
Deyeuxia arundinacea Phil., Anales Mus. Nac. Santiago de Chile 8: 84 (1891). Tipo: Chile, Colorados, 21 Jan. 1885, *Philippi* (SGO, holótipo; W, frag.; SGO, isótipo; BAA, frag.; US, fotótipo).
Calamagrostis robusta (Phil.) Phil., Anales Univ. Chile 94: 19 (1896).
Calamagrostis eminens var. *tunariensis* Kuntze, Revis. Gen. Pl. 3 (2): 344 (1898). Tipo: Bolivia, Tunari, *Kuntze*, 1892 (US, holótipo).
Calamagrostis eminens var. *sordida* Kuntze, loc. cit. Tipo: Bolivia, Tunari, *Kuntze*, 1892. (US, holótipo).

Plantas perennes, cespitosa, a veces con rizomas verticales, innovaciones intravaginales. Culmos erectos, escabriúsculos, brillantes, de (36–)50–130 cm de

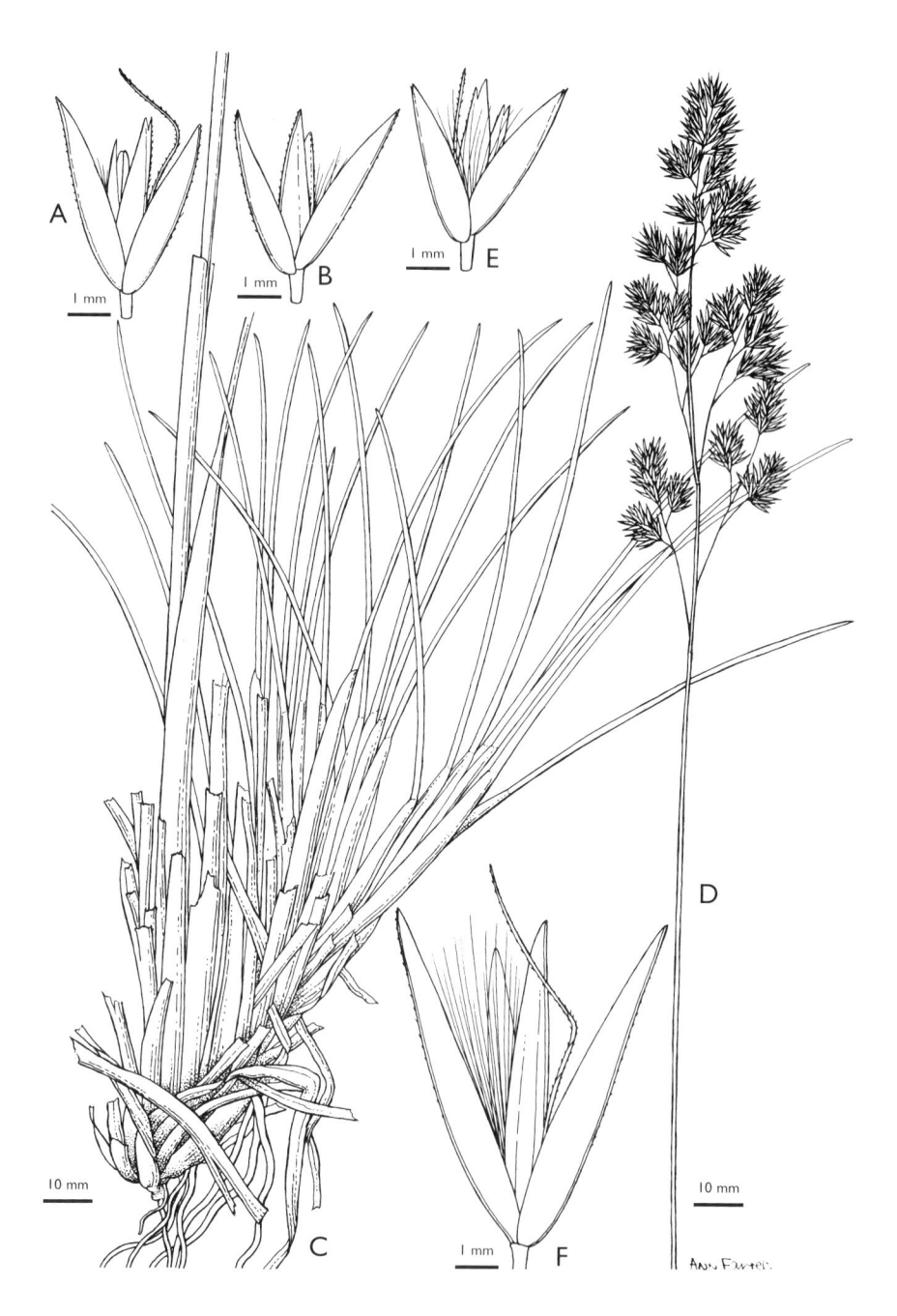

Fig. 44. **Deyeuxia filifolia** var. **filifolia**, A espiguilla basada en *Feuerer* 4318. **D. calderillensis**, B espiguilla basada en *Gerold* 116. **D. eminens** var. **eminens**, C habito, D inflorescencia, E espiguilla basada en *Avíla* 29. **D. nitidula**, F espiguilla basada en *Solomon* 13635.

altura. Lígula (estípula ligular) acuminada, membranácea, hialina, de 1–3,3 cm long., biaquillada en el dorso. Láminas de 10–60 cm long., convolutas, cara adaxial papilosa, la abaxial escabrosa,. Inflorescencia laxa, de (12–)18–40 cm long., ramificaciones verticiladas hasta de 16 cm long., flexuosas, escabrosas o glabérrimás, desnudas , espiguillas doradas aglomeradas en el tercio distal. Glumas 2, membranáceas, de (3–)3,2–5,4(–6,5) mm long., glabras o escabrosas en el tercio distal, ápice irregularmente denticulado, la inferior 1-nervia, la superior 3-nervia. Artejo inferior de la raquilla de 0,4–0,8 mm long., articulación de contorno circular. Lemma membranácea, de 2,8–3,8 mm long., ápice 4-dentado, dientes denticulados, arista dorsal débil, escabrosa, tan larga como la lemma o menor que la misma. Pálea de 2,5–3,4 mm long., 2-nervia, 4-dentada, de igual consistencia que la lemma. Callo, breve, redondeado, pelos de 0,3 mm hasta casi tan largos como el antecio. Raquilla de 0,8–1,8 mm long. poco pilosa. Estambres 3, anteras de 1,6–2,5 mm long.

Raquis ramificaciones y pedicelos escabrosos a híspidos. Glomérulos de espiguillas generalmente de 1 cm de diám. Glumas de (3–)3,2–5(–5,4) mm long. Láminas con esclerénquima abaxial formando una banda contínua ··········· var. **eminens**
Raquis , ramificaciones y pedicelos glabros. Glomérulos de espiguillas generalmente de 1,5–2 cm de diám. Glumas de 4,4–5,2(–6,5) mm long. Láminas con esclerénquima abaxial formando una banda dicontínua ··········· var. **discreta**

var. **eminens**

Plantas perennes, cespitosas, a veces con rizomas verticales, innovaciones intravaginales. Culmos erectos, escabriúsculos, brillantes, (36–)50–130 cm de altura. Lígula (estípula ligular) acuminada, membranácea, hialina, de 1–3,3 cm long. Fig. 44.

LA PAZ: Murillo, 6,4 km NE de La Cumbre hacia Unduavi, *Solomon et Uehling* 12140; Chacaltaya, *Avíla* 89.
COCHABAMBA: Arani, Cordillera de Cochabamba, *Eyerdam* 24850.
POTOSI: Sud Lipez, Laguna Colorada, *Navarro* 472.
Colombia hasta Chile y noroeste de la Argentina. Altoandina, en lugares húmedos, cenagosos y junto a cursos de agua; en vegas puede formar césped denso caracterizado por sus inflorescencias dorado-brillantes; 3000–4730 m.

var. **discreta** *Rúgolo & Villavicencio*, Bol. Soc. Argent. Bot. 31 (1–2): 135 (1995).Tipo: Perú, *Weddell* (P, holótipo; US, frag.).
Deyeuxia leiopoda Wedd. var. *discreta* Wedd., Bull. Soc. Bot. France 22: 180 (1875) nom. nud.

Plantas perennes, rizomatosas, rizomas verticales. Culmos lisos, brillantes, de 60–120 cm alt. Vainas lisas, brillantes, más ensanchadas que las láminas. Lígula (estípula ligular) membranácea, de 1,5–2,4 cm long., hialina, quillas aladas. Láminas

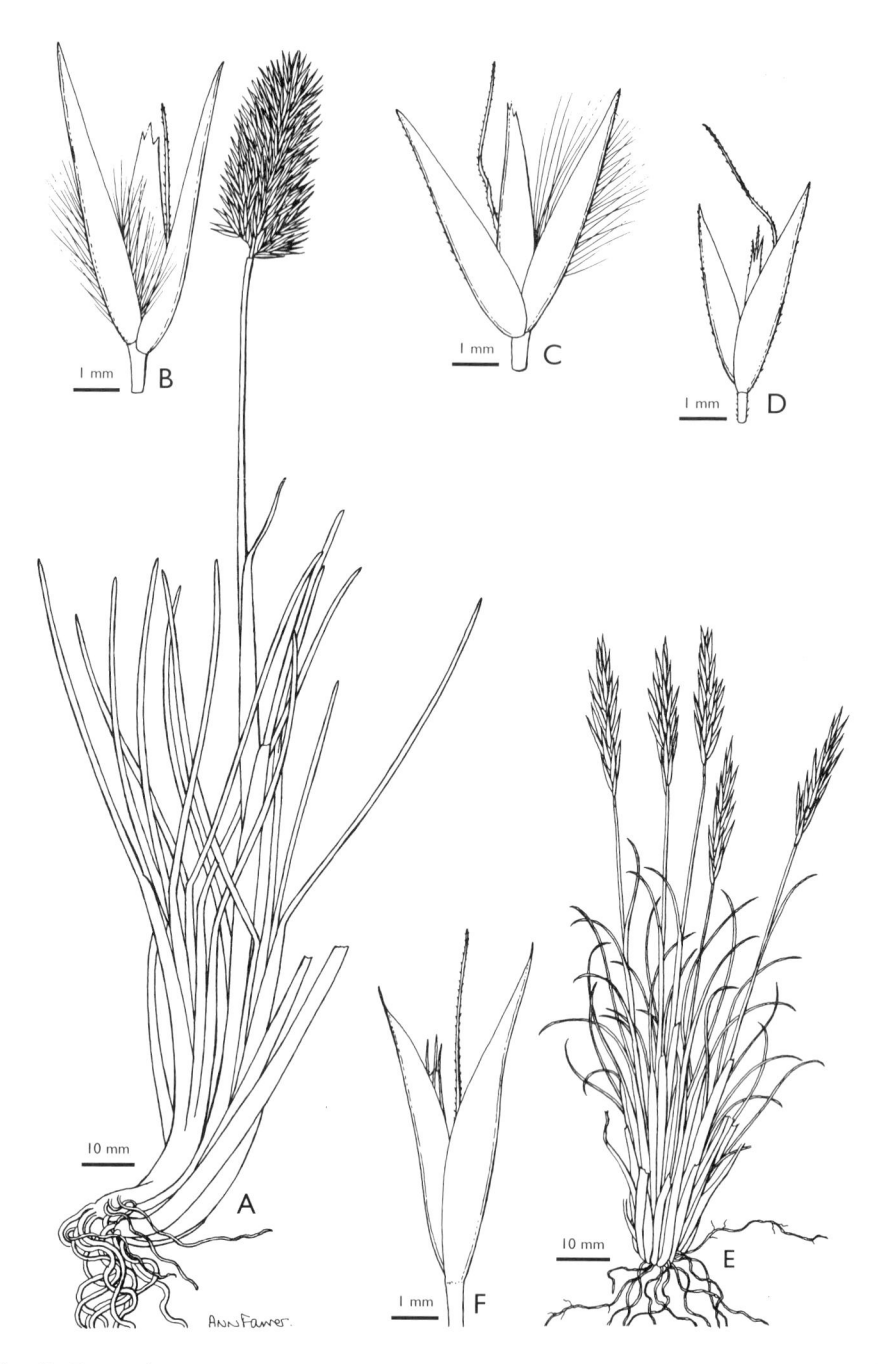

Fig. 45. **Deyeuxia chrysantha** var. **phalaroides**, **A** habito, **B** espiguilla from *Garcia* 740. **D. brevifolia** var. **brevifolia**, **C** espiguilla basada en *Villavicencio* 358. **D. heterophylla**, **D** espiguilla basada en *Beck* 11784. **D. vicunarum**, **E** habito, **F** espiguilla basada en *Solomon et Moraes* 13438.

rígidas, planas hacia la base, conduplicadas o convolutas hacia el ápice, de 10–30 cm long. × 1–2,5 mm diám., escabriúsculas o lisas, ápice agudo o punzante. Inflorescencias laxas, de 6–25 cm long., raquis glabro, ramificaciones de 1–5,5 cm long., distanciadas entre sí, desnudas en la base, espiguillas en glomérulos distales de 1,5–2 cm diám., pedicelos lisos. Glumas 2, membranáceas, doradas, de (4,5–) 5,5–6,5 mm long., la inferior 1-nervia, la superior 3-nervia, borde escarioso. Artejo inferior de la raquilla de 0,5 mm long. Lemma de 3–4,9 mm long., membranácea, glabra, ápice hendido, irregularmente 4-dentado, arista dorsal recta, delgada, inserta en el tercio inferior del dorso, menor que el antecio. Pálea de 2,6–3,2 mm long., membranácea, 2-nervia, nervios lisos, ápice 4-dentado. Callo piloso, pelos generalmente tan largos como el antecio. Raquilla de (1–)1,7–2 mm long., con pelos escasos hasta de 1 mm de long. Lodículas 2, de 0,4–0,6 mm long., agudas, bilobuladas. Estambres 3, anteras de 2–2,5 mm long. Cariopsis de 1,9–2 mm long., gibosa en el dorso, cara ventral poco surcada, embrión breve, hilo oval, endosperma seco.

LA PAZ: Murillo, La Lancha, *Weddell* s.n.; Collutaca, *Lara et Parker* 1145. *Sud Yungas,* pie del Abra del Illimani, ca. de la Mina Bolsa Blanca, *Beck* 18167.
COCHABAMBA: Ayopaya, Laguna Khoalaqui, *Hennipman et Roedl-Lindner* 8111.
Perú, Bolivia y Chile. En bofedales de regiones altoandinas; 3930–4500 m.

Se differencia de la var. *eminens* por sus inflorescencias laxas, hasta de 25 cm long., raquis glabro, ramificaciones de 1–5,5 cm long., distanciadas entre sí, desnudas en la base, espiguillas en glomérulos distales de 1,5–2 cm diám., pedicelos lisos.

18. D. fiebrigii *(Pilg.) Rúgolo*, Bol. Soc. Argent. Bot. 30 (1–2): 113 (1994). Tipo: Bolivia, Puna Patanca, *Fiebrig* 3191 (B, holótipo; BAA, US, W, isótipos).
Calamagrostis fiebrigii Pilg., Bot. Jahrb. Syst. 42 (1): 68 (1908).
Deyeuxia nardifolia (Griseb.) Türpe var. *elatior* Türpe, Lilloa 31: 128, fig. 8 (1962). Tipo: Argentina, Prov. Tucumán, Lara, *Rodriguez* 300 (LIL, holótipo; SI, US, isótipos).

Plantas perennes, cespitosa, a veces con rizomas verticales. Culmos erectas de 12–20(–40) cm de altura, césped alcanzando la mitad de la longitud de las cañas floríferas. Lígula membranácea, de 1,6–4(–6)mm long., aguda, denticulada en el ápice, escabriúscula en el dorso. Láminas conduplicadas, de 5–10 cm long., escabrosas, margen escabroso-ciliolado, ápice punzante, pulvínulo basal desarrollado. Inflorescencia exerta, excepcionalmente subincluida, de (4,5–)6–10 cm long. × 1–2,5 cm lat., ramificaciones y pedicelos escabrosos. Glumas 2, acuminadas, de (5,4–)6–6,6 mm long., la inferior 1-nervia, la superior 3-nervia, carina y dorso escabriúsculos. Lemma de 4,9–5,4(–6) mm long., escabrosa en la mitad superior, ápice generalmente con 4 dientes finos, arista dorsal recta, escabrosa, poco retorcida, de (4–)5,4–7,5 mm long., inserta a 1,2–2 mm de la base , generalmente superando la longitud de las glumas. Pálea membranácea, de 3,6–5(–8,5) mm long., ápice brevemente 2-dentado, 2-nervia. Callo redondeado, piloso, pelos hasta de 1 mm long. Raquilla de (1,8–)2–3,7 mm long., pilosa, pelos que alcanzan o superan la longitud del antecio, excepcionalmente menores. Estambres 3, anteras de (2–)2,4–3 mm long.

LA PAZ: Murillo, camino de La Paz–Las Yungas, 13 km desde La Cumbre, desvío a la izquierda 1 km, *Rúgolo et Beck* 1875.
TARIJA: Cercado, Tarija, Tucumilla, *Fiebrig* 2789.
Sur de Bolivia y noroeste de la Argentina. Poco frecuente en regiones montañosas; 2600–4300 m.

19. D. filifolia Wedd., Bull. Soc. Bot. France 22: 178, 179 (1875). Tipo: Bolivia, Larecaja, Sorata, Tocoroconia, *Mandon* 1301 (P, lectótipo; K, SI, US, W, isolectótipos).
Deyeuxia amoena Pilg., Bot. Jahrb. Syst. 27: 28 (1899). Tipo: Bolivia, Talca, Chuquiaguillo, *Bang* 805 (US, isótipo).
Calamagrostis amoena (Pilg.) Pilg., Bot. Jahrb. Syst. 42: 60 (1908).
Calamagrostis trichophylla Pilg., Bot. Jahrb. Syst. 42: 67 (1908). Tipo: Perú, *Weberbauer* 4873 (US, isótipo).
Calamagrostis filifolia (Wedd.) Pilg., Bot. Jahrb. Syst. 42: 67 (1908), non Merr. (1906).

Plantas perennes, cespitosas. Culmos erectos, de 20–80 cm de altura, exertos o no del césped. Lígula membranácea, de (0,4–)1,5–3(–4,8) mm long., subtrígona, ápice truncado. Láminas filiformes, convolutas, de (2,5–)4–30 cm long., escabriúsculas, flexuosas. Inflorescencias laxas de 2–15 cm long., ramificaciones escabriúsculas, desnudas en la base, contraídas o algo divergentes, flexuosas. Glumas 2, de 3,5–5,4(–5,8) mm long, agudas, subiguales, la inferior 1-nervia, poco menor que la superior 3-nervia, escabrosas sobre la quilla y el dorso. Lemma de 3,1–4,2(–4,4) mm long., ápice denticulado, arista dorsal, escabrosa, retorcida, geniculada, inserta a c. 0,2–1 mm de la base, superando la longitud de las glumas. Pálea de 2,8–3,4 mm long., 2-nervia, ápice brevemente 2-dentado. Callo breve, redondeado, piloso, pelos que no alcanzan el tercio inferior del antecio, raquilla de (0,8–)1–2,2(–2,4) mm long., pelos generalmente menores que la pálea. Estambres 3, anteras de 1,2–2,2 mm long.

Láminas flexuosas o levemente curvadas, no alineadas con las vainas. Lemma con arista de 4,2–5,8 mm long., excepcionalmente mayor. Cañas floríferas hasta de 80 cm de altura · var. **filifolia**
Láminas rectas, alineadas con las vainas. Lemma con arista de (3–)3,6–4(–4,4) mm long. Cañas floríferas generalmente menores de 22 cm long · · · var. **festucoides**

var. **filifolia**

Plantas perennes, cespitosas. Culmos erectos, de 20–80 cm de altura, exertos o no del césped. Lígula membranácea, de (0,4–)1,5–3(–4,8) mm long., subtrigona, ápice truncado. Láminas filiformes, convolutas, de (2,5–)4–30 cm long., escabriúsculas, flexuosas. Fig. 44.

SANTA CRUZ: Caballero, lumber camp above Tunal, 30 km NE of Tambo School, *Killeen* 2521.
LA PAZ: Murillo, Valle del Río Zongo, *Solomon et al.* 16501.

COCHABAMBA: Ayopaya, Independencia, 21 km hacia Kami, *Beck et Seidel* 14574.
ORURO: Dalence, 35 km desde Huanuni hacia Uncia, *Renvoize et Cope* 3806.
POTOSI: 15 km NW de Salo hacia Atocha, *Peterson et Annable* 11830.
TARIJA: Méndez, Rincón de la Victoria, *Meyer et al.* 20774.
Bolivia, Perú y Argentina. Regiones montañosas, en laderas secas y pedregosas; 2700–4650 m.

var. **festucoides** *(Wedd.) Rúgolo & Villavicencio*, Dissert. : 201 (1995).
Deyeuxia festucoides Wedd., Bull. Soc. Bot. France 22: 178, 179 (1875). Tipo: Bolivia, La Paz, Ravin de Chuquiaguillo, La Lancha, *Weddell,* 1851 (P, holótipo; US, isótipo).

Plantas perennes, cespitosas, de 6–22 cm de altura. Culmos violáceos, exertos del césped. Lígula de 0,4–2,6(–2,8) mm long., membranácea, subtrígona, ápice eroso, borde ciliolado. Láminas de 2,5–11(–15) mm long., erectas, algo curvadas en la parte distal, lisas o escabrosas. Inflorescencias violáceo-oscuro, subespiciformes, paucifloras, de 2–6(–8) cm long., ramás y pedicelos escabriúsculos. Glumas agudas, violáceas de 3,2–4(–4,4) mm long., la inferior 1-nervia, la superior 3-nervia, nervio medio y dorso distal escabrosos. Lemma de 2,8–3,4(–3,8) mm long., ápice hendido, 4-dentado, arista dorsal de 3–4(–4,4) mm long., escabrosa, inserta a 0,5–0,8 mm de la base, sobrepasando la longitud de las glumas. Pálea generalmente de 3 mm long., ápice 2-denticulado, 2-nervia, nervios escabrosos. Callo redondeado, breve, articulación subvertical, con pelos que alcanzan el tercio inferior del antecio. Raquilla de (–0,8)1–1,7(–2) mm long. Estambres 3, anteras de 1,4–2 mm long.

LA PAZ: Loayza, desvío a Urmiri, Villa Loza, 12,5 km hacia Urmiri, *Beck* 19848; 16 km hacia Palca, desvío hacia Tacapaya, *Beck* 17422.
COCHABAMBA: Tapacarí, a 1 km del Illimani hacia Cochabamba, *Beck et al.* 18029.
Bolivia. Altoandina, formando césped; 3850–4500 m.

20. D. fuscata *J. Presl*, Reliq. Haenk. 1: 249 (1831). Perú, *Haenke* (PR, holótipo; MO, isótipo; US, frag.).
Calamagrostis fuscata (J. Presl) Steud., Nomencl. Bot. ed. 2, 1: 250 (1840).

Plantas perennes, de (11–)20–32 cm alt. Culmos erectos, lisos, cesped alcanzando desde $^1/_2$–$^3/_4$ partes de la longitud de las canas. Vainas lisas, brillantes, escabriúsculas. Lígula membranáceo-escariosa, subtrígona, ápice obtuso, de 1–2(–2,5) mm long., decurrente con la vaina. Láminas convolutas o conduplicadas, erectas, de 5–18(–25) cm long. por 0,5 mm diam., haz con costillas marcadas, enves escabroso, pulvinadas en la base. Inflorescencia subespiciforme, contraida, de (5–) 9–12 cm long., eje y ramificaciones escabrosos, pedicelos glabros o escabrosos. Glumas de 5,6–6,2 mm long., la inferior 1-nervia, la superior 3-nervia algo menor, nervio medio escabroso, dorso superior escabriúsculo. Lemma membranácea, escabrosa, (3,8–)4–4,6 mm long., dorso escabriúsculo, ápice truncado-denticulo, arista dorsal de 5,5–7,5 mm long., retorcida, geniculada, inserta en el tercio medio, a 0,8–1,2 mm de la base.

Pálea de 3,6–4 mm long., 2-nervia, ápice brevemente 2-dentado. Callo redondeado, poco piloso, pelitos cortos que no alcanzan el tercio inferior de antecio. Raquilla de (1,4–)1,6–2,5 mm long., poco pilosa, los pelos no alcanzan el ápice de la pálea. Ovario con dos estilos y estigmas breves, plumosos. Estambres 3, anteras de 1,5–2 mm long. Cariopse no visto.

LA PAZ: Saavedra, Apolobamba Kordillere, Chullina, *Menhofer* X-2171; Larecaja, Cordillera Real, Lacatea, *Troll* 2132; Corahuasi–Pass, entre Tipuani und Coroico, *Troll* 2136.
Perú y Bolivia. Puna; 3950–4400 m.

21. D. glacialis *Wedd.*, Bull. Soc. Bot. France 22: 178,179 (1875). Bolivia, Larecaja, Sorata, Millipaya, *Mandon* 1312 (P, holótipo; K, MO, SI, US, W, isótipos).
Calamagrostis glacialis (Wedd.) Hitchc., Contr. U.S. Natl. Herb. 24 (8): 375 (1927).

Plantas perennes, cespitosas, rizomas cortos. Culmos erectos de 20–48 cm de altura. Lígula membranácea, subtrígona, de 1,5–4,2 mm long., ápice redondeado. Láminas rígidas, erectas, conduplicadas, de 10–27 cm long., ápice punzante, pulvinadas en la base. Inflorescencias doradas de (13–)15–20 cm long. × 1,5–3 cm de lat., parte distal decumbente, generalmente exertas, raquis y pedicelos escabriúsculos. Glumas 2, desiguales, de (5,4–)6,2–8 mm long., acuminadas, la inferior 1-nervia, la superior 3-nervia, carina escabriúscula. Lemma de (4–)5,2–5,8 mm long., escabrosa, ápice 2–4 denticulado, arista dorsal de 2,5–5,8 mm long., escabriúscula, poco retorcida, inserta en el tercio medio o superior del dorso, menor que las glumas o superando su longitud. Pálea membranácea, de 4,4–5 mm long., 2-nervia, ápice bidentado. Callo breve, redondeado, piloso, pelos generalmente menores de 0,5 mm long. Raquilla de 1,4–2,4 mm long., pilosa, pelos largos que generalmente superan la longitud del antecio. Estambres 3, anteras de 2–2,5 mm long.

LA PAZ: Saavedra, Apolobamba-Cordillera, Calaya, *Menhofer* X-2072. Murillo, 12,3 km E debajo de La Cumbre, camino a Unduavi, *Solomon* 18333.
Perú y Bolivia. Poco frecuente, en los altos Andes; 3900–5000 m.

Muy afín a *D. nitidula* Pilg., de la cual se diferencia por las inflorescencias mas laxas y algo flexuosas.

22. D. heterophylla *Wedd.*, Bull. Soc. Bot. France 22: 177, 180 (1875). Tipo: Bolivia, Potosí, *D'Orbigny* 202 (P, holótipo; BAA, US, W, isótipos).
Deyeuxia heterophylla var. *elatior* Wedd., Bull. Soc. Bot. France 22: 180 (1875). Tipo: Bolivia, *D'Orbigny* 179, 215, 224 (P, síntipos); Bolivia, Larecaja, Sorata, Monte Chilica, *Mandon* 1304 (P, síntipo; K, isosíntipo).
Chaetotropis andina Ball, J. Linn. Soc., Bot. 22: 58 (1885). Tipo: Perú, Chicla, *Ball* (K, holótipo; US, isótipo).
Calamagrostis heterophylla (Wedd.) Pilg., Bot. Jahrb. Syst. 42: 64 (1908).

Plantas perennes, cespitosas. Culmos erectos de (3–)7–70 cm de altura, exertos. Lígula membranácea, truncada, de 1–4 mm long. Láminas planas, tiernas, de 1–11 cm long. × 1,5–3 cm lat., glabras o escabrosas o las láminas de las cañas floríferas glabras o escabrosas y las de las innovaciones pubescentes o pubescentes sólo en el margen, ápice obtuso. Inflorescencia subespiciforme, de 2–20 cm long., de contorno lobulado, interrumpida hacia la base, ramificaciones y pedicelos escabrosos. Glumas 2, subiguales, de (2,8–)3–4,8(–6) mm long., 1-nervias, nervio y dorso superior escabriúsculos. Lemma de 2,6–4,2 mm long., escabrosa, ápice 4-arístulado, arístulas de 0,4–0,7(–1–1,2) mm long., o en 4 dientes deltoides, arista doral escabrosa, retorcida, de 3,5–5,4(–6,2) mm long., inserta a 1–1,6 mm de la base. Pálea membranácea, de 1,2–1,9(–2,2) mm long., 2-nervia, ápice bífido. Callo breve, redondeado, piloso, pelos menores de 1 mm long. Raquilla de 0,4–0,8(–1) mm long., escasamente pilosa. Estambres 3, anteras de 0,2–0,4 mm long. Fig. 45.

LA PAZ: Murillo, La Paz, El Alto, *Lara et Parker* 1137; La Paz hacia Unduavi, 12 km E de La Cumbre, *Renvoize et Cope* 4161; Ingavi, Cantón Jesus de Machaca, Ao. Tupuchi, *Beck et al.* 18142.
   COCHABAMBA: Tapacarí, c. 1 km de Japo Casa, 85 km de Oruro, *Beck* 18016
   ORURO: Sajama, ladera Río Sururía, *Liberman* 62.
   POTOSI: Choralque, *Troll* 3376.
   TARIJA: Avilés, Lagunas de Tajsara, *Meyer et al.* 21530.
   Ecuador, Perú, Bolivia y Argentina. Frecuente en terrenos arcillosos y húmedos, en regiones altoandinas; 3000–4800 m.

23. D. hieronymi *(Hack.) Türpe*, Lilloa 31: 122 (1962). Tipo: Argentina, Prov. La Rioja, Cuesta de la Puerta de Piedra (Cuesta de Sigu), *Hieronymus et Niederlein* 4. (W, holótipo; US, isótipo; BAA, LIL, frags.).
Calamagrostis hieronymi Hack., Oesterr. Bot. Z. 52: 109 (1902).

Plantas perennes, cespitosas, de (68–)80–135 cm de altura. Culmos glabros, erguidos hasta de 2,7 mm de diámetro. Lígula membranácea, truncada de (0,5–)1–3 mm long. Láminas glabras, escabrosas en la cara adaxial, planas, convolutas cuando secas, de 20–60 cm long. × 1,4–7 mm lat. Panícula erecta, oblonga, de (9–)12–20 cm long. × 1–4 cm lat., ramificaciones laterales más o menos rígidas, erectas, contraídas, raquis glabrescente, ramificaciones y pedicelos escabrosos. Espiguillas verdosas o purpúreas. Glumas 2, desiguales, la inferior 1-nervia, de 2,5–3,5 mm long., la superior 3-nervia, de 3–4,5 mm long., nervios laterales superando la mitad de la longitud de la gluma, ambas glumas menores que el antecio o la superior lo iguala o supera brevemente. Lemma escabrosa de 2,9–3,9(–4,5) mm long., ápice brevemente denticulado, arístula subapical de 0,2–0,5(–1,2) mm long. Pálea membranácea de 2,8–4 mm long. 2-nervia. Callo algo curvado, poco piloso, pelos hasta de 0,3 mm long. Raquilla de 0,8–1,6 mm long., pilosa, los pelos alcanzan $^1/_2$–$^3/_4$ de la longitud del antecio. Estambres 3, anteras de 1,4–2(–2,3) mm long.

TARIJA: Cercado, cerca de Tucumilla, *Bastian* 478.
Argentina y Bolivia. Pastizales de altura, formando matas hasta de 1 m de alto; 1100–4500 m.

24. D. hirsuta Rúgolo & *Villavicencio*, Bol. Soc. Argent. Bot. 31 (1–2): 136 (1995). Tipo: Bolivia, La Paz, Prov. Saavedra, Apolobamba–Kordillere, nahe der Straße von Abra Pumásani nach Charazani, *Menhofer* X-2111 (B, holótipo)

Plantas perennes. Culmos de 26–50 cm de altura, erguidos, escabrosos a pubescentes debajo de la inflorescencia, glabros hacia la base. Vainas poco escabrosas, estriadas. Lígula de 1,2–3,4 mm long., membranácea, obtusa o truncada, borde superior denticulado-ciliado. Láminas alcanzando o sobrepasando la inflorescencia, de 17–33 cm long. × 0,6 mm diám., convolutas, filiformes, agudas, haz escabroso-pubescente, envés escabroso. Inflorescencias de 8–14(–19) cm long. × 0,5–1 cm lat., espiciformes, interrumpidas, erectas, multiespiculadas, subincluidas en el césped. Raquis, ramificaciones y pedicelos escabroso-pubescentes. Ramificaciones laterales adpresas, distanciadas, desnudas en la base, las inferiores de 2–3(–6) cm long., pedicelos de 0,8–2,5 mm long. Glumas iguales o subiguales, de 4,4–5(–5,8) mm long., agudas, verdoso-violáceas, dorso densamente escabroso, quilla escabrosa, la inferior 1-nervia, la superior 3-nervia, nervios laterales alcanzando o superando la mitad de su longitud. Lemma de 3,6–4,6 mm long., verdoso-violácea, densamente escabrosa, raramente escabrosa sólo en la mitad superior, 5-nervia, 4 nervios visibles hacia el ápice, éste dentado-eroso o 4-dentado, arista dorsal de (3,6–)4–5 mm long., geniculada, retorcida hacia la base, inserta a 0,6–1,2 mm de la base, poco mayor que las glumas. Pálea de 2,8–3,6 mm long., hialina, 2-nervia, ápice apenas 2-dentado. Lodícula 2, agudas, bilobuladas, de 0,6–0,8 mm long. Callo breve, piloso, pelos de 0,6–0,8 mm long. Raquilla de 1,2–1,6 mm long., pilosa, pelos de (0,8–)1–1,4 mm long. Estambres 3, anteras de (1,4–)1,6–2,2 mm long.

LA PAZ: Saavedra, Canizaya, *Menhofer* 1221; Apolobamba–Kordillere, oberhalb des Dorfes Khata, *Menhofer* 2320; Apolobamba–Kordillere, oberhalb des Dorfes Calaya, Estancia Totorani, *Menhofer* 2333. Tamayo, Above Pelechuco, *Cárdenas* 5821. Murillo, Achachicala a 15 km de La Paz, *Cordero* s.n.

Bolivia. Exclusiva de la región semihúmeda altoandina; 3000 a 4400 m.

Especie afín a *Deyeuxia cryptolopha* Wedd., de la cual se diferencia por la inflorescencia más corta y más angosta así como por las espiguillas de menor longitud, con glumas y antecio densamente escabrosos.

25. D. intermedia *J. Presl*, Reliq. Haenk. 1: 249 (1830). Tipo: Perú, *Haenke* (PR, holótipo; L, MO, P,PRC, W, isótipos).
Calamagrostis intermedia (J. Presl) Steud., Nomencl. Bot. ed. 2, 1: 250 (1840).
Calamagrostis agapatea Steud., in Lechler, Berberid. Amer. Austral.: 56 (1857), nom. nud. Perú, *Lechler* 1843 (US).

Plantas perennes, rizomatosa. Culmos erectos, de (0,15–)0,30–0,62(–0,74) m de altura, plurinodes. Lígula membranácea, hialina, acuminada, de (3,6–)4–13(–15) mm long. Láminas rígidas, erectas, conduplicadas, junciformes, de (14–)20–43 cm long. × 0,5–1 mm diám., ápice punzante. Inflorescencia de 15–20(–22) cm long., ramificaciones laterales más o menos contraídas. Glumas de (5,8–)6–8 mm long., subiguales, acuminadas, escabrosas, la inferior 1-nervia, la superior 3-nervia, nervio medio escabroso. Lemma de 5–6,6 mm long., escabrosa, ápice 2 dentado, arista dorsal escabrosa, retorcida, inserta en el tercio medio, o inferior, superando a las glumas. Pálea de (3,6–)4–5,8 mm long., 2-nervia, ápice brevemente 2-dentado. Callo redondeado, piloso, pelos cortos que no alcanzan el tercio inferior de antecio. Raquilla de (1,5–)2–2,4(–2,8) mm long., pilosa, pelos generalmente tan largos como el antecio. Estambres 3, anteras de 2,2–2,8(–3) mm long.

LA PAZ: Murillo, camino a Zongo, a 30 km de la Av. J.P. Segundo y A. Ugarte, *Rúgolo et Villavicencio* 1823; 3 km E de La Cumbre, *Renvoize et Cope* 4209.
COCHABAMBA: Cordillera Tunari, entre Cochabamba y Corochata, *Troll* 1623.
ORURO: Sajama, Sararia-Tal, *Ruthsatz* 846.
Costa Rica a Bolivia. Regiones altoandinas, formando grandes matas densas y rígidas; 2300–4900 m.

26. D. lagurus *Wedd.*, Bull. Soc. Bot. France 22: 176, 180 (1875). Tipo: *D'Orbigny* 200 (P, holótipo).
Calamagrostis cephalantha Pilg., Bot. Jahrb. Syst. 42: 61 (1908). Tipo: Perú–Bolivia, inter Poto (Sandia) et Suchez (Bolivia), *Weberbauer* 1003 (B, holótipo; BAA, US, frags.).
Calamagrostis lagurus (Wedd.) Pilg., *loc. cit.* (1908), non Koel. (1802).
Deyeuxia curta var. *longearistata* Türpe, Lilloa 31: 115 (1962). Tipo: Argentina, Prov. Tucumán, Dep. Tafí, Cerro de las Animás, cañada de los Huecos, *Castillón* 3254 (LIL, holótipo; BAA, isótipo).

Plantas perennes, cespitosas. Culmos de 2–15 cm de altura, curvados o sinuosos. Lígula de 0,4–1 mm long., truncada, membranácea. Láminas de 0,5–4 cm long., planas, conduplicadas hacia el ápice, pilosas, ápice obtuso. Inflorescencia de contorno oval, de 1–4 cm long. × 0,5–1,5 cm lat., ramificaciones y pedicelos escabriúsculos. Glumas 2, de 4,4–5,8(–6,6) mm long., la inferior 1-nervia, la superior 3-nervia, nervio medio y dorso escabriúsculo. Lemma de 3,4–4,4 mm long., 5-nervia, ápice 4 dentado, arista dorsal retorcida de 5–6,6(–9) mm long., inserta a 1,2–1,6 mm de la base. Pálea de 2,4–3 mm long., 2-nervia, ápice bidentado. Callo piloso. Raquilla de 2–3,2 mm long., con pelos que superan al antecio. Estambres 3, anteras de 0,4–0,6 mm long.

LA PAZ: Juan J. Perez, Ulla Ulla, *Lara Rico* 1670; Murillo, Mina Milluni, 5 km hacia el N, ladera del Co. Huayna Potosí, *Beck* 11198.
COCHABAMBA: Tapacarí, de Challa hacia Oruro, Co. Condor khiña, *Beck et al.* 18126
Perú, Bolivia y Argentina. Laderas rocosas y húmedas, formando pequeñas matitas densas de hojas curvadas e inflorescencias exertas con cañas flexuosas; 4300–5000 m.

27. D. leiophylla *Wedd.*, Bull. Soc. Bot. France 22: 177–180 (1875). Bolivia, Larecaja, Sorata, hacia Locatia, *Mandon* 1299 (P, holótipo; US, W, isótipos).

51. Deyeuxia

Deyeuxia picta Wedd., Bull. Soc. Bot. France 22: 177, 180 (1875). Tipo: Bolivia, Larecaja, Sorata, Paracollo, *Mandon* 1297 (P, holótipo; US, isótipo).
Calamagrostis leiophylla (Wedd.) Hitchc., Contr. U.S. Natl. Herb. 24: 367 (1927).

Plantas perennes, rizomatosas, rizomas cortos. Culmos erectos, de (40–)70–80 cm de altura. Lígula membranácea, subtrígona, ápice denticulado, de 1,5–3 mm long. Láminas de 22–24 mm long. × 1,2–1,4 mm diám., junciformes, lisas, rígidas, punzantes. Inflorescencia de 23–28 cm long. × 2,5–4,5 cm lat., interrumpidas hacia la base, ramificaciones contraídas. Glumas subiguales de (7–)7,4–7,6 mm long., la inferior 1-nervia, la superior 3-nervia, escabrosas sobre la quilla y el dorso. Lemma de 5–5,6 mm long., escabriúscula, arista dorsal recta de 2,2–2,5 mm long., inserta a 1–1,8 mm del ápice, igualando la longitud de las glumas o superándola brevemente. Pálea de 4–4,2 mm long., 2-nervia, ápice brevemente 2-dentado. Callo redondeado, glabrescente o con pelos cortos de 0,2–0,3 mm long. Raquilla de 1,8–2 mm long., pilosa, los pelos alcanzan la longitud de la pálea. Estambres 3, anteras de 2,2–4 mm long.

Sólo conocida por los materiales citados.
Bolivia. 3400–3800 m.

28. D. malamalensis *(Hack.) Parodi*, Revista Argent. Agron. 20 (1): 14 (1953).
Calamagrostis malamalensis Hack. in Stuckert, Anales Mus. Nac. Hist. Nat. Buenos Aires 13 (ser. 3, 6): 478 (1906). Tipo: Argentina, Prov. Tucumán, Dep. Tafí, Cumbre de Malamala, *Lillo* 3503 (*Stuckert* 14904), (W, holótipo; BAA, LIL, isótipo).

Plantas perennes, cespitosas. Culmos erectos, de 10–60 cm de altura. Lígula membranácea, aguda, de (0,8–3–)4,5–7 mm long., borde brevemente laciniado, a veces con dos nervios laterales. Láminas formando césped menor que las cañas, de 6–25 cm long. × 1,5 mm lat. o convolutas al secarse, de 0,2–0,5 mm diám. Panícula laxa, piramidal, de 4,5–18 cm long., ramificaciones laterales, verticiladas, divergentes, de 2,5–8 cm long., pedicelos capiláceos, glabros o escabriúsculos, violáceos. Glumas 2, violáceas en el dorso, blanquecinas hacia el ápice, de (3–)3,6–4,5 (–5,5) mm long., la inferior 1-nervia, la superior 3-nervia, nervio medio con escabrosidades aisladas. Lemma glabra de (2,8–)3,4–3,9(–4,5) mm long., ápice emarginado 4-dentado, arista de 3,6–7 mm long., escabriúscula, geniculada, retorcida, inserta a 0,2–0,8 mm de la base, superando a las glumas. Pálea de 2,2–3,3 mm long., 2-nervia, ápice 2–4 denticulado, nervios y dorso glabros. Callo redondeado, pelos cortos alcanzando el tercio inferior de antecio. Raquilla de (1–)1,5–2 mm long., pilosa, los pelos no superan el ápice de la pálea. Estambres 3, anteras violáceas de (1,6–)2,3–2,5 mm long.

LA PAZ: Murillo, 6,4 km N of Lago Zongo, Valle del Zongo, *Solomon* 15046; Ceja del Alto, 5,8 km N de la carretera La Paz-Tiquina hacia Milluni, *Solomon et Moraes* 13396.
COCHABAMBA: Chaparé, Cantón Colomi, 8 km al NW de Colomi, Candelaria Pié de Gallo, zona Chimparancho, *Beck et al.* 18111.
TARIJA: Avilés, Pinos, *Fiebrig* 2821 1/2.

Bolivia y Argentina. En regiones andinas; 2700–4600 m.

Los ejemplares bolivianos presentan espiguillas e inflorescencias menores que los ejemplares argentinos.

29. D. mandoniana *Wedd.*, Bull. Soc. Bot. France 22: 179–180 (1875). Tipo: Bolivia, Larecaja, Sorata, *Mandon* 1308 (P, holótipo; K, W, isótipos; US, frag.).
Calamagrostis mandoniana (Wedd.) Pilg., Bot. Jahrb. Syst. 49: 183 (1913).

Plantas perennes, rizomatosas, rizomas verticales, formando matas densas hasta de 1 m de diám. Culmos erectos de 0,45–1,50 m alt. Lígula membranácea, de 2–12 mm long. Láminas planas o conduplicadas de 25–60 cm long. × 3,3–3,6 mm lat. Inflorescencia de (24–)28–52 cm long., péndulas, laxas, con ramificaciones flexuosas y distanciadas, las inferiores de 10–16 cm long. Glumas 2, subiguales, de (5,4–)5,8–8,2 mm long., acuminadas, escabrosas, la inferior 1-nervia, la superior 3-nervia, nervios laterales que alcanzan la mitad hasta los $^2/_3$ de su longitud. Lemma de (4,4–)5–6,2 mm long., 5-nervia, nervios escabrosos, ápice hendido, 4-dentado, arista dorsal inserta a (1,1–)1,4–2,4 mm de la base, superando a las glumas. Pálea de (3,6–)4–5,8 mm long., 2-nervia, ápice brevemente dentado. Callo breve, con pelos que no alcanzan el tercio inferior del antecio. Raquilla de (1,4–)1,6–2,4(–2,8) mm long., con pelos que alcanzan el ápice del antecio. Estambres 3, anteras de 2–2,8 mm long.

LA PAZ: Murillo, Pongo, *Renvoize et Cope* 4193, 4194. Nor Yungas, camino a Coroico, a 4 km de Unduavi, *Rúgolo et Villavicencio* 1891. Sud Yungas, camino de La Paz a Lambaté, pie del Abra Illimani, ca. de la Mina Bolsa Blanca, *Beck* 18166.
COCHABAMBA: Ayopaya, Cuesta Tabacruz, *Steinbach* 9789.
Bolivia. Regiones altoandinas, en la Puna semihúmeda; 3200–4500 m.

30. D. minima *(Pilg.) Rúgolo* in Villavicencio, Dissert.: 116 (1995). Tipo: Perú, Sandia, entre Poto y Ananea, *Weberbauer* 953 (US, frag. del holótipo).
Calamagrostis vicunarum (Wedd.) Pilg. var. *minima* Pilg., Bot. Jahrb. Syst. 42: 63 (1908).
Calamagrostis minima (Pilg.) Tovar, Mem. Mus. Hist. Nat. "Javier Prado" 11: 52 (1960).

Plantas perennes formando cojines de 1–5 cm de altura. Culmos floríferos generalmente exertos del césped. Lígula breve, truncada, de 0,2–0,6 mm long., borde brevemente ciliado. Láminas curvadas, conduplicadas, cara adaxial escabriúscula, glabras en la abaxial, de 0,4–0,8(–1,2) cm long., transcorte subcircular de 0,3–0,5 mm diám., bordes ciliados, ápice obtuso, escabroso. Inflorescencia pauciflora, espiguillas 3–10, raquis, ramificaciones y pedicelos glabros o escabriúsculos. Glumas 2, agudas, subiguales, de 4,5–5,4 mm long., la inferior levemente menor, 1-nervias, nervio y dorso escabriúsculos. Lemma de 3–4 mm long., tercio superior escabroso, ápice 4-denticulado, arista dorsal de 4–4,8(–5,2) mm long., escabrosa, retorcida, inserta a 0,6 mm de la base. Pálea de 2–2,2 mm long., generalmente $^1/_2$ de la lemma, 2-nervia. Callo breve, piloso, pelos hasta de 0,8 mm long. Raquilla generalmente de 0,4(–0,8) mm long., poco pilosa hacia el ápice. Estambres 3, anteras de 0,4 mm long.

LA PAZ: Murillo, al pie del Huayna Potosí, ca. Milluni, *Beck* 177; Camino La Cumbre–Chacaltaya, camino de la antigua estación, *García* 692; La Paz hacia Las Yungas, La Cumbre, *Beck* 13553; Valle del Kaluyo, mitad de la pampa Pata Pampa, *Valenzuela* 948; Tamayo, Ulla Ulla, *Menhofer* X-1046.
Perú y Bolivia. Altas cumbres formando densos cojines; 4000–4900 m.

31. D. nitidula *(Pilg.) Rúgolo* in Villavicencio, Dissert.: 239 (1995). Tipo: Perú, Sandia, entre Poto y Ananea, *Weberbauer* 960 (B, holótipo; BAA, frag.; MOL, US, isótipo).
Calamagrostis nitidula Pilg., Bot. Jahrb. Syst. 42: 69 (1908).
Calamagrostis nitidula var. *elata* Pilg., Bot. Jahrb. Syst. 42: 70 (1908). Tipo: Bolivia, prope Suchez, *Weberbauer* 1014 (US, frag. del isótipo).
Calamagrostis nitidula var. *macrantha* Pilg., Bot. Jahrb. Syst. 42: 70 (1908). Tipo: Perú, Sandia, *Weberbauer* 1041 (B, holótipo; BAA, frag.; US, isótipo).

Plantas perennes, cespitosas. Culmos erectos de 15–65 cm de altura. Lígula coriácea, aguda, de (1–)1,6–10 mm long. Láminas erectas, de 9–22 cm long. × 1–1,5 mm diám., conduplicadas, rìgidas, escabrosas, punzantes. Inflorescencia subespiciforme, de (8–)10–18 cm long., contorno fusiforme, amarillo-verdoso, brillante, ramificaciones escabriúsculas, contraídas, densamente espiculadas. Glumas 2, de 6,4–11 mm long., membranáceas, superando al antecio en 1–1,5 mm long., la inferior 1-nervia, la superior 3-nervia, nervio medio escabroso. Lemma de 5–8 mm long., escabrosa, arista dorsal de 4–8,3 mm long., recta, inserta a (1,6–)2–4 mm de la base, menor o mayor que las glumas. Pálea de 4,5–5,8(–6,2) mm long., 2-nervia, nervios escabrosos en el tercio superior, ápice 2-dentado. Callo breve, redondeado, comprimido dorsiventralmente, piloso, pelos de 0,3–1 mm long. Raquilla de (1,8–)2–3 mm long., pilosa, pelos que alcanzan el ápice de la lemma. Estambres 3, anteras de (1,8–)2–2,8 mm long. Fig. 44.

LA PAZ: Tamayo, Pelechuco, *Feuerer* 4750. Los Andes, Hichu Kkota, *Ostria* 144. Murillo, Huayna Potosí, *Jordan* 9. Cordillera Real, de la Laguna Laramkota hacia el cerro Wila Manquilizani, *Beck* 14870; 8 km de Pongo, *Beck et Rúgolo* 19918. Inquisivi, Cordillera Tres Cruces, al lado del Glaciar Atoroma *Jordan* 86.
Perú y Bolivia. Puna semihúmeda; 4100–5200 m.

32. D. orbignyana *Wedd.*, Bull. Soc. Bot. France 22: 178, 180 (1875). Tipo: Bolivia, *D'Orbigny* 217 (P, holótipo, US frag., W, isótipo).
Deyeuxia nematophylla Wedd., Bull. Soc. Bot. France 22: 179, 180 (1875). Tipo: Bolivia, Larecaja, Sorata, Puesto del Inca, Trincheras de Chiliata, *Mandon* 1300 (P, holótipo; US frag.).

Calamagrostis nematophylla (Wedd.) Pilg., Bot. Jahrb. Syst. 42: 70 (1908).
C. orbignyana (Wedd.) Pilg., *loc. cit.* 49: 184 (1913). Hitchc., Contr. U.S. Natl. Herb. 24 (8): 378 (1927).

Plantas perennes, cespitosas, rizomas cortos. Culmos glabros, erectos, de 20–80 cm de altura, hojas formando césped más corto que las cañas. Lígula membranácea, blanquecina, de 1,2–3,6 mm long., obtusa, borde denticulado. Láminas filiformes, de 15–37 cm long. × 0,6–0,8 mm diám., convolutas, escabrosas, flexuosas. Panícula laxa, de (11–)14–22 cm long. × 1–3 cm lat., ramificaciones escabrosas, contraídas, las inferiores a veces divergentes. Glumas 2, agudas, de 4–5,4 mm long., la inferior 1-nervia, la superior 3-nervia, quilla y dorso escabrosos. Lemma de 3,4–4,7 mm long., escabrosa, ápice hendido, denticulado, arista dorsal de 4–5,4(–5,8) mm long., retorcida, geniculada, inserta en el tercio inferior del dorso. Pálea membranácea, de (1,8–)3–4 mm long., 2-nervia, nervios escabrosos, ápice brevemente bidentado. Callo breve, piloso, pelos de 0,6–1(–1,5) mm long. Raquilla de (1–)1,2–2 mm long., pilosa, pelos tan largos como la pálea o poco mayor que el antecio. Estambres 3, anteras de 2–2,6 mm long.

SANTA CRUZ: Caballero, lumber camp above Tunal, *Killeen* 2534.
LA PAZ: Larecaja, Carretera La Paz–Sorata, *Escalona et Beck* B 599.
COCHABAMBA: Tapacarí, a 1 km de Illimani hacia Cochabamba, *Beck et al.* 18038.
POTOSI: 2 km S de Salo, hacia Tupiza, *Peterson et Annable* 11858.
CHUQUISACA: Tomina, 22 km S de Padilla, *Renvoize et Cope* 3871.
Bolivia y Argentina. Zona altoandina; 2600–4250 m.

33. D. ovata *J. Presl*, Reliq. Haenk. 1: 246 (1830). Tipo: Perú, *Haenke* (PR, holótipo; MO, PRC, US,W, isótipo).
Calamagrostis ovata (J. Presl) Steud., Nomencl. Bot. ed. 2, 1: 251 (1840).
Deyeuxia anthoxanthum Wedd., Bull. Soc. Bot. France 22: 176, 180 (1875). Tipo: Bolivia, Cordillera de La Paz, La Lancha, *Weddell* (P, holótipo; US, frag.).
Deyeuxia capitata Wedd., loc. cit. Tipo: Bolivia, Cordillera de La Paz; *D'Orbigny* 110 (P, lectótipo; W, isolectótipo; BAA, frag.).
Calamagrostis pflanzii Pilg., Bot. Jahrb. Syst. 49: 184 (1912). Tipo: Bolivia, Palca, La Paz, *Pflanz* 305 (B, holótipo, BAA, frag.; US, isótipo).
C. pflanzii Pilg. var. *major* Pilg., Bot. Jahrb. Syst. 49: 185 (1912). Tipo: Bolivia, Aguila, Cordillera Real, *Knoche* 38 (BAA, US, isosíntipo).

Plantas perennes, cespitosa. Culmos erectos, exertas o subincluidos, de (3–)8–50 cm de altura. Lígula membranácea, acuminada, hialina, de 0,6–2 cm long. Láminas planas o conduplicadas o subinvolutas, glabras, escabriúsculas hacia la parte distal, de 1–10(–17) cm long. × 0,2–0,8(–1,2) mm lat., ápice navicular. Inflorescencia subespiciforme, globosa, dorado-brillante, de (1,5–)2–8 cm long. × (0,8–)1,5–4 cm lat., ramificaciones y pedicelos escabrosos o hispídulos. Glumas 2, linear-lanceoladas, membranáceas, de (6,2–)8–14 mm long., glabras, la inferior 1-nervia, la superior 3-nervia. Antecio $^{1}/_{2}$ de la longitud de las glumas. Lemma membranácea, dorado-brillante, glabra, de 3,2–5 mm long., ápice profundamente 4-dentado, arista recta, escabriúscula, de (2,8–)3–5,5(–6,2) mm long., inserta en el tercio inferior del dorso. Pálea membranácea de 2–4(–4,2) mm long., 2-nervia, ápice 4-dentado. Artejo inferior de la raquilla de 0,4–0,6 mm long. Callo breve, piloso, los pelos alcanzan desde la mitad del antecio hasta su ápice. Raquilla de 0,8–1(–1,4) mm long., escasamente pilosa. Estambres 3, anteras de 0,4–0,6 mm long.

Láminas con la cara adaxial escabriúscula, la abaxial glabra y algo surcada, conduplicadas o subinvolutas, de 0,2–0,4(–0,8) mm diám. Epidermis abaxial ocasionalmente con estomas ·························· var. **ovata**
Láminas escabrosas en ambas caras, la basal notablemente surcada, planas o conduplicadas, de (0,2–)0,4–0,8(–1,2) mm lat. Epidermis abaxial sin estomas ·························· var. **nivalis**

var. **ovata**

LA PAZ: Murillo, cumbre del Valle de Zongo, cerca del Lago Zongo, *Beck* 1277; camino a Zongo, 32 km de la Av. J.P. Segundo y A. Ugarte, *Rúgolo et Villavicencio* 1825. Sud Yungas, Ventilla–Mina San Francisco, 100 m Abra camino del Inca, *Stab* B 69.
COCHABAMBA: Cerro Tunari, *Herzog* 2107
Ecuador, Perú y Bolivia. Lugares húmedos, pantanosos y en turbales de altas cumbres; 3800–5200 m.

var. **nivalis** *(Wedd.) Villavicencio*, Dissert.: 75 (1995). Tipos: Bolivia, Cordillera de La Paz, *D'Orbigny* 110. (P, lectótipo; US, W, isolectótipos; BAA, frag.). La Paz, Larecaja, viciniis La Paz, via ad Coroico, *Mandon* 1318 (K, P, US, paralectótipos).
Deyeuxia nivalis Wedd., Bull. Soc. Bot. France 22: 176, 180. (1875).

Se diferencia de la var. *nivalis* por las láminas más anchas, de (0,2–)0,4–0,8(–1,2)mm lat., escabrosas en ambas caras, desprovistas de estomas en la cara abaxial y por la lemma con arista de (4,4–)5–6,2(–7,4) mm long.

LA PAZ: Tamayo, Ulla Ulla, Apolobamba, cerca del pueblo de Pelechuco, *Holt* 41. Murillo, trail from Mina San Francisco to the pass, 11 km of Ventilla along the Río Choquekkota, *Solomon* 13773; Chacaltaya, *Cañigueral* 449.
Bolivia. Regiones altoandinas, en lugares húmedos e inundados; 3600–5100 m.

34. D. planifolia *Kunth* in Humboldt, Bonpland et Kunth, Nov. Gen. Sp. 1: 145 (1815). Tipo: Perú, Guangamarca (P, US, holótipo frag.; B-W, isótipo).

Plantas perennes, rizomatosas, rizomas cortos. Culmos erectos, hasta de 1 mm de altura. Lígula de 0,8 mm long., membranácea, truncada, borde laciniado, glabra o pilósula en el borde. Láminas planas, escabrosas, de 8–40 cm long. por 1,8–5 mm lat. Panícula laxa, de 18–25 cm long., ramificaciones verticiladas, ramificaciones y pedicelos escabriúsculos. Glumas lanceoladas, lineares, de (3–)3,6–4,6(–5) mm long., la inferior 1-nervia, la superior 3-nervia. Lemma glabra, de 3,4–4,2 mm long., dorso escabroso, ápice 2-lobulado, arista dorsal de 5–6,6(–8) mm long., inserta a (1,8–)2–2,4 mm de la base, superando a las glumas. Pálea generalmente de 3 mm long., 2-nervia. Callo breve, piloso, los pelos alcanzan el $^1/_3$ inferior del antecio. Raquilla de 1–1,8 mm long., pelos tan largos como el antecio. Estambres 2, estambres de 1–2 mm long.

COCHABAMBA: *Holway* 379.
Colombia, Ecuador, Perú y Bolivia. Poco frecuente (Cochabamba).

35. D. poaeoides *(Steud.) Rúgolo*, Darwiniana 21 (2–4): 439, fig. 5 (1978). Tipo: Chile, Sandy Point, *Lechler* 1234 (BAA, holótipo frag.).
Arundo neglecta Ehrh., Beitr. Naturk. 6: 137 (1791), nom. superfl.
A. stricta Timm in Siemss. Meklenb. Mag. 2: 235 (1795); non *Deyeuxia stricta* Kunth (1815). Tipo: desde Alemania, n.v.
Calamagrostis stricta Koeler, Descr. Gram.: 105 (1802) basado en *Arundo stricta*.
Agrostis arundinacea J. Presl, Reliq. Haenk. 1: 238 (1830) non L. (1753). Tipo: Perú, *Haenke* s.n. (US, isótipo)
Calamagrostis poaeoides Steud., Syn. Pl. Glumac. 1: 423 (1854).
C. stricta var. *hookeri* Syme in Sowerby, Engl. Bot. ed. 3: 11 (1873). Tipo: desde Inglaterra, n.v.
C. fuegiana Speg. in Anales Mus. Nac. Hist. Nat. Buenos Aires 5: 85 (1896). Tipo: Chile. Gregory Bay, *Spegazzini*. (LPS, lectótipo, BAA, frag.).
C. magellanica Phil., Anales Univ. Chile 94: 20 (1896). Tipo: Chile. Magallanes, *Ortega*. (BAA, US, isótipos).
Deyeuxia ameghinoi Speg. in Anales Mus. Nac. Hist. Nat. Buenos Aires 7: 190 (1902). Tipo: Argentina. Santa Cruz, Chonkenk-Aik (Río Chico), *Ameghino* (LPS, holótipo; BAA frag.).
Calamagrostis neglecta (Ehrh.) Gaertn. var. *poaeoides* (Steud.) Hack. in Stuckert, Anales Mus. Nac. Hist. Nat. Buenos Aires 21: 103 (1911).
C. ameghinoi (Speg.) Hauman, Anales Mus. Nac. Hist. Nat. Buenos Aires 29: 57 (1917).
Deyeuxia hookeri (Syme) Druce, Bot. Soc. Exch. Club Brit. Isles 8. 1926; 140 (1927).
Calamagrostis haenkeana Hitchc., Contr. U.S. Natl. Herb. 24: 374 (1927) basado en *Agrostis arundinacea* J. Presl non *Calamagrostis arundinacea* Roth (1789).
Calamagrostis hookeri (Syme) Druce, Comital Fl. Brit. Isl.: 352 (1932).

Plantas perennes, rizomatosa, matas compactas, rizomas delgados, extendidos. Culmos erectos o levemente geniculados, 2–3 nodes, de 0,30–1 mm alt., escabrosos cerca de la inflorescencia. Vainas glabras. Lígula membranácea, truncada, de 1–3 mm long. Láminas planas, convolutas al secarse, de 1,5–5 mm lat., glabras o con pelos cortos en la cara adaxial. Panícula subespiciforme, contraída, excepcionalmente laxa, erecta, rígida, densa, a menudo interrumpida en la base, generalmente purpúrea, de 7–20 cm long. × 1–3 cm lat., ocasionalmente subincluidas en la última hoja, densamente espiculadas, pedicelos escabriúsculos. Glumas lanceoladas, iguales o subiguales, aquilladas, de 3–5(–6) mm long., la inferior 1-nervia, la superior 3-nervia, excepcionalmente ambas glumas 3-nervias, nervios escabrosos. Lemma membranácea, menor que las glumas, escabriúscula en la mitad superior, 5-nervia, ápice truncado, emarginado-denticulado, arista dorsal recta, escabrosa, inserta en el tercio medio o inferior, igual o menor que el antecio. Pálea membranácea, de 2–2,2 mm long., 2-nervia, biaquillada, nervios escabriúsculos. Callo breve, piloso, los pelos alcanzan la $^1/_2$ o $^3/_4$ partes del antecio. Raquilla de 1–1,2 mm long., excepcionalmente de 0,5 mm long., pilosa, los pelos no alcanzan el ápice de la pálea. Lodículas 2, membranáceas, de 0,6–0,8 mm long., ápice subagudo, borde liso. Estambres 3, anteras de 1,4–2 mm long.

SANTA CRUZ: Santa Cruz de la Sierra, *Hicken* s.n.
Hemisferio Norte, Perú, Bolivia, Chile y Argentina. Ruderal de áreas disyuntas. Terrenos húmedos, turbosos y pedregosos, orillas de ríos y arroyos, costas marítimas y prados cenagosos; 500 m.

36. D. polygama (*Griseb.*) *Parodi*, Revista Argent. Agron. 20(1): 14 (1953).
Cinnagrostis polygama Griseb., Pl. Lorentz.: 208 (1874). Tipo: Argentina. Tucumán, Cuesta de Anfama, *Lorentz* 76 (isótipo CORD, frag. BAA).
Calamagrostis lilloi Hack. ex Stuckert, Anales Mus. Nac. Hist. Nat. Buenos Aires 13: 447, (1906). Tipo: Argentina. Tucumán, Valle de Anfama *Lillo*, 3750 (*Stuckert* 14916) (isosíntipo LIL).
Calamagrostis lilloi f. *grandiflora* Hack. ex Stuckert, Anales Mus. Nac. Hist. Nat. Buenos Aires 21: 102 (1911). Tipo: Argentina. Tucumán, barrancas húmedas del Tafí, *Lillo* 7490 (*Stuckert* 18836) (holótipo W).

var. **polygama**

Plantas perennes, cespitosas. Culmos de 90–180 cm alt., erguidos, glabros. Lígula de 0,8–1,6(–4) mm long., membranácea, obtusa o truncada, margen denticulado. Láminas poco flexuosas, hasta de 55 cm long., por 0,3–1,8 mm lat., convoluta-filiformes o planas.

Argentina. Vive en lugares húmedos y sombríos de regiones montañosas del noroeste a 1800–3200 m, no hallada en Bolivia hasta el presente.

subsp. **filifolia** *Rúgolo & Villavicencio*, Bol. Soc. Argent. Bot 31 (1–2): 125 (1995). Tipo: Bolivia. W de Cochabamba, *Hitchcock* 22838 (US, holótipo; BAA, isótipo).

Plantas perennes, cespitosa. Culmos hasta de 68 cm alt., erguidos, glabros. Lígula de 0,8–1,6(–4) mm long., membranácea, obtusa o truncada, margen denticulado. Láminas poco flexuosas, de 15–25 cm long., por 0,4 mm diám., convoluta-filiformes o planas hacia la base, agudas, haz y envés escabrosos. Inflorescencia de 23–32 cm long. × 7 cm lat., laxa, algo péndula. Raquis glabro, ramificaciones y pedicelos glabros o escabriúsculos, ramificaciones verticiliadas, difusas, las inferiores de 10–15 cm long., pedicelos de 0,4–3,2 mm long. Glumas subiguales, ápice agudo, dorso y carina escabrosos en la parte superior, gluma inferior de 3–3,2(–4,2) mm long., 1-nervia, la superior de 3,2–3,4(–4,4) mm long., 3-nervia, nervios laterales breves. Lemma de (2,6–)2,8–3,6(–4) mm long., igualando o superando las glumas, escabrosa, 5-nervia, ápice truncado o laciniado a 4-dentado. Arista de 1,6–2,4(–3,6) mm long., recta o poco geniculada, inserta a 1,2–1,6(–2) mm de la base, apenas superando las glumas. Pálea de 2,4–2,6(–3) mm long., 2-nervia, hialina. Callo piloso, pelos de 0,4–0,8 mm long. Raquilla de 1,4–2 mm long., pilosa, pelos de 1,4–1,6 mm long., casi alcanzando el ápice del antecio. Estambres 3, anteras de 1,5–2 mm long.

COCHABAMBA: Collcapampa, a 15 km de la ciudad de Cochabamba, *Bro. Adolfo* 152; Vinto, *Parodi* 10231;10234; Vacas–Cochabamba, *Cárdenas* 771.
Bolivia. Región de los valles; 2500 m.

D. polygama subsp. *polygama*, propia de la Argentina, hasta el presente no ha sido hallada en Bolivia.

37. D. recta *Kunth*, in Humboldt, Bonpland et Kunth, Nov. Gen. Sp. 1: 144 (1816). Tipo: Ecuador, Chillo, Conocoto et Burropotrero, *Humboldt et Bonpland* (P, isótipo; US, frag.).
Deyeuxia stricta Kunth in Humboldt, Bonpland et Kunth, Nov. Gen. Sp. 1: 146 (1816).
    Tipo: Amerique Ecuatoriale, *Humboldt & Bonpland* 2291 (P, holótipo; B-W, isótipo).
Calamagrostis humboldtiana Steud., Nomencl. Bot. ed. 2, 1: 250 (1840). Basada en
    Deyeuxia stricta Kunth, non *Calamagrostis stricta* Koeler (1802).
Calamagrostis recta (Kunth) Trin. ex Steud., Nomencl. Bot. ed 2, 1: 251 (1840).
Deyeuxia sulcata Wedd., Bull. Soc. Bot. France 22: 178–180 (1875). Tipo: Bolivia,
    Larecaja, Sorata, Puerto del Inca, *Mandon* 1308 bis. (P, holótipo; US, frag.).

Plantas perennes, rizomatosas. Culmos erectos, de 30–65(–70) cm de altura. Lígula membranácea, generalmente truncada, de 1,5–5(–6,6) mm long. Láminas de 10–40 cm long., convolutas, rígidas, punzantes. Inflorescencia subespiciforme, de 9–14(–23) cm long. × 1–3 cm lat., ramificaciones escabrosas, contraídas. Glumas subiguales, de 5,4–8(–8,5) mm long., 1-nervias, o la superior 3-nervia, nervio medio escabroso, dorso escabroso en la mitad superior. Lemma escabrosa, de (4–)4,4–6 mm long., ápice hendido, arista dorsal de 6,2–7,5 mm long., retorcida, geniculada, inserta a 1,4–1,8(–2) mm de la base, superando ampliamente a las glumas. Pálea de 3,6–5 mm long., 2-nervia, nervios ecabrosos, ápice bidentado.

51. Deyeuxia

Callo breve, redondeado, con pelos muy cortos. Raquilla de (1,6–)1,8–3 mm long., con pelos cortos que no sobrepasan las ³/₄ partes del antecio. Estambres 3, anteras de 2–2,8 mm long.

LA PAZ: Alaska Mine, *Tate* 74; Apolobamba–Kordillere, Ortes Khata, *Menhofer* 2164; Canizaya, *Menhofer* 1232.
Colombia hasta Bolivia. Regiones altoandinas, en terrenos pedregosos, integrando pajonales xerófilos de la Puna; 3800–4200 m.

38. D. rigescens *(J. Presl) Türpe*, Lilloa 31: 134, fig. 11 (1962). Tipo: Perú?, *Haenke* (PR, holótipo; MO, PRC, W, isótipo; BAA, US, frag.).
Agrostis rigescens J. Presl, Reliq. Haenk. 1: 237 (1830).
Chamaecalamus spectabilis Meyen, Reise 1: 456 (1834), nom. nud.
Agrostis chamaecalamus Trin., Mém. Acad. Imp. Sci. Saint-Pétersbourg, Sér. 6, Sci. Math., Seconde Pt. Sci. Nat. 4 (1): 119 (1841). Tipo: desde Perú, n.v..
Bromidium rigescens (J. Presl) Nees & Meyen, Nov. Actorum Acad. Caes. Leop.-Carol 19, suppl. 1: 155 (1843).
B. rigescens var. *brevifolium* Nees & Meyen, loc. cit. Tipo: Perú, Lago Titicaca. Tipo n.v.
B. spectabile Nees & Meyen, loc. cit.: 156 (1843). Tipo: Perú Lago Titicaca. Tipo n.v.
Deyeuxia imberbis Wedd., Bull. Soc. Bot. France 22: 177, 180 (1875). Tipo: Bolivia, Omásuyos, Achacachi, Paschani, *Mandon* 1317 (P, síntipo).
Agrostis bromidioides Griseb., Abh. Königl. Ges. Wiss. Göttingen 24: 293 (1879). Tipo: Argentina, Salta, alrededores del Nevado del Castillo, *Lorentz et Hieronymus* 69 (US, isótipo; BAA, frag.).
Bromidium hygrometricum (Nees) Nees et Meyen var. *spectabilis* (Nees et Meyen) Kuntze, Revis. Gen. Pl. 3 (2): 342 (1898).
Bromidium hygrometricum (Nees) Nees et Meyen var. *rigescens* (J. Presl) Kuntze, Revis. Gen. Pl. 3 (2): 343 (1898).
Calamagrostis rigescens (J. Presl) Scribn., Annual Rep. Missouri Bot. Gard. 10: 37, pl. 32, fig. 3 (1899).
Calamagrostis cajatambensis Pilg., Bot. Jahrb. Syst. 42 (1): 64 (1908). Tipo: Perú, Ancash, Cajatambo, pr. Ocros, *Weberbauer* 2686 (BAA, US, holótipo frag.; MO, isótipo).
Calamagrostis imberbis (Wedd.) Pilg., loc. cit.: 65 (1908).

Plantas perennes, cespitosas, rizomas cortos. Culmos erguidos, rígidos, levemente curvados, de 3,5–54 cm de altura. Lígula membranácea, truncada, de 0,4–2,5 mm long. Hojas formando generalmente césped de ¹/₃ de la altura de las cañas, láminas planas o conduplicadas, coriáceas, glabras en la cara abaxial, escabriúsculas en la adaxial, de 2–10 cm long. × 1–4 mm lat. Inflorescencia subespiciforme, de 2–12 cm long. × 0,4–1,5 cm lat., ramificaciones laterales glabras o escabriúisculas, adpresas, interrumpida hacia la base, pedicelos glabros o escabriúsculos. Glumas 2, agudas, glabras, 1-nervias, de (3,6–)4–5,5(–6) mm long., la superior generalmente menor.

51. Deyeuxia

Lemma de (2,8–)3–4,5(–5,5) mm long., escabrosa hacia el tercio distal, ápice 4-dentado, dientes de 0,2–0,4 mm long, arista dorsal de 2,5–4,4(–4,8) mm long., inserta en la parte media del dorso. Pálea membranácea, 2-nervia, de 2–2,8 mm long., ápice agudo o brevemente bidentado. Callo breve, redondeado, con pelos de 0,2–0,4 mm long. Raquilla de (0,3–)0,5–2 mm long., glabra, excepcionalmente poco pilosa. Estambres 3, anteras de 0,4–0,6 mm long.

COCHABAMBA: Tapacarí, c. 1 km de Japo Casa, *Beck et al.* 18012.
LA PAZ: Murillo, La Paz hacia Unduavi, 12 km abajo de La Cumbre, *Renvoize et Cope* 4171; camino a Jampatuni, 200 m S de Lag. Incachaca, *García* 855. Ingavi, cerca de Jesús de Machaca, Comunidad Titicani Tacaca, AO. Tupuchi, *Beck* 18145.
ORURO: Sajama, W del Nevado, 3 km N de Sajama, *Liberman* 324.
CHUQUISACA: Tapacarí, c. 1 km de Japo Casa, *Beck et al.* 18012.
TARIJA: Avilés, Patancas, junto a la laguna, *Bastian* 668.
Ecuador, Perú, Bolivia y Argentina. Altoandina, vive en vegas, ciénagas, bordes de arroyos y ríos, formando matas y césped compacto; 3000–4700 m.

39. D. rigida Kunth, in Humboldt, Bonpland et Kunth, Nov. Gen. Sp. 1: 144 (1816). Tipo: Ecuador, Antisana, Quito, *Bonpland* 2271, (B, W, P, isótipo; US, frag.).
Calamagrostis rigida (Kunth) Trin. ex Steud. Nomencl. Bot. ed. 2, 1: 251 (1840).
Deyeuxia gracilis Wedd., Bull. Soc. Bot. France 22: 179 (1875). Tipo: Bolivia, Cordillera de Sorata, *Weddell* 1851 (P, holótipo; US, isótipo).
Agrostis antoniana Griseb., Abh. Königl. Ges. Wiss. Göttingen 24: 293 (1879). Tipo: Argentina. Salta, alrededores del Nevado del Castillo, *Lorentz et Hieronymus* 72 (US, isótipo; BAA, K, frags.).
Calamagrostis sandiensis Pilg., Bot. Jahrb. Syst. 42: 68 (1908). Tipo: Perú, Cuyocuyo, Sandia, *Weberbauer* 906 (MOL, isótipo; BAA, US, frag.).
C. gusindei Pilg. ex Skottsb., Acta Horti Gothob 2: 29 (1926). Tipo: Beagle Canal, *Gusinde* 40. (GB, holótipo; BAA, isótipo frag.).
Calamagrostis antoniana (Griseb.) Steud., ex Hitchc., Contr. U.S. Natl. Herb. 24 (8): 378 (1927). Incorrectamente atribuido a Steudel.
Deyeuxia antoniana (Griseb.) Parodi, Revista Argent. Agron. 20: 14 (1953).

Plantas perennes, rizomatosas, rizomas cortos, matas densas. Culmos erectos de 23–100 cm de altura. Lígula acuminada, de (3–)8–12 mm long., blanquecina, membranácea. Láminas convolutas o conduplicadas, rígidas, escabrosas. Panícula de 9–20(–30) cm long., ramificaciones contraídas, escabrosas. Espiguillas verdoso-violáceas. Glumas subiguales de (5,4–)5,8–6,6(–7,1) mm long., la inferior 1-nervia, la superior 3-nervia, algo menor, nervio medio y dorso escabriúsculos. Lemma de (4,2–)4,6–5,2(–5,4) mm long., dorso escabroso, ápice bífido, arista dorsal, retorcida, geniculada, inserta en el tercio medio o inferior del dorso, superando la longitud de las glumas. Pálea de (3,2–)3,6–4,4(–4,8) mm long., 2-nervia, nervios escabrosos, ápice bífido. Callo redondeado, piloso, pelos cortos. Raquilla de (1,4–)1,6–2,2(–2,4) mm long., pilosa, pelos alcanzando el ápice de la pálea o el del antecio. Estambres 3, anteras de (1,8–)2–2,9 mm long.

51. Deyeuxia

LA PAZ: Tamayo, en la subida a Canhuma al Nevado Colera, *Menhofer* 2178. Saavedra, Chacabaya bei Amarete, *Feuerer* 6279. Murillo, La Cumbre de las Yungas hacia Unduavi, *Beck* 7862
COCHABAMBA: Carretera Chaparé, 69 km desde Cochabamba, *Badcock* 293.
ORURO: Sajama, encima del pueblo Sajama, *Hensen*, 2615.
Ecuador, Perú, Bolivia, Chile y Argentina. Forma matas densas hasta de 1 m de altura a lo largo de la cordillera andina; 3400–5060 m. En regiones australes de Chile y Argentina vive a nivel del mar.

40. D. rupestris *(Trin.) Rúgolo* in Villavicencio, Dissert.: 95 (1995). Tipo: Brasil, Río Piobanha, *Langsdorff* (L, holótipo; US, frag.).
Calamagrostis rupestris Trin., Gram. Panic.: 28 (1826).
Deyeuxia longearistata Wedd., Bull. Soc. Bot. France 22: 176, 180 (1875). Tipo: Bolivia, Larecaja, Sorata, *Mandon* 1298 (P, holótipo; US, isótipo).
Deyeuxia heterophylla Wedd. var. *elatior* Wedd., Bull. Soc. Bot. France 22: 180 (1875). Tipo: Bolivia, Larecaja, Sorata, Chilica, *Mandon* 1304 (P, síntipo p.p. *D. heterophylla* Wedd.; BAA, frag.).
Calamagrostis beyrichiana Nees ex Döll in Martius, Fl. Bras. 2 (3): 54, tab. 16 (1878). Tipo: Brasil, Novo Friburg, *Beyrich* (L, isosíntipo; US, frag.).
Calamagrostis longearistata (Wedd.) Hack. ex Sodiro, Gramineas Ecuatorianas (Anales Univ. Centr. Ecuador): 8 (1889).
Deyeuxia beyrichiana (Nees) Sodiro, Rev. Colegio Nac. Vicente Rocafuerte 11: 79 (1930).
Calamagrostis montevidensis Nees var. *linearis* Hack., Repert. Spec. Nov. Regni Veg. 6: 157 (1908). Tipo: Bolivia, Sud Yungas, Surupaya bei Yanacachi, *Buchtien* 430 (US, holótipo frag.).

Plantas perennes, rizomatosas, rizomas cortos rojizos. Culmos erectos, de 25–55 cm de altura, geniculados en la base. Lígula membranácea, truncada, 1–4 mm long. Láminas planas, de 6,5–30 cm long. por 3–8(–10) mm lat. Panícula laxa, de 10–25 cm long. × 2,8–5 cm lat., ramificaciones algo contraídas, escabrosas, espiculadas desde la base, las inferiores de 3–5(–10) cm long. Glumas agudas, de 3,5–5,4(–5,8) mm long., 1-nervias, excepcionalmente la superior 3-nervia, carina escabrosa. Lemma de 3–4 mm long., escabrosa, ápice brevemente 2–4 dentado, arista dorsal, escabrosa, geniculada, retorcida, de 5–8,2 mm long., inserta en el tercio medio o superior del dorso. Pálea membranácea, 2-nervia, de 2–3 mm long., 2-nervia, nervios escabriúsculos, ápice brevemente 2-dentado. Callo recurvado, piloso, pelos que alcanzan las $^3/_4$ partes del antecio o lo igualan. Raquilla de 1,2–1,9 mm long., escasamente pilosa, los pelos alcanzan el ápice del antecio. Estambres 3, anteras de 0,4–0,6 mm long.

LA PAZ: Murillo, entre Cotapata y Chuspipata, a 7 km de Chuspipata, *Beck et Rúgolo* 19921; Valle de Zongo, *Renvoize et Cope* 4277A. Nor Yungas, 1 km E de Unduavi, *Renvoize et Cope* 4182. Sud Yungas, Yanacachi, camino hacia la Chopilla, *Seidel* 1348.
Colombia, Ecuador, Perú, Bolivia, Brasil y Uruguay. Suelos pedregosos y húmedos, en faldas montañosas, formando matas laxas; 700–3350 m.

41. D. sclerantha *(Hack.) Rúgolo* in Villavicencio, Dissert.: 134 (1995). Tipo: Argentina, Salta, Nevado del Castillo, *Hieronymus et Lorentz* 60 (W, holótipo; BAA, isótipo; LIL, frag.).
Calamagrostis sclerantha Hack., Oesterr. Bot. Z. 52: 108 (1902).
Calamagrostis spiciformis Hack. in Stuckert, Anales Mus. Nac. Hist. Nat. Buenos Aires 6: 481 (1906). Tipo: Argentina, Tucumán, Tafí, Malamala, *Lillo* 4251 (*Herb. Stuckert* 15534) (US, isótipo).
Deyeuxia spiciformis (Hack.) Türpe, Lilloa 31: 138 (1962).

Plantas perennes, cespitosa. Culmos erectos, glabros de 5,5–18 cm de altura. Lígula membranácea, truncada, de 0,5–1 mm long. Hojas formando un césped que alcanza $^1/_2$ de la longitud de las cañas. Láminas planas, glabras o escabriúsculas, de 1–6 cm long. × 1,5 mm lat.; láminas de las innovaciones subinvolutas, menores de 1 mm lat., ápice navicular u obtuso. Inflorescencia subespiciforme, exerta, de 1,7–5 cm long. × 0,8–1,5 cm lat., ramificaciones laterales breves, adpresas, escabriúsculas o glabras. Glumas 2, subiguales, de 4,5–5,2 mm long., escabriúsculas en el tercio distal 1-nervias o la superior 3-nervia. Lemma de 3–4 mm long., escabrosa en el tercio superior, lisa y brillante en la base, ápice 4-dentado, dientes de 0,2–0,7 mm long., arista dorsal de 4,2–6,2 mm long., retorcida en la base, geniculada, escabrosa, inserta en el tercio inferior del dorso. Pálea membranácea, 2-nervia, de 2–2,8 mm long., ápice agudo o bidentado. Callo breve, piloso, pelos de 0,4–0,8 mm long. Raquilla de 1,3–2,2 mm long., pilosa, los pelos alcanzan $^2/_3$ de la longitud del antecio. Estambres 3, anteras de 0,3–0,6 mm long.

COCHABAMBA: Quillacollo, abra entre las Comunidades Choroco y Jatum, *Beck* 18080.
Perú, Bolivia, noroeste de la Argentina. Regiones montañosas, formando matitas densas; 2500–4200 m.

42. D. setiflora *Wedd.*, Bull. Soc. Bot. France 22: 176, 180. (1875). Tipo: Bolivia, La Paz, Ravin de Chuquiaguillo, La Lancha, *Weddell* 1851 (P, holótipo; US, frag.).
Calamagrostis setiflora (Wedd.) Pilg., Bot. Jahrb. Syst. 42: 61 (1908).
Calamagrostis coronalis Tovar, Publ. Mus. Hist. Nat. "Javier Prado", Ser. B, Bot. 32: 5 (1984). Tipo: Perú, Huancavelica, Castrovirreina, Laguna de Choclococha, *Tovar* 2860 (US, holótipo).

Plantas perennes, cespitosas. Culmos erectos, de 8–20 cm de altura. Lígula membranácea, truncada, de 0,8–1,2 mm long. Láminas planas, de 1–12 cm long., cara adaxial glabra en el tercio inferior, escabroso-pubescente en el tercio distal, convolutas hacia el ápice, láminas de las innovaciones pubescentes. Inflorescencia subespiciforme, de 1–4(–5) cm long., exertas, raquis ramificaciones y pedicelos escabriúsculos. Glumas 2, agudas, de 4,5–6,5 mm long., 1-nervias, la superior menor, quilla escabriúscula. Lemma de 3,5–4,4 mm long., escabrosa en el tercio superior, ápice terminado en 4 arístulas de 1–2,1 mm long., que igualan o superan el ápice de las glumas, arista dorsal de (5,5–)6–7,4 mm long., escabrosa, retorcida, inserta en el tercio medio del dorso. Pálea membranácea, de 2–2,5 mm long., 2-nervia, ápice bidentado. Callo breve, redondeado, piloso, los pelos alcanzan el tercio inferior del antecio. Raquilla de (0,9–)1,2–1,9 mm long., pilosa, los pelos alcanzan generalmente la base de las arístulas. Estambres 3, anteras de 0,4–0,6 mm long.

LA PAZ: Murillo, 12 km abajo de Pongo, puente de Río Unduavi, 8,4 km desde La Cumbre, *Escalona et al.* B 681; Cerro Apolobamba, Canhuma, (Ulla Ulla), *Menhofer* 1152.

Ecuador, Perú, Bolivia y Argentina. Regiones altoandinas; 3600–5000 m.

43. D. spicigera *J. Presl*, Reliq. Haenk. 1: 247 (1830). Tipo: Perú, Huanuco, *Haenke* 58 (PR, holótipo, US, frag., PRC, W, isótipos).
Calamagrostis spicigera (J. Presl) Steud., Nomencl. Bot. ed. 2, 1: 251 (1840).
Deyeuxia obtusata Wedd., Bull. Soc. Bot. France 22: 177. 180 (1875). Tipo: Bolivia, Larecaja, Sorata, entre Pongo y Amilaya, *Mandon* 1311(P, holótipo; US, frag.).
Deyeuxia subsimilis Wedd., Bull. Soc. Bot. France 22: 176. 180 (1875). Tipo: Bolivia, Cordillera de La Paz, La Lancha, *Weddell* scr. 1875 (P, holótipo, US, frag.).

Inflorescencia oblonga, de contorno elíptico, de 2,5–5 mm cm long. × 1–1,5 cm lat., verdosas o bronceadas con tintes violáceos. Láminas de 2–5 cm long. Pelos de la raquilla que superan la longitud del antecio. Anteras de 2–2,5 mm long.
. . . . var. **spicigera**
Inflorescencia capitada o subcapitada, de 1,5–2,5 cm diám., generalmente bronceada o dorada, brillante. Láminas de 0,5–2 cm long. Pelos de la raquilla que igualan la longitud del antecio. Anteras de 1,4–2 mm long. · · · · · · · · · · · · · var. **cephalotes**

var. **spicigera**

Plantas perennes, rizomatosas, rizomas delgados, verticales. Culmos erectos, de (8–)12–35(–50) cm long. Lígula truncada, membranácea, de 0,4–1,8(–2,5) mm long. o menor. Láminas conduplicadas, filiformes, recurvadas, de 1–6 mm long. × 0,4–0,8 mm diám., ápice agudo o navicular, pulvínulos basales desarrollados. Inflorescencia subespiciforme, de 2,5–5(–7) cm long. × 1–1,5 cm lat., ramificaciones contraídas, escabrosas, pedicelos escabrosos a hispídulos. Glumas 2, de (5–)6–6,6(–7) mm long., agudas, violáceas en el dorso, la inferior 1-nervia, la superior 3-nervia, nervio medio escabriúsculo. Lemma de 4,6–5,4 mm long., menor que las glumas 1,6–1,7 mm, escabriúscula, ápice 4-dentado, eroso, arista dorsal de 4–5(–5,8) mm long., recta, escabrosa, no superando a las glumas. Pálea membranácea, de (3,2–)3,6–4,5 mm long., 2-nervia, ápice apenas bidentado. Callo breve, piloso, los pelos alcanzan el $1/3$ inferior del antecio. Raquilla de (1,6–)1,8–2,4(–2,8) mm long., pilosa, pelos hasta de 4,4 mm superando la longitud del antecio. Estambres 3, anteras de 2–2,5 mm long.

LA PAZ: Murillo, camino a Zongo, a 32 km de la Av. J.P. Segundo y A. Ugarte, *Rúgolo et Villavicencio* 1832. Los Andes, Valle de Hichu–Kkota, *Ostria* 159.
ORURO: Nevado Sajama, Sururia-Tal, *Ruthsatz* 836.
Perú, Bolivia y Argentina. Regiones altoandinas en la Puna, formado pequeñas matas entre rocas; 3600–5000 m.

var. **cephalotes** *(Wedd.) Rúgolo & Villavicencio* in Villavicencio, Dissert.: 172 (1995). Tipo: Bolivia, Coroico, *Weddell* 4330 (P, holótipo; US, isótipo).
Deyeuxia cephalotes Wedd., Bull. Soc. Bot. France 22: 178, 179 (1875).

Plantas perennes, rizomatosas, rizomas delgados, verticales, rectos o curvados. Culmos erectos, de 5–17 cm de altura, bronceados o violados en el tercio distal, césped alcanzando $^1/_3$–$^1/_2$ de su longitud. Lígula membranácea, de 0,4–0,8 mm long., ensanchada, truncada, borde superior ciliolado. Láminas curvadas, de 0,5–2,5 cm long., conduplicadas, transcorte subcircular, cara adaxial surcada, margen escabroso, pulvinadas en la base. Inflorescencias capitadas, de 1,5–2,5 cm long., doradas, exertas, ramificaciones y pedicelos piloso-hirsutos. Glumas 2, agudas, de (5–)6,2–7 mm long., la inferior 1-nervia, la superior 3-nervia, nervio medio y dorso superior escabrosos. Lemma de 4–5(–5,5) mm long., escabriúscula, ápice 2-dentado, dientes irregularmente denticulados, arista recta, escabriúscula, generalmente menor que las glumas. Pálea generalmente de 3–4 mm long., 2-nervia, nervios escabrosos, ápice brevemente 2-dentado. Callo piloso, pelos alcanzando el tercio inferior del antecio. Raquilla de 1,2–1,8(–2,4) mm long., pilosa, pelos tan largos como el antecio. Estambres 3, anteras violáceas de 1,4–2 mm long.

LA PAZ: Omasuyos, Hichucota, después de la Laguna Khara Khota, cerca del Río Pachintani, *Moraes* 126. Murillo, Paso de Zongo, *Menhofer* 1135. Paso de Zongo, *Solomon* 9789.
Perú, Bolivia y Argentina. Lugares húmedos, en altas montañas, formando matitas densas con césped muy corto e inflorescencias doradas, exertas; 3750–4700 m.

44. D. swallenii *(Tovar) Rúgolo* in Villavicencio, Dissert.:128 (1995).
Calamagrostis swallenii Tovar, Mem. Mus. Hist. Nat. "Javier Prado" 11: 66, fig. 12 B, (1960). Tipo: Perú, Huacavelica, Conaica, *Tovar* 1168 (US, holótipo; MO, SI, USM, isótipos).

Plantas perennes, cespitosa. Culmos erectas, de 3–20 cm de altura. Hojas de la caña florífera más desarrolladas que las hojas de las innovaciones; láminas planas, de 2–6 cm long. por 1–2 mm lat., subinvolutas hacia el tercio distal, ápice obtuso. Inflorescencia subespiciforme, de 3–6,5(–7) cm long. por (0,8–)1–1,5 cm lat., subincluidas en la última hoja, dorado-violadas, interrumpidas, ramificaciones y pedicelos escabrosos. Glumas de 5–6,2 mm long., 1-nervias, la inferior mayor, carina escabrosa. Lemma de 3–3,8 mm long., escabrosa en el tercio superior, lisa hacia la base, ápice 4-denticulado, dientes membranáceos, arista dorsal, escabrosa, geniculada, retorcida en la base, de 4,6–6,6 mm long., superando la longitud de las glumas. Pálea membranácea, de (1,6–)2–2,2(–2,6) mm long., 2-nervia, ápice bidentado, dientes diminutos. Callo breve, piloso, pelos de 0,4–0,7 mm long. Raquilla de 0,4–0,8 mm long., poco pilosa, pelos hasta de 1 mm long. Estambres 3, anteras de 0,3–0,4(–0,6) mm long.

LA PAZ: Saavedra, Cordillera Apolobamba, camino a Curva Medallani, *Menhofer* 2326. Murillo, Cordillera Real de la Laguna Laramkhota hacia Co. Wila Manquilizani, *Beck* 14873. Cordillera Real, Sorata, *Troll* 2135 (B pp. *D. heterophylla*). Inquisivi, Cumbre Columbia, $^1/_2$ km en of Reserva Pacuni, 10 km desde Quime, *Killeen* 2651.

Puna de Perú y Bolivia; 4500–4900 m.

45. D. tarmensis *(Pilg.) Sodiro*, Rev. Colegio Nac. Vicente Rocafuerte 11: 81 (1830). Tipo: Perú, Junín, Tarma, Palca, *Weberbauer* 2460 (BAA, holótipo frag.; US, MOL, isótipos).
Calamagrostis tarmensis Pilg., Bot. Jahrb. Syst. 42: 70 (1908).

Plantas perennes, cespitosa. Culmos erectos, de 10–70 cm de altura. Lígula membranácea, truncada, de 0,2–4,8(–5,8) mm long., borde superior a veces irregular. Láminas conduplicadas, de (6–)10–45 cm long., por 0,3–1 mm diám., rígidas, glabras o escabriúsculas o filiformes, flexuosas, escabroso-pubescentes en la cara adaxial y escabrosas en la abaxial, curvadas en el tercio distal, formando césped que alcanza la $^1/_2$ de las cañas. Inflorescencia de (6,5–)8–22(–31) cm long., ramificaciones escabrosas, contraídas, las inferiores hasta de 12 cm long., pedicelos escabrosos. Glumas acuminadas, de (4,4–)4,8–6,5(–7) mm long., la inferior 1-nervia, la superior 3-nervia, los nervios laterales superan la mitad de la longitud de la gluma. Lemma de 3,6–5,4(–5,8) mm long., escabrosa en el tercio superior, ápice hendido, bidentado, arista dorsal de 5,8–8(–9) mm long., inserta a 0,6–1,6 mm de la base, sobrepasando ampliamente a las glumas. Pálea de (2,8–)3–4,4(–5) mm long., 2-nervia, nervios escabrosos en el tercio distal, ápice brevemente 2-dentado. Callo breve, redondeado, piloso, pelos hasta de 1 mm long. Raquilla de 1–2,2 mm long., pilosa, los pelos no alcanzan el ápice de la pálea. Estambres 3, anteras violáceas de 1,6–3 mm long.

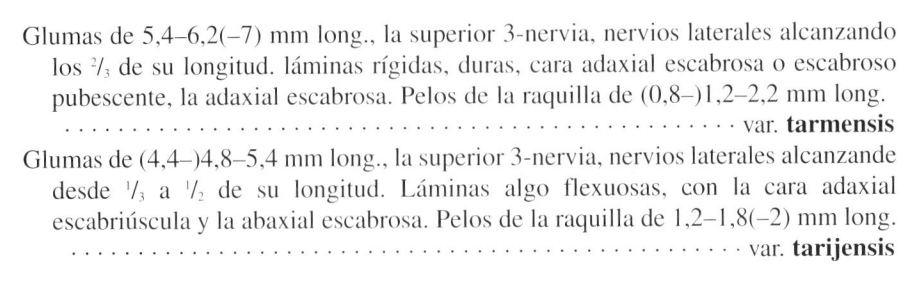

Glumas de 5,4–6,2(–7) mm long., la superior 3-nervia, nervios laterales alcanzando los $^2/_3$ de su longitud. láminas rígidas, duras, cara adaxial escabrosa o escabroso pubescente, la adaxial escabrosa. Pelos de la raquilla de (0,8–)1,2–2,2 mm long.
. . . . var. **tarmensis**
Glumas de (4,4–)4,8–5,4 mm long., la superior 3-nervia, nervios laterales alcanzande desde $^1/_3$ a $^1/_2$ de su longitud. Láminas algo flexuosas, con la cara adaxial escabriúscula y la abaxial escabrosa. Pelos de la raquilla de 1,2–1,8(–2) mm long.
. . . . var. **tarijensis**

var. **tarmensis**

LA PAZ: Murillo, 3,5 km W de Pongo, *Solomon* 14892, 14893; 16 km hacia Palca, desvío a Tacapaya, *Beck* 17424. Cordillera Real, Illampu, *Troll 2193*. Loayza/Aroma, del desvio a Urmiri en Villa Loza, 12,5 km hacia Urmiri, *Beck* 19852.
COCHABAMBA: Chaparé, Tunari, *Steinbach* 9783.
POTOSI: 25 km NW de Salo hacia Atocha, *Peterson et Annable* 11841.
CHUQUISACA: Tomina, *Weddell* 3831.
TARIJA: Avilés, cuesta de Sama, *Bastian* 594.
Ecuador hasta Bolivia. Estepas graminosas de altura, en la Puna semihúmeda; 2600–4650 m.

var. **tarijensis** *(Pilg.) Villavicencio*, Dissert.: 224 (1995). Tipo: Bolivia, Tarija, Pinos, *Fiebrig* 3120 (SI, isosíntipo; LIL, frag.); Tarija, *Fiebrig* 3119 (B, US, síntipos; SI, frag.).
Calamagrostis tarijensis Pilg., Bot. Jahrb. Syst. 42: 71 (1908).
Calamagrostis rosea var. *macrochaeta* Hack., Ark. Bot. 8 (8): 40 (1908). Tipo: Bolivia, Tarija, Junaca, *Fries* 1301 (W, holótipo; US, frag.).

Se diferencia de la variedad típica por presentar láminas filiformes, más estrechas, de 0,3–0,6 mm lat., glabras a escabriúsculas en la cara adaxial, escabriúsculas en la abaxial y espiguillas menores. Glumas de (4,4–)4,8–5,4 mm long. y lemma de 3,6–4,4 mm long.

TARIJA: Méndez, cerca de Choroma, *Bastian* 1107; Cuesta de Sama *Coro* 1277; Cercado, Cuesta del Cóndor, *Coro & Rojas* 1568.
Bolivia y noroeste de la Argentina. Regiones montañosas; 2400–2600 m.

46. D. vicunarum Wedd., Bull. Soc. Bot. France 22: 177, 180 (1875). Tipo: Bolivie, *D'Orbigny* 187 (P, lectótipo designado aquí; BAA, LIL, frag.); *D'Orbigny* 222 (P, US, parátipos); Carangas, *D'Orbigny* 185 (W, US, parátipos).
Deyeuxia vicunarum var. *tenuifolia* Wedd., loc. cit.: 180 (1875). Tipo: Perú, Titicaca, *Weddell* 1848 (P, BAA, síntipos); Bolivie, La Paz, Ravin de Chuquiaguillo, *Weddell* 1851 (P, BAA, síntipos).
Deyeuxia vicunarum var. *major* Wedd. loc. cit.: 180 (1875). Tipo: Perú, *Weddell* 1848 (P, holótipo; BAA, isótipo).
Calamagrostis pentapogonodes Kuntze, Revis. Gen. Pl. 3 (2): 344 (1898). Tipo: Bolivia, Tunari, *Kuntze* V-92 (BAA, US, holótipo frag.).
Calamagrostis vicunarum (Wedd.) Pilg. in Bot. Jahrb. Syst. 42: 62 (1908).
Calamagrostis vicunarum (Wedd.) Pilg. var. *humilior* Pilg., Bot. Jahrb. Syst. 42(1): 62 (1908). Tipo: Perú, Sandia, entre Poto y Ananea, *Weberbauer* 954 (MOL, US, isótipos).
Calamagrostis vicunarum var. *abscondita* Pilg., loc. cit.: 63 (1908). Tipo: Perú, Lima–Oroya, entre Yauli y Pachichaca, *Weberbauer* 312 (US, isótipo).
Calamagrostis vicunarum var. *setulosa* Pilg., loc. cit.: 63 (1908). Tipo: Perú, entre Cuyocuyo y Poto, *Weberbauer* 943 (MOL, US, isótipos).

51. Deyeuxia

Calamagrostis vicunarum var. *elatior* Pilg., loc. cit.: 63 (1908). Tipo: Perú, entre Cuyocuyo y Poto, *Weberbauer* 938 (US, isótipo).
Calamagrostis vicunarum var. *tenuior* Pilg., loc. cit.: 63 (1908). Tipo: Perú, Ancash, Cajatambo, Chonta, Cordillera Negra, *Weberbauer* 2782 (MOL, US, isótipos).
Calamagrostis spiciformis Hack. var. *acutiflora* Hack. ex Buchtien nom nud., Contr. Fl. Bolivia 1: 75 (1910).
Calamagrostis pulvinata Hack. in Stuckert, Anales Mus. Nac. Hist. Nat. Buenos Aires 21: 104, Pl. 4, fig. B, 1–4 (1911). Tipo: Argentina, Tucumán, Tafí, Cumbres Calchaquíes, *Lillo* 5609 (BAA, LIL, SI, isótipos).
Deyeuxia pulvinata (Hack.) Türpe, Lilloa 31: 132, fig. 10. (1962).

Plantas perennes, cespitosas, matas densas con numerosos culmos floríferos de (1,5–)2–30(–50) cm de altura. Lígula membranácea, truncada, de 0,3–1,4(–2) mm long., borde brevemente fimbriado. Láminas convolutas, de 1,5–9 cm long. × 0,2–0,4 mm diám., curvadas o flexuosas, excepcionalmente rectas, ápice agudo o navicular.
Inflorescencias subespiciformes, de 1–8 cm long. × 0,3–1 cm lat., ramificaciones laterales breves, contraídas, escabrosas. Glumas 2, de 3,4–7(–8,2) mm long., subiguales, agudas, 1-nervias, nervio y dorso escabrosos. Lemma cilíndrica, de (2,6–)3,1–5,8 mm long., escabrosa en el tercio superior, ápice con 4 dientes arístulados de 0,1–1(–1,6) mm long., arista dorsal de 3–6,6(–7,6)mm long., retorcida, inserta en el tercio inferior del dorso. Pálea membranácea, de 1,6–2,6(–3) mm long., 2-nervia, ápice brevemente 2-dentado. Callo breve, piloso, pelos de 0,2–0,8 mm long. Raquilla de 0,4–0,9(–1,2) mm long., con escasos pelos cortos. Estambres 3, anteras de 0,15–0,6 mm long. Fig. 45.

LA PAZ: Los Andes, Valle Hichu Kkota, *Ostria* 300, 302. Murillo, entre El Alto y Pacota, *Ceballos et al.* Bo 20; La Paz hacia Las Yungas, *Beck* 13556; Cordillera Real, Laguna Laramkhota, hacia el Co. Wila Manquilizani, *Beck* 14875;
COCHABAMBA: Ayopaya, Sihuincani, cerca Hda. Sailapata, 65 km NNW de Cochabamba, *Urgent* 4864; Quillacollo, camino Sipe-Sipe a Kami, cuenca del Valle de Cochabamba, *Beck et al.* 18045.
ORURO: Sajama, al W del Nevado, 3 km N de Sajama, ca. aguas termales, *Liberman* 323.
POTOSI: Tomas Frías, Potosí, *Cárdenas* 2037.
CHUQUISACA: Zudañez, Corralon Mayu, *CORDECH* 35.
TARIJA: Avilés, Cuenca de Tjsara, *Campero Meyer* 30.
Ecuador, Perú, Bolivia y noroeste de la Argentina. Regiones altoandinas, constituyendo un elemento dominante de la Puna, en suelos rocosos; 3600–5000 m.

Esta especie presenta gran variabilidad morfológica.

47. D. violacea Wedd., Bull. Soc. Bot. France 22: 179, 180 (1875). Tipo: Bolivia, La Paz, Ravin de Chuquiaguillo, *Weddell* 1851 (P, holótipo; BAA, P, isótipos; US, frag.).
Calamagrostis violacea (Wedd.) Hitchc., Contr. U.S. Natl. Herb. 24 (8): 377 (1927).

Plantas perennes, cespitosa. Culmos erectos, de (3–)6–25(–37) cm de altura, césped denso alcanzando ¹/₂ de la longitud de las mismas. Lígula membranácea, de (1,2–)1,6–3,2(–3,8) mm long., subtrígona, ápice redondeado, eroso. Láminas conduplicadas, de (1,5–)2,5–10(–14) cm long., filiformes, rígidas, curvadas, márgen ciliado, ápice punzante. Inflorescencia violácea, subespiciforme, pauciespiculada, de (1,5–)2–5,5(–7,5) cm long., ramificaciones contraídas, escabrosas, pedicelos escabrosos o con pelitos cortos, blanquecinos. Glumas violáceas, de (4,6–)5,4–6,8(–7) mm long., la inferior 1-nervia, la superior 3-nervia, nervio medio escabroso o ciliolado, dorso glabro o escabroso-ciliolado. Lemma de (3,8–)4,4–5(–5,8) mm long., escabrosa o escabriúscula, ápice 4-dentado, arista dorsal de (5–)5,4–6,6(–8,8) mm long., geniculada, retorcida, inserta a 1–1,6 mm de la base, sobrepasando a las glumas. Pálea de (2–)3–4(–4,6) mm long., 2-nervia, bicarinada, ápice bidenticulado. Callo redondeado, piloso, pelos hasta de 1 mm long. Raquilla de (1,2–)1,4–2,2 mm long., pilosa, pelos que alcanzan el ápice de la pálea. Estambres 3, anteras violáceas de 1,6–2,2(–2,4) mm long.

Glumas glabras, quilla y dorso escabrosos. Pedicelos y ramificaciones glabros o escabrosos. Láminas escabrosas o escriúsculas · · · · · · · · · · · · · · · · var. **violacea**
Glumas con la quilla y el dorso escabroso-ciliolado, escabrosodades y pelos blanquecinos. Pedicelos y ramificaciones escabroso-pilosos. Láminas escabrosas, pubescentes, bordes ciliolados · var. **puberula**

var. **violacea**

LA PAZ: Los Andes, 42 km NNW de La Paz, alrededor de la Agencia Palcoco, *Beck* 4318; Murillo, Chacaltaya, *Ruthsatz* 1363; La Cumbre de Yungas, 10 km hacia Unduavi, *Beck* 14734.
COCHABAMBA: Cordillera del Tunari, *Adolfo* 84b.
Perú, Bolivia y Argentina. Frecuente en regiones altoandinas, cerca del límite de la vegetación; 4000–4900 m.

var. **puberula** *Rúgolo & Villavicencio*, Bol. Soc. Argent. Bot. 31 (1–2): 125 (1995). Tipo: Bolivia, La Paz, Coroico, Cordillera de Incantone, *Mandon* 1307 (P, holótipo; BAA, frag.; K, LAU, MO, P, US, isótipos).
Deyeuxia violacea var. *puberula* Wedd., Bull. Soc. Bot. France 22: 180 (1875), nom. nud.

Difiere de la variedad típica por presentar hojas escabrosas y láminas escabroso-pilosas en el margen. Glumas con el dorso escabroso, pubérulo y la carina ciliada con pelos blanquecinos. Pedicelos escabroso-pilosos, pelos blanquecinos.

LA PAZ: Murillo, 4,5 km N de Milluni, 3 km S de Paso Zongo, *Solomon* 13205; cumbre de Yungas, 10 km hacia Unduavi, *Beck* 14735; 3 km E de La Cumbre, *Renvoize et Cope* 4210.

Bolivia y noroeste de la Argentina. Regiones altoandinas; a menudo convive con la variedad *violacea*; 3600–5190 m.

48. D. viridiflavescens (*Poir.*) *Kunth*, Révis. Gramin. 1: 77 (1829).
Arundo viridiflavescens Poir, in Lamarck, Encycl. 6: 271 (1804). Tipo: Montevideo Commerson (*Herb. Jussieu* 2262), (holótipo P).
Donax viridiflavescens (Poir.) Roem. & Schult., Syst. Veg. 2: 601 (1817).
Calamagrostis viridiflavescens (Poir.) Steud., Nomencl. Bot. ed. 2, 1: 251 (1840).
Calamagrostis montevidensis Nees, Agrostologia Brasiliensis in Martius, Fl. Bras. 2(1): 401 (1829).

var. **viridiflavescens**

Plantas perennes, rizomatosas, rizomas cortos, rojizos. Culmos erectos, de 60–130 cm de altura. Lígula membranácea, de 0,6–1,5 mm long., truncada, borde brevemente laciniado. Láminas planas, de 8–10 cm long. × 1–10 mm lat., glabras o escabrosas, flexuosas.

Especie sudamericana descripta originalmente para Uruguay, crece desde Colombia hasta el sur de Brasil donde es frecuente. En la Argentina se encuentra representada en el norte y el noreste, llegando por el sur hasta la provincia de Buenos Aires.

Lemma con arista breve de 1–2 mm long.
.... var. **viridiflavescens**
Lemma con la arista geniculada mayor de 4 mm long.
.... var. **montevidensis**

var. **montevidensis** *(Nees) Cabrera & Rúgolo* in Cabrera, Flora de la Provincia de Buenos Aires, Col. Cient. INTA 4 (2): 219 (1970). Tipo: Montevideo, *Sellow* (K, lectótipo; LE, isoléctótipo; US, frag.).
Calamagrostis montevidensis Nees, Agrostologia Brasiliensis in Mart., Fl. Bras. 2(1): 401 (1829).
Deyeuxia splendens Brongn. ex Duperrey, Voy. Monde, Phan. 7: 23 (1829). Tipo: Brasil, Ile St. Catherine, *D'Urville* (P, holótipo; BAA, US, frags.).
Calamagrostis viridiflavescens (Poir.) Kunth var. *montevidensis* (Nees) Kämpf, Congr. Nac. Bot. (Rio de Janeiro) 26: 272 (1977).

Plantas perennes, rizomatosas, rizomas cortos, rojizos. Culmos erectos, de 0,60–1,30 m de altura. Lígula membranácea, de 0,6–1,5 mm long., truncada, borde brevemente laciniado. Láminas planas, de 8–30 cm long. × 1–10 mm lat., glabras o escabrosas, flexuosas. Inflorescencia laxa, de 15–25 cm long., plateada, brillante, decumbente, ramificaciones inferiores hasta de 15 cm long., pedicelos escabrosos. Glumas 2, lanceoladas, acuminadas, membranáceas, de 4,4–5,8(–6,5) mm long., 1-nervias, nervio escabroso. Lemma de (2,6–)3–3,5(–4) mm long., membranácea, ápice truncado, hendido, arista dorsal de 1–4 mm long., escabrosa, geniculada, inserta en el tercio superior. Pálea membranácea, de 2,4–3,1 mm long., 2-nervia, nervios escabrosos, ápice bífido. Callo recurvado, piloso, pelos sedosos mayores que el antecio. Raquilla $^1/_2$ de la longitud del antecio, con escasos pelos cortos en el ápice. Estambres 3, anteras de 0,5–0,8 mm long.

SANTA CRUZ: Cordillera, Camiri, 75 km hacia Monteagudo, Abra Incahuasi, *Beck et Liberman* 9827.
LA PAZ: Nor Yungas, Comunidad Candelaria, Coroico, bajando de Concepción, desvío hacia el NE, *Beck et Rúgolo* 19933.
COCHABAMBA: W de Cochabamba, *Hitchcock* 22814.
TARIJA: O'Connor, ca. del Río Salinas, *Coro* 79.
Perú, Bolivia, Paraguay, Argentina, sur de Brasil y Uruguay. Frecuente en terrenos húmedos, principalmente en praderas a nivel del mar, así como en regiones preandinas; 1100–2100 m.

52. POLYPOGON Desf.
Fl. Atlant 1: 66 (1798); Björkman, Symb. Bot. Upsal. 17(1): 87 (1960).

Anuales o perennes. Inflorescencias en panículas densas, contraídas, espiciformes o laxas. Espiguillas unifloras, sin raquilla prolongada, caedizas a la madurez con el pedicelo o por lo menos, con el ápice engrosado de éste. Glumas 2, iguales o subiguales, cartáceas, escabrosas, 1-nervadas, mayores que el antecio, escabrosas o equinuladas, agudas o bilobadas, con arista terminal delgada o múticas. Antecio articulado o no; callo glabro o piloso. Lemma menor que las glumas, oval u oblonga, hialina, 5-nervada, glabra, truncada, mútica, bidentada o biaristada o con arístula subapical recta, o dorsal y geniculada; pálea $^1/_3$ – sobrepasa la mitad o iguala a la lemma en longitud. Cariopsis obovado, oblongo o fusiforme.
24 especies cosmopolitas, en regiones templado-cálidas.

1. Glumas múticas o mucronduladas:
   2. Panícula densa y lobulada; cariopsis obovado ⋯⋯⋯⋯⋯⋯ **3. P. viridis**
   2. Panícula laxa; cariopsis oblongo o fusiforme:
      3. Callo piloso ⋯⋯⋯⋯⋯⋯⋯⋯⋯⋯⋯⋯⋯⋯⋯⋯ **1. P. exasperatus**
      3. Callo glabro ⋯⋯⋯⋯⋯⋯⋯⋯⋯⋯⋯⋯⋯⋯⋯⋯⋯ **2. P. hackelii**
1. Glumas aristadas:
   4. Panícula contraída, subnutante; glumas subuladas ⋯⋯⋯⋯ **4. P. elongatus**
   4. Panícula densa y lobulada; glumas obtusas, bilobuladas o agudas, aristadas:
      5. Glumas con aristas de 2.5–4.5 mm ⋯⋯⋯⋯⋯⋯⋯⋯ **5. P. interruptus**
      5. Glumas con aristas de 4–8 mm ⋯⋯⋯⋯⋯⋯⋯⋯ **6. P. monspeliensis**

1. P. exasperatus *(Trin.) Renvoize* **comb. nov.** Tipo: Chile, *d'Urville* (LE, holótipo n.v. K, microficha).
Agrostis mucronata J. Presl, Reliq. Haenk. 1: 238 (1830), non (Kunth) Spreng. (1825). Tipo: Perú? Haenke (PR, holótipo n.v.).
A. exasperata Trin., Mém. Acad. Imp. Sci. Saint-Pétersbourg, Sér. 6, Sci. Math., Seconde Pt. Sci. Nat. 4(1): 352 (1841).

52. Polypogon

A. haenkeana Hitchc., Contr. U.S. Natl. Herb. 24: 381 (1927), basado en *A. mucronata* J. Presl.
Chaetotropis exasperata (Trin.) Björkman, Symb. Bot. Upsal. 17: 14 (1960).

Plantas perennes amacolladas con culmos erectos o ascendentes, de 20–50 cm de alto. Láminas lineares de 3–6 cm long. × 2–5 mm lat., planas agudas. Panícula oblonga, laxa, lobulada, de 6–25 cm long. × 1–4 cm lat. Espiguillas de 2,5–4 mm. Glumas lanceoladas, iguales, escabrosas y hispídulas, agudas o mucronadas. Lemmas de 1–2 mm, con una arista de 1–3,5 mm; pálea diminuta, $^1/_2$ de largo de la lemma; callo desarrollado, piloso. Anteras de 0,5–1 mm.

LA PAZ: Manco Kapac, Bahia Yumani, *Liberman* 1146.
Argentina, Chile y Bolivia. Céspedes húmedos; 800–3900 m.

2. P. hackelii *(R.E. Fr.) Renvoize* **comb. nov.** Tipo: Argentina, Jujuy, *Kurtz* 11632 (S, holótipo n.v).
Agrostis hackelii R.E. Fr., Nova Acta Regiae Soc. Sci. Upsal., ser. 4, 1 (no. 1): 175 (1905).
Chaetotropis hackelii (R.E. Fr.) Björkman, Symb. Bot. Upsal. 17: 14 (1960).

Plantas perennes amacolladas con culmos de 40–120 mm de alto. Láminas lineares, de 4–25 cm long. × 2–8 mm lat., planas, escabrosas, agudas. Panícula oblonga, de 8–27 cm de largo, lobulada o laxa, las ramas rectas o flexuosas, con espiguillas aglomeradas densas. Espiguillas lanceoladas, de 2–3,5 mm de largo, purpúreas. Glumas agudas o mucronuladas. Lemmas de 1,5 mm, aristadas, las aristas de 1–1,5 mm, caducas. Callo glabro. Anteras de 0,5 mm.

LA PAZ: Saavedra, Ninokorin, *Feuerer* 6214. Ingavi, Huacullani, *Beck* 1029B; 12 km NE de Taraco, *Renvoize et Cope* 4158.
COCHABAMBA: Ayopaya, Puente San Miguel, Liriuni, *Ugent* 4784.
POTOSI: Quijarro, 43 km SW de Potosi, *Renvoize, Ayala et Peca* 5266.
Bolivia y Noroeste de Argentina. Cesped húmedo; 300–3840 m.

3. P. viridis (*Gouan*) *Breistr.*, Bull. Soc. Bot. France 89 Sess. Extraord. 110: 56 (1966). Tipo: Francia (P, holótipo n.v.).
Agrostis viridis Gouan, Hortus Monsp.: 546 (1762).
Phalaris semiverticillata Forssk., Fl. Aegypt.-Arab.: 7 (1775). Tipo: Egipto, *Forsskal* (C, holótipo n.v.).
Agrostis verticillata Vill., Prosp. Hist. Pl. Dauphiné: 16 (1779); H378: F259. Tipo: Francia.
A. semiverticillata (Forssk.) C. Chr., Dansk. Bot. Ark. 4: 12 (1922).
Polypogon semiverticillatus (Forssk.) Hyland., Uppsala Univ. Årsskr. 7: 74 (1946).

Plantas anuales o perennes, amacolladas, con culmos erectos o ascendentes, de 10–60 cm de alto. Láminas planas, de 5–20 cm long. × 2–12 mm lat., escabérulas, estrechamente agudas. Panícula densa y lobulada, de 5–18 cm de largo, las ramas subverticiladas con espiguillas hasta la base. Espiguillas glabras, de 1,5–2 mm, purpúreas o verde-pálidas; pedicelos muy cortos, de 0,1–0,3 mm. Glumas iguales, escabérulas, agudas, múticas; lemmas de 1 mm, múticas. Anteras de 0,3–0,5 mm. Fig. 46.

LA PAZ: Murillo, Mecapaca, *Renvoize et Cope* 4236.
COCHABAMBA: Cercado, Cochabamba, *Steinbach* 8773; *Spiaggi* 35; *Buchtien* 2519; *Hitchcock* 22808. Punata, Lara Suyo, *Guillen* 283. Mizque, Molinero, *Sigle* 154.
TARIJA: Cercado, Río Guadalquivir, *Bastian* 196.
Región mediterránea, introducida en las Américas y en otras regiones. Sitios húmedos; 0–3840 m.

4. P. elongatus *Kunth* in Humboldt, Bonpland et Kunth, Nov. Gen. Sp. 1: 134 (1815); H384; F262. Tipo: Ecuador, *Bonpland* (P, holótipo n.v.).
Vilfa acutiglumis Steud. in Lechler, Berberid. Amer. Austral.: 56 (1857) nom. nud., espécimen citado: Perú, *Lechler* 1542.
Chaetotropis elongata (Kunth) Björkman, Symb. Bot. Upsal. 17(1): 14 (1960).

Plantas anuales o perennes, laxamente amacolladas, con culmos erectos de 40–130 cm de alto. Láminas planas, de 12–30 cm long. × 2–12 mm lat., estrechamente agudas. Panícula oblonga, contraída, interrupta, subnutante, de 10–30 cm de largo, las ramas subverticiladas con espiguillas hasta la base; pedicelos caedizos, tan largos como las espiguillas. Glumas subiguales, lanceoladas, de 2–3 mm, escabrosas, subuladas, con aristas apicales de 0,5–4 mm. Lemma de 1,5–2 mm, glabra, con arístula subapical recta de 1–3 mm. Anteras de 0,5 mm. Fig. 46.

SANTA CRUZ: Florida, Alta Mairana, *Mostacedo* 188.
LA PAZ: Saavedra, Amarete, *Feuerer* 6389. Murillo, Zongo, *Renvoize et Cope* 4277. Nor Yungas, Unduavi, *Renvoize et Cope* 4182. Sud Yungas, Chuspipata, *Beck* 12005.
COCHABAMBA: Chaparé, Villa Tunari, *Beck* 7388. Carasco, Comarapa hasta Cochabamba, *Renvoize et Cope* 4070. Cercado, Cochabamba, *Hitchcock* 22813.
TARIJA: Méndez, Rincon Victoria, *Solomon* 10632.
Estados Unidos de América hasta Argentina. Laderas pedregosas y sitios alterados húmedos; 0–3700 m.

5. P. interruptus *Kunth* in Humboldt, Bonpland et Kunth, Nov. Gen. Sp. 1: 134, t. 44 (1816); F263. Tipo: Venezuela (P, holótipo n.v.).
P. lutosus sensu Hitchc., Contr. U.S. Natl. Herb. 24(8): 384 (1927) non (Poir.) Hitchc. (1920).

Plantas anuales o perennes, also macolladas, con culmos erectos de 25–80 cm de alto. Láminas planas, de 5–20 cm long. × 2–10 mm lat., escabérulas, agudas. Panícula densa y lobulada, de 4–11 cm de largo; pedicelos de 0,5 mm. Glumas

Fig. 46. **Polypogon monspeliensis**, A espiguilla basada en *Beck* 3866. **P. interruptus**, B habito, C espiguilla basada en *Renvoize* 4515. **P. elongatus**, D habito, E espiguilla basada en *Renvoize et Cope* 4070. **P. viridis**, F espiguilla basada en *Feuerer* 7020b.

iguales, escabrosas, de 1,5–2,5 mm, agudas u obtusas; arista de 2.5–4.5 mm. Lemma de 1 mm con arista de 1–2,5 mm. Anteras de 0,5 mm. Fig. 46.

LA PAZ: Saavedra, Charazani, *Feuerer* 10764. Larecaja, Sorata, *Mandon* 1294. Manco Kapac, Copacabana, *Feuerer* 22510. Los Andes, Karhuiza Pampa, *Renvoize* 4515. Murillo, Cota Cota, *Beck* 1901. Ingavi, Taraco, *Renvoize et Cope* 4144.
COCHABAMBA: Chaparé, Tunari, *Steinbach* 9768. Cercado, Cochabamba, *Steinbach* 8789. Mizque, Vila Vila, *Eyerdam* 25321.
ORURO: Cercado, La Paz hacia Cochabamba, *Nee et Solomon* 34132.
POTOSI: Quijarro, Potosí hacia Khucho Ingenio, *Schulte* 88. Sur Chichas, Oploca, *Hitchcock* 22893.
TARIJA: sin localidad, *Coro Rojas* 1486.
Colombia hasta Argentina. Campos y laderas pedregosas, en sitios húmedos; 2200–3900 m.

Agropogon littoralis (Sm.) C.E. Hubb., un híbrido europeo de *Agrostis stolonifera* L. y *Polypogon monspeliensis* Desf. es similar a *P. interruptus* pero se distingue por sus espiguillas persistentes y aristas de las glumas de 2–3 mm.

6. P. monspeliensis (*L.*) *Desf.*, Fl. Atlant. 1: 67 (1798). Tipo: Francia (LINN, material original).
Alopecurus monspeliensis L., Sp. Pl.: 61 (1753).
Polypogon flavescens J. Presl, Reliq. Haenk. 1: 234 (1830). Tipo: Perú, *Haenke* (PR, holótipo).

Plantas anuales con culmos erectos, de 10–80 cm de alto. Láminas planas, de 13–25 cm long. × 4–10 mm lat., escabrosas, acuminadas. Panícula espiciforme, ovada u oblonga, cilíndrica o lobulada, de (1–)4–14 cm long. × 1–3 cm lat. Espiguillas de 2–3 mm; pedicelos muy cortos, de 0,2 mm. Glumas iguales, escabrosas, obtusas o bilobuladas; arista delgada, recta, de 4–8 mm. Lemmas de 1 mm, múticas o con arista de 1–2 mm. Anteras de 0,5 mm. Fig. 46.

LA PAZ: Murillo, Calacoto, *Beck* 3866. Mecapaca, *Renvoize et Cope* 4237. Cota Cota, *Beck* 1900; 1156.
COCHABAMBA: Capinota, Irpa Irpa, *Artezana* 135.
Regiones templado-cálidas del Viejo Mundo, introducida y naturalizada en América. Sitios alterados; 0–3900 m.

53. CINNA L.
Sp. Pl.: 5 (1753).

Plantas perennes. Inflorescencia en panícula abierta. Espiguillas unifloras, comprimidas lateralmente, con raquilla prolongada o no, caedizas enteramente a la madurez. Glumas subiguales excediendo el largo del antecio o algo más cortas, finamente membranáceas, la superior 1–3-nervia, agudas. Lemmas membranáceas, 3-nervias, aquilladas, subagudas con una arista corta, recta, subapical o no; pálea igualando el largo de la lemma, 1-quillada. Anteras 1–2.

5 especies. Zonas templadas de ambos hemisferios; Mexico hasta Bolivia.

C. poaeformis (*Kunth*) *Scribn. & Merr.*, U.S.D.A. Div. Agrost. Bull. 24: 21 (1901).
Tipo: México, *Humboldt et Bonpland* (K, microficha).
Deyeuxia poaeformis Kunth in Humboldt, Bonpland et Kunth, Nov. Gen. Sp. 1: 146 (1815).

Plantas con culmos erectos o péndulos, de 60–200 cm de alto. Láminas lineares, de 20–40 cm long. × 5–15 mm lat., planas, glabras, acuminadas. Panícula oblonga u ovada, de 20–35 cm, las ramas verticiladas, filiformes, laxas. Espiguillas oblongas, de 2.5–3 mm, escabrosas. Glumas 3-nervias, con los nervios conspicuos. Lemmas múticas. Anteras 2. Fig. 47.

LA PAZ: Tamayo, Peluchuco, *Feuerer* 9346. Nor Yungas, Unduavi, *Renvoize et Cope* 4181.
México hasta Bolivia. Bosques, a la sombra; 2200–4000 m.

54. ALOPECURUS L.
Sp. Pl.: 60 (1753); Parodi, Revista Fac. Agron. Veterin. 7: 345–369 (1931).

Plantas anuales o perennes, cespitosas o rizomatosas. Inflorescencia en panícula muy densa, espiciforme, ovoide o cilíndrica. Espiguillas unifloras, comprimidas lateralmente, caedizas enteramente a la madurez. Glumas subiguales, igualando o excediendo el largo del antecio, 3-nervias, membranáceas o coriáceas, aquilladas, la quilla ciliada o glabra, a veces alada, unidas por sus márgenes en la base o libres, obtusas, agudas o aristadas. Lemmas membranáceas, 3–5-nervias, aquilladas, normalmente con los márgenes soldados en la base, truncadas o agudas, con arista dorsal recta o geniculada; pálea muy pequeña o ausente. Flor perfecta protógina. Cariopsis elíptico-oblongo, comprimido; endosperma seco o líquido.

36 especies, que habitan suelos húmedos en regiones templadas y frías, la mayoría en el hemisferio norte.

Glumas glabras · 1. **A. hitchcockii**
Glumas ciliadas · 2. **A. magellanicus**

1. A. hitchcockii *Parodi*, Revista Fac. Agron. Veterin. 7: 366 (1931); F262. Tipo: Perú, *Macbride* 3078 (K, isótipo).
A. aequalis sensu Hitchc., Contr. U.S. Natl. Herb. 24(8): 383 (1927) pro parte, non Sobol. (1799).

Plantas anuales palustres con culmos geniculados, decumbentes, a veces flotantes, de 10–60 cm de largo. Láminas lineares, planas, de 2–10 mm long. × 2–5 mm lat., glabras, agudas. Panícula densa, cilíndrica, de 1–4 cm long. × 4–7 mm lat., gris-verdosa, con tintes purpúreos. Espiguillas elípticas u oblongas, de 2–3 mm. Glumas glabras, agudas. Lemma con una arista de 1–2 mm, apenas emergente de las glumas. Anteras de 1 mm. Fig. 47.

Fig. 47. **Cinna poaeformis**, A habito, B espiguilla basada en *Renvoize et Cope* 4181. **Alopecurus hitchcockii**, C habito, D espiguilla basada en *Peterson et al.* 12619. **A. magellanicus**, E habito, F espiguilla basada en *Renvoize* 4505.

54. Alopecurus

LA PAZ: Saavedra, Charazani, *Feuerer* 10891. Camaco, Puerto Acosta, *Beck* 7705. Larecaja, Sorata, *Mandon* 1243. Murillo, La Paz, Laguna Khota Kanchi, *Beck* 9001. Aroma, Callamarca, *Feuerer* 7503.

Perú y norte de Bolivia. Puna, en lagunas, bordes de ríos y sitios húmedos; 3830–4500 m.

Esta especie es muy afín a *A. aequalis* Sobol., que tiene las glumas ciliadas en las carinas.

2. **A. magellanicus** *Lam.*, Tabl. Encycl. 1: 168 (1791). Tipo: S Chile, *Commerson* (P, holótipo n.v.).
A. bracteatus Phil., Anales Univ. Chile. 94: 6 (1896); H383; F262. Tipo: Chile, *Philippi* (K, isótipo).
A. antarcticus var. *brevispiculatus* Hack. in Buchtien, Contr. Fl. Bolivia 1: 72 (1910) nom. nud.

Plantas perennes rizomatosas con culmos erectos de 15–70 cm de alto. Láminas lineares, planas, de 5–30 cm long. × 2–10 mm lat., agudas. Panícula densa, oblonga, cilíndrica, de 1,5–5 cm de largo, verdes o purpúreas. Espiguillas ovoideas, de 3–6 mm. Glumas ciliadas, agudas. Lemma con una arista de 3,5–9 mm que sobrepasa el ápice de las glumas. Anteras de 2–3 mm. Fig. 47.

LA PAZ: Saavedra, Calaya, *Feuerer* 6330. Camaco, Puerto Acosta, *Beck* 7716. Larecaja, Sorata, *Mandon* 1244. Los Andes, Batallas, *Beck* 14044. Murillo, Achocalla, *Beck* 1987.
POTOSI: Tomas Frías, Hacienda Cayara, *Wood* 9028.
Perú, Bolivia, el sur de Chile y Argentina. Lagunas y sitios húmedos; 3700–4140 m.

Phleum pratensis L. es una especie comunmente introducida en Sudamérica; se distingue de *Alopecurus magellanicus* por las glumas glabras en los costados.

55. BROMUS L.
Sp. Pl.: 76 (1753); Pinto-Escobar, Bot. Jahrb. Syst. 102: 445–457 (1981); Matthei, Gayana, Bot. 43 (1–4): 47–110 (1986).

Plantas perennes o anuales, cespitosas o rizomatosas; hojas con las vainas cerradas y láminas lineares, herbáceas, planas o conduplicadas. Inflorescencia en panícula laxa o contraída, amplia o reducida. Espiguillas multifloras, cuneadas, oblongas u ovadas, comprimidas o cilíndricas; antecios fácilmente caducos a la madurez. Glumas 2, herbáceas, agudas, menores que los antecios, desiguales, la inferior 1–5-nervia, la superior 3–9-nervia. Lemmas herbáceas o subcoriáceas, 5–11-nervias, agudas, bidenticuladas o bilobadas, mucronadas o aristadas, las aristas entre los dientes o sub-apicales. Estambres 3; ovario oblongo, con el ápice pubescente.
150 especies cosmopolitas en regiones templadas.

1. Aristas geniculadas ································· **7. B. berteroanus**
1. Aristas rectas o lemmas múticas o mucronuladas:
   2. Lemmas múticas o mucronuladas o, si llevan aristas de 1,5–4 mm de largo, el ápice es truncado y dentado:
      3. Espiguillas ovadas o elípticas; lemmas pilosas en los márgenes
      ·· **6. B. pflanzii**
      3. Espiguillas angostamente oblongas; lemmas glabras o pubescentes en el medio inferior ································· **9. B. inermis**
   2. Lemmas con aristas de 1–13 mm de largo:
      4. Lemmas glabras, escabrosas:
         5. Lemmas de 5–8 mm de largo, excluido la arista ··· **5. B. bolivianus**
         5. Lemmas de 9–15 mm de largo, excluido la arista:
            6. Gluma inferior de 5–9 mm, 3-nervia, superior 7–12 mm, 5–7-nervia; lemmas con aristas de 1–6 mm ········ **1. B. catharticus**
            6. Gluma inferior de 3–7 mm, 1-nervia, superior 6–9 mm, 3-nervia; lemmas con aristas de 7–13 mm ·········· **4. B. brachyanthera**
      4. Lemmas pubescentes, pilosas o vellosas:
         7. Culmos de 10–40 cm de alto; láminas de 1–2 mm lat.:
            8. Lemmas pubescentes ····················· **3. B. modestus**
            8. Lemmas vellosas ····················· **8. B. villosissimus**
         7. Culmos de 30–120 cm de alto; láminas de 2–12 mm lat.
         ·· **2. B. lanatus**

1. B. catharticus *Vahl*, Symb. Bot. 2: 22 (1791); F 111. Tipo: Perú, *Dombey* (P–JU, lectótipo selecionado por Pinto-Escobar, n.v.).
Festuca unioloides Willd., Hort. Berol. 1(3): tab. 3 (1803). Tipo: cult. Berlín (B holótipo n.v.).
Bromus unioloides Kunth in Humboldt, Bonpland et Kunth, Nov. Gen. Sp. 1: 151 (1816); H 315. Tipo: Ecuador *Humboldt et Bonpland* (P, holótipo n.v.).
B. unioloides (Willd.) Raspail, Ann. Sci. Nat. (Paris) 5: 439 (1825).
B. willdenowii Kunth, Révis. Gramin: 134 (1829) basado en *Festuca unioloides* Willd.
Ceratochloa haenkeana J. Presl, Reliq. Haenk. 1: 285 (1830). Tipo: Perú, *Haenke* (PR, holótipo n.v.).
Bromus haenkeanus (J. Presl) Kunth, Révis. Gramin. 1: suppl. 38 (1830).
B. carinatus Hook. & Arn., Bot. Beechey Voy. 403 (1840). Tipo: México, *Douglas* (BM, holótipo n.v.).

Plantas anuales o bienales, amacolladas, con culmos erectos de 20–120 cm de alto. Láminas de 10–30 cm long. × 2–7 mm lat., planas, finamente agudas. Panícula estrechamente oblonga, laxa, péndula, de 10–30 cm de largo, las ramas escabrosas, rectas. Espiguillas oblongas de 15–30 mm de largo, comprimidas, 5–9 floras. Glumas lanceoladas, carinadas, escabrosas, acuminadas, la inferior de (5–)9–10 mm, 3–5-nervia, la superior de 7–12 mm, 5–7-nervia. Lemmas lanceoladas, escabrosas, de 10–15 mm, carinadas, 7–9-nervias, purpúreas, márgenes y medio inferior pálidos, agudas o acuminadas; arista de 1–6 mm. Anteras de 0,5 mm en espiguillas cleistógamas y de 3–4,5 mm en espiguillas casmógamas. Fig. 48.

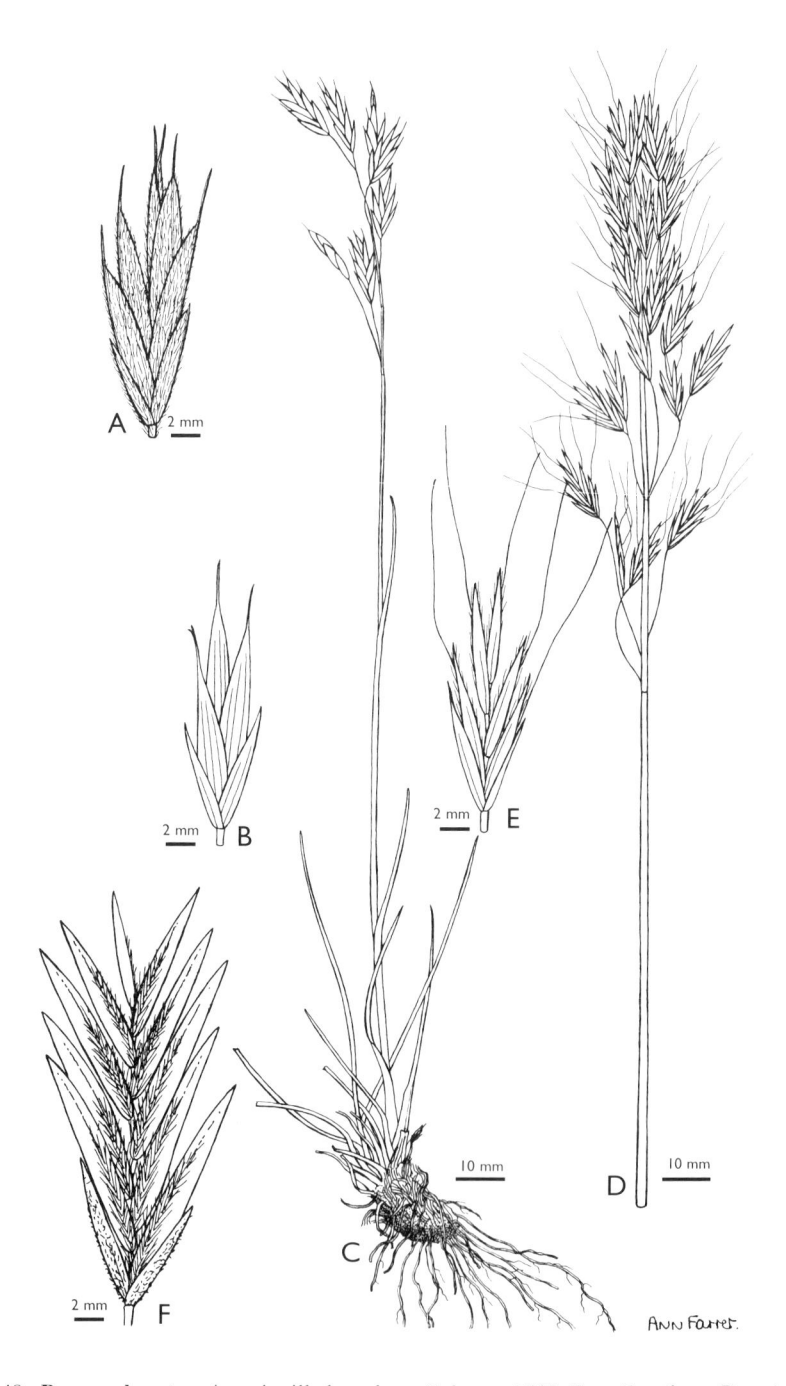

Fig. 48. **Bromus lanatus**, A espiguilla basada en *Solomon* 7438. **B. catharticus**, B espiguilla basada en *Renvoize* 4577. **B. modestus**, C habito basada en *Beck* 7856. **B. berteroanus**, D inflorescencia, E espiguilla basada en *Feuerer* 6212. **B. pflanzii**, F espiguilla basada en *Solomon* 7165.

LA PAZ: Tamayo, Illo Illo, *Feuerer* 11566. Saavedra, Amarete, *Feuerer* 7723. Camacho, *Feuerer et Höhne* 5663. Larecaja, Achacachi–Sorata, *Feuerer* 10548. Omasuyos, Achacachi, *Mandon* 1369. Los Andes, Khallutaca, *Beck* 235. Murillo, La Paz, *García* 303. Ingavi, 8 km NE de Taraco, *Renvoize et Cope* 4138. Aroma, Huaraco, *Liberman* 274.
COCHABAMBA: Tapacari, Challa, *Renvoize et Cope* 4091. Cercado, Cochabamba, *Steinbach* 8798.
ORURO: Cercado, La Paz hasta Cochabamba, *Nee et Solomon* 34130. Sajama, Curahuara hasta Carangas, *Renvoize, Ayala et Peca* 5225. Poopo, 6 km N de Pazna, *Peterson et Annable* 12719. Cabrera, Salinas de Garci–Mendoza, *Beck* 11769.
POTOSI: Bustillo, Pocoata, *Renvoize et Cope* 3821. Quijarro, Potosi hacia Uyuni, *Renvoize, Ayala et Peca* 5263. Sud Chichas, 15 km NW de Salo, *Peterson et Annable* 11828.
CHUQUISACA: Yamparaez, Tarabuco, *Renvoize et Cope* 3851. Oropeza, Sucre–Yamparaez, *Beck* 8841.
TARIJA: Cercado, Río Coimata, *Bastian* 163. Avilés, Tupiza hasta Tarija, *Killeen* 2685.
Sur de Estados Unidos de América hasta Chile y Argentina. Campos y sitios alterados, en suelos varios; 2200–3900 m.

Especie muy variable y de amplia distribución geográfica, en la que resulta difícil establar discontinuidades utilizando sólo caracteres morfológicos. La descripción anterior está referida únicamente a especímenes bolivianos.

2. B. lanatus Kunth in Humboldt, Bonpland et Kunth, Nov. Gen. Sp. 1: 150 (1816); H 317; F 111. Tipo: Ecuador, *Humboldt et Bonpland* (BM, isótipo).
B. pitensis Kunth in Humboldt, Bonpland et Kunth, Nov. Gen. Sp. 1: 152 (1816); H 317, F 111. Tipo: Ecuador, *Humboldt et Bonpland* (US, frag.).
Schenodorus lanatus (Kunth) Roem. & Schult., Syst. Veg. 2: 708 (1817).
Bromus lenis J. Presl, Reliq. Haenk. 1: 262 (1830). Tipo: Perú, *Haenke* (US, frag.).
B. tenuis J. Presl in Steud., Syn. Pl. Glumac. 1: 319 (1854). Error tipográfico por *B. lenis* J. Presl.
B. oliganthus Pilg., Bot. Jahrb. Syst. 25: 718 (1898). Tipo: Ecuador, *Stübel* 20c, 61b, 207a y 230a, Colombia, *Stübel* 202. (US, frag.).
B. buchtienii Hack., Repert. Spec. Nov. Regni Veg. 11: 30 (1912). Tipo: Bolivia, *Buchtien* 2538 (US, isótipo).

Plantas perennes, rizomatosas, con culmos erectos de 30–150 cm de alto. Hojas basales y caulinares. Láminas de 15–40 cm long. × 2–8 (–12) mm lat., planas, estrechamente agudas, ápices punzantes. Panícula oblonga, de 10–25 cm de largo, laxa, péndula, escasamente ramosa, las ramas subverticiladas, flexuosas, ordinariamente pubescentes, (vellosas en el tipo), raramente escabrosas. Espiguillas oblongas, de 15–20 mm, algo comprimidas, 5–8(–10) floras. Glumas lanceoladas, acuminadas, rala- o densamente pubescentes, la inferior de 4–10(–12) mm, 1-nervada; la superior de 6–13(–15) mm, 3-nervada. Lemmas lanceoladas, de 9–18 mm, carinadas, 5–7-nervias, pilosas o pubescentes en el dorso o sólo en la carina y los márgenes, agudas o apenas bidentadas en el ápice; arista recta, sub-apical, de 1,5–6 mm. Anteras de 1–2(–5) mm. Fig. 48.

LA PAZ: Saavedra, Charazani, *Feuerer* 11333. Larecaja, Ovejuyo, *Solomon* 7438. Omasuyos, Copacabana, *Hill* 505. Murillo, Mallassa, *Renvoize et Cope* 4215.
COCHABAMBA: Quillacollo, Sipe Sipe hacia Lipichi, *Hensen* 697.
POTOSI: Bustillo, Pocoata, *Renvoize et Cope* 3820. Sud Lípez, 37 km E de San Pablo, *Renvoize, Ayala et Peca* 5289.
TARIJA: Cercado, Calderillo, *Fiebrig* 2904b. Avilés, Patances, *Bastian* 667.
Colombia hasta Bolivia. Laderas pedregosas con pastizal arbustivo y sitios alterados; 2580–4500 m.

3. B. modestus *Renvoize*, Kew Bull. 49(3): 545–546 (1994). Tipo: Perú, *Ball* (K, holótipo)
B. frigidus Ball, J. Linn. Soc., Bot. 22: 63 (1885), non Boiss. et Hausskn. (1884).

Plantas perenes, cespitosas, fibrosas en la base; culmos erectos, de 10–40 cm de alto. Hojas principalmente basales; láminas de 3,5–11 cm long. × 1–3 mm lat. planas o plegadas, pubescentes o pilosas, agudas. Panícula terminal, oblonga, de 3–8 cm de largo, laxa, pauciflora, las ramas flexuosas, glabras o pubescentes. Espiguillas oblongas, de 10–15 mm, 3–6-floras. Glumas lanceoladas, agudas o acuminadas, pilosas o escabrosas, la inferior de 5–7 mm, 1(–3)-nervia, la superior de 7–9 mm, 3-nervia. Lemmas lanceoladas, de 7–10 mm, comprimidas, 5-nervias, pubescentes en el dorso o sólo en los márgenes, aguda; arista recta subapical, de 2–4 mm. Anteras de 1 mm. Fig. 48.

LA PAZ: Saavedra, Amarete, *Feuerer* 8174. Larecaja, Sorata, *Mandon* 1368. Murillo, La Paz, *Beck* 9081. La Cumbre de Yungas, *Beck* 7856.
COCHABAMBA: Quillacollo, Sipe Sipe hacia Lipichi, *Hensen* 768.
Perú y Bolivia. Campos; 3800–4300 m.

4. B. brachyanthera *Döll* in Martius, Fl. Bras. 2(3): 110 (1878). Tipo: Brasil, *Muller* (US, frag.).

Plantas perennes rizomatosas con culmos erectos de 30–150 cm de alto. Láminas lineares, de 15–40 cm long. × 5–20 mm lat., agudas. Panícula ovada u oblonga, de 15–30 cm de largo, laxa, con pocas ramas largas patentes, llevando las espiguillas en el medio superior. Espiguillas angostamente oblongas, de 10–30 mm de largo, 6–9-floras. Glumas lanceoladas, la inferior de 3–7 mm, 1-nervia, glabra, acuminada, la superior de 6–9 mm, 3-nervia, aguda o acuminada. Lemmas lanceoladas, de 9–14 mm, redondeadas en el dorso, 7-nervias, glabras, escabrosas, bidentadas o acuminadas; arista recta, de 7–13 mm. Anteras de 1,5–5 mm.

SANTA CRUZ: Caballero, El Tunal, *Killeen* 2530.
LA PAZ: Murillo, Valle de Zongo, *Renvoize et Cope* 4271. Nor Yungas, Unduavi, *Renvoize et Cope* 4178. Sud Yungas, Unduavi, *Solomon et Stein* 11677.

Sur de Brasil hasta Argentina. A la sombra de árboles o arbustos; 1000–3250 m.

5. B. bolivianus *Hack. ex Renvoize* **sp. nov.** *B. cathartico* Vahl similis sed lemmatibus brevioribus et spiculis parvioribus differt. Typus: Bolivia, *Buchtien* 843 (holotypus, US).
B. bolivianus Hack. ex Buchtien, Contr. Fl. Bolivia 1: 84 (1910) nom. nud.

Plantas perennes, rizomatosas con culmos erectos de 90–100 cm de alto. Láminas de 15–20 cm long. × 4–5 mm lat., planas, estrechamente agudas. Panícula de 15–25 cm de largo, escasamente ramosa, laxa, las ramas péndulas. Espiguillas esparcidas, apareadas, adpresas, oblongas, comprimidas, 6–7 floras, de 9–13 mm de largo. Glumas lanceoladas, acuminadas, glabras, la inferior de 4–6 mm, 1–3-nervia, la superior de 6–8 mm, 5-nervia. Lemmas lanceoladas, de 5–8 mm, 7-nervias, escabrosas, aristas de 1–3 mm.

LA PAZ: Obrajes, *Buchtien* 843.
Bolivia. 3600 m.

B. bolivianus es afin a *B. catharticus* y *B. brachyanthera* de los que se diferencia por tener las espiguillas de menor tamaño y los entrenudos de la raquilla muy breves; por ello, prácticamente todas las lemmas alcanzan el ápice de la espiguilla. El numero citado (*Buchtien* 843) incluye un espécimen de *B. catharticus* y bajo este nombre fue citado por Hithchcock (1927). Ademas, contiene otro espécimen donde las espiguillas son menores; éste se describe por primera vez como *B. bolivianus* Renvoize.

6. B. pflanzii *Pilg.*, Bot. Jahrb. Syst. 49: 189 (1912). Tipo: Bolivia, *Pflanz* 349 (US, frag.).

Plantas perennes cespitosas; culmos erectos de 135–150 cm de alto. Láminas de 30–50 cm long. × 2–4 mm lat., planas o enrolladas, estrechamente agudas, punzantes. Panícula ovada, laxa, péndula, de 15–20 cm de largo, las ramas escabrosas o esparcidamente pubescentes, subverticiladas. Espiguillas cuneadas, 7–11-floras, comprimidas, de 2–2,5 cm long. × 10–15 mm lat., con tintes purpúreos y bronceadas. Glumas lanceoladas, pilosas, agudas o acuminadas, la inferior de 7–9 mm, 1-nervia, la superior de 11–14 mm, 3-nervia. Lemmas de 12–16 mm, con el dorso redondeado, pilosas en los márgenes, con ápices agudos, múticos o mucronulados. Anteras de 5–6 mm. Fig. 48.

LA PAZ: Murillo, Muela del Diablo, *Beck* 1377. Environs de sud de la cuidad de La Paz, *Renvoize et Cope* 4098.

COCHABAMBA: Quillacollo, Sipe Sipe hacia Lipichi, *Hensen* 693.
Bolivia. Pajonal con arbustos ralos, en laderas pedregosas; 3500–3650 m.

7. B. berteroanus *Colla*, Mem. Reale Accad. Sci. Torino 39: 25, pl. 58 (1837); Herb. Pedem. 6: 68 (1836) ("berterianus"). Tipo: Chile, *Bertero* 117 (TO, isótipo n.v.).
Trisetum hirtum Trin., Linnaea 10: 300 (1836), non *B. hirtus* Licht. (1817). Tipo: Chile, *Poeppig* (LE, holótipo n.v.)
B. trinii Desv. in Gay, Fl. Chil. 6: 441 (1853); H314; F111 basado en *Trisetum hirtum* Trin.

Plantas anuales con culmos erectos de 20–70(–120) cm de alto. Láminas de 6–25 cm long. × 3–7 mm lat., planas, pilosas, agudas o atenuadas. Panícula terminal o axilar, oblonga, recta, laxa o densa, de 5–15(–20) cm de largo, las ramas subverticiladas, ascendentes, escabrosas. Espiguillas oblongas, algo comprimidas, 3–10-floras. Glumas estrechamente lanceoladas, acuminadas, glabras o pubescentes, la inferior de 6–12 mm, 1-nervia, la superior de 8–16 mm, 3-nervia. Lemmas lanceoladas, de 8–13 mm, con el dorso redondeado, 7-nervias, pubescentes, bidentadas; arista geniculada, de 10–15 mm. Anteras de dos tamaños, de 0,5–0,75 mm de largo o de 2 mm. Fig. 48.

LA PAZ: Saavedra, Niñokorin, *Feuerer* 6212. Larecaja, Sorata, *Mandon* 1370.
COCHABAMBA: Quillacollo, Sipe Sipe hacia Lipichi, *Hensen* 806.
México hasta Chile y Argentina. Laderas pedregosas y márgenes de cultivos; 1000–3800 m.

8. B. villosissimus *Hitchc.*, Proc. Biol. Soc. Wash. 36: 195 (1923); H 315; Tipo: Perú, *Macbride et Featherstone* 854 (K, isótipo).

Plantas perennnes vellosas, amacolladas, con culmos ascendentes, de 4–20 cm de alto. Láminas lineares, de 1,5–8 cm long. × 1–2 mm lat., agudas. Panícula ovada, de 1,5–3.5 cm de largo, con 3–10 espiguillas, poco ramosa, contraída. Espiguillas 3–6-floras, de 10–17 mm de largo, fusco-pálidas o pajizas. Glumas oblongas, papiráceas, esparcidamente villosas, agudas, la inferior de 6,5–13 mm, 1(–3)-nervia, la superior de 8,5–14 mm, 3-nervia; lemmas lanceoladas, vellosas, de 7–11 mm, comprimidas, 7-nervias, bidentadas; arista subapical, de 1–3 mm. Anteras de 1–1,5 mm.

ORURO: Sajama, Carangas, *D'Orbigny* 185.
Perú central hasta Bolivia. Laderas pedregosas; 4500–4843 m.

9. B. inermis *Leyss.*, Fl. Halens.: 16 (1761). Tipo: Alemania, *Leysser*.

Plantas perennes, rizomatosas con culmos de 60–120 cm de alto. Láminas lineares, de 15–35 cm long. × 4–12 mm lat., planas, glabras o ciliadas. Panícula oblonga, de 10–20 cm de largo, densa o laxa. Espiguillas angostamente oblongas, 8–13-floras, de 15–30 mm de largo, pálidas o purpúreas. Glumas angostamente lanceoladas, glabras, la inferior de 3,5–8 mm, 1-nervia, la superior de 6–11 mm, 3-nervia. Lemmas oblongo-lanceoladas, la inferior de 10–13 mm, comprimidas en el dorso, 5–7-nervias, glabras o pilosas, con el ápice truncado, dentado, mútico o con arístula de 1,5–4 mm.

ORURO: Cercado, Patacamaya, *Lara et Parker* 17f.
Europa y Asia templada.

Introducida como forrajera.

56. BRACHYPODIUM P. Beauv.
Ess. Agrostogr.: 100, 155 (1812).

Plantas anuales o perennes, cespitosas o rizomatosas. Culmos erectos o decumbentes y radicantes en los nudos inferiores. Láminas lineares, planas o conduplicadas. Inflorescencia erecta o péndula, formada por racimos espiciformes integrados por espiguillas subsésiles, dispuestas alternadamente en 2 hileras opuestas sobre un raquis tenaz. Espiguillas generalmente solitarias en cada nudo, 5–20-floras, redondeadas o algo comprimidas lateralmente, brevemente pediceladas. Glumas 2, plurinervias, lanceoladas, herbáceas hasta membranáceas, 3–9 nervias, redondeadas en el dorso, agudas, obtusas o aristadas, la inferior menor que la superior y ambas menores que el antecio basal; raquilla articulada arriba de las glumas y entre los antecios. Lemmas herbáceas hasta membranáceas, 7–9-nervias, redondeadas en al dorso, obtusas o aristadas; páleas tan largas como las lemmas o poco menores, carinas escabrosas o ciliadas.

16 especies distribuidas en Europa, Asia, Africa y Norte y Sudamérica hasta Bolivia.

B. mexicanum (*Roem. & Schult.*) *Link*, Hort. Berol. 1: 41 (1827); H318; F112. Tipo: semillas de México cult. Berlin, *Sessé* (B, holótipo n.v.).
Festuca scabra Lag., Gen. Sp. Pl.: 4 (1816) non Vahl (1791).
Festuca mexicana Roem. & Schult., Syst. Veg. 2: 732 (1817), nom. nov. basado en *F. scabra* Lag. (1816) non Vahl (1791).

Plantas perennes algo amacolladas, con culmos delgados y débiles, de 20–80 cm de alto, erectos o ascendentes y radicantes en los nudos inferiores. Láminas planas o conduplicadas, de 4–17 cm long. × 2–7 mm lat., agudas o acuminadas, amarillo-verdosas. Racimos de 4–15 cm de largo, con sólo 2–7 espiguillas distanciadas entre sí. Espiguillas solitarias, de 1,5–3 mm. Glumas agudas. Lemma escabérula, con aristas rectas de 1,5–6 mm. Fig. 49.

Fig. 49. **Hordeum halophilum**, A habito, B espiguilla basada en *Renvoize* 4488. **H. muticum**, C habito, D espiguilla basada en *Renvoize* 4502. **Brachypodium mexicanum**, E habito, F espiguilla basada en *Renvoize et Cope* 4272.

LA PAZ: Saavedra, Amarete, *Feuerer* 11118. Camacho, Ambana, *Beck* 4199. Murillo, Valle de Zongo, *Renvoize et Cope* 4272. Inquisivi, Quime hacia Caxata, *Beck* 4382.
COCHABAMBA: Ayopaya, 10 km NW de Independencia, *Beck et Seidel* 14372A.
CHUQUISACA: Oropeza, 30 km NW de Sucre, *Renvoize et Cope* 3836.
México hasta Bolivia. Bosques y sitios sombrados; 27–3750 m.

El hábito de esta especie es muy variable: densas matas cespitosas con láminas foliares cortas, tiesas y conduplicadas, coexisten con formas más altas y gráciles, donde las láminas son planas y tiernas.

B. distachyon (L.) P. Beauv., originario de la región mediterránea, ha sido introducida en América, y probablamente pueda aparecer en Bolivia. Se reconoce por su hábito anual y por sus lemmas, que llevan aristas de 12–20 mm.

57. ELYMUS L.
Sp. Pl.: 83 (1753).

Plantas perennes. Lígula membranácea. Inflorescencia en espiga solitaria, bilatera, densa o laxa, con espiguillas solitarias o en pares, sésiles y adpresas sobre el raquis tenaz. Espiguillas 3–12 floras, comprimidas lateralmente. Glumas opuestas o dispuestas una junto a la otra, lanceoladas hasta angostamente oblongas, membranáceas hasta coriáceas, la inferior alcanza menos de la mitad del largo de la lemma inferior, 3–9-nervias o la inferior 1-nervia, obtusas o aristadas. Lemmas coriáceas, 5-nervias; dorso redondeado o carinado, obtusas, bidentadas, múticas o aristadas en el ápice.
150 especies en regiones templadas del mundo.

1. Lemmas obtusas o agudas, múticas o aristuladas, con aristas de 1–2 mm:
   2. Espiga densa; lemmas agudas · · · · · · · · · · · · · · · · · · · **1. E. cordilleranus**
   2. Espiga laxa; lemmas obtusas · **3. E. elongatus**
1. Lemmas atenuadas, aristadas, con aristas de 8–20 mm · · · · · · · **2. E. angulatus**

1. E. cordilleranus *Davidse & R.W. Pohl*, Novon 2: 100 (1992) nom. nov. basado en *T. attenuatum*. Tipo: Ecuador, *Humboldt et Bonpland* (K, microficha).
Triticum attenuatum Kunth in Humboldt, Bonpland et Kunth, Nov. Gen. Sp. 1: 180 (1816).
Agropyron attenuatum (Kunth) Roem. et Schult., Syst. Veg. 2: 751 (1817); H352; F236.
Elymus attenuatus (Kunth) Á. Löve, Feddes Repert. 95: 473 (1984) non (Griseb.) K. Richt. (1890).

Plantas glaucas, amacolladas o rizomatosas, con culmos de 25–100 cm de alto. Láminas lineares, de 15–30 cm long. × 2–5 mm lat., planas o involutas, rígidas, punzantes o agudas. Espigas de 5–18 cm long. × 5–10 mm lat., rectas, purpúreas, o verdosas. Espiguillas escabrosas, de 13–20 cm, 3–4 floras. Glumas de 8–13 mm, bidenticuladas, obtusas o agudas. Lemmas múticas o aristuladas. Fig. 50.

LA PAZ: Saavedra, Charazani, *Feuerer* 11266. Comacho, Puerto Acosta, *Beck* 7693. Larecaja, Sorata, *Mandon* 1375. Murillo, La Cumbre hacia Unduavi, *Beck* 11220.
COCHABAMBA: Carrasco, Monte Puncu hacia Sehuencas, *Wood* 9337.
Costa Rica y Colombia hasta Bolivia. Lederas pedregosas, en puna y páramos; 2500–3950 m.

2. E. angulatus *J. Presl*, Reliq. Haenk. 1: 264 (1830); H353; F236. Tipo: Perú, *Haenke* (PR, holótipo n.v.).
Agropyron breviaristatum Hitchc., Contr. U.S. Natl. Herb. 24: 353 (1927); F236. Tipo: Perú, *Hitchcock* 22462 (K, isótipo).

Plantas rizomatosas con culmos de 30–110 cm de alto. Láminas lineares, planas o involutas, de 10–30 cm long. × 2–8 mm lat., atenuadas, punzantes. Espigas de 4–15(–20) cm long. × 4–12 mm lat., rectas o laxas, purpúreas o verdosas. Espiguillas de 10–20 mm (excluidas las aristas), solitarias o en pares, 3–4(–7)-floras, escabrosas. Glumas de (4,5–)6–14 mm, acuminadas o aristadas. Lemmas de 8–14 mm con aristas de 4–20 mm. Fig. 50.

LA PAZ: Omasuyos, Isla del Sol, *Asplund* 6461.
Perú y Bolivia. Puna; 3000–4000 m.

3. E. elongatus (*Host*) *Runemark*, Hereditas 70: 156 (1972). Tipo: Yugoslavia (W, holótipo n.v.).
Triticum elongatum Host, Descr. Icon. Gram. Austriac. 2: 18, t. 23 (1802).
Agropyron elongatum (Host) P. Beauv., Ess. Agrostogr.: 102 (1812).

Plantas cespitosas, con culmos glabros erectos, de 35–75 cm de alto. Láminas lineares de 10–20 cm long. × 2,5–7 mm lat., planas o convolutas, escabrosas, coriáceas, punzantes. Espigas de 10–25 cm, erectas, algo laxas; eje escabroso. Espiguillas elíptico-oblongas, de 12–25 mm, glabras, solitarias, comprimidas lateralmente, 4–12 floras. Glumas de 7–9 mm, subiguales, coriáceas, oblongas, obtusas. Lemmas de 9–11 mm coriáceas, obtusas.

LA PAZ: Murillo, La Paz, Achachicala, *García* 418.
Nativa de Europa, Mediterráneo hasta Irán. Sitios secos o salinos; 0–3800 m.

Fig. 50. **Elymus cordilleranus**, A hábito, B inflorescencia, C espiguilla basada en *Feuerer* 11266a. **E. angulatus**, D inflorescencia, E espiguilla en visto ventral, entrenudo eliminada basada en *Blair* 493, Perú.

58. PSATHYROSTACHYS Nevski
in Komarov, Fl. U.S.S.R. 2: 712 (1934).

Plantas perennes. Láminas lineares, planas o convolutas. Inflorescencia de espigas lineares u oblongas. Espiguillas sésiles, en tríades o apareados, sobre un eje frágil y caedizas en grupos junto con el segmento de raquilla inferior. Espiguillas 1–2(–3)-floras, con la raquilla prolongada, comprimidas dorsiventralmente. Glumas iguales, subuladas, escabrosas, pilosas o glabras, erectas o recurvadas. Lemmas elíptico-lanceoladas u oblongas, redondeadas en el dorso, 5–7-nervos, acuminadas o aristadas. Ovario con el ápice pubescente.

7 especies. Nativas en Asia templada y Turquía hasta Afghanistán.

P. juncea (*Fisch.*) *Nevski* in Komarov, Fl. U.S.S.R. 2: 714 pl. 50, f. 6a–e (1934). Tipo: Europa, Bas Volga, com. *Redoffsky*. (LE, holótipo n.v.).
Elymus junceus Fisch. in Mém. Soc. Imp. Naturalistes Moscou (ed. 2) 1: 25 (1811).

Plantas glaucas, cespitosas. Culmos cilíndricos, de 25–90 cm de alto. Láminas de (4–)10–30 cm long. × 2–4 mm lat., planas, escabrosas acuminadas. Espigas lineares u oblongas, de 5–13 cm long. × 7–12 mm lat. Espiguillas en tríades, pilosas, 2(–3)-floras, flor inferior perfecta, la superior perfecta o rudimentaria. Glumas de 4–8 mm. Lemmas de 7,5–10 mm, acuminadas.

LA PAZ: Aroma, Patacamaya, *Renvoize et Ayala* 5208.
Asia templada y Europa centrale. Laderas y pampas áridas.

59. HORDEUM L.
Sp. Pl. : 84 (1753); von Bothmer, Jacobson & Nicora, Bot. Not. 133: 539–554 (1980); von Bothmer *et al.*, An ecogeographical study of the genus *Hordeum*, IBPGR, Rome (1991).

Plantas annuales o perennes. Láminas lineares, planas. Inflorescencia en espiga dística y densa; raquis frágil en las especies silvestres y tenaz en las formas cultivadas. Espiguillas 1-floras, 3 en cada soporte del raquis formando una tríade compuesta por una espiguilla central pedicelada o sésil que lleva una flora perfecta y 2 espiguillas laterales pediceladas estériles, raro perfectas o estaminadas. Glumas 2 en cada espiguilla, lanceoladas, lineares o setáceas, dispuestas una junto a la otra, paralelas al dorso de la espiguilla. Lemma de la espiguilla central lanceolada, aristada, trifurcada o mútica; pálea tan larga como el cuerpo de la lemma. Antecios de las 2 espiguillas laterales más reducidos que el central. Raquilla prolongada junto a la pálea o no.

40 especies, en regiones templadas de todo el mundo.

H. vulgare *L.* se cultiva en el altiplano de La Paz y Oruro.

1. Plantas perennes:
   2. Lemma fértil mútica; glumas 3,5–7 mm de largo, adpresas a la madurez
   .... **1. H. muticum**
   2. Lemma fértil aristada; glumas 8–19 mm de largo, deflexas a la madurez
   .... **2. H. halophilum**
1. Plantas anuales; lemmas con aristas de 18–50 mm
   .... **3. H. murinum** subsp. **glaucum**

1. H. muticum J. *Presl*, Reliq. Haenk. 1: 327 (1830); H354; F237. Tipo: Perú, *Haenke* (PR, holótipo).

Plantas perennes, amacolladas, con culmos erectos de 10–60 cm de alto. Láminas lineares, de 4–15 cm long. × 1–3 mm lat., planas o plegadas, agudas. Espigas de 3–8 cm long. × 5–10 mm lat., verde-azuladas. Espiguillas centrales con glumas setáceas escabrosas de 3,5–7 mm, adpresas a la madurez. Lemma de 6–9 mm, escabrosa en la parte apical, mútica o con arístula menor de 1 mm. Espiguillas laterales rudimentarias. Fig. 49.

LA PAZ: Los Andes, Karhuiza Pampa, *Renvoize* 4502. Murillo, Ovejuyo, *Moraes* 38. Ingavi, 8 km NE de Taraco, *Renvoize et Cope* 4135.
COCHABAMBA: Ayopaya, Las Peñas, *Candia* s.n. Quillacollo, Sipe Sipe hacia Lipichi, *Hensen* 577.
ORURO: Cercado, Panduro hacia La Barca, *Beck* 975. Sajama, Curahuara de Carangas, *Renvoize et Ayala* 5213.
POTOSI: Quijarro, Potosi hacia Uyuni, *Renvoize, Ayala et Peca* 5262. Sud Chichas, 15 km NW de Tupiza, *Peterson et Annable* 11811. Omiste, 10 km N de Villazon, *Peterson et Annable* 11872.
TARIJA: Avilés, Patances, *Bastian* 667.
Ecuador hasta Argentina. Campos; 3255–4100 m.

2. H. halophilum *Griseb.*, Pl. Lorentz.: 201 (1874) [Abh. Königl. Ges. Wiss. Göttingen 19: 249 (1874)]; H354; F237. Tipo: Argentina, *Lorentz* (GOET, holótipo n.v.).

Plantas perennes, amacolladas, con culmos erectos o geniculados, de 50–100 cm de alto. Láminas lineares, de 5–20 cm long. × 2–3 mm lat., planas o plegadas, agudas. Espigas de 2–6 cm long. × 10–25 mm lat., (incluidas las aristas), verde-grisáceas. Espiguilla central con glumas setáceas y escabrosas de (8–)13–19 mm, deflexas a la madurez. Lemma de 5–8 mm, escabrosa en el ápice, con arista de (5–)10–15 mm. Espiguillas laterales estériles. Fig. 49.

LA PAZ: Murillo, La Paz, Cota Cota, *Beck* 11152; La Paz, Santa Bárbara, *Valenzuela* 170. Jupapina, *Renvoize* 4488.
POTOSI: Quijarro, 6 km SW de Villacota, *Peterson et Soreng* 13104.
Argentina y Bolivia. Laderas pedregosas y sitios alterados; 800–4100 m.

Hunziker y Maumirs (Cytologia 29: 32–33, 1964) señalan la presencia de híbridos entre *H. muticum* y *H. halophilum* en el noroeste de Argentina (Tilcara, prov. Jujuy). Las longitudes de glumas y aristas de la lemma que figuran entre paréntesis en la descripción precedente corresponden a los especímenes bolivianos analizados, y caen dentro del rango de variación del híbrido.

H. pubiflorum Hook. f. desde Tierra del Fuego es afín a *H. halophilum* pero se separa por sus glumas pubérulas; asimismo *H. chilense* Brongn. se distingue por las glumas con base aplanada.

3. H. murinum L. Sp. Pl.: 85 (1753). Tipo: Europa (BM, lectótipo).

Plantas anuales, con culmos erectos o ascendentes de 6–60 cm de alto. Láminas lineares, de 8–20 cm long. × 2–8 mm lat., planas, pubescentes o glabras, acuminadas. Espigas densas, erguidas o arqueadas, de 4–12 cm long. × 1–3 cm lat., frágil. Espiguilla central sésil o pedicelada, con glumas setáceas, de 25 mm de largo. Lemma lanceolada de 7–12 mm, escabrosa en el ápice, con una arista de 18–50 mm. Antera de 0,2–1,4 mm. Espiguillas laterales desarrolladas, estaminadas o estériles; prolongación de la raquilla delgada o gruesa. Especie europea, naturalizada en regiones templadas.

subsp. **glaucum** (*Steud.*) *Tsvelev*, Novosti Sist. Vyssh. Rast. 8: 67 (1971). Tipo: Sinai, *Schimper* 383 (K, isótipo).

Láminas glaucas. Anteras de la espiguilla central de 0,2–0,5 mm.

LA PAZ: Murillo, La Paz, *García* 251.

Subsp. **murinum** es la subespecie típica, se distingue por sus láminas vendosas y anteras de la espiguilla central de 0,7–1,2 mm. No se ha registrado para Bolivia.

60. ORTHOCLADA P. Beauv.
Ess. Agrostogr.: 69 (1812).

Plantas perennes. Hojas seudopecioladas; láminas planas, angostamente elípticas, plurinervias, los nervios teselados. Inflorescencia en panícula laxa. Espiguillas monoclinas, 1–4-floras perfectas con la raquilla prolongada y llevando un antecio reducido, comprimidas lateralmente, desarticulándose abajo de las glumas. La porción basal de cada entrenudo de la raquilla soldada a las carinas de la pálea. Lemmas herbáceas, 5–7-nervias, acuminadas. Estambres 2–3.

2 especies. Africa tropical y América tropical.

O. laxa (*Rich.*) *P. Beauv.*, Ess. Agrostogr.: 70, 149 y 168 (1812); H350; F234. Tipo: Guayana Francesa, *Le Blond* (P–LA, holótipo n.v.).
Aira laxa Rich., Actes Soc. Hist. Nat. Paris 1: 106 (1792).

Culmos erectos, de 30–150 cm de alto. Láminas de 9–20 cm long. × 15–30 mm lat., escabrosas o pubérulas, acuminadas. Panícula ovada, de 15–30 cm de largo, las ramas delgadas, con espigiullas hasta las extremidades. Espiguillas oblicuas, angostamente obovadas o lanceoladas, de 6–10 mm de largo, escabérulas, 1–2-floras. Glumas lanceoladas, de 3–5 mm. Lemmas de 5–6 mm. Fig. 51.

PANDO: Suárez, Nazareth, *Gonzales* 74. Madre de Dios, 15 km W de Riberalta, *Nee* 31356.
BENI: Ballivián, La Embocada, *Beck* 6880. Yacuma, 50 km E de San Borja, *Beck* 12789. Vaca Diez, 18,4 km E de Riberalta, *Solomon* 7798.
SANTA CRUZ: Chávez, 0,5 km E de Urubichá, *Nee* 41719. Velasco, 10 km SE de Estancia, *Nee* 41357. Ichilo, Río Surutú, *Steinbach* 7234.
LA PAZ: Iturralde, Puerto Heath, *Nee* 31561. Sud Yungas, Sapecho, *Seidel et Vargas* 2726. Tamayo, Rurrenabaque, *Beck* 18659.
COCHABAMBA: Chaparé, Todos Santos, *Spiaggi* 48.
México hasta Bolivia y Brasil. A la sombra de matas; 0–700 m.

61. ZEUGITES P. Browne
Civ. Nat. Hist. Jamaica: 341 (1756).

Plantas perennes, monoicas. Hojas seudopecioladas o no, láminas lanceoladas u ovadas, los nervios teseladas. Inflorescencia en panícula laxa. Espiguillas caducas (o bien los antecios estaminados caen primero en conjunto), 2–15-floras; antecio inferior pistilado, los restantes estaminados. Glumas teseladas, truncadas o dentadas. Lemma pistilada, 7–13-nervada, gibosa, aguda, truncada o dentada, aristada o mútica; antecios estaminados agudos.
10 especies; México hasta Bolivia.

Z. americana *Willd.*, Sp. Pl. 4: 204 (1805) nom. nov. Tipo: Jamaica, *P. Browne* s.n. (LINN, material original).
Apluda zeugites L., Syst. Nat., ed. 10, 2: 1306 (1759).
Despretzia mexicana Kunth, Révis. Gramin. 2: 485 (1831). Tipo: México, *Schiede et Deppe* (US, isótipo n.v.).
Zeugites mexicana (Kunth) Trin. ex Steud., Nomencl. Bot. ed. 2, 2: 798 (1841); H351; F234.
Z. mexicana var. *glandulosa* Hack., Repert. Spec. Nov. Regni Veg. 6: 158 (1908). Tipo: Bolivia, *Buchtien* 433 (US, isótipo).

61. Zeugites

Plantas delicadas, trepadoras. Culmos delgados, geniculados, ramificados, de 30–60 cm de largo, castaños. Láminas ovadas, cordiformes, de 2–4 cm long. × 6–20 mm lat., membranáceas, seudopecioladas, de 5–10 mm de largo, glabras o esparcidamente pilosas. Panícula ovada u oblonga, pauciespiculada, de 4–9 cm de largo, algo ramificadas, las ramas laxas. Espiguillas oblongas, péndulas y trémulas, de 5–9 mm de largo, caducas, 2–4-floras, glabras. Lemma pistilada aristada o mútica. Fig. 51.

LA PAZ: Nor Yungas, Coripata, *Bang* 2131; Bella Vista, *Hitchcock* 22751. Sud Yungas, Yanacachi, *Buchtien* 433.
COCHABAMBA: Chaparé, Barbuyan, *Steinbach* 8972.
México y islas del Caribe hasta Bolivia. A la sombra de matas; 1000–2700 m.

62. DANTHONIA DC.
Lam. & DC., Fl. Franç. ed. 3, 3: (1805).

Plantas perennes con láminas planas o convolutas. Inflorescencias en panículas terminales, contraídas o abiertas, 1–multiespiculadas. Espiguillas pluriforas, comprimidas lateralmente; espiguillas cleistógamas en panojas axilares. Raquilla articulada arriba de las glumas y entre los antecios, artejos muy cortos. Glumas mayores que el conjunto de los antecios, papiráceas, persistentes, (1–)3–9-nervias; callo corto u oblongo, obtuso. Lemmas membranáceas o papiráceas, 7–9-nervias, pilosas solo en los márgenes o también en el dorso, los pelos distribuidos irregularmente, a veces densos, bilobas, los dientes agudos hasta acuminados, terminados o no en una arístula; arista central geniculada. 20 especies, Europa, Norte y Sud América.

1. Panícula de (2–)3–30(–70) espiguillas; lemma con dientes laterales prolongados en arístulas rectas:
    2. Espiguillas 4–6-floras; panícula laxa ················· **1. D. secundiflora**
    2. Espiguillas 5–12-floras; panícula densa ················· **3. D. cirrata**
1. Panícula de 1–9 espiguillas; lemma con dientes laterales agudos o acuminados:
    3. Lemmas con dientes agudos; panícula de 1–2 espiguillas ·· **2. D. annableae**
    3. Lemmas con dientes acuminados; panícula de 4–9 espiguillas
       ··· **4. D. boliviensis**

1. D. secundiflora *J. Presl*, Reliq. Haenk. 1: 255 (1830). Tipo: Perú, *Haenke* (PR, holótipo).

Plantas cespitosas. Culmos erectos de 25–100 cm de alto. Láminas filiformes, enrolladas, de 6–45 cm long. × 1–2 mm lat., agudas. Panícula oblonga de 5–15 cm, compuesta de 6–25 espiguillas, densa o moderadamente laxa. Espiguillas 4–6-floras. Glumas lanceoladas, de 10–20 mm, subiguales, purpúreas, 3–5-nervias, glabras, acuminadas. Antecio inferior de 8–12 mm, incluidos los dientes laterales; callo

Fig. 51. **Orthoclada laxa**, A inflorescencia basada en *Prance et al.* 5717, B espiguilla basada en *Solomon* 14609. **Zeugites americana**, C habito, basada en *Bang* 2131, D espiguilla basada en *Wood* 4416.

barbado. Lemma pilosa en los márgenes, dorso glabro o con piloso en el medio inferior, los dientes laterales mayores que la mitad de la longitud total de la lemma, acuminados, con arístulas de 2–5 mm; arista central de 10–13 mm. Fig. 52.

SANTA CRUZ: Caballero, Tunal, *Killeen* 2522.
CHUQUISACA: Tomina, Padilla hacia Monteagudo, *Wood* 8871.
Brasil, Uruguay, Colombia, Ecuador, Perú y Bolivia. Campos húmedos y secos; 1200–3750 m.

2. D. annableae *P.M. Peterson & Rúgolo*, Madroño 40:71 (1993). Tipo: Bolivia, *Peterson et Annable* 11832 (K, isótipo).

Plantas cespitosas con rizomas cortos. Culmos erectos, de 5–15 cm de alto. Láminas filiformes, enrolladas, de 2–5 cm long. × 0,5–1 mm lat., agudas. Espiguillas solitarias o en pares, 4–6-floras. Glumas lanceoladas de 10–15 mm, subiguales, 3-nervias, glabras, agudas. Antecio inferior de 6 mm; callo barbado. Lemma pilosa en el dorso y márgenes, con los dientes laterales menores que la mitad de su longitud, agudos, sin arístulas; arista central de 5–10 mm, geniculada, plana, la base retorcida. Fig. 52.

POTOSI: Sud Chichas, 17 km W de Tupiza, *Renvoize, Ayala et Peca* 5303; 18 km NW de Salo, *Peterson et Annable* 11832.
Bolivia. Laderas pedregosas; 3900 m.

3. D. cirrata Hack. & Arechav., Anales Mus. Nac. Montevideo 1: 367 tab. 40 (1896). Tipo: Uruguay, *Arechavaleta*.

Plantas cespitosas con rizomas cortos. Culmos intravaginales, erectos, de 20–85 cm de alto. Láminas lineares, planas o plegadas, de 5–20(–30) cm long. × 1–3 mm lat., agudas. Panícula oblonga, de 3–12 cm, densa, compuesta de (2–)3–30(–70) espiguillas. Espiguillas 5–12-floras. Glumas lanceoladas de 10–25 mm, subiguales, con 3–7 nervios longitudinales y pocos nervios transversales. Antecio inferior de 7–10 mm; callo velloso; lemma muy vellosa en el medio inferior, con los dientes laterales mayores que la mitad de su longitud, agudas y prolongadas en arístulas rectas de 2–4 mm; arista central de 8–12 mm. Fig. 52.

SANTA CRUZ: Florida, Alto Mairana, *Mostacedo* 190. Samaipata, *Herzog* 1706 y 3012.
COCHABAMBA: Ayopaya, 10 km NW de Independencia, *Beck et Seidel* 14493.
Uruguay, Argentina y Bolivia. Laderas pedregosas; 475–3200 m.

4. D. boliviensis Renvoize **sp. nov.** *D. annableae* P.M. Peterson & Rúgolo affinis sed plantis altioribus, culmis 16–50 cm altis, inflorescentia 4–9-spiculatis et dentibus lemmatis acuminatis differt. Typus: Bolivia, *Bastian* 591 (LPB, holotypus).

Fig. 52. **Danthonia secundiflora**, A habito, B espiguilla, C lemma basada en *Hatschbach* 32992, Brasil. **D. annableae**, D habito, E espiguilla, F lemma basada en *Renvoize et al.* 5303. **D. cirrata**, G habito, H espiguilla, J lemma basada en *Beck et Seidel* 14493. **D. boliviensis**, K habito, L espiguilla, M lemma basada en *Beck et al.* 18103.

62. Danthonia

Plantas cespitosas con rizomas cortos. Culmos intravaginales, erectos, de 16–50 cm de alto. Hojas principalmente basales; láminas filiformes, pilosas o glabras, enrolladas, de 5–15 cm long. × 1 mm lat., agudas. Panícula de 2–6 cm, formada por 4–9 espiguillas; pedúnculo y pedicelos pubescentes. Espiguillas 2–4-floras. Glumas lanceoladas de 9–16,5 mm, subiguales, 3–7-nervias, glabras, finamente agudas. Antecio inferior de 6 mm, incluidos los dientes laterales; callo barbado. Lemma pilosa en los márgenes y en la base del dorso, los dientes laterales iguales o mayores que la mitad de su longitud, acuminados, sin arístulas; arista central retorcida, de 5–8 mm. Fig. 52.

COCHABAMBA: Chaparé, 8 km NW de Colomi, *Beck et al.* 18103.
CHUQUISACA: Cerro Chataquila, *Wood* 8034. Oropeza, Sucre hacia Punilla, *Wood* 9566.
TARIJA: Cercado, Cuesta de Sama, *Bastian* 591.
Bolivia. Bosques de *Polylepis*; 2740–3200 m.

D. chilensis Desv. es afin a *D. boliviensis*, aunque presenta los márgenes de la lemma sólo esparcidamente ciliados y el callo pubescente.

63. CORTADERIA Stapf
Gard. Chron. ser. 3, 27: 396 (1897); Acevedo de Vargas, Bol. Mus. Nac. Hist. Nat. 27(4): 205–246 (1959); Conert, Die Systematik und Anatomie der Arundineae, pub. Cramer (1961); Connor & Edgar, Taxon 23(4): 595–605 (1974); Astegiano, Anton y Connor, Darwiniana 33: 43–51 (1995).

Plantas monoclinas o ginodioicas, perennes, cespitosas. Cañas erectas, robustas; hojas grandes, principalmente basales; lígulas ciliadas; láminas lineares, planas o convolutas, gruesas y con los bordes fuertemente escabrosos. Panículas amplias, plumosas, laxas o contraídas. Espiguillas estaminadas, pistiladas o perfectas, 2-pluriforas. Raquilla articulada arriba de las glumas y entre los antecios. Glumas mayores que el antecio basal, hialinas o membranáceas, linear-lanceoladas, 0–1(–3)-nervias, acuminadas. Lemmas membranáceas o hialinas, ovadas o lanceoladas, 3–7-nervias, acuminadas o bidentadas, con arista central recurva o recta.
Especies 27, principalmente sudamericanas; también habitan en Nueva Zelanda y Nueva Guinea; introducidas en regiones templadas de Europa y Norte América.

1. Lemmas enteras, 3-nervias, atenuadas o angostas:
    2. Plantas ginodioicas. Lemmas dimórficas (densamente pilosas en los antecios pistilados; pelos ralos en los antecios perfectos). Cuerpo de la lemma continuado imperceptiblemente en arista. Pálea contenida c. 3 veces en la longitud total de le lemma. Plantas de 150–300 cm de altura
       . . . . **1. C. selloana**
    2. Plantas solamente pistiladas, lemmas densamente pilosas:
        3. Pálea contenida c. 2 veces en le longitud total de le lemma. Lemma mucronada o cortamente aristada. Panículas ocráceas, angostas
           . . . . **2. C. speciosa**

3. Pálea contenida c. 3 veces en la longitud total de la lemma. Panículas purpúreas, amplias:
    4. Lemma terminada en un mucrón que emerge entre 2 dientes
    .... **3. C. jubata**
    4. Lemma entera en el ápice, el cuerpo contiuado imperceptiblemente en arista terminal .... **4. C. rudiuscula**
1. Lemmas bidentadas, 5–7 nervias, aristadas:
    5. Vainas basales fibrosas y rizadas:
        6. Panícula laxa, de 15–35 cm, el eje escabroso; dientes de las lemmas de 4–9 mm, incluidas las aristas delicadas .... **5. C. bifida**
        6. Panícula contraída, de 8–25 cm, el eje piloso; dientes de las lemmas de 1,5–4(–6) mm incluidas las aristas delicadas ...... **6. C. hapalotricha**
    5. Vainas basales con estrías transversales, a veces desarticulándose en segmentos .... **7. C. boliviensis**

1. C. selloana *(Schult.) Asch. & Graebn.*, Syn. Mitteleur. Fl. 2: 325 (1900). Tipo: Uruguay, *Sellow* (B, holótipo n.v.)
Arundo selloana Schult., Mant. 3: 605 (1827).

Plantas ginodioicas con cañas de 200–300 cm de alto. Láminas lineares de 40–200 cm long. × 4–10 mm lat., acuminadas. Inflorescencia en panícula terminal laxa de 30–80 cm. Espiguillas pistiladas 4–5-floras, glumas de 8–9 mm, lemmas de 8–14 mm, 3-nervia, densamente pilosas en el dorso, páleas de 2.5–3 mm. Espiguillas perfectas con glumas de 9–18 mm, lemmas de 11–17 mm, esparcidamente pilosas en el dorso y páleas de 4–6 mm.

SANTA CRUZ: Vallegrande, Guadalupe hacia Piraimiri, *Nee et Coimbra* 33908.
Brasil, Uruguay, Argentina y Chile. Bordes de ríos y campos, a veces cultivada como ornamental; 0–2650 m.

2. C. speciosa *(Nees) Stapf*, Gard. Chron. ser. 3, 22:396 (1897). Tipo: Chile, *Meyen* (K, frag.).
Gynerium speciosum Nees, Nov. Actorum Acad. Caes. Leop.-Carol. Nat. Cur. 19, suppl. 1:153 (1843).

Plantas femeninas, cespitosas con culmos floríferos de 100–250 cm de alto. Hojas principalmente basales y formando una mata densa y grande; lígulas ciliadas, de 3–5 mm; láminas lineares de 40–80 cm long. × 3–10 mm lat., atenuadas, carinadas, las carinas y márgenes escabrosas. Panículas oblongas de 16–55 cm long. × 4–9 cm lat., densas, plateado-lustrosas; ramas de 3–10(–20) cm de largo, rigidas, adpressas o ascendentes. Espiguillas pistiladas (2–)3–6-floras. Glumas de 6–11 mm, subiguales. Lemma inferior de 8–11 mm, 3-nervia, pilosa en el dorso del cuerpo, glabra en la porción que supera en longitud a la pálea, ápice atenuado; pálea de 2,5–4 mm. Callo oblongo de 0,5–1 mm, piloso con pelos de 0,5–1 mm. Espiguillas estaminadas no conicido. Fig. 53.

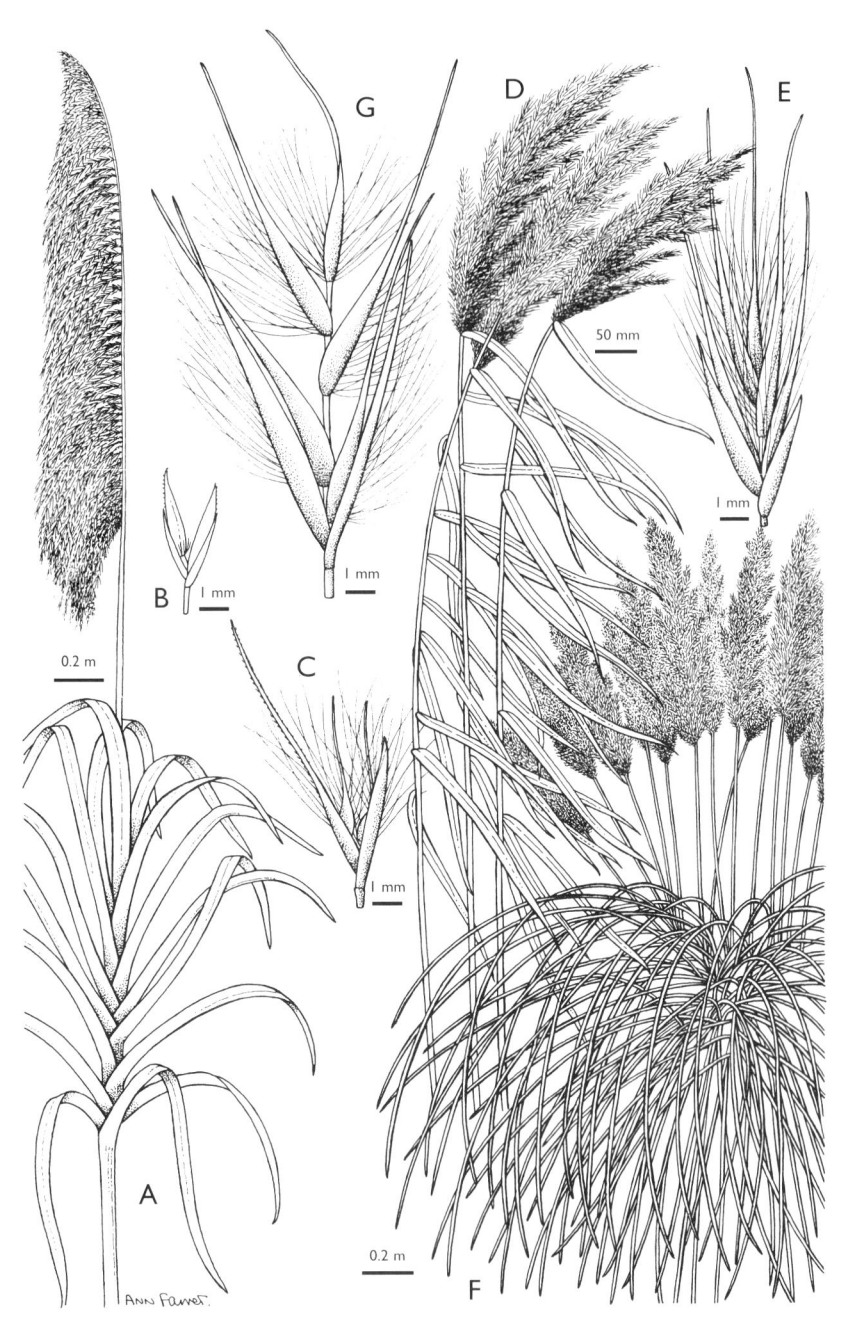

Fig. 53. **Gynerium sagittatum** var. **glabrum**, A habito basada en foto. **G. sagittatum** var **subandinum**, B espiguilla estaminada basada en *Renvoize* 4727B. C espiguilla pistilada basada en *Renvoize*. **Phragmites australis**, D habito basada en foto, E espiguilla basada en *Beck* 7999A. **Cortaderia speciosa**, F habito basada en foto G espiguilla basada en *Renvoize* 4582.

LA PAZ: Omasuyos, 2 km N de Cupancara, *Renvoize* 4582. Murillo, La Paz, *Buchtien* 507. Ingavi, 10 km NE de Taraco, *Renvoize et Cope* 4151.
ORURO: Carangas, 11 km de Ancaravi hacia Toledo, *Renvoize et Ayala* 5247. Avaroa, 8 km S de Challapata hacia Uyuni, *Peterson et al.* 12725.
POTOSI: Bustillo, 22 km S de Uncia, *Renvoize et Cope* 3813. Quijarro, 156 km desde Potosi hacia Uyuni, *Renvoize, Ayala et Peca* 5272.
TARIJA: Cercado, Tarija, *Fiebrig* 2656.
Perú, Chile, Argentina et Bolivia. Laderas rocosas; 2200–3950 m.

3. C. jubata (*Lem.*) *Stapf*, Bot. Mag. t. 7607 (1898). Tipo: Ecuador, *Roezl* (K, lectótipo, selecionado por Connor y Edgar).
Gynerium jubatum Lemoine in Rev. Hort. 50: 449 (1878).

Plantas femeninas perennes con culmos de 200–350 cm de alto. Panícula terminal, laxa, de 30–70 cm de largo. Espiguillas pistiladas 3–6-floras; glumas de 8–12 mm, subiguales; lemma inferior de 9–12 mm, 3-nervia, acuminada, con pelos en el dorso, incluso en la parte apical; pálea de 3–5 mm.

LA PAZ: Murillo, Pongo, *Renvoize et Cope* 4207. Inquisivi, Inquisivi hacia el NW 35 km, *Beck* 4523.
COCHABAMBA: Ayopaya, 10 km NW de Independencia, *Beck et Seidel* 14547. Chaparé, Incachaca, *Steinbach* 9493.
POTOSI: Bustillo, 22 km S de Uncia, *Renvoize et Cope* 3812.
TARIJA: Cercado, Tarija, *Fiebrig* 3043; Cuesta de Sama, *Bastian* 804.
Ecuador hasta el norte de Argentina. Laderas con vegetación arbustiva y bordes de ríos; 2250–3800 m.

4. C. rudiuscula *Stapf*, Gard. Chron. ser. 3, 22: 396 (1897). Tipo: Chile, Santa Rosa, *Ball* s.n. (K, síntipo).

Plantas femeninas con culmos floríferos de 115–250 cm de alto. Hojas principalmente basales y formando una mata densa y grande; láminas lineares de 50–65 cm long. × 5–10 mm lat., finamente atenuadas. Panículas oblongas de 25–35 cm de largo, purpúreas; ramas de 10–25 cm de largo, ascendentes o patentes. Espiguillas pistiladas 3–4-flores. Glumas de 9–11 mm, subiguales. Lemma inferior de 9–16 mm, 3-nervia, pilosa en el dorso del cuerpo, glabra en la porción que supera en longitud a la pálea, ápice atenuado; pálea de 3–6 mm. Callo oblongo, de 1 mm, esparcidamente piloso, con pelos de 0,5–1 mm. Espiguillas estaminadas no conicido.

LA PAZ: Manco Kapac, Cerro Chaykorpata, *Liberman* 1233. Inquisivi, Quime 7 km hacia Caxata, *Beck* 4412.
Argentina y Bolivia. Laderas con bosques arbustivos; 1840–3800 m.

5. C. bifida Pilg., Bot. Jahrb. Syst. 37: 374 (1906). Tipo: Perú, *Weberbauer* 1328 (US, isótipo).

Plantas femeninas perennes con culmos de 60–180 cm de alto. Láminas planas o involutas; vainas basales rizadas. Inflorescencia en panícula terminal oblonga, laxa, de 15–35(–50) cm de largo, el eje y las ramas escabrosas. Espiguillas pistiladas 2–4(–5)-floras; glumas subiguales de 6–17 mm; lemma inferior de 3–7 mm hasta el seno, pilosa en la base, arista central de 7–18 mm, los dientes laterales de (1–)3 mm con arista de 3–6 mm; pálea de 3–6 mm.

LA PAZ: Larecaja, Sorata hacia Quiabaya, *Killeen* 2640. Murillo, Pongo, *White* 190. Nor Yungas, Unduavi, *Renvoize et Cope* 4186. La Paz hacia Coroico, *Beck* 18816. Inquisivi, 9 km NW de Quime, *Killeen* 2653.
COCHABAMBA: Quillacollo, Chorojo, *Hensen* 1156.
Colombia hasta Bolivia. Bordes de caminos, laderas pedregosas, boscosas o arbustivas; 2000–4300 m.

Tanto glumas como lemmas muestran un amplio rango de variación en cuanto a su longitud; dado que no es posible establecer disyunciones que indiquen posibles segregados, se prefiere, por el momento, reconocer un único taxon. *C. nitida* (Kunth) Pilg., que habita en Costa Rica y desde Colombia hasta el centro del Perú, es muy afín a *C. hapalotricha* y a *C. bifida*, de las que se reconoce por poseer vainas basales rectas, panojas laxas con ramas pubérulas y lemmas con dientes breves de 0,5–1(–2) mm de long.

6. C. hapalotricha (*Pilg.*) *Conert*, Syst. Anat. Arund., Cramer: 102 (1961). Tipo: Colombia, *Stübel* 111c (B, holótipo n.v.).
Danthonia hapalotricha Pilg., Bot. Jahrb. Syst. 25: 715 (1898).

Plantas ginodioicas con cañas de 50–150 cm de alto. Láminas convolutas o planas, rígidas, punzantes; vainas basales rizadas. Panícula terminal oblonga u ovada, contraída, de 8–25(–30) cm de largo, el eje y las ramas pilosas. Espiguillas pistiladas o perfectas, 2–4-floras; glumas subiguales de 12–17(–23) mm, rufas; lemma inferior de 4–8 mm hasta el seno, pilosa en la base, los dientes de 1,5–4(–6) mm; arista central recta, de (5–)8–12 mm; pálea de 5,5–6(–7,5) mm, laxamente pilosa; anteras de 1–2,5 mm.

LA PAZ: Murillo, Mina Lourdes, *Solomon et Chevalier* 16620.
Costa Rica, Colombia y Venezuela hasta Bolivia. Puna húmeda; 3800–4300 m.

7. C. boliviensis M. *Lyle*, Novon 6 (1): 72 (1996). Tipo: Bolivia, *Herzog* 2194 (L, holótipo n.v.).
C. bifida Pilg. var. *grandiflora* Henrard, Meded. Rijks-Herb. 40: 67 (1921). Tipo: Bolivia, *Herzog* 2194 (L, holótipo n.v.).

Plantas femeninas con cañas floríferas de 30–150 cm de alto. Hojas principalmente basales; vainas basales fragmentandose transversalmente o no; láminas planas o involutas de (25–) 60–90 cm long. × 2,5–6 mm lat., punzantes. Panícula terminal oblonga, laxa, de 10–25(–35) cm. Espiguillas pistiladas 2–3(–4)-floras; glumas subiguales, 1(–3)-nervia, de 7–11 mm; lemma inferior de 12–14 mm incluida la arista, pilosa en el base, los dientes laterales de 3–4 mm; pálea de 5–6 mm. Callo oblongo, de 1,3–1,5 mm, con pelos densos de 2mm. Estaminodios de 0,2–0,3 mm, no funcionados.

SANTA CRUZ: Caballero, Comarapa, *Mostacedo* 202.
LA PAZ: Murillo, La Cumbre, 13 km hacia Unduavi, *Beck* 11273. Sud Yungas, 1,4 km W de Unduavi, *Solomon* 15382.
COCHABAMBA: Ayopaya, Independencia–Kami, *Beck et Seidel* 14564.
POTOSI: Chayanta, 7 km S de Ocuri, *Renvoize et Cope* 3833.
Bolivia. Laderas rocosas y bosques de neblina; 2750–3950 m.

64. LAMPROTHYRSUS Pilg.
Bot. Jahrb. Syst. 37 Beibl. 85: 58 (1906); Bernadello, Kurtziana 12–13: 119–132 (1979); Connor & Dawson, Ann. Missouri Bot. Gard. 80(2): 512–517 (1993).

Plantas dioicas, perennes, robustas, cespitosas. Las hojas principalmente basales; vainas cartaceas, fragil en el parte distal y fractuadas horizontalmente, la parte basal persistente; láminas lineares, gruesas, planas o convolutas, filiformes y finamente acuminadas. Inflorescencia en panícula grande y densa, péndula o erecta. Espiguillas unisexuales, oblongas, comprimidas lateralmente, de 4–12-floras, facilmente caducos; raquilla articulada arriba de las glumas y entre los antecios. Glumas 2, menores que los antecios, lanceoladas, glabras, hialinas, 0–1-nervias, subiguales, acuminadas. Lemmas ovadas, hialinas, pilosas, 5-nervias, bidentadas, desde el seno una arista central larga y retorcida y los dientes prolongadas en aristas delicadas; pálea hialina, pilosa, bidentada. Flores pistiladas con ovario desarrollado y 3 estaminodios. Plantas estaminadas excepcionalmente presentes, con 3 estambres y gineceo reducido. Cariopse oval, con hilo linear.
2 especies, Ecuador hasta Argentina, páramo y bosque montano, en faldas rocosas.

Glumas de 5,5–8 mm de largo, 0-nervias · · · · · · · · · · · · · · · · · · · **1. L. hieronymi**
Glumas de (9–)10–20 mm de largo (0–)1-nervias · · · · · · · · · · · · **2. L. peruvianus**

1. L. hieronymi (*Kuntze*) *Pilg.*, Bot. Jahrb. Syst. 37, Beibl. 85: 58 (1906); H363.
Tipo: Argentina, *Hieronymus* s.n., Nov. 1881 (K, isótipo).
Triraphis hieronymi Kuntze, Revis. Gen. Pl. 3: 373 (1893).
T. hieronymi var. *jujuyensis* Kuntze, loc. cit.: 374. Tipo: Argentina, *Kuntze* s.n. (B, holótipo n.v.).

64. Lamprothyrsus

Danthonia hieronymi (Kuntze) Hack. in Stuck., Anales Mus. Nac. Hist. Nat. Buenos Aires 13: 484 (1906).
Lamprothyrsus hieronymi var. *pyramidatus* Pilg., Bot. Jahrb. 37, Beibl. 85: 59 (1906). Tipo: Bolivia, *Fiebrig* 2372 (K, isótipo).
L. hieronymi var. *jujuyensis* (Kuntze) Pilg. loc. cit.: 59.
L. hieronymi var. *nervosus* Pilg. loc. cit.: 59. Tipo: Argentina; *Hieronymus* s.n., Nov. 1878. (B, holótipo n.v.).
L. hieronymi var. *tinctus* Pilg. loc. cit.: 59. Tipo: Bolivia, *Fiebrig* 2099 (K, isótipo).
L. venturi Conert, Die Systematik und Anatomie der *Arundineae*, pub. Cramer: 130 (1961). Tipo: Argentina, *Venturi* 2534 (K, holótipo).

Culmos erectos, de 30–180 cm de alto. Láminas lineares o filiformes, de 20–100 cm de largo, planas o involutas, finamente afiladas, agudas, péndulas hacia el ápice. Panícula oblonga, laxa, de 15–60 cm long. × 2–10 cm lat. Espiguillas 4–12-floras, amarillentas, castañas, blanco-rosadas o purpúreas, de 7–14 mm, excluidas las aristas. Glumas de 5,5–8 mm, 0-nervias. Lemma de 1,5–3 mm de largo hasta el seno; arista central de 20–35 mm, las laterales de 10–20 mm.

SANTA CRUZ: Ichilo, Cerro Amboró, *Nee* 39135. Andrés Ibáñez, Cerro La Negra, *Steinbach* 8171.
LA PAZ: Larecaja, Sorata, *Mandon* 1360. Omasuyos, Tequina, *Hitchcock* 22856.
CHUQUISACA: Oropeza, Maragua, *Murguia* 354. Tomina, Puente Azero, *Wood* 8845. Calvo, Cima del Incahuasi, *Garcia et al.* 563.
TARIJA: O'Connor, Canaletas, *Coro-Rojas* 1467; Abra Castellón, *Beck et Liberman* 9669; Junacas hacia Entre Ríos, *Solomon* 10936. Arce, Bermejo, *Fiebrig* 2099; 2372; Padcaya, *Beck* 14094; Camacho hacia Rejera, *Beck et Liberman* 14308.
Perú hasta Argentina central. Laderas rocosas o pedregosas; 750–3400 m.

2. L. peruvianus Hitchc., Proc. Biol. Soc. Wash. 36: 195 (1923). Tipo: Perú, *Macbride et Featherstone* 1205 (K, isótipo).

Culmos erectos robustos de (70–)100–140 cm de alto. Láminas lineares filiformes, de 20–100 cm long. × 3–7 mm lat., planas o involutas, finamente afiladas, escabrosas. Panícula densa oblonga, purpúrea, de 10–40 cm long. × 4–9 cm lat. Espiguillas 3–8-floras, de 7–12 mm, excluidas las aristas. Glumas hialinas, linear-lanceoladas, de (9–)10–20 mm, 1-nervias. Lemmas de 2,5–4 mm hasta el seno, los dientes de 1–2,5 mm; arista central de 14–25 mm, las laterales de 7–18 mm. Fig. 54.

LA PAZ: Inquisivi, 1 km SW de Inquisivi, *Renvoize* 5343.
Ecuador hasta Bolivia. Laderas rocosas; 1870–3700 m.

Fig. 54. **Arundo donax**, A habito basada en foto, B espiguilla basada en *Woolston* 120, Paraguay. **Lamprothyrsus peruvianus**, C habito, D espiguilla basada en *Renvoize* 5343.

65. ARUNDO L.
Sp. Pl.: 81 (1753).

Perennes robustas, rizomatosas. Cañas altas, cubiertas de hojas caulinares dísticas; lígula membranácea, ciliolada. Inflorescencia en panícula multiflora, grande, plumosa. Espiguillas (1–)4–5-floras, todos los antecios con flores perfectas; glumas de igual longitud que la espiguilla, 3–5-nervias. Lemmas membranáceas, 3–7-nervias, con largos pelos sedosos, bidentadas o enteras; pálea menor que la lemma.
Especies 3, Mediterráneo hasta China, introducida y naturalizada en el mundo.

A. donax *L.*, Sp. Pl. 1: 81 (1753); H 345. Tipo: España (L, lectótipo).

Planta acuática o palustre, con cañas de 2–5 m de alto y 15–30 mm de diámetro. Láminas planas, de 30–60 cm long. × 2,5–5 cm lat., gruesas, atenuadas. Panícula de 30–60 cm de largo. Lemmas 3-nervias. Fig. 54.

SANTA CRUZ: Andrés Ibáñez, 12 km E de Santa Cruz, *Nee* 37783. Cordillera, Tatarenda, *Killeen* 1266.
LA PAZ: Murillo, Calacato, Av. Sanchez Bustamente, *Renvoize* solo visto. Inquisivi, 7 km N de Circuata, *Renvoize* 5352.
Mediterráneo hasta Burmania, introducida en otros países. Sitios húmedos; 0–3400 m.

66. PHRAGMITES Adans.
Fam. Pl. 2: 34, 559 (1763); Clayton, Kew Bull. 21: 113 (1967); Taxon 17: 168–169 (1968).

Perennes, robustas, rizomatosas. Cañas gráciles y cubiertas de hojas caulinares cuyas láminas son deciduas; lígula corta, membranácea, ciliada. Inflorescencias en panículas multifloras, densas, grandes. Espiguillas 3–6-floras, el antecio inferior estaminado o estéril. Glumas menores que los antecios, 3–5-nervias. Lemmas hialinas, glabras, 1–3-nervias, acuminadas y caudadas. Pálea menor que la lemma; callo con largos pelos sedosos.
Especies 4. Cosmopolitas.

P. australis (*Cav.*) *Trin. ex Steud.*, Nomencl. Bot. ed 2, 2: 324 (1841). Tipo: Australia, *Née* (MA, holótipo).
Arundo phragmites L., Sp. Pl.: 81 (1753). Tipo: Europa (LINN, lectótipo).
A. australis Cav., Anales Hist. Nat. 1: 100 (1799).
Phragmites communis Trin., Fund. Agrost.: 134 (1820); H346. Basado en *Arundo phragmites*.

Plantas acuáticas o palustres, con cañas de 1–3 m de alto y 5–15 mm de diámetro. Láminas planas, de 20–60 cm long. × 1–3 cm lat., gruesas, acuminadas. Panícula de 10–40 cm de largo. Lemmas 1–3-nervas. Fig. 53.

LA PAZ: Murillo, Río La Paz, *Beck* 7999 A.
CHUQUISACA: Sud Cinti, (Camataqui) Villa Abecia, *Fiebrig* 2954.
Cosmopolita. En ríos, lagos y lagunas; 0–2800 m.

67. GYNERIUM P. Beauv.
Ess. Agrostogr.: 138 (1812). Kalliola & Renvoize, Kew Bull. 492: 305–320 (1994).

Plantas dioicas, perennes, rizomatosas. Culmos gigantescas, gruesas; hojas caulinares dísticas, las superiores completas, las inferiores con láminas reducidas o ausentes; lígula membranácea, muy corta, ciliada. Inflorescencias en panículas multifloras, grandes, plumosas, eje principal erecto, las ramificaciones laxas y péndulas; panículas pistiladas sedosas por sus espiguillas pilosas, las estaminadas glabras. Espiguillas pistiladas bifloras. Glumas 2, la inferior 1-nervia, alcanza la mitad de la espiguilla, la superior 3-nervia, largamente acuminado-subulada, tres veces más larga que la inferior. Lemma acuminado-subulada, con pelos largos. Espiguillas estaminadas 2–4-floras, glabras. Glumas y lemmas agudas a mucronuladas.
Especie 1. Neotrópicos.

G. sagittatum (*Aubl.*) *P. Beauv.*, Ess. Agrostogr.: 138, 153, pl. 24.f.6 (1812); H348; F232; K160. Tipo: Brasil, *Marcgraf* (C, holótipo).
Saccharum sagittatum Aubl., Hist. Pl. Guiane 1: 50 (1775).
Gynerium saccharoides Humb. & Bonpl., Pl. Aequinoct. 2: 105, pl. 115 (1813). Tipo: Venezuela, *Humboldt et Bonpland* (US, frag.).
G. parviflorum Nees, Agrost. Bras.: 463 (1833). Tipo: Brasil, *Martius*, *Principe Maximilian* (US, frags).

Culmos de 2–10(–15) m de alto (incluida la panícula) × 1–4 cm de diámetro, ramosas o no. Láminas de 40–200 cm long. × 1–10 cm lat., planas, gruesas, con bordes aserrados, terminadas en punta filiforme, rectas o péndulas en el ápice. Panícula terminal de 30–200 cm de largo.

1. Vainas de las hojas villosas abajo de las láminas:
    2. Láminas verdosas de 100–200 cm long. × 6–9 cm lat., el ápice péndulo; culmos de 5–10(–15) m, generalmente no ramosos ····· **1. var. sagittatum**
    2. Láminas glaucas de 40–120(–150) cm long. × 1,5–4(–5) cm lat., el ápice recto; culmos de 3–8 m, ramosos ················ **2. var. subandinum**
1. Vainas de las hojas glabras abajo de las láminas ··········· **3. var. glabrum**

67. Gynerium

1. var. sagittatum

Culmos no ramificados de 5–10 m de altura, con hojas de 100–200 cm long. × 6–9 cm lat., pendulas en la porción apical. Panícula de 90–130 cm de largo.

LA PAZ: Sud Yungas, Alto Beni, *Seidel et Schulte* 2299.
Neotrópicos. Bordes de ríos.

2. var. subandinum *Renvoize & Kalliola*, loc. cit: 315. Tipo: Bolivia, *Renvoize* 4724 (LPB, holótipo; K, isótipo).

Culmos de 3–8 m y a menudo ramificadas en la base. Láminas rectas, de 40–120(–150) cm long. × 1,5–4(–5) cm lat., el ápice recto. Panícula de 30–60(–108) cm. Fig. 53.

BENI: Ballivián, Fátima, *Davis et Marshall* 1154.
LA PAZ: Sud Yungas, 10 km E de puente Alto Beni, *Renvoize* 4724; Río Alto Beni, *Renvoize* 4727A y 4727B; Río Boopi, *Rusby* 675.
Ecuador, Perú y Bolivia. Bordes de caminos y lechos de ríos; 450–1000 m.

3. var. glabrum *Renvoize & Kalliola*, Kew Bull. 49(2): 314. Tipo: Perú, *Kalliola et al.* P6–237a (TUR, holótipo).

Culmos no ramificados, de 8–12(–15) m de altura, con hojas de 100–230 cm long. × 5–14 cm lat., péndulas en la porción apical. Panícula de 100–200 cm de largo. Fig. 53.

PANDO: Madre de Dios, 22 km WSW de Florencia, *Nee* 31507.
SANTA CRUZ: Ichilo, Río Surutú, Buena Vista, *Renvoize et Cope* 3972.
Caribe, Ecuador, Perú, Brasil y Bolivia. Bordes de ríos.

68. ARISTIDA L.
Sp. Pl.: 82 (1753); Henrard, Meded. Rijks-Herb. 54 (1926) 54A (1927) 54B (1928) 58 (1929) 58A (1932) 58B (1933) 54C (1933); Caro, Kurtziana 1: 123–206 (1961).

Perennes o anuales con láminas foliares angostas, convolutas o planas. Inflorescencia en panícula laxa o densa, pauci- o multiflora. Espiguillas unifloras. Glumas 2, lineares o lanceoladas, iguales o desiguales, persistentes, la inferior más corta o más larga que la superior, 1–5 nervadas. Antecios delgados, subcilíndricos o cilíndricos, lemmas convolutas o involutas; callo obtuso o agudo, punzante o bidentado; ápice triaristado, las aristas con o sin columna, persistentes o deciduas, planas o redondeadas, iguales o desiguales entre sí. Cariopsis cilíndrico o acanalado.
250 especies en regiones tropicales y subtropicales.

1. Columna presente:
    2. Plantas anuales ································ **2. A. capillacea**
    2. Plantas perennes:
        3. Callo bidentado ···························· **3. A. riparia**
        3. Callo obtuso, agudo o punzante:
            4. Columna de 25–60 mm; lemma cilíndrica:
                5. Aristas de 100–120 mm; lemma de 16 mm ···· **5. A. macrantha**
                5. Aristas de 35–45 mm; lemma de 8–9 mm ··· **4. A. megapotamica**
            4. Columna de 1–20 mm:
                6. Lemma involuta, acanalada; panícula laxa o densa:
                    7. Columna de 1–6 mm:
                        8. Panícula laxa ···················· **6. A. hassleri**
                        8. Panícula subespiciforme ··············· **7. A. gibbosa**
                    7. Columna de 5–8(–20) mm ············ **8. A. macrophylla**
                6. Lemma convoluta, cilíndrica; panícula densa:
                    9. Aristas recurvas y entrecruzadas; vainas sin lígulas externas
                       ··································· **9. A. recurvata**
                    9. Aristas rectas; vainas con lígulas externas
                       ··································· **10. A. mandoniana**
1. Columna ausente:
    10. Plantas anuales ····························· **1. A. adscensionis**
    10. Plantas perennes:
        11. Aristas desiguales:
            12. Panícula laxa, las ramas largas ············· **11. A. longifolia**
            12. Panícula densa, las ramas cortas:
                13. Arista central recurva ····················· **12. A. torta**
                13. Aristas rectas:
                    14. Panícula de 4–9 cm; vainas con lígulas externas
                       ··································· **13. A. antoniana**
                    14. Panícula de 15–30 cm; vainas sin lígulas externas
                       ··································· **14. A. friesii**
        11. Aristas iguales o subiguales:
            15. Lemmas involutas, acanaladas:
                16. Glumas desiguales, inferior de 10–16 mm, superior 7–12 mm
                   ··································· **15. A. circinalis**
                16. Glumas subiguales, de 7–10 mm ·········· **16. A. succedeana**
            15. Lemmas convolutas, cilíndricas:
                17. Gluma inferior más larga que la superior:
                    18. Gluma superior de 3–4,5 mm ·········· **17. A. mendocina**
                    18. Gluma superior de 6–7 mm ············· **18. A. glaziouii**
                17. Glumas subiguales o la inferior más corta que la superior:
                    19. Aristas de 9–12 mm ···················· **19. A. asplundii**
                    19. Aristas de 60–100 mm ················· **20. A. venustula**

68. Aristida

1. A. adscensionis *L.*, Sp. Pl.: 82 (1753); H403; F277. Tipo: Isla Ascension, *Osbeck* (LINN, material original).

Plantas anuales; culmos ascendentes o erectos, de 10–100 cm de alto. Láminas lineares, de 10–20 cm long. × 2–3 mm lat., planas o plegadas, acuminadas. Panícula irregularmente oblonga, densa o algo laxa, de 4–10(–30) cm de largo, las ramas cortas, contraídas o difusas. Glumas desiguales, angostamente lanceoladas, 1-nervadas, la inferior de 4–8 mm, la superior de 5–10 mm, agudas o mucronuladas. Lemma convoluta, lanceolada, comprimida lateralmente, de 5–9 mm (el callo incluido); callo obtuso, barbado; aristas persistentes, sin columna, subiguales o apenas desiguales, de (6–)10–20 mm. Fig. 55.

SANTA CRUZ: Andrés Ibáñez, Santa Cruz, *Solomon et Nee* 18002. Florida, Pampa Grande, *Renvoize et Cope* 4064. Cordillera, 93 km E de Boyuibe, *Saravia et al.* 11749.
LA PAZ: Murillo, Mallassa, *Renvoize et Cope* 4217.
COCHABAMBA: Quillacollo, Quillacollo, *Beck* 913. Cervecería Colón, *Eyerdam* 24796. Mizque, Aiquile hacia Totora, *Wood* 9199.
ORURO: Poopó, 5 km S de Pazna, *Killeen* 2670.
POTOSI: Bustillo, Pocoata, *Renvoize et Cope* 3818. Quijarro, 8 km NE de Uyuni, *Peterson et Soreng* 13072. Sud Chichas, 13 km W de Tupiza, *Renvoize, Ayala et Peca* 5311.
CHUQUISACA: Oropeza, Chaunaca, *Wood* 9577. Nor Cinti, Camargo, *Beck* 699.
TARIJA: Méndez, Tomates Grande, *Bastian* 354. Cercado, Cuesta de Sama, *Bastian* 533. Avilés, Concepción, *Bastian* 1164.
Regiones tropicales. Sitios alterados; 0–3700 m.

2. A. capillacea *Lam.*, Tabl. Encycl. 1: 156 (1791); H403; F277 Tipo: América Tropical, *Richard* (K, microficha).

Plantas pequeñas, delicadas, anuales, amacolladas; culmos erectos, de 5–20(–35) cm de alto. Láminas lineares, de 2–6 cm long. × 0,5–1,5 mm lat., planas o involutas, agudas. Panícula oblonga, de 3–10 cm de largo, laxa. Glumas desiguales, lanceoladas, la inferior de 2–3,5 mm, la superior de 2,5–4,5 mm, acuminadas. Lemma convoluta, de 2,5–4,5 mm (incluido el callo); callo obtuso, barbado; columna de 1–2 mm; aristas persistentes, iguales o desiguales, de 3,5–8 mm. Fig. 56.

LA PAZ: Iturralde, Luisita, *Haase* 765. Tamayo, Apolo, *Beck* 18624. Larecaja, Guanai, *Rusby* 208.
SANTA CRUZ: Chávez, 25 km N de Concepción, *Killeen* 958. Velasco, Río Guapore, *Nee* 41098. Ichillo, Buena Vista, *Steinbach* 6140.
México hasta Bolivia y Brasil. Campos y sabanas; 100–1350 m.

Fig. 55. **Aristida adscencionis**, **A** habito, **B** lemma basada en *Renvoize* 4479. **A. riparia**, **C** lemma, **D** callo basada en *Brooke* 124. **A. megapotamica**, **E** lemma basada en *Renvoize et Cope* 3998.

Fig. 56. **Aristida capillacea**, A habito, B lemma basada en *Steinbach* 6140. **A. asplundii**, C habito basada en *Renvoize* 4526b, D lemma basada en *Renvoize* 4464. **A. longifolia**, E lemma basada en *Beck et Haase* 9891.

3. A. riparia *Trin.*, Mém. Acad. Imp. Sci. Saint-Pétersbourg, Sér. 6, Sci. Math., Seconde Pt. Sci. Nat. 4: 48 (1836); H404; F278. Tipo: Brasil, *Riedel* (LE, holótipo).

Plantas perennes, cespitosas o amacolladas; culmos de 40–150cm de alto. Láminas convolutas, de 15–55 cm long., glabras, acuminadas. Panícula oblonga, densa, de 14–35 cm de largo, las ramas cortas y adpresas. Glumas lineares, subiguales, de 1,5–2,0 cm (incluidas las arístulas), 1-nervadas, escabriúsculas; lemma convoluta, de 4–7 mm de largo, con columna de 1,2–7,5 cm; callo bidentado, barbado; aristas persistentes, subiguales, de 2–5,6 cm. Fig. 55.

BENI: Vaca Diez, 37 km E de Riberalta, *Solomon* 7734.
LA PAZ: Nor Yungas, Coripata, *Buchtien* 8059. Sud Yungas, Chulumani, *Hitchcock* 22702.
SANTA CRUZ: Chávez, 10 km W de San Javier, *Killeen* 1983. Velasco, San Ignacio, *Seidel et Beck* 399. Ichilo, Buena Vista, *Steinbach* 7029. Andrés Ibañez, Ayacucho, *Brooke* 124.
Venezuela, Surinam, Bolivia, Brasil y Paraguay. Campos; 350–1600 m.

4. A. megapotamica *Spreng.*, Syst. Veg. 4: 31 (1827). Tipo: Brasil, *Sellow* (K, isótipo).
A. implexa Trin., Mém. Acad. Imp. Sci. Saint-Pétersbourg, Sér. 6, Sci. Math., Seconde Pt. Sci. Nat. 4: 48 (1836). Tipo: Brasil, *Riedel* (K, isótipo).

Plantas perennes, cespitosas; culmos erectos, de 30–100 cm de alto. Láminas involutas, de 20–40 cm long., flexuosas, escabriúsculas, acuminadas. Panícula oblonga, de 15–30 cm de largo, densa, las ramas cortas y adpresas. Glumas angostamente lanceoladas, desiguales, la inferior de 2,3–3,0 cm, la superior de 1,5–2,5 cm, acuminadas. Lemma convoluta, cilíndrica, escabriúsculas, de 8–9 mm (incluido el callo); callo de 1–1,3 mm, punzante, barbado; aristas persistentes, iguales, de 3,5–4,5 cm; columna retorcida, de 2,5–5 cm. Fig. 55.

BENI: Ballivián, Reyes, *Cárdenas* 5402.
SANTA CRUZ: Ichilo, Buena Vista, *Steinbach* 5352. Andrés Ibáñez, Viru Viru, *Renvoize et Cope* 3998.
Bolivia, Argentina, Paraguay, Brasil y Uruguay. Campos; 400–1200 m.

5. A. macrantha *Hack*, Repert. Spec. Nov. Regni Veg. 7: 372 (1909). Tipo: Paraguay, *Hassler* 9795 (K, isótipo).

Plantas perennes cespitosas con culmos erectos cilíndricos de 80–100 cm de alto. Láminas lineares rígidas, de 20–30(–70) cm long. × 3–4 mm lat., planas, atenuadas. Panícula densa, oblonga, de 30 cm, incluidas las aristas. Glumas lanceoladas, aristuladas, desiguales, la inferior de 3–4,5 cm, la superior de 4,5–5,5 cm, incluidas las aristas, con carinas escabrosas. Lemma convoluta, cilíndrica, de 16 mm; callo punzante, barbado; columna de 5–6 cm, retorcida; aristas subiguales, de 10–12 cm, patentes, escabrosas.

BENI: Mamoré, San Joaquín, *D'Orbigny* 143.
Paraguay y Bolivia.

6. A. hassleri *Hack.*, Bull. Herb. Boissier sér. 2, 4: 277 (1904). Tipo: Paraguay, *Hassler* 8346 (K, isótipo).
A. longiramea J. Presl var. *boliviana* Henrard in Meded. Rijks-Herb. 40: 56 (1921). Tipo: Bolivia, *Herzog* 1442 (L, holótipo; K, isótipo).

Plantas perennes amacolladas; culmos de 50–60 cm de alto, ramosos, cilíndricos, subleñosos. Láminas planas o convolutas, de 17–27 cm long. × 1–2 mm lat., glabras, acuminadas. Panícula laxa, oblonga, de 20–26 cm de largo. Glumas lanceoladas, desiguales, 1-nervadas, la inferior de 8,5–11 mm, acuminada, la superior de 5,5–6,5 mm, emarginada, mucronulada. Lemma involuta, acanalada, escabriúscula, de 9–10 mm de largo (incluido el callo), callo obtuso y barbulado; columna de 2,5–6 mm, retorcida; aristas persistentes, subiguales, de 1,5–2,5 cm.

SANTA CRUZ: Chávez, Lomerio, *Killeen* 1544. Andrés Ibáñez, entre Río Cuchi y Río Piray, *Herzog* 1442.
Brasil, Paraguay y Bolivia. 550 m.

7. A. gibbosa *(Nees) Kunth*, Révis. Gramin. 1: suppl 14 (1830). Tipo: Brasil, *Martius* (M, holótipo).
Chaetaria gibbosa Nees, Agrostologia Brasiliensis in Martius, Fl. Bras. 2(1): 383 (1829).

Plantas perennes amacolladas; culmos de (45–)60–100 cm de alto, cilíndricos, subleñosos. Láminas conduplicadas, de 12–25 cm long. × 1 mm lat., glabras, punzantes. Panícula subespiciforme, de 13–22 cm long. × 5–20 mm lat. Glumas lanceoladas, subiguales, 1-nervadas, de 6–8 mm, acuminadas o emarginadas y mucronuladas. Lemma involuta, acanalada, de 4–5 mm (incluido el callo), callo obtuso y barbulado; columna de 2 mm, retorcida; aristas persistentes, desiguales, la central de 10–12 mm, las laterales de 8–9 mm.

SANTA CRUZ: Chávez, 10 km W de San Javier, *Killeen* 1979.
Brasil, Guyana y Bolivia. Sabanas, en suelos arenosos o pedregosos y argilosos; 133–720 m.

8. A. macrophylla *Hack.* Denkschr. Kaiserl. Akad. Wiss., Math.-Naturwiss. Kl. 79: 77 (1908). Tipo: Brasil, *Wacket* (W, holótipo).

Plantas perennes cespitosas. Culmos erectos de 50–180 cm de alto. Láminas lineares, de 30–180 cm long., 3–5 mm lat., planas o involutas, flexuosas, escabrosas, acuminadas. Panícula oblonga o linear, densa, de 20–35 cm de largo; ramas cortas, adpresas. Glumas angostamente lanceoladas, desiguales, escabrosas; gluma inferior de 11–18 mm, incluida la aristula, la superior de 8–12 mm, acuminada. Lemma involuta, acanalada, de 5–7 mm; callo obtuso, barbado; columna de 5–8(–20) mm, retorcida, aristas subiguales, deciduas, de 2–3 cm, divergentes.

SANTA CRUZ: Chávez, 20 km SW de San Javier, *Killeen* 1995.
Brasil, Paraguay et Argentina. Campos; 450–500 m.

9. A. recurvata *Kunth* in Humboldt, Bonpland et Kunth, Nov. Gen. Sp. 1: 123 (1815). Tipo: Venezuela, *Humboldt et Bonpland* (P, holótipo n.v.).

Plantas perennes cespitosas con culmos de 30–150 cm de alto. Láminas lineares, de 12–50 cm long. × 1–4 mm lat., planas o convolutas, agudas. Panícula espiciforme, de 15–40 cm, interumpida. Glumas lanceoladas, de 7–12 mm, subiguales, acuminadas o aristuladas. Lemmas de 4–7,5 mm, convolutas, cilíndricas; callo obtuso, barbado; columna de 1–2 mm de largo, retorcida; aristas iguales, de 5–20 mm, recurvas en la base, frecuentemente entrecruzadas.

SANTA CRUZ: Chávez, 20 km SW de San Javier, *Killeen* 2008; 2 km NW de Concepción, *Killeen* 2097.
América central hasta Brasil. Campos; 450–500 m.

10. A. mandoniana *Henrard*, Meded. Rijks-Herb. 40: 55 (1921). Tipo: Bolivia, Sorata, *Mandon* 1277 (L, holótipo; K, isótipo).

Plantas perennes, amacolladas; culmos erectos de 45–60 cm de alto. Lígula externa glabra o pubescente. Láminas lineares, de 25–45 cm long. × 2–3 mm lat., planas o involutas, escabriúsculas, acuminadas. Panícula oblonga, muy densa, de 9–24 cm de largo. Glumas angostamente lanceoladas, subiguales o la inferior poco más larga que la superior, de 9,5–13 mm, acuminadas. Lemma convoluta, cilíndrica, de 7–8,5 mm de largo (incluido el callo); callo obtuso, alargado, barbado; aristas persistentes, subiguales, rectas, de 15–20 mm, con columna retorcida, de 3–5 mm.

SANTA CRUZ: Caballero, Tunal, *Killeen* 2496.
LA PAZ: Larecaja, Sorata, *Mandon* 1277. Murillo, Jupapina, *Renvoize* 4484.
COCHABAMBA: Cercado, Cochabamba, *Parodi* 10213.
CHUQUISACA: Boeto, Ricaldi, *CORDECH* 54. Oropeza, 1 km desde Sucre hacia Tarabuco, *Wood* 7919.
TARIJA: Cercado, Tucumilla, *Bastian* 1184.
Bolivia. Laderas pedregosas; 3100 m.

68. Aristida

En el isótipo de K la coleción *Mandon* 1277 es una mezcla, pues también contiene un espécimen de *A. adscensionis*.

11. A. longifolia *Trin.*, Mém. Acad. Imp. Sci. Saint-Pétersbourg, Sér. 6, Sci. Math. 1: 84 (1830). Tipo: Brasil *Riedel* (K, isótipo).

Plantas perennes, cespitosas o amacolladas; culmos de 60–180 cm de alto, erectos. Láminas lineares, planas, plegadas o involutas de 30–80 cm long. × 1–6 mm lat., glabras, los márgenes escabriúsculos, el ápice filiforme. Panícula laxa de 30–70 cm de largo, ocupa la mitad superior de la planta o algo más, poco ramosa, las ramas escabrosas, largas y difusas a la madurez, con las espiguillas mayormente dispuestas en las extremidadas. Glumas subiguales, angostamente lanceoladas, de 10–12 mm de largo, 1-nervadas, con carina escabriúscula, acuminadas. Lemma convoluta, cilíndrica, de 13–15 mm de largo (el callo incluido); callo obtuso barbado; aristas persistentes, sin columna, desiguales, la central de 2–3 cm de largo, las laterales de (0,5–)1–2 cm de largo. Fig. 56.

SANTA CRUZ: Chiquitos, 4 km W de Chiquitos, *Killeen* 2783.
LA PAZ: Luisita, *Beck et Haase* 9891; *Haase* 420.
TARIJA: Cercado, 55 km E de Tarija, *Wood* 9538.
Venezuela, Colombia, Bolivia y Brasil. Sabanas; 0–1580 m.

12. A. torta *(Nees) Kunth*, Enum. Pl. 1: 190 (1833). Tipo: Brasil, *Martius* (M, isótipo).
Chaetaria torta Nees, Agrostologia Brasiliensis in Martius, Fl. Bras. 2(1): 386 (1829).

Plantas perennes, cespitosas; culmos erectos, cilíndricos, subleñosos, de 30–100 cm de alto, poco ramificados. Láminas convolutas, glabras, de 13–30 cm long., punzantes. Panícula angostamente oblonga, de 10–30 cm de largo, laxa, desde rala a moderadamente densa, las ramas cortas, contraídas o ascendentes. Glumas subiguales, angostamente lanceoladas, de 7–8,5 mm, 1-nervadas, acuminadas. Lemma convoluta, cilíndrica, escabriúscula, de 5–6,5 mm (incluido el callo); callo agudo, barbado en un costado; aristas persistentes desiguales, la central de 15–20 mm, recurva, las laterales de 5–13 mm rectas o recurvas, sin columna. Fig. 57.

BENI: Yacuma, 60 km E de San Borja, *Beck* 16934.
LA PAZ: Iturralde, Luisita, *Haase* 167; 766A.
Venezuela, Colombia, Bolivia, Guayanas y Brasil. Campos; 10–1500 m.

13. A. antoniana *Steud. ex Döll* in Martius, Fl. Bras. 2(3): 19 (1878). Tipo: Perú, *Lechler* 1774 (K, isótipo).
A. enodis Hack., Repert. Spec. Nov. Regni Veg. 11: 21 (1912). Tipo: Bolivia, Palca, *Buchtien* 2540 (US, isótipo).

Plantas perennes, cespitosas; culmos erectos, de 15–45 cm de alto. Lígula externa pilosa. Láminas escabriúsculas, involutas, de 4–12 cm long., punzantes. Panícula oblonga, de 4–9 cm de largo, densa. Glumas lanceoladas, desiguales o subiguales, la inferior de 7–10 mm de largo, la superior de 8–12,5 mm. Lemma convoluta, cilíndrica, de 5,5–10 mm (incluido el callo); callo obtuso, barbado; aristas rectas, persistentes, sin columna, desiguales, la central de 10–18 mm, las laterales de 8–15 mm.

LA PAZ: Manco Kapac, Isla del Sol, *Liberman* 1031. Murillo, Palca, *Buchtien* 2540. Los Andes, Karhuiza Pampa, *Renvoize* 4526A. Ingavi, Taraco, *Renvoize et Cope* 4146.
COCHABAMBA: Ayopaya, 10 km NW de Independencia, *Beck et Seidel* 14494. Cercado, Cochabamba, *Holway* s.n.
CHUQUISACA: Boeto, 1 km S de Mendoza, *Murguia.* 39.
TARIJA: Arce, Cerro Cabildo, *Beck et Liberman* 16229.
Bolivia y Perú. Laderas pedregosas; 3500–3905 m.

14. A. friesii *Hack.* in Henrard, Meded. Rijks-Herb. 54: 186 (1926). Tipo: Bolivia, Tarija, Junaca, *Fries* 1301a (W, holótipo).

Plantas perennes, cespitosas; culmos erectos, de 60–90 cm de alto. Láminas lineares, planas o involutas, de 15–30 cm long. × 1–3 mm lat., flexuosas, escabriúsculas, acuminadas. Panícula oblonga, angostamente ovada, de 15–30 cm de largo con espiguillas agregadas en la extremidad de las ramas; ramas extendidas, laxas y flexuosas. Glumas angostamente lanceoladas, desiguales, la inferior de 7–8,5 mm, la superior de 8–9 mm, mucronuladas. Lemma convoluta, cilíndrica, de 7,5–9 mm (incluído el callo); callo obtuso, barbado; aristas persistentes, rectas, desiguales, laterales de 8–15 mm, central de 10–20 mm, sin columna.

SANTA CRUZ: Velasco, 100 km N de San Ignacio, *Bruderreck* 269. Florida, 10 km W de Samaipata, *Renvoize et Cope* 4042.
COCHABAMBA: Carrasco, Epizana hacia Monte Puncu, *Wood* 9210.
CHUQUISACA: Tomina, 15 km S de Padilla, *Renvoize et Cope* 3867.
TARIJA: Cercado, Valle de Tarija, *Coro-Rojas* 1307.
Bolivia. Sitios pedregosos; 1350–2100 m.

15. A. circinalis *Lindm.*, Kongl. Svenska Vetenskapsakad. Handl. 34(6): 13 (1900); H406; F279. Tipo: Brasil, *Regnell* A 1527 (S, holótipo n.v.).
A. leptochaeta Hack., Repert. Spec. Nov. Regni Veg. 6: 344 (1909). Tipo: Paraguay, *Hassler* 8640 (K, isótipo).

Plantas perennes, cespitosas; culmos erectos, de 30–90 cm de alto. Láminas involutas, de 15–40 cm long., escabriúsculas, flexuosas, acuminadas. Panícula angostamente oblonga, densa o discontínua y laxa, las ramas cortas, contraídas y

68. Aristida

ascendentes o adpresas. Glumas angostamente lanceoladas, desiguales, la inferior de 10–16 mm, la superior de 7–12 mm, acuminadas, aristuladas o bidentadas, de la longitud de la lemma. Lemma involuta, acanalada, de 8–10 mm (incluido el callo); callo agudo, barbado; aristas persistentes, subiguales, de 2–3,7 cm de largo, sin columna. Fig. 57.

SANTA CRUZ: Ichilo, Buena Vista, *Steinbach* 6807. Andés Ibáñez, Santa Cruz, *Renvoize et Cope* 4031. Chiquitos, Serrania de Santiago, *Killeen* 2809.

Bolivia, Argentina, Uruguay y Paraguay. Campos; 30–400 m.

16. A. succedeana Henrard, Meded. Rijks-Herb. 58A: 294, pl. 144 (1932). Tipo: Brasil, *Löfgren* 242 (S, holótipo).

Plantas perennes cespitosas, con culmos erectos de 20–60 cm de alto. Láminas involutas, filiformes, de 10–15 cm long. × 1–2 mm diám., rectas o flexuosas. Panícula oblonga, de 7–25 cm, subcontraida pero algo laxa. Glumas lanceoladas, más cortas que la lemma, subiguales, de 7–10 mm, acuminadas o mucronuladas. Lemma de 8–12 mm, involuta, acanalada; callo obtuso, barbado; columna nula; aristas subiguales, de 2–3,5 cm, rectas, patentes a la madurez.

SANTA CRUZ: Chávez, Concepción, *Killeen* 1103. Gutiérrez, 60 km S de Río Grande, *Killeen* 1278. Andrés Ibáñez, Viru Viru, *Killeen* 1558. Chiquitos, 4 km W de Chiquitos, *Killeen* 2778.

Brasil. Campos y sabanas; 500–700 m.

17. A. mendocina Phil., Anales Univ. Chile 36: 205, no 239 (1870) H405; F278. Tipo: Chile, *Philippi* (L, W, isótipos n.v.).
A. inversa Hack. in R.E. Fr., Ark. Bot. 8: 37 (1908). Tipo: Bolivia, Fort. Crevaux, *Fries* 1589 (US, isótipo).

Plantas perennes, amacolladas; culmos cilíndricos, subleñosos, erectos, rectos o geniculados, de 30–100 cm de alto, muy ramosos. Hojas principalment caulinares Lígula externa desarrollada o nula. Láminas involutas, de 15–40 cm de largo, glabras, flexuosas, acuminadas. Panícula linear, de 15–40 cm de largo, laxa, las ramas ascendentes o adpresas. Glumas agudas muy desiguales, la inferior angostamente lanceolada, de 8–15 mm, la superior lanceolada, de 3–4,5 mm. Lemma convoluta, escabriúscula, de 7–9 mm (incluido el callo); callo obtuso, barbado; aristas persistentes, sin columna, subiguales, de 2–3 cm, rectas. Fig. 57.

SANTA CRUZ: Andés Ibáñez, La Bélgica, *Brooke* 9; Viru Viru, *Renvoize et Cope* 4000; Santa Cruz, *Brooke* 115; Santa Cruz hacia Abapó, *Renvoize* 4547; 4548.

TARIJA: Cercado, San Luis, *Bastian* 33; 1263; Ceramitar, *Bastian* 965. Gran Chaco, Fort Creveaux, *Fries* 1589.

Bolivia, Argentina y Chile. Campo en suelos arenosos; 460–1900 m.

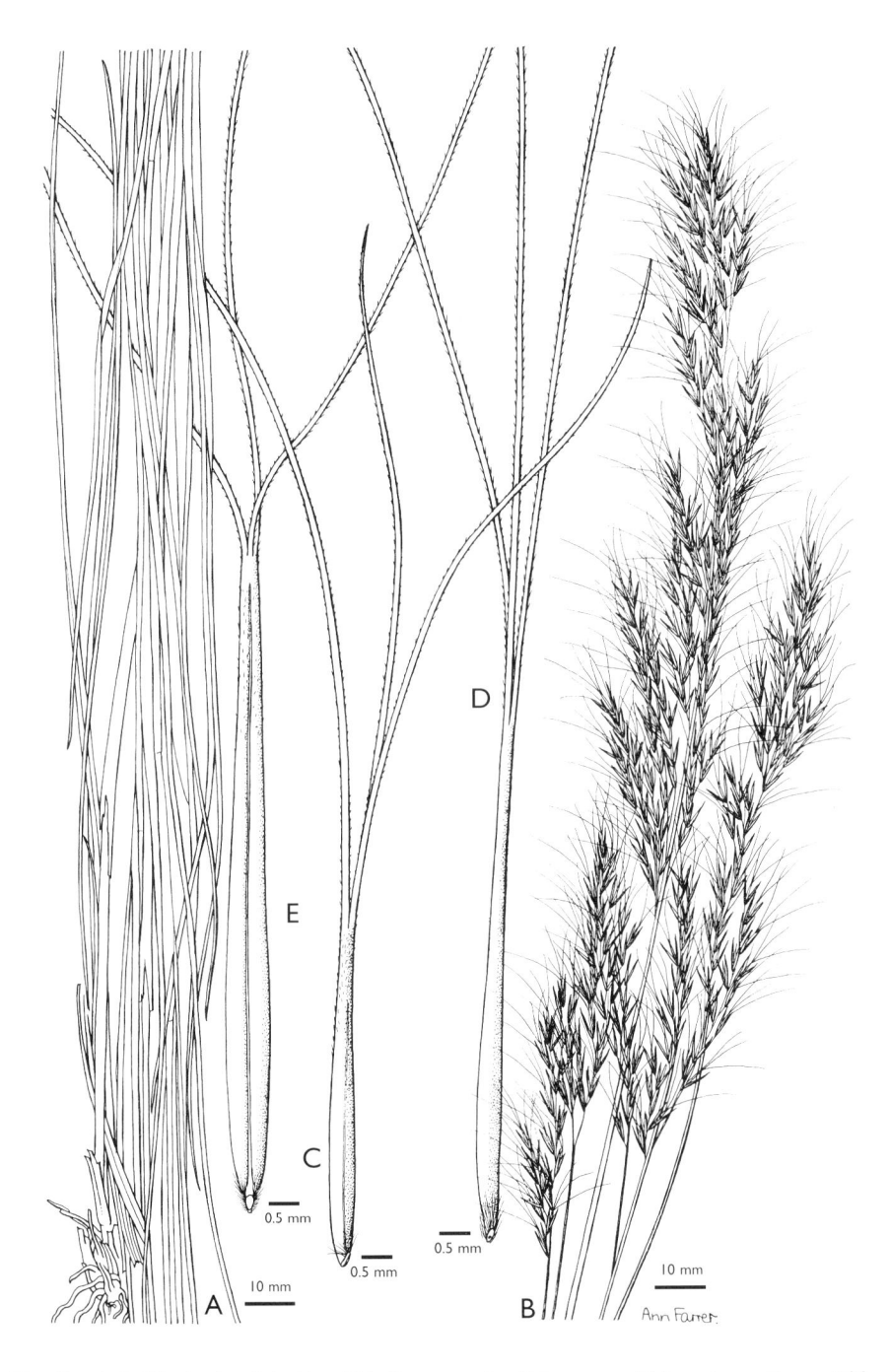

Fig. 57. **Aristida torta**, **A** habito, **B** inflorescencia, **C** lemma × 12 basada en *Haase* 766. **A. mendocina**, **D** lemma basada en *Renvoize* 4548. **A. circinalis**, **E** lemma basada en *Renvoize* 4031.

18. A. glaziouii *Hack. ex Henrard*, Meded. Rijks-Herb. 54: 204 (1926). Tipo: Brasil, *Glaziou* 20107 (W, holótipo).

Plantas perennes con culmos erectos, cilíndricos, ramosos, de (30–)60–120 cm de alto. Láminas planas o involutas, de 20–40 cm long. × 1–3 mm lat., lisas, atenuadas. Panícula linear, de 20–40 cm, laxa, flexuosa; ramas cortas, adpresas, con las espiguillas aglomeradas. Glumas desiguales, lanceoladas, atenuadas o acuminadas, la inferior de 8–11 mm, la superior de 6–7 mm, con carinas lisas. Lemmas de 7–8 mm, convolutas, cilíndricas, lisas o escabrosas; callo obtuso o agudo, barbado; columna nula, aristas subiguales, de 1,2–3 cm.

SANTA CRUZ: Andrés Ibáñez, 15 km N de Santa Cruz, *Nee* 37733.
CHUQUISACA: Oropeza, Río Chico, Chuquichuqui, *Wood* 9361.
Brasil y Bolivia. Campos y matorrales; 375–1000 m.

19. A. asplundii *Henrard* Meded. Rijks-Herb. 54: 42 (1926); H406. Tipo: Bolivia, Ulloma, *Asplund* 2525 (U, holótipo, n.v.).

Plantas perennes, pequeñas, cespitosas; culmos de 5–17 cm de alto. Láminas convolutas, de 2–5 cm long., principalmente basales, glaucas, glabras y escabriúsculas, rígidas, agudas o punzantes. Panícula poco ramificada, de 4–10 cm de largo, las ramas difusas o ascendentes, cortas, de 0,5–1,5 cm de largo, con espiguillas agregadas en las extremidades. Glumas lanceoladas, glabras, aristuladas, subiguales, de 8–9 mm, 1-nervadas, la carina escabriúsculas. Lemma convoluta, cilíndrica, de 7–8 mm (incluido el callo), el ápice apenas retorcido; callo obtuso, barbado; aristas sin columna, persistentes, de 9–12 mm de largo, subiguales, las aristas laterales apenas más cortas que la central. Fig. 56.

LA PAZ: Los Andes, Karhuiza Pampa, *Renvoize* 4526B. Murillo, Mallasa, *Feuerer et Höhne* 5466; *Renvoize* 4464. Ingavi, Taraco, *Renvoize et Cope* 4149. Aroma, Huaraco, *Liberman* 298; *Beck* 4090; *Stendahl* 11. Loayza, Urmiri hasta Sapahaqui, *Beck* 8471.
ORURO: Sajama, Curahuara de Carangas, *Renvoize et Ayala* 5227. Dalence, Vinto, 21 km hacia Machacamarca, *Beck* 17957.
POTOSI: Quijarro, 14 km N de Río Mulatos, *Peterson et Annable* 12814. Sud Chichas, 12 km NW de Salo, *Peterson et Annable* 11826. Omiste, Villazón, *Peterson et Annable* 11778.
TARIJA: Avilés, Viscarra, *Bastian* 1071.
Ecuador, Bolivia y norte de Argentina. Laderas pedregosas; 3100–3905 m.

20. A. venustula *Arechav.*, Anales Mus. Nac. Montevideo 4: 77 (1903). Tipo: Uruguay, *Arechavaleta* (W, isótipo).

Plantas perennes pequeñas cespitosas; culmos de 15–50 cm de alto, cilíndricos. Láminas filiformes, conduplicadas, de 2,5–10,5 cm long., lisas, punzantes. Panícula erecta, pauciflora, laxa, de 10–25 cm de largo (incluida las aristas). Glumas lanceolado-acuminadas, desiguales, aristadas, la inferior de 10–15 mm, 3–5 nervias, la superior de 20–30 mm. Lemma convoluta, cilíndrica, de 10–15 mm (incluido el callo), obtusa; aristas persistentes, sin columna, de 6–10 cm, iguales.

SANTA CRUZ: Warnes, Viru Viru, *Killeen* 1240. Florida, Samaipata, *Herzog* 3010.
TARIJA: Avilés, Tablada hacia Victoria, *Ehrich* 235.
Bolivia, Brasil, Uruguay y Argentina. Campos; 60–2200 m.

69. PAPPOPHORUM Schreb.
Gen. Pl. 2: 787 (1791); Pensiero, Darwiniana 27: 65–87 (1986); Reeder & Toolin, Syst. Bot. 14: 349–358 (1989).

Plantas perennes, cespitosas o amacolladas. Láminas foliares semi-duras o semi-tiernas, lineares, planas, plegadas o enrolladas. Inflorescencia en panícula angosta, cilíndrica, irregular o laxa. Espiguillas 2–7-floras; antecios imbricados, los 1–3 inferiores fértiles, los superiores estériles y reducidos, a veces a las aristas; raquilla articulada arriba de las glumas y tenaz entre los antecios. Glumas 2, persistentes, membranáceas, 1-nervadas, algo más cortas que las lemmas. Lemmas coriáceas, ancha o angostamente oblongas, con el dorso redondeado, 5–7-nervias y terminadas en numerosas aristas desiguales y escabrosas. Cariopsis ovoide u oblongo.

9 especies en Norte y Sudamérica.

1. Plantas de 90–200 cm de alto; panícula oblonga, erecta o nutante, de 23–60 cm, las ramas desarrolladas, de 5–15 cm .... **1. P. pappiferum**
1. Plantas de 20–60(–120) cm de alto; panícula erecta, de 10–30 cm, cilíndrica o con ramas cortas.
    2. Superficie interna del cuerpo de la lemma pubescente en su parte superior:
        3. Cuerpo de la lemma de 2,5–4 mm; panícula de 4–21 cm
        .... **2. P. philippianum**
        3. Cuerpo de la lemma de 2–3 mm; panícula de 20–40 cm
        .... **3. P. krapovickasii**
    2. Superficie interna del cuerpo de la lemma glabra o escabrosa en su parte superior .... **4. P. caespitosum**

1. P. pappiferum (*Lam.*) *Kuntze*, Revis. Gen. Pl. 3(3): 365 (1898). Tipo: 'Ex Amer. merid.' *D. Richard* (K, microficha).
Saccharum pappiferum Lam., Tabl. Encycl. 1: 155 (1791).
Pappophorum alopecuroideum Vahl, Symb. Bot. 3: 10, pl. 51 (1794); H351. Tipo: Jamaica, *von Rohr* (K, microficha).

69. Pappophorum

Plantas amacolladas, robustas; culmos erectos, de 90–200 cm de alto. Láminas lineares, de 25–80 cm long. × 3–10 mm lat., planas o enrolladas, acuminadas. Panícula subinclusa en la última vaina, erecta o algo nutante, oblonga, irregular, plateada o purpúrea, de 23–60 cm long. × de 2–10 cm lat.; ramitas laterales erguidas, adpresas o ascendentes, de 5–15 cm. Espiguillas 3–4-floras, solamente la flor basal fértil. Glumas lanceoladas, de 3–5,5 mm. Lemma inferior de 1,5–2,5 mm, carina y márgenes esparcidamente ciliolados; aristas de 5–9 mm. Fig. 58.

SANTA CRUZ: Velasco, 20 km W de San Ignacio, *Killeen* 1684. Andrés Ibáñez, Tres Palmas, *Tollervey* 1909. Cordillera, San Antonio, *Killeen* 1308; Santa Cruz hacia Abapó, *Renvoize* 4557.

CHUQUISACA: Tomina, Padilla hacia Monteagudo, *Renvoize et Cope* 3880. Calvo, El Salvador, *Martinez* 597

México hasta Argentina. Laderas pedregosas y bordes de caminos; 400–3000 m.

Los especímenes de *P. mucronulatum* Nees procedentes de Brasil, Venezuela y Colombia son similares a esta especie en porte y tamaño de la panícula; sin embargo, pueden distinguirse por que poseen pequeñas glándulas, a veces unas pocas y esparcidas tanto, en los pedicelos como en las ramas de la panícula.

2. P. philippianum *Parodi*, Mus. La Plata, Notas Bot. 8 (40): 79 (1943). Tipo: Chile, *Philippi* s.n. (SGO, holótipo n.v.). Basado en *P. vaginatum* Phil. *P. vaginatum* Phil., Anales Univ. Chile 34: 206 (1870) non Buckley (1866).

Plantas cespitosas con culmos de 5–50(–60) cm de alto. Láminas lineares, de 3,5–20 cm long. × 2–4 mm lat., convolutas o planas, acuminadas. Panícula subespiciforme de 4–21 cm long. × 5–25 mm lat., densa o pauciflora, purpúrea. Espiguillas 5–6-floras, de 8–15 mm de largo, los 2–4 antecios basales fértiles. Glumas lanceoladas, subiguales, de 4–10 mm, aristuladas, lobuladas o no. Lemma inferior de 2,5–4 mm, la cara interior densamente pubescente en su parte superior, pubescente en la quilla y en los márgenes; aristas de 7–10 mm. Fig. 58.

SANTA CRUZ: Florida, 2 km W de Pampa Grande, *Renvoize et Cope* 4063.
LA PAZ: Murillo, Mecapaca, *Renvoize et Cope* 4225; *Solomon et Nee* 16071.
COCHABAMBA: Cercado, Cochabamba, *Cutler et Cárdenas* 10013; *Spiagi* 50. Cochabamba hacia Santa Cruz, *Solomon et King* 15904.
CHUQUISACA: Tomina, 15 km S de Padilla, *Renvoize et Cope* 3865.
TARIJA: Cercado, Santa Ana, *Coro* 1244. Ceramitar, *Bastian* 31. Arce, Padcaya hacia Cañas, *Beck et Liberman* 16291.
Argentina y Bolivia. Matoral; 2100 m.

3. P. krapovickasii *Roseng.*, Comun. Bot. Mus. Hist. Nat. Montevideo 4 (58): 1–5 (1975). Tipo: Paraguay, *Rosengurtt* B-5816 (MVFA, holótipo n.v.).

Fig. 58. **Pappophorum philippianum**, A habito, B espiguilla basada en *Solomon et Nee* 16071. **P. pappiferum**, C inflorescencia, D espiguilla basada en *Renvoize* 4557. **P. krapovickasii**, E inflorescencia, F espiguilla basada en *Renvoize* 3571. **P. caespitosum**, G habito, H espiguilla basada en *Renvoize et Cope* 4065.

69. Pappophorum

Plantas cespitosas con culmos de 40–120 cm de alto. Láminas lineares, de 10–30 cm long. × 1,5–6 mm lat., convolutas o planas. Panícula subespiciforme, de (15–)20–40 cm, densa o interrumpida en la base, ramas cortas y adpresas, pajiza o purpúrea. Espiguillas (4–)5(–6)-floras, los 1–2 antecios basales fértiles. Glumas lanceoladas, de 4–7 mm, aristuladas. Lemma inferior de 2–2,5(–3) mm, carina y márgenes esparcidamente pubescentes; aristas de 6–9 mm. Fig. 58.

SANTA CRUZ: Chávez, 90 km SE de Concepción, *Killeen* 1520. Chiquitos, 22 km N de San José, *Killeen* 1729.
LA PAZ: Murillo, Río La Paz, *Wood* 9154.
Paraguay, Bolivia y Argentina. Sabanas; 320–2900 m.

4. P. caespitosum *R.E. Fr.*, Nova Acta Regiae Soc. Sci. Upsal., Ser. 4, 1(1): 177 (1905). Tipo: Argentina, *Fries* 804 (US, isótipo).

Plantas cespitosas; culmos cilíndricos erectos de 20–60 cm de alto. Láminas lineares, de 5–30 cm long. × 2–4 mm lat., planas o enrolladas, duras, flexuosas, acuminadas. Panícula subinclusa en la última vaina o exerta, cilíndrica, de 10–22 cm long. × 8–15 mm lat. Espiguillas 2–4-floras, los 2 antecios basales fértiles. Glumas lanceoladas, de 2,5–5 mm. Lemma inferior de 1,5–2 mm, carina y márgenes ciliolados; aristas de 5–7 mm de largo, purpúreas en la base. Fig. 58.

SANTA CRUZ: Florida, Pampa, *Renvoize et Cope* 4065. Caballero, 5,7 km SE de San Isidro, *Solomon et Nee* 7997.
LA PAZ: Murillo, Mecapaca, *Beck* 3566; *Renvoize et Cope* 4226.
COCHABAMBA: Quillacollo, Itapaya, *Pedrotti et al.* 30. Cercado, Cochabamba, *Eyerdam* 24877.
POTOSI: Nor Chichas, 62 km N de Tupiza, *Renvoize, Ayala et Peca* 5315. Sud Chichas, 8 km S de Tupiza, *Peterson et Annable* 11866.
TARIJA: Cercado, Gamoneda, *Gerold* 52. Avilés, 20 km S de Tarija, *Wood* 9531.
Bolivia, Paraguay y Argentina. Laderas de montañas y bosques, en suelos arenosos o pedregosos, 250–3050 m.

70. ENNEAPOGON P. Beauv.
Ess. Agrostogr.: 81 (1812).

Plantas perennes o anuales, cespitosas o amacolladas, con vainas basales bulbiformes que contienen cleistogenes. Culmos erectos o geniculadas y ascendentes. Láminas lineares, planas o convolutas. Inflorescencia en panícula globosa, contraída o sub-espiciforme, raro laxa. Espiguillas 3–6-floras, los antecios 1–3 basales perfectos, los superiores estaminados o estériles y reducidos. Algunas especies desarrollan espiguillas cleistógamas en inflorescencias axilares de las vainas superiores. Raquilla articulada por arriba de las glumas y tenaz entre los antecios. Glumas persistentes, linear-lanceoladas, 3–7-nervias. Lemmas papiráceas o coriáceas, 9-nervias, nervios prolongados en 9 aristas mayores que el cuerpo de la lemma; aristas escabrosas o ciliadas. Pálea 2-nervia, ciliada sobre las quillas. Callo piloso. Cariopsis ovoide.

30 especies en Africa, Australia, Asia, Europa y América.

E. desvauxii *P. Beauv.*, Ess. Agrostogr.: 82, 161, pl. 16, fig. 11 (1812). Tipo: no indicado.

Plantas perennes, amacolladas, pilosas; culmos de 10–50 cm de alto. Láminas filiformes, de 2–12 cm long. × 0,5–2 mm lat., involutas o conduplicadas, acuminadas. Panícula densa, oblonga, de 2–9 cm long. × 6–10(–15) mm lat., plomiza. Espiguillas 3-floras, el antecio basal perfecto. Glumas membranáceas, de 3,5–5 mm, ovadas. Lemma basal de 1,5–2 mm; aristas plumosas, de 2,5–4,5 mm. Fig. 59.

POTOSI; Quijarro, 17 km NE de Tica Tica hacia Potosi, *Peterson et al.* 13144. Nor Chichas, 121 km N de Tupiza, *Renvoize, Ayala et Peca* 5321.
Sud de Estadas Unidos de América, México, Perú, Bolivia y Argentina. Laderas rocosas y matorral xerofítico; 850–3650 m.

71. COTTEA Kunth
Révis. Gramin. 1: 84 (1829).

Plantas perennes con láminas herbáceas, lineares, planas. Inflorescencia en panícula laxa, oblonga. Espiguillas 2–9-floras; flores inferiores fértiles, las superiores estaminadas o estériles; raquilla articulada arriba de las glumas y entre los antecios. Glumas 2, persistentes, herbáceas, 7–11-nervadas, tan largas como los antecios inferiores, agudas o 3-dentadas. Lemmas cartáceas, redondeadas en el dorso, 9–11-nervadas, lobuladas, 7–11-aristadas. Cariopsis ovoide u oblongo.
1 especie, Estados Unidos de América hasta Argentina.

C. pappophoroides *Kunth*, Révis. Gramin., 1: 84 (1829); H 351. Tipo: Perú. (US, frag.).

Plantas herbáceas, pubescentes, con espiguillas cleistógamas basales; culmos erectos, de 20–55 cm de alto. Láminas lineares, flexuosas de 5–20 cm long. × 2–5 mm lat., acuminadas. Panícula de 5–20 cm de largo. Espiguillas oblongas, plateadas o purpúreas, de 7–15 mm. Glumas lanceoladas, de 4–5 mm. Lemmas de 4,5–6 mm de largo (incluidas las aristas) pilosas en la base. Fig. 59.

COCHABAMBA: Quillacollo, N de Parotani, *Wood* 8148. Arce, Ansaldo, *Cárdenas* 2455.
CHUQUISACA: Nor Cinti, 1 km S de Camargo, *Wood* 9499.
TARIJA: Cercado, Tarija–Tomatatas, *Bastian* 700. Avilés, Sunari Pampa, *Bastian* 1343.
Provincia no identificada: Santa Ana, *Coro-Rojas* 1242.
Sitios secos, arenosos o pedregosos; 1100–2000 m.

Fig. 59. **Distichlis spicata**, **A** planta estaminada habito, **B** espiguilla estaminada basada en *Peterson et Annable* 11800, **C** planta pistilada habito, **D** espiguilla pistilada basada en *Peterson et Annable* 11800. **D. humilis**, **E** planta pistilada habito, **F** planta pistilada habito basada en *Renvoize et Cope* 3808, **G** planta estaminada habito, **H** espiguilla estaminada basada en *Beck* 669, **J** espiguilla pistilada basada en *Beck* 4095. **Enneapogon desvauxii**, **K** habito, **L** espiguilla, **M** lemma basada en *Renvoize et al.* 5321. **Cottea pappophoroides**, **N** habito basada en *Bastian* 767.

72. DISTICHLIS Raf.
J. Phys. Chim. Hist. Nat. Arts 89: 104 (1819); Beetle, Revista Argent. Agron. 22(2): 86–94 (1955).

Plantas perennes rizomatosas, dioicas. Láminas convolutas o planas, rígidas, duras; lígula breve, ciliolada. Inflorescencia en panícula espigada hasta ovoide, contraída, exerta o sub-incluida en la vaina. Racimos cortos, adpresos, simples o a veces reducida a unas pocas espiguillas agregadas. Espiguillas plurifloras. Glumas 2, breves, persistentes, 3–7-nervadas. Lemmas de 7–11-nervadas, tences, glabras, agudas. Pálea con carinas estrechamente aladas, los márgenes no abrazan al cariopsis. Espiguillas semejantes, pero las lemmas pistiladas son coriáceas, y las estaminadas herbáceas.

Especies 5, Canadá hasta Argentina y Australia.

Culmos de 1–4(–8) cm de alto; panícula con sólo 1–4 espiguillas fasciculadas
.... **1. D. humilis**
Culmos de (3–)8–25 cm de alto; panícula espiciforme, formada por 4–35 espiguillas
.... **2. D. spicata**

1. D. humilis *Phil.*, Anales Mus. Nac. Santiago de Chile 8: 86 (1892); H344; F230. Tipo: Chile, *Philippi*. (SGO, holótipo n.v.).

Planta con rizomas horizontales largos y verticales cortos, ramificadas formando fascículos apicales. Culmos de 1–5 cm de alto. Láminas involutas de 0,5–2,5 cm long., dísticas, punzantes. Inflorescencias con 1–4 espiguillas fasciculadas, subincluidas en las vainas. Espiguillas elíptico-oblongas, de 5–10 mm, comprimidas lateralmente. Fig. 59.

LA PAZ: Los Andes, Karhuiza Pampa, *Renvoize* 4513. Ingavi, Guaqui hacia Aguallamaya, *Beck* 11289. Aroma, Río Kollpa hacia Jahuira, *Beck* 4095.
COCHABAMBA: Quillocollo, Payrumani, 17 km W de Cochabamba, *Solomon et Nee* 17890.
ORURO: Cercado, Oruro hacia Caracollo, *Beck* 14360. Sajama, Curahuara de Carangas, *Renvoize et Ayala* 5215. Cabrera, Salinas de Garci Mendoza, *Beck* 11777.
POTOSI: Bustillo, Uncia, Karachi Pampa, *Renvoize et Cope* 3808. Sud Chichas, Atocha, *Hitchcock* 22874 & 22876. Sud López, Alota, *Liberman* 224.
TARIJA: Avilés, Copacabana, *Bastian* 726.
Perú, Bolivia, Argentina y Chile. Salinas y pampas; 3550–3930 m.

2. D. spicata (*L.*) *Greene*, Bull. Calif. Acad. Sci. 2: 415 (1887); H344; F230. Tipo: Norte América. (LINN, lectótipo).
Uniola spicata L., Sp. Pl.: 71 (1753).
Poa thalassica Kunth in Humboldt, Bonpland et Kunth, Nov. Gen. Sp. 1: 157 (1816). Tipo: Perú, *Bonpland* 3719 (K, microficha).

72. Distichlis

Uniola stricta Torr., Ann. Lyceum Nat. Hist. New York 1: 155 (1824). Tipo: Norte América, Oklahoma.
Brizopyrum ovatum Nees ex Steud., Syn. Pl. Glumac: 282 (1854). Tipo: Perú, *Cuming* (K, isótipo).
Distichlis spicata var. *stricta* (Torr.) Scribn., Mem. Torrey Bot. Club 5: 51 (1894).
D. spicata var. *mendocina* Beetle, Revista Argent. Agron. 22: 93 (1955). Tipo: Chile, *Philippi* (SGO, holótipo n.v.).
D. spicata var. *andina* Beetle loc. cit.; F230. Tipo: Bolivia, *Parodi* 10082 (LP, holótipo n.v.).

Plantas con rizomas horizontales gruesos y verticales delgados, ramificadas, formando fascículos apicales. Culmos de (3–)8–25(–60) cm de alto. Láminas convolutas, muy variables, de 1–7(–15) cm long, notablemente dísticas o no, rígidas o flexuosas. Inflorescencias espiciformes oblongas, de 1,5–7 cm de largo, formadas por (4–)8–35 espiguillas oblongas de 0,5–3 cm, comprimidas lateralmente. Fig. 59.

LA PAZ: Murillo, La Paz, *Buchtien* 8537.
COCHABAMBA: Cercado, Cochabamba, *Steinbach* 8745. Capinota hacia Parotani, *Antezana* 220.
POTOSI: Sud Chichas, 2 km S de Salo, *Peterson et Annable* 11853. Omiste, Mojo, *Peterson et Annable* 11800.

Estados Unidos de América hasta Argentina y Chile. Campos, en suelos arenoso-salitrosos; 0–3500 m.

Especie muy variable en la disposición de las hojas y en la densidad y tamaño de la panícula.

73. ERIONEURON Nash
in Small, Flora S.E. U.S.: 143 (1903); Anton, Kurtziana 10: 57–67 (1977).

Plantas perennes, cespitosas o estoloníferas. Láminas conduplicadas, rígidas, los bordes blanquecino cartilagíneos. Inflorescencia en panículas contraídas, ovoides u oblongas, o a veces reducidas a unas pocas espiguillas dispuestas en el ápice de los culmos. Espiguillas plurifloras, lateralmente comprimidas, la raquilla articulada por arriba de las glumas y entre los antecios. Glumas lanceoladas, 1-nervias, subiguales, membranáceas, glabras. Lemma 3-nervia, ápice 2-lobado, 2-dentado o entero, pilosa en la mitad inferior del dorso, aristada desde el sulco o desde el ápice. Pálea más corta que su lemma, carinas ciliadas y pilosa en la parte inferior del dorso. Cariopsis oblongo; hilo punctiforme.

5 especies; sud de Estados Unidos de América, México, Bolivia y Argentina.

E. avenaceum (*Kunth*) *Tateoka*, Amer. J. Bot. 48: 572 (1961). Tipo: México, *Humboldt et Bonpland* (K, microficha)
Triodia avenacea Kunth in Humboldt, Bonpland et Kunth, Nov. Gen. Sp. 1: 156, tab. 48 (1816).

Plantas macolladas; culmos cilíndricos, de 5–20 cm de alto. Hojas fasciculadas con vainas densas e imbricadas. Láminas coriáceas, de 2–4 cm long. × 1–2 mm lat., obtusas o agudas. Panícula espiciforme, de 1,5–3 cm de largo. Espiguillas oblongas. Glumas iguales o mayores que la espiguilla, de 4–12 mm, acuminadas o subaristadas. Lemmas ovadas u oblongas, de 4–7 mm, pilosas, bilobadas o bidentadas, arista de 1–2,5 mm. Fig. 60.

POTOSI: Quijarro, 17 km NE de Tica Tica hacia Potosí, *Peterson et al.* 13145; 6 km SW de Vilacota, *Peterson et al.* 13121. Nor Chichas, 140 km N de Tupiza, *Renvoize, Ayala et Peca* 5328. Omiste, Villazón hacia Tupiza, *Peterson et Annable* 11777; 10 km N de Villazón, *Peterson et Annable* 11873.

México, Argentina y sur de Bolivia; matorral xerofítico y laderas arenosas y rocosas; 1700–3900 m.

74. MUNROA Torr.
Pacific Railroad Rep. 4: 158 (1856); Parodi, Revista Mus. La Plata 34: 171–193 (1934); Anton & Hunziker, Bol. Acad. Nac. Ci. 52: 229–252 (1978).

Plantas anuales estoloníferas, ginomonoicas o monoclinas, con culmos postrados o decumbentes, cilíndricos y muy ramificados. Hojas fasciculadas, láminas planas o plegadas, con márgenes cartilagíneos, agudas o punzantes. Inflorescencia formada por 1–3 espiguillas subsésiles, subincluidas en las vainas foliares. Espiguillas 3–6-floras con el antecio apical rudimentario; raquilla frágil o tenaz. Espiguillas caducas con las dos hojas distales formando un diseminulo. Glumas 1–2, lanceoladas, 1-nervadas, menores que la espiguilla. Lemmas redondeadas, 3-nervadas, subcoriáceas, pilosas, emarginadas o bilobadas, mucronadas o 1–3-aristadas.
5 especies, Canadá hasta México y Perú hasta Argentina.

1. Raquilla tenaz; diseminulo formado por 2–3 espiguillas rodeadas por 2 hojas protectoras ·· **1. M. argentina**
1. Raquilla articulada arriba de las glumas y entre los antecios:
    2. Lemma con 4 lóbulos apicales, separados por 3 aristas
       ·· **2. M. andina**
    2. Lemma hendida en 2 lóbulos, separados por la arista central
       ·· **3. M. decumbens**

1. M. argentina Griseb., Symb. Fl. Argent.: 300 (1879); H418; F288. Tipo: Argentina, *Schickendantz* 153.

Plantas pequeñas, monoclinas. Láminas de 1–2 cm de largo, punzantes. Inflorescencia de 2(–3) espiguillas rodeadas por un par de hojas protectoras. Espiguilla basal 2-flora, la distal 3-flora. Glumas endurecidas, punzantes, geniculadas o no. Lemma con el ápice fimbriado; arístula de 1 mm de largo. Pálea truncada. Fig. 60.

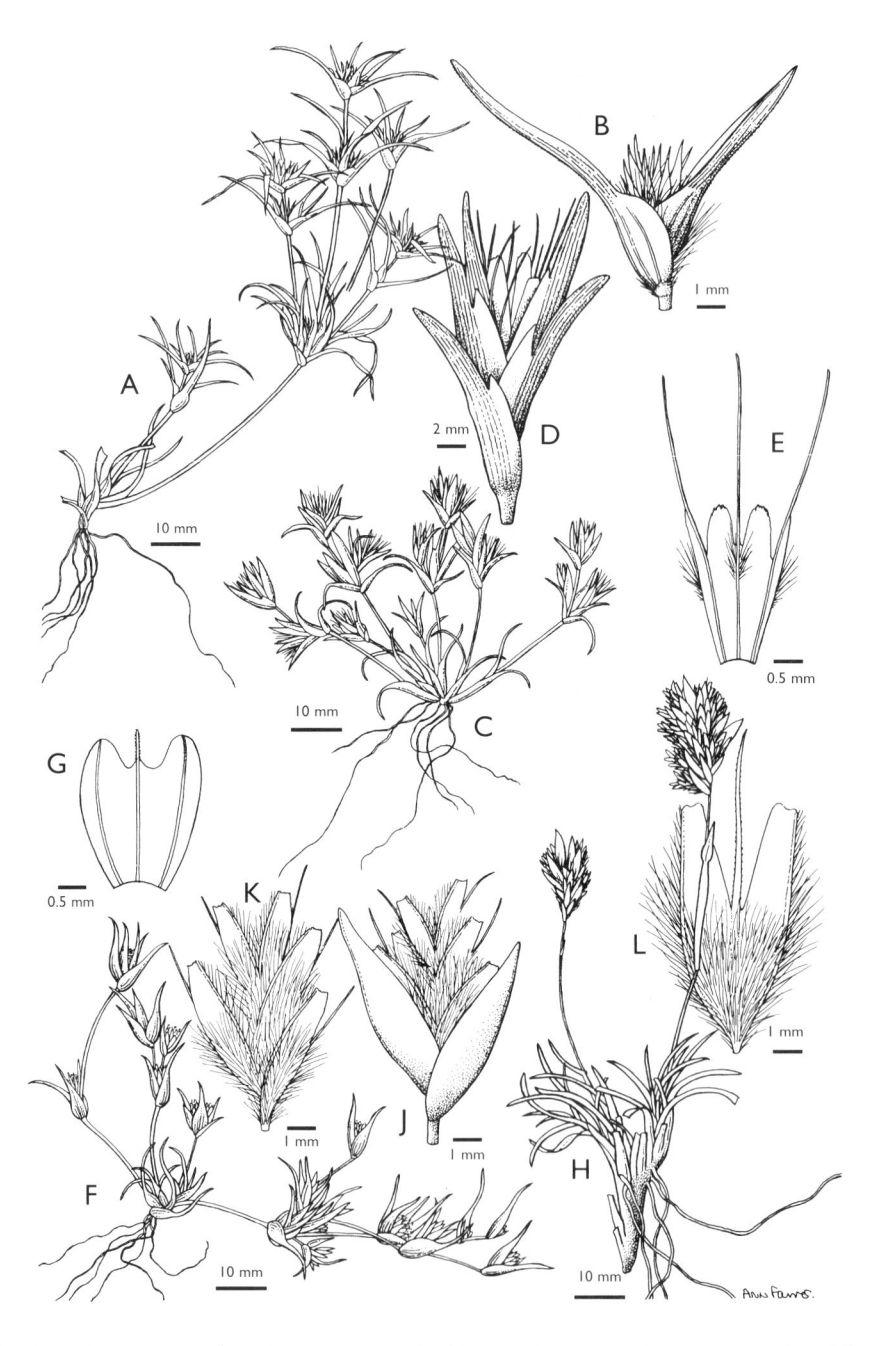

Fig. 60. **Munroa argentina**, A habito, B espiguilla basada en *Parodi* 10851 Argentina. **M. andina**, C habito, D espiguilla × 3, E lemma basada en *Peterson et al.* 12813. **M. decumbens**, F habito, G lemma basada en *Peterson et Annable* 12831. **Erioneuron avenaceum**, H habito, J espiguilla, K flores, L lemma basada en *Peterson et Annable* 11873.

POTOSI: Sud Chichas, Atocha, *Asplund* 6485.
CHUQUISACA: Nor Cinti, Camargo, *Wood* 9498.
Bolivia y Argentina. Puna y valles, sitios áridos; 1100–3500 m.

2. M. andina *Phil.*, Anales Mus. Nac. Santiago de Chile 1: 90 (1891); F288. Tipo: Chile, *Philippi* (K, fotografía).
M. andina var. *breviseta* Hack., Annuaire Conserv. Jard. Bot. Genève 17: 294 (1914). Tipo: Argentina, *Lillo* 9645 (LIL, holótipo n.v.).

Plantas pequeñas, ginomonoicas; culmos menores de 10 cm de altura. Láminas de 5 mm de largo. Inflorescencias reducidas a 2–3 espiguillas rodeadas por las dos hojas superiores. Espiguillas 5–8-floras, subsésiles, con la raquilla articulada arriba de las glumas y entre los antecios. Glumas hialinas, desiguales, la inferior mitad más corta que la superior, aguda, la superior con el ápice redondeado y mucronulado. Lemma hialina, 4-lobulada, 3-aristada; aristas de 1–2 mm. Pálea truncada. Fig. 60.

LA PAZ: Pacajes, 21 km S de Puerto Japones, *Renvoize et Ayala* 5211.
ORURO: Cabrera, Salinas de Garci–Mendoza, *Beck* 11750.
POTOSI: Quijarro, 14 km N de Río Mulatos, *Peterson et al.* 12813.
Bolivia y Argentina. Puna; 3200–4050 m.

3. M. decumbens *Phil.*, Anales Mus. Nac. Santiago de Chile 1: 90 (1891); H418; F288. Tipo: Chile, *Rahmer* 1-1886. (SGO, holótipo n.v.).

Plantas pequeñas, ginomonoicas; culmos de 6–12 cm de altura. Láminas de 1,5–2,2 cm long. × 1,5–2 mm lat. Inflorescencia formada por 2–3 espiguillas. Espiguillas 6–10-floras, las inferiores con dos glumas, la terminal con gluma inferior reducida o nula. Glumas desiguales, de 2–4,5 mm. Lemmas 3-lobuladas, lóbulos laterales oblongos, el central acuminado, mucronulado o aristulado; arístula de 1 mm de largo. Fig. 60.

ORURO: Avaroa, 8 km S de Challapata, *Peterson et Annable* 12794.
POTOSI: Quijarro, Uyuni, *Asplund* 6487. Chiguana, *Asplund* 6504. 8 km N de Uyuni, hacia Río Mulatos, *Peterson et al.* 12831.
Perú, Bolivia, Chile y Argentina. Puna, en suelos arenosos; 2000–3700 m.

75. LEPTOCHLOA P. Beauv.
Ess. Agrostogr.: 71 (1812); Parodi (*Diplachne*), Revista Fac. Agron. Veterin. 6: 21–43 (1927).

Plantas perennes o anuales, con láminas lineares o lanceoladas, planas o enrolladas. Inflorescencia formada por racimos espiciformes digitados o apanojados a lo largo del eje principal. Espiguillas 1–plurifloras, lateralmente comprimadas o subcilíndricas; antecios imbricados. Glumas 2, persistentes, múticas, subiguales o desiguales, menores que las lemmas o la inferior más larga, 1-nervadas. Lemmas 3-nervadas, carinadas o redondeadas, obtusas, bidentadas, mucronadas o aristuladas. Cariopsis comprimido lateral-o dorsalmente.

40 especies en regiones tropicales y templado-cálidas.

1. Plantas perennes:
    2. Espiguillas de 4–10 mm de largo, plomizo-verdosas, 8–10-floras; plantas cespitosas ·· **1. L. dubia**
    2. Espiguillas de 2–4 mm de largo, verdosas o purpúreas, 4–6-floras; plantas macolladas ··· **2. L. virgata**
1. Plantas anuales:
    3. Espigas rígidas; espiguillas 4–12-floras:
        4. Lemma del antecio inferior de 2,5–3,5 mm, con un mucrón diminuto en el ápice ··· **3. L. uninervia**
        4. Lemma del antecio inferior de 3–5 mm, arista de 0,4–1 mm en el ápice ··· **4. L. fascicularis**
    3. Espigas flexuosas; espiguillas 2–6-floras:
        5. Glumas subiguales; espiguillas 2–4-floras ·········· **5. L. mucronata**
        5. Glumas desiguales; espiguillas 3–6-floras:
            6. Culmos herbáceos con vainas basales algo infladas; lemmas de 2–3 mm ·· **6. L. scabra**
            6. Culmos más duros, vainas basales no infladas; lemmas de 1,5–2,5 mm ·· **2. L. virgata**

1. L. dubia (*Kunth*) *Nees*, Syll. Pl. Nov. 1: 4 (1824); H409; F281. Tipo: México, *Humboldt et Bonpland* 4172 (K, microficha).
Chloris dubia Kunth in Humboldt, Bonpland et Kunth, Nov. Gen. Sp. 1: 169 (1816); 7: pl. 694 (1825).
Ipnum mendocinum Phil., Anales Univ. Chile 36: 211 (1870). Tipo: Chile.
Diplachne dubia (Kunth) Scribn., Bull. Torrey Bot. Club 10: 30 (1883).
D. mendocina (Phil.) Kurtz, Bol. Acad. Nac. Ci. 15: 521 (1897).

Plantas perennes, cespitosas, con culmos de 30–90 cm de alto. Láminas lineares, de 10–30 cm long. × 2–5 mm lat. planas o enrolladas, escabrosas, acuminadas. Espigas 4–10, laxas, de 4–13 cm de largo, patentes después de la antesis. Espiguillas oblongas, de 4–10 mm de largo, 8–10-floras, plomizo-verdosas. Glumas subiguales, de 2,5–4 mm de largo, la inferior ovado-lanceolada, acuminada, la superior ovado-oblonga. Lemmas redondeadas, de 3–4,5 mm, patentes a la madurez, obtusas y múticas o bidentadas y mucronuladas. Fig. 61.

BENI: Ballivián, Espíritu, *Beck* 5705.
SANTA CRUZ: Caballero, Comarapa, *Herzog* 1925.

LA PAZ: Murillo, Mecapaca, *Renvoize et Cope* 4234. Illimani, *Buchtien* 3136 & 3137.
COCHABAMBA: Quillacollo, Quillacollo–Oruro, *Beck* 918. Mizque, Aiquile hacia Totora, *Wood* 9198.
POTOSI: Nor Chichas, 12 km N de Tupiza, *Renvoize, Ayala et Peca* 5320. Sud Chichas, 8 km S de Tupiza, *Peterson et Annable* 11860.
CHUQUISACA: Zudañez, Tarabuco, *Renvoize et Cope* 3860.
TARIJA: Cercado, Santa Ana, *Coro-Rojas* 1536.
Norte América hasta Argentina. Bosques secos; 200–3050 m.

2. L. virgata (*L.*) *P. Beauv.*, Ess. Agrostogr.: 71, 161 et 166, pl. 15, fig. 1 (1812); H410; F281. Tipo: Jamaica, *Sloane* (BM, síntipo).
Cynosurus virgatus L., Syst. Nat. ed. 10: 876 (1759).
C. domingensis Jacq., Misc. Austriac 2: 363 (1781). Tipo: República Dominicana *Jacquin* (W, n.v.).
Leptochloa domingensis (Jacq.) Trin., Fund. Agrost.: 133 (1820).

Plantas perennes o anuales, amacolladas, con culmos de 30–170 cm de alto. Láminas lineares, de 12–37 cm long. × 4–11 mm lat., planas o enrolladas, acuminadas. Inflorescencia oblonga, con pocos o numerosos racimos espiciformes de 6–16 cm, dispuestos sobre un eje de 5–39 cm de largo. Espiguillas oblongas, de 2–4 mm, verdosas o purpúreas, 4–6-floras. Glumas desiguales, la inferior de 1–2 mm, la superior de 1,5–2,5 mm. Lemmas de 1,5–2,5 mm, agudas, múticas o aristuladas; arista hasta 6 mm. Fig. 61.

PANDO: Suárez, Río Tahuamanú, *Beck et al.* 19242. Manuripi, Trinidadcito hacia San Miguel, *Nee* 31485.
BENI: Ballivián, Rurrenabaque, *Beck* 8293. Marbán, San Rafael, *Beck* 2705.
SANTA CRUZ: Chávez, Lomerio, *Killeen* 828. Ichilo, Río Surutú, *Steinbach* 6834; Buena Vista, *Steinbach* 6868. Andrés Ibáñez, Río Piray, *Renvoize et Cope* 4015.
LA PAZ: Sud Yungas, Alto Beni, *Seidel* 2067. Iturralde, Alto Madidi, *Beck* 18301.
COCHABAMBA: Carasco, Puerto Villarroel, *Irahoca* 47.
CHUQUISACA: Tomina, Padilla hacia Monteagudo, *Renvoize et Cope* 3883. Hernando Siles, 12 km E de Monteagudo, *Renvoize et Cope* 3900.
Norte América hasta Argentina. Sitios alterados; 5–1000 m.

3. L. uninervia (*Presl*) *Hitchc. & Chase*, Contr. U.S. Natl. Herb.. 18: 383 (1917); H409; F280. Tipo: México, *Haenke* (PR, holótipo).
Megastachya uninervia J. Presl, Reliq. Haenk. 1: 283 (1830).
Diplachne verticillata Nees & Meyen, Nov. Actorum Acad. Caes. Leop.-Carol. Nat.
　Cur. 19, suppl.: 159 (1843). Tipo: Chile, *Meyen*.
D. uninervia (J. Presl) Parodi, Revista Centro Estud. Agron. 18: 147 (1925).

Fig. 61. **Leptochloa uninervia**, A habito, B espiguilla basada en *Steinbach* 8746. **L. dubia**, C habito, D espiguilla basada en *Renvoize et Cope* 4234. **L. mucronata**, E habito, F espiguilla basada en *Michael* 502. **L. scabra**, G espiguilla basada en *Renvoize et Cope* 3977. **L. virgata**, H espiguilla basada en *Renvoize et Cope* 3883.

Plantas anuales, con culmos herbáceos, de 30–150 cm de alto. Láminas lineares, de 10–45 cm long. × 2–5 mm lat., planas o enrolladas, escabrosas, acuminadas. Inflorescencia oblonga; racimos de 2–8 cm de largo, rígidos, ascendentes, numerosos sobre un eje de 7–26 cm de largo. Espiguillas angostamente oblongas, de 4,5–9 mm, 5–10-floras, plomizo-verdosas. Glumas desiguales, la inferior lanceolada, de 1,5–2 mm, la superior angostamente-ovada, de 2–2,5 mm. Lemmas redondeadas, con márgenes ciliolados, de 2,5–3,5 mm, obtusas, bidentadas, diminutamente mucronulada en el ápice. Fig. 61.

BENI: Cercado, Trinidad, *Krapovickas et Schinini* 34706.
SANTA CRUZ: Andrés Ibáñez, Santa Cruz, *Renvoize et Cope* 4033. Cordillera, Izozog, *Cárdenas* 6201.
COCHABAMBA: Cercado, Cochabamba, *Steinbach* 8746.
Estados Unidos de América, México y Venezuela hasta Argentina y Paraguay (Chaco). Sabanas húmedas y sitios alterados; 200–2600 m.

4. L. fascicularis (*Lam.*) *A. Gray*, Manual: 588 (1848). Tipo: Sud América, *Richard* s.n. (K, microficha).
Festuca fascicularis Lam., Tabl. Encycl. 1: 189 (1791).
Diplachne fascicularis (Lam.) P. Beauv., Ess. Agrostogr.: 81 & 160, pl. 16, fig. 9 (1812).

Plantas anuales, con culmos geniculados o erectos, de (10–)30–115 cm de alto. Láminas lineares, de 9–35 cm long. × 2–3 mm lat., conduplicadas o enrolladas, acuminadas. Inflorescencia ovada u oblonga, de 5–40 cm de largo, racimos 4–20, ascendentes o adpresos, de 4–13 cm de largo. Espiguillas de 4–11 mm de largo, 4–10-floras. Glumas lanceoladas, desiguales, de 1,3–5 mm, acuminadas. Lemma basal de 2–5 mm, pilosa en los márgenes y la quilla, emarginada, con una arista apical de 0,4–1 mm.

BENI: Ballivián, Espíritu, *Beck* 3219.
SANTA CRUZ: Chiquitos, 22 km N de San José, *Killeen* 1712. Chávez, San Antonio de Lomerio, *Killeen* 825.
Estados Unidos de América hasta Paraguay. Lugares húmedos en campos; 0–500 m.

5. L. mucronata (*Michx.*) *Kunth*, Révis. Gram. 1: 91 (1829). Tipo: Norteamérica, *Michaux* (P–MICH, n.v.).
Festuca filiformis Lam., Tabl. Encycl. 1: 191 (1791) non Pourret (1788). Tipo: S. América, *Richard* (K, microficha).
Eleusine mucronata Michx., Fl. Bor.-Amer. 1: 65 (1803).
Leptochloa filiformis P. Beauv., Ess. Agrostogr.: 71, 166 (1812); H409. Basado en *F. filiformis* Lam.

75. Leptochloa

Plantas anuales con culmos herbáceos, de 50–110 cm de alto. Láminas lineares, de 8–20 cm long. × 6–12 mm lat., planas, acuminadas. Inflorescencia oblonga, de 15–40 cm de largo, con numerosos racimos de 4–12 cm. Espiguillas oblongas, de 2–3 mm, 2–4-floras, verdosas o purpúreas. Glumas subiguales, de 1,5–2 mm. Lemmas de 1–1,5 mm, agudas u obtusas. Fig. 61.

SANTA CRUZ: Warnes, Saavedra, *Tollervey* 2152; Cordillera, Alto Parapetí, *Michel* 502.
LA PAZ: Larecaja, Caranavi hacia Guanay, *Croat* 51692. Sud Yungas, Palos Blancos, *Seidel* 2802.
CHUQUISACA: Hernando Siles, Yumao, *Murguia* 340.
TARIJA: Gran Chaco, Puerto Margarita, *Coro-Rojas* 1471, Villa Montes, *Coro-Rojas* 1570.
Norte América hasta Argentina. Campos y sitios alterados; 310–800 m.

6. L. scabra Nees, Agrostologia Brasiliensis in Martius, Fl. Bras. 2(1): 435 (1829); H409. Tipo: Brasil, *Martius* s.n. (M, holótipo n.v.)

Plantas anuales con culmos herbáceos, robustos, de 60–110 cm de alto, con nudos conspicuos. Láminas lineares, de 30–40 cm long. × 5–12 mm lat., planas, acuminadas. Racimos de 5–12 cm, numerosos sobre un eje de 25–30 cm de largo. Espiguillas oblongas, lateralmente comprimidas, de 2,5–5 mm, 3–5-floras. Glumas desiguales, la inferior de 0,5–1 mm, la superior de 1–1,5 mm. Lemmas carinadas, de 2–3 mm, con márgenes ciliolados, mucronadas. Fig. 61.

PANDO: Roman, Río Orthon, *Moraes* 589. Manuripi, 80 km NE de Chibé, *Nee* 31523.
BENI: Vaca Diez, 11 km NE de Riberalta, *Nee* 31921.
SANTA CRUZ: Chávez, 20 km NE de Concepción, *Killeen* 1425. Ichilo, Río Surutú, Buena Vista, *Renvoize et Cope* 3977. Chiquitos, 20 km N de Pailón, *Killeen* 2300.
Norte América hasta Paraguay. Campos y sitios húmedos, bordes de ríos, en suelos arenosos; 190–270 m.

76. TRIPOGON Roem. et Schult.
Syst. Veg. 2: 34 (1817).

Perennes, cespitosas, con hojas principalmente basales. Láminas setáceas o filiformes. Inflorescencia formada por un solo racimo recto, unilateral. Espiguillas 3–plurifloras, lateralmente comprimidas, lineares hasta elípticas. Glumas 2, desiguales, lanceoladas, 1-nervias o la superior 3-nervia, persistentes, múticas, menores que la lemma inferior. Lemmas elípticas hasta ovadas, trinervadas, carinadas o redondeadas, dentadas, 1–3-aristuladas. Cariopsis subcilíndrico.
30 especies; sólo una en el Nuevo Mundo.

T. spicatus (*Nees*) *Ekman*, Ark. Bot. 11(4): 36 (1912); H411; F282. Tipo: Brasil, Piaui, *Martius* (M, holótipo).
Bromus spicatus Nees, Agrostologia Brasiliensis in Martius, Fl. Bras. 2(1): 471 (1829).

Plantas con culmos erectos, de 3–23(–50) cm de alto. Láminas filiformes, de 1–8 cm long. Racimos de 2–8(–16) cm de largo; espiguillas frecuentemente muy próximas hacia el ápice, más laxifloras abajo, angostamentes oblongas, de 6–10(–26) mm, plomizo-verdosas. Fig. 62.

BENI: Ballivián, Espíritu, *Beck* 5956.
SANTA CRUZ: Chávez, 40 km S de Concepción, *Killeen* 1224.
LA PAZ: Murillo, Mecapaca, *Beck* 3036; Jupapina, *Renvoize* 4491.
COCHABAMBA: Cercado, Cochabamba, *Wood* 9641.
POTOSI: Quijarro, 17 km NE de Tica Tica, *Peterson et al.* 13133. Nor Chichas, 140 km N de Tupiza, *Renvoize, Ayala et Peca* s.n. Omiste, 10 km N de Villazón, *Peterson et Annable* 11793.
CHUQUISACA: Oropeza, 15 km S de Sucre, *Renvoize et Cope* 3838. Zudañez, Tarabuco, *Renvoize et Cope* 3855.
TARIJA: Méndez, Tomatas Grandes, *Bastian* 78,
Norte América hasta Argentina. Campos húmedos y bosque xerofíticos, en suelos superficiales y laderas pedregosas; 100–3500 m.

77. GOUINIA Benth.
in Benth. & Hook., Gen. Pl. 3: 1178 (1883). Swallen, Amer. J. Bot. 22: 31–41 (1935); Ortiz Díaz, Acta Bot. Mex. 23: 1–33 (1993).

Perennes, con culmos robustos. Láminas lineares, planas o enrolladas. Inflorescencia formada por racimos rectos o flexuosos, ramificados o no. Espiguillas elípticas u oblongas, lateralmente comprimidas, pediceladas, 2–6-floras, el antecio distal reducido. Glumas persistentes, desiguales o subiguales, menores que los antecios, lanceoladas, la inferior 1–5-nervada, la superior (1–)3–7-nervada. Lemmas carinadas, 3(–7)-nervadas, con márgenes pilosos, agudas o bidentadas, aristadas. Cariopsis elipsoide, acanalado.

13 especies, Centro y Sudamérica.

Algunas especies de este género se paracen por las características de las espiguillas a *Bromus*; sin embargo en *Bromus* las lemmas son 5–13-nervias.

1. Racimos con epiguillas en toda su longitud · · · · · · · · · · · · · · · **1. G. brasiliensis**
1. Racimos desnudos en la base:
    2. Racimos flexuosos; láminas de 8–26 mm lat. · · · · · · · · · · · · · **2. G. latifolia**
    2. Racimos rígidos; láminas de 1–5 mm lat.:
        3. Espiguillas sobre pedicelos de 2–4 cm · · · · · · · · · · **3. G. paraguayensis**
        3. Espiguillas sobre pedicelos de 1–2,5 mm · · · · · · · · · · · · **4. G. tortuosa**

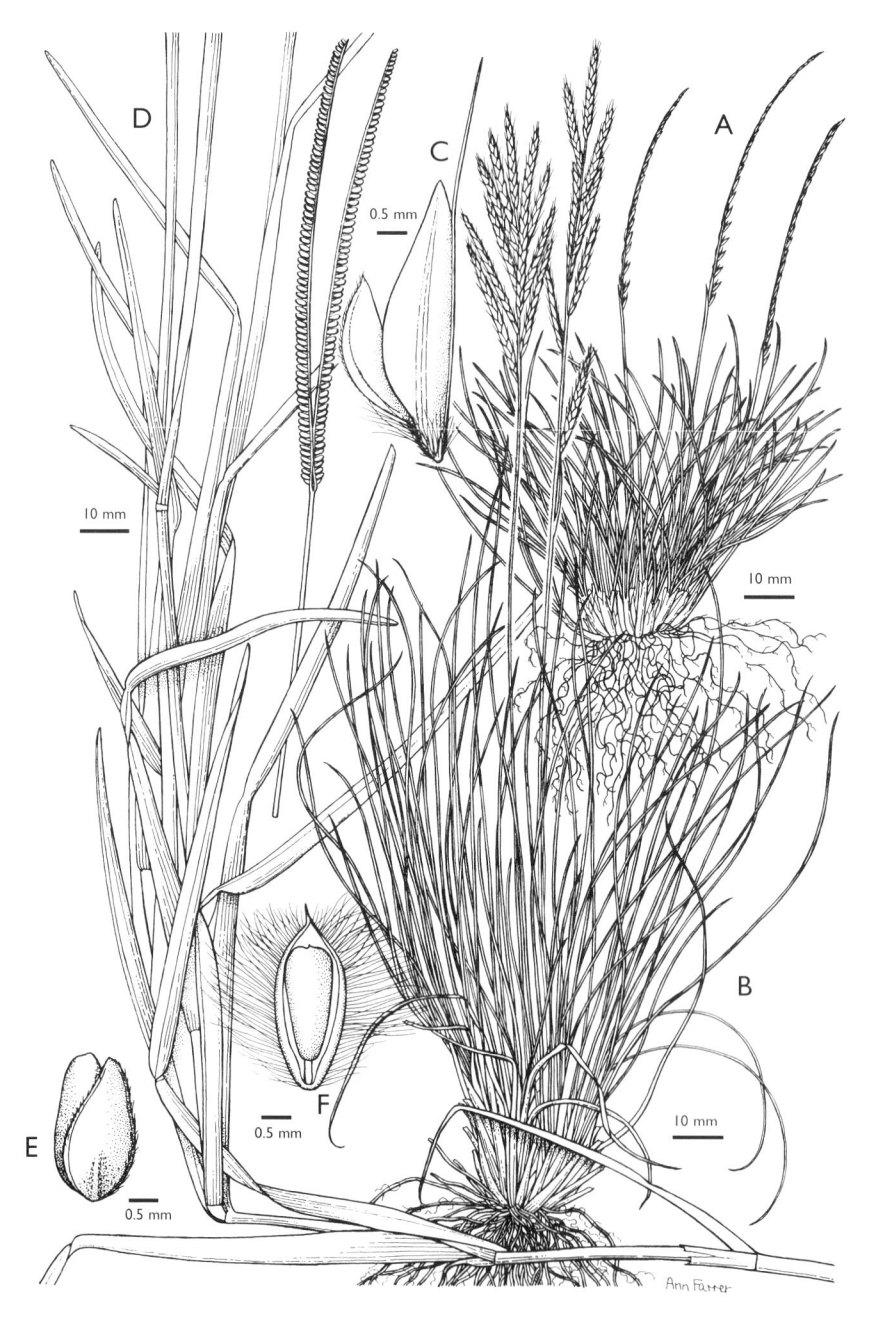

Fig. 62. **Microchloa indica**, A habito basada en *Renvoize et Cope* 4049. **Tripogon spicatus**, B habito, C flor basada en *Renvoize et Cope* 3855. **Eustachys petraea**, D habito, E flores basada en *Renvoize et Cope* 4022. **E. distichophylla**, F flores basada en *Renvoize et Cope* 3896.

1. G. brasiliensis (*S. Moore*) *Swallen*, Amer. J. Bot. 22: 36 (1935); F281. Tipo: Brasil, *Moore* 1080 (BM, holótipo).
Pogochloa brasiliensis S. Moore, Trans. Linn. Soc. London, Bot. 4: 509, pl. 37, fig. 9–23 (1895).

Plantas con culmos de 70–160 cm de alto. Láminas de 10–35 cm long. × 5–12 mm lat., planas, acuminadas. Inflorescencia formada por un eje de 15–20 cm que soporta racimos laxos, de 8–16 cm de largo con espiguillas en toda su longitud, incluso en la base. Espiguillas subsésiles, elípticas, de 10–12 mm, (excluidas las aristas), 4–5-floras. Gluma inferior de 4–4,5 mm, 1–5-nervia, acuminada; gluma superior de 5,5–6 mm, 3–9-nervia, acuminada o bidentada y mucronulada. Lemas de 7–8 mm, 3–5-nervias, con aristas escabrosas, de 10–20 mm. Pálea de 7–7,5 mm, carinas escabrosas, bidentada. Cariopsis de 4 mm. Fig. 63.

SANTA CRUZ: Chávez, San Antonio de Lomerio, *Killeen* 833. Andrés Ibáñez, 12 km E de Santa Cruz, *Nee* 36355.
LA PAZ: Murillo, S de La Paz, *Cordero et Quispe* 1.
TARIJA: Gran Chaco, *Fries* 1470.
Bolivia, Brasil (Mato Grosso) Paraguay y Argentina. Bosques; 100–500 m.

G. virgata (J. Presl) Scribn. oriunda de América Central y norte de Sudamérica, es muy afín a esta especie, pero difiere en su lígula de 1–2 mm y carinas de la pálea ciliadas.

2. G. latifolia (*Griseb.*) *Vasey*, Contr. U.S. Natl. Herb. 1: 365 (1895); H410; F282. Tipo: Argentina, *Lorentz et Hieronymus* 256 (GOET, holótipo n.v.).
Tricuspis latifolia Griseb., Abh. Königl. Ges. Wiss. Göttingen 19: 259 (1874).

Plantas con culmos de 100–200 cm de alto. Láminas de 12–35 cm long. × 8–26 mm lat., planas, escabrosas, acuminadas. Inflorescencia de 20–130 cm de largo, con racimos laxos de 10–20 cm, desnudos en la base, las espiguillas principalmente apicales. Espiguillas oblongas, de 5–15 mm (excluidas las aristas), 3–6-floras, sobre pedicelos de 2–8 mm. Gluma inferior de 3,5–5 mm, acuminada, la superior de 4–5 mm, aguda u obtusa. Lemas de 5–7 mm, bidentadas, aristadas; aristas de 2–7 mm. Fig. 63.

SANTA CRUZ: Chávez, 80 km SE de Concepción, *Killeen* 948. Cordillera, Abapó–Izozog, *Renvoize et Cope* 3917.
LA PAZ: Sud Yungas, Chulumani, *Hitchcock* 22650.
CHUQUISACA: Hernando Siles, Padilla hacia Monteagudo, *Renvoize et Cope* 3876.
México hasta Argentina. Bosques y campos; 400–1600 m.

3. G. paraguayensis (*Kuntze*) *Parodi*, Revista Mus. La Plata 34: 176, 192 (1934). Tipo: Paraguay, *Kuntze* 56.
Arundinaria paraguayensis Kuntze, Revis. Gen. Pl. 3(2): 341 (1898).

Fig. 63. **Gouinia paraguayensis**, **A** habito, **B** espiguilla basada en *Renvoize et Cope* 3904. **G. latifolia**, **C** habito, **D** espiguilla basada en *Renvoize et Cope* 3876. **G. brasiliensis**, **E** espiguilla basada en *CORGEPAI* 26.

Plantas con culmos delgados, erguidos, cilíndricos, de 30–75 cm de alto, hacia la base nodosos. Láminas de 3–10 cm long. × 2 mm lat., enrolladas, escabrosas, acuminadas. Inflorescencia en espigas rígidas de 4–18 cm de largo, ascendentes o patentes, paucifloras, desnudas en la base, con las espiguillas principalmente distales. Espiguillas elípticas, 2(–3)-floras, de 5–9 mm, (excluidas las aristas), sobre pedicelos de 2–4 cm. Gluma inferior de 3,5–4,5 mm de largo, acuminada, la superior de 3,5–5,5 mm, acuminada o bidentada y mucronulada. Lemmas de 6–9 mm, bidentadas, aristuladas; aristas de 4,5–15 mm; pálea biaristulada. Fig. 63.

SANTA CRUZ: Cordillera, Abapó–Izozog, *Renvoize et Cope* 3904.
Bolivia, Paraguay y Argentina. Bosques; 400–850 m.

4. G. tortuosa Swallen, Amer. J. Bot. 22: 41 (1935). Tipo: Argentina, *Lahitte et Castro* 13 (US, holótipo).

Plantas de 45–150 cm de alto. Culmos cilíndricos y duros. Láminas de 4–15 cm long. × 2–5 mm lat., planas, escabrosas, acuminadas. Inflorescencia en racimos de 8–25 cm de largo, rígidos, ascendentes, paucifloras, desnudas en la base, las espiguillas principalmente distales. Espiguillas subsésiles, elípticas, de 8–10 mm, (excluidas las aristas), 2–3-floras, adpresas. Glumas acuminadas, la inferior de 5–6 mm, la superior de 6–7 mm. Lemmas de 6–8 mm, bidentadas, aristadas; aristas de 10–16 mm; pálea biaristulada.

SANTA CRUZ: Sin loc., *CORGEPAI* 33.
Bolivia y Argentina.

78. ERAGROSTIS Wolf
Gen. Pl.: 23 (1776).

Plantas perennes o anuales con láminas foliares herbáceas, lineares, planas, enrolladas o plegadas. Inflorescencia en panícula laxa, difusa, contraída o densa, a veces espiciforme. Espiguillas 2–multifloras, comprimidas, los antecios en general muy imbricados, múticos; raquilla articulada arriba de las glumas y entre los antecios o tenaz, con lemmas caducas y páleas persistentes. Glumas* 2, 1-nervadas, menores que los antecios inferiores, membranáceas. Lemmas 3-nervias, agudas, subobtusas, emarginadas o acuminadas, raro mucronuladas; páleas carinadas con las carinas glabras, escabrosas o cilioladas. Estambres 2 o 3, las anteras diminutas. Cariopsis globosos, oblongos o elipsoides.

350 especies. Cosmopolitas, en regiones tropicales y subtropicales

---

*La forma de glumas y lemmas se expresa en vista lateral.

78. Eragrostis

Eragrostis curvula (*Schrad.*) *Nees*, de origen sudafricano, ha sido ampliamente introducida como forrajera en regiones trópicales y subtrópicales, por lo que suele ocasionalmente encontrarse escapada de cultivo. Se reconoce por poseer hábito perenne, largas hojas filiformes, espiguillas gris-verdoso-oscuro de 4–10 mm de long. y lemmas subagudas, con nervios laterales prominentes.

LA PAZ: Murillo, La Paz, *García* 437; *Solomon* 6728. Aroma, Patacamaya, *Lara et Parker* 10b & 17a.

1. Espiguillas con raquilla tenaz y antecios persistentes ········ **1. E. hypnoides**
1. Espiguillas con raquilla frágil o, si tenaz, los antecios son caducos:
    2. Anuales:
        3. Pedicelos con articulaciones glandulíferas:
            4. Culmos simples, de 15–50 cm de alto:
                5. Panícula abierta, de 5–16 cm, las ramas secundarias cortas
                   ·· **2. E. articulata**
                5. Panícula densa, de 3,5–8 cm, las ramas secundarias ausentes
                   ·· **3. E. neesii**
            4. Culmos ramosos, de 60 cm de alto ········ **4. E. chiquitaniensis**
        3. Pedicelos sin articulaciones glandulíferas:
            6. Páleas con las carinas ciliadas:
                7. Inflorescencia densa ····················· **5. E. ciliaris**
                7. Inflorescencia laxa ······················ **6. E. amabilis**
            6. Páleas con las carinas lisas, escabrosas o cilioladas:
                8. Vainas foliares con glándulas sésiles sobre las carinas
                   ·· **7. E. cilianensis**
                8. Vainas foliares sin glándulas sésiles:
                    9. Inflorescencia angostamente oblonga o espiciforme, de 14–40 cm de largo, ramas cortas, ascendentes o adpresas, espiguillas de 2–4 mm ······················· **8. E. japonica**
                    9. Inflorescencia oblonga u ovada, ramas largas o cortas, adpreses, nutantes o patentes:
                        10. Lemmas divergentes acuminadas o agudas:
                            11. Pedicelos cortos, rígidos; lemmas acuminadas
                                ·························· **9. E. maypurensis**
                            11. Pedicelos largos, flexuosos; lemmas agudas u obtusas
                                ···························· **29. E. patula**
                        10. Lemmas adpresas, obtusas, agudas o acuminadas:
                            12. Inflorescencia laxa o difusa:
                                13. Ramas basales subverticiladas o no, pilosas en las axilas; lemmas no imbricadas ····· **10. E. pilosa**
                                13. Ramas distribuidas irregularmente, si verticiladas entonces sin pelos axilares; lemmas imbricadas:
                                    14. Inflorescencia con ramas secundarias breves o ausentes ················ **12. E. nigricans**

14. Inflorescencia muy ramificada
· **11. E. virescens**
12. Inflorescencia contraída y ramas primarias cortas, u ovada y ramas primarias largas, las secundarias cortas o ausentes:
15. Espiguillas de 3–4 mm. de largo, (2–)4–5 floras
· **12. E. nigricans**
15. Espiguillas de 5–20 mm de largo, 8–40 floras:
16. Raquilla tenaz · · · · · · · · · · · · **14. E. rufescens**
16. Raquilla articulada:
17. Lemmas de 1,5–2 mm; estambres 3
· **23. E. pastoensis**
17. Lemmas de 2–3 mm; estambres 2
· · · · · · · · · · · · · · · · · · · **13. E. acutiflora**
2. Perennes:
18. Estambres 2:
19. Lemmas acuminadas · **13. E. acutiflora**
19. Lemmas agudas:
20. Raquilla frágil; espiguillas de 1,5–2,5 mm de ancho:
21. Lemmas túrgidas, con nervios laterales poco marcados y ápices adpresos, lisas o apenas escabrosas · · · · · · · · · · · **16. E. solida**
21. Lemmas herbáceas, con nervios laterales definidos y ápices divergentes, escabrosas · · · · · · **15. E. secundiflora**
20. Raquilla tenaz; espiguillas de 1–1,5 mm de ancho; inflorescencia con ramas flexuosas · **19. E. bahiensis**
18. Estambres 3:
22. Inflorescencia angostamente oblonga, todas las ramas primarias verticiladas · **20. E. orthoclada**
22. Inflorescencia oblonga u ovada, ramas primarias irregularmente dispuestas o las basales verticiladas:
23. Inflorescencia oblonga, ramas primarias cortas o adpresas:
24. Espiguillas oblongas; lemmas de 1,5–2 mm de largo:
25. Ramas primarias de 1–2(–4) cm de largo, patentes, ascendentes o adpresas:
26. Páleas incluidas, espiguillas 5–12(–16)-floras
· **21. E. lurida**
26. Páleas exertas, espiguillas 3–5-floras
· **22. E. terecaulis**
25. Ramas primarias de 1–8 cm de largo, adpresas
· **23. E. pastoensis**
24. Espiguillas elípticas, a la madurez lunular; lemmas de 2–3 mm de largo · **17. E. perennis**
23. Inflorescencia ovada u oblonga, ramas primarias largas, ascendentes o patentes:
27. Ramas secundarias de la inflorescencia ausentes o cortas y adpresas:

28. Espiguillas agregadas en el ápice de las ramas primarias
.... **24. E. montufari**
28. Espiguillas difusas .... **29. E. patula**
27. Ramas secundarias de la inflorescencia desarrolladas, patentes:
29. Láminas de 10–70 cm long. × 2–15 mm lat:
30. Inflorescencia ovada, las ramas nunca subverticiladas; espiguillas 2–5(–6)-floras, de 2,5–4 mm de largo
.... **25. E. polytricha**
30. Inflorescencia oblonga, las ramas subverticiladas:
31. Espiguillas 1(–3)-floras, de 1–2 mm de largo
.... **26. E airoides**
31. Espiguillas 4–12-floras, de 3–10 mm de largo
.... **18. E. macrothyrsa**
29. Láminas de 3–30 cm de largo, 1–3 mm de ancho, más cortas que las inflorescencias:
32. Espiguillas de 2–4(–5) mm de largo:
33. Láminas de 2–3 mm de ancho, planas o involutas; espiguillas difusas o algo condensadas en las extremidades de las ramas, sobre pedicelos rígidos, más cortos hasta algo más largos que ellas
.... **27. E. soratensis**
33. Láminas de 1–2 mm de ancho, involutas; espiguillas difusas sobre pedicelos gráciles, más largos que ellas
.... **28. E. lugens**
32. Espiguillas de 4–16 mm de largo ...... **29. E. patula**

1. E. hypnoides (*Lam.*) Britton, Sterns & Poggenb., Prelim. Cat.: 69 (1888). Tipo: América tropical *Richard* (K, microficha).
Poa hypnoides Lam., Tabl. Encycl. 1: 185 (1791).
Eragrostis reptans var. *pygmaea* Döll in Martius, Fl. Bras. 2(3): 149 (1878). Tipo: Brasil, *Blanchet* 2960 (OXF, isótipo).

Plantas anuales rastreras, con culmos delgados, gráciles, de 4–20 cm de alto. Láminas de 1–3,5 cm long. × 1–2 mm lat., planas o involutas, agudas o acuminadas. Inflorescencia ovada u oblonga, breve y contraída, de 1–4,5 cm de largo, aparentemente formando fascículos de numerosas espiguillas. Espiguillas oblongas o lineares, de 3–25 mm, 8–56 floras, antecios persistentes. Glumas desiguales, de 0,5–2,5 mm, agudas. Lemmas agudas, lanceoladas, de 2 mm, los nervios conspicuos. Estambres 2. Fig. 64.

PANDO: Abuna, Nacebe, *Beck et al.* 19351. Manuripi, Río Manuripi, *Beck et al.* 19527. Madre de Dios, Puerto Candelaria, *Nee* 31411.
BENI: Ballivián, Espíritu, *Beck* 5725. Moxos, Río Marmoré, *Beck* 12202. Cercado, Trinidad, *Werdermann* 2454.
SANTA CRUZ: Gutiérrez, Palomatilla, *Steinbach* 2914.

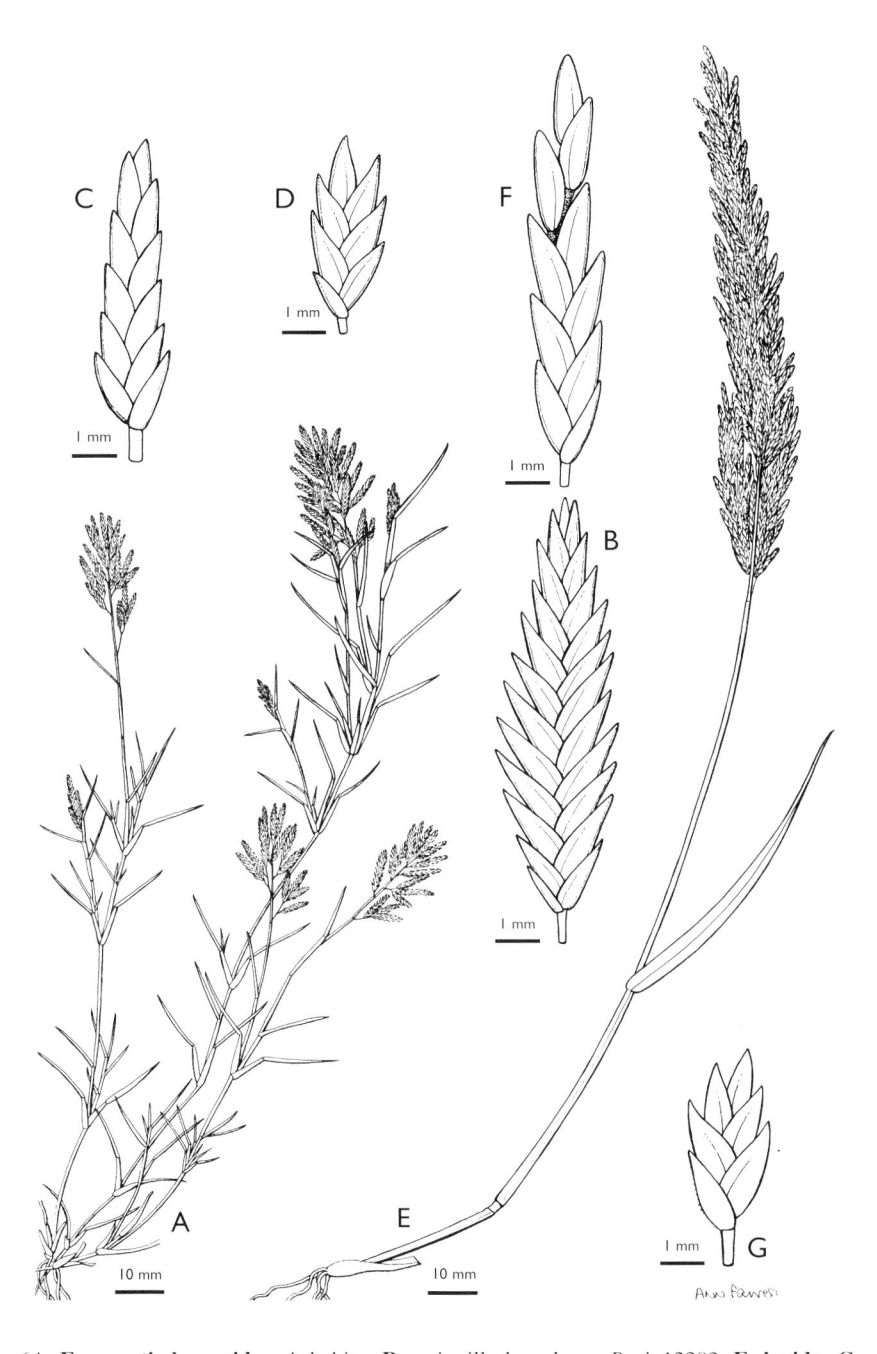

Fig. 64. **Eragrostis hypnoides**, A habito, B espiguilla basada en *Beck* 12202. **E. lurida**, C espiguilla basada en *Beck* 11905. **E. soratensis**, D espiguilla basada en *Renvoize et Cope* 4148. **E. pastoensis**, E habito, F espiguilla basada en *Peterson et Annable* 11803. **E. polytricha**, G espiguilla basada en *Renvoize et Cope* 4050.

LA PAZ: Iturralde, Luisita, *Haase* 460 & 476. Larecaja, Guanai, *Rusby* 230.
Estados Unidos de América hasta Argentina. Lugares húmedos; 0–180 m.

2. E. articulata (*Shrank*) *Nees*, Agrostologia Brasiliensis in Martius, Fl. Bras. 2(1): 502 (1829). Tipo: Brasil (M, holótipo).
Poa articulata Schrank, Syll. Pl. Nov. 1: 194 (1824).

Plantas anuales, amacolladas, con culmos erectos, de 15–50 cm de alto. Hojas principalmente basales; láminas de 2,5–8 cm long. × 2–5 mm lat., planas o plegadas, hispídulas, acuminadas. Inflorescencia ovada u oblonga, de 5–16 cm de largo, poco ramificada, las ramas algo rígidas, difusas o ascendentes; ramas secundarias cortas o ausentes. Espiguillas angostamente oblongas, de 3–10 mm, glabras, (4–)8–20 floras; pedicelos rígidos con una pequeña articulación glandulífera de color amarillo. Glumas subiguales, de 0,75–1 mm, agudas. Lemmas ovadas, de 1,5–2 mm, imbricadas, agudas. Fig. 65.

SANTA CRUZ: Velasco, San Ignacio, *Seidel et Beck* 487. Ichilo, Buena Vista, *Steinbach* 6142 y 6991. Andrés Ibáñez, Viru Viru, *Renvoize et Cope* 3990; Santa Cruz, Río Piray, *Renvoize et Cope* 4014; Santa Cruz, *Brooke* 75. Cordillera, 50 km S de Santa Cruz, *Renvoize et Cope* 3946.
COCHABAMBA: Mizque, Vila Vila, *Eyerdam* 24965.
CHUQUISACA: Tomina, 15 km S de Padilla, *Renvoize et Cope* 3864.
TARIJA: Gran Chaco, *Fries* 1463; *Coro* 1543.
Brasil, Bolivia, Paraguay y Argentina. Campos y sitios alterados, en suelos arenosos; 245–2700 m.

3. E. neesii *Trin.*, Mém. Acad. Imp. Sci. Saint-Pétersbourg, Sér. 6, Sci. Math. 1: 405 (1831). Tipo: Brasil, *Sellow* (K, isótipo).

Plantas anuales o perennes amacolladas, con culmos de 15–40 cm de alto. Hojas principalmente basales; láminas angosto-lanceoladas o lineares, de 3–7 cm long. × 1–4 mm lat., planas, pilosas, acuminadas. Inflorescencia oblonga, de 2,5–11 cm, las ramas cortas, patentes o ascendentes; pedicelos cortos, glandulosos o no. Espiguillas oblongas, de 3–9 mm, 7–20-floras, plomizo-verdosas, desarticuladas desde la base, las páleas persistentes. Glumas desiguales, la inferior de 0,5–0,7 mm, la superior de 0,8–1 mm, agudas. Lemmas ovadas, de 1–1,5 mm, imbricadas, agudas, la raquilla no visible. Estambres 2.

SANTA CRUZ: Chávez, Concepción, *Killeen* 592. Andrés Ibáñez, Arubay, *Coimbra* 559; 1334.
Brasil, Paraguay, Uruguay, Bolivia y Argentina. Campos; 850–1300 m.

4. E. chiquitaniensis *Killeen*, Ann. Missouri Bot. Gard. 77(1): 153 (1990). Tipo: Bolivia, Santa Cruz, *Killeen* 1728 (LPB, isótipo).

Fig. 65. **Eragrostis cilianensis**, A habito, B espiguilla basada en *Bastian* 377. **E. nigricans**, C habito, D espiguilla basada en *Feuerer* 8236a. **E. japonica**, E espiguilla basada en *Renvoize* 5353. **E. articulata**, F espiguilla basada en *Renvoize et Cope* 4014. **E. pilosa**, G espiguilla basada en *Nee* 33980.

78. Eragrostis

Plantas pilosas anuales, con culmos erectos, ramosos, de 60–70 cm de alto. Hojas caulinares, láminas lineares, de 15–25 cm long. × 4–7 mm lat. planas, acuminadas. Inflorescencia oblonga, de 16–27 cm long. × 4–10 mm lat., las ramas primarias rígidas, ascendentes, ramas secundarias cortas o ausentes. Espiguillas angostamente oblongas de 4–6 mm de largo, glabras, 4–12 floras; pedicelos rígidos con una articulación glandulífera; raquilla persistente. Glumas subiguales, de 1,4–2,2 mm. Lemmas ovadas, de 2,5 mm imbricadas, agudas.

SANTA CRUZ: Velasco, 7 km N de San Ignacio, *Bruderreck* 235. Chiquitos, 22 km N de San José, *Killeen* 1728.
Bolivia.

5. E. ciliaris (*L.*) *R. Br.* in Tuckey, Narr. Exped. Zaire: 478 (1818). Tipo: Jamaica, *Browne* (LINN, material original).
Poa ciliaris L., Syst. Nat. ed. 10: 875 (1759).

Plantas anuales con culmos cilíndricos de 15–60 cm de alto. Láminas de 2–20 cm long. × 2–5 mm lat., acuminadas. Inflorescencia espiciforme de 4–15 cm de largo, algo irregular o interrupta. Espiguillas oblongas de 2–3 mm, 6–10-floras, cilioladas, purpúreas. Glumas subiguales, de 1 mm, agudas. Lemmas oblongas, obtusas; páleas con las carinas largamente ciliadas. Fig. 66.

BENI: Ballivián, Espíritu, *Beck* 5919.
SANTA CRUZ: Gutiérrez, Saavedra, *Tollervey* 2467. Andrés Ibáñez, Santa Cruz, Río Piray, *Renvoize et Cope* 4019. Cordillera, Abapó, *Renvoize et Cope* 3922.
LA PAZ: Sud Yungas, Huachi, *White* 915.
TARIJA: Chaco, *Coro* 1544.
Regiones tropicales de India, Africa y América. Sabanas húmedas y sitios alterados, en suelos arenosos; 0–850 m.

6. E. amabilis (*L.*) *Hook. & Arn.*, Bot. Beechey Voy.: 251 (1840). Tipo: India (LINN, material original).
Poa amabilis L., Sp. Pl.: 68 (1753).
P. tenella L., loc. cit.: 69 (1753). Tipo: India (LINN, lectótipo).
Eragrostis tenella (L.) Roem. & Schult., Syst. Veg. 2: 576 (1817).

Plantas delicadas anuales, con culmos ramosos ascendentes de 10–50 cm de alto. Láminas lineares, de 2–10 cm long. × 1–6 mm lat. Inflorescencia en panícula oblonga, de 3–17 cm, las ramas delgadas, laxas o ascendentes, provistas de pequeñas glándulas oblongas. Espiguillas ovado-oblongas, de 1–2,5 mm, 4–8-floras, articuladas desde la ápice. Glumas ovadas, subiguales, de 0,5–1 mm, agudas. Lemmas ovado-oblongas, de 0,7–1 mm, los nervios prominentes, agudas u obtusas; pálea ciliada en las carinas. Anteras 3. Fig. 68.

Fig. 66. **Eragrostis airoides**, A habito, B espiguilla basada en *Renvoize* 4612. **E. virescens**, C espiguilla basada en *Beck* 14031. **E. maypurensis**, D habito, E espiguilla basada en *Nee* 41115. **E. ciliaris**, F espiguilla basada en *Renvoize et Cope* 4019.

78. Eragrostis

SANTA CRUZ: Velasco, Estancia Flor de Oro, *Nee* 41476. Ichilo, Buena Vista, *Nee* 40234. Andrés Ibáñez, Domicilio Coimbra, *Coimbra* 389.

Trópicos de ambos hemisferios. Maleza de cultivos; orillas de caminos y lugares alterados; 0–1250 m.

7. E. cilianensis (*All.*) *Vignola ex Janch.*, Mitt. Naturwiss. Vereins Univ. Wien 5(9): 110 (1907). Tipo: Italia, *Bellardi* (TO, isótipo).
Poa cilianensis All., Fl. Pedem. 2: 246 (1785).

Plantas anuales con culmos de 10–90 cm de alto. Vainas foliares con glándulas sésiles sobre las carinas. Láminas de 4–17 cm long. × 2–7 mm lat., planas, acuminadas. Inflorescencia oblonga, de 4–20 cm de largo, contraída, densiflora. Espiguillas ovadas u oblongas, de 5–12 mm, blanco-verdoso-amarillentas, 8–30-floras. Glumas subiguales, ovadas, 1,5–3 mm, agudas. Lemmas ovadas o lanceoladas, de 2–3 mm, algo infladas, agudas; raquilla manifiesta. Fig. 65.

SANTA CRUZ: Gutiérrez, Saavedra, *Tollervey* 1798 y 2146. Cordillera, Alto Parapeti, *de Michel* 26.
COCHABAMBA: Cercado, Cochabamba, *Eyerdam* 24882.
POTOSI: Nor Chichas, Pucapampa, *Schulte* 194.
TARIJA: Cercado, Tolomosa Chico, *Bastian* 377.
Regiones tropicales y subtropicales del Viejo Mundo, introducida en América. Sitios alterados; 0–3000 m.

8. E. japonica (*Thunb.*) *Trin.*, Mém. Acad. Imp. Sci. Saint-Pétersbourg, Sér. 6, Sci. Math. 1: 405 (1830). Tipo: Japón (K, microficha).
Poa japonica Thunb., Fl. Jap.: 51 (1784).
P. glomerata Walter, Fl. Carol.: 80 (1788). Tipo: Carolina.
P. interrupta Lam., Tabl. Encycl. 1: 185 (1791). Tipo: Indian Ocean, *Sonnerat* (K, microficha).
Eragrostis hapalantha Trin., Mém. Acad. Imp. Sci. Saint-Pétersbourg, Sér. 6, Sci. Math. 1: 409 (1830). Tipo: Brasil, *Riedel* (K, isólectotipo).
E. interrupta (Lam.) Döll in Martius, Fl. Bras. 2(3): 157 (1878).
E. glomerata (Walter) L.H. Dewey, Contr. U.S. Natl. Herb. 2: 543 (1894).
Diandrochloa glomerata (Walter) Burkart, Bol. Soc. Argent. Bot. 12: 287 (1968).

Plantas anuales con culmos de 40–120 cm de alto. Láminas lineares, de 10–40 cm long. × 3–10 mm lat., acuminadas. Inflorescencia angostamente oblonga o espiciforme, de 14–40 cm de largo, las ramas cortas, ascendentes o adpresas. Espiguillas oblongas, de 2–4 mm, 8–10-floras. Glumas desiguales, de 0,5–1 mm, agudas. Lemmas oblongas, de 1–1,25, mm membranáceas, agudas. Fig. 65.

PANDO: Manuripi, Independencia, *Moraes* 270. Madre de Dios, 14 km WNW de Riberalta, *Nee* 31354.

SANTA CRUZ: Gutiérrez, Saavedra, *Tollervey* 2464. Andrés Ibáñez, 20 km S de Santa Cruz, *Killeen* 2731. Cordillera, Abapó, *Blair-Rains* 1; Alto Parapetí, *Michel, Beck et García* 365.
LA PAZ: Iturralde, Río Madre de Díos, *Moraes* 319. Nor Yungas, Coroico, *Feuerer* 5916.
CHUQUISACA: Hernando Siles, Río Iguembe/Río Ingre, *Murguia* 346.
Regiones tropicales. Sitios alterados; 100–1100 m.

9. **E. maypurensis** (*Kunth*) Steud., Syn. Pl. Glumac. 1: 276 (1854). Tipo: Venezuela, *Humboldt et Bonpland* (P, holótipo n.v.)
Poa maypurensis Kunth in Humboldt, Bonpland et Kunth, Nov. Gen. Sp. 1: 161 (1816).
P. racemosa Vahl, Eclog. Amer. 1: 7 (1796) non Thunb. (1794). Tipo: Am. merid. *Von Rohr* (C, holótipo).
P. vahlii Roem. & Schult., Syst. Veg. 2: 563 (1817), basado en *P. racemosa* Vahl.
Eragrostis vahlii (Roem. & Schult.) Nees, Agrostologia Brasiliensis in Martius, Fl. Bras. 2(1): 499 (1829).
E. acuminata Döll in Martius, Fl. Bras 2(3): 153 (1878). Tipo: Brasil, *Gardner* 2338 (K, isótipo).

Plantas anuales con culmos de 10–50 cm de alto. Láminas lineares, de 3,5–13 cm long. × 1–4 mm lat., acuminadas. Inflorescencia oblonga u ovada, de 3,5–20 cm de largo, poco ramificada, las ramas secundarias ausentes o muy cortas, las espiguillas sobre pedicelos breves, agregadas en las ramas primarias. Espiguillas elípticas, oblongas o lineares, de 5–15(–40) mm, 6–36(–54)-floras. Glumas desiguales, lanceoladas, de 1,5–2,5 mm de largo, acuminadas. Lemmas ovadas, de 2–2,5 mm, algo imbricadas, acuminadas, con ápices divergentes; raquilla apenas visible. Fig. 66.

BENI: Vaca Diez, Guayaramerín, *Krapovickas et Schinini* 35145. Ballivián, Espíritu, *Beck* 3471.
SANTA CRUZ: Velasco, Estancia Flor del Oro, *Nee* 41115. Ichilo, Buena Vista, *Steinbach* 6138.
México hasta Brasil y Bolivia. Sabanas húmedas y campos, en suelos arenosos; 30–850 m.

10. **E. pilosa** (*L.*) *P. Beauv.*, Ess. Agrostogr.: 162, 175 (1812). Tipo: Italia, *Triumfettas* (localidad incierta).
Poa pilosa L., Sp. Pl.: 68 (1753).

Plantas anuales con culmos erectos de 10–70 cm de alto. Láminas lineares, de 2,5–25 cm long. × 1–4 mm lat., planas, acuminadas. Inflorescencia delicada, oblonga, de 4–25 cm de largo, con ramas flexuosas, ascendentes o patentes, las basales subverticiladas y, por lo común, con un mechón de largos pelitos axilares. Espiguillas oblongo-lineares, oliváceas, de 3–6 mm de largo, 3–10-floras. Glumas lanceoladas, desiguales, de 0,5–1,5 mm, agudas. Lemmas ovadas, de 1–1,5 mm, obtusas o agudas, no imbricadas. Estambres 3. Fig. 65.

78. Eragrostis

PANDO: Manuripi, *Nee* 31503.
BENI: Iténez, Magdalena, *Krapovickas et Schinini* 34779.
SANTA CRUZ: Caballero, El Tunal, *Killeen* 2564.
LA PAZ: Larecaja, Achacachi, *Feuerer* 22269. Nor Yungas, Sacahuaya, *Seidel* 901.
COCHAMBAMBA: Mizque, Molinera, *Sigle* 268A. Cercado, Valle Cercado, *R. Steinbach* 41. Carrasco, Río Pojo, *Solomon et Nee* 16021.
CHUQUISACA: Tomina, El Dorado, *CORDECH* 61. Oropeza, Sucre, *Wood* 7917.
TARIJA: Cercado, Coimata, *Coro-Rojas* 1618. Gran Chaco, Chocloca, *Liberman et Pedrotti* 2056.
Regiones tropicales y subtropicales del Viejo Mundo, introducida en América. Sitios pedregosos y alterados; 30–2570 m.

11. E. virescens J. *Presl*, Reliq. Haenk. 1: 276 (1830). Tipo: Chile, *Haenke* (PR, holótipo).
Poa virescens (J. Presl) Kunth, Enum. Pl. 1: 329 (1883).
Eragrostis cordobensis Jedwabn., Bot. Arch. 5: 208 (1924). Tipos: Argentina, *Lorentz et Hieronymus* 356; *Galander* 25 y 54b.

Plantas anuales con culmos geniculados, ascendentes, de 15–120 cm de alto; nudos conspicuos. Láminas lineares, planas, de 6–20 cm long. × 3–8 mm lat., acuminadas. Inflorescencia oblonga, de 10–40 cm de largo, muy ramificada, las ramas delgadas, patentes, nutantes o erectas. Espiguillas oblongas, de 3,5–6 mm long. × 0,8–1,3 mm lat., 4–9 floras. Glumas subiguales, de 1–1,5 mm, agudas. Lemmas ovadas, imbricadas, de 1,5 mm, agudas. Fig. 66.

SANTA CRUZ: Florida, Pampa Grande, *Renvoize et Cope* 4057.
LA PAZ: Saavedra, Charazani, *Feuerer* 11409b. Larecaja, Sorata, *Mandon* 1329; *Feuerer* 5782. Achacachi–Sorata, *Feuerer, Höhne et Gerstmeier* 5740. Murillo, Calacoto, *Solomon* 13365; Cota Cota, *Beck* 2306; Mecapaca, *Renvoize et Cope* 4241.
COCHABAMBA: Quillacollo, Quillacollo hasta Oruro, *Beck* 912. Cercado, Cochabamba, *Eyerdam* 24665.
POTOSI: Nor Chichas, 121 km N de Tupiza, *Renvoize, Ayala et Peca* 5322.
CHUQUISACA: Oropeza, Quiquijama, *Murguía* 161. Yamparaez, 2 km noreste de Tarabuco, *Renvoize et Cope* 3849.
TARIJA: Arce, Padcaya, *Fiebrig* 2528; Camacho, *Bastian* 1195.
Sudoeste de Estados Unidos de América, Colombia, Bolivia, Chile, Argentina, sudeste de Brasil y Uruguay. Sitios alterados en zonas áridas; suelos pedregosos; 2000–4130 m.

Koch y Sánchez Vega en Phytologia 58(6): 377 (1985) consideran a *E. virescens* una subespecie de *E. mexicana* (Hornem.) Link; aunque la similitud entre ambas entidades es evidente, se prefiere reconocer a la *E. mexicana* nivel específico, distinguiéndo a por sus espiguillas más anchas, de 1,5–2 mm de lat.

12. E. nigricans (*Kunth*) *Steud.*, Nomencl. Bot. ed. 2, 1: 563 (1840). Tipo: Ecuador, *Humboldt et Bonpland* (K, microficha).
Poa nigricans Kunth in Humboldt, Bonplant et Kunth, Nov. Gen. Sp. 1: 159 (1816).
Megastachya nigricans (Kunth) Roem. & Schult., Syst. Veg. 2: 586 (1817).
Poa atrovirens Willd. ex Spreng., Syst. Veg. 1: 340 (1825) en sinon.
Eragrostis subatra Jedwabn., Bot. Arch. 5: 202 (1924). Tipo: Bolivia, La Paz, *Bang* 80 (citado como *Rusby* 80, cfr. H 338) (K, isótipo).

Plantas anuales con culmos erectos o ascendentes de (10–)15–100 cm de alto. Láminas planas, de 5–17 cm long. × 5–7 mm lat., acuminadas. Inflorescencia oblonga, de 5–30 cm de largo; ramas primarias cortas, a veces verticiladas, patentes o deflexas a la madurez; ramas secundarias breves o ausentes, patentes, con espiguillas agregadas y adpresas. Espiguillas oblongas, de 3–4 mm, (2–)4–5 floras, plomizo-verdosas o purpúreas. Glumas desiguales o subiguales, lanceoladas, de 1–1,5 mm, acuminadas. Lemmas ovadas, de 1,5–2 mm agudas, algo imbricadas; raquilla apenas evidente. Fig. 65.

LA PAZ: Saavedra, Charazani, *Feuerer* 5589; Amarete, *Feuerer* 8236a. Murillo, La Paz, *Renvoize et Cope* 4092; *Bang* 21, 80; Mecapaca, *Feuerer* 5483; Obrajes, *Buchtien* 562, 820.
POTOSI: Chayanta, 10 km S de Pocoata, *Renvoize et Cope* 3828. Quijarro, 6 km SW de Vilacota, *Peterson et al.* 13123. Nor Chichas, 62 km N de Tupiza, *Renvoize, Ayala et Peca* 5317.
Ecuador hasta el norte de Bolivia. Laderas pedregosas, en suelos arenosos o pedregosos y sitios alterados; 2500–3500 m.

13. E. acutiflora (*Kunth*) *Nees*, Agrostologia Brasiliensis in Martius, Fl. Bras. 2(1): 501 (1829). Tipo: Colombia, *Humboldt et Bonpland* (P, holótipo).
Poa acutiflora Kunth in Humboldt, Bonpland et Kunth, Nov. Gen. Sp. 1: 161 (1816).

Plantas perennes o anuales, amacolladas, con culmos erectos de 20–90 cm de alto. Láminas de 7–30 cm long. × 3–6 mm lat., planas o enrolladas, acuminadas. Inflorescencia oblonga, algo ramificada, de 7–30 cm de largo; ramas ascendentes, con espiguillas agregadas en ramas primarias o en ramas secundarias cortas. Espiguillas angostamente ovadas de 5–16 mm, 8–18-floras, raquilla articulada arriba de las glumas, antecios caducos desde el ápice hacia la base. Glumas desiguales, de 1–2 mm, agudas o acuminadas. Lemmas ovado-elípticas de 2–3 mm, acuminadas, algo imbricadas. Estambres 2. Fig. 67.

BENI: Ballivián, Espíritu, *Beck* 3220.
SANTA CRUZ: Ichilo, Montero hacia Puerto Grether, *Renvoize et Cope* 3950 y 3970.
LA PAZ: Sud Yungas, San Borja hacia Alto Beni, *Renvoize* 4717.
Venezuela hasta Bolivia y norte de Brasil. Sabana húmeda y sitios alterados; 70–1100 m.

Fig. 67. **Eragrostis orthoclada**, A habito, B espiguilla basada en de *Michel et al.* 386. **E. solida**, C habito, D espiguilla basada en *Renvoize* 4536. **E. patula**, E espiguilla basada en *Renvoize* 4467. **E. acutiflora**, F espiguilla basada en *Renvoize et Cope* 3970.

14. E. rufescens Schrad. ex Schult., Mant. 2: 319 (1824). Tipo: Brasil, *Principe Maximiliano* (localidad incierto).

Plantas anuales con culmos erectos de 5–30(–70) cm de alto. Láminas lineares, de 7–24 cm long. × 1–4 mm lat., planas o plegadas, acuminadas. Inflorescencia oblonga u ovado-oblonga, de 5–20 cm de largo, algo ramificada, las ramas primarias ascendentes, las secundarias cortas o ausentes. Espiguillas adpresas, oblongas, de 5–20 mm, 8–40-floras, raquilla tenaz, las lemmas caducas hacia la base, páleas persistentes. Glumas subiguales, ovadas, de 1,5–2 mm, agudas. Lemmas ovadas, de 1,5–2 mm, agudas, apenas imbricadas. Estambres 3.

SANTA CRUZ: Chávez, 25 km S de Concepción, *Killeen* 913. Velasco, 5 km E de Santa Rosa, *Killeen* 1678. Sandoval, San Matías, *Krapovickas et Schinini* 36204.
Brasil y Bolivia. Sitios alterados; 22–1230 m.

Esta especie es similar a *E. acutiflora*, la que difiere an la raquilla frágil y el androcio dímero. Los especimenes bolivianos tienen la inflorescencia menos contraída que los brasileños.

15. E. secundiflora J. Presl, Reliq. Haenk. 1: 276 (1830). Tipo: México, *Haenke* (PR, holótipo).

Plantas perennes amacolladas, con culmos erectos o ascendentes de 10–65 cm de alto. Láminas lineares, de 10–30 cm long. × 2–4 mm lat., planas o enrolladas, acuminadas. Inflorescencia oblonga, de 3,5–20 cm de largo, las ramas primarias cortas, de 1–3 cm de largo, las inferiores remotas, las secundarias nulas. Espiguillas aglomeradas oblongas, de 7–10 mm, 10–20-floras; raquilla articulada arriba de las glumas, antecios caducos desde el ápice hacia la base. Glumas subiguales, ovadas, de 1–1,5 mm, agudas. Lemmas ovadas, de 2–3 mm, agudas, divergentes, en el ápice escabrosas, imbricadas. Estambres 2.

SANTA CRUZ: Chávez, 90 km SE de Concepción, *Killeen* 1482. Velasco, 26 km SE de San Ignacio, *Bruderreck* 298.
Bolivia, Brasil y México. Campos; 275–1000 m.

Especie afín a *E. acutiflora*, la que difiere por tener las ramas de la inflorescencia mayores de 3 cm de largo, espiguillas no demasiado aglomeradas y lemmas acuminadas.

16. E. solida Nees, Agrostologia Brasiliensis in Martius, Fl. Bras. 2(1): 501 (1829). Tipo: Brasil, *Martius* (M, isótipo).

Plantas perennes, amacolladas, con culmos erectos, de 25–100 cm de alto. Láminas enrolladas, de 12–30 cm long. × 3–6 mm lat. patentes, rígidas, acuminadas o algo punzantes. Inflorescencia oblonga, ovada o angostamente obovada, de

78. Eragrostis

5–20(–35) cm de largo, algo ramificada; ramas primarias cortas o largas, rígidas, patentes o contraídas, las ramas secundarias muy cortas o ausentes, raramente desarolladas. Espiguillas agregadas en las ramas, elíptico-oblongas, de 5–15 mm long. × 1,5–2,5 mm lat., 10–22-floras, pálidas o purpúreas. Glumas subiguales, ovadas, de 2–2,5 mm, agudas. Lemmas elípticas u oblongas, de 2,5–3 mm, túrgidas, coriáceas, agudas, imbricadas, ápices algo adpressos; raquilla invisible, decidua a la madurez. Estambres 2, 1 mm. Fig. 67.

SANTA CRUZ: Chávez, 9 km N de Concepción, *Killeen* 1809. Gutiérrez, Río Perdir, *Steinbach* 6889. Andrés Ibáñez, Viru Viru, *Renvoize et Cope* 3988; Santa Cruz, *Renvoize et Cope* 4028. Cordillera, 50 km S de Santa Cruz, *Renvoize et Cope* 3935 y 3944. Ichilo, Buena Vista, *Steinbach* 6881.
LA PAZ: Nor Yungas, Yolosa, *Beck* 8704.
COCHABAMBA: Mizque, Vila Vila, *Eyerdam* 24963.
CHUQUISACA: Boeto, Santiago Grande, *Murguia* 141. Tomina, Padilla, *Renvoize et Cope* 3868.
Bolivia, Brasil, Paraguay y norte de Argentina. Campos; en suelos arenosos o pedregosos; 400–2700 m.

17. E. perennis *Döll* in Martius, Fl. Bras. 2(3): 144 (1878). Tipo: Brasil, *Burchell* 5689 (K, isótipo).

Plantas perennes cespitosas, fibrosas en la base, con culmos erectos de 20–60 cm de alto. Hojas principalmente basales, láminas erectas, lineares, de 15–30 cm long. × 1–5 mm lat., planas o enrolladas, pilosas, acuminadas. Inflorescencia oblonga, de 5–14 cm de largo, las ramas primarias cortas, rectas y patentes, de 1–2 cm de largo o nulas, las secundarias nulas. Espiguillas aglomeradas, elípticas, a veces lunulares, de 4–8 mm, 6–10-floras, raquilla articulada arriba de las glumas, las antecios caducos desde el ápice hacia la base. Glumas desiguales, ovadas, 1–2 mm, agudas. Lemmas ovadas, de 2–3 mm, gris-verdosas, túrgidas, los nervios oscuros, agudas, imbricadas. Estambres 3.

SANTA CRUZ: Chiquitos, 3 km N de Santiago, *Killeen* 2793.
Brasil y Bolivia. Campos; 635–1050 m.

18. E. macrothyrsa *Hack.*, Repert. Spec. Nov. Regni Veg. 8: 47 (1910). Tipo: Paraguay, *Fiebrig* 5166 (K, isótipo).

Plantas perennes cespitosas con culmos erectos de 100–160 cm de alto. Láminas lineares, planas o enrolladas, de 20–45 cm long. × 4–15 mm lat., acuminadas. Inflorescencia oblonga, de 40–60 cm, las ramas delicadas, patentes, de 10–15 cm, las basales verticiladas. Espiguillas oblongas, de 3–10 mm, 3–12-floras, sobre pedicelos capilares, largos o cortos. Glumas subiguales, de 1,2–2 mm, agudas o acuminados. Lemmas de 1,5–2 mm, agudas o acúmindadas. Estambres 3.

SANTA CRUZ: Chávez, 15 km S de Concepción, *Killeen* 1832.
Paraguay y Bolivia. Campos; 500 m.

Esta especie puede confundirse con *E. orthoclada*, la que se distingue por las ramas de le inflorescencia rígidas. El único espécimen boliviano estudio tiene espiguillas 3–5-floras y glumas y lemmas acuminadas; en las plantas paraguayas, en cambio, las espiguillas son 10–12-floras, con glumas y lemmas agudas.

19. E. bahiensis Schrad. ex Schult., Mant. 2: 318 (1824). Tipo: Brasil, *Principe Maximiliano* (localidad incierto).
E. expansa Link, Hort. Berol. 1: 190 (1827). Tipo: Uruguay, *Sellow* (B, holótipo n.v.).
Poa microstachya Link, Hort. Berol. 1: 185 (1827). Tipo: Uruguay.
P. expansa (Link) Kunth, Révis. Gramin. 1: 113 (1829).
Eragrostis psammodes Trin., Mém. Acad. Imp. Sci. Saint-Pétersbourg, Sér. 6, Sci. Math. 1: 400 (1830). Tipo: Brasil, *Riedel* 846 (LE, holótipo).
E. microstachya (Link) Link, Hort. Berol. 2: 294 (1833).

Plantas perennes, amacolladas, con culmos de 20–100(–150) cm de alto. Láminas de 14–40 cm long. × 2–5 mm lat. ascendentes, flexuosas, planas o enrolladas, acuminadas. Inflorescencia ovada, amplia, delicada, de 12–35 cm de largo, algo ramificada; ramas cortas, rigidas y adpresas o delgadas, flexuosas, fláccidas o patentes. Espiguillas angostamente oblongas, de 3–14 mm long. × 1–1,5 mm lat., plomizo-verdosas, 8–34-floras; raquilla tenaz, persistente a la madurez junto con las páleas; glumas y lemmas caducas. Glumas desiguales, de 1–1,5 mm, agudas. Lemmas ovadas, de 1,5–2 mm, agudas, imbricadas. Estambres 2. Fig. 68.

var. **bahiensis**

Inflorescencia con ramas delgadas, flexuosas, fláccidas o patentes.

SANTA CRUZ: Ichilo, Buena Vista, *Steinbach* 6853; Río Perdir, *Steinbach* 6899. Andrés Ibáñez, Las Lomas de Arena, *Solomon* 18550. Cordillera, 50 km S de Santa Cruz, *Renvoize et Cope* 3937.
TARIJA: O'Connor, Entre Ros, *Coro-Rojas* 1555.
Brasil y Bolivia hasta Argentina. Campos; en suelos arenosos; 0–1230 m.

E. bahiensis var. *contracta* Döll, que habita en Brasil, Uruguay y norte de Argentina, se distingue de la variedad típica por poseer las ramas secundarias de la inflorescencia cortas, rígidas y adpresas. *E. cataclasta* Nicora, del sur de Brasil, Uruguay y norte de Argentina, es muy afín a *E. bahiensis*, de la que se diferencia, en parte, por sus panojas oblongas, con ramas muy breves y adpresas y, especialmente, por sus espiguillas apenas más largas, donde la raquilla se desarticula desde el ápice hacia la base.

Fig. 68. **Eragrostis amabilis**, **A** habito, **B** espiguilla basada en *Nee* 40234. **E. montufari**, **C** espiguilla basada en *Beck* 3991. **E. bahiensis**, **D** habito, **E** espiguilla basada en *Solomon* 18550.

20. E. orthoclada *Hack.*, Bull. Herb. Boissier sér. 2, 4(3): 281 (1904). Tipo: Paraguay, Río Apa, *Hassler* 8347 (K, isosíntipo).
E. longipila Hack. in Stuckert, Anales Mus. Nac. Hist. Nat. Buenos Aires 21: 132 (1911). Tipo: Argentina, *Stuckert* 17090 (US, isótipo).
E. villamontana Jedwabn., Bot. Arch. 5: 197 (1924). Tipo: Tarija, *Pflanz* 632.

Plantas perennes cespitosas, con culmos cilíndricos, erectos de 20–80(–120) cm de alto. Láminas rectas, lineares, de 3–18 cm × 2–4 mm lat., planas o enrolladas, acuminadas. Inflorescencia angostamente oblonga, de 10–35 cm long. × 4–15 cm lat.; ramas espiculadas desde la base o desnudas en su porción proximal, las primarias verticiladas, las apicales alternas, rígidas, escabrosas, ascendentes o patentes; ramas secundarias cortas o largas, adpresas o patentes. Espiguillas subsésiles o pediceladas, elíptico-oblongas, de 3–5,5 mm, 3–10-floras. Glumas subiguales, de 1–1,5 mm, agudas. Lemmas oblongas o angostamente ovadas, de 1,5–2 mm, agudas, no imbricadas, la raquilla visible. Estambres 3. Fig. 67.

SANTA CRUZ: Chiquitos, 22 km N de San José, *Killeen* 1709. Cordillera, Alto Parapetí, *de Michel, Beck et García* 386.
CHUQUISACA: Calvo, *Pensiero et Marino* 4453.
TARIJA: Gran Chaco, Villamontes, *Pflanz* 632.
Bolivia, Paraguay y norte de Argentina. Bosques xerófilos y campos áridos, en suelos arenosos; 320–800 m.

21. E. lurida *J. Presl*, Reliq. Haenk. 1: 276 (1830). Tipo: Perú, *Haenke* (PR, holótipo).
E. contristata Nees & Meyen ex Nees, Nov. Actorum Acad. Caes. Leop.-Carol. Nat. Cur. 19, suppl. 1: 163 (1843). Tipo: Perú, Titicaca, *Meyen*.
E. bahiensis var. *boliviensis* Henrard, Meded. Rijks-Herb. 40: 68 (1921). Tipo: Bolivia, Larecaja, *Mandon* 1332 (K, isótipo).

Plantas perennes, amacolladas, con culmos de 15–70 cm de alto. Láminas de 4–12 cm long. × 2–4 mm lat., planas o involutas, acuminadas. Inflorescencia oblonga de 4–20 cm de largo, irregular, algo ramosa; ramas secundarias ausentes o muy cortas. Espiguillas con pedicelos breves, agregadas y contraídas en las ramas primarias. Espiguillas oblongas, de 3–6,5(–9) mm, 5–12(–16)-floras, plomizo-verdosas. Glumas desiguales, de 1,5–2 mm, agudas. Lemmas ovadas, de 2 mm, algo imbricadas, agudas, la raquilla apenas visible. Estambres 3. Fig. 64.

LA PAZ: Saavedra, Charazani, *Feuerer* 5605. Larecaja, Sorata, *Mandon* 1332. Murillo, La Paz, *Rusby* 49; *Buchtien* s.n.; *Renvoize et Cope* 4104. Loayaza, Urmiri, *Beck* 19834.
COCHABAMBA: Capinota, 51 km W de Cochabamba, *Renvoize et Cope* 4087.
ORURO: Cercado, Oruro, *Hitchcock* 22869.
POTOSI: Chayanta, Pocoata, *Renvoize et Cope* 3831.
CHUQUISACA: Oropeza, 15 km S de Sucre, *Renvoize et Cope* 3845; Sud Cinti, Impora, *Cárdenas* 5650.
Ecuador, Perú y Bolivia. Laderas pedregosas semiáridas; 2000–3800 m.

78. Eragrostis

22. E. terecaulis Renvoize **sp. nov.** *E. luridae* J. Presl similis sed panicula laxa, spiculis paucifloribus et paleis quam lemmatibus longioribus differt. Typus: Bolivia, *Lara & Parker* 31e (holotypus, MO).

Plantas perennes cespitosas, con culmos cilíndricos geniculados, de 18–26 cm de alto. Láminas lineares, de 2,5–6 cm long. × 0,5–1 mm lat., involutas, glabras, agudas. Inflorescencia oblonga u ovada, de 3,5–5,5 cm de largo, 2–3 cm de ancho, laxa, las ramas cortas, patentes, con glándulas en las axilas. Espiguillas angostamente oblongas, de 3–4,5 mm de largo, 3–5-floras, plomizo-verdosas. Glumas lanceoladas, de 1–1,5 mm, membranáceas, 0–1-nervias, acuminadas. Antecios laxamente imbricados, los ápices de las lemmas adpresos. Lemmas lanceoladas, 2 mm, los nervios oscuros, obtuso-agudas; páleas exsertas. Anteras 3, de 0,75 mm.

LA PAZ: Aroma, Patacamaya, *Lara et Parker* 31e.
Bolivia. Maleza de cultivos, en suelos arenoso-arcillosos; 3780 m.

23. E. pastoensis (*Kunth*) *Trin.*, Mém. Acad. Imp. Sci. Saint-Pétersbourg, Sér. 6, Sci. Math., Seconde Pt. Sci. Nat. 4: 71 (1836). Tipo: Colombia, *Humboldt et Bonpland* (K, microficha).
Poa pastoensis Kunth in Humboldt, Bonpland et Kunth, Nov. Gen. Sp. 1: 160 (1816).
P. setifolia Benth., Pl. Hartw.: 262 (1847). Tipo: Ecuador (K, holótipo).

Plantas perennes o anuales, amacolladas, con culmos de 15–70 cm de alto. Láminas de 5–25 cm long. × 1–4 mm lat., enrolladas, acuminadas. Inflorescencia angostamente-oblonga o espiciforme, de 5–30 cm de largo; ramas cortas o largas, adpresas, con las espiguillas aglomeradas. Espiguillas angostamente oblongas, de 4–7,5(–13) mm, 4–10(–20)-floras, plomizo-verdosas. Glumas desiguales, de 1–1,5 mm, agudas. Lemmas ovadas, de 1,5–2 mm, agudas, algo imbricadas o no; raquilla visible. Estambres 3. Fig. 64.

LA PAZ: Saavedra, Charazani, *Feuerer* 6421. Murillo, La Paz, *Beck* 14001; *Renvoize et Cope* 4105.
POTOSI: Quijarro, Uyuni, *Asplund* 6483. Omiste, 3 km N de Mojo, *Peterson et Annable* 11803.
Colombia hasta Bolivia. Laderas pedregosas; 2500–3520 m.

El ejemplar *Feuerer* 6421 se incluye en esta especie a pesar de ser atípico, ya que posee las ramas primarias de la inflorescencia patentes y largas espiguillas 10–20-floras, de 10–13 mm de longitud.

24. E. montufari (*Kunth*) *Steud.*, Nomencl. Bot. ed. 2, 1: 563 (1840). Tipo: Ecuador, *Humboldt et Bonpland* (K, microficha).
Poa montufari Kunth in Humboldt, Bonpland et Kunth, Nov. Gen. Sp. 1: 159 (1816).
Megastachya montufari (Kunth) Roem. & Schult., Syst. Veg. 2: 586 (1817).

Eragrostis buchtienii Hack., Repert. Spec. Nov. Regni Veg. 6: 157 (1908). Tipo: Bolivia, *Buchtien* 428.

E. boliviensis Jedwabn., Bot. Arch. 5: 205 (1924). Tipos: Bolivia, *Mandon* 1330 (K, isosíntipo), *Fiebrig* 3266.

Plantas perennes, amacolladas, con culmos de 30–90 cm de alto. Láminas de 5–20 cm de long. × 2–6 mm lat., acuminadas. Inflorescencia ovada u oblonga, de 20–30 cm de largo, poco ramificada; ramas primarias muy largas y patentes, las secundarias ausentes o cortas y adpresas. Espiguillas agregadas, oblongas, de 2,5–4,5 mm, 3–8-floras, plomizo-verdosas. Glumas desiguales, de 0,5–1,25 mm, agudas. Lemmas lanceoladas, de 1,25–1,5 mm, túrgidas, agudas, algo imbricadas, los ápices adpresos; raquilla apenas visible. Estambres 3. Fig. 68.

SANTA CRUZ: Andrés Ibáñez, Río Piray, *Renvoize et Cope* 4012. Caballero, El Tunal, *Killeen* 2515.
LA PAZ: Larecaja, Sorata, *Mandon* 1328; 1330. Murillo, Obrajes, *Buchtien* 9149; Lipari, *Beck* 14014; Valle de Zongo, *Beck* 3991; *Renvoize et Cope* 4278. Nor Yungas, Coroico, *Pearce* s.n.
COCHABAMBA: Ayopaya, Río Tambillo, *Baar* 27. Cercado, Cochabamba, *Eyerdam* 24751. Punata, León Rancho, *Guillen* 229.
CHUQUISACA: Tomina, Padilla, *Renvoize et Cope* 3873. Hernando Siles, Monteagudo, *Renvoize et Cope* 3901.
TARIJA: Méndez, 5 km N de Tarija, *Solomon* 10634. Cercado, San Mateo, *Bastian* 1234.
Venezuela hasta Argentina. Sitios alterados; (400?) 1200–3000 m.

25. E. polytricha *Nees*, Agrostologia Brasiliensis in Martius, Fl. Bras. 2(1): 507 (1829). Tipo: Brasil, *Sellow* (B, holótipo n.v.).

Plantas perennes, amacolladas, con culmos erectos de 30–100 cm de alto. Láminas erectas, rígidas, de 10–35 cm long. × 2–5 mm lat., pilosas, acuminadas, a menudo igualando en longitud a las inflorescencias. Inflorescencia ampliamente ovada, de 12–60 cm de largo, muy ramosa, ramas rígidas, patentes. Espiguillas ovadas u oblongas, de 2,5–4 mm long. × 1 mm lat., 2–5(–6) floras. Glumas desiguales, de 1–2,5 mm, agudas. Lemmas oblongas u ovadas, de 1,5–2 mm, agudas, imbricadas. Estambres 3. Fig. 64.

SANTA CRUZ: Chávez, 10 km S de Concepción, *Killeen* 2188. Ichilo, Buena Vista, *Steinbach* 6980. Florida, Samaipata, *Renvoize et Cope* 4050.
LA PAZ: Larecaja, Tipuani, *Buchtien* 7121. Nor Yungas, Coripata, *Hitchcock* 22680. Sud Yungas, Chulumani, *Hitchcock* 22710.
Venezuela, Brasil y Bolivia hasta Argentina. Campos; 0–1600 m.

26. E. airoides *Nees*, Agrostologia Brasiliensis in Martius, Fl. Bras. 2(1): 509 (1829) nom. nov. Tipo: Brasil, *Raddi* (B, holótipo n.v.).

Aira brasiliensis Raddi, Agrostogr. Bras.: 36 (1823), non *Eragrostis brasiliensis* (Raddi) Nees, loc. cit.: 497 (1829) nec *E. brasiliana* Nees, loc. cit.: 510 (1829). Tipo: Brasil.
Airopsis millegrana Griseb., Pl. Lorentz.: 204 (1874). Tipo: Argentina, *Lorentz* (GOET, holótipo n.v.).
Sporobolus brasiliensis (Raddi) Hack., Bull. Herb. Boissier sér. 2, 4(3): 278 (1904).
Agrosticula brasiliensis (Raddi) Herter, Revista Sudamer. Bot. 6: 145 (1940).

Plantas perennes, cespitosas, con culmos erectos de 30–100 cm de alto. Láminas planas o enrolladas, de 20–70 cm long. × 3–6 mm lat., acuminadas. Inflorescencia oblonga, de 20–70 cm de largo, muy ramosa, delicada; ramas primarias subverticiladas, pilosas y glandulosas en las axilas. Espiguillas diminutas, de 1–2 mm, 1(–3)-floras, sobre pedicelos capilares mucho más largos que ellas. Glumas subiguales, de 0,8–1,2 mm, agudas. Lemma inferior de 1–1,3 mm de largo. Estambres 3. Fig. 66.

BENI: Yacuma, Porvenir, *Renvoize* 4612.
SANTA CRUZ: Chávez, 25 km S de Concepción, *Killeen* 2321.
Cuba, Venezuela y Brasil hasta Argentina. Campos y sitios alterados, en suelos arenosos; 250–1500 m.

27. E. soratensis Jedwabn., Bot. Arch. 5: 213 (1924). Tipo: Bolivia, *Mandon* 1331 (K, isósintipo).
E. brachypodon Hack., Bot. Centralbl. 120: 548 (1912) nom. nud.

Plantas perennes, amacolladas, con culmos erectos o decumbentes, de (10–)15–30(–50) cm de alto. Láminas de 3–12 cm long. × 2–3 mm lat., planas o enrolladas, acuminadas. Inflorescencia ovada u oblonga, de 10–20 cm de largo, moderadamente ramosa, ramas delicadas, patentes, las basales deflexas a la madurez, con glandulas en las axilas. Espiguillas ovadas u oblongas, de 3–4(–5) mm long. × 1,5 mm lat., 3–6-floras. Glumas desiguales, de 1–1,5 mm, agudas. Lemmas ovadas, de 1,5–2 mm, agudas, imbricadas; raquila oculta. Estambres 3. Fig. 64.

LA PAZ: Larecaja, Sorata, *Mandon* 1331; *Rusby* 239. Murillo, La Paz, Cota Cota, *Beck* 2321. Yungas, *Bang* 307. Ingavi, Huacullani, *Beck* 990.
COCHABAMBA: Ayopaya, Río Tambillo, *Baar* 99. Quillacollo, 51 km W de Cochabamba, *Renvoize et Cope* 4083. Mizque, Rakaypampa, *Sigle* 270.
ORURO: Poopó, 6 km N de Pazña, *Peterson et Annable* 12718.
POTOSI: Chayanta, 10 km S de Pocoata, *Renvoize et Cope* 3829.
CHUQUISACA: Oropeza, Sucre, *Renvoize et Cope* 3839.
TARIJA: Méndez, Sama, *Coro-Rojas* 1265. Arce, Padcaya hacia Cañas, *Beck et Liberman* 16289.
Perú, Bolivia y norte de Argentina. Pajonal húmedo, chaparral, campos y laderas pedregosas; 2500–4000 m.

28. E. lugens Nees, Agrostologia Brasiliensis in Martius, Fl. Bras. 2(1): 505 (1829). Tipo: Uruguay, *Sellow* (US, lectótipo, selecionado por Witherspoon 1975).
E. flaccida Lindm., Kongl. Svenska Vetenskapsakad. Handl. 34(6): 17, pl. 9A (1900).
  Tipos: Brasil, *Lindman* A613 (US, lectótipo, selecionado por Witherspoon 1975); Paraguay, *Regnell* A2301 y *Balansa* 241 (C, síntipos n.v.).

Plantas perennes, cespitosas, con culmos delicados, de 15–75 cm de alto. Láminas de 4–22 cm long. × 1–2 mm lat., involutas, acuminadas. Inflorescencia ovada u oblonga, de 10–30 cm de largo, laxa; ramas gráciles patentes o ascendentes, con glándulas en los axiles. Pedicelos graciles, generalmente más largos que las espiguillas. Espiguillas lanceolado-oblongas, de 2–3,5 mm long. × 1 mm lat., 3–5 floras. Glumas desiguales, de 1–1,5 mm, agudas. Lemmas ovadas, de 1,5–2 mm, imbricadas, agudas. Estambres 3.

SANTA CRUZ: Warnes, Viru Viru, *Killeen* 1237. Andrés Ibáñez, Santa Cruz, *Renvoize et Cope* 4034. Cordillera, Alto Parapetí, *de Michel, Beck et García* 404.
LA PAZ: Murillo, La Paz, *Solomon* 15034. Sur Yungas, Chulumani, *Hitchcock* 22708.
COCHABAMBA: Cercado, Cochabamba hacia Santa Cruz, *Solomon et King* 15898.
CHUQUISACA: Tomina, 22 km S de Padilla, *Renvoize et Cope* 3872.
TARIJA: Tucumillas, Cuesta de Sama, *Coro-Rojas* 1601. Cercado, San Mateo, *Bastian* 1237.
Estados Unidos de América hasta Argentina. Sitios alterados y campos, en suelos arenosos o pedregosos; 0–2700 m.

29. E. patula (*Kunth*) Steud., Nomencl. Bot. ed. 2, 1: 564 (1840); H 342. Tipo: Ecuador, *Humboldt et Bonpland* (P, holótipo n.v.).
Poa patula Kunth in Humboldt, Bonpland et Kunth, Nov. Gen. Sp. 1: 158 (1816).
P. tenuifolia A. Rich., Tent. Fl. Abyss. 2: 425 (1851). Tipos: Etiopía, *Quartin Dillon* (P, síntipo), *Schimper* 92 (K, isosíntipo).
Eragrostis tenuifolia (A. Rich.) Steud., Syn. Pl. Glumac. 1: 268 (1854).

Plantas perennes o anuales, amacolladas, con culmos de 20–90 cm de alto. Láminas de 5–30 cm long. × 1–3 mm lat., planas o enrolladas, acuminadas. Inflorescencia oblonga, de 5–20 cm de largo, delicada, algo ramificada, pedicelos flexuosos, con glándulas en la base. Espiguillas de 4–16 mm de largo, 4–16-floras, plomizo-verdosas, los antecios cuando jóvenes adpresos, a la madurez patentes; raquilla tenaz junto con las páleas a la madurez; glumas y lemmas caducas. Glumas desiguales, de 0,5–1,5 mm, agudas. Lemmas oblongas, de 1,7–2,5 mm, agudas u obtusas; raquilla visible. Estambres 3. Fig. 67.

SANTA CRUZ: Chávez, Concepción, *Killeen* 598. Vallegrande, Vallegrande, *Nee* 35577.

LA PAZ: Murillo, Mallasa, *Renvoize* 4467. Nor Yungas, Coroico, *Renvoize* 4765. Sud Yungas, Yanacachi, *Seidel* 943.
COCHABAMBA: Punata, Villa Barrientos, *Guillen* 42.
Africa tropical, Madagascar, India y Australia, Colombia hasta Bolivia. Campos y bordes de caminos; 900–3400 m.

79. ELEUSINE Gaertn.
Fruct. Sem. Pl. 1: 7 (1788).

Plantas perennes o anuales, con vainas foliares carinadas y láminas plegadas o planas. Inflorescencia formada por racimos digitados o subdigitados, unilaterales, con las espiguillas densamente imbricadas en dos hileras, el raquis terminando en una espiguilla apical fértil. Espiguillas plurifloras, lateralmente comprimidas. Glumas 2, persistentes, menores que las lemmas, 1–3(–7) nervadas, agudas, desiguales; raquilla articulada entre los antecios. Lemmas carinadas, membranáceas, 3-nervadas, con 2–7 nervias subsidiario, obtusas o agudas. Semilla rugosa incluida en el percarpio hialino y ténue.

9 especies, principalmente en Africa tropical, una de ellas es una maleza cosmopolita y otra es indígena en América del Sur.

Plantas perennes; espigas de 10–20 mm lat.; láminas obtusas
 . . . . **1. E. tristachya**
Plantas anuales; espigas de 3–6 mm lat.; láminas agudas
 . . . . **2. E. indica**

1. E. tristachya (*Lam.*) *Lam.*, Tabl. Encycl. 1: 203 (1791). Tipo: Uruguay, *Commerson* (P, holótipo n.v.)
Cynosurus tristachyos Lam., Encycl. 2: 188 (1786).

Plantas perennes, amacolladas, con culmos erectos, comprimidos, herbáceos, de 15–30 cm de alto. Láminas lineares, de 5–30 cm long. × 4–8 mm lat. plegadas o planas, obtusas. Racimos 1–4, gruesos, de 2–5 cm long. × 10–20 mm lat. Espiguillas de 8–10 mm, ovado-oblongas, 6–13-floras. Glumas de 2–4 mm. Lemmas de 4,5–6 mm, 3(–9)-nervadas, agudas. Fig. 69.

BENI: Ballivián, Espíritu, *Beck* 2626, 3227. Yacuma, Espíritu, *Moraes* 1225. Cercado, Trinidad, *Brooke* 54.
SANTA CRUZ: Florida, 3 km W de Samaipata, *Wood* 9421.
TARIJA: Cercado, Coimata, *Coro-Rojas* 1297, 1619.
Bolivia, Brasil, Paraguay, Uruguay y Argentina. Sabana húmeda; 200–400 m.

2. E. indica (*L.*) *Gaertn.*, Fruct. Sem. Pl. 1: 8 (1788); H411; F282. Tipo: una lámina en Burman, Thes. Zeylan.: 106, t. 47/1 (1737).
Cynosurus indicus L., Sp. Pl.: 72 (1753).

Fig. 69. **Eleusine tristachya**, A habito basada en *Coro-Rojas* 1619. **E. indica**, B habito basada en *Renvoize et Cope* 4279. **Dactyloctenium aegyptium**, C habito basada en *Tollervey* 2465.

79. Eleusine

Plantas anuales, amacolladas, con culmos herbáceos, de 10–60 cm de alto, erectos o geniculados. Láminas lineares, de 5–35 cm long. × 2,5–8 mm lat., plegadas o planas, agudas. Racimos (1–)2–12, de 3,5–15 cm long. × 3–6 mm lat. Espiguillas elípticas, de 4–8 mm de largo, 3–9-floras. Glumas de 1–4(–5) mm. Lemmas de 2–5 mm, 3(–5)-nervadas, agudas. Fig. 69.

PANDO: Manuripi, 50 km WSW de Riberalta, *Nee* 31494. Madre de Dios, Puerto Rosario–Santa Teresa, *Nee* 31803.
BENI: Ballivián, Espíritu, *Beck* 2539. Cercado, Loma Suárez, *Solomon et al.* 8130. Marban, San Rafael, *Beck* 2718.
SANTA CRUZ: Ichilo, Río Surutú, *Steinbach* 6837. Warnes, Saavedra, *Tollervey* 1913. Andrés Ibáñez, Santa Cruz, *Renvoize et Cope* 4001.
LA PAZ: Murillo, Valle de Zongo, *Renvoize et Cope* 4279. Nor Yungas, Coroico, *Buchtien* s.n. Sud Yungas, Alto Beni, *Seidel* 2806.
COCHABAMBA: Carrasco, Campamento Izarzama, *Beck* 1584.
CHUQUISACA: Hernando Siles, Padilla hacia Monteagudo, *Renvoize et Cope* 3882.
TARIJA: Gran Chaco, Puerto Margarita, *Coro-Rojas* 1491. Avilés, Guerrahuaico, *Coro-Rojas* 1384. Arce, Bermejo, *Coro-Rojas* 1445.
Trópicos del mundo. Sitios alterados; 0–1100 m.

80. DACTYLOCTENIUM Willd.
Enum. Pl.: 1029 (1809).

Plantas anuales o perennes, amacolladas o estoloníferas. Láminas foliares planas o plegadas. Inflorescencia formada por racimos digitados, unilaterales, con las espiguillas densamente imbricadas en dos hileras, el raquis terminando en una extensión aguda, desnuda. Espiguillas pluriflorales, lateralmente comprimidas. Glumas persistentes, menores que las lemmas, 1-nervadas, carinadas, desiguales, la superior con una arista subapical oblicua; raquilla desarticulándose entre los antecios. Lemmas carinadas, membranáceas, 3-nervias, agudas o aristuladas, el ápice frecuentemente recurvo. Semilla rugosa incluida en el pericarpio hialino y ténue.

13 especies, principalmente Africa e India, una especie cosmopolita.

D. aegyptium (*L.*) *Willd.*, Enum. Pl.: 1029 (1809); H411; F283. Tipo: una lámina, Pluk. t. 300, fig. 8 (1696).
Cynosurus aegyptius L., Sp. Pl.: 72 (1753).

Plantas anuales, con culmos de 5–70 cm de alto. Láminas de 3–25 cm long. × 2–7,5 mm lat. Inflorescencia con 2–9 racimos de 1–6,5 cm de largo. Espiguillas 3–4-floras, ovadas, de 3,5–4,5 mm de largo. Lemma aristulada. Fig. 69.

BENI: Ballivián, Espíritu, *Beck* 3414.

SANTA CRUZ: Ichilo, Buena Vista, *Steinbach* 3312. Warnes, Saavedra, *Tollervey* 2465. Cordillera, Abapó–Izozog, *Renvoize et Cope* 3923.
TARIJA: Cercado, Tarija, *Coro-Rojas* 1526. Arce, Yuntas, *Beck et Libermann* 16287.
Regiones tropicales, introducida en el Nuevo Mundo. Sitios alterados; 100–1000 m.

81. SPOROBOLUS R. Br.
Prodr.: 169 (1810). Clayton, Kew Bull. 19(2): 287–296 (1965); Mandret, tesis (1992), Museo Nat. Hist. Nat. Paris.

Plantas perennes o anuales, amacolladas, cespitosas o rizomatosas, altas o enanas. Inflorescencia en panícula laxa o contraída, a veces espigada, exerta, con ramificaciones alternas o verticiladas. Espiguillas fusiformes pequeñas, unifloras, múticas, caducas. Glumas 2, 1-nervadas o enerves, membranáceas, la inferior menor que el antecio, la superior menor o mayor. Lemma 1-nervada, membranácea, aguda o acuminada. Cariopse libre, elipsoide o globoso, pericarpo grueso, mucilaginoso, dejando escapar la semilla cuando se humedece.
160 especies en regiones trópicales y subtropicales.

1. Ramas de la inflorescencia verticiladas:
    2. Espiguillas de 2,5–4,5 mm de largo:
        3. Plantas de 60–110 cm de alto; espiguillas plomizo-verdosas
           .... **2. S. aeneus**
        3. Plantas de 25–75 cm de alto; espiguillas marrón-doradas
           .... **1. S. cubensis**
    2. Espiguillas de 1,5–2 mm de largo. ·················· **3. S. pyramidatus**
1. Ramas de la inflorescencia alternas:
    4. Inflorescencia en panícula delicada, con ramas difusas patentes:
        5. Panícula de 5–11 cm de largo; estambre 1 ·········· **4. S. monandrus**
        5. Panícula de 18–26 cm de largo; estambres 3 ········ **5. S. crucensis**
    4. Inflorescencia en panícula espiciforme o contraída:
        6. Glumas desiguales, la superior aguda:
            7. Láminas filiformes, de 1–2 mm de lato; inflorescencia de 5–25 cm long. × 2–6 mm lat. ···························· **6. S. minor**
            7. Láminas lineares, de 2–8 mm de lato; inflorescencia de 2–30 cm long. × 5–15 mm lat.:
                8. Culmos de 30–100 cm de alto; inflorescencia de (10–)15–30 cm de largo. ···························· **7. S. indicus** var. **indicus**
                8. Culmos de 6–30 cm de alto; inflorescencia de 2–8 cm de largo
                   .... **7. S. indicus** var. **andinus**
        6. Glumas subiguales, la superior obtusa ············ **8. S. pyramidalis**

1. S. cubensis *Hitchc.*, Contr. U.S. Natl. Herb. 12: 237 (1909). Tipo: Cuba, *Curtiss* 392 (US, holótipo).

81. Sporobolus

Plantas perennes cespitosas con culmos de 30–75 cm de alto. Hojas principalmente basales, las bases cartáceas. Láminas lineares, de 10–30 cm long. × 1–3(–4) mm lat., planas o enrolladas, punzantes. Panícula oblonga, de 6–15 cm long. × 2–4,5 cm lat., las ramas verticiladas, patentes o ascendentes con espiguillas en toda su longitud. Espiguillas de 3–4,5 mm, marrón-dorado. Gluma inferior lanceolada, $^1/_2$–$^3/_4$ de largo de la espiguilla, acuminada, la superior igual a la espiguilla.

BENI: Vaca Diez, Riberalta hacia Santa Rosa, *Beck* 20551.
SANTA CRUZ: Velasco, 1 km E de Santa Rosa, *Killeen* 2826.
LA PAZ: Larecaja, Tipuani, *Buchtien* 7147. Nor Yungas, Coroico, *Beck* 17865.
TARIJA: Cercado, Cuesta de Sama, *Bastian* 593.
Belize y Caribe hasta Bolivia y Brasil. Campos; 0–1200 m.

Se incluye aquí, con reservas, a un espécimen procedente de Tarija (*Bastian* 593) el que se aparta de los típicos *S. cubensis* por sus panículas más largas y oblongas o angostamente piramidales. Dado su escaso desarrollo, podría también tratarse de un ejemplar depauperado de *S. eximius* (Nees) Ekman.

2. S. aeneus (*Trin.*) Kunth, Enum. Pl. 1: 213 (1833). Tipo: Brasil, *Langsdorff* (LE, holótipo).
Vilfa aenea Trin., Sp. Gram.: t. 23 (1824).

Plantas perennes cespitosas, cortamente rizomotosas, con culmos de 60–110 cm de alto. Hojas principalmente basales, las bases no cartáceas. Láminas lineares de 10–35 cm long. × 4–10 mm lat., planas o plegadas, en general glabras, pectinado-ciliadas en los márgenes, estriadas en la cara abaxial, punzantes. Panícula angostamente oblonga, de 18–30 cm long. × 1–5 cm lat., las ramas verticiladas y ascendentes, con espiguillas en toda su longitud. Espiguillas de 2,5–3 mm, plomizo-verdosas. Gluma inferior $^1/_2$ del largo de la espiguilla, aguda o acuminada.

SANTA CRUZ: Chiquitos, 3 km N de Chiquitos, *Killeen* 2791.
TARIJA: Gran Chaco, Bermejo, *Fiebrig* 2384.
Brasil y Bolivia, Campos; 400–1150 m.

3. S. pyramidatus (*Lam.*) Hitchc., Man. Grasses W. Ind.: 84 (1936). Tipo: America tropical, *Richard* (K, microficha).
Agrostis pyramidata Lam., Tabl. Encycl. 1: 161 (1791).
Vilfa arguta Nees, Agrostologia Brasiliensis in Martius, Fl. Bras. 2(1): 395 (1829).
Tipos: Brasil, *Martius*, Montevideo, *Sellow* (B, isótipo n.v.).
Sporobolus argutus (Nees) Kunth, Révis. Gramin.: 595 (1834).

Plantas perennes o anuales, amacolladas, con culmos de 12–40(–60) cm de alto. Láminas lineares o angostamente lanceoladas, de 2–10 cm long. × 2–7 mm lat., planas, agudas o acuminadas. Panícula angostamente ovada o piramidal, de 4–15 cm de largo, las ramas adpresas cuando jóvenes, a la madurez patentes, las inferiores verticiladas. Espiguillas de 1,5–2 mm. Anteras de 0,4–0,7 mm. Fig. 70.

Fig. 70. **Sporobolus indicus** var. **indicus**, **A** habito basada en *Renvoize et Cope* 3941. **S. pyramidatus**, **B** habito, **C** espiguilla basada en *Renvoize* 4487.

81. Sporobolus

BENI: Ballivián, Espíritu, *Beck* 5020.
SANTA CRUZ: Florida, Pampa Grande, *Renvoize et Cope* 4056. Andrés Ibañez, Santa Cruz, *Solomon et Nee* 17986. Caballero, 5 km E de Saipina, *Killeen* 2507.
LA PAZ: Murillo, Jupapina, *Beck* 14013. Aroma, 43 km NE de Patacamaya, *Beck* 17938.
COCHABAMBA: Cercado, Cochabamba, *Cutler* 7383.
POTOSI: Omiste, 35 km S de Tupiza, *Peterson et Annable* 11806.
CHUQUISACA: Azurduy, Cerro Cruz Punta, *Murguia* 102. Nor Cinti, Camargo, *Wood* 9493. Calvo, El Salvador, *Pensiero et Marino* 4413.
TARIJA: Cercado, Ceramitar, San Luis, *Bastian* 1261.
Estados Unidos de América hasta Argentina. Laderas pedregosas, arbustivas, en suelos secos, arcillosos arenosos; 200–3900 m.

4. S. monandrus Roseng., B.R. Arill. & Izag., Bol. Fac. Agron. Univ. Montevideo 103: 12 (1968). Tipo: Uruguay, *Rosengurtt* B6200 (K, isótipo).

Plantas delicadas, anuales, con culmos erectos de 10–40 cm de alto. Láminas lineares, de 5–9 cm long. × 1–2 mm lat., planas o plegadas, acuminadas. Panícula oblonga, de 5–11 cm long. × 2–5 cm lat., con ramas alternas, difusas, patentes o ascendentes. Espiguillas de 1 mm. Estambre único.

BENI: Ballivián, Espíritu, *Beck* 2627 & 3385. Yacuma, Llanura de Moxos, *Moraes* 1219.
SANTA CRUZ: Chávez, Lomerio, *Killeen* 806.
Uruguay, Sur Brasil, Bolivia, Paraguay y Argentina. Campos; 200 m.

S. tenuissimus Schrank, que habita en regiones tropicales, es similar a *S. monandrus* pero alcanza mayor altura de 20–80 cm y las espiguillas androceo trímero.

5. S. crucensis Renvoize **sp. nov.** *S. monandro* Roseng., B.R. Arill. & Izag. affinis sed laminis lanceolatis, paniculis grandioribus, spiculis 1,5 mm longis, antheris 3 differt. Typus: Bolivia, *Seidel* 3097 (holotypus LPB).

Plantas anuales amacolladas con culmos erectos delgados de 30–45 cm de alto. Hojas estriadas con nervios prominentes; región ligular pilosa. Láminas lanceoladas, de 4–6 cm long. × 3–6 mm lat., glabras, glaucas en la cara adaxial, con márgenes escabrosos, acuminadas. Panículas delicadas, oblongas, de 18–26 cm long. × 5–10 cm lat., difusas, las ramas filiformes, ascendentes o patentes, solitarias o en grupos de 2–3, no verticiladas. Espiguillas elípticas, de 1,5 mm de largo. Glumas desiguales, membranáceas, la inferior de 0,5 mm, la superior de 0,8 mm de largo. Lemma y pálea hialinas, de 1,5 mm de largo. Anteras 3, de 1 mm de largo. Cariopsis quadrangular de 0,8 mm de largo.

SANTA CRUZ: Chávez, Concepción hacia Lomerio, *Seidel* 3097.
Bolivia. 500 m.

Sólo conocida por el material tipo.

6. S. minor *Trin. ex Kunth*, Enum. Pl. 1: 212 (1833). Tipo: Brasil.

Plantas perennes, cespitosas, con culmos de 25–60(–80) cm de alto. Láminas principalmente basales, filiformes, de 6–20 cm long. × 1–2 mm lat., involutas o plegadas, flexuosas, acuminadas. Panícula estrecha, espigada, de 5–25 cm long. × 2–6 mm lat., con ramas cortas y adpresas. Espiguillas de 1,5 mm. Gluma superior aguda.

SANTA CRUZ: Ichillo, Buena Vista, *Steinbach* 6852. Andrés Ibáñez, Santa Cruz, *Renvoize et Cope* 4030. Cordillera, 50 km S de Santa Cruz, *Renvoize et Cope* 3941. Argentina, Chile, Bolivia, Brasil y Paraguay. Campos; 200–800 m.

Esta especie es muy similar a *S. indicus* y a *S. fertilis*; en esta última especie fue incluida por Mandret (1992).

7. S. indicus (*L.*) *R. Br.*, Prodr.: 170 (1810). Tipo: Jamaica, *P. Browne* (LINN, lectótipo).
Agrostis indica L., Sp. Pl.: 63 (1753).
Vilfa tenacissima Kunth in Humboldt, Bonpland et Kunth, Nov. Gen. Sp. 1: 138 (1815). Tipo: Venezuela, *Humboldt et Bonpland* (P, holótipo n.v.).
Axonopus poiretii Roem. & Schult., Syst. Veg. 2: 318 (1817). Tipo: Carolina.
Sporobolus poiretii (Roem. & Schult.) Hitchc., Bartonia 14: 32 (1932).

Plantas perennes fasciculadas, cespitosas con culmos de 6–100 cm de alto. Láminas lineares de 3–40 cm long. × 2–7 mm lat., planas, plegadas o enrolladas, rectas o flexuosas, glabras, atenuadas. Panícula elongada, contraida o espiciforme, de 2–30 cm de largo × 5–8 mm de ancho, densas o las ramas cortas y adpresas. Espiguillas de 1,5–2 mm. Gluma superior aguda. Anteras 3, de 0,5–0,7 mm.

var. **indicus**

Plantas con culmos de 30–100 cm de alto. Hojas con vainas cartáceas; láminas de 4–40 cm long. × 2–7 mm lat., Panícula elongada, contraída, de (10–)15–30 cm de largo, las ramas basales delgadas, definidas, adscendentes o espiciformes, de 4–20 cm de largo, las ramas superiores cortas, adpresas e indistintas. Anteras de 0,5–0,7 mm. Fig. 70.

BENI: Ballivián, Espíritu, *Renvoize* 4699.
SANTA CRUZ: Andrés Ibáñez, Río Piray, *Renvoize et Cope* 4017.
LA PAZ: Sud Yungas, Unduavi hacia Chulumani, *Croat* 51541. Saavedra, Khata hacia Charazani, *Feuerer* 5969a. Murillo, La Paz, *Solomon* 7170; *Rusby* 55.
COCHABAMBA: Chaparé, Sacaba, *Steinbach* 8808. Carasco, Chimboata, *Aguilar* 22. Tapacari, Apharumiri, *Aleman* 115.

TARIJA: Cercado, Tucumilla, *Bastian* 474. Avilés, Guerrahuaico, *Coro* 1379. Arce, Chaguaya hacia Colón, *Beck et Mayko* 16210.

SE de Estados Unidos de América hasta Paraguay y Argentina. Habitats variados, laderas pedregosas, bordes de caminos y campos, en zonas húmedas o áridas; 0–4000 m.

Ejemplars procedentes de La Paz (*Croat* 51541 y *Rusby* 55) suelen ser excepcionales por tener hojas mas anchas y bases de los tallos tiernas y comprimidas.

var. **andinus** Renvoize, Kew Bull. 49(3): 543 (1994). Tipo: Bolivia, *Beck* 328 (LPB, holótipo).

Plantas con culmos de 6–30 cm de alto. Hojas con vainas basales pajizas. Láminas de 3–9(–20) cm long. × 2–5 mm lat. Panícula espiciforme, de 2–8 cm long. × 5–8 mm lat., densas. Anteras 3, de 0,5 mm.

LA PAZ: Ingavi, 8 km NE de Taraco, *Renvoize et Cope* 4139. Saavedra, Lonlaya, *Höhne et Feuerer* 5565.
COCHABAMBA: Mizque, Rakaypampa, *Sigle* 357.
POTOSI: Chayanta, 10 km S de Pocoata, *Renvoize et Cope* 3830.
CHUQUISACA: Yamparaez, 2 km NE de Tarabuco, *Renvoize et Cope* 3848.
Perú y Bolivia. Campos y sitios alterados; 2800–4000 m.

8. S. pyramidalis *P. Beauv.*, Fl. Oware 2: 36, t. 80 (1816). Tipo: Nigeria (G, holótipo).
S. jacquemontii Kunth, Révis. Gramin. 2: 427, t. 127 (1831). Tipo: Rep. Dominicana, *Jacquemont* (P, holótipo n.v.).
Vilfa jacquemontii (Kunth) Trin., Mém. Acad. Imp. Sci. Saint-Pétersbourg, Sér. 6, Sci. Math., Seconde Pt. Sci. Nat. 6(2): 92 (1840).
Sporobolus indicus var. *pyramidalis* (P. Beauv.) Veldkamp, Blumea 35(2): 439 (1991).

Plantas perennes cespitosas, con culmos de (30–)60–80 cm de alto. Láminas lineares, de 15–30 cm long. × 1–3 mm lat., involutas, flexuosas y acuminadas. Panícula contraída o espiciforme con ramas adpresas, de 15–30 cm de largo. Espiguillas de 1,5–2 mm de largo. Gluma superior obtusa o erosa. Anteras de 1 mm.

PANDO: Suárez, Cobija, *Beck* 17048.
BENI: Ballivián, Espíritu, *Beck* 2643. Yacuma, Porvenir, *Renvoize* 4621. Marbán, San Rafael, *Beck* 2656.
SANTA CRUZ: Velasco, San Juancito, *Seidel et Beck* 378. Ichilo, Buena Vista, *Steinbach* 6843.
LA PAZ: Itturalde, Luisita, *Beck et Haase* 10115. Murillo, Zongo, *Feuerer et Höhne* 5887. Sud Yungas, Campamento Cascada, *Renvoize* 4715.
SE Estados Unidos de América hasta Brasil y Bolivia, Africa tropical. Campos y sitios alterados; 25–1700 m.

82. MUHLENBERGIA Schreb.
Gen. Pl. ed. 8: 44 (1789); Peterson & Annable, Syst. Bot. Monogr. 31 (1991).

Plantas perennes o anuales con culmos erectos o decumbentes. Lígula membranácea o hialina. Láminas planas o involutas. Inflorescencia en panícula laxa, contraída o espiciforme. Espiguillas lateralmente comprimidas o cilíndricas, 1(–3)-floras, lanceoladas. Glumas 0–1(–3)-nervadas, subiguales, persistentes, más cortas que la lemma, rara vez mayores, múticas, aristadas o tridentadas. Lemmas 3-nervadas, múticas, aristadas o bidentadas, con arista terminal o subterminal; callo breve, redondeado, barbado o no. Cariopsis fusiforme o elipsoide.
160 especies, principalmente del Nuevo Mundo, la mayoría nativas de Norte américa; también habitan en el sud de Asia.

1. Plantas perennes:
    2. Plantas con culmos erectos de 30–110 cm de alto, cespitosas:
        3. Panícula espiciforme; ramas cortas, adpresas ········ **1. M. angustata**
        3. Panícula subespiciforme con las ramas adpresas o panícula angostamente oblonga, péndula, con las ramas algo laxas:
            4. Lemmas con aristas de 10–20 mm de largo; panícula péndula con las ramas laxas ···························· **2. M. rigida**
            4. Lemmas con aristas de 1,5–4 mm de largo; panícula subespiciforme
               ···························· **3. M. holwayorum**
    2. Plantas pequeñas con culmos de 1,5–20 cm de alto, rizomatosas o cespitosas:
        5. Plantas rizomatosas:
            6. Panícula subespigada, con ramas adpresas ········ **4. M. fastigiata**
            6. Panícula ovada, difusa ···················· **5. M. asperifolia**
        5. Plantas cespitosas o amacolladas:
            7. Culmos erectos de 1,5–4 cm de alto ············ **6. M. minuscula**
            7. Culmos geniculados, ascendentes, de 4–10(–30) cm de alto
               ···························· **7. M. ligularis**
1. Plantas anuales:
    8. Lemmas múticas o con arista duro de 2 mm:
        9. Espiguillas unifloras ························ **7. M. ligularis**
        9. Espiguillas bifloras ························ **8. M. atacamensis**
    8. Lemmas aristadas:
        10. Plantas densamente amacolladas con culmos erectos ·· **9. M. peruviana**
        10. Plantas laxamente amacolladas, con culmos ascendentes:
            11. Glumas agudas u obtusas ················ **10. M. microsperma**
            11. Glumas acuminadas o mucronuladas ············ **11. M. ciliata**

1. M. angustata (*J. Presl*) *Kunth*, Révis. Gramin. 1: Suppl.: 16 (1830); H388. Tipo: Perú, *Haenke* (PR, holótipo n.v.).
Podosemum angustatum J. Presl, Reliq. Haenk. 1: 229 (1830).

82. Muhlenbergia

Plantas perennes cespitosas con culmos erectos de 30–100 cm de alto. Láminas de 15–30 cm long., duras, involutas, glaucas, punzantes. Panícula espiciforme, de 7–20 cm de largo, las ramas cortas y adpresas. Espiguillas plomizo-verdosas, de 5–7 mm, escabrosas. Glumas lanceoladas, de 4–6,5 mm, acuminadas. Lemmas de 5–6,5 mm, acuminadas o con arístula de 1–2,5 mm. Fig. 71.

LA PAZ: Camacho, Puerto Acosta, *Beck* 7700. Larecaja, Sorata, *Mandon* 1279.
COCHABAMBA: Ayopaya, 10 km NW de Independencia, *Beck et Seidel* 14519.
TARIJA: Calderillo, *Fiebrig* 3173. Cercado, Tucumilla, *Bastian* 1156.
Colombia hasta Argentina. Campos y laderas pedregosas; 3000–4000 m.

2. M. rigida (*Kunth*) Kunth, Révis. Gramin. 1: 63 (1829); H389. Tipo: México, *Humboldt et Bonpland* (K, microficha).
Podosemum rigidum Kunth in Humboldt, Bonpland et Kunth, Nov. Gen. Sp. 1: 129 (1816).
P. elegans Kunth, loc. cit.: 130. Tipo: Ecuador, *Humboldt et Bonpland* (K, microficha).
Trichochloa rigida (Kunth) Roem. & Schult., Syst. Veg. 2: 386 (1817).
M. phragmitoides Griseb., Abh. Königl. Ges. Wiss. Göttingen 19: 255 (1874). Tipo: Argentina, *Lorentz*.

Plantas perennes, cespitosas, con culmos erectos de 30–110 cm de alto. Láminas de 10–30 cm de largo, duras, involutas, glaucas, punzantes. Panícula angostamente oblonga, de 10–30 cm de largo, péndula, purpúrea, con ramas filiformes laxas. Espiguillas de 4,5–6 mm, escabrosas. Glumas lanceoladas, de 1–2 mm. Lemmas de 4–5,5 mm con aristas flexuosas de 10–20 mm. Fig. 72.

LA PAZ: Saavedra, Charazani, *Feuerer* 2389. Larecaja, Sorata, *Mandon* 1280. Murillo, Mecapaca, *Beck* 3560.
COCHABAMBA: Quillacollo, Quillacollo hacia Oruro, *Beck* 922. Cercado, Cochabamba, *Wood* 9648. Arce, Anzaldo, *Aleman* 121. Mizque, Rakaypampa, *Sigle* 218.
POTOSI: Bustillos, R. Colorado/R. Morochaca, *Renvoize et Cope* 3822. Sud Chichas, 13 km W de Tupiza, *Renvoize, Ayala et Peca* 5309.
CHUQUISACA: Oropeza, Cerro Khala Orkho, *Murguia* 273.
TARIJA: Méndez, Tarija hacia Camargo, *Beck* 813. Cercado, Cuesta de Sama, *Bastian* 1141.
México hasta Argentina. Bosques y matorales xerofíticos, laderas pedregosas y campos; 1600–3500 m.

3. M. holwayorum *Hitchc.*, Contr. U.S. Natl. Herb. 24: 389 (1927). Tipo: Bolivia, Sorata, *Holway* 530 (US, holótipo).

Plantas perennes cespitosas, con culmos erectos de 40–60 cm de alto. Láminas de 10–30 cm de largo, duras, involutas, punzantes. Panícula subespiciforme, de 15–35 cm de largo, con ramas adpresas. Espiguillas plomizo-verdosas, de 3–4 mm,

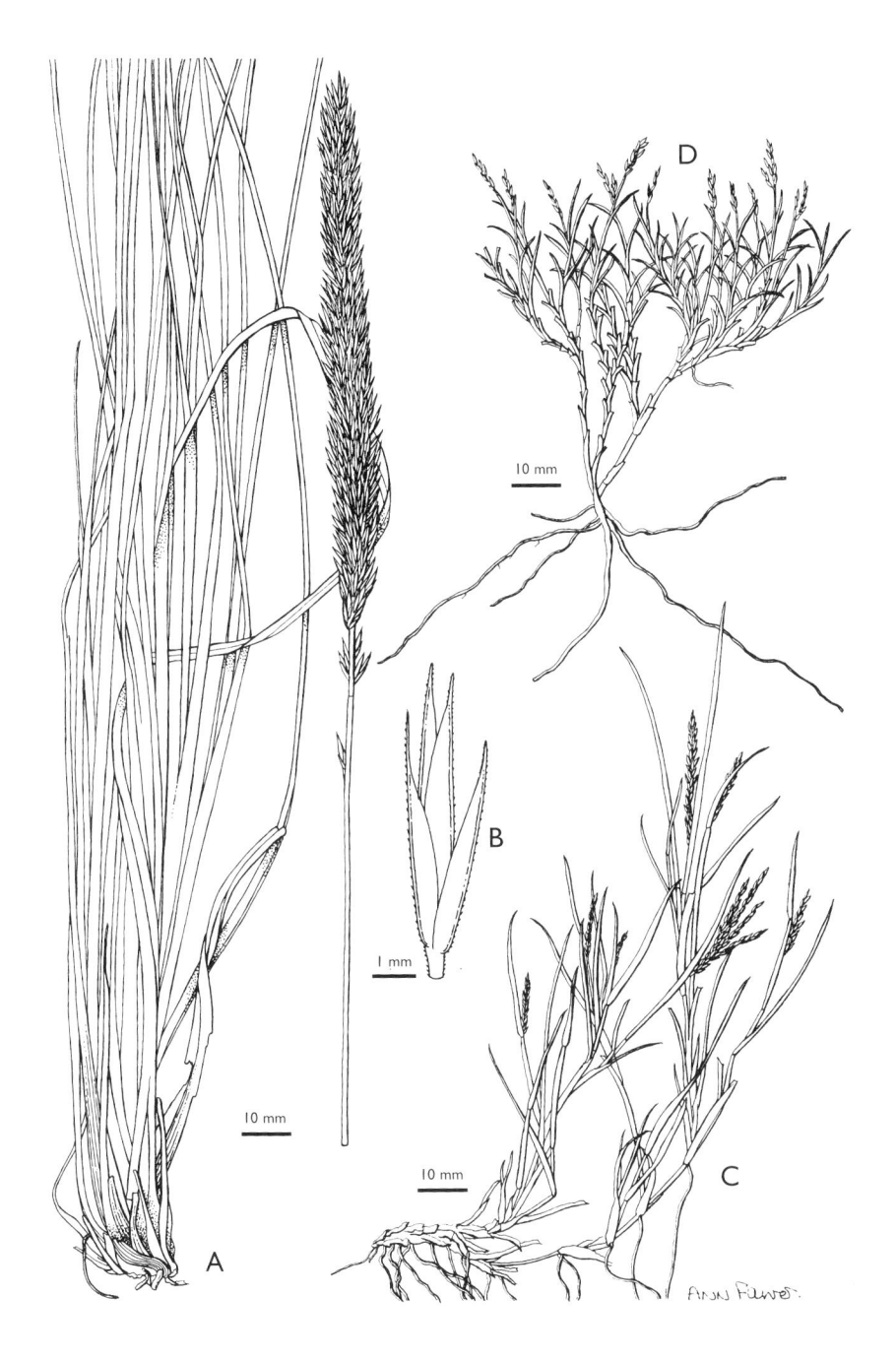

Fig. 71. **Muhlenbergia angustata**, **A** habito, **B** espiguilla basada en *Beck* 7700. **M. ligularis**, **C** habito basada en *Renvoize et Cope* 4132. **M. fastigiata**, **D** habito basada en *Renvoize et Cope* 3810.

escabrosas. Glumas lanceoladas, cortas, de 1,5 mm de largo, agudas. Lemmas de 3–3,5 mm, con arístula de 1,5–4 mm.

LA PAZ: Larecaja, *Mandon* 1278.
Bolivia. Laderas pedregosas; 2700 m.

4. M. fastigiata (*J. Presl*) *Henrard*, Meded. Rijks-Herb. 40: 59 (1921); H388. Tipo: Perú, *Haenke* (PR, holótipo n.v.).
Sporobolus fastigiatus J. Presl, Reliq. Haenk. 1: 241 (1830).

Plantas perennes pequeñas rizomatosas con culmos ascendentes de 2–20 cm de alto. Láminas cortas, de 5–17 mm de long., involutas, glaucas, arqueadas y punzantes. Panículas breves, paucifloras, angostas, de 5–20 mm de largo; ramas cortas y adpresas. Espiguillas plomizo-verdosas, de 2–2,5 mm, glabras. Glumas ovadas, de 1–1,5 mm, agudas. Lemmas de 1,5–2 mm, acuminadas o mucronuladas. Fig. 71.

LA PAZ: Los Andes, Khallutaca, *Beck* 264. Murillo, La Paz, *Beck* 3977. Ingavi, Huacullani, *Beck* 992A.
COCHABAMBA: Tapacari, Japo Casa, *Beck et al.* 18020.
ORURO: Cercado, Panduro hasta Huancaroma, *Beck* 976. Sajama, Curahuara de Carangas, *Renvoize et Ayala* 5214. Cabrera, Salinas de Garci Mendoza, *Beck* 11760.
POTOSI: Bustillo, Uncia, *Renvoize et Cope* 3810. Sud Chichas, 98 km E de San Pablo, *Renvoize, Ayala et Peca* 5299.
TARIJA: Avilés, Puna Patanca, *Fiebrig* 2633. Méndez, Laguna Grande hasta Taxara, *Gerold* 223.
Ecuador hasta Argentina. Campos húmedos y sitios abiertos, en suelos arenosos; 3300–4100 m.

5. M. asperifolia (*Nees & Meyen*) *Parodi*, Revista Fac. Agron. Veterin. 6(2): 117 (1928). Tipo: Chile, *Meyen* (B, holótipo n.v.).
Vilfa asperifolia Meyen, Reise 1: 349, 408 (1834).

Plantas perennes con rizomas delgados y culmos ascendentes o erectos, de 8–25 cm de alto. Hojas dísticas con láminas verde-pálidas o glaucas, planas o conduplicadas, rígidas, de 2–8 cm long. × 1–3 mm lat., escabrosas, punzantes. Panícula difusa, ovada, de 5–15 cm de largo. Espiguillas de 1,5–2 mm de largo, 1(–3)-floras, pedicelos capilares, largos, escabrosos. Glumas lanceoladas, de 1–2 mm de largo, agudas. Lemmas de 1,5–2 mm, agudas o mucronuladas.

POTOSI: Sud Chichas, Aploca, *Hitchcock* 22891; 2 km S de Salo, *Peterson et Annable* 11854. Omiste, Mojo, *Peterson et Annable* 11796.
Estados Unidos de America hasta Argentina y Chile. 3150–3490 m.

6. **M. minuscula** *H. Scholz*, Willdenowia 14: 393 (1984). Tipo: Bolivia, *Menhofer* 1974 (LPB, isótipo).

Plantas perennes pequeñas cespitosas, con culmos erectos de 1,5–4 cm de alto. Láminas de 5–15 mm long. × 1 mm lat., planas o involutas. Panícula pequeña, angosta, de 5–15 mm de largo, paucifloras, las ramas cortas y adpresas. Espiguillas de 1,5–2 mm, glabras. Glumas ovado-elípticas, de 1 mm, agudas. Lemmas obtusas o mucronuladas.

LA PAZ: Ingavi, Titicani hacia Tacaca, *Villavicencio* 215; 505; 954. Murillo, Cerro Cuñamani, *Ruthsatz* 1593. Tamayo, Ulla Ulla, *Menhofer* 1974. Saavedra, Ulla Ulla hacia Curva, *Menhofer* 2048.
Bolivia. Puna; 4280–4550 m.

7. **M. ligularis** (*Hack.*) *Hitchc.*, Contr. U.S. Natl. Herb. 24: 388 (1927); H388. Tipo: Ecuador, *Sodiro* (W, holótipo).
Sporobolus ligularis Hack., Oesterr. Bot. Z. 52: 57 (1902).

Plantas anuales, amacolladas, con culmos erectos o ascendentes, de 4–10(–30) cm de alto. Láminas pequeñas, de 1–3 cm long., × 1 mm lat., planas, agudas. Panícula pequeña, angosta, de 1–2(–5) cm de largo, las ramas cortas, adpresas. Espiguillas plomizo-verdosas, de (1,5–)2–3 mm de largo, glabras. Glumas ovadas, de 0,5–1 mm, obtusas o agudas. Lemmas de 1,5–2 mm de largo, agudas. Fig. 71.

LA PAZ: Manco Kapac, Copacabana, *Feuerer* 2509a. Murillo, Pongo, *Renvoize et Cope* 4206. Ingavi, Taraco, *Renvoize et Cope* 4133.
COCHABAMBA: Ayopaya, Independencia hacia Kami, *Beck et Seidel* 14575.
ORURO: Avaroa, 6 km E de Urmiri, *Peterson et al.* 12792.
POTOSI: Omiste, 8 km N de Villazón, *Peterson et Annable* 11788.
CHUQUISACA: Cerro Obispo hacia San Juan, Tipoyo, *Wood* 8336.
Colombia hasta Bolivia. Campos húmedos; 2320–4250 m.

Esta especie puede confundirse con *M. fastigiata*, que es perenne y rizomatosa, con hojas involutas y arqueadas. Aunque *M. ligularis* puede ser semi-perenne, nunca posee rizomas, y sus hojas son siempre planas.

8. **M. atacamensis** *Parodi*, Revista Argent. Agron. 15: 248 (1948). Tipo: Argentina, Jujuy, La Quiaca, *Parodi* 9656 (US, isótipo).
Chaboissaea atacamensis (Parodi) P.M. Peterson & Annable, Madroño 39: 19 (1992).

Plantas anuales con culmos delgados, delicados, erectos o decumbentes, de 5–10 cm de alto. Láminas planas, laxas, de 1,2–4 cm long. × 0,7–1 mm lat., escabrosas. Panícula angosta, de 1–4 cm long. × 4–18 mm lat., las ramas adpresas o ascendentes;

82. Muhlenbergia

pedicelos de 1–3 mm. Espiguillas erectas, 1–2-floras, amarillo-plomizas. Glumas subiguales, de 1–2 mm, agudas. Lemmas lanceoladas, de 2–2,5 mm., pubescentes, múticas o con arista de 2 mm; páleas angostamente lanceoladas.

LA PAZ: Murillo, Cota Cota, *Peterson et Soreng* 13211.
ORURO: Avaroa, 13 km S de Huari, *Peterson et al.* 12740.
POTOSI: Omiste, 10 km N de Villazón, *Peterson et Annable* 11869.
N Argentina y Bolivia. Campos húmedos; 2900–3580 m.

9. M. peruviana (*P. Beauv.*) *Steud.*, Nomencl. Bot. ed. 2. 1: 41 (1840); H387. Tipo: Perú, *Thibaut* (P, holótipo n.v.).
Clomena peruviana P. Beauv., Ess. Agrostogr.: 28 (1812).
Agrostis peruviana (P. Beauv.) Spreng., Syst. Veg. 1: 262 (1825).
Muhlenbergia herzogiana Henrard, Meded. Rijks-Herb. 40: 58 (1921). Tipo: Bolivia, *Herzog* 2226.

Plantas anuales pequeñas, amacollado-cespitosas, delicadas, con culmos delgados y erectos, de (1–)5–10(–20) cm de alto. Láminas lineares, de 0,5–2 cm long. × 1–2 mm lat., planas, glaucas, agudas. Panícula angostamente oblonga, laxa o contraída, de 1–4 cm de largo, con ramas delicadas, cortas, ascendentes o adpressas. Espiguillas glaucas, de 1,5–2,5 mm. Glumas lanceoladas, de 1–2 mm de largo, la inferior aguda o acuminada, la superior bi- o tridentada. Lemmas 1,5–2 mm de largo, pubérulas o escabrosas, con arista flexuosa, subapical de (1–)4–10 mm. Fig. 72.

LA PAZ: Murillo, Represa Hampaturi, *Liberman* 869. Aroma, Huaraco, *Fisel* U.418.
COCHABAMBA: Cercado, Ucuchi, *Ugent* 4638. Ayopaya, Río Tambillo, *Baar* 82.
ORURO: Cabrera, Salinas de Garci-Mendoza, *Beck* 11806. Sajama, Nevado de Sajama, *Liberman* 824.
POTOSI: Saavedra, Betanzos, *Wood* 8196. Quijarro, 14 km N de Río Mulatos, *Peterson et al.* 12812. Sud Chichas, 14 km S de Atocha, *Peterson et al.* 12914.
CHUQUISACA: Oropeza, Punilla, *Wood* 8098. Zudañez, Corralón Mayu, *CORDECH* 38.
TARIJA: Méndez, Iscayachi, *Coro-Rojas* 1257. Cercado, Tucumilla, *Bastian* 1181. Arce, Mecoya, *Pearce* s.n.
Ecuador hasta Argentina. Laderas rocosas y campos; 2400–4410 m.

El ejemplar *Herzog* 2226, tipo de *M. herzogiana* es excepcional por que las panículas están sostenidas por pedúnculos cortos, que quedan incluidos entre el follaje.

10. M. microsperma (*DC.*) *Trin.*, Gram. Unifl. Sesquifl.: 193 (1824); H387. Tipo: México, *Sessé et Mociño* s.n. (P, holótipo n.v.).
Trichochloa microsperma DC., Cat. Pl. Horti Monsp.: 151 (1813).

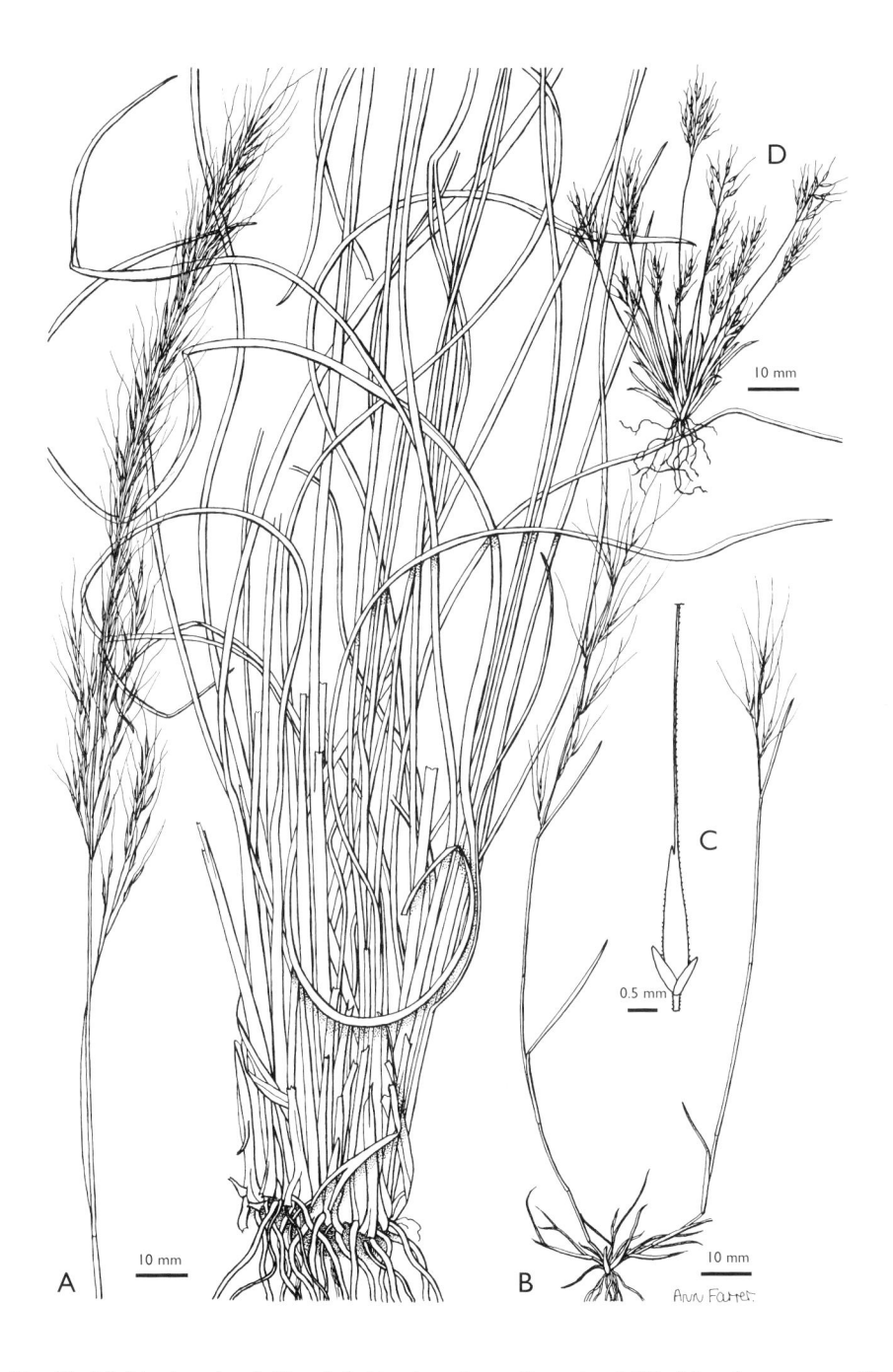

Fig. 72. **Muhlenbergia rigida**, **A** habito basada en *Renvoize* 4497. **M. microsperma**, **B** habito, **C** espiguilla basada en *Feuerer et Höhne* 5768. **M. peruviana**, **D** habito basada en *Liberman* 869.

82. Muhlenbergia

Podosemum debile Kunth in Humboldt, Bonpland et Kunth, Nov. Gen. Sp. 1: 128 (1816). Tipo: Ecuador, *Humboldt et Bonpland* (K, microficha).
Trichochloa debilis Roem. & Schult., Syst. Veg. 2: 385 (1817).
Muhlenbergia debilis (Kunth) Kunth, Révis. Gramin. 1: 63 (1829).

Plantas anuales pequeñas, delicadas con culmos delgados, ascendentes, de 10–40 cm de alto. Láminas lineares, de 2–10 cm long. × 1–3 mm lat., planas, angostamente agudas. Panícula oblonga o angostamente ovada, difusa, de 7–20 cm de largo, con las ramas primarias ampliamente separadas, las ramas secundarias muy cortas, adpresas o patentes. Espiguillas de 1,5–3 mm purpúreas o purpúreo-verdosas. Glumas de 0,5–1 mm, agudas u obtusas. Lemmas de 1,5–2,5 mm de largo, escabérulas, cilioladas, con una arista de 10–20 mm. Fig. 72.

LA PAZ: Larecaja, Sorata, *Feuerer* 5768.
COCHABAMBA: Quillacollo, Quillacollo hacia Oruro, *Beck* 911.
México hasta Bolivia. Laderas pedregosas; 750–2600 m.

11. M. ciliata (*Kunth*) *Kunth*, Révis. Gramin. 1: 63 (1829); H386. Tipo: México, *Humboldt et Bonpland* (K, microficha).
Podosemum ciliatum Kunth in Humboldt, Bonpland et Kunth, Nov. Gen. Sp. 1: 128 (1816).

Plantas anuales, pequeñas, delicadas, con culmos delgados, ascendentes, de (2–)5–30 cm de alto. Láminas lineares de 0.5–4 mm long. × 1 mm lat., planas, acuminadas. Panícula difusa, de 4–9 cm de largo; las ramas primarias ampliamente separadas, de 1–3 cm de largo, patentes, ascendentes o deflexas, las ramas secundarias muy cortas, adpresas. Espiguillas purpúreas, de 1,5–2,5(–3) mm. Glumas ovadas o lanceoladas, de 0,5–1,5 mm, acuminadas o mucronuladas. Lemmas de 1,5–2(–2,5) mm cilioladas, con una arista subapical, de 2–10(–15) mm.

LA PAZ: Nor Yungas, Coroico, *Feuerer* 10188a; Chuspipata, *Beck* 14924. Sud Yungas, La Florida, *Hitchcock* 22622.
México hasta Bolivia. Sitios húmedos y sombríos; 600–2500 m.

83. LYCURUS Kunth
in Humboldt, Bonpland et Kunth, Nov. Gen. Sp. 1: 141 (1816); Reeder, Phytologia 57: 283–291 (1985).

Plantas perennes, pequeñas. Inflorescencia solitaria, espiciforme, erecta, formada por espiguillas deciduas apareadas la inferior más pequeña, monoclina o estéril. Espiguillas unifloras comprimidas lateralmente, carinadas. Glumas subiguales, uninervias, más cortas que antecio, la inferior con (1–)-2 aristas delgadas, la superior uniaristada. Lemma 3-nervada, terminada en arista delgada. Cariopsis fusiforme.

3 especies, desde el sud de los Estados Unidos de América hasta Argentina.

Lígulas truncadas, 0,5–1 mm de largo; ápice de las láminas navicular, obtuso o agudo; culmos decumbentes ························· **1. L. phalaroides**
Lígulas de 1,5–2(–3) mm de largo; ápice de las láminas agudo, mucronado o aristado; culmos ascendentes ························· **2. L. phleoides**

1. L. phalaroides *Kunth* in Humboldt, Bonpland et Kunth, Nov. Gen. Sp. 1: 142 (1816). Tipo: México, *Humboldt et Bonpland* (K, microficha).

Culmos decumbentes, de 10–50 cm de longo. Láminas lineares, de 1–6 cm long. × 0,5–2 mm lat., planas o involutas, ápice navicular, obtuso o agudo. Inflorescencia de 2–6 cm long. × 3–8 mm lat. Espiguillas de 3–4 mm, excluidas las aristas, pubérulas. Glumas de 1–1,5 mm, la inferior biaristada con aristas de 1–2 mm, la superior con una arista de 1,5–3 mm. Lemmas de 3–3,5 mm, arista de 1–2 mm.

LA PAZ: Saavedra, Río Charazani/Río Amarete, *Feuerer* 4012.
CHUQUISACA: Oropeza, 15 km S de Sucre, *Renvoize et Cope* 3841.
TARIJA: Sama, *Coro* 1269. Cercado, Tucumilla, *Bastian* 473.
México, Colombia, Perú y Bolivia. Campos, arbustivos y laderas pedregosas; 2500–3400 m.

2. L. phleoides *Kunth* in Humboldt, Bonpland et Kunth, Nov. Gen. Sp. 1: 142, tab. 45 (1816). Tipo: México, *Humboldt et Bonpland* (K, microficha).

Culmos ascendentes o erectos, de 10–60 cm de alto. Láminas lineares, de 1–12 cm long. × 0,5–1,5 mm lat., planas o involutas, ápice agudo, mucronado o aristulado. Inflorescencia de 2–8 cm long. × 3–5 mm lat. Espiguillas de 4–5,5 mm, pubérulas. Glumas 1,5–2 mm, la inferior uni-o biaristada con aristas de 1,5–4 mm, la superior con una arista de 2–5 mm. Lemmas de 3,5–4 mm, con una arista de 1–3,5 mm. Fig. 73.

LA PAZ: Murillo, Jupapina, *Renvoize* 4482; La Paz, *Solomon* 14993.
POTOSI: Nor Chichas, 140 km N de Tupiza, *Renvoize, Ayala et Peca* 5325. Sud Chichas, 17 km W de Tupiza, *Renvoize, Ayala et Peca* 5304.
CHUQUISACA: Oropeza, Cerro Khala Orkho, *Murguia* 269.
Norte América (Texas), México, Ecuador y Bolivia. Campos y laderas pedregosas; 2000–3400 m.

L. setosus (Nutt.) C. Reeder desde sur de Estados Unidas, México y Argentina se distingue por las cerdas muy finas en el ápice de la hoja.

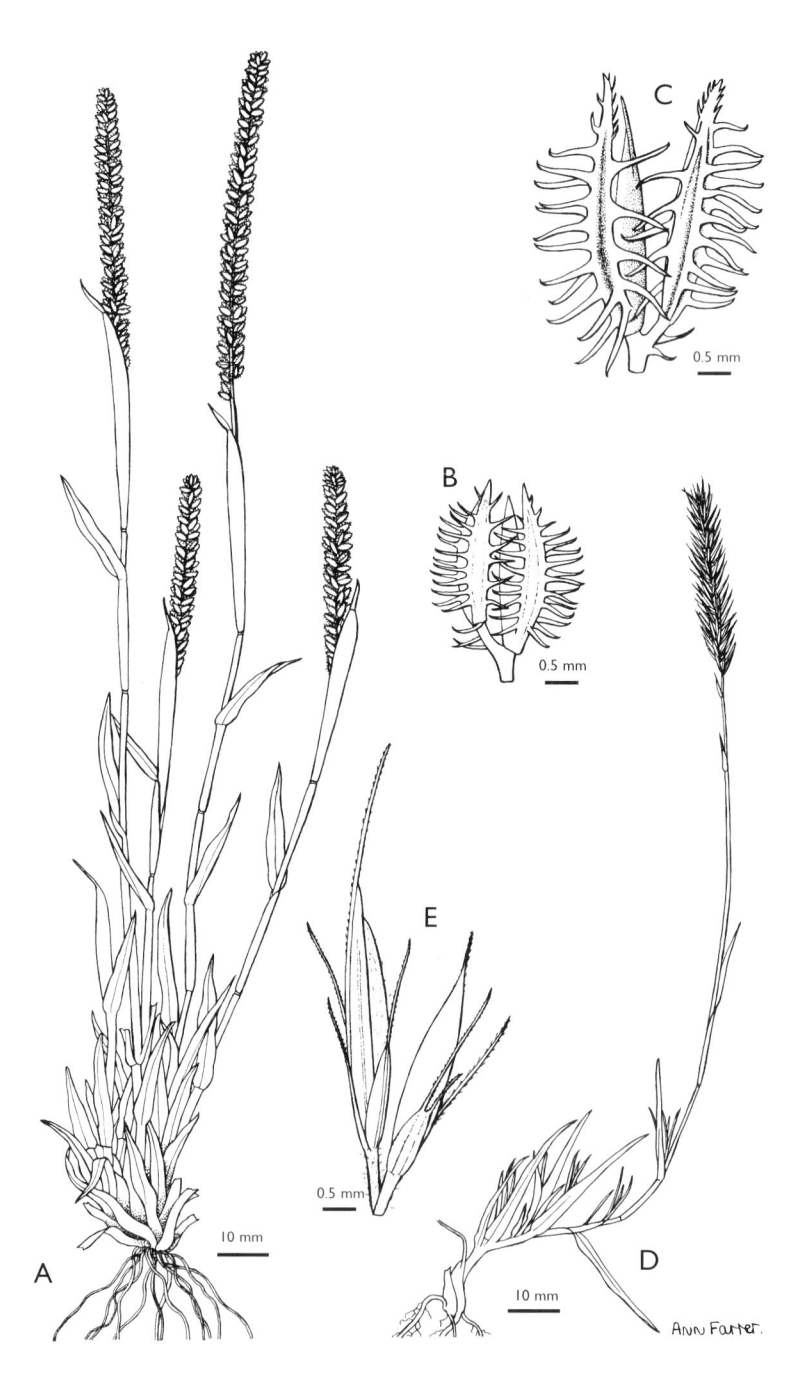

Fig. 73. **Tragus berteronianus**, **A** habito, **B** espiguilla basada en *Renvoize et Cope* 3852. **T. australianus**, **C** espiguilla basada en *Solomon et Nee* 18000. **Lycurus phleoides**, **D** habito, **E** espiguilla basada en *Feuerer* 4012a.

84. CHLORIS Sw.
Prodr.: 25 (1788); Anderson, Brigham Young Univ. Sci. Bull., Biol. Ser. 19(2): 1–133 (1974).

Plantas anuales o perennes. Vainas foliares carinadas o redondeadas; láminas lineares, planas o enrolladas, obtusas, agudas o acuminadas. Inflorescencia formada (1–)2–numerosos racimos unilaterales, digitados o verticilados, con espiguillas imbricadas en dos hileras del raquis. Espiguillas lateralmente comprimidas con un solo antecio basal perfecto, el segundo estaminado o estéril, (raro perfecto), y los últimos rudimentarios. Glumas persistentes, membranáceas o hialinas, 1-nervias, más cortas que el primer antecio, bidenticuladas, agudas, acuminadas o aristuladas; antecios caducos en conjunto. Lemma basal carinada, cartilagínea o coriácea, pálida o castaña, ciliada o no, mútica o bilobada, aristada; segunda lemma un poco más corta de la basal, mútica o aristada. Cariopsis elipsoide y trígono hasta fusiforme y subcilíndrico.

55 especies. Trópicos y regiones templado-cálidas del mundo.

1. Racimos solitarios ································ **1. C. boliviensis**
1. Racimos 2–numerosos:
   2. Lemma basal con mechones de pelos en su tercio superior ··· **2. C. virgata**
   2. Lemma basal pilosa, ciliada o subglabra, sin mechones:
      3. Láminas obtusas; plantas estoloníferas ············· **3. C. halophila**
      3. Láminas agudas o acuminadas; plantas amacolladas o cespitosas:
         4. Plantas anuales ························· **4. C. radiata**
         4. Plantas perennes:
            5. Lemma basal con la carina glabra ········· **5. C. castilloniana**
            5. Lemma basal con la carina pilosa o ciliolada:
               6. Lemma basal, con pelos densos y patentes:
                   7. Racimos (4–)7–14(–25) ············· **6. C. dandyana**
                   7. Racimos 3–5(–7) ····················· **7. C. ciliata**
               6. Lemma basal de 2,5–4 mm de largo, con pelos ralos y adpresos
                 ································· **8. C. gayana**

1. C. boliviensis Renvoize **sp. nov.** *C. grandifloro* Roseng. & Izag. affinis sed racemis solitariis in vaginis summis inclusis differt. Typus: Bolivia, *Renvoize* 4704 (holotypus LPB; isotypus K).

Plantas perennes, amacolladas; culmos de 18–40 cm de alto. Láminas de 5–14 cm long. × 1–2 mm lat. planas o enrolladas, acuminadas. Inflorescencia en racimo solitario, de 2–5 cm de largo, arqueado, incluido en el última vaina o apenas exerto. Espiguillas 3-floras, 2-aristadas. Glumas lanceoladas, hialinas, de 2–4 mm, acuminadas. Lemma basal, aguda, elíptica, de 3–3,5 mm de largo, carinada; márgenes y carina ciliados, con pelos densos; arista de 3,5 mm; segunda lemma estéril, oblonga, de 2 mm de largo, truncada, glabra; arista de 2–3 mm de largo; lemma última claviforme, reducida, de 1 mm de largo, mútica. Fig. 74.

BENI: Ballivián, Espíritu, *Renvoize* 4704; *Beck* 2633 y 3411.
Bolivia. Sabana húmeda; 200–224 m.

C. grandiflora es similar a esta especie, pero cuenta con 3–5 racimos exertos por inflorescencia.

2. C. virgata *Sw.*, Fl. Ind. Occid. 1: 203 (1797); H414; F285. Tipo: Antigua, *Swartz* (S, holótipo).

Plantas anuales amacolladas, con culmos de 15–80 cm de alto. Láminas de 6–30 cm long. × 2–6 mm lat. planas, atenuadas en el ápice. Inflorescencia con 4–14 espigas digitadas, de 2–10 cm de largo. Espiguillas (2–)3-floras, 2-aristadas. Glumas de 1,5–4,5 mm, la superior aristulada o no. Lemma basal obovada, de 2,5–3 mm de largo, con mechones de pelos de 2–3,5 mm de largo en su tercio superior y arista de 5–15 mm; lemma segunda glabra, claviforme, de 2–2,5 mm; arista de 5–12 mm; lemma última claviforme, menor que la segunda, mútica. Fig. 74.

SANTA CRUZ: Cordillera, Alto Parapeti, *de Michel* 85.
LA PAZ: Larecaja, Sorata, *Mandon* 1324; *Feuerer* 10399. Inquisivi, Inquisivi, *Beck* 4454.
COCHABAMBA: Cercado, Cochabamba, *Steinbach* 8796. Arce, Punata hacia Cochabamba, *Solomon et King* 15912.
CHUQUISACA: Zudáñez, 27 km E of Tarabuco, *Renvoize et Cope* 3857. Calvo, El Salvador, *Martinez* 599.
TARIJA: Cercado, Tarija hacia Tomatatas, *Bastian* 693. Avilés, Choclóca, *Beck* 756.

Regiones tropicales del mundo. Bosque seco y sitios alterados; 0–2700 m.

3. C. halophila *Parodi*, Revista Argent. Agron. 12: 45 (1945); F285. Tipo: Argentina, *Parodi* 2769 (US, isótipo).
C. beyrichiana sensu R.C. Foster, Rhodora 68: 285 (1966) non Kunth (1830).

Plantas perennes, estoloníferas; culmos de 15–70 cm de alto. Vainas flabelladas; láminas de 2,5–7 cm long. × 3–5 mm lat., planas o plegadas, obtusas. Inflorescencia formada por 4–13 racimos digitados o subdigitados, de 3–10(–15) cm de largo, muy divergentes a la madurez. Espiguillas 2(–3)-floras, 2-aristadas. Glumas lineares, de 1,5–4(–5) mm, agudas o aristuladas. Lemma basal lanceolada, delgada, de 4–5,5 mm, bidentada, aguda o acuminada, callo barbado, cuerpo glabro o bien los márgenes pilosos; arista de 6–15(–26) mm; segunda lemma lanceolada, estéril, de 1,5–2,5 mm, glabra; arista de 5–10 mm. Fig. 74.

LA PAZ: Larecaja, Sorata, *Mandon* 1323. Murillo, La Paz, *Bang* 82; *Buchtien* 573, Mallasa, *Renvoize* 4461; Cota Cota, *Beck* 2304. Inquisivi, Inquisivi hacia Circuata, *Beck* 4432.

Fig. 74. **Chloris boliviensis**, A habito, B inflorescencia, C espiguilla basada en *Renvoize* 4704. **C. halophila**, D espiguilla basada en *Renvoize et Cope* 3856. **C. virgata**, E espiguilla basada en *Renvoize et Cope* 3857. **C. dandyana**, F espiguilla basada en *Lankester* s.n.

COCHABAMBA: Ayopaya, Río Tambillo, *Baar* 129. Cercado, Cochabamba, *Wood* 9646. Mizque, Vila Vila, *Eyerdam* 24987.
POTOSI: Chayanta, Pocoata, *Renvoize et Cope* 3827. Saavedra, Despensa, *Romero* 31.
CHUQUISACA: Zudañez, 27 km E de Tarabuco, *Renvoize et Cope* 3856.
TARIJA: Méndez, Tomates Grandes, *Bastian* 362.
Ecuador hasta Argentina. Bosque seco y laderas pedregosas en zonas semiáridas; 1000–3500 m.

4. C. radiata (*L.*) *Sw.*, Prodr. : 26 (1788); H415; F286. Tipo: (LINN, lectótipo). *Agrostis radiata* L., Syst. Nat. ed. 10, 2: 873 (1759).

Plantas anuales, amacolladas; culmos de 30–60 cm de alto. Láminas de 7–15(–30) cm long. × 3–5(–10) mm lat., planas, agudas. Racimos 5–19 digitados o verticilados, de 5–8 cm de largo. Espiguillas 2-floras, 2-aristadas. Glumas hialinas, lineares, de 1–3 mm, agudas o acuminadas. Lemma basal lanceolada, aguda, de 2,5–3,5 mm, márgenes ralamente pilosos; arista de 5–13 mm; segunda lemma claviforme, reducida, de 0,5 mm; arista de 1,5–5 mm. Fig. 75.

PANDO: Suárez, Cobija, *Cuming* 926.
LA PAZ: Nor Yungas, Coripati, *Bang* 2173.
América Central e islas del Caribe hasta el norte de Bolivia.
Sitios alterados, al borde de caminos; 350–1800 m.

5. C. castilloniana *Parodi*, Physis (Buenos Aires) 4: 176 (1918). Tipo: Argentina, *Castillon* 3450 (US, isótipo).

Plantas perennes, cespitosas, con culmos de 40–100 cm de alto. Láminas de 10–20 cm long. × 4–6 mm lat., planas, agudas. Inflorescencia de 8–26 racimos semiverticillados, ascendentes, de color amarillo pálido, sedosos ciliados, de 6–15 cm de largo. Espiguillas 2-floras, 2-aristadas. Glumas hialinas, lanceoladas, de 2–3,5 mm, agudas o aristuladas. Lemma basal, lanceolada, aguda, de 3,5–4,5 mm; dorso glabro, márgenes pilosos, callo comprimido barbado; arista flexuosa, de 2–7 mm; segunda lemma oblonga, truncada, estéril, glabra, de 1,5–3 mm; arista de 1–5 mm de largo. Fig. 75.

CHUQUISACA: Calvo, El Salvador, *Martínez* 598.
TARIJA: Gran Chaco, Villa Montes, *Coro-Rojas* 1576.
Argentina y sur de Bolivia. Bosques, en suelos arenosos; 480–2000 m.

6. C. dandyana *C.D. Adams*, Phytologia 21: 408 (1971). Tipo: Jamaica, *Sloane* (BM, síntipo).

Fig. 75. **Chloris radiata**, **A** habito, **B** espiguilla basada en *Bang* 2173. **C. gayana**, **C** espiguilla basada en *Bastian* 717. **C. castilloniana**, **D** flores basada en *Coro-Rojas* 1576.

84. Chloris

Andropogon barbatum L., Syst. Nat. ed. 10, 2: 1305 (1759) non L. (1771).
A. polydactylon L., Sp. Pl. ed. 2, 2: 1483 (1763) nom. superfl. pro *A. barbatum* (1759).
Chloris polydactyla (L.) Sw., Prodr.: 26 (1788); H414; F285.
C. barbata (L.) Nash, Bull. Torrey Bot. Club 25:443 (1898), basado en *Andropogon barbatum* L. (1759) non *Chloris barbata* Sw. (1797).

Plantas perennes, amacolladas, con culmos de (20–)50–140 cm de alto. Láminas de 4–30(–45) cm long. × 2–10(–15) mm lat., planas o enrolladas, escabrosas, acuminadas. Racimos (4–)7–14(–25), digitados, de 4–15(–20) cm de largo. Espiguillas 3-floras, 2-aristadas. Glumas de 1–3,5 mm, angostamente lanceoladas, agudas o acuminadas, o la superior aristulada. Lemma basal elíptica, de 1,5–2(–3) mm, márgenes ciliados con pelos densos y patentes, de 1–3 mm; carina también pilosa, con pelos adpresos; arista de 1,5–5 mm; segunda lemma estéril, cilíndrica, glabra, de 1–1,5 mm; arista de 1,5–4 mm; última lemma claviforme, más corta de la segunda, mútica. Fig. 74.

SANTA CRUZ: Velasco, Suspiros, *Seidel* 64. Andrés Ibáñez, Río Piray, *Renvoize et Cope* 4023. Chiquitos, Puerto Suárez, *Lankester*.
LA PAZ: Nor Yungas, Milluguaya, *Buchtien* 739.
COCHABAMBA: Capinota, Itapaya, *Pedrotti et al.* 73.
CHUQUISACA: Hernando Siles, Padilla hacia Monteagudo, *Renvoize et Cope* 3889.
TARIJA: Cercado, Ceramitar, *Bastian* 34.
Norte América (Florida) hasta Argentina. Bordes de caminos, bosque y sitios alterados; 125–2750 m.

Algunos especímenes de menor estatura (20–80 cm) y reducido número de racimos (4–8, de 4–8 cm de largo), se presentan como intermedios entre *C. ciliata* y *C. dandyana*, lo que sugiere introgresión entre estas 2 entidades.

7. **C. ciliata** *Sw.*, Prodr.: 25 (1788). Tipo: Jamaica, *Swartz* (S, holótipo n.v.).

Plantas perennes cespitosas o amacolladas con culmos de 30–90 cm de alto. Láminas lineares, de 10–35 cm long. × 2–5 mm lat., acuminadas. Racimos 3–5(–7), digitados, de 3,5–6(–8) cm de largo. Espiguillas 3-floras, 2-aristadas. Glumas persistentes, de 1,5–2,5 mm, lanceoladas, acuminadas. Lemma basal ovado-lanceolada, de 1,5–2,5 mm, carina ciliolada con pelos cortos y adpresos y márgenes ciliados con pelos patentes de 0,5–1,5 mm, arista de 1–2,5 mm; segunda lemma estéril, ovada, glabra; arista de 1–1,5 de largo; última lemma claviforme, más corta de la segunda, mútica.

SANTA CRUZ: Florida, Pampa Grande, *Renvoize et Cope* 4059. Chiquitos, 70 km N de San José, *Killeen* 1692.

LA PAZ: Murillo, Mecapaca, *Solomon et Nee* 16066. Larecaja, Sorata, *Feuerer et al.* 5753.
COCHABAMBA: Quillacollo, Quillacollo hacia Oruro, *Beck* 917.
CHUQUISACA: Zudañez, Tarabuco, *Renvoize et Cope* 3862.
TARIJA: Cercado, Tarija, *Gerold* 53.
Estados Unidos de América, México y América central, Caribe y Argentina. Campos y bosques arbustivos; 400–2950 m.

8. C. gayana *Kunth*, Révis. Gramin. 1: 89 (1829). Tipos: Senegal, *Herb. Gay* 21, 40 (K, isosíntipos).

Plantas perennes con culmos de 50–300 cm de alto. Láminas de 25–30(–50) cm long. × 3–15 mm lat., planas o enrolladas, acuminadas. Inflorescencia con 7–20(–30) racimos digitados, de 4–15 cm de largo. Espiguillas (2–)3(–4)-floras, 2-aristadas. Glumas de 1,5–4 mm, agudas o aristuladas. Lemma basal ovada, obovada o elíptica, de 2,5–4 mm, márgenes y carina cilíolados; arista de 1,5–10 mm; segunda lemma con flor perfecta estaminada o estéril, de 1,5–3 mm; arista de 1–5,5 mm; tercera lemma estaminada o estéril, semejante a la segunda o ausente; última lemma claviforme, reducida, sin arista. Fig. 75.

COCHABAMBA: Mizque, *R. Steinbach* 734.
TARIJA: Cercado, *Bastian* 717.
Nativa de Africa tropical, introducida en otras regiones. Campos y sitios alterados; 120–2300 m.

El espécimen *R. Steinbach* 734 tiene características excepcionales por que todas sus espiguillas son 2-flores y subglabras.

85. EUSTACHYS Desv.
Nouv. Bull. Sci. Soc. Philom. Paris 2: 188 (1810).

Plantas anuales o perennes, flabeladas en la base. Vainas de las hojas carinadas, notablemente disticas; láminas lineares, planas o plegadas, obtusas, agudas o acuminadas. Inflorescencia en 2–numerosos racimos unilaterales digitados, con espiguillas imbricadas. Espiguillas lateralmente comprimidas, 2(–3)-floras, antecios de color castaño, el basal perfecto, el segundo estaminado o estéril, el último rudimentario. Glumas persistentes, membranáceas, 1-nervadas, más cortas que los antecios, la superior mayor, obtusa, bilobada o truncada, con breve arístula subapical. Lemma inferior carinada, cartilagínea o coriácea, aguda o emarginada, mútica o con breve arístula subapical; segunda lemma obcónica y la última claviforme. Cariopsis elipsoide, trígono.
10 especies; trópicos y subtrópicos, principalmente americanas.

85. Eustachys

1. Lemma inferior con quilla y márgenes ciliados o ciliolados; espigas 2–12(–14), de 4–12 cm de largo:
    2. Lemma inferior con quilla y márgenes ciliolados · · · · · · · · · · **1. E. petraea**
    2. Lemma inferior con quilla y márgenes ciliados · · · · · · · · · · · **2. E. caribaea**
1. Lemma inferior con quilla glabra y márgenes pilosos; espigas 14–28(–33), de 6–17 cm de largo · **3. E. distichophylla**

1. E. petraea (*Sw.*) *Desv.*, Nouv. Bull. Sci. Soc. Philom. Paris 2: 189 (1810). Tipo: Jamaica, *Swartz* (S, holótipo n.v.).
Chloris petraea Sw., Prodr.: 25 (1788).
C. uliginosa Hack., Repert. Spec. Nov. Regni Veg. 7: 320 (1909). Tipo: Uruguay, *Berro* 2678 (K, isótipo).
Eustachys uliginosa (Hack.) Herter, Revista Sudamer. Bot. 6: 147 (1940).

Plantas perennes, cespitosas o con rizomas cortos; culmos erectos o ascendentes, de 25–100 cm de alto. Vainas basales flabeladas; láminas de 5–20 cm long. × 2–7 mm lat., plegadas o planas, agudas u obtusas. Racimos 2–12(–14), de 4–12 cm de largo. Gluma superior de 1,5–2 mm, con arístula de 0,5–1 mm. Lemma inferior gibosa, de 1,5–2,5 mm, quilla y márgenes ciliolados, emarginada o apiculada, sin arístula; lemma superior obcónica. Fig. 62.

SANTA CRUZ: Andrés Ibáñez, Río Piray, *Renvoize et Cope* 4022; El Vallecito, *Tollervey* 2625. Chiquitos, 22 km N de San José, *Killeen* 1713.
Norte América hasta Argentina. Sitios alterados, campos húmedos o secos; 0–1000 m.

Hasta el presente, *E. petraea* se ha utilizado para designar plantas con 2–7 racimos procedentes de Norte y Centro América; a la par, *E. uliginosa* se ha aplicado a plantas sudamericanas (principalmente del sur de Brasil y Argentina) que cuentan con 5–14 racimos. Dado que el número de racimos es en general muy variable, y como no existen otros caracteres que permitan reconocer dos entidades independientes, se propone su sinonimia.

2. E. caribaea (*Spreng.*) *Herter*, Revista Sudamer. Bot. 6: 147 (1940). Tipo: La Antillas? (US, frag.).
Chloris caribaea Spreng., Syst. Veg. 1: 295 (1825).

Plantas perennes, con culmos de 15–75 cm de alto. Vainas flabeladas; láminas lineares, de 4–15 cm long. × 4–11 mm lat., conduplicadas o planas, obtusas o agudas. Inflorescencia de 4–7(–21) racimos de 4–14 cm de largo. Espiguillas castañas. Gluma inferior de 1,2–2 mm, 1-nervia, la superior de 1,5–2(–2,5) mm, excluida la arista, 1-nervia. Lemma inferior angostamente ovada en vista lateral, de 2–2,5 mm, los márgenes y carina media inferior cortamente ciliada, aguda, mútica.

CHUQUISACA: Tomina, Dorado, *Murguia* 56.

Bolivia, Brasil, Paraguay, Uruguay y Argentina. Campos y lugares alterados; 0–1900 m.

3. E. distichophylla (*Lag.*) *Nees*, Agrostologia Brasiliensis in Martius, Fl. Bras. 2(1): 418 (1829). Tipos: Argentina y Chile (US, frags.).
Chloris distichophylla Lag., Gen. Sp. Pl.: 4 (1816); H414; F285.

Plantas perennes, cespitosas o amacolladas; culmos erectos, de 50–200 cm de alto. Vainas basales flabeladas o no; láminas de 10–40 cm long. × 5–15 mm lat., planas o plegadas, agudas u obtusas. Racimos 14–28(–33), de 6–17 cm de largo. Gluma superior de 2–2,5 mm, con arístula de 0,5 mm. Lemma inferior angostomente ovada, de 2,5–3 mm quilla glabra, márgenes pilosos, aguda, sin arístula; lemma superior obcónica. Fig. 62.

BENI: Ballivián, Reyes, *Rusby* 1319.
SANTA CRUZ: Chávez, Concepción, *Killeen* 977. Ichilo, Buena Vista, *Steinbach* 6867. Cordillera, Santa Cruz hacia Abapó, *Renvoize et Cope* 4559.
LA PAZ: Nor Yungas, Polo Polo, *Buchtien* 3633. Yolosa, *Beck* 8703.
CHUQUISACA: Hernando Siles, 12 km E de Monteagudo, *Renvoize et Cope* 3896.
TARIJA: Gran Chaco, Villamontes, *Pflanz* 2022.
Perú, Bolivia y Argentina. Campos, bosques y bordes de caminos; 10–1350 m.

E. retusa (Lag.) Kunth, que habita desde el sur de Brasil hasta Argentina, es similar a esta especie, distinguiéndose por sus espiguillas menores, (de 1,5–2,5 mm de largo) y menor número de racimos, (3–13, de 3–10 cm de largo).

86. TRICHLORIS Benth.
J. Linn. Soc., Bot. 19: 102 (1881).

Plantas perennes, cespitosas o amacolladas, con láminas lineares y planas. Inflorescencia en racimos unilaterales, digitados, dispuestos en uno o varios verticilos sobre un eje corto o alargado. Espiguillas angostas, aristadas, 2–5-floras, con 1–2 antecios inferiores fértiles y 1–3 superiores estériles y reducidos. Glumas 2, persistentes, desiguales, linear-lanceoladas, uninervias, la inferior aguda, la superior subulada o aristulada; antecios caducos en conjunto, callo con mechón de pelos. Lemma linear-lanceolada, comprimida, 3-nervada, 3-aristada; antecios estériles reducidos pero con las 3 aristas desarrolladas; pálea bidentada. Cariopsis oblongo, castaño, dorsiventralmente comprimido.

2 especies en América templado-cálida y cálida seca. Norte América hasta Argentina.

Espiguilla 3–4-floras, los 2 antecios basales con flores perfectas; aristas desiguales; hojas no flabeladas ·································· **1. T. pluriflora**
Espiguilla 2-floras, sólo el antecio basal con flor perfecta; aristas subiguales; hojas flabeladas ·· **2. T. crinita**

1. T. pluriflora *E. Fourn.*, Mexic. Pl. 2: 142 (1886); H416; F286. Tipo: Texas, *Berlandier* 1430 (BM, isótipo).

Plantas amacolladas con culmos erectos, de 75–100 cm de alto, cilíndricos y duros. Láminas de 15–50 cm long. × 5–15 mm lat., acuminadas. Inflorescencia con 6–24 racimos de 10–22 cm de largo dispuestos sobre un raquis de 5–16 cm. Espiguillas biseriadas, 3–4-floras, los 2 antecios inferiores perfectos, los restantes estériles, reducidos. Glumas tenues, aristuladas, la inferior 2,5–3 mm, la superior de 4–4,5 mm. Lemma inferior de 3–4 mm, ciliolada en los márgenes, escabrosa en la carina; arista mediana de 12–17 mm de largo, las dos laterales de 3–4,5 mm. Fig. 76.

SANTA CRUZ: Cordillera, Abapó, *Renvoize et Cope* 3916.
TARIJA: Cercado, San Luis, *Bastian* 341. Tolomosa Chico, *Bastian* 396. Tarija hacia Tomatatas, *Bastian* 714. Gran Chaco, Puerto Margarita, *Coro-Rojas* 1488. Arce, Abra De La Cruz hacia Padcaya, *Liberman et al.*1885.
Norte América hasta Argentina. Campos secos y bosques xerofíticos; 300–1920 m.

2. T. crinita (*Lag.*) *Parodi*, Revista Argent. Agron. 14: 63 (1947). Tipo: Argentina, *Nee* (US, frag.)
Chloris crinita Lag., Varied. Ci. 2(4): 143 (1805).
C. mendocina Phil., Anales. Univ. Chile 36: 208 (1870). Tipo: Chile, *Philippi* (US, frag.)
Trichloris mendocina (Phil.) Kurtz, Mem. Fac. Ci. Exact. Univ. Córdoba 1896: 37 (1897); H415; F286.

Plantas cespitosas con culmos erectos de 20–100 cm de alto. Hojas flabeladas; láminas de 10–40 cm long. × 2–4 mm lat., planas, acuminadas. Racimos 7–20, 7–14 cm de largo, insertos en un raquis de 1–2 cm. Espiguillas biseriadas, 2-floras, el antecio inferior fértil, el superior estéril, reducido. Glumas tenues, aristuladas, la inferior de 1–2,5 mm de largo, la superior de 2,5–3,5 mm de largo. Lemma inferior ciliolada, de 2,5–3,5 mm, con arista mediana de 12–15 mm, las dos laterales de 10–12 mm. Fig. 76.

SANTA CRUZ: Cordillera, Abapó–Izozog, *Blair Rains* 6.
LA PAZ: Murillo, Río La Paz, *Wood* 9160.
TARIJA: Cercado, San Luis, *Bastian* 341A. Avilés, Colon, *Beck et Liberman* 16308. Arce, Abra de La Cruz hacia Padcaya, *Liberman et al.* 1922.
Norte América hasta Argentina. Campos secos y bosques xerofíticos, en suelos arenosos; 50–2800 m.

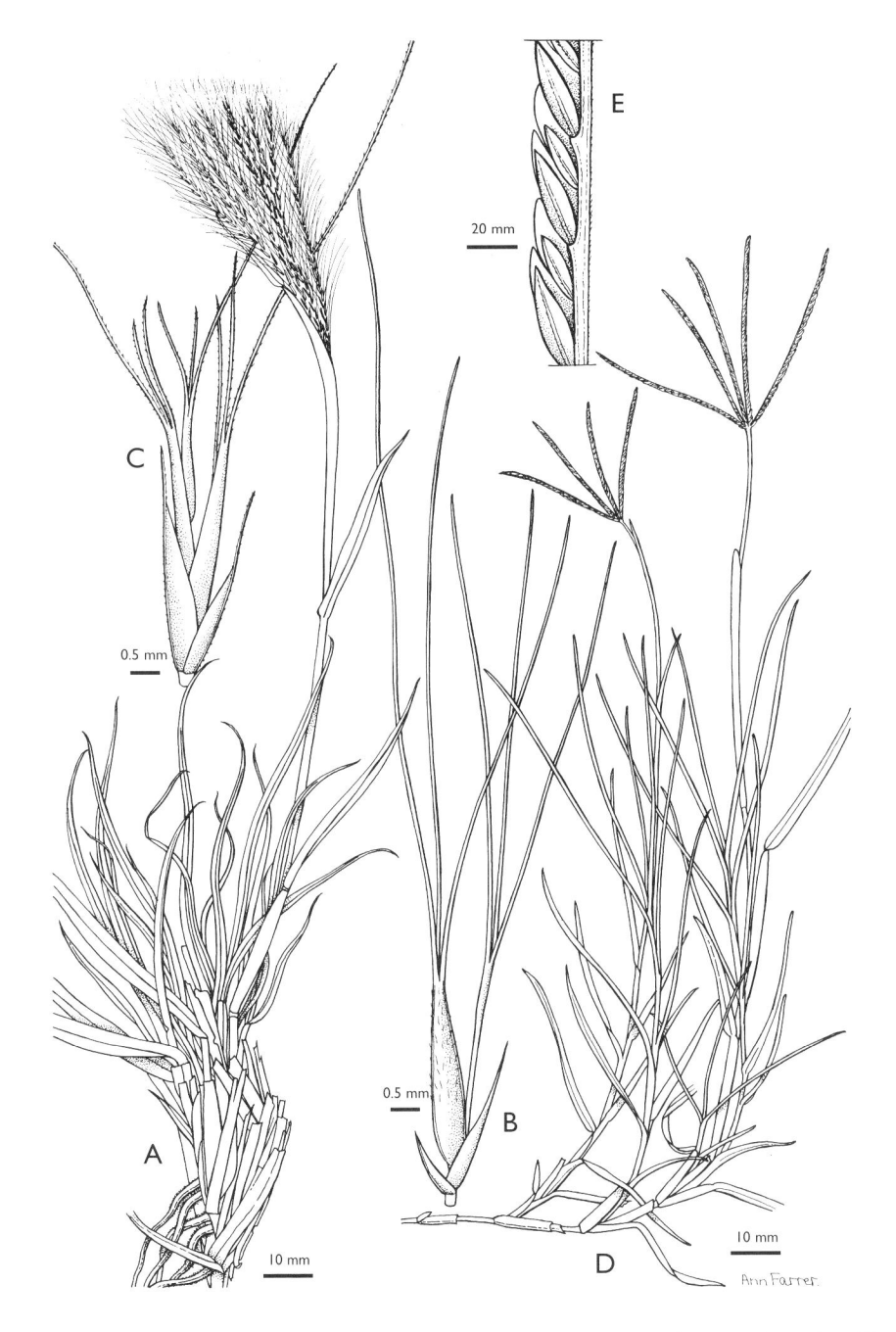

Fig. 76. **Trichloris crinita**, **A** habito, **B** espiguilla basada en *Brücher* s.n. Argentina. **T. pluriflora**, **C** espiguilla basada en *Bastian* 341. **Cynodon dactylon**, **D** habito, **E** porción de racemo basada en *Beck* 2722.

87. GYMNOPOGON P. Beauv.

Ess. Agrostogr.: 41 (1812); Rosengurtt *et al.*, Bol. Fac. Agron. Univ. Montevideo 103: 16–24 (1968); Smith, Iowa State J. Sci. 45(3): 319–385 (1971).

Plantas anuales o perennes, cespitosas o rizomatosas. Vainas imbricadas; láminas lanceoladas, rígidas, dísticas. Inflorescencia en racimos subdigitados o distribuidos en un eje corto, oblongos, tenues, unilaterales, desnudos en la base o no, las espiguillas en dos hileras, aplicadas al raquis. Espiguillas lateralmente comprimidas, pediceladas, 1–3-floras; antecio basal perfecto, los superiores reducidos y estériles o con flor perfecta o estaminada. Glumas persistentes, angostamente ovadas o lanceoladas, 1-nervadas, desiguales o subiguales, más largas que el antecio basal, algo divergentes. Lemma fértil carinada, membranácea, 3-nervada, bidentada, aristulada o no. Cariopsis angostamente elipsoide, cilíndrico o comprimido dorsi-ventralmente.

15 especies; América del Norte y del Sur, una especie en India y Tailandia.

1. Espiguillas múticas, bifloras · **1. G. burchellii**
1. Espiguillas 1–3-aristadas, 1–3-floras:
    2. Espiguillas unifloras, aristas retorcidas; racimos de 3–7 cm de largo
        · **2. G. fastigiatus**
    2. Espiguillas 1–2(–3)-floras, 1–3-aristadas; aristas rectas; racimos de (5–)9–25 cm de largo · **3. G. spicatus**

1. G. burchellii (*Munro*) Ekman, Ark. Bot. 11: 35 (1912). Tipo: Brasil, *Burchell* (K, holótipo).
Leptochloa burchellii Munro in Martius, Fl. Bras. 2(3): 93 (1878).

Plantas perennes con culmos delgados, cilíndricos, erguidos, de 30–60 cm de alto, desde una base nodosa y brevemente rizomatosa. Láminas de 2,5–6 cm de largo, planas o enrolladas, punzantes. Inflorescencia formada por numerosos racimos delgados, de 10–20 cm de largo, sin espiguillas hacia la base. Espiguillas 2-floras, múticas. Glumas subiguales, de 2,5–4,5 mm de largo, angostamente ovadas, acuminadas o aristuladas. Lemma basal de 1,5–2,5 mm de largo, escabriúscula; segunda lemma con flor perfecta o estaminada. Fig. 77.

SANTA CRUZ: Florida, Samaipata, *Renvoize et Cope* 4054.
Bolivia, Brasil y Argentina. Campos; 800–1600 m.

2. G. fastigiatus *Nees*, Agrostologia Brasiliensis in Martius, Fl. Bras. 2(1): 430 (1829). Tipo: Brasil (B, holótipo n.v.).
G. jubiflorus Hitchc., Contr. U.S. Natl. Herb. 24: 412 (1927); H412; F284. Tipo: Bolivia, *Rusby* 215 (US, holótipo n.v.).
G. fastigiatus ssp. *jubiflorus* (Hitchc.) J.P. Smith, Iowa State J. Sci. 45(3): 361 (1971).

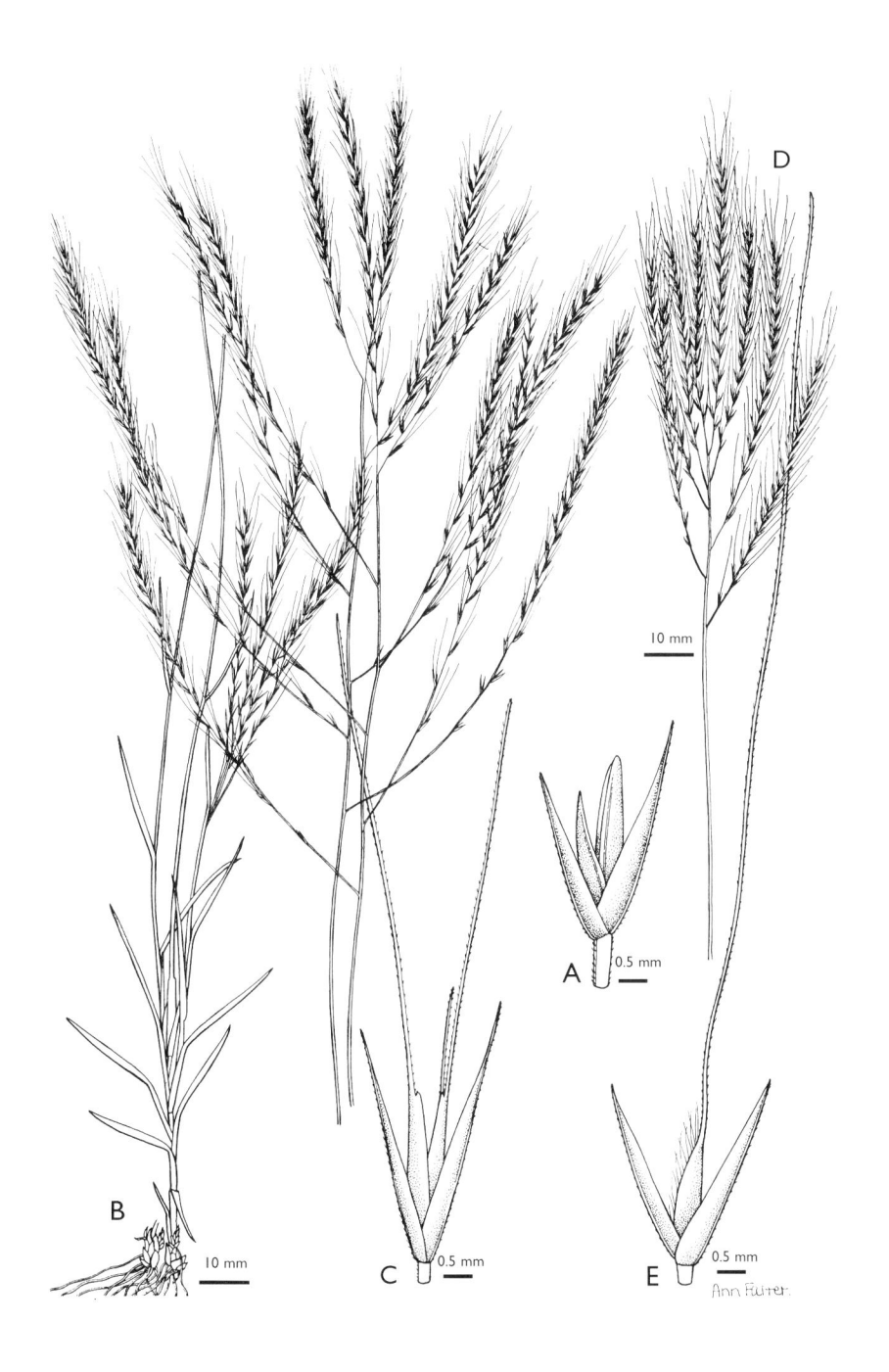

Fig. 77. **Gymnopogon burchellii**, **A** espiguilla basada en *Renvoize et Cope* 4054. **G. spicatus**, **B** habito, **C** espiguilla basada en *Renvoize et Cope* 4025. **G. fastigiatus**, **D** panícula, **E** espiguilla basada en *Haase* 347.

87. Gymnopogon

Plantas perennes, cespitosas con culmos delgados, erguidos, cilíndricos, de 30–120 cm de alto. Láminas de 2–4 cm long. × 2–3 mm lat., planas o enrolladas. Inflorescencia formada por 4–9 racimos ascendentes de 3–7 cm de largo, dispuestos sobre un eje de 3–6 cm. Espiguillas 1(–2)-floras, uniaristadas. Glumas subiguales, angostamente ovadas, de 2,5–3,5(–4,5) mm, acuminadas. Lemma basal de 2 mm de largo, pilosa en el ápice, con arista de 10–15 mm, retorcida y flexuosa; segunda lemma más corta de la basal. Fig. 77.

BENI: Yacuma, Porvenir, *Killeen* 2588.
SANTA CRUZ: Chávez, 5 km S de Concepción, *Killeen* 2077. Velasco, 26 km SE de San Ignacio, *Bruderreck* 293.
LA PAZ: Iturralde, Luisita, *Haase* 347.
Costa Rica hasta Brasil y Bolivia. Sabanas húmedas; 180–550 m.

3. G. spicatus (*Spreng.*) *Kuntze*, Revis. Gen. Pl. 3(3): 354 (1891); H413; F284. Tipo: Brasil, *Sellow* (B, holótipo).
Polypogon spicatus Spreng., Syst. Veg. 1: 243 (1825).
Gymnopogon spicatus var. *longiaristatus* Kuntze, Revis. Gen. Pl. 3(3): 354 (1891). Tipo: Bolivia (NY, lectótipo, selecionado por Smith n.v.).

Plantas perennes brevemente rizomatosas en la base, con culmos delgados, erguidos, cilíndricos, de 20–60 cm de alto. Láminas de 2,5–5 cm long. planas o enrolladas, punzantes. Racimos numerosos, delgados, flexuosos, de (5–)9–25 cm de largo, patentes a la madurez, con pocas espiguillas hacia la base, densifloros hacia el ápice. Espiguillas 1–2(–3) floras, 1–3 aristadas. Glumas subiguales, angostamente lanceoladas, de 2,5–7 mm, acuminadas. Lemma basal angostamente elíptica, de 2–3,5 mm, pilosiúscula o escabriúscula en el ápice, con arista recta o flexuosa de 4–12(–25) mm de largo; segundo antecio estaminado, aristado; antecio distal reducido a una arista. Fig. 77.

SANTA CRUZ: Chávez, 8 km NW de Concepción, *Killeen* 1011. Velasco, 30 km S de San Ignacio, *Bruderreck* 315. Ichilo, Buena Vista, *Steinbach* 6977. Andrés Ibáñez, Viru Viru, *Renvoize et Cope* 3992.
CHUQUISACA: Tomina, Revuelta, *CORDECH* 72.
México hasta Argentina. Campos en suelos arenosos; 300–2200 m.

88. CTENIUM Panz.
Id. Rev. Gräser: 36, 59 (1813).

Plantas perennes o anuales. Inflorescencia en racimos unilaterales, solitarios o digitados. Espiguillas comprimidas lateralmente, ordenadas en 2 hileras, con 2 antecios basales reducidos a la lemma estéril o estaminados por de bajo del antecio fértil; raquilla terminada en 1–3 antecios rudimentarios superiores. Glumas herbáceas, lanceoladas, aristadas, la inferior menor, la superior mayor que la espiguilla, carinada, con una arista dorsal oblicua. Lemma fértil, membranácea con arista terminal o sub-apical. Cariopsis elipsoide.

17 especies en regiones tropicales o sub-tropicales de Africa, Madagascar y América.

El ejemplar siguiente se ha identificado solo a nivel genérico.

SANTA CRUZ: Santiago, *Till* 131.

89. MICROCHLOA R. Br.
Prodr.: 208 (1810).

Plantas perennes o anuales pequeñas, con láminas foliares lineares, convolutas o plegadas. Racimo solitario, unilateral, delgado, arqueado, multifloro, con raquis tenaz. Espiguillas 1(–2)-floras, múticas, flores desarticulando arriba de las glumas. Glumas 2, lanceoladas, subiguales, mayores que el antecio que encierran, uninervadas, agudas, la inferior carinada, la superior redondeada. Lemma membranácea, ovada hasta anchamente elíptica, 3-nervada, carinada, ciliada, aguda, bilobulada o mucronulada. Cariopsis elipsoidal.

6 especies, en regiones tropicales.

Plantas anuales, amacolladas ··············	**1. M. indica**
Plantas perennes, cespitosas ··············	**2. M. kunthii**

1. M. indica (*L.f.*) *P. Beauv.*, Ess Agrostogr., Expl. Pl.: 13, t. 20/8 (1812); H412; F283. Tipo: India, *König* (LINN, material original).
Nardus indica L.f., Suppl. Pl.: 105 (1781).

Plantas anuales, amacolladas; culmos de 4–30(–50) cm de alto. Láminas plegadas, de 1–3 cm long. × 0,5 mm lat., agudas. Espigas de 2–9 cm long. × 1 mm lat. Espiguillas de 2,2–3 mm. Anteras de 0,5 mm. Fig. 62.

SANTA CRUZ: Chávez, 9 km N de Concepción, *Killeen* 1782. Andrés Ibáñez, Viru Viru, *Renvoize et Cope* 3989. Florida, Samaipata, *Renvoize et Cope* 4049; Pampa Grande, *Renvoize et Cope* 4058.
LA PAZ: Larecaja, Sorata, *Mandon* 1381. Murillo, La Paz, *Beck* 2296, Mallasa, *Renvoize* 4469.
COCHABAMBA: Mizque, *Cárdenas* 3433.
CHUQUISACA: Oropeza, Sucre, *Renvoize et Cope* 3837; Zudañez, 27 km E de Tarabuco, *Renvoize et Cope* 3854.
TARIJA: Cercado, Río Coimata, *Bastian* 171; Villamontes, *Beck* 227.
Trópicos del mundo. Campos y bosques xerofíticos; 500–3650 m.

89. Microchloa

2. M. kunthii Desv., Opusc. Sci. Phys. Nat.: 75 (1831). Tipo: América tropical, *Desveaux* (P, holótipo).

Plantas perennes, cespitosas; culmos de 10–60 cm de alto. Láminas plegadas, de 1–8(–13) cm long. × 0,5 mm lat., agudas. Espigas de 2–25 cm long. × 1 mm lat. Espiguillas de 2,5–4,5 mm. Anteras de 0,5–1,2 mm.

POTOSI: Quijarro, 8 km NE de Uyuni, *Peterson et al.* 13074. Sud Chichas, 16 km N de San Vicente, *Peterson et al.* 12887. Omiste, 10 km N de Villazón, *Peterson et Annable* 11792.
Trópicos del mundo. Campos y bosques xerifíticos; 600–3950 m.

90. CYNODON Rich.
in Pers., Syn. Pl. 1: 85 (1805).

Perennes, rizomatosas y estoloníferas, con láminas foliares lineares y planas. Inflorescencia en racimos unilaterales digitados, raro en 2 verticilos. Espiguillas unifloras, a veces con raquilla prolongada estéril, sésiles, lateralmente comprimidas. Glumas 2, angostas, persistentes, uninervadas, herbáceas, más breves o iguales que el antecio, divergentes, agudas. Lemma comprimida lateralmente, carinada, cartilagínea, 3-nervia, mútica.

8 especies, trópicos y subtrópicos del Viejo Mundo; una especie pantropical.

Plantas rizomatosas y estoloníferas; racimos de 2–4 cm ········· **1. C. dactylon**
Plantas estoloníferas; racimos de 4–10 cm ················ **2. C. nlemfuensis**

1. C. dactylon (L.) *Pers.*, Syn. Pl. 1: 85 (1805); H412; F283. Tipo: Portugal (LINN, lectótipo).
Panicum dactylon L., Sp. Pl.: 58 (1753).

Plantas rizomatosas y estoloníferas; culmos de 6–50 cm de alto. Láminas de 1,5–10 cm long. × 1–3 mm lat. Inflorescencia formada por 4–5 racimos, de 2–4 cm de largo. Espiguillas ovadas, de 2–2,5 mm de largo. Fig. 76.

PANDO: Suárez, Cobija, *Beck* 17091.
BENI: Ballivián, Espíritu, *Beck* 5018. Yacuma, Porvenir, *Renvoize* 4638. Cercado, Trinidad, *Brooke* 53. Marban, San Rafael, *Beck* 2722.
SANTA CRUZ: Andrés Ibáñez, Santa Cruz, *Renvoize et Cope* 4007.
LA PAZ: Larecaja, Sorata, *Feuerer* 10477. Murillo, La Paz, *Beck* 2298; Mecapaca, *Renvoize et Cope* 4223.
COCHABAMBA: Cercado, Cochabamba, *Cárdenas* 696.
POTOSI: Sud Chichas, 28 km N de Tupiza, *Renvoize, Ayala et Peca* 5314. Omiste, N de Villazón, *Peterson et Annable* 11776.

CHUQUISACA: Oropeza, Sucre, *Renvoize et Cope* 3842. Campero, Aiquile, *Sigle* 320.
TARIJA: Cercado, Coimata, *Bastian* 160. Avilés, Chocloca, *Bastian* 295. Arce, 63 km de Tarija hacia Bermejo, *Ehrich* 399.
Regiones tropicales hasta subtropicales. Sitios alterados; 0–3400 m.

2. C. nlemfuensis *Vanderyst*, Bull. Agric. Congo Belge 13: 342 (1922). Tipos: Zaire, *Vanderyst* 6095, 6400 & 7672 (BR, síntipos).

Plantas estoloníferas; culmos de 30–60 cm de alto, herbáceas. Láminas de 5–16 cm long. × 2–6 mm lat. Inflorescencia con 4–13 racimos de 4–10 cm de largo, digitados o dispuestos en 2 verticilos. Espiguillas ovadas, de 2–3 mm de largo.

SANTA CRUZ: Chávez, 2 km W de San Javier, *Killeen* 1387; Concepción, *Killeen* 978.
LA PAZ: Sud Yungas, Palos Blancos, *Seidel* 2810.
Nativo en Africa, introducida como forrajera.

91. CHONDROSUM Desv.
Nouv. Bull. Sci. Soc. Philom. Paris 2: 188 (1810).

Plantas anuales o perennes, cespitosas o amacolladas. Láminas foliares lineares. Inflorescencia de 1–6 racimos dispuestos a lo largo de un eje común, cortos, unilaterales, persistentes, terminandos en una extensión aguda del raquis o en una espiguilla. Espiguillas lateralmente comprimidas, 2–3-floras, imbricadas. Glumas persistentes, lanceoladas. Lemma inferior fertil, carinada o redondeada, membranácea, 3-nervia, 3-aristada, a veces dentada o lobulada; lemmas superiores estériles, reducidas.
14 especies, Canadá hasta Argentina.

C. simplex (*Lag.*) *Kunth*, Révis. Gramin. 1: 94 (1829). Tipo: Perú (MA, holótipo n.v.).
Bouteloua simplex Lag., Varied. Ci. 2(4): 141 (1805); H416; F287.
B. simplex var. *actinochloides* Henrard, Meded. Rijks-Herb. 40: 65 (1921). Tipo: Bolivia, Cochipata, *Mandon* (L, holótipo n.v.).

Plantas anuales; culmos erectos o decumbentes, de (2–)5–35 cm de alto. Láminas de 1,5–6 cm long. × 1–2 mm lat., planas o enrolladas, agudas. Racimo solitario de 1–3,5 cm de largo, arqueado. Espiguillas 2-floras. Glumas desiguales, de 2,5–5,5 mm de largo, acuminadas. Lemma inferior de 2–3 mm; lemma distal muy reducida; aristas de 4,5–6 mm. Fig. 78.

LA PAZ: Saavedra, Charazani hacia Apolo, *Feuerer* 5651. Larecaja, Sorata, *Mandon* 1325. Murillo, La Paz, *Bang* 81; *Buchtien* s.n.

91. Chondrosum

COCHABAMBA: Ayopaya, Río Tambillo, *Baar* 76a. Mizque, Chaguarani–Quioma, *Eyerdam* 25088.
ORURO: Dalence, Vinto hacia Machacamarca, *Beck* 17995. Cabrera, Salar de Uyuni, *Beck* 11827.
POTOSI: Bustillo, Uncia, *Renvoize et Cope* 3809. Nor Chichas, 140 km N de Tupiza, *Renvoize, Ayala et Peca* 5327. Sud Chichas, 13 km W de Tupiza, *Renvoize, Ayala et Peca* 5312.
CHUQUISACA: Oropeza, Sucre, *Renvoize et Cope* 3844. Zudañez, 27 km E de Tarabuco, *Renvoize et Cope* 3859.
TARIJA: Cercado, Coimata, *Coro-Rojas* 1519. Avilés, Puna Patanca, *Fiebrig* 2629.
Norte América hasta Argentina. Laderas pedregosas y campos del altiplano; 1950–3900 m.

92. BOUTELOUA Lag.
Varied. Ci: 2(4): 134 (1805); Griffiths, Contr. U.S. Natl. Herb. 14(3) 343–428 (1912); Gould, Brittonia 16: 182–207 (1964).

Plantas anuales o perennes, cespitosas o estoloníferas. Láminas foliares lineares. Inflorescencia de 2–80 racimos dispuestos a lo largo de un eje común, cortos, deciduos, con 1–10(–20) espiguillas adpresas, el raquis agudo o bidentado en el ápice. Espiguillas subcilíndricas, con un antecio basal perfecto y 1–4 antecios apicales estériles, reducidos. Glumas 2, persistentes, 1-nervadas, agudas o aristuladas, la inferior menor que la superior. Lemma 3-nervada, nervios prolongados en 3 aristas apicales rectas; pálea bidentada o biaristulada; lemmas estériles reducidas pero aristadas.

24 especies, Canadá hasta Argentina.

1. Plantas anuales · 3. B. aristidoides
1. Plantas perennes:
    2. Racimos numerosos, sobre un eje de 10–20 cm de largo; aristas de 1–10 mm
       · 1. B. curtipendula
    2. Racimos 2–4 sobre un eje de 1,5–3 cm de largo; aristas de 4–30 mm de largo
       · 2. B. megapotamica

1. B. curtipendula (*Michx.*) *Torr.* in Emory, Not. Milit. Reconn.: 154 (1848); H417; F287. Tipo: Norte América, *Michaux* (P, holótipo n.v.).
Chloris curtipendula Michx., Fl. Bor.-Amer. 1: 59 (1803).

Plantas perennes, cespitosas; culmos de 40–80 cm de alto. Láminas lineares, de 15–25 cm long. × 3–6 mm lat., planas, duras, acuminadas. Inflorescencia en racimos breves, de 1–2 cm de largo, numerosos sobre un eje comprimido, de 10–20 cm, péndulos, formados por 2–7 espiguillas imbricadas, caducas en conjunto a la madurez. Espiguillas bifloras. Glumas de 5–8 mm, lanceoladas,

Fig. 78. **Chondrosum simplex**, A habito, B espiguilla basada en *Renvoize et Cope* 3844. **Bouteloua curtipendula**, C habito, D espiguilla basada en *Beck* 916. **B. megapotamica**, E habito basada en *Bastian* 1267, F espiguilla basada en *Renvoize* 3773 Argentina.

agudas o acuminadas. Lemma basal de 5–7 mm, (sin contar las cortas arístulas de 1 mm de largo); segunda lemma estéril, reducida, con aristas desiguales de 3–10 mm. Fig. 78.

LA PAZ: Larecaja, Sorata, *Mandon* 1380; *Feuerer* 5764.
COCHABAMBA: Quillacollo, Quillacollo hacia Oruro, *Beck* 916. Cercado, Cochabamba, *Eyerdam* 24875. Capinota, Ucuchi hasta Capinota, *Pedrotti et al.* 81.
POTOSI: Nor Chichas, 121 km N de Tupiza, *Renvoize, Ayala et Peca* 5319.
CHUQUISACA: Oropeza, Sucre hacia Yotala, *Wood* 7701.
TARIJA: Cercado, Tolomosa Chica, *Bastian* 383. Avilés, Chocloca, *Beck* 757. Arce, Padcaya, *Fiebrig* 3282.
Norte América hasta Argentina. Bosque arbustivo, en suelos pedregosos; 1780–3000 m.

2. B. megapotamica (*Spreng.*) *Kuntze*, Revis. Gen. Pl. 3(2): 341 (1893); H417; F287. Tipo: Brasil, *Sellow* (B, holótipo n.v.).
Pappophorum megapotamicum Spreng., Syst. Veg. 4: Cur. Post.: 34 (1827).

Plantas perennes, estoloníferas; culmos de 6–25 cm de alto, delgados, rectos. Láminas de 4–8 cm long. × 1–3 mm lat., planas, ásperas, subuladas. Inflorescencia en 2–4 racimos breves dispuestos sobre un eje de 1,5–3 cm de largo, péndulos o divergentes, unilaterales; raquis de 1–1,5 cm de largo, con 4–8 espiguillas imbricadas, biseriadas, caducas en conjunto a la madurez. Espiguillas lanceoladas, antecio basal fértil, los 3–4 apicales estériles, todos muy aristados. Glumas lanceolado-subuladas y aristuladas, de 5–12 mm. Lemma basal lanceolada, de 5–6 mm, (sin contar los dientes) provista de aristas cortas, de 4–5 mm; lemmas estériles reducidas hasta un manojo de aristas de 15–30 mm. Fig. 78.

TARIJA: Arce, Padcaya, *Fiebrig* 2552. Charagua, *Bastian* 1267.
Brasil austral, Bolivia, Uruguay y Agentina. Campos; 15–3000 m.

3. B. aristidoides (*Kunth*) *Griseb.*, Fl. Brit. W. I.: 537 (1864). Tipo: México, *Humboldt et Bonpland* (K, microficha).
Dinebra aristidoides Kunth in Humboldt, Bonpland et Kunth, Nov. Gen. Sp. 1: 171 (1816).

Plantas anuales amacolladas, con culmos erectos o ascendentes geniculados, cilíndricos, delgados, ramificados, de 10–50 cm de alto. Láminas lineares, de 2–8 cm long. × 1–2 mm lat., involutas, acuminadas. Inflorescencias de 3–12 cm de largo, laxas, compuestas por numerosas espigas de 1–3 cm, patentes, formadas por 2–5 espiguillas imbricadas sobre un raquis piloso complanadas, pubescentes en la base, extendidas al ápice, caducas en conjunto al madurez. Espiguillas bifloras. Glumas desiguales, de 3–7 mm de largo, lanceoladas, agudas o acuminadas; la superior pilosa. Lemma basal fértil, de 6–7,5 mm de largo, dentada; segunda lemma reducida, estéril, 3-aristada. Espiguillas basales de la espiga con una lemma fértil, las apicales con una segunda lemma, estéril y 3-aristada.

TARIJA: Gran Chaco, Creveaux, *Fries* 1691.

Estados Unidos de América (Texas) hasta Argentina. Vegetación xerofítica; 0–2000 m.

93. AEGOPOGON Willd.
Sp. Pl. 4: 899 (1806); Beetle, Univ. Wyoming Publ. 13: 17–23 (1948).

Plantas anuales, pequeñas. Inflorescencia formada por racimos secundifloros, cortos y deciduos dispuestos sobre el eje central; espiguillas en tríades o pares. Espiguilla central sésil o pedicelada, uniflora, perfecta, la raquilla no prolongada. Glumas cuneadas o lanceoladas, aristadas, más cortas o casi de la longitud del antecio, truncadas, bilobadas o dentadas, 1-nervadas. Lemma membranácea, 3-nervada, aristada; pálea 2-nervada. Espiguillas laterales pediceladas, unifloras, estaminados o estériles, rara vez perfectas, semejantes a la espiguilla central o rudimentarias.

3 especies; sur de Estados Unidos de América hasta Argentina.

Espiguillas pediceladas rudimentarias; plantas efímeras ········ **1. A. bryophilus**
Espiguillas pediceladas bien desarrolladas, estaminadas o estériles, rara vez perfectas; plantas anuales ···················· **2. A. cenchroides**

1. A. bryophilus *Döll* in Martius, Fl. Bras. 2(3): 239 (1880). Tipo: Brasil, *Glaziou* 11661 (K, isótipo).

A. geminiflorus var. *muticus* Pilg., Bot. Jahrb. Syst. 27: 25 (1899). Tipo: Bolivia, *Bang* 1307 (K, isótipo).

A. fiebrigii Mez, Repert. Spec. Nov. Regni Veg. 17: 145 (1921). Tipo: Bolivia, Camacho, *Fiebrig* 2865 (US, frag.).

A. argentinus Mez, loc. cit. Tipo: Argentina, Salta, *Lorentz et Hieronymus* (US, frag. si bien tiene las espiguillas pediceladas bastante bien desarrolladas).

Plantas efímeras con culmos erectos o geniculados, de 10–30 cm de alto, delgadísimos y delicados. Láminas lineares, de 2–6 cm long. × 1–1,5 mm lat., planas, agudas, rara vez acuminadas. Inflorescencia delicada, de 3–6 cm de largo, las espiguillas en pares o tríades, la central sésil o sub-sésil, las laterales pediceladas, rudimentarias, estériles, aristadas. Espiguilla perfecta con glumas lanceoladas, de 0,5–1,5 mm de largo, (incluida la arista), bidentadas o acuminadas. Lemma oblonga, de 2–3 mm, escabrosa, bidentada, triaristada, la arista central de 6–12 mm. Fig. 79.

LA PAZ: Larecaja, Sorata, *Bang* 1307; Sorata hacia Achacachi, *Feuerer* 9454b.
COCHABAMBA: Chaparé, Cervecera Colón, *Eyerdam* 24783.

93. Aegopogon

TARIJA: Méndez, Tarija hacia Camargo, *Beck* 818. Cercado, Tucumilla, *Bastian* 1152.
Colombia hasta Argentina (Tucumán) y Brasil. Laderas pedregosas y matorrales; 1500–2650 m.

2. A. cenchroides *Humb. & Bonpl. ex Willd.*, Sp. Pl. 4: 899 (1806). Tipo: Venezuela, *Humboldt et Bonpland* (US, frag.).
A. pusillus P. Beauv., Ess. Agrostogr.: 122, pl. 22, f.4 (1812). Tipo: Perú.
A. submuticus Rupr., Mém. Acad. Imp. Sci. Saint-Pétersbourg, Sér. 6, Sci. Math., Seconde Pt. Sci. Nat. 4: 25 (1840). Tipo: Perú, *Haenke* (PR, holótipo n.v.).

Plantas amacolladas, ramosas, con culmos delgados, erectos o geniculados, de 10–40 cm de alto. Láminas lineares, de 2–5 cm long. × 1–2 mm lat., planas, acuminadas. Inflorescencia de 2–8 cm de largo, las espiguillas en tríades, la central sésil o subsésil, perfecta, las laterales piceladas, bien desarrolladas, estaminadas o estériles, rara vez perfectas. Espiguilla sésil con glumas cuneadas, de 1,5–2 mm (excluidas las aristas), bidentadas, 1- o 3-aristadas, la arista central de 2–3 mm. Lemma oblonga, de 2–3 mm, escabrosa, bidentada, triaristada, la arista central de 4–7 mm. Espiguillas piceladas iguales o sub-iguales a la espiguilla central, con aristas menores. Fig. 79.

LA PAZ: Saavedra, Charazani, *Feuerer* 5600; 6766; Chullina, *Feuerer* 6208. Camacho, Ambana, *Beck* 4150. Larecaja, Sorata, *Mandon* 1296. Murillo, Valle de Zongo, *Solomon* 16427.
COCHABAMBA: Ayopaya, Independencia, *Beck* 7464. Cercado, Cochabamba, *Hitchcock* 22820.
México hasta el norte de Bolivia. Campos, laderas pedregosas y bordes de caminos; 1600–3600 m.

En *A. tenellus* (DC.) Trin. de Arizona, México, Honduras y Guatemala, los pedicelos de las espiguillas son claviformes y las glumas obtusamente bilobadas; además, glumas y lemmas tienen sólo el nervio medio prolongado en arista, aunque las glumas también pueden ser múticas.

94. TRAGUS Haller
Hist. Stirp. Helv. 2: 203 (1768); Anton, Kew Bull. 36: 55–61 (1981).

Anuales o perennes, pequeñas. Inflorescencia una espiga solitaria, cilíndrica, erecta; espiguillas en grupos de 2–5 formando racimos breves, con pedúnculos cortos distribuídos sobre un eje central. Espiguillas unifloras, caducas. Glumas 1–2, la inferior minúscula o ausente, la superior igual o apenas supera al anteico, redondeada en el dorso, con 5–7-nervios gruesos y con acúleos uncinados, aguda o acuminada. Lemma membránacea, mútica.

Fig. 79. **Aegopogon bryophilus**, A habito, B espiguilla basada en *Beck* 818. **A. cenchroides**, C habito, D espiguilla basada en *Beck* 7464.

94. Tragus

7 especies; regiones tropicales; introducida en el Nuevo Mundo.

Espiguillas de 1–3 mm de largo; pedúnculo igual o más corto que el internodio del raquis que sostiene a la espiguilla superior ············· **1. T. berteronianus**
Espiguillas de 4–5 mm de largo; pédunculo igual o más largo que el internodio del raquis que sostiene a la espiguilla superior ·············· **2. T. australianus**

1. T. berteronianus Schult., Mant. 2: 205 (1824). Tipo: República Dominicana, *Bertero* (M, holótipo).
T. occidentalis Nees, Agrostologia Brasiliensis in Martius, Fl. Bras. 2(1): 286 (1829). Tipo: Brasil, Bahía, (K, isótipo).
T. racemosus var. *brevispicula* Döll in Martius, Fl. Bras. 2(2): 123, tab. 18 (1877). Tipo: Brasil, *Martius* (K, isosíntipo).

Plantas anuales con culmos ascendentes, de 10–35 cm de alto. Láminas lanceoladas, planas, de 2–5 cm de largo, con márgenes cartilaginosos y espinulosos. Inflorescencia de 3–10 cm long. × 5–7 mm lat. Espiguillas de 1–3 mm, en grupos de 2. Gluma superior 5-nervada. Fig. 73.

SANTA CRUZ: Cordillera, Abapó, *Renvoize et Cope* 3902.
LA PAZ: Larecaja, Sorata, *Mandon* 1268; *Feuerer, Höhne et Gerstmeier* 5755. Inquisivi, Inquisivi hacia Circuata, *Beck* 4431.
COCHABAMBA: Quillacollo, Quillacollo hacia Oruro, *Beck* 914. Cercado, Cochabamba, *Eyerdam* 24878.
POTOSI: Nor Chichas, Pucapampa, *Schulte* 193.
CHUQUISACA: Zudañez, 27 km al E de Tarabuco, *Renvoize et Cope* 3852.
TARIJA: Cercado, Estancia Ancon Grande, *Bastian* 217. Arce, Padcaya hacia Tarija, *Beck et Liberman* 16268.
Africa, Asia y América. Bosque y sitios alterados, en suelos arenosos o pedregosos; 400–2700 m.

2. T. australianus S.T. Blake, Univ. Queensland Dept. Biol. Pap. 1(18): 12 (1941). Tipo: Queensland, *Blake* 10660 (K, isótipo).

Plantas anuales con culmos ascendentes, de 10–50 cm de alto. Láminas lanceoladas, planas, de 2–5 cm de largo, con márgenes cartilaginosos y espinulosos, angostamente agudas. Inflorescencia de 5–10 cm long. × 5–10 mm lat. Espiguillas de 4–5 mm de largo, en grupos de 2. Gluma superior 5-nervada. Fig. 73.

SANTA CRUZ: Andrés Ibáñez, Santa Cruz, *Solomon et Nee* 18000.
Nativo de Australia, introducida en Europa y Sud América.

95. PSEUDECHINOLAENA Stapf
Fl. Trop. Afr. 9: 494 (1919).

Plantas anuales, gráciles, procumbentes. Láminas lanceoladas. Inflorescencia terminal, formada por racimos laxos, espiciformes, unilaterales, dispuestos sobre un raquis central. Espiguillas en pares, ovoideas, comprimidas lateralmente, 2-floras; antecio inferior estaminado o estéril, el superior perfecto. Glumas $^3/_4$ hasta igual a la longitud de la espiguilla, inferior aguda hasta aristada, la superior gibosa, a la madurez con pelos rígidos uncinados. Lemma inferior cartácea o coriácea con márgenes membranáceos, la superior cartilagínea o coriácea.
6 especies, Madagascar, 1 especie pantropical.

P. polystachya (*Kunth*) *Stapf* in Prain, Fl. Trop. Afr. 9: 495 (1919); H427; F296.
Tipo: Colombia, *Humboldt et Bonpland* (K, microficha).
Echinolaena polystachya Kunth in Humboldt, Bonpland et Kunth, Nov. Gen. Sp. 1: 119 (1816).

Culmos de 10–130 cm de largo. Láminas de 1–8 cm long. × 3–14 mm lat. Inflorescencia de 2–20 cm de largo; racimo inferior de 1–6 cm. Espiguillas de 3,5–5,5 mm de largo. Gluma inferior del largo de la espiguilla, aguda hasta acuminada. Fig. 80.

LA PAZ: Murillo, Valle de Zongo, *Feuerer et al.* 5911. Nor Yungas, Bella Vista, *Lara et Calle* 1623. Sud Yungas, Yanacachi, *Seidel* 828.
COCHABAMBA: Chaparé, Chimoré, *Everdam* 24692.
Pantropical. Regiones boscosas, a la sombra; 0–900 m.

96. OPLISMENUS P. Beauv.
Fl. Oware 2: 14 (1810); Davey & Clayton, Kew Bull. 33: 147–157 (1978).

Plantas perennes o anuales, rastreras. Láminas lanceoladas u ovadas. Inflorescencia formada por racimos unilaterales dispuestos sobre un eje central. Espiguillas en pares, laxas o agrupadas, elípticas u ovadas, algo comprimidas lateralmente, 2-floras; antecio inferior estaminado o estéril, el superior perfecto. Glumas ovadas, $^1/_2$–$^3/_4$ del largo de la espiguilla, herbáceas, 3–7-nervias; ambas o sólo la inferior con arista terminal escabrosa o viscosa. Lemma inferior 5–9-nervia, herbácea, aguda o cortamente aristada, la superior coriácea o cartilagínea, estriada, comprimida dorsiventralmente, aguda, algo crestada.
5 especies en regiones tropicales y subtropicales.

Aristas escabrosas · **1. O. burmannii**
Aristas viscosas · **2. O. hirtellus**

96. Oplismenus

1. O. burmannii (*Retz.*) *P. Beauv.*, Ess. Agrostogr.: 54, 169 (1812). Tipo: India, *Koenig* (L, holótipo).
Panicum burmannii Retz., Observ. Bot. 3: 10 (1783).

Plantas anuales con culmos de 10–60 cm de largo. Láminas lanceoladas hasta angostamente ovadas, de 1–9 cm long. × 5–20 mm lat. Inflorescencia de 2–11 cm de largo; racimos de 5–25 mm. Espiguillas contiguas, lanceoladas, de 2,5–3,5 mm de largo, pubescentes. Glumas con aristas escabrosas de 2–20 mm.

SANTA CRUZ: Chávez, 80 km SE de Concepción, *Killeen* 939.
Regiones tropicales de Africa, Asia y América. En bosques, a la sombra; 0–2100 m.

2. O. hirtellus (*L.*) *P. Beauv.*, Ess. Agrostogr.: 54, 170 (1812); H475; F334. Tipo: Jamaica, *Browne* (LINN, lectótipo).
Panicum hirtellum L., Syst. Nat., ed. 2: 870 (1759).

Plantas perennes con culmos de 15–100 cm de largo. Láminas angostamente lanceoladas hasta angostamente ovadas, de 1–13 cm long. × 4–20 mm lat. Inflorescencia de 3–15 cm de largo; racimos de 5–30 mm. Espiguillas contiguas o en fascículos, de 2–4 mm de largo, glabras o pubescentes. Glumas con aristas víscidas, de 3–14 mm de largo. Fig 80.

PANDO: Madre de Dios, Bolivar, *Solomon* 16879.
BENI: Ballivián, Espíritu, *Beck* 15337.
SANTA CRUZ: Chávez, 10 km N de Concepción, *Killeen* 750, Velasco, 25 km SW de San Ignacio, *Seidel et Beck* 235. Andrés Ibáñez, 2 km W de La Bélgica, *Nee* 33788.
LA PAZ: Murillo, Valle de Zongo, *Renvoize et Cope* 4255. Nor Yungas, Coroico–Yolosa, *Beck* 7569.
COCHABAMBA: Carrasco, Valle de Sacta, *Beck* 13735.
CHUQUISACA: Siles, 12 km E de Monteagudo, *Renvoize et Cope* 3899.
TARIJA: Méndez, La Victoria, *Coro-Rojas* 1516. Cercado, Victoria, *Bastian* 278.
Trópicos del mundo, excepto India e Indochina. Regiones boscosas, a la sombra; 0–2500 m.

97. ICHNANTHUS P. Beauv.
Ess. Agrostogr.: 56, pl. 12, fig. 1 (1812); Stieber, Syst. Bot. 7(1): 85–115 (1982) y 12(2): 187–216 (1987).

Plantas perennes, raramente anuales, con culmos erectos o decumbentes, herbáceas o sub-leñosas. Hojas caulinares o basales; láminas ovadas, lanceoladas o lineares, cordadas o atenuadas en la base. Panículas terminales o axilares, densas o laxas, las espiguillas sobre pedicelos cortos o largos. Espiguillas ovadas, comprimidas lateralmente, disarticuladas por debajo de las glumas, 2-floras; antecio inferior estaminado o estéril, el superior perfecto. Glumas herbáceas, ovadas, aquilladas, agudas o acuminadas, pilosas o glabras, la inferior 3–5-nervia, alcanzando $^{1}/_{2}$–$^{3}/_{4}$ del largo de la espiguilla o ignualandola. Gluma superior y lemma inferior semejantes, superando el largo del antecio fértil. Lemma fértil cartilagínea, lisa, brillante, pajiza, comprimida dorsiventralmente, con 2 apéndices aliformes basales en ocasiones reducidos a dilataciones que, en material seco, semejan excavaciones.

33 especies en regiones tropicales y subtropicales de las Américas; 1 especie pantropical.

1. Espiguillas agregadas sobre cortas ramas secundarias ········ **9. I. procurrens**
1. Espiguillas en panículas laxas o densas pero nunca agregadas:
    2. Espiguillas de 9–10 mm de largo; ápice de la lemma superior pubescente
       ·· **1. I. panicoides**
    2. Espiguillas de 3–7 mm de largo:
        3. Antecio fértil con 2 apéndices alados:
            4. Panícula grande, de 20–45 cm de largo, las ramas verticiladas y patentes ································ **2. I. calvescens**
            4. Panícula de 9–30 cm de largo, las ramas alternas, no verticiladas:
                5. Panícula con ramas delicadas, flexuosas; espiguillas de 4–7 mm
                   ······································ **3. I. lancifolius**
                5. Panícula con ramas rígidas; espiguillas de 3,5–5,5 mm
                   ······································ **4. I. inconstans**
        3. Antecio fértil sin apéndices alados:
            6. Plantas anuales; culmos de 10–40 cm ··············· **5. I. tenuis**
            6. Plantas perennes:
                7. Panícula de 4–10(–20) cm de largo; culmos de 80–300 cm
                   ······································ **6. I. pallens**
                7. Panícula de 8–30 cm de largo; culmos robustos, de 1–10 m:
                    8. Láminas cordadas en la base; glumas acuminadas; espiguillas de (3,5–)4–6(–7) mm de largo ············ **7. I. ruprechtii**
                    8. Láminas subpecioladas; glumas agudas; espiguillas de 3,5–4,5 mm de largo ····················· **8. I. breviscrobs**

1. I. panicoides *P. Beauv.*, Ess. Agrostogr.: 56, 57, pl. 12, fig. 1 (1812). Tipo: América tropical, *Desfontaines* (localidad no indicada, lectótipo designado Stieber 1982).

Plantas perennes con culmos erectos de 30–120 cm de alto. Láminas ovadas o ovado-lanceoladas, pseudopecioladas, de 10–20 cm long. × 3–7 cm lat., glabras, acuminadas. Panícula normalmente terminal, a veces axilar, ovada u oblonga, de 5–35 cm de largo, densa o laxa, con ramas rígidas. Espiguillas ovado-lanceoladas, de 9–10 m de largo, en pares. Gluma inferior angostamente ovada, $^{1}/_{2}$–$^{2}/_{3}$ del largo de la espiguilla, 5–9-nervia. Lemma superior con apéndices basales alados, pubescente en el ápice.

PANDO: Río Madeira, *Prance et al.* 5790; *Solomon* 7786.
Venezuela hasta Bolivia y Brasil. Regiones boscosas, a la sombra; 0–1100 m.

2. I. calvescens (*Nees*) *Döll* in Martius, Fl. Bras. 2(2): 285 (1877); H468; F330.
Tipo: Brasil, *Burchell* 9042 (K, isolectótipo, designado por Stieber 1982).
Panicum calvescens Nees in Trin., Gram. Panic.: 193 (1826).
Ichnanthus indutus Swallen, Phytologia 11: 76 (1964). Tipo: Brasil, *Chase* 8046 (US, holótipo).

Plantas perennes con culmos erectos o apoyantes, de 40–350 cm de alto. Láminas lanceoladas, de 7–45 cm long. × 7–30(–50) mm lat., glabras o pilosas, acuminadas. Panícula ovada u oblonga, de 20–45 cm de largo, laxa, las ramas verticiladas y patentes; espiguillas sobre pedicelos largos y flexuosos. Espiguillas ovadas, de (2,5–)3–4 m de largo, glabras. Gluma inferior ovada, $^{1}/_{2}$–igual que la espiguilla, 3-nervia. Lemma superior con apéndices basales alados que alcanzan $^{1}/_{3}$ del largo de la lemma. Fig 81.

LA PAZ: Nor Yungas, Unduavi, *Cárdenas* 3610. Caranavi, *Beck* 547.
Venezuela hasta Bolivia y Brasil. Regiones boscosas, matorral o selvas, en laderas pedregosas; 0–2800 m.

Panicum hebotes es muy semejante a esta especie pero la lemma fértil carece de expansiones aladas en su base.

3. I. lancifolius *Mez*, Repert. Spec. Nov. Regni Veg. 15: 126 (1918). Tipo: Brasil, *Reidel* 142 & 243 (B, síntipos n.v.).
I. weberbaueri Mez, loc. cit. 15: 127 (1918). Tipo: Perú, *Weberbauer* 1236 (B, holótipo n.v.).

Plantas perennes rizomatosas con culmos erectos de 50–100(–150) cm de alto. Hojas principalmente basales; láminas lanceoladas, de 15–48 cm long. × 10–45 mm lat., pseudopecioladas, glabras o pilosos, acuminadas. Panículas ovadas, algo laxas, de 13–30 cm de largo, las ramas delicadas. Espiguillas en pares, oblongas o angostamente ovadas, de 4–7 mm de largo, glabras o pilosas. Gluma inferior angostamente ovada, $^{1}/_{2}$–$^{3}/_{4}$ del largo de la espiguilla, 3–5-nervia. Lemma superior con apéndices alados basales que alcanzan $^{1}/_{2}$ del largo de la lemma.

LA PAZ: Nor Yungas, 13,7 km NW de San Pedro, *Solomon* 9256.
Venezuela, Perú, Bolivia y Brasil. Regiones boscosas; 100–1500 m.

4. I. inconstans (*Trin. ex Nees*) *Döll* in Martius, Fl. Bras. 2(2): 284 (1877); K162.
Tipo: Brasil, *Langsdorff* (LE, holótipo).
Panicum inconstans Trin. ex Nees, Agrostologia Brasiliensis in Martius, Fl. Bras. 2(1): 132 (1829).

Ichnanthus peruvianus Mez, Repert. Spec. Nov. Regni Veg. 15: 129 (1918); H468; F330. Tipo: Perú, *Weberbauer* 1131 (B, holótipo n.v.).

Plantas perennes con culmos subleñosos de 60–150 cm de alto. Láminas ovado-lanceoladas o lanceoladas, de 5–20 cm long. × 5–30 mm lat., cordadas en la base, pilosas o pubescentes, acuminadas. Panícula ovada u oblonga, de 9–30 cm long. × 2–10 cm lat., moderada o esparcidamente ramosa. Espiguillas en pares, angostamente ovadas, de 3,5–5,5 mm de largo glabras, escabrosas o pilosas. Gluma inferior ovada, $^1/_2$ de la longitud hasta igual a la espiguilla, 3-nervia, cuspidada. Lemma superior con apéndices alados $^1/_4$–$^1/_3$ del largo de la lemma. Fig. 81.

SANTA CRUZ: Chiquitos, Serranía Santiago, *Daly et al.* 2237.
LA PAZ: Murillo, Valle de Zongo, *Renvoize et Cope* 4282. Nor Yungas, Coroico, *Hitchcock* 22715.
Brasil, Paraguay, Perú, Bolivia y Argentina. Cerrados y laderas boscosas; 600–1800 m.

5. I. tenuis (*J. Presl*) *Hitchc. & Chase*, Contr. U.S. Natl. Herb. 18: 334 (1917). Tipo: Panamá, *Haenke* (PR, holótipo).
Oplismenus tenuis J. Presl, Reliq. Haenk. 1: 319 (1830).
Ichnanthus candicans sensu Hitchc., Contr. U.S. Natl. Herb. 24: 469 (1927), non (Nees) Döll (1877).

Plantas anuales delicadas con culmos decumbentes herbáceos, de 10–40 cm de largo, los nudos inferiores radicantes. Láminas ovado-lanceoladas, de 2–9 cm long. × 5–17 mm lat., cordadas en la base, pubescentes o pilosas, atenuadas. Panícula terminal o axilar, ovada, de 7–9 cm de largo. Espiguillas lanceoladas, de 3,5–5 mm de largo, pilosas o glabras. Gluma inferior ovada, $^1/_2$–$^2/_3$ del largo de la espiguilla, acuminada. Lemma superior $^1/_2$–$^2/_3$ de largo de la espiguilla, sin apéndices basales alados. Fig. 81.

SANTA CRUZ: Chavéz, Perseverancia, *Frey et Kramer* 765. Ichilo, 4 km SE de Buena Vista, *Nee* 45254.
LA PAZ: Tamayo, Calabatea, *Beck et Foster* 18539, Murillo, Valle de Zongo, *Renvoize et Cope* 4254. Sud Yungas, Río Quiquibey, *Beck* 8065.
COCHABAMBA: Chaparé, Espírito Santo, *Buchtien* s.n.
México hasta Argentina. Regiones boscosas, a la sombra, 0–2000 m.

6. I. pallens (*Sw.*) *Munro* in Benth., Fl. Hongk.: 414 (1861); H469; K162. Tipo: Jamaica, *Swartz* (S, holótipo).
Panicum pallens Sw., Prodr.: 23 (1788).
Ichnanthus tipuaniensis K.E. Rogers, Phytologia 26: 65 (1973). Tipo: Bolivia, La Paz, *Buchtien* 5322 (GH, holótipo n.v.).

97. Ichnanthus

Plantas perennes con culmos decumbentes o ascendentes, de 80–100(–300) cm de largo. Láminas lanceoladas hasta ovadas de 5–10(–14) cm long. × 10–30 mm. lat., acuminadas. Panícula ovada de 4–10 cm de largo, terminal o axilar, moderadamente densa. Espiguillas lanceoladas hasta ovadas, de 3–4,5 mm de largo, glabras o pilosas. Gluma inferior $^{1}/_{2}$ hasta igual al largo de la espiguilla, 3-nervia, acuminada o atenuada. Lemma superior de $^{1}/_{2}$–$^{2}/_{3}$ del largo de la espiguilla, sin apéndices basales alados. Fig. 81.

BENI: Ballivián, 49 km SW de San Borja, *Renvoize* 4710.
SANTA CRUZ: Chávez, 9 km E de Guarayos, *Beck* 12299. Ichilo, Yapacani hacia Puerto Grether, *Renvoize et Cope* 3968.
LA PAZ: Nor Yungas, N de Caranavi, *Beck* 9239. Sud Yungas, 6,5 km S de Huancané, *Beck* 3075.
CHUQUISACA: Tomina, Puente Azero, *Wood* 8827.
Caribe, México hasta Argentina; Africa y Asia. Regiones boscosas, a la sombra; 0–2000 m.

Semejante a *I. tenuis* pero con láminas foliares mayores.

7. I. ruprechtii *Döll* in Martius, Fl. Bras. 2(2): 293 (1877); H470. Tipo: Brasil, *Pohl* 5067 (BR, isolectótipo, designado por Stieber (1987)).
I. bolivianus K.E. Rogers, Phytologia 22: 97 (1971). Tipo: Bolivia, *Buchtien* 5236 (US, holótipo n.v.).
I. tarijianus K.E. Rogers, loc. cit. 102 (1971). Tipo: Bolivia, *Steinbach* 1768 (US, holótipo n.v.).

Plantas perennes con culmos sub-leñosos, erectos o apoyantes, de 1,5–10 m de largo; zona ligular pubescente o glabra. Láminas lanceoladas de 10–30 cm long. × 20–40 mm lat., cordadas en la base, glabras o pubescentes, acuminadas. Panícula oblonga, de 8–30 cm long. × 5–12 cm lat., paucirrámea, subracemosas. Espiguillas elípticas, de 3,5–7 mm de largo, glabras, escabrosas o pubescentes acuminadas. Gluma inferior igual o más larga que la espiguilla, 1–3-nervia, atenuada. Lemma superior más corta que la espiguilla, sin apéndices basales alados. Fig. 81.

PANDO: Román, 2 km arriba de Riberão, *Prance et al.* 6484.
SANTA CRUZ: Chávez, 2 km NE de Perseverancia, *Nee* 38733.
LA PAZ: Larecaja, Simaco, *Buchtien* 5336. Murillo, Zongo, *Renvoize et Cope* 4246. Nor Yungas, Chuspipata hacia Yolosa, *Beck* 14901.
COCHABAMBA: Chaparé, Locotal, *Wood* 9624B.
Venezuela hasta Argentina. Bosques y selvas húmedos; 400–2300 m.

8. I. breviscrobs *Döll* in Martius, Fl. Bras. 2(2): 294 (1877); H469; F330. Tipo: Brasil, *Spruce* 385 (K, isolectótipo, designado por Stieber (1987)).

Plantas perennes con culmos ascendentes o apoyantes de 1–10 m de largo. Lígula conspicua, membranácea, oscura; aurículas prominentes, agudas, glabras; láminas lanceoladas, de 10–35 cm long. × 15–30 mm lat., subpecioladas, acuminadas. Panícula linear-oblonga, de 15–30 cm long. × 5–10 cm lat., paucirrámea, las espiguillas subracemosas sobre las ramas primarias. Espiguillas ovadas, de 3,5–4,5 mm de largo, pubescentes. Gluma inferior ovada, 3–7-nervia, $^1/_2$–$^2/_3$ del largo de la espiguilla, aguda. Lemma superior sin apéndices basales alados.

PANDO: Madre de Dios, Puerto Candelaria, *Nee* 31370.
LA PAZ: Larecaja, Mapiri, *Buchtien* 1156.
Colombia hasta Brasil y Bolivia. Regiones boscosas, a la sombra; 200–750 m.

9. I. procurrens (*Nees ex Trin.*) *Swallen*, Phytologia 11: 149 (1964); K162. Tipo: Brasil, *Langsdorff* (LE, holótipo).
Panicum procurrens Nees ex Trin., Gram. Panic.: 183 (1826); H467; F329.
Echinolaena procurrens (Nees ex Trin.) Kunth, Révis. Gramin. 1: 54 (1829).

Plantas anuales o cortamente perennes, híspidas, con culmos cilíndricos erectos de 20–65 cm de alto. Láminas lanceoladas de 2–4 cm long. × 2–10 mm lat., agudas. Panícula ovada u oblonga con espiguillas agregadas en la porción media de las ramas, la espiguilla distal solitaria y exerta. Espiguillas ovado-oblongas, de 3–3,5 mm de largo, pilosas. Gluma inferior ovada, igual a la espiguilla, 3-nervia, acuminada. Lemma superior sin apéndices basales alados. Fig. 81.

BENI: Ballivián, Riberalta hacia Santa Rosa, *Beck* 20598. Yacuma, Porvenir, *Renvoize* 4602.
SANTA CRUZ: Velasco, San Miguelito, *Bruderreck* 3. Ichilo, Buena Vista, *Steinbach* 7012.
LA PAZ: Iturralde, Ixiamas, *Cárdenas* 1909; Luisita, *Beck et Haase* 9880.
Venezuela hasta Argentina. Campos cerrados; 300–1000 m.

98. ECHINOLAENA Desv.
J. Bot. Agric. 1: 75 (1813).

Plantas anuales o perennes. Láminas lineares o lanceoladas. Inflorescencia terminal o axilar, de 1–varios racimos cortos, pectinados, sobre un eje central. Espiguillas lanceoladas, en pares, 2-floras. Gluma inferior $^1/_2$, igual o excediendo la espiguilla, membranácea hasta coriácea, 3–9-nervia, aquillada o con los nervios prominentes, pilosa o tuberculado-híspida, aguda, acuminada o aristada; gluma superior 5–9-nervia, aguda o acuminada. Antecio inferior estaminado o estéril; lemma inferior 5–7-nervia, membranácea; antecio superior perfecto; lemma cartilagínea, lisa o estriada, los bordes enrolladas sobre la pálea. Callo con 2 apéndices aliformes o dilataciones o excavaciones laterales hacia la base.
Especies 8, Centro y Sud América y Madagascar.

98. Echinolaena

1. Racimos 3–17, sobre un eje de 4–10(–18) cm de largo ······· **1. E. minarum**
1. Racimos solitarios:
   2. Racimos apenas exertos ···························· **2. E. gracilis**
   2. Racimos exertos sobre pedúnculos largos ················ **3. E. inflexa**

1. E. minarum (*Nees*) *Pilg.*, Notizbl. Bot. Gart. Berlin-Dahlem 11: 246 (1931); K150. Tipo: Brasil, *Martius* (M, holótipo).
Oplismenus minarum Nees, Agrostologia Brasiliensis in Martius, Fl. Bras. 2(1): 268 (1829).
Ichnanthus minarum (Nees) Döll in Martius, Fl. Bras. 2(2): 294 (1877); H470.

Plantas anuales o perennes con culmos cilíndricos ramosos, delgados, decumbentes o apoyantes, de 60–150 cm de largo; nudos inferiores radicantes. Hojas caulinares, láminas lanceoladas de 4–14 cm long. × 8–20 mm lat., cordadas en la base y subpecioladas, glabras o pubescentes, acuminadas. Inflorescencia formada por 3–17 racimos, de 1–3 cm de largo, sobre un eje recto y exerto, de 4–10(–18) cm. Espiguillas en pares formando 4 hileras sobre el raquis, ovado-lanceoladas, de 3–6 mm de largo, pilosas, estriadas. Glumas herbáceas, la inferior de la longitud de la espiguilla, 3-nervia, acuminada o aristulada, la superior poco más corta que la espiguilla, 5-nervia, aguda. Lemma inferior membranácea, la superior oblonga, pálida, lustrosa. Fig. 80.

SANTA CRUZ: Chávez, 60 km S de Concepción, *Killeen* 1820.
LA PAZ: Larecaja, Sorata, *Mandon* 1256. Nor Yungas, Tarila Alto, *Beck* 397A. Sud Yungas, La Florida, *Hitchock* 22619. Inquisivi, 11 km NW de Inquisivi, *Renvoize* 5344.
COCHABAMBA: Ayopaya, Independencia hacia Kami, *Beck et Seidel* 14588.
CHUQUISACA: Zudañez, 27 km E de Tarabuco, *Renvoize et Cope* 3853. Yamparaez, Tarabuco hacia Río Jatun Mayo, *Wood* 8213.
TARIJA: Arce, De Chaguaya–Colón, *Beck et Liberman* 16214.
Colombia, Perú, Bolivia, noroeste de Argentina, Brasil. Laderas sombradas; 500–2500 m.

2. E. gracilis *Swallen*, J. Wash. Acad. Sci. 23: 457 (1933); K150. Tipo: Guatemala, *Weatherwax* 99 [1601] (US, holótipo).

Plantas perennes con culmos cilíndricos, delgados, ramosos, decumbentes, de 20–80 cm de largo; nudos inferiores radicantes. Hojas caulinares; vainas híspidas; láminas angostamente lanceoladas de 2–5 cm long. × 3–7 mm lat., planas, subcoriáceas, subglabras, pilosas o híspidas, márgenes cartilagíneos, obtuso-agudas. Racimos solitarios, cortos, de 1,5–2 cm de largo, a la madurez deflexos, apenas exertos desde la vaina, subtendidos por una pequeña bráctea oblonga de 2–3 mm de largo; raquis con una espiguilla terminal. Espiguillas lanceoladas, de 8–12 mm de largo, estriadas, híspidas, acuminadas. Glumas herbáceas, la inferior igual a la espiguilla, la superior más corta que ella. Lemma inferior membranácea, superior oblonga, pálida, lustrosa. Fig. 80.

Fig. 80. **Echinolaena minarum**, **A** habito basada en *Renvoize et Cope* 3853. **E. gracilis**, **B** habito basada en *Davidse* 3739 Venezuela. **Pseudechinolaena polystachya**, **C** espiguilla basada en *Solomon* 8932. **Oplismenus hirtellus**, **D** habito, **E** espiguilla basada en *Feuerer* 8846a.

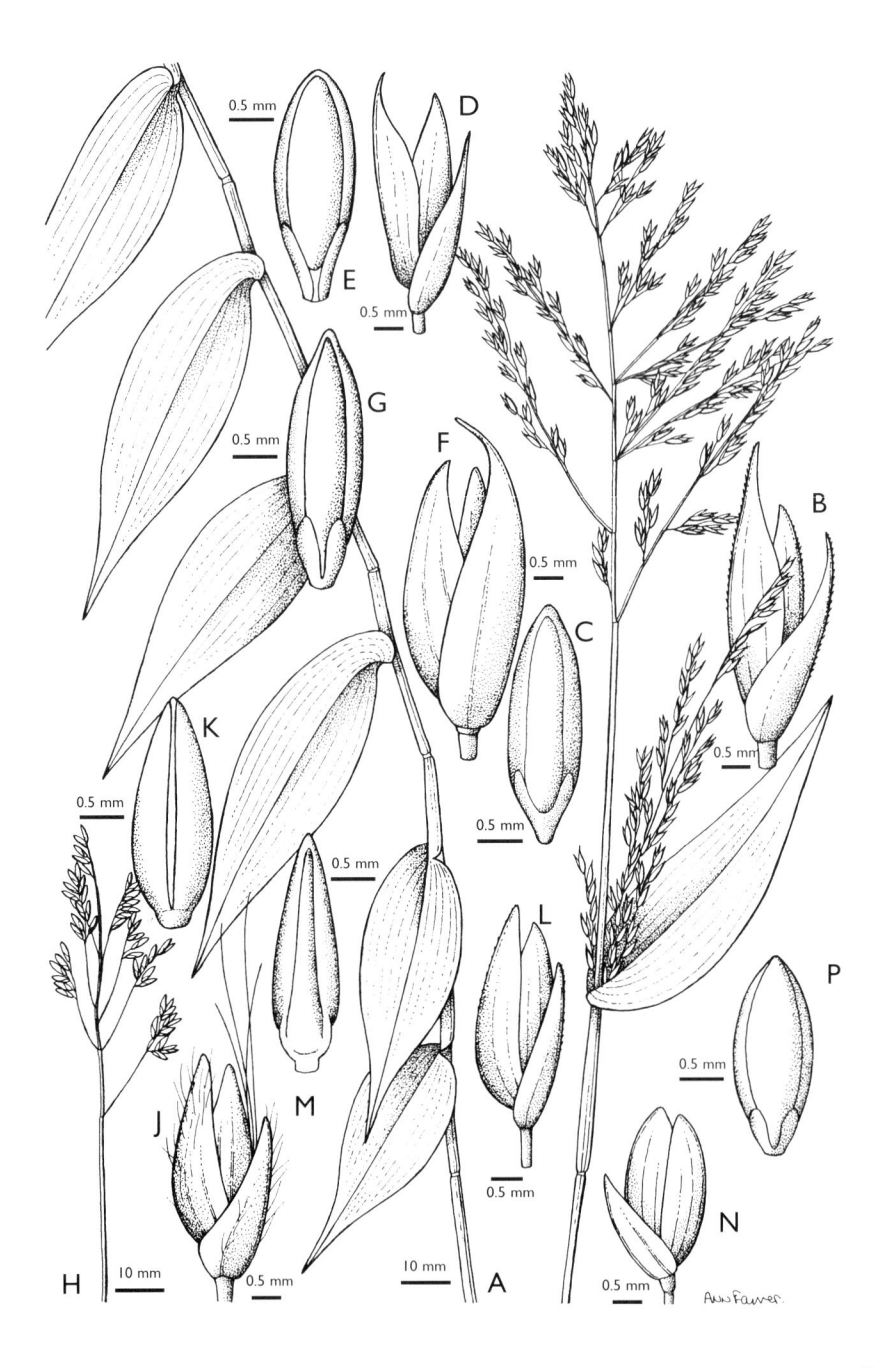

Fig. 81. **Ichnanthus pallens**, A habito, B espiguilla, C lemma basada en *Renvoize* 4710. **I. tenuis**, D espiguilla, E lemma basada en *Renvoize et Cope* 4254. **I. inconstans**, F espiguilla, G lemma basada en *Renvoize et Cope* 4282. **I. procurrens**, H panícula, J espiguilla, K lemma basada en *Bruderreck* 3. **I. ruprechtii**, L espiguilla, M lemma basada en *Beck* 14901. **I. calvescens**, N espiguilla, P lemma basada en *Beck* 547.

BENI: Ballivián, Espíritu, *Beck* 5753.
SANTA CRUZ: Chávez, 8 km S de Concepción, *Killeen* 2083. Velasco, 26 km SE de San Ignacio, *Bruderreck* 289.
LA PAZ: Iturralde, Luisita, *Haase* 710.
Costa Rica, Guatemala, Honduras, Colombia, Venezuela y Bolivia. Campos húmedos; 180–560 m.

3. **E. inflexa** (*Poir.*) *Chase,* Proc. Biol. Soc. Wash. 24: 117 (1911). Tipo: Guayana Francesa, *Richard* (K, microficha).
Cenchrus inflexus Poir., Encycl. 6: 50 (1804).

Plantas perennes, subglabras hasta híspidas, laxamente amacolladas, rizomatosas. Culmos erectos o apoyantes, decumbentes en la base, de 20–50(–100) cm de largo. Láminas lanceoladas o lineares de 4–9 cm long. × (2–)5–10 mm lat., planas, plegadas o enrolladas, coriáceas, obtusas, agudas o acuminadas y punzantes. Inflorescencia terminal; racimo solitario, exerto, reflexo, de 1–5 cm de largo, subtendido por una bráctea pequeña. Espiguillas lanceoladas, de 5,5–8,5 mm de largo, híspidas. Gluma inferior del largo de la espiguilla, coriácea, 7–9-nervia, acuminada, la superior más corta, 7-nervia, acuminada. Lemma inferior 5-nervia, la superior coriácea, pálida, lustrosa.

LA PAZ: Iturralde, Siete Cielos, *Solomon* 17004.
Venezuela y Guayana Francesa, Guayana, Surinam hasta Brasil y Bolivia. Campos; 0–1600 m.

99. PANICUM L.
Sp. Pl. 1: 55 (1753); Zuloaga, Ellis & Morrone, Ann. Missouri Bot. Gard. 80(1): 119–190 (1993); Zuloaga & Morrone, Ann. Missouri Bot. Gard. 83(2): 200–280 (1996).

Plantas anuales o perennes, cespitosas, rizomatosas o estoloníferas con cañas robustas o enanas, huecas o herbáceas, erectas o decumbentes. Láminas lineares hasta ovado-lanceoladas, planas o convolutas. Inflorescencia en panícula grande o pequeña, laxa o contraída, a veces espiciforme, o formada por racimos unilaterales. Espiguillas lanceoladas, oblongas, ovadas o globosas, comprimidas dorsiventralmente, 2-floras, el antecio inferior estaminado o estéril, el superior perfecto, articuladas debajo de las glumas. Glumas 2 (3 en *P. quadriglume*) desiguales, herbáceas, la inferior menor que la superior, (0–)1–7(–11)-nervia, la superior tan larga como la lemma inferior, 5–11(–15)-nervia. Lemma inferior herbácea, similar a gluma superior, la pálea desarrollada o ausente. Antecio superior cartilagíneo, rígido, liso, rugoso o papiloso.
500 especies. Pantropical y en regiones templadas de N América.

99. Panicum

1. Gluma inferior $^1/_4$–$^1/_3$ del largo de la espiguilla, reducida a una escama o corta y abrazadora, 0–3-nervia:
   2. Gluma inferior escamosa, enervia ················ **25. P. trichanthum**
   2. Gluma inferior corta y abrazadora:
      3. Panícula con ramas primarias verticiladas; espiguillas obovadas, túrgidas
         ·· **15. P. mertensii**
      3. Panícula con ramas alternas, solitarias o fasciculadas o sólo las inferiores verticiladas; espiguillas lanceoladas u oblongas:
         4. Plantas acuáticas; culmos esponjosos ·········· **2. P. elephantipes**
         4. Plantas terrestres; culmos tiernos:
            5. Lemma superior, lisa ················ **1. P. dichotomiflorum**
            5. Lemma superior rugosa ··················· **3. P. maximum**
1. Gluma inferior $^1/_3$ del largo hasta igual que la espiguilla; si es menor nunca corta y abrazadora:
   6. Lemma superior rugosa ························ **3. P. maximum**
   6. Lemma superior lisa, escabrosa o estriada, si rugosa las ramas de la panícula no son verticiladas:
      7. Espiguillas en racimos unilaterales, ramas secundarias ausentes:
         8. Ramas de la panícula pilosas:
            9. Espiguillas agudas; plantas de 20–100 cm de alto ··· **4. P. pilosum**
            9. Espiguillas obtusas; plantas de 100–150 cm de alto
               ································ **5. P. milleflorum**
         8. Ramas de la panícula glabras:
            10. Gluma superior con dos glándulas dorsales pequeñas
                ································ **6. P. pulchellum**
            10. Gluma superior sin glándulas:
                11. Espiguillas acuminadas ················ **7. P. stoloniferum**
                11. Espiguillas obtusas ··················· **5. P. milleflorum**
      7. Espiguillas en panículas laxas o congestas:
         12. Espiguillas congestas:
            13. Plantas con culmos de 100–400 cm de largo, cilíndricos, duros
                ································ **11. P. hylaeicum**
            13. Plantas con culmos de 25–150 cm de largo, tiernos o herbáceas:
               14. Láminas lineares:
                  15. Espiguillas no túrgidas, obtusas ··········· **8. P. laxum**
                  15. Espiguillas túrgidas, agudas ·········· **9. P. scabridum**
               14. Láminas lanceoladas ················ **10. P. polygonatum**
         12. Espiguillas laxas o congestas sólo en el ápice de las ramas; panículas esparcidamente ramosas o efusas:
            16. Panículas terminales y axilares, formando inflorescencias múltiples:
               17. Plantas anuales; espiguillas de 2–2,5 mm de largo
                   ································ **12. P. cayennense**
               17. Plantas perennes; espiguillas de 3–3,5 mm de largo
                   ································ **13. P. rudgei**
            16. Panículas terminales, si axilares de 1–3 cm de largo:

18. Glumas 3 ·························· **16. P. quadriglume**
18. Glumas 2:
   19. Espiguillas de 6–8 mm de largo; ramas de la panícula rígidas ascendentes o patentes ·········· **14. P. olyroides**
   19. Espiguillas de 1–3(–4) mm de largo:
      20. Lemma superior oscura, lisa:
         21. Plantas anuales; láminas pilosas, atenuadas
            ·························· **17. P. exiguum**
         21. Plantas perennes; láminas punzantes
            ························ **18. P. peladoense**
      20. Lemma superior pálida, si oscura entonces rugulada:
         22. Culmos endurecidos, ramosos
            ···················· **19. P. tricholaenoides**
         22. Culmos herbáceos:
            23. Láminas lineares o linear-lanceoladas:
               24. Plantas perennes; láminas de 2–18 cm long. × 1–2 mm lat.; panícula de 1–3 cm de largo:
                  25. Espiguillas de 1–1,5 mm de largo
                      ················ **20. P. stenodes**
                  25. Espiguillas de 2–3 mm de largo
                      ················ **21. P. caricoides**
               24. Plantas anuales o perennes; láminas de 10–50 cm long. × 3–15 m lat.; panícula de (5–)8–40 cm:
                  26. Plantas anuales ···· **22. P. stramineum**
                  26. Plantas perennes ········ **23. P. bergii**
            23. Láminas lanceoladas hasta elípticas u ovadas:
               27. Espiguillas asimétricas, ovadas, de 1–1,5 mm de largo ············· **24. P. trichoides**
               27. Espiguillas simétricas, ovadas, elípticas, lanceoladas, oblongas, orbiculares u obovadas:
                  28. Espiguillas ovadas, elípticas, lanceoladas u oblongas:
                      29. Panícula de 7–32 cm de largo, ramas en fascículos o las inferiores subverticiladas:
                          30. Láminas de 7–18 cm de largo; espiguillas oblongas, de 2–3 mm ············· **26. P. hebotes**
                        30. Láminas de 4–10 cm de largo; espiguillas lanceoladas, de 2–2,5 mm ······· **27. P. haenkeanum**
                    29. Panícula de 1–11 cm de largo, si mayores, las ramas inferiores no subverticiladas:
                      31. Plantas anuales:

- 32. Panícula efusa, las ramas delgadas y entrelazadas .... **28. P. sciurotoides**
- 32. Panícula moderada o esparcidamente ramosa, las ramas patentes, ascendentes o deflexas:
  - 33. Láminas de 2,5–10 cm long. × 5–10 mm lat.; espiguillas de 2–2,5 mm ...... **29. P. pantrichum**
  - 33. Láminas de 1–3,5 cm long. × 2–7 mm lat.; espiguillas de 1,5–2 mm; glumas y lemma inferior prominentemente nervadas ...... **34. P. parvifolium**
- 31. Plantas perennes:
  - 34. Culmos de 30–200 cm de largo; espiguillas de (2,5–) 3–4 mm ...... **30. P. ovuliferum**
  - 34. Culmos de 15–60 cm de largo; espiguillas de 2–2,5 mm .... **31. P. sabulorum**
- 28. Espiguillas orbiculadas u obovadas:
  - 35. Antecio superior rugulado o granuloso:
    - 36. Espiguillas agregadas en las extremidades de las ramas .... **32. P. sellowii**
    - 36. Espiguillas no agregadas .... **33. P. millegrana**
  - 35. Antecio superior escabroso o liso:
    - 37. Plantas anuales; láminas glaucas .... **34. P. parvifolium**
    - 37. Plantas perennes:
      - 38. Culmos decumbentes ...... **35. P. schwackeanum**
      - 38. Culmos erectos:
        - 39. Espiguillas glutinosas, de 2,5–3,5 mm ...... **37. P. glutinosum**
        - 39. Espiguillas no glutinosas, de 1,2–1,7(–2) mm ...... **36. P. cyanescens**

1. **P. dichotomiflorum** *Michx.*, Fl. Bor.-Amer. 1: 48 (1803). Tipo: Estados Unidos de América, *Michaux* (P, holótipo).
P. aquaticum Poir. in Lam., Encycl. Suppl. 1, 4: 281 (1816); F320. Tipo: Puerto Rico, *Ledru* (P, holótipo).
P. chloroticum Nees in Trin., Gram. Panic.: 236 (1826); H459. Tipo: Brasil, *Langsdorff* (LE, holótipo).

Plantas anuales o perennes, herbáceas, tiernas, glabras, con culmos decumbentes geniculados de 20–90(–130) cm de largo. Láminas lineares o linear-lanceoladas, de 3–30(–40) cm long. × 5–10(–20) mm lat., agudas. Panícula ovada, laxa, de 10–20(–30) cm de largo, muy ramificada pero frecuentemente las ramas secundarias adpresas, incluida en la vaina superior, raramente exerta, terminal o axilar. Espiguillas lanceoladas, de (1,7–)2–3,5(–4) mm de largo, glabras. Gluma inferior ovada, corta, abraza la base de la espiguilla, membranácea, 0–1-nervia, $^1/_4$–$^1/_3$ de largo del la espiguilla, aguda u obtusa; gluma superior lanceolada, igual a la espiguilla, herbácea, 7–9-nervia. Antecio inferior estéril, lemma ovada o lanceolada, 7–9-nervia; pálea desde bien desarollada a ausente. Lemma superior lanceolada, de 1,5–2 mm de largo, lisa, pálida, aguda. Fig. 82.

BENI: Ballivián, Espíritu, *Beck* 5028. Yacuma, Porvenir, *Renvoize* 4626.
SANTA CRUZ: Velasco, 13 km S de San Ignacio, *Bruderreck* 93. Ichilo, Buena Vista, *Steinbach* 3180.
LA PAZ: Iturralde, Luisita, *Haase* 836.
Estados Unidos de América hasta Argentina. Bordes de ríos, lagunas y campos húmedos; 0–980 m.

Panicum repens L., es una especie pantropical que ha sido introducida como forraje. Es afin a *P. dichotomiflorum* en el tamaño de la espiguilla y forma de la gluma inferior pero puede distinguirse por su hàbito rizomatoso, tallos fuertes y hojas con láminas rectas a menudo punzentes. SANTA CRUZ: Warnes, 8 km S de Warnes *Beck* 19671.

2. **P. elephantipes** *Nees ex Trin.*, Gram. Panic.: 206 (1826). Tipo: Brasil, *Langsdorff* s.n.. (LE, holótipo).

Plantas perennes acuáticas; culmos esponjosos, de 1–4 m de largo con las partes terminales flotantes; nudos conspicuos, purpúreos, los inferiores radicantes. Hojas con vainas levemente esponjosas y nervaduras reticuladas; láminas lineares, de 20–50 cm long. × 5–30 mm lat., planas, finamente agudas. Panícula voluminosa, oblonga, de 20–55 cm de largo, laxa, muy ramificada, la ramas antrorso-escabrosas, las inferiores verticiladas, exerta o incluida en la vaina superior. Espiguillas lanceoladas, de 3–5,5 mm de largo, glabras, acuminadas. Gluma inferior ovada, corta, abrazando la base de la espiguilla, $^1/_4$–$^1/_3$ del largo de la espiguilla, membranácea, 0–3-nervia, aguda u obtusa; gluma superior lanceolada, igual a la espiguilla, 5–7-nervia. Antecio inferior estéril, la lemma lanceolada, 5–7-nervia; pálea ausente o poco desarrollada. Lemma superior lanceolada, de 3–4,5 mm de largo, lisa, pálida, acuminada. Fig. 82.

BENI: Vaca Diez, Riberalta, *Solomon* 7631. Ballivián, Espíritu, *Beck* 5300; 5577.
SANTA CRUZ: Chiquitos, Puerto Suárez, *Frey* 519.
México hasta Argentina e Indias Occidentales. Ríos y lagunas; 0–200 m.

3. P. maximum *Jacq.*, Icon. Pl. Rar. 1: 2, t. 13 (1781); H460; F322; K169. Tipo: Guadelupe, *Jacquin* (BM, isótipo).

Plantas perennes con culmos delgados o robustos de (25–)75–200(–450) cm de alto. Láminas lineares de 12–50(–100) cm long. × 12–35 mm lat., planas, acuminadas. Panícula oblonga o piramidal, de 12–45(–60) cm de largo, ampliamente ramosa, la ramas inferiores verticiladas. Espiguillas oblongas, de (2,5–)3–4,5(–5) mm de largo, obtusas o agudas. Gluma inferior anchamente ovada, $1/_3$–$1/_2$ del largo de la espiguilla, 3-nervia; gluma superior 5-nervia. Antecio inferior estaminado, lemma 5-nervia con pálea desarrollada; lemma superior rugosa.

BENI: Cercado, Trinidad, aeropuerto, *Krapovickas et Schinini* 34698.
SANTA CRUZ: Velasco, San Ignacio, *Seidel* 155. Cordillera, Santa Cruz hacia Abapó, *Renvoize* 4561.
LA PAZ: Nor Yungas, Coroico, *Buchtien* 442. Inquisivi, 30 km N de Choquetanga, *Lewis* 40539.
TARIJA: sin. loc., *Coro-Rojas* 1466.
Nativa en Africa, introducida en regiones tropicales de ambos hemisferios. Sitios varios, en lugares modificados campos, bosques, ruderales y forrajeros; 0–2400 m.

4. P. pilosum *Sw.*, Prodr.: 22 (1788); H461; F323; K170. Tipo: Jamaica, *Swartz* (S, holótipo).

Plantas perennes estoloníferas con culmos geniculadas ascendentes de 20–100 cm de largo. Vainas divergentes de los internodios a manera de pseudopecíolos; láminas angostamente lanceoladas, de 6–30 cm long. × 8–30 mm lat., cordadas en la base, planas, acuminadas. Panícula oblonga, de 10–30 cm de largo, las ramas primarias patentes a la madurez, de 1–6 cm de largo, pilosas, secundifloras, las espiguillas sésiles o subsésiles; ramas secundarias ausentes. Espiguillas lanceoladas u ovado-oblongas, de 1–1,5 mm de largo, glabras, agudas. Gluma inferior ovada, $1/_3$–$1/_2$ del largo de la espiguilla, 3-nervia, la superior 5-nervia. Antecio inferior estéril; lemma 3-nervia; pálea desarollada; lemma superior pálida, lisa.

BENI: Vaca Diez, Guayaramerin, *Krapovickas et Schinini* 35107. Ballivián, Rurrenabaque, *Rusby* 759.

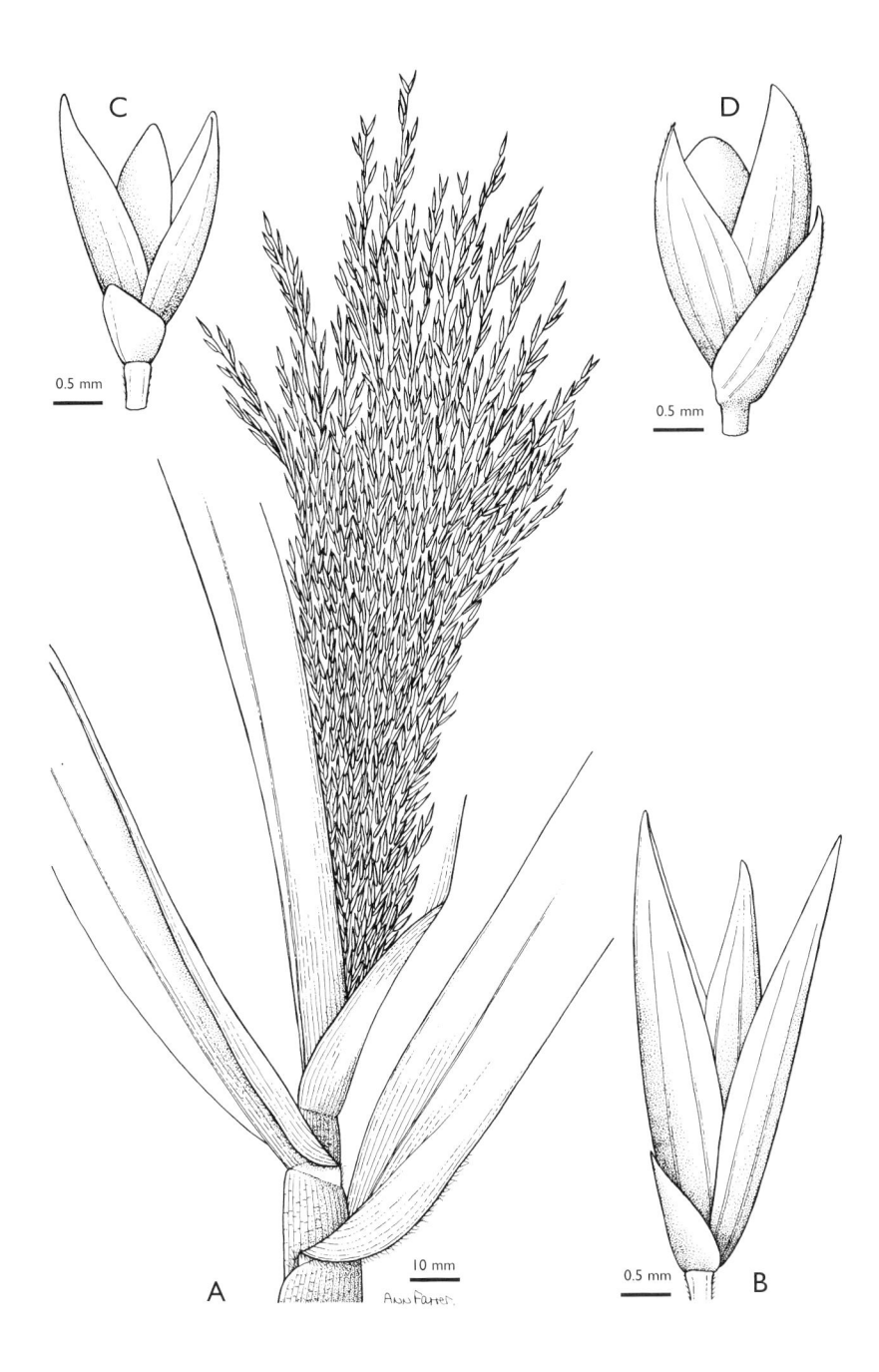

Fig. 82. **Panicum elephantipes**, A panícula, B espiguilla basada en *Beck* 5300. **P. dichotomiflorum**, C espiguilla basada en *Renvoize* 4626. **P. rudgei**, D espiguilla basada en *Haase* 181.

SANTA CRUZ: Chávez, Perseverancia, *Wood* 10033. Ichilo, Montero hacia Puerto Grether, *Renvoize et Cope* 3956.
LA PAZ: Larecaja, Chuquini, *Tate* 1173. Sud Yungas, 10 km E de Alto Beni, *Renvoize* 4726.
COCHABAMBA: Chaparé, Villa Tunari hasta Cochabamba, *Beck* 7307.
México hasta Argentina. Campos y bosques secundarios; 0–1000 m.

5. P. milleflorum Hitchc. & Chase, Contr. U.S. Natl. Herb. 17: 494 (1915). Tipo: Panamá, *Hitchcock* 8387 (US, holótipo).

Plantas perennes con culmos geniculados y ascendentes, de 100–150 cm de largo; nudos basales radicantes. Hojas caulinares; láminas lineares o linear-lanceoladas, de 5–40 cm long. × 5–20 mm lat., cordadas en la base, planas, acuminadas. Panícula oblonga de (15–)30–45 cm de largo, con ramas primarias de 10 cm de largo en la base y hasta 1 cm en el ápice, las basales remotas, las superiores densas, raramente laxas; ramas secundarias ausentes o cortas en las ramas primarias basales; espiguillas densas, secundifloras, solitarias o apareadas. Espiguillas elíptico-oblongas, de 1–1,5 mm de largo, obtusas, glabras. Gluma inferior $^1/_3$–$^1/_2$ del largo de la espiguilla, 1–3-nervia; gluma superior 5-nervia. Antecio inferior estéril; lemma 3-nervia; pálea desarrollada. Lemma superior elíptica, de 1 mm de largo, lisa.

BENI: Ballivián, Espíritu, *Renvoize* 4682. Yacuma, Porvenir, *Villanueva et Foster* 756.
Honduras y Panamá hasta el norte de Argentina y Brasil. Sitios húmedos en campos y bordes de ríos; 0–400 m.

Similar a *P. pilosum* pero de mayor altura y con ramificaciones secundarias en las ramas inferiores de la panoja.

6. P. pulchellum Raddi, Agrostogr. Bras.: 42 (1823); H462; F324; K170. Tipo: Brasil, *Raddi* (? FI, holótipo n.v.).

Plantas anuales o cortamente perennes con culmos delgados decumbentes, de 15–100 cm de largo; nudos inferiores radicantes. Láminas lanceoladas u ovadas, de 2–7 cm long. × 10–20 mm lat., glabras o pilosas, agudas o acuminadas. Panícula oblonga, laxa, de 5–20 cm de largo, las ramas primarias secundifloras, patentes a la madurez, de 5–25 mm; ramas secundarias ausentes. Espiguillas lanceoladas, de 1,5–2(–2,5) mm de largo, pubescentes, acuminadas. Gluma inferior ovada, $^1/_3$–$^1/_2$ del largo de la espiguilla, 1–3-nervia, la superior 3–5-nervia. Antecio inferior estéril, lemma 5-nervia con dos glándulas dorsales pequeñas, pálea desarollada; lemma superior elíptica, lisa.

PANDO: Madre de Dios, Bolivar, *Solomon* 16865.
SANTA CRUZ: Chávez, Las Madres, *Killeen* 2073.

LA PAZ: Tamayo, Apolo hacia Charazani, *Beck* 18611.
México y el Caribe hasta Brasil y Bolivia. En regiones boscosas, a la sombra; 0–1900 m.

7. P. stoloniferum *Poir.* in Lamarck, Encycl. Suppl. 4: 274 (1816); H462; F324; K171. Tipo: Guayana Francesa (P, holótipo n.v.).
P. frondescens G. Mey., Prim. Fl. Esseq.: 56 (1818); H462; F324. Tipo: Guyana, *Rodschied* s.n. (GOET, holótipo; LE, isótipo n.v.).

Plantas perennes estoloníferas con culmos decumbentes, de (10–)30–150 cm de largo; nudos basales radicantes. Láminas lanceoladas u ovadas, de 1–16 cm long. × 10–40 mm lat., planas, acuminadas. Panícula ovada o lanceolada, de 1,5–20(–35) cm de largo, las ramas primarias ascendentes o patentes a la madurez, de 1–4 cm de largo, muy próximas en la parte apical, laxas en la base, glabras o subglabras, secundifloras; ramas secundarias ausentes. Espiguillas lanceoladas, apareadas, sésiles o subsésiles, de 2–3 mm de largo, glabras, acuminadas. Gluma inferior ovada, $^1/_4$–$^1/_2$ del largo de la espiguilla, 3-nervia, la superior 5-nervia. Antecio inferior estéril, lemma 5-nervia, pálea reducida; lemma superior elíptica, de 1–1,5 mm de largo, lisa. Fig. 83.

BENI: Vaca Diez, Alto Ivón, *Boom* 4086. Ballivián, Lago Rogagua, *Cárdenas* 1704; Espíritu, *Beck* 5227. Yacuma, 50 km E de San Borja, *Renvoize* 4640.
SANTA CRUZ: Chávez, 2 km W de Concepción, *Killeen* 606. Ichilo, Montero hacia Puerto Grether, *Renvoize et Cope* 3962. Andrés Ibáñez, Río el Saldo, *Nee* 38029.
LA PAZ: Nor Yungas, Coroico, *Buchtien* s.n.
COCHABAMBA: Chaparé, Granja Chipiriri, *Lara* 1521. Carrasco, Valle de Sacta, *Beck* 13738.
México hasta Argentina. En lugares boscosos, a la sombra; 150–1100 m.

P. andreanum Mez de Venezuela y Colombia es semejante a esta especie; se diferencia por tener tallos leñosos y panojas bastante laxas, cuyas ramas primarias alcanzan 1–2 cm de long. y llevan espiguillas pilosas dispuestas unilateralmente.

8. P. laxum *Sw.*, Prodr.: 23 (1788); H461; F323; K169. Tipo: Jamaica, *Swartz* (S, holótipo).

Plantas anuales o perennes con culmos geniculados, semierectos, de 25–150 cm de largo; nudos glabros, los basales ramificados y radicantes. Láminas lineares o linear-lanceoladas, de 6,5–30 cm long. × 4–13 mm lat., planas, glabras o pilosas, acuminadas. Panícula oblonga o piramidal, de 5–30 cm de largo, laxa, paucirrámea, las ramas primarias ascendentes o patentes, espiciformes o con ramas secundarias largas en la base y cortas hacia el ápice, patentes o adpresas;

espiguillas agregadas, subsésiles o cortamente pediceladas. Espiguillas ovado-oblongas de 1–1,5 mm de largo, glabras, obtusas. Gluma inferior ovada, $^1/_3$–$^1/_2$ del largo de la espiguilla, 3-nervia, la superior 3–5-nervia. Antecio inferior estéril; lemma 3-nervia; pálea desarrollada. Lemma superior lanceolada, de 1–1,5 mm de largo, lisa. Fig. 83.

PANDO: Suárez, Cobija, *Beck* 17106.
BENI: Ballivián, Espíritu, *Beck* 5153; Lago Rogagua, *Rusby* 1658. Yacuma, Porvenir, *Renvoize* 4619. Cercado, Trinidad, *Krapovickas et Schinini* 34678.
SANTA CRUZ: Ichilo, Buena Vista, *Steinbach* 6850; 6857. Andrés Ibáñez, Río Piray, *Renvoize et Cope* 4013. Caballero, Yungas de San Mateo, *Steinbach* 8508. Cordillera, Río Grande, *Renvoize et Cope* 3925.
LA PAZ: Iturralde, Luisita, *Haase* 904. Murillo, Valle de Zongo, *Renvoize et Cope* 4249. Yungas, *Bang* 266; 308a. Nor Yungas, Coroico, *Buchtien* s.n. Sud Yungas, Alto Beni, *Renvoize* 4713.
COCHABAMBA: Carrasco, Campamento Izarzama, *Beck* 1587.
CHUQUISACA: Siles, Padilla hacia Monteagudo, *Renvoize et Cope* 3893.
TARIJA: Arce, Río Seco, *Coro-Rojas* 1434.
América Central y el Caribe hasta Argentina. Campos húmedos; 0–1430 m.

P. polygonatum es muy semejante pero se reconoce por sus espiguillas atenuadas y nudos a menudo barbados.

9. P. scabridum *Döll* in Martius, Fl. Bras. 2(2): 201 (1877); K171. Tipo: Brasil, *Spruce* 1281 (K, isótipo).

Plantas perennes con culmos ramosos erectos, de 50–110 cm de alto; nudos oscuros glabros. Láminas lineares, de 10–35 cm long. × 3–10 mm lat., planas o conduplicadas, glabras o subglabras, ascendentes o adpresas, acuminadas. Panícula angostamente ovada u oblonga, de 7–25 cm de largo, las ramas primarias con espiguillas agregadas, la ramas secundarias cortas y adpresas. Espiguillas ovadas, túrgidas, de 1–1,5 mm de largo, glabras, agudas o apiculadas. Gluma inferior ovada, membranácea y algo inflada, $^1/_2$ de largo de la espiguilla, 3-nervia; gluma superior 5-nervia. Antecio inferior estéril, lemma 3–5-nervia, pálea ausente. Lemma superior ovada, de 1 mm de largo, lisa.

BENI: Ballivián, Espíritu, *Beck* 5602.
SANTA CRUZ: Chávez, 90 km SE de Concepción, *Killeen* 1514. Velasco, 20 km W de San Ignacio, *Killeen* 1688.
LA PAZ: Iturralde, Luisita, *Haase* 903.
Venezuela, Colombia, Brasil (Pará) y Bolivia. Campos húmedos; 0–224 m.

Afín a *P. laxum* que se distingue por sus espiguillas obtusas.

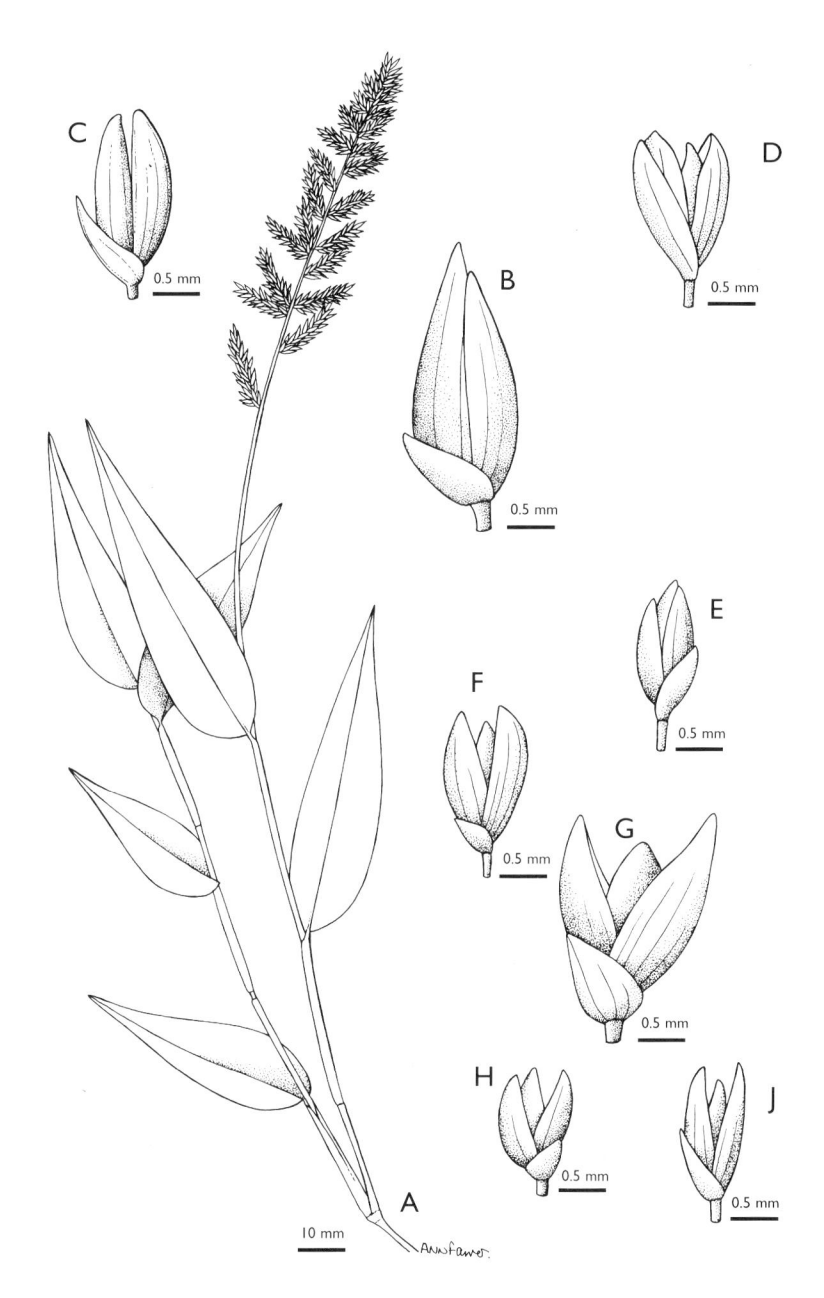

Fig. 83. **Panicum stoloniferum**, A hábito basada en *Beck* 7373, B espiguilla basada en *Steinbach* 6855. **P. laxum**, C espiguilla basada en *Beck* 3228. **P. parvifolium**, D espiguilla basada en *Steinbach* 7011. **P. trichoides**, E espiguilla basada en *Krapovickas et Schinini* 31195. **P. trichanthum**, F espiguilla basada en *Feuerer* 5936. **P. bergii**, G espiguilla basada en *Renvoize* 4534. **P. hylaeicum**, H espiguilla basada en *Solomon* 16732. **P. polygonatum**, J espiguilla basada en *Solomon* 12908.

10. P. polygonatum *Schrad.* in Schult., Mant. 2: 256 (1824); H461; F322; K170. Tipo: Brasil, *Principe Maximiliano* (LE, holótipo).
P. boliviense Hack., Repert Spec. Nov. Regni Veg. 11: 19 (1912); H462; F323. Tipo: Bolivia, *Buchtien* 2501 (W, holótipo).

Plantas anuales o cortamente perennes con culmos herbáceos geniculados decumbentes, de 10–150 cm de largo; nudos frecuentemente barbados, los basales radicantes. Láminas angostamente lanceoladas, de 3,5–20(–25) cm long. × 7–18 mm lat., cordadas en la base, planas, acuminadas. Panícula oblonga, de 8–30 cm de largo, laxa, las ramas primarias inferiores remotas, con ramas secundarias largas en la base y cortas hacia el ápice; espiguillas apareadas, subsésiles o cortamente pediceladas. Espiguillas ovadas, de 1,5 mm de largo, glabras, agudas o acuminadas. Gluma inferior ovada, $^1/_3$–$^1/_2$ del largo de la espiguilla, 1–3-nervia, la superior 3–5-nervia. Antecio inferior estéril, lemma 3–5-nervia, pálea reducida. Lemma superior ovado-elíptica, de 1 mm de largo, lisa. Fig. 83.

PANDO: Suárez, 2 km S de Cobija, *Beck* 17126. Manuripi, Bay hacia La Poza, *Beck et al*. 19419
SANTA CRUZ: Chávez, Serranía San Lorenzo, *Killeen* 1380. Ichilo, Río Surutú, *Steinbach* 6840.
LA PAZ: Iturralde, Alto Madidi, *Beck* 18313. Larecaja, Casama, *Buchtien* 7129. Murillo, Valle de Zongo, *Renvoize et Cope* 4248. Sud Yungas, Alto Beni, *Seidel et Vargas* 2698.
COCHABAMBA: Chaparé, Espíritu Santo, *Buchtien* 2501.
México hasta Argentina. Regiones boscosas, en sitios húmedos, a la sombra; 0–1400 m.

11. P. hylaeicum *Mez*, Notizbl. Bot. Gart. Berlin-Dahlem 7: 75 (1917); K169. Tipo: Brasil, *Spruce* (K, isótipo).

Plantas perennes con culmos trepadores, robustos, ramosos, cilíndricos, duros, geniculados, de 100–400 cm de largo; nudos glabros. Láminas lanceoladas, de 9–25 cm long. × 10–30(–50) mm lat., amplexicaules, planas, coriáceas, glabras, con nervios lineares y transversales, agudas o acuminadas. Panícula oblonga o piramidal, 12–40 cm de largo, ampliamente ramosa, las ramas primarias patentes. Espiguillas oblongas, de 1,2–1,5 mm de largo, pubérulas o glabras. Gluma inferior ovada, $^1/_3$–$^1/_2$ del largo de la espiguilla, 3-nervia, la superior 3–5-nervia. Antecio inferior estéril, lemma 3–5-nervia, pálea desarrollada; lemma superior de 1–1,2 mm de largo, pálida, lisa. Fig. 83.

BENI: Vaca Diez, Riberalta, *Krapovickas et Schinini* 35086; *Solomon* 16732. Yacuma, San Borja hacia Porvenir, *Renvoize* 4644.
SANTA CRUZ: Chávez, 20 km NE de Concepción, *Killeen* 1426.
Colombia y Brasil hasta el norte de Argentina. Sitios húmedos en selvas en galería; 0–500 m.

Por sus cañas leñosas y hábito mayor, esta especie se distingue de *P. polygonatum*.

12. P. cayennense *Lam.*, Tabl. Encycl. 1: 173 (1791); H459; F320; K168. Tipo: Guayana Francesa, *Stoupy* (K, microficha).

Plantas híspidas anuales, con culmos erectos o ascendentes, de 15–70(–90) cm de alto. Láminas lineares de 6–26 cm long. × 3–10 mm lat., planas, agudas. Inflorescencias profusas, con multiples panojas terminales y axilares que frecuentemente entremezclan sus ramas, densas, exertas o la parte inferior incluida en la vaina, oblongas, de 7–30 cm de largo, moderadamente ramosas, las ramas rectas, escabrosas, patentes. Espiguillas obovadas u orbiculares, de 2–2,5 mm de largo, glabras. Gluma inferior ovada, $1/2$ del largo de la espiguilla, 5-nervia, aguda o acuminada, separada por un corto internodio; gluma superior ovada, 7-nervia, aguda o acuminada. Antecio inferior estaminado, las anteras diminutas, lemma 7-nervia, pálea desarrollada; lemma superior anchamente elíptica, de 1,5 mm de largo, pálida, lisa.

PANDO: Román, Río Orthon, *Moraes* 590.
BENI: Ballivián, Espíritu, *Beck* 15039.
SANTA CRUZ: Chávez, 90 km SE de Concepción, *Killeen* 1486.
LA PAZ: Nor Yungas, Coroico, *Feuerer* 5932.
América Central hasta Brasil y Bolivia. Campos y bordes de caminos; 0–1300 m.

13. P. rudgei *Roem. & Schult.*, Syst. Veg. 2: 444 (1817); H464; F326; K170. Tipo: Guayana, *Martin* (BM, holótipo).

Plantas perennes híspidas, con culmos erectos o decumbentes, de 60–120 cm de alto. Láminas lineares, de 15–40 cm long. × 5–10 mm lat., planas, gruesas, rígidas, punzantes. Panículas terminales y axilares, oblongas u ovadas, de 15–20 cm de largo, exertas o la parte inferior incluida en la vaina, ampliamente ramosas; ramas rígidas, escabrosas, patentes o entremezcladas, de modo que la parte superior de la planta parece estar formada por una gran inflorescencia múltiple. Espiguillas ovado-elípticas, de 3–3,5 mm de largo, glabras o pilosas, verdes o purpúreas, acuminadas. Gluma inferior anchamente ovada, $1/2$–$2/3$ del largo de la espiguilla, 5-nervia, acuminada, separada por un internodio corto; gluma superior 7-nervia. Antecio inferior estaminado, las anteras diminutas, lemma 7-nervia, pálea desarrollada; lemma superior elíptica, de 2 mm de largo, pálida, lisa. Fig. 82.

PANDO: Madre de Dios, 21 km WSW de Riberalta, *Nee* 31836.
BENI: Vaca Diez, 15 km W de Guayaramerin, *Krapovickas et Schinini* 35068; 59 km S de Riberalta, *Beck* 20520. Ballivián, Santa Rosa, *Beck et de Michel* 20809.
SANTA CRUZ: Chávez, Serranía San Lorenzo, *Killeen* 1397. Velasco, Río Guaporé, *Nee* 41227.
LA PAZ: Iturralde, Luisita, *Haase* 181. Larecaja, Mapiri, *Buchtien* 32.
América Central hasta Bolivia y Brasil. Campos; 0–950 m.

14. P. olyroides *Kunth* in Humboldt, Bonpland et Kunth, Nov. Gen. Sp. 1: 102 (1816); H467; F329; K170. Tipo: Venezuela, *Humboldt et Bonpland* (P, holótipo).

Plantas perennes rizomatosas con culmos erectos de 30–150 cm de alto. Láminas lineares, de 15–45 cm long. × 5–10 mm lat., planas, glabras, raramente lineares, punzantes. Panícula terminal, ovada, de 20–45 cm de largo, algo ramosa, las ramas rígidas, patentes a la madurez, la base incluida en la vaina superior. Espiguillas ovado-elípticas, de 6–8 mm de largo, glabras, acuminadas. Gluma inferior ovada, $^{1}/_{2}$–$^{3}/_{4}$ del largo de la espiguilla, 7–9-nervia, acuminada, separada por un internodio corto; gluma superior 9–11-nervia. Antecio inferior estéril; lemma 11-nervia; pálea desarrollada; lemma superior oblonga, de 4–5 mm de largo, pálida, finamente estriada o lisa, barbada en la base. Fig. 86.

SANTA CRUZ: Chávez, 2 km N de Concepción, *Killeen* 2398. Velasco, San Ignacio, *Seidel et Beck* 404. Andrés Ibañez, Viru Viru, *Killeen* 1559.
Venezuela hasta el norte de Argentina. Campos; 220–1600 m.

P. ligulare Nees es afín a esta especie pero sus panojas son algo mayores (30–60 cm long.) formadas por ramas ascendentes flexuosas y espiguillas más pequeñas (4,5–6 mm long.).

15. P. mertensii *Roth* in Roem. & Schult., Syst. Veg. 2: 458 (1817); K169. Tipo: Guyana, *Mertens* (B, holótipo n.v.).
P. altissimum G. Mey., Prim. Fl. Esseq.: 63 (1818) non DC. (1813). Tipo: Guyana, *Hof van Holland* (GOET, holótipo n.v.).
P. megiston Schult., Mant. 2: 248 (1824) basado en *P. altissimum* G. Mey.

Plantas perennes con culmos erectos robustos de 100–200 cm de alto. Hojas caulinares; vainas híspidas; láminas linear-lanceoladas, de 25–40 cm long. × 15–40 mm lat., planas, glabras, acuminadas. Panícula oblonga, laxa, de 30–60 cm de largo, las ramas primarias verticiladas, patentes, las secundarias ausentes. Espiguillas obovadas, túrgidas, de 3,5–4 mm de largo, glabras. Gluma inferior ovada, $^{1}/_{4}$ del largo de la espiguilla, 3-nervia, obtusa o aguda, superior 7–9-nervia. Antecio inferior estéril, la lemma 7–9-nervia, pálea desarollada; lemma superior lisa, lustrosa. Fig. 85.

BENI: Ballivián, Espíritu, *Beck* 15136. Yacuma, San Borja hacia Porvenir, *Renvoize* 4643.
SANTA CRUZ: Ichilo, Buena Vista hacia Río Surutú, *Renvoize et Cope* 3983.
México hasta Bolivia y Paraguay. Campos húmedos; 0–340 m.

Por sus panojas con ramas verticiladas, esta especie puede ser confundida con *Lasiacis procerrima* (Hack.) Hitchc.; pero, en esta última, las hojas son amplexicaules y las espiguillas pubescentes en el ápice.

16. P. quadriglume (*Döll*) *Hitchc.*, Contr. U.S. Natl. Herb. 24: 460 (1927); H460; F321; K170. Tipo: Brasil, *Regnell* III 1406
P. cayennense var. *quadriglume* Döll in Martius, Fl. Bras. 2(2): 220 (1877).
P. ghiesbreghtii sensu Hitchc., Contr. U.S. Natl. Herb. 24: 460 (1927), non Fourn. (1886).

Plantas perennes cespitosas, pilosas, con culmos erectos de 25–120 cm de alto. Láminas lineares, de 10–25 cm long. × 2–6 mm lat., planas, finamente agudas o acuminadas. Panícula terminal, oblongo-ovada, de 10–22 cm de largo, laxa, las ramas patentes, delicadas. Espiguillas angostamente ovadas, glabras, de 3–4 mm de largo, con 3 glumas; gluma inferior ovada, $1/_3$–$1/_2$ del largo de la espiguilla, 5–7-nervia; intermedia y superior 7–9-nervia. Antecio inferior estéril; lemma 7-nervia; pálea desarrollada; lemma superior elíptica, 1,5–2 mm de largo, castaña. Fig. 84.

BENI: Yacuma, Porvenir, *Renvoize* 4627.
SANTA CRUZ: Chávez, 2 km N de Concepción, *Killeen* 2397. Velasco, 7 km N de San Ignacio, *Bruderreck* 236. Ichilo, Buena Vista, *Steinbach* 6979; 7076 bis. Andrés Ibáñez, Viru Viru, *Killeen* 1563.
LA PAZ: Yungas, *Bang* 493.
Brasil, Paraguay y Bolivia. Campos; 200–500 m.

17. P. exiguum *Mez*, Bot. Jahrb. Syst. 56 Beibl. 125: 3 (1921). Tipo: Brasil, Minas Gerais, *Mosen* 4571 (B, holótipo n.v.).

Plantas anuales delicadas, con culmos ramosos, geniculados, ascendentes, de 10–80 cm de alto. Láminas lineares o angostamente lanceoladas, de 3–15 cm long. × 3–7 mm lat., planas, pilosas, agudas. Panícula ovada u oblonga, de 3–20 cm long. × 2–9 cm lat., las ramas finas, patentes a la madurez. Espiguillas ovadas, de 2–3 mm de largo, glabras, finamente agudas o acuminadas. Gluma inferior ovada, herbácea, de $2/_3$–$3/_4$ de largo de la espiguilla, 5-nervia; gluma superior 7–9-nervia. Antecio inferior estéril; lemma 7–9-nervia; pálea rudimentaria o desarrollada; lemma superior elíptica, de 1,5–2 mm de largo, lisa, castaña o negra a la madurez.

SANTA CRUZ: Chávez, San Antonio de Lomerio, *Killeen* 823. Andrés Ibáñez, Viru Viru, *Renvoize et Cope* 3986. Chiquitos, San Jose, *Killeen* 1702. Florida, El Vallecito, *Lenaz* 162.
TARIJA: Avilés, Chocloca, *Beck* 761.
Perú, Bolivia y Brasil. Sitios abiertos, en suelos arenosos; 200–1000 m.

18. P. peladoense *Henrard*, Blumea 4: 504 (1941); F321; K170. Tipo: Paraguay, *Balansa* 4357 (K, isótipo).

Plantas perennes cespitosas, pilosas, con culmos erectos de 20–60 cm de alto. Hojas principalmente basales, ascendentes; láminas lineares de 5–30 cm long. × 2–5

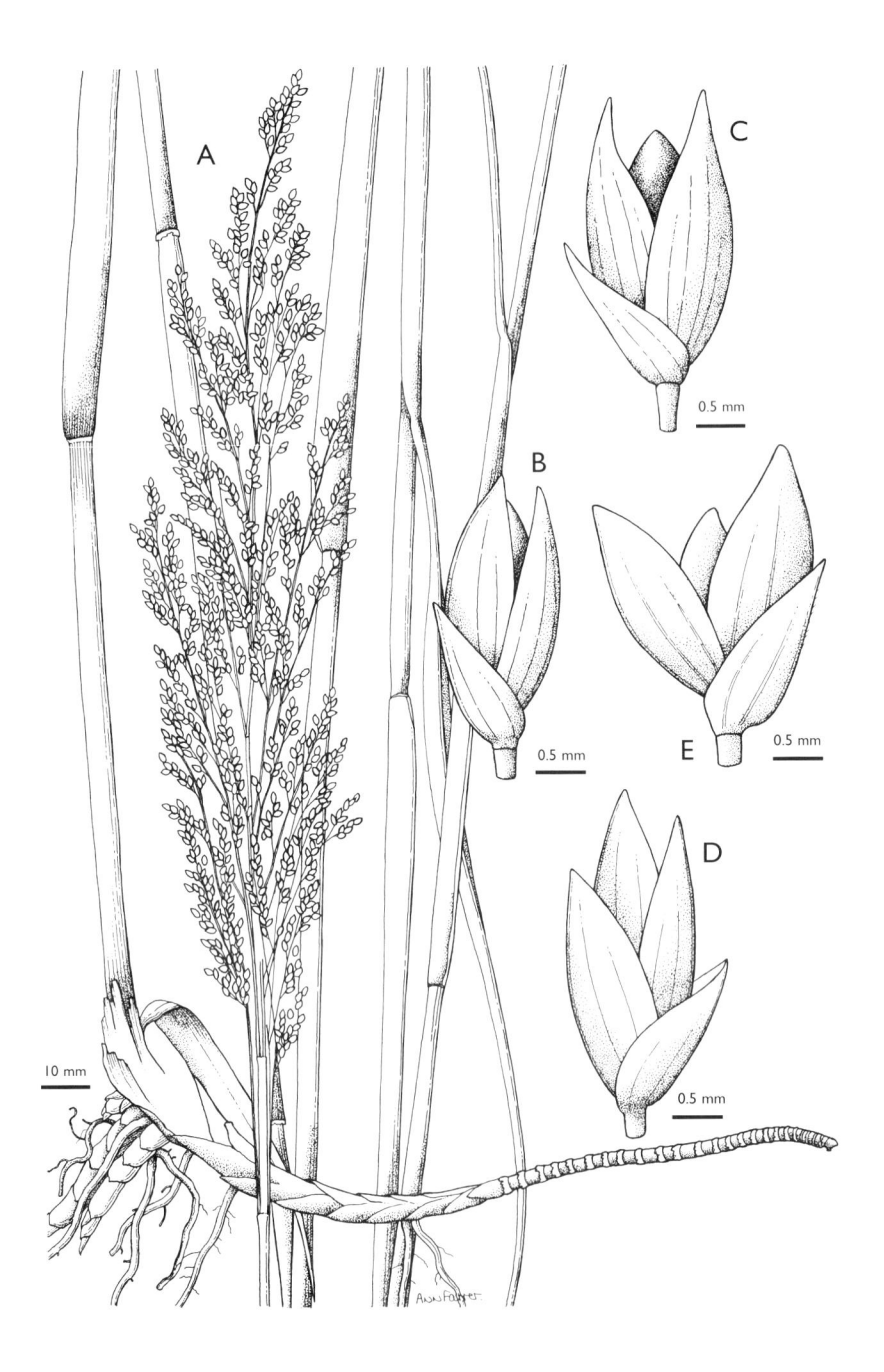

Fig. 84. **Panicum tricholaenoides**, **A** habito, **B** espiguilla basada en *Solomon* 14724. **P. peladoense**, **C** espiguilla basada en *Renvoize et Cope* 4044. **P. quadriglume**, **D** espiguilla basada en *Renvoize et Cope* 3987. **P. cyanescens**, **E** espiguilla basada en *Haase* 886.

mm lat., planas, rígidas, el ápice finamente agudo, punzante. Panícula terminal, oblonga u ovada, de 7–18 cm de largo, laxa, efusas. Espiguillas ovadas, glabras, de 2,5–3 mm de largo, agudas o acuminadas. Gluma inferior ovada, $^1/_2$–$^2/_3$ de largo de la espiguilla, 5-nervia; gluma superior 7–9-nervia. Antecio inferior estéril; lemma 7–9-nervia; pálea desarrollada. Lemma superior elíptica, de 1,5–2(–2,5) mm de largo, castaña. Fig. 84.

SANTA CRUZ: Florida, 10 km E de Samaipata, *Renvoize et Cope* 4044.
CHUQUISACA: Tomina, Padilla hacia Monteagudo, *Wood* 9115.
Brasil, Bolivia, Paraguay, Uruguay y Argentina. Campos, en suelos arenosos; 200–2300 m.

19. P. tricholaenoides Steud., Syn. Pl. Glumac. 1: 68 (1855); H461, F322; K170. Tipo: Uruguay, *Deloche* (P, holótipo n.v.).
P. junceum Nees, Agrostologia Brasiliensis in Martius, Fl. Bras. 2(1): 159 (1829), non Trin. (1826). Tipo: Uruguay, *Sellow* (B, holótipo n.v.).
P. bambusoides Speg. in Arechav., Gram. Uruguayas (1894–1898), Anales Mus. Nac. Montevideo 1: 128, t. 9 y 10 (1894), non Desv. ex Ham. (1825). Tipo: Uruguay.

Plantas perennes rizomatosas, robustas, bambusoideas, glaucas; culmos cilíndricos subleñosos, de 150–250 cm de alto, ramosos, glabros. Láminas lineares de 25–35 cm long. × 2–12 mm lat., involutas, glabras, acuminadas. Panícula piramidal, laxa, raro densa, nutante, muy ramificada, de 20–40 cm de largo, en su mayor parte glabra, pilosas en el ápice de los pedicelos. Espiguillas elíptico-ovadas, de 2–3 mm de largo, glabras. Gluma inferior ovada, $^1/_2$–$^2/_3$ del largo de la espiguilla, 7-nervia, acuminada; gluma superior 7-nervia, acuminada. Antecio inferior estaminado; lemma 7-nervia, aguda, pálea desarrollada; lemma superior elíptica, de 1,5–2 mm de largo, lisa, obtusa. Fig. 84.

BENI: Ballivián, Espíritu, *Beck* 5685; Lago Rogagua, *White* 1209. Yacuma, Porvenir, *Renvoize* 4633.
SANTA CRUZ: Chávez, 10 km SE de Concepción, *Killeen* 720. Velasco, 10 km E de Santa Rosa, *Killeen* 778. Ichilo, Buena Vista, *Steinbach* 3220.
Venezuela, Colombia, Bolivia, Brasil, Uruguay y Argentina. Campos húmedos; 0–200 m.

P. glabripes Döll de Brasil y Argentina se distingue de esta especie por su hábito menor y herbáceo, de 70–130 cm de altura.

20. P. stenodes Griseb., Fl. Brit. W. I.: 547 (1864); K171. Tipo: Jamaica, *Purdie* s.n. (K, holótipo).

Plantas perennes cespitosas, con culmos delgados, cilíndricos de 20–80 cm de alto, erectos o geniculados, ramosos, las ramas erectas; nudos oscuros. Hojas caulinares; láminas lineares o filiformes, erectas, de 2–9 cm long. × 1 mm lat., involutas, atenuadas. Inflorescencias terminales y axilares, poco ramosas, panojas pequeñas, laxas, con 1–5 racimos cortos de 1–3 cm, sobre pedúnculos breves de 1–3 cm, agregados y apenas exertos des la vaina. Espiguillas elíptico-oblongas, de 1–1,5 mm de largo, glabras. Gluma inferior ovada, $1/_3$–$1/_2$ del largo de la espiguilla, 1–3-nervia, no separada por un internodio evidente de la superior, la superior 5(–9)-nervia. Antecio inferior estéril, lemma 5-nervia, pálea reducida; lemma superior elíptica, de 1,2 mm de largo, lisa.

BENI: Ballivián, Espíritu, *Beck* 3449. Yacuma, Porvenir, *Renvoize* 4629.
SANTA CRUZ: Chávez, 10 km S de Concepción, *Killeen* 2268. Velasco, 130 km N de San Ignacio, *Killeen* 2770.
LA PAZ: Iturralde, Ixiamas, *Beck* 18337.
Costa Rica y Indias Occidentales hasta Brasil y Bolivia. Sabanas húmedas, lagunas y ríos; 0–460 m.

21. P. caricoides Nees in Trin., Gram. Panic.: 149 (1826); K168. Tipo: Brasil, *Martius* (M, holótipo n.v.).
P. stenodoides F.T. Hubb., Proc. Amer. Acad. Arts 49: 497 (1913). Tipo: Belize, *Peck* 681 (K, isótipo).

Plantas perennes cespitosas, pilosas o glabras, con culmos delgados cilíndricos y erectos, de 10–40 cm de alto, poco ramosos. Hojas basales y caulinares; láminas lineares o filiformes, de 5–18 cm long. × 1–2 mm lat., planas o involutas, atenuadas. Inflorescencia en panícula terminal pequeña, de 1–3 racimos laxos, de 5–10 mm de largo, agregados y apenas exertos de la vaina. Espiguillas elíptico-obovadas, de 2–3 mm de largo. Gluma inferior ovada, $1/_2$ del largo de la espiguilla, 3–5-nervia, separada de la superior por un internodio corto, la superior 7–9-nervia. Antecio inferior estéril, lemma 7–9-nervia, pálea rudimentaria. Lemma superior lisa, aguda, el ápice exerto supera la espiguilla.

BENI: Vaca Diez, 59 km S de Riberalta, *Beck* 20494; 86 km S de Riberalta, *Beck* 20566.
SANTA CRUZ: Chávez, 13 km N de Concepción, *Killeen* 1373. Velasco, 1 km E de Santa Rosa, *Killeen* 2824.
LA PAZ: Tamayo, Apolo hacia Charazani, *Beck* 18625.
Indias Occidentales hasta Brasil y Bolivia. Sabanas; 0–800 m.

22. P. stramineum *Hitchc. & Chase*, Contr. U.S. Natl. Herb. 15: 67, fig. 50 (1910); H460; F321. Tipo: México, *Palmer* 206 (K, síntipo).
P. hirticaule sensu Killeen, Ann. Missouri Bot. Gard. 77: 169 (1990), non C. Presl (1830).

Plantas anuales con culmos erectos o ascendentes, de 10–70(–125) cm de alto. Hojas híspidas; láminas linear-lanceoladas, de 4,5–30 cm long. × 3–13(–20) mm lat., planas, atenuadas. Panículas terminales o axilares, ovada, de 2,5–22(–38) cm de largo, leve hasta ampliamente ramosa, las ramas ascendentes o patentes a la madurez, a veces delicadas y flexuosas. Espiguillas ovadas, de 2,3–3,2 mm de largo, glabras, finamente agudas. Gluma inferior ovada, herbácea, $1/_3$–$1/_2$ del largo de la espiguilla, 5–7-nervia; gluma superior 9–11(–13)-nervia. Antecio inferior estéril, lemma 9–11-nervia, pálea desarrollada, de (1,4–)2,3–2,7 mm de largo; lemma superior elíptica, de 1,5–2,5 mm de largo, lisa, pálida.

BENI: Ballivián, Espíritu, *Beck* 3415; 15176; Lago Rogagua, *Cárdenas* 1647. Cercado, Trinidad, *Krapovickas et Schinini* 34700.
SANTA CRUZ: Andrés Ibáñez, 12 km E de Santa Cruz, *Nee* 34307. Chiquitos, 22 km N de San José, *Killeen* 1711. Cordillera, Abapó, *Renvoize et Cope* 3912.
CHUQUISACA: Isirenda, *Toledo et Joaquin* 10412.
TARIJA: Gran Chaco, Villa Montes, *Coro-Rojas* 1571.
Estados Unidos de América hasta Argentina. Bosques decíduos y sitios inestables; 0–1100 m.

23. P. bergii Arechav., Gram. Uruguayas (1894–1898), Anales Mus. Nac. Montevideo 1: 147 (1894). Tipo: Uruguay, *Arechavaleta* (MVM, holótipo n.v.).
P. pilcomayense Hack., Bull. Herb. Boissier ser. 2, 7: 449 (1907). Tipo: Paraguay, *Rojas* 105.

Plantas perennes cespitosas, glabras hasta densamente pilosas; culmos de 30–100(–160) cm de alto. Láminas lineares, de 30–50 cm long. × 3–10 mm lat., planas, acuminadas. Panícula laxa piramidal, de 10–40 cm de largo, caduca a la madurez por su base, las ramas patentes. Espiguillas ovadas, de 2–3 mm de largo, glabras, finamente agudas. Gluma inferior ovada, herbácea, $1/_2$ de largo de la espiguilla, 3–5-nervia; gluma superior (7–)9-nervia. Antecio inferior estéril; lemma 9-nervia, pálea desarrollada; lemma superior elíptica, de 1,5–2 mm, lisa, pajiza. Fig. 83.

SANTA CRUZ: Andrés Ibáñez, Viru Viru, *Renvoize et Cope* 4534.
LA PAZ: Iturralde, Luisita, *Beck et Haase* 9921.
Brasil, Bolivia, Paraguay, Uruguay y Argentina. Campos húmedos; 180 m.

24. P. trichoides Sw., Prodr.: 24 (1788); K171. Tipo: Jamaica, *Swartz* (S, holótipo).

Plantas anuales con culmos delicados decumbentes, de 15–100 cm de largo; nudos basales radicantes. Láminas lanceoladas, de 2–8 cm long. × 5–20 mm lat., cordadas en la base, membranáceas, pilosas, acuminadas. Panícula oblongo-ovada, de 5–20 cm de largo, laxa o densa, las ramas filiformes, flexuosas. Espiguillas ovadas, asimétricas, de 1–1,5 mm de largo, pubescentes. Gluma inferior ovada, $^1/_2$ del largo de la espiguilla, 1-nervia, la superior 3–5-nervia. Antecio inferior estéril, lemma 3–5-nervia, pálea reducida; lemma superior finamente granulosa. Fig. 83.

BENI: Vaca Diez, Guayaramerin, *Krapovickas et Schinini* 35106. Ballivián, Espíritu, *Renvoize* 4687.
SANTA CRUZ: Velasco, 25 km SW de San Ignacio, *Seidel et Beck* 239; 347. Chávez, Concepción, *Killeen* 604. Cordillera, Abapó, *Gerold* 356.
LA PAZ: Sud Yungas, Alto Beni, *Seidel et Vargas* 2695.
CHUQUISACA: Tomina, *CORDECH* 85. Hernando Siles, Rosario de Ingre hacia Yumao, *Murguia* 341.
TARIJA: Gran Chaco, 30 km N de Villa Montes, *Krapovickas et Schinini* 31195.
México hasta Argentina, introducida en Africa tropical y Asia tropical. En selvas y bosques en galería, a la sombra; también en lugares modificados; 0–1000 m.

25. **P. trichanthum** Nees, Agrostologia Brasiliensis in Martius, Fl. Bras. 2(1): 210 (1829); H463; F325; K171. Tipo: México, *Humboldt* (P, holótipo n.v.).

Plantas perennes con culmos erectos o apoyantes, ramificados; tallos cilíndricos, lignificados, radicantes en los nudos inferiores, de 30–200 cm de largo. Láminas linear-lanceoladas, de 9–15 cm long. × 10–20 mm lat., cordadas en la base, planas, pilosas, agudas. Panícula ovada, de 15–30 cm de largo, ampliamente ramosa, la ramas filiformes, flexuosas, patentes. Espiguillas ovado-oblongas, de 1,2–1,5 mm de largo, escabrosas. Gluma inferior reducida a una escama enervia de $^1/_5$–$^1/_4$ del largo de la espiguilla, la superior 7-nervia, igual a la espiguilla. Lemma inferior 3-nervia, la pálea nula, antecio estéril; lemma superior pálida, lisa. Fig. 83.

PANDO: Suárez, Cobija, *Beck* 17044.
BENI: Vaca Diez, 5 km SW de Riberalta, *Solomon* 7919.
SANTA CRUZ: Chávez, 15 km N de Concepción, *Killeen* 899. Santiesteban, Montero hasta Guabirá, *Feuerer* 6466. Velasco, 27 km N de San Ignacio, *Seidel* 355. Florida, Río Pirai, *Nee* 35198.
LA PAZ: Nor Yungas, Coroico, *Buchtien* 446. Caranavi hacia Coroico, *Renvoize* 4745.
CHUQUISACA: Tomina, Padilla hacia Monteagudo, *Wood* 8243. Hernando Siles, 12 km E de Monteagudo, *Renvoize et Cope* 3898. Calvo, El Salvador, *Martínez* 592.
TARIJA: Gran Chaco, 15 km N de Yacuiba, *Beck et al.* 11518. Arce, 12,7 km S de Naranjo Agrio, *Solomon* 9881.
México hasta Argentina. Sitios sombrados y alterados; 0–1400 m.

26. **P. hebotes** Trin., Mém. Acad. Imp. Sci. Saint-Pétersbourg, Sér. 6, Sci. Math., Seconde Pt. Sci. Nat. 3(2): 301 (1834); H465; F327. Tipo: Brasil, (LE, holótipo).
P. subtiliracemosum Renvoize, Kew Bull. 42: 922 (1987). Tipo: Brasil, *Hatschbach* 46020 (MBM, holótipo).

Plantas perennes con culmos delgados erectos o ascendentes, de 100 cm de alto. Hojas caulinares; láminas angostamente lanceoladas, de 7–18 cm long. × 10–20 mm lat., planas, pilosas, angostamente agudas o acuminadas. Panículas oblongas, de 15–32 cm de largo, laxas, ampliamente ramosas, con ramas delicadas y patentes, las inferiores agregadas y subverticiladas. Espiguillas oblongas, de 2–3 mm de largo, glabras. Gluma inferior ovada, $^1/_2$–$^2/_3$ de largo de la espiguilla, 1–3-nervia, obtusa, aguda o acuminada, la superior 5–7-nervia. Antecio inferior estéril o estaminado, lemma 5–7-nervia, pálea desarrollada; lemma superior elíptica, de 2–2,5 mm de largo, lisa, lustrosa, apiculada. Fig. 85.

LA PAZ: Yungas, *Bang* 493. Nor Yungas, Caranavi hacia Coroico, *Renvoize* 4754. Bolivia y Sud de Brasil. En regiones boscosas, a la sombra; 800–1050 m.

27. P. haenkeanum *J. Presl,* Reliq. Haenk. 1: 304 (1830); K169. Tipo: México, *Haenke* (PR, holótipo n.v.).

Plantas anuales o perennes, pilosas, con culmos delgados, cilíndricos, ramosos, erectos o decumbentes y radicantes en los nudos inferiores, 100–300 cm de largo. Hojas caulinares; láminas lanceoladas, de 4–10 cm long. × 5–12 mm lat., atenuadas o acuminadas. Panículas oblongas u ovadas, de 7–18 cm de largo con ramas delicadas de 4–10 cm, patentes o ascendentes, agregadas en fascículos o subverticiladas. Espiguillas lanceoladas, de 2–2,5 mm de largo. Gluma inferior ovada, $^1/_2$ de largo de la espiguilla, 3-nervia, amplexicaule, atenuada en al ápice, la superior 5-nervia, esparcidamente pubescente o glabra. Antecio inferior estéril, lemma 5-nervia, pálea rudimentaria; lemma superior lisa, lustrosa.

SANTA CRUZ: Chávez, 45 km NE de Concepción, *Killeen* 1094.
México, Costa Rica, Panamá y Bolivia. En bosques en galería y sabanas; 200–790 m.

28. P. sciurotoides *Zuloaga & Morrone,* Novon 1(1): 1 (1991). Tipo: Brasil, Minas Gerais, *Mexía* 5819 (K, isótipo).

Plantas anuales con culmos ramosos geniculados y decumbentes, de 10–85 cm de largo. Hojas caulinares; láminas ovado-lanceoladas, de 3–10 cm long. × 5–20 mm lat., amplexicaules, pilosas o híspidas, atenuadas. Panícula terminal, ovada, de 2,5–9 cm de largo, densamente ramosas, las ramas delicadas y frecuentemente entremezcladas. Espiguillas ovado-oblongas, de 1,5–2 mm de largo, glabras o pubescentes. Gluma inferior ovada, $^1/_3$–$^1/_2$ del largo de la espiguilla, 1–3(–7)-nervia, agudas y obtusas en la misma panoja, la superior 7–9(–11)-nervia. Antecio inferior estéril, lemma 7–9-nervia; lemma superior elíptica, de 1,2–1,7 mm de largo, lisa, lustrosa, apiculada.

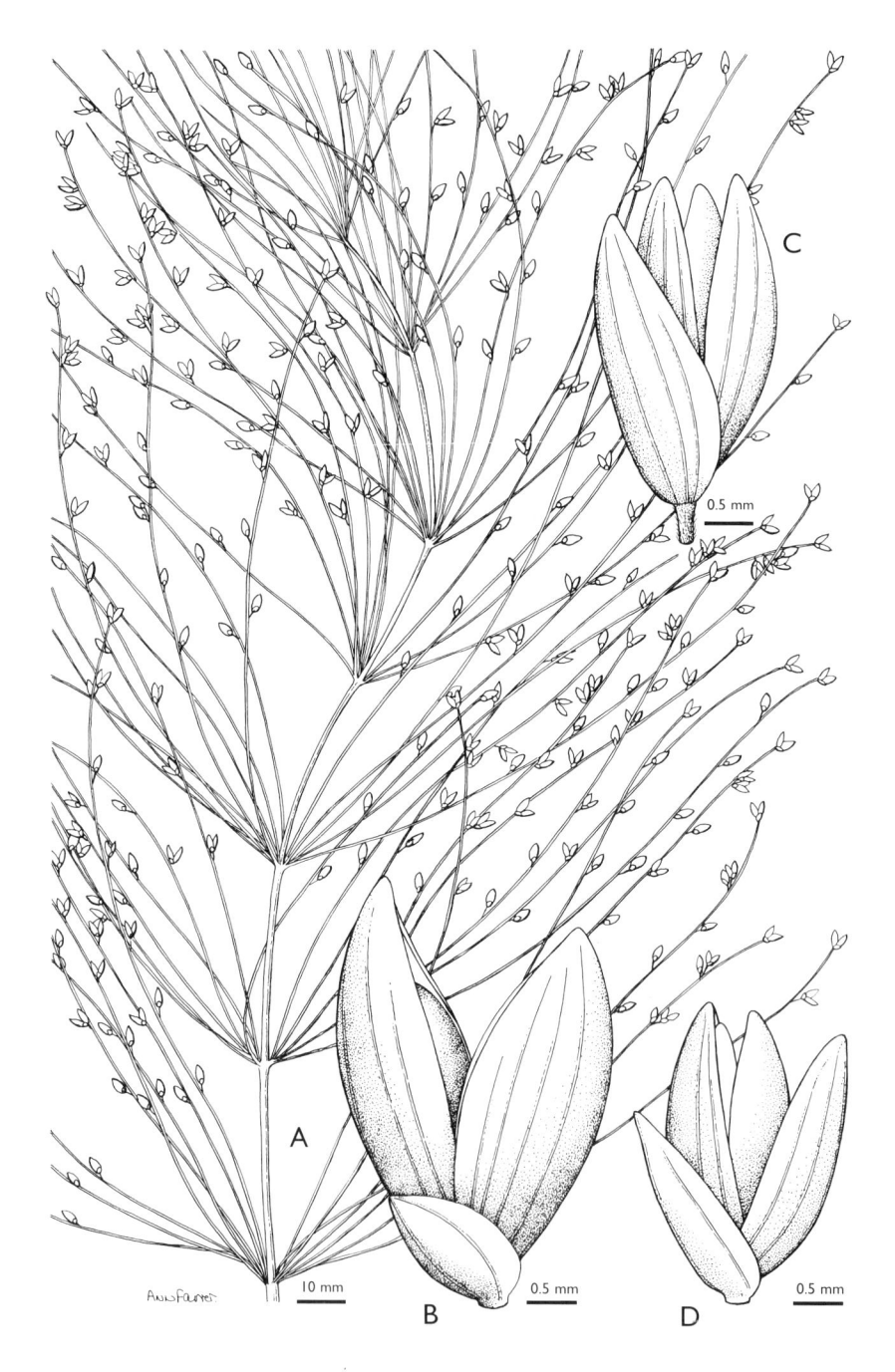

Fig. 85. **Panicum mertensii**, A panícula, B espiguilla basada en *Renvoize* 4643. **P. ovuliflerum**, C espiguilla basada en *Beck* 6124. **P. hebotes**, D espiguilla basada en *Renvoize* 4737.

LA PAZ: Larecaja, Mapiri, *Buchtien* 46. Murillo, Valle de Zongo, *Renvoize et Cope* 4247. Nor Yungas, 13,7 km NW de San Pedro, *Solomon* 9523. Sud Yungas, Huaricané hacia San Isidro, *Beck* 19732.
Panamá hasta Bolivia y Brasil. Bosques montanos; 100–2250 m.

Muchos representantes de esta especie han sido referidos en el pasado a *P. sciurotis* Trin., que es originaria del NE de Brasil; pero en *P. sciurotis* la gluma inferior es enerve y obtusa y sólo alcanza $^1/_4$ de la longitud de la espiguilla.

29. P. pantrichum *Hack.*, Verh. K.K. Zool.-Bot. Ges. Wien 65: 72 (1915); H465; F327; K170. Tipo: Brasil, *Jurgens* (W, holótipo).

Plantas anuales con culmos decumbentes o ascendentes, de 30–100 cm de largo; nudos inferiores radicantes. Hojas caulinares; láminas lanceoladas, de 2,5–10 cm long. × 5–10 mm lat., densamente pilosas, agudas o atenuadas. Panícula oblonga o elíptica, de 2–8 cm de largo, laxa, las ramas primarias ascendentes o patentes, las secundarias frecuentemente cortas o ausentes. Espiguillas elíptico-oblongas, de 2–2,5 mm de largo, glabras o pubescentes. Gluma inferior ovada, $^1/_2$–$^3/_4$ del largo de la espiguilla, 3-nervia, la superior 5-nervia. Antecio inferior estéril, lemma 5-nervia, pálea ausente; lemma superior lisa.

SANTA CRUZ: Chávez, Serranía San Lorenzo, *Killeen* 1391.
Colombia, Venezuela, Bolivia, Brasil y Paraguay. En bosques, a la sombra; 0–2000 m.

30. P. ovuliferum *Trin.*, Gram. Panic.: 191 (1826). Tipo: Brasil, *Langsdorff* (LE, holótipo).
P. cordovense E. Fourn., Mexic. Pl. 2: 26 (1886); H466; F327. Tipo: México, *Schaffner* (P, holótipo n.v.).

Plantas perennes con culmos delgados, cilíndricos, decumbentes, ramificados, trepadores o apoyantes, de 30–200 cm de largo; nudos inferiores radicantes. Hojas caulinares; vainas densas a esparcidamente híspidas; láminas angosta a ampliamente lanceoladas, de 3–14 cm long. × 6–25(–30) mm lat., cordadas en la base, subglabras hasta pilosas, finamente agudas. Panícula terminal, ovada, moderadamente ramosa, laxa, de (5–)15–25(–30) cm de largo, las ramas primarias ascendentes o patentes, las secundarias cortas, divergentes o adpresas o ausentes, las espiguillas esparcidas, adpresas. Espiguillas elíptico-oblongas o oblongo-ovadas, de (2,5–)3–4 mm. Gluma inferior oblonga, $^2/_3$–$^3/_4$ del largo de la espiguilla, 3–5-nervia, aguda, la superior 5–7-nervia. Antecio inferior estéril, lemma 5–7-nervia, pálea ausente; lemma superior elíptica, de 2–3 mm de largo, lisa, lustrosa, apiculada. Fig. 85.

LA PAZ: Murillo, Valle de Zongo, *Beck* 6124. Nor Yungas, 15 km SW de Yolosa, *Renvoize* 4774.
México hasta Argentina. En lugares boscosos, a la sombra; 230–2350 m.

31. P. sabulorum *Lam.*, Encycl. 4: 744 (1798). Tipo: Uruguay, *Commerson* (P, holótipo n.v.).
P. demissum Trin., Sp. Gram. 3: 319 (1836). Tipo: Brasil, *Mertens* (LE, holótipo).

Plantas perennes brevemente rizomatosas; culmos delgados, ramosos, erectos, geniculados y ascendentes o decumbentes, de (10–)15–60 cm de largo; nudos basales a veces radicantes. Hojas caulinares; láminas angostamente lanceoladas, de 2–7(–12) cm long. × 2–7 mm lat., cordatas en la base, planas, pilosas o glabras, agudas. Panículas terminales y axilares, ovadas u oblongas 2–10 cm, paucirrámeas, las ramas patentes o deflexas a la madurez. Espiguillas ovadas, elípticas u obovadas, de 2–2,5(–3) mm de largo, pubérulas o glabras, nervaduras prominentes, el ápice del antecio superior fértil exerto. Gluma inferior ovada, $^1/_2$–$^1/_4$ del largo de la espiguilla, (1–)3–5-nervia, separada por un internodio corto, la superior 7–9-nervia. Antecio inferior estéril, lemma (5–)9-nervia, pálea desarrollada; lemma superior escabrosa o lisa, pálida, lustrosa. Fig. 86.

SANTA CRUZ: Caballero, El Tunal, *Killeen* 2531. Comarapa hacia Pojo, *Zuloaga et al.* 1579.
COCHABAMBA: Carrasco, Comarapa hacia Cochabamba, *Renvoize et Cope* 4072.
CHUQUISACA: Tomina, Lampacillos, *Wood* 9126.
TARIJA: Avilés, Pampa Redonda, *Liberman et al.* 2142. Arce, Río Cabildo, *Liberman et al.* 1875.
Bolivia, Brasil, Paraguay, Uruguay, Argentina y Chile.
Campos y regiones boscosas, a la sombra; 0–2650 m.

Este especie pertence al subgénero *Dichanthelium*, que cuenta entre sus características con variaciones estacionales en su forma de crecimiento. En primavera forma una roseta de hojas basales de las que emergen tallos simples con una panoja terminal; en verano y otoño, los tallos se ramifican repetidas veces y se producen panojas secundarias, axilares, a la par que las hojas tienen láminas menores. *P. stigmosum* Trin. es una especie afín que se reconoce por sus panojas más ramosas, con los ejes cubiertos de pequeñas estructuras glandulares.

32. P. sellowii *Nees*, Agrostologia Brasiliensis in Martius, Fl. Bras. 2(1): 153 (1829); H463; F326; K171. Tipo: Brasil, *Sellow* (B, holótipo n.v.).

Plantas perennes con culmos cilíndricos leñosos, erectos o trepadores, ramificados, de 30–120 cm de largo. Hojas caulinares; láminas lanceoladas, de 4–10 cm long. × 10–15(–25) mm lat., cordatas, glabras o pubescentes, agudas o acuminadas. Panícula ovada, de 5–20 cm de largo, esparcidamente ramosa, las ramas primarias patentes, las secundarias cortas o ausentes, las espiguillas aglomeradas en las extremidades. Espiguillas obovadas, de 1,7–2,5 mm de largo, glabras o papiloso-híspidas. Gluma inferior $^1/_2$–$^2/_3$ del largo de la espiguilla, 1-nervia, la superior 5-nervia. Antecio inferior estéril, lemma 5-nervia, pálea reducida; lemma superior rugulada o granulosa, lustrosa.

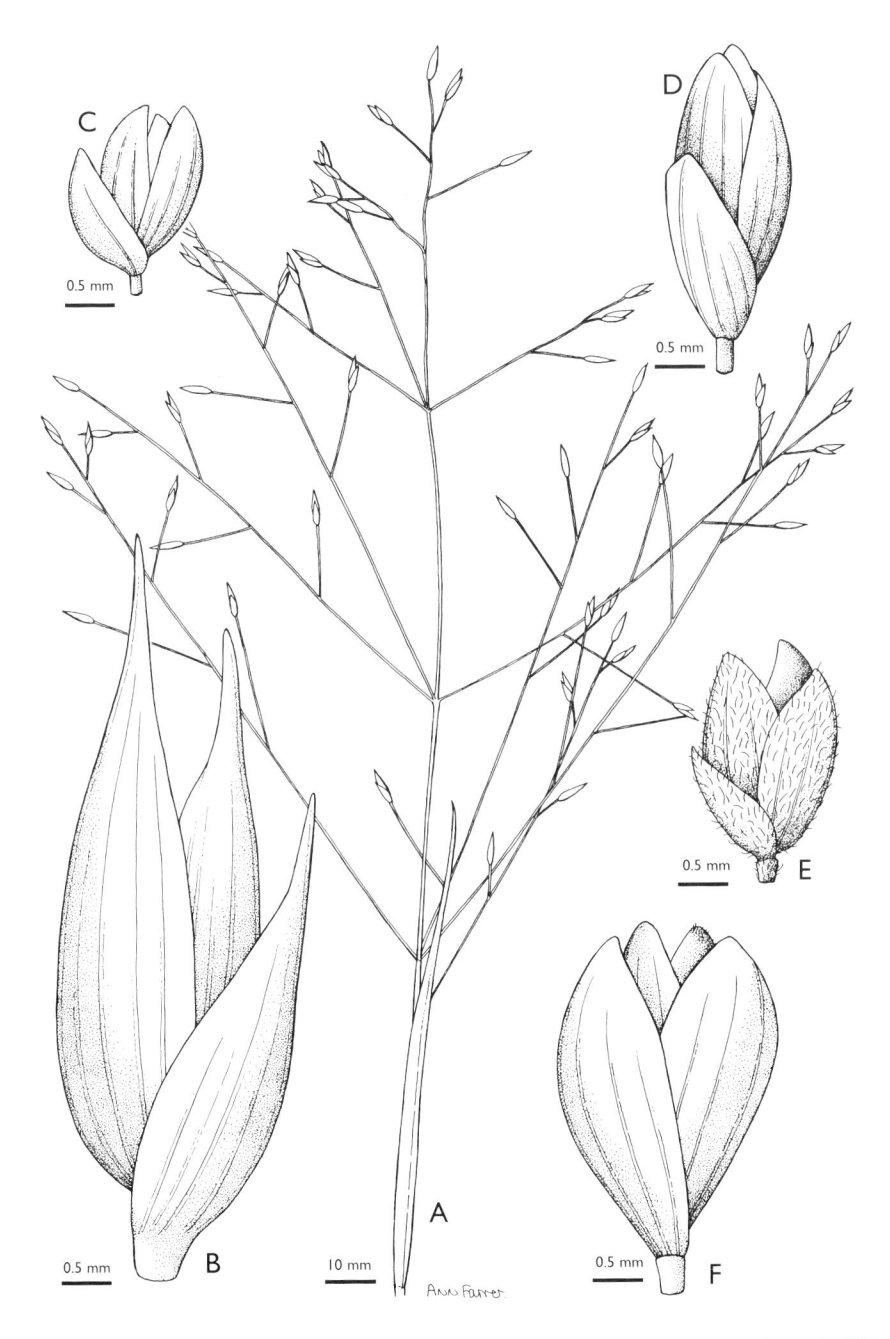

Fig. 86. **Panicum olyroides**, A panícula basada en *Renvoize et Cope* 4053, B espiguilla basada en *Thomas* 5567. **P. schwackeanum**, C espiguilla basada en *Renvoize* 4623. **P. sabulorum**, D espiguilla basada en *Renvoize et Cope* 4072. **P. millegrana**, E espiguilla *Seidel* 93. **P. glutinosum**, F espiguilla basada en *Solomon* 18886.

SANTA CRUZ: Chiquitos, 5 km S de San José, *Killeen* 1732.
LA PAZ: Murillo, Valle de Zongo, *Renvoize et Cope* 4253. Sud Yungas: Yanacachi, *Seidel et Vargas* 1114.
COCHABAMBA: Chaparé, *Steinbach* 9095.
Caribe hasta Argentina. Sitios sombrados; 200–1600 m.

33. P. millegrana *Poir.* in Lam., Encycl. Suppl. 4: 278 (1816); K169. Tipo: Guayana Francesa, *Martin* (P, holótipo n.v.).

Plantas perennes con culmos cilíndricos leñosos, erectos, trepadores o apoyantes, ramosos, de 30–250 cm de alto. Láminas angostamente ovadas o lanceoladas, de 6–15 cm long. × 10–35 mm lat., cordatas en la base, pilosas o subglabras, angostamente agudas. Panícula ovada, de (7–)12–30 cm de largo, esparcida o moderadamente ramosa, las ramas ascendentes, laxas. Espiguillas orbiculares u obovadas, de 1,5–2,3 mm de largo, glabras o papiloso-híspidas, distribuidas regularmente, esparcidas o moderadamente densas. Gluma inferior angostamente ovada, $^1/_2$ a tan larga como la espiguilla, 1–3-nervia, la superior 5-nervia. Antecio inferior estéril, lemma 5-nervia, pálea nula o rudimentaria. Lemma superior rugulada o semirugulada, escabrosa. Fig. 86.

SANTA CRUZ: Velasco, W de San Ignacio, *Seidel* 93.
LA PAZ: Murillo, Zongo, *Feuerer* 5908. Nor Yungas, Puente Villa, *Beck* 17668. Sud Yungas, 5 km NW de Yanacachi, *Seidel* 1012.
CHUQUISACA: Hernando Siles, 12 km E de Monteagudo, *Renvoize et Cope* 3897.
México hasta Argentina. Sitios sombreados o abiertos; 0–1600 m.

34. P. parvifolium *Lam.*, Tabl. Encycl. 1: 173 (1791); H464; F326; K170. Tipo: S América, *Richard* (K, microficha).

Plantas anuales con culmos decumbentes ramosos, delgados, cilíndricos, de 10–70 cm de largo; nudos inferiores radicantes. Hojas caulinares; láminas lanceoladas, adpresas o patentes, de 1–3,5 cm long. × 2–7 mm lat., cordatas en la base, planas, frecuentemente glaucas, pilosas o pubescentes, agudas. Panículas terminales o axilares ovadas, de 1–6 cm de largo, moderada a esparcidamente ramosas, las ramas patentes o deflexas. Espiguillas elípticas, ovadas u orbiculadas, de 1,5–2 mm de largo, prominentemente nervadas, glabras. Gluma inferior ovada, $^1/_2$–$^3/_4$ de largo del la espiguilla, 3-nervia, aguda u obtusa, la superior 5-nervia. Antecio inferior estéril o estaminado; lemma 5-nervia, pálea desarrollada; lemma superior escabrosa, lustrosa. Fig. 83.

SANTA CRUZ: Ichilo, Buena Vista, *Steinbach* 7011.
LA PAZ: Iturralde, Luisita, *Haase* 115; 536.

Africa tropical, Madagascar, México hasta Argentina. Campos húmedos; 0–1000 m.

35. P. schwackeanum *Mez*, Bot. Jahrb. Syst. 56, Beibl. 125: 1 (Mayo 1921); K171. Tipos: Argentina, *Niederlein* s.n.; Brasil, *Schwacke* 8456; *Mosén* 5472; *Loefgren* 250; Guayana Francesa, *Leprieur* (B, síntipos n.v.).
P. helobium Mez in Henrard, Meded. Rijks-Herb. 40: 52 (Julio 1921). Tipo: Argentina, *Ekman* 650 (BM, isótipo).

Plantas perennes con culmos decumbentes, de 30–100 cm de largo; nudos inferiores radicantes. Hojas caulinares; láminas adpresas o divergentes, lanceoladas, de 3–8 cm long. × 4–10 mm lat., cordadas en la base, glabras, raramente pilosas, glaucas, agudas. Panícula ovada u orbicular, de 5–14 cm de largo, ampliamente ramosa, las ramas finas y frecuentemente entrelazadas. Espiguillas orbiculares, de 1,5–1,8 mm de largo, glabras. Gluma inferior ovada, $^2/_3$–$^3/_4$ del largo de la espiguilla, 3-nervia, la superior 5-nervia. Antecio inferior estéril o estaminado, lemma 5-nervia, pálea desarrollada; lemma superior escabrosa, lustrosa. Fig. 86.

BENI: Ballivián, Espiritu, *Beck* 5586.Yacuma, Porvenir, *Renvoize* 4623.
SANTA CRUZ: Chávez, 2 km SE de Concepción, *Killeen* 1634.
Costa Rica hasta Argentina. Campos húmedos; 200–1000 m.

36. P. cyanescens *Nees ex Trin.*, Gram. Panic.: 202 (1826); F325; K168. Tipos: Brasil, *Link*; *Mertens* (B, síntipos).

Plantas perennes rizomatosas con culmos erectos de 20–70(–100) cm de alto. Hojas caulinares; láminas angostamente lanceoladas, de 4,5–9,5 cm long. × 2–8 mm lat., adpresas o a veces divergentes, rígidas, coriáceas, con nervios prominentes sobre la superficie inferior, glabras o pilosas, frecuentemente glaucas, agudas o punzantes. Panícula ovada, de 5–14 cm de largo, ampliamente ramosas, las ramas finas y patentes. Espiguillas orbiculares, de 1,2–1,7(–2) mm de largo, glabras. Gluma inferior ovada, $^1/_2$–$^2/_3$ del largo de la espiguilla, 3-nervia, obtusa o aguda, la superior 5-nervia. Antecio inferior estaminado, lemma 5-nervia, pálea desarrollada. Lemma superior escabrosa, lustrosa. Fig. 84.

SANTA CRUZ: Chávez, 50 km NE de Concepción, *Killeen* 1658, Velasco, 35 km W de San Ignacio, *Bruderreck* 122.
LA PAZ: Iturralde, Luisita, *Haase* 886.
México hasta Bolivia y Brasil. Campos húmedos; 0–1500 m.

37. P. glutinosum *Sw.*, Prodr.: 24 (1788); H463; F325. Tipo: Jamaica, *Swartz* (S, holótipo n.v.).
Homolepis glutinosa (Sw.) Zuloaga & Soderstr., Smithsonian Contr. Bot. 59: 19 (1985).

Plantas perennes, amacolladas o estoloníferas, con culmos erectos o apoyantes, ramificadas, de 100–200 cm de largo. Hojas caulinares; láminas angostamente lanceoladas, de 15–40 cm long. × 15–30 mm lat., cordatas o atenuadas en la base, sub-glabras hasta pilosas, acuminadas. Panícula orbicular, de 15–26 cm de largo, laxa, multirrama, las ramas basales verticiladas, ramas primarias ascendentes o patentes, rectas, rígidas, las secundarias delicadas. Espiguillas obovadas, de 2,5–3,5 mm de largo, glabras, glutinosas. Gluma inferior anchamente obovada, igual a la espiguilla, 5-nervia, la superior obovada, 5–7-nervia. Antecio inferior estéril, lemma 5–7-nervia, pálea reducida; lemma superior lisa. Fig. 86.

LA PAZ: Tamayo, Apolo hacia Charazani, *Beck* 18610. Larecaja, Tipuani, *Buchtien* 5316; Mapiri, *Rusby* 244. Murillo, Valle de Zongo, *Renvoize et Cope* 4251. Nor Yungas, Yanacachi, *Seidel et al.* 1330. Sud Yungas, Yanacachi hacia Chojlla, *Vargas et Seidel* 493.
COCHABAMBA: Chaparé, Puerto Villarroel hacia Villa Tunari, *Feuerer* 6481.
México e Indias Occidentales hasta Argentina. Sitios sombreados o campos; 0–2500 m.

100. LASIACIS (Griseb.) Hitchc.
Contr. U.S. Natl. Herb. 15: 16 (1910); Davidse, Ann. Missouri Bot. Gard. 65: 1133–1254 (1979).

Plantas perennes, raramente anuales, con culmos lignificados, sólidos o huecos, ramosos, erectos, decumbentes o trepaderos. Láminas lineares hasta ovadas, caulinares. Inflorescencia en panícula laxa o contraída. Espiguillas 2-floras, globosas, obovadas o elípticas, dispuestas oblicuamente sobre el pedicelo; antecio inferior estaminado o estéril, el superior perfecto; raquilla muy frágil y articulada por debajo de las glumas. Glumas 2, ovados, membranáceas, negras y brillantes a la madurez de la espiguilla, la inferior $^1/_3$–$^2/_3$ de la longitud de la espiguilla, 5–13-nervia, concava y gibosa en la base, la superior $^2/_3$ hasta subigual de la espiguilla, 7–15-nervia, con el ápice pubescente. Lemma inferior similar a la gluma superior, negra y brillante a la madurez; las glumas y la lemma inferior contienen gotas de aceite en la epidermis; en ocasiones existe una segunda lemma estéril o estaminada. Lemma superior coriácea, marrón o negra, elíptica u obovada, los márgenes enrollados y cubriendo los bordes de la pálea; antecio con una depresión apical y cubierto de pubescencia lanosa.
20 especies, trópicos de Nuevo Mundo y Madagascar.

1. Segunda lemma estéril presente ························· **1. L. anomala**
1. Segunda lemma estéril ausente:
    2. Panícula con ramas deflexas a la madurez ············· **2. L. ligulata**
    2. Panícula con ramas ascendentes o patentes:
        3. Láminas linear-lanceoladas, glabras ············· **3. L. divaricata**
        3. Láminas lanceoladas u ovadas, pubescentes o pilosas, raramente glabras:

4. Panícula de 10–25 cm de largo; láminas pubescentes en el superficie superior, vellosas en la inferior ····· **4. L. sorghoidea**
4. Panícula de 5–15 cm de largo; láminas glabras o vellosas
.... **5. L. ruscifolia**

1. L. anomala *Hitchc.*, J. Wash. Acad. Sci. 9: 37 (1919). Tipo: Trinidad, *Hitchcock* 9977 (US, holótipo).

Plantas perennes con culmos de 50–500 cm de alto, lignificados y apoyantes o trepadores. Láminas ovadas, lanceoladas o angostamente-elípticas, de 5–12 cm long. × 8–30 mm lat., superficie superior pubescente o glabra, la inferior pubescente, híspida o glabra, agudas o acuminadas. Panícula ovada u oblonga, de 2–15 cm de largo, ralo ramosada. Espiguillas globosas, de 3–3,5 mm de largo. Gluma inferior $^1/_3$ del largo de la espiguilla, 7-nervia, la superior $^2/_3$ del largo de la espiguilla, 9-nervia. Lemma inferior estéril, 9-nervia; segunda lemma presente, estéril o estaminada. Antecio superior marrón o negro. Fig. 87.

SANTA CRUZ: Velasco, San Ignacio, *Seidel* 92.
Venezuela, Colombia y Guyanas hasta Bolivia y Brasil. Orillas de bosques; 650–1000 m.

2. L. ligulata *Hitchc. & Chase*, Contr. U.S. Natl. Herb. 18: 337 (1917); H471; F332; K163. Tipo: Trinidad, *Hitchcock* 10007 (US, holótipo).

Plantas perennes con culmos de 1–5(–10) m de alto, huecos, trepadores. Láminas lanceoladas de 7–14 cm long. × 10–22 mm lat., glabras o pubescentes, acuminadas; lígulas membranáceas, de 2–3 mm de largo, marrones, conspicuas. Panícula ovada, de 2–17 cm de largo, las ramas inferiores reflexas a la madurez. Espiguillas globosas o obovadas, de 3–4 mm de largo. Gluma inferior $^1/_3$ del largo de la espiguilla, 7–11-nervia, la superior $^2/_3$ del largo de la espiguilla, 9–11-nervia. Antecio inferior estaminado o estéril, lemma 9–11-nervia. Antecio superior marrón. Fig. 87.

PANDO: Abuna, Nacebe, *Beck et Inca* 19303. Madre de Dios, Sena, *Nee* 31755.
BENI: Vaca Diez, Riberalta, *Solomon* 16698. Alto Ivón, *Boom* 4985. Ballivián, Serrania Pilón Lajas, *Solomon* 13902.
SANTA CRUZ: Chávez, Concepción, *Killeen* 965. Velasco, 10 km SE de Estancia Flor de Oro, *Nee* 41359.
LA PAZ: Iturralde, Siete Cielos, *Solomon* 17024. Larecaja, Guanay, *Rusby* 191. Sud Yungas, Alto Beni, Sapecho, *Seidel* 2089.
COCHABAMBA: Carrasco, Valle del Sacta, *Smith et al.* 13637.
Caribe y America Central hasta Bolivia y Brasil. Orillas de bosques; 0–1000 m.

3. **L. divaricata** (*L.*) *Hitchc.*, Contr. U.S. Natl. Herb. 15: 16 (1910). Tipo: Jamaica, *Browne* s.n. (LINN, lectótipo).
Panicum divaricatum L., Syst. Nat. ed. 10, 2: 871 (1759).

Plantas perennes con culmos trepadores, de 1–5 m de largo, huecos. Láminas lanceoladas, de 5–12 cm long. × 5– 18 mm lat., glabras; lígula de 0,3–1 mm de largo, inconspicua. Panícula ovada u oblonga de 2–12 cm de largo, las ramas deflexas, ascendentes o patentes. Espiguillas obovadas, de 3,5–4,5 mm de largo. Gluma inferior $^1/_3$–$^1/_2$ del largo de la espiguilla, 7–11-nervia, la superior 9–13-nervia. Antecio inferior estaminado o estéril, lemma 9–13-nervia. Antecio superior pálido o marrón.

SANTA CRUZ: Andrés Ibáñez, La Bélgica, *Nee* 33770.
LA PAZ: Larecaja, Mapiri, *Buchtien* 89. Nor Yungas, Yolosa, *Solomon et al.* 12020.
COCHABAMBA: Chaparé, Incachaca, *Steinbach* 9091.
TARIJA: Arce, 12 km de Naranjo Agrio, *Solomon* 9879.
Caribe, México hasta Argentina. Orillas de bosques; 100–2200 m.

4. **L. sorghoidea** (*Desv.*) *Hitchc. & Chase*, Contr. U.S. Natl. Herb. 18: 338 (1917); H472; F332; K163. Tipo: Puerto Rico, *Desvaux* 24 (P, holótipo n.v.).
Panicum sorghoideum Desv. in Ham., Prodr. Pl. Ind. Occid.: 10 (1825).

Plantas perennes con culmos lignificados, trepadores, de 1–10 m de largo. Láminas lanceoladas, de 10–20 cm long. × 10–35 mm, la superficie superior pubérula, la inferior pilosa, acuminadas. Panícula ovada, laxa o densa, de 10–25 cm de largo, las ramas ascendentes o patentes. Espiguillas elípticas u obovadas, de 3–4 mm de largo. Gluma inferior $^1/_3$ del largo de la espiguilla, 7–11-nervia, la superior 9–13-nervia. Antecio inferior estéril o estaminado, lemma 9–11-nervia. Antecio superior marrón.

BENI: Vaca Diez, 18 km E de Riberalta, *Solomon* 6297. Ballivián, San Borja, *Beck* 6985. Moxos, San Ignacio, *Krapovickas et Schinini* 34930.
SANTA CRUZ: Chávez, 3 km SW de Concepción, *Killeen* 2014. Ichilo, Amboro, *Solomon et Urcullo* 14088. Santiesteban, 1,5 km SW de Montero, *Nee* 33436.
LA PAZ: Nor Yungas, Yolosa, *Solomon et Kuijt* 11593. Sud Yungas, Chulumani, *Beck* 4727.
COCHABAMBA: Cercado, Cochabamba, *Bang* 1289.
México hasta Argentina. Orillas de bosques y comunidades secundarias; 200–1800 m.

5. **L. ruscifolia** (*Kunth*) *Hitchc.*, Proc. Biol. Soc. Wash. 24: 145 (1911). Tipo: México, *Humboldt et Bonpland* (P, holótipo n.v.).
Panicum ruscifolium Kunth in Humboldt, Bonpland et Kunth, Nov. Gen. Sp. 1: 101 (1816).

Fig. 87. **Lasiacis ruscifolia**, **A** habito, **B** espiguilla basada en *Beck* 17042. **L. ligulata**, **C** panícula basada en *Solomon* 17024. **L. anomala**, **D** espiguilla basada en *Davidse* 4469 Venezuela.

100. Lasiacis

Plantas perennes con culmos trepaderos, lignificados, huecos, de 100–800 cm de largo. Láminas ovadas u ovado-lanceoladas, de 6–14 cm long. × 20–45 mm lat., glabras, pubescentes o híspidas, agudas o acuminadas. Panícula algo densa, de 4–16 cm de largo. Espiguillas globosas, de 3–4 mm de largo. Fig. 87.

PANDO: Suárez, Cobija, *Beck* 17042.
BENI: Ballivián, Rurrenabaque, *Beck* 8211.
SANTA CRUZ: Chávez, 9 km E de Ascención, *Beck* 12287. Andrés Ibáñez, Santa Cruz hasta Cotoca, *Nee* 34030. Florida, 10 km E de Samaipata, *Renvoize et Cope* 4045.
México e islas del Caribe hasta Bolivia. Matas y bosques; 200–1350 m.

101. STEINCHISMA Raf.
Bull. Bot., Geneva 1: 220 (1830).

Plantas perennes. Láminas lineares. Inflorescencia en panícula laxa o contraída. Espiguillas 2-floras, lanceoladas, elípticas o oblongas; antecio inferior estéril, el superior perfecto. Glumas herbáceas, la inferior más corta que la espiguilla, 1-nervia; la superior igual a la espiguilla, 3–5-nervia. Lemma inferior coriácea, 3–5-nervia, pálea con márgenes endurecidos a la madurez. Lemma superior coriácea.
4 especies. Estados Unidos de América hasta Argentina.

S. hians (*Elliott*) *Nash ex Small*, Fl. S.E. U.S.: 105 (1903). Tipo: Estados Unidos de Norte América, *Elliott* (CHARL holótipo? n.v.).
Panicum hians Elliott, Sketch Bot. S. Carolina 1: 118 (1816).
P. milioides Nees in Trin., Gram. Panic.: 225 (1826). Tipo: Brasil (LE, holótipo).

Plantas perennes amacolladas, a veces estoloníferas; culmos erectos o ascendentes, de 20–70 cm de alto. Láminas lineares, de 6–16 cm long. × 2–6 mm lat., glabras, planas o plegadas, atenuadas o acuminadas. Panícula ovada, de 7–14 cm de largo, esparcidamente ramosa, laxa, con espiguillas agrupadas sobre ramas primarias o secundarias cortas. Espiguillas elípticas hasta oblongas, de 1,8–2,5(–3) mm de largo, glabras. Gluma inferior $^{1}/_{2}$–$^{2}/_{3}$ del largo de la espiguilla; gluma superior igual a la espiguilla o poco más corta, 3-nervia. Lemma inferior 3-nervia; pálea coriácea, ciliolada sobre las quillas. Lemma superior pálida, papiloso-escábrida. Fig. 88.

BENI: Ballivián, Espíritu, *Beck* 5314.
SANTA CRUZ: Warnes, Viru Viru hacia Warnes, *Wood* 9798. Chiquitos, 22 km N de San José, *Killeen* 1717.
TARIJA: Méndez, Tucumilla, *Bastian* 133. Avilés, Guerrahuaico, 16 km SW de Tarija. Arce, Padcaya hacia Cañas, *Beck et Liberman* 16290.
Estados Unidos de América hasta Argentina. Sitios alterados; 0–2560 m.

Panicum laxum Sw. es afín a esta especie, pero tiene la pálea estéril membranácea y glabra sobre las quillas.

102. OTACHYRIUM Nees

Agrostologia Brasiliensis in Martius, Fl. Bras. 2(1): 271 (1829); Sendulsky & Soderstrom, Smithsonian Contr. Bot. 57: 1–24 (1984).

Plantas anuales o perennes. Láminas lineares y planas o convolutas. Inflorescencia en panícula laxa, las espiguillas difusas o agregadas en las ramas primarias. Espiguillas 2-floras, gibosas, oblicuas sobre los pedicelos; antecio inferior estaminado, el superior perfecto; raquilla articulada por debajo de las glumas. Glumas 2, menores que la mitad de la longitud de la espiguilla, herbáceas o membranáceas, la inferior 3-nervia. Lemma inferior 3-nervia, su pálea la iguala en longitud; palea 2-nervia, 2-aquillada, quillas escabrosas y brevemente aladas, dorso canaliculado al cual se aplica el antecio fértil a la madurez, con bordes amplios que envuelven parcialmente a la lemma y que se despliegan en forma de alas a la madurez de la espiguilla. Lemma superior finamente coriácea hasta cartácea, los bordes encerrando a la pálea. Cariopse ovoide, comprimido.

8 especies. Venezuela hasta Argentina. Campos húmedos.

Plantas rizomatosas; culmos duros; glumas subiguales · · · · · · · · · **1. O. versicolor**
Plantas macolladas; culmos esponjosos; glumas desiguales · · · · · **2. O. boliviensis**

1. O. versicolor (*Döll*) *Henrard*, Blumea 4: 511 (1941); K167. Tipo: Brasil, *Martius* (M, holótipo n.v.).
Panicum versicolor Döll in Martius, Fl. Bras. 2(2): 254 (1877); H466; F328.

Plantas perennes rizomatosas con culmos erectos de 20–65(–200) cm de alto, glabros; nudos glabros o pubescentes. Hojas con vainas abiertas hasta la base, glabras o pilosas. Láminas erectas, de 4–40 cm long. × 2–10(–24) mm lat., atenuadas en la base, planas, glabras o a veces pilosas, ápices atenuados. Panícula ovada u oblonga, de 2–15(–30) cm de largo, las ramas ascendentes o patentes, delgadas, verticiladas o en fascículos alternos; eje glabro. Pedicelos largos, en pares, desiguales. Espiguillas ovadas, de 2–3,5(–4) mm de largo. Glumas subiguales, a veces purpúreas, la inferior anchamente ovada, $^1/_3$ del largo de la espiguilla, la superior un poco más larga, suborbicular. Antecios divergentes en el ápice formando un pico oblicuo respecto a las glumas; lemma superior marrón o negra. Fig. 88.

BENI: Ballivián, Espíritu, *Beck* 5393; *Renvoize* 4674. Yacuma, Porvenir, *Moraes* 630. Cercado, Trinidad, *Werdermann* 2399.
SANTA CRUZ: Chávez, 90 km SE de Concepción, *Killeen* 1522. Ichilo, Buena Vista, *Steinbach* 6643; 6656. Chiquitos, 22 km N de San José, *Killeen* 1724.
LA PAZ: Iturralde, Luisita, *Haase* 681.
Trinidad, Venezuela, Colombia, Brasil, Paraguay, Bolivia y Argentina. Sabanas húmedas; 0–1500 m.

Fig. 88. **Otachyrium versicolor**, **A** habito, **B** espiguilla basada en *Beck* 5052. **Acroceras zizanioides**, **C** espiguilla basada en *Renvoize* 4679. **Steinchisma hians**, **D** habito, **E** espiguilla basada en *Renvoize* 4670. **Homolepis aturensis**, **F** habito, **G** espiguilla basada en *Renvoize* 4681.

2. O. boliviensis *Renvoize* sp. nov. *O. piligero* Send. et Soderstr. affinis sed nodis barbatis et culmis non ramosis differt. Typus: Bolivia, Santa Cruz, *Bruderreck* 307 (holotypus, LPB).

Planta perenne amacollada, híspida o pilosa, con culmos erectos no ramificados esponjosos, de 50–100 cm de alto; nudos barbados. Hojas con vainas algo infladas; lígula entera. Láminas rectas lineares, cordadas en la base, de 15–25 cm long. × 5–8 mm lat., planas, agudas. Panícula oblonga, de 13–16 cm long. × 5–9 cm lat., las ramas ascendentes o patentes, delgadas, alternas; eje piloso. Pedicelos largos, en pares, desiguales. Espiguillas ovadas, de 2–3 mm de largo. Glumas desiguales, a veces purpúreas, la inferior anchamente ovada, $^1/_3$ del largo de la espiguilla, la superior $^1/_2$ de largo, suborbicular. Antecios divergentes en el ápice formando un pico oblicuo respecto o las glumas; lemma superior blanca o purpúrea.

SANTA CRUZ: Velasco, 30 km NW de San Ignacio, *Bruderreck* 264. 30 km S de San Ignacio, *Bruderreck* 307.
LA PAZ: Iturralde, Ixiamas, *Beck* 18425.
Bolivia. Campos húmedos; 400–460 m.

En Brasil (Goias) crece *O. piligerum* Send. & Soderstr., especie afín que se diferencia por sus culmos ramosos y herbáceos, nudos subglabros y lemma superior oscura.

103. HYMENACHNE P. Beauv.
Ess. Agrostogr.: 48 (1812).

Plantas perennes acuáticas o palustres; culmos macizos. Inflorescencia en panícula espiciforme cilíndrica o multirrámea; ramas divergentes o arrimadas al eje. Espiguillas lanceoladas, comprimidas dorsiventralmente, 2-floras, acuminadas; antecio inferior estéril, el superior perfecto; raquilla articulada por debajo de las glumas. Glumas 2, membranáceas, desiguales, los nervios prominentes, escabrosos; gluma inferior ovada, mucho más corta que la espiguilla, la superior lanceolada, iguala a la espiguilla. Lemma inferior lanceolada, aguda, acuminada o aristulada; nervios escabrosos; pálea nula. Antecio superior lanceolado, pajizo, membranáceo; lemma encerrandando la pálea solamente en la base.
5 especies; regiones tropicales.

Espiguillas de 3–6 mm; panícula espigada · · · · · · · · · · · · · · **1. H. amplexicaulis**
Espiguillas 2–3(–4) mm; panícula oblonga con ramas distinctas
· **2. H. donacifolia**

1. H. amplexicaulis (*Rudge*) *Nees*, Agrostologia Brasiliensis in Martius, Fl. Bras. 2(1): 276 (1829); K161. Tipo: Guyana (BM, holótipo).
Panicum amplexicaule Rudge, Pl. Guian. 1: 21, pl. 27 (1805).

103. Hymenachne

P. acutiglume Steud., Syn. Pl. Glumac.: 66 (1854). Tipo: Islas Molucas, *Cuming* 2287 (K, isótipo).
Hymenachne acutigluma (Steud.) Gilliland, Gard. Bull. Singapore 20: 314 (1964).

Plantas con culmos decumbentes, robustos, de (20–)100–350 cm de largo; nudos inferiores radicantes. Láminas lineares, de (7–)15–35 cm long. × 10–40 mm lat., glabras, amplexicaules, con nervios transversales, acuminadas. Panícula cilíndrica, a veces con ramitas cortas en la base, de 8–36 cm de largo. Espiguillas de 3–6 mm. Gluma inferior $1/3$–$1/2$ del largo de la espiguilla, 1-nervia, membranácea, aguda, la superior iguala a la espiguilla, herbácea, 3–5-nervia, aguda o acuminada. Lemma inferior 5-nervia, acuminada o aristada. Fig. 89.

PANDO: Manuripi, 50 km WSW de Riberalta, *Nee* 31489.
BENI: Ballivián, Espíritu, *Beck* 3353. Yacuma, Porvenir, *Renvoize* 4635.
SANTA CRUZ: Chávez, 15 km E de Río Grande, *Killeen* 2380. Velasco, 10 km E de Santa Rosa de la Roca, *Killeen* 790. Ichilo, Yapacani hacia Puerto Grether, *Renvoize et Cope* 3969.
LA PAZ: Iturralde, Alto Madidi, *Beck* 18315.
Malasia y Filipinas; México hasta Argentina. Campos húmedos, bordes de ríos y lagunas; 0–850 m.

2. H. donacifolia (*Raddi*) *Chase*, J. Wash. Acad. Sci. 13: 177 (1923); F333; K161. Tipo: Brasil, *Raddi* (PI, holótipo n.v.).
Panicum donacifolium Raddi, Agrostogr. Bras.: 44 (1823).

Plantas decumbentes con culmos robustos de 100–200 cm de largo; nudos frecuentemente prominentes purpúras oscuros. Láminas lineares, de 25–40 cm long. × 20–45 mm lat., amplexicaules, con nervios transversales, glabras, márgenes escabrosos, atenuadas. Panícula oblonga, de 15–65 cm, densa o laxa, con ramas definidas, ascendentes o adpresas, las inferiores de 3–15 cm, mas cortas hacia la ápice. Espiguillas de 2–3(–4) mm. Gluma inferior $1/3$–$1/2$ del largo de la espiguilla, 1–3-nervia, aguda; gluma superior igual a la espiguilla o poco más corta, 3–5-nervia, acuminadas. Lemma inferior 5-nervia, acuminada o aristulada. Fig. 89.

PANDO: Manuripi, Lago Bay, *Sperling* 6558. Madre de Dios, 22 km WSW de Florencia, *Nee* 31506.
BENI: Vaca Diez, Riberalta, *Solomon* 16735. Ballivián, Espíritu, *Beck* 5298.
SANTA CRUZ: Chávez, 25 km W de Concepción, *Killeen* 683. Ichilo, Yapacani hasta Puerto Grether, *Renvoize et Cope* 3967. Andrés Ibáñez, 6 km NW de Santa Cruz, *Solomon* 13505.
LA PAZ: Iturralde, Alto Madidi, *Beck* 18316. Larecaja, Mapiri, *Tate* 426.
COCHABAMBA: Carrasco, Río Leche/Río Izarsama, *Beck* 1643.
Costa Rica hasta Argentina. Campos húmedos, bordes de ríos y lagunas; 0–800 m.

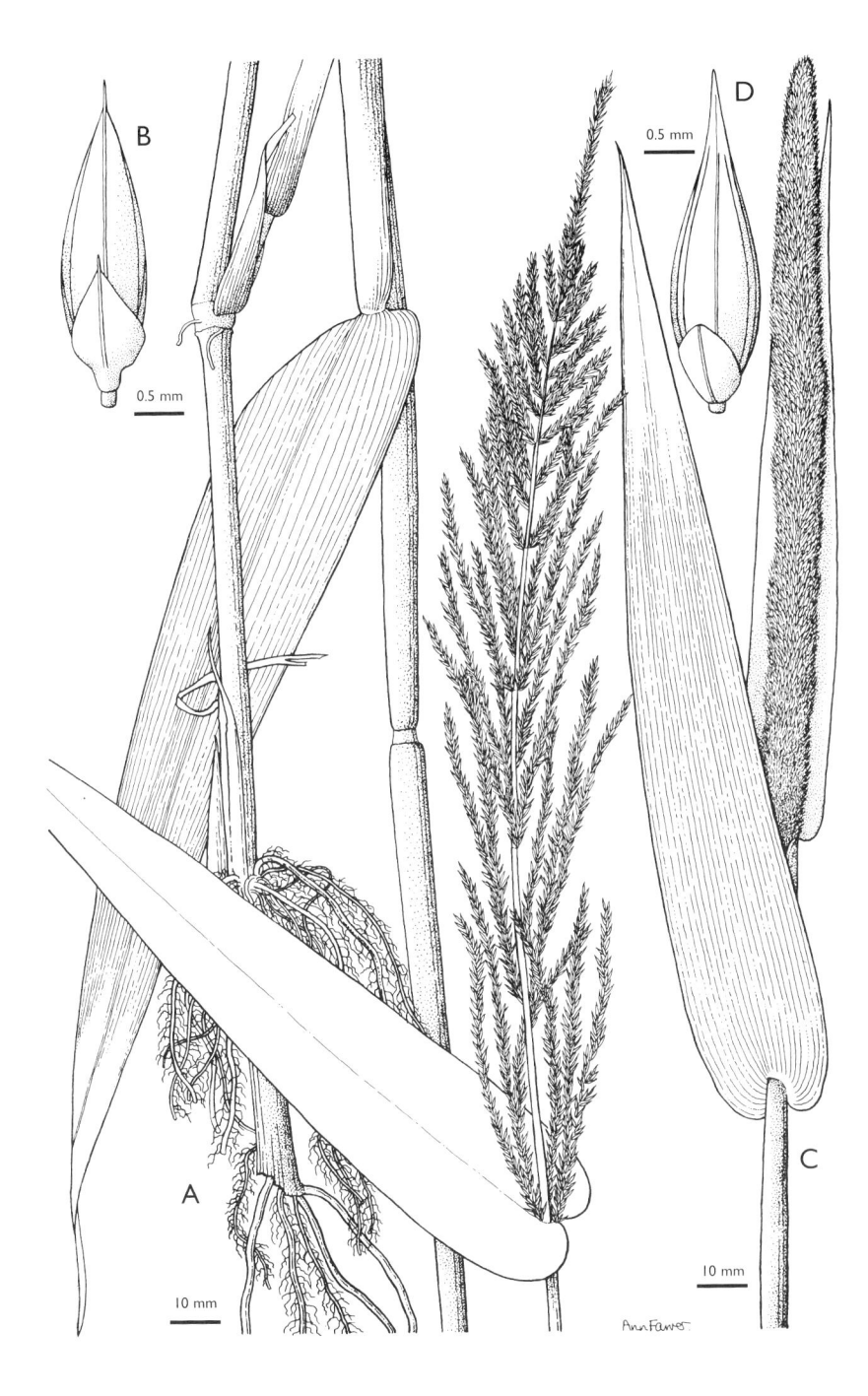

Fig. 89. **Hymenachne donacifolia**, A habito, B espiguilla basada en *Renvoize et Cope* 3967. **H. amplexicaulis**, C habito, D espiguilla basada en *Renvoize et Cope* 3969.

104. HOMOLEPIS Chase
Proc. Biol. Soc. Wash. 24: 146 (1911).

Plantas anuales o perennes, con culmos erectos o decumbentes. Inflorescencia en panícula laxa. Espiguillas lanceoladas, comprimidas dorsiventralmente, 2-floras; raquilla articulada por debajo de las glumas. Glumas 2, subiguales, de la longitud de la espiguilla y ocultando los antecios. Antecio inferior estaminado o estéril, el superior perfecto. Lemma inferior 5–7-nervia, los márgenes pilosos, la superior cartilagínea, los bordes no enrollados sino planos y aplicados sobre la pálea.
3 especies. México hasta Bolivia y Brasil.

H. aturensis (*Kunth*) *Chase*, Proc. Biol. Soc. Wash. 24: 146 (1911); H474; F334; K161. Tipo: Venezuela, *Humboldt et Bonpland* (P, holótipo n.v.).
Panicum aturense Kunth in Humboldt, Bonpland et Kunth, Nov. Gen. Sp. 1: 103 (1816).

Plantas perennes estoloníferas, con culmos apoyantes decumbentes o erectos, de 30–200 cm de largo. Hojas caulinares; láminas lanceoladas, de 7–17 cm long. × 10–17 mm lat., cordiformes en la base, glabras o pilosas, agudas. Panícula oblonga o elíptica, laxa, de 4–9 cm de largo. Espiguillas de 6,5–7,5 mm de largo, sobre pedicelos delgados. Glumas 7–9-nervia, la inferior abraza a la superior con los margenes, la superior con márgenes pilosos. Antecio inferior estéril, lemma 7-nervia, pálea nula o rudimentaria. Antecio superior lanceolado, agudo. Fig. 88.

PANDO: Suárez, Cobija, *Beck* 17059.
BENI: Vaca Diez, Riberalta, *Solomon* 7955. Ballivián, Espíritu, *Beck* 3316.
SANTA CRUZ: Velasco, 5 km E de Santa Rosa, *Killeen* 1676. Ichilo, 25 km SE de Puerto Grether, *Renvoize et Cope* 3961; Buena Vista, *Steinbach* 7013; Montero hacia Buena Vista, *Renvoize* 4569.
LA PAZ: Iturralde, Luisita, *Beck et Haase* 10058.
México hasta Bolivia y Brasil. Campos secundarios húmedos y lugares sombríos; 0–1200 m.

105. SACCIOLEPIS Nash
in Britton, Man. Fl. N. States: 89 (1901); Judziewicz, Syst. Bot. 15: 415–420 (1990).

Plantas perennes o anuales, cespitosas o amacolladas. Inflorescencia en panícula espiciforme terminal, laxa o densa y cilíndrica. Espiguillas ovadas u ovado-oblongas, asimétricas, comprimidas lateralmente, frecuentemente con nervios bien marcados, 2-floras, el antecio inferior estaminado o estéril, el superior perfecto, muy caedizas, la raquilla articulada por debajo de las glumas. Glumas 2, membranáceas, desiguales, nervios muy evidentes, la inferior $1/4$–$3/4$ del largo de la espiguilla, 3–5-nervia, la superior tan larga como la espiguilla, 7–9-nervia, gibosa o no en su parte basal. Lemma inferior semejante a la gluma superior; antecio superior comprimido dorsiventralmente, coriáceo hasta cartilagíneo, los márgenes de la lemma enrollados o planos.

31 especies en zonas tropicales, principalmente Africa; en sitios húmedos o acuáticos.

1. Espiguillas de 1–2 mm de largo, pilosas o glabras:
    2. Culmos cilíndricos, subleñosos; vainas basales adpresas; espiguillas pilosas
        .... **1. S. angustissima**
    2. Culmos herbáceos, tiernos; vainas basales infladas; espiguillas pilosas o glabras:
        3. Espiguillas pilosas o glabras, glumas y lemma inferior con nervios bien marcados desde el ápice hasta la base .... **2. S. myuros**
        3. Espiguillas glabras, glumas y lemma inferior con nervios definidos solo en el ápice .... **3. S. otachyrioides**
1. Espiguillas de 3–4 mm de largo, glabras .... **4. S. vilvoides**

1. S. angustissima (*Hochst. ex Steud.*) *Kuhlm.*, Comiss. Linhas Telegr. Estratég. Matto Grosso Amazonas, (Publ. 67), Annexo 5, Bot. 11: 92 (1922); K183. Tipo: Surinam, *Kappler* 1499 (P, lectótipo, selecionado por Judziewicz (1990)).
Panicum angustissimum Hochst. ex Steud., Syn. Pl. Glumac. 1: 66 (1854).
P. mattogrossense Kuntze, Revis. Gen. Pl. 3: 362 (1898). Tipo: Brasil, *Kuntze* s.n. (NY, holótipo n.v.).
Sacciolepis karsteniana Mez, Repert. Spec. Nov. Regni Veg. 15: 123 (1918). Tipo: Colombia, *Karsten* s.n. (B, holótipo n.v.).
S. pungens Swallen, Phytologia 14: 85 (1966). Tipo: Venezuela, *Wurdack et Monachino* 40894 (US, holótipo n.v.).

Plantas anuales amacolladas, con culmos erectos, cilíndricos, de 30–110(–150) cm de alto, frecuentemente ramosos. Hojas basales y caulinares, glabras; vainas adpresas; láminas lineares, de 10–25 cm long. × 0,5–2(–3) mm lat., planas o enrolladas, agudas. Espigas densas, de 3,5–10 cm de largo, 3–5 mm en diámetro. Espiguillas ovadas, fuertemente nervadas, de 1,5 mm de largo, pilosas. Gluma inferior $^2/_3$–$^3/_4$ del largo de la espiguilla, 3-nervia; gluma superior 7-nervia, no gibosa. Lemma superior $^2/_3$ de largo de la espiguilla, cartilagínea, lustrosa, los márgenes enrollados, obtusa a aguda. Fig. 90.

SANTA CRUZ: Chávez, 5 km S de Concepción, *Killeen* 1641. Velasco, 25 km S de San Ignacio, *Bruddereck* 196. Ichilo, Buena Vista, *Steinbach* 7030.
LA PAZ: Iturralde, Ixianas, *Beck* 18427; Luisita, *Haase* 468; Siete Cielos, *Solomon* 16960.
Colombia, Guyana, Surinam, Brasil y Bolivia. Campos; 180–1800 m.

2. S. myuros (*Lam.*) *Chase*, Proc. Biol. Soc. Wash. 21: 7 (1908); H473; F333; K183. Tipo: Guayana Francesa, *Leblond* (K, microficha).
Panicum myuros Lam., Tabl. Encycl. 1: 172 (1791).

Plantas anuales amacolladas con culmos erectos de 20–150 cm de alto, delicados o robustos, herbáceos, a veces tiernos. Hojas basales y caulinares; vainas basales frecuentemente infladas; láminas lineares, de 8–45 cm long. × 2–7 mm lat., planas o plegadas, glabras, agudas. Espigas densas, muy variable, de 3–65 cm de largo × 2–6 mm en diámetro. Espiguillas ovadas, de 1–2 mm de largo, glabras o pubescentes. Gluma inferior $^1/_2$ del largo de la espiguilla, 5-nervia, la superior 9-nervia, gibosa. Lemma superior $^1/_2$ del largo de la espiguilla, cartilagínea, lustrosa, los márgenes enrollados, apiculada. Fig. 90.

BENI: Ballivián, Espíritu, *Beck* 5504 (el especimen de Kew es una mezcla de *S. myuros* y de *S. otachyrioides*); 5633. Yacuma, Porvenir, *Killeen* 2603.
SANTA CRUZ: Velasco, 13 km S de San Ignacio, *Bruderreck* 328; 329. Chávez, 3 km SW de Concepción, *Killeen* 2022. Warnes, Viru Viru, *Killeen* 2119.
LA PAZ: Iturralde, Luisita, *Haase* 127; 555.
México e Indias Occidentales hasta Paraguay y Bolivia. Campos húmedos; 0–840 m.

3. S. otachyrioides *Judz.*, Syst. Bot. 15: 418 (1990). Tipo: Guyana, *Stoffers et al.* 507 (K, isótipo).

Plantas anuales o posiblemente perennes, amacolladas. Culmos erectos, de 15–65 cm de alto. Láminas lineares, de 10–20 cm long. × 1,5–3 mm lat., glabras, planas, finamente agudas. Espigas densas, 5–12(–18) cm de largo × 3,5–4,5 mm en diámetro. Espiguillas anchamente ovadas, de 1,5–2 mm de largo, glabras. Gluma inferior $^1/_3$ del largo de la espiguilla, 3–5-nervia, la superior 7–9-nervia, los nervios definidos sólo en el ápice, en la región basal indistintos. Lemma inferior gibosa, 7-nervia, los nervios marcados en el ápice, la región basal coriácea y los nervios indistintos; márgenes de la gluma superior y lemma inferior alados, deflexos, adpresos y formando un borde. Lemma superior $^1/_2$–$^2/_3$ del largo de la espiguilla, oblongo-elíptica, lustrosa, los márgenes enrollados, aguda. Fig. 90.

BENI: Ballivián, Espíritu, *Beck* 5504 (el espécimen de Kew es una mezcla de *S. otachyrioides* y de *S. myuros*).
SANTA CRUZ: Velasco, Estancia Flor de Oro, *Nee* 41118.
Guyana, Colombia, Venezuela, Brasil (Amazonas y Roraima) y Bolivia. Campos; 60–320 m.

4. S. vilvoides (*Trin.*) *Chase*, Proc. Biol. Soc. Wash. 21: 7 (1908). Tipo: Brasil, *Martius* (LE, holótipo; K, isótipo).

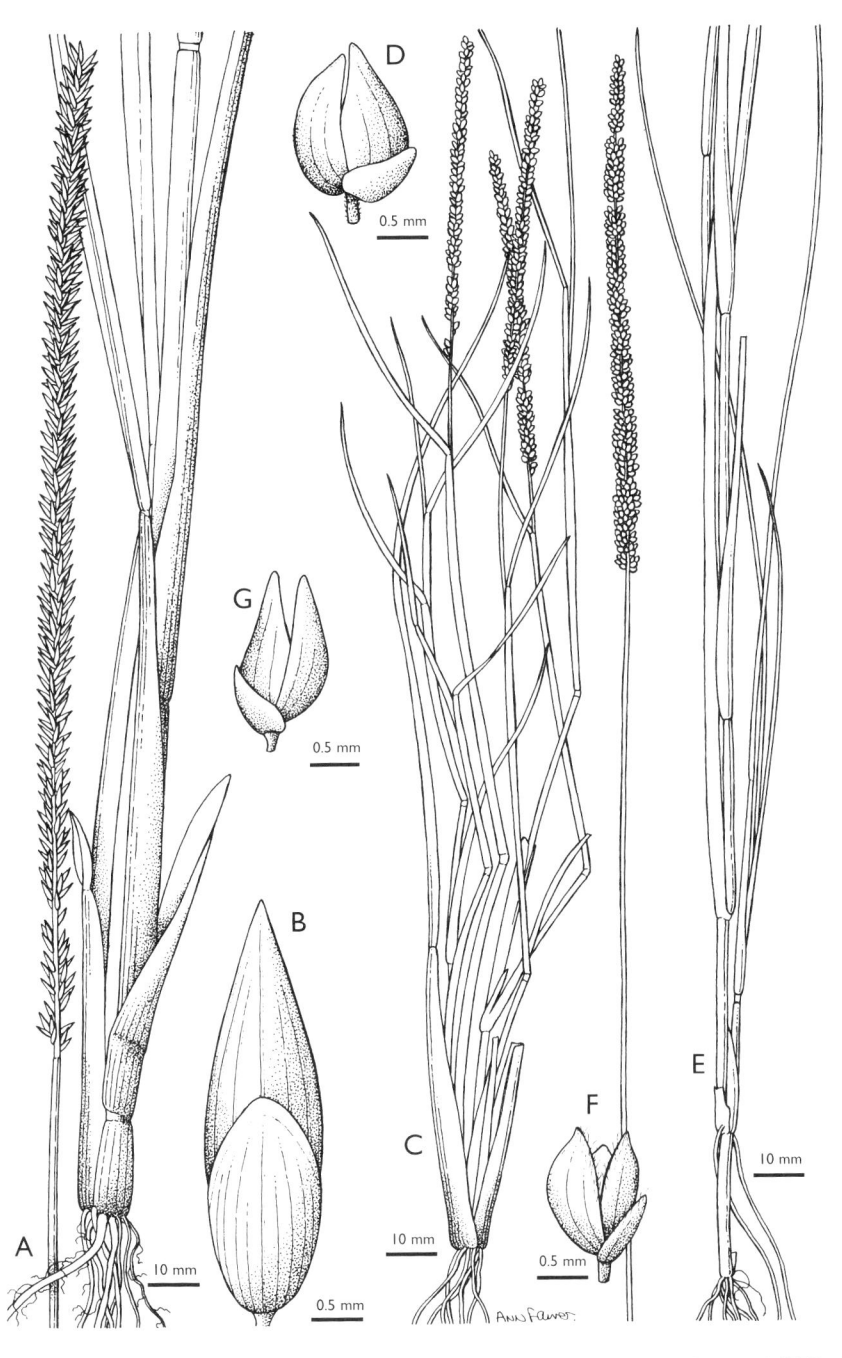

Fig. 90. **Sacciolepis vilvoides**, **A** habito, **B** espiguilla basada en *Solomon* 14778. **S. otachyroides**, **C** habito, **D** espiguilla basada en *Beck* 5504. **S. angustissima**, **E** habito, **F** espiguilla basada en *Haase* 127. **S. myuros**, **G** espiguilla basada en *Beck* 5555.

105. Sacciolepis

Panicum vilvoides Trin., Gram. Panic.: 171 (1826).
Hymenachne campestris Nees, Agrostologia Brasiliensis in Martius, Fl. Bras. 2(1): 274 (1829). Tipo: Brasil, *Martius* (M, holótipo n.v.).
Panicum strumosum J. Presl, Reliq. Haenk. 1: 303 (1830). Tipo: Paraguay ? *Haenke* (PR, holótipo).
Sacciolepis strumosa (J. Presl) Chase, Proc. Biol. Soc. Wash. 21: 8 (1908).
S. campestris (Nees) Parodi, Darwiniana 15: 74 (1968).

Plantas anuales amacolladas con culmos erectos muy variables, desde delgados a robustos, de 20–200 cm de alto. Láminas lineares, de 11–40 cm long. × 2–10 mm lat., planas, glabras, acuminadas. Espigas densas, de tamaño variable, (2–)10–43 cm de largo × 5–10 mm en diámetro. Espiguillas ovadas, de 2,5–3,5 mm de largo, subglabras o pilosas, acuminadas. Gluma inferior $^1/_2$–$^2/_3$ del largo de la espiguilla, 5–7-nervia; gluma superior 9-nervia, gibosa. Lemma superior elíptica, $^1/_2$–$^2/_3$ del largo de la espiguilla, lustrosa, los márgenes aplanados, acuminada. Fig. 90.

BENI: Ballivián, Porvenir, *Solomon* 14778; Santa Rosa, *Beck* 20709.
LA PAZ: Iturralde, Luisita, *Haase* 657.
Indias Occidentales hasta Argentina. Campos húmedos, pantanos, y bordes de ríos; 0–1200 m.

106. ACROCERAS Stapf
in Prain, Fl. Trop. Afr. 9: 621 (1920); Zuloaga & Morrone, Darwiniana 28: 191–217 (1987).

Plantas anuales o perennes, con culmos erguidos o decumbentes; láminas lineares hasta lanceoladas. Inflorescencia en panícula laxa o racemosa. Espiguillas apareadas, ovadas u oblongas, comprimidas dorsiventralmente, pediceladas, 2-floras, antecio inferior estéril o estaminado, el superior perfecto; raquilla articulada por debajo de las glumas. Glumas 2, desiguales, la inferior $^1/_2$–$^3/_4$ de largo de la espiguillas, 3–5-nervia, la superior algo más larga que el antecio perfecto; gluma superior y lemma inferior similares, comprimidas en el ápice y brevemente crestadas; 5-nervias. Lemma inferior herbácea, la pálea membranácea. Lemma y pálea superior coriáceas, lisas o papilosas, el ápice comprimido lateralmente en forma de cresta o excavación verdosa y pubescente. Lemma superior con los márgenes enrolladas.
Especies 19, tropicales, 12 de ellas en Madagascar.

1. Espiguillas de 4,5–6,5 mm de largo ··················· **1. A. zizanioides**
1. Espiguillas de 2,6–3,5 mm de largo
    2. Entrenudo entre glumas inferior y superior inconspicuo; láminas de 10–20 cm long. × 10–30 mm lat. ···························· **2. A. excavatum**
    2. Entrenudo entre glumas inferior y superior conspicuo; láminas de 4–10(–15) cm long. × 12–27 mm lat. ················ **3. A. fluminense**

1. A. zizanioides *(Kunth) Dandy*, J. Bot. 69: 54 (1931); K135. Tipo: Colombia, *Humboldt* (K, microficha).
Panicum zizanioides Kunth in Humboldt, Bonpland et Kunth, Nov. Gen. Sp. 1: 100 (1816).

Plantas perennes con culmos ramosos rastreros, de 30–200 cm de largo. Láminas lanceoladas, de 4–20 cm long. × 6–30 mm lat., cordiformes en la base o amplexicaules, glabras o pilosas, con nervios transversales, acuminadas. Panícula terminal laxa, con racimos rectos, ascendentes, de 4–12 cm de largo, sobre un eje de 10–25 cm; ramas secundarias desarrolladas. Pedicelos cortos, rígidos y adpresos. Espiguillas lanceoladas, de 4,5–6,5 mm de largo, glabras. Gluma inferior ovada, $^3/_4$ del largo de la espiguilla, 3–5-nervia. Lemma del antecio superior lateralmente comprimida en el ápice, formando una cresta. Fig. 88.

BENI: Ballivián, Espíritu Viejo, *Renvoize* 4668.
SANTA CRUZ: Ichilo, Yapacani hacia Puerto Grether, *Renvoize et Cope* 3966. Santiesteban, 1,5 km SW de Montero, *Nee* 33450.
LA PAZ: Nor Yungas, Alto Coro Coro, 9 km NE de Caranavi, *Valenzuela* 409.
México hasta Argentina. Lugares húmedos y sombríos; 0–1100 m.

2. A. excavatum *(Henrard) Zuloaga & Morrone*, Darwiniana 28: 195 (1987); K135. Tipo: Paraguay, *Balansa* 2947 (K, isótipo).
Panicum excavatum Henrard, Repert. Spec. Nov. Regni Veg. 23: 179 (1926).
Lasiacis excavatum (Henrard) Parodi, Notas Mus. La Plata, Bot. 8: 92 (1943).

Plantas anuales rastreras con culmos de 60–200 cm de largo; nudos inferiores radicantes. Láminas lanceoladas, de 10–20 cm long. × 10–30 mm lat., acuminadas. Panícula oblongo-ovada, de 20–40 cm de largo, 10–30 cm de ancho, laxa, paucirrámea, las ramas patentes. Pedicelos largos, delgados y patentes. Espiguillas oblongas, de 3–3,5 mm de largo. Gluma inferior ovada, $^1/_3$–$^1/_2$ del largo de la espiguilla, 3-nervia. Lemma del antecio superior cortamente apiculada en el ápice.

SANTA CRUZ: Chávez, 10 km SW de Concepción, *Killeen* 694; 80 km SE de Concepción, *Killeen* 932; 17 km N de Concepción, *Killeen* 1891; Concepción, *Killeen* 967. San Javier hacia Concepción, *Killeen* 1966; San Antonio Lomerio, *Killeen* 830; 20 km W de Santa Rosa, *Killeen* 1740.
Venezuela, Brasil, Bolivia, Paraguay y Argentina. Selvas y bosques, a la sombra; 0–700 m.

3. A. fluminense *(Hack.) Zuloaga & Morrone*, Darwiniana 28: 197 (1987). Tipo: Brasil, *Glaziou* 14397 (P, isótipo n.v.).
Panicum fluminense Hack., Oesterr. Bot. Z. 51: 457 (1901).

106. Acroceras

Plantas perennes, con culmos decumbentes ramosos, los nudos inferiores radicantes, de 20–40 cm de largo. Láminas lanceoladas, de 4–10(–15) cm long. × 12–27 mm lat., planas, pilosas o glabras, márgenes escabrosos. Panículas laxas, romboideas, de 16–30 cm, las ramas primarias divergentes; espiguillas apareadas, de una subsésil y la otra pedicelada; ramas secundarias cortas o nulas. Espiguillas elípticas, de 2,6–2,8(–3,3) mm, pajizas, glabras o pubescentes en los ápices de gluma superior y lemma inferior. Gluma inferior ovada, $^1/_2$ del largo de la espiguilla, 3–5-nervia; entrenudo conspicuo entre glumas inferior y superior. Lemma del antecio superior en el ápice excavado y pubescente.

SANTA CRUZ: Velasco, 14 km SE de Estación Flor de Oro, *Perry* 853. Brasil y Bolivia. Bosque húmedo, a la sombra; 260–600 m.

107. ECHINOCHLOA P. Beauv.
Ess. Agrostogr.: 53 (1812).

Plantas anuales o perennes; lígula ausente o presente; láminas lineares. Inflorescencia formada por racimos unilaterales simples o ramificados, dispuestos sobre un eje central glabro o híspido; raquis trígono, escabroso o híspido. Espiguillas apareadas o fasciculadas, 2-floras, elípticas, ovadas o suborbiculares, plano-convexas, comprimidas dorsiventralmente, pubescentes, escabrosas o equinuladas; antecio inferior estaminado o estéril, el superior perfecto. Raquilla articulada por debajo de las glumas. Glumas 2; la inferior $^1/_3$–$^3/_4$ de la longitud de la espiguilla, 3–7-nervia, aguda o acuminada; gluma superior tan larga como la espiguilla, 3–7-nervia, acuminada o aristada, raramente aguda. Lemma inferior 3–7-nervia, aguda, acuminada o aristada. Lemma superior coriácea, lisa, apiculada, los márgenes cubriendo los bordes de la pálea excepto en su ápice que es deflexo y exerto desde la lemma.

30 especies en regiones cálidas y templadas de ambos hemisferios.

1. Plantas perennes; inflorescencia péndula; espiguillas con aristas de 10–30 mm de largo ··· **4. E. walteri**
1. Plantas perennes o anuales; inflorescencia erecta; espiguillas múticas o con arista de 1–15 mm de largo:
    2. Espiguillas múticas:
        3. Espiguillas de 1,5–3 mm de largo, pubescentes ·········· **1. E. colona**
        3. Espiguillas de 3,5–5 mm de largo, equinuladas ······ **2. E. chacoensis**
    2. Espiguillas aristadas con aristas de 1–15 mm de largo:
        4. Espiguillas de 2–3(–3,5) mm de largo ············ **3. E. crus-pavonis**
        4. Espiguillas de 4,5–6 mm de largo ················ **5. E. polystachya**

1. E. colona (*L.*) *Link*, Hort. Berol. 2: 209 (1833); K150. Tipo: Jamaica, *Browne* (LINN, lectótipo).
Panicum colonum L., Syst. Nat. ed. 10, 2: 870 (1759).

Plantas anuales con culmos erectos o ascententes, de 10–100 cm de alto. Láminas de 5–30 cm long. × 2–8 mm lat., planas, agudas o atenuadas; lígula ausente. Inflorescencia linear, de 3–15 cm de largo; racimos de 1–3 cm, adpresos o ascendentes, laxos, sobre un eje de 3–12 cm. Espiguillas ovado-elípticas o suborbiculares, de 1,5–3 mm de largo, pubescentes, agudas hasta cuspidadas, apareadas en 4 hileras sobre el raquis. Gluma inferior $^1/_3$–$^1/_2$ del largo de la espiguilla, 3-nervia, aguda; gluma superior 3–7-nervia, acuminada. Antecio inferior estaminado o estéril; lemma inferior 5-nervia, aguda. Lemma superior elíptica, estriada. Fig. 91.

PANDO: Suárez, 30 km S de Cobija, *Beck* 17082.
BENI: Vaca Diez, Cachuela Esperanza, *Nee* 31866.
SANTA CRUZ: Andrés Ibáñez, 12 km E de Santa Cruz, *Nee* 34306.
LA PAZ: Nor Yungas, Caranavi, *Beck* 4808; Alto Beni, *Seidel et al.* 2548; Coroico, *Feuerer* 5918.
COCHABAMBA: Carrasco, Izarzama, *Beck* 1586.
CHUQUISACA: Padilla hacia Monteagudo, *Renvoize et Cope* 3878.
TARIJA: Cercado, Tarija, *Coro-Rojas* 1518. Arce, Bermejo, *Coro-Rojas* 1425.
Regiones tropicales y subtropicales del mundo. Lugares alterados húmedos, maleza de cultivos; 0–1400 m.

2. **E. chacoensis** *P.W. Michael ex Renvoize*, Kurtziana 24: 161–163 (1995). Tipo: Bolivia, *Renvoize et Cope* 3906 (K, holótipo; LPB, isótipo).

Plantas anuales o perennes de corta vida, con culmos robustos de 40–140 cm de alto. Lígula ciliada, de 1,5–3,5 mm. Láminas de 15–30 cm long. × 5–20 mm lat., planas, glabras, los márgenes escabrosos, atenuadas o acuminadas. Inflorescencia laxa, formada por 5–13 racimos de 2–5 cm de largo, adpresos, dispuestos sobre un eje de 5–20 cm. Espiguillas ovadas, de 3,5–5 mm de largo, equinuladas. Gluma inferior $^1/_3$ del largo de la espiguilla, 5-nervia, aguda; gluma superior 5-nervia acuminada. Antecio inferior estéril; lemma 3–5-nervia, acuminada, pálea ausente. Lemma superior suborbicular, estriada, apiculada. Fig. 91.

PANDO: Manuripi, Chivé, Río Madre de Dios, *Beck* 24003.
SANTA CRUZ: Cordillera, Abapó, *Renvoize et Cope* 3906; 3918.
Bolivia y Argentina (Jujuy, Santa Fe). Maleza de cultivos y sitios alterados; 400 m.

3. **E. crus-pavonis** (*Kunth*) *Schult.*, Mant. 2: 269 (1824); H476; F335; K150. Tipo: Venezuela, *Humboldt* (US, frag.).
Oplismenus crus-pavonis Kunth in Humboldt, Bonpland et Kunth, Nov. Gen. Sp. 1: 108 (1816).

Plantas perennes o anuales con culmos erectos o decumbentes de 50–200 cm de alto. Lígula ausente; láminas de 15–60 cm long. × 5–25 mm lat., tiernas, agudas o acuminadas. Inflorescencia formada por numerosos racimos irregulares agregados sobre un eje de 10–30 cm de largo. Racimos de 3–15 cm, con ramas secundarias

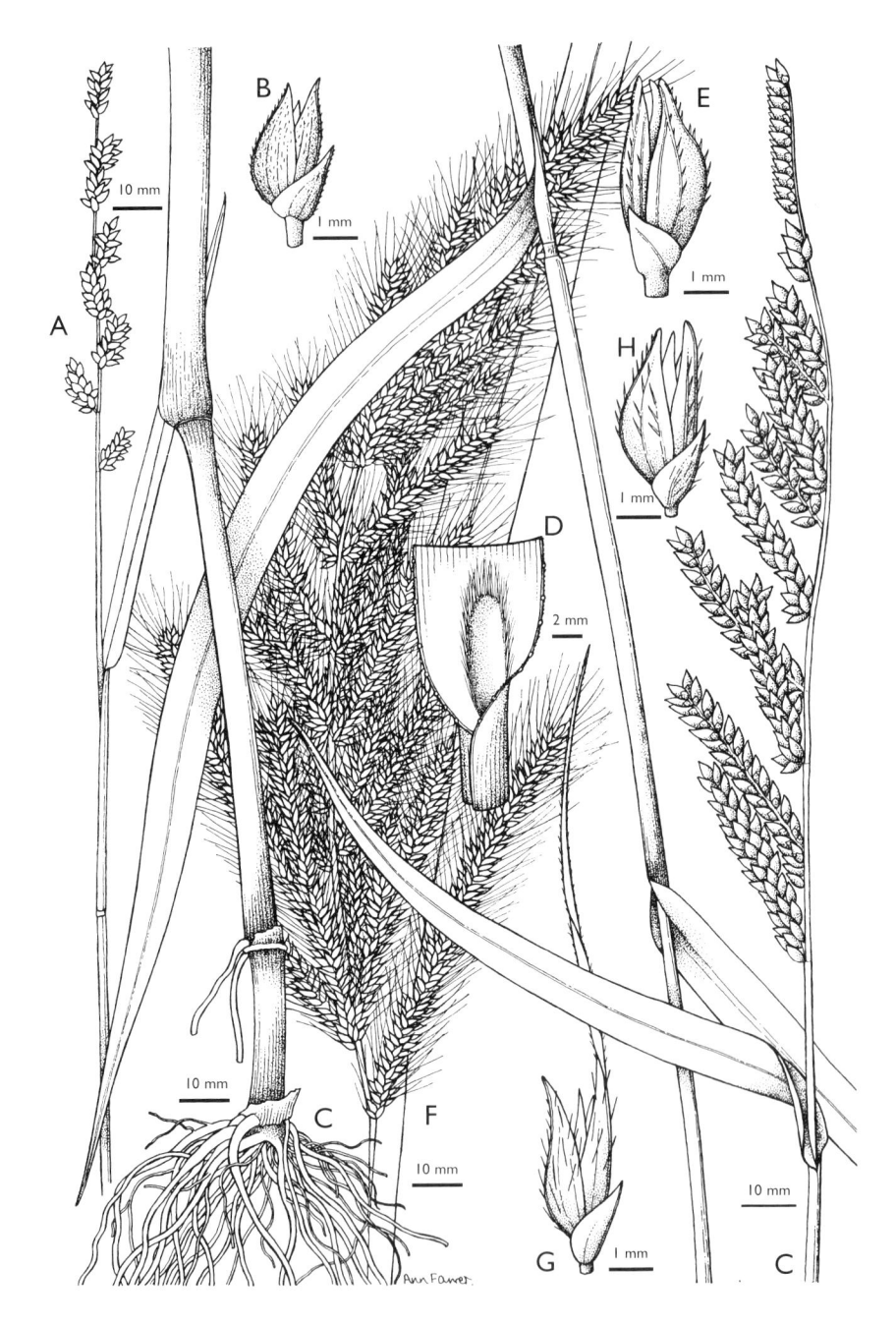

Fig. 91. **Echinochloa colona**, A habito, B espiguilla basada en *Renvoize et Cope* 3887. **E. chacoensis**, C habito, D lígula, E espiguilla basada en *Renvoize et Cope* 3906. **E. walteri**, F panícula, G espiguilla basada en *Nee* 31933. **E. crus-pavonis**, H espiguilla basada en *Renvoize et Cope* 4243.

basales cortas. Espiguillas elípticas, de 2–3(–3,5) mm de largo, hispídulas. Gluma inferior ¹/₂ del largo de la espiguilla, 3-nervia, aguda; gluma superior 5-nervia, acuminada o aristulada. Antecio inferior estaminado o estéril; lemma 5-nervia, aristada, la arista de 1–3(–7) mm de largo. Lemma superior elíptica, estriada, acuminada. Fig. 91.

BENI: Ballivián, San Borja hacia Espíritu, *Beck* 12178. Moxos, 38 km W de Trinidad, *Schmitt* 152.
SANTA CRUZ: Ichilo, Río Surutú, *Renvoize et Cope* 3976. Santiesteban, Montero–Guabirá, *Feuerer* 6465. Chiquitos, 22 km N de San José, *Killeen* 1718, 2 km N de Pailón, *Killeen* 2299. Andrés Ibáñez, S de Canal Cotoca, *Coimbra* 1100.
LA PAZ: Murillo, Mecapaca, *Renvoize et Cope* 4243. Nor Yungas, Coripata, *Bang* 2108. Sud Yungas, Puente Villa, *Beck* 17784. Inquisivi, Cajnata, *Beck* 17275.
COCHABAMBA: Ayopaya, Río Tambillo, *Baar et Seidel* 119; *Baar* 83a. Capinota, Poquera, *Antezana* 235. Punata, Lara Suyo, *Guillen* 214.
TARIJA: Cercado, 8 km NNW de Tarija, *Feuerer* 7531.
Africa tropical y América. Campos húmedos, bordes de ríos y lagunas; 200–2000 m.

Muy afín a *E. crus-galli* (L.) P. Beauv. pero con espiguillas mayores, de 3–4 mm de largo y racimos que - en general- carecen de ramificaciones secundarias.

4. E. walteri *(Pursh) A. Heller*, Cat. N. Amer. Pl. ed. 2: 21 (1900). Tipo: Estados Unidos de América (BM, holótipo).
Panicum hirtellum Walter, Fl. Carol.: 72 (1788) non L. (1759).
P. walteri Pursh, Fl. Amer. Sept.: 66 (1814), basado en *P. hirtellum* Walter.

Plantas palustres perennes cespitosas, con culmos erectos de 100–200 cm de alto. Láminas de 20–55 cm long. × 10–20 mm lat., planas, atenuadas o acuminadas, los márgenes escabrosos. Inflorescencia densa, oblonga, de 15–40 cm de largo, péndula; racimos inferiores de 5–15 cm, con ramas secundarias basales cortas. Espiguillas elíptico-ovadas, equinuladas, de 3–4 mm de largo. Gluma inferior ¹/₂ del largo de la espiguilla, 5-nervia, atenuada; gluma superior 5-nervia, acuminada o cortamente aristada. Antecio inferior estéril; lemma 5-nervia con arista de 10–30 mm de largo. Lemma superior elíptica, estriada. Fig. 91.

PANDO: Manuripi, Bay, *Beck et al.* 19415.
BENI: Vaca Diez, 11 km NE de Riberalta, *Nee* 31933.
Estados Unidos de América, Brasil, Perú, Bolivia. Ríos y lagunas; 0–400 m.

E. polystachya es muy afín a *E. walteri*, diferenciándose de ella por sus espiguillas mayores, de 4,5–6 mm y aristas más cortas, de 3–15 mm.

5. E. polystachya *(Kunth) Hitchc.*, Contr. U.S. Natl. Herb. 22: 135 (1920). Tipo: Colombia, *Humboldt* (US, frag.).

Oplismenus polystachyus Kunth in Humboldt, Bonpland et Kunth, Nov. Gen. Sp. 1: 107 (1816).

Plantas perennes con culmos macizos erectos o decumbentes de 150–250 cm de largo. Láminas de 22–40 cm long. × 10–35 mm lat., acuminadas. Lígula ausente o una linea ciliada conspicua de pelos rígidas amarillas de 3–5 mm de largo. Inflorescencia linear o angoste ovada, formada por numerosos racimos, agregados sobre un eje de 13–30 cm de largo. Racimos de 2,5–9 cm de largo. Espiguillas ovadas de 4,5–6 mm de largo, hispidulas. Gluma inferior de $^1/_3$–$^1/_2$ de largo de la espiguilla, 5-nervia; gluma superior 7-nervia, acuminada o mucronada. Antecio inferior estaminada; lemma 5-nervia, aristada con arista de 3–15 mm de largo. Lemma superior elíptica, lisa, acuminada.

SANTA CRUZ: Chiquitos, Puerto Suárez, *Frey* 518.
Estados Unidos de América y Caribe hasta Paraguay. Sitios húmedos; 0–300 m.

108. BRACHIARIA (Trin.) Griseb. in Ledeb.,
Fl. Ross. 4: 469 (1853); Parodi, Darwiniana 15: 86–100 (1969); Sendulsky, Hoehnea 7: 99–169 (1978). *Panicum* subtaxon *Brachiaria* Trin., Mém. Acad. Imp. Sci. Saint-Pétersbourg, Sér. 6, Sci. Math., Seconde Pt. Sci. Nat. 3: 194 (1834).

Plantas perennes o anuales, cespitosas o rizomatosas. Inflorescencia formada por racimos espiciformes unilaterales dispuesto sobre un eje común; raquis aplanado o triquetro, a veces con ramificaciones secundarias. Espiguillas bifloras, ovales o elíptico-oblongas, sésiles o brevemente pediceladas, raro sobre pedicelos largos, múticas, dorsalmente comprimidas, frecuentemente túrgidas, solitarias o en pares, dispuestas en 1 o 2 hileras con la gluma inferior hacia el raquis, raremente en fascículos de 3 o más y formando una panícula. Gluma inferior breve; gluma superior y lemma inferior igualando a la espiguilla; antecio inferior estéril o estaminado; antecio superior perfecto, lemma superior oblonga o elíptica, mútica, brevemente mucronada o crestada, rugosa, granulosa o estriada.

100 especies en regiones tropicales, principalmente del Viejo Mundo.

1. Plantas perennes:
   2. Espiguillas de 2,5–3,5 mm de largo, apareadas o en fascículos de 3 o más sobre cortas ramas secundarias ······························ **8. B. mutica**
   2. Espiguillas de 4–6 mm de largo, solitarias, en 1–2 hileras, nunca sobre ramas secundarias:
      3. Gluma inferior supera $^3/_4$ de la longitud de la espiguilla
      ····························· **11. B. humidicola**
      3. Gluma inferior $^1/_3$–$^1/_2$ del largo de la espiguilla:
         4. Espiguillas solitarias, dispuestas, en una hilera; culmos erectos
         ······························· **9. B. brizantha**
         4. Espiguillas en pares, culmos decumbentes ······ **10. B. decumbens**

1. Plantas anuales:
    5. Espiguillas de 7–8 mm de largo, pubescentes ········ **1. B. paucispicatum**
    5. Espiguillas de 2–5,5 mm de largo:
        6. Raquis aplanado:
            7. Espiguillas de 3,5–4,5 mm de largo; gluma superior con vénulas transversales en el tercio superior ············· **2. B. platyphylla**
            7. Espiguillas de 4–5,5 mm de largo; gluma superior sin vénulas transversales ···························· **3. B. plantaginea**
        6. Raquis triquetro:
            8. Espiguillas glabras ······················· **4. B. fasciculata**
            8. Espiguillas pubescentes o híspidas:
                9. Espiguillas híspidas con pelos de base tuberculada
                ·· **5. B. echinulata**
                9. Espiguillas pubescentes:
                    10. Ramas de la inflorescencia escabrosas ······ **6. B. adspersa**
                    10. Ramas de la inflorescencia pilosas ········ **7. B. lorentziana**

1. B. paucispicatum (*Morong*) *Clayton*, Kew Bull. 42(2): 401 (1987); K146. Tipo: Paraguay, *Morong* 1573 (NY, holótipo).
Panicum paucispicatum Morong, Ann. New York Acad. Sci. 7: 262 (1893).
Acroceras paucispicatum (Morong) Henrard, Blumea 3: 449 (1940).

Plantas anuales con culmos erectos o ascendentes de 40–100 cm de alto. Láminas lanceoladas, de 5–15 cm long. × 10–25 mm lat., cordiformes en la base, planas, pilosas, agudas. Inflorescencia angostamente oblonga o subespiciforme, laxa, de 6–16 cm de largo, racimos 5–7, de 3–7 cm de largo, ascendentes o adpresos, ramas secundarias ausentes o cortas, de 1 mm de largo. Espiguillas angostamente ovadas, de 7–8 mm de largo, pubescentes, apiculadas. Gluma inferior ovada, $1/_2$–$2/_3$ del largo de la espiguilla, separada por un corto internodio, 5–7-nervia, aguda; gluma superior ovada, 7-nervia. Lemma inferior 5-nervia, antecio inferior estaminado; lemma superior finamente rugulosa, crestada, verde.

SANTA CRUZ: Andrés Ibáñez, Las Lomas de Arena, *Killeen* 1585. Chiquitos, 22 km N de San José, *Killeen* 1707; San Miserato hacia Roboré, *Lara* 1503.
Paraguay, Bolivia y norte de Argentina. Campos secos, en suelos arenosos; 400–590 m.

2. B. platyphylla (*Griseb.*) *Nash* in Small, Fl. S.E. U.S.: 81 & :1327 (1903). Tipos: Cuba, *Wright* 3441 & 1865.
Paspalum platyphyllum Griseb., Cat. Pl. Cub. 230 (1866) non Schult. (1827).
Panicum platyphyllum (Griseb.) Munro ex Wright, Anales Acad. Ci. Méd. Habana 8: 206 (1871).
Brachiaria extensa Chase, Contr. U.S. Natl. Herb. 28: 240 (1929) basado en *Paspalum platyphyllum* Griseb.

Plantas anuales con culmos ramosos ascendentes, de 15–100 cm de alto, radicantes en los nudos inferiores. Láminas lanceoladas, de 5–15 cm long. × 5–12 mm lat., planas, glabras o esparcidamente pilosas, agudas. Inflorescencia de 2–6 racimos unilaterales, de 3–10 cm de largo, sobre un eje de 7–20 cm; raquis plano, de 1,5–2 mm lat. Espiguillas elíptico-oblongas, glabras, de 3,5–4,5 mm de largo, solitarias, agudas u obtusas. Gluma inferior ovada, membranácea, 3–5-nervia, $^1/_4$–$^1/_3$ del largo de la espiguilla; gluma superior 5–7-nervia, con vénulas transversales en el tercio superior. Lemma inferior semejante a la gluma superior; lemma superior rugulosa. Fig. 92.

BENI: Ballivián, Espíritu, *Renvoize* 4690; *Beck* 3416; 5047.
CHUQUISACA: Tomina, Padilla hacia Monteagudo, *Renvoize et Cope* 3886.
TARIJA: Méndez, Sella Méndez, *Coro-Rojas* 1611. Avilés, Guerrahuaico, *Coro* 1389.
Estados Unidos de América, México, Cuba, Bolivia y Argentina. Campos húmedos; 450 m.

El ejemplar *Renvoize et Cope* 3886 se diferencia de los restantes por poseer láminas foliares lanceoladas de 3–4 cm long. × 8–10 mm lat., racimos breves y densos de 2 cm de longitud y lemma fértil mucronada y rugosa.

3. B. plantaginea (*Link*) *Hitchc.*, Contr. U.S. Natl. Herb. 12: 212 (1909); H430; F298; K146. Tipo: localidad incierta (US, foto. y frag.).
Panicum plantagineum Link, Hort. Berol. 1: 206 (1827).

Plantas anuales con culmos decumbentes de 40–100 cm de largo. Láminas lanceoladas, de 4–21 cm long. × 6–13 mm lat., planas, glabras, agudas. Inflorescencia formada por 2–8 racimos, de 2–11 cm de largo, dispuestos sobre un eje de 10–20 cm de largo. Espiguillas elíptico-oblongas, de 4–5,5 mm de largo, glabras, agudas, en 1–2 hileras sobre un raquis aplanado de 1–1,5 mm lat. Gluma inferior $^1/_3$ del largo de la espiguilla, cordiforme en la base, obtusa y separada de la gluma superior por un internodio notable. Antecio superior ruguloso. Fig. 93.

SANTA CRUZ: Chávez, Concepción, *Killeen* 1810. Ichilo, Yapacani, *Tollervey* 2140. Andrés Ibáñez, Río Piray, *Renvoize et Cope* 4006.
LA PAZ: Nor Yungas, Coroico, *Buchtien* 447; *Renvoize* 4764.
CHUQUISACA: Hernando Siles, Rosario del Ingre hacia Yumao, *Murguia* 338.
TARIJA: Avilés, Guerrahuaico, *Coro* 1387.
México hasta Bolivia y Paraguay, Congo y Oeste de Africa. Sitios alterados; 0–1400 m.

4. B. fasciculata (*Sw.*) *Parodi*, Darwiniana 15: 96 (1969). Tipo: Jamaica, *Swartz* (S, holótipo).
Panicum fasciculatum Sw., Prodr.: 22 (1788).

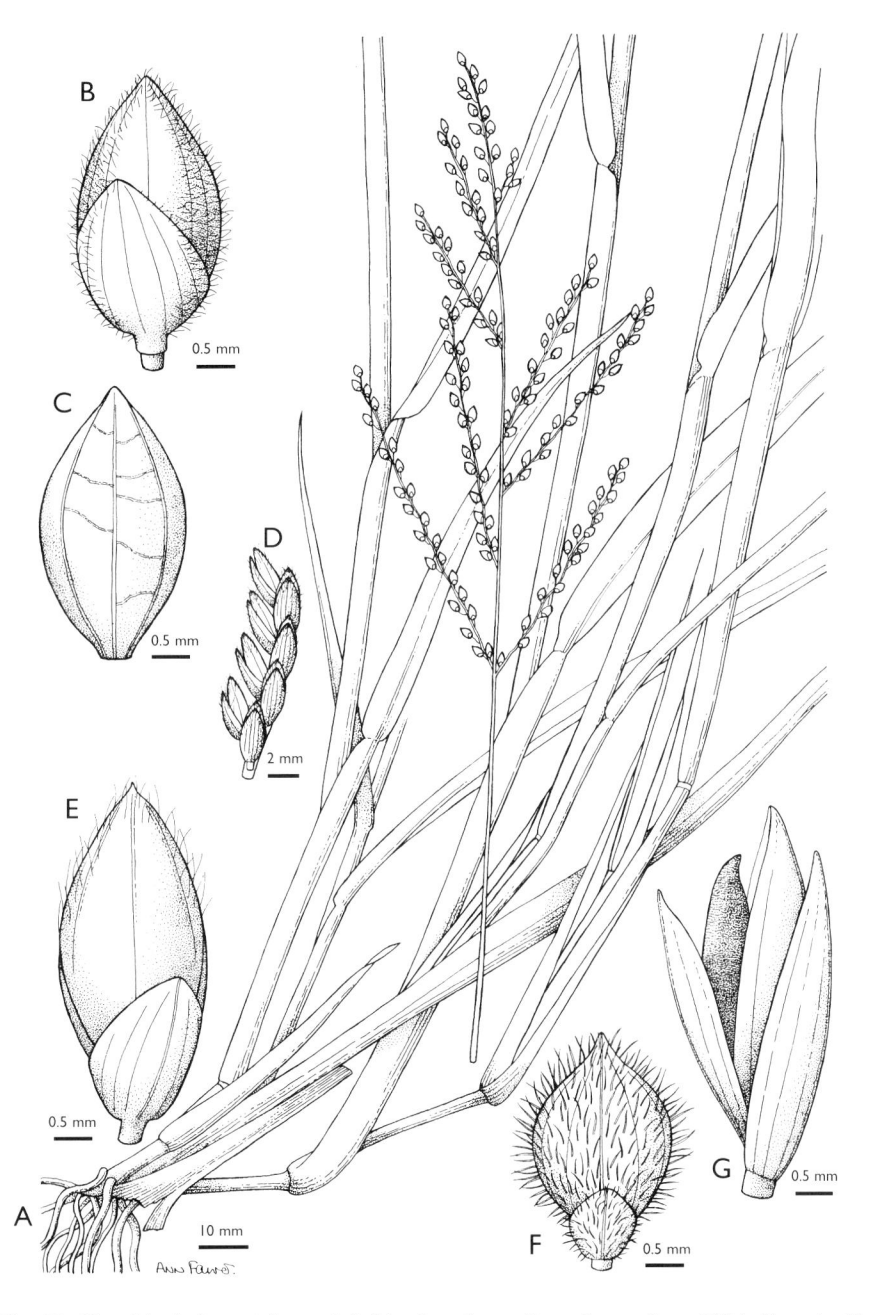

Fig. 92. **Brachiaria lorentziana**, A habito basada en *Renvoize et Cope* 3914. B espiguilla basada en *Renvoize et Cope* 3929. **B. platyphylla**, C espiguilla basada en *Beck* 5047. **B. decumbens**, D porción de raquis, E espiguilla basada en *Renvoize* 4549. **B. echinulata**, F espiguilla basada en *Renvoize et Cope* 3913. **B. humidicola**, G espiguilla basada en *Fowler* 104, Brasil.

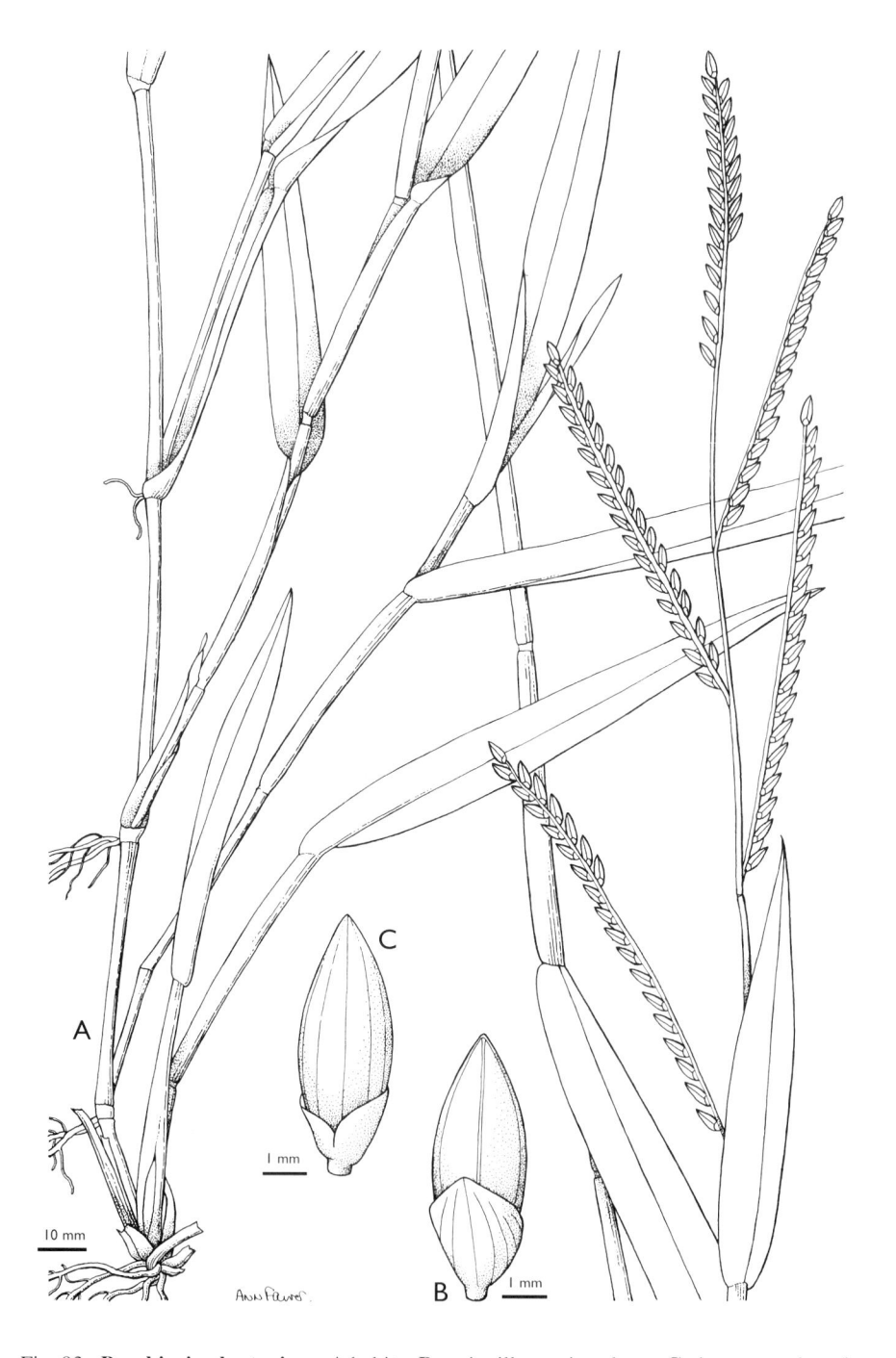

Fig. 93. **Brachiaria plantaginea**, **A** habito, **B** espiguilla en visto dorso, **C** visto ventro basada en *Renvoize* 4764.

Plantas anuales con culmos erectos de 20–120 cm de alto. Láminas lineares o linear-lanceoladas, de 10–35 cm long. × 7–24 mm lat., planas, acuminadas. Inflorescencia ovada u oblonga, de 5–17 cm de largo, ramas primarias de 2–13 cm de largo, escabrosas y esparcidamente pilosas. Espiguillas ovadas u ovado-elípticas, de 2–2,5 mm de largo, marrones o bronceadas, glabras; glumas y lemma inferior con nervios transversales conspicuos, apiculadas o agudas. Gluma inferior $^1/_3$ del largo de la espiguilla, 5–7-nervia; gluma superior e inferior similares, iguales a la espiguilla, 9-nervias; lemma superior rugulosa. Fig. 94.

BENI: Ballivián, Espíritu, *Renvoize* 4685.
SANTA CRUZ: Warnes, Colonia Okinawa I, *Nee* 33841. Cordillera, Abapó, *Renvoize et Cope* 3927.
TARIJA: Arce, Bermejo, *Coro-Rojas* 1424.
Sud de Estados Unidos de América hasta Brasil y Bolivia. Sitios alterados y campos húmedos; 0–800 m.

B. molle Sw. habita en América tropical pero hasta el presente no ha sido coleccionada en Bolivia; se diferencia de *B. fasciculata* por sus espiguillas pubescentes.

5. B. echinulata (*Mez*) *Parodi*, Darwiniana 15: 94 (1969); K146. Tipo: Paraguay, *Balansa* 34 (K, isótipo).
Panicum echinulatum Mez, Notizbl. Bot. Gart. Berlin-Dahlem 7: 62 (1917).
P. echinulatum var. *boliviense* Henrard, Meded. Rijks-Herb. 40: 50 (1921). Tipo: Bolivia, *Herzog* 3004 (L, holótipo n.v.).

Plantas anuales con culmos geniculados y ramosos, de 30–80 cm de alto. Láminas lanceoladas, de 8–15 cm long. × 8–20 mm lat., planas, glabras, agudas. Inflorescencia oblonga de 5–13 cm de largo, formada por 4–10 racimos unilaterales dispuestos sobre un eje de 2–10 cm de largo; racimos de 3–8 cm, a veces con ramas secundarias cortas en la base; raquis triquetro. Espiguillas elíptico-ovadas, apiculadas, solitarias o en pares, de 3–3,5 mm de largo. Gluma inferior $^1/_4$–$^1/_3$ del largo de la espiguilla, glabra, 3–5-nervia, cordiforme en la base; gluma superior tuberculado-híspida y pilosa, 7–9-nervia; lemma inferior similar a la gluma superior pero 5-nervia; antecio inferior estéril; lemma superior rugulosa o granulosa. Fig. 92.

BENI: Ballivián, Espíritu, *Beck* 5175; 5924.
SANTA CRUZ: Chiquitos, San José, *Killeen* 1699. Cordillera, Abapó, *Renvoize et Cope* 3913. Andrés Ibáñez, Río Piray, Santa Cruz, *Renvoize et Cope* 4005.
Paraguay, Bolivia y norte de Argentina. Suelos instables; 200–500 m.

6. B. adspersa (*Trin.*) *Parodi*, Darwiniana 15: 96 (1969). Tipo: Santo Domingo (República Dominicana).
Panicum adspersum Trin., Gram. Panic.: 146 (1826).

108. Brachiaria

Plantas anuales con culmos geniculados y ramosos de 20–60 cm de alto, radicantes en los nudos inferiores. Láminas lanceoladas, de 5–20 cm long. × 5–17 mm lat., planas, glabras, agudas. Inflorescencia oblonga formada por 2–10 racimos de 2–8 cm de largo dispuestas sobre un eje de 3–10 cm; raquis triquetro, glabro y escabroso. Espiguillas elíptico-ovadas, acuminadas, solitarias o en pares, de 3–4 mm de largo. Gluma inferior $1/4$–$1/3$ del largo de la espiguilla, 1–3-nervia, gluma superior 5–7-nervia, pubescente. Lemma inferior semejante a la gluma superior, lemma superior granulosa o rugulosa. Fig. 94.

BENI: Ballivián, Espíritu, *Beck* 5012.
SANTA CRUZ: Santiestiban, Guabirá, *Feuerer* 6485. Andrés Ibáñez, 12 km E de Santa Cruz, *Nee* 34303. Cordillera, Alto Parapeti, *de Michel* 169. Abapó-Izozog Ag. Res. Est., *Renvoize et Cope* 3928.
TARIJA: O'Connor, Entre Ríos, *Coro-Rojas* 1563. Gran Chaco, Yacuiba, *Lara* s.n.
Estados Unidos de América (Florida), Indias Occidentales, Brasil y Bolivia. Campos y sitios ruderales; 200–1230 m.

Brachiaria molle Sw. es similar a esta especie pero los racimos teinen el raquis piloso.
B. adspersa, *B. molle*, *B. fasciculata*, *B. echinulata* y *B. lorentziana* forman en el Nuevo Mundo un grupo natural que se reconoce por tener habito anual y raquis triquetro, con espiguillas laxas que le confieren a la inflorescencia un aspecto paniculado. Un grupo equivalente en el Viejo Mundo lo constituyen *B. deflexa* y *B. ramosa* en Africa tropical; hasta ahora, no se conocen especies de estos grupos que compar tan ambas areas. Las diferencias específicas — tanto en el Viejo como en el Nuevo Mundo — son muy leves.

7. B. lorentziana (*Mez*) *Parodi*, Darwiniana 15: 99 (1969); K146. Tipos: Argentina, *Lorentz et Hieronymus* 340 (CORD, BAA isosíntipos n.v.); *Schickendantz* 258.
Panicum lorentzianum Mez, Bot. Jahrb. Syst. 56, Beibl. 125: 1 (1921).

Plantas anuales con culmos erectos o ascendentes, de 30–100 cm de alto. Láminas lanceoladas o linear-lanceoladas, cordiformes en la base, de 10–30 cm long. × 7–25 mm lat., planas, pubescentes o subglabras. Inflorescencia ovada, laxa, de 6–30 cm de largo; racimos 4–20, de 2–10 cm, ramas secundarias ausentes, eje principal y raquis de los racimos pilosos. Espiguillas obovadas, pubescentes o subglabras, de 3–3,5 mm de largo, binadas o ternadas, agudas. Gluma inferior ovada, $1/2$ de la longitud de la espiguilla, 5-nervada; gluma superior tan larga como la espiguilla, 7-nervada, acuminada. Lemma inferior similar a la gluma superior, 5-nervada. Lemma superior elíptico-lanceolada, con finas rugosidades transversales. Fig. 92.

SANTA CRUZ: Cordillera, Taiteturenda–Charagua, *S. Vargas* 39. Abapó-Izozog Ag. Res. Est., *Renvoize et Cope* 3914.
COCHABAMBA: Mizque, Quioma, *Eyerdam* 25203.
CHUQUISACA: Calvo, El Salvador, *Martínez* 603.

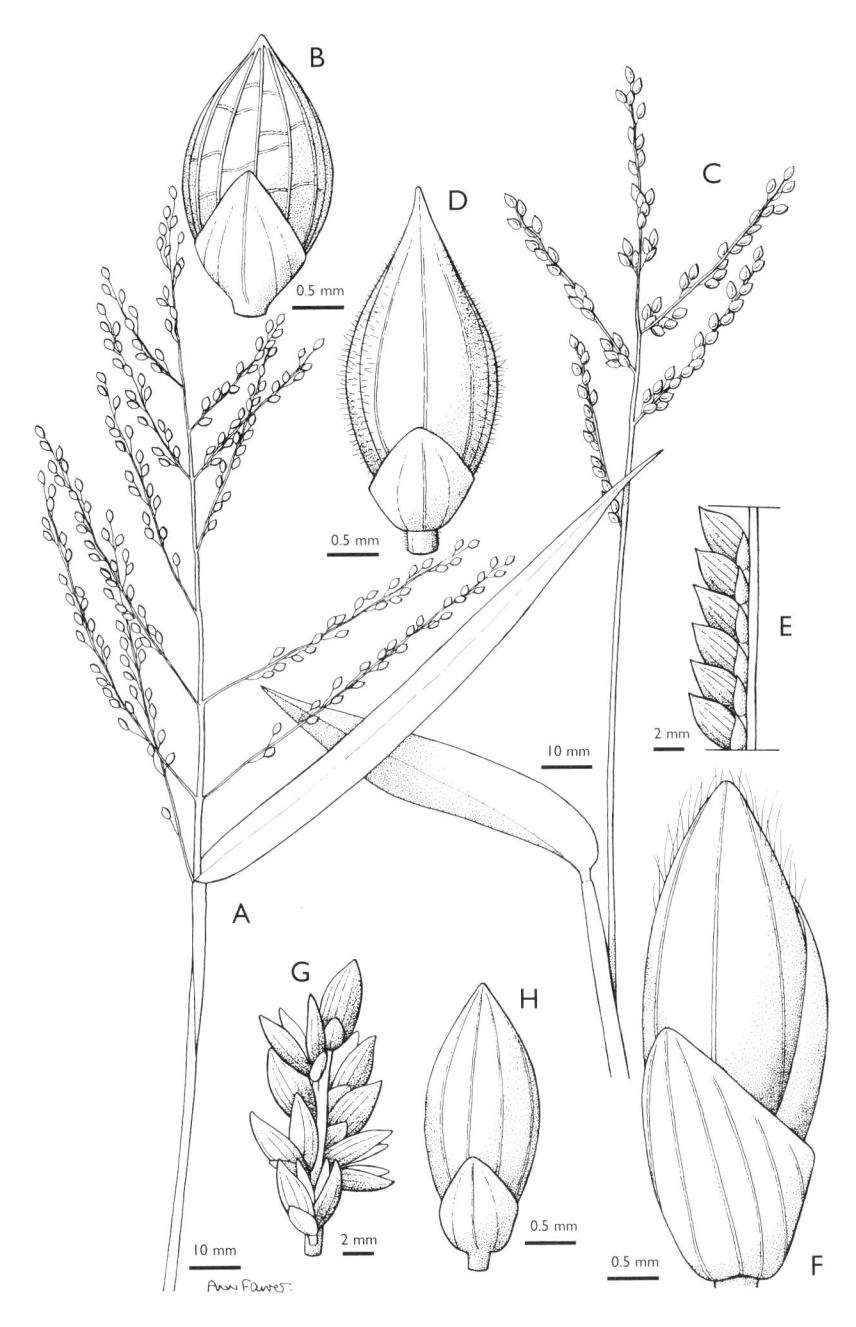

Fig. 94. **Brachiaria fasciculata**, **A** panícula basada en *Wood* 4566, **B** espiguilla basada en *Renvoize* 4685. **B. adspersa**, **C** panícula, **D** espiguilla basada en *Renvoize et Cope* 3928. **B. brizantha**, **E** porción de raquis, **F** espiguilla basada en *Krapovickas et Schinini* 36263. **B. mutica**, **G** porción de raquis, **H** espiguilla basada en *Beck* 2735.

435

Bolivia y norte de Argentina. Campos, y regiones boscosas, a la sombra; también maleza de cultivos; 400–2700 m.

Brachiaria molle Sw., que habita en las Indias Occidentales y Brasil desde Argentina se asemeja a esta especie por tener el raquis de los racimos piloso, pero la panoja es menor, de 6–13 cm de largo, densa y con ramas cortas.

8. B. mutica (*Forssk.*) *Stapf* in Prain, Fl. Trop. Afr. 9: 526 (1919). Tipo: Egipto, *Forsskål* (C, holótipo).
Panicum muticum Forssk., Fl. Aegypt.-Arab.: 20 (1775).
P. purpurascens Raddi, Agrostogr. Bras.: 47 (1823). Tipo: Brasil, *Raddi* (localidad incierta).
Brachiaria purpurascens (Raddi) Henrard, Blumea 3: 434 (1940).

Plantas perennes con culmos geniculados, de 25–200 cm de alto; nudos barbados. Láminas lineares, de 6–30 cm long. × 3–15 mm lat., planas, agudas o acuminadas. Inflorescencia piramidal, formada por 5–20 racimos de 2–10 cm de largo, raquis triquetro, ciliolado en los márgenes. Espiguillas elípticas, de 2,5–3,5 mm de largo, glabras, en pares o fascículos de 3 o más, sobre cortas ramas secundarias. Gluma inferior $1/4$–$1/3$ del largo de la espiguilla. Lemma superior finamente rugulosa. Fig. 94.

BENI: Marban, San Rafael, *Beck* 2735.
Cultivada como forrajera y naturalizada en diversos lugares, su localidad indígena es incierta.

9. B. brizantha (*A. Rich.*) *Stapf* in Prain, Fl. Trop. Afr. 9: 531 (1919); K145. Tipo: Etiopía, *Quartin Dillon* (P, síntipo), *Schimper* 89 (K, isosíntipo).
Panicum brizanthum A. Rich., Tent. Fl. Abyss. 2: 363 (1851).

Plantas perennes con culmos erectos o decumbentes, de 30–200 cm de alto. Láminas lineares o linear-lanceoladas, de 10–100 cm long. × 3–20 mm lat., planas, agudas. Inflorescencia formada por 1–16 racimos de 4–20 cm de largo, dispuestos sobre un eje de 3–20 cm, las espiguillas en una hilera solitaria sobre un eje triquetro. Espiguillas elípticas, de 4–6 mm de largo, glabras o pilosas, obtusas o agudas. Gluma inferior $1/3$–$1/2$ del largo de la espiguilla, separada por un internodio evidente de la gluma superior, cordiforme en la base, aguda u obtusa; gluma superior y lemma inferior similares, es tan largas como la espiguilla, cartilagínea; lemma superior estriada o granulosa, aguda. Fig. 94.

PANDO: Suárez, San Luis, *Gonzáles* 18.
SANTA CRUZ: Sandoval, San Matias, *Krapovickas et Schinini* 36263, Los Potreros, *Killeen* 1963. Chiquitos, 22 km N de San José, *Killeen* 1704.
Nativa de Africa, introducida en Sudamérica por forrajera.

10. B. decumbens *Stapf* in Prain, Fl. Trop. Afr. 9: 528 (1919); K146. Tipos: Uganda, *Dummer* 1070, y Tanzania, *Grant* 488 (K, síntipos).

Plantas perennes estoloníferas con culmos de 50–150 cm de alto. Láminas lanceoladas, de 5–20 cm long. × 7–15 mm lat. Inflorescencia formada por 2–7 racimos, de 1–5 cm de largo, sobre un eje de 1–8 cm. Espiguillas solitarias, en 2 hileras sobre un raquis plano de 1–1,7 mm lat., los márgenes ciliados. Espiguillas elípticas, de 4–5 mm de largo, pubescentes. Gluma inferior $^1/_3$–$^1/_2$ del largo de la espiguilla, cordada en la base, aguda u obtusa; gluma superior membranácea, separada de la inferior por un internodio corto. Lemma superior granulosa. Fig. 92.

SANTA CRUZ: Ichilo, Germán Busch hacia Villa Tunari, *Beck* 19676. Andrés Ibáñez, 28 km SW de Santa Cruz, *Nee et Saldias* 36437. Santa Cruz hasta Abapó, *Renvoize* 4549. Warnes, Viru Viru, *Killeen* 1230. Chávez, 25 km N de Concepción, *Killeen* 745. Velasco, San Ignacio, *Seidel et Beck* 491. Chiquitos, 22 km N de San José, *Killeen* 1705.

Nativa de Africa, introducida en Sudamérica por forrajera.

11. B. humidicola (*Rendle*) *Schweick.*, Kew Bull. 1936: 297 (1936). Tipo: Angola, *Welwitsch* 2678 (K, isótipo).
Panicum humidicolum Rendle in Hiern, Cat. Afr. Pl., 2: 169 (1899).

Plantas perennes estoloníferas, con culmos de 40–100 cm de alto. Láminas lineares o angostamente lanceoladas, de 4–20 cm long. × 3–10 mm lat. Inflorescencia formada por 2–3(–4) racimos de 2–7 cm de largo, dispuestos sobre un eje de 2–13 cm, espiguillas solitarias, raquis triquetro o angostamente alado. Espiguillas elípticas, de 4–6 mm de largo, pubescentes, raro glabras, agudas. Gluma inferior supera $^3/_4$ del largo de la espiguilla, 11-nervia, obtusa; gluma superior 5–9-nervia, con nervios transversales. Lemma inferior 5-nervia, con nervios transversales; lemma superior papilosa, obtusa o apiculada. Fig. 92.

LA PAZ: Sud Yungas, Palos Blancos, *Seidel* 2807.
Africa tropical, introducida en América como forrajera.

109. ERIOCHLOA Kunth
in Humboldt, Bonpland & Kunth, Nov. Gen. Sp. 1: 94 (1816); Renvoize, Kew Bull. 50(2): 343–347 (1995).

Perennes o anuales. Hojas caulinares o basales; láminas planas lineares o lanceoladas. Inflorescencia formada de 1–numerosos racimos espiciformes, raro en panícula con ramas secundarias cortas. Espiguillas solitarias, apareadas o agrupadas, lanceoladas o elípticas, acuminadas o aristuladas, 2-floras; antecio inferior estéril o estaminado, el superior perfecto; raquilla articulada por debajo de las glumas.

Glumas 2, la inferior representada por una escama o reducida y fusionada al primer nudo de la raquilla formando una cúpula o disco; la superior lanceolada, de la longitud de la espiguilla, herbácea. Lemma inferior 5-nervia, semejante a la gluma superior. Antecio superior crustáceo o cartáceo, finamente rugoso o granuloso, glabro o pubérulo, mútico, mucronado o aristulado.

30 especies; regiones tropicales de ambos hemisferios.

1. Lemma superior aristulada; racimos 7–30 ················ **1. E. punctata**
1. Lemma superior mútica; racimos (1–)2–9:
   2. Plantas anuales; racimos 4–6; espiguillas de 4 mm de largo
     ·· **2. E. boliviensis**
   2. Plantas perennes:
      3. Inflorescencia de (1–)2(–4) racimos; espiguillas de 3,5–5,5 mm de largo
        ··· **3. E. distachya**
      3. Inflorescencia de 3–9 racimos; espiguillas de 5–6,5 mm de largo
        ··· **4. E. grandiflora**

1. E. punctata (*L.*) *Desv.* in Hamilton, Prodr. Pl. Ind. Occid: 5 (1825); H429; F298; K156. Tipo: Jamaica, *Browne* (LINN, lectótipo).
Milium punctatum L., Syst. Nat. ed. 10: 872 (1759).
Helopus punctatus (L.) Nees, Agrostologia Brasiliensis in Martius, Fl. Bras. 2(1): 16 (1829).

Plantas anuales o perennes con culmos erectos de 50–150 cm de alto. Láminas lineares, de 20–40 cm long. × 5–12(–15) mm lat., glabras o sub-glabras, planas, acuminadas. Inflorescencia oblonga, de (5–)10–25 cm de largo, compuesta por numerosos racimos de 1–7 cm de largo. Espiguillas lanceoladas, solitarias, de 4–6 mm de largo, pilosas, acuminadas. Gluma inferior reducida a una escama sobre el disco basal; gluma superior de la longitud de la espiguilla, herbácea, aguda o acuminada. Antecio inferior estéril; superior crustáceo, con una arístula apical de 1 mm de largo. Fig. 95.

BENI: Ballivián, Espíritu, *Beck* 5192. Cercado, Trinidad, *Krapovickas et Schinini* 34697. Marban, San Pablo, *Beck* 12207.
SANTA CRUZ: Ichilo, Buena Vista, *Renvoize et Cope* 3978A. Andrés Ibáñez, 12 km E de Santa Cruz, *Nee* 34309. Cordillera, Abapó, *Renvoize et Cope* 3926.
LA PAZ: Nor Yungas, Chuspipata hacia Yolosa, *Beck* 13909. Sud Yungas, Río Quiquibey, *Beck* 8148. Inquisivi, Cajuata, *Beck* 17271.
Zonas tropicales del Nuevo Mundo. Sitios ruderales húmedos; 0–1700 m.

2. E. boliviensis *Renvoize*, Kew Bull. 50(2): 343 (1995). Tipo: Bolivia, *Renvoize* 4606 (LPB, holótipo).

Plantas anuales amacolladas, con culmos cilíndricos de 80–140 cm de alto. Láminas lineares, de 10–55 cm long. × 4–10 mm lat., planas, glabras, acuminadas.

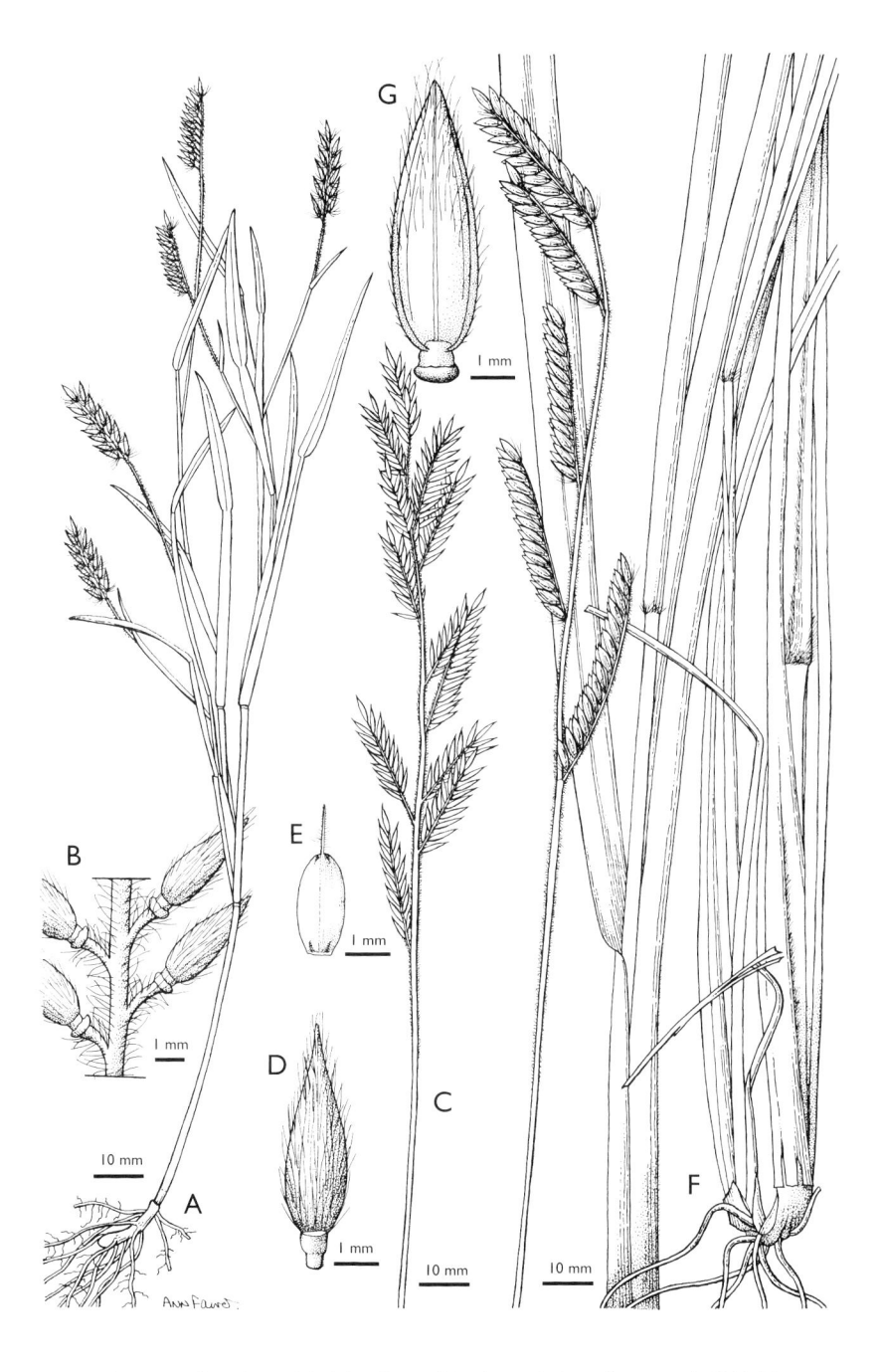

Fig. 95. **Eriochloa distachya**, **A** habito, **B** porción de raquis basada en *Beck* 6961. **E. punctata**, **C** panícula, **D** espiguilla, **E** lemma basada en *Beck* 5737A. **E. grandiflora**, **F** habito, **G** espiguilla basada en *Seidel et Beck* 403.

Inflorescencia formada por 3–6 racimos pilosos de 1,5–3 cm de largo. Espiguillas solitarias, elípticas, de 4–5 mm de largo, pilosas, aristuladas. Gluma inferior reducida a una línea membranácea sobre el disco basal; la superior igual a la espiguilla, herbácea, aristulada. Antecio inferior estéril; antecio superior crustáceo, granuloso, mútico, pubescente en el ápice. Fig. 96.

BENI: Yacuma, 50 km E de San Borja, *Renvoize* 4606.
Brasil (Mato Grosso) y Bolivia. Campos húmedos; 250 m.

E. boliviensis difiere de *E. grandiflora* y *E. distachya* en su hábito anual, culmos erectos y antecio inferior estéril.

3. E. distachya Kunth in Humboldt, Bonpland et Kunth, Nov. Gen. Sp. 1: 95, pl. 30 (1816); H428; F297; K156. Tipo: Venezuela, *Humboldt et Bonpland* (K, microficha).
Paspalum tridentatum Trin., Gram. Panic.: 119 (1826). Tipo: Amer. aequin. herb. Lindley (LE, holótipo).
Helopus brachystachyus Trin., Sp. Gram.: t. 277 (1836). Tipo: Venezuela.
Eriochloa tridentata (Trin.) Kuhlm., Comiss. Linhas Telegr. Estratég. Matto Grosso Amazonas, (Publ. 67), Annexo 5, Bot. 11: 89 (1922).

Plantas perennes cespitosas con culmos cilíndricos erectos o geniculados, de 30–100 cm de alto, ramosos. Láminas lineares, de 5–16 cm long. × 2–5 mm lat., planas, pilosas o subglabras, acuminadas. Inflorescencia formada por (1–)2(–4) racimos unilaterales patentes, de 1–3 cm de largo. Espiguillas solitarias, elípticas, de 3,5–5,5 mm de largo, pilosas, acuminadas o aristuladas. Gluma inferior reducida a una escama sobre el disco basal; la superior iguala a la espiguilla, herbácea, aristulada. Antecio inferior estéril; antecio superior crustáceo, mútico, pubérulo en el ápice. Fig. 95.

BENI: Ballivián, San Borja, *Beck* 6961; Reyes, *White* 1521. Yacuma, Porvenir, *Moraes* 779.
SANTA CRUZ: Chávez, 20 km SW de San Javier, *Killeen* 1999; 26 km SE de San Ignacio, *Bruderreck* 285.
LA PAZ: Iturralde, Ixiamas, *Beck* 18348.
Costa Rica hasta Bolivia y Paraguay. Campos secos o húmedos; 240–1300 m.

4. E. grandiflora (*Trin.*) Benth., J. Linn. Soc., Bot. 19: 39 (1881); K156. Tipo: Brasil (LE, holótipo).
Helopus grandiflorus Trin., Sp. Gram.: t. 278 (1831).
Paspalum ctenostachyum Trin., Mém. Acad. Imp. Sci. Saint-Pétersbourg, Sér. 6, Sci. Math., Seconde Pt. Sci. Nat. 3(2): 133 (1834) nom. superfl.

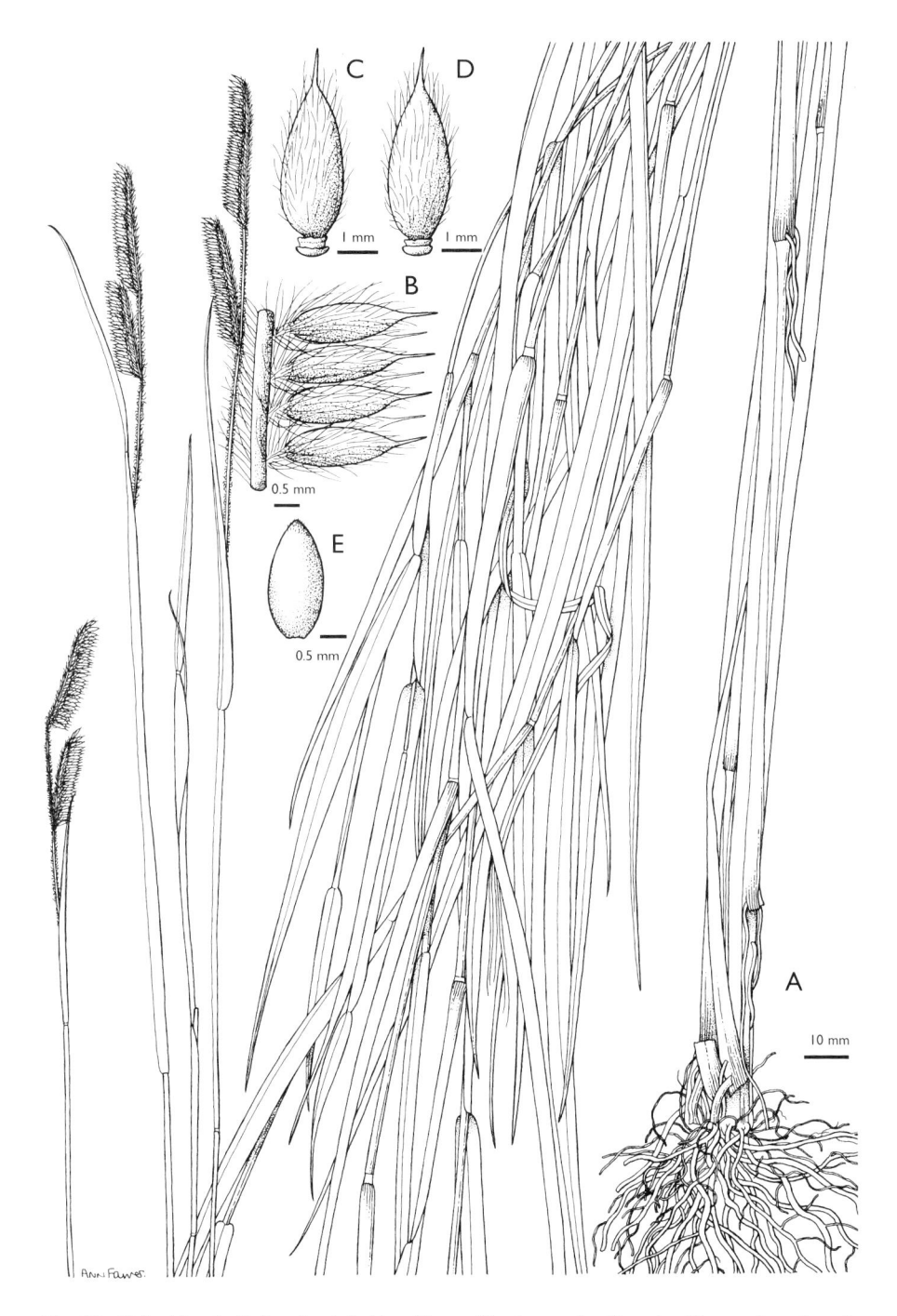

Fig. 96. **Eriochloa boliviensis**, **A** habito, **B** porción de raquis, **C** espiguilla en visto dorsal, **D** espiguilla en visto ventral, **E** antecio basada en *Renvoize* 4606.

109. Eriochloa

Plantas perennes cespitosas; culmos erectos de (50–)100–150 cm de alto. Láminas lineares, de 15–45 cm long. × 5–15 mm lat., planas, pilosas, atenuadas. Inflorescencia formada por 3–9 racimos unilaterales, de 2,5–6 cm de largo. Espiguillas en pares, aovado-lanceoladas, de 5–6,5 mm de largo, pilosas, acuminadas. Gluma inferior reducida a una escama sobre el disco basal; la superior iguala a la espiguilla, herbácea. Antecio inferior estaminado; antecio superior crustáceo, mútico, pubérulo en el ápice. Fig. 95.

SANTA CRUZ: Chávez, 10 km S de Concepción, *Killeen* 1955. Velasco, San Ignacio, *Seidel et Beck* 403.
Brasil, Paraguay y Bolivia. Campos; 400–500 m.

110. ANTHAENANTIOPSIS Pilg.
Notizbl. Bot. Gart. Berlin-Dahlem 11: 237 (1931); Morrone, Filgueiras, Zuloaga & Dubcovsky, Syst. Bot. 18(3): 434–453 (1993).

Plantas perennes cespitosas. Hojas principalmente basales; láminas lineares o filiformes. Inflorescencia una panícula contraída, espiciforme o laxa, exerta, las espiguillas aglomeradas. Espiguillas elípticas, 2-floras, papiloso-pilosas con pelos tuberculados. Gluma inferior pequeña, enervia o 1–3-nervia, la superior igual a la espiguilla o menor, 5–7(–9)-nervia. Antecio inferior estaminado, la lemma semejante de la gluma superior. Antecio superior perfecto, ovoideo o elíptico, crustáceo, pálido.
4 especies en Brasil, Bolivia, Paraguay y Argentina.

Nudos glabros; vainas glabras en la base; inflorescencia de (9–)15–27 cm long. × 5–10 mm lat. ································· **1. A. fiebrigii**
Nudos y vainas pilosas; inflorescencia de 3,5–18 cm long. × 10–40 mm lat.
································· **2. A. perforata**

1. A. fiebrigii *Parodi*, Notas Mus. La Plata, Bot. 8(40): 90 (1943). Tipo: Bolivia, *Fiebrig* 2381 (B, lectótipo, designado por Parodi).

Culmos de (65–)80–150 cm de alto, nudos glabros. Hojas con vainas glabras en la base, pilosas hacia distal; láminas linear-lanceoladas, de 9–45 cm long. × 5–10 mm lat., atenuada a la base, planas, pilosas o glabras, agudas. Panícula espigada, de (9–)15–27 cm de largo, de 5–10 mm de ancho, el eje piloso, las ramas de 1–6,5 cm de largo, pilosas, adpresas, la basal remota, llevando espiguillas apareadas o en tríades, densas, sobre pedicelos cortos. Espiguillas elípticas, de 3–3,5 mm de largo. Gluma inferior ovada, de 0,3–1 mm de largo, enervia; gluma superior ovada, de 2,6–2,8 mm de largo, 5–7-nervia, obtusa o aguda. Lemma inferior ovada, de 2,8–3,3 mm de largo, 5–7-nervia. Antecio superior liso, lustroso, pubescente en el ápice.

SANTA CRUZ: Florida, Samaipata, *Wood* 8629.
CHUQUISACA: Hernando Siles, Alto de Yangilu, *Troll* 528.

TARIJA: Avilés, Tucumilla, *Fiebrig* 2782. Arce, Toldos, *Fiebrig* 2381.
Brasil, Bolivia, Paraguay et Argentina.

2. **A. perforata** (*Nees*) *Parodi*, Notas Mus. La Plata, Bot. 8(40): 91 (1943). Tipo: Brasil, *Sellow* 1231 (B, holótipo n.v.).
A. perforata var. *camporum* Morrone, Filg., Zuloaga & Dubcovsky, Syst. Bot. 18(3): 445 (1993). Tipo: Brasil, *Irwin et Soderstrom* 6729 (US, holótipo).
A. trachystachya sensu Killeen, Ann. Missouri Bot. Gard. 77: 139 (1990) non (Nees) Mez (1921).

Culmos de 17–115 cm de alto; nudos pilosos. Hojas con vainas pilosas; láminas linear-lanceoladas, de 4–30(–70) cm long. × 3–10 mm lat., atenuadas en la base, planas, pilosas, agudas. Panícula espiciforme o contraída, de 3,5–18 cm de largo, 10–40 mm de ancho, el eje piloso, las ramas de 1–2,5 cm de largo, adpresas o divergentes, llevando espiguillas solitarias o apareadas. Espiguillas elípticas, de 2,7–3,6 mm de largo. Gluma inferior reducida a una escama triangular de 0,3–1,2 mm de largo, 0–1-nervia; gluma superior ovada, de 2,7–3,3 mm de largo, 5–7(–9)-nervia. Lemma inferior de 2,7–3 mm de largo, 5–7(–9)-nervia. Antecio superior piloso en el ápice.

SANTA CRUZ: Chiquitos, Santiago, *Cutler* 7094; *Killeen* 2780.
Brasil, Bolivia y Paraguay. Campos; 700 m.

111. PASPALUM L.
Syst. Nat. ed. 10: 855 (1759); Chase, The North American species of *Paspalum*, Contr. U.S. Natl. Herb. 28(1): 1–310 (1929).

Plantas perennes o anuales, cespitosas, estoloníferas o rizomatosas. Láminas lanceoladas, lineares o filiformes, planas o conduplicadas. Inflorescencia formada por 1-numerosos racimos espiciformes unilaterales; raquis subtrígono o plano y estrecho hasta anchamente alado. Espiguillas sobre pedicelos cortos, solitarias o apareadas, alternas, formando 2–4 hileras sobre el raquis. Espiguillas comprimidas dorsiventralmente, plano-convexas o biconvexas, orbiculares hasta oblongas. Gluma inferior ausente o raro menuda, la superior casi tan larga como el antecio superior, excepcionalmente ausente. Antecio inferior estéril, lemma de la longitud de la espiguilla, membranácea, pálea ausente o poco desarrollada. Antecio superior perfecto, lemma coriácea o crustácea, excepcionalmente membranácea, con los bordes incurvos encerrando la pálea que es plana y de igual consistencia que la lemma.
330 especies, principalmente nativas de América.

1. Gluma superior ausente:
   2. Plantas anuales ······························· **21. P. candidum**
   2. Plantas perennes:

3. Espiguillas naviculares, costilladas:
    4. Plantas estoloníferas · 7. P. procurrens
    4. Plantas rizomatosas o amacolladas:
        5. Láminas de 5–20 mm de ancho; plantas rizomatosas
            · 8. P. malacophyllum
        5. Láminas de 2–6 mm de ancho; plantas amacolladas
            · 9. P. simplex
3. Espiguillas orbicular-oblongas u obovado-oblongas:
    6. Espiguillas apareadas · · · · · · · · · · · · · · · · · · 10. P. gardnerianum
    6. Espiguillas solitarias · 11. P. nudatum
1. Gluma superior presente:
    7. Racimos (1–)2, conjugados; espiguillas solitarias:
        8. Plantas anuales; espiguillas verrucosas · · · · · · · · · · · · 42. P. multicaule
        8. Plantas perennes:
            9. Espiguillas maculadas · 44. P. maculosum
            9. Espiguillas no maculadas:
                10. Gluma superior y lemma inferior aladas; espiguillas aplanadas dorsiventralmente:
                    11. Alas de la gluma superior y lemma inferior enervias
                        · 1. P. pectinatum
                    11. Alas de la gluma superior y lemma inferior reticulado-nervadas
                        · 2. P. reticulinerve
                10. Gluma superior y lemma inferior no aladas:
                    12. Espiguillas glabras:
                        13. Plantas acuáticas; espiguillas lanceoladas · · 50. P. pallens
                        13. Plantas terrestres; espiguillas ovadas, elípticas o lanceoladas:
                            14. Plantas cespitosas; espiguillas lanceoladas
                                · 43. P. lineare
                            14. Plantas rizomatosas o estoloníferas:
                                15. Espiguillas elípticas; plantas estoloníferas
                                    · 67. P. vaginatum
                                15. Espiguillas ovadas, ovado-elípticas u ovado-orbiculares; plantas rizomatosas:
                                    16. Espiguillas de 1,5–2,5 mm:
                                        17. Espiguillas de 2–2,5 mm · · · · · 48. P. minus
                                        17. Espiguillas de 1,5–2,2 mm
                                            · 47. P. pumilum
                                    16. Espiguillas de 2,5–4 mm · · · · · 45. P. notatum
                    12. Espiguillas pilosas, pubérulas o ciliadas:
                        18. Espiguillas orbiculadas; gluma superior ciliada
                            · 46. P. conjugatum
                        18. Espiguillas ovadas o elípticas:
                            19. Espiguillas elípticas; gluma superior pubérula o pubescente. · 68. P. distichum
                            19. Espiguillas ovadas u ovado-elípticas, pilosas:
                                20. Raquis de 1–2 mm de ancho · · · 4. P. malmeanum

                    20. Raquis de 5–10 mm de ancho ····· **3. P. stellatum**
7. Racimos 1–numerosos; espiguillas solitarias o apareadas:
    21. Racimos solitarios:
        22. Plantas anuales:
            23. Espiguillas glabras o subglabras; gluma inferior desarollada
                ·································· **15. P. decumbens**
            23. Espiguillas con pelos capitados ············ **18. P. clavuliferum**
        22. Plantas perennes:
            24. Espiguillas pilosas:
                25. Raquis de 5–10 mm de ancho ············· **3. P. stellatum**
                25. Raquis de 0,5–3 mm de ancho:
                    26. Espiguillas de 3,5–5,5 mm ··········· **6. P. carinatum**
                    26. Espiguillas de 1,5–2 mm ··········· **16. P. ekmanianum**
            24. Espiguillas glabras; gluma inferior desarollada o pequeña
                ·································· **14. P. pilosum**
    21. Racimos (1–)2–numerosos:
        27. Raquis foliáceo, prolongado en el ápice:
            28. Plantas anuales:
                29. Culmos de 2–12 cm de alto ············ **20. P. pygmeaum**
                29. Culmos de 15–150 cm de alto:
                    30. Culmos delgados, apoyantes o erectos; espiguillas de 1,5–2,2 mm; raquis de 1–2 mm de ancho
                        ······················· **22. P. penicillatum**
                    30. Culmos erectos, no delgados; plantas amacolladas; espiguillas de 2–2,5 mm; raquis de 2–2,5 mm de ancho
                        ······················· **23. P. prostratum**
            28. Plantas perennes, acuáticas ··················· **26. P. repens**
        27. Raquis alado o no, terminado en una espiguilla apical:
            31. Raquis de 7–10 mm de ancho ················ **5. P. ceresia**
            31. Raquis de 0,5–3,5 mm de ancho:
                32. Espiguillas fuertemente plano-convexas; márgenes de la lemma inferior plegados o no; antecio perfecto oscuro:
                    33. Espiguillas solitarias ············ **28. P. scrobiculatum**
                    33. Espiguillas apareadas:
                        34. Gluma superior y lemma inferior reticulado-nervas
                            ························ **30. P. geminiflorum**
                        34. Gluma superior y lemma inferior no reticulado-nervadas:
                            35. Espiguillas de 3–3,8 mm:
                                36. Márgenes de la lemma inferior plegados
                                    ···················· **32. P. guenoarum**
                                36. Lemma inferior no plegada:
                                    37. Espiguillas de 3–3,5 mm ··· **34. P. macedoi**
                                    37. Espiguillas de 3,6–3,8 mm
                                        ···················· **35. P. kempffii**
                            35. Espiguillas de 1,5–3 mm:

38. Plantas anuales ······ **27. P. melanospermum**
38. Plantas perennes:
   39. Racimos 10–16 ·········· **31. P. atratum**
   39. Racimos 2–10:
      40. Plantas subacuáticas; raquis de 1,5–2 mm de ancho ············ **33. P. wrightii**
      40. Plantas terrestres; raquis de 0,7–1 mm de ancho:
         41. Lemma inferior no plegada en los márgenes ········· **36. P. collinum**
         41. Lemma inferior con los márgenes plegados ········ **29. P. plicatulum**
32. Espiguillas levemente plano-convexas o comprimidas dorsiventralmente; márgenes de la lemma inferior no plegados; antecio perfecto pajizo o marrón claro:
   42. Espiguillas solitarias:
      43. Plantas anuales; espiguillas de 0,5–1 mm:
         44. Láminas lineares; racimos 1–3:
            45. Espiguillas glabras ······· **17. P. parviflorum**
            45. Espiguillas con pelos capitados
               ···················· **18. P. clavuliferum**
         44. Láminas lanceoladas; racimos 2–10
            ···················· **19. P. orbiculatum**
      43. Plantas perennes:
         46. Espiguillas de 1–1,5 mm ······· **58. P. hyalinum**
         46. Espiguillas de 2–4 mm:
            47. Racimos numerosos, de 15–25 cm long., dispuestos en una panícula ovada, pilosa
               ··················· **66. P. saccharoides**
            47. Racimos 1–9, de 3–12 cm long.:
               48. Láminas lineares:
                  49. Plantas cespitosas; raquis de 0,5 mm de ancho; espiguillas pilosas
                     ················ **49. P. ammodes**
                  49. Plantas acuáticas, no cespitosas; raquis de 1–3,5 mm lat.; espiguillas glabras:
                     50. Lemma y pálea superior mas cortas de la gluma superior y lemma inferior ··
                       ················ **24. P. lacustre**
                     50. Lemma y pálea superior igual a la gluma superior y lemma inferior
                       ············ **25. P. morichalense**
               48. Láminas lanceoladas; raquis de 1–1,5 mm de ancho:
                  51. Espiguillas de 1,2–1,5 mm de ancho
                    ············ **51. P. humboldtianum**

51. Espiguillas de 0,8–1 mm de ancho
    .... **52. P. buchtienii**
42. Espiguillas apareadas:
  52. Espiguillas pubescentes o pilosas:
    53. Gluma superior ciliada en los márgenes:
      54. Hojas caulinares:
        55. Raquis piloso ········ **57. P. polyphyllum**
        55. Raquis glabro ····· **51. P. humboldtianum**
      54. Hojas basales; raquis glabras
        .... **56. P. dilatatum**
    53. Gluma superior completamente pubescente o pilosa:
      56. Espiguillas pilosas:
        57. Láminas lanceoladas:
          58. Espiguillas de 1,2–1,5 mm de ancho
            .... **51. P. humboldtianum**
          58. Espiguillas de 0,8–1 mm de ancho
            .... **52. P. buchtienii**
        57. Láminas lineares:
          59. Espiguillas densamente pilosas:
            60. Espiguillas de 2–3 mm, ovadas o eliptico-oblongas:
              61. Inflorescencia de (4–)6–25 racimos
                .... **53. P. urvillei**
              61. Inflorescencia de 1–2 racimos
                .... **54. P. verrucosum**
            60. Espiguillas de 3,5–5 mm, lanceoladas
              .... **55. P. erianthum**
          59. Espiguillas esparcidamente pilosas
            .... **38. P. conspersum**
      56. Espiguillas pubescentias:
        62. Espiguillas orbiculares, de 1–1,5 mm:
          63. Plantas amacolladas
            .... **62. P. paniculatum**
          63. Plantas rizomatosas
            .... **63. P. juergensii**
        62. Espiguillas elípticas u obovadas, de 1,5–3 mm:
          64. Espiguillas elípticas, de 1,5–2 mm
            .... **12. P. inaequivalve**
          64. Espiguillas de 2–3 mm:
            65. Plantas rizomatosas
              .... **61. P. remotum**
            65. Plantas cespitosas:
              66. Plantas de 100–250 cm de alto:
                67. Espiguillas anchamente ovadas
                  .... **39. P. virgatum**

111. Paspalum

                        67. Espiguillas ovado-elípticas
                              ········ **38. P. conspersum**
                      66. Plantas de 20–45 cm de alto
                            ············ **64. P. lepidum**
        52. Espiguillas glabras, subglabras o escabrosas:
            68. Plantas anuales ················ **13. P. pictum**
            68. Plantas perennes:
                69. Plantas cespitosas o amacolladas; espiguillas de 2–3 mm:
                    70. Espiguillas orbiculares:
                        71. Racimos densos, con espiguillas imbricadas
                              ··················· **40. P. densum**
                        71. Racimos laxos ······ **41. P. millegrana**
                    70. Espiguillas elípticas u oblongas:
                      72. Racimos numerosos, densos
                            ··············· **37. P. intermedium**
                    72. Racimos 2–10(–35), laxos:
                        73. Racimos de 2–7 cm:
                            74. Raquis de 0,2–0,8 mm de ancho
                            ············ **65. P. inconstans**
                          74. Raquis de 1–2 mm de ancho
                            ············ **59. P. lividum**
                      73. Racimos de 10–14(–19) cm
                          ············· **38. P. conspersum**
                69. Plantas estoloníferas o rizomatosas; espiguillas de 1,5–2 mm:
                    75. Plantas estoloníferas ··· **12. P. inaequivalve**
                    75. Plantas rizomatosas ···· **60. P. humigenum**

1. P. pectinatum Nees ex Trin., Sp. Gram. 1: 117 (1828); K177. Tipo: Brasil, *Sellow* (K, isótipo).

Plantas perennes cespitosas, con culmos erectos de 25–100 cm de alto. Vainas basales papiráceas, castañas, lustrosas. Láminas lineares de 10–30 cm long. × 1,5–7 mm lat., planas, densamente pubescentes y pilosas, agudas o atenuadas. Inflorescencia formada por 2(–3) racimos conjugados de 3–8 cm de largo; espiguillas solitarias, imbricadas, dispuestas en dos hileras; raquis triangular de 0,5 mm de ancho, alado; herbáceas de 0,5–1 mm de ancho, glabras o cilioladas; ápice del racimo atenuado, con espiguillas vestigiales. Espiguillas lanceoladas, comprimidas dorsi-ventralmente, de 5–7 mm de largo. Gluma superior 5-nervia, glabra, alada, cordada. Lemma inferior pilosa y pectinado-ciliadas con pelos tuberculados rígidos marginales, 3-nervia, obtusa. Antecio superior lanceolado, de 4–5 cm de largo más corto que la espiguilla, pálido, liso, principalmente glabro, pubescente en el ápice. Fig. 98.

BENI: Vaca Diez, Riberalta hacia Santa Rosa, *Beck* 20552; 20557. Yacuma, Puerto Teresa hacia Riberalta, *Beck et de Michel* 20851.

LA PAZ: Iturralde, Luisita, *Haase* 630.
México hasta Brasil y Bolivia. Sabanas y campos; 100–1250 m.

P. cordatum Hack., nativa de Brasil, es similar a esta especie, pero tiene inflorescencias con 5–10 racimos.

2. P. reticulinerve Renvoize, Kew Bull. 50(2): 339 (1995). Tipo: Bolivia, *Solomon* 17003 (LPB, holótipo).

Plantas perennes villosas, cespitosas, con culmos erectos de 120 cm de alto. Láminas lineares, de 20–30 cm long. × 3–5 mm lat., atenuadas en la base, planas, densamente pubescentes, finamente agudas. Racimos 2(–3), digitados, de 9 cm de largo, raquis 1 mm lat., ciliado. Espiguillas solitarias, alternadas en dos hileras, densamente imbricadas, anchamente lanceoladas, comprimidas dorsi-ventralmente, de 4,5–5 mm de largo. Gluma superior más larga que el antecio superior, 5-nervia, foliácea, alada, las alas reticulinervias, cordiformes, márgenes ciliolados en el ápice, aguda. Lemma inferior coriácea, papilosa, 3,5 mm de largo, 3-nervia, longitudinalmente surcada y con pellizcos en el medio inferior del dorso, foliácea, alada, las alas reticulinervias, márgenes ciliolados en el ápice. Antecio superior elíptico, de 3 mm de largo, principalmente glabro, ciliolado en los márgenes. Fig. 97.

LA PAZ: Iturralde, Siete Cielos, *Solomon* 17003.
Bolivia. Sabanas; 180 m.

Muy afin a *P. aspidiotes* Trin. el que difiere por tener láminas foliares glabras y cordiformes en el base, raquis escabroso y antecio liso.

3. P. stellatum *Humb. & Bonpl. ex Flüggé*, Gram. Monogr., *Paspalum*: 62 (1810); H442; F309; K177. Tipo: Colombia, *Humboldt et Bonpland* (P, holótipo n.v.).

Plantas perennes glabras o pilosas, amacolladas o cespitosas; culmos erectos de 30–100 cm de alto. Hojas basales y caulinares; láminas lineares, de 10–30 cm long. × 1–4 mm lat., planas o involutas, acuminadas. Inflorescencia formada por 1–2 racimos conjugados de 3,5–15 cm de largo; espiguillas imbricadas, solitarias, dispuestas en dos hileras sobre un raquis dilatado, membranáceo-alado, purpúreo o bronceado, de 5–10 mm de ancho incluidas las alas, folioso en el ápice. Pedicelos de 1 mm de largo, pilosos, pelos dispuestos en forma de corona. Espiguillas anchamente ovadas, pálidas, de 2,5–3 mm de largo, comprimidas; callo barbado. Gluma superior y lemma inferior con pelos plateados marginales variables, largos o cortos. Antecio superior obovado de 1,5 mm de largo, coriáceo, pálido, estriado o liso. Fig. 98.

SANTA CRUZ: Ichilo, Buena Vista, *Steinbach* 7103. N de Ayacucho, *Brooke* 131. Chiquitos, *Killeen* 2477; Chávez, 10 km N de Concepcion, *Killeen* 2487. Velasco, San Bartolo hacia San Ignacio, *Fisel* 53.

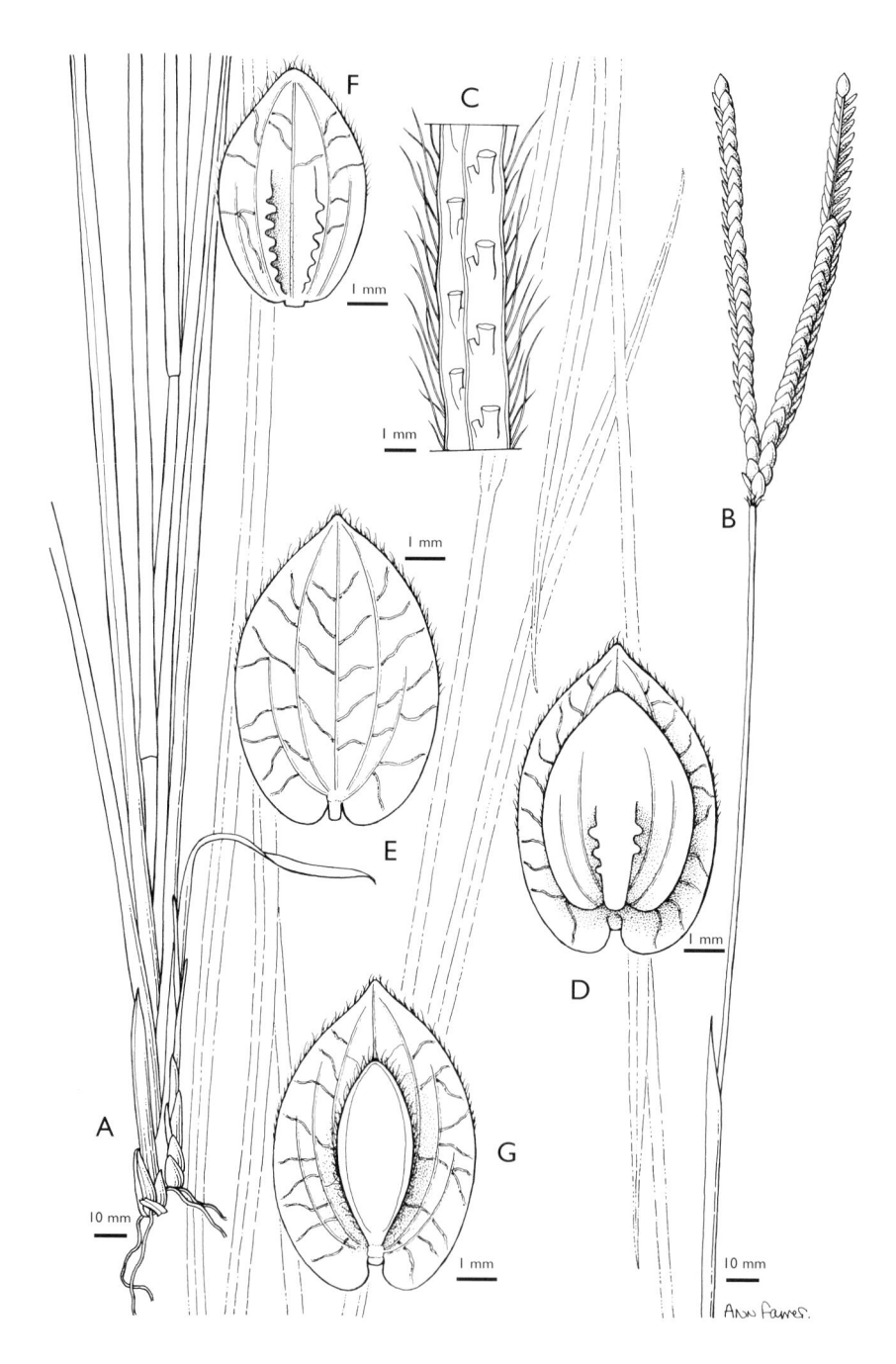

Fig. 97. **Paspalum reticulinerve**, **A** habito, **B** racimos, **C** porción de raquis, **D** espiguilla en visto ventral, **E** gluma superior, **F** lemma inferior, **G** gluma superior y antecio fertil basada en *Solomon* 17003.

LA PAZ: Iturralde, Ixiamas, *Beck* 18420.
México e islas del Caribe hasta Argentina. Campos y sabanas; 180–1250 m.

P. malmeanum, P. ceresia y *P. stellatum* son las unicas especies bolivianas que pertenecen al subgénero *Ceresia* (Pers.) Rchb., cuyos representantes se caracterizan por poseer espiguillas cubiertas de pelos sedosos dispuestas sobre un raquis aplanado y a menudo alado. La siguiente clave permite reconocer a los especies sudamericanas de mencionado sugénero.

1. Racemos distribuidos a lo largo del eje común:
    2. Alas del raquis angostas de 1–1,5 mm de ancho, bronceadas .... *P. heterotrichon*
    2. Alas del raquis de 2–4,5 mm, bronceadas o verdosas:
        3. Raquis bronceado y purpúreo, alas de 3–4 mm de ancho ..... *P. ceresia*
        3. Raquis verdoso, las alas 2–3 mm de ancho .... *P. trachycoleon*
1. Racimos solitarios o conjugados, raro digitados:
    4. Racimos solitarios, excepcionalmente 2:
        5. Hojas basales con láminas filiformes; raquis no alado ..... *P. carinatum*
        5. Hojas basales y caulinares con láminas filiformes o lineares; raquis alado .... *P. stellatum*
    4. Racimos 2(–3):
        6. Espiguillas de 2 mm long .... *P. malmeanum*
        6. Espiguillas de 2,5–3 mm long .... *P. splendens*

4. P. malmeanum *Ekman*, Ark. Bot. 10(17): 12 (1911); K176. Tipo: Brasil, *Malme* s.n. (S, holótipo n.v.).

Plantas perennes cespitosas con culmos erectos de 60–80 cm de alto. Láminas lineares de 15–45 cm long. × 1–3 mm lat., convolutas, pilosas, acuminadas. Inflorescencia formada por 2 racimos conjugados de 7–12 cm de largo. Espiguillas ovado-elípticas de 2 mm de largo, solitarias, dispuestas en 2 hileras sobre un raquis de 1–2 mm de ancho. Gluma superior 5-nervia, plateado-pilosa, con pelos tuberculados patentes en todo la superficie o el ápice glabro. Lemma inferior semejante pero con pelos más cortos. Antecio superior obovado, más corto que gluma y lemma, liso, lustroso.

SANTA CRUZ: Chávez, 5 km S de Concepción, *Killeen* 2478.
Bolivia y Brasil central. Cerrado; 1000 m.

5. P. ceresia (*Kuntze*) *Chase*, Contr. U.S. Natl. Herb. 24: 153 (1925); H441; F309. Tipo: Perú.
Panicum ceresia Kuntze, Revis. Gen. Pl. 3(2): 360 (1898).

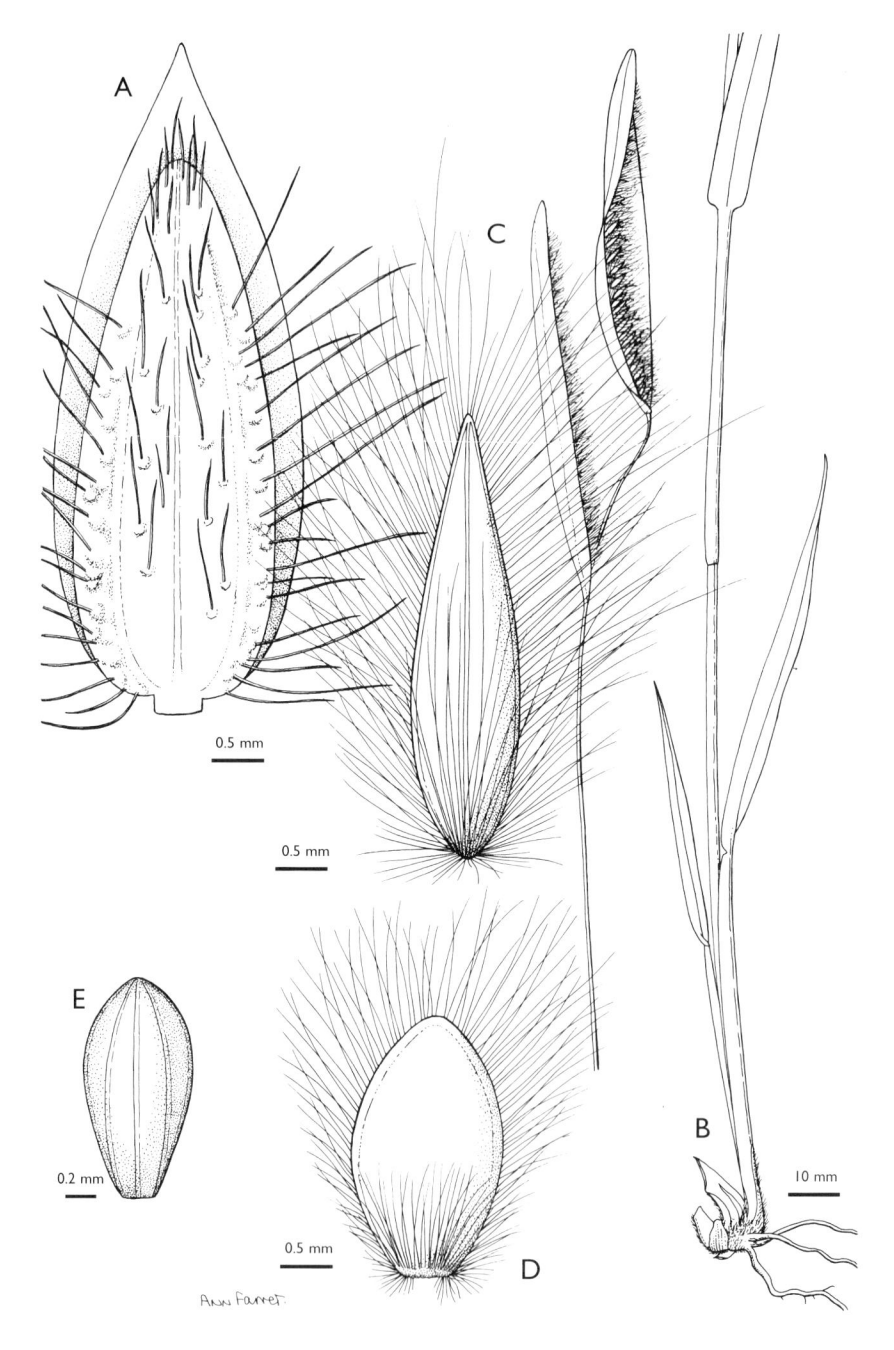

Fig. 98. **Paspalum pectinatum**, A espiguilla basada en *Haase* 630. **P. ceresia**, **B** habito, **C** espiguilla basada en *Solomon et Nee* 18024. **P. stellatum**, **D** espiguilla basada en *Haase* 472. **P. malacophyllum**, **E** espiguilla basada en *Renvoize et Cope* 4039.

Plantas perennes rizomatosas con culmos de 50–80 cm de alto, pubescentes la base. Hojas principalmente caulinares; láminas lineares o angostamente lanceoladas de (5–)10–20 cm long. × 5–10 mm lat., caudadas, planas, glaucas, acuminadas. Inflorescencia formada por 1–8 racimos de 3,5–9 cm de largo, dispuestos sobre un eje de 2–8 cm; raquis de 7–10 mm de ancho, incluidas las alas membranáceas y bronceadas. Espiguillas alternas, solitarias, densamente imbricadas, dispuestas en dos hileras, elíptico-ovadas, de 2,5–4 mm de largo, densamente pilosas con pelos largos patentes y plateados. Gluma superior membranácea, 2-nervia, los márgenes pilosos. Lemma inferior y gluma superior iguales en longitud. Antecio superior lanceolado, membranáceo, de 2,5–3 mm de largo, glabro, piloso en el ápice. Fig. 98.

SANTA CRUZ: Cordillera, 15 km S de Camiri, *Gerold* 342. Florida, 10 km E de Samaipata, *Renvoize et Cope* 4037. Vallegrande, 10 km S de Vallegrande, *Brandbyge* 727.
LA PAZ: Larecaja, Sorata, *Mandon* 1255.
COCHABAMBA: Ayopaya, Independencia hacia Kami, *Beck et Seidel* 14586. Capinota, Cañadón de Poquera, *Estenssoro* 627. Quillacollo, Quillacollo hacia Oruro, *Beck* 921.
CHUQUISACA: Tomina, 15 km S de Padilla, *Renvoize et Cope* 3870.
TARIJA: O'Connor, 20 km delante de Entre Ríos, *Coro-Rojas* 1580.
Ecuador, Perú, Bolivia, Brasil y Argentina. Laderas pedregosas y campos; 950–3200 m.

6. P. carinatum *Humb. & Bonpl. ex Flüggé*, Gram. Monogr., *Paspalum*: 65 (1810); K174. Tipo: Columbia, *Humboldt et Bonpland* (P, holótipo n.v.).

Plantas perennes cespitosas con culmos pilosas de 20–60(–90) cm de alto. Hojas principalmente basales; láminas lineares o filiformes, flexuosas, de 10–20 cm long. × 1–2,5 mm lat., planas o plegadas, acuminadas. Racimos solitarios, raramente 2, de 5–15 cm de largo. Espiguillas ovado-oblongas de 3,5–5,5 mm, plateado-pilosas, solitarias, dispuestas en dos hileras sobre un raquis aplanado de 2–3 mm de ancho, incluidas las alas membranáceas que abrazan la base de las espiguillas. Gluma superior oblonga, membranácea, 1-nervia, con márgenes engrosados, barbada en el medio inferior, obtusa. Lemma inferior similar a la gluma superior, esparcidamente pilosa en el dorso, ciliolada en el ápice. Lemma y pálea superior lanceoladas, más cortas que la espiguilla, coriáceas, pálidas, la lemma ciliolada en el ápice.

BENI: Vaca Diez, Riberalta hacia Santa Rosa, *Beck* 20564.
SANTA CRUZ: Chávez, 50 km NE de Concepción, *Killeen* 1659. Velasco, 100 km N de San Ignacio, *Bruderreck* 2.
Colombia, Venezuela, Guyana, Surinam, Bolivia y Brasil. Sabanas y campos; 180–140 m.

7. P. procurrens *Quarín*, Bol. Soc. Argent. Bot. 29(1–2): 73 (1993). Tipo: Argentina, *Toledo* 2068 (CTES, holótipo).

Plantas perennes estoloníferas con culmos de 30–85 cm de alto. Hojas basales y caulinares; vainas pilosas; láminas angostamente lanceoladas de 5–20 cm long. × 5–20 mm lat., pilosas, principalmente en los márgenes, atenuadas o acuminadas. Inflorescencia formada por (6–)13–21 racimos de 3–7 cm de largo, dispuestos sobre un eje de 5–18 cm. Espiguillas oblongas, naviculares, de 1,5–2,2 mm de largo, glabras, en pares y formando 4 hileras sobre un raquis de 1 mm de ancho. Gluma superior ausente. Lemma inferior cóncava o plana, 3-nervia, igual en longitud a la espiguilla. Antecio superior cartilagíneo, lemma 7-nervia, los nervios conspicuos y formando quillas longitudinales marcadas.

LA PAZ: Saavedra, Ninokorin, *Feuerer* 6213. Larecaja, Villa San Martin, *Feuerer* 9426.
CHUQUISACA: Calvo, El Salvador, *Toledo* 2933.
Argentina (Salta) y Bolivia. Maleza de cultivos en suelos arenosos y rocosos; 2550–3000 m.

8. P. malacophyllum *Trin.*, Sp. Gram. 3: 271 (1831); H454; F316; K176. Tipo: Brasil, *Langsdorff* (LE, holótipo).
P. elongatum Griseb., Abh. Königl. Ges. Wiss. Göttingen 19: 260 (1874). Tipo: Argentina, *Lorentz* 257 (GOET, holótipo n.v.).
P. boliviense Chase, Contr. U.S. Natl. Herb. 24(8): 454 (1927); F317. Tipo: Bolivia, *Bang* 1306 (K, isótipo).
P. planiusculum Swallen, Phytologia 14(6): 384 (1967). Tipo: Brasil, *Swallen* 3841 (US, holótipo).

Plantas perennes rizomatosas, muy variables en hábito. Culmos delicados o robustos de (30–)45–200 cm de alto. Hojas principalmente basales, a veces también caulinares; láminas lanceoladas o lineares de 10–40 cm long. × 5–20(–40) mm lat., atenuadas y subpecioladas o cordiformes en la base, planas, pilosas o glabras, acuminadas. Inflorescencia formada por 6–30 racimos de 2–10(–15) cm de largo, dispuestos sobre un eje de 4–20(–35) cm; raquis 0,5–1 mm de ancho, glabro o piloso. Espiguillas oblongas, naviculares, de 1,5–2,5 mm de largo, 4-seriadas, en pares alternos. Glumas ausentes. Lemma inferior cóncava, 3-nervia, membranácea, tan larga como la espiguilla. Antecio superior cartilagíneo, lemma 5-nervia fuertemente convexa en el dorso; nervios de las lemma prominentes y formando quillas longitudinales marcadas. Fig. 98.

SANTA CRUZ: Chávez, 15 km SW de Concepción, *Killeen* 1855. Andrés Ibáñez, 30 km S de Santa Cruz, *Renvoize* 4556. Florida, 10 km E de Samaipata, *Renvoize et Cope* 4039.
LA PAZ: Larecaja, Sorata, *Mandon* 1213. Nor Yungas, Coroico, *Beck* 17453. Sud Yungas, 2,5 km NW de Yanacachi, *Seidel* 998.

COCHABAMBA: Cercado, Cochabamba, *Wood* 9652. Capinota, Santiváñez hacia Capinota, *Pedrotti et al.* s.n. Mizque, 1 km NW de Vila Vila, *Eyerdam* 24971.
CHUQUISACA: Zudañez, 29 km E de Tarabuco, *Renvoize et Cope* 3863. Oropeza, Quiquijama, *Murguia* 160. Calvo, El Salvador, *Martínez* 596.
TARIJA: Cercado, Tarija hacia Tomatitas, *Bastian* 684. Arce, Padcaya, *Beck et Liberman* 16257.
Mexico, Brasil, Paraguay, Uruguay, Bolivia y Argentina. Bosques; 500–3000 m.

P. simplex, P. procurrens y *P. malacophyllum* junto con otras tres especies anuales de Brasil (*P. tenuifolium* Swallen, *P. costellatum* Swallen y *P. eitenii* Swallen), conforman un grupo definido por carecer de glumas y llevar lemmas prominentemente nervadas.

9. P. simplex *Morong*, Ann. New York Acad. Sci. 7: 259 (1893). Tipo: Paraguay, *Morong* 1583 (K, isótipo).

Plantas perennes amacolladas o cortamente rizomatosas, con culmos de 40–150 cm de alto. Hojas caulinares y basales, lineares, de 10–60 cm long. × 3–5(–10) mm lat., las basales atenuadas en la base, planas o plegadas, pilosas o glabras, acuminadas. Inflorescencia formada por 4–14 racimos de 2–9 cm de largo sobre un eje de 5–20 cm; raquis de 0,5–1 mm de ancho, glabro. Espiguillas oblongas, naviculares, de 1,5–2 mm de largo, 4 seriadas, en pares alternos. Glumas ausentes. Lemma inferior cóncava, 3-nervia, membranácea, de la longitud de la espiguilla. Antecio superior cartilagíneo, lemma 5-nervia, fuertemente convexa en el dorso; nervios de la lemma prominentes y formando quillas longitudinales marcadas.

SANTA CRUZ: Chávez, Concepciòn, *Killeen* 2449. Las Madres, *Killeen* 1845. Chiquitos, 22 km N de San José, *Killeen* 1722.
Bolivia, Paraguay y Argentina. Laderas pedregosas y campos; 320–500 m.

P. simplex y *P. malacophyllum* son especies muy próximas, si bien *P. simplex* se separa por su hábito amacollado, láminas lineares de 3–5(–10) mm de ancho e inflorescencia más laxa, de 4–14 racimos con raquis glabro.

10. P. gardnerianum *Nees*, Hooker's J. Bot. Kew Gard. Misc. 2: 103 (1850); K175. Tipos: Brasil, *Gardner* 3503 y 3510 (CGE, síntipos).

Plantas perennes completamente pilosas, cespitosas, con rizomas nodosos pubescentes. Culmos delgados erectos de 60–120 cm de alto. Hojas basales y caulinares; láminas lineares erectas de 10–20(–30) cm long. × 4–6 mm lat., planas, de color castaño, acuminadas. Inflorescencia formada por 2–7 racimos de 1,5–8(–12) cm de largo, dispuestos sobre un axis de 5–15 cm; raquis de 0,5–1 mm de ancho. Pedicelos cortos, pilosos con pelos de 2–4 mm de largo. Espiguillas apareadas, obovado–oblongas, de 1,5 mm de largo, de color castaño. Glumas ausentes. Lemma inferior 3-nervia. Antecio superior fuertemente plano-convexo, pálido, granuloso.

SANTA CRUZ: Velasco, Serranía de San Lorenzo, *Killeen* 1396; 1984.
Panamá hasta Argentina. Sabana; 80–1250 m.

11. P. nudatum *Luces*, J. Wash. Acad. Sci. 32: 163 (1942). Tipo: Venezuela, *Chardon* (US, isótipo).
P. longiligulatum Renvoize, Kew Bull. 27: 454 (1972). Tipo: Brasil, *Hunt et Ramos* 5894 (K, hólotipo).

Plantas perennes cespitosas, subacuáticas, con vainas basales densas, tiernas y papiráceas. Culmos erectos de 30–100 cm de alto con nudos marcados. Hojas principalmente basales; vainas carinadas, glabras o subglabras; lígula de 4–7 mm de largo; láminas lineares, erectas, de 10–40 cm long. × 1–3 mm lat., involutas o planas, la superficie externa finamente escabérula, la interna pubescente, agudas. Inflorescencia formada por 2 racimos conjugados de 4–11 cm de largo. Espiguillas orbicular-oblongas, 1,2–1,5 mm de largo, solitarias, dispuestos en dos hileras; raquis triangular de 0,2–0,5 mm de ancho. Glumas ausentes. Lemma inferior membranácea, oblonga, 5-nervia, los nervios prominentes. Antecio superior fuertemente plano-convexo, cartáceo, papiloso.

LA PAZ: Iturralde, Luisita, *Haase* 350; 709.
Venezuela, Guianas, Brasil (Mato Grosso) y Bolivia. Sabanas húmedas; 40–180 m.

12. P. inaequivalve *Raddi*, Agrostogr. Bras.: 28 (1823); H449; F313; K175. Tipo: Brasil, *Raddi* (K, isótipo).

Plantas perennes estoloníferas, con culmos ramosos erectos o ascendentes de 30–80 cm de alto; nudos inferiores radicantes. Láminas lineares o lanceoladas de 8–17 cm long. × 5–8(–15) mm lat., cordiformes en la base, planas, agudas o atenuadas. Inflorescencia terminal o axilar formada por 3–7(–12) racimos cortos de 1–5 cm de largo, remotos sobre un eje de 3–9(–16) cm. Espiguillas elípticas o obovado-elípticas de 1,5–2 mm de largo, esparcidamente pubescentes o glabras, en pares y formando 4 hileras sobre un raquis plano de 0,5–1 mm de ancho. Gluma superior $^1/_4$–$^1/_2$ del largo de la espiguilla, hialina, enervia (–1–5-nervia), obtusa, aguda o erosa. Lemma inferior igualando a la espiguilla, membranácea, 5-nervia. Antecio superior pálido, liso, lustroso.

BENI: Ballivián, Espíritu, *Beck* 3325; *Renvoize* 4684.
LA PAZ: Nor Yungas, Coripata, *Hitchcock* 22691. Sud Yungas, 8 km NW de Puente Villa, *Renvoize* 5356.
Sud Brasil, Bolivia, Paraguay y Argentina. Bosques, a la sombra; 200 m.

13. P. pictum *Ekman*, Ark. Bot. 10(17): 11 (1911); H448; F312; K177. Tipo: Brasil, *Malme* 3222 (S, holótipo).

Plantas anuales amacolladas con culmos erectos delicados de 25–60 cm de alto, los nudos inferiores frecuentemente ramosos. Zona ligular externa indistinta. Láminas lineares o filiformes de 10–18 cm long. × 1–3 mm lat., adpresas, plegadas, acuminadas. Inflorescencia exerta, formada por (1–)2–3(–5) racimos rectos o arqueados de 2–7 cm de largo, sobre un eje de 1–3 cm. Espiguillas obovadas, plano-convexas, de 1 mm de largo, glabras, en pares y formando 4 hileras sobre un raquis planos de 0,5 mm de ancho. Gluma superior y lemma inferior hialina, 3–5-nervia. Antecio superior papillosa.

LA PAZ: Iturralde, Ixiamas, *Beck* 18338; 18425A.
SANTA CRUZ: Velasco, 25 km NE de San Ignacio, *Bruderreck* 261.
Costa Rica, Venezuela y Guyana hasta Bolivia y Brasil. Sabanas; 100–590 m.

14. P. pilosum *Lam.*, Tabl. Encycl. 1: 175 (1791); H454; F316. Tipo: América tropical, *Richard* (K, microficha).

Plantas perennes amacolladas con culmos ascendentes y geniculados de 50–100 cm de alto. Láminas lineares de 10–40 cm long. × 4–10 mm lat., planas, pilosas, agudas o acuminadas. Inflorescencias solitarias o surgiendo en grupos de 2–4. Racimos solitarios de 6–15 cm de largo, arqueados. Espiguillas ovados hacia oblongas, túrgidas, de 2–3 mm de largo, glabras, apareadas, formando una hilera irregular sobre un raquis triangular de 1 mm de ancho. Espiguillas dimorfas; gluma inferior de la espiguilla superior reducida a una escama o ausente, en la espiguilla inferior desarrollada, ovada o lanceolada, membranácea, 1-nervia, $^1/_2$ del largo de la espiguilla. Gluma superior 5-nervia. Antecio inferior estaminado; lemma coriácea, concava, 5-nervia. Lemma y pálea superiores coriáceas, escabrosas.

BENI: Ballivián, Espíritu Viejo, *Renvoize* 4663.
SANTA CRUZ: Florida, 2 km W de Pampa Grande, *Renvoize et Cope* 4055.
LA PAZ: Tamayo, Apolo, *Beck* 18614. Nor Yungas, Coroico, *Beck* 14969. Inquisivi, 25 km N de Licoma, *Renvoize* 5351.
América Central hasta Bolivia y Brasil. Campos; 0–1900 m.

P. pilosum está muy relacionado con *P. unispicatum* (Scribn & Merr.) Nash, especie que crece desde Texas hasta Argentina y que se distingue por sus rizomas cubiertos de vainas coriáceas y lustrosas.

15. P. decumbens *Sw.*, Prodr.: 22 (1788); H445; F311. Tipo: Jamaica, *Swartz* (S, holótipo n.v.).

Plantas anuales, a veces perennes, con culmos erectos o ascendentes de 20–65 cm de alto. Láminas lanceoladas de 3,5–9 cm long. × 4–16 mm lat., planas, pilosas, con márgenes escabrosos, agudas o acuminadas. Inflorescencias solitarias o 2–8-agregada en la axila de las vainas superiores. Racimos solitarios de 1–4 cm de largo.

111. Paspalum

Espiguillas orbiculares u obovadas, comprimidas dorsi-ventralmente, de 1,2–2 mm de largo, glabras o subglabras, agudas, apareadas, formando 4 hileras irregulares, densas sobre un raquis de 0,3–0,5 mm de ancho. Gluma inferior $^1/_4$–$^1/_2$ del largo de la espiguilla, enervia, aguda o acuminada; gluma superior $^1/_2$ del largo de la espiguilla, 3–5-nervia. Lemma inferior 3-nervia. Antecio superior crustáceo, estriado. Fig. 105.

BENI: Ballivián, San Borja hacia Alto Beni, *Renvoize* 4709.
SANTA CRUZ: Ichilo, 25 km SE de Puerto Grether, *Renvoize et Cope* 3955.
LA PAZ: Larecaja, Mapiri, *Buchtien* 48. Murillo, Zongo, *Solomon* 7549. Nor Yungas, Polo Polo, *Buchtien* s.n. Sud Yungas Sapecho, *Seidel* 2861. Tamayo, Apolo hacia Charazani, *Beck* 18609.
América Central y Caribe hasta Bolivia y Brasil. Bosques a la sombra; 0–1200 m.

P. nutans Lam. es muy afín a *P. decumbens*, pero se puede distinguir por tener la gluma inferior ausente o vestigial.

16. P. ekmanianum *Henrard*, Meded. Rijks-Herb. 40: 49 (1921); H454; F316; K175. Tipo: Bolivia, *Herzog* 1654 (L, holótipo).

Plantas perennes completamente pilosas, cortamente rizomatosas, con culmos erectos de 25–60 cm de alto. Láminas lineares de 6–12 cm long. × 1–3 mm lat., planas, atenuadas o acuminadas. Inflorescencia en racimo solitario de 4–16 cm de largo. Espiguillas obovado-oblongas de 1,5–2 mm de largo, densamente pilosas, papiloso-híspidas con pelos plateados, solitarias, dispuestas en dos hileras sobre un raquis elíptico de 0,5 mm de ancho. Gluma superior y lemma inferior membranáceas, 1–3-nervia. Antecio superior coriáceo, estriado. Fig. 99.

SANTA CRUZ: Chávez, 10 km W de San Javier, *Killeen* 1980. Velasco, 14 km SE de San Ignacio, *Bruderreck* 268. Ichilo, Buena Vista, *Steinbach* 6923. Andrés Ibáñez, W de Río Piray, *Herzog* 1654; Viru Viru *Nee* 36391. Florida, Samaipata, *Killeen* 2491. Valle Grande, 10 km E de Guadalupe, *Nee et al.* 36176. Cordillera, 50 km S de Santa Cruz, *Renvoize et Cope* 3939.
CHUQUISACA: Tomina, 15 km S de Padilla, *Renvoize et Cope* 3869. Hernando Siles, Sapsi, *Murguia et Muñoz* 230.
TARIJA: Cercado, Victoria, *Bastian* 876. Arce, La Mamora, *Türpe* 2851.
Bolivia. Sabanas, en suelos arenosos; 375–1900 m.

Mesosetum agropyroides es parecido a esta especie pero se distingue facílmente por las espiguillas elípticas y los mechones de pelos largos.

17. P. parviflorum *Rhode ex Flüggé*, Gram. Monogr., *Paspalum*: 98 (1810); K177. Tipo: Puerto Rico, *Rhodé* (BM, isótipo).

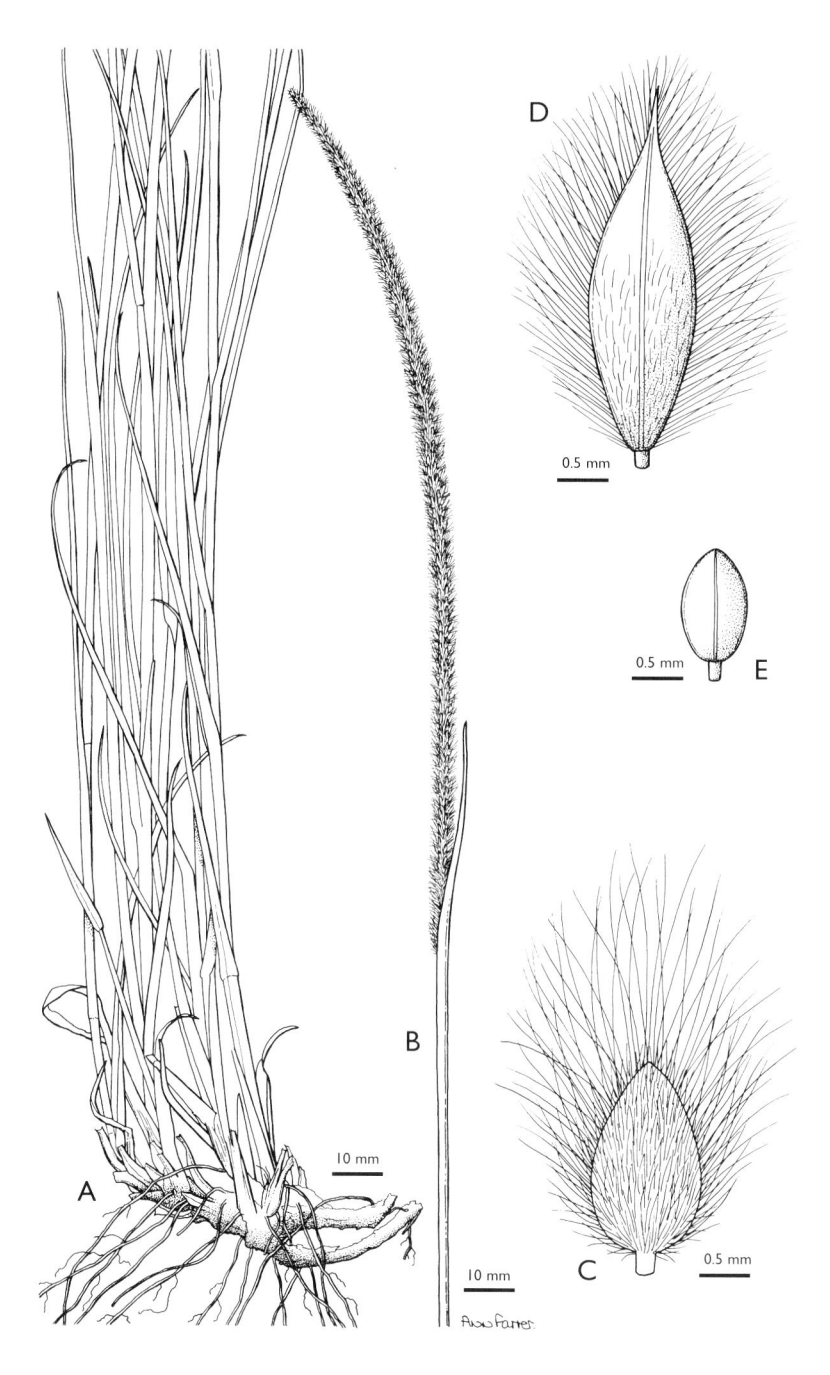

Fig. 99. **Paspalum ekmanianum**, A habito, B racimo, C espiguilla basada en *Renvoize* 4553. **P. buchtienii**, D espiguilla basada en *Renvoize* 4761. **P. orbiculatum**, E espiguilla basada en *Nee* 31353.

Plantas anuales completamente pilosas, amacolladas o laxas, con culmos erectos o ascendentes ramosos de 5–25(–45) cm de alto. Láminas lineares de 2–6 cm long. × 1–2 mm lat., planas, tiernas, atenuadas. Inflorescencia formada por 1–3 racimos delicados de 0,5–2 cm de largo, patentes o deflexos a la madurez, dispuestos sobre un eje de 0,5–1 cm. Espiguillas obovado-oblongas de 0,5–0,8 mm de largo, glabras, víscidas, solitarias, alternas, en 2 hileras sobre un raquis de 0,3–0,4 mm de ancho y sinuoso a la madurez. Gluma superior y lemma inferior hialinas, 2-nervias, muy frágiles. Lemma y pálea superior pálidas, lisas, lustrosas.

SANTA CRUZ: Chávez, 40 km S de Concepción, *Killeen* 1218.
Panamá y Puerto Rico hasta Brasil y Bolivia. En sitios alterados y abiertos, bordes de caminos y campos en suelos pobres arenosos o rocosos; 80–1100 m.

18. P. clavuliferum *C. Wright*, Anales Acad. Ci. Méd. Habana 8: 203 (1871); K174. Tipo: Cuba, *Wright* 3444 (GH, holótipo n.v.).
P. pittieri Hack. ex Beal, Grass. N. Amer. ed. 2: 88 (1896). Tipo: México, *Pringle* 2359 (K, isótipo).

Plantas anuales amacolladas, con culmos erectos o ascendentes de 10–45 cm de alto. Láminas lineares, de 4–18 cm long. × 2–5 mm lat., planas, pilosas, acuminadas. Inflorescencia formada por 1–2(–3) racimos delgados de 1,5–7 cm de largo. Espiguillas obovadas, de 1–1,5 mm de largo, pelos capitados, apareadas, los pares alternos, densas, sobre un raquis arqueado, angosto, de 0,3 mm de ancho. Gluma superior membranácea, 3-nervia. Lemma inferior 1–3-nervia. Lemma y pálea superiores crustáceas, papilosas.

SANTA CRUZ: Chávez, San Antonio de Lomerio, *Killeen* 1534.
México y Cuba hasta Brasil y Bolivia. Sabanas y campos; 0–1000 m.

P. multicaule Poir., es muy similar a *P. clavuliferum* tanto en aspecto como en distribución geográfica; difiere por poseer espiguillas papilosas.

19. P. orbiculatum *Poir.*, Encycl. 5: 32 (1804). Tipo: Puerto Rico, *Ledru* (K, microficha).

Plantas anuales con culmos delicados decumbentes de 6–60 cm de largo; nudos inferiores radicantes. Láminas lanceoladas de 1–9 cm long. × 2–10 mm lat., planas, glabras, agudas. Inflorescencia formada por 2–10 racimos de 1–4 cm de largo distribuidos sobre un eje de 0,5–3 cm. Espiguillas orbiculares de 1 mm de diámetro, comprimidas dorsi-ventralmente, solitarias, dispuestos en dos hileras sobre un raquis planos de 0,5 mm de ancho. Gluma superior y lemma inferior hialinas con dos nervios marginales, el nervio central obsoleto. Lemma y pálea superior marrón, finamente estriada. Fig. 99.

PANDO: Manuripi, 50 km WSW de Riberalta, *Nee* 31478. Madre de Dios, 14 km WNW de Riberalta, *Nee* 31353.
BENI: Cercado, Río Marmore, N de Puerto Varador, *Laegaard* 17628.
LA PAZ: Iturralde, Luisita, *Haase* 559; 600.
México hasta Bolivia y Paraguay. Campos y playas de ríos; 0–390 m.

20. P. pygmaeum *Hack.*, Repert. Spec. Nov. Regni Veg. 11: 18 (1912); H438; F308. Tipo: Bolivia, *Buchtien* 859 (W, holótipo n.v.).

Plantas pequeñas muy pilosas, anuales, amacolladas y formando césped. Culmos erectos o ascendentes de 2–12 cm de alto. Láminas lanceoladas de 1–4 cm long. × 1–5 mm lat., planas, agudas. Inflorescencia con 1–4 racimos de 0,5–1,5 cm de largo sobre un eje de 0,5–1,5 cm; racimos patentes o deflexos a la madurez. Espiguillas elípticas o elíptico-ovadas de 1,5–2 mm de largo, glabras, solitarias, dispuestos en dos hileras; raquis de 1–1,5 mm de ancho, extendido en el ápice en un apéndice folioso pequeño; pedicelos cortos, pilosos. Gluma superior y lemma inferior membranáceas, 3-nervias. Antecio superior pálido, liso, lustroso. Fig. 100.

LA PAZ: Saavedra, Chununa hacia Lonlaya, *Feuerer* 5556. Larecaja, Achacachi hacia Sorata, *Feuerer* 10547. Manco Kapac, Jankho Khana, *Feuerer* 22743. Murillo, La Paz hacia Unduavi, *Renvoize et Cope* 4162. Ingavi, Huacullani, *Beck* 1008.
Peru y Bolivia. Campos húmedos; 2700–4200 m.

21. P. candidum (*Flüggé*) *Kunth*, Mém. Mus. Hist. Nat. 2: 68 (1815); H440; F308. Tipo: Ecuador, *Humboldt et Bonpland* (BM, frag.).
Reimaria candida Humb. & Bonpl. ex Flüggé, Gram. Monogr., *Paspalum*: 214 (1810).
P. depauperatum J. Presl, Reliq. Haenk. 1: 215 (1830); H440; F309. Tipo: Perú, *Haenke* (PR, holótipo n.v.).
P. lineispatha Mez, Repert Spec. Nov. Regni Veg. 15: 27 (1917); H441; F309. Tipo: Perú, *Weberbauer* 3142 (B, holótipo n.v.).

Plantas anuales con culmos ramosos apoyantes de 30–160 cm de largo. Láminas lanceoladas de 4–12 cm long. × 5–20 mm lat., agudas. Racimos numerosos, de 1–4 cm de largo, densos o laxos sobre un eje de 3–17 cm de largo. Espiguillas oblongas de 2–2,5 mm de largo, glabras, pálidas, solitarias, en una hilera; raquis planos, alados, de 1,5–2 mm de ancho, extendido en un pequeño apéndice folioso. Gluma superior nula. Lemma inferior membranácea, 3-nervia. Antecio superior pálido, liso, lustroso. Fig. 100.

LA PAZ: Larecaja, Sorata, *Mandon* 1251. Sud Yungas, San Felipe, *Hitchcock* 22597; Puente Villa hacia Unduavi, *Beck* 17677. Inquisivi, Circuata hacia Inquisivi, *Beck* 4539.
COCHABAMBA: Comarapa hacia Cochabamba, *Renvoize et Cope* 4069. Chaparé, Incachaca, *Wood* 9629.
CHUQUISACA: Oropeza, Punilla, *Wood* 8100.
México hasta Bolivia y Chile. Bosques, a la sombra; 915–3220 m.

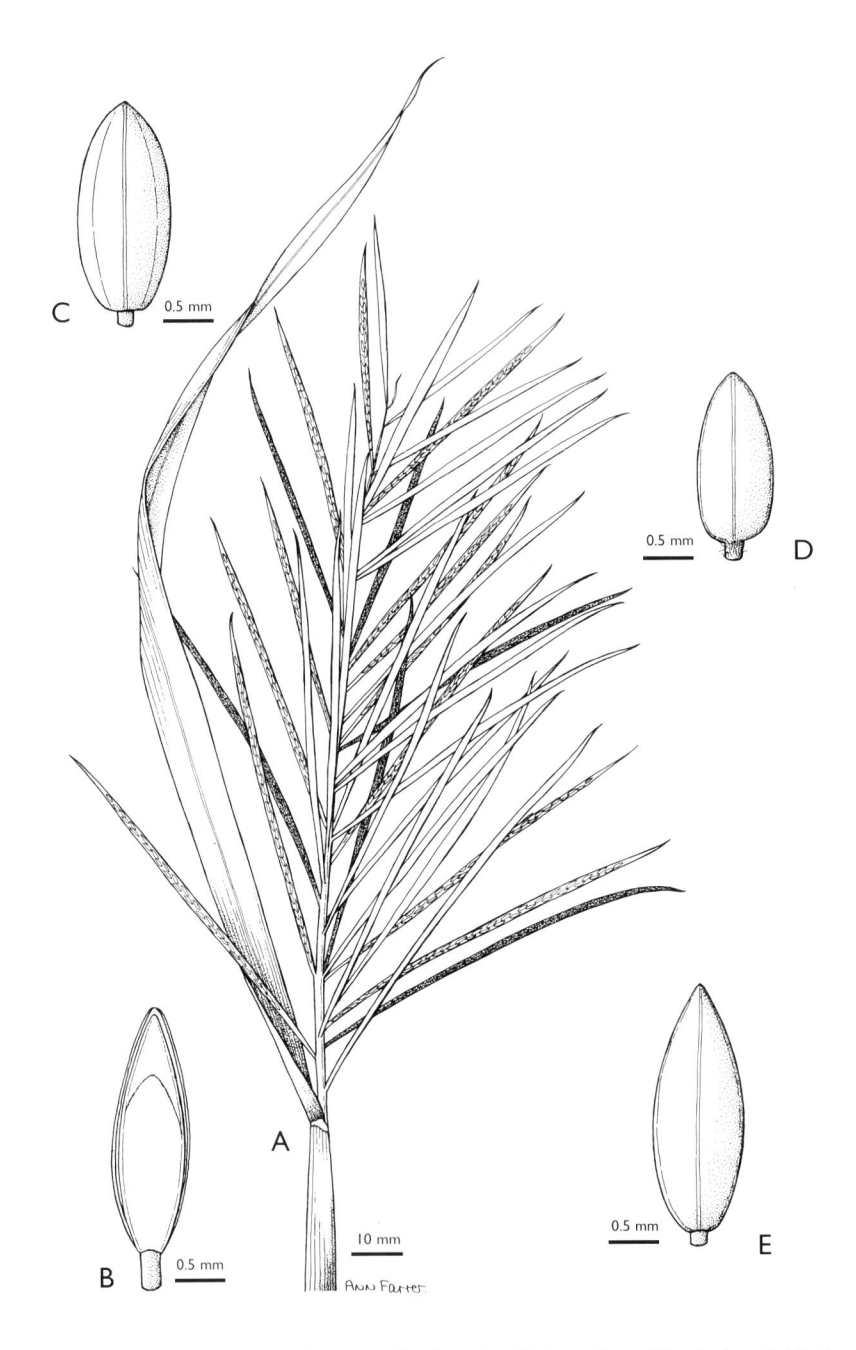

Fig. 100. **Paspalum repens**, A inflorescencia, B espiguilla basada en *Wurdack et Adderley* 43059 Venezuela. **P. pygmaeum**, C espiguilla basada en *Solomon* 18263. **P. candidum**, D espiguilla basada en *Solomon* 16379. **P. penicillatum**, E espiguilla basada en *Solomon* 13692.

22. P. penicillatum *Hook.f.*, Trans. Linn. Soc. London 20: 171 (1851); H438; F308. Tipo: Galápagos, *Darwin* (K, holótipo).

Plantas anuales con culmos ramosos erectos o ascendentes de 15–50(–150) cm de alto. Láminas lanceoladas de 2,5–27 cm long. × 5–12 mm lat., agudas. Racimos numerosos, laxos o densos, de 1–4 cm de largo sobre un eje de 3–13 cm. Espiguillas eliptico-oblongas de 1,5–2.2 mm de largo, glabras, solitarias, en 1–2 hileras sobre un raquis de 1–2 mm de ancho y extendido en un apéndice folioso agudo o acuminado. Gluma superior membranácea, 3-nervia; lemma inferior membranácea, 3-nervia, cóncava, los márgenes prominentes. Antecio superior liso, lustroso. Fig. 100.

LA PAZ: Saavedra, Charazani hacia Lonlaya, *Feuerer* 5619. Larecaja, Sorata, *Mandon* 1250. Murillo, Zongo, *Renvoize et Cope* 4268. Nor Yungas, Yolosa hacia La Paz, *Renvoize* 4777. Sud Yungas, Chuspipata hacia Chulumani, *Solomon et Nee* 14340.
COCHABAMBA: Mizque, Rakaypampa, *Sigle* 337.
Colombia hasta Bolivia. Bosques, a la sombra; 1000–3250 m.

Esta especie a veces se superpone con *P. prostratum*, el que se distingue por sus espiguillas algo mayores, de 2–2,5 mm y raquis más ancho de 2–2,5 mm.

23. P. prostratum *Scribn. & Merr.*, U.S.D.A. Div. Agrostol. Bull. 24: 9 (1901); H439; F308. Tipo: México, *Pringle* 3343 (K, isótipo).

Plantas anuales con culmos de 20–60 cm de alto. Láminas lineares o lanceoladas de 3–15 cm long. × 5–15 mm lat., planas, pilosas, agudas o atenuadas. Inflorescencia con 3–9(–15) racimos patentes de 1–2,5 cm de largo, laxos sobre un eje de 3–8 cm de largo. Espiguillas elípticas de 2–2,5 mm de largo, glabras, solitarias, en dos hileras sobre un raquis de 2–2,5 mm de ancho y extendido en un apéndice folioso pequeño. Gluma superior y lemma inferior hialinas, 3-nervias, márgenes de la lemma algo engrosados, el dorso algo sulcado. Antecio superior pálido, liso, lustroso.

LA PAZ: Larecaja, Sorata, *Holway* 507.
México, Costa Rica, Colombia, Perú y Bolivia. Campos y sitios ruderales; 1800–3320 m.

24. P. lacustre *Chase ex Swallen*, Phytologia 14: 374 (1967). Tipo: Brasil, *Froes et Black* 27312 (US, isótipo n.v.).
P. acuminatum sensu Killeen, Ann Missouri Bot. Gard. 77(1):174 (1990), non Raddi (1823).

Plantas perennes acuáticas, rizomatosas, con culmos delgados, decumbentes o flotantes de 30–200 cm de largo. Láminas lineares, flotantes, de 5–15 cm long. × 2–5 mm lat., planas, glabras, tiernas, finamente agudas. Inflorescencias formada por 1–3 racimos de 3–6 cm de largo, laxos sobre un eje de 1–5 cm. Espiguillas ovadas de 2,2–3 mm de largo, glabras, acuminadas, solitarias, en dos hileras sobre un raquis folioso de 1,5–2,5 mm de ancho, los márgenes del raquis encorvados. Gluma superior y lemma inferior membranáceas, 5-nervias. Lemma y pálea superior estriadas, pálidas, poco más cortas de la gluma superior y lemma inferior que formada una prolongación de 0,5 mm.

BENI: Ballivián, Espiritu, *Beck* 15186. *Renvoize* 4691.
Bolivia y Brasil central. Sabana húmeda; 145–224 m.

Llama la atención que *P. acuminatum* Raddi no crezca en Bolivia, dada su área tan extendida en Sudamérica: desde el sur de Estados Unidos de América hasta Colombia, centro y sur de Brasil, Paraguay y norte argentino. Aparentemente, su lugar en Bolivia lo ocupa *P. lacustre*, especie muy relacionada a *P. acuminatum* que se distingue por las espiguillas de 3,5–4 mm long., el raquis de 3–4 mm lat. y las láminas foliares de 4–12 mm lat.

25. P. morichalense *Davidse, Zuloaga & Filg.*, Novon 5(3): 234–237 (1995). Tipo: Venezuela, *Davidse* 3770 (MO, holótipo).

Plantas perennes acuáticas con culmos tiernos decumbentes o flotantes, los nudos sumergidos con mechones de raíces, los partes distales erectos de 10–30 cm de alto. Láminas lineares de 3,5–16 cm long. × 1,5–5 mm lat., planas, glabras, finamente agudas. Racimos 1–3, de 3–7 cm de largo, dipuestos sobre un eje de 0–4,5 cm. Espiguillas elípticas, de 2–3 mm de largo, comprimidas dorsiventralmente, glabras, solitarias, en dos hileras sobre un raquis verdoso, herbáceo, plano de 1–3,5 mm de ancho y terminada en una espiguilla. Gluma superior y lemma inferior hialinas, 3–5-nervias. Antecio superior elíptico, igual en longitud a la espiguilla, pálido, liso, lustroso.

BENI: Ballivián, Espíritu, *Beck* 3351; 5417.
Venezuela, Surinam, Brasil y Bolivia. Sabanas húmedas, ríos y lagunas; 200–450 m.

26. P. repens *Bergius*, Acta Helv. Phys.-Math. 7: 129, pl. 7 (1762). Tipo: Surinam, un ilustración.

Plantas perennes acuáticas con culmos rastreros, tiernos, de 100–200 cm de largo; nudos sumergidos con mechones de raíces. Hojas con vainas infladas; láminas lineares de 10–40 cm long. × 5–16 mm lat., planas, escabrosas, agudas o acuminadas. Inflorescencia oblonga, con numerosos racimos densos y delgados de 2–10 cm de largo, dispuestos sobre un eje de 4–17 cm. Espiguillas lanceoladas o elípticas, comprimidas dorsi-ventralmente, glabras o pubescentes, de 1,5–2 mm de largo, solitarias, alternas, en dos hileras sobre un raquis plano, escabroso de 1–2 mm de ancho y terminado en un apéndice folioso atenuado. Gluma superior y lemma inferior hialinas. Antecio superior-elíptico, membranáceo, glabro. Fig. 100.

BENI: Ballivián, Espíritu, *Beck* 15134; 15291.
SANTA CRUZ: Chiquitos, Puerto Suárez, *Frey* 533.
LA PAZ: Iturralde, Luisita, *Beck et Haase* 10130.
México hasta Argentina. Ríos y lagunas; 0–250 m.

27. P. melanospermum *Desv. ex Poir.* in Lamarck, Encycl. Suppl. 4: 315 (1816); H450; F314. Tipo: Guayana Francesa, *Herb. Desvaux* (P, holótipo n.v.).

Plantas anuales amacolladas con culmos erectos o ascendentes de (10–)30–60 cm de alto. Láminas lineares, de (4–)10–20(–30) cm long. × 3–10 mm lat., planas, glabras, atenuadas. Inflorescencia con 2–8 racimos divergentes de 1,5–6 cm de largo, laxos sobre un eje de 2–10 cm. Espiguillas obovado-orbiculares, de 1,5–2 mm de largo, glabras o pubescentes, plano-convexas, apareadas y formando 4 hileras sobre un raquis de 0,75 mm de ancho. Gluma superior hialina, 5-nervia; lemma inferior hialina, 3–5-nervia, algo plegada. Antecio superior crustáceo, estriado, castaño.

SANTA CRUZ: Ichilo, Buena Vista, *Steinbach* 5459.
Panamá hasta Brasil y Bolivia. Sabanas, cultivos y zonas abiertas en bosques; 0–300 m.

28. P. scrobiculatum L., Mant. Pl. 1: 29 (1767). Tipo: India, cult. Uppsala (LINN, lectótipo).
P. orbiculare G. Forst., Fl. Ins. Austr.: 7 (1786). Tipo: Islas Sociedad, *Forster* (K, isótipo).

Plantas perennes o anuales con culmos erectos y ramosos de 10–150 cm de alto; nudos oscuros marcados. Láminas lineares de 5–40 cm long. × 3–15 mm lat., planas, atenuadas en el ápice. Inflorescencia formada por 1–20 racimos de 4–15 cm de largo, digitados o laxos sobre un eje de 1–8 cm. Espiguillas orbicular-elípticas u obovadas de 1,5–3 mm de largo, solitarias, en dos hileras sobre el raquis; raquis folioso de 1–2,5 mm de ancho, terminado en una espiguilla. Gluma superior y lemma inferior cartáceas, 3–5-nervias. Lemma y pálea superiores finamente estriadas, marrones.

BENI: Ballivián, 40 km N de Santa Rosa, *Beck* 20706.
Nativa de regiones tropicales del Viejo Mundo, raramente introducida en América. Sitios ruderales y cultivos, aguas negras y estancadas; 0–2900 m.

29. P. plicatulum *Michx.*, Fl. Bor.-Amer. 1: 45 (1803); H450; F314; K181. Tipo: Georgia/Florida, *Michaux* s.n. (P-MICHX, n.v.).

P. lenticulare Kunth in Humboldt, Bonpland et Kunth, Nov. Gen. Sp. 1: 92 (1816); K180. Tipo: Venezuela, Cocollar, *Humboldt et Bonpland* (P, holótipo n.v.).
P. limbatum Henrard, Blumea 4: 511 (1941); K181. Tipo: Paraguay, *Balansa* 107.
P. lenticulare f. *intumescens* (Döll) Killeen, Ann. Missouri Bot. Gard. 77: 181 (1990).

Plantas perennes glabras o pilosas, amacolladas o cortamente rizomatosas. Culmos erectos o ascendentes de 30–150 cm de alto. Láminas lineares de 15–50 cm long. × 2–7 mm lat., planas o conduplicadas, acuminadas. Inflorescencia con 2–10 racimos de 2–15 cm de largo, laxos sobre un eje de 3–15 cm. Espiguillas elípticas u obovadas de (1,5–)2–3 mm de largo, plano-convexas, glabras o pubérulas, apareadas, dispuestas en 4 hileras sobre un raquis planos de 0,75–1 mm de ancho. Gluma superior membranácea, 5-nervia. Lemma inferior membranácea, raro coriácea, plegada, 5-nervia, márgenes endurecidos. Antecio superior marrón oscuro, liso, lustroso.

PANDO: Suárez, Cobija hacia Porvenir, *Beck* 17075. Abuna, Río Orthon, *Beck et Inca* 19350.
BENI: Ballivián, Espíritu, *Beck* 5430.
SANTA CRUZ: Andrés Ibáñez, 30 km S de Santa Cruz, *Renvoize* 4554.
LA PAZ: Nor Yungas, Chuspipata hacia Yolosa, *Beck* 13869.
COCHABAMBA: Carasco, Lopez Mendoza, *Wood* 9284.
TARIJA: Cercado, Tucumilla, *Bastian* 512.
Estados Unidos de América hasta Argentina. Campos, sabanas y bordes de caminos; 100–2650 m.

Ejemplares donde la lemma inferior es coriácea y similar a la lemma superior han sido separados como *P. lenticulare* f. *intumescens* (Döll) Killeen; pero este fenómeno aberrante también ocurre esporádicamente en otras especies del grupo *Plicatulae*.
Especímenes con espiguillas pequeñas de 1,5–2 mm long. fueron ubicados en un taxon independiente: *P. limbatum* Henrard si bien parecieran representar sólo un extremo del rango en que varía la longitud de la espiguilla.

30. P. geminiflorum *Steud.*, Syn. Pl. Glumac. 1: 25 (1854); K179. Tipo: Brasil, *Claussen* 1021. (P, holótipo n.v.).
P. reticulatum Hack., Oesterr. Bot. Z. 51: 199 (1901). Tipo: Brasil, *Glaziou* 22594; 22598 (K, isosíntipos).

Plantas perennes cortamente rizomatosas, con bases nodosas y yemas basales durmientes pilosas. Culmos cilíndricos, erectos, ramosos, de 100–170 cm de alto. Láminas lineares de (10–)20–45 cm long. × 3–12 mm lat., atenuadas en la base, planas, pilosas o sub-pilosas, acuminadas. Inflorescencia con 2–3(–6) racimos de 4–11 cm de largo, laxos, sobre un eje de 7–13 cm de largo. Espiguillas elíptico-oblongas u obovadas, de 2,5–3,5 mm de largo, glabras o pilosas, apareadas, en 4 hileras sobre un raquis plano de 0,5–1 mm de ancho. Gluma superior y lemma inferior membranáceas, 5-nervias, con nervios transversales prominentes. Antecio superior plano-convexo, marrón oscuro, liso, lustroso.

SANTA CRUZ: Chávez, 15 km N de Concepción, *Killeen* 893. Velasco, 2 km SE de San Ignacio, *Seidel et Beck* 402.
Colombia, Bolivia y Brasil Central. Sabanas y campos; 400–1250 m.

31. P. atratum *Swallen*, Phytologia 14: 378 (1966); K179. Tipo: Brasil, *Chase* 11846 (US, holótipo n.v.).

Plantas perennes rizomatosas con culmos comprimidos robustos, erectos o adscendentes, de 100–150 cm de alto. Láminas lineares de 35–65 cm long. × 7–15 mm lat., planas, glabras o pilosas atenuadas en el ápice. Inflorescencia con 10–16 racimos de 3–10 cm de largo, laxos sobre un eje de 10–25 cm. Espiguillas elíptico-oblongas de 2–3 mm de largo, pubescentes o glabras, apareadas, en 4 hileras sobre un raquis de 0,75–1 mm de ancho. Gluma superior y lemma inferior membranáceas, 5-nervias, la lemma plegada. Antecio superior plano-convexo, marrón oscuro, liso, lustroso.

SANTA CRUZ: Ichilo, S de Buena Vista, *Renvoize et Cope* 3978B. Buena Vista, *Steinbach* 7036.
LA PAZ: Iturralde, Luisita, *Beck et Haase* 9922. Nor Yungas, Coroico, *Feuerer* 5900.
Brasil central y Bolivia. Sitios húmedos, bordes de ríos y sabanas; 180–1400 m.

32. P. guenoarum *Arechav.*, Gram. Uruguayas (1894–1898), Anales Mus. Nac. Montevideo 1: 50 (1894); K179. Tipo: Uruguay, *Arechavaleta*.
P. plicatulum var. *robustum* Hack., Bull. Herb. Boissier sér. 2, 4: 269 (1904). Tipo: Paraguay, *Hassler* 1960 (K, isótipo).

Plantas perennes cespitosas con culmos robustos de 100–200 cm de alto. Láminas lineares de 20–30 cm long. × 3–12 mm lat., planas, pilosas, atenuadas o acuminadas. Inflorescencia formada por 3–10 racimos de 5–15(–20) cm de largo, laxos sobre un eje de (3–)7–15 cm. Espiguillas elíptico-oblongas u obovadas de 3–3,5 mm de largo, pilosas o glabras, apareadas, en 4 hileras sobre un raquis de 0,8–1,2 mm de ancho. Gluma superior y lemma inferior membranáceas, 5-nervias, la lemma plegada. Antecio superior plano-convexo, marrón oscuro, liso, lustroso.

LA PAZ: Nor Yungas, Coroico, *Renvoize* 4763; *Feuerer et Menhofer* 10170.
CHUQUISACA: Calvo, El Salvador, *Quarin* 4108.
TARIJA: sin loc., *Coro-Rojas* 1374.
Brasil, Paraguay, Uruguay, Bolivia y Argentina. Campos; 200–1750 m.

33. P. wrightii *Hitchc. & Chase*, Contr. U.S. Natl. Herb. 18: 310 (1917); K178. Tipo: Cuba, *Wright* 3843 (US, holótipo n.v.).

111. Paspalum

Plantas subacuáticas perennes con culmos tiernos erectos o decumbentes de 150–180 cm de largo. Láminas lineares de 20–40 cm long. × 3–5 mm lat., involutas, acuminadas. Inflorescencia con 2–9 racimos de 4–8 cm de largo, laxos sobre un eje de 2–10 cm. Espiguillas elípticas o elíptico-obovadas de 2–2,5 mm de largo, apareadas, en 4 hileras sobre un raquis de 1,5–2 mm de ancho. Gluma superior y lemma inferior membranáceas, 3–5-nervias, la lemma plegada. Antecio superior marrón oscuro.

BENI: Ballivián, Espíritu, *Beck* 5313.
Venezuela, Cuba y Bolivia. Campos y sabanas húmedos; 90–200 m.

34. P. macedoi Swallen, Phytologia 14: 377 (1967); K181. Tipo: Brasil, *Macedo* 4299 (US, holótipo n.v.).

Plantas perennes con culmos erectos de 100–120 cm de alto. Láminas lineares de 20–55 cm long. × 5–10 mm lat. planas, atenuadas. Inflorescencia formada por 3–5 racimos de 12–16 cm de largo. Espiguillas anchamente obovadas o elípticas, de 3,3–3,5 mm long. × 25 mm lat. apareadas, en 4 hileras sobre un raquis de 0,8 mm de ancho. Gluma superior y lemma inferior membranáceas, pilosas o glabras. Antecio superior plano-convexo, marrón oscuro, liso, lustroso.

SANTA CRUZ: Chavez, 9 km N de Concepcion, *Killeen* 1797.
Brasil y Bolivia. 500 m.

35. P. kempffii *Killeen*, Ann. Missouri Bot. Gard. 77: 179 (1990). Tipo: Bolivia, *Killeen* 2272 (ISC, holótipo, LPB, isótipo n.v.).

Plantas perennes cespitosas con culmos erectos de 120–150 cm de alto. Láminas lineares de 30 cm long. × 4–6 mm lat., atenuadas en la base, planas o plegadas, glabras, glaucas, acuminadas. Inflorescencia con 2–3 racimos de 7–13 cm de largo dispuestos sobre un eje de 5–6 cm. Espiguillas elípticas de 3,6–3,8 mm de largo, apareadas, en 4 hileras sobre un raquis de 1 mm de ancho. Gluma inferior ausente o desarrollada, hasta 2,5 mm de largo, 3-nervia. Gluma superior y lemma inferior cartáceas, 5–7-nervias. Antecio superior plano-convexo, marrón oscuro.

SANTA CRUZ: Chávez, 5 km S de Concepción, *Killeen* 2272.
Bolivia. Campo cerrado; 500 m.

36. P. collinum Chase, Contr. U.S. Natl. Herb. 24: 451 (1927); F315. Tipo: Bolivia, *Hitchcock* 22723 (US, holótipo).

Plantas perennes amacolladas con culmos erectos o ascendentes de 30–65 cm de alto. Láminas lineares de 12–20 cm long. × 6–9 mm lat., planas, atenuadas.

Inflorescencia formada por 4 racimos de 2–6 cm de largo dispuestos sobre un eje de 4,5–5,5 cm. Espiguillas elíptico-ovadas de 2,5 mm de largo, plano-convexas, pubescentes, apareadas, en 4 hileras sobre un raquis de 0,7 mm de ancho. Gluma superior y lemma inferior membranáceas, 5-nervias; lemma no plegada. Antecio superior marrón oscuro, estriado.

LA PAZ: Nor Yungas, Coroico, *Hitchcock* 22723.
Bolivia. Campos húmedos; 1560 m.

37. P. intermedium *Morong*, Ann. New York Acad. Sci. 7: 258 (1893); K175. Tipo: Paraguay, *Morong* 1019 (K, isótipo).

Plantas perennes cespitosas con culmos erectos robustos de 100–250 cm de alto. Vainas basales imbricadas, dísticas, anchas, comprimidas, carinadas, márgenes villosos o glabros; láminas lineares de 40–85 cm long. × 10–20 mm lat., planas o conduplicadas, glaucas, márgenes escabrosos, acuminadas. Inflorescencia oblonga o piramidal de 20–45 cm de largo, densa, compuesta de racimos numerosos de 8–15 cm de largo. Espiguillas elípticas de 2–3 mm de largo, glabras, apareadas o en glomérulos de 3–5, densas en 4 o más hileras sobre un raquis ciliados de 0,5–1 mm de ancho. Gluma superior y lemma inferior membranáceas, 3-nervias. Antecio superior pajizo, finamente estriado-granuloso.

SANTA CRUZ: Chávez, 2 km SE de Concepción, *Killeen* 1631.
Brasil, Paraguay, Uruguay, Bolivia y Argentina. Campos y sabanas húmedos; 0–1200 m.

Muy afín a *P. densum*, el que difiere por sus espiguillas orbiculares e inflorescencias menores.

38. P. conspersum *Schrad.* in Schult., Mant. 2: 174 (1824); F315; K175. Tipo: Brasil, *Princípe Maximiliano* (LE, holótipo n.v.).

Plantas perennes amacolladas o cespitosas con culmos de 100–200 cm de alto. Láminas lineares de 30–50 cm long. × 12–25 mm lat., cordiformes, planas, márgenes escabrosos, acuminadas. Inflorescencia con 10–35 racimos de 10–14(–19) cm de largo, laxos sobre un eje de 10–30 cm. Espiguillas ovado-elípticas de 2,5–3 mm de largo, pubescentes, rojizas, algo apiculadas, apareadas, dispuestas en 4 hileras sobre un raquis de 0,5–0,8 mm de ancho. Gluma superior y lemma inferior membranáceas, 5-nervias. Antecio superior pajizo hasta marrón, finamente papiloso-estriado, lustroso.

TARIJA: Avilés, Guerrahuaico, *Coro* 1319. Arce, Bermejo, *Coro-Rojas* 1426.
México hasta Argentina. Campos y sabanas; 50–600 m.

39. P. virgatum *L.*, Syst. Nat. ed. 10: 855 (1759); H451; F315; K178. Tipo: Jamaica, *Sloane* (BM, síntipo).

Plantas perennes robustas y cespitosas, con culmos erectos de 100–250 cm de alto. Láminas lineares de 30–75 cm long. × 10–25 mm lat., planas, acuminadas. Inflorescencia con 4–20 racimos de 6–23 cm de largo, laxos sobre un eje de 10–30 cm. Espiguillas anchamente obovadas de 2–3 mm de largo, pubérulas o pilosas, a veces apiculadas, apareadas, formando 4 hileras sobre un raquis de 0,5–1,5 mm de ancho. Gluma superior y lemma inferior membranáceas, 5-nervias. Antecio superior pajizo o marrón, estriado. Fig. 101.

PANDO: Suárez, Cobija, *Beck* 17089. Manuripi, Altagracia, *Beck et Inca* 19598.
BENI: Ballivián, Espíritu, *Renvoize* 4650. Cercado, Trinidad, *Badcock* 178.
SANTA CRUZ: Ichilo, Montero hacia Puerto Grether, *Renvoize et Cope* 3951. Santiesteban, Montero hacia Guabirá, *Feuerer* 6500. Andrés Ibáñez, 12 km E de Santa Cruz, *Nee* 34249.
LA PAZ: Nor Yungas, Río Beni, *Beck* 13375. Sud Yungas, 40 km NE de Caranavi, *Lewis* 37954.
Estados Unidos de América hasta Brasil y Bolivia. Campos, cultivos y sitios ruderales; 200–1120 m.

40. P. densum *Poir. ex Lam.*, Encycl. 5: 32 (1804); H452; F316; K175. Tipo: Puerto Rico, *Ledru* (K, microficha).

Plantas perennes robustas y cespitosas, con culmos de 80–300 cm de alto. Vainas basales imbricadas, disticas, infladas y con nervios transversales prominentes, comprimidas; láminas lineares de (20–)40–80(–100) cm long. × 10–20 mm lat., plegadas o planas, márgenes serrulados, acuminadas. Inflorescencia con numerosos racimos de (2–)5–9 cm de largo, densos sobre un eje de 5–25(–40) cm. Espiguillas orbiculares u orbicular-obovadas, de 2 mm de largo, glabras, comprimidas dorsi-ventralmente, apiculadas, apareadas, formando 4 hileras densas sobre un raquis plano y ciliado de 1–1,5 mm de ancho. Gluma superior y lemma inferior membranáceas, 3-nervias. Antecio superior pajizo, estriado. Fig. 102.

BENI: Ballivián, Lago Rogagua, *White* 1499; Espíritu, *Beck* 3245, 15053; Yacuma, San Borja hacia Porvenir, *Renvoize* 4645.
SANTA CRUZ: Chávez, 5 km S de Concepción, *Killeen* 2258. Ichilo, Buena Vista, *Steinbach* 3264, 6898; Buena Vista, Río Surutú, *Renvoize et Cope* 3982. Chiquitos, 20 km N de Pailón, *Killeen* 2301.
Caribe, Panamá hasta Brasil y Bolivia. Sitios húmedos en campos y bordes de caminos; 0–270 m.

41. P. millegrana *Schrad.* in Schult., Mant. 2: 175 (1824); H452; F315. Tipo: Brasil, *Príncipe Maximiliano* (B, holótipo n.v.).

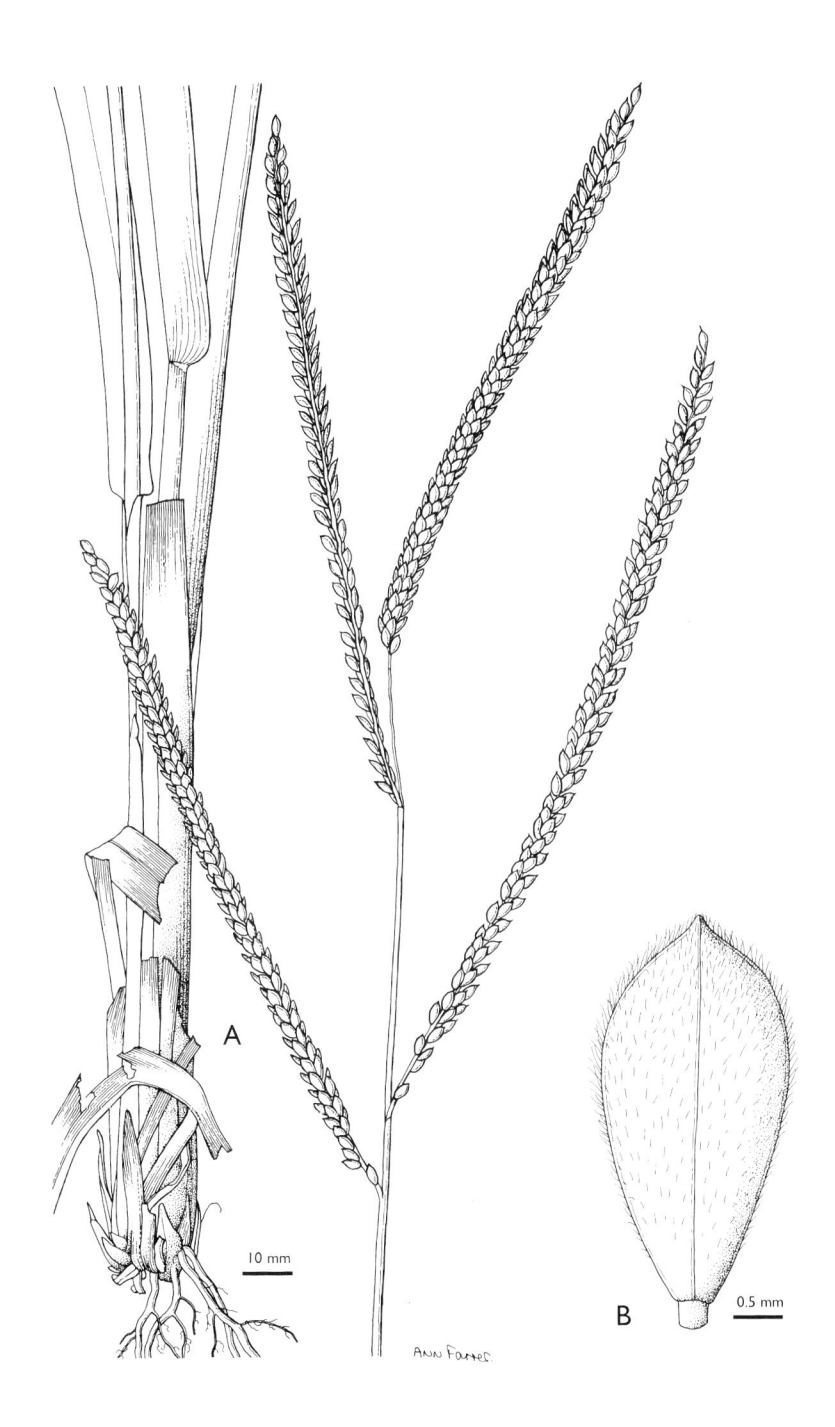

Fig. 101. **Paspalum virgatum**, **A** habito, **B** espiguilla basada en *Nee* 34249.

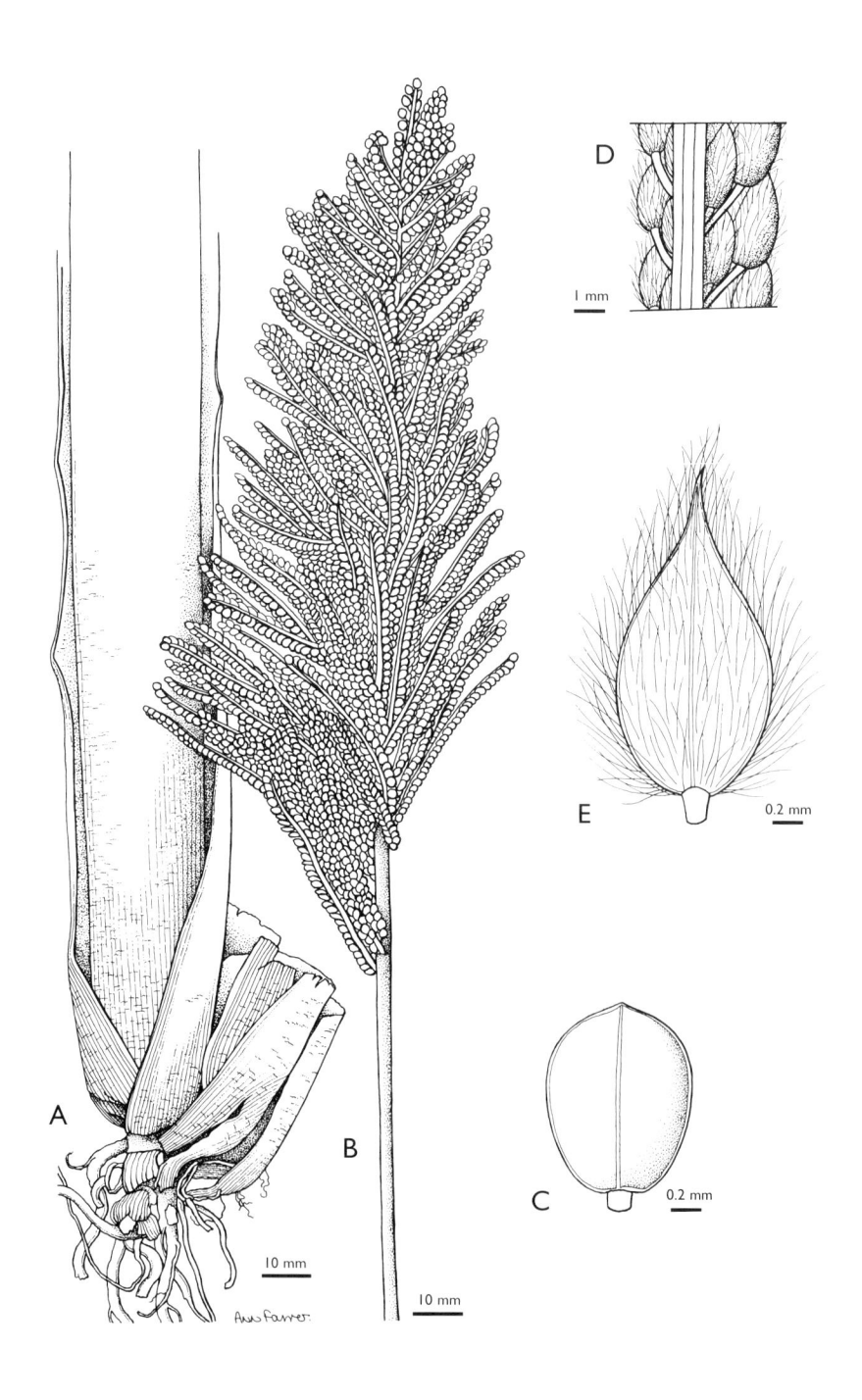

Fig. 102. **Paspalum densum**, A base de culmo, B inflorescencia, C espiguilla basada en *Renvoize* 4649. **P. urvillei**, D porción de raquis, E espiguilla basada en *Bastian* 305.

Plantas perennes cespitosas con culmos robustos y erectos de 60–160 cm de alto. Láminas lineares de 20–60 cm long. × 6–18 mm lat., planas, plegadas o enrolladas, glabras, los márgenes escabrosos, acuminadas. Inflorescencia ovada u oblonga, con 6–numerosos racimos patentes, laxos, de 6–20 cm de largo dispuestos sobre un eje de 15–30 cm. Espiguillas orbiculares o anchamente obovadas de 2–2,5 mm de largo, glabras, apiculadas, apareadas, formando 4 hileras sobre un raquis ciliados de 1–1,5 mm de ancho. Gluma superior y lemma inferior membranáceas, 1(–5)-nervias. Antecio superior marrón oscuro, granuloso-estriado. Fig. 103.

BENI: Yacuma, Porvenir, *Renvoize* 4611.
SANTA CRUZ: Santiesteban, Saavedra, *Tollervey* 2457.
LA PAZ: Nor Yungas, Caranavi hacia Coroico, *Renvoize* 4738. Sud Yungas, Río Quiquibey, *Beck* 8149.
América Central y Caribe hasta Brasil y Bolivia. Bordes de caminos y sitios alterados; 0–400 m.

42. P. multicaule *Poir.* in Lam., Encycl. 4: 309 (1816); H448; F312; K176. Tipo: Brasil, *Herb. Desf.* (FI, holótipo n.v.).

Plantas anuales amacolladas con culmos erectos o ascendentes de 10–65 cm de alto. Hojas principalmente basales; láminas lineares de 5–18 cm long. × 2–3 mm lat., erectas, planas, pilosas o glabras, acuminadas. Inflorescencia con 2 racimos conjugados de 1,5–5,5 cm de largo, raramente exerta. Espiguillas orbiculares de 1–1,3 mm de largo, verruculosas, dispuestas en 2 hileras sobre un raquis de 0,5–0,8 mm de ancho. Gluma superior y lemma inferior membranáceas, 1–3 nervias. Antecio superior estriado.

SANTA CRUZ: Chávez, 5 km S de Concepción, *Killeen* 1644, Warnes, Viru Viru, *Killeen* 1250.
LA PAZ: Tamayo, Apolo hacia Charazani, *Beck* 18613. Iturralde, Alto Madidi, *Beck* 18310.
México hasta Brasil y Bolivia. Campos y sabanas; 0–1350 m.

43. P. lineare *Trin.*, Gram. Panic.: 99 (1826); K176. Tipo: Brasil, *Langsdorff* (LE, holótipo n.v.).

Plantas perennes cespitosas con culmos erectos de 30–100 cm de alto; nudos barbados. Hojas principalmente basales; láminas lineares de 15–30 cm long. × 0,5–2 mm lat., plegadas o planas, atenuados en el ápice. Inflorescencia con 2(–3) racimos subconjugados de (1,5–)3–10 cm de largo. Espiguillas elípticas de 3,5–5 mm de largo, glabras, solitarias, en 2 hileras sobre un raquis triangular de 0,3–0,7 mm de ancho. Gluma superior y lemma inferior coriáceas, 5-nervias. Antecio superior crustáceo, finamente granuloso.

Fig. 103. **Paspalum millegrana**, **A** base de culmo, **B** inflorescencia, **C** espiguilla basada en *Renvoize* 4738.

BENI: Ballivián, Riberalta hacia Santa Rosa, *Beck* 20678. Yacuma, Puerto Teresa, *Beck et de Michel* 20854.
SANTA CRUZ: Velasco, 32 km N de San Ignacio, *Bruderreck* 49.
LA PAZ: Iturralde, Luisita, *Haase* 144.
CHUQUISACA: Oropeza, Copa Willki, *Murguia* 157. Boeto, Chapas, *Murguia* 136. Tomina, Azurduy de Padilla, *Muñoz* 58.
TARIJA: Méndez, Tomates Grande, *Bastian* 364. Arce, Rosillas, *Gerold* 172.
México hasta Argentina. Campos; 160–400 m.

P. proximum Mez, especie muy afín del sur de Brasil y Paraguay, difiere por sus espiguillas pubescentes y vainas basales pubescentes o pilosas.

44. P. maculosum *Trin.*, Gram. Panic.: 98 (1826); K176. Tipo: Brasil, *Langsdorff* (LE, holótipo).

Plantas perennes cespitosas con rizomas cortos. Culmos erectos de 45–110 cm de alto. Hojas principalmente basales; láminas lineares de 15–40 cm long. × 1–5 mm lat., planas o plegadas, pilosas, con márgenes escabrosos, agudas. Inflorescencia formada por 2 racimos conjugados, raremente 3 subdigitados, de (4–)8–15 cm de largo. Espiguillas elíptico-oblongas u orbiculares, de 2–2,5 mm de largo, plano-convexas, glabras, maculadas, solitarias, en 2 hileras sobre un raquis de 0,8–1,2 mm de ancho. Gluma superior y lemma inferior hialinas, 3-nervias, granulosas. Antecio superior pálido, granuloso-estriado, lustroso, márgenes de la pálea libres.

SANTA CRUZ: Chávez, 10 km S de Concepción, *Killeen* 2282.
Venezuela hasta Argentina. Campos húmedos; 90–1100 m.

45. P. notatum *Flüggé*, Gram. Monogr., *Paspalum*: 106 (1810); H450; F314; K176. Tipo: Antillas, *Schrader et Ventenat*.

Plantas perennes rizomatosas con culmos erectos de 6–50 cm de alto. Hojas principalmente basales; láminas angostamente lanceoladas de 5 20(–60) cm long. × 2–12 mm lat., planas o plegadas, agudas o acuminadas. Inflorescencia con 2 racimos conjugados de 2–10 cm de largo. Espiguillas ovadas o orbiculares, de 2,5–3,5(–4) mm de largo, glabras, solitarias, en 2 hileras sobre un raquis de 1 mm de ancho, triangular y en zig-zag. Gluma superior y lemma inferior 5-nervias, coriáceas, a veces los nervios indistintos. Antecio superior crustáceo, estriado. Fig. 105.

BENI: Ballivián, Espíritu, *Beck* 3494.
SANTA CRUZ: Chávez, Concepción, *Killeen* 594. Velasco, Guapomó, *Seidel* 38. Ichilo, Buena Vista, *Steinbach* 7020. Andrés Ibáñez, Santa Cruz, *Brooke* 19.
LA PAZ: Iturralde, Luisita, *Beck et Haase* 10114.
CHUQUISACA: Boeto, Chapas, *Murguia* 136. Calvo, El Salvador, *Martínez* 600.

TARIJA: Avilés, 6 km SW de Chocloca, *Beck* 760. Arce, Padcaya, *Liberman et Pedrotti* 1840.
Centro y Sudamérica. Campos; 0–2000 m.

46. P. conjugatum *Bergius*, Acta Helv. Phys.-Math. 7: 129, fig. 8 (1762); H450; F313; K175. Tipo: Surinam (localidad incierta).

Plantas perennes estoloníferas con culmos comprimidos de 30–60 cm de alto. Hojas basales y caulinares; lígula externa marcada, pubescente; láminas lineares o angostamente lanceoladas de 4–20 cm long. × 5–13 mm lat., planas tiernas, agudas. Inflorescencia formada por 2 racimos conjugados, raramente 3 o 4, divaricados, arqueados, de 5–17 cm de largo. Espiguillas orbiculares de 1,5–2 mm de largo, comprimidas, solitarias, en 2 hileras sobre un raquis triquetro de 0,5–1 mm de ancho, verdoso-blanquecinas o amarillas. Gluma superior hialina, 2-nervia, márgenes ciliados. Lemma inferior similar a la gluma superior pero glabra. Antecio superior coriáceo, estriado. Fig. 104.

PANDO: Suárez, Cobija, *Beck* 17045.
BENI: Ballivián, Espíritu, *Beck* 3493. Yacuma, Porvenir, *Renvoize* 4636.
SANTA CRUZ: Chávez, 10 km NE de Concepción, *Killeen* 650. Velasco, 5 km E de Santa Rosa de la Roca, *Killeen* 1679. Cordillera, Abapó, *Renvoize et Cope* 3920.
LA PAZ: Iturralde, Luisita, *Haase* 192. Murillo, Valle de Zongo, *Solomon* 12902. Nor Yungas, Puerto Linares, *Seidel et al.* 2544. Sud Yungas, Popoy, *Seidel* 2018.
COCHABAMBA: Carrasco, Izarzama, *Beck* 1582.
CHUQUISACA: Tomina, Revuelta, *Muñoz* 67. Hernando Siles, Monteagudo, *Renvoize et Cope* 3895.
Trópicos. Sitios ruderales abiertos o sombrados; 0–1000 m.

47. P. pumilum *Nees*, Agrostologia Brasiliensis in Martius, Fl. Bras. 2(1): 52 (1829); K177. Tipo: Brasil, *Martius* (M, holótipo).

Plantas perennes rizomatosas o amacolladas con culmos erectos o adscendentes de 10–45 cm de alto. Láminas lineares o linear-lanceoladas de 3–10 cm long. × 4–6 mm lat., planas o plegadas, glabras o pilosas, agudas. Inflorescencia con 2 racimos conjugados de 2,5–8 cm de largo. Espiguillas ovadas u ovado-elípticas, de 1,5–2,2 mm de largo, glabras, solitarias, en 2 hileras sobre un raquis planos de 0,5–0,7 mm de ancho. Gluma superior tan larga como la espiguilla, herbácea, 3-nervia. Lemma inferior 1-nervia. Antecio superior crustáceo, papiloso.

SANTA CRUZ: *Killeen* 2335.
Indias Occidentales hasta Bolivia, Uruguay y Chile. Campos; 0–1000 m.

48. P. minus *E. Fourn.*, Mexic. Pl. 2: 6 (1886); F314; K176. Tipo: México, *Bourgeau* 2298 (K, isótipo).

Fig. 104. **Paspalum conjugatum**, **A** habito, **B** espiguilla basada en *Renvoize et Cope* 3949.

Plantas perennes rizomatosas con culmos erectos o decumbentes de 15–30(–50) cm de largo; nudos conspicuos. Hojas principalmente basales; vainas carinadas; láminas lineares de 8–14 cm long. × 4–7 mm lat., planas, agudas, glabras o los márgenes híspidos. Inflorescencia con 2 racimos conjugados de 4–7 cm de largo, apenas exertas desde la última vaina. Espiguillas ovado-elípticas de 2–2,5 mm de largo, glabras, solitarias, en 2 hileras sobre un raquis triquetro de 0,5 mm de ancho. Gluma superior y lemma inferior coriáceas o cartilagíneas, 3–5-nervia. Antecio superior estriado. Fig. 105.

BENI: Yacuma, Porvenir, *Renvoize* 4618.
SANTA CRUZ: Chávez, 90 km SE de Concepción, *Killeen* 1521. Andrés Ibáñez, Las Lomas de Arena, *Killeen* 1584.
LA PAZ: Iturralde, Luisita, *Haase* 211.
Mexico hasta Paraguay y Bolivia. Sabanas; 210–1520 m.

49. P. ammodes *Trin.*, Gram. Panic.: 120 (1826); K174. Tipo: Brasil, *Langsdorff* (LE, holótipo).

Plantas cespitosas con culmos erectos de 30–95 cm de alto; nudos barbados. Hojas principalmente basales; vainas densas, pubescentes; láminas lineares de 10–30 cm long. × 2–4 mm lat., planas o plegadas, pilosas, agudas. Inflorescencia formada por 2–6 racimos de 2,5–9 cm de largo, dispuestos sobre un eje de 1–3 cm. Espiguillas ovado-elípticas de 2,5–3,5 mm de largo, solitarias, en 2 hileras sobre un raquis triquetro de 0,5 mm de ancho. Gluma superior y lemma inferior pilosas membranáceas, 5-nervias. Antecio superior coriáceo, pálido, estriado.

SANTA CRUZ: Chiquitos, Santiago, *Killeen* 2781, 2786.
Venezuela, Guyana, Brasil, Paraguay y Bolivia. Sabanas; 1000–1400 m.

Una especie muy afín que habita en el sur de Brasil, Paraguay y Argentina es *P. proximum* Mez, que se reconoce por la inflorescencia con 2 racimos conjugados y espiguillas pilosas sòlo en los márgenes de la gluma superior y lemma inferior.

50. P. pallens *Swallen*, Phytologia 14(6): 365 (1967); K177. Tipo: Brasil, *Macedo* 2167 (US, holótipo n.v.).

Plantas perennes acuáticas con culmos débiles ramosos y tiernos de 30–80 cm de largo; nudos inferiores radicantes. Láminas lineares de 8–20 cm long. × 1–2 mm lat., planas o plegadas, la superficie inferior glabra, la superior pubescentes, atenuadas en el ápice. Inflorescencia con 2 racimos conjugados de 2,5–5 cm de largo. Espiguillas oblongas de 2,5–3 mm de largo, glabras, solitarias, en 2 hileras sobre el raquis triquetro de 0,5 mm de ancho. Gluma superior y lemma inferior membranáceas, 5-nervias, nervios indistintos. Antecio superior oblongo, coriáceo, un poco más corto que la espiguilla, pálido, granuloso.

BENI: Ballivián, Espíritu, *Beck* 5382. Yacuma, Capiguara, *Moraes* 1255.
SANTA CRUZ: Velasco, 13 km S de San Ignacio, *Bruderreck* 94.
Bolivia y Brasil central. Campos húmedos y lagunas; 200–400 m.

51. P. humboldtianum *Flüggé*, Gram. Monogr., *Paspalum*: 67 (1810); H442; F310. Tipo: Ecuador, *Humboldt et Bonpland* (BM, isótipo)

Plantas perennes rizomatosas con culmos cilíndricos erectos o ascendentes de 30–120 cm de alto, ramosos o no. Hojas principalmente caulinares; láminas lanceoladas de 6–18 cm long. × 6–18 mm lat., planas, pilosas o subglabras, acuminadas. Inflorescencia formada por 1–7-racimos de 4–9 cm de largo, distribuidos sobre un eje de 1–7 cm. Espiguillas ovado-elípticas de (2–)3–4 mm long. × 1,2–1,5 mm lat., en pares o solitarias, formando 2 o 4 hileras sobre un raquis glabro de 1–1,5 mm de ancho. Gluma superior membranácea, los márgenes ciliados con pelos plateados patentes, 3-nervia, dorso pubérulo o glabro; lemma inferior de la longitud de la gluma, glabra, 3-nervia. Antecio superior angostamente elíptico, glabro. Fig. 106.

SANTA CRUZ: Florida, Samaipata, *Killeen* 2492.
LA PAZ: Larecaja, La Paz hacia Sorata, *Escalona et Beck* 611.
COCHABAMBA: Ayopaya, Río Tambillo, *Baar* 23. Carrasco, Chimboeta, *Vargas* 27. Capinota, Irpa-Irpa, *Antezana* 293. Arce, Anzaldo, *Aleman* 118. Mizque, Santiago, *Sigle* 352.
CHUQUISACA: Oropeza, Sucre, *Wood* 7852.
TARIJA: Cercado, Barrio Senac, *Bastian* 944.
México hasta Argentina. Laderas pedregosas o cespedosas, bordes de caminos y bosques; 200–2950 m.

Los represetantes más australes de esta especie cuentan con 1–5 racimos en la inflorescencia y, por ello, se distinguen de *P. buchtienii* cuya inflorescencia está formada por 4–9 racimos. Pero en especímenes mexicanos de *P. humboldtianum* los racimos pueden llegar a ser 7, diferenciándose en esta caso de *P. buchtienii* sólo por poseer las espiguillas más anchas.

52. P. buchtienii *Hack.*, Repert. Spec. Nov. Regni Veg. 6: 153 (1908); H442; F310. Tipo: Bolivia, *Buchtien* 420 (W, holótipo).

Plantas perennes rizomatosas con culmos cilíndricos, erectos o ascendentes de 60–110 cm de alto. Hojas principalmente caulinares; láminas lanceoladas de 6–17 cm long. × 8–20 mm lat., planas, cartáceas, glabras o pilosas, acuminadas. Inflorescencia con 4–9 racimos de 6–12 cm de largo, dispuestos sobre un eje de 3–9 cm. Espiguillas lanceoladas de 3–3,5 mm long. × 0,8–1 mm lat., acuminadas, en pares o solitarias, formando 2 o 4 hileras sobre un raquis de 1–1,5 mm de ancho.

111. Paspalum

Gluma superior membranácea, los márgenes ciliados con pelos patentes plateados, 3-nervia, dorso pubérulo; lemma inferior similar a gluma, glabra, 3-nervia. Antecio superior lanceolado, glabro. Fig. 99.

SANTA CRUZ: Ichilo, Buena Vista, *Steinbach* 6644. Florida, 10 km E de Samaipata, *Renvoize et Cope* 4038.
LA PAZ: Murillo, Zongo, *Renvoize et Cope* 4259. Nor Yungas, Coroico, *Beck* 17851. Sud Yungas, Yanacachi, *Beck* 213.
COCHABAMBA: Chaparé, Locotal, *Steinbach* 9093.
Bolivia et Perú (Manu). Laderas rocosas o sitios sombrados; 450–2000 m.

P. buchtienii es muy afín a *P. humboldtianum* y en varios aspectos, ambas especies se superponen; *P. buchtienii* sólo puede distinguirse por tener racimos levemente mayores en número y longitud y espiguillas algo más angostas.

53. P. urvillei *Steud.*, Syn. Pl. Glumac. 1: 24 (1854); F314; K178. Tipo: Brasil, Herb. *Dumont-Urville* (P, holótipo).

Plantas perennes amacolladas con culmos robustos de 75–250 cm de alto. Láminas lineares de 12–48(–65) cm long. × 3–15(–20) mm lat., planas, atenuadas. Inflorescencia con (4–)6–25 racimos de 7–14 cm de largo, ascendentes o adpresados, sobre un eje de (4–)10–30(–40) cm. Espiguillas ovadas de 2–3 mm de largo, comprimidas dorsi-ventralmente, atenuadas, los márgenes villosos, apareadas, en 4 hileras sobre un raquis de 0,5 mm de ancho. Gluma superior y lemma inferior membranáceas, 3–5-nervias. Antecio superior coriáceo, estriado. Fig. 102.

SANTA CRUZ: Andrés Ibáñez, 5 km S de Santa Cruz, *Killeen* 2121. Caballero, 3 km W de Saipina, *Killeen* 2508.
TARIJA: Cercado, Tomatitas, *Bastian* 203. Avilés, Chocloca, *Bastian* 305. Arce, Charagua, *Bastian* 1266.
Sur de Estados Unidos de América hasta Argentina. Sitios ruderales; 0–2000 m.

54. P. verrucosum *Hack.*, Bull. Herb. Boissier, 2 sér. 4(3): 270 (1904). Tipo: Paraguay, *Hassler* 8197 (G, holótipo n.v.).
Anthaenantiopsis racemosa Renvoize, Kew Bull. 42(4): 924 (1987). Tipo: Brasil, *Dombrowski* 6528 (PKDC, holótipo).

Plantas perennes cortamente rizomatosas con culmos erectos de 30–45 cm de alto, desde una base bulbosa pubescente; nudos villosos, raro glabros. Láminas lineares de 10–30 cm long. × 2–4 mm lat., planas, pilosas, los márgenes cartilagíneos, acuminadas. Inflorescencia formada por 1–2 racimos de 6–13 cm de largo. Espiguillas elíptico-oblongas, pilosas, de 2,2–3 mm de largo, dispuestas en pares sobre un raquis trígono sinuoso. Gluma superior tan larga como la espiguilla, pilosa, con pelos tuberculados; lemma inferior similar a la gluma. Antecio superior pajizo.

TARIJA: Avilés, Pinos, *Fiebrig* 2819.
Argentina, Bolivia y Brasil. Campos; 2300 m.

55. P. erianthum *Nees ex Trin.*, Gram. Panic.: 121 (1826); F310; K175. Tipo: Brasil, *Langsdorff* (LE, holótipo).

Plantas perennes cespitosas, la base condensada y pubescente; vainas basales fibrosas. Culmos erectos, de 50–150 cm de alto; nudos barbados. Láminas lineares, de 10–40 cm long. × 5–15 mm lat., planas, densamente pubescentes o pilosas, atenuadas. Inflorescencia de 4–14 racimos, de (2–)5–10 cm de largo, sobre un eje de 3–18 cm de largo. Espiguillas lanceoladas de 3,5–5 mm de largo, densamente pilosas, apiculadas, en pares y formada 4 hileras sobre un raquis triangular y sinuosos, de 0,5–1 mm de ancho. Gluma superior hialina, 5-nervia. Lemma inferior hialina, 3–5 nervia. Antecio superior oblongo, pálido, finamente granuloso o liso.

BENI: Vaca Diez, Riberalta hacia Santa Rosa, *Beck* 20556.
SANTA CRUZ: Ichilo, Buena Vista, *Steinbach* 3543.
Bolivia, Brasil y Paraguay. Sabanas y campos, en suelos lateríticos o arenosos; 200–950 m.

P. erianthoides es una especie muy afín pero tiene láminas involutas y vainas basales no fibrosas.

56. P. dilatatum *Poir.*, Encycl. 5: 35 (1804); F313. Tipo: Argentina, *Commerson* (P, holótipo n.v.).

Plantas perennes amacolladas con culmos de 30–175 cm de alto. Hojas principalmente basales; láminas lineares de 7–45 cm long. × 5–12 mm lat., planas, ciliadas, atenuadas. Inflorescencia formada por 3–10 racimos de 3,5–12 cm de largo, dispuestos sobre un eje de 6–20 cm. Espiguillas ovadas de 3–4 mm de largo, apareadas, en 4 hileras sobre un raquis glabro de 1–1,5 mm de ancho. Gluma superior y lemma inferior iguales, 7-nervias, pilosas en los márgenes. Antecio superior papiloso-estriado, pálido.

TARIJA: Cercado, Tarija, *Cárdenas* 202.
Estados Unidos de América hasta Argentina. Campos; 0–2000 m.

P. dilatatum es muy afín a *P. urvillei*, taxon que se diferencia por tener espiguillas menores, de 2–3 mm long. y racimos más numerosos (6–25); también se relaciona con *P. pauciciliatum* (Parodi) Herter que se reconoce por su hábito laxamente amacollado.

57. P. polyphyllum *Nees* in Trin., Gram. Panic.: 114 (1826); H443; F310; K177. Tipo: Brasil, *Langsdorff* (LE, holótipo).

Plantas perennes rizomatosas con culmos ramosos delgados de 30–100 cm de alto. Hojas caulinares; láminas patentes, lineares o linear-lanceoladas, de 3–10 cm long. × 2–7 mm lat., planas, pilosas, agudas o acuminadas. Inflorescencia con 2–4(–6) racimos de 3–7 cm de largo, dispuestos sobre un eje de 1–6 cm. Espiguillas elípticas de 2–3 mm de largo, agudas, en pares, formando 4 hileras sobre un raquis piloso de 1–1,5 mm de ancho. Gluma superior con márgenes engrosados y ciliados, con pelos tuberculosos plateados, débiles y rígidos, el dorso pubérulo, hialinas, nervio medio nulo; lemma inferior tan larga como la gluma igual, ciliada en el ápice, el dorso glabro, 5-nervia. Antecio superior lanceolado, glabro o pubérulo.

SANTA CRUZ: Ichilo, Buena Vista, *Steinbach* 5162. Florida, Samaipata, *Renvoize et Cope* 4048. Chiquitos, Santiago, *Killeen* 2795.
LA PAZ: Iturralde, Luisita, *Haase* 693. Tamayo, Apolo hacia Charazani, *Beck* 18508.
Brasil, Bolivia, Paraguay, Argentina y Uruguay. Laderas, campos y sabanas, suelos rocosos o arenosos; 180–1700 m.

58. P. hyalinum *Nees* in Trin., Gram. Panic.: 103 (1826). Brasil, *Martius* (M, síntipo n.v.). *Burchell* 4310 (K, síntipo).

Plantas perennes pilosas o subglabras, rizomatosas, con culmos erectos de 20–70 cm de alto. Láminas lineares de 4–13(–20) cm long. × 1–5 mm lat., planas, acuminadas. Inflorescencia con 2–9 racimos de 1,5–4,5(–7) cm de largo, dispuestos sobre un eje de 0,5–4 cm. Espiguillas elípticas de 1–1,5 mm de largo, plano-convexas, glabras, solitarias, en 2 hileras sobre un raquis sinuoso y plano, de 0,5 mm de ancho. Gluma superior y lemma inferior hialinas, 2–3-nervias. Antecio superior pálido, liso, lustroso. Fig. 105.

LA PAZ: Iturralde, Luisita, *Haase* 528; 682.
Venezuela y Guyanas hasta Bolivia y sur de Brasil. Campos, en suelos secos o húmedos; 80–1500 m.

59. P. lividum *Trin.* in Schltdl., Linnaea 26: 383 (1854); K176. Tipo: México *Schiede* (LE, lectótipo designado por Chase (1929)).

Plantas perennes amacolladas o estoloníferas con culmos geniculados o erectos de 30–135 cm de alto. Láminas lineares de 10–25 cm long. × 3–8 mm lat., planas, acuminadas. Inflorescencia formada por 3–13 racimos de 2–6 cm de largo distribuidos sobre un eje de 2–11 cm. Espiguillas elíptico-obovadas de 2–2,5 mm de largo, glabras, apareadas, en 4 hileras sobre un raquis de 1–2 mm de ancho. Gluma superior y lemma inferior iguales, membranáceas, 3-nervias, apiculadas. Antecio superior crustáceo, granuloso, pálido.

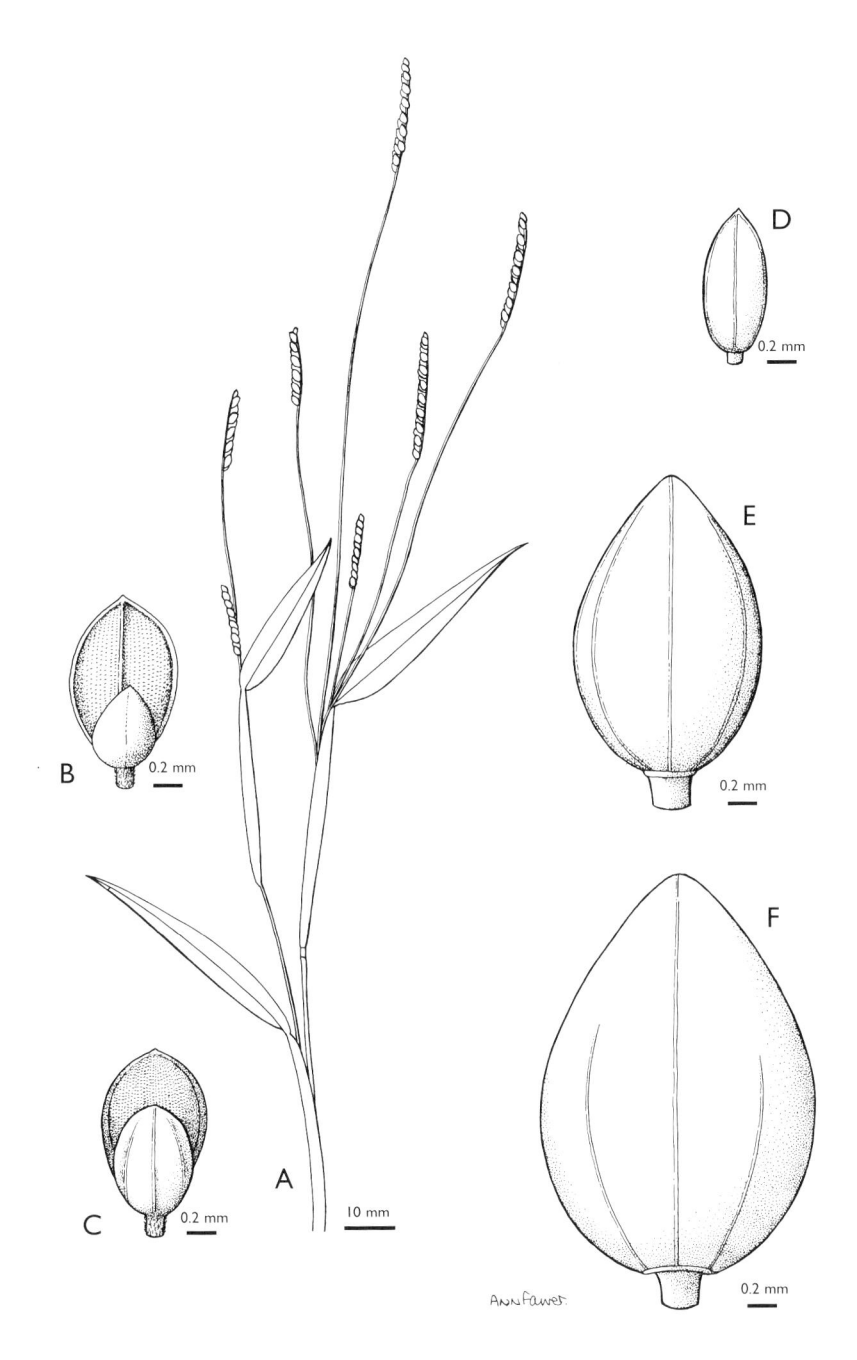

Fig. 105. **Paspalum decumbens**, A habito, B espiguilla en visto dorso, C espiguilla en visto ventral basada en *Renvoize et Cope* 4244. **P. hyalinum**, D espiguilla basada en *Haase* 682. **P. minus**, E espiguilla basada en *Renvoize* 4018. **P. notatum**, F espiguilla basada en *Beck* 760.

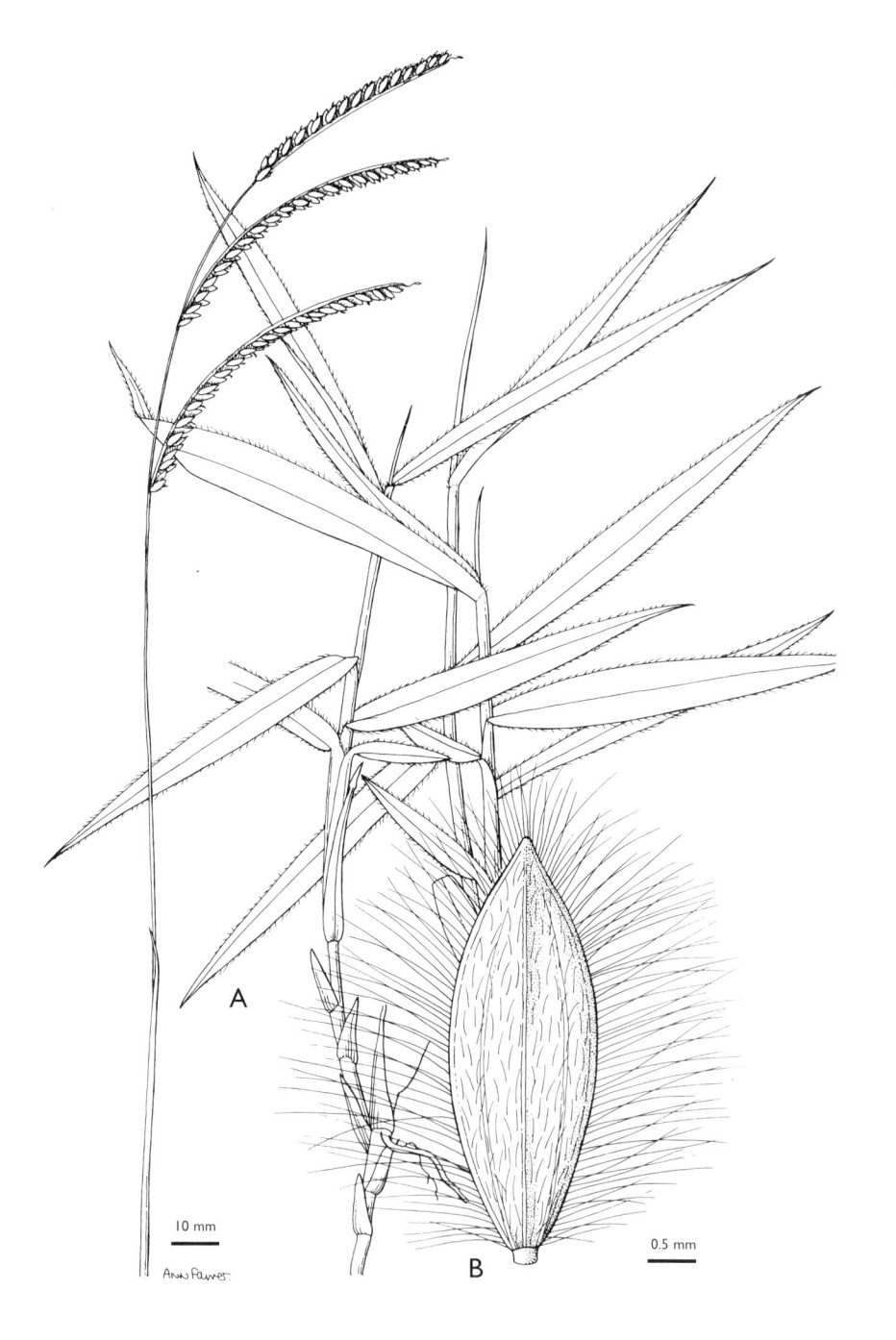

Fig. 106. **Paspalum humboldtianum**, **A** habito basada en *Feuerer* 10421a, **B** espiguilla basada en *Feuerer* 5775.

SANTA CRUZ: *Killeen* 1719.
México hasta Argentina. Campos húmedos; 250–1800 m.

60. P. humigenum *Swallen*, Phytologia 14: 362 (1967); K175. Tipo: Brasil, *Chase* 7931 (K, isótipo).

Plantas perennes rizomatosas con culmos erectos de 30–100 cm de alto; nudos glabros. Vainas basales glabras; láminas lineares de 10–30 cm long. × 3–6 mm lat., tiernas, planas o plegadas, glabras, atenuadas o acuminadas. Inflorescencia con 7–19 racimos de 1–4,5 cm de largo, sobre un eje de 5–12 cm. Espiguillas elíptico-oblongas o elíptico-obovadas, de 1,5–2 mm de largo, comprimidas dorsi-ventralmente, escabérulas, apiculadas, en pares y formando 4 hileras densas sobre un raquis planos y ciliados, de 0,5–0,7 mm de ancho. Gluma superior y lemma inferior membranáceas, 3-nervias. Antecio superior coriáceo, pálido, finamente granuloso.

SANTA CRUZ: Velasco, 35 km W de San Ignacio, *Bruderreck* 113.
Brasil. Campos húmedos; 300–400 m.
El ejemplar citado difiere de típicos materiales de *P. humigenum* por tener los nudos y la base de las vainas pilosos.

61. P. remotum *J. Rémy*, Ann. Sci. Nat. Bot., Sér. 3, 6: 349 (1846); H453; F316. Tipo: Bolivia, *Pentland*.

Plantas perennes glabras rizomatosas con culmos ascendentes de 25–100 cm de alto; nudos prominentes. Láminas lineares de 5–20 cm long. × 5–10 mm lat., planas, atenuadas. Inflorescencia con 2–5(–7) racimos de 2,5–9 cm de largo distribuidos sobre un eje de 2–10 cm. Espiguillas elíptico-ovadas de 2,5–3 mm de largo, pubescentes, en pares y formando 4 hileras sobre un raquis plano de 1,5–1,7 mm de ancho. Gluma superior y lemma inferior hialinas, 5-nervias. Antecio superior pálido, finamente estriado.

LA PAZ: Larecaja, Sorata, *Mandon* 1252; *Bang* 1312.
CHUQUISACA: Tipoyo, *Wood* 8075.
Bolivia. Sitios húmedos; 2600–2800 m.

62. P. paniculatum *L.*, Syst. Nat. ed. 10: 855 (1759); H447; F312; K177. Tipo: Jamaica, *Browne* (LINN, lectótipo).

Plantas perennes amacolladas, a veces estoloníferas, híspidas o pilosas, con culmos erectos o geniculados de 30–120 cm de alto; nudos pubescentes o barbados con pelos plateados patentes. Hojas principalmente caulinares; láminas lanceoladas o linear-lanceoladas de 10–40 cm long. × 9–25 mm lat., planas, acuminadas. Inflorescencia terminal, oblonga o piramidal, formada por 6–numerosos racimos delgados, los basales de 2,5–10 cm de largo, dispuestos sobre un eje de 4–20 cm. Espiguillas orbiculares o anchamente obovadas de 1–1,5 mm de largo, en pares alternos o en 4 hileras sobre un raquis de 0,5 mm de ancho. Gluma superior membranácea, 3-nervia, pubescente. Lemma inferior similar a la gluma, pero subglabra en la porción central. Antecio superior perfecto; lemma estraminea, crustácea, lustrosa. Fig. 107.

SANTA CRUZ: Chávez, 25 km N de Concepción, *Killeen* 744. Velasco, 25 km SW de San Ignacio, *Seidel* 507.
LA PAZ: Murillo, Valle de Zongo, *Renvoize et Cope* 4245. Nor Yungas, Coroico, *Sigle* 76. Sud Yungas, Yanacachi, *Vargas et Seidel* 473.
COCHABAMBA. Chaparé, Villa Tunari hacia Cochabamba, *Beck* 7387.
Regiones tropicales del mundo. Sitios sombreados; 0–2000 m.

P. umbrosum Trin. que habita en Paraguay, Uruguay y sur de Brasil, se diferencia de *P. paniculatum* por las espiguillas elípticas u oblongas, hábito rizomatoso y nudos inferiores del tallo radicantes.

63. P. juergensii *Hack.*, Repert. Spec. Nov. Regni Veg. 7: 312 (1909); H448; F312. Tipo: Brasil, *Jürgens* (B, holótipo n.v.).

Plantas perennes rizomatosas con culmos de 30–180 cm de alto; nudos glabros o pubescentes. Hojas principalmente caulinas; láminas lineares o lanceoladas de 15–30 cm long. × 5–18 mm lat., planas, pilosas o subglabras, atenuadas. Inflorescencia con 4–13 racimos laxos de 4–10(–13) cm de largo, dispuestos sobre un eje de 6–14 cm. Espiguillas obovado-oblongas de 1,5 mm de largo, en pares alternos y formando 4 hileras sobre un raquis de 0,5 mm de ancho. Gluma superior membranácea, 3-nervia, pubescente. Lemma inferior similar a la gluma pero a veces subglabra. Antecio superior perfecto; lemma estramínea, crustácea, lustrosa. Fig. 107.

LA PAZ: Nor Yungas, Yolosa hacia La Paz, *Renvoize* 4771. Chuspipata, *Beck* 9152. Sud Yungas, Yanacachi, *Vargas et Seidel* 469.
COCHABAMBA: Chaparé, Locotol, *Wood* 9257.
Sur de Brasil, Paraguay, Uruguay y norte de Argentina. Sitios sombreados boscosos; 200–2500 m.

64. P. lepidum *Chase*, Contr. U.S. Natl. Herb. 24: 447 (1927); F312. Tipo: Bolivia, *Hitchcock* 22726 (US, holótipo).

Plantas perennes cespitosas con culmos ascendentes de 20–45 cm de alto. Láminas lanceoladas de 7–11 cm long. × 5–10 mm lat., planas, pubescentes, atenuadas en el ápice. Inflorescencia con 3–4 racimos de 2–5 cm de largo dispuestos sobre un eje de 2,5–4 cm. Espiguillas elípticas de 2–2,5 mm de largo, esparcidamente

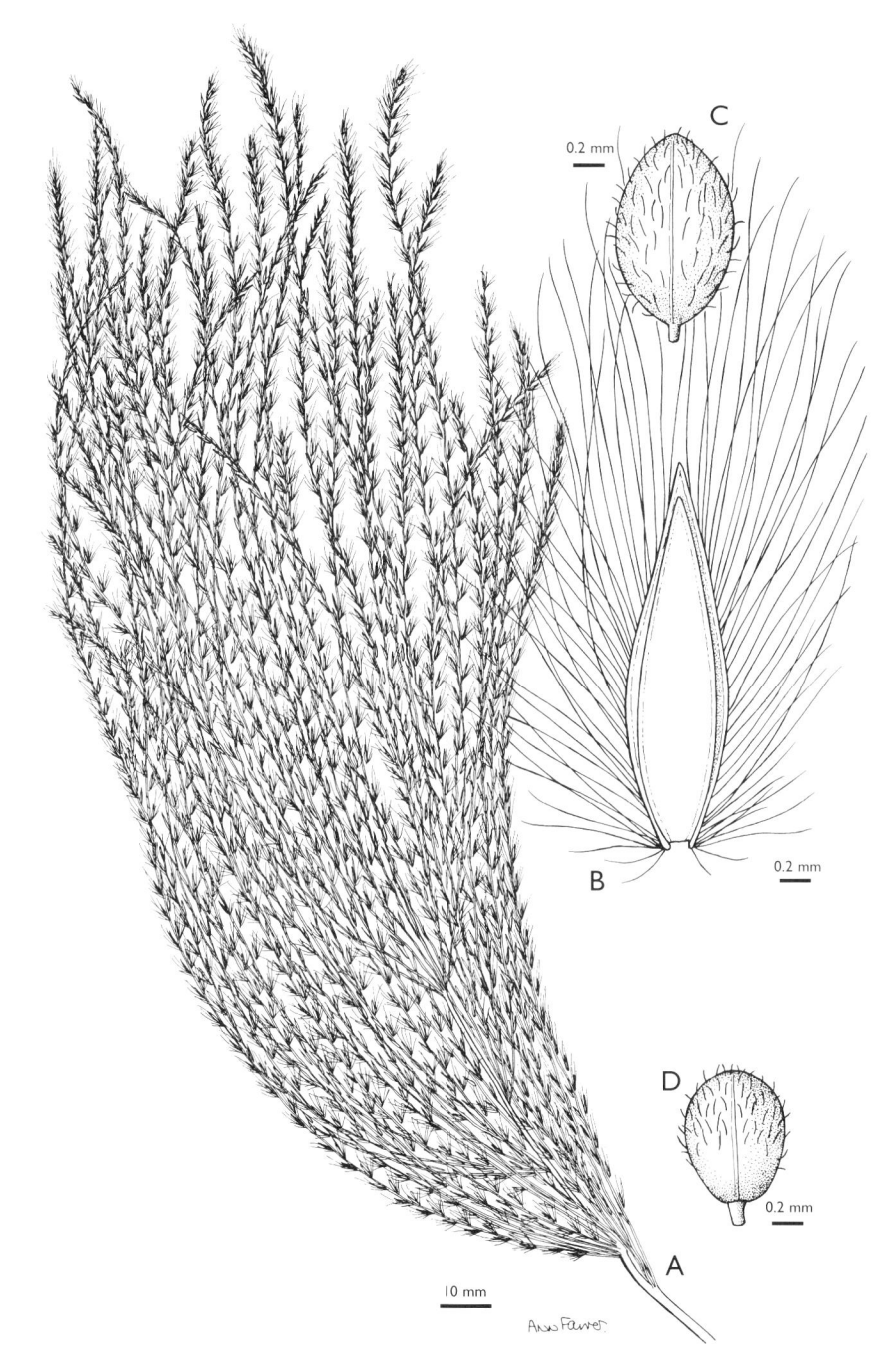

Fig. 107. **P. saccharoides**, **A** panícula, **B** espiguilla basada en *Solomon* 12957. **P. juergensii**, **C** espiguilla basada en *Solomon* 17352. **P. paniculatum**, **D** espiguilla basada en *Renvoize et Cope* 4245.

pubescentes, apareadas, en 4 hileras sobre un raquis de 1 mm de ancho. Gluma inferior ausente o rudimentaria; gluma superior y lemma inferior 5-nervias. Antecio superior piloso-estriado, pálido.

LA PAZ: Murillo, Unduavi, *Rusby* 23. Nor Yungas, Coroico, *Hitchcock* 22726. Sud Yungas, San Felipe, *Hitchcock* 22605.
Bolivia y Ecuador. Campos.
Afín a *P. inconstans* pero cespitosa.

65. P. inconstans *Chase*, Contr. U.S. Natl. Herb. 24: 446 (1927); F311. Tipo: Bolivia, *Buchtien* 7107 (US, holótipo).

Plantas perennes amacolladas con culmos adscendentes de 20–90 cm de alto; nudos oscuros, esparcidamente barbados o glabros. Hojas principalmente caulinares; vainas inferiores pilosas; láminas lanceoladas o linear-lanceoladas de 5–25 cm long. × 5–10 mm lat., pubescentes, agudas o atenuadas. Inflorescencia con 2–8 racimos laxos de 3–7 cm de largo, dispuestos sobre un eje de 1–7 cm. Espiguillas oblongas o elípticas de 2,2–2,5 mm de largo, glabras o subglabras, apareadas, formando 4 hileras irregulares sobre un raquis aplanado o triquetro, ciliados o glabros, de 0,2–0,8 mm de ancho. Gluma superior membranácea $^2/_3$–$^3/_4$ del largo de la espiguilla, 5-nervia, glabra o esparcidamente pubescente. Lemma inferior 5-nervia, iguala en largo a la espiguilla. Antecio superior crustáceo, pálido, estriado.

LA PAZ: Murillo, Valle de Zongo, *Renvoize et Cope* 4265. Nor Yungas, 10 km NE de Chuspipata, *Solomon* 14950. Sud Yungas, Huancané hacia San Isidro, *Beck* 19739.
Colombia, Ecuador y Bolivia. Sitios sombreados; 1100–2900 m.

66. P. saccharoides *Nees* in Trin., Sp. Gram. 1: 107 (1828); H455; F317. Tipo: Ind. Occ. *Sieber* 137 (LE, holótipo).

Plantas perennes pilosas con culmos robustos ramosos, erectos o decumbentes, de 80–150(–250) cm de largo; nudos basales radicantes. Hojas principalmente caulinares; láminas lineares de 20–40 cm long. × 7–15 mm lat., planas, acuminadas. Inflorescencia terminal grande, ovada u orbicular, compuesta por numerosos racimos delgados y patentes, los apicales curvados y péndulos, de (10–)15–25 cm de largo; eje de 5–12 cm. Espiguillas solitarias, lanceoladas, laxas, en dos hileras sobre un raquis de 0,5 mm de ancho. Gluma superior de 2–2,5(–3) mm de largo, membranácea, 2-nervia, márgenes pilosos con pelos de 5 mm de largo. Lemma inferior 2 mm de largo, membranácea, enervia–2-nervia, glabra. Antecio superior membranáceo, de 1,5 mm de largo. Fig. 107.

BENI: Ballivián, San Borja hacia Alto Beni, *Renvoize* 4711.

LA PAZ: Murillo, Zongo, *Renvoize et Cope* 4260. Nor Yungas, Chuspipata hacia Yolosa, *Beck* 14899. Sud Yungas, Sapecho hacia Inicua, *Seidel et Schulte* 2340.
COCHABAMBA: Chaparé, Chimoré, *Eyerdam* 24703.
América central y Caribe hasta Bolivia. Laderas abiertas en bosques montanos; 0–2100 m.

67. P. vaginatum *Sw.*, Prodr.: 21 (1788); K178. Tipo: Jamaica, *Swartz* (localidad incierta).

Plantas perennes estoloníferas con culmos de 10–60 cm de alto. Hojas dísticas; láminas lineares de 2–18 cm long. × 2–4 mm lat., glabras, planas, plegadas o enrolladas, rígidas, glaucas, agudas. Inflorescencia formada por 2 racimos conjugados o 3 subdigitados, de 1,5–7 cm de largo. Espiguillas ovado-elípticas, comprimidas, de 2,5–3,5 mm, glabras, pálidas, agudas, solitarias, en dos hileras sobre un raquis triangular de 1 mm de ancho. Gluma superior cartáceas, 5-nervia o el nervio central ausente; lemma inferior similar a la gluma superior. Antecio superior cartáceo.

BENI: Ballivián, Espíritu, *Renvoize* 4693.
SANTA CRUZ: Andrés Ibáñez, Río Piray, *Renvoize et Cope* 4003.
Regiones tropicales y subtropicales. Campos bajos arcillosos y salobres; 0–1000 m.

Por sus espiguillas glabras *P. vaginatum* puede separarse de algunas ecotipos de *P. distichum* que son muy semejantes pero tienen espiguillas pilosas.

68. P. distichum *L.*, Syst. Nat. ed. 10, 2: 855 (1759); H444; F311. Tipo: Jamaica, *Browne* (LINN, lectótipo).
Digitaria paspalodes Michx., Fl. Bor.-Amer. 1: 46 (1803). Tipo: Carolina del Sur, *Michaux* (P-MICHX, holótipo n.v.).
Paspalum paspalodes (Michx.) Scribn., Mem. Torrey Bot. Club. 5: 29 (1894).

Plantas perennes estoloníferas con culmos ascendentes de 10–60 cm de alto. Láminas lineares de 3–14 cm long. × 3–7 mm lat., planas o involutas, glabras, agudas o acuminadas. Inflorescencia formada por 2(–3) racimos conjugados de 2–8 cm de largo. Espiguillas elípticas de 2,5–4 mm, pálidas, atenuadas, solitarias, en dos hileras sobre un raquis planos de 1–2 mm de ancho. Gluma inferior a veces desarrollada como una escama triangular, la superior 3-nervia, coriácea, pubescente. Lemma inferior coriácea, 3-nervia. Antecio superior coriáceo, pálido, apiculado.

SANTA CRUZ: Ichilo, Río Surutú, *Steinbach* 6835. Andrés Ibáñez, Santa Cruz hasta Cotoca, *Coimbra* 71.
CHUQUISACA: Calvo, Río Taperillas, *Wood* 9717.
Regiones subtropicales y templado-calidas. Lugares húmedos en campos y sitios alterados; 0–250 m.

112. AXONOPUS P. Beauv.
Ess. Agrostogr.: 12 (1812); Black, Advancing Frontiers Pl. Sci. 5: 1–186 (1963).

Plantas perennes o anuales, cespitosas, rizomatosas o estoloníferas. Inflorescencia formada por 2–numerosos racimos espiciformes, subdigitados o sobre un eje alargado. Espiguillas solitarias, subsésiles, dispuestas en 2 hileras sobre un lado de un raquis triangular glabro, piloso o tuberculado híspido. Espiguillas 2-floras, ovadas, elípticas o típicamente oblongas, múticas, comprimidas dorsiventralmente, glabras, pilosas o híspidas; antecio inferior estéril, superior perfecto. Gluma inferior ausente, la superior plana, membranácea, 2–5-nervia, tan larga como el antecio perfecto o mayor; raquilla articulada por debajo de la gluma. Lemma inferior y gluma superior iguales. Antecio perfecto cartilagíneo, liso, glabro o piloso, castaño o pajizo.

110 especies tropicales y subtropicales en las Américas, 1 especie en Africa.

1. Raquis híspido con pelos aúreos o blanquecinos:
    2. Raquis aúreo-híspido:
        3. Espiguillas nunca inmersas en el raquis · · · · · · · · · · · · · **1. A. canescens**
        3. Espiguillas inmersas en receptáculos del raquis · · **2. A. chrysoblepharis**
    2. Raquis híspido, pelos blanquecinos:
        4. Espiguillas de 2–2,5 mm de largo · · · · · · · · · · · · · · · · · · **3. A. herzogii**
        4. Espiguillas de 2,5–4 mm de largo · · · · · · · · · · · · · · · **4. A. brasiliensis**
1. Raquis glabro o con pelos blancos flexuosos:
    5. Gluma superior y lemma inferior con el nervio medio ausente o poco perceptible:
        6. Plantas anuales
            7. Antecio superior más corto que la espiguilla · · · · **13. A. compressus**
            7. Antecio superior más ó menos igual a la espiguilla:
                8. Láminas lanceoladas, de 4–8 mm de ancho, membránaceas; antecio superior castaño · · · · · · · · · · · · · · · · · · **5. A. capillaris**
                8. Láminas lineares o lineo-lanceoladas, de 2–9 mm de ancho, herbáceas; antecio superior estramíneo:
                    9. Láminas lineares de 4,5–22 cm long. × 2–5 mm lat., glabras
                    · **9. A. fissifolius**
                    9. Láminas lineo-lanceoladas de 5–14 cm long. × 4–9 mm lat., pilosas · **10. A. boliviensis**
        6. Plantas perennes:
            10. Antecio superior más corto que la espiguilla:
                11. Culmos de 70–250 cm de alto · · · · · · · · · · · **6. A. leptostachyus**
                11. Culmos de 15–30(–60) cm de alto · · · · · · · · · **13. A. compressus**
            10. Antecio superior más o menos igual a la espiguilla:
                12. Espiguillas subglabras o pubérulas:
                    13. Láminas lineares, obtusas o agudas:
                        14. Nudos barbados:
                            15. Lemma y pálea del antecio superiorpajizas
                            · **7. A. hirsutus**

15. Lemma y pálea del antecio superior marrones
　　　　 · **8. A. cuatrecasasii**
　　　14. Nudos glabros:
　　　　　16. Antecio superior pajizo · · · · · · · · · · · · **9. A. fissifolius**
　　　　　16. Antecio superior castaño · · · · · · · · · · · ·**11. A. pressus**
　　　13. Láminas lanceoladas o lineares, acuminadas · · **17. A. andinus**
　　12. Espiguillas pilosas o pubescentes:
　　　17. Inflorescencias solitarias:
　　　　　18. Espiguillas de 2–3 mm · · · · · · · · · · · · **12. A. marginatus**
　　　　　18. Espiguillas de 1,5–2 mm · · · · · · · · · · · **15. A. elegantulus**
　　　17. Inflorescencias agrupadas (1–)2–4 · · · · · · · · · **14. A. purpusii**
 5. Gluma superior y lemma inferior con nervio medio bien definido:
　　19. Plantas robustas con culmos comprimidos; base de la lámina más ancha o del mismo ancho que el ápice de la vaina:
　　　20. Plantas de 100–300 cm de alto; láminas de 10–40 mm de ancho
　　　　 · **16. A. scoparius**
　　　20. Plantas de 35–120 cm de alto; láminas de 5–20 mm de ancho
　　　　 · **18. A. iridifolius**
　　19. Plantas robustas o no, con culmos cilíndricos; láminas pseudopecioladas:
　　　21. Culmos de 100–200 cm de alto; eje de la inflorescencia de 10–30 cm:
　　　　　22. Láminas de 3–8(–10) mm de ancho · · · · · · · · **19. A. barbigerus**
　　　　　22. Láminas de 4–15 mm de ancho · · · · · · · · · · · · **20. A. eminens**
　　　21. Culmos de 50–100 cm de alto; láminas de 1–7 mm lat.; eje de la inflorescencia de 3–15 cm · **21. A. siccus**

1. A. canescens (*Nees*) *Pilg.* in Engl. & Prantl, Nat. Pflanzenfam. ed. 2, 14e: 55 (1940); K143. Tipo: Brasil, *Langsdorff* (LE, holótipo).
Panicum canescens Nees in Trin., Gram. Panic.: 89 (1826).
Paspalum pulcher Nees, Agrostologia Brasiliensis in Martius, Fl. Bras. 2(1): 79 (1829). Tipos: Brasil, *Martius* y México, *herb Willd.* (B, isótipos n.v.).
P. exasperatus Nees loc. cit.: 81 (1829). Tipo: Brasil, *Martius* (M, holótipo n.v.).
Panicum chrysites Steud., Syn. Pl. Glumac. 1: 38 (1855). Tipo: Guyana Francesa, *Leprieur* (BM, isótipo n.v.).
Axonopus chrysites (Steud.) Kuhlm., Comiss. Linhas Telegr. Estratég. Mato Grosso Amazonas 67, Annexo 5, Bot. 11: 88 (1922); F305.
A. pulcher (Nees) Kuhlm. loc. cit.; K145.
A. aureus sensu Hitchc., Contr. U.S. Natl. Herb. 24: 431 (1927) non P. Beauv. (1812)
A. exasperatus (Nees) G.A. Black, Advancing Frontiers Pl. Sci. 5: 168 (1963); F304; K144.

Plantas perennes rizomatosas, con culmos erectos o ascendentes de 30–120 cm de alto. Hojas principalmente caulinares, láminas lineares, de 5–26 cm long. × 2–6 mm lat., planas o plegadas, acuminadas. Racimos 2–16, digitados o subdigitados, de 3,5–13 cm de largo; raquis de 1 mm de ancho, densamente áureo-híspido. Espiguillas oblongo-elípticas, de 1–1,5(–2) mm de largo, glabras o pubérulas. Gluma superior y lemma inferior 2-nervias, nervio medio nulo. Antecio superior castaño, papiloso. Fig. 108.

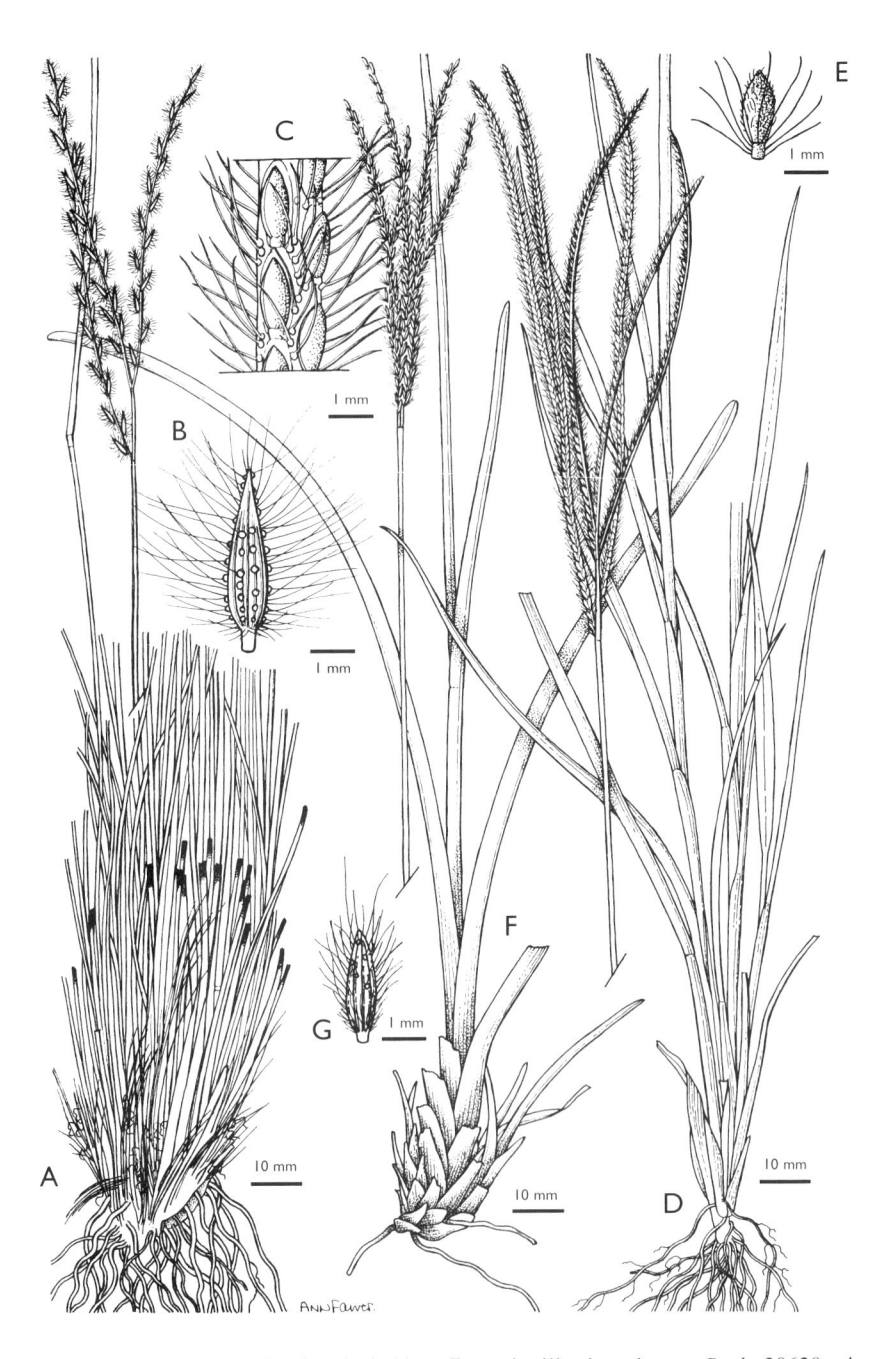

Fig. 108. **Axonopus brasiliensis**, **A** habito, **B** espiguilla basada en *Beck* 20620. **A. chrysoblepharis**, **C** porción de raquis basada en *Renvoize* 4603. **A. canescens**, **D** habito, **E** espiguilla basada en *Renvoize* 4706. **A. herzogii**, **F** habito, **G** espiguilla basada en *Daly et al* 2177.

BENI: Ballivián, Espíritu, *Beck* 3374. Yacuma, Santa Ana, *Vivado* s.n.
SANTA CRUZ: Chávez, 8 km NW de Concepción, *Killeen* 1603. Ichilo, Buena Vista, *Steinbach* 6948. Cordillera, 50 km S de Santa Cruz, *Renvoize et Cope* 3934.
LA PAZ: Iturralde, Luisita, *Beck et Haase* 9913. Larecaja, Mapiri, *Buchtien* 11. Nor Yungas, Coroico, *Beck* 14964.
América Central hasta Bolivia y Brasil. Campos y sabanas; 0–1180 m.

2. A. chrysoblepharis (*Lag.*) *Chase*, Proc. Biol. Soc. Wash. 24: 134 (1911); H431; F304; K143. Tipo: Panamá, *Neé* (MA, holótipo n.v.).
Cabrera chrysoblepharis Lag., Gen. Sp. Pl.: 5 (1816).

Plantas perennes con culmos erectos cilíndricos de color marrón o anaranjado, de 60–100 cm de alto; nudos barbados o glabros. Hojas principalmente caulinares; láminas lineares, de 8–30 cm long. × 5–10(–15) mm lat., coriáceas, planas o plegadas, glabras o híspidas, acuminadas. Racimos 2–9(–15), digitados o subdigitados, de 4–11 cm de largo, raquis de 1–2 mm de ancho, densamente áureo-híspido. Espiguillas elíptico-oblongas, de 1,5 mm de largo, glabras, agudas u obtusas, inmersas en receptáculos del raquis. Gluma superior y lemma inferior 2-nervias, nervio medio nulo. Antecio superior castaño, algo papiloso. Fig. 108.

BENI: Yacuma, Porvenir, *Killeen* 2591.
SANTA CRUZ: Chávez, Concepción, *Killeen* 1849. Velasco, San Ignacio, *Beck et Seidel* 12323. Warnes, Viru Viru, *Killeen* 2113.
LA PAZ: Iturralde, Ixiamas, *Beck* 18414.
América Central hasta Bolivia y Paraguay. Campos y sabanas; 300–750 m.

A. excavatus (Trin.) Henrard es semejante a esta especie pero se distingue por su hábito anual.

3. A. herzogii (*Hack.*) *Hitchc.*, Contr. U.S. Natl. Herb. 24: 431 (1927); H431; F304; K144. Tipo: Bolivia, *Herzog* 866 (US, isótipo).
Paspalum herzogii Hack., Repert. Spec. Nov. Regni Veg. 7: 50 (1909).

Plantas perennes cespitosas con culmos de 30–80 cm de alto. Hojas con vainas flabeladas y aquilladas; región ligular indistinta; láminas lineares, de 5–17 cm long. × 2–3 mm lat., plegadas, arqueadas o contortas, ciliadas, obtusas. Racimos 2–8, subdigitados de 5–10 cm de largo; raquis de 0,5 mm de ancho, densamente leuco-híspido. Espiguillas lanceoladas de 2–2,5 mm de largo, papilosas, pilosas. Gluma superior y lemma inferior 5-nervias. Antecio superior castaño. Fig. 108.

SANTA CRUZ: Chiquitos, Cerro San Miserate, *Herzog* 866; Santiago, *Cutler* 7018; Serranía de Santiago, *Daly et al.* 2177.
Bolivia y Brasil. Sabanas; 800–950 m.

4. A. brasiliensis (*Spreng.*) *Kuhlm.*, Comiss. Linhas Telegr. Estratég. Mato Grosso Amazonas Publ. 67, Annexo 5, Bot. 11: 47 (1922); K143. Tipo: Brasil, *Otto* (US, isótipo).
Eriochloa brasiliensis Spreng., Syst. Veg. 1: 249 (1825).

Plantas perennes cespitosas, fibrosas en la base, con culmos de 20–75 cm de alto. Láminas lineares o filiformes, de 10–23 cm long. × 1–3 mm lat., planas o involutas, curvadas o flexuosas, agudas u obtusas. Racimos 2–3(–9), digitados o subdigitados, de 3–15 cm de largo; raquis de 0,25 mm lat., híspido, con pelos blancos. Espiguillas algo laxas, angostamente ovadas, híspidas, de 2,5–4 mm de largo. Gluma superior y lemma inferior 5-nervias, los nervios prominentes. Antecio superior oblongo, castaño, liso, igual o poco más corto que la espiguilla. Fig. 108.

BENI: Vaca Diez, Riberalta hacia Santa Rosa, *Beck* 20565. Ballivián, Riberalta hacia Santa Rosa, *Beck* 20620.
SANTA CRUZ: Chávez, Serranía San Lorenzo, 10 km W de San Javier, *Killeen* 2834. Chiquitos, Serranía de Santiago, 3 km N de Chiquitos, *Killeen* 2788.
LA PAZ: Iturralde, Luisita, *Haase* 117.
Bolivia, Brasil y Paraguay. Campos; 180–1300 m.

5. A. capillaris (*Lam.*) *Chase*, Proc. Biol. Soc. Wash. 24: 133 (1911); H432; F304. Tipo: Guayana Francesa, *Le Blond* (US, isótipo).
Paspalum capillare Lam., Tab. Encycl. 1: 176 (1791).

Plantas anuales delicadas con culmos geniculados de 5–50 cm de alto. Láminas lanceoladas o linear-lanceoladas, de 1–8(–20) cm long. × 4–8 mm lat., planas, membranáceas, agudas. Racimos 2(–4), digitados o subdigitados, de 1–4 cm de largo sobre pedúnculos filiformes que surgen en grupos de 2–6 desde las vainas superiores. Espiguillas elíptico-oblongas, de 1–1,5 mm de largo, subglabras o pubérulas. Gluma superior y lemma inferior 2–4-nervias, nervio medio nulo. Antecio superior castaño.

LA PAZ: Iturralde, Luisita, *Haase* 291. Larecaja, Mapiri, *Rusby* 241. Sud Yungas, Chulumani, *Hitchcock* 22657.
COCHABAMBA: Cercado, Cochabamba, *Bang* 872.
Honduras hasta Bolivia y Paraguay. Campos y sitios alterados; 25–1600 m.

6. A. leptostachyus (*Flüggé*) *Hitchc.*, Contr. U.S. Natl. Herb. 22: 471 (1922); K144. Tipo: Venezuela, *Humboldt et Bonpland* (P, holótipo n.v.).
Paspalum leptostachyus Flüggé, Gram. Monogr., *Paspalum*: 122 (1810).
Axonopus paranaensis Parodi ex G.A. Black, Advancing Frontiers Pl. Sci. 5: 168 (1963); K145. Tipo: Argentina, *Parodi* 4266 (US, isótipo).

Plantas perennes cespitosas con culmos comprimidos, erectos de 70–250 cm de alto. Láminas lineares, de 25–50 cm long. × 5–10 mm lat., plegadas, obtusas o agudas; la unión dorsal con la vaina no diferenciada. Racimos 5–15, de 5–25 cm de largo, dispuestos sobre un eje de 3–15 cm, solitarias o en grupos de 2–3 que surgen de las vainas distales. Espiguillas elípticas, de 2,5–3 mm de largo, glabras. Gluma superior y lemma inferior 4–7-nervias, el nervio central evidente o nulo. Antecio superior estramíneo o castaño, más corto que la gluma y lemma inferior. Fig. 109.

BENI: Ballivián, Espíritu, *Beck* 5134. Yacuma, Puerto Yata, *Beck* 20694.
SANTA CRUZ: Chávez, 2 km S de Concepción, *Killeen* 1633.
LA PAZ: Iturralde, Luisita, *Beck et Haase* 9915.
Venezuela, Colombia, Bolivia, Brasil y Argentina. Campos húmedos y bordes de ríos; 80–200 m.

7. A. hirsutus *G.A. Black*, Advancing Frontiers Pl. Sci. 5: 55 (1963); F300. Tipo: Bolivia, *Steinbach en Herb. Osten* 14598 (US, holótipo n.v.).

Plantas perennes estoloníferas, con culmos de 25–40 cm de alto; nudos barbados. Láminas lineares, de 3–20 cm long. × 2–4 mm lat., planas o conduplicadas, atenuadas u obtusas en el ápice. Racimos 3–5, de 5–8 cm de largo, dispuestos sobre un pedúnculo solitario terminal. Espiguillas ovadas u oblongo-elípticas, de 1,5–2 mm, subglabras, sobre un raquis escabroso. Gluma superior y lemma inferior 2–4-nervias, nervio central nulo. Lemma y pálea superior pajizas, lustrosas, iguales a la lemma inferior.

SANTA CRUZ: Gutiérrez, Portachuelo, *Steinbach en Herb. Osten*. 14598. Andrés Ibáñez, Las Lomas de Arena, *Killeen* 2297.
Bolivia y Brasil. Sabanas húmedas; 450 m.

8. A. cuatrecasasii *G.A. Black*, Advancing Frontiers Pl. Sci. 5: 147 (1963); K143. Tipo: Colombia, *Cuatrecasas* 3882 (US, holótipo).

Plantas perennes cespitosas, con culmos de 80–120 cm de alto; nudos barbados. Láminas lineares, de 20–50 cm long. × 2–4 mm lat., planas o plegadas, glabras, agudas u obtusas. Racimos 4–6, digitados o subdigitados de 10–16 cm de largo; pedúnculos delgados que surgen solitarios desde las vainas distales. Espiguillas oblongas, de 2 mm, glabras; raquis escabroso. Gluma superior y lemma inferior 4-nervias, nervio central nulo. Antecio superior marrón, glabro, del largo de la lemma inferior.

SANTA CRUZ: Andrés Ibáñez, Las Lomas de Arena, *Killeen* 1577. Chiquitos, 22 km N de San José, *Killeen* 1725.
Venezuela, Colombia y Bolivia. Sabanas, en suelos arenosos; 200–400 m.

9. A. fissifolius (*Raddi*) *Kuhlm.*, Comiss. Linhas Telegr. Estratég. Mato Grosso Amazonas Publ. 67, Annexo 5, Bot. 11: 87 (1922); H432; F301; K144. Tipo: Brasil, *Raddi* (K, isótipo).
Paspalum fissifolium Raddi, Agrostogr. Bras.: 26 (1823).
Axonopus affinis Chase, J. Wash. Acad. Sci. 28: 180 (1938); F300. Tipo: Mississippi, *Kearney* 175 (US, holótipo).

Plantas anuales o cortamente perennes, cespitosas o estoloníferas, con culmos erectos de 10–60(–90) cm de alto, comprimidos; nudos glabros. Láminas lineares de 4,5–22 cm long. × 2–5 mm lat., planas o plegadas, glabras, agudas u obtusas. Racimos 2–4, digitados o subdigitados de 1,5–7 cm de largo, sobre pedúnculos delgados, solitarios o en grupos de 2–4 en las vainas superiores. Espiguillas elíptico-oblongas, de 1,5–2 mm de largo, subglabras hasta pubérulas. Gluma superior y lemma inferior 2–4-nervias, nervio central nulo. Antecio superior pálido. Fig. 109.

BENI: Ballivián, Espíritu, *Beck* 5683.
SANTA CRUZ: Velasco, 42 km N de San Ignacio, *Bruderreck* 55. Ichilo, Buena Vista, *Steinbach* 6724; 6847; 6879. Andrés Ibáñez, 10 km ENE de Santa Cruz, *Nee* 42172 .
LA PAZ: Nor Yungas, Polo Polo, *Buchtien* s.n. Sud Yungas, San Borja hacia Alto Beni, *Renvoize* 4714.
Estados Unidos de América hasta Argentina. Campos y sabanas; 0–1400 m.

10. A. boliviensis *Renvoize* sp. nov. *A. fissifolio* (Raddi) Kuhlm. affinis sed planta annua et laminis anguste lanceolatis, 5–14 cm longis, 4–9 mm latis, pilosis, acutis differt. Typus: Bolivia, Beni, Espíritu, *Beck* 5211 (holotypus LPB).

Plantas anuales amacolladas, con culmos de 20–45 cm de alto erectos o geniculados; nudos glabros. Hojas basales o caulinas; las vainas pilosas o subglabras, algo carinadas; lígulas de 0,3 mm, ciliadas; láminas lineo-lanceoladas, de 5–14 cm long. × 4–9 mm lat., planas, herbáceas, pilosas, agudas o atenuadas a la ápice, a la base troncadas o rondeadas. Pedúnculos solitarios o 2–3, desde las vainas superiores. Racimos 2–6, de 3–6 cm long., delicados, digitados o subdigitados. Espiguillas elíptico-oblongas de 1,3–1,7 mm. Gluma superior y lemma inferior similar, 2–4-nervias, el nervio central ausente; gluma pilosa en los márgenes. Antecio superior estraminoso, igual a la espiguilla. Fig. 109.

BENI: Ballivián, Espíritu, *Beck* 5210; 5211.
SANTA CRUZ: Velasco, 7 km N de San Ignacio, *Bruderreck* 234. Ichillo, 25 km SE de Puerto Grether, *Renvoize et Cope* 3952; Buena Vista, *Steinbach* 6990. Cordillera, 50 km S de Santa Cruz, *Renvoize et Cope* 3943.
Bolivia. Sabanas húmedas y secas; 200–500 m.

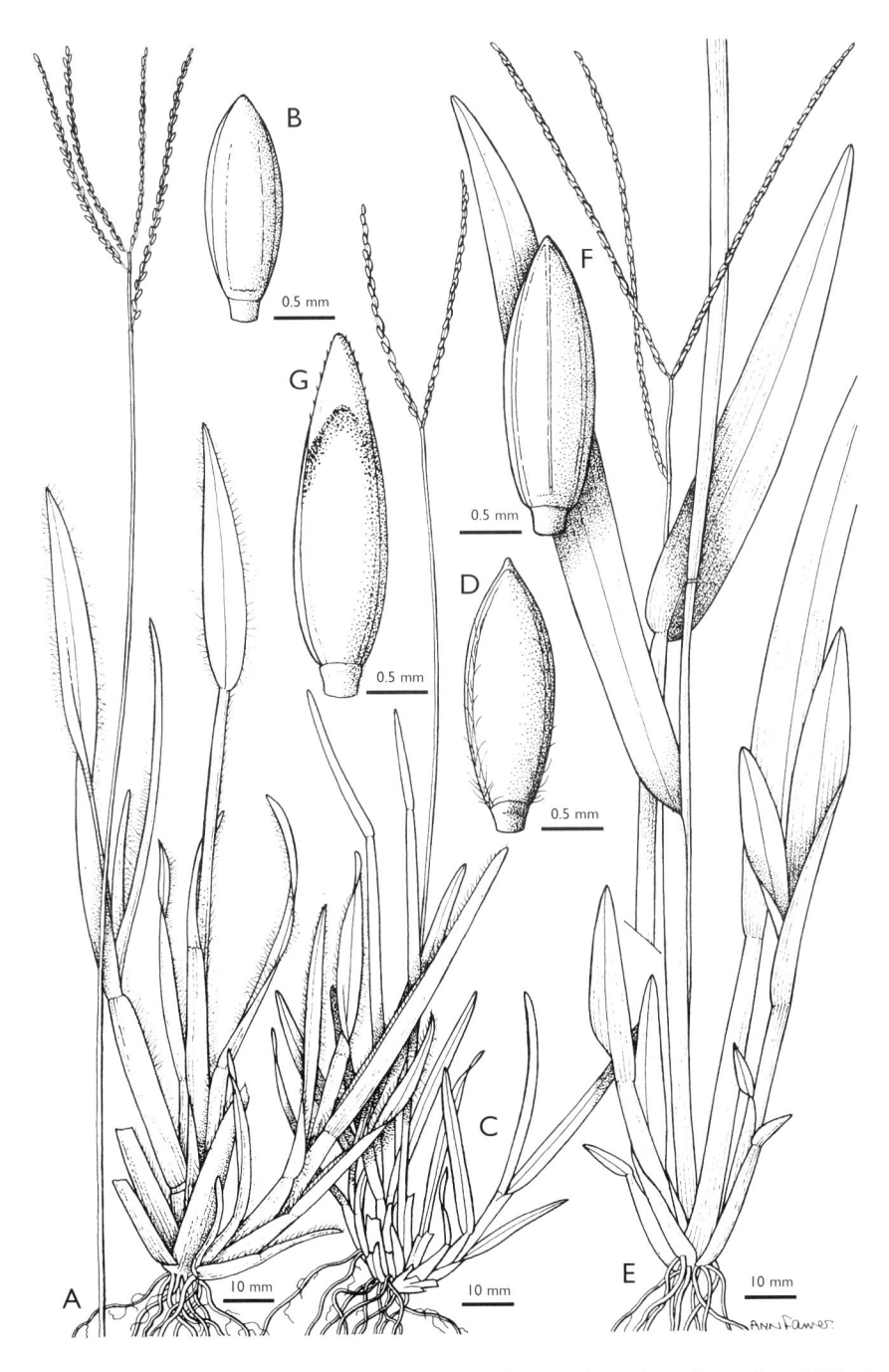

Fig. 109. **Axonopus boliviensis**, **A** habito, **B** espiguilla basada en *Renvoize et Cope* 3952. **A. fissifolius**, **C** habito, **D** espiguilla basada en *Renvoize* 4714. **A. compressus**, **E** habito, **F** espiguilla basada en *Beck* 3388. **A. leptostachyus**, **G** espiguilla basada en *Beck* 20694.

11. A. pressus *(Steud.) Parodi*, Notas Mus. La Plata, Bot. 3: 23 (1938). Tipo: Brasil, *Sellow* (K, isótipo).
Paspalum pressum Steud., Syn. Pl. Glumac. 1: 23 (1853).

Plantas perennes cespitosas rizomatosas, con culmos erectos robustos de 70–200 cm de alto; los nudos marcados glabros. Innovaciones horizontales o ascendentes distintos cubiertos por catafílos rigidos, pajizos, glabros, lisos. Hojas basales con vainas algo flabeladas comprimidas y carinadas, glabras o pilosas, a veces hirsutas. Lígulas de 0,5–1,2 mm de largo, ciliadas. Láminas lineares de 12–40 cm long. × 5–20 mm lat., planas, glabras o pilosas, a la base redondeadas, el ápice obtuso o subagudo. Racimos 6–40, de 10–30 cm long., sobre un eje de 4–12 cm long. Pedúnculos 1–2 en las vainas superiores. Espiguillas elíptico-oblongas de 2,2–3 mm long., glabras o pubérulas. Gluma superior y lemma inferior 2-nervios, nervia central nula. Antecio superior castaño, igual a la espiguilla.

SANTA CRUZ: Velasco, 2 km SE de San Ignacio, *Seidel et Beck* 411.
Brasil, Paraguay y Bolivia. Sabanas y laderas rocosas o en suelos arenosos; 300–1250 m.

12. A. marginatus *(Trin.) Chase*, Contr. U.S. Natl. Herb. 17: 226 (1913); H434; F300; K144 . Tipo: Brasil, *Langsdorff* (LE, holótipo).
Paspalum marginatum Trin., Gram. Panic.: 90 (1826).

Plantas perennes, cespitosas, con culmos erectos de 25–80 cm de alto. Hojas principalmente basales; vainas aquilladas, las más antiguas persistentes, fibrosas o cartáceas y formando una base sub-bulbosa; región ligular frecuentemente indistinta; láminas de 4–30 cm long. × 2–8 mm lat., plegadas o planas, glabras o pilosas, agudas, obtusas o naviculadas. Racimos 2–13, erectos de 4–16 cm de largo, subdigitados o sobre un eje de 2–4 cm; raquis esparcidamente pubescente o escabroso. Espiguillas oblongas, de 2–3 mm de largo, subsésiles. Gluma superior y lemma inferior lanceoladas, menores que el antecio superior, 2–4-nervias, nervio medio nulo, pilosas, con pelos blancos o purpúreos. Antecio superior pálido, liso, algo más corto que la espiguilla. Fig. 110.

BENI: Vaca Diez, Riberalta hacia Santa Rosa, *Beck* 20548.
LA PAZ: Iturralde, Luisita, *Haase* 691. Nor Yungas, Coroico, *Beck* 17852.
SANTA CRUZ: Chávez, 10 km S de Concepción, *Killeen* 1200. Chiquitos, 3 km N de Chiquitos, *Killeen* 2789.
Bolivia, Brasil y Paraguay. Campos y sabanas; 250–1900 m.

13. A. compressus *(Sw.) P. Beauv.*, Ess. Agrostogr.: 154, 167 (1812); H432; F301; K143. Tipo: Jamaica (localidad desconocida).
Milium compressum Sw., Prodr.: 24 (1788).

Fig. 110. **Axonopus marginatus**, **A** habito, **B** espiguilla basada en *Beck* 17852.

Plantas anuales o perennes estoloníferas o rizomatosas, con culmos geniculados de 15–30(–60) cm de alto. Láminas lineares o linear-lanceoladas, de 5–16(–22) cm long. × 3–13 mm lat., planas, herbáceas, obtusas o agudas. Inflorescencia formada por 2–3 racimos digitados o subdigitados de 2–8 cm de largo, sobre pedúnculos delgados solitarios o en grupos de 2–3 que surgen de las vainas superiores. Espiguillas ovado-oblongas, de 2–2,5 mm de largo, glabras o pubérulas. Gluma superior y lemma inferior 2–4-nervias, nervio medio nulo. Antecio superior pálido, más corto que la espiguilla. Fig. 109.

PANDO: Suárez, Cobija, *Beck* 17110. Madre de Dios, Miraflores, *Solomon* 16819.
BENI: Ballivián, Espíritu, *Beck* 3323.
SANTA CRUZ: Velasco, San Ignacio, *Seidel et Beck* 490.
LA PAZ: Nor Yungas, Río Huarinilla, *Solomon* 8521. Sud Yungas, Alto Beni, *Seidel et Vargas* 2364.
TARIJA: O'Connor, Entre Ríos, *Coro-Rojas* 1553.
Nativa de los trópicos de América, introducida en el Mundo Viejo y frecuentemente cultivada como césped. Campos y sabanas húmedas; 0–1400 m.

14. A. purpusii (*Mez*) *Chase*, J. Wash. Acad. Sci. 17: 144 (1927); F300. Tipo: México, *Purpus* 2450 (US, isótipo).
Paspalum purpusii Mez, Bot. Jahrb. Syst. 56, Beibl. 125: 10 (1921).

Plantas perennes cespitosas o raramente estoloníferas, con culmos de 30–70 cm de alto; nudos glabros. Hojas principalmente basales; vainas comprimidas, aquilladas, glabras pero con márgenes ciliados; láminas lineares de 3–30 cm long. × 1,5–7 mm lat., planas, conduplicadas, glabras o con márgenes ciliados, obtusas. Racimos 2–3(–10), de 5–12 cm de largo; eje de 1–5 cm de largo, reunidas en grupos de 2–4 en las vainas superiores, raramente solitarias. Espiguillas insertas oblicuamente en los pedicelos, elípticas, de 1,5–2,4 mm, pilosas. Gluma superior y lemma inferior 2-nervias, la nervadura central nula. Antecio superior pajizo, pubérulo en el ápice.

Localidad no indicada, *Herzog* 1331.
SANTA CRUZ: Ichilo, Buenavista, *Steinbach* 7060.
México hasta Bolivia et Paraguay. Campos arenosos; 45–200 m.

15. A. elegantulus (*J. Presl*) *Hitchc.*, Contr. U.S. Natl. Herb. 24: 433 (1927); F303. Tipo: Perú, *Haenke* (PR, holótipo n.v.).
Paspalum elegantulum J. Presl, Reliq. Haenk. 1: 211 (1830).

Plantas perennes estoloníferas con culmos erectos o ascendentes, de 25–80 cm de alto, comprimidos. Hojas pilosas; vainas aquilladas; región ligular indistinta; láminas lineares, de (2–)5–25 cm long. × 3–5 mm lat., planas o plegadas, naviculares. Racimos 2–12, erectos de 3–13 cm de largo, subdigitados o sobre un eje de 1–3 cm de largo; raquis piloso. Espiguillas oblongas, de 1,5–2 mm de largo, pilosas o glabras. Gluma superior y lemma inferior 2-nervias, nervio medio nulo o indistinto. Antecio superior castaño.

LA PAZ: Larecaja, Mapiri, *Buchtien* 12.
Ecuador, Perú y Bolivia. Laderas rocosas; 1000–3400 m.

16. A. scoparius (*Flüggé*) *Kuhlm.*, Comiss. Linhas Telegr. Estratég. Matto Grosso Amazonas Publ. 67, Annexo 5, Bot. 11: 45 (1922); H433; F303. Tipo: Venezuela, *Humboldt et Bonpland* (P, holótipo n.v.).
Paspalum scoparium Flüggé, Gram. Monogr., *Paspalum*: 124 (1810).

Plantas perennes robustas, cespitosas o estoloníferas con culmos comprimidos erectos de 100–300 cm de alto, frecuentemente ramosas hacia arriba. Hojas principalmente caulinares, con la región ligular marcada; láminas lineares, de 15–70 cm long. × 10–40 mm lat., planas, glabras o pilosas, atenuadas o acuminadas. Inflorescencia terminal o axilar formada por numerosos racimos, densos, erectos o péndulos, de 8–25 cm de largo sobre un eje de 10–35 cm. Espiguillas oblongo-elípticas, de 2–2,5(–3) mm de largo, pubérulas o subglabras, agudas. Gluma superior y lemma inferior 5-nervias, nervios definidos, frecuentemente purpúreas. Antecio superior pajizo. Fig. 111.

SANTA CRUZ: Ichilo, Montero hacia Puerto Grether, *Renvoize et Cope* 3959.
LA PAZ: Larecaja, Tipuani, *Buchtien* 5324. Murillo, Zongo, *Beck* 3650. Nor Yungas, Alto Beni hacia Caranavi, *Renvoize* 4730.
COCHABAMBA: Chaparé, Agrigento, *Tarifa* 5021.
México hasta Bolivia y Brasil. Bosques húmedos y bordes de caminos; 200–2300 m.

17. A. andinus *G.A. Black*, Advancing Frontiers Pl. Sci. 5: 111 (1963); F303. Tipo: Bolivia, *Buchtien* 5328 (US, holótipo n.v.).

Plantas perennes amacolladas; culmos comprimidos, geniculados, de 60–110 cm de alto; nudos glabros. Hojas basales y caulinares; vainas aquilladas; láminas lineares o lanceoladas, de 3–18 cm long. × 4–13 mm lat., cordadas en la base, planas, escabrosas, acuminadas. Inflorescencias terminales, solitarias o en pares. Racimos 5–8, de 7–12 cm de largo. Espiguillas lanceoladas u oblongas, de 2,5 mm. Gluma superior y lemma inferior 2–4-nervias, nervio central ausente o poco perceptible, pubérulas entre los nervios laterales. Antecio superior pajizo, igualando a la espiguilla. Fig. 112.

LA PAZ: Larecaja, Simaco, *Buchtien* 5328. Murillo, Valle de Zongo, *Solomon* 18850; *Renvoize et Cope* 4263.
Bolivia. Bosque, a la sombra; 900–1600 m.

Fig. 111. **Axonopus scoparius**, **A** habito, **B** espiguilla basada en *Renvoize et Cope* 3959.

18. A. iridifolius (*Poepp.*) *G.A. Black*, Advancing Frontiers Pl. Sci. 5: 125 (1963); F303. Tipo: Perú, *Poeppig* (W, holótipo n.v.).
Paspalum iridifolium Poepp., Reise Chile 2: 324 (1836).

Plantas perennes cespitosas con culmos comprimidos de 35–120 cm de alto; nudos barbados. Hojas principalmente basales; zona ligular indistinta; láminas lineares o linear-lanceoladas, de 15–30 cm long. × 5–20 mm lat., ascendentes, planas, purpúreo-verdosas, glabras o esparcidamente pilosas, escabrosas, obtusas o agudas. Inflorescencia formada por 6–20 racimos de 10–20 cm de largo dispuestos sobre un eje de 5–15 cm, sostenida por pedúnculos delgados que surgen de a pares en las vainas superiores. Espiguillas oblongas o elíptico-oblongas, de 2–2,5 mm de largo, frecuentemente purpúreas, pubérulas o subglabras. Gluma superior y lemma inferior 5–7-nervias, los nervios definidos. Antecio superior pajizo.

LA PAZ: Nor Yungas, Polo Polo, *Buchtien* 448. Caranavi hacia Coroico, *Renvoize* 4740. Sud Yungas, Chulumani, *Hitchcock* 22662.
Venezuela, Colombia, Perú y Bolivia. Laderas y sitios alterados a la orilla de caminos; 800–1900 m.

19. A. barbigerus (*Kunth*) *Hitchc. & Chase*, Contr. U.S. Natl. Herb. 24: 433 (1947); H433; F302; K143. Tipo: Uruguay, *Sellow* (K, isótipo).
Paspalum barbatum Nees ex Trin., Sp. Gram. 1: 98 (1827) non Schult. (1827).
Paspalum barbigerum Kunth, Révis. Gramin. 1: 24 (1829), basado en *P. barbatum* Nees ex Trin.
Axonopus eminens var. *bolivianus* G.A. Black, Advancing Frontiers Pl. Sci. 5: 93 (1963); F302. Tipo: Bolivia, *Cutler* 9088 (US, holótipo).
A. pilosus G.A. Black, loc. cit.: 100. Tipo: Bolivia, *Fiebrig* 2782 (GH, holótipo n.v.).

Plantas perennes cespitosas con culmos cilíndricos, erectos de 100–200 cm de alto; nudos barbados. Láminas lineares, de 10–90 cm long. × 3–8(–10) mm lat., planas, plegadas o involutas, glabras o escabrosas, atenuadas, punzantes. Racimos 10–50, de 10–20 cm de largo, sobre un eje de 20–25 cm. Espiguillas ovado-oblongas, de 2–2,5 mm de largo, subglabras o pubérulas. Gluma superior y lemma inferior 5-nervias, los nervios prominentes. Antecio superior pajizo. Fig. 112.

BENI: Ballivián, Reyes, *Cutler* 9088.
SANTA CRUZ: Velasco, San Ignacio, *Seidel et Beck* 400. Ichilo, Buena Vista, *Steinbach* 6976.
LA PAZ: Iturralde, Luisita, *Haase* 832. Nor Yungas, Coroico, *Renvoize* 4760. Sud Yungas, Cerro Pelado, *Renvoize* 4719.
TARIJA: Cercado, Tarija, *Fiebrig* 2782.
Bolivia, Brasil, Paraguay, Uruguay y Argentina. Sabanas; 180–1750 m.

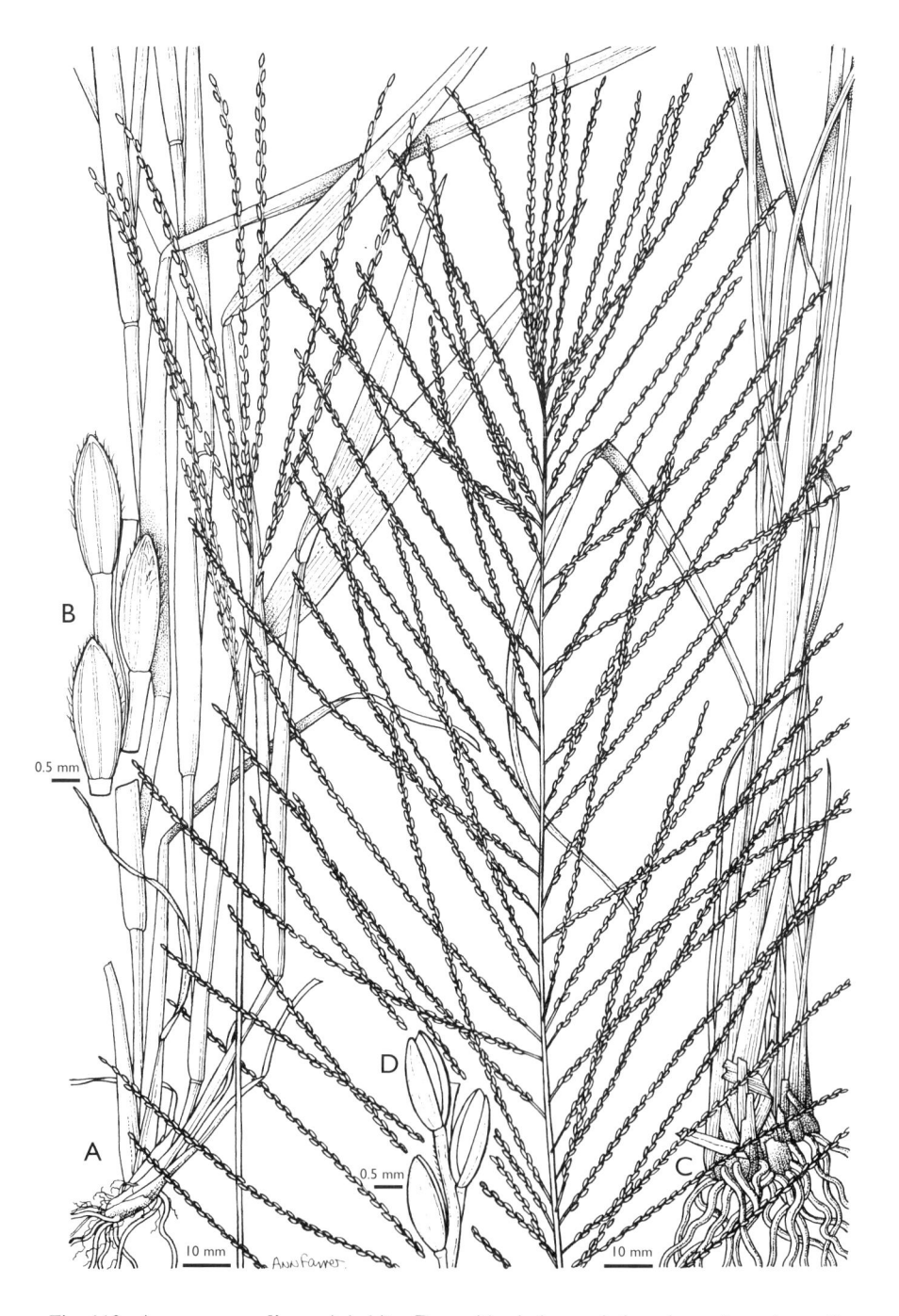

Fig. 112. **Axonopus andinus**, A habito, B porción de la raquis basada en *Renvoize et Cope* 4263. **A. barbigerus**, C habito, D porción de la raquis basada en *Renvoize* 4760.

20. A. eminens (*Nees*) *G.A. Black*, Advancing Frontiers Pl. Sci. 5: 92 (1963). Tipo: Brasil, *Martius* (M, holótipo).
Paspalum eminens Nees, Agrostologia Brasiliensis in Martius, Fl. Bras. 2(1): 30 (1829).

Plantas perennes robustas, con culmos cilíndricos erectos de 100–200 cm de alto; nudos glabros, pubescentes o barbados. Hojas con vainas basales fibrosas; vainas caulinares pilosas en el ápice; láminas lineares, de 40–100 cm long. × 4–15 mm lat., pseudopecioladas, planas, mayormente glabras, pilosas en la base, punzantes, atenuadas o largamente acuminadas. Inflorescencia formada por numerosos racimos erectos de 5–17 cm de largo, dispuestos sobre un eje de 10–30 cm. Espiguillas oblongas, de 1,5–2 mm de largo. Gluma superior y lemma inferior 5-nervias, los nervios prominentes, glabras o esparcidamente pilosas. Antecio superior pajizo, agudo.

BENI: Yacuma, Porvenir, *Renvoize* 4607.
LA PAZ: Iturralde, Luisita, *Beck et Haase* 9934.
Venezuela, Surinam, Brasil y Bolivia. Sabanas; 180–1600 m.

Se distingue de *A. barbigerus* por sus hojas más anchas.

21. A. siccus (*Nees*) *Kuhlm.*, Comiss. Linhas Telegr. Estratég. Matto Grosso Amazonas Publ. 67, Annexo 5, Bot. 11: 87 (1922); H433; F302. Tipo: Brasil, *Martius* (M, holótipo n.v.).

Plantas perennes cespitosas, con culmos cilíndricos erectos de 50–100 cm de alto. Láminas lineares o filiformes, de 10–40 cm long. × 1–7 mm lat., planas o involutas, atenuadas. Inflorescencia formada por 4–30 racimos de 5–15 cm de largo, sobre un eje de 3–15 cm. Espiguillas subsésiles, elíptico-oblongas, de 1,5–2 mm de largo, sobre un raquis escabroso. Gluma superior y lemma inferior 5-nervias, los nervios prominentes. Antecio superior pajizo, liso.

SANTA CRUZ: Localidad no conocida, *Herzog* 1709. Florida, Samaipata, *Killeen* 2490.
LA PAZ: Nor Yungas, 4 km S de Coroico, *Beck* 14819.
CHUQUISACA: Oropeza, Sucre, *Wood* 7864. Tomina, Padilla hacia Puente Azero, *Wood* 9747.
TARIJA: Méndez, Trancas, *Bastian* 1318. Arce, Padcaya hacia Cañas, *Beck et Liberman* 16256.
Brasil, Paraguay y Bolivia. Laderas rocosas; 2000–3000 m.

113. REIMAROCHLOA Hitchc.
Contr. U.S. Natl. Herb. 12(6): 198 (1909); Pohl & Heer,
Revista Biol. Trop. 22(2): 247–251 (1975).

Plantas perennes. Inflorescencias terminales o axilares, formadas por racimos espiciformes, delgados, subdigitados sobre un eje corto. Espiguillas solitarias, subsésiles, facilmente caedizas a la madurez, dispuestas en 2 hileras alternas sobre un raquis trígono. Espiguillas lanceoladas, comprimidas dorsiventralmente, agudas o acuminadas, 2-floras, antecio inferior estéril, el superior perfecto. Glumas ausentes. Lemma inferior membranácea, igual a la espiguilla, 3-nervia, la pálea ausente; lemma superior membranácea o coriácea, con las porciones marginales enrolladas y estrechas, cubriendo parcialmente a la pálea en la base.
3 especies. Estados Unidos de América hasta Argentina.

Eje de la inflorescencia de 2–13 cm de largo; culmos de 30–100 cm
.... **1. R. aberrans**
Eje de la inflorescencia de 0,3–1 cm de largo; culmos de 10–40 cm · · · **2. R. acuta**

1. R. aberrans *(Döll) Chase*, Proc. Biol. Soc. Wash. 24: 137 (1911). Tipos: Brasil, *Spruce* 851; 887 (K, isosíntipos).
Reimaria aberrans Döll in Martius, Fl. Bras. 2(2): 38 (1877).

Plantas estoloníferas con culmos cilíndricos rastreros de (20–)30–100 cm de largo; nudos frecuentemente barbados. Láminas lineares, de 4–30 cm long. × 3–7 mm lat., planas, agudas o acuminadas. Inflorescencia apenas exerta. Racimos 5–15, de 3–7 cm de largo, sobre un eje de 2–13 cm de largo, erectos o deflexos. Espiguillas lanceoladas, de 3,5–6 mm long. × 0,5–1,5 mm lat., glabras o esparcidamente pilosas, agudas o acuminadas; el espiguilla basal más larga que las restantes. Fig. 113.

BENI: Ballivián, Espíritu, *Beck* 5051.
LA PAZ: Iturralde, Luisita, *Haase* 763.
Guayana Francesa, Bolivia y Brasil.
Campos húmedos en suelos arenosos; 0–200 m.

Los especímenes bolivianos tienen características intermedias entre esta especie y *R. acuta*, pues las plantas son más bajas, el eje de la inflorescencia es corto y las espiguillas son pequeñas y esparcidamente pilosas.

2. R. acuta *(Flüggé) Hitchc.*, Contr. U.S. Natl. Herb. 12: 198 (1909). Tipo: Venezuela, *Humboldt et Bonpland*.
Reimaria acuta Flüggé, Gram. Monogr., *Paspalum*: 217 (1810).
Agrostis brasiliensis Spreng., Novi Provent.: 45 (1818). Tipo: Brasil, *Otto* (B, holótipo n.v.).
Reimarochloa brasiliensis (Spreng.) Hitchc., Contr. U.S. Natl. Herb. 12: 198 (1909).

Fig. 113. **Reimarochloa acuta**, **A** habito, **B** espiguilla basada en *Schulte et Cabrera* 16107.
R. aberrans, **C** habito, **D** espiguilla basada en *Haase* 763.

Plantas estoloníferas con culmos cilíndricos, rastreros o erectos, de 10–40 cm de largo; nudos pubescentes. Láminas lineares de 1–8 cm long. × 2–3 mm lat., planas o enrolladas, glabras o pilosas, agudas; vaina de la última hoja inflada, la inflorescencia apenas exerta. Racimos 2–10, de 1,5–4 cm de largo, erectos o deflexos, sobre un eje de 0,3–1 cm de largo. Espiguillas cleistógamas, lanceoladas, de (1,5–)3–6 mm long. × 0,5–1 mm lat., glabras o pilosas, acuminadas, la basal más larga que las restantes. Fig. 113.

BENI: Ballivián, Espíritu, *Beck* 15040; 15079.
SANTA CRUZ: Velasco, San Bartolo, *Bruderreck* 72.
LA PAZ: Iturralde, Luisita, *Haase* 905.
El Salvador, Honduras, Cuba, Haití, Guayana, Guayana Francesa, Brasil, Bolivia, Paraguay y Argentina. Campos y orillas de ríos, en suelos arenosos; 0–180 m.

114. THRASYA Kunth
in Humboldt, Bonpland et Kunth, Nov. Gen. Sp. 1: 120 (1816); Burman, Acta Bot. Venez. 14(4): 7–93 (1985).

Plantas perennes. Inflorescencia en un racimo espiciforme solitario terminal o axilar con raquis foliáceo, escarioso o membranáceo, conduplicado, con márgenes ensanchados que envuelven a las espiguillas totalmente o solo en la base. Espiguillas apareadas pero con los pedicelos total o parcialmente adnatos al raquis y dispuestas en una sola hilera, alternadamente abaxiales y adaxiales en su orientacion. Gluma inferior pequeña o ausente; la superior igual al antecio perfecta, membranácea, 5–7-nervia. Antecio inferior estéril o estaminado; lemma coriácea, 5-nervia, profundamente surcada en el dorso y a la madurez dividida en dos mitades hasta la base. Antecio superior perfecto; lemma coriácea, a menudo pilosa en el ápice.
20 especies en regiones tropicales del Nuevo Mundo.

1. Espiguillas (4–)4,5–6,5 mm long.; racimos de 10–30 cm de largo
   .... **1. T. petrosa**
1. Espiguillas 2,5–3,5 mm long.; racimos de 3–15 cm de largo:
   2. Espiguillas glabras .... **2. T. campylostachya**
   2. Espiguillas pubescentes o pilosas:
      3. Gluma superior $^{1}/_{2}$–$^{2}/_{3}$ de la longitud del antecio; espiguillas pilosas sólo hacia el ápice .... **3. T. thrasyoides**
      3. Gluma superior de la longitud del antecio; espiguillas totalmente pubescentes .... **4. T. crucensis**

1. T. petrosa (*Trin.*) *Chase*, Proc. Biol. Soc. Wash. 24: 115 (1911); K191. Brasil, *Langsdorff* (LE, holótipo).
Panicum petrosum Trin., Sp. Gram. 3, pl. 280 (1831).

Plantas amacolladas, con culmos erectos de 85–200 cm de alto, simples o ramosos; nudos barbados. Hojas con vainas comprimidas, carinadas; láminas lineares, de 20–60 cm long. × 4–12 mm lat., planas o conduplicadas, atenuadas o acuminadas. Racimos terminales o axilares, exertos, solitarios, arqueados, de 15–35(–45) cm de largo; raquis de 3–7 mm de ancho. Espiguillas envueltas total o parcialmente por el raquis, elíptico-lanceoladas, de 4–6,5 mm de largo, pilosas. Gluma inferior pequeña, tumescente; superior oblonga, igual al antecio, 5-nervia, obtusa o acuminada. Antecio inferior estéril o estaminado; lemma y pálea acuminadas. Fig. 114.

BENI: Ballivián, Puerto de Yata, 70 km hacia Riberalta, *Beck* 20021.
SANTA CRUZ: Chávez, Concepción, *Killeen* 1850. Velasco, San Ignacio, *Seidel et Beck* 388. Chiquitos, 5 km S de San José, *Killeen* 1736.
LA PAZ: Iturralde, Tumupasa, *Schoppenhorst* B556; Luisita, *Beck et Haase* 9914. Sud Yungas, Cerro Pelado, *Renvoize* 4718.
México hasta Brasil y Bolivia. Campos y sabanas; 90–1600 m.

2. T. campylostachya (*Hack.*) *Chase*, Proc. Biol. Soc. Wash. 24: 115 (1911); H427; F295. Tipo: Costa Rica, *Pittier* 11012 (K, isosíntipo), 11018 (W, síntipo).
Panicum campylostachyum Hack., Oesterr. Bot. Z. 51: 367 (1901).

Plantas amacolladas con culmos delgados, geniculados y ascendentes, de 30–90 cm de alto; nudos pubescentes. Láminas lineares, de 10–20 cm long. × 2–10 mm lat., planas, glabras o pubescentes, agudas. Racimos de 4–10 cm de largo, terminales o axilares, solitarios, arqueados; raquis de 2 mm de ancho, las espiguillas envueltas por el raquis solo en la base. Espiguillas elípticas, de 2,5–3 mm de largo, glabras. Gluma inferior pequeña o $1/2$ del largo del antecio y acuminada; superior oblonga, $2/3$ del largo del antecio, 5-nervia, obtusa o aguda. Lemma inferior plana o sulcada en el dorso, entera. Lemma superior aguda. Fig. 114.

LA PAZ: Nor Yungas, Coroico, *Beck* 14940.
México hasta Colombia, Venezuela, Guayana y Bolivia. Campos y orillas de bosques y lugares modificados; 550–2100 m.

3. T. thrasyoides (*Trin.*) *Chase*, Proc. Biol. Soc. Wash. 24: 114 (1911); K191. Tipo: Brasil, *Langsdorff* (LE, holótipo).
Panicum thrasyoides Trin., Gram. Panic.: 126 (1826).

Plantas cespitosas con culmos delgados erectos de 25–100 cm de alto. Láminas lineares, principalmente basales, de 4–15 cm long. × 2–6 mm lat., acuminadas. Racimos arqueados, terminales, solitarios, de 4–12 cm de largo; raquis de 2 mm de ancho, los márgenes ciliados. Espiguillas envueltas por el raquis solamente en la base, elíptico-oblongas, 3–3,5 mm de largo, pilosas. Gluma inferior pequeña, triangular; superior elíptica, de $1/2$–$2/3$ del largo del antecio, 3–5-nervia. Lemma inferior coriácea, dividida hasta la base, aguda. Lemma superior aguda. Fig. 114.

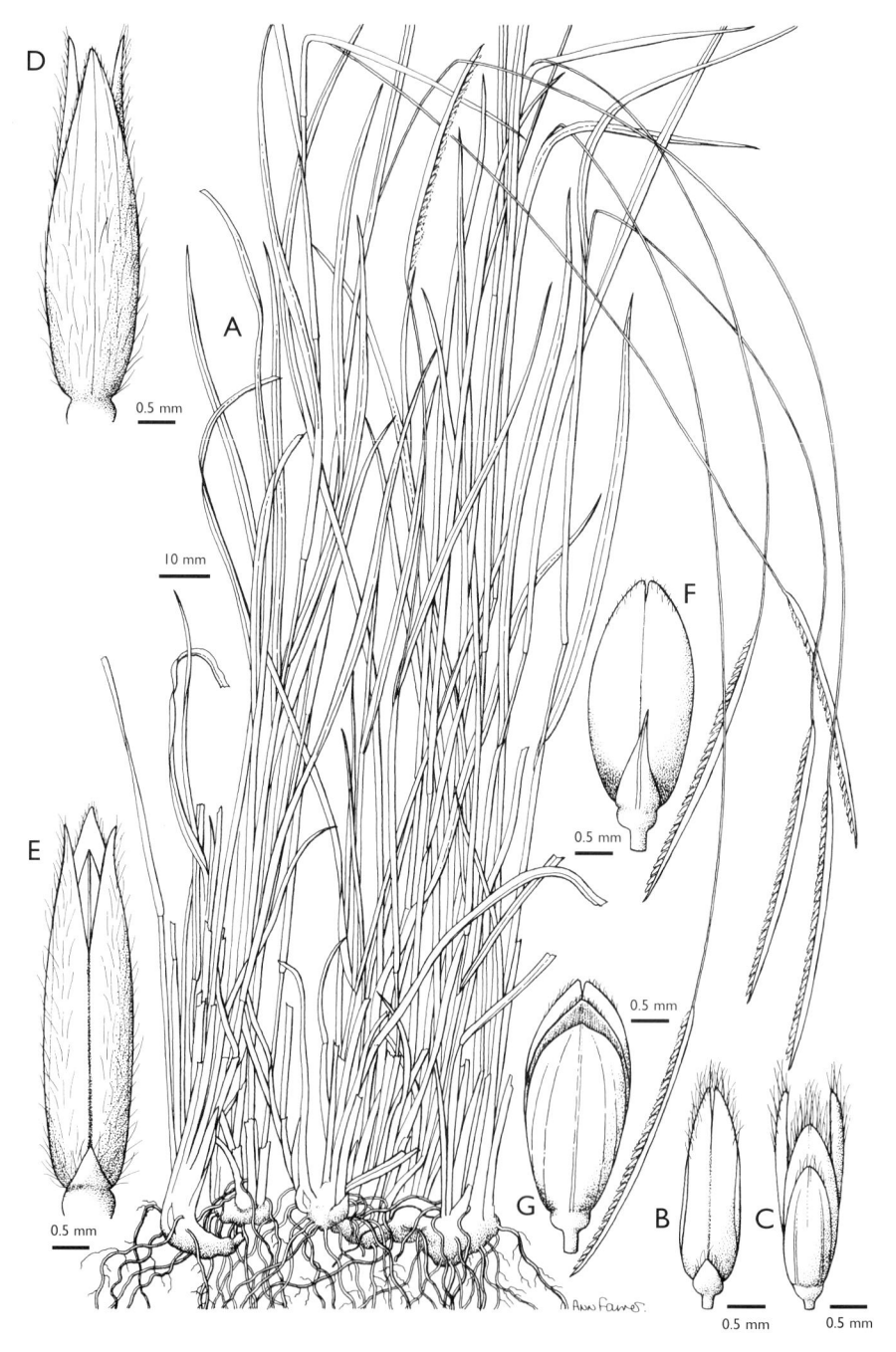

Fig. 114. **Thrasya thrasyoides**, A habito, B espiguilla, C espiguilla basada en *Beck* 20677. **T. petrosa**, D espiguilla, E espiguilla basada en *Haase* 133. **T. campylostachya**, F espiguilla, G espiguilla basada en *Beck* 14940.

BENI: Ballivián, Riberalta, 160 km hacia Santa Rosa, *Beck* 20594.
SANTA CRUZ: Chávez, 10 km W de San Javier, *Killeen* 2830.
LA PAZ: Iturralde, Luisita, *Haase* 473.
Bolivia y Brasil. Campos y sabanas; 800 m.

Muy afín a *T. trinitensis* Mez, que difiere por tener racimos más cortos, de 2,5–5 cm de largo y espiguillas menores, de 2–2,5 mm.

4. T. crucensis *Killeen*, Ann. Missouri Bot. Gard. 77: 190 (1990). Tipo: Santa Cruz, *Killeen* 2334 (ISC, holótipo n.v.).

Planta cespitosa con culmos simples erectos. Hojas caulinares; láminas lineares, de 4–25 cm long. × 2–4 mm lat. Racimos de 5–15 cm de largo; raquis 3 mm de ancho, ciliado en los márgenes. Espiguillas envueltas por el raquis en la mitad basal, elípticas, de 3 mm de largo, pubescentes y pilosas. Gluma inferior lanceolada, $^1/_3$ del largo del antecio; superior lanceolada, igual al antecio. Antecio inferior estaminado; lemma dividida hasta la base. Lemma superior elíptica, aguda.

SANTA CRUZ: Chávez, 35 km S de Concepción, *Killeen* 2334.
Bolivia. Suelos superficiales sobre terrenos graníticos; 700 m.

115. GERRITEA Zuloaga, Morrone & Killeen
Novon 3: 213–219 (1993).

Plantas perennes. Inflorescencia en panícula laxa, difusa. Espiguillas 2-floras, solitarias, elípticas, algo comprimidas lateralmente. Glumas separadas por un internodio corto; la inferior lanceolada, $^3/_4$ de la longitud de la espiguilla o tan largo como ella, 3-nervia, acuminada; la superior tan larga como la espiguilla, herbácea, 3-nervia, aguda. Antecio inferior estéril; lemma similar a la gluma superior; pálea membranácea. Antecio superior perfecto, lemma y pálea elípticas, membranáceas, deciduas; márgenes de la lemma planos.
1 especie; Bolivia.

G. pseudopetiolata *Zuloaga, Morrone & Killeen*, Novon 3: 213 (1993). Tipo: Bolivia, *Killeen* 2632 (ISC, holótipo; LPB, F, isótipos).

Plantas con culmos cilíndricos, rígidos, ramosos, pilosos y apoyantes de 60–120 cm de alto. Hojas principalmente caulinares; vainas carinadas, pilosas; láminas linear-lanceoladas de 11–27 cm long. × 7–15 mm lat., planas, atenuadas en la base y articuladas, membranáceas, pilosas, acuminadas. Panícula terminal, elíptico-oblonga o piramidal, de 14–30 cm long. × 4–12 cm lat., la ramas delicadas, patentes o ascendentes, pilosas. Espiguillas de 1,8–2,2 mm de largo, pilosas. Gluma inferior de 1,4–1,9 mm de largo; superior de 1,8–2 mm de largo. Lemma inferior de 1,6–1,7 mm, glabra. Lemma y pálea superiores de 1,3–1,5 mm de largo, glabras, lisas, palidas. Anteras 3, de 0,6–0,7 mm. Fig. 115.

LA PAZ: Nor Yungas, Caranavi hacia Coroico, *Killeen* 2632; *Beck* 556; 1766. Matorral húmedo, laderas rocosas; 930 m.

116. MESOSETUM Steud.
Syn. Pl. Glumac. 1: 118 (1854); Filgueiras, *Mesosetum*, tesis (1986).

Plantas anuales o cortamente perennes, cespitosas, decumbentes o estoloníferas. Inflorescencia en racimo solitario; raquis estrecho o alado. Espiguillas solitarias, alternas, imbricadas, dispuestas en una o dos hileras. Espiguillas oblongas o lanceoladas, comprimidas dorsiventralmente, 2-floras; raquilla articulada debajo de las glumas. Antecio inferior estéril o estaminado; superior perfecto. Glumas herbáceas, la inferior 3-nervia, mútica o aristada, la superior 3–7-nervia. Lemma inferior 5-nervia, bicarinada, la superior coriácea, aguda hasta mucronulada, los márgenes no enrollados, aplicados sobre la pálea.
30 especies. México hasta Brasil y Bolivia.

Espiguillas de 3,5–4 mm de largo, esparcidamente pilosas; gluma inferior truncada
.... **1. M. cayennense**
Espiguillas de 5–7 mm de largo, vellosas; gluma inferior aguda
.... **2. M. agropyroides**

1. M. cayennense *Steud.*, Syn. Pl. Glumac. 1: 118 (1854); F297; K165. Tipo: Guayana Francesa, *Leprieur* (P, holótipo n.v.).
M. rottboellioides sensu Hitchc., Contr. U.S. Natl. Herb. 24: 428 (1927) non (Kunth) Hitchc. (1909).

Plantas perennes cespitosas con culmos erectos de 35–140 cm de alto. Láminas lineares, de 4,5–20 cm long. × 3–6 mm lat., planas y atenuadas o convolutas y punzantes. Racimos de 5–18 cm long. × 3–5 mm lat., flexuosas, comprimidas dorsiventralmente, las espiguillas ferrugíneo-pilosas, dispuestas en dos hileras. Espiguillas oblongo-lanceoladas, de 3,5–4 mm de largo. Gluma inferior oblonga, ²/₃ de largo de la espiguilla, truncada; superior igual a la espiguilla. Antecio inferior estéril; lemma tan larga como la a espiguilla, pálea ausente. Antecio superior perfecto; lemma de 3 mm de largo. Fig. 115.

SANTA CRUZ: Chávez, 40 km S de Concepción, *Killeen* 1217. Velasco, 3,5 km W de San Ignacio, *Bruderreck* 70.
LA PAZ: Iturralde, Ixiamas, *White* 2318; Luisita, *Haase* 630.

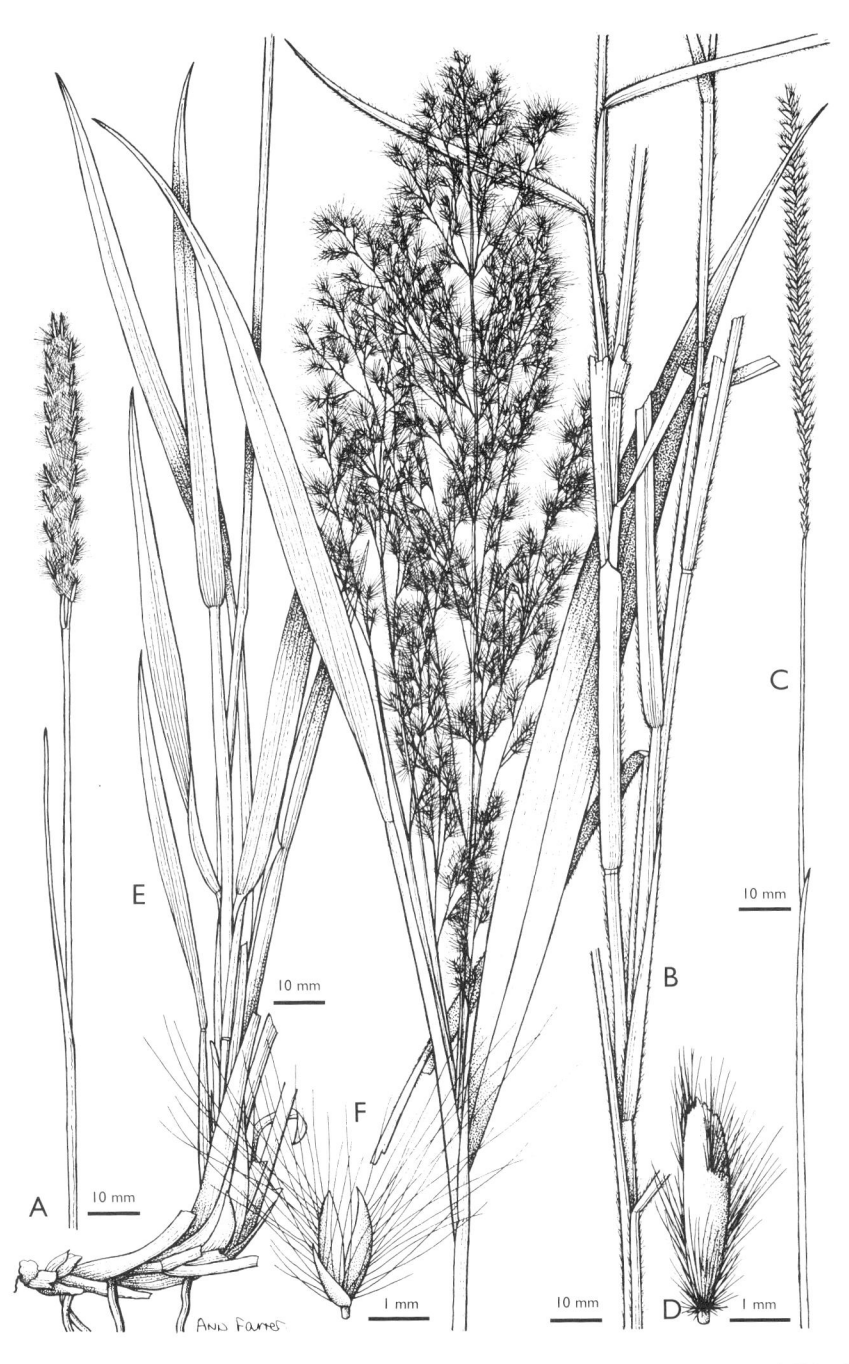

Fig. 115. **Mesosetum agropyroides**, **A** inflorescencia basada en *Beck* 20682. **M. cayennense**, **B** habito, **C** inflorescencia, **D** espiguilla basada en *Haase* 630. **Gerritea pseudopetiolata**, **E** habito, **F** espiguilla basada en *Beck* 1766.

Guayana, Surinam, Guayana Francesa, Venezuela, Bolivia y Brasil. Campos y sabanas; 180–1500 m.

2. M. agropyroides *Mez*, Repert. Spec. Nov. Regni Veg. 15: 125 (1918). Tipo: Brasil, *Glaziou* 22452 (K, isolectótipo, selecionado por Filgueiras).

Plantas perennes cespitosas con culmos erectos de 20–80 cm de alto. Láminas lineares o linear-lanceoladas, de 3–28(–45) cm long. × 2–7 mm lat., planas, pubescentes, agudas o atenuadas. Racimos de 2–8 cm de largo, rígidas; las espiguillas villosas, dispuestas en dos hileras. Espiguillas elíptico-lanceoladas, de 5–7 mm de largo. Gluma inferior ¾ del largo de la espiguilla, carinada, aguda; superior igual a la espiguilla. Antecio inferior estaminado; lemma oblonga completamente pilosa o con dos mechones de pelos dorsales; pálea desarollada. Antecio superior perfecto, de 4 mm de largo; lemma atenuada. Fig. 115.

BENI: Ballivián, Riberalta hacia Santa Rosa, *Beck* 20682; 20686.
LA PAZ: Iturralde, Luisita, *Haase* 122.
Bolivia y Brasil (Goias). Sabanas húmedas.

Similar a *M. penicillatum* Mez que difiere por sus espiguillas menores, de 4,5–5,5 mm long.

117. SETARIA P. Beauv.
Ess. Agrostogr.: 51, pl. 13, fig. 3 (1812). Rominger, Univ. Illinois Biol. Monogr. 29 (1962).

Plantas perennes o anuales, cespitosas o rizomatosas, con cañas herbáceas hasta subleñosas. Láminas lineares o lanceoladas, planas, convolutas o con pliegues longitudinales. Inflorescencias en panículas espiciformes, densas y cilíndricas, con ramas cortas y espiguillas agrupadas en glomérulos o laxas, con ramas largas y espiguillas algo difusas. Espiguillas 2-floras, ovadas u orbiculares, gibosas o no, subsésiles, antecio inferior estéril o estaminado, el superior perfecto, cada espiguilla acompañada por 1 ó varias setas. Raquilla articulada por debajo de las glumas, las setas persistentes. Glumas 2, desiguales, la inferior ½ del antecio superior o menor, la superior ½ hasta igual al antecio superior. Lemma inferior de la longidud del antecio superior, la pálea más o menos desarrollada. Lemma superior transversalmente rugosa, a veces lisa, aguda hasta apiculada.

100 especies en zonas tropicales y subtropicales.

1. Láminas plegadas en la base:
   2. Espiguillas asimétrico-ovadas ·························· **1. S. sulcata**
   2. Espiguillas angosto-elípticas ·························· **2. S. poiretiana**
1. Láminas totalmente planas:
   3. Plantas anuales:

4. Setas sólo antrorso-escabrosas:
   5. Culmos de 20–90 cm de alto; inflorescencia de 2–30 cm long. × 3–25 mm lat.:
      6. Espiguillas acompañadas por 1–2 setas ············ **7. S. setosa**
      6. Espiguillas acompañadas por 5–10 setas ······ **10. S. parviflora**
   5. Culmos de 120–400 cm de alto; inflorescencia de 15–70 cm long. × 30–50 mm lat. ································ **5. S. magna**
4. Setas retrorso– y antrorso–escabrosas:
   7. Setas principalmente antrorso-escabrosas, sólo retrorsas en el ápice; espigas de 2–9 cm long. × 5–10 mm lat. ··········· **3. S. scandens**
   7. Setas principalmente retrorso-escabrosas, sólo antrorsas en la base; espigas de 7–14 cm long. × 10–30 mm lat. ······· **4. S. tenacissima**
3. Plantas perennes:
   8. Espigas interruptas, las espiguillas en grupos remotos sobre un eje pubescente; setas 1 o 2 por espiguilla:
      9. Culmos cilíndricos; láminas de 10–20 cm long. × 5–30 mm lat.
         ·· **6. S. oblongata**
      9. Culmos herbaceas; láminas de 10–32 cm long. × 3–13 mm lat.:
         10. Espiguillas de 2–2,5 mm ······················ **7. S. setosa**
         10. Espiguillas de 3–3,5 mm ···················· **9. S. pflanzii**
   8. Espigas más o menos densas; setas 1–10 por espiguilla:
      11. Setas en grupos de 5–10 por espiguilla ··········· **10. S. parviflora**
      11. Setas solitarias, 2 o 3 por espiguilla:
         12. Lígula externa presente, ciliada; láminas de 7–35 mm lat.; espiga de 5–40(–45) cm de largo:
            13. Setas antrorsamente escabrosas:
               14. Espiguillas ovadas ·················· **11. S. vulpiseta**
               14. Espiguillas gibbosas ············· **12. S. macrostachya**
            13. Setas retrorsas y antrorsamente escabrosas ····· **13. S. tenax**
         12. Lígula externa ausente:
            15. Nudos pubescentes ···················· **14. S. barbinodis**
            15. Nudos glabros:
               16. Lemma superior rugulada en la base y lisa en el ápice ························ **15. S. lachnea**
               16. Lemma superior rugulada totalmente:
                  17. Eje de panícula piloso ········ **12. S. macrostachya**
                  17. Eje de panícula escabroso o pubescente
                     ·································· **8. S. fiebrigii**

1. S. sulcata *Raddi*, Agrostogr. Bras.: 50 (1823), basado en *Panicum sulcatum* Bertol. (1820) non Aubl. (1775). Tipo: Brasil.
Panicum sulcatum Bertol., Exc. Re. Bot.: 14 (1820).
Panicum crus-ardeae Willd. ex Nees, Agrostologia Brasiliensis in Martius, Fl. Bras. 2(1): 253 (1829). Tipo: 'America meridionali' en *Herb. Willd.* (B, holótipo n.v.).
Setaria crus-ardeae (Willd. ex Nees) Kunth, Révis. Gramin. 1: Suppl. 22 (1830).

117. Setaria

Plantas perennes con culmos de 70–150 cm de alto. Láminas lanceoladas, de 30–60 cm long. × 20–45 mm lat., plegadas, atenuadas hasta pseudopecioladas, esparcidamente pilosas, escabrosas, agudas hasta acuminadas. Panículas laxamente espiciformes, de 15–55 cm de largo, las ramas de 2–5 cm; eje pubescente. Setas esparcidas, antrorsamente escabrosas. Espiguillas de 3–3,5 mm. Gluma inferior $^1/_3$–$^1/_2$ del largo del antecio, gluma superior $^1/_2$–$^2/_3$ del mismo; lemma inferior subcoriácea, lemma superior granulosa o lisa, encorvada en el ápice. Fig. 116.

LA PAZ: Larecaja, San Carlos, *Buchtien* 18. Nor Yungas, Villa Barrientos, *Beck* 17366.
TARIJA: Arce, Emboroza–Bermejo, *Solomon* 10042.
Colombia hasta Argentina. Regiones boscosas, a la sombra; 700–1500 m.

2. **S. poiretiana** *(Schult.) Kunth*, Révis. Gramin. 1:47 (1829); F336; K187. Tipo: Brasil, *Desfontaines* (FI, holótipo).
Panicum poiretianum Schult., Mant. 2: 229 (1824).
Chaetochloa poiretiana (Schult.) Hitchc., Contr. U.S. Natl. Herb. 22: 159 (1920); H477.

Plantas perennes cespitosas pilosas con culmos de 100–300 cm de alto. Láminas lanceoladas, de 20–65 cm long. × 13–100 mm lat., plegadas, atenuadas hasta pseudopecioladas, acuminadas. Panícula en espiga laxa de 20–70 cm long. × 20–100 mm lat., incluidas las setas; las espiguillas sobre ramas de 2–5 cm; eje pubescente. Setas antrorsamente escabrosas. Espiguillas angostamente ovadas de (3–)4–5 mm. Gluma inferior $^1/_3$–$^1/_2$ del largo del antecio, gluma superior $^1/_2$–$^2/_3$ del mismo; lemma inferior subcoriácea, lemma superior granulosa, acuminada o mucronada.

LA PAZ: Nor Yungas, 9 km NE de Caranavi, *Valenzuela* 414. Sud Yungas, Alto Beni, *Seidel* 2056.
COCHABAMBA: Chaparé, Locotal, *Steinbach* 9019.
CHUQUISACA: Hernando Siles, 12 km E de Monteagudo, *Renvoize et Cope* 3894.
México hasta Argentina. Bosques húmedos; 0–1600 m.

3. **S. scandens** *Schrad. ex Schult.*, Mant. 2: 279 (1824); F337; K187. Tipo: Cult. en Vienna (localidad incierta).
Chaetochloa scandens (Schrad. ex Schult.) Scribn. & Merr., U.S.D.A. Div. Agrostol. Bull. 21: 17 (1900); H479.

Plantas anuales con culmos de 15–130 cm de alto. Láminas angostamente lanceoladas, de 6–15 cm long. × 3–12 mm lat., planas, escabrosas y pilosas, acuminadas. Panícula densa, cilíndrica, de 2–12 cm long. × 5–18 mm lat. incluidas las setas; eje piloso. Espiguillas de 1,5 mm de largo, fuertemente gibosas, con 1–3 setas basales escabrosas principalmente antrorsas, pero retrorsas en el ápice. Gluma inferior $^1/_3$–$^1/_2$ del largo de la espiguilla, la superior mayor, alcanza $^2/_3$. Lemma superior granulosa. Fig. 116.

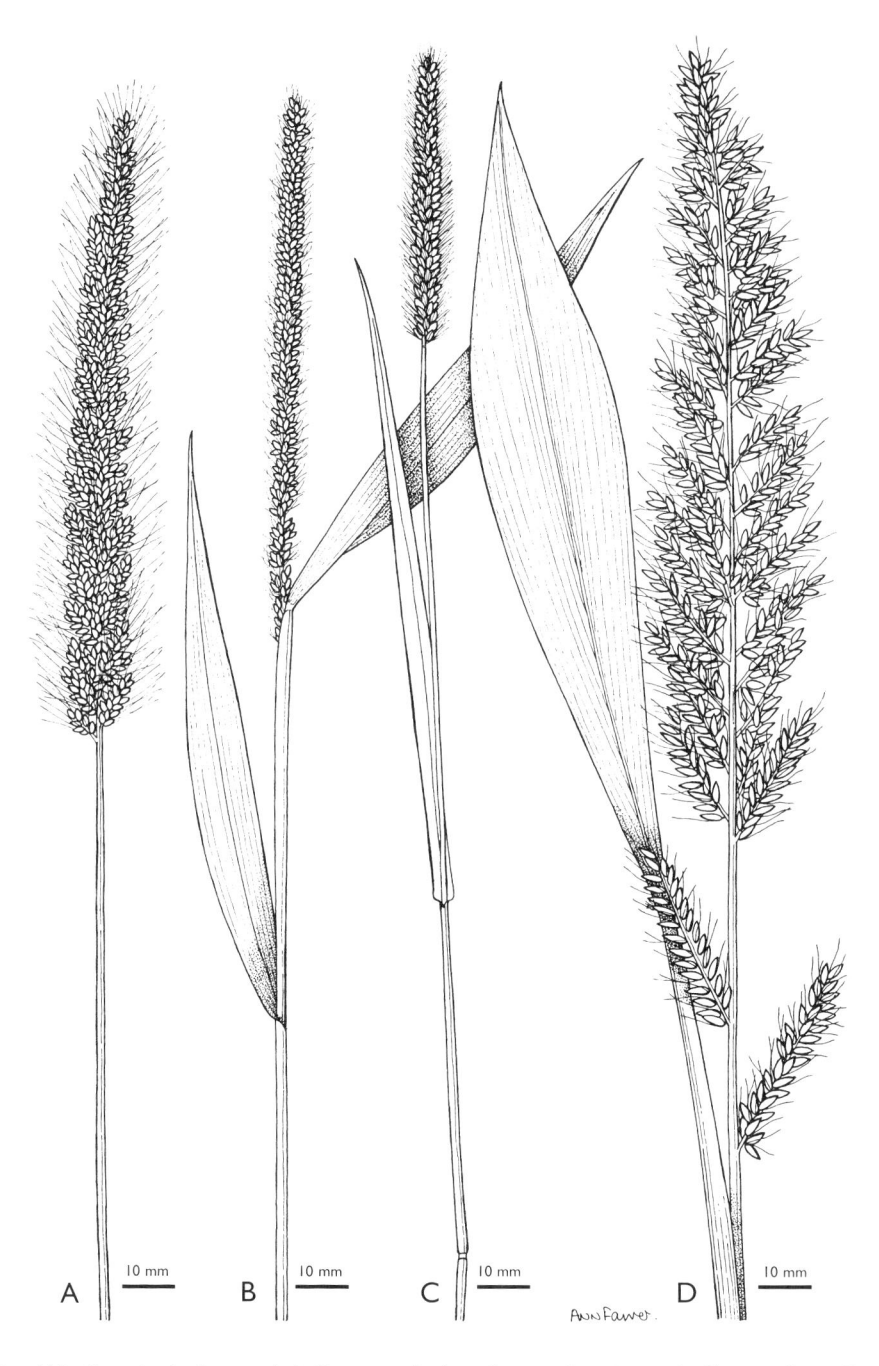

Fig. 116. **Setaria lachnea**, **A** inflorescencia basada en *Blair-Rains* 2. **S. scandens**, **B** inflorescencia basada en *Feuerer et Franken* 11706a. **S. parviflora**, **C** inflorescencia basada en *Baar* 12. **S. sulcata**, **D** inflorescencia basada en *Buchtien* 18.

117. Setaria

LA PAZ: Larecaja, Mapiri, *Buchtien* 87. Nor Yungas, Polo Polo, *Buchtien* 449. Sud Yungas, Chulumani, *Feuerer et Franken* 11706a.
México hasta Paraguay y Bolivia. Campos y sitios alterados; maleza de cultivos; 900–1500 m.

4. S. tenacissima *Schrad. ex Schult.*, Mant. 2: 279 (1824); F337. Tipo: Brasil (US frag. n.v.).
Chaetochloa tenacissima (Schrad. ex Schult.) Hitchc. & Chase, Contr. U.S. Natl. Herb. 18: 352 (1917); H480.

Plantas anuales con culmos de 30–100 cm de alto. Láminas lineares, de 15–25 cm long. × 5–10 mm lat., planas, escabrosas, pilosas, acuminadas. Panícula densa, cilíndrica, de 4–16 cm long. × 10–30 mm lat., incluidas las setas; eje pubescente. Espiguillas de 1,2–1,5 mm, gibosas, con una seta basal principalmente retrorso-escabrosas, antrorsas solamente en la base. Gluma inferior $^1/_2$ del largo de la espiguilla, la superior tan larga como ella. Lemma superior finamente rugulada.

SANTA CRUZ: Andrés Ibáñez, Santa Cruz, *Nee* 37709.
LA PAZ: Larecaja, Tipuani, *Buchtien* 5329.
América Central hasta Brasil y Bolivia. Laderas boscosas y bordes de caminos; 900–1500 m.

5. S. magna *Griseb.*, Fl. Brit. W.I.: 554 (1864). Tipo: Jamaica, *Purdie s.n.* (K, holótipo).

Plantas anuales, con culmos robustos, de 120–400 cm de alto, erectos o geniculados; nudos basales radicantes. Láminas lineres o lanceoladas, de 40–60(–90) cm long. × 25–40 mm lat., planas, glabras, escabrosas o pubescentes, agudas. Panícula cilíndrica, densa, de 15–70 cm long. × 30–50 mm lat., lobulada, el eje densamente piloso; setas de 10–20 mm, 1–2 por espiguilla, antrorsamente escabrosas. Espiguillas elípticas u obovadas, de 2–2,3 mm. Gluma inferior $^1/_2$ de largo de la espiguilla, 3–5-nervia; superior subigual a la espiguilla, 7–9-nervia; antecio inferior estaminado o perfecto, lemma 5–7-nervia. Lemma superior, lisa, lustrosa, pajiza u olivácea. Fig. 117.

SANTA CRUZ: Andrés Ibañez, 12 km E de Santa Cruz, *Nee* 36346.
CHUQUISACA: Tomina, Padilla hacia Monteagudo, *Wood* 8242.
México y Estados Unidos de América hasta Argentina. Bordes de ríos, pantanos y lugares alterados; 0–1600 m.

6. S. oblongata (*Griseb.*) *Parodi*, Physis (Buenos Aires) 9: 13, 38 (1928); F338. Tipo: Argentina, *Lorentz* (GOET, holótipo n.v.).
Panicum oblongatum Griseb., Pl. Lorentz.: 213 (1874).

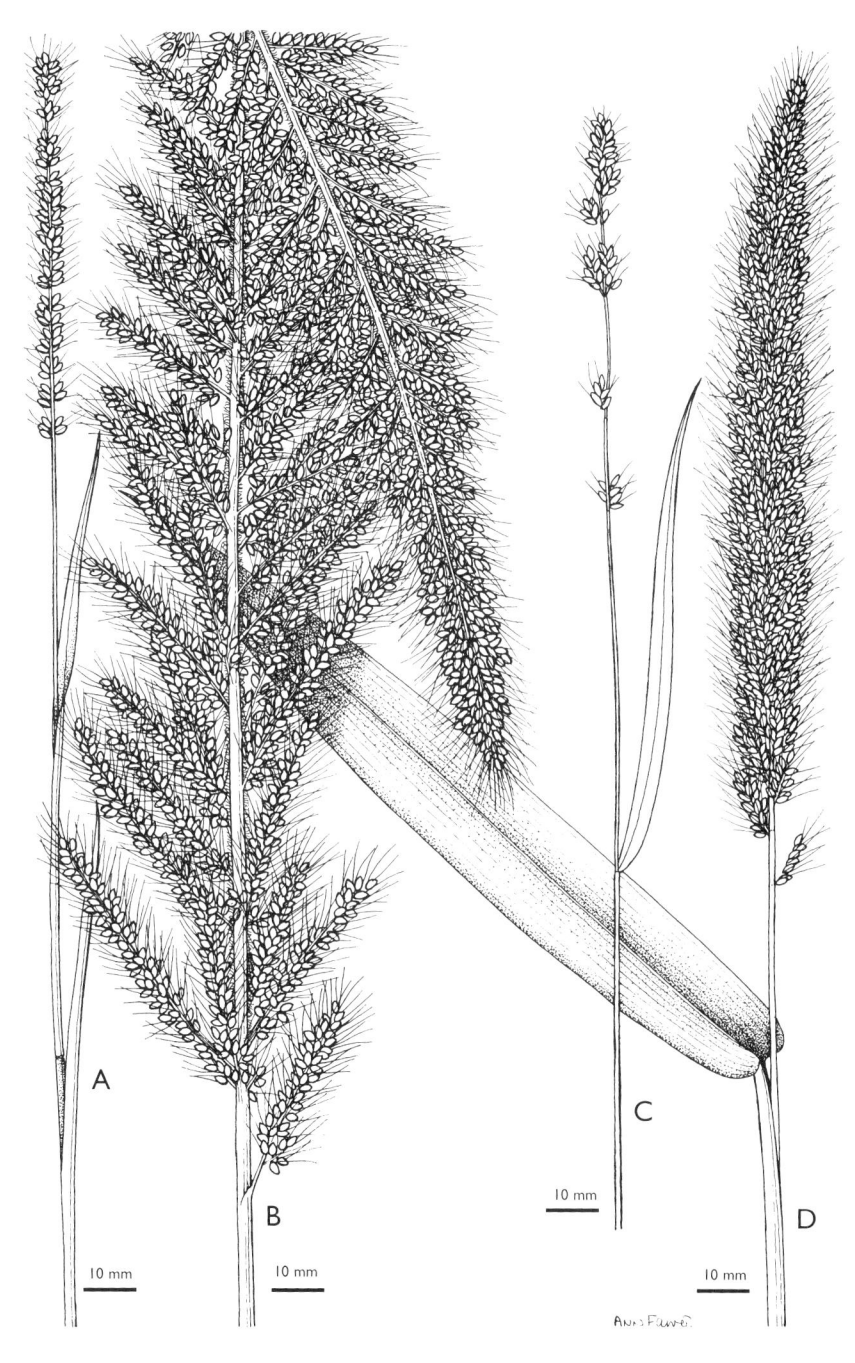

Fig. 117. **Setaria barbinodis**, **A** inflorescencia basada en *Pensiero* 4233. **S. vulpiseta**, **B** inflorescencia basada en *Renvoize* 4565. **S. oblongata**, **C** inflorescencia basada en *Renvoize et Cope* 3879. **S. magna**, **D** inflorescencia basada en *Nee* 36346.

117. Setaria

Plantas perennes con culmos ramosos cilíndricos, de 30–120 cm de alto. Láminas lineares, de 10–20 cm long. × 5–30 mm lat., planas, escabrosas, acuminadas. Panícula en espiga laxa, de 11–24 cm de largo, las espiguillas en grupos irregulares o sobre ramas cortas distanciadas; eje pubescente y piloso. Espiguillas oblongas, de 2,5–3 mm, con una única seta basal. Gluma inferior $^1/_3$ del largo de la espiguilla, gluma superior $^1/_2$–$^2/_3$ de su largo. Lemma superior estriada, lisa o finamente rugulada. Fig. 117.

LA PAZ: Larecaja, Sorata, *Mandon* 1260.
CHUQUISACA: Padilla hacia Monteagudo, *Renvoize et Cope* 3879.
Perú, Bolivia y norte de Argentina. Campos y laderas boscosas; 1000–1700 m.

7. **S. setosa** (*Sw.*) *P. Beauv.*, Ess. Agrostogr.: 51, 171, 178 (1812). Tipo: Jamaica, *Swartz* (localidad desconocida, non S).
Panicum setosum Sw., Prodr.: 22 (1788).
Setaria vaginata Spreng., Syst. Veg. 4 Cur. Post.: 33 (1827). Tipo: Brasil, *Sellow* (US, frag.).

Plantas perennes o anuales, con culmos de 20–60 cm de alto, erectos o geniculados. Lígula externa ciliada. Láminas lineares, de 10–25 cm long. × 3–7 mm lat., planas o conduplicadas, atenuadas o acuminadas en el ápice. Panícula densa o laxa, espigada, de 4–30 cm long. × 5–10 mm lat., a veces las ramas inferiores manifestas; espiguillas acompañadas por 1–2 setas basales cortas, antrorsamente escabrosas. Espiguillas ovadas, de 2–2,5 mm. Gluma inferior alcanza $^1/_3$ del largo de la espiguilla, la superior $^1/_2$. Lemma superior rugulada.

BENI: Ballivián, Espiritu, *Beck* 5958.
SANTA CRUZ: Cordillera, 70 km S de Santa Cruz, *Tollervey* 1793.
Caribe, Brasil, Bolivia. Sitios abiertos en suelos pobres; 100–2600 m.

8. **S. fiebrigii** *Herrm.*, Beitr. Biol. Pflanzen 10(1): 56 (1909); K187. Tipo: Paraguay, *Fiebrig* 539 (B, holótipo).

Plantas perennes cespitosas con culmos de 30–100 cm de alto. Láminas lineares de 10–40 cm long. × 3–7 mm lat., planas, escabrosas o no, acuminadas. Panícula en espiga densa de 6–28 cm long. × 5–17 mm lat., las espiguillas en grupos irregulares o sobre ramas cortas; eje escabroso o pubescente. Espiguillas globosas, de 1,5–2 mm, con una única seta basal. Gluma inferior $^1/_2$ del largo de la espiguilla, gluma superior alcanzando $^3/_4$ de su largo. Lemma superior rugulada.

SANTA CRUZ: *Killeen* 1286; 1697; 1698; 1703.
Brasil, Paraguay, Uruguay, Bolivia y Argentina. Sabanas, en suelos arenosos; 180–500 m.

9. S. pflanzii *Pensiero*, Hickenia, 11: 123 (1995). Tipo: Bolivia, *Saravia Toledo et Joaquin* 10453 (SI, holótipo).

Plantas perennes cespitosas con culmos de 50–120 cm de alto; nudos glabros. Láminas linear-lanceoladas, de 12–32 cm long. × 6–13 mm lat., planas, glabras, agudas. Panícula densa de (8–)14–26 cm long. × 10–30 mm lat. incluidas las setas; eje glabro o pubescente. Espiguillas ovadas o globosas, de 3–3,5 mm con una única seta basal antrorso-escabrosa. Gluma inferior $^1/_3$–$^1/_2$ del largo de la espiguilla, superior 4/5 o igual. Lemma superior suavemente rugulada.

SANTA CRUZ: Cordillera, Abapó-Izozog Ag. Res. Est., *Renvoize et Cope* 3910.
CHUQUISACA: Calvo, 10 km N de Estación Exp. El Salvador, *Serrano* 122.
Argentina, Bolivia y Paraguay. Bosques densos; 350–800 m.

10. S. parviflora (*Poir.*) *Kerguélen*, Lejeunia 120: 161 (1987); K187. Tipo: Puerto Rico, *Ventenat* (P, holótipo n.v.).
Panicum geniculatum Lam., Encycl. 4: 727 (737) (1798). Tipo: Guadeloupe.
Cenchrus parviflorus Poir. in Lam., Encycl. 6: 52 (1804).
Setaria gracilis Kunth in Humboldt, Bonpland et Kunth, Nov. Gen. Sp. 1: 109 (1816). Tipo: Colombia *Humboldt et Bonpland* (P, holótipo).
Chaetochloa geniculata (Lam.) Millsp. & Chase, Publ. Field Columbian Mus., Bot. Ser. 3: 37 (1903); H478.
Setaria glauca auct. non (L.) P. Beauv. = *Pennisetum glaucum* (L.) R. Br. fide Clayton in Launert & Pope, Flora Zambesiaca 10(3): 180 (1989).

Plantas anuales o cortamente perennes, con culmos de 30–90 cm de alto. Láminas angostamente lanceoladas o lineares, de 6–30 cm long. × 2–7 mm lat., acuminadas. Panícula densa, cilíndrica, de 2–9 cm long. × 4–25 mm lat., incluidas las setas, éstas largas o cortas; eje pubescente. Espiguillas ovadas, de 2–2,5(–3) mm, con 5–10 setas basales frecuentemente de color naranja. Gluma inferior $^1/_3$ del largo de la espiguilla, la superior $^1/_3$–$^1/_4$. Lemma superior rugulada. Fig. 116.

BENI: Ballivián, Espíritu, *Beck* 5216. Yacuma, Porvenir, *Renvoize* 4614. Marban, San Rafael, *Beck* 2721.
SANTA CRUZ: Chávez, Concepción, *Killeen* 588. Ichilo, Río Surutú, *Renvoize et Cope* 3973; Buena Vista, *Steinbach* 6199. Cordillera, Alto Parapetí, *de Michel* 6.
LA PAZ: Larecaja, *Mandon* 1259. Murillo, Zongo Valley, *Beck* 3993. Nor Yungas, Unduavi, *Seidel et Richter* 899.
COCHABAMBA: Ayopaya, Linco, *Baar* 109. Cercado, Cochabamba, *Eyerdam* 24666.
CHUQUISACA: Oropeza, Sucre hacia Yotala, *Wood* 8023. Yamparaez, 20 km SSE de Sucre, *Ugent et Cárdenas* 4992.
TARIJA: Méndez, Tarija hacia Camargo 25 km, *Beck* 816. Cercado, Tolomosa Chico, *Bastian* 390. Arce, Bermejo, *Coro-Rojas* 1511.

117. Setaria

América tropical y subtropical, Australia y Asia. Sitios alterados; 50–1510 m.

Se desconce la identidad del nombre *Panicum geniculatum* descripto por Willdenow, dado que no se ha encontrado el tipo; esto implica que *Setaria geniculata* P. Beauv., basado en *Panicum geniculatum* Willd. sea incierto. La existencia de *Setaria geniculata* P. Beauv. bloquea el uso del nombre *P. geniculatum* Lam., *Cenchrus parviflorus* Poir. representa la primera alternativa.

11. S. vulpiseta (*Lam.*) *Roem. & Schult.*, Syst. Veg. 2: 495 (1817); F338; K187.
Tipo: República Dominicana, *Dutrone* (FI, holótipo n.v.).
Panicum vulpisetum Lam., Encycl. 4: 735 (1798).
Setaria leibmanni var. *trichorhachis* Hack., Repert. Spec. Nov. Regni Veg. 8: 46 (1910). Tipo: Paraguay, *Fiebrig* 4569.
Chaetochloa vulpiseta (Lam.) Hitchc. & Chase, Contr. U.S. Natl. Herb. 18: 350 (1917); H480.
Chaetochloa trichorhachis (Hack.) Hitchc., Contr. U.S. Natl. Herb. 24(8): 481 (1927).
Setaria trichorhachis (Hack.) R.C. Foster, Rhodora 68: 339 (1966).

Plantas perennes con culmos de 80–200 cm de alto. Vainas con lígulas externas cortas; láminas lineares, de 25–60 cm long. × 15–35 mm lat., escabrosas o lisas. Panícula de 12–30(–45) cm long. × 30–50(–80) mm lat., incluidas las setas, densa y cilíndrica o con ramas cortas de 2–4 cm; el eje piloso. Espiguillas ovadas, de 2,2–3 mm, con 1–2 setas basales antrorso-escabrosas. Gluma inferior $^1/_3$ del largo de la espiguilla, a veces inflada; gluma superior $^2/_3$–$^3/_4$ del largo. Lemma superior finamente rugulada. Fig. 117.

BENI: Ballivián, Espíritu, *Renvoize* 4686.
SANTA CRUZ: Velasco, 12 km E de San Ignacio, *Seidel et Beck* 295. Ichilo, Buena Vista, *Steinbach* 6842. Andrés Ibáñez, 12 km E de Santa Cruz, *Nee* 33978.
LA PAZ: Iturralde, Puerto Asunta, *Moraes* 334. Nor Yungas, Coroico, *Feuerer* 5931.
CHUQUISACA: Padilla hacia Monteagudo, *Renvoize et Cope* 3885.
México hasta Bolivia y Paraguay. Campos; 400–900 m.

12. S. macrostachya *Kunth* in Humboldt, Bonpland et Kunth, Nov. Gen. Sp. 1: 110 (1816). Tipo: México, *Humboldt et Bonpland* (K, microficha).

Plantas perennes cespitosas con culmos de 30–100(–150) cm de alto. Láminas linear-lanceoladas planas, de 10–30 cm long. × 7–15(–20) mm lat. Panícula densa de 9–30 cm long. × 10–20 mm lat., incluidas las setas; eje piloso. Espiguillas ovadas gibosas, de 2–2,5 mm, con una única seta basal antrorso escabroso. Gluma inferior $^1/_2$ del largo de la espiguilla, gluma superior alcanzando $^3/_4$. Lemma superior rugulada hasta el ápice.

SANTA CRUZ: Cordillera, Abapó-Izozog Agr. Res. Est., *Renvoize et Cope* 3911.
LA PAZ: Sud Yungas, Villa Barrientos, *Beck* 17308.
TARIJA: Cercado, Tolomosa, *Bastian* 395. Avíles, 6 km SW de Chocloca, *Beck* 754.
Estados Unidos de América hasta Argentina. Lugares abiertos y sitios alterados; 0–1900 m.

13. S. tenax *(Rich.) Desv.*, Opusc. Sci. Phys. Nat.: 78 (1831); F337. Tipo: Guayana Francesa, *Leblond* s.n. (P, holótipo n.v.).
Panicum tenax Rich., Actes Soc. Hist. Nat. Paris 1: 106 (1792).
Chaetochloa tenax (Rich.) Hitchc., Contr. U.S. Natl. Herb. 22: 176 (1920); H479.

Plantas perennes con culmos erectos de 50–200 cm de alto. Lígula de 0,5–3 mm de largo; lígula externa ciliada. Láminas lineares de 15–32 cm long. × 7–22(–30) mm lat., planas, escabrosas o pilosas, acuminadas. Panícula densa, de 5–35 cm long. × 20–30 mm lat., eje visible piloso; ramas cortas de 5–30 mm de largo, ascendentes. Setas de 10–20 mm, una única por espiguilla, retrorso y antrorsamente escabrosas en toda su longitud. Espiguillas sub-orbiculadas u ovadas, de 2,3–2,8 mm. Glumas algo infladas, la inferior de 1–1,4 mm de largo, 3–5-nervia, la superior de 1,5–1,8 mm, 7-9-nervia. Lemma superior de 1,8–2,2 mm, rugulada.

LA PAZ: Nor Yungas, Coripata, *Hitchcock* 22685.
México hasta Argentina. Sabanas y lugares ruderales; 0–2000 m.

14. S. barbinodis *Herrm.*, Beitr. Biol. Pflanzen 10: 60 (1910); F339. Tipo: Bolivia, *Mandon* 1261 (K, isótipo).
Chaetochloa barbinodis (Herrm.) Hitchc., Contr. U.S. Natl. Herb. 24(8): 480 (1927).

Plantas perennes cespitosas con culmos de 30–85 cm de alto; nudos pubescentes o barbados. Vainas basales flabeladas, láminas lineares, de 15–30 cm long. × 2–5 mm lat., planas o plegadas, escabrosas, acuminadas. Panícula cilíndrica, densa, de 6–16 cm long. × 5–10 mm lat., incluidas las setas, éstas antrorso-escabrosas; eje piloso. Espiguillas globosas, de 2–2,5 mm de largo. Gluma inferior $^1/_2$ del largo de la espiguilla; gluma superior $^3/_4$–$^4/_5$ del largo. Lemma superior finamente rugulada. Fig. 117.

LA PAZ: Larecaja, Sorata, *Mandon* 1261. Murillo, Calacoto, *Beck* 3868.
COCHABAMBA: San Pedro, *Irahoca* 3.
CHUQUISACA: Nor Cinti, Camargo hasta Villa Abecia, *Beck* 703.
Bolivia. 2000–2750 m.

15. S. lachnea *(Nees) Kunth*, Enum. Pl. 1: 154 (1833); Révis. Gramin. 2 (suppl.): 590 (1834). Tipo: Brasil, *Martius* (M, holótipo n.v.).

Panicum lachneum Nees, Agrostologia Brasiliensis in Martius, Fl. Bras. 2(1): 248 (1829).
Setaria leiantha Hack., Anales Mus. Nac. Hist. Nat. Buenos Aires 4: 78 (1904); K187. Tipo: Argentina, *Stuckert* 12861.
S. *argentina* Herrm., Beitr. Biol. Pflanzen 10: 54 (1910). Tipo: Argentina, *Hieronymus* 52.
Chaetochloa lachnea (Nees) Hitchc., Proc. Biol. Soc. Wash. 29: 128 (1916).
C. *argentina* (Herrm.) Hitchc., Contr. U.S. Natl. Herb. 24(8): 480 (1927); F338.

Plantas perennes, con culmos de 30–150 cm de alto. Láminas lineares, de 10–30 cm long. × 5–20 mm lat., planas, pilosas o subglabras y escabrosas, acuminadas. Panícula densa, de 8–20 cm long. × 10–20(–40) mm lat., incluidas las setas; eje piloso. Espiguillas obovadas, gibosas, de 1,5–2(–3) mm de largo, con una única seta basal antrorso-escabrosa. Gluma inferior $^1/_3$ del largo de la espiguilla, la superior $^1/_2$–$^2/_3$ del largo. Lemma superior rugulada en la base, lisa en el ápice. Fig. 116.

SANTA CRUZ: Andrés Ibáñez, Santa Cruz, *Solomon et Nee* 17973.
LA PAZ: Larecaja, Sorata, *Mandon* 1262. Murillo, Cotaña, *Buchtien* s.n. Inquisivi, 3 km N de Inquisivi, *Lewis* 35393.
COCHABAMBA: Cercado, Cochabamba, *Steinbach* 9714.
CHUQUISACA: Calvo, El Salvador, *Martínez* 594. Oropeza, Sucre hacia Yotala, *Wood* 8020.
TARIJA: Méndez, 5 km N de Tarija, *Solomon* 10633. Gran Chaco, Puerto Margarita, *Coro-Rojas* 1492. Arce, Chocloca, *Bastian* 296.
Bolivia, Brasil, Paraguay, Uruguay y Argentina. Cultivos, bordes de caminos y sitios alterados; 200–2600 m.

118. STENOTAPHRUM Trin.
Fund. Agrost.: 175 (1822).

Plantas anuales o perennes con culmos rastreros comprimidos. Vainas fuertemente comprimidas, aquilladas o redondeadas en el dorso. Láminas planas o conduplicadas, obtusas o naviculares. Inflorescencia espiciforme tiesa; eje cilíndrico o dilatado y comprimido dorsiventralmente, esponjoso o corchoso, con excavaciones alternas en una de sus caras, donde se alojan los racimos; racimos cortos, espiciformes con 1–8 espiguillas alternas sobre un raquis subtrígono que se prolonga en punta subulada por encima de la última espiguilla. Espiguillas caedizas solitarias o junto con un segmento del eje que se desarticula a la madurez. Espiguillas 2-floras, lanceoladas u ovadas, comprimidas dorsiventralmente, múticas. Antecio inferior estaminado o estéril, el superior perfecto. Glumas membranáceas, la inferior más corta de la espiguilla, superior igual o mas corta. Lemma inferior cartácea o coriácea. Lemma superior coriácea, encerrando a la pálea con sus márgenes.

7 especies; trópicos y subtrópicos, típicamente en ecotipos litorales.

S. secundatum (*Walter*) *Kuntze*, Revis. Gen. Pl. 2: 794 (1891). Tipo: Estados Unidos de América, *Walter* s.n.
Ischaemum secundatum Walter, Fl. Carol.: 249 (1788).

Plantas perennes, estoloníferas, con culmos glabros, decumbentes de 10–25 cm de largo. Hojas caulinares; láminas lineares, de 5–20 cm long. × 5–10 mm lat., glabras, obtusas. Espigas terminales y axilares, de 5–10 cm de largo, rectas o arqueadas; racimos ubicados en excavaciones del raquis dilatado, de 5–7 mm de largo, formados por 1–3 espiguillas; a la madurez el eje se desarticula en segmentos, llevando cada un racimo. Espiguillas de 3,5–5 mm. Fig. 118.

LA PAZ: Sud Yungas, Chulumani hacia Irupana, *Beck* 14243.
TARIJA: Gran Chaco, Villa Montes, *Coro-Rojas* 1577.
Regiones tropicales del mundo. Playas y dunas, tipicamente en ecosistemas litorales a veces cultivada como césped.

119. MELINIS P. Beauv.
Ess. Agrostogr.: 54 (1812); Zizka, Biblioth. Bot. 138: 50–133 (1988).

Plantas perennes o anuales. Láminas lineares o lanceoladas, planas, glabras o pilosas. Inflorescencia en panícula laxa, muy ramificada, ramas delgadas, flexuosas. Espiguillas comprimidas lateralmente, 2-floras; antecio inferior estéril o estaminado, el superior perfecto, muy caedizo; raquilla articulada por debajo de las glumas. Glumas 2, desiguales, la inferior pequeña o ausente, la superior del largo de la espiguilla, membranácea o coriácea, a veces gibosa, emarginada o bilobada, mútica o aristada. Lemma inferior semejante a la gluma superior. Lemma superior membranácea o cartilagínea, mútica. Pálea membranácea.

Especies 22, principalmente en Africa, una asiática y 2 introducidas en regiones tropicales.

Planta viscosa; espiguillas glabras · **1. M. minutiflora**
Planta pilosa o subglabra; espiguillas villosas · · · · · · · · · · · · · · · · · **2. M. repens**

1. M. minutiflora *P. Beauv.*, Ess. Agrostogr.: 54, pl 11, fig. 4 (1812); H421; K164. Tipo: Brasil, *de Jussieu* (G, holótipo).

Plantas perennes con culmos ascendentes, de 50–100 cm de alto. Láminas lineares, de 5–20 cm long. × 3–11 mm lat., planas, densamente glanduloso-pilosas. Panícula lanceolada o angostamente ovada, de 10–30 cm de largo, frecuentemente purpúrea. Espiguillas angostamente oblongas, de 1,5–2 mm de largo, estriadas. Gluma inferior reducida a una escama de 0,2–0,5 mm, la superior con dorso recto, 7-nervia, biloba. Antecio inferior estéril, la lemma 5-nervia, biloba, con arista de 15 mm. Fig. 119.

PANDO: Suárez, 2 km S de Cobija, *Beck* 17146.

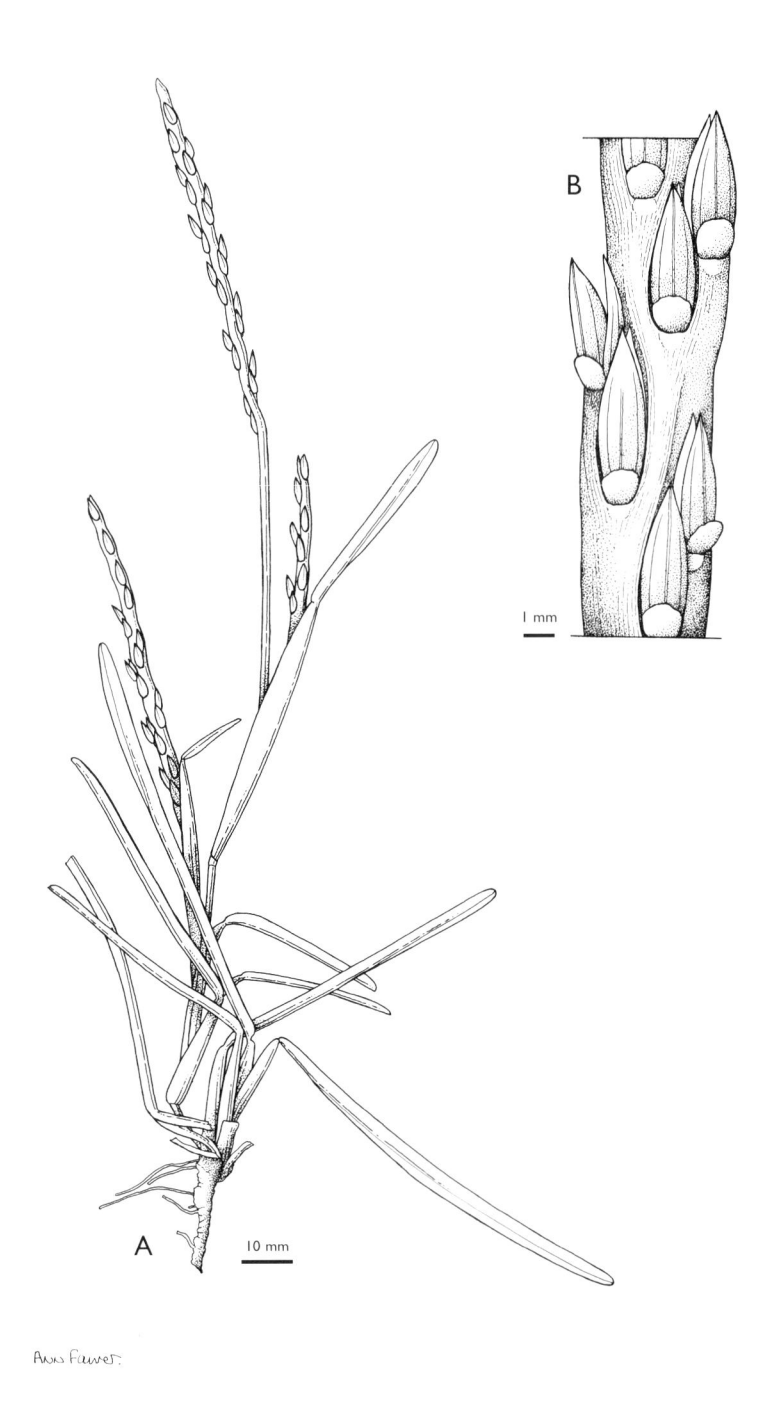

Fig. 118. **Stenotaphrum secundatum**, **A** habito, **B** porción de la raquis basada en *Feuerer et Franken* 11727a.

SANTA CRUZ: Chávez, 2 km NW de Concepción, *Killeen* 2102. Florida, Samaipata, *Killeen* 2494.

LA PAZ: Sud Yungas, Villa Aspiazu hacia Yanacachi, *Schmit* 110. Nor Yungas, Chuspipata hacia Yolosa, *Beck* 13905. Inquisivi, 8 km SW de Cajuata, *Lewis* 37387.

Africa Tropical, introducida en otras regiones tropicales.

2. M. repens (*Willd.*) *Zizka*, Biblioth. Bot. 138: 55 (1988). Tipo: Ghana, *Isert* (B, holótipo).
Saccharum repens Willd., Sp. Pl., 1: 322 (1798).
Tricholaena rosea Nees, Cat. Sem. Hort. Vratisl. (1835) et Linnaea 11, Lit. Ber.: 129 (1837). Tipos: S. Africa, *Drège* 4319 & 4321 (B, síntipos).
Rhynchelytrum repens (Willd.) C.E. Hubb., Kew Bull. 1934: 110 (1934); F296; K182.
Rhynchelytrum roseum (Nees) Bews, The World's Grasses: 223 (1929).

Planta anual o cortamente perenne con culmos erectos o ascendentes, de 30–100 cm de alto. Láminas lineares, planas o plegadas, de 5–30 cm long. × 2–10 mm lat. Panícula ovada u oblonga, de 5–20 cm de largo, con pelos plateado-rosados o purpúreos. Espiguillas ovadas, de 2–12 mm de largo, vellosas. Gluma inferior oblonga, de 0,3–3,5 mm de largo, separada por un corto internodio de la superior; ésta gibosa, cartácea, 5-nervia adelgazándose hacia el ápice, emarginada, mucronada o con arista de 4–7 mm. Antecio inferior estéril o estaminado; lemma inferior menos gibosa que la gluma superior, 5-nervia, mútica. Fig. 119.

SANTA CRUZ: Chávez, 40 km NE de Concepción, *Killeen* 2827. Florida, Samaipata, *Killeen* 2494.

LA PAZ: Inquisivi, 22 km E de Irupana, *Beck* 4738. Nor Yungas, 12 km S de Coripata, *Beck* 8724. Sud Yungas, La Asunta hacia Chulumani, *Schmit* 91.

COCHABAMBA: Quillacollo, 5 km SE de Cochabamba, *Eyerdam* 24918. Cercado, Cochabamba hacia Santa Cruz, *Solomon et King* 15902. Capinota, Charamoco, *Pedrotti et al.* 19.

ORURO: Cercado, 12 km NW de Oruro, *Feuerer* 6960.

CHUQUISACA: Sucre hacia Yotala, *Wood* 7859.

TARIJA: Cercado, Ceramitar, *Bastian* 961.

Africa tropical, introducida en regiones tropicales.

120. DIGITARIA Haller

Hist. Stirp. Helv. 2: 244 (1768); Henrard, Monogr. *Digitaria* (1950). Rúgolo, Las especies del género *Digitaria* de la Argentina, Darwiniana 19(1): 65–166 (1974).

Plantas anuales o perennes, cespitosas o rizomatosas con cañas erectas o postradas. Inflorescencia terminal, formada por racimos espiciformes digitados o dispuestos a lo largo de un eje. Espiguillas subsésiles o pediceladas, binadas, ternadas o en grupos de 4, raro solitarias, dispuestas alternadamente en dos hileras

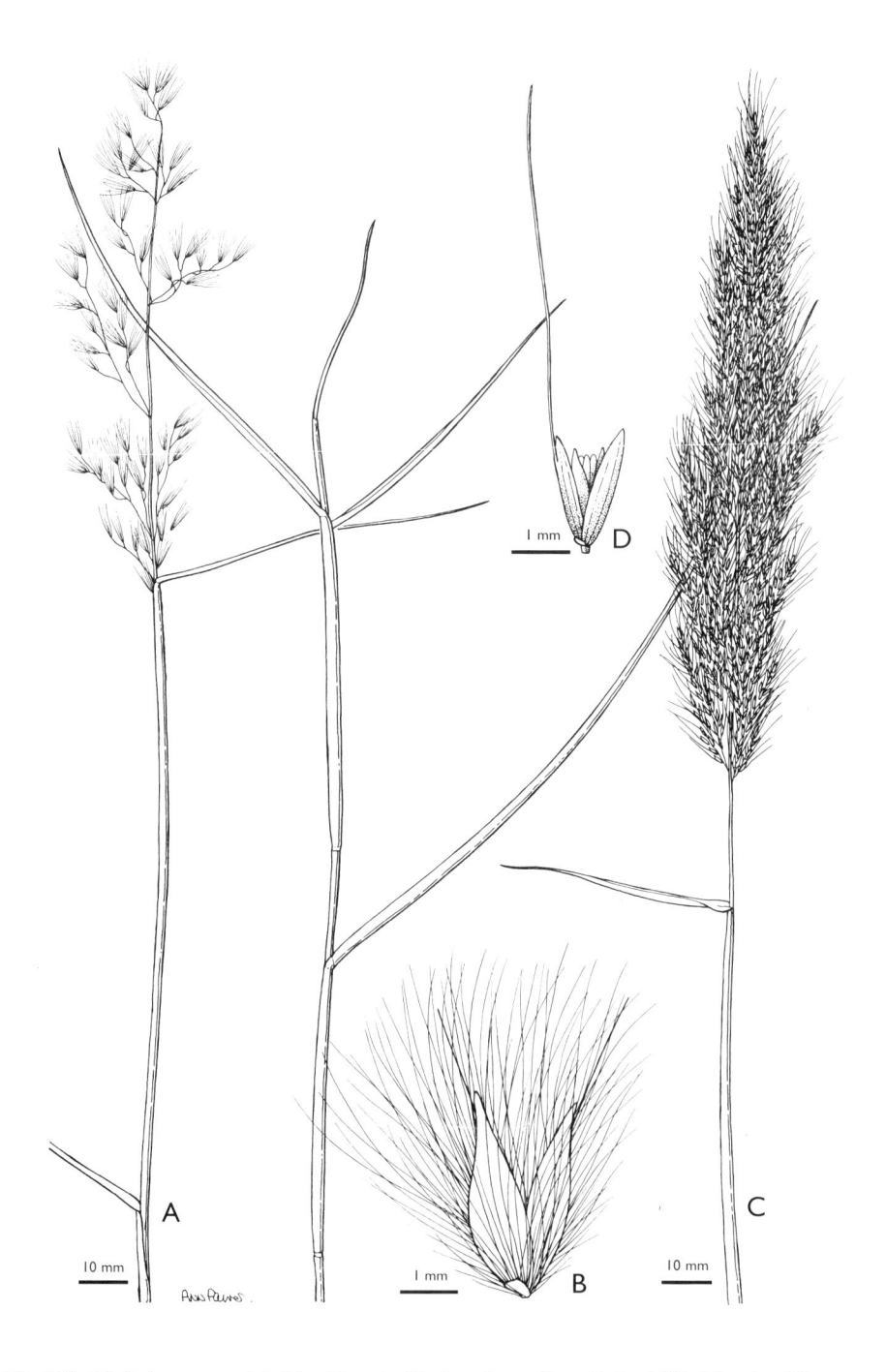

Fig. 119. **Melinis repens**, A habito, B espiguilla basada en *Coro-Rojas* 1631. **M. minutiflora**, C inflorescencia, D espiguilla basada en *Feuerer* 11702.

sobre un lado del raquis delgado. Espiguillas comprimidas dorsiventralmente, lanceoladas, elípticas u ovadas, múticas, 2-floras; antecio inferior estéril, el superior perfecto, glabras, pubérulas o villosas; raquilla articulada debajo de las glumas. Glumas desiguales, membranáceas, la inferior reducida a una pequeña escama enervia o ausente, la superior variable en longitud, breve hasta tan larga como la espiguilla, 1–5-nervia. Lemma inferior tan larga o mayor que el antecio fértil, 5–7-nervia. Lemma superior rígida, cartilagínea, pálida o castaña con los márgenes hialinos replegados sobre la pálea, subaguda, acuminada o rostrada; cariopsis plano-convexo.

230 especies, cosmopolitas.

1. Espiguillas pilosas con pelos que exceden al antecio:
   2. Espiguillas lanceoladas:
      3. Lemma inferior glabra a ambos lados del nervio central, pilosa a ambos lados de los nervios laterales; inflorescencia formada de 20–50 racimos .... **1. D. insularis**
      3. Lemma inferior glabra en el dorso, pilosa en los márgenes; inflorescencia formada de 4–10 racimos .... **2. D. sacchariflora**
   2. Espiguillas aovadao-acuminadas .... **3. D. californica**
1. Espiguillas glabras o pilosas, pero los pelos no exceden el antecio:
   4. Espiguillas en pares:
      5. Gluma inferior de 0,2–0,3 mm de largo:
         6. Plantas anuales .... **4. D. ciliaris**
         6. Plantas perennes, cespitosas .... **13. D. neesiana**
      5. Gluma inferior ausente:
         7. Gluma superior de $^1/_3$–$^2/_3$ de la longitud del antecio ..... **5. D. nuda**
         7. Gluma superior tan larga como el antecio:
            8. Plantas estoloníferas; láminas lanceoladas ..... **8. D. fuscescens**
            8. Plantas amacolladas; láminas lineares:
               9. Espiguillas de 3–4 mm de largo .... **6. D. lanuginosa**
               9. Espiguillas de 2,5–3 mm de largo .... **7. D. cuyabensis**
   4. Espiguillas ternadas:
     10. Plantas estoloníferas .... **8. D. fuscescens**
     10. Plantas amacolladas o cespitosas:
        11. Plantas anuales:
           12. Inflorescencia de 8–15 racimos
                    .... **9. D. lehmanniana** var. **dasyantha**
           12. Inflorescencia de (2–)4–9 racimos .... **10. D. fragilis**
        11. Plantas perennes:
           13. Espiguillas glabras .... **11. D. leiantha**
           13. Espiguillas pilosas:
              14. Pelos de las espiguillas capitados ...... **12. D. corynotricha**
              14. Pelos de las espiguillas agudos:
                 15. Plantas monoclinos .... **13. D. neesiana**
                 15. Plantas dioicas .... **14. D. dioica**

120. Digitaria

1. D. insularis *(L.) Mez ex Ekman*, Ark. Bot. 11(4): 17 (1912); K149. Tipo: Jamaica (LINN, lectótipo).
Andropogon insulare L., Syst. Nat. ed. 10, 2: 1304 (1759).
Trichachne insularis (L.) Nees, Agrostologia Brasiliensis in Martius, Fl. Bras. 2(1): 86 (1829); H424; F293.

Plantas perennes cespitosas, con rizomas cortos; culmos erectos, de 80–150 cm de alto, bases bulbosas, pubescentes. Láminas lineares, planas, de 12–40 cm long. × 7–15 mm lat., glabras, escabrosas, acuminadas. Inflorescencia de 15–40 cm de largo, formada de 20–50 racimos espiciformes adpresos o ascendentes. Espiguillas apareadas, una subsésil y otra pedicelada, fácilmente caducas, lanceoladas, pilosas con pelos ocráceos y blancos que exceden al antecio. Gluma inferior reducida, 0,5–1 mm de largo, la superior lanceolada, de 3,5–4,5 mm de largo, 3–5-nervia, pilosa. Lemma inferior estéril, lanceolada, de 4–4,5 mm de largo, 7-nervia, glabra en el nervio central, pilosa a ambos lados, acuminada. Antecio fértil lanceolado, castaño a la madurez, de 3,5–4 mm de largo, acuminado. Fig. 120.

BENI: Vaca Diez, Riberalta, *Nee* 31859. Ballivián, Espíritu, *Beck* 5938.
SANTA CRUZ: Andrés Ibañez, Santa Cruz, *Nee* 33427. Cordillera, Alto Parapetí, *de Michel* 508.
LA PAZ: Larecaja, Consata, *Beck* 4960. Nor Yungas, Coroico Viejo, *Beck* 8702.
CHUQUISACA: Tomina, Padilla hacia Monteagudo, *Renvoize et Cope* 3881. Hernando Siles, Yumao, *Murguia* 339. Calvo, El Salvador, *Martínez* 601.
TARIJA: Cercado, Tolomosa Chico, *Bastian* 394. Gran Chaco, Entre Ríos hacia Palos Blancos, *Gerold* 276. Arce, Bermejo, *Coro-Rojas* 1444.
Estados Unidos de América hasta Argentina. Bordes de caminos y sitios alterados; 0–500 m.

2. D. sacchariflora *(Raddi) Henrard*, Blumea 1: 99 (1934). Tipo: Brasil, *Raddi*.
Acicarpa sacchariflora Raddi, Agrostogr. Bras.: 31, pl.1, fig. 4 (1823).
Trichachne sacchariflora (Raddi) Nees, Agrostologia Brasiliensis in Martius, Fl. Bras. 2(1): 87 (1829); H424; F293.

Plantas perennes, cespitosas, con rizomas cortos; culmos erectos, de 40–120 cm de alto, bases bulbosas pubescentes. Láminas lineares, planas, glabras, de 10–30 cm long. × 5–10 mm lat., acuminadas. Inflorescencia de 10–30 cm de largo, formada de 4–10 racimos espiciformes adpresos o ascendentes. Espiguillas apareadas, una subsésil y otra pedicelada, fácilmente caducas, lanceoladas, pilosas con pelos ocráceos y blancos, excediendo al antecio. Gluma inferior reducida, de 0,5 mm de largo, gluma superior triangular-lanceolada, de 3–4,5 mm de largo, 3-nervia, pilosa. Lemma estéril lanceolada, de 4–5,5 mm de largo, 7-nervia, glabra en el dorso, pilosa en los márgenes, acuminada. Antecio fértil lanceolado, de 3,5–4,5 mm de largo, castaño a la madurez, acuminado. Fig. 120.

BENI: Ballivián, Yacuma hacia Rurrenabaque, *Seidel et Vargas* 2119.
SANTA CRUZ: Ichilo, Buena Vista, *Steinbach* 6638. Andrés Ibáñez, Santa Cruz, *Tollervey* 2155.

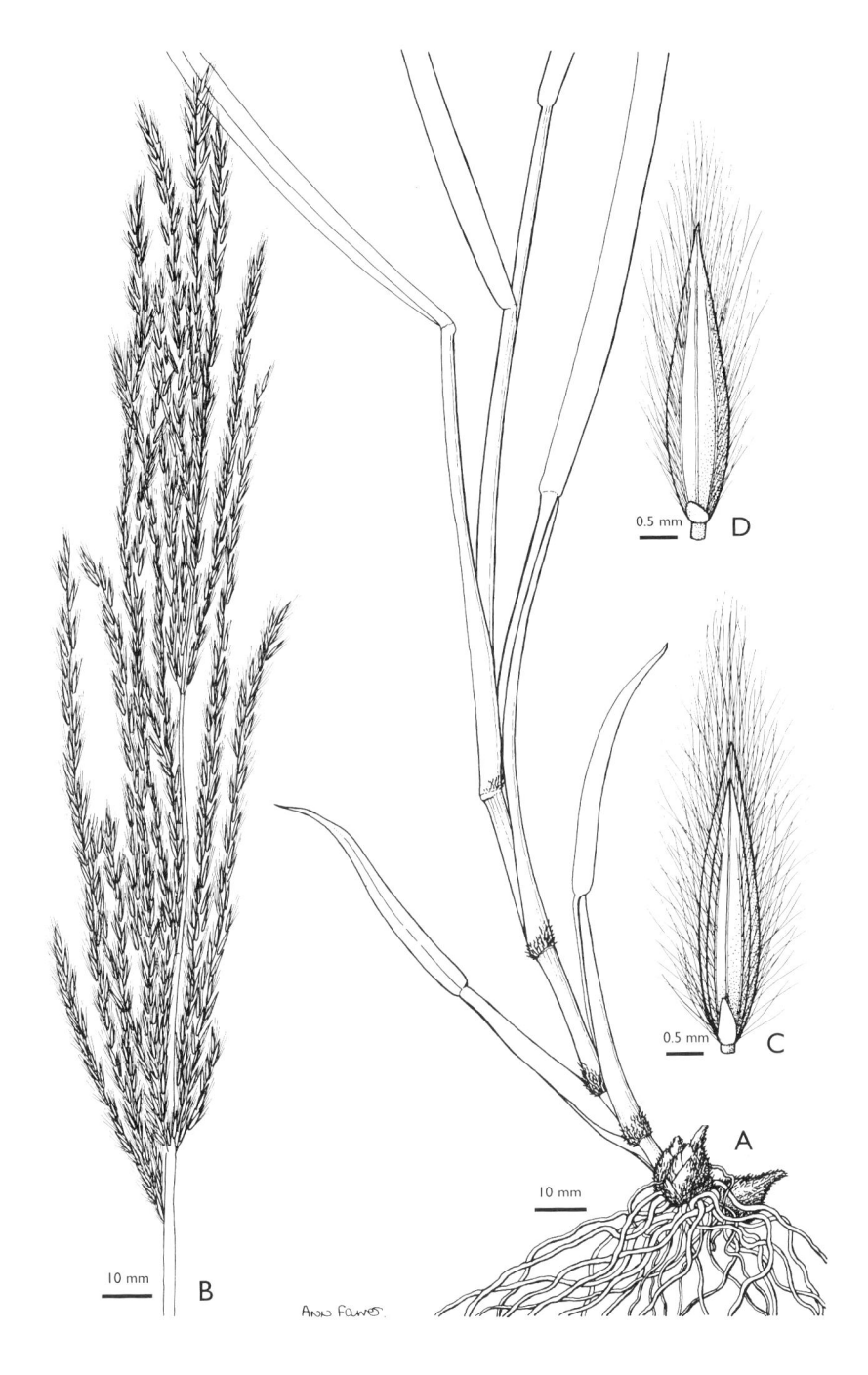

Fig. 120. **Digitaria insularis**, A habito, B inflorescencia, C espiguilla basada en *Beck* 4960.
D. sacchariflora, D espiguilla basada en *Seidel* 2054.

LA PAZ: Larecaja, Caranavi hacia Guanay, *Beck* 3806. Sud Yungas, Sapecho, *Seidel et Vargas* 2704.
Brasil, Perú, Uruguay, Paraguay, Bolivia y Argentina. Localidades ruderales; 350–1500 m.

Muy afín a *D. insularis*, de la que sólo difiere por la lemma estéril glabra en el dorso. *D. swallenii* Henrard, del sur de Brasil, se separa de estas 2 especies por sus largos rizomas.

3. D. californica (*Benth.*) *Henrard*, Blumea 1: 99 (1934): F293. Tipo: México, Baja California, *Hinds* (K, holótipo).
Panicum californicum Benth., Bot. Voy. Sulphur: 55 (1844).
P. saccharatum Buckley, Prelim. Rep. Surv. Texas, App. 2 (1866). Tipo: Texas.
Trichachne saccharata (Buckley) Nash in Small, Fl. S.E. U.S.: 83 (1903); H424.

Plantas perennes cespitosas con rizomas cortos; culmos erectos, de 20–80 cm de alto, bases bulbosas, pubescentes. Láminas lineares, de 5–15 cm long. × 5–8 mm lat., planas, pubescentes o pilosas, agudas o acuminadas. Inflorescencia de 5–20 cm de largo, formada por 4–12 racimos espiciformes adpresos o ascendentes. Espiguillas apareadas, una subsésil y otra pedicelada, fácilmente caducas, aovado-acuminadas, pilosas con pelos blanco-plateados, excediendo al antecio. Gluma inferior reducida, de 0,5 mm de largo; gluma superior triangular-lanceolada, de 3–4 mm de largo, 3-nervia. Lemma inferior lanceolada, de 3–4,5 mm de largo, 5–7-nervia, glabra en el dorso, pilosa en los márgenes, acuminada. Antecio fértil aovado-acuminado, de 3–3,5 mm largo, castaño a la madurez. Fig. 121.

SANTA CRUZ: Andrés Ibáñez, Santa Cruz, *CORGEPAI* 34. Cordillera, Abapó, *Renvoize et Cope* 3908.
COCHABAMBA: Cercado, Cochabamba, *Hensen* 370.
POTOSI: Nor Chichas, 121 km N de Tupiza, *Renvoize, Ayala et Peca* 5318. Sud Chichas, 8 km S de Tupiza, *Peterson et Annable* 11868.
CHUQUISACA: Zudañez, 27 km E de Tarabuco, *Renvoize et Cope* 3861. Calvo, El Salvador, *Martínez* 595.
Estados Unidos de América hasta Argentina. Bosques xerofíticos; 400–2890 m.

4. D. ciliaris (*Retz.*) *Koeler*, Descr. Gram.: 27 (1802); K149. Tipo: China, *Wennerberg* (LD, lectótipo, selecionado por Blake (1969)).
Panicum ciliare Retz., Observ. Bot. 4: 16 (1786).
Digitaria marginata Link, Hort. Berol. 1: 102 (1812). Tipo: Brasil (B, holótipo n.v.).
Panicum adscendens Kunth, in Humboldt, Bonpland et Kunth, Nov. Gen. Sp. 1: 97 (1817). Tipos: Venezuela, Perú y México, *Humboldt et Bonpland* (P, síntipos n.v.).
Digitaria adscendens (Kunth) Henrard, Blumea 1: 92 (1934); F294.

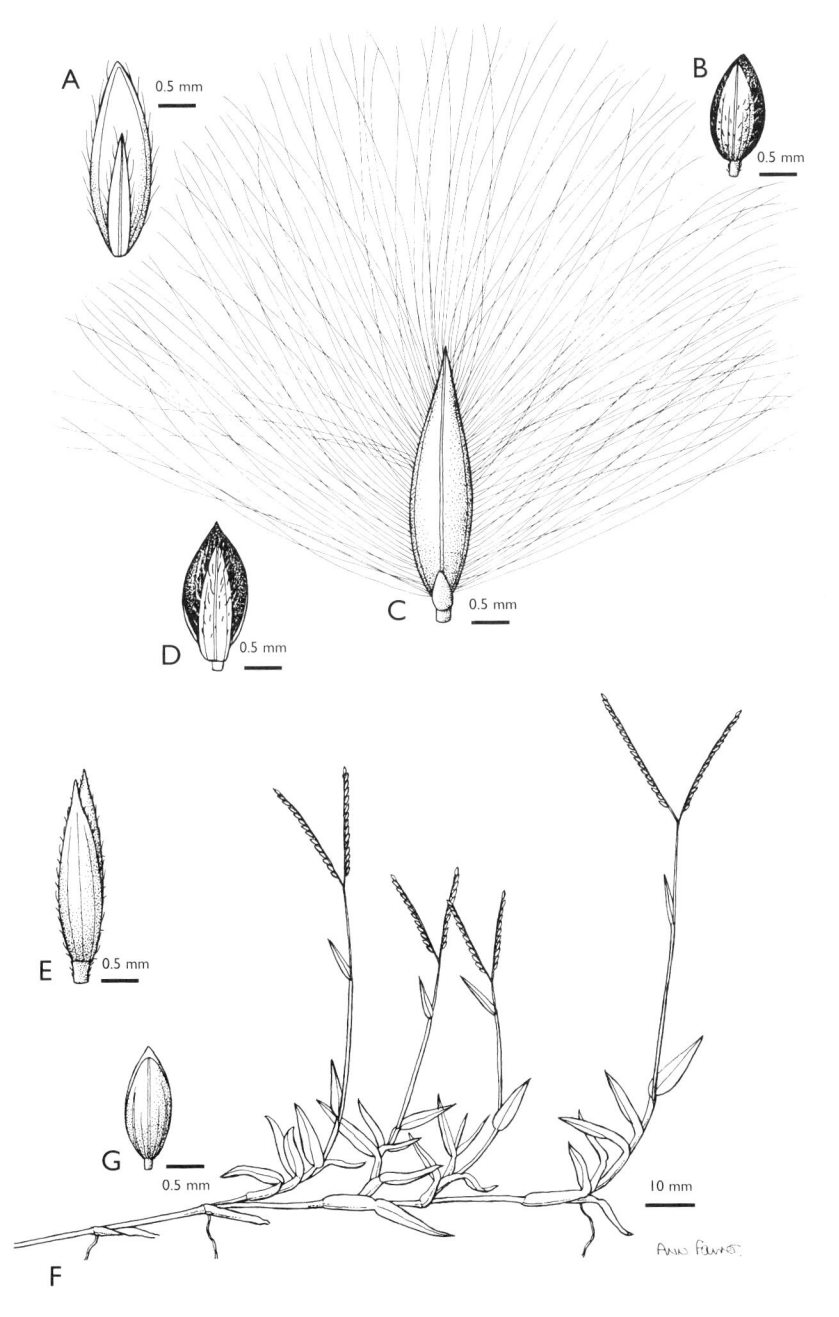

Fig. 121. **Digitaria nuda**, A espiguilla basada en *Seidel et Beck* 486. **D. lehmanniana** var. **dasyantha**, B espiguilla basada en *Beck* 14906. **D. californica**, C espiguilla basada en *Martinez* 595. **D. fragilis**, D espiguilla basada en *Killeen* 1329. **D. cuyabensis**, E espiguilla basada en *Beck* 2558. **D. fuscenscens**, F habito, G espiguilla basada en *Bruderreck* 230.

D. bicornis sensu Killeen, Ann. Missouri Bot. Gard. 77: 148 (1990) non (Lam.) Roem. & Schult. (1817).
Syntherisma sanguinalis sensu Hitchc., Contr. U.S. Natl. Herb. 24: 425 (1927) non (L.) Dulac (1867).

Plantas anuales con culmos de 20–100 cm de alto, geniculados, ascendentes. Láminas lineares, de 3–25 cm long. × 3–10 mm lat., planas, glabras, escabrosas, agudas. Racimos 2–12, digitados o sub-digitados, algo rígidos, de 6–22 cm de largo, el eje menor de 1 cm. Espiguillas apareadas, una subsésil y otra pedicelada, angostamente elípticas, de 2,5–3,5 mm de largo. Gluma inferior menuda, triangular, de 0,2–0,3 mm de largo; gluma superior de 1,5–2,5 mm de largo, 3-nervia, pilosa. Lemma inferior lanceolada, de igual largo que la espiguilla, 7-nervia, pilosa, los nervios centrales lisos, los márgenes ciliolados. Antecio fértil lanceolado, pálido a la madurez.

PANDO: Madre de Dios, Puerto Rosario hacia Santa Teresa, *Nee* 31802. Manuripi, Trinidadcito hacia San Miguel, *Nee* 31480.
BENI: Vaca Diez, 11 km NE of Riberalta, *Nee* 31926. Ballivián, Espíritu, *Beck* 3422.
SANTA CRUZ: Ichilo, Buena Vista, *Steinbach* 7057. Andrés Ibáñez, Río Piray, *Renvoize et Cope* 4004. Cordillera, Abapó-Izozog, *Renvoize et Cope* 3907.
LA PAZ: Iturralde, Luisita, *Haase* 294. Nor Yungas, Yolosa hacia Río Elena, *Solomon* 8577. Sud Yungas, Covendo, *White* 901.
COCHABAMBA: Mizque, Molinero, *Sigle* 362.
CHUQUISACA: Tomina, Padilla hacia Monteagudo, *Renvoize et Cope* 3888.
TARIJA: Méndez, Canasmoro, *Bastian* 1132. Cercado, Erquis, *Bastian* 825. Gran Chaco, Puerto Margarita, *Coro-Rojas* 1473.
Tropicos. Sitios ruderales; 0–950 m.

D. bicornis (Lam.) Roem & Schult., originaria de India, es muy afín a esta especie, pero se distingue por los nervios engrosados y prominentes que lleva la lemma inferior. *D. horizontalis* Willd. se separa por su corta gluma superior que alcanza $1/3$–$1/2$ de largo de la espiguilla y poseer racimos más delgados dispuestos sobre un eje de 3–7 cm; *D. sanguinalis* (L.) Scop., extendida en los trópicos, es también muy afín, pero tiene los nervios de la lemma inferior escabrosos.

5. D. nuda Schumach., Beskr. Guin. Pl.: 65 (1827). Tipo: Ghana, *Thonning* (C, holótipo).
D. setigera sensu Killeen, Ann. Missouri Bot. Gard. 77: 149 (1990) non Roth (1817).

Plantas anuales, con culmos de 15–100 cm de alto, geniculados, decumbentes y ascendentes. Láminas lineares, de 2–22 cm long. × 3–10 mm lat., glabras, escabrosas, acuminadas. Racimos 2–20, digitados o subdigitados, de 4–20 cm de largo. Espiguillas angostamente-elípticas, apareadas, una subsésil y otra pedicelada, de 1,7–2,5 mm de largo. Gluma inferior ausente; gluma superior $^1/_3$–$^2/_3$ del largo de la espiguilla, pilosa, 3-nervia. Lemma inferior lanceolada, igual a la espiguilla, pilosa, 7-nervia, los márgenes ciliolados. Antecio fértil lanceolado, gris pálido a la madurez. Fig. 121.

PANDO: Suárcz, 2 km S de Cobija, *Beck* 17121.
BENI: Vaca Diez, Guyaramerin, *Cutler* 7674.
SANTA CRUZ: Velasco, San Ignacio, *Seidel et Beck* 486. Ichilo, Buena Vista, *Steinbach* 6986. Andrés Ibáñez, Santa Cruz, *Tollervey* 145.
LA PAZ: Nor Yungas, puente Sapecho 9 km hacia San Antonio, *Seidel* 2040.
COCHABAMBA: Carrasco, Campamento Izarzama, *Beck* 1583.
Africa tropical, Asia, Brasil y Bolivia. Sitios ruderales; 0–500 m.

D. setigera Roth, conocida para Africa y Asia, se distingue de esta especie por su corta gluma superior que alcanza sólo $^1/_8$–$^1/_4$ del largo de la espiguilla.

6. D. lanuginosa (*Nees*) *Henrard*, Meded. Rijks-Herb. 61: 5 (1930); F295; K149. Tipo: Brasil, *Sellow* (B, holótipo n.v.).
Paspalum lanuginosum Nees, Agrostologia Brasiliensis in Martius, Fl. Bras. 2(1): 63 (1829).

Plantas anuales con culmos geniculados, ascendentes, de 20–70 cm de largo; los nudos conspicuos, purpúreos o castaños. Láminas lineares, planas, de 3–10 cm long. × 3–4 mm lat., pilosas o subglabras, agudas. Racimos 2–8, digitados o subdigitados, espiciformes, de 3–10 cm de largo. Espiguillas lanceoladas, apareadas, una subsésil y otra pedicelada, de 3–4 mm de largo, acuminadas. Gluma inferior ausente o reducida; gluma superior lanceolada, 5–7-nervia, tan larga como la lemma inferior, glabra o poco pilosa. Lemma inferior 7-nervia, glabra o algo pilosa. Antecio fértil lanceolado, amarillento o gris. Fig. 122.

BENI: Ballivián, Espíritu, *Beck* 15037.
SANTA CRUZ: Andrés Ibáñez, Las Lomas de Arena, *Killeen* 1583. Warnes, Viru Viru, *Killeen* 2109. Velasco, Santa Rosa, *Killeen* 772.
TARIJA: Méndez, Sella Méndez, *Coro-Rojas* 1610.
Bolivia, Brasil, Uruguay, Paraguay y Argentina. 150–1850 m.

7. D. cuyabensis (*Trin.*) *Parodi*, Physis (Buenos Aires) 8: 378 (1926). Tipo: Brasil, *Riedel* (LE, holótipo n.v.).
Panicum cuyabense Trin., Mém. Acad. Imp. Sci. Saint-Pétersbourg, Sér. 6, Sci. Math., Seconde Pt. Sci. Nat. 3(2): 206 (1834).
Digitaria lanuginosa var. *cuyabensis* (Trin.) Henrard, Monogr. *Digitaria*: 164–165 (1950).
Syntherisma cuyabensis (Trin.) Hitchc., Contr. U.S. Natl. Herb., 22: 468 (1922); H426.

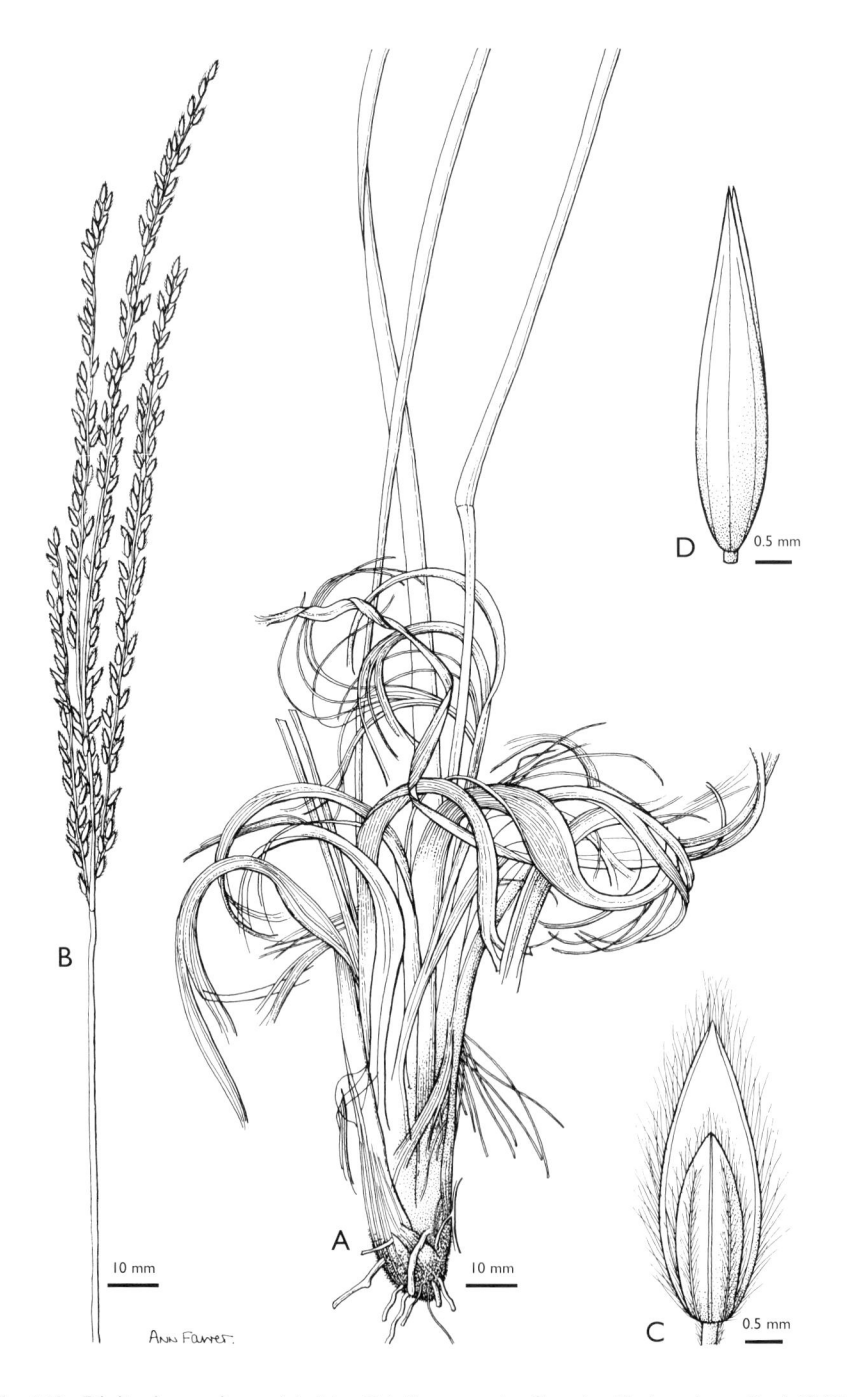

Fig. 122. **Digitaria neesiana**, A habito, B inflorescencia, C espiguilla basada en *Beck* 20687. **D. lanuginosa**, D espiguilla basada en *Coro-Rojas* 1610.

Plantas anuales con culmos geniculados, ascendentes, de 30–100 cm de largo. Láminas lineares o linear-lanceoladas, de 6–12 cm long. × 4–6 mm lat., planas, glabras o pilosas, agudas. Racimos 5–15, de 7–15 cm de largo, digitados o subdigitados. Espiguillas lanceoladas, apareadas, una subsésil y otra pedicelada, de 2,5–3 mm de largo, esparcidamente pilosas, acuminadas. Gluma inferior ausente o reducida a un borde membranoso; gluma superior lanceolada, 3–5-nervia, tan larga como la lemma inferior. Lemma inferior 7-nervia. Antecio fértil lanceolado, gris-verdoso. Fig. 121.

BENI: Ballivián, Espíritu, *Beck* 2558.
SANTA CRUZ: Ichilo, Buena Vista, *Steinbach* 6877. Andrés Ibáñez, Las Lomas de Arena, *Killeen* 1126. Velasco, 10 km E de Santa Rosa de la Roca, *Killeen* 772.
Bolivia, Brasil, Paraguay, Uruguay y Argentina. Campos; 200–442 m.

8. **D. fuscescens** (*J. Presl*) *Henrard*, Meded. Rijks-Herb. 61: 8 (1930); K149. Tipo: 'Perú' vel Philippine Is.? *Haenke* (PR, holótipo).
Paspalum fuscescens J. Presl, Reliq. Haenk. 1: 213 (1830).

Plantas estoloníferas con culmos erectos de 10–60 cm de alto. Láminas lanceoladas, de 1–5 cm long. × 2–5 mm lat., agudas. Racimos 2(–4), digitados, de 3–7 cm de largo. Espiguillas en grupos de 2 o 3, sobre un raquis angostamente alado de 1 mm de ancho. Espiguillas ovado-elípticas, de 1,3–1,8 mm de largo, glabras. Gluma inferior ausente, la superior igual en longitud a la espiguilla, 3–5-nervia. Lemma inferior 5–7-nervia. Antecio fértil castaño. Fig. 121.

SANTA CRUZ: Chávez, 50 km NE de Concepción, *Killeen* 1661. Velasco, 7 km N de San Ignacio, *Bruderreck* 230; 10 km E de Santa Rosa, *Killeen* 786; 13 km S de San Ignacio, *Bruderreck* 102. Chiquitos, 20 km S de San Jose, *Killeen* 1734.
Nativos de regiones tropicales de Mundo Viejo, introducida en América. Lugares modificados; 0–2300 m.

9. **D. lehmanniana** *Henrard*, Blumea 1: 107 (1934); K149. Tipo: Colombia, *Lehmann* 632 (K, isótipo).
Syntherisma violascens sensu Hitchc., Contr. U.S. Natl. Herb. 24: 425 (1927) non (Link) Nash (1909).
Digitaria violascens sensu R.C. Foster, Rhodora 68: 295 (1966) non Link (1827).

Plantas anuales con culmos erectos de 10–60 cm de alto. Láminas lanceoladas, de 3–12 cm long. × 3–7 mm lat., planas, pilosas cerca de la lígula, agudas. Racimos 8–15, delgados, de 3–10 cm de largo, sobre un eje central de 2–6 cm. Espiguillas en grupos de 3, ovadas, de 1–1.5 mm de largo, pilosas o glabras. Gluma inferior ausente, gluma superior de $^2/_3$–$^4/_5$ de largo de la espiguilla, 3-nervia, glabra o pilosa entre los nervios con pelos delgados y atenuados, raramente algo claviformes.

120. Digitaria

Lemma inferior alcanza $^3/_4$–$^4/_5$ del largo de la espiguilla, 7-nervia, glabra o pilosa entre los nervios con pelos delgados; atenuados o algo claviformes. Antecio superior estriado, marrón, apiculado.

var. **dasyantha** Rúgolo, Bol. Soc. Argent. Bot. 12: 386 (1968). Tipo: Bolivia, Sud Yungas, La Florida, *Parodi* 10058a (BAA, holótipo n.v.).

Espiguillas pilosas. Fig. 121.

BENI: Ballivián, Reyes, *White* 1536.
LA PAZ: Nor Yungas, Chuspipata hacia Yolosa, *Beck* 14906.
Colombia, Brasil, Paraguay, Bolivia y Argentina. 300–1800 m.

La variedad típica se diferencia por las espiguillas glabras. Semejante a *D. fragilis* pero con mayor número de racimos.

10. D. fragilis (*Steud.*) *Luces*, J. Wash. Acad. Sci. 32: 160 (1942); K149. Tipo: Venezuela, *Funck et Schlim* 724 (L, holótipo n.v.).
Paspalum fragile Steud., Syn. Pl. Glumac. 1: 17 (1854).
Digitaria rhachitricha Henrard, Blumea 1: 95 (1934).

Plantas pilosas, anuales, con culmos erectos de 20–120 cm de alto. Láminas lineares de 13–30 cm long. × 3–5 mm lat., planas, acuminadas. Racimos(2–)4–9, de (4–)8–15 cm de largo, sobre un eje de (1–)3–5 cm de largo. Espiguillas ternadas, elípticas, pilosas, de 1,3–1,5 mm. Gluma inferior ausente; superior lanceolada, $^2/_3$–$^3/_4$ de largo de la espiguilla, 3-nervia. Lemma inferior de la longitud de la espiguilla, 5–7-nervia. Antecio superior estriado, marrón oscuro, apiculado. Fig. 121.

SANTA CRUZ: Chávez, 20 km W de Versailles, *Killeen* 837; Concepción, *Killeen* 1329; 9 km N de Concepción, *Killeen* 1786; Velasco, 10 km N de San Ignacio *Bruderreck* 347.
TARIJA: Cercado, Valle de Coimata, *Bastián* 161. Tablada, *Bastián* 991.
Venezuela, Colombia y Bolivia. Sabanas; 400–2080 m.

11. D. leiantha (*Hack.*) *Parodi*, Physis (Buenos Aires) 9: 13–21 (1928); F295. Tipo: Paraguay, Pilcomayo, *Rojas* 111 (G, holótipo n.v.).
Panicum adustum Nees var. *leianthum* Hack., Repert. Spec. Nov. Regni Veg. 6: 342 (1909).
Syntherisma leiantha (Hack.) Hitchc., Contr. U.S. Natl. Herb. 24: 426 (1927).

Plantas perennes con culmos erectos de 100–150 cm de alto que nacen desde una base densa. Láminas lineares de 20–50 cm long. × 3–5 mm lat., planas, glabras, finamente agudas. Racimos 5–9, de 13–20 cm de long., insertos sobre un eje de 5–8 cm. Espiguillas elípticas u ovado-oblongas, de 2,5 mm de largo, glabras, laxamente dispuestas en grupos de 3. Gluma inferior corta, de 0,3 mm de largo, hialina, enervia; superior lanceolada, ³/₄ del largo de la espiguilla, 3-nervia, obtusa. Lemma inferior lanceolada, 5–7-nervia, aguda, igual a la espiguilla. Antecio superior estriado, castaño-oscuro, el ápice no exerto.

SANTA CRUZ: Florida, Samaipata, *Herzog* 1763.
Bolivia, Paraguay, Argentina y Brasil. Sabanas.

12. D. corynotricha (*Hack.*) *Henrard*, Meded. Rijks-Herb. 61: 2 (1930). Tipo: Brasil, *Glaziou* 20124 (K, isótipo).
Panicum corynotrichum Hack., Oesterr. Bot. Z. 51: 335 (Sept. 1901).
P. adustum var. *mattogrossensis* Pilg., Bot. Jahrb. Syst. 30: 131 (1901). Tipo: Brasil, *Meyer* 508 (B, holótipo n.v.).
Digitaria mattogrossensis (Pilg.) Henrard, Meded. Rijks-Herb. 61: 1 (1930); K149.
D. gerdesii (Hack.) Parodi var. *boliviensis* Henrard, Monogr. *Digitaria*: 287 (1950). Tipo: Bolivia, *Herzog* 1691 (L, holótipo).

Plantas perennes cespitosas o con rizomas cortos y delgados. Culmos delgados, cilíndricos, leñosos o herbáceo, erectos, de 45–150 cm de alto. Hojas sub-glabras, pilosas; láminas erectas lineares, de 20–40 cm long. × 2–7 mm lat., planas, acuminadas. Racimos (1–)2–4(–5), subdigitados, de 6–25 cm de largo. Espiguillas ternadas, oblongo-elípticas, de 1,7–2,5 mm de largo, cortamente pilosas con pelos capitados. Gluma inferior reducida a una escama hialina; superior ⁴/₅ de largo de la espiguilla, 3–5-nervia. Lemma inferior igual a la espiguilla, 7-nervia. Antecio superior marrón oscuro, estriado, apiculado en el ápice, exerto.

SANTA CRUZ: Chávez, 2 km N de Concepción, *Killeen* 2400. Vallegrande, Monos, *Herzog* 1691.
Brasil y Bolivia. Campos y sabanas; 1100–1300 m.

13. D. neesiana *Henrard*, Blumea 1: 99 (1934); K149. Tipo: Brasil, *Sellow* (K, isótipo).

Plantas perennes cespitosas con culmos erectos de 45–150 cm de alto. Hojas principalmente basales; vainas basales, fibrosas, densamente villosas; láminas lineares, de 20–30 cm long. × 2–7 mm lat., planas, vellosas, acuminadas. Racimos 4–10, de 10–25 cm de largo dispuestos sobre un eje de 2–5 cm. Espiguillas angostamente ovadas, de 3–4 mm de largo, densamente pilosas con pelos plateados o marrones, dispuestas en grupos de 2 o 3. Gluma inferior reducida a una pequeña escama hialina; superior de ³/₄–⁴/₅ de largo de la espiguilla, 3-nervia. Lemma inferior del largo de la espiguilla, 7-nervia. Antecio superior de igual tamaño, pálido, estriado, finamente agudo. Fig. 122.

120. Digitaria

BENI: Ballivián, Riberalta hacia Santa Rosa, *Beck* 20687. Vaca Diez, Riberalta hacia Santa Rosa, *Beck* 20492; 20559.
SANTA CRUZ: Velasco, 100 km N de San Ignacio, *Bruderreck* 6. Serranía Huanchaca, *Thomas et al.* 5694.
Bolivia y Brasil. Sabanas arboleadas; 200–1000 m.

D. phaeothrix (Trin.) Parodi, la especie más próxima, se distingue por sus vainas foliares enteras y láminas convolutas angostas, hasta de 1,5 mm de ancho.

14. D. dioica *Killeen & Rúgolo*, Syst. Bot. 17: 603 (1992). Tipo: Bolivia, *Killeen* 1192 (F, holótipo n.v.).

Plantas perennes cespitosas dioicas, con culmos de 45–85(–170) cm de alto desde una base fibrosa, híspida y bulbosa. Hojas principalmente basales; láminas lineares, de 10–60 cm long. × 2–4(–7) mm lat., planas o involutas, glabras o pubescentes, acuminadas. Racimos 3–8 erectos de 3–12 (–23) cm de largo, dispuestos sobre un eje de 2–15 cm. Espiguillas agrupadas en fasciculos de 3–10, las inferiores formando racimos secundarios de 1–2 cm de largo. Espiguillas elípticas, de 2,8–3,8 mm, imperfectas, estaminadas y pistiladas similares. Gluma inferior reducida a una escama enervia hialina; superior $^1/_2$–$^3/_4$ del largo de la espiguilla, lanceolada, pilosa, 3-nervia, acuminada. Lemma inferior iguala en longitud a la espiguilla, lanceolada, pilosa, 5–7-nervia, acuminada. Antecio superior pajizo.

SANTA CRUZ: Chávez, 3 km N de Concepción, *Killeen* 1140. Velasco, Serranía Huanchaca, *Thomas* 5694. Chiquitos, 3 km N de Santiago, *Killeen* 2787.
Bolivia, Brasil (Mato Grosso) y Colombia. Sabanas; 150–900 m.

121. LEPTOCORYPHIUM Nees
Agrostologia Brasiliensis in Martius, Fl. Bras. 2(1): 83 (1829).

Plantas perennes. Inflorescencia en panícula erecta con las ramas cortas y filiformes. Espiguillas 2-floras, lanceoladas, múticas, comprimidas dorsiventralmente, pedicelos delgados y dilatados en forma de platillo en la articulación con la espiguilla. Gluma inferior ausente, la superior casi tan larga como la espiguilla, membranácea, pilosa. Antecio inferior estéril, la lemma semejante a la gluma superior. Antecio superior perfecto, la lemma lanceolada, cartilagínea, aplanada, márgenes y ápice hialinos, abrazando sólo el tercio inferior de la pálea; pálea semejante a la lemma, libre. Estambres 3.
1 especie. México hasta Argentina.

L. lanatum (*Kunth*) *Nees*, Agrostologia Brasiliensis in Martius, Fl. Bras. 2(1): 84 (1829); H423; F292; K164. Tipo: México, *Humboldt et Bonpland* (P, holótipo).
Paspalum lanatum Kunth in Humboldt, Bonpland et Kunth, Nov. Gen. Sp. 1: 94, t. 29 (1816).

Plantas cespitosas con culmos de 40–120 cm de alto, desde una base bulbosa, densa y fibrosa. Láminas lineares o filiformes, de 20–40 cm long. × 1–6 mm lat., planas o involutas, agudas. Panícula oblonga, de 10–22 cm de largo, laxa o densa, con ramas erectas. Espiguillas de 3,5–4,5 mm de largo, villosas. Gluma superior lanceolada, 3–7-nervia. Lemma inferior lanceolada, 5–7-nervia; pálea ausente. Fig. 123.

BENI: Vaca Diez, Riberalta, *Beck* 20572. Ballivián, Riberalta hacia Santa Rosa, *Beck* 20679. Yacuma, Porvenir, *Beck* 16782.
SANTA CRUZ: Chávez, 10 km S de Concepción, *Killeen* 2190. Velasco, 130 km N de San Ignacio, *Killeen* 2768. Ichilo, Buena Vista, *Steinbach* 3269; 6639; 6640.
LA PAZ: Iturralde, Luisita, *Haase* 143; *Beck et Haase* 9879; 10086. Nor Yungas, Yolosa, *Beck* 12945; Coroico, *Beck* 17864.
México hasta Argentina. Sabanas húmedas; 60–1400 m.

122. ARTHROPOGON Nees
Agrostologia Brasiliensis in Martius, Fl. Bras. 2(1): 319 (1829); Filguieras, Bradea 3: 303–322 (1982); Brittonia 38(1): 71–72 (1986).

Plantas perennes cespitosas. Hojas principalmente basales. Inflorescencia en panícula. Espiguillas 2-floras, comprimidas lateralmente; callo barbado. Glumas coriáceas, la inferior lanceolada, linear o subulada, la superior iguala en longitud a la espiguilla, mútica o aristada, aguda o bidentada. Antecio inferior estaminado o estéril, el superior perfecto. Lemma inferior coriácea, mútica o aristada, la superior mútica, membranácea o hialina.
Especies 7, Bolivia, Brasil y Antillas.

Pelos del callo de 2–4 mm de largo ························· **1. A. villosus**
Pelos del callo de 0,5–1 mm de largo ······················· **2. A. scaber**

1. A. villosus *Nees*, Agrostologia Brasiliensis in Martius, Fl. Bras. 2(1): 319 (1829); K142. Tipo: Brasil, *Martius* (M, síntipo n.v.).

Plantas con culmos erectos de 30–130 cm de alto. Vainas basales lisas, pajizas, papiráceas, lustrosas, intactas. Láminas lineares, de 10–40 cm long. × 5–10 mm lat., planas, glabras, pubescentes o villosas, agudas o acuminadas. Panícula ovada o elíptica, de 5–12 cm de largo, laxa, pilosas en las axilas; pedicelos delgados, largos. Espiguillas solitarias o en pares, oblongas, de 5–8 mm, excluidas las aristas; callo barbado con pelos de 2–4 mm de largo. Gluma inferior lanceolada o subulada, de 2–2,5 mm, la arista flexuosa, antrorso-escabrosa, de 4,5–8 mm, 3-nervia, la superior oblonga, de 4,5–6 mm, 3-nervia, entera o bidentada en el ápice, con una arista escabrosa de 1,5–7,5 mm. Antecio inferior estaminado. Lemma inferior oblonga, de 4,5–5,5 mm, 5-nervia, mútica, la superior de 5–5,5 mm, hialina, 1-nervia.

Fig. 123. **Leptocoryphium lanatum**, A habito, B inflorescencia, C espiguilla basada en *Beck* 17864. **Paratheria prostrata**, D habito, E espiguilla basada en *Beck* 5089A.

SANTA CRUZ: Chávez, 2 km NE de Concepción, *Killeen* 1178; Concepción, *Killeen* 1112.
Brasil central y Bolivia. Campos secos o húmedos; 500–1200 m.

2. A. scaber *Pilg. & Kuhlm.* in Kuhlmann, Comiss. Linhas Telegr. Estratég. Mato Grosso Amazonas 67, Annexo 5, Bot. 11: 37 (1922); K142. Tipo: Brasil, *Kuhlmann* 1853 (R, holótipo n.v.).
A. bolivianus Filg., Brittonia 38(1): 71–72 (1986). Tipo: Bolivia, *Cutler* 7023 (US, holótipo n.v.).

Plantas con culmos erectos de 50–135 cm de alto. Láminas lineares, de 10–35 cm long. × 1–10 mm lat., planas o conduplicadas, glabras o pilosas. Panícula de 12–25 cm. Espiguillas linear-elípticas, de 4–7 mm. Gluma inferior subulada, aristada, de 10–18 mm, 3-nervia; superior de 4–6 mm, con arista escabrosa de 10–15 mm, 3–5-nervia. Antecio inferior estéril; lemma inferior oblonga, 3-nervia, aguda, la superior hialina 0–3-nervia.

SANTA CRUZ: Chiquitos, 5 km N de Santiago, *Cutler* 7023.
Brasil central y Bolivia. Campos; 700 m.

123. PENNISETUM Rich.
in Pers., Syn. Pl. 1: 72 (1805); Türpe, Lilloa 36: 105–129 (1983).

Plantas perennes o anuales, cespitosas, estoloníferas o rizomatosas. Culmos simples o ramificados, a menudo altos y robustos. Láminas lineares o lanceoladas, planas o convolutas. Inflorescencia en panícula espiciforme, cilíndrica hasta subglobosa u ovoidea, terminal o axilar y a veces agrupadas en inflorescencias amplias. Espiguillas solitarias o agrupadas en fascículos de 2–5, rodeadas por un involucro de setas numerosas o escasas, desiguales, menores o mayores que las espiguillas, escabrosas o plumosas, caducas junto con las espiguillas a la madurez. Espiguillas lanceoladas, dorsalmente comprimidas, 2-floras; antecio inferior estaminado o estéril, el superior perfecto. Glumas membranáceas o hialinas, la inferior mucho menor que la espiguilla, 1-nervia o enervia, excepcionalmente ausente, la superior 7–9-nervia, generalmente poco menor que los antecios. Lemma inferior 3–7(–12)-nervia tan larga como el antecio superior; lemma superior 5–7(–13)-nervia, membranácea o subcoriácea. Estambres 3, anteras grandes, glabras o con mechoncitos de pelos en sus ápices. Ovario con estilos libres o soldados, estigmas plumosos.

80 especies en regiones tropicales.

1. Inflorescencia incluida dentro de la vaina superior, formada por 2–4 espiguillas dispuestas sobre un raquis breve ·················· **1. P. clandestinum**
1. Inflorescencia exerta, espiguillas numerosas sobre un raquis alargado:

2. Hojas con láminas pseudopecioladas y sagitadas ········ **8. P. saggitatum**
2. Hojas con láminas cordadas o angostas en la base:
   3. Inflorescencia reducida a una espiga solitaria, terminal o axilar:
      4. Setas del involucro plumosas:
         5. Inflorescencia ovoidea; setas de 35–65 mm ······ **2. P. villosum**
         5. Inflorescencia linear; setas de 5–40 mm:
            6. Raquis pubescente, cilíndrico ············ **3. P. purpureum**
            6. Raquis glabro o raro pubescente, angular ··· **4. P. polystachion**
      4. Setas del involucro escabrosas o denticuladas:
         7. Setas del involucro escasas, en número de 0–3, de 3–5 mm ········ **7. P. montanum**
         7. Setas del involucro numerosas, de 5–20 mm:
            8. Inflorescencia de 5–17 cm; culmos de 30–200 cm de alto ········ **5. P. chilense**
            8. Inflorescencia de 14–30 cm; culmos de 200–300 cm de alto ········ **6. P. nervosum**
   3. Inflorescencia ampliamente ramificada, formada por numerosas espigas:
      9. Culmos de 60–120 cm de alto; láminas hasta 15 mm lat. ········ **9. P. weberbaueri**
      9. Culmos de 150–400 cm de alto; láminas de 10–45 mm lat.:
         10. Culmos herbáceos, nudos barbados; setas más cortas o iguales que la espiguilla, una más largo ················ **10. P. latifolium**
         10. Culmos lignificados, bambusoideos, nudos glabros; setas más largas que la espiguilla ················ **11. P. tristachyon**

1. P. clandestinum *Chiov.*, Annuario Reale Ist. Bot. Roma 8: 41, pl. 5, fig. 2 (1903). Tipo: Etiopía, *Schimper* 2084 (localidad desconocida).

Plantas perennes con rizomas delgados y estolones gruesos totalmente revestidos por vainas pálidas e infladas. Culmos vegetativos de 2–20 cm de alto. Láminas lineares, de 1–25 cm long. × 2–6 mm lat., planas o conduplicadas, agudas. Panícula reducida a 2–4 espiguillas subsésiles escondidas dentro de la vaina superior; involucro delicado, con pocas setas de 5–15 mm. Espiguillas lanceoladas, de 10–20 mm. Gluma inferior nula o reducida a una breve escamita; gluma superior ovada, hialina, de 1–3 mm o nula. Lemma inferior tan larga como la espiguilla estéril. Anteras exertas, sobre filamentos delgados mayores de 5 cm de largo. Fig. 124.

LA PAZ: Saavedra, Charazani, *Feuerer* 6815. Murillo, Cota Cota, *Beck* 1979.
COCHABAMBA: Ayopaya, Río Tambillo, *Baar* 115.

Originaria de Africa oriental, introducida en América como forrajera y para controlar la erosión.

2. P. villosum *R. Br. ex Fresen.*, Mus. Senckenberg. 2: 134 (1837); F340. Tipo: Etiopía, *Rüppell* (FR, holótipo n.v.).

Fig. 124. **Pennisetum tristachyon**, A habito, B espiguilla basada en *Lewis* 88116. **P. weberbaueri**, C habito, D espiguilla basada en *Asplund* 11065 y 5651. **P. clandestinum**, E habito basada en *Dawson* 28147.

123. Pennisetum

Plantas perennes rizomatosas con culmos geniculados de 15–45 cm de alto. Láminas lineares, de 10–25 cm long. × 2–5 mm lat., planas, agudas. Panícula densa, ovoide, de 5–12 cm; pedúnculo piloso; involucro formado por numerosas setas, de 35–65 mm, plumosas en su $^1/_2$ o $^1/_3$ inferior, con 2–4 setas más largas; raquis angular, piloso o glabro. Espiguillas lanceoladas, de 9–12 mm, 1–2 por involucro. Gluma inferior rudimentaria, membranácea, obtusa, menor de 1 mm; gluma superior lanceolada, 1-nervia, de 3–6 mm, acuminada. Lemma inferior estaminada o estéril, lanceolada, acuminada, igual a la espiguilla. Fig. 125.

COCHABAMBA: Mizque, Rakaypampa, *Sigle* 153.
CHUQUISACA: Oropeza, Cerro Khala Orkho, *Murguia* 276. Yamparaez, 15 km W de Tarabuco, *Feuerer et Hohne* 4568.
POTOSI: Saavedra, DESPENSA, *Romero* 33. Tomas Frías, 1 km N de Yocalla, *Renvoize et Ayala* 5249. Omiste, Villazon, *Peterson et Annable* 11779.
TARIJA: Cercado, Barrancas, *Bastian* 946.
Noreste de Africa y Arabia, ampliamente cultivada como ornamental y probablemente escapada de cultivo.

3. **P. purpureum** *Schumach.*, Beskr. Guin. Pl.: 44 (1827); K182. Tipo: Ghana, *Thonning* (C, holótipo).

Plantas perennes cespitosas con culmos robustos erectos o decumbentes, de 200–600 cm de largo. Láminas lineares, de 15–120 cm long. × 10–40 mm lat., planas, acuminadas. Panícula linear, densa, de 7–30 cm, amarillenta o marrón; raquis densamente pubescente, cilíndrico; involucro encerrando 1–5 espiguillas, una de ellas sésil y perfecta, las otras pediceladas y estaminadas; setas glabras o ciliadas, de 10–40 mm. Espiguillas lanceoladas, de 4,5–7 mm. Gluma inferior nula o rudimentaria; gluma superior $^1/_4$–$^1/_2$ del largo de la espiguilla. Lemma inferior $^1/_2$–$^3/_4$ del largo de la espiguilla, estaminada o estéril. Antecio superior perfecto. Anteras con ápice penicilado. Fig. 126.

BENI: Vaca Diez, Riberalta, *Solomon* 7694.
SANTA CRUZ: Chávez, Concepción, *Killeen* 979.
LA PAZ: Nor Yungas, Alto Beni, *Renvoize* 4729. Sud Yungas, Sapecho, *Seidel* 2057.
COCHAMBAMBA: Chaparé, Río Las Juntas, *ERTS* 27.
CHUQUISACA: Hernando Siles, Comunidad Valle Nuevo, *Murguia* 397.
Africa tropical, introducida en regiones tropicales como forrajera.

4. **P. polystachion** (*L.*) *Schult.*, Mant. 2: 146 (1824). Tipo: India (LINN, lectótipo).
Panicum polystachion L., Syst. Nat., ed. 10, 2: 870 (1759).
Cenchrus setosus Sw., Prodr.: 26 (1788). Tipo: Jamaica, *Swartz* (S, holótipo).
Pennisetum setosum (Sw.) Rich. in Pers., Syn. Pl. 1: 72 (1805); H482; F340; K182.

Fig. 125. **Pennisetum polystachion**, **A** inflorescencia, **B** espiguilla basada en *Renvoize* 4743.
P. villosum, **C** habito, **D** espiguilla basada en *Renvoize et Cope* 3840.

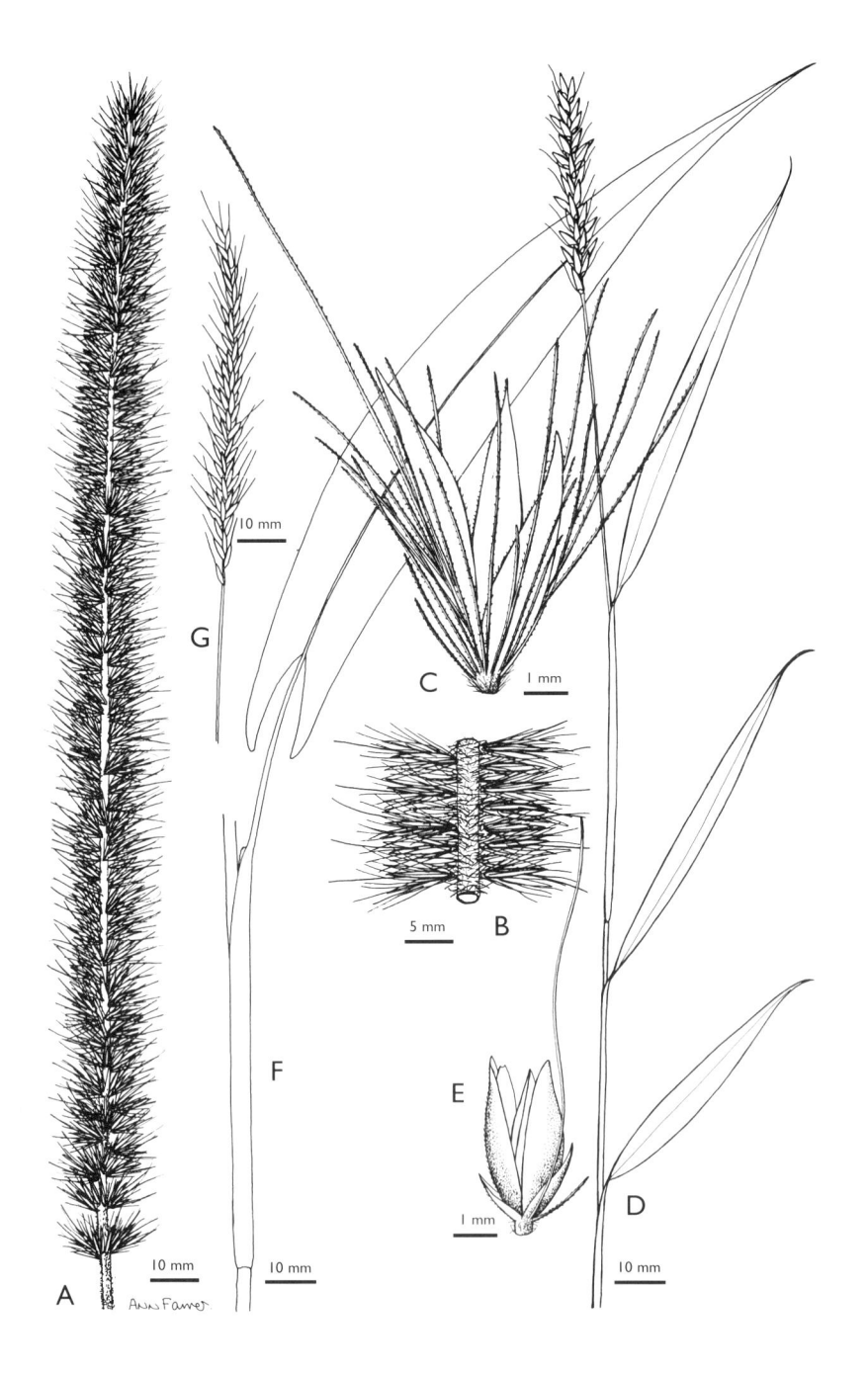

Fig. 126. **Pennisetum purpureum**, **A** espiga, **B** porción de espiga, **C** espiguillas basada en *Renvoize* 4729. **P. montanum**, **D** habito, **E** espiguilla basada en *Lewis* 35303. **P. saggitatum**, **F** hoja, **G** espiga basada en *Renvoize* 5359.

Plantas anuales o cortamente perennes, cespitosas, con culmos ramosos de 30–200 cm de alto. Láminas lineares de 10–40 cm long. × 5–10 mm lat., planas, acuminadas. Panícula linear, de 10–30 cm, purpúrea, el raquis glabro, angular, con alas decurrentes por debajo de las cicatrices de los involucros; éstos encerrando una espiguilla sésil; setas densamente ciliadas, de 5–25 mm. Espiguillas lanceoladas, de 2,5–4,5 mm. Gluma inferior ausente o muy pequeña, la superior tan larga como la espiguilla, obtusa, apiculada. Lemma inferior similar a la gluma superior, tridentada, antecio estaminado o estéril; lemma superior $^2/_3$ del largo de la espiguilla, coriácea, lustrosa, decidua a la madurez. Fig. 125.

SANTA CRUZ: Chávez, 20 km SW de San Javier, *Killeen* 2007.
LA PAZ: Nor Yungas, Coroico, *Feuerer et al.* 5924.
Regiones tropicales. Campos y sitios alterados; 0–2400 m.

5. P. chilense (*Desv.*) *B.D. Jack.*, Index Kew. 2: 1078 (1893) y Nova Acta Regiae Soc. Sci. Upsal. 4(1): 172 (1905); H483; F340. Tipo: Chile, *Gay* (K, isótipo).
Gymnothrix chilensis Desv. in Gay, Fl. Chil. 6(5): 251, tab 74 (1853).
Pennisetum chilense var. *planifolia* Hack., in Buchtien, Contr. Fl. Bolivia 1: 66 (1910), nomen nudum.

Plantas perennes cortamente rizomatosas o cespitosas. Culmos cilíndricos, de 30–200 cm de alto. Láminas lineares, de 20–45 cm long. × 5–15 mm lat., planas o convolutas, escabrosas, acuminadas. Panícula oblonga o linear, solitaria, de 5–17 cm; raquis pubescente, cilíndrico. Involucro encerrando una espiguilla, con numerosas setas de 5–20 mm, antrorsamente escabrosas. Espiguillas lanceoladas, de 5–7 mm, glabras, escabrosas. Gluma inferior obtusa, de 1–1,5 mm, la superior de 2–3 mm. Lemma inferior acuminada, el antecio estaminado; lemma superior acuminada; antecio perfecto. Estigmas conspicuous, de 3–4(–7) mm. Fig. 127.

LA PAZ: Saavedra, Charazani, *Feuerer* 11413. Murillo, Cota Cota, *Beck* 2326. Aroma, Urmiri, *Beck* 17237.
COCHABAMBA: Chaparé, Sacaba, *Steinbach* 8809. Quillacollo, Quillacollo hacia Morochata, *Wood* 9220.
POTOSI: Bustillo, Río Colorado/R. Morochaca, *Renvoize et Cope* 3824. Saavedra, Chunchara, *Romero* 28. Sud Chichas, Tupiza, *ERTS* 279.
TARIJA: Cercado, Tarija, *Fiebrig* 2595.
Bolivia, Argentina y Chile. Laderas pedregosas; 1900–3800 m.

6. P. nervosum (*Nees*) *Trin.*, Mém. Acad. Imp. Sci. Saint-Pétersbourg, Sér. 6, Sci. Math., Seconde Pt. Sci. Nat. 3: 177 (1834); K181. Tipo: Brasil, *Martius* (M, holótipo).
Gymnothrix nervosa Nees, Agrostologia Brasiliensis in Martius, Fl. Bras. 2(1): 277 (1829).

Plantas perennes robustas, con culmos huecos de 200–300 cm de alto. Láminas lineares, de 20–50 cm long. × 8–16 mm lat., planas, escabrosas, finamente agudas.

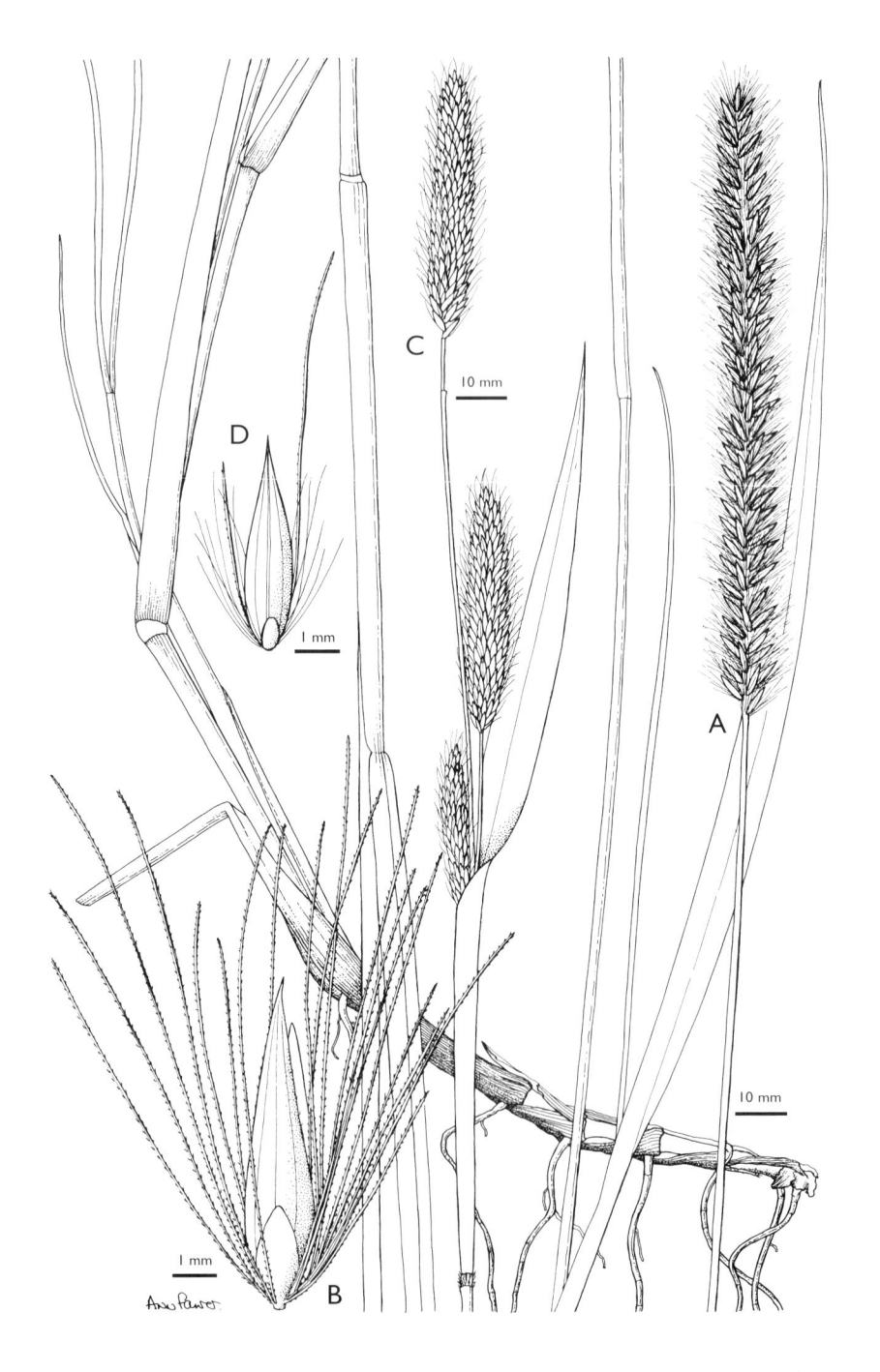

Fig. 127. **Pennisetum chilense**, **A** habito, **B** espiguilla basada en *Feuerer* 22130b. **P. latifolium**, **C** habito, **D** espiguilla basada en *Feuerer* 8523b.

Panícula solitaria terminal, de 14–30 cm long. × 10–25 mm lat.; raquis cilíndrico o surcado, pubérulo; pedicelos acopados donde encaja el callo obtuso de la espiguilla. Involucro encerrando una espiguilla solitaria, con numerosas setas de 5–15 mm antrorsamente escabrosas. Espiguillas lanceoladas, de 6–8 mm, glabras, acuminadas. Gluma inferior de 1,5–2,5 mm, acuminada, la superior de 6,5–7 mm. Lemma inferior acuminada, el antecio estéril; lemma superior acuminada, el antecio perfecto.

SANTA CRUZ: Warnes, Okinawa 1, *Nee* 33860. Chiquitos, 40 km N de San José, *Killeen* 1690.

Colombia hasta Argentina y Brasil. Bordes de ríos; 80–250 m.

7. P. montanum (*Griseb.*) *Hack.* in Stuckert, Anales Mus. Nac. Hist. Nat. Buenos Aires 11: 84 (1904). Tipo: Argentina, *Hieronymus* 640 y *Schikendantz* 177 (GOET, síntipos n.v.).
Hymenachne montana Griseb., Abh. Königl. Ges. Wiss. Göttingen 24: 307 (1879).
Cenchrus mutilatus Kuntze, Revis. Gen. Pl. 3(2): 347 (1898), nom. nud.
Pennisetum mutilatum Hack. ex Kuntze, loc. cit.; H484; F341, nom. nud.

Plantas perennes rizomatosas. Culmos ramosos, geniculados, de 45–200 cm de alto, radicantes en los nudos basales. Láminas angostamente lanceoladas, de 8–24 cm long. × 5–20(–30) mm lat., planas, acuminadas. Panícula de (2–)4–10 cm long. × 5–8 mm lat., terminal o axilar, con espiguillas laxas; raquis subglabro, estriado; setas del involucro 0–3, escasas y cortas, de 3–5 mm. Espiguillas lanceoladas, de 3,5–5 mm, glabras, escabrosas. Gluma inferior de 0,5–1 mm, membranácea, obtusa o triloba; gluma superior de 2 mm, obtusa o triloba. Lemma inferior tan larga como la espiguilla, obtusa o triloba, estaminada o estéril, lemma superior obtusa, el antecio perfecto. Estigmas plumosos, de 1,5–2 mm. Fig. 126.

LA PAZ: Larecaja, Sorata, *Mandon* 1264; *Holway* 537. Inquisivi, 1 km NE de Quime, *Lewis* 35303.

Bolivia y Argentina. Matorrales montañosos, en lugares sombríos húmedos; 1700–2650 m.

8. P. saggitatum *Henrard*, Blumea, Suppl. 1: 229, fig. 26 (1937). Tipo: Bolivia, *Parodi* 10069 (L, holótipo n.v.).

Plantas perennes con culmos cilíndricos, ramosos, erectos de 100 cm de alto. Hojas con vainas híspidas, las inferiores con seudopeciólos de 10 cm, las superiores con seudopeciólo más corto o nulo; láminas lanceoladas, las inferiores sagitadas, las superiores cordadas en la base, de 6–25 cm long. × 10–25 mm lat., planas, acuminadas. Panículas cilíndricas de 6 cm de largo, terminales y axilares; raquis anguloso, flexuoso; setas escasas, iguales a la espiguilla, antrorsamente escabrosas. Espiguillas solitarias, lanceoladas, de 4 mm, escabrosas, agudas. Gluma inferior ovada, de 1 mm, hialina, 1-nervia, aguda; gluma superior 5-nervia, igual a la espiguilla. Lemma superior 3–5-nervia, el antecio perfecto. Fig. 126.

123. Pennisetum

LA PAZ: Nor Yungas, Bella Vista, *Laegaard* 17723. Sud Yungas, La Florida, *Parodi* 10069; 28 km NW de Puente Villa, *Renvoize* 5359.
Perú y Bolivia. Laderas rocosas y lugares sombríos húmedos; 1750 m.

9. P. weberbaueri *Mez*, Notizbl. Bot. Gart. Berlin-Dahlem 7: 50 (1917). Tipo: Perú, *Weberbauer* 2393 (B, holótipo).

Plantas perennes con culmos robustos ramosos, de 60–120 cm de alto; nudos glabros, raramente pubérulos. Láminas lineares, de 12–25 cm long. × 5–15 mm lat., planas, subglabras hasta híspidas, acuminadas. Panículas cilíndricas laxas, de 5–15 cm, agregadas en una inflorescencia laxa y ampliamente ramificada; raquis anguloso, escabroso. Espiguillas solitarias, lanceoladas, de 5–7 mm, escabrosas, agudas; setas de 5–20 mm, antrosamente escabrosas. Gluma inferior ovada, de 0,5–1 mm, membranácea; gluma superior ovada, de 2–3 mm, membranácea, aguda. Lemma inferior del largo de la espiguilla, aguda; lemma superior con antecio perfecto. Fig. 124.

LA PAZ: Sud Yungas, Yanacachi, *Seidel et Richter* 895.
POTOSI: Saavedra, Otuyo, *Cárdenas* 5651.
CHUQUISACA: Oropeza, Duraznillos, *Wood* 9775.
TARIJA: Arce, Río Cabildo, *Liberman et al.* 1861.
Ecuador, Perú y Bolivia. Laderas pedregosas en sitios húmedos; 2000–2800 m.

10. P. latifolium *Spreng.*, Syst. Veg. 1: 302 (1825); H485; F341. Tipo: Uruguay, *Sellow* (B, holótipo n.v.).

Plantas perennes rizomatosas con culmos robustos de 150–300 cm de alto; nudos barbados. Láminas angostamente lanceoladas, de 30–75 cm long. × 20–45 mm lat., planas, escabrosas, acuminadas. Panículas cilíndricas, de 5–8 cm, péndulas y agregadas en inflorescencias ampliamente ramosas y laxas; raquis cilíndrico, pubescente; involucros de 8–12 setas de 2–5 mm y una más larga de 8–10 mm. Espiguillas solitarias, lanceoladas, de 3,5–5,5, glabras, escabrosas, acuminadas. Gluma inferior de 0,5 mm, hialina; gluma superior de 1–2 mm, membranácea, aguda. Lemma inferior igual a la espiguilla, el antecio estéril; lemma superior con antecio perfecto. Estigmas plumosos, de 1–1,5 mm. Fig. 127.

SANTA CRUZ: Vallegrande, Guadalupe, *I. Vargas* 2518.
LA PAZ: Murillo, Zongo, *Renvoize et Cope* 4264. Nor Yungas, 5 km SE de Chuspipata, *Renvoize* 5362. Inquisivi, 2 km S de Choquetanga, *Lewis* 38462.
COCHABAMBA: Chaparé, Locotal, *Steinbach* 9014.
CHUQUISACA: Tomina, 22 km S de Padilla, *Renvoize et Cope* 3874.
TARIJA: Méndez, 5 km N de Tarija, *Solomon* 10631. Arce, Sidras, *Solomon* 10550.
Colombia hasta Argentina. Regiones boscosas, en sitios húmedos y sombríos; 1500–2470 m.

11. P. tristachyon (*Kunth*) *Spreng.*, Syst. Veg. 1: 302 (1825); F341. Tipo: Ecuador *Bonpland* 3101 (K, microficha).
Gymnothrix tristachya Kunth, Enum. Pl. 1: 159 (1833).
Pennisetum tristachyon var. *boliviense* Chase, Contr. U.S. Natl. Herb. 24(8): 486 (1927). Tipos: Bolivia, *Hitchcock* 22687, 22729 (US, síntipos).

Plantas perennes con culmos robustos, cilíndricos, ramosos, de 200–400 cm de alto; nudos glabros. Láminas linear-lanceoladas, de 20–40 cm long. × 10–30 mm lat., planas, glabras, escabrosas en el envés. Panículas cilíndricas, densas, de 7–10(–18) cm, péndula, sobre pedúnculos delgados flexuosos, agregadas en una inflorescencia ampliamente ramosa; raquis flexuoso, escabroso, estriado; involucros con numerosas setas, de 8–15(–20) mm, antrorsamente escabrosas. Espiguillas solitarias, lanceoladas, de (3–)4–6(–7) mm, escabrosas. Gluma inferior de 1 mm, hialina, 1-nervia, obtusa o aguda; gluma superior de 2–3 mm, 3–5-nervia, aguda. Lemma inferior igual o más larga que la lemma superior, acuminada, estaminada o estéril; lemma superior aguda, antecio perfecto. Fig. 124.

SANTA CRUZ: Florida, Santa Cruz hacia Samaipata, *Nee* 35608.
LA PAZ: Nor Yungas, Yanacachi, *Seidel et al.* 1334. Inquisivi, Licoma Pampa hacia Alto Polea, *Lewis* 88116.
México hasta Argentina. Bordes de bosques, ríos y caminos, en sitios sombríos húmedos; 900–3000 m.

124. CENCHRUS L.
Sp. Pl.: 1049 (1753); De Lisle, Iowa State J. Sci. 37: 259–351 (1963).

Plantas anuales o perennes con culmos erectos o decumbentes. Láminas lineares, planas, conduplicadas o convolutas. Inflorescencia en panícula cilíndrica terminal o axilar. Espiguillas ovadas, dorsalmente comprimidas, 2-floras, antecio inferior estaminado o estéril, el superior perfecto, solitarias o en grupos de 2–8, formando glomérulos rodeados por un involucro sésil; involucro formado por setas flexuosas escabrosas o por espinas unidas en la base y formando un disco, o unidas en casi toda su longitud y formando una cúpula espinosa y rígida; involucro caedizo junto con las espiguillas a la madurez. Glumas 2, membranáceas, la inferior menor, 1–3-nervia o ausente, la superior 1–5(–7)-nervia, casi tan larga como el antecio. Lemma inferior membranácea, 3–7-nervia, pálea presente o ausente, la superior coriácea, 5–7-nervia, con márgenes planos no enrollados, envolviendo a la pálea.
22 especies en regiones tropicales.

1. Plantas anuales; involucros con setas retrorso barbeladas:
   2. Setas formando un involucro único ·················· **4. C. incertus**
   2. Setas formando un involucro doble:
      3. Panícula algo laxa, el eje visible ·················· **2. C. echinatus**
      3. Panícula densa, el eje no visible ·················· **3. C. brownii**
1. Plantas perennes; involucros con setas antrorso o retrorso barbeladas:

4. Setas ciliadas en la base, antrorso-barbeladas hacia el ápice · · · **1. C. ciliaris**
4. Setas no ciliadas, retrorso-barbeladas:
   5. Setas unidas en la mayor parte de su longitud · · · · · · · · · **4. C. incertus**
   5. Setas unidas sólo en la base · · · · · · · · · · · · · · · · · **5. C. myosuroides**

1. C. ciliaris *L.*, Mant. Pl.: 302 (1771). Tipo: Sud Africa, *Koenig* (LINN, lectótipo).

Plantas perennes rizomatosas con culmos ascendentes de 10–150 cm de alto. Láminas lineares, de 3–25 cm long. × 2–13 mm lat., planas, adaxialmente escabrosas, acuminadas. Panícula de 2–14 cm long. × 10–20 mm lat., densa; involucro formado por setas de 6–16 mm, unidas en la base sin formar una cúpula, más largas que la espiguilla, ciliadas en el parte inferior, antrorso-escabrosas en el parte superior, flexuosas. Espiguillas de 2–5,5 mm de largo, solitarias o 2–4 agregadas. Fig. 128.

SANTA CRUZ: Andrés Ibáñez, 5,5 km S de Basilio, *Nee* 44568. Cordillera, Taiteturenda hacia Charagua, *S. Vargas* 2; Abapó, Izozog Ag. Res. Est. *Renvoize et Cope* 3919.
CHUQUISACA: Luis Calvo, Tigüipa, *Murguia* 523.
TARIJA: Cercado, Tarija, *Coro-Rojas* 1574.
Nativa en Africa e India, introducida en regiones tropicales. Sitios alteradas; 0–300 m.

2. C. echinatus *L.*, Sp. Pl.: 1050 (1753); H488; F342; K146. Tipo: Jamaica (L, lectótipo).

Plantas anuales con culmos ascendentes de 15–90 cm de alto. Láminas de 4–25 cm long. × 3–10 mm lat., planas, adaxialmente escabrosas, acuminadas. Panículas de 2–10 cm long. × 10–15 mm lat.; involucros globosos, de 5–10 mm de largo; setas internas comprimidas, retrorso-barbeladas, unidas en su medio basal, formando una cúpula pubescente; setas externas rígidas, más cortas que las internas, divergentes. Espiguillas de 5–7 mm de largo, en grupos en 2–3. Fig. 129.

SANTA CRUZ: Ichilo, Buena Vista, *Steinbach* 6838. Andrés Ibáñez, Las Lomas de Arena, *Killeen* 1118; Río Piray, *Renvoize et Cope* 4010. Cordillera, 30 km S de Charagua, *Killeen et Vargas* 4247.
CHUQUISACA: Calvo, zona central, *Pensiero et Marino* 4456.
Zonas tropicales y subtropicales del mundo. Sitios ruderales; 0–550 m.

3. C. brownii *Roem. & Schult.*, Syst. Veg. 2: 258 (1817); K146. Basado en *C. inflexus*. Tipo: Australia (BM, holótipo).
C. inflexus R. Br., Prodr. 1: 195 (1810) non Poir. (1804).
C. viridis Spreng., Syst. Veg. 1: 301 (1825); H489; F342. Tipo: Guadeloupe, *Bertero* (B, holótipo).

Fig. 128. **Cenchrus incertus**, **A** habito, **B** involucro basada en *Mandon* 1267. **C. brownii**, **C** involucro basada en *Nee* 31595. **C. ciliaris**, **D** involucro basada en *Coro-Rojas* 1574.

124. Cenchrus

Plantas anuales con culmos erectos o geniculados de 30–80 cm de alto; nudos basales frecuentemente radicantes. Láminas linear-lanceoladas, de 10–35 cm long. × 6–12 mm lat., planas, acuminadas. Panículas de 3–10 cm long. × 10–15 mm lat., densas; involucros comprimido-globosos, de 3–4 mm de largo; setas internas ovadas, comprimidas, unidas en el tercio inferior, pubérulas; setas externas delgadas, retrorso-barbeladas. Espiguillas de 4–5 mm de largo, 2–4 agrupadas. Fig. 128.

PANDO: Manuripi, 17 km NE de Puerto Heath, *Nee* 31595.
SANTA CRUZ: Chávez, Concepción, *Killeen* 976.
Estados Unidos de América hasta Bolivia y Brasil. Sitios ruderales; 0–1000 m.

4. C. incertus *M.A. Curtis*, Boston J. Nat. Hist. 1: 135 (1837); K146. Tipo: Estados Unidos de América, N. Carolina, *Curtis* (NY, holótipo n.v.).
C. pauciflorus Benth., Bot. Voy. Sulphur: 56 (1840); H487; F343. Tipo: México, *Barclay* (K, holótipo).

Plantas anuales o perennes con culmos erectos o ascendentes, de 30–100 cm de alto. Láminas de 4–25 cm long. × 3–6 mm lat., planas o conduplicadas, adaxialmente escabrosas, acuminadas. Panículas de 3–7(–10) cm long. × 10–20 mm lat.; involucros globosos, pubescentes, de 5–10 mm de largo, formados por pocas espinas unidas en la mayor parte de su longitud y rígidas hacia el ápice, divergentes, retrorso-barbeladas. Espiguillas de 4–7 mm de largo, solitarias o 2–4 agrupadas. Fig. 128.

SANTA CRUZ: Cordillera, Salinas, *Killeen* 1281.
LA PAZ: Larecaja, Sorata, *Mandon* 1267; *Feuerer et Hohne* 5751.
Estados Unidos de América hasta Argentina. Sitios alterados, maleza de cultivos; 0–2400 m.

5. C. myosuroides *Kunth* in Humboldt, Bonpland et Kunth, Nov. Gen. Sp. 1: 115, pl. 35 (1815); H487; F342; K147. Tipo: Cuba, *Humboldt et Bonpland* (US, frag.).

Plantas perennes con culmos erectos sólidos de 50–200 cm de alto. Láminas lineares, de 10–60 cm long. × 4–15 mm lat., planas, adaxialmente escabrosas, acuminadas. Panículas de 6–25 cm long. × 10 mm lat., densas, con involucros ovados de 4–7 mm de largo. Espinas delgadas, iguales o más cortas que la espiguilla, retrorso-barbeladas, unidas sólo en la base y formando una cúpula no bien definida. Espiguillas de 3–5,5 mm de largo, solitarias. Fig. 129.

SANTA CRUZ: Andrés Ibáñez, 12 km N de Santa Cruz, *Feuerer* 6509. Cordillera, 30 km N de Charagua, *Killeen* 1313.
LA PAZ: Larecaja, *Mandon* 1266. Murillo, Mecapaca, *Renvoize et Cope* 4228.
COCHABAMBA: Cercado, Taquina, *Steinbach* 9801. Capinota, Poquera, *Antezana* 171.

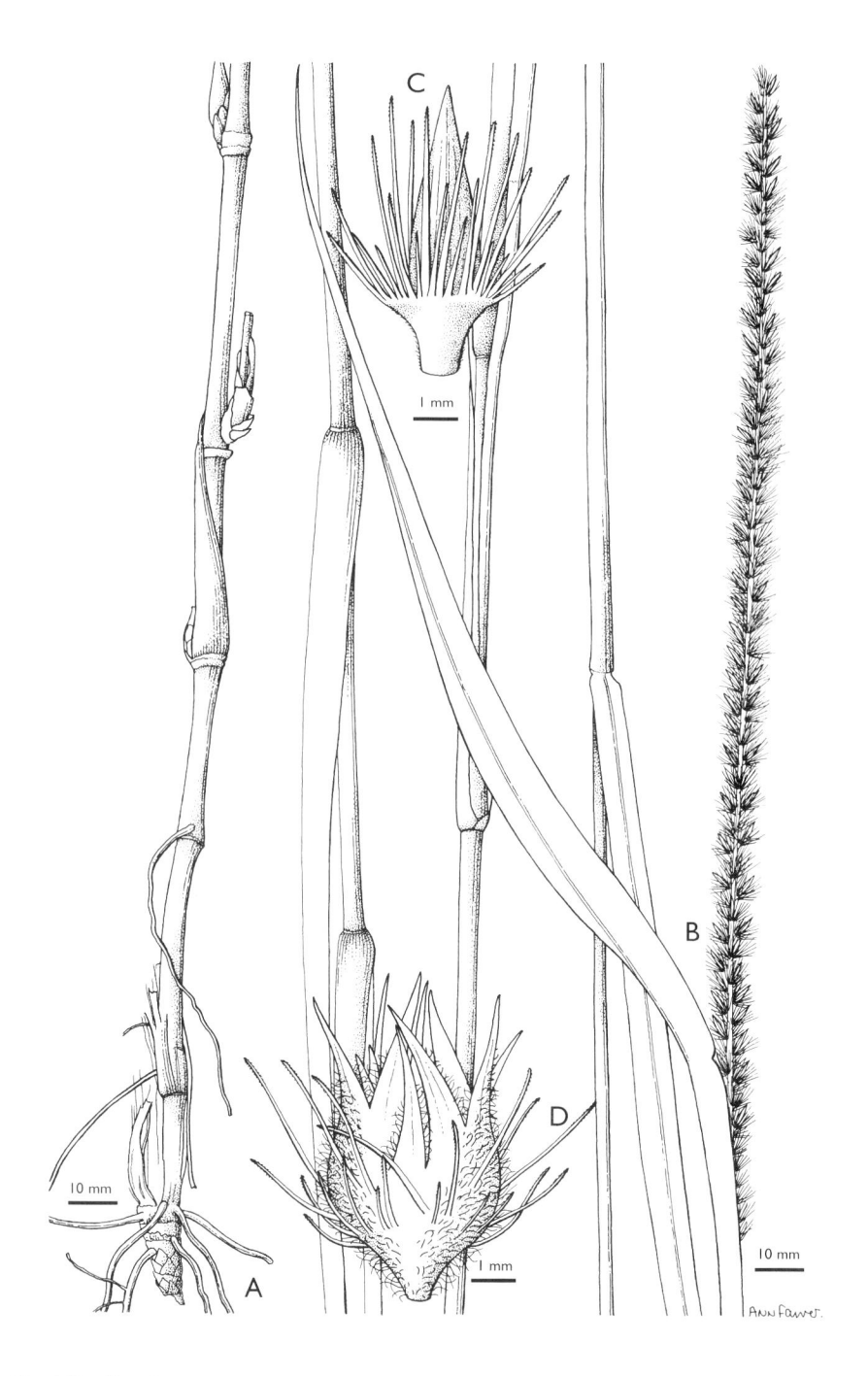

Fig. 129. **Cenchrus myosuroides**, A habito, B espiga, C involucro basada en *Renvoize* 4560. **C. echinatus**, D involucro basada en *Renvoize et Cope* 4018.

124. Cenchrus

CHUQUISACA: Oropeza, Sucre hacia Yotala, *Wood* 7700.
TARIJA: Cercado, Ceramitar, *Bastian* 42; Yesera, *Ehrich* 459. Avilés, Chocloca, *Bastian* 283. Arce, Chaguaya hacia Colón, *Beck et Liberman* 16209.

Estados Unidos de America hasta Argentina. Laderas secas boscosas y sitios alterados; 0–3450 m.

125. PARATHERIA Griseb.
Cat. Pl. Cub.: 236 (1866).

Plantas perennes. Inflorescencia laxamente espiciforme, de racimos, erectos, cortos, caedizos y adpresos. Racimos compuestos de espiguillas solitarias, dispuestas sobre un prolongación basal punzante y acompañadas por una arista gruesa basal. Espiguillas comprimidas dorsiventralmente, angostamente ovadas, acuminadas, 2-floras; antecio inferior estéril, superior perfecto. Glumas 2, hialinas, pequeñas. Lemma inferior 3-nervia, membranácea, la superior del largo de la espiguilla, membranácea o coriácea, 3-nervia, acuminada, con márgenes inflexos planos.

2 especies. Madagascar, Africa, Caribe, Centro y Sudamérica.

P. prostrata *Griseb.* Cat. Pl. Cub.: 236 (1866). Tipo: Cuba, *Wright* en 1865 (BM, holótipo).
Panicum leptachyrium Döll in Martius, Fl. Bras. 2(2): 150 (1877). Tipo: Brasil, *Spruce* 674 (K, isótipo).

Plantas pilosas amacolladas, con culmos ramosos prostrados o ascendentes, de 15–60 cm de largo. Láminas lineares, de 2–10 cm long. × 2–5 mm lat., planas, acuminadas. Inflorescencia angostamente oblonga, de 5–10 cm de largo. Espiguillas ciliadas cerca la base, de 6–10 mm de largo. Glumas de 0,2–0,5 mm de largo. Aristas 20–30 mm. Espiguillas cleistógamas en las vainas basales. Fig. 123.

BENI: Ballivián, Espíritu, *Beck* 5089A.
Africa y Madagascar, Costa Rica, Cuba, República Dominica, Guyana, Guayana Francesa, Brasil, Colombia, Venezuela y Bolivia. Campos húmedos, en suelos arenosos; 0–200 m en Sudamérica, hasta 1600 m en Africa.

Una especie muy rara en Sudamérica.

126. ISACHNE Benth.
J. Linn. Soc., Bot. 19: 30 (1881); Renvoize, Kew Bull. 42(4): 927–928 (1987).

Plantas anuales o perennes, con culmos postrados, erectos o trepadores. Inflorescencia en panícula subespiciforme, oblonga u ovada, contraída o difusa. Espiguillas 2-floras, comprimidas dorsiventralmente, múticas; antecios caducos a la madurez. Glumas caducas, membranáceas, subiguales, $\frac{3}{4}$ hasta iguales que los antecios, 5–9-nervias. Antecios similares o no, separados por un entrenudo corto, el inferior perfecto o estaminado, el superior perfecto o pistilado. Lemmas similares o no, cartáceas, coriáceas o membránaceas, orbiculares o la superior elíptica, 0–7-nervias, glabras o pubescentes, obtusas con los márgenes enrollados y abrazando los márgenes de la pálea. Cariopsis elipsoide hasta plano-convexo.

Especies 100, en regiones tropicales, la mayoría asiáticas.

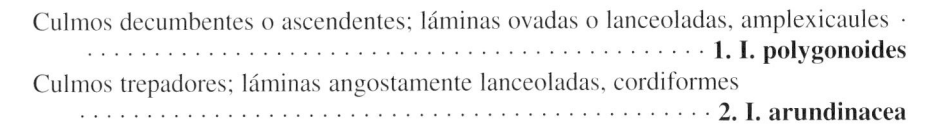

Culmos decumbentes o ascendentes; láminas ovadas o lanceoladas, amplexicaules · . . . . **1. I. polygonoides**
Culmos trepadores; láminas angostamente lanceoladas, cordiformes
. . . . **2. I. arundinacea**

1. I. polygonoides (*Lam.*) *Döll* in Martius, Fl. Bras. 2(2): 273 (1877). Tipo: Guayana Francesca, *LeBlond* (K, microficha).
Panicum polygonoides Lam., Encycl. 4: 742 (1798).

Plantas anuales con culmos ramosos, herbáceos, decumbentes o ascendentes, de 6–60 cm de largo, los nudos inferiores radicantes. Hojas con vainas pilosas; láminas ovadas o lanceoladas, amplexicaules, de 2–4 cm long. × 5–12 mm lat., cartáceas, escabrosas, agudas. Panícula ovada, escasamente exerta, de 1–8 cm de largo; ramas glandulosas, las primarias patentes, las secundarias cortas o nulas. Espiguillas orbiculares de 1,5–2 mm. Glumas de 1–1,5 mm, glabras, 5–7-nervias. Lemmas desiguales, la inferior elíptica, membranácea, glabra, la superior hemisférica coriácea, pubescente.

PANDO: Suárez, 2 km S de Cobija, *Beck* 17141.
LA PAZ: Iturralde, *Beck et Haase* 9945; *Haase* 148.
Guatemala hasta Bolivia y Brasil. Sitios húmedos; 0–500 m.

2. I. arundinacea (*Sw.*) *Griseb.*, Fl. Brit. W.I.: 553 (1864); H474; F334. Tipo: Jamaica *Swartz* (S, isótipo n.v.).
Panicum arundinaceum Sw., Prodr.: 24 (1788).

Plantas perennes, con culmos ramosos, cilíndricos, trepadores, hasta 8 m de largo. Láminas angostamente lanceoladas, de 10–25 cm long. × 5–20 mm lat., planas, cartáceas, escabrosas en la cara adaxial, pilosas en la abaxial, atenuadas o acuminadas. Panícula piramidal, exerta, densa, de 4–12 cm de largo, las ramas patentes a la madurez, o las inferiores reflexas. Espiguillas orbiculares u oblongas, de 1,5–1,75 mm, glabras o pilosas. Glumas de 1,25–1,5 mm, 5–7-nervias. Lemmas coriáceas similares en textura, elípticas o la superior hemisférica.

LA PAZ: Yungas, *Bang* 297. Larecaja, Tipuani, *Buchtien* 7117. Nor Yungas, Carrasco hacia Palos Blancos, *Solomon* 14855.
COCHABAMBA: Chaparé, 112 km NE de Cochabamba, *Davidson* 5162.

126. Isachne

México hasta Bolivia. En lugares sombríos y húmedos; 30–2100 m.

I. ligulata Swallen, que habita en Venezuela, Colombia y Perú, es afín a esta especie pero se diferenciar por las espiguillas algo más grandes de 2 mm.

127. ARUNDINELLA Raddi
Agrostogr. Bras.: 36 (1823).

Plantas anuales o perennes. Lígula cortamente membranácea. Inflorescencia en panícula amplia o contraída, con ramas primarias racemosas o sub-racemosas, verticiladas o no. Espiguillas ordinariamente en pares, 2-floras, purpúreas, comprimidas lateralmente; antecio inferior mútico, perfecto, pistilado o estéril, el superior menor, perfecto, aristado; raquilla articulada entre ambos antecios, por lo que el antecio inferior persiste junto con las glumas y el superior cae a la madurez. Glumas 2, lanceoladas, desiguales, 3–5-nervias, agudas o acuminadas. Lemma del antecio inferior membranácea, 3–5-nervia, aguda, mútica; lemma del antecio superior cartilagínea, escabrosa, mútica o bidenticulada, con arista recta, geniculada o nula, a veces los dientes aristulados. Callo corto, obtuso.

Especies 50, en regiones tropicales o subtropicales.

Arista de 7–14 mm de largo, la columna sobresale la espiguilla
.... **1. A. berteroniana**
Arista de 4–5,5 mm de largo, la columna incluida en la espiguilla · · · **2. A. hispida**

1. A. berteroniana (*Schult.*) *Hitchc. & Chase*, Contr. U.S. Natl. Herb. 18: 290 (1917); H422; F291. Tipo: República Dominicana, *Bertero* (TO, holótipo n.v.). *Trichochloa berteroniana* Schult., Mant. 2: 209 (1824).

Plantas perennes, cespitosas con culmos en fascículos densos, erectos, delgados, de 25–80 cm de alto. Láminas lineares, de 10–30 cm long. × 3–5 mm lat., planas o enrolladas, papiloso-pilosas, acuminadas. Panícula oblonga, de 10–25 cm de largo, las ramas primarias de 4–12 cm, laxas y péndulas. Espiguillas de 5 mm sin contar la arista, glabras. Glumas acuminadas, la inferior de 3–3,5 mm, la superior de 3,5–5 mm. Antecio inferior de 2,5–3,5 mm, el superior 1,5–2 mm, con arista de 7–14 mm, la columna apenas retorcida y más larga que la gluma superior. Fig. 130.

BENI: Ballivián, Valle Quiquibey, *Beck* 12710.
SANTA CRUZ: Ichilo, Amboró, *Solomon et Urcullo* 14122. Florida, Samaipata, *Beck* 7091.
LA PAZ: Murillo, Pongo, *White* 2142. Nor Yungas, Unduavi hacia Caranavi, *Croat* 51584. Sud Yungas, Valle de Río Boopi, *Rusby* 328.
COCHABAMBA: Chaparé, Villa Tunari, *Wood* 10076.
TARIJA: Arce, Bermejo hacia Tarija, *Beck et Liberman* 9571; Río Chillaguatas, Sidras hacia Tariquia, *Solomon* 11301.

Fig. 130. **Arundinella hispida**, **A** habito, **B** espiguilla basada en *Asplund* 12035. **A. berteroniana**, **C** habito, **D** espiguilla basada en *Beck* 7091.

127. Arundinella

Cuba y Espanóla, México hasta Argentina y Brasil. Laderas pedregosas y bordes de ríos; 0–1750 m.

Arundinella deppeana Nees, que crece en Cuba y desde México hasta Brasil se distingue por los culmos mayores, de 1–4 m de alto, con láminas de 8–25 mm de lat.

2. A. hispida *(Humb. & Bonpl. ex Willd.) Kuntze*, Revis. Gen. Pl. 2: 761 (1891); K142. Tipo: Venezuela, *Humboldt et Bonpland* (B, holótipo n.v.).
Andropogon hispidus Humb. & Bonpl. ex Willd., Sp. Pl. 4: 908 (1806).
Piptatherum confine Schult., Mant. 2: 184 (1824). Tipo: Martinica, *Sieber*.
Arundinella confinis (Schult.) Hitchc. & Chase, Contr. U.S. Natl. Herb. 18: 290 (1917); F291.

Plantas perennes cespitosas, con culmos en fascículos laxos, robustos, de 85–250 cm de alto. Láminas de 20–40 cm long. × 6–15 mm lat., planas o enrolladas, papiloso-híspidas o glabras, acuminadas. Panícula contraída, oblonga, de 15–35 cm de largo, las ramas primarias de 4–15 cm, rectas, adpresas o ascendentes. Espiguillas de 3,5–4,5 mm sin contar la arista, glabras. Glumas acuminadas, la inferior de 2,5–3 mm, la superior de 3,5–4,5 mm. Antecio inferior de 3 mm, el superior de 1,5–2 mm, escabroso, con una arista de 4–5,5 mm, la columna retorcida y más corta que la gluma superior. Fig. 130.

BENI: Yacuma, Porvenir, *Killeen* 2593; *Beck* 16927.
SANTA CRUZ: Chávez, 2 km NW de Concepción, *Killeen* 2096.
LA PAZ: Iturralde, Luisita, *Haase* 683. Nor Yungas, Coroico hacia Yolosa, *Solomon* 13731.
México e islas del Caribe hasta Argentina y Paraguay. Campos húmedos; 85–2000 m.

128. LOUDETIA Steud.
Syn. Pl. Glumac. 1: 238 (1854).

Plantas perennes, raramente anuales. Inflorescencia en panícula abierta, contraída o espiciforme, con las espiguillas solitarias o en pares. Espiguillas 2-floras, marrones o castañas; raquilla articulada entre los antecios, el inferior estaminado o estéril, persistente, el superior perfecto, caedizo a la madurez. Glumas 2, cartáceas o coriáceas, 3-nervias, persistentes, la superior tan larga como la espiguilla, la inferior $^1/_4$–$^2/_3$ de su largo. Lemma del antecio inferior similar a la gluma superior; lemma del antecio superior oblongo-elíptica, coriácea, glabra o pilosa, 5–9-nervia, bidentada, con arista geniculada, decidua. Callo oblongo o linear, truncado, bidentado o punzante. Cariopse linear u oblongo; hilo linear.
Especies 26, en regiones tropicales de Africa, Madagascar y Sudamérica.

L. flammida (*Trin.*) *C.E. Hubb.*, Bull. Misc. Inform. 1936: 321 (1936); K164. Tipo: Brasil (LE? holótipo n.v.).
Arundinella flammida Trin., Sp. Gram.: pl. 267 (1831).
Trichopteryx flammida (Trin.) Benth., J. Linn. Soc., Bot. 19: 59 (1881); H422; F291.

Plantas perennes con culmos cilíndricos, erectos, de 1–3 m de alto; nudos barbados. Láminas lineares, de 30–70 cm long. × 5–15 mm lat., coriáceas, planas o enrolladas, acuminadas. Panícula castaña, contraída y espiciforme o algo laxa y oblonga, de 20–60 cm long. × 2–5 cm lat., las ramas primarias cortas, adpresas o ascendentes, en fascículos densos. Espiguillas solitarias, de 6–7 mm sin contar la arista. Glumas cartáceas, la inferior oblonga, ²/₃ del largo de la espiguilla, 3,5–4,5 mm, esparcidamente pilosa en el ápice, obtusa; gluma superior lanceolada, de 6–6,5 mm de largo, glabra, aguda. Antecio inferior de 6 mm, glabro, estaminado, estambres 2; antecio superior perfecto, de 4–4,5 mm, piloso, la lemma extendida en arista de 15–25 mm, la parte distal flexuosa, estambres 2. Callo oblongo, truncado o bidentado. Fig. 131.

BENI: Yacuma, Porvenir, *Renvoize* 4604.
SANTA CRUZ: Chávez, 10 km SE de Concepción, *Killeen* 718. Velasco, San Ignacio, *Seidel* 549. Ichilo, Buena Vista, *Steinbach* 6958.
LA PAZ: Iturralde, Tumupasa, *Schoppenhorst* B530. Tamayo, Calabatea, *Beck* 18517. Larecaja, Mapiri, *Buchtien* 9.
Bolivia, Brasil y Paraguay. Campos húmedos; 400–1000 m.

129. LOUDETIOPSIS Conert
Bot. Jahrb. Syst. 77: 277 (1957).

Plantas perennes, raramente anuales. Inflorescencia en panícula, las espiguillas en tríades, con pedicelos cortos. Espiguillas 2-floras, amarillentas o marrones; raquilla articulada arriba de la gluma superior, los antecios caducos en conjunto; antecio inferior estaminado, el superior perfecto. Glumas 2, cartáceas o coriáceas, 3-nervias, persistentes, la inferior alcanza la mitad de la espiguilla, la superior la iguala. Lemma del antecio inferior 3-nervia, similar a la gluma superior, mútica; lemma del antecio superior lanceolada, coriácea, 5–9-nervia, glabra o pilosa, bidentada, con arista geniculada. Callo truncado o bidentado. Estambres 2–3. Cariopse linear u oblongo; hilo linear.
Especies 11, en regiones tropicales de Africa occidental y Sudamérica.

L. chrysothrix (*Nees*) *Conert*, Bot. Jahrb. Syst. 77: 285 (1957); K164. Tipo: Brasil, *Sellow* (B, lectótipo, selecionado por Conert, n.v.).
Tristachya chrysothrix Nees, Agrostologia Brasiliensis in Martius, Fl. Bras. 2(1): 460 (1829); H423; F292.

Plantas cespitosas con culmos cilíndricos de 70–140 cm de alto. Láminas filiformes o lineares, de 20–55 cm long. × 2–4 mm lat., planas o enrolladas, duras,

Fig. 131. **Loudetia flammida**, **A** habito, **B** espiguillas basada en *Carlos* 9. **Loudetiopsis chrysothrix**, **C** habito, **D** espiguillas basada en *Renvoize et Cope* 4046.

acuminadas. Panícula de 10–20 cm de largo, paucirramosa, compuesta de 6–12(–26) tríades, sobre pedúnculos de 1–3 cm de largo que forman un gancho subapical. Espiguillas de 12–20 mm, sin contar las aristas. Gluma inferior angostamente ovada, de 8–14 mm, tuberculado-híspida en los nervios laterales, con pelos amarillentos o marrones, angostamente aguda; gluma superior lanceolada, de 12–20 mm, glabra, atenuada y obtusa en el ápice. Antecios lanceolados, el inferior glabro, con 2 estambres, el superior piloso, con la lemma extendida en arista de 2,5–9 cm, la parte distal de la arista flexuosa. Flor perfecta con 2 estambres. Fig. 131.

SANTA CRUZ: Chávez, 60 km S de Concepción, *Killeen* 1834. Velasco, 20 km S de San Rafael, *Killeen* 1738. Florida, Samaipata, *Renvoize et Cope* 4046; *Killeen* 2488. Valle Grande, 10 km E de Guadalupe, *Nee et al.* 36175.

Oeste de Africa, Brasil central, Paraguay y Bolivia. Cerrados y campos, en laderas rocosas; 350–2000 m.

130. SACCHARUM L.
Sp. Pl.: 54 (1753); Molina (*Erianthus*), Darwiniana 23: 559–585 (1981).

Plantas perennes, cespitosas con culmos robustos, a veces muy altos. Láminas planas, lineares y firmes. Inflorescencia en panícula terminal, frecuentemente grande y rosa- o alba-lanuginosa, formada por numerosos racimos laterales de raquis frágiles. Espiguillas apareadas, una sésil la otra pedicelada, ambas similares, perfectas; raquis y pedicelos angostos. Espiguilla sésil con callo conspicuamente barbado. Gluma inferior lanceolada, cartilagínea o coriácea, plana o convexa, bicarinada. Lemma inferior hialina, mútica o aristulada, estéril; lemma superior hialina, fértil, mútica o bidentada, con o sin aristula. Estambres 2–3.

Especies 35–40, en regiones tropicales y subtropicales.

S. officinarum L.; H493; F345; K182, se cultiva en lugares tropicales de Bolivia, especialmente en las alrededores de Santa Cruz, por lo que a veces se la encuentra escapada de cultivo.

SANTA CRUZ: Chávez, Concepción, *Killeen* 2445.
LA PAZ: Nor Yungas, Caranavi, *Beck* 9181.

Panícula totalmente exerta; anteras de 1–2 mm ············ **1. S. angustifolium**
Panícula incluida en la última vaina foliar; anteras de 0,6 mm de largo
.... **2. S. trinii**

1. S. angustifolium (*Nees*) *Trin.*, Mém. Acad. Imp. Sci. Saint-Pétersbourg, Sér. 6, Sci. Math., Seconde Pt. Sci. Nat. 4: 92 (1836). Tipo: Uruguay, *Sellow* (B, holótipo). *Erianthus angustifolius* Nees, Agrostologia Brasiliensis in Martius, Fl. Bras. 2(1): 316 (1829); H494; F347.

Plantas cespitosas con culmos robustos, de 120–190 cm de alto. Láminas lineares, de 30–60 cm long. × 1–6 mm lat., planas, glabras o escabriúsculas, acuminadas.

130. Saccharum

Panícula terminal, oblonga, de 17–28 cm de largo, densa, vellosa, exerta; racimos articulados. Espiguillas lanceoladas de 4,5–8 mm, acuminadas; pedicelos, glumas y callos pilosos, los pelos superando la longitud de la espiguilla. Lemma inferior mútica, la superior bidentada, con una arista recta de 10–16 mm entre los dientes. Estambres 2, anteras de 1–2 mm. Fig. 132.

SANTA CRUZ: Chávez, 40 km S de Concepción, *Killeen* 1460. Chiquitos, 5 km N de El Portón, *Killeen* 2776.

LA PAZ: Nor Yungas, San José, *Hitchcock* 22737. Coroico hacia Coripata, *Beck* 17626. Reyes, *White* 1208.

Venezuela, Colombia, Brasil, Bolivia, Uruguay y Argentina. Campos húmedos; 200–1300 m.

2. S. trinii (*Hack.*) *Renvoize*, Kew Bull. 39: 184 (1984); K182. Tipo: Brasil, *Burchell* 4483, *Riedel* 996 (K, isosíntipos).
Erianthus saccharoides var. *trinii* Hack. in Martius, Fl. Bras. 2(3): 258 (1883).
E. trinii (Hack.) Hack. in A. DC. & C. DC., Monogr. Phan. 6: 135 (1889); H493; F347.

Plantas cespitosas con culmos robustos, sólidos, pubescentes, de 125–200 cm de alto. Láminas lineares, de 40–90 cm long. × 2–12 mm lat., planas, atenuadas en la base, glabras o pilosas, acuminadas. Panícula terminal, oblonga de 20–40 cm de largo, densa, vellosa, protegida por la última vaina foliar que es muy dilatada, rara vez exerta; racimos articulados. Espiguillas angostamente ovadas de 4,5–6,5 mm de largo, acuminadas; pedicelos, glumas y callos pilosos, los pelos superando la espiguilla. Lemma inferior mútica o aristulada; lemma superior bidentada con arista recta de 7–15 mm de largo emergiendo entre los dientes. Estambres 2, anteras de 0,6 mm. Fig. 132.

BENI: Yacuma, Porvenir, *Renvoize* 4600.
SANTA CRUZ: Chávez, 10 km NE de Concepción, *Killeen* 646. Ichilo, Yapacani, *Renvoize* 4566.
LA PAZ: Nor Yungas, Coripata, *Hitchcock* 22682.
México, Bolivia, Brasil, Paraguay, Uruguay y Argentina. Campos húmedos; 25–900 m.

Killeen (1990) considera que *S. trinii* cuenta con 2 formas, una cleistógama y otra casmógama.

131. ERIOCHRYSIS P. Beauv.
Ess. Agrostogr.: 8, f. 4/11 (1812); Swallen, Phytologia 14: 88–91 (1966).

Perennes, cespitosas o con rizomas breves. Láminas planas, lineares. Inflorescencia en panícula terminal, densa, espiciforme, frágil, cilíndrica, densamente vellosa, de color castaño-broncíneo brillante y suave al tacto o formada

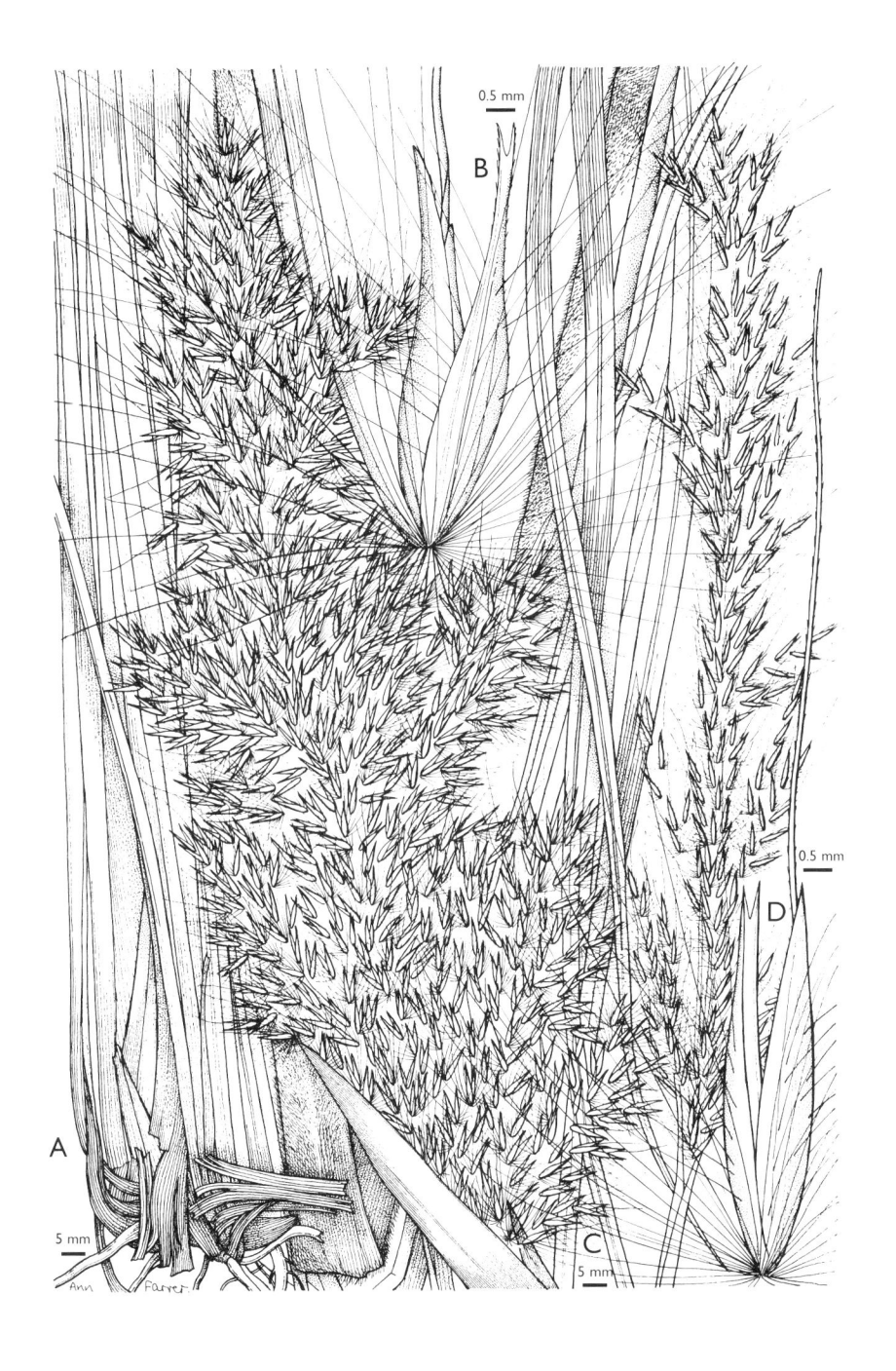

Fig. 132. **Saccharum trinii**, **A** habito, **B** espiguilla basada en *Renvoize* 4566. **S. angustifolium**, **C** habito, **D** espiguilla basada en *Renvoize* 3710.

por racimos pilosos, cortos y ascendentes, numerosos sobre un largo eje común; los entrenudos cortos, angostos o claviformes. Espiguillas apareadas, ambas semejantes. Espiguilla sésil perfecta, barbada, con pelos del callo castaños o moreno-pálidos. Glumas cartáceas o coriáceas, convexas, los nervios indistintos; lemma superior membranácea o hialina, entera, mútica o mucronada. Espiguilla pedicelada pistilada, algo más pequeña que la sésil.

7 especies en regiones tropicales de India, Africa y América.

1. Espiguillas encubiertas por densos pelos castaños; láminas vellosas:
   2. Apice de la gluma inferior obscurecido por pelos apicales
       .... **2. E. cayennensis**
   2. Apice de la gluma inferior visible, pelos marginales
       .... **3. E. concepcionensis**
1. Espiguillas no encubiertas por densos pelos; láminas glabras y escabrosas o pilosas o vellosas sólo en la base:
   3. Gluma inferior obovada, obtusa .... **4. E. laxa**
   3. Gluma inferior lanceolada, finamente aguda:
      4. Culmos de 100–220 cm de alto; inflorescencia de 16–30 cm
        .... **1. E. warmingiana**
      4 Culmos de 30–90 cm de alto; inflorescencia de 5–12 cm
        .... **5. E. holcoides**

1. E. warmingiana *(Hack.) Kuhlm.*, Comiss. Linhas Telegr. Estratég. Mato Grosso Amazonas 67: 29 (1922); H493; F346; K158. Tipo: Brasil, *Warming* (W, holótipo n.v.). *Saccharum warmingianum* Hack. in Martius, Fl. Bras. 2 (3): 254 (1883).

Culmos erectos, de 100–220 cm de alto con nudos barbelados. Láminas agudas, de 20–90 cm long. × 2–4 mm lat., vellosas en la región ligular, el resto glabro o sub-glabro. Panícula oblonga de 16–30 cm de largo, formada por numerosos racimos de 2–5 cm. Espiguillas sésiles lanceoladas, de 4,5–5 mm, callo y ápice pilosos con pelos moreno-pálidos. Espiguillas pediceladas de 3–3,5 mm de largo. Fig. 133.

BENI: Yacuma, San Borja, *Beck* 6957. Ballivián, San Borja hacia Porvenir, *Renvoize* 4647.
SANTA CRUZ: Ichilo, Buena Vista, *Steinbach* 7032.
LA PAZ: Iturralde, Luisita, *Haase* 338 & 338A.
Brasil (Mato Grosso y Guaporé) y Bolivia. Campos húmedos; 240–450 m.

2. E. cayennensis P. Beauv., Ess. Agrostogr.: 8, pl. 4, fig. 11 (1812); H493; F346; K157. Tipo: Guayana Francesa (P, holótipo n.v.).

Culmos erectos de 50–150 cm de alto, con nudos barbados. Láminas de 15–40 cm long. × 3–10 mm lat., vellosas, agudas. Panícula cilíndrica de 7–14(–21) cm de largo,

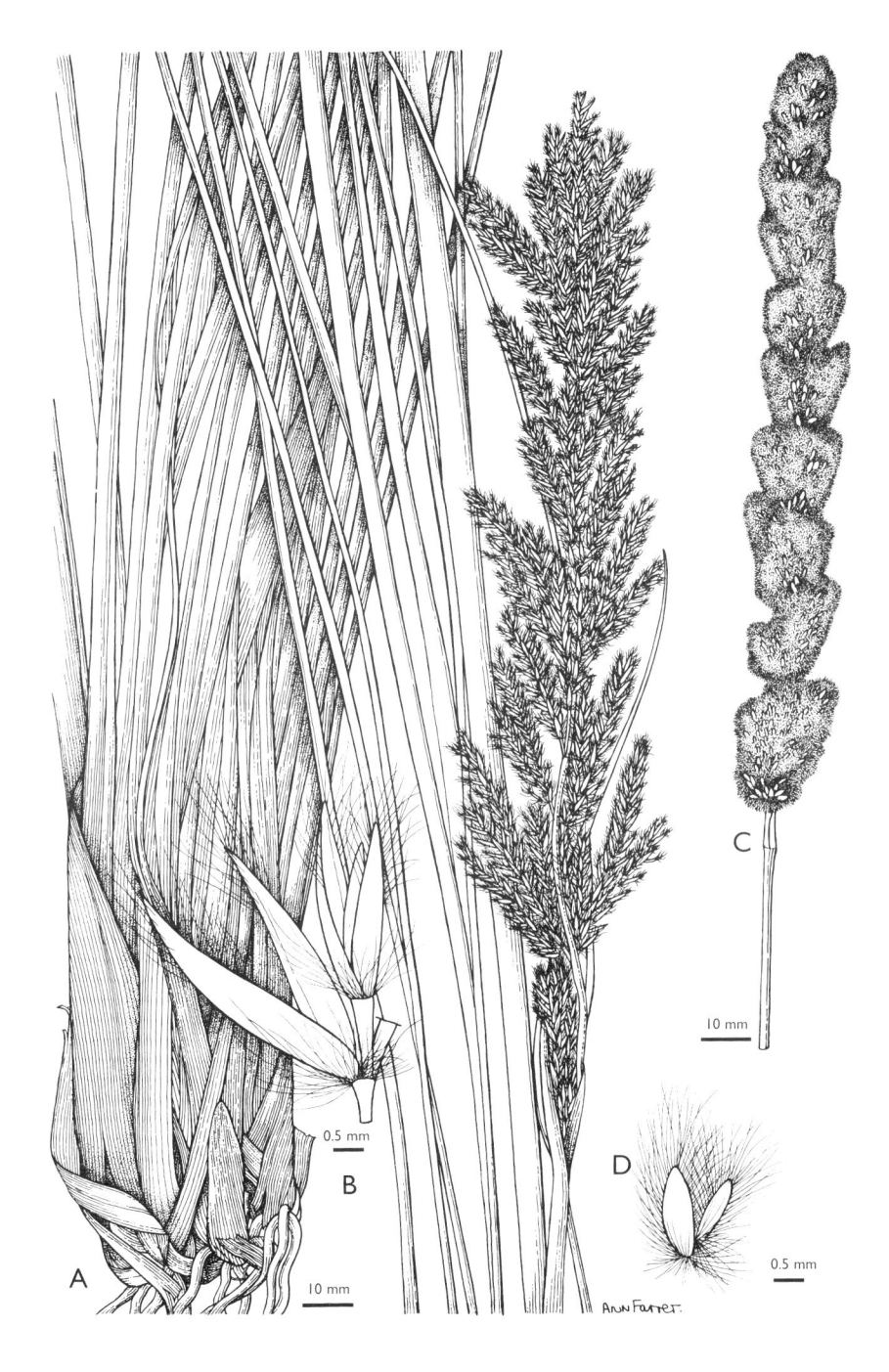

Fig. 133. **Eriochrysis warmingiana**, A habito, B espiguillas basada en *Renvoize* 4647. **E. cayennensis**, C habito, D espiguillas basada en *Renvoize* 4610.

densamente velluda, bronceado-lustrosa; raquis principal contínuo, los secundarios articulados, frágiles. Espiguillas sésiles lanceoladas, de 2,5–3,5 mm, con pelos castaño-bronceados. Espiguillas pediceladas de 1,5–2 mm. Fig. 133.

BENI: Yacuma, Porvenir, *Renvoize* 4601
SANTA CRUZ: Chávez, 10 km S de Concepción, *Killeen* 1860, Ichilo, Buena Vista, *Steinbach* 6915 & 5174. Andrés Ibáñez, Las Lomas de Arena, *Killeen* 1131.
LA PAZ: Iturralde, Luisita, *Haase* 308A.
México hasta Argentina. Campos húmedos; 100–1350 m.

3. E. concepcionensis *Killeen*, Ann. Missouri Bot. Gard. 77(1): 157 (1990). Tipo: Bolivia, Santa Cruz, Concepción, *Killeen* 2384 (LPB, isótipo).

Culmos con nudos barbados. Láminas de 6–25 cm long. × 3–6 mm lat., vellosas, agudas. Panícula espigada, lobulada, de 14 cm long. × 15 mm lat., densamente velluda, bronceado-lustrosa; raquis principal contínuo, los secundarios articulados, frágiles. Espiguillas sésiles lanceoladas, de 3–3,5 mm, con pelos castaño-bronceados. Espiguillas pediceladas de 2–2,5 mm.

SANTA CRUZ: Chávez, 10 km S de Concepción, *Killeen* 2384.
Bolivia. Campo; 500 m.

Se trata de un híbrido entre *E. cayennensis* y *E. laxa*.

4. E. laxa *Swallen*, Phytologia 14: 89 (1966); K158. Tipo: Brasil, *Chase* 8729 (US, holótipo).

Plantas perennes cespitosas, con culmos de 130–170 cm de alto. Láminas lineares de 20–60 cm long. × 1–5 mm lat., sub-glabras o pilosas, planas o involutas, atenuadas en el ápice. Panícula espiciforme de 14–24 cm long. × 2–3,5 cm lat., densamente velluda, castaña, interrupta, las ramas distintas, ascendentes o adpresas, de 2–4 cm de largo. Espiguillas sésiles oblongas, de 2,5–4 mm, obtusas, con pelos castaños. Espiguillas pediceladas de 2–2,5 mm.

SANTA CRUZ: Chávez, 10 km S de Concepción, *Killeen* 2264.
Brasil central y Bolivia. Campos húmedos; 500–650 m.

5. E. holcoides (*Nees*) *Kuhlm.*, Comiss. Linhas Telegr. Estratég. Mato Grosso Amazonas 67, Annexo 5, Bot. 11: 89 (1922); K158. Tipos: Brasil, *Martius*; *Sellow* (K, isosíntipos).
Anatherum holcoides Nees, Agrostologia Brasiliensis in Martius, Fl. Bras. 2(1): 324 (1829).
Andropogon holcoides (Nees) Kunth, Révis. Gramin. 2: 49 (1829).
Saccharum holcoides (Nees) Hack. in Martius, Fl. Bras. 2(3): 254 (1883).

Plantas perennes cespitosas, con culmos erectos de 30–90 cm de alto; nudos barbados. Láminas lineares de 15–40 cm long. × 2–6 mm lat., planas o convolutas, glabras o pilosas, finamente agudas. Panícula oblonga, interrupta, de 5–12 cm long. × 10–20 mm lat., formada por racimos definidos, cortos, de 1–3 cm de largo, ascendentes o adpresos. Espiguillas lanceoladas glabras o pilosas, las sésiles de 4–6 mm, múticas o con un mucrón de 1–2 mm, las piceladas de 2–4 mm; pedicelos e internodios pilosos, con pelos moreno-pálidos, densos o esparcidos.

SANTA CRUZ: Chávez, 10 km S de Concepción, *Killeen* 1190. Chiquitos, 3 km N de Santiago, *Killeen* 2792.

Bolivia, Brasil y Colombia. Cerrados y campos; 450–1200 m.

132. IMPERATA Cirillo
Pl. Rar. Neapol. 2: 26 (1792).

Plantas perennes con largos rizomas rastreros. Láminas lineares o lanceoladas. Inflorescencia en panícula terminal, densa, plateado-sedosa, generalmente espiciforme, con eje principal y ramas secundarias tenaces. Espiguillas monoclinas, en pares, ambas piceladas; pedicelos desiguales. Espiguillas pequeñas, lanceoladas, múticas, caducas a la madurez, rodeadas por largos pelos sedosos insertos en el callo y en el dorso de la gluma inferior. Raquis secundarios y pedicelos delgados. Glumas membranáceas, desigualmente nervadas o enerves. Lemma superior fértil mútica. Estambres 1–2. Ovario con largos estigmas plumosos, que emergen lateralmente.

8 especies, en regiones tropicales a templado-cálidas del mundo.

1. Espiguillas de 1,5–2,5 mm de largo; anteras de 1–1,5 mm de largo:
    2. Culmos de 100–160 cm de alto; panícula de 20–48 cm de largo, las ramas inferiores de 5–10 cm de largo ························· **1. I. contracta**
    2. Culmos de 60–90 (–120) cm de alto; panícula de 13–33 cm de largo, las ramas inferiores de 2,5–3 cm de largo ·················· **2. I. minutiflora**
1. Espiguillas de 2,5–4 mm de largo; anteras de 2–2,5 mm de largo:
    3. Culmos de 70–140 cm de alto, no fibrosos en la base; láminas de 1–3 mm lat., involutas ·································· **3. I. tenuis**
    3. Culmos de 30–85 cm de alto, frecuentemente fibrosos en la base; láminas de 6–17 mm de lat., planas ························· **4. I. brasiliensis**

1. I. contracta *(Kunth) Hitchc.*, Annual Rep. Missouri Bot. Gard. 4: 146 (1893); K162. Tipo: Colombia, *Humboldt et Bonpland* (K, microficha).
Saccharum contractum Kunth in Humboldt, Bonpland et Kunth, Nov. Gen. Sp. 1: 182 (1816).
S. caudatum G. Mey., Prim. Fl. Esseq.: 68 (1818). Tipo: Guyana, *Meyer* (GOET, holótipo).

132. Imperata

Imperata caudata (G. Mey) Trin., Mém. Acad. Imp. Sci. Saint-Pétersbourg, Sér. 6, Sci. Math. 2: 331 (1832).
I. longifolia Pilg., Bot. Jahrb. Syst. 30: 136 (1901). Tipo: Brasil, Mato Grosso, *Meyer* 394 (B, holótipo n.v.).

Culmos erectos de 100–160 cm de alto. Láminas lineares de 20–55 cm long. × 3–10 mm lat., planas o involutas, acuminadas. Panícula linear, de 20–48 cm long. × 15–30 mm lat.; ramas adpresas, las más inferiores ascendentes, de 5–10 cm de largo. Espiguillas de 2–2.5 mm de largo. Estambres solitarios; anteras de 1 mm. Fig. 134.

PANDO: Madre de Dios, Río Manupare, *Solomon* 17041.
BENI: Yacuma, San Borja hacia Porvenir, *Renvoize* 4641.
SANTA CRUZ: Ichilo, *Renvoize et Cope* 3975. Warnes, Warnes, *Renvoize* 4539. Andrés Ibáñez, La Bélgica, *Brooke* 7.
LA PAZ: Nor Yungas, Alto Beni, *Renvoize* 4728. Sud Yungas, Alto Beni, *Seidel et Vargas* 2718.
COCHABAMBA: Chaparé, Todos Santos, *Adolfo* 143.
México hasta el norte de Argentina. Campos, orillas des caminos y sitios alterados; 10–1600 m.

2. I. minutiflora Hack. in A. DC. & C. DC., Monogr. Phan. 6: 100 (1889); H492; F345. Tipo: Perú, *Gaudich* (W, holótipo).

Culmos erectos de 60–90(–120) cm de alto, no fibrosos en la base. Láminas lineares de 10–30 cm long. × 2–4 mm lat., planas o involutas, acuminadas. Panícula linear de 13–33 cm long. × 8–15 mm lat., ramas de 2,5–3 cm de largo, adpresas o las más inferiores ascendentes. Espiguillas de 1,5–2,5 mm. Estambres solitarios; anteras de 1–1,5 mm. Fig. 134.

SANTA CRUZ: Ichilo, Río Guendá, *Steinbach* 6894. Andrés Ibáñez, Santa Cruz, *Renvoize et Cope* 4020. Cordillera, Abapó, *Renvoize et Cope* 3924.
LA PAZ: Iturralde, Alto Madidi, *Beck et Foster* 18297. Sud Yungas, Alto Beni, *Renvoize* 4723.
COCHABAMBA: Charamoco, *Pedrotti et al.* 47.
TARIJA: Gran Chaco, Villa Montes, *Pflanz* 636. Sin localidad, *Coro-Rojas* 1524; *Fries* 1229.
Ecuador hasta el noroeste de Argentina. Campos y orillas de caminos, en suelos arenosos o húmedos; 200–1500 m.

Esta especie pareciera entrecruzarse con *I. contracta*.

3. I. tenuis Hack. in A. DC. & C. DC., Monogr. Phan. 6: 689 (1889); H492; F345; K163. Tipo: Brasil, *Glaziou* 17442 (K, isótipo).

Fig. 134. **Imperata minutiflora**, **A** espiguilla basada en *Renvoize et Cope* 3924. **I. brasiliensis**, **B** espiguilla basada en *Tollervey* 2455. **I. contracta**, **C** habito, **D** espiguilla basada en *Renvoize et Cope* 3975. **I. tenuis**, **E** habito, **F** espiguilla basada en *Beck* 5559.

132. Imperata

Plantas con culmos erectos de 70–140 cm de alto, no fibrosos en la base. Láminas lineares de 25–65 cm long. × 1–3 mm lat., involutas, punzantes. Panícula estrechamente oblonga, de 13–30 cm long. × 7–10 mm lat., con ramas adpresas. Espiguillas de 3–4 mm. Estambres solitarios; anteras de 2–2,5 mm. Fig. 134.

BENI: Ballivián, Espíritu, *Beck* 5500. Yacuma, Porvenir, *Renvoize* 4639.
SANTA CRUZ: Chávez, 25 km N de Concepción, *Killeen* 961. Velasco, 10 km E de San Ignacio, *Killeen* 768. Ichilo, Buena Vista, *Steinbach* 6928; Río Guendá, *Steinbach* 6885; Warnes, Viru Viru, *Killeen* 2117; Andrés Ibáñez, Santa Cruz, *Renvoize et Cope* 4026.
Perú, Bolivia, Brasil y Paraguay. Zonas húmedas; 200–660 m.

4. **I. brasiliensis** Trin., Mém. Acad. Imp. Sci. Saint-Pétersbourg, Sér. 6, Sci. Math. 2: 331 (1832); H492; F345; K162. Tipo: Brasil, *Riedel* (K, isótipo).
I. arundinaceum var. *americanum* Anderson, Galapagos Veg. 2: 160 (1854). Tipo: Guyana, *Schomburgk* 665 (US, holótipo).

Plantas formando matas densas; culmos erectos de 30–150 cm de alto, frecuentemente fibrosos en la base. Láminas angostas, lanceoladas a lineares, de 20–36 cm long. × 6–17 mm lat., planas, acuminadas. Panícula oblonga, de 5–16 cm long. × 7–15 mm lat., con ramas adpresas. Espiguillas de 2,5–4 mm. Estambres solitarios; anteras de 2–2,5 mm. Fig. 134.

PANDO: Suárez, Cobija, *Beck* 17101. Manuripi, San Silvestre hacia Curichón, *Beck et al.* 19577. Madre de Dios, Sena, *Beck* 20396.
BENI: Ballivián Reyes, *White* 1535. Yacuma, Porvenir, *Renvoize* 4609. Cercado, Trinidad, *Brooke* 45; *Werdermann* 2397.
SANTA CRUZ: Chávez, 10 km S de Concepción, *Killeen* 2192. Ichilo, Yapacani, *Tollervey* 2455. Andrés Ibáñez, Santa Cruz, *Brooke* 23.
LA PAZ: Nor Yungas, Coroico, *Beck* 17888. Inquisivi, Loma Linda hacia Turculi, *Lewis* 36866.
Estados Unidos de América (Florida) hasta Argentina. Campos y sitios alterados; 20–1680 m.

Imperata cylindrica (L.) Raeusch. maleza común en los trópicos del Viejo Mundo, se distingue por sus flores con 2 estambres.

133. TRACHYPOGON Nees
Agrostologia Brasiliensis in Martius, Fl. Bras. 2(1): 341 (1829).

Plantas anuales o perennes, cespitosas. Láminas lineares o aciculares. Inflorescencia formada por racimos solitarios o digitados, densifloros, con raquis tenaz delgado y pedicelos similares al raquis. Espiguillas estrechamente oblongas, apareadas sobre pedicelos desiguales. Espiguilla inferior mútica, estaminada o estéril, semejante a la superior pero más brevemente pedicelada, persistente. Espiguilla superior perfecta, subcilíndrica, frágil, callo espinescente y muy oblícuo. Glumas coriáceas, lanceolado-lineares, obtusas, glabras o pilosas, múticas, levemente comprimidas dorsalmente y con los bordes redondeados e involutos. Lemma fértil desarrollada, prolongada en arista robusta, pubescente o vellosa, geniculada y retorcida.

5 especies en Africa y América tropical.

T. spicatus (*L.f.*) *Kuntze*, Revis. Gen. Pl. 2: 794 (1891). Tipo: Sudáfrica, *Thunberg* (LINN, material original).
Stipa spicata L.f., Suppl. Pl.: 111 (1781).
Andropogon plumosus Willd., Sp. Pl., ed. 4, 4: 918 (1806). Tipo: Venezuela, *Humboldt* (B, holótipo).
Trachypogon plumosus (Willd.) Nees, Agrostologia Brasiliensis in Martius, Fl. Bras. 2(1): 344 (1829); H504; F355; K191.
T. polymorphus var. *bolivianus* Pilg., Bot. Jahrb. Syst. 27: 22 (1899). Tipo: Bolivia, *Bang* 1079 (K, isótipo).
T. montufari var. *bolivianus* (Pilg.) Pilg., Notizbl. Bot. Gart. Berlin-Dahlem 11: 777 (1933).

Plantas perennes, cespitosas, glabras hasta pilosas o vellosas; culmos de (30–)60–200 cm de alto. Láminas lineares, planas o con bordes involutos, de 15–45 cm long. × 2–8 mm lat, acuminadas. Racimos 1–3, de 4–23 cm de largo sin contar las aristas. Espiguilla inferior de 5–7,5 mm, la superior de 6–8 mm; callo barbado. Lemma fértil prolongada en una arista retorcida y geniculada de 4–8 cm, vellosa, con pelos de 1–3 mm de largo. Fig. 135.

BENI: Vaca Diez, Riberalta hacia Guayaramerin, *Solomon* 7733. Ballivián, 40 km E de San Borja, *Killeen* 2820.
SANTA CRUZ: Chávez, 10 km S de Concepción, *Killeen* 2310. Ichilo, Buena Vista, *Steinbach* 6947. Florida, Samaipata, *Renvoize et Cope* 4047.
LA PAZ: Iturralde, Luisita, *Beck et Haase* 10074. Nor Yungas, Coroico, *Feuerer* 5842; Coroico hacia Yolosa, *Beck* 7493. Sud Yungas, 30 km N de Palos Blancos, *Killeen* 3713.
COCHABAMBA: Cercado, Cervecería Colón, *Eyerdam* 24799; Cochabamba, *Bang* 1079.
CHUQUISACA: Oropeza, Sucre, *Cárdenas* 525.
TARIJA: Méndez, Sama, *Ehrich* 365A. Arce, Camacho, *Fiebrig* 2864.
Africa y América tropical. Campos pedregosos; 450–2800 m.

Un grupo de ejemplares se distingue por alcanzar menor altura (30–60 cm), por poseer láminas foliares cortas y angostas, (10–15 cm long. × 1–2 mm lat.) y racimos solitarios de 4–10 cm. Estas modificaciones podrian a el resultado de continuas quemazones.

Fig. 135. **Sorghastrum stipoides**, **A** habito, **B** inflorescencia, **C** espiguillas basada en *Renvoize et Cope* 3938. **S. minarum**, **D** espiguilla, **E** espiguilla basada en *Steinbach* 7028. **Trachypogon spicatus**, **F** espiguillas basada en *Seidel* 615. **Sorghum arundinaceum**, **G** espiguillas basada en *Renvoize et Cope* 3931.

134. SORGHUM Moench
Methodus: 207 (1794).

Plantas perennes, anuales o bienales, robustas. Láminas lineares, angostas o anchas. Inflorescencia en panícula; espiguillas en racimos frágiles y cortos. Espiguillas por pares, una mayor sésil, perfecta, la otra pedicelada, estaminada o neutra. Espiguilla sésil con gluma inferior coriácea, en general pubescente, convexa, redondeada en los bordes y bicarinada cerca del ápice, mútica. Lemma superior fértil, mútica o bidentada y aristada. Espiguilla pedicelada bien desarrollada o reducida a una gluma.
20 especies en regiones tropicales y subtropicales.
S. bicolor (L.) Moench; K188 (*Holcus sorghum* L.; H501; *Sorghum vulgare* Pers.) se cultivada en Bolivia. SANTA CRUZ: Chávez, 35 km NW de Concepción, *Killeen* 2446. Andrés Ibáñez, Jardín Botánico, *Nee* 36350.

Plantas amacolladas, sin rizomas · **1. S. arundinaceum**
Plantas rizomatosas · **2. S. halepense**

1. S. arundinaceum *(Desv.) Stapf* in Prain, Fl. Trop. Afr. 9: 114 (1917). Tipo: Ghana, *Isert* (B, holótipo).
Andropogon arundinaceus Willd., Sp. Pl. 4: 906 (1806) non Berg. (1767). Tipo: Ghana (Guinea), *Isert* (B, holótipo).
Raphis arundinacea Desv., Opusc. Sci. Phys. Nat.: 69 (1831), basado en *Andropogon arundinaceus* Willd.

Plantas anuales o bienales, sin rizomas. Culmos frecuentemente robustos de 30–400 cm de alto. Láminas lineares anchas, de 5–75 cm long. × 5–70 mm lat., planas. Panícula linear hasta extendida, de 10–60 cm de largo; racimos compuestos por 2–7 pares de espiguillas. Espiguilla sésil lanceolada de 4–9 mm de largo, pubescente, mútica o con arista de ± 5 mm. Espiguilla pedicelada linear, estaminada o estéril, de 6–8 mm. Fig. 135.

PANDO: Suárez, Cobija, *Beck* 17051.
BENI: Vaca Diez, Río Beni, Cachuela Esperanza, *Nee* 31871.
SANTA CRUZ: Warnes, Montero, *Feuerer* 6521. Andrés Ibáñez, 25 km N de Santa Cruz, *Feuerer* 6521. Cordillera, Abapó, *Renvoize et Cope* 3931.
LA PAZ: Larecaja, Caranavi hacia Guanay, *Croat* 51676. Nor Yungas, Caranavi hacia Coroico, *Renvoize* 4734. Sud Yungas, Alto Beni, *Seidel et Schulte* 2276.
CHUQUISACA: Hernando Siles, Valle Nuevo, *Murguia* 398.
Nativa en Africa y Australia, introducida en América. Sitios alterados; 400 m.

2. S. halepense *(L.) Pers.*, Syn Pl. 1: 101 (1805); K188. Tipos: Siria y Mauritania (LINN, lectótipo).
Holcus halepensis L., Sp. Pl. 2: 1047 (1753).

134. Sorghum

Plantas perennes rizomatosas con culmos de 50–300 cm de alto. Láminas lineares de 20–90 cm long. × 5–40 mm lat., planas. Panícula lanceolada o piramidal, laxa, de 10–55 cm long. × 3–25 cm lat.; racimos con 1–5 pares de espiguillas. Espiguilla sésil elíptica, de 4,5–5,5 mm de largo, pubescente hasta subglabra, mútica o con arista de 10–16 mm. Espiguilla pedicelada de 4,5–6,5 mm.

SANTA CRUZ: Chávez, 10 km SW de Concepción, *Killeen* 692. Andrés Ibáñez, Santa Cruz, *Nee* 38589. Cordillera, Taiteturenda hacia Charagua, *Vargas* 32.
LA PAZ: Nor Yungas, 9 km N de Yolosa, *Solomon et Nee* 12595.
COCHABAMBA: Mizque, Campero, *R. Steinbach* 730.
CHUQUISACA: Oropeza, Sucre hacia Yamparaez, *Beck* 8842.
Región mediterránea hasta Cachemira, introducida en trópicos y subtrópicos.

135. SORGHASTRUM Nash
in Britton, Man. Fl. N. States: 71 (1901); Davila, Systematic Revision of the genus *Sorghastrum*, PhD dissert. Iowa State University (1988).

Plantas anuales o perennes, cespitosas o rizomatosas. Láminas lineares. Inflorescencia en panícula terminal, densa o laxa. Espiguillas por pares, una sésil, lanceolada, biflora, perfecta, aristada, la otra completamente reducida a un pedicelo. Espiguilla sésil con glumas coriáceas, agudas. Gluma inferior plana o convexa, con márgenes incurvos; gluma superior bicarinada. Lemma inferior estéril, hialina; lemma superior fértil, hialina, bidentada en el ápice y con una arista recta o geniculada, retorcida.

16 especies en regiones tropicales de Africa y América.

1. Aristas de 60–80 mm; espiguillas de 8–9 mm de largo, incluido el callo punzante
 .... **1. S. minarum**
1. Aristas de 1–30 mm; espiguillas de 3,5–6 mm de largo, incluido el callo obtuso:
    2. Aristas de 1–12 mm; espiguillas pilosas con pelos rosados ··· **2. S. setosum**
    2. Aristas de 10–30 mm; espiguillas pilosas con pelos blancos o castaños:
        3. Plantas perennes; aristas de 10–25 mm ············· **3. S. stipoides**
        3. Plantas anuales; aristas de 20–40 mm ············ **4. S. incompletum**

1. S. minarum (*Nees*) *Hitchc.*, Contr. U.S. Natl. Herb. 24: 50 (1927); H501; F352; K188. Tipo: Brasil, *Langsdorff* (LE, holótipo n.v.).
Trachypogon minarum Nees, Agrostologia Brasiliensis in Martius, Fl. Bras. 2(1): 349 (1829).
Andropogon minarum (Nees) Kunth, Enum. Pl. 1: 507 (1833).

Plantas perennes; culmos de 60–160 cm de alto. Láminas de 20–30 cm × 3–8 mm, acuminadas. Panícula erecta, oblonga, de 12–27 cm de largo, incluidas las aristas. Espiguillas cilíndricas, pilosas, amarillentas, de 5–6 mm de largo, (excluidos los callos); callos de ± 3 mm de largo, barbelados, espinescentes, aristas geniculadas, de 6–8 cm de largo, la columna pilosa, retorcida y marrón. Pedicelos pilosos, $^1/_3$–$^1/_2$ de la longitud de las glumas. Fig. 135.

BENI: Ballivián, Reyes, *Cutler* 9081.
SANTA CRUZ: Chávez, 2 km N de Concepción, *Killeen* 2387. Ichilo, Buena Vista, *Steinbach* 7028. Andrés Ibáñez, 28 km SW de Santa Cruz, *Nee et Saldias* 36442. Velasco, 30 km S de San Ignacio, *Bruderreck* 314.
Brasil, Paraguay, Argentina (Corrientes) y Bolivia. Campos; 450–1000 m.

2. S. setosum (*Griseb.*) *Hitchc.*, Contr. U.S. Natl. Herb. 12(6): 195 (1909); K188. Tipo: Cuba, *Wright* 3897 (K, isótipo).
Sorghum parviflorum Desv. in Ham., Prodr. Pl. Ind. Occid.: 12 (1825) non P. Beauv. (1812).
Andropogon setosus Griseb., Cat. Pl. Cub.: 235 (1866).
Sorghastrum parviflorum (Desv.) Hitchc. & Chase, Contr. U.S. Natl. Herb. 18: 287 (1917).

Plantas perennes cespitosas con culmos de 100–200 cm de alto. Láminas de 20–50 cm long. × 4–8 mm lat., planas o convolutas, glabras, agudas. Panícula angostamente oblonga, de 10–40 cm de largo. Espiguillas lanceoladas, de 3,5–5 mm incluido el callo obtuso, marrones, pilosas con pelos rosados; aristas de 1–12 mm, glabras, poco retorcidas y 1-geniculadas. Pedicelos y raquis pilosos con pelos rosados. Glumas coriáceas, la inferior pilosa, la superior glabra.

BENI: Vaca Diez, Riberalta, *Beck* 20567. Ballivián, Espíritu, *Beck* 15215. Yacuma, Porvenir, *Renvoize* 4599.
SANTA CRUZ: Velasco, 31 km S de San Ignacio, *Bruderreck* 161. Ichilo, Buena Vista, *Steinbach* 6984; 7050. Cordillera, 50 km S de Santa Cruz, *Renvoize et Cope* 3938.
LA PAZ: Iturralde, Luisita, *Beck et Haase* 9866.
COCHABAMBA: Chaparé, 8 km NW de Colomi, *Beck et al.* 18112.
CHUQUISACA: Oropeza, Chacomo, *Wood* 9176.
TARIJA: Méndez, Sama, *Ehrich* 366. Arce, Padcaya hacia Cañas, *Beck et Liberman* 16258.
México hasta Argentina. Campos húmedos; 0–3200 m.

3. S. stipoides *(Kunth) Nash* in Britton et Underwood, N. Amer. Fl. 17: 129 (1912). Tipo: Colombia, *Humboldt et Bonpland* (K, microficha).
Andropogon stipoides Kunth in Humboldt, Bonpland et Kunth, Nov. Gen. Sp. 1: 189 (1816).

Plantas perennes cespitosas con culmos de 50–150 cm de alto. Láminas de 20–50 cm long. × 3–10 mm lat., glabras, acuminadas. Panícula angostamente oblonga de 10–50 cm. Espiguillas lanceoladas, de 4–6 mm incluido el callo obtuso, marrones, pilosas con pelos blancos; aristas de 10–25 mm, glabras, poco retorcidas, 1- o 2-geniculadas. Pedicelos y raquis pilosos con pelos blancos. Glumas coriáceas, la inferior pilosa, la superior glabra o algo pilosa. Fig. 135.

135. Sorghastrum

LA PAZ: Larecaja, Sorata, *Mandon* 1382.
CHUQUISACA: Oropeza, Punilla hacia Ravelo, *Wood* 8103.
TARIJA: Cercado, Cuesta de Sama, *Coro-Rojas* 1593; Erquis, *Bastian* 846.
Colombia hasta Argentina. Campos y laderas rocosas; 1950–3000 m.

S. stipoides y *S. setosum* básicamente se diferencian por la longitud que alcanzan las aristas de la lemma fértil. Pero existe cierta superposición en las medidas lo que sugeriría entre estas 2 especies.

4. S. incompletum (*J. Presl*) *Nash* in Britton et Underwood, N. Amer. Fl. 17: 130 (1912). Tipo: México, *Haenke* (PR, holótipo n.v.).
Andropogon incompletus J. Presl, Reliq. Haenk. 1: 342 (1830).
A. bipennatus Hack., Flora 68: 142 (1885). Tipo: Sudán, *Schweinfurth* 2486 (K, isótipo).
Sorghastrum bipennatum (Hack.) Pilg., Notizbl. Bot. Gard. Berlin-Dahlem 14: 96 (1938).

Plantas anuales con culmos erectos de 50–200 cm de alto; nudos pubescentes. Láminas lineares, de 10–30 cm long. × 2–7 mm lat., planas, acuminadas. Inflorescencia en panícula oblonga, terminal, moderadamente densa, de 10–25 cm de largo. Espiguillas lanceoladas, de 3,5–4,5(–5) mm de largo, pilosas con pelos blancos; aristas de 20–40 mm de largo, marrones, glabras, retorcidas en la base y 2-geniculadas. Pedicelos glabros o pilosos, raquis pilosos. Glumas coriáceas, la inferior pilosa, la superior glabra.

LA PAZ: Iturralde, Luisita, *Haase* 628.
Africa tropical; México hasta Costa Rica, Venezuela, Colombia, Brazil y Bolivia. Sabanas y campos; 100–1800 m.

136. BOTHRIOCHLOA Kuntze
Revis. Gen. Pl. 2: 762 (1891); De Wet, Amer. J. Bot. 55: 1246–1250 (1968); Allred & Gould, Syst. Bot. 8: 168–184 (1983).

Plantas perennes cespitosas o con rizomas breves y superficiales. Láminas planas, lineares. Inflorescencia formada por pocos racimos digitados o subdigitados o bien numerosos racimos dispuestos sobre un eje de longitud variable, en conjunto oblongo-aovada o flabelada, exerta, no interrumpta por brácteas espatiformes; entrenudos y pedicelos angostos, articulados, con una franja longitudinal media hialina. Espiguillas lanceoladas, por pares. Espiguilla sésil perfecta, comprimida dorsiventralmente, con callo muy breve y redondeado. Gluma inferior convexa o poco cóncava, a menudo con una depresión redondeada en el dorso. Lemma inferior estéril, reducida, hialina; lemma superior fértil prolongada en una arista geniculada o no. Espiguilla pedicelada igual o menor que la sésil.
35 especies en regiones tropicales y subtropicales.

1. Espiguilla pedicelada estaminada, similar a la sésil:
    2. Inflorescencia con el eje más largo que el racimo inferior · · · · **1. B. bladhii**
    2. Inflorescencia con el eje más corto que el racimo inferior
        .... **2. B. ischaemum**
1. Espiguilla pedicelada estéril, menor que la sésil:
    3. Espiguilla sésil mútica ························· **3. B. exaristata**
    3. Espiguilla sésil aristada:
        4. Inflorescencia formada por 2–8 racimos digitados o subdigitados
            .... **6. B. springfieldii**
        4. Inflorescencia oblonga, con numerosos racimos:
            5. Espiguillas sésiles de 2,5–4,5 mm de largo; aristas de 8–17 mm
                .... **4. B. saccharoides**
            5. Espiguillas sésiles de 5–6 mm de largo; aristas de 18–25 mm
                .... **5. B. barbinodis**

1. B. bladhii (*Retz.*) *S.T. Blake,* Proc. Roy. Soc. Queensland 80: 62 (1970). Tipo: China, *Bladh* (K, fototipo).
Andropogon bladhii Retz., Observ. Bot. 2: 27 (1781).
A. intermedius R. Br., Prodr. 1: 202 (1810). Tipo: Australia, *Brown* (K, isótipo).
Bothriochloa intermedia (R. Br.) A. Camus, Ann. Soc. Linn. Lyon, n.s. 76: 164 (1931).

Plantas perennes rizomatosas con culmos erectos de 50–150 cm de alto. Láminas lineares, de 10–55 cm long. × 2–12 mm lat. Inflorescencia oblonga u obovada, de 10–20 cm de largo, formada por numerosos racimos de 2–6 cm, dispuestos sobre un eje de 4–20 cm de largo. Entrenudos pedicelos y callos pilosos. Espiguillas sésiles de 3–5 mm. Gluma inferior cóncava en el dorso. Lemma fértil prolongada en una arista de 10–25 mm. Espiguillas pediceladas de 4,5–5 mm. Fig. 136.

TARIJA: Cercado, Coimata, *Coro-Rojas* 1612. Avilés, Chocloca, *Beck* 753.
Regiones tropicales de Mundo Viejo, introducida en Sudamérica. Sitios húmedos; 0–1950 m.

2. B. ischaemum *(L.) Keng,* Contr. Biol. Lab. Chin. Assoc. Advancem. Sci., Sect. Bot. 10: 201 (1936). Tipo: S. Europe (UPS, material original n.v.).
Andropogon ischaemum L., Sp. Pl. 2: 1047 (1753).

Plantas perennes amacolladas, con culmos erectos o geniculados de 30–90 cm de alto. Láminas lineares de 3–15 cm long. × 2–4 mm lat., planas, escabrosas, acuminadas. Inflorescencia oblonga de 5–9 cm, formada por 5–15 racimos subdigitados de 4–6 cm de largo. Entrenudos, pedicelos y callos pilosos. Espiguillas sésiles de 3,5–5 mm. Gluma inferior plana o algo cóncava en el dorso. Lemma fértil prolongada en una arista de 12–15 mm. Espiguillas pediceladas de 4–5 mm, múticas.

LA PAZ: Aroma, Patacamaya, *Lara et Parker* 31C.
TARIJA: Cercado, Victoria, *Bastian* 873.
S. Europa y Norte Africa hasta China, introducida en otros países. Laderas rocosas, en suelos áridos; 1800–2130 m.

3. B. exaristata *(Nash) Henrard*, Blumea 4: 520 (1941); K145. Tipo: Texas, *Nealley* s.n.
Andropogon saccharoides var. *submuticus* Vasey ex Hack. in A. DC. et C. DC., Monogr. Phan. 6: 495 (1889).
Amphilophis exaristatus Nash in Small, Fl. S.E. U.S.: 65 (1903), basado en *Andropogon saccharoides* var. *submuticus* Vasey ex Hack.
Andropogon hassleri Hack., Bull. Herb. Boissier sér. 2, 4: 266 (1904); H498; F349. Tipo: Paraguay, *Hassler* 8182.
A. exaristatus (Nash) Hitchc., Proc. Biol. Soc. Wash. 41: 163 (1928).
Bothriochloa hassleri (Hack.) Henrard in Jeswiet *et al.*, Gedenkboek J. Valckenier Suringar: 184 (1942).

Plantas rizomatosas con culmos erectos de 30–120 cm de alto; nudos glabros. Láminas de 10–25 cm × 3–7 mm, glabras, acuminadas. Inflorescencia oblonga de 8–14 cm de largo, formada por numerosos racimos de 1,5–5 cm, dispuestos sobre un eje de 6–12 cm de largo. Entrenudos, pedicelos y callos pilosos. Espiguillas sésiles de 2,5–3 mm de largo. Gluma inferior cóncava en el dorso. Lemma fértil mútica. Espiguillas pediceladas reducidas, de 2 mm de largo. Fig. 136.

SANTA CRUZ: Chávez, 90 km SE de Concepción, *Killeen* 1516.
LA PAZ: Nor Yungas, Coroico, *Buchtien* 3621; Coripata, *Buchtien* 8037; Caranavi hacia Coroico, *Renvoize* 4742. Sud Yungas, Chulumani, *Hitchcock* 22659.
Texas hasta el norte de Argentina, Paraguay y Brasil. Sabanas y orillas de caminos; 144–1700 m.

4. B. saccharoides *(Sw.) Rydb.*, Brittonia 1: 81 (1931). Tipo: Jamaica, *Swartz* (S, holótipo n.v.).
Andropogon saccharoides Sw., Prodr.: 26 (1788); H497; F350.
A. altus sensu Hitchc., Contr. U.S. Natl. Herb. 24(8): 498 (1927) non Hitchc. (1913).

Plantas cespitosas o brevemente rizomatosas con culmos erectos, de 50–120 cm de alto; nudos barbelados o glabros. Láminas de 6–22 cm long. × 3–8 mm lat., pilosas, acuminadas. Inflorescencia oblonga de 4–12(–20) cm de largo, formada por numerosos racimos, excepcionalmente pocos, de 2–5 cm de largo dispuestos sobre un eje de 1,5–12 cm. Entrenudos, pedicelos y callos densamente pilosos. Espiguillas sésiles de 2,5–4,5 mm. Gluma inferior levemente cóncava en el dorso. Lemma fértil prolongada en una arista de 8–17 mm. Espiguillas pediceladas reducidas, de 2–4 mm. Fig. 136.

SANTA CRUZ: Caballero, El Tunal, *Killeen* 2510.

Fig. 136. **Bothriochloa saccharoides**, **A** habito, **B** espiguillas basada en *Renvoize et Cope* 4114. **B. exaristata**, **C** espiguillas basada en *Renvoize* 4742. **B. barbinodis**, **D** espiguilla basada en *Renvoize et Cope* 4227. **B. bladhii**, **E** espiguilla basada en *Coro-Rojas* 1612.

LA PAZ: Saavedra, Apolo, *Feuerer* 4277. Larecaja, Sorata, *Mandon* 1389. Murillo, La Paz, *Bang* 102; *Beck* 2305; *Renvoize et Cope* 4114; Obrajes, *Buchtien* 574. Inquisivi, Circuata, *Beck* 4434.
COCHABAMBA: Quillacollo, Liriuni, *Steinbach* 9847; Mizque, Vila Vila, *Eyerdam* 24975.
POTOSI: Bustillo, N de Pocoata, *Renvoize et Cope* 3825. Frías, 1 km N de Yocalla, *Renvoize et Ayala* 5252.
CHUQUISACA: Oropeza, Sucre, *Cardenas* 510.
TARIJA: Cercado, Coimata, *Coro* 1371. Arce, 5 km N de Padcaya, *Beck et Liberman* 16208.
Estados Unidos de América hasta Argentina. Campos secos y laderas pedregosas; 200–3500 m.

B. laguroides (DC.) Pilg., que es afín a esta especie, se distingue por sus nudos glabros y la pilosidad del raquis cuyos pelos doblan a la espiguilla en longitud.
B. alta (Hitchc.) Henrard originalmente descripta para México y citada por Hitchcock (1927) para Bolivia, se distingue de *B. saccharoides* y *B. barbinodis* por sus espiguillas mayores, de 5–6 mm de longitud, y por el eje de la inflorescencia que alcanza 15–25 cm de largo. Hasta el presente, no se han identificado materiales bolivianos con tales características.
La delimitación entre *B. saccharoides* y *B. barbinodis* es extremadamente difícil. Allred & Gould, Syst. Bot. 8: 168 (1983) y de Wet, Amer. J. Bot. 55: 1246 (1968) estudiaron materiales norteamericanos de estas 2 especies, pero sus conclusiones no alcanzan para resolver los problemas que se enfrentan al intentar identificar los poblaciones bolivianas. Pero ello, la interpretación que aquí se presenta se considera provisoria hasta tanto se realicen estudios específicos en nuestra área.

5. **B. barbinodis** *(Lag.) Herter*, Revista. Sudamer Bot. 6: 135 (1940). Tipo: México, *Sessé* (US, frag.).
Andropogon barbinodis Lag., Gen. Sp. Pl.: 3 (1816).

Plantas cespitosas con culmos erectos de 60–110 cm de alto; nudos barbados. Láminas de 12–24 cm long. × 3–7 mm lat., glabras, acuminadas. Inflorescencia oval-oblonga de 7–10 cm de largo, formada por numerosos racimos de 4–6 cm, dispuestos sobre un eje de 3–6(–10) cm. Entrenudos, pedicelos y callos densamente pilosos, con pelos de 4–7 mm. de largo. Espiguillas sésiles de 5–6 mm. Gluma inferior cóncava, con o sin una depresión redondeada en el dorso. Lemma fértil prolongada en una arista de 18–25 mm. Espiguillas pediceladas de 4–5 mm. Fig. 136.

SANTA CRUZ: Caballero, Comarapa, *Herzog* 1854.
LA PAZ: Murillo, La Paz, *Renvoize et Cope* 4115. Inquisivi, 14 km NW de Inquisivi, *Renvoize* 5347.
COCHABAMBA: Quillacollo, Quillacollo hacia Oruro, *Beck* 920. Capinota, *Pedrotti et al.* 82.

POTOSI: Saavedra, Despensa, *Romero* 27. Sud Chichas, 13 km W de Tupiza, *Renvoize, Ayala et Peca* 5310.
CHUQUISACA: Oropeza, 2,5 km NW de Copa Willki, *Murguia* 155.
TARIJA: Méndez, Tomates Grandes, *Bastian* 358. Cercado, Coimata, *Coro* 1371. Arce, 5 km N de Padcaya, *Beck et Mayko* 16192.

Estadas Unidos de América hasta Argentina. Laderas de montañas, suelos pedregosos; 2480–3500 m.

6. B. springfieldii (*Gould*) *Parodi*, Gram. Bonaer. ed. 5: 120 (1958). Tipo: Estados Unidos de América, (cult. Texas) *Gould* 6642, originalmente desde New México (TRACY, holótipo).
Andropogon springfieldii Gould, Madroño 14: 19 (1957).

Plantas amacolladas con culmos de 30–80 cm de alto; nudos barbados. Láminas lineares, de 10–25 cm long. × 3–4 mm lat., planas, escabrosas, acuminadas. Inflorescencia formada por 2–8 racimos de 3–8 cm, digitados o dispuestos sobre un eje de 2–4 cm de largo. Entrenudos, pedicelos y callos densamente vellosos, con pelos plateados. Espiguillas sésiles de 5,5–7 mm. Gluma inferior algo cóncava en el dorso, pilosa en los márgenes. Lemma fértil con una arista geniculada de 15–25 mm. Espiguillas pediceladas reducidas, de 4–5 mm, glabras o pilosas, múticas. Fig. 137.

TARIJA: Cercado, Ceramitar, San Luis, *Bastian* 766. Avilés, Chocloca, *Beck* 755. Arce, Cerro Cabildo, *Liberman et Pedrotti* 2205.
Estados Unidos de América y Argentina. Zonas semiáridas con vegetación arbustiva; suelos arenosos; 25–2000 m.

B. springfieldii podría confundirse con *Andropogon ternatus* (Spreng.) Nees que habita en Brasil, Uruguay y Argentina; pero en *A. ternatus* los nudos son glabros y la lemma inferior es profundamente concava en el dorso y con carinas pronunciadas.

137. ANDROPOGON L.
Sp. Pl.: 1045 (1753).

Plantas perennes o anuales con láminas lineares. Inflorescencia frecuentemente en panículas compuestas, formadas por racimos espateolados o no, frágiles, solitarios, en pares o digitados, terminales o axilares. Internodios y pedicelos delgados o robustos, usualmente ciliados o pilosos. Espiguillas lanceoladas, insertas por pares en los nudos del raquis. Espiguilla sésil perfecta, generalmente aristada, comprimida dorsi-ventralmente. Glumas membranáceas a coriáceas, mayores que los antecios. Gluma inferior marcadamente bicarinada, con ancho surco dorsal, subplana o cóncava, carinas agudas; gluma superior aristada o mútica. Lemma inferior estéril, hialina; lemma superior fértil, hialina, bífida, aristada entre los dientes o mútica. Espiguilla pedicelada con lemma inferior estéril, hialina y lemma superior estaminada, estéril o ausente, usualmente mútica.
100 especies en regiones tropicales a templado-cálidas del mundo.

Fig. 137. **Bothriochloa springfieldii**, A habito, B espiguilla basada en *Coro* 1240. **Andropogon lateralis**, C habito, D espiguilla basada en *Renvoize et Cope* 4027. **A. hypogynus**, E habito, F espiguillas basada en *Haase* 653.

137. Andropogon

1. Plantas anuales, espiguilla pedicelada con gluma inferior grande y papirácea
   .... **1. A. fastigiatus**
1. Plantas perennes, glumas herbáceas:
   2. Racimos solitarios, glabros, incluidos en espatas membranáceas
      .... **2. A. virgatus**
   2. Racimos 1–16, fasciculados, pilosos, incluidos o exertos:
      3. Espiguilla pedicelada rudimentaria:
         4. Inflorescencias densas, de 20–40 cm de largo, formada por numerosas ramas ······································ **3. A bicornis**
         4. Inflorescencias formadas por racimos fasciculados, digitados o subdigitados:
            5. Láminas agudas o acuminadas, de 1,5–4 mm de ancho
               .... **4. A. leucostachyus**
            5. Láminas obtusas, de 3–5 mm de ancho:
               6. Espiguillas sésiles múticas o con arístula pequeña
                  .... **5. A. selloanus**
               6. Espiguillas sésiles aristadas con arista de 15–25 mm
                  .... **6. A. ternatus**
      3. Espiguillas pediceladas bien desarrolladas:
         7. Láminas amplexicaules, acuminadas ············ **7. A. cordatus**
         7. Láminas angostas, obtusas o agudas:
            8. Espiguillas pediceladas mucronadas o aristadas:
               9. Espiguillas pediceladas mucronadas; culmos simples, racimos en fascículos densos terminales y axilares
                  .... **8. A. sanlorenzanus**
               9. Espiguillas pediceladas aristadas; culmos ramosos:
                  10. Espiguilla sésil con gluma inferior plana levemente acanalada en el dorso; con el callo obtuso
                      .... **16. A. gayanus**
                  10. Espiguilla sésil con gluma inferior profundamente acanalada en el dorso; callo agudo ···· **15. A. angustatus**
            8. Espiguillas pediceladas múticas:
               11. Culmos simples; panícula digitada, terminal
                   .... **14. A. carinatus**
               11. Culmos ramosos; panícula compuesta, densa o laxa:
                   12. Espiguillas sésiles múticas:
                       13. Racimos 2–6 ················ **11. A multiflorus**
                       13. Racimos solitarios ············ **12. A. cruciananus**
                   12. Espiguillas sésiles aristadas:
                       14. Racimos 2–3, subtendidas por bracteas de 3–5 cm
                           .... **13. A. glaziovii**
                       14. Racimos 2–16, exertos, subtendidas por bracteas inconspicuas:
                           15. Racimos 2–4 ················ **10. A. lateralis**
                           15. Racimos 5–16 ·············· **9. A. hypogynus**

1. A. fastigiatus *Sw.*, Prodr.: 26 (1786); K136. Tipo: Jamaica, *Swartz* (S, holótipo, n.v.).
Diectomis fastigiatus (Sw.) Kunth in Humboldt, Bonpland et Kunth, Nov. Gen. Sp. 1: 193 (1816).

Plantas anuales con culmos delgados erectos, de 35–150 cm de alto. Láminas lineales, de 15–25 cm long. × 1–4 mm lat., planas o involutas, glabras, agudas; lígula acuminada de 5–10 mm de largo. Inflorescencia formada por racimos axilares y terminales, solitarios, subtendidos por espatas membranáceas y congregados en panículas compuestas. Racimos de 2–5 cm de largo; pedicelos e internodios densamente velludo-ciliados. Espiguilla sésil de 4–6 mm de largo. Gluma inferior linear, gluma superior comprimida lateralmente, carinada, ciliolada y con una arista recta y delgada de 15–20 mm. Lemma superior bidentada, con una arista retorcida y geniculada de 35–45 mm. Espiguilla pedicelada de 5–9 mm. Gluma inferior grande, asimétrica, elíptico-lanceolada, papirácea, ciliolada, con una arista recta y delgada de 3–8 mm; gluma superior mucho más pequeña, membranácea, lanceolada, acuminada, prolongada en una arista delgada y corta. Fig. 138.

SANTA CRUZ: Chávez, Concepción, *Krapovickas et Schinini* 32083; *Killeen* 1853.
Trópicos de ambos hemisferios. Campos y sitios inestables, en suelos arenosos o pedregosos; 90–1000 m.

2. A. virgatus *Desv.* in Ham., Prodr. Pl. Ind. Occid.: 9 (1825); H496; F348; K139. Tipo: Antillas, *herb. Desv.* (P, holótipo, n.v.).
Hypogynium spathiflorum Nees, Agrostologia Brasiliensis in Martius, Fl. Bras. 2(1): 366 (1829). Tipo: Brasil, *Martius* (M, holótipo).
Andropogon spathiflorus (Nees) Kunth, Révis. Gramin. 2: 618 (1834).
Hypogynium virgatum (Desv.) Dandy, J. Bot. 69: 54 (1931).

Plantas perennes, cespitosas con culmos erectos de 65–150 cm de alto. Láminas lineares, de 12–50 cm long. × 1–4 mm lat., planas o conduplicadas, agudas. Inflorescencia de color marrón-rojizo, oblonga, de 15–40 cm de largo, con ramas floríferas numerosas, densas y de distintos órdenes que llevan racimos solitarios muy cortos, de 8–10 mm de largo, incluidos en una espata membranácea. Internodios y pedicelos delgados, glabros. Espiguillas de 2,5–3 mm, múticas, las sésiles semejantes a las pediceladas. Fig. 139.

BENI: Ballivián, Rurrenabaque, *White* 1124. Yacuma, Porvenir, *Renvoize* 4605.
LA PAZ: Iturralde, Luisita, *Haase* 112; *Beck et Haase* 10060.
SANTA CRUZ: Chávez, 2 km S de Concepción, *Killeen* 2420. Ichilo, Buena Vista, *Steinbach* 6945; *Renvoize et Cope* 3985.
Centro América hasta Bolivia y Uruguay. Sabanas húmedos; 65–1300 m.

Forrajera cuando tierna.

Fig. 138. **Andropogon multiflorus**, **A** habito, **B** espiguillas basada en *Haase* 1. **A. fastigiatus**, **C** habito, **D** espiguillas basada en *Krapovickas et Schinini* 32083.

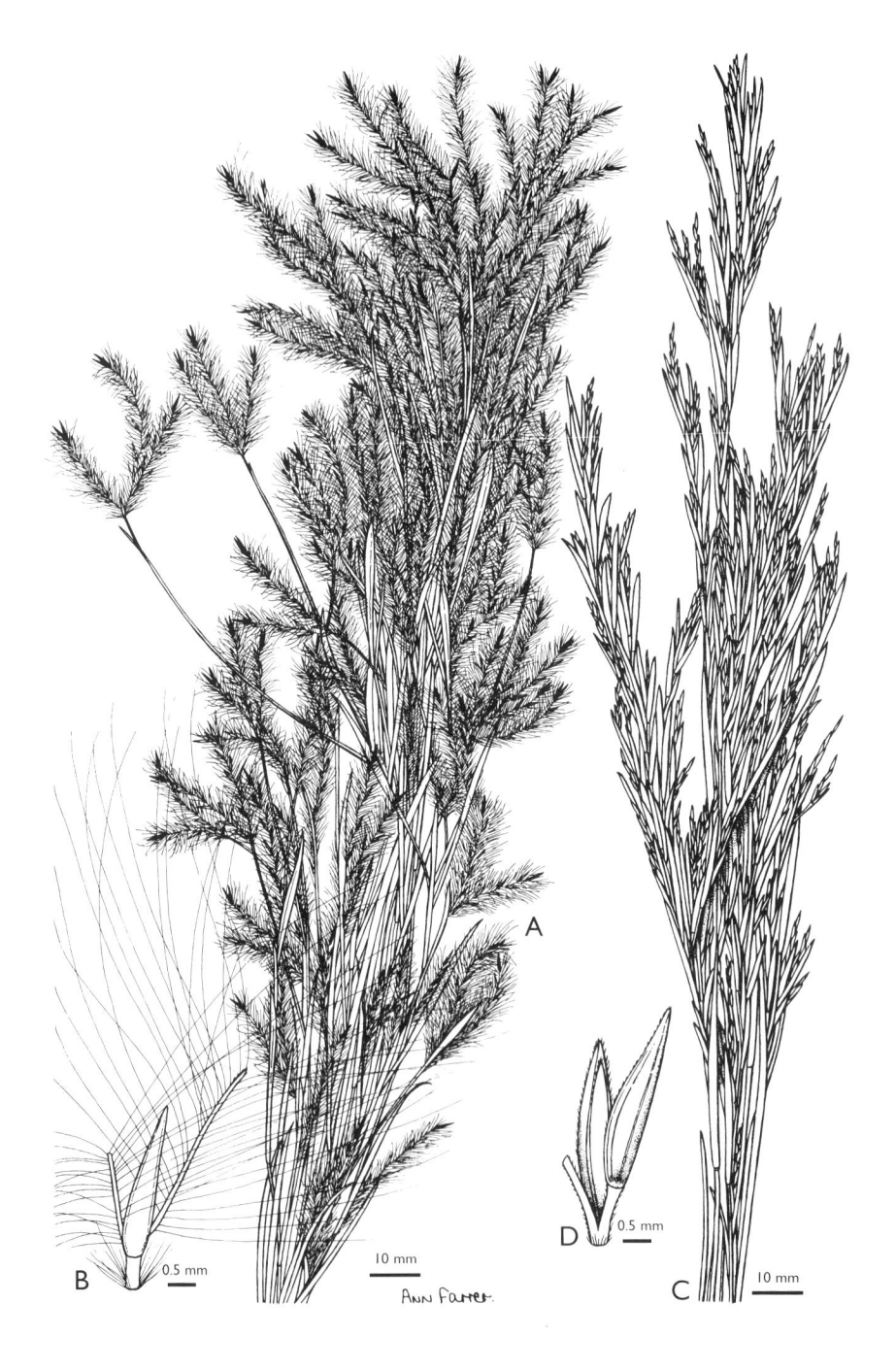

Fig. 139. **Andropogon bicornis**, A habito, B espiguillas basada en *Beck* 8257. **A. virgatus**, C habito, D espiguillas basada en *Renvoize* 4605.

3. **A. bicornis** *L.*, Sp. Pl.: 1046 (1753); H498; F350; K136. Tipo: Jamaica, *Browne* (LINN, material original).

Plantas perennes, cespitosas, con culmos erectos de 60–200 cm de alto. Láminas lineares, de 20–50 cm long. × 2–7 mm lat., planas o involutas, agudas. Inflorescencia de 20–40 cm de largo, densa, con numerosas ramas floríferas y que llevan racimos velludos de 2–4 cm de largo, en pares o tríadas, exertos o incluidos en las angostas espatas membranáceas. Espiguilla sésil de 3–4 mm de largo, mútica. Espiguilla pedicelada muy reducida o ausente excepto en el segmento terminal del raquis, que lleva dos pedicelos, uno o ambos con espiguillas agrandadas de 3–5 mm. Fig. 139.

PANDO: Madre de Dios, Puerto Candelaria, *Nee* 31431.
BENI: Vaca Diez, Alto Ivón, *Boom* 4855; Ballivián, Rurrenabaque, *White* 1126; Espíritu, *Beck* 3250. Yacuma, Porvenir, *Moraes* 782.
LA PAZ: Larecaja, Mapiri, *Buchtien* 1152. Murillo, Valle de Zongo, *Renvoize et Cope* 4281. Nor Yungas, Polo-Polo, *Buchtien* 6446; Yolosa, *Beck* 3739.
SANTA CRUZ: Ichilo, Buena Vista, *Steinbach* 6949; *Renvoize et Cope* 3957.
México hasta Argentina. Sabanas húmedas o sitios inestables, en suelos arenosos o gredosos; 120–2450 m.

Se parece a *Schizachyrium condensatum*, que se distingue por le racimos en pares. Las hojas jóvenes son utilizadas por los indios Chácobo para tejer canastos.

4. **A. leucostachyus** *Kunth* in Humboldt, Bonpland et Kunth, Nov. Gen. Sp. 1: 187 (1816); H499; F350; K137. Tipo: Venezuela, *Humboldt* (P, holótipo, n.v.).

Plantas perennes cespitosas con culmos erectos de 30–110 cm de alto. Láminas lineares de 9–30 cm long. × 1,5–4 mm lat., planas o conduplicadas, glabras, agudas o acuminadas. Racimos 2–4, digitados, de 2–5,5 cm de largo, el raquis y los pedicelos cubiertos por pelos largos, densos y sedosos. Espiguillas sésiles de 2–3,5 mm de largo, glabras, sin arista o con arista pequeña. Espiguilla pedicelada reducida, rudimentaria. Fig. 140.

BENI: Vaca Diez, Santa Rosa, *Beck* 20558. Ballivián, Reyes, *Rusby* 1321; Espíritu, *Beck* 5128. Yacuma, Porvenir, *Beck* 16780.
SANTA CRUZ: Ichilo, Buena Vista, *Steinbach* 6515, 6517, 6723, 6845, 6846, 6971 bis. Warnes, Montero, *Badcock* 476. Andrés Ibañez, Viru Viru, *Renvoize et Cope* 3993. Cordillera, 50 km S de Santa Cruz, *Renvoize et Cope* 3942.
LA PAZ: Iturralde, Luisita, *Beck et Haase* 10107. Tamayo, Apolo hacia Charazani, *Beck* 18616. Nor Yungas, Coroico hacia Coripata, *Beck et Rugolo* 19932. Sud Yungas, Cerro Pelado, *Renvoize* 4721.
TARIJA: O'Connor, Entre Ríos, *Coro-Rojas* 1557.
México hasta Argentina. Campos y sitios inestables; 0–1900 m.

5. **A. selloanus** *(Hack.) Hack.*, Bull. Herb. Boissier sér. 2, 4: 266 (1904); H499; F351; K139. Tipos: Brasil, *Sellow*; Paraguay, *Balansa* 279 (K, isósintipos).

Fig. 140. **Androgogon selloanus**, **A** habito basada en *Beck et Haase* 9932, **B** espiguillas basada en *Brooke* 12. **A. leucostachyus**, **C** habito basada en *Steinbach* 6515, **D** espiguillas basada en *Renvoize et Cope* 3942.

A. leucostachyus subsp. *selloanus* Hack. in A. DC. et C. DC., Monogr. Phan. 6: 420 (1889).

Plantas perennes formando matas multicaules densas o laxas con culmos erectos o ascendentes, de 30–120 cm de alto. Vainas basales carinadas, dísticas; láminas lineares de 10–36 cm long. × 3–5 mm lat., planas o conduplicadas, obtusas, carinadas. Racimos 4–7, digitados, de 3–6 cm de largo, el raquis y los pedicelos cubiertos por pelos largos, densos y sedosos. Espiguillas sésiles de 2,5–4 mm, glabras, múticas o mucronadas. Espiguilla pedicelada pequeña, rudimentaria. Fig. 140.

BENI: Ballivián, Espíritu, *Beck* 3375, 5545. Yacuma, Porvenir, *Renvoize* 4616.
SANTA CRUZ: Velasco, Guapamó, *Seidel* 36. Ichilo, Buena Vista, *Steinbach* 6874; Andrés Ibáñez, Santa Cruz, *Brooke* 12.
LA PAZ: Iturralde, Luisita, *Haase* 130; *Beck et Haase* 9932.
TARIJA: Cercado, Victoria, *Bastian* 890.
México hasta Argentina. Campos, en suelos arenosos; 0–1000 m.

Muy semejante a *A. leucostachyus*, se diferencia por ser un poco más robusta y laxamente cespitosa; además, posee láminas más anchas con el ápice obtuso, racimos en número de 4–7 y espiguillas sésiles algo mayores.

6. A. ternatus (*Spreng.*) *Nees*, Agrostologia Brasiliensis in Martius, Fl. Bras. 2(1): 326 (1829). Tipo: Uruguay, Montevideo, *Sellow* (K, isótipo).
Saccharum ternatum Spreng., Syst. Veg. 1: 283 (1825).
Andropogon macrothrix Trin., Mém. Imp. Sci. Acad. Saint-Pétersbourg, Sér. 6, Sci. Math. 2: 270 (1832). Tipo: Brasil.
A. ternatus subsp. *macrothrix* (Trin.) Hack. in Martius, Fl. Bras. 2(3): 287 (1883).

Plantas perennes cespitosas con culmos erectos de 25–90 cm de alto; nudos glabros. Vainas basales imbricadas, carinadas; láminas lineares de 15–25 cm long. × 2–4 mm lat., planas o plegadas, glabras, agudas. Racimos 2–6, digitados, de 3–6 cm de largo; raquis, pedicelos y callos cubiertos por pelos largos, densos y sedosos. Espiguillas sésiles de 4–6 mm, glabras; gluma inferior bicarinada, profundamente surcada en el dorso; lemma fértil aristada, aristas de 15–25 mm, recta o debilmente geniculada. Espiguilla pedicelada pequeña, rudimentaria, mucronada.

SANTA CRUZ: Chávez, 10 km S de Concepción, *Killeen* 1869; 2195.
LA PAZ: Iturralde, Luisita, *Haase* 736.
Bolivia y Brazil hasta Argentina. Campos; 200–1400 m.

7. A. cordatus *Swallen*, Contr. U.S. Natl. Herb. 29: 274 (1949). Tipo: Bolivia, Chimore, Cochabamba, *Cárdenas* 2083 (US, holótipo).

Plantas perennes rizomatosas con culmos robustos y erectos de 200–250 cm de alto. Láminas lineares, amplexicaules, de 10–30 cm long. × 15–22 mm lat., planas, glabras, acuminadas. Inflorescencia de 30–90 cm de largo, con numerosas ramas floríferas; racimos de 2–3,5 cm de largo, apareados o en tríades, exertos, protegidos en la base por espatas angostas; raquis y pedicelos cubiertos por pelos largos y sedosos. Espiguilla sésil de 4–5 mm, glabra, con arista de 15–18 mm, delgada y poco geniculada. Gluma inferior bicarinada, de dorso plano-cóncavo. Espiguilla pedicelada de 4–6 mm, glabra, mutica. Fig. 141.

SANTA CRUZ: Ichilo, Cerro Amboró, *Nee* 39128. Andrés Ibáñez, 3 km SW de Angostura, *Nee* 33818.
LA PAZ: Murillo, Zongo, *Beck* 7224; *Renvoize et Cope* 4257.
COCHABAMBA: Chaparé, Chimoré, *Eyerdam* 24705; Villa Tunari, *Croat* 51290.
Bolivia. Orillas de camino en la selva; 900–1650 m.

8. A. sanlorenzanus *Killeen*, Ann. Missouri Bot. Gard. 77(1): 137 (1990). Tipo: Santa Cruz, Chávez, San Lorenzo, *Killeen* 2832 (ISC, holótipo n.v.; LPB isótipo).

Plantas cespitosas con culmos simples y erectos de 30 cm de alto. Vainas basales densamente imbricadas, carinadas; láminas lineares de 6–13 cm long. × 2–3 mm lat., planas o plegadas, angostamente agudas. Inflorescencia terminal axilar; racimos 4–6, digitados, de 3–6 cm de largo, raquis y pedicelos cubiertos por pelos blancos y sedosos. Espiguilla sésil de 5 mm, glabra, con arístula de 1,5 mm. Gluma inferior cóncava, bicarinada. Espiguilla pedicelada de 5,5–6 mm, glabra, acuminada.

SANTA CRUZ: Chávez, Serranía San Lorenzo, 10 km W de San Javier, *Killeen* 2832.
Bolivia. Campo rupestre; 800–900 m.

9. A. hypogynus *Hack.* in Martius, Fl. Bras. 2(3): 290 (1883). Tipo: Brasil, *Reidel*.

Plantas perennes, cespitosas, flabeladas en la base, con culmos erectos de 70–150 cm de alto. Láminas lineares de 20–45 cm long. × 2–7 mm lat., planas o conduplicadas, agudas. Inflorescencia laxa, poco ramosa; racimos 5–16, subdigitados, de 2–4 cm de largo. Internodios y pedicelos delgados, pilosos. Espiguilla sésil de 3–4 mm de largo, aristada. Gluma inferior cóncava, bicarinada. Espiguilla pedicelada de 4–6 mm, sin arista. Fig. 137.

BENI: Ballivián, Riberalta, *Beck* 20596. Vaca Diez, Riberalta hacia Santa Rosa, *Beck* 20569. Yacuma, Puerto Teresa, *Beck et de Michel* 20853.
LA PAZ: Iturralde, Luisita, *Haase* 653.
Brazil, Paraguay y Bolivia. Campos; 450 m.

10. A. lateralis *Nees*, Agrostologia Brasiliensis in Martius, Fl. Bras. 2(1): 329 (1829), H499; F351; K137. Tipo: Brasil, *Sellow* (B, holótipo, n.v.).

Fig. 141. **Andropogon cordatus**, **A** habito, **B** espiguillas basada en *Beck* 7224.

137. Andropogon

Plantas perennes cespitosas con culmos erectos y ramosos de 30–160 cm de alto. Vainas basales carinadas, dísticas; láminas lineares de 10–40 cm long. × 2–5 mm lat., planas o conduplicadas, glabras, obtusas o agudas. Racimos 2–4, digitados, de 3–5 cm de largo, exertos, raquis y pedicelos cubiertos por pelos largos y sedosos. Espiguillas sésiles de 3–4 mm, glabras, con aristas poco geniculadas de 5–10 mm. Gluma inferior bicarinada, de dorso plano-cóncavo. Espiguillas pediceladas de 4–5 mm, glabras, múticas. Fig. 137.

BENI: Ballivián, Riberalta, hacia Santa Rosa, *Beck* 20683.
SANTA CRUZ: Ichilo, Buena Vista, *Steinbach* 6851 y 7328. Andrés Ibáñez, Santa Cruz, *Renvoize et Cope* 4027; Viru Viru, *Renvoize et Cope* 3999; Cordillera, 50 km S de Santa Cruz, *Renvoize et Cope* 3940.
Bolivia y Brasil Central hacia Argentina. Campos arenosos húmedos; 200–1400 m.

11. A. multiflorus *Renvoize* **sp. nov.** *A. hypogyno* Hack. affinis sed spiculis sessilis muticis et inflorescencia ramosissima differt. Typus: Bolivia, *Haase* 1 (holotypus LPB; isotypus K).

Plantas perennes cespitosas, flabeladas en la base, con culmos erectos de ± 180 cm de alto. Láminas lineares de 28–30 cm long. × 1,5–4 mm lat., planas o conduplicadas, agudas. Inflorescencia muy ramosa, de ± 50 cm de largo; ramas floríferas numerosas y densas, llevando 2–6 racimos delgados, exertos, digitados, de 2,5–5 cm de largo; internodios y pedicelos delgados, pilosos. Espiguilla sésil de ± 3 mm, mútica. Gluma inferior cóncava, espiguilla pedicelada de 3–4 mm de largo, mútica. Fig. 138.

BENI: Ballivián, Espíritu, *Sigle* 16.
LA PAZ: Iturralde, Luisita, *Haase* 1; *Beck et Haase* 10059.
Bolivia. Sabanas húmedas; 180–200 m.

12. A. crucianus *Renvoize* **sp. nov.** *A. insolito* Sohns affinis sed racemis solitariis, plantis elatioribus et inflorescentis longioribus differt. *A. bicorno* L. affinis sed racemis solitariis, rectis et spiculis pedicellatis bene evolutis differt. Typus: Bolivia, *Killeen* 2484 (holotypus LPB, isotypi MO, F).
A. insolitus sensu Killeen, Ann. Missouri Bot. Gard. 77:137 (1990) non Sohns (1957).

Plantas perennes cespitosas, flabeladas y purpúreas en la base, con culmos erectos de 150 cm de alto. Láminas lineares de 25–45 cm long. × 2–4 mm lat., planas o conduplicadas, glabras, glaucas, duras, naviculare en el ápice. Inflorescencia angostamente oblonga de 25 cm de largo, muy ramosa, densa. Racimos solitarios de 2–2,5 cm de largo, subtendidos por brácteas pequeñas de 5–10 mm; raquis y pedicelos pilosos. Espiguilla sésil de 3–3,5 mm de largo, glabra, mútica. Gluma inferior plana. Espiguilla pedicelada de 3–4 mm, estaminada, glabra, mútica; internodios y pedicelos pilosos. Fig. 142.

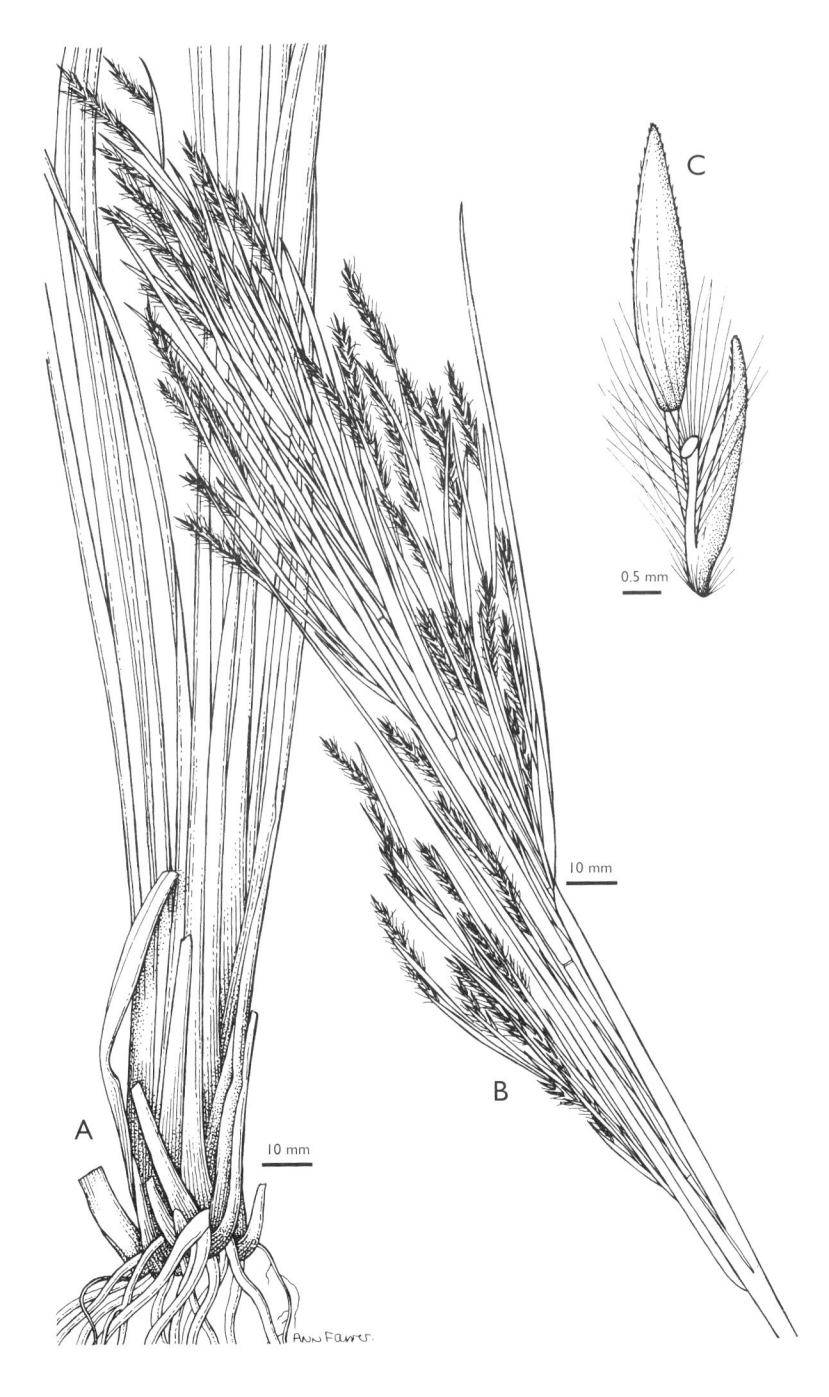

Fig. 142. **Andropogon crucianus**, **A** habito, **B** inflorescencia, **C** espiguillas basada en *Killeen* 2484.

137. Andropogon

SANTA CRUZ: Chávez, 15 km S de Concepción, *Killeen* 2484.
Bolivia. Campos húmedos; 500 m.

13. A. glaziovii *Hack.* in Martius, Fl. Bras. 2(3): 286 (1883); K136. Tipo: Brasil, *Glaziou* 11672 (K, isótipo).

Plantas perennes rizomatosas con culmos cespitosos, erectos y robustos, de 200–250 cm de alto. Hojas flabeladas a la base; vainas carinadas; láminas lineares, de 30–45 cm long. × 4–7 mm lat., planas o conduplicadas, pilosas, agudas. Inflorescencia angostamente oblonga de 20–40 cm, algo ramosa, laxa, incluida en espatas lanceoladas de 2–5 cm, patentes o deflexas a la madurez; racimos de 2–3 cm. Internodios y pedicelos delgados, pilosos. Espiguilla sésil de 3–4 mm, glabra, con una arista de 5–8 mm; gluma inferior concava en el dorso. Espiguilla pedicelada rudimentaria en los pares inferiores, de 2–2,5 mm, estéril, mútica y desarrollada, hacia la porción distal del racimo de 3–3,5 mm, estaminadas, múticas.

SANTA CRUZ: Chávez, Concepción, *Killeen* 2031; 5 km S de Concepción, *Killeen* 983; 8 km S de Concepción, *Killeen* 2082.
Bolivia, Paraguay y Brasil central. Campos húmedos; 500 m.

14. A. carinatus *Nees*, Agrostologia Brasiliensis in Martius, Fl. Bras. 2(1): 330 (1829); K136. Tipo: Brasil, *Sellow* (K, isótipo).

Plantas perennes, cespitosas, con culmos simples y erectos de 18–60 cm de alto. Vainas basales flabeladas, carinadas, pubescentes, cartáceas, la más antiguas glabras y lustrosas; láminas lineares de 6–20 cm long. × 2–3 mm lat., pubescentes, plegadas, obtusas. Inflorescencia exerta, formada por 2–3 racimos subdigitados de 2–5 cm; raquis y pedicelos cubiertos por pelos largos y sedosos. Espiguilla sésil de 4–6 mm, glabra, con una arista delgada y geniculada de 7–12 mm; gluma inferior cóncava en el dorso y bicarinada. Espiguilla pedicelada de 4–5,5 mm, glabra, mútica.

SANTA CRUZ: Chiquitos, Santiago, *Cutler* 7000. Serranía de Santiago, 3 km N de Santiago, *Killeen* 2790.
Brasil central y Bolivia. Campos; 680–900 m.

15. A. angustatus (*J. Presl*) *Steud.*, Syn. Pl. Glumac. 1: 370 (1854); K136. Tipo: México, *Haenke* (PR, holótipo n.v.).
Diectomis laxa Nees, Agrostologia Brasiliensis in Martius, Fl. Bras. 2(1): 340 (1829). Tipo: Brasil, Piauy, *Martius* (M, n.v. BR?) non *A. laxus* Willd. (1806).
D. angustatus J. Presl, Reliq. Haenk. 1: 333 (1830).

Plantas perennes cespitosas con culmos delgados y erectos de 30–150 cm de alto. Láminas lineares de 10–20 cm long. × 1,5–3 mm lat., planas, glabras, acuminadas. Racimos aparedos, de 2–4 cm excluidas las aristas, espatados, a la madurez exsertos, reunidos en falsas panículas grandes, densas o laxas; raquis y pedicelos clavados, ciliolados. Espiguillas sésiles de 4,5–7,5 mm con aristas geniculadas de 3–4 cm; gluma inferior con el dorso profundamente sulcado. Espiguillas pediceladas de 4–6 mm con arístulas de 3–10 mm.

SANTA CRUZ: Chávez, 5 km S de Concepción, *Killeen* 2078; 10 km S de Concepción, *Killeen* 2459; 15 km N de Concepción, *Killeen* 886; 25 km N de Concepción, *Killeen* 960.
México y Cuba hasta Bolivia y Brasil. Campos; 75–1300 m.

16. A. gayanus *Kunth*, Enum. Pl. 1: 491 (1833); K136. Tipo: Senegal, *Gay* (K, isótipo).

Plantas perennes cespitosas con culmos erectos de 150–250 cm de alto. Láminas lineares, de 30–60 cm long. × 4–20 mm lat., angostas en la base, planas o involutas, pilosas, acuminadas. Racimos apareados de 4–9 cm, reunidos en falsas panículas grandes; raquis y pedicelos cuneados, ciliolados. Espiguillas sésiles de 5–8 mm, con aristas geniculadas de 10–30 mm. Gluma inferior bicarinada, el dorso levemente acanalado. Espiguillas pediceladas de 5–8 mm, con arístula de 1–10 mm.

SANTA CRUZ: Chávez, San Javier, *Killeen* 1409A; Los Potreros, *Killeen* 1964.
Nativa de Africa, introducida en regiones tropicales.

138. CYMBOPOGON Spreng.
Pl. Min. Cogn. Pug. 2: 14 (1815).

Perennes o anuales con hojas aromáticas. Inflorescencia formada por racimos cortos, apareados y espatados, reunidos en grandes falsas panículas; raquis aplanado con entrenudos lineares; racimos deflexos. Espiguillas bifloras apareadas; par inferior del racimo homomorfo, estaminado o neutro, los pares superiores heteromorfos, con la espiguilla inferior sésil, perfecta y aristada y la pedicelada mútica, estaminada o neutra.
40 especies tropicales en el Mundo Viejo, introducida en América.

C. citratus (*DC.*) *Stapf*, Bull. Misc. Inform. 1906: 322 (1906). Tipo: cult. Montpellier. *Andropogon citratus* DC., Cat. Pl. Horti Monsp.: 78 (1813).

"Citronel", "cedrón", "pasto limón", "hierba Luisa" se cultiva por las hojas aromáticas; raramente produce flores.

PANDO: Suárez, Cocamita, *Nacimiento et Buchanan-Smith* 55.
BENI: Ballivián, 8 km NE de San Borja, *Oviedo* 21.
LA PAZ: Nor Yungas, Coroico, *Garcia* 807.
COCHABAMBA: Chaparé, Valle de Sacta, *Naessany* 66.

139. SCHIZACHYRIUM Nees
Agrostologia Brasiliensis in Martius, Fl. Bras. 2(1): 331 (1829); Türpe, Kew Bull. 39 (1): 169–178 (1984).

Plantas perennes o anuales, con láminas lineares. Inflorescencia formada por 1–numerosos racimos espiciformes, formando en ocasiones densas panículas corimbiformes o flabeladas; cada racimo protegido por una espata, de lámina reducida. Espiguillas apareadas en los nudos de un raquis continuo, tenaz o frágil, ondulado o recto. Espiguilla sésil lanceolada a linear, perfecta. Gluma inferior cartácea a coriácea, convexa, bicarinada; lemma inferior estéril, lanceolada, mútica, hialina; lemma superior fértil, profundamente bífida, generalmente desde su base, aristada; arista robusta y retorcida. Espiguilla pedicelada reducida, estéril o estaminada.

60 especies en regiones tropicales.

1. Raquis de los racimos flexuosos; panícula ampliamente corimbosa o linear; espiguillas divergentes · · · · · · · · · · · · · · · · · **1. S. condensatum**
1. Raquis de los racimos rectos, tiesos, algo engrosados; racimos espiciformes, 1–numerosos por caña; espiguillas adpresas:
    2. Plantas anuales:
        3. Gluma inferior con el dorso plano o convexo:
            4. Entrenudos del raquis angostamente clavados, en el ápice más estrechos que la espiguilla sésil · · · · · · · · · · · · · · · **2. S. brevifolium**
            4. Entrenudos del raquis clavados, en el ápice más ancho que la espiguilla sésil · **3. S. maclaudii**
        3. Gluma inferior con un surco longitudinal mediano · · · · · **4. S. sulcatum**
    2. Plantas perennes:
        5. Racimos varios a numerosos, agregados en inflorescencias compuestas y angostas:
            6. Espiguilla sésil de 5–10 mm, ciliada o glabra; pedicelada de 2–7 mm:
                7. Gluma inferior de espiguilla sésil concava a dorso
                · **5. S. sanguineum**
                7. Gluma inferior de espiguilla sésil plana a dorso · · · · · **6. S. beckii**
            6. Espiguilla sésil de 4–5,5 mm, escabrosa o tuberculoso-pappilosa; pedicelada de 0,5–1 mm · · · · · · · · · · · · · · · · · **7. S. scabriflorum**
        5. Racimos solitarios a veces acompañados por inflorescencias axilares:
            8. Racimos amarillentos · **8. S. salzmannii**
            8. Racimos verdoso-oscuros · **9. S. tenerum**

1. S. condensatum (*Kunth*) *Nees*, Agrostologia Brasiliensis in Martius, Fl. Bras. 2(1): 333 (1829). Tipo: Colombia, *Humboldt et Bonpland* (P, holótipo, n.v.).

Andropogon condensatus Kunth in Humboldt, Bonpland et Kunth, Nov. Gen. Sp. 1: 188 (1816); H495; F348.

A. microstachyus Desv. ex Ham., Prodr. Pl. Ind. Occid.: 8 (1825). Tipo: Antillas, *Desvaux* 8 (P, holótipo, n.v.).

Schizachyrium microstachyum (Desv. ex Ham.) Roseng., B.A. Arill. & Izag., Bol. Fac. Agron. Univ. Montevideo 103: 35 (1968).

139. Schizachyrium

Plantas perennes, cespitosas, erectas, robustas, rojizas, de 60–150 cm de alto. Láminas lineares de 9–28 cm long. × 3–7 mm lat., agudas. Inflorescencia en falsa panícula, muy contraída o amplia, de 5–45 cm de largo, ramosa, con numerosos racimitos espiciformes breves, de 2–4 cm de largo, flexuosos e incluidos en espatas conspicuas; raquis y pedicelos delgados. Espiguilla sésil linear-lanceolada, de 3,5–5 mm con arista de 10 mm. Espiguilla pedicelada de 1–2 mm de largo. Fig. 143.

BENI: Yacuma, Porvenir, *Renvoize* 4622.
SANTA CRUZ: Chávez, 90 km SE de Concepción, *Killeen* 1509. Andrés Ibáñez, Viru Viru, *Renvoize et Cope* 3996; Ichilo, Buena Vista, *Steinbach* 3302, 4951, 6809, 6950, 6952, 6952, 6953.
LA PAZ: Iturralde, Ixiamas, *Beck* 18465. Murillo, *Renvoize et Cope* 4258. Yungas, *Bang* 276; Nor Yungas, Polo Polo, *Buchtien* s.n.; Coroico hacia Yolosa, *Beck* 7573.
CHUQUISACA: Padilla hacia Monteagudo, *Renvoize et Cope* 3891.
TARIJA: Cercado, La Victoria, *Coro* 1363. Avilés, Guerrahuaico, *Coro* 1383. Arce, 5 km N de Padcaya, *Beck et Liberman* 16193.
América tropical y subtropical. Campos arenosos y en zonas con vegetación secundaria; 200–2100 m.

Algunas especialistas prefieren separar bajo *S. microstachyum* a los ejemplares que poseen inflorescencias más laxas.

2. S. brevifolium *(Sw.) Nees ex Büse* in Miq., Pl. Jungh.: 359 (1854). Tipo: Jamaica *Swartz* (S, holótipo n.v.).
Andropogon brevifolius Sw., Prodr.: 26 (1788).

Plantas anuales, delicadas, con culmos de 20–40 cm de largo, delgados y decumbentes. Láminas lineares de 1–4,5 cm long. × 2–4 mm lat., agudas u obtusas. Racimos pocos por caña, de 2–4 cm de largo, rectos. Espiguilla sésil linear, de 3–4,5 mm, con arista de 7–11 mm. Espiguilla pedicelada de 1 mm, con arista de 3–6 mm. Entrenudos del raquis angostamente clavados. Fig. 144.

LA PAZ: Iturralde, Ixiamas, *Beck* 18346. Larecaja, Tipuani, Hacienda Casana, *Buchtien* 7135.
Trópicos de ambos hemisferios. Campos; 460–1600 m.

3. S. maclaudii (*Jacq.-Fél.*) *S.T. Blake*, Proc. Roy. Soc. Queensland 80(6): 78 (1969); K185. Tipo: Guinea, *Jacques-Félix* 208 (P, holótipo n.v.)
Schizachyrium brevifolium var. *maclaudii* Jacq.-Fél., Rev. Int. Bot. Appl. Agric. Trop. 32: 432, fig. 5b (1953).

Plantas anuales delicadas, con culmos, delgados y decumbentes de 30–100 cm de largo. Láminas lineares de 2–5 cm long. × 2–4 mm lat., planas, obtusas. Racimos de 2–3 cm de largo, incluidos en espatas y agregados en inflorescencias laxas y

Fig. 143. **Schizachyrium condensatum**, **A** inflorescencia, **B** espiguilla basada en *Renvoize* 4622. **S. salzmanii**, **C** habito, **D** espiga, **E** espiguillas basada en *Renvoize et Cope* 4040. **S. sanguineum**, **F** espiguillas basada en *Renvoize* 4767.

delgadas; entrenudos del raquis clavados, más anchos en el ápice que la espiguilla sésil. Espiguilla sésil linear, de 3–3,5 mm, gluma inferior plana en el dorso, con arista de 4–7 mm. Espiguilla pedicelada de 1 mm, con arista de 3–4 mm.

BENI: Yacuma, Porvenir, *Killeen* 2606.
SANTA CRUZ: Chávez, 35 km SE de Concepción, *Killeen* 915.
Africa tropical, introducida en Sudamérica. Campos; 200 m.

4. S. sulcatum *(Ekman) S.T. Blake*, Proc. Roy. Soc. Queensland 80(6): 78 (1969); K186. Tipo: Brasil, Mato Grosso, *Malme* 3509 (S, holótipo).
Andropogon sulcatus Ekman, Ark. Bot. 10(17): 4, pl. 1, f. 3 et pl. 6, f. 3 (1911).

Plantas anuales o bianuales, delicadas, con culmos delgados de 70–100 cm de largo. Láminas lineares de 2–4 cm long. × 1–3 mm lat., planas, agudas. Racimos de 1,5–4 cm de largo, agregados en inflorescencias laxas y delgadas; entrenudos clavados. Espiguilla sésil linear, de 3–3,5 mm, gluma inferior surcada en el dorso, con arista de 4 mm. Espiguilla pedicelada de 1 mm, con arista de 2 mm.

SANTA CRUZ: Chávez, 8 km S de Concepción, *Killeen* 2084. Velasco, 25 km S de San Ignacio, *Bruderreck* 195.
LA PAZ: Iturralde, Luisita, *Haase* 145.
Colombia, Bolivia y Brasil. Campos; 180 m.

5. S. sanguineum *(Retz.) Alston* in Trimen, Handb. Fl. Ceylon 6 (Suppl.): 344 (1931); K186. Tipo: China, *Bladh* (LD, holótipo).
Rottboellia sanguinea Retz., Observ. Bot. 3: 25 (1783).
Schizachyrium hirtiflorum Nees, Agrostologia Brasiliensis in Martius, Fl. Bras. 2(1): 334 (1829). Tipo: Brasil, *Sellow* (K, isótipo).
S. semiberbe Nees, loc. cit.: 336. Tipo: Brasil, *Sellow* (K, isótipo).
Andropogon hirtiflorus (Nees) Kunth, Révis. Gramin. 2: 571, tab. 199 (1832): H496; F349.
A. semiberbis (Nees) Kunth, Enum. Pl. 1: 489 (1833).
A. cirratus sensu Hitchc., Contr. U.S. Natl. Herb. 24: 496 (1927); F349, non Hack. (1885).

Plantas perennes, cespitosas o amacolladas, rojizas, de 60–150 cm de alto. Vainas basales flabeladas; láminas planas de 6–30 cm long. × 2–9 mm lat., agudas. Racimos de 2–10 cm, rectos, erectos, pocos, agregados en inflorescencias delgadas de 20–60 cm de largo; raquis y pedicelos ciliados o glabros. Espiguilla sésil de 5–10 mm, ciliada o glabra, con arista de 8–20 mm. Espiguilla pedicelada de 3–7 mm, acuminada o aristulada. Fig. 143.

BENI: Vaca Diez, 37 km E de Riberalta, *Solomon* 7898. Yacuma, El Mirador, *Beck et de Michel* 20869.

SANTA CRUZ: Velasco, San Ignacio, *Seidel* 555. Andrés Ibáñez, Santa Cruz hacia Mora, *Renvoize* 4552.
LA PAZ: Iturralde, Ixiamas, *Beck* 18463. Larecaja, Sorata, *Mandon* 1384, 1385. Nor Yungas, Coroico, *Renvoize* 4767.
TARIJA: Méndez, Tucumilla, *Fiebrig* 2787. Arce, Cerro Cabildo, *Beck et Liberman* 16231.
Trópicos de ambos hemisferios. Campos arenosos y laderas pedregosas; 100–3000 m.

6. S. beckii *Killeen*, Ann. Missouri Bot. Gard. 77: 184–185 (1990); K184. Tipo: Bolivia, Santa Cruz, *Killeen* 1987 (LPB, holótipo).

Plantas perennes amacolladas, con culmos de 90 cm de alto. Láminas lineares de 12–23 cm de largo, planas o plegadas, agudas. Racimos erectos de 1–3 cm de largo, incluidos en espatas de 1,5–2 cm y agregados en falsas panículas, amplias y laxas; raquis y pedicelos clavados, ciliados. Espiguilla sesil de 5 mm, con arista de 17 mm; gluma inferior plana en el dorso. Espiguilla pedicelada de 2–2,5 mm, con arista de 2,5 mm.

SANTA CRUZ: Chávez, 10 km W de San Javier, *Killeen* 1987.
Bolivia. Campo rupestre; c. 2000 m.

7. S. scabriflorum *(Rupr. ex Hack.) A. Camus*, Ann. Soc. Linn. Lyon 70: 89 (1923); K186. Tipo: Brasil, São Paulo, *Riedel* (K, isótipo).
Andropogon scabriflorus Rupr. ex Hack. in Martius, Fl. Bras. 2(3): 299 (1883).

Plantas perennes cespitosas con culmos erectos de 80–200 cm de alto. Láminas lineares de 15–30 cm long. × 6–8 mm lat., planas, glabras, agudas u obtusas. Racimos de 3–7 cm de largo, rectos, erectos, pocos por caña, agregados en inflorescencias laxas y delicadas; racimos apenas exertos de espatas lineares; raquis y pedicelos esparcidamente pilosos. Espiguilla sesil lanceolada, de 4–5,5 mm, tuberculado-papilosa o escabrosa en el dorso, con arista geniculada de 15–25 mm, la columna pronunciada. Espiguilla pedicelada muy reducida, de 0,5–1 mm, con arístula recta de 3–5,5 mm.

SANTA CRUZ: Chávez, 8 km S de Concepción, *Killeen* 879; 2 km S de Concepción, *Killeen* 1619. Cordillera, Camiri, *Gerold* 343.
Sur de Brasil, Bolivia y Paraguay. Campos; 480–500 m.

8. S. salzmannii *(Trin. ex Steud.) Nash* in Britton et Underwood, N. Amer. Fl. 17: 104 (1912). Tipo: Brasil, *Salzmann* 715 (K, isótipo).
Rottboellia salzmannii Trin. ex Steud., Syn. Pl. Glumac. 1: 361 (1854).

Plantas perennes cespitosas o brevemente rizomatosas; cañas erectas de 12–95 cm de alto. Láminas lineares de 10–20 cm long. × 1–3 mm lat., acuminadas. Racimos solitarios, de 6–13 cm, amarillentos o amarillento-verdosos, frágiles; raquis y pedicelos glabros. Espiguilla sésil de 6–8 mm, glabra o escabrosa, con arista de 7–15 mm o mútica. Espiguilla pedicelada de 4,5–6,5 mm, mútica. Fig. 143.

SANTA CRUZ: Florida, 10 km E de Samaipata, *Renvoize et Cope* 4040.
México hasta Argentina. Campos y laderas pedregosas; 15–1350 m.

9. S. tenerum *Nees*, Agrostologia Brasiliensis in Martius, Fl. Bras. 2(1): 336 (1829); K186. Tipo: Brasil, *Sellow* (K, isótipo).
Andropogon tener (Nees) Kunth, Révis. Gramin. 2: 565, tab. 197 (1830); H496; F349.

Plantas perennes cespitosas; cañas finas, paucirrámeas, de 30–110 cm de alto. Láminas lineares de 7–22 cm long. × 0,5–1,5 mm lat., acuminadas. Racimos ordinariamente solitarios, terminales, a veces algunos axilares, rectos, gráciles, de 3–8 cm; raquis y pedicelos ciliados o glabros. Espiguilla sésil de 4–6 mm, glabra, escabrosa o lisa, raro ciliada, mútica o con arista de 3–15 mm. Espiguilla pedicelada de 4–5 mm, mútica o mucronada. Fig. 144.

SANTA CRUZ: Chávez, 60 km S de Concepción, *Killeen* 1831. Florida, Samaipata, *Renvoize et Cope* 4052; 10 km E de Samaipata, *Renvoize et Cope* 4041.
LA PAZ: Larecaja, Sorata, *Mandon* 1383. Nor Yungas, Coroico, *Renvoize* 4758. Sud Yungas, Yanacachi, *Seidel* 983.
COCHABAMBA: Ayopaya, Río Tambillo, *Baar* 84.
CHUQUISACA: Zudañez, Tomina, *Renvoize et Cope* 3866. Boeto, Villa Serrano, *Murguia* 111.
TARIJA: Méndez, Sama, *Ehrich* 365. Arce, Camacho, *Fiebrig* 2859. Cercado, Pinos, *Fiebrig* 3154; Cuesta de Sama, *Coro* 1276.
México hasta Argentina. Campos y laderas pedregosas; 100–2500 m.

140. HYPARRHENIA E. Fourn.
Mexic. Pl. 2: 51 (1886); Clayton, Kew Bull., Addit. Ser. 2 (1969).

Plantas perennes o anuales. Láminas lineares. Inflorescencia formada por racimos apareados, subtendidos por una bráctea y congregados en una inflorescencia grande y comprimida; racimos breves, delgados, cada racimo sobre una base corta y a menudo inflexo a la madurez. Espiguillas apareadas, una sésil, la otra pedicelada, internodios y pedicelos delgados; el o los 2 pares basales tenaces a veces homomorfos, estaminados o neutros, múticas, los superiores dimorfos. Espiguilla sésil perfecta, linear-lanceolada a lanceolada-oblonga, comprimida dorsalmente o cilíndrica; callo obtuso o agudo, oblicuo. Gluma inferior coriácea, convexa; gluma superior mútica; lemma inferior hialina; lemma superior endurecida, bidentada, con

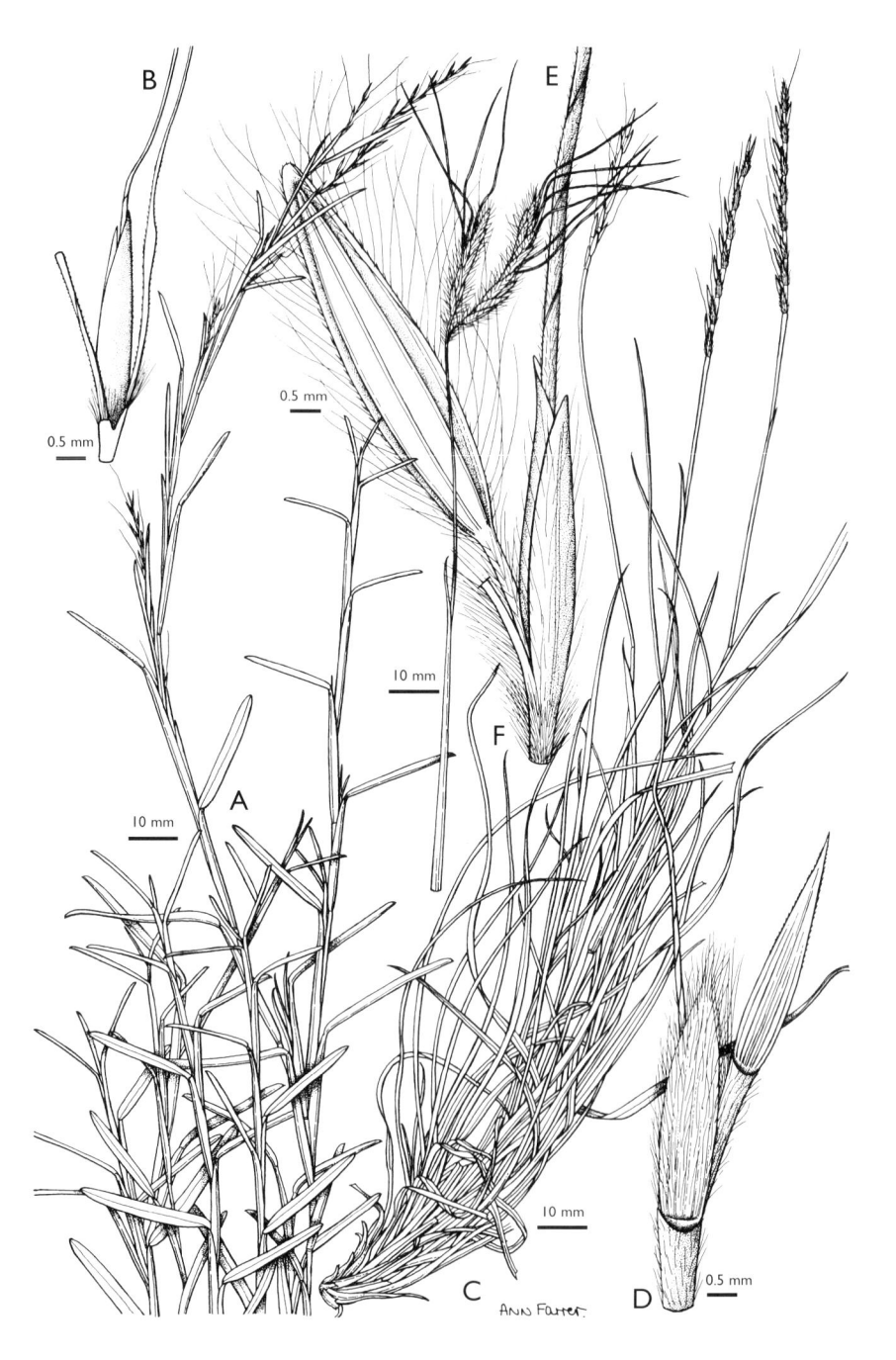

Fig. 144. **Schizachyrium brevifolium**, **A** habito, **B** espiguillas basada en *Wood* 3575, Colombia. **S. tenerum**, **C** habito, **D** espiguilla basada en *Renvoize et Cope* 4052. **Agenium villosum**, **E** racimos, **F** espiguillas basada en *Renvoize et Cope* 3945.

una arista gruesa, vellosa y geniculada. Espiguilla pedicelada estaminada o neutra, linear-lanceolada, más larga que la espiguilla sésil, mútica o aristulada.

53 especies, más frecuentemente en Africa; unas pocas habitan regiones tropicales y templado-cálidas de ambos hemisferios.

Espiguillas pilosas; base del racimo sin apéndices escariosos · · · · · · · · · **1. H. rufa**
Espiguillas subglabras; base del racimo con apéndices escariosos
. . . . **2. H. bracteata**

1. H. rufa *(Nees) Stapf* in Prain, Fl. Trop. Afr. 9: 304 (1918); K161. Tipo: Brasil, *Martius* (M, holótipo).
Trachypogon rufus Nees, Agrostologia Brasiliensis in Martius, Fl. Bras. 2(1) 345 (1829).

Plantas perennes con culmos de 30–250 cm de alto. Láminas lineares, planas, de 20–60 cm long. × 2–8 mm lat., acuminadas. Racimos de 1–2,5 cm de largo, rubropilosos, apareados con 9–14 aristas por par. Espiguilla sésil lanceolada, de 3,5–4,5 mm; arista de 2–3 cm. Espiguilla pedicelada linear-lanceolada, de 3–5 mm, mútica. Fig. 145.

PANDO: Suárez, Cobija, *Beck* 17090. Manuripi, Conquista, *Solomon* 6334. Madre de Dios, San Miguel, *Nee* 31710.
BENI: Vaca Diez, Riberalta, *Solomon* 16681. Marban, San Rafael, *Beck* 2657.
SANTA CRUZ: Chávez, 15 km N de Concepción, *Killeen* 1008. Velasco, San Ignacio, *Seidel* 628. Warnes, Santa Cruz hacia Montero, *Feuerer* 6516.
LA PAZ: Iturralde, Luisita, *Haase* 599. Saavedra, Charazani, *Feuerer* 6402. Nor Yungas, Yolosa, *Solomon* 13734.
COCHABAMBA: Chaparé, Villa Tunari, *Cabrera et Gutiérrez* 33739.
Trópicos de Africa y América. Habita suelos modificados, cultivos y orillas de caminos; 30–1000 m.

2. H. bracteata *(Humb. & Bonpl. ex Willd.) Stapf* in Prain, Fl. Trop. Afr. 9: 360 (1918): H500; F351; K161. Tipo: Venezuela, *Humboldt* en *Herb. Willd.* 18655 (B, holótipo).
Andropogon bracteatus Humb. & Bonpl. ex Willd., Sp. Pl. 4: 914 (1806).

Plantas perennes pilosas, con culmos de 60–250 cm de alto. Láminas lineares, planas, de 24–90 cm long. × 1,5–5 mm lat., escabrosas, agudas. Panícula delgada, densa, de 20–60 cm de largo. Racimos de 0,5–1,5 cm, apareados, con 2–4 aristas por par; pedúnculos, base de los racimos y pedicelos amarillo-pilosos. Espiguilla sésil linear-oblonga, de 4–6 mm; arista de 1–2,5 cm. Espiguilla pedicelada de 4–6 mm largo, mútica. Fig. 145.

BENI: Ballivián, Rurrenabaque, *White* 1125; Reyes, *Rusby* 189; San Borja, *Beck* 6930. Yacuma, Porvenir, *Renvoize* 4610.

Fig. 145. **Heteropogon contortus**, **A** habito, **B** espiguilla basada en *Asplund* 15846, Ecuador. **Hyparrhenia rufa**, **C** espiguillas basada en *Feuerer* 6502. **H. bracteata**, **D** espiguillas basada en *Beck* 12753.

SANTA CRUZ: Chávez, 2 km NW de Concepción, *Killeen* 2108.
LA PAZ: Iturralde, Ixiamas, *Beck* 18409. Nor Yungas, Coroico, *Beck* 17597.
Africa occidental y América, desde México hasta Paraguay. Sabanas húmedas; 240–1200 m.

141. AGENIUM Nees
in Lindley, Intr. Nat. Syst. Bot. ed. 2: 447 (1836).

Plantas perennes cespitosas. Láminas lineares. Cañas delgadas, con 1–7 racimos pedicelados subnutantes, villosos, breves, digitados o subdigitados. Racimos con 15–20 espiguillas apareadas; raquis tenaz en la parte inferior del racimo, arriba frágil y desarticulándose oblicuamente. Espiguillas unifloras, linear-lanceoladas, pilosas, con pelos largos, patentes de base tuberculosa, en parte aristadas; glumas coriáceo-papiráceas, múticas; antecio inferior ausente o representado por una pequeña y tenue lemma estéril. Espiguillas por pares, los 3–4 pares inferiores homógamos, estaminados o neutros, múticos, los pares superiores heterógamos, dimorfos. Espiguilla sésil de los pares superiores pistilada, aristada; gluma inferior bisurcada en el dorso, con márgenes involutos, 4- u 8-nervada, sin nervio medio; gluma superior 3-nervada; lemma fértil entera, transformada en arista retorcida y geniculada, más tenue en la base, sin expansiones hialinas; pálea hialina breve. Espiguilla pedicelada de los pares superiores mayor que la sésil, mútica, estaminada; pedicelo recto, delgado, con un surco longitudinal marcado, piloso en los nudos; gluma inferior pilosa, gluma superior glabra; lemma y pálea hialinas.

4 especies, desde Brasil y Bolivia hasta Argentina.

A. villosum (*Nees*) *Pilg.*, Repert. Spec. Nov. Regni Veg. 43: 82 (1938); K135. Tipo: Brasil, *Sellow* (B, holótipo n.v.).
Heteropogon villosus Nees, Agrostologia Brasiliensis in Martius, Fl. Bras. 2(1): 362 (1829); H502; F353.

Plantas perennes con culmos de 15–50 cm de alto; nudos barbados. Láminas lineares planas de 10–25 cm long. × 2–4 mm lat., pilosas a subglabras, acuminadas. Racimos pedunculados sobre pedúnculos independientes, espiciformes, villosos, terminales, 3–7 digitados, subnutantes, de 2,5–4 cm de largo (sin contar las aristas), desnudos, gráciles, de 3–10 mm. Espiguillas linear-lanceoladas; espiguilla sésil de 5–7,5 mm, pilosa, con arista geniculada de 3–4 cm; espiguilla pedicelada de 6–9 mm, pilosa, mútica. Fig. 144.

SANTA CRUZ: Chávez, 2 km S de Concepción, *Killeen* 2419. Ichilo, Río Guendá, *Steinbach* 7939. Andrés Ibáñez, Santa Cruz, *Brooke* 17. Cordillera, 50 km S de Santa Cruz, *Renvoize et Cope* 3945.
Bolivia, Brasil, Paraguay, Uruguay y el norte de Argentina. Campos arenosos; 30–960 m.

142. HETEROPOGON Pers.
Syn. Pl. 2: 533 (1807).

Perennes o anuales con cañas ramificadas o no. Láminas lineares. Inflorescencia en racimos espiciformes terminales o axilares, erectos, solitarios y dorsiventrales, agregados en falsas panículas grandes y espateoladas; internodios y pedicelos delgados, raquis tenaz en la parte inferior del racimo, arriba frágil. Espiguillas por pares, los pares inferiores homógamos, estaminadas o neutros; los pares superiores dimorfos, espiguillas perfectas y estaminadas o neutras. Espiguilla sésil cilíndrica, con callo agudo y punzante; gluma inferior coriácea, convexa, obtusa; lemma inferior estéril, hialina, enerve; lemma superior fértil hialina en la base, endurecida hacia el ápice, terminada en una arista gruesa, vellosa y geniculada. Espiguilla pedicelada estaminada o neutra, más larga que la espiguilla sésil, lanceolada, mútica.

6 especies en trópicos y regiones templado-cálidas.

Plantas perennes, de 30–100 cm de alto · **1. H. contortus**
Plantas anuales, de 130–250 cm de alto · · · · · · · · · · · · · · · · · **2. H. melanocarpus**

1. H. contortus (*L.*) *Roem. & Schult.*, Syst. Veg. 2: 836 (1817); H503; F354. Tipo: India (ill. en Plukenet, Phytographia 3: fig. 191/5 (1692)).
Andropogon contortus L., Sp. Pl.: 1045 (1753).

Plantas perennes con culmos de 30–100 cm de alto. Láminas lineares, planas o conduplicadas, glabras, escabrosas, de 8–30 cm long. × 2–6 mm lat., agudas. Racimos de 3–5 cm de largo (sin contar las aristas), generalmente solitarios, las aristas entrelazadas entre sí. Espiguilla sésil de 5–10 mm incluyendo el callo; callo densamente velludo, castaño-oscuro; glumas hirsutas; arista de 6–10 cm. Espiguilla pedicelada de 6–10 mm, la primera gluma ancha, plana, glabra o papiloso-híspida y la segunda más angosta; callo de 2–3 mm. Fig. 145.

LA PAZ: Larecaja, Sorata, *Mandon* 1387.
COCHABAMBA: Cerro San Pedro, *Cárdenas* 3903. Capinota, Atojhuachaña hacia Capinota, *Pedrotti et al.* 45.
POTOSI: Saavedra, San Blas de Puita, *Torrico et Peca* 509.
CHUQUISACA: Sud Cinti, Camataquí, Villa Abecia, *Fiebrig* 3074. Calvo, El Salvador, *Martínez* 579.
TARIJA: Cercado, Coimata, *Coro-Rojas* 1372, 1626; Tolomosa Chico, *Bastian* 385; Victoria, *Bastian* 891.

Regiones tropicales y templado-cálidas. Campos pedregosos y arenosos; 100–2500 m.

2. H. melanocarpus (*Elliott*) *Benth.*, J. Linn. Soc., Bot. 19: 71 (1881); H503; F354. Tipo: Estados Unidos de América, *Habersham* (K, isótipo).
Andropogon melanocarpus Elliott, Sketch Bot. S. Carolina 1: 146 (1816).

Plantas anuales con culmos de 130–250 cm de alto. Láminas lineares, planas, escabrosas, de 20–40 cm long. × 5–10 mm lat., de largo, acuminadas. Racimos de 3–5 cm de largo (sin contar las aristas), solitarios, las aristas entrelazadas entre sí, espateados. Espiguilla sésil de 7–10 mm, incluyendo el callo; callo velludo, castaño-oscuro; glumas hirsutas; arista de 6–10 cm. Espiguilla pedicelada de 10–20 mm, con la primera gluma ancha, plana, glabra, verde, glandulosa en el nervio medio; segunda gluma más angosta; callo de 1,5–2 mm de largo.

LA PAZ: Nor Yungas, Coripata, *Hitchcock* 22678. Sur Yungas, Chulumani, *Hitchcock* 22706.

Sud de Estados Unidos hasta Bolivia; Africa tropical hasta India. Sitios alterados y cultivados, bosques áridos; 0–1600 m.

143. ELIONURUS Willd.
Sp. Pl. 4: 941 (1806); Renvoize, Kew Bull. 32: 665–675 (1978).

Plantas perennes o anuales. Hojas lineares o filiformes, planas o convolutas. Inflorescencias formadas por racimos espiciformes solitarios, terminales o axilares, erectos o arqueados, que se desarticulan con facilidad, dejando cicatrices oblicuas y ovales; entrenudos subclaviformes. Espiguilla sésil lanceolada a estrechamente ovada; gluma inferior subcoriácea a herbácea, aguda o bidentata de dorso plano-convexo, bicarinada, margen pestañoso con franjas resinosas; gluma superior semejante a la inferior; antecio basal reducido a la lemma hialina, el superior con lemma mútica. Espiguilla pedicelada similar a la inferior, mútica o aristulada.

15 especies en zonas tropicales y subtropicales de ambos hemisferios.

1. Láminas planas, de 2–5 mm de ancho · · · · · · · · · · · · · · · · · **1. E. planifolius**
1. Láminas convolutas, de 0,5–3 mm de ancho:
    2. Gluma inferior con el dorso glabro o ralamente piloso; entrenudo glabro a piloso · **2. E. tripsacoides**
    2. Gluma inferior con el dorso escasa o densamente piloso; entrenudo densamente piloso:
        3. Culmos endurecidos o lignificados, cespitosos, simples, no ramificados, con hojas principalmente basales; raquis y espiguillas densamente pilosos · **3. E. muticus**
        3. Culmos herbáceos, no cespitosos, ramificados, con hojas basales y caulinares · **4. E. ciliaris**

1. E. planifolius *Renvoize*, Kew Bull. 32(3): 669 (1978). Tipo: Brazil, *Harley et al.* 10852 (K, isótipo).

Plantas perennes cespitosas con culmos delgados de 40–80 cm de alto. Hojas principalmente basales; láminas lineares, planas, de 10–40 cm long. × 2–5 mm lat., obtusas o sub-agudas. Racimos espiciformes vellosos de 5–10 cm long. × 3–4 mm lat. Espiguilla sésil perfecta, gluma inferior herbácea, elíptico-oblonga, de 5 mm de largo, 9-nervia, obtusa; gluma superior membranácea, angosto-ovada, de 5 mm de largo, 3-nervia, algo híspida, obtusa o bidentata; lemma inferior hialina, de 3,5 mm de largo, glabra, similar a la lemma superior. Espiguilla pedicelada estaminada, similar a la espiguilla sésil; anteras 3, de 2,5 mm.

BENI: Vaca Diez, Riberalta hacia Santa Rosa, *Beck* 20550.
Bolivia, Brasil, Guayanas et Venezuela. Cerrados; 40–1000 m.

2. E. tripsacoides *Willd.*, Sp. Pl. 4: 941 (1806); H504; F356; K151. Tipo: Venezuela, *Humboldt* (B, holótipo).

Plantas perennes cespitosas con culmos de 60–120 cm de alto. Láminas lineares, convolutas, de 30–60 cm long. × 2–3 mm lat., glabras, acuminadas. Racimos terminales y axilares, de 5–10 cm de largo. Espiguilla sésil de 4–8 mm. Espiguilla pedicelada 4–5 mm. Fig. 146.

SANTA CRUZ: Ichilo, Río Guendá, *Steinbach* 6895; 6896. Warnes, Saavedra, *Spiaggi* 21. Andrés Ibáñez, Viru Viru, *Killeen* 1113; 6 km E de La Bélgica, *Solomon* 18609.
TARIJA: Méndez, Sama, *Ehrich* 330. Tomates Grandes, *Bastian* 352.
Estados Unidos de América hasta Paraguay y norte de Argentina; este y sud oeste de Africa. Infrecuente en Sudamérica. Praderas, en suelos arenosos; 90–1950 m.

3. E. muticus (*Spreng.*) *Kuntze*, Revis. Gen. Pl. 3(3): 350 (1898); K151. Tipo: Uruguay, *Sellow* (localidad desconocida).
Lycurus muticus Spreng. Syst. Veg. 4(2): 32 (1827).
E. rostratus Nees, Agrostologia Brasiliensis in Martius, Fl. Bras. 2(1): 357 (1829); K151. Tipo: Uruguay, *Sellow* (localidad desconocida).
Andropogon adustus Trin., Mém. Acad. Imp. Sci. Saint-Pétersbourg, Sér. 6, Sci. Math. 2: 259 (1832). Tipo: Brasil, *Langsdorf* (LE, holótipo).
E. adustus (Trin.) Ekman, Ark. Bot. 13(10): 6 (1913); H504; F355.

Plantas perennes cespitosas con culmos de 40–100 cm de alto. Láminas lineares, convolutas o filiformes, de 20–60 cm long. × 0,5–1 mm lat., glabras. Racimos terminales de 6–16 cm long. × 4–6 mm lat. Espiguilla sésil de 6–10 mm, mútica o bisetulosa en el ápice. Espiguilla pedicelada de 4–6 mm, acuminada o aristulada. Fig. 146.

BENI: Vaca Diez, Riberalta hacia Santa Rosa, *Beck* 20549. Ballivián, Riberalta hacia Santa Rosa, *Beck* 20680.
SANTA CRUZ: Chávez, 10 km S de Concepción, *Killeen* 1196. Ichilo, Buena Vista, *Steinbach* 6514; 6641; 6642. Andrés Ibáñez, Viru Viru, *Killeen* 1239.

Fig. 146. **Elionurus muticus**, A espiguilla basada en *Coro-Rojas* 1569. **E. ciliaris**, B habito, C espiguillas basada en *Renvoize* 4535. **E. tripsacoides**, D espiguilla basada en *Steinbach* 6896. **Hemarthria altissima**, E inflorescencia basada en *Beck* 5312.

LA PAZ: Iturralde, Luisita, *Haase* 652. Larecaja, Tipuani, *Buchtien* 7138. Nor Yungas, Coroico, *Beck* 17870.
COCHABAMBA: Cercado, 5 km SE de Cochabamba, *Eyerdam* 24914. Liriuni, *Adolfo* 161.
CHUQUISACA: Oropeza, Quilla Quilla, *Wood* 7780. Calvo, Arbol Salo, *Muñoz* 506.
TARIJA: Méndez, Sama, *Coro-Rojas* 1270. Cercado, Cuesta del Cóndor, *Coro-Rojas* 1569. Arce, Camacho, *Beck* 16080.
Africa tropical y Sur de Brasil, Bolivia, Uruguay, Perú y Argentina. Campos arenosos y serranías o lomadas en laderas pedregosas; 450–2800 m.

4. E. ciliaris *Kunth*, in Humboldt, Bonpland et Kunth, Nov. Gen. Sp. 1: 193 pl. 63 (1816); K150. Tipo: Sudamérica, *Humboldt et Bonpland* (K, microficha).

Plantas perennes con culmos de 40–120 cm de alto. Láminas lineares o filiformes, planas o convolutas, de 30–60 cm long. × 1–2 mm lat., glabras. Racimos terminales y axilares, de 7–13 cm long. × 3–4 mm lat. Espiguilla sésil de 7–8 mm, bisetulosa. Espiguilla pedicelada de 5–6 mm, mútica o bisetulosa. Fig. 146.

SANTA CRUZ: Andrés Ibáñez, Viru Viru, *Renvoize et Cope* 3997. Chiquitos, 5 km N de El Portón, *Killeen* 2774.
CHUQUISACA: Tomina, Padilla hacia Monteagudo, *Wood* 8811.
Africa Occidental y América desde México a Bolivia. Campos arenosos; 200–460 m.
En Sudamérica esta especie se superpone con *E. tripsacoides*, de la que sólo difiere por tener la gluma inferior con el dorso más piloso.

144. HEMARTHRIA R. Br.
Prodr.: 207 (1810).

Plantas perennes cespitosas o estoloníferas. Láminas planas. Racimos solitarios, axilares, cubiertos en la base por la vaina foliar, tenaces, comprimidos dorsalmente; internodios engrosados con articulación oblicua. Espiguillas glabras, bifloras, dispuestas por pares en los nudos de un raquis excavado, una sésil, perfecta, la otra pedicelada, estaminada o estéril, con el pedicelo soldado al raquis. Espiguilla sésil comprimida en el dorso; gluma inferior linear-elíptica, herbácea, obtusa o bífida; gluma superior obtusa o acuminada; antecio inferior reducido a la lemma tenue; lemma superior entera y mútica. Cariopsis linear-obovado, algo comprimido en el dorso. Espiguilla pedicelada de igual longitud que la sésil.
12 especies en zonas tropicales y subtropicales de ambos hemisferios.

H. altissima (*Poir.*) *Stapf & C.E. Hubb.*, Bull. Misc. Inform. 1934: 109 (1934); K160. Tipo: Argelia, *Poiret* (P, holótipo).

Rottboellia altissima Poir., Voy. Barbarie 2:105 (1789).
Manisurus fasciculata (Lam.) Hitchc., Amer. J. Bot. 2: 299 (1915); H505.
M. altissima (Poir.) Hitchc., J. Wash. Acad. Sci. 24: 292 (1934); F356.

Plantas estoloníferas con culmos ramosos decumbentes de 30–160 cm de longitud. Láminas lineares de 5–15 cm long. × 3–5 mm lat., planas, agudas. Racimos de 4–10 cm de largo. Espiguilla sésil elíptico-oblonga, gluma inferior de 4–6 mm, obtusa a emarginada; gluma superior obtusa a aguda. Espiguilla pedicelada lineartriangular, de 4–6 mm, subaguda a aguda. Fig. 146.

PANDO: Manuripi, Conquista, *Casas* 8601.
BENI: Ballivián, Espíritu, *Beck* 5312; *Sigle* 15; *Renvoize* 4677.
SANTA CRUZ: Chávez, 90 km SE de Concepción, *Killeen* 1508. Gutiérrez, Montero hacia Buena Vista, *Renvoize* 4571. Andrés Ibáñez, Viru Viru, *Killeen* 1553.
LA PAZ: Sud Yungas, Alto Beni, *Seidel et Schulte* 2289.
COCHABAMBA: Capinota, Charamoco, *Pedrotti et al.* 45.
Africa y Asia, introducida en América. Crece en suelos muy húmedos o anegadizos; 200–2400 m.

Valiosa forrajera en regiones cálido-húmedas.

145. RHYTACHNE Desv.
in Ham., Prodr. Pl. Ind. Occid.: 11 (1825).

Plantas anuales o perennes. Láminas lineares o filiformes. Inflorescencia formada por racimos cilíndricos delgados, solitarios, terminales o axilares; internodios claviformes, espiguillas apareadas. Espiguilla sésil dorsalmente convexa, callo truncado, con un proyección central; gluma inferior cartácea o crustácea, lisa, rugosa o costata, bicarinada o con los bordes convexos, aristada o mútica; gluma superior aristada o mútica; flor inferior estaminada, la pálea bien desarrollada; flor superior perfecta. Espiguilla pedicelada rudimentaria, el pedicelo separado del internodio.
12 especies en Africa y América tropical.

R. rottboellioides *Desv.* in Ham., Prodr. Pl. Ind. Occid.: 12 (1825). Tipo: West Indies (localidad desconocida).
R. subgibbosa sensu Killeen, Ann. Missouri Bot. Gard. 77(1): 182 (1990) non (Winkl. ex Hack.) Clayton (1996).

Plantas perennes, cespitosas con culmos de 60–120 cm de alto. Láminas lineares de 20–30 cm long. × 1–2 mm lat., planas o involutas, acuminadas. Racimos terminales de 2–38 cm de largo. Espiguilla sésil estrechamente ovada hasta oblonga, de 2–5 mm; gluma inferior lisa o rugosa, obtusa, acuminada o bidenticulada, aristada o mútica; gluma superior aristada o mútica. Fig. 147.

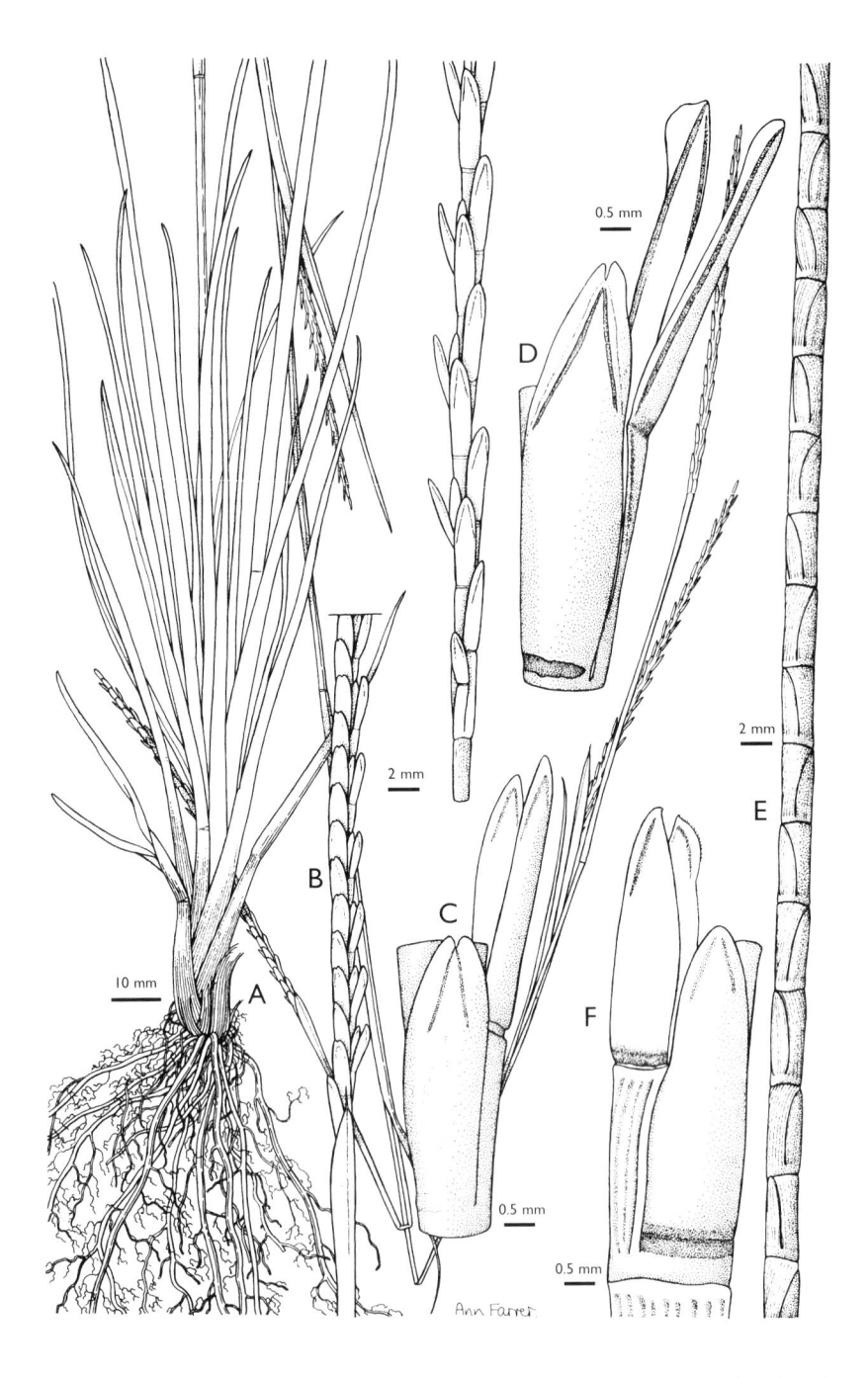

Fig. 147. **Coelorachis aurita**, A habito, B porción de la raquis, C espiguilla basada en *Renvoize et Cope* 4035. **C. balansae**, D espiguilla basada en *Haase* 515. **Rhytachne rottboellioides**, E raquis, F espiguilla basada en *Renvoize* 4702.

BENI: Ballivián, Espíritu, *Renvoize* 4702; *Beck* 15195.
SANTA CRUZ: Velasco, 35 km W de San Ignacio, *Bruderreck* 149.
LA PAZ: Iturralde, Luisita, *Beck et Haase* 10189.
Africa y América tropical. Pastizales húmedos; 75–1100 m.

En esta especie la gluma inferior es muy variable.
Afín a *R. subgibbosa* (Winkl. ex Hack.) Clayton, especie nativa de Brasil y Paraguay que tiene espiguillas sésiles múticas de 5–9 mm de largo.

146. COELORACHIS Brongn.
in Duperrey, Voy. Monde, Phan.: 64, f. 14 (1831).

Plantas perennes con culmos robustos o delgados. Hojas con vainas frecuentemente comprimidas; láminas lineares, planas o filiformes. Inflorescencia formada por racimos cilíndricos o comprimidos, solitarios o reunidos en falsos fascículos e incluidos en parte en una espata; internodios dilatados. Espiguilla sésil mútica de dorso convexo; callo truncado con una projección central; gluma inferior coriácea o crustácea, plana, con los márgenes aplanados y bordes fuertemente inflexos y, en consecuencia, bicarinada en la parte inferior; gluma superior membranácea, mútica; flor inferior estéril; flor superior perfecta. Espiguilla pedicelada bien desarrollada, estaminada o estéril, mútica.
21 especies; regiones tropicales del mundo.

Espiguillas sésiles de 2,5–4 mm de largo; racimos de 6–11 cm ······ **1. C. aurita**
Espiguillas sésiles de 6–7 mm de largo; racimos de 10–20 cm. ···· **2. C. balansae**

1. C. aurita (*Steud.*) *A. Camus*, Ann. Soc. Linn. Lyon 68: 197 (1921); K147. Tipo: Brasil (P, holótipo, n.v.).
Rottboellia aurita Steud., Syn. Pl. Glumac. 1: 361 (1854).
Manisurus aurita (Steud.) Hitchc. & Chase, Contr. U.S. Natl. Herb. 18: 276 (1917); H505; F357.

Plantas cespitosas, frecuentemente robustas, con culmos erectos de 55–250 cm de alto, simples o ramificados. Láminas lineares de 15–50 cm long. × 2–6 mm lat., glabras. Racimos de 6–11 cm long. × 1–1,5 mm lat., poco comprimidos, solitarios o en falsos fascículos. Espiguillas densas sobre el raquis; espiguilla sésil angosta, oblonga, de 2,5–4 mm; gluma inferior alada, clatrada; espiguilla pedicelada angosta, oblonga, de 2,5–4 mm; pedicelos auriculados en el ápice. Fig. 147.

BENI: Ballivián, Lago Rogagua, *White* 1221; *Beck* 5426. Yacuma, Porvenir, *Renvoize* 4608.
SANTA CRUZ: Chávez, 90 km SE de Concepción, *Killeen* 1528. Ichilo, Buena Vista, *Steinbach* 6973 bis; Andrés Ibáñez, *Renvoize et Cope* 4035.
LA PAZ: Iturralde, Ixiamas, *Meneces* s.n.
Costa Rica hasta Argentina. Sitios húmedos; 80–300 m.

146. Coelorachis

2. C. balansae *(Hack.) A. Camus*, Ann. Soc. Linn. Lyon 68: 197 (1921). Tipo: Paraguay, *Balansa* 291 (K, isótipo).
Rottboellia balansae Hack. in Martius, Fl. Bras. 2(3): 312 (1883).

Plantas cespitosas robustas, con culmos erectos de 160–250 cm de alto. Láminas lineares de 30–40 cm long. × 5–10 mm lat., glabras, atenuadas en la base, planas o plegadas, agudas. Racimos de 10–20 cm × 1,5–2,5 mm, poco comprimidos, terminales o axilares, solitarios o en falsos fascículos. Espiguillas glabras, densas sobre el raquis; espiguilla sésil lanceolado-oblonga, de 5–7 mm de largo; gluma inferior coriácea, alada en el ápice, con el dorso liso; gluma superior papirácea, unicarinada; lemma inferior hialina; lemma y pálea superior hialinas. Espiguilla pedicelada lanceolada, de 3,5–5,5 mm de largo; pedicelos auriculados en su ápice. Fig. 147.

LA PAZ: Iturralde, Luisita, *Haase* 515.
Bolivia, Paraguay y norte de Argentina. Pantanos y campos húmedos; 180 m.

147. ROTTBOELLIA L.f.
Nov. Gram. Gen.: 23 (1779).

Plantas anuales; láminas planas. Inflorescencia formada por racimos solitarios cilíndricos o aplanados, terminales y axilares. Espiguillas múticas, apareadas; nudos del raquis engrosados, frágiles, ensanchados y excavados. Espiguilla sésil perfecta, adosada al raquis, oval-lanceolada. Gluma inferior coriácea, de dorso plano y con los márgenes aplanados; gluma superior apergaminada, muy adosada a la excavación del raquis. Flor inferior estaminada; flor superior perfecta. Espiguilla pedicelada menor, herbácea o escariosa. Cariopsis ovoide.
4 especies en los trópicos de Asia y Africa; introducida en Centro y Sudamérica.

R. cochinchinensis *(Lour.) Clayton*, Kew Bull. 35: 817 (1981). Tipo: Conchinchina (localidad dudosa).
Stegosia cochinchinensis Lour., Fl. Cochinch. 1: 51 (1790).

Plantas con culmos de 30–300 cm de alto. Hojas con vainas híspidas; láminas lineares de 20–45 cm long. × 5–20 mm lat. Racimos de 3–15 cm, con las espiguillas distales reducidas. Espiguilla sésil de 3,5–5 mm. Espiguilla pedicelada de 3–5 mm de largo. Fig. 148.

PANDO: Suárez, 30 km S de Cobija, *Beck* 17081.
BENI: Ballivián, Yacuma hacia Rurrenabaque, *Seidel et Vargas* 2127.
SANTA CRUZ: Ichilo, Montero hacia Puerto Grether, *Renvoize et Cope* 3960. Santiesteban, Montero, *Beck* 7110. Warnes, Chané, *Renvoize* 4541. Florida, Río Pirai/Río Bermejo, *Nee et Saldias* 36318.

LA PAZ: Nor Yungas, Caranavi hacia Coroico, *Renvoize* 4733.
Trópicos de Asia y Africa; introducida en Centro y Sudamérica. Maleza de cultivos; 0–2000 m.

148. HACKELOCHLOA Kuntze
Revis. Gen. Pl. 2: 776 (1891).

Plantas anuales. Láminas planas. Inflorescencias formadas por numerosos racimos solitarios terminales y axilares, incluidos parcialmente en una espata. Espiguillas múticas, en pares, una sésil y perfecta, la otra pedicelada, conspicua, estaminada o estéril. Raquis articulado; pedicelo adnato al raquis, encajando en una cavidad formada por los márgenes de la gluma inferior de la espiguilla sésil; espiguilla sésil con la gluma inferior endurecida, globosa y alveolada; gluma superior hialina, con los nervios marginales firmes. Espiguilla pedicelada ovada, herbácea; gluma inferior plana, asimétrica, los nervios marginales alados y los márgenes inflexos.
2 especies; en trópicos de ambos hemisferios.

H. granularis (*L.*) *Kuntze*, Revis. Gen. Pl. 2: 776 (1891); H506; F357; K160. Tipo: India (LINN, lectótipo).
Cenchrus granularis L., Mant. Pl. 2: 575 (1771).

Plantas con culmos de 5–100 cm de alto, papiloso-híspidos y muy ramificados. Láminas linear-lanceoladas de 2–15 cm long. × 4–12 mm lat., papiloso-hirsutas, agudas. Racimos numerosos, de 5–25 mm de largo. Espiguilla sésil de 1 mm. Espiguilla pedicelada de 1,5–2,5 mm. Fig. 148.

BENI: Ballivián, Lago Rogagua, *White* 1215; Reyes, *Cutler* 9087.
SANTA CRUZ: Chávez, 90 km SE de Concepción, *Killeen* 1487. Andrés Ibáñez, Santa Cruz, *Steinbach* 1230.
LA PAZ: Larecaja, Sorata, *Bang* 1310. Nor Yungas, Milluguaya, *Buchtien* 4189. Sud Yungas, Chulumani, *Hitchcock* 22655.
Trópicos de ambos hemisferios. Alrededores urbanos, frecuente en sitios húmedos; 100–1700 m.

149. TRIPSACUM L.
Syst. Nat. ed. 10: 1261 (1759); de Wet, Harlan & Brink, Amer. J. Bot. 69(8):1251–1257 (1982).

Plantas perennes rizomatosas, robustas. Láminas anchas. Inflorescencia terminal o axilar; racimos digitados; raquis frágil y excavado en la porción basal, alojando espiguillas pistiladas y tenaz hacia el ápice, con espiguillas estaminadas. A la madurez, la porción superior del racimo cae en conjunto y los artejos basales se desprenden junto con la espiguilla que contiene el cariopsis. Espiguillas pistiladas solitarias, callos truncado, con una proyección central que se corresponde con una excavación a nivel del nudo; gluma inferior crustácea, lisa, bicarinada hacia el ápice; antecio inferior estéril, sin pálea; antecio superior fértil. Espiguillas estaminadas por pares, ambas sésiles o una pedicelada, glumas cartáceas.

13 especies, Estados Unidos de América hasta Paraguay.

T. australe *H.C. Cutler* & *E.S. Anderson*, Ann. Missouri Bot. Gard. 28: 259 (1941); F357; K192. Tipo: Bolivia, *White* 2324 (US, holótipo).
T. dactyloides sensu Hitchc., Contr. U.S. Natl. Herb. 24(8): 506 (1927) non (L.) L. (1759).

Culmos de 200–400 cm de alto, erectos o decumbentes. Vainas y porción inferior de los entrenudos lanuginosas o tomentosas; láminas pseudopecioladas o cordiformes en la base, de 10–60 mm de ancho. Inflorescencia axilar formada por 1–5 racimos de 16–25 cm de largo; inflorescencia terminal formada por 2–10 racimos de 18–25 cm de largo; racimos subdigitados rectos o flexuosos. Espiguillas femeninas basales 3–11 de 5–7 mm, glabras; espiguillas estaminadas en pares, de 5–7 mm; gluma inferior pubescentia. Fig. 148.

BENI: Ballivián, Reyes, *Cárdenas* 5617.
SANTA CRUZ: Chávez, 40 km S de Concepción, *Killeen* 2326. Chiquitos, San Roque hacia Santiago, *Cutler* 6008.
LA PAZ: Iturralde, Ixiamas, *White* 2324. Nor Yungas, Coroico, *Hitchcock* 22721.
Venezuela hasta Bolivia y Paraguay. Campos; 100–600 m.

Tripsacum dactyloides (L.) L. es muy afín y sólo puede distinguirse por que carece de indumento en las vainas y entrenudos basales del tallo; su presencia en Bolivia no ha sido aun registrada, pero se advierte que puede confundirse con *T. australe* ya que la mencionado indumento no se preserva en materiales de herbario.

T. andersonii J.R. Gray es una especie robusta que puede aparecer escapada de cultivo; posee tallos hasta 400 cm de alto, láminas foliares anchas, de 60–80 mm lat. y espiguillas estaminadas apareadas, una sésil y la otra brevemente pedicelada.

150. ZEA L.
Sp. Pl.: 974 (1753).

Plantas perennes o anuales, normalmente robustas, monoicas. Láminas lanceoladas, planas, anchas. Inflorescencias separadas, la estaminada terminal, piramidal, llevando pocos a numerosos racimos espiciformes, la pistilada en espiga cilíndrica, protegida totalmente por brácteas imbricadas, una a varias en las axilas de las hojas; raquis engrosado, tenaz, llevando de 4–36 hileras de granos exsertos de la

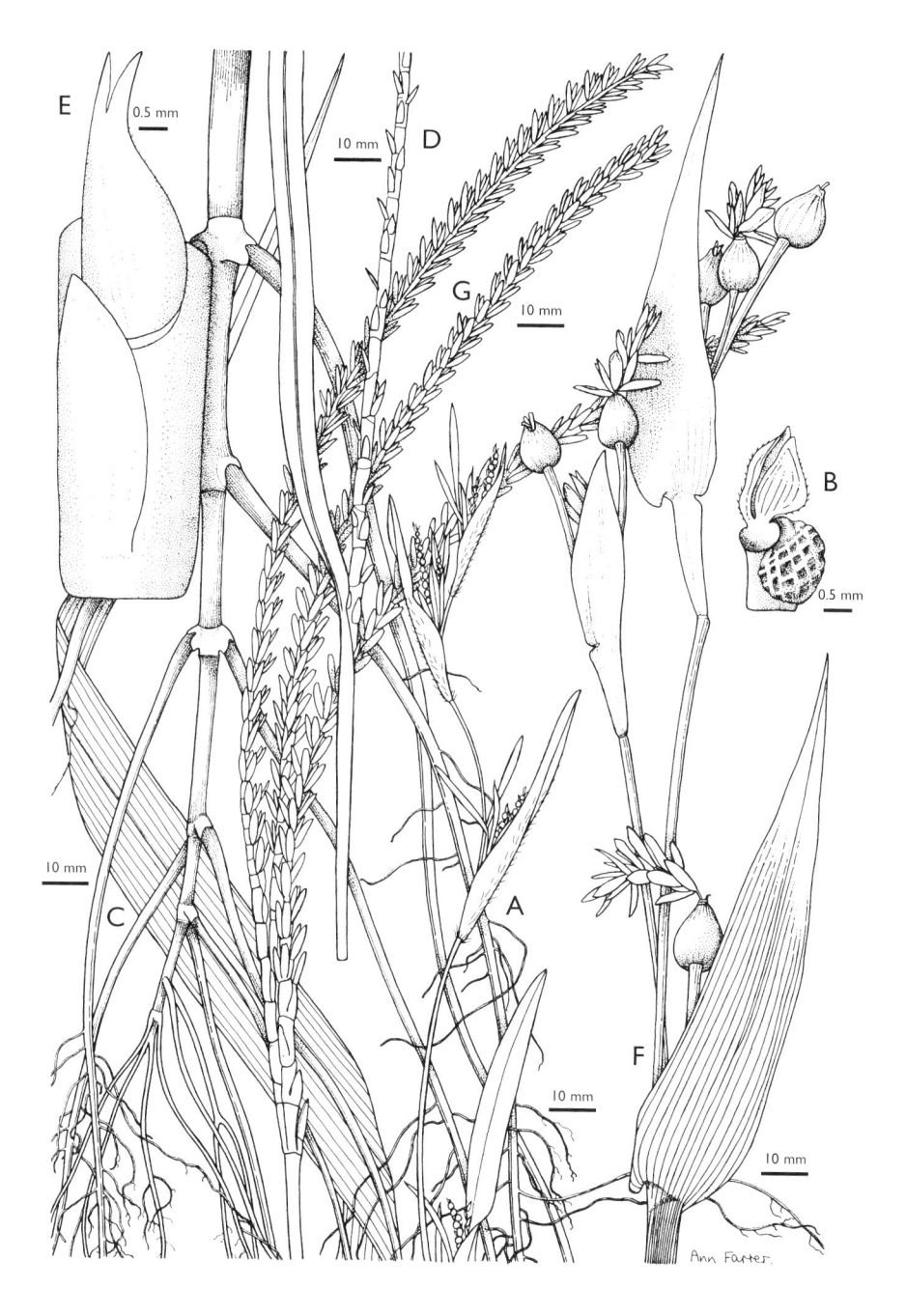

Fig. 148. **Hackelochloa granularis**, A habito, B espiguilla basada en *Beck* 5421. **Rottboellia cochinchinensis**, C habito, D espiga, E espiguilla basada en *Renvoize* 4541. **Coix lacryma-jobi**, F habito basada en *Feuerer* 6474. **Tripsacum australe**, G habito basada en *Wood* 4909.

150. Zea

glumas o no. Espiguillas dimorfas, las estaminadas apareadas, una subsésil, la otra pedicelada, 2-floras, las pistiladas sésiles, solitarias o apareadas, formando hileras longitudinales, 2-floras, el antecio inferior estéril, el superior fructífero, con estilo único largo y péndulo.

4 especies, América Central.

Z. mays *L.*; K192, se cultiva extensamente en Bolivia.

LA PAZ: Murillo, Colacoto, *Beck* 7833.

151. COIX L.
Sp. Pl.: 972 (1753).

Plantas perennes o anuales, monoicas. Hojas con láminas anchas, lineares a lanceoladas, planas. Inflorescencia compuesta por 2 racimos provistos en la base de un involucro globular endurecido (vaina foliar modificada), que contiene la porción inferior pistilada; el racimo estaminado emergente por un orificio apical del involucro globular. Espiguillas estaminadas dispuestas en grupos de 2–3, una pedicelada y una o dos sésiles; glumas herbáceas; lemmas y páleas hialinas. Espiguillas pistiladas con glumas globosas, agudas; lemma estéril membranácea, pálea ausente; lemma y pálea fértiles membranáceas, los ápices de las espiguillas pistiladas emergen del involucro globular.

6 especies nativas de Asia; introducidas en otras regiones.

C. lacryma-jobi *L.*, Sp. Pl.: 972 (1753); H507; F358. Tipo: India (LINN, lectótipo). "Lágrimas de Job"; "Lágrimas de San Pedro."

Plantas anuales robustas con culmos muy ramificados de 100–300 cm de alto. Láminas de 10–50 cm long. × 20–50 mm lat., glabras o algo escabrosas. Involucros dispuestos en las axilas de las hojas superiores sobre pedúnculos largos y gruesos. Racimo estaminado de 3–5 cm de largo, espiguillas lanceoladas, de 7–10 mm. Involucros ovoides o globosos, de 6–13 mm, lisos, blanquecinos o grisáceos. Fig. 148.

LA PAZ: Iturralde, Esperanza, *Nee* 31539. Nor Yungas, Coroico, *Buchtien* s.n.; *Pearce* s.n.; *Feuerer* 5919; Yungas, *Bang* 527; Caranavi hacia Puerto Linares, *Feuerer* 4661.

COCHABAMBA: Carrasco, Puerto Villarroel, *Feuerer* 6474.

Nativa del Asia, introducida en regiones tropicales; 360–1700 m.

A veces cultivada en jardines como ornamental o para confección de collares, rosarios, etc.

INDICE DE NOMBRES CIENTIFICOS

Nombres aceptados estan en **negritas**, sinónimos en *italicas*, y nombres en el texto en romanas.

Achnatherum coroi Rojas 84
  mattheii Rojas 85
  orurense Rojas 81
Aciachne *Benth.* 96
  acicularis *Laegaard* 97
  pulvinata *Benth.* 97
  pulvinata sensu Hitchc. 97
Acicarpa sacchariflora Raddi 530
Acroceras *Stapf* 422
  excavatum (*Henrard*) Zuloaga & Morrone 423
  fluminense (*Hack.*) Zuloaga & Morrone 423
  paucispicatum (Morong) Henrard 429
  zizanioides (*Kunth*) Dandy 423
Actinocladum *Soderstr.* 37
  verticillatum (*Nees*) Soderstr. 37
Aegopogon *Willd.* 367
  argentinus Mez 367
  bryophilus *Döll* 367
  cenchroides *Humb. & Bonpl. ex Willd.* 368
  fiebrigii Mez 367
  geminiflorus var. *muticus* Pilg. 367
•   *pusillus* P. Beauv. 368
  submuticus Rupr. 368
  tenellus (DC.) Trin. 368
Agenium *Nees* 609
  villosum (*Nees*) Pilg. 609
Agropogon littoralis (Sm.) C.E. Hubb. 239
Agropyron attenuatum (Kunth) Roem. et Schult. 251
  breviaristatum Hitchc. 252
Agrosticula brasiliensis (Raddi) Herter 326
Agrostis *L.* 173
  antoniana Griseb. 225
  arundinacea J. Presl 221
  blasdolei Hitchc. 177
  boliviana *Mez* 179
  brasiliensis Spreng. 506
  breviculmis *Hitchc.* 177
  bromidioides Griseb. 224
  castellana *Boiss. & Reut.* 175
  chamaecalamus Trin. 224
  elegans (Kunth) Roem. & Schult. 181
  eminens (J. Presl) Griseb. 205

Agrostis exasperata Trin. 235
  fasciculata (Kunth) Roem. & Schult. 181
  gigantea *Roth* 175
  hackelii R.E. Fr. 236
  haenkeana auct. non. Hitchc. 179
  haenkeana Hitchc. 236
  humboldtiana Steud. 181
  indica L. 335
  lenis *Roseng.* 180
  mertensii sensu Rúgolo & A.M. Molina 179
  meyenii *Trin.* 177
  montevidensis Nees 180
  mucronata J. Presl 235
  nana (J. Presl) Kunth 177
    var. *andicola* Pilg. 179
  perennans (*Walter*) Tuck. 180
  peruviana (P. Beauv.) Spreng. 342
  pyramidata Lam. 332
  radiata L. 350
  rigescens J. Presl 224
  rosea Griseb. 199
  semiverticillata (Forssk.) C. Chr. 236
  stolonifera *L.* 175, 239
  tolucensis *Kunth* 177
    var. **andicola** (*Pilg.*) Rúgolo & A.M. Molina 179
    var. **tolucensis** 179
  verticillata Vill. 236
  virescens Kunth 179
  viridis Gouan 236
  weberbaueri Mez 181
Aira brasiliensis Raddi 326
  caespitosa L. 168
  laxa Rich. 257
  spicata L. 162
Airopsis millegrana Griseb. 326
Alopecurus *L.* 240
  aequalis sensu Hitchc. 240
  aequalis Sobol. 242
  antarcticus var. *brevispiculatus* Hack. 242
  bracteatus Phil. 242
  hitchcockii *Parodi* 240
  magellanicus *Lam.* 242
  monspeliensis L. 239
Amphibromus Nees 155

Indice

Amphibromus scabrivalvis (Trin.) Swallen 155
Anatherum holcoides Nees 570
Andropogon *L.* 585
   adustus Trin. 612
   angustatus *(J. Presl) Steud.* 598
   arundinaceus Willd. 577
   barbatum L. 352
   barbinodis Lag. 584
   bicornis *L.* 591
   bipennatus Hack. 580
   bladhii Retz. 581
   bracteatus Humb. & Bonpl. ex Willd. 607
   brevifolius Sw. 601
   carinatus *Nees* 598
   cirratus sensu Hitchc. 603
   citratus DC. 599
   condensatus Kunth 600
   contortus L. 610
   cordatus *Swallen* 593
   crucianus *Renvoize* 596
   fastigiatus *Sw.* 588
   gayanus *Kunth* 599
   glaziovii Hack. 598
   hirtiflorus (Nees) Kunth 603
   hispidus Humb. & Bonpl. ex Willd. 562
   holcoides (Nees) Kunth 570
   hypogynus *Hack.* 594
   incompletus J. Presl 580
   insolitus sensu Killeen 596
   insolitus Sohns 596
   insulare L. 530
   intermedius R. Br. 581
   ischaemum L. 581
   lateralis *Nees* 594
   leucostachyus *Kunth* 591
      subsp. *selloanus* Hack. 593
   macrothrix Trin. 593
   melanocarpus Elliott 610
   microstachyus Desv. ex Ham. 600
   minarum (Nees) Kunth 578
   multiflorus *Renvoize* 596
   plumosus Willd. 575
   polydactylon L. 352
   sanlorenzanus *Killeen* 594
   scabriflorus Rupr. ex Hack. 604
   selloanus *(Hack.) Hack.* 591
   semiberbis (Nees) Kunth 603
   setosus Griseb. 579
   spathiflorus (Nees) Kunth 588
   springfieldii Gould 585

Andropogon stipoides Kunth 579
   sulcatus Ekman 603
   tener (Nees) Kunth 605
   ternatus *(Spreng.) Nees* 585, 593
      subsp. *macrothrix* (Trin.) Hack. 593
   virgatus *Desv.* 588
Anthaenantiopsis *Pilg.* 442
   fiebrigii *Parodi* 442
   perforata *(Nees) Parodi* 443
      var. *camporum* Morrone, Filg., Zuloaga & Dubcovsky 443
   racemosa Renvoize 480
   trachystachya sensu Killeen 443
Anthochloa *Nees & Meyen* 152
   lepida Nees & Meyen 152
   lepidula *Nees & Meyen* 152
   rupestris J. Remy 152
Anthoxanthum *L.* 169
   odoratum *L.* 169
Aphanelytrum *Hack.* 146
   procumbens *Hack.* 146
Apluda zeugites L. 257
Aristida *L.* 272
   adscensionis *L.* 274, 280
   antoniana *Steud. ex Döll* 280
   asplundii *Henrard* 284
   capillacea *Lam.* 274
   circinalis *Lindm.* 281
   enodis Hack. 280
   friesii *Hack.* 281
   gibbosa *(Nees) Kunth* 278
   glaziouii *Hack. ex Henrard* 284
   hassleri *Hack.* 278
   implexa Trin. 277
   inversa Hack. 282
   leptochaeta Hack. 281
   longifolia *Trin.* 280
   longiramea J. Presl var. *boliviana* Henrard 278
   macrantha *Hack* 277
   macrophylla *Hack.* 278
   mandoniana *Henrard* 279
   megapotamica *Spreng.* 277
   mendocina *Phil.* 282
   recurvata *Kunth* 279
   riparia *Trin.* 277
   succedeana Henrard 282
   torta *(Nees) Kunth* 280
   venustula *Arechav.* 284
Arthropogon *Nees* 541

Indice

Arthropogon bolivianus Filg. 543
   scaber *Pilg. & Kuhlm.* 543
   villosus *Nees* 541
Arthrostylidium *Rupr.* 33
   canaliculatum *Renvoize* 33
   excelsum Griseb. 33
   harmonicum Parodi 35
   racemiflorum Steud. 35
   venezuelum (Steud.) McClure 33
Arundinaria herzogiana Henrard 38
   paraguayensis Kuntze 303
   verticillata Nees 37
Arundinella *Raddi* 560
   berteroniana *(Schult.) Hitchc. & Chase* 560
   confinis (Schult.) Hitchc. & Chase 562
   deppeana Nees 562
   flammida Trin. 563
   hispida *(Humb. & Bonpl. ex Willd.) Kuntze* 562
Arundo *L.* 270
   australis Cav. 270
   donax *L.* 270
   neglecta Ehrh. 221
   phragmites L. 270
   selloana Schult. 263
   stricta Timm 221
   viridiflavescens Poir 234
Aulonemia *Goudot* 38
   boliviana *Renvoize* 39
   herzogiana *(Henrard) McClure* 38
   humillima (Pilg.) McClure 39, 41
   longipedicellata *Renvoize* 41
   tremula *Renvoize* 39
Avena *L.* 155
   barbata *Pott ex Link* 157
   byzantina *C. Koch* 158
   fatua *L.* 157
   sativa *L.* 157
   scabrivalvis Trin. 155
   sterilis *L.*,157
   tolucensis Kunth 162
Axonopus *P. Beauv.* 490
   affinis Chase 496
   andinus *G.A. Black* 501
   aureus sensu Hitchc. 491
   barbigerus *(Kunth) Hitchc. & Chase* 503
   boliviensis *Renvoize* 496
   brasiliensis *(Spreng.) Kuhlm.* 494
   canescens *(Nees) Pilg.* 491
   capillaris *(Lam.) Chase* 494
   chrysites (Steud.) Kuhlm. 491
   chrysoblepharis *(Lag.) Chase* 493
   compressus *(Sw.) P. Beauv.* 498
   cuatrecasasii *G.A. Black* 495
   elegantulus *(J. Presl) Hitchc.* 500
   eminens *(Nees) G.A. Black* 505
      var. *bolivianus* G.A. Black 503
   exasperatus (Nees) G.A. Black 491
   excavatus (Trin.) Henrard 493
   fissifolius *(Raddi) Kuhlm.* 496
   herzogii *(Hack.) Hitchc.* 493
   hirsutus *G.A. Black* 495
   iridifolius *(Poepp.) G.A. Black* 503
   leptostachyus *(Flüggé) Hitchc.* 494
   marginatus *(Trin.) Chase* 498
   paranaensis Parodi ex G.A. Black 494
   pilosus G.A. Black 503
   poiretii Roem. & Schult. 335
   pressus *(Steud.) Parodi* 498
   pulcher (Nees) Kuhlm. 491
   purpusii *(Mez) Chase* 500
   scoparius *(Flüggé) Kuhlm.* 501
   siccus *(Nees) Kuhlm.* 505

Bambusa chacoensis Rojas 32
Bothriochloa *Kuntze* 580
   alta (Hitchc.) Henrard 584
   barbinodis *(Lag.) Herter* 584
   bladhii *(Retz.) S.T. Blake* 581
   intermedia (R. Br.) A. Camus 581
   ischaemum *(L.) Keng* 581
   laguroides (DC.) Pilg. 584
   springfieldii *(Gould) Parodi* 585
Bouteloua *Lag.* 364
   aristidoides *(Kunth) Griseb.* 366
   curtipendula *(Michx.) Torr.* 364
   megapotamica *(Spreng.) Kuntze* 366
   simplex Lag. 363
      var. *actinochloides* Henrard 363
Brachiaria *(Trin.) Griseb.* 428
   adspersa *(Trin.) Parodi* 433
   brizantha *(A. Rich.) Stapf* 436
   decumbens *Stapf* 437
   deflexa 434
   echinulata *(Mez) Parodi* 433
   extensa Chase 429
   fasciculata *(Sw.) Parodi* 430
   humidicola *(Rendle) Schweick.* 437
   lorentziana *(Mez) Parodi* 434

Indice

Brachiaria molle Sw. 433, 434, 436
   mutica (*Forssk.*) *Stapf* 436
   paucispicatum (*Morong*) *Clayton* 429
   plantaginea (*Link*) *Hitchc.* 430
   platyphylla (*Griseb.*) *Nash* 429
   purpurascens (Raddi) Henrard 436
   ramosa 434
Brachypodium *P. Beauv.* 248
Briza *L.* 129
   mandoniana (Griseb.) Henrard 131
   minor *L.* 132
   monandra (*Hack.*) *Pilg.* 131
   paleapilifera Parodi 131
   stricta (Hook. & Arn.) Steud. 129
   subaristata *Lam.* 129
   uniolae (*Nees*) *Steud.* 131
Brizopyrum calycinum J. Presl 161
   ovatum Nees ex Steud. 292
Bromidium hygrometricum (Nees) Nees et Meyen var. *rigescens* (J. Presl) Kuntze 224
   var. *spectabilis* (Nees et Meyen) Kuntze 224
   rigescens (J. Presl) Nees & Meyen 224
   var. *brevifolium* Nees & Meyen 224
   spectabile Nees & Meyen 224
Bromus *L.* 242
   berteroanus *Colla* 248
   bolivianus *Hack. ex Renvoize* 247
   brachyanthera 247
   buchtienii Hack. 245
   carinatus Hook. & Arn. 243
   catharticus *Vahl* 243, 247
   distachyon (L.) P. Beauv. 251
   frigidus Ball 246
   haenkeanus (J. Presl) Kunth 243
   hirtus Licht. 248
   inermis *Leyss.* 248
   lanatus *Kunth* 245
   lenis J. Presl 245
   mandonianus Henrard 166
   mexicanum (*Roem. & Schult.*) *Link* 249
   modestus *Renvoize* 246
   oliganthus Pilg. 245
   pflanzii *Pilg.* 247
   pitensis Kunth 245
   spicatus Nees 301
   tenuis J. Presl in Steud. 245
   trinii Desv. 248
   unioloides (Willd.) Raspail 243
   unioloides Kunth 243

Bromus villosissimus *Hitchc.* 248
   willdenowii Kunth 243

Cabrera chrysoblepharis Lag. 493
Calamagrostis 181
   agapatea Steud. 214
   ameghinoi (Speg.) Hauman 221
   amoena (Pilg.) Pilg. 210
   antoniana (Griseb.) Steud. ex Hitchc. 225
   arundinacea Roth 221
   beyrichiana Nees ex Döll 226
   boliviensis Hack. 192
   breviaristata (Wedd.) Pilg. 193
   brevifolia (J. Presl) Steud. 193
   cajatambensis Pilg. 224
   calderillensis Pilg. 195
   cephalantha Pilg. 215
   chrysantha (J. Presl) Steud. 196
   coronalis Tovar 227
   curta (Wedd.) Pilg. 201
   curvula (Wedd.) Pilg. 202
   densiflora (J. Presl) Steud. 203
   eminens (J. Presl) Steud. 205
      var. *sordida* Kuntze 205
      var. *tunariensis* Kuntze 205
   fiebrigii Pilg. 209
   filifolia (Wedd.) Pilg. 210
   fuegiana Speg. 221
   fuscata (J. Presl) Steud. 211
   glacialis (Wedd.) Hitchc. 212
   gusindei Pilg. ex Skottsb. 225
   haenkeana Hitchc. 221
   heterophylla (Wedd.) Pilg. 212
   hieronymi Hack. 213
   hookeri (Syme) Druce 221
   humboldtiana Steud. 223
   imberbis (Wedd.) Pilg. 224
   intermedia (J. Presl) Steud. 214
   lagurus (Wedd.) Pilg. 215
   leiophylla (Wedd.) Hitchc. 216
   lilloi Hack. ex Stuckert 222
      f. *grandiflora* Hack. ex Stuckert 222
   longearistata (Wedd.) Hack. ex Sodiro 226
   magellanica Phil. 221
   malamalensis Hack. 216
   mandoniana (Wedd.) Pilg. 217
   minima (Pilg.) Tovar 217
   montevidensis Nees 234
      var. *linearis* Hack. 226

Calamagrostis mutica Steud. 196
   neglecta (Ehrh.) Gaertn. var. *poaeoides* (Steud.) Hack. 221
   nematophylla (Wedd.) Pilg. 219
   nitidula Pilg. 218
     var. *elata* Pilg. 218
     var. *macrantha* Pilg. 218
   orbignyana (Wedd.) Pilg. 219
   ovata (J. Presl) Steud. 219
   pentapogonodes Kuntze 231
   pflanzii Pilg. 219
     var. *major* Pilg. 219
   poaeoides Steud. 221
   pulvinata Hack. 232
   recta (Kunth) Trin. ex Steud. 223
   rigescens (J. Presl) Scribn. 224
   rigida (Kunth) Trin. ex Steud. 225
   robusta (Phil.) Phil. 205
   rosea (Griseb.) Hack. 199
     var. *macrochaeta* Hack. 231
   rupestris Trin. 226
   sandiensis Pilg. 225
   sclerantha Hack. 227
   setiflora (Wedd.) Pilg. 227
   spiciformis Hack. 227
     var. *acutiflora* Hack. ex Buchtien 232
   spicigera (J. Presl) Steud. 228
   stricta Koeler 221
     var. *hookeri* Syme 221
   swallenii Tovar 229
   tarijensis Pilg. 231
   tarmensis Pilg. 230
   tenuifolia (Phil.) R. E. Fr. 202
   trichophylla Pilg. 210
   variegata (Phil.) Kuntze 193
   vicunarum (Wedd.) Pilg. 231
     var. *abscondita* Pilg. 231
     var. *elatior* Pilg. 232
     var. *humilior* Pilg. 231
     var. *minima* Pilg. 217
     var. *setulosa* Pilg. 231
     var. *tenuior* Pilg. 232
   violacea (Wedd.) Hitchc. 232
   viridiflavescens (Poir.) Steud. 234
     var. *montevidensis* (Nees) Kämpf 234
Calotheca stricta Hook. & Arn. 129
   var. *mandoniana* Griseb. 131
Caryochloa bahiensis Steud. 70
   montevidense Spreng. 94
Catabrosa P. Beauv. 146

Catabrosa frigida Phil. 128
   werdermannii *(Pilg.)* Nicora & Rúgolo 128, 136, 147
Catapodium Link 147
   rigidum (*L.*) C.E. Hubb. ex Dony 147
Cenchrus *L.* 553
   brownii Roem. & Schult. 554
   ciliaris *L.* 554
   echinatus *L.* 554
   granularis L. 619
   incertus M.A. Curtis 556
   inflexus Poir. 381
   inflexus R. Br. 554
   mutilatus Kuntze 551
   myosuroides *Kunth* 556
   parviflorus Poir. 521
   pauciflorus Benth. 556
   setosus Sw. 546
   viridis Spreng. 554
Ceratochloa haenkeana J. Presl 243
Chaboissaea atacamensis (Parodi) P.M. Peterson & Annable 341
Chaetaria gibbosa Nees 278
   torta Nees 280
Chaetochloa argentina (Herrm.) Hitchc. 524
   barbinodis (Herrm.) Hitchc. 523
   geniculata (Lam.) Millsp. & Chase 521
   lachnea (Nees) Hitchc. 524
   poiretiana (Schult.) Hitchc. 516
   scandens (Schrad. ex Schult.) Scribn. & Merr. 516
   tenacissima (Schrad. ex Schult.) Hitchc. & Chase 518
   tenax (Rich.) Hitchc. 523
   trichorhachis (Hack.) Hitchc. 522
   vulpiseta (Lam.) Hitchc. & Chase 522
Chaetotropis andina Ball 212
   elongata (Kunth) Björkman 237
   exasperata (Trin.) Björkman 236
   hackelii (R.E. Fr.) Björkman 236
Chamaecalamus spectabilis Meyen 224
Chloris *Sw.* 347
   barbata (L.) Nash 352
   barbata Sw. 352
   beyrichiana sensu R.C. Foster 348
   boliviensis Renvoize 347
   caribaea Spreng. 354
   castilloniana *Parodi* 350
   ciliata *Sw.* 352
   crinita Lag. 356

Chloris curtipendula Michx. 364
   dandyana *C.D. Adams* 350
   distichophylla Lag. 355
   dubia Kunth 296
   gayana *Kunth* 353
   grandiflora Roseng. & Izag. 347
   halophila *Parodi* 348
   mendocina Phil. 356
   petraea Sw. 354
   polydactyla (L.) Sw. 352
   radiata *(L.) Sw.* 350
   uliginosa Hack. 354
   virgata *Sw.* 348
Chondrosum *Desv.* 363
   simplex *(Lag.) Kunth* 363
Chusquea *Kunth* 41
   delicatula *Hitchc.* 42
   depauperata *Pilg.* 43
   longipendula *Kuntze* 45
   lorentziana *Griseb.* 45
   peruviana *E.G. Camus* 45
   picta *Pilg.* 46
   ramosissima *Lindm.* 46
   ramosissima Pilg. 45
   scandens *Kunth* 43
   spicata *Munro* 42
Cinna *L.* 239
   poaeformis *(Kunth) Scribn. & Merr.* 240
Cinnagrostis polygama Griseb. 222
Clomena peruviana P. Beauv. 342
Coelorachis *Brongn.* 617
   aurita *(Steud.) A. Camus* 617
   balansae *(Hack.) A. Camus* 618
Coix *L.* 622
   lacryma-jobi *L.* 622
Cornucopiae perennans Walter 180
Cortaderia *Stapf* 262
   bifida Pilg. 266
      var. *grandiflora* Henrard 266
   boliviensis *M. Lyle* 266
   hapalotricha *(Pilg.) Conert* 266
   jubata *(Lem.) Stapf* 265
   rudiuscula *Stapf* 265
   selloana *(Schult.) Asch. & Graebn.* 263
   speciosa *(Nees) Stapf* 263
Cottea *Kunth* 289
   pappophoroides *Kunth* 289
Cryptochloa *Swallen* 56
   unispiculata *Soderstr.* 56
Ctenium *Panz.* 360

Cymbopogon *Spreng.* 599
   citratus *(DC.) Stapf* 599
Cynodon *Rich.* 362
   dactylon *(L.) Pers.* 362
   nlemfuensis *Vanderyst* 362
Cynosurus aegyptius L. 330
   domingensis Jacq. 297
   indicus L. 328
   tristachyos Lam. 328
   virgatus L. 297

Dactylis *L.* 145
   glomerata *L.* 145
Dactyloctenium *Willd.* 330
   aegyptium *(L.) Willd.* 330
Danthonia *DC.* 258
   annableae *P.M. Peterson & Rúgolo* 260
   boliviensis *Renvoize* 260
   chilensis Desv. 262
   cirrata *Hack. & Arechav.* 260
   hapalotricha Pilg.,
   hieronymi (Kuntze) Hack. 268
   nardoides Phil. 87
   secundiflora *J. Presl* 258
Deschampsia *P. Beauv.* 166
   caespitosa *(L.) P. Beauv.* 168
   mathewsii Ball 161
Despretzia mexicana Kunth 257
Deyeuxia *Clarion ex P. Beauv.* 181
   ameghinoi Speg. 221
   amoena Pilg. 210
   anthoxanthum Wedd. 219
   antoniana (Griseb.) Parodi 225
   arundinacea Phil. 205
   beyrichiana (Nees) Sodiro 226
   boliviensis *(Hack.) Villavicencio* 192
   breviaristata *Wedd.* 193
   brevifolia *J. Presl* 193
      var. **brevifolia** 194
      var. **expansa** *Rúgolo & Villavicencio* 194
   cabrerae *(Parodi) Parodi* 195, 200
      var. **aristulata** *Rúgolo & Villavicencio* 195
      var. **cabrerae** 195
   calderillensis *(Pilg.) Rúgolo* 195
   capitata Wedd. 219
   cephalotes Wedd. 229
   chrysantha *J. Presl* 196
      var. **chrysantha** 197

Deyeuxia chrysantha var. **phalaroides**
 (Wedd.) Villavicencio 197
 chrysophylla *Phil.* 197
 ciliata *Rúgolo & Villavicencio* 197
  var. **ciliata** 199
  var. **glabrescens** *Rúgolo & Villavicencio* 199
 colorata *Beetle* 199
 crispa *Rúgolo & Villavicencio* 200, 205
 cryptolopha *Wedd.* 201, 214
 curta *Wedd.* 201
  var. *longearistata* Türpe 215
 curtoides *Rúgolo & Villavicencio* 202
 curvula *Wedd.* 202
 densiflora *J. Presl* 203
 deserticola *Phil.* 203
  var. **breviaristata** *Rúgolo & Villavicencio* 204
  var. **deserticola** 204
 elegans Wedd. 205
 eminens *J. Presl* 205
  var. **discreta** *Rúgolo & Villavicencio* 207
  var. **eminens** 207
 festucoides Wedd. 211
 fiebrigii *(Pilg.) Rúgolo* 209
 filifolia *Wedd.* 210
  var. **festucoides** *(Wedd.) Rúgolo & Villavicencio* 211
  var. **filifolia** 210
 fuscata *J. Presl* 211
 glacialis *Wedd.* 212
 gracilis Wedd. 225
 heterophylla *Wedd.* 193, 212
  var. *elatior* Wedd. 212, 226
 hieronymi *(Hack.) Türpe* 213
 hirsuta *Rúgolo & Villavicencio* 214
 hookeri (Syme) Druce 221
 imberbis Wedd. 224
 intermedia *J. Presl* 214
 lagurus *Wedd.* 215
 leiophylla *Wedd.* 215
 leiopoda Wedd. 196
  var. *discreta* Wedd. 207
 longearistata Wedd. 226
 malamalensis *(Hack.) Parodi* 216
 mandoniana *Wedd.* 217
 minima *(Pilg.) Rúgolo* 217
 mutica Wedd. 193
 nardifolia (Griseb.) Türpe var. *elatior* Türpe 209

Deyeuxia nematophylla Wedd. 218
 nitidula *(Pilg.) Rúgolo* 218
 nitidula Pilg. 212
 nivalis Wedd. 220
 obtusata Wedd. 228
 orbignyana *Wedd.* 218
 ovata *J. Presl* 219
  var. **nivalis** *(Wedd.) Villavicencio* 220
  var. **ovata** 220
 phalaroides Wedd. 197
 picta Wedd. 215
 planifolia *Kunth* 220
 poaeformis Kunth 240
 poaeoides *(Steud.) Rúgolo* 221
 polygama *(Griseb.) Parodi* 222
  subsp. **filifolia** *Rúgolo & Villavicencio* 222
  subsp. polygama 223
  var. **polygama** 222
 polystachya Wedd. 205
 pulvinata (Hack.) Türpe 232
 recta *Kunth* 223
 rigescens *(J. Presl) Türpe* 224
 rigida *Kunth* 225
 robusta Phil. 205
 rosea (Griseb.) Türpe 199
 rupestris *(Trin.) Rúgolo* 226
 sclerantha *(Hack.) Rúgolo* 227
 setiflora *Wedd.* 227
 spiciformis (Hack.) Türpe 227
 spicigera *J. Presl* 228
  var. **cephalotes** *(Wedd.) Rúgolo & Villavicencio* 229
  var. **spicigera** 228
 splendens Brongn. ex Duperrey 234
 stricta Kunth 221, 223
 subsimilis Wedd. 228
 sulcata Wedd. 223
 swallenii *(Tovar) Rúgolo* 229
 tarmensis *(Pilg.) Sodiro* 230
  var. **tarijensis** *(Pilg.) Villavicencio* 231
  var. **tarmensis** 231
 tenuifolia Phil. 202
 variegata Phil. 193
 vicunarum *Wedd.* 231
  var. *major* Wedd. 231
  var. *tenuifolia* Wedd. 231
 violacea *Wedd.* 232
  var. **puberula** *Rúgolo & Villavicencio* 233

Indice

Deyeuxia violacea var. *puberula* Wedd. 233
   var. **violacea** 233
   viridiflavescens (*Poir.*) *Kunth* 234
      var. **montevidensis** *(Nees) Cabrera & Rúgolo* 234
      var. **viridiflavescens** 234
Diandrochloa glomerata (Walter) Burkart 314
Diectomis angustatus J. Presl 598
   fastigiatus (Sw.) Kunth 588
   laxa Nees 598
Dielsiochloa *Pilg.* 165
   floribunda (*Pilg.*) *Pilg.* 103, 166
      var. **majus** Pilg. 166
      var. **weberbaueri** (Pilg.) Pilg. 166
Digitaria *Haller* 527
   adscendens (Kunth) Henrard 532
   bicornis (Lam.) Roem & Schult. 534
   bicornis sensu Killeen 534
   californica (*Benth.*) *Henrard* 532
   ciliaris (*Retz.*) *Koeler* 532
   corynotricha (*Hack.*) *Henrard* 539
   cuyabensis (*Trin.*) *Parodi* 535
   dioica *Killeen & Rúgolo* 540
   fragilis (*Steud.*) *Luces* 538
   fuscescens (*J. Presl*) *Henrard* 537
   gerdesii (Hack.) Parodi var. *boliviensis* Henrard 539
   horizontalis Willd. 534
   insularis (*L.*) *Mez ex Ekman* 530
   lanuginosa (*Nees*) *Henrard* 535
      var. **cuyabensis** (Trin.) Henrard 535
   lehmanniana *Henrard* 537
      var. **dasyantha** Rúgolo 538
   leiantha (*Hack.*) *Parodi* 538
   marginata Link 532
   mattogrossensis (Pilg.) Henrard 539
   neesiana *Henrard* 539
   nuda Schumach. 534
   paspalodes Michx. 489
   phaeothrix (Trin.) Parodi 540
   rhachitricha Henrard 538
   sacchariflora (*Raddi*) *Henrard* 530
   sanguinalis (L.) Scop. 534
   setigera Roth 534, 535
   setigera sensu Killeen 534
   swallenii Henrard 532
   violascens sensu R.C. Foster 537
Dinebra aristidoides Kunth 366
Diplachne dubia (Kunth) Scribn. 296
   fascicularis (Lam.) P. Beauv. 299

Diplachne mendocina (Phil.) Kurtz 296
   rigescens J. Presl 111
   uninervia (J. Presl) Parodi 297
   verticillata Nees & Meyen 297
Dissanthelium *Trin.* 158
   aequale *Swallen & Tovar* 161
   breve Swallen & Tovar 162
   calycinum (*J. Presl*) *Hitchc.* 161
   longiligulatum *Swallen & Tovar* 161
   macusaniense (*E.H.L. Krause*) *R.C. Foster & L.B. Sm.* 159
   minimum Pilg. 159
   peruvianum (*Nees & Meyen*) *Pilg.* 159
   sclerochloides E. Fourn. 162
   supinum Trin. 161
   trollii *Pilg.* 159
Distichlis *Raf.* 291
   humilis *Phil.* 291
   spicata (*L.*) *Greene* 291
      var. **andina** Beetle 292
      var. **mendocina** Beetle 292
      var. **stricta** (Torr.) Scribn. 292
Donax viridiflavescens (Poir.) Roem. & Schult. 234

Echinochloa *P. Beauv.* 424
   chacoensis *P.W. Michael ex Renvoize* 425
   colona (*L.*) *Link* 424
   crus-galli (L.) P. Beauv. 427
   crus-pavonis (*Kunth*) *Schult.* 425
   polystachya (*Kunth*) *Hitchc.* 427
   walteri (*Pursh*) *A. Heller* 427
Echinolaena *Desv.* 377
   gracilis *Swallen* 378
   inflexa (*Poir.*) *Chase* 381
   minarum (*Nees*) *Pilg.* 378
   polystachya Kunth 371
   procurrens (Nees ex Trin.) Kunth 377
Eleusine *Gaertn.* 328
   indica (*L.*) *Gaertn.* 328
   mucronata Michx. 299
   tristachya (*Lam.*) *Lam.* 328
Elionurus *Willd.* 611
   adustus (Trin.) Ekman 612
   ciliaris *Kunth* 614
   muticus (*Spreng.*) *Kuntze* 612
   planifolius *Renvoize* 611
   rostratus Nees 612
   tripsacoides *Willd.* 612
Elymus *L.* 251

Elymus angulatus *J. Presl* 252
  attenuatus (Kunth) Á. Löve 251
  cordilleranus *Davidse & R.W. Pohl* 251
  elongatus *(Host) Runemark* 252
  junceus Fisch. 254
Elytrostachys sp. 32
Enneapogon *P. Beauv.* 288
  desvauxii *P. Beauv.* 289
Eragrostis *Wolf* 305
  acuminata Döll in Martius 315
  acutiflora *(Kunth) Nees* 317, 319
  airoides *Nees* 325
  amabilis *(L.) Hook. & Arn.* 312
  articulata *(Shrank) Nees* 310
  bahiensis *Schrad. ex Schult.* 321
    var. **bahiensis** 321
    var. *boliviensis* Henrard 323
    var. contracta Döll 321
  boliviensis Jedwabn. 325
  brachypodon Hack. 326
  buchtienii Hack. 325
  cataclasta Nicora 321
  chiquitaniensis *Killeen* 310
  cilianensis *(All.) Vignola ex Janch.* 314
  ciliaris *(L.) R. Br.* 312
  contristata Nees & Meyen ex Nees 323
  cordobensis Jedwabn. 316
  curvula *(Schrad.) Nees* 306
  expansa Link 321
  flaccida Lindm. 327
  glomerata (Walter) L.H. Dewey 314
  hapalantha Trin. 314
  hypnoides *(Lam.) Britton, Sterns & Poggenb.* 308
  interrupta (Lam.) Döll 314
  japonica *(Thunb.) Trin.* 314
  longipila Hack. 323
  lugens *Nees* 327
  lurida *J. Presl* 323, 324
  macrothyrsa *Hack.* 320
  maypurensis *(Kunth) Steud.* 315
  mexicana (Hornem.) Link 316
  microstachya (Link) Link 321
  montufari *(Kunth) Steud.* 324
  neesii *Trin.* 310
  nigricans *(Kunth) Steud.* 317
  orthoclada *Hack.* 321, 323
  pastoensis *(Kunth) Trin.* 324
  patula *(Kunth) Steud.* 327
  perennis *Döll* 320

Eragrostis polytricha *Nees* 325
  psammodes Trin. 321
  reptans var. *pygmaea* Döll 308
  rufescens *Schrad. ex Schult.* 319
  secundiflora *J. Presl* 319
  solida *Nees* 319
  soratensis *Jedwabn.* 326
  subatra Jedwabn. 317
  tenella (L.) Roem. & Schult. 312
  tenuifolia (A. Rich.) Steud. 327
  terecaulis *Renvoize* 324
  uniolae *Nees* 131
  vahlii (Roem. & Schult.) Nees 315
  villamontana Jedwabn. 323
  virescens *J. Presl* 316
Erianthus angustifolius Nees 565
  saccharoides var. *trinii* Hack. 566
  trinii (Hack.) Hack. 566
Eriochloa *Kunth.* 437
  boliviensis *Renvoize* 438
  brasiliensis Spreng. 494
  distachya *Kunth* 440
  grandiflora *(Trin.) Benth.* 440
  punctata *(L.) Desv.* 438
  tridentata (Trin.) Kuhlm. 440
Eriochrysis *P. Beauv.* 566
  cayennensis P. Beauv. 568
  concepcionensis *Killeen* 570
  holcoides *(Nees) Kuhlm.* 570
  laxa *Swallen* 570
  warmingiana *(Hack.) Kuhlm.* 568
Erioneuron *Nash* 292
  avenaceum *(Kunth) Tateoka* 292
Eustachys *Desv.* 353
  caribaea *(Spreng.) Herter* 354
  distichophylla *(Lag.) Nees* 355
  petraea *(Sw.) Desv.* 354
  retusa (Lag.) Kunth 355
  uliginosa (Hack.) Herter 354
Festuca *L.* 98
  argentinensis *(St.-Yves) Türpe* 111, 122
  arundinacea Schreb. 117
  boliviana *E.B. Alexeev* 113
  bromoides L. 125
  buchtienii *Hack.* 119
  chrysophylla *Phil.* 107
  cochabamba *E.B. Alexeev* 100
  copei *Renvoize* 117
  deserticola var. *chrysophylla* (Phil.) St.-Yves 107

Festuca dissitiflora subsp. *loricata* var.
  villipalea St.-Yves 109
    var. *trachyphylla* St.-Yves 109
  divergens 103
  dolichophylla *J. Presl* 115, 121
  eriostoma Hack. 107
  fascicularis Lam. 299
  fiebrigii *Pilg.* 115
  filiformis Lam. 299
  hieronymi *Hack.* 121
  humilior *Nees & Meyen* 111
  hypsophila *Phil.* 121
  laetiviridis *Pilg.* 113
  lanifera *E.B. Alexeev* 105
  megalura Nutt. 126
  mexicana Roem. & Schult. 249
  myuros L. 126
  nardifolia Griseb. 122
  nemoralis *Türpe* 119
  orthophylla *Pilg.* 105
    var. *boliviana* Pilg. 105
    var. *glabrescens* Pilg. 105
  parvipaniculata *Hitchc.* 103
  peruviana *Infantes* 103
  petersonii *Renvoize* 122
  pflanzii *Pilg.* 115
  potosiana *Renvoize* 122
  procera sensu Hitchc. 115
  rigescens (*J. Presl*) *Kunth* 111
  saltana St.-Yves 107
  scabra Lag. 249
  scabrifolia *Renvoize* 109
  scirpifolia subsp. *buchtienii* var.
    argentinensis St.-Yves 111
  soratana *E.B. Alexeev* 112
  stebeckii *Renvoize* 121
  steinbachii *E.B. Alexeev* 103
  stubelii *Pilg.* 112
  sublimis sensu Hitchc. 115
  tectoria St.-Yves 113
    subsp. *mandoniana* St.-Yves 112
    var. *mutica* St.-Yves 112
  trachyphylla (Hack.) Kraj 109
  trollii *E.B. Alexeev* 107
  ulochaeta sensu Hitchc. 100
  ulochaeta Steud. 100
  unioloides Willd. 243
  villipalea (*St.-Yves*) *E.B. Alexeev* 109
Gerritea *Zuloaga, Morrone & Killeen* 511

Gerritea pseudopetiolata *Zuloaga, Morrone
  & Killeen* 511
Glyceria *R. Br.* 148
  multiflora *Steud.* 148
Gouinia *Benth.* 301
  brasiliensis (*S. Moore*) *Swallen* 303
  latifolia (*Griseb.*) *Vasey* 303
  paraguayensis (*Kuntze*) *Parodi* 303
  tortuosa *Swallen* 305
Graminastrum macusaniense E.H.L. Krause 159
Guadua *Kunth* 27
  chacoensis (*Rojas*) *Londoño & P.M.
    Peterson* 32
  glomerata *Munro* 31
  paniculata *Munro* 31
  paraguayana *Döll* 32
  sarcocarpa *Londoño & P.M. Peterson* 31
  superba *Huber* 29
  weberbaueri *Pilg.* 29
Gymnopogon *P. Beauv.* 358
  burchellii (*Munro*) *Ekman* 358
  fastigiatus *Nees* 358
    ssp. *jubiflorus* (Hitchc.) J.P. Smith 358
    jubiflorus Hitchc. 358
  spicatus (*Spreng.*) *Kuntze* 360
    var. *longiaristatus* Kuntze 360
Gymnothrix chilensis Desv. 549
  nervosa Nees 549
  tristachya Kunth 553
Gynerium *P. Beauv.* 271
  jubatum Lemoine 265
  parviflorum Nees 271
  saccharoides Humb. & Bonpl. 271
  sagittatum (*Aubl.*) *P. Beauv.* 271
    var. **glabrum** *Renvoize & Kalliola* 272
    var. *sagittatum* 272
    var. **subandinum** *Renvoize & Kalliola* 272
  speciosum Nees 263

Hackelochloa *Kuntze* 619
  granularis (*L.*) *Kuntze* 619
Helictotrichon *Schult.* 154
  scabrivalvis (*Trin.*) *Renvoize* 155
Helopus brachystachyus Trin. 440
  grandiflorus Trin. 440
  punctatus (L.) Nees 438
Hemarthria *R. Br.* 614
  altissima (*Poir.*) *Stapf & C.E. Hubb.* 614

Heteropogon *Pers.* 610
   contortus (*L.*) *Roem. & Schult.* 610
   melanocarpus (*Elliott*) *Benth.* 610
   villosus Nees 609
Hierochloe *R. Br.* 168
   redolens (*Vahl*) *Roem. & Schult.* 169
Holcus *L.* 168
   halepensis L. 577
   lanatus *L.* 168
   redolens Vahl 169
   sorghum L. 577
Homolepis *Chase* 418
   aturensis (*Kunth*) *Chase* 418
   glutinosa (Sw.) Zuloaga & Soderstr. 407
Hordeum *L.* 254
   chilense Brongn. 256
   halophilum *Griseb.* 255
   murinum *L.* 256
      subsp. **glaucum** (*Steud.*) *Tsvelev* 256
      subsp. **murinum** 256
   muticum *J. Presl* 255
   pubiflorum Hook. f. 256
   vulgare *L.* 254
Hymenachne *P. Beauv.* 415
   acutigluma (Steud.) Gilliland 416
   amplexicaulis (*Rudge*) *Nees* 415
   campestris Nees 422
   donacifolia (*Raddi*) *Chase* 416
   montana Griseb. 551
Hyparrhenia *E. Fourn.* 605
   bracteata (*Humb. & Bonpl. ex Willd.*) *Stapf* 607
   rufa (*Nees*) *Stapf* 607
Hypogynium spathiflorum Nees 588
   virgatum (Desv.) Dandy 588

Ichnanthus *P. Beauv.* 372
   bolivianus K.E. Rogers 376
   breviscrobs *Döll* 376
   calvescens (*Nees*) *Döll* 374
   candicans sensu Hitchc. 375
   inconstans (*Trin. ex Nees*) *Döll* 374
   indutus Swallen 374
   lancifolius *Mez* 374
   minarum (Nees) Döll 378
   pallens (*Sw.*) *Munro* 375
   panicoides *P. Beauv.*,
   peruvianus Mez 375
   procurrens (*Nees ex Trin.*) *Swallen* 377
   ruprechtii *Döll* 376

Ichnanthus tarijianus K.E. Rogers 376
   tenuis (*J. Presl*) *Hitchc. & Chase* 375
   tipuaniensis K.E. Rogers 375
   weberbaueri Mez 374
Imperata *Cirillo* 571
   arundinaceum var. *americanum* Anderson 574
   brasiliensis *Trin.* 574
   caudata (G. Mey) Trin. 572
   contracta (*Kunth*) *Hitchc.* 571
   cylindrica (L.) Raeusch. 574
   longifolia Pilg. 572
   minutiflora *Hack* 572
   tenuis *Hack.* 572
Ipnum mendocinum Phil. 296
Isachne *Benth.* 558
   arundinacea (*Sw.*) *Griseb.* 559
   ligulata Swallen 560
   polygonoides (*Lam.*) *Döll* 559
Ischaemum secundatum Walter 525

Jarava ichu Ruiz & Pav. 73

Koeleria *Pers.* 164
   boliviensis (*Domin*) *A.M. Molina* 165
   cristata sensu Hitchc. 164
   gracilis Pers. var. *boliviensis* Domin 165
   kurtzii *Hack.* 164
   permollis *Nees ex Steud.* 165
   pseudocristata var. *andicola* Domin 164

Lamprothyrsus *Pilg.* 267
   hieronymi (*Kuntze*) *Pilg.* 267
      var. *jujuyensis* (Kuntze) Pilg. 268
      var. *nervosus* Pilg. 268
      var. *pyramidatus* Pilg. 268
      var. *tinctus* Pilg. 268
   peruvianus *Hitchc.* 268
   venturi Conert 268
Lasiacis (*Griseb.*) *Hitch.* 408
   anomala *Hitchc.* 409
   divaricata (*L.*) *Hitchc.* 410
   excavatum (Henrard) Parodi 423
   ligulata *Hitchc. & Chase* 409
   procerrima (Hack.) Hitchc. 394
   ruscifolia (*Kunth*) *Hitchc.* 410
   sorghoidea (*Desv.*) *Hitchc. & Chase* 410
Leersia *Sw.* 67
   hexandra *Sw.* 67
Leptochloa *P. Beauv.* 295

Leptochloa burchellii Munro 358
   domingensis (Jacq.) Trin. 297
   dubia *(Kunth) Nees* 296
   fascicularis *(Lam.) A. Gray* 299
   filiformis P. Beauv. 299
   mucronata *(Michx.) Kunth* 299
   scabra *Nees* 300
   uninervia (Presl) Hitchc. & Chase 297
   virgata (L.) P. Beauv. 297
Leptocoryphium Nees 540
   lanatum *(Kunth) Nees* 540
Lolium *L.* 122
   multiflorum *Lam.* 125
   perenne *L.* 123
   temulentum *L.* 123
Loudetia *Steud.* 562
   flammida *(Trin.) C.E. Hubb.* 563
Loudetiopsis *Conert* 563
Luziola *Juss.* 68
   bahiensis *(Steud.) Hitchc.* 70
   fragilis *Swallen* 68
   peruviana *Juss. ex J.F. Gmel.* 68
   subintegra *Swallen* 70
Lycurus *Kunth* 344
   muticus Spreng. 612
   phalaroides *Kunth* 345
   phleoides *Kunth* 345
   setosus (Nutt.) C. Reeder 345

Manisurus altissima (Poir.) Hitchc. 615
   aurita (Steud.) Hitchc. & Chase 617
   fasciculata (Lam.) Hitchc. 615
Megastachya montufari (Kunth) Roem. & Schult. 324
   nigricans (Kunth) Roem. & Schult. 317
   uninervia J. Presl 297
Melica *L.* 148
   adhaerens Hack. 151
      var. *tenuis* (Papp) Papp 151
   brasiliana Ard. 152
   cajamarcensis Pilg. 149
   chilensis *C. Presl* 151
   eremophila *M.A. Torres* 151
   expansa Steud. 144
   majuscula Pilg. 149
   mandonii Papp 151
   monantha Roseng. 151
   pallida Kunth 149
   pyrifera Hack. 149
   sarmentosa *Nees* 149

Melica scabra *Kunth* 149
   var. *glabra* Papp 149
   violacea Cav. 152
   violacea sensu R.C. Foster 151
   weberbaueri Pilg. 149
   var. *tenuis* Papp 151
Melinis *P. Beauv.* 525
   minutiflora *P. Beauv.* 525
   repens *(Willd.) Zizka* 527
Merostachys *Spreng.* 37
Mesosetum *Steud.* 512
   agropyroides *Mez* 458, 514
   cayennense *Steud.* 512
   penicillatum Mez 514
   rottboellioides sensu Hitchc. 512
Microchloa *R. Br.* 361
   indica *(L.f.) P. Beauv.* 361
   kunthii *Desv.* 362
Milium compressum Sw. 498
   punctatum L. 438
Muhlenbergia *Schreb.* 337
   angustata *(J. Presl) Kunth* 337
   asperifolia *(Nees & Meyen) Parodi* 340
   atacamensis *Parodi* 341
   ciliata *(Kunth) Kunth* 344
   debilis (Kunth) Kunth 344
   fastigiata *(J. Presl) Henrard* 340
   herzogiana Henrard 342
   holwayorum *Hitchc.* 338
   ligularis *(Hack.) Hitchc.* 341
   microsperma *(DC.) Trin.* 342
   minuscula *H. Scholz* 341
   peruviana *(P. Beauv.) Steud.* 342
   phragmitoides Griseb. 338
   rigida *(Kunth) Kunth* 338
Munroa *Torr.* 293
   andina *Phil.* 295
      var. *breviseta* Hack. 295
   argentina *Griseb.* 293
   decumbens *Phil.* 295

Nardus indica L.f. 361
Nassella *Desv.* 88
   ancoraimensis Rojas 87
   asperifolia Rojas 90
   asplundii *Hitchc.* 92
   brachyphylla (Hitchc.) Barkworth 86
   chaparensis Rojas 93
   corniculata Hack. 90
   curviseta (Hitchc.) Barkworth 81

Nassella deltoidea Hack. 89
  flaccidula Hack. 89
    var. *humilior* Hack. 89
  holwayi (Hitchc.) Barkworth 83
  inconspicua (J. Presl) Barkworth 85
  linearifolia *(E. Fourn.) R.W. Pohl* 93
  mexicana (Hitchc.) R.W. Pohl 86
  meyeniana (Trin. & Rupr.) Parodi 90
  mucronata (Kunth) R.W. Pohl 87
  nardoides (Phil.) Barkworth 87
  pampagrandensis *(Speg.) Barkworth* 92
  pubiflora *(Trin. et Rupr.) Desv.* 86, 89
  trachyphylla *Henrard* 90
  sp. A. 90
  sp. B. 93
Nastus chusque Kunth 43
Neurolepis *Meisn.* 47
Notholcus lanatus (L.) Nash ex Hitchc. 168

Olyra *L.* 48
  buchtienii *Hack.* 54
  caudata *Trin.* 53
  ciliatifolia *Raddi* 51, 53
  ecaudata *Döll* 49
  fasciculata *Trin.* 51
  lateralis (C. Presl ex Nees) Chase 55
  latifolia *L.* 53
  longifolia *Kunth* 48
  loretensis *Mez* 54
  micrantha *Kunth* 48
Oplismenus *P. Beauv.* 371
  burmannii *(Retz.) P. Beauv.* 372
  crus-pavonis Kunth 425
  hirtellus *(L.) P. Beauv.* 372
  minarum Nees 378
  polystachyus Kunth. 428
  tenuis J. Presl 375
Orthoclada *P. Beauv.* 256
  laxa *(Rich.) P. Beauv.* 257
Oryza *L.* 64
  grandiglumis *(Döll) Prodoehl* 67
  latifolia *Desv.* 65
  rufipogon *Griff.* 65
  sativa *L.* 65
    var. *grandiglumis* Döll 67
Oryzopsis florulenta Pilg. 93
  rigidiseta Pilg. 80
Otachyrium *Nees* 413
  boliviensis *Renvoize* 415

Otachyrium piligerum Send. & Soderstr. 415
  versicolor *(Döll) Henrard* 413

Panicum *L.* 381
  subg. **Dichanthelium** 404
  acutiglume Steud. 416
  adscendens Kunth 532
  adspersum Trin. 433
  adustum Nees var. *leianthum* Hack. 538
    var. *mattogrossensis* Pilg. 539
  altissimum G. Mey. 394
  amplexicaule Rudge 415
  andreanum Mez 389
  angustissimum Hochst. ex Steud. 419
  aquaticum Poir. 385
  arundinaceum Sw. 559
  aturense Kunth 418
  bambusoides Speg. 397
  bergii *Arechav.* 399
  boliviense Hack. 392
  brizanthum A. Rich. 436
  burmannii Retz. 372
  californicum Benth. 532
  calvescens Nees 374
  campylostachyum Hack. 509
  canescens Nees 491
  caricoides *Nees* 398
  cayennense *Lam.* 393
    var. *quadriglume* Döll 394
  ceresia Kuntze 451
  chloroticum Nees 385
  chrysites Steud. 491
  ciliare Retz. 532
  colonum L. 424
  cordovense E. Fourn. 403
  corynotrichum Hack. 539
  crus-ardeae Willd. ex Nees 515
  cuyabense Trin. 535
  cyanescens *Nees ex Trin.* 407
  dactylon L. 362
  demissum Trin. 404
  dichotomiflorum *Michx.* 385
  divaricatum L. 410
  donacifolium Raddi 416
  echinulatum Mez 433
    var. *boliviense* Henrard 433
  elephantipes *Nees ex Trin.* 385
  esenbeckii Steud. 55
  excavatum Henrard 423

Panicum exiguum *Mez* 394
fasciculatum Sw. 430
fluminense Hack. 423
frondescens G. Mey. 389
geniculatum Lam. 521
ghiesbreghtii sensu Hitchc. 394
glabripes Döll 397
glutinosum *Sw.* 407
haenkeanum *J. Presl* 401
hebotes *Trin.* 374, 400
hians Elliott 412
hirtellum L. 372
hirtellum Walter 427
hirticaule C. Presl 398
hirticaule sensu Killeen 398
humidicolum Rendle 437
hylaeicum *Mez* 392
inconstans Trin. ex Nees 374
junceum Nees 397
lachneum Nees 524
laterale C. Presl ex Nees 55
laxum *Sw.* 389
leptachyrium Döll 558
ligulare Nees 394
lorentzianum Mez 434
mattogrossense Kuntze 419
maximum *Jacq.* 386
megiston Schult. 394
mertensii *Roth* 394
milioides Nees 412
milleflorum *Hitchc. & Chase* 388
millegrana *Poir.* 406
muticum Forssk. 436
myuros Lam. 420
oblongatum Griseb. 518
olyroides *Kunth* 394
ovuliferum *Trin.* 403
pallens Sw. 375
pantrichum *Hack.* 403
parvifolium *Lam.* 406
paucispicatum Morong 429
peladoense *Henrard* 394
petrosum Trin. 508
pilcomayense Hack. 399
pilosum *Sw.* 386
plantagineum Link 430
platyphyllum (Griseb.) Munro ex Wright 429
poiretianum Schult. 516
polygonatum *Schrad.* 392

Panicum polygonoides Lam. 559
polystachion L. 546
procurrens Nees ex Trin. 377
pulchellum *Raddi* 388
purpurascens Raddi 436
quadriglume *(Döll) Hitchc.* 394
repens L. 385
rudgei *Roem. & Schult.* 393
ruscifolium Kunth 410
sabulorum *Lam.* 404
saccharatum Buckley 532
scabridum *Döll* 390
schwackeanum *Mez* 407
sciurotis Trin. 403
sciurotoides *Zuloaga & Morrone* 401
sellowii *Nees* 404
setosum Sw. 520
sorghoideum Desv. 410
stenodes *Griseb.* 397
stenodoides F.T. Hubb. 398
stigmosum Trin. 404
stoloniferum *Poir.* 389
stramineum *Hitchc. & Chase* 398
strumosum J. Presl 422
subtiliracemosum Renvoize 400
sulcatum Bertol. 515
tenax Rich. 523
thrasyoides Trin. 509
trichanthum *Nees* 400
trichoides *Sw.* 399
tricholaenoides *Steud.* 397
versicolor Döll 413
vilvoides Trin. 422
vulpisetum Lam. 522
walteri Pursh 427
zizanioides Kunth 423
Pappophorum *Schreb.* 285
alopecuroideum Vahl 285
caespitosum *R.E. Fr.* 288
krapovickasii *Roseng.* 286
megapotamicum Spreng. 366
mucronulatum 286
pappiferum *(Lam.) Kuntze* 285
philippianum *Parodi* 286
vaginatum Phil. 286
Paratheria *Griseb.* 558
prostrata *Griseb.* 558
Pariana *Aubl.* 59
bicolor *Tutin* 59
gracilis *Döll* 60

Pariana obtusa *Swallen* 60
  swallenii *R.C. Foster* 60
  ulei *Pilg.* 61
Parodiolyra *Soderstr. & Zuloaga* 55
  lateralis *(C. Presl ex Nees) Soderstr. & Zuloaga* 55
Paspalum *L.* 443
  subg. **Ceresia** *(Pers.) Rchb.* 451
  grupo **Plicatulae** 466
  acuminatum Raddi 464
  acuminatum sensu Killeen 463
  ammodes *Trin.* 478
  aspidiotes Trin. 449
  atratum *Swallen* 467
  barbatum Nees ex Trin. 503
  barbigerum Kunth 503
  boliviense Chase 454
  buchtienii *Hack.* 478
  candidum *(Flüggé) Kunth* 461
  capillare Lam. 494
  carinatum *Humb. & Bonpl. ex Flüggé* 451, 453
  ceresia *(Kuntze) Chase* 451
  clavuliferum *C. Wright* 460
  collinum *Chase* 468
  conjugatum *Bergius* 476
  conspersum *Schrad.* 469
  cordatum Hack. 449
  costellatum Swallen 455
  ctenostachyum Trin. 440
  decumbens *Sw.* 457
  densum *Poir. ex Lam.* 470
  depauperatum J. Presl 461
  dilatatum *Poir.* 481
  distichum *L.* 489
  eitenii Swallen 455
  ekmanianum *Henrard* 458
  elegantulum J. Presl 500
  elongatum Griseb. 454
  eminens Nees 505
  erianthoides 481
  erianthum *Nees ex Trin.* 481
  exasperatus Nees 491
  fissifolium Raddi,
  fragile Steud. 538
  fuscescens J. Presl 537
  gardnerianum Nees 455
  geminiflorum *Steud.* 466
  guenoarum *Arechav.* 467
  herzogii Hack. 493

Paspalum heterotrichon 451
  humboldtianum *Flüggé* 478
  humigenum *Swallen* 485
  hyalinum *Nees* 482
  inaequivalve *Raddi* 456
  inconstans *Chase* 488
  intermedium *Morong* 469
  iridifolium Poepp. 503
  juergensii *Hack.* 486
  kempffii *Killeen* 468
  lacustre *Chase ex Swallen* 463
  lanatum Kunth 540
  lanuginosum Nees 535
  lenticulare Kunth 466
    f. *intumescens* (Döll) Killeen 466
  lepidum *Chase* 486
  leptostachyus Flüggé 494
  limbatum Henrard 466
  lineare *Trin.* 473
  lineispatha Mez 461
  lividum Trin. 482
  longiligulatum Renvoize 456
  macedoi *Swallen* 468
  maculosum *Trin.* 475
  malacophyllum *Trin.* 454
  malmeanum *Ekman* 451
  marginatum Trin. 498
  melanospermum *Desv. ex Poir.* 465
  millegrana *Schrad.* 470
  minus *E. Fourn.* 476
  morichalense *Davidse, Zuloaga & Filg.* 464
  multicaule *Poir.* 473
  notatum *Flüggé* 475
  nudatum *Luces* 456
  nutans Lam. 458
  orbiculare G. Forst. 465
  orbiculatum *Poir.* 460
  pallens *Swallen* 478
  paniculatum *L.* 485
  parviflorum *Rhode ex Flüggé* 458
  paspalodes (Michx.) Scribn. 489
  pauciciliatum (Parodi) Herter 481
  pectinatum *Nees ex Trin.* 448
  penicillatum *Hook.f.* 463
  pictum Ekman 456
  pilosum *Lam.* 457
  planiusculum Swallen 454
  platyphyllum Griseb. 429
  plicatulum *Michx.* 465

Paspalum plicatulum var. *robustum* Hack. 467
  polyphyllum *Nees* 482
Paspalum pressum Steud. 498
  procurrens *Quarín* 454
  prostratum *Scribn. & Merr.* 463
  proximum Mez 475, 478
  pulcher Nees 491
  pumilum *Nees* 476
  purpusii Mez 500
  pygmaeum *Hack.* 461
  remotum *J. Rémy* 485
  repens *Bergius* 464
  reticulatum Hack. 466
  reticulinerve *Renvoize* 449
  saccharoides *Nees* 488
  scoparium Flüggé 501
  scrobiculatum L. 465
  simplex *Morong* 455
  splendens 451
  stellatum *Humb. & Bonpl. ex Flüggé* 449
  tenuifolium Swallen 455
  trachycoleon 451
  tridentatum Trin. 440
  umbrosum Trin. 486
  unispicatum (Scribn & Merr.) Nash 457
  urvillei *Steud.* 480
  vaginatum *Sw.* 489
  verrucosum *Hack.* 480
  virgatum *L.* 470
  wrightii *Hitchc. & Chase* 467
Pennisetum *Rich.* 543
  chilense *(Desv.) B.D. Jack.* 549
    var. *planifolia* Hack. 549
  clandestinum *Chiov.* 544
  glaucum (L.) R. Br. 521
  latifolium *Spreng.* 552
  montanum *(Griseb.) Hack.* 551
  mutilatum Hack. ex Kuntze 551
  nervosum *(Nees) Trin.* 549
  polystachion *(L.) Schult.* 546
  purpureum *Schumach.* 546
  saggitatum *Henrard* 551
  setosum (Sw.) Rich. 546
  tristachyon *(Kunth) Spreng.* 553
    var. *boliviense* Chase 553
  villosum *R. Br. ex Fresen.* 544
  weberbaueri *Mez* 552
Phalaridium peruvianum Nees & Meyen 159

Phalaris *L.* 170
  angusta *Nees* 172
  aquatica *L.* 173
Phalaris canariensis *L.*,
  minor *Retz.* 173
  paradoxa *L.* 170
  semiverticillata Forssk. 236
Pharus *P. Browne* 61
  glaber Kunth 62
  lappulaceus *Aubl.* 62
  latifolius *L.* 62
  parvifolius 53
Phippsia werdermannii Pilg. 147
Phleum pratensis L. 242
Phragmites *Adans.* 270
  australis *(Cav.) Trin. ex Steud.* 270
  communis Trin. 270
Phyllostachys *Siebold & Zucc.* 27
  aurea *Rivière & C. Rivière* 27
Piptatherum confine Schult. 562
  laeve Nees & Meyen 90
  obtusum Nees & Meyen 80
Piptochaetium *J. Presl* 93
  indutum *Parodi* 96
  leiocarpum f. *subpapillosum* Hack. 94
  montevidense *(Spreng.) Parodi* 96, 94
  panicoides *(Lam.) Desv.* 94, 96
    f. *subpapillosum* (Hack.) Parodi 94
  setifolium J. Presl 94
  tuberculatum Desv. 94
Poa *L.* 132
  acutiflora Kunth 317
  aequigluma *Tovar* 136
  amabilis L. 312
  andicola *Renvoize* 138
  androgyna *Hack.* 144
  annua *L.* 140
  articulata Schrank 310
  asperiflora *Hack.* 143
  atrovirens Willd. ex Spreng. 317
  boliviensis Hack. 141
  buchtienii *Hack.* 134
    var. *subacuminata* Hack. 134
  calycina (J. Presl.) Kunth 161
  candamoana *Pilg.* 145
  chamaeclinos *Pilg.* 136
  cilianensis All. 314
  ciliaris L. 312
  dumetorum Hack. var. *unduavensis* Hack. 142

Poa expansa (Link) Kunth 321
  gilgiana *Pilg.* 144
  glaberrima *Tovar* 144
  glomerata Walter 314
  gymnantha *Pilg.* 139
  horridula *Pilg.* 142
  humillima *Pilg.* 136, 147
  hypnoides Lam. 308
  infirma *Kunth* 140
  interrupta Lam. 314
  japonica Thunb. 314
  maypurensis Kunth 315
  microstachya Link 321
  monandra Hack. 131
  montufari Kunth 324
  myriantha *Hack.* 142
  nigricans Kunth 317
  oresigena Phil. 128
  ovata *Tovar* 138
  pastoensis Kunth 324
  patula Kunth 327
  pearsonii *Reeder* 143
  perligulata *Pilg.* 139
  pratensis *L.* 141
  pufontii Fern. 142
  racemosa Vahl 315
  rigida L. 147
  scaberula *Hook.f.* 134
  setifolia Benth. 324
  spicigera *Tovar* 139
  tenella L. 312
  tenuifolia A. Rich. 327
  umbrosa *Trin.* 141
  vahlii Roem. & Schult. 315
  virescens (J. Presl) Kunth 316
Podosemum angustatum J. Presl 337
  debile Kunth 344
  elegans Kunth 338
  rigidum Kunth 338
  stipoides Kunth 154
Pogochloa brasiliensis S. Moore 303
Poidium monandrum (Hack.) Matthei 131
Polylepis 83, 200
Polypogon *Desf.* 235
  elongatus *Kunth* 237
  exasperatus *(Trin.) Renvoize* 235
  flavescens J. Presl 239
  hackelii *(R.E. Fr.) Renvoize* 236
  interruptus *Kunth* 237, 239
  lutosus sensu Hitchc. 237

Polypogon monspeliensis *(L.) Desf.* 239
  semiverticillatus (Forssk.) Hyland. 236
  spicatus Spreng. 360
  viridis *(Gouan) Breistr.* 236
Psathyrostachys *Nevski* 254
  juncea *(Fisch.) Nevski* 254
Pseudechinolaena *Stapf* 371
  polystachya *(Kunth) Stapf* 371
Puccinellia *Parl.* 126
  frigida (Phil.) I.M. Johnst. 128
  oresigena (Phil.) Hitchc. 128
  parvula *Hitchc.* 128, 147

Raddiella *Swallen* 55
Raddiella esenbeckii *(Steud.) Calderón & Soderstr.* 55
Raphis arundinacea Desv. 577
Reimaria aberrans Döll 506
  acuta Flüggé 506
  candida Humb. & Bonpl. ex Flüggé 461
Reimarochloa *Hitchc.* 506
  aberrans *(Döll) Chase* 506
  acuta *(Flüggé) Hitchc.* 506
  brasiliensis (Spreng.) Hitchc. 506
Rhipidocladum *McClure* 33
  harmonicum *(Parodi) McClure* 35
  racemiflorum *(Steud.) McClure* 35
  verticillatum (Nees) McClure 37
Rhynchelytrum repens (Willd.) C.E. Hubb. 527
  roseum (Nees) Bews 527
Rhytachne *Desv.* 615
  rottboellioides *Desv.* 615
  subgibbosa (Winkl. ex Hack.) Clayton 617
  subgibbosa sensu Killeen 615
Rottboellia *L.f.* 618
  altissima Poir. 615
  aurita Steud. 617
  balansae Hack. 618
  cochinchinensis *(Lour.) Clayton* 618
  salzmannii Trin. ex Steud. 604
  sanguinea Retz. 603

Saccharum *L.* 565
  angustifolium *(Nees) Trin.* 565
  caudatum G. Mey. 571
  contractum Kunth 571
  holcoides (Nees) Hack. 570
  officinarum *L.* 565

Indice

Saccharum repens Willd. 527
  sagittatum Aubl. 271
  ternatum Spreng. 593
  trinii *(Hack.) Renvoize* 566
  warmingianum Hack. 568
Sacciolepis *Nash* 418
  angustissima *(Hochst. ex Steud.) Kuhlm.* 419
  campestris (Nees) Parodi 422
  karsteniana Mez 419
  myuros *(Lam.) Chase* 420
  otachyrioides *Judz.* 420
  pungens Swallen 419
  strumosa (J. Presl) Chase 422
  vilvoides *(Trin.) Chase* 420
Schenodorus lanatus (Kunth) Roem. & Schult. 245
Schizachyrium *Nees* 600
  beckii *Killeen* 604
  brevifolium *(Sw.) Nees ex Büse* 601
    var. *maclaudii* Jacq.-Fél. 601
  condensatum *(Kunth) Nees* 591, 600
  hirtiflorum Nees 603
  maclaudii *(Jacq.-Fél.) S.T. Blake* 601
  microstachyum (Desv. ex Ham.) Roseng., B.A. Arill. & Izag. 600
  salzmannii *(Trin. ex Steud.) Nash* 604
  sanguineum *(Retz.) Alston* 603
  scabriflorum *(Rupr. ex Hack.) A. Camus* 604
  semiberbe Nees 603
  sulcatum *(Ekman) S.T. Blake* 603
  tenerum *Nees* 605
Setaria *P. Beauv.* 514
  argentina Herrm. 524
  barbinodis *Herrm.* 523
  crus-ardeae (Willd. ex Nees) Kunth 515
  fiebrigii *Herrm.* 520
  geniculata P. Beauv. 522
  glauca auct. non (L.) P. Beauv. 521
  gracilis Kunth 521
  lachnea *(Nees) Kunth* 523
  leiantha Hack. 524
  leibmanni var. *trichorhachis* Hack. 522
  macrostachya *Kunth* 522
  magna *Griseb.* 518
  oblongata *(Griseb.) Parodi* 518
  parviflora *(Poir.) Kerguélen* 521
  pflanzii *Pensiero* 521
  poiretiana *(Schult.) Kunth* 516

Setaria scandens *Schrad. ex Schult.* 516
  setosa *(Sw.) P. Beauv.* 520
  sulcata *Raddi* 514
  tenacissima *Schrad. ex Schult.* 518
  tenax *(Rich.) Desv.* 523
  trichorhachis (Hack.) R.C. Foster 522
  vaginata Spreng. 520
  vulpiseta *(Lam.) Roem. & Schult.* 522
Sorghastrum *Nash* 578
  bipennatum (Hack.) Pilg. 580
  incompletum *(J. Presl) Nash* 580
  minarum *(Nees) Hitchc.* 578
  parviflorum (Desv.) Hitchc. & Chase 579
  setosum *(Griseb.) Hitchc.* 579
  stipoides *(Kunth) Nash* 579
Sorghum *Moench* 577
  arundinaceum *(Desv.) Stapf* 577
  bicolor *(L.) Moench* 577
  halepense *(L.) Pers.* 577
  parviflorum Desv. 579
  vulgare Pers. 577
Sporobolus *R. Br.* 331
  aeneus (Trin.) Kunth 332
  argutus (Nees) Kunth 332
  brasiliensis (Raddi) Hack. 326
  crucensis *Renvoize* 334
  cubensis *Hitchc.* 331
  eximius (Nees) Ekman 332
  fastigiatus J. Presl 340
  fertilis 335
  indicus *(L.) R. Br.* 335
    var. **andinus** *Renvoize* 336
    var. **indicus** 335
    var. *pyramidalis* (P. Beauv.) Veldkamp 336
  jacquemontii Kunth 336
  ligularis Hack. 341
  minor *Trin. ex Kunth* 335
  monandrus *Roseng., B.R. Arill. & Izag.* 334
  poiretii (Roem. & Schult.) Hitchc. 335
  pyramidalis *P. Beauv.* 336
  pyramidatus *(Lam.) Hitchc.* 332
  tenuissimus Schrank 334
Stegosia cochinchinensis Lour. 618
Steinchisma *Raf.* 412
  hians *(Elliott) Nash ex Small* 412
Stenotaphrum *Trin.* 524
  secundatum *(Walter) Kuntze* 525
Stipa *L.* 71

Stipa arcuata *R.E. Fr.* 83
 boliviensis Hack. 80
 bomanii *Hauman* 84
 brachyphylla *Hitchc.* 86
 capilliseta *Hitchc.* 77
 curviseta *Hitchc.* 81, 83
 dasycarpa Hitchc. 83
 depauperata Pilg. 83
 florulenta (Pilg.) Parodi 93
 frigida Phil. 80
 hans-meyeri *Pilg.* 75
 holwayi Hitchc. 83
 ichu *(Ruiz & Pav.) Kunth* 73
  var. *pungens* (Nees & Meyen) Kuntze 75
 illimanica *Hack.* 85
 inconspicua *J. Presl* 85, 86
 leptostachya *Griseb.* 77
 linearifolia E. Fourn. 93
 mexicana *Hitchc.* 86
 mucronata *Kunth* 87
 nardoides *(Phil.) Hack. ex Hitchc.* 87
 neesiana *Trin. & Rupr.* 88
 nivalis Steud. 75
 obtusa *(Nees & Meyen) Hitchc.* 80
 pampagrandenis Speg. 92
 panicoides Lam. 94
 peruviana Hitchc. 80
 pflanzii Mez 89
 plumosa *Trin.* 78
 pseudoichu *Caro* 73
 pungens *Nees & Meyen* 75, 78
 rigidiseta *(Pilg.) Hitchc.* 80
 rupestris *Phil.* 83
 spicata L.f. 575
 vaginata *Phil.* 78
 sp. A. 81
 sp. B. 84
 sp. C. 85
 sp. D. 87
Streptochaeta *Schrad.* 47
 spicata *Schrad.* 47
Streptogyna *P. Beauv.* 64
 americana *C.E. Hubb.* 64
Stylagrostis chrysantha (J. Presl) Mez 196
Swallenochloa depauperata (Pilg.) McClure 43
Syntherisma cuyabensis (Trin.) Hitchc. 535
 leiantha (Hack.) Hitchc. 538
 sanguinalis sensu Hitchc. 534
 violascens sensu Hitchc. 537

Thrasya *Kunth* 508
 campylostachya *(Hack.) Chase* 509
 crucensis *Killeen* 511
 petrosa *(Trin.) Chase* 508
 thrasyoides *(Trin.) Chase* 509
 trinitensis Mez 511
Torresia redolens (Vahl) Roem. & Schult. 169
Trachypogon *Nees* 574
 minarum Nees 578
 montufari var. *bolivianus* (Pilg.) Pilg. 575
 plumosus (Willd.) Nees 575
 polymorphus var. *bolivianus* Pilg. 575
 rufus Nees 607
 spicatus *(L.f.) Kuntze* 575
Tragus *Haller* 368
 australianus *S.T. Blake* 370
 berteronianus *Schult.* 370
 occidentalis Nees 370
 racemosus var. *brevispicula* Döll 370
Trichachne insularis (L.) Nees 530
 saccharata (Buckley) Nash 532
 sacchariflora (Raddi) Nees 530
Trichloris *Benth.* 355
 crinita *(Lag.) Parodi* 356
 mendocina (Phil.) Kurtz 356
 pluriflora *E. Fourn.* 356
Trichochloa berteroniana Schult. 560
 debilis Roem. & Schult. 344
 microsperma DC. 342
 rigida (Kunth) Roem. & Schult. 338
Trichodium nanum J. Presl 177
Tricholaena rosea Nees 527
Trichopteryx flammida (Trin.) Benth. 563
Tricuspis latifolia Griseb. 303
Triniochloa *Hitchc.* 154
 stipoides *(Kunth) Hitchc.* 154
Triodia avenacea Kunth 292
Tripogon *Roem. et Schult.* 300
 spicatus *(Nees) Ekman* 301
Tripsacum *L.* 619
 andersonii J.R. Gray 620
 australe *H.C. Cutler & E.S. Anderson* 620
 dactyloides (L.) L. 620
 dactyloides sensu Hitchc. 620
Triraphis hieronymi Kuntze 267
 var. *jujuyensis* Kuntze 267
Trisetum *Pers.* 162
 andinum Benth. 162, 164
 floribundum Pilg. 166

Indice

Trisetum floribundum var. *weberbaueri* (Pilg.)
Louis-Marie 166
hirtum Trin. 248
oreophilum Louis-Marie 162
spicatum (*L.*) *K. Richt.* 162, 164
tolucense (Kunth) Kunth 162
weberbaueri Pilg. 166
Tristachya chrysothrix Nees 563
Triticum attenuatum Kunth 251
elongatum Host 252

Uniola spicata L. 291
stricta Torr. 292
Urachne laevis Trin. & Rupr. 90
meyeniana Trin. & Rupr. 90
pubiflora Trin. & Rupr. 89

Vilfa acutiglumis Steud. 237
aenea Trin. 332

Vilfa arguta Nees 332
asperifolia Meyen 340
elegans Kunth 180
fasciculata Kunth 181
jacquemontii (Kunth) Trin. 336
macusaniensis Steud. 159
tenacissima Kunth 335
Vulpia *C.C. Gmel.* 125
bromoides (*L.*) *Gray* 125
megalura (Nutt.) Rydb. 126
myuros (*L.*) *C.C. Gmel.* 126

Zea *L.* 620
mays *L.* 622
Zeugites *P. Browne* 257
americana *Willd.* 257
mexicana (Kunth) Trin. ex Steud. 257
var. *glandulosa* Hack. 257